Lohmeyer Praktische Bauphysik

Peter Schmidt • Saskia Windhausen

Lohmeyer Praktische Bauphysik

Eine Einführung mit Berechnungsbeispielen

10., aktualisierte Auflage

Peter Schmidt
Department Bauingenieurwesen
Universität Siegen
Siegen, Deutschland

Saskia Windhausen
IU Internationale Hochschule
Köln, Deutschland

ISBN 978-3-658-42603-3 ISBN 978-3-658-42604-0 (eBook)
https://doi.org/10.1007/978-3-658-42604-0

Die Deutsche Nationalbibliothek verzeichnet diese Publikation in der Deutschen Nationalbibliografie; detaillierte bibliografische Daten sind im Internet über https://portal.dnb.de abrufbar.

Planung/Lektorat: Karina Danulat
Springer Vieweg ist ein Imprint der eingetragenen Gesellschaft Springer Fachmedien Wiesbaden GmbH und ist ein Teil von Springer Nature.
Die Anschrift der Gesellschaft ist: Abraham-Lincoln-Str. 46, 65189 Wiesbaden, Germany

Das Papier dieses Produkts ist recyclebar.

Vorwort zur 10. Auflage

Das vorliegende Lehrbuch „*Lohmeyer Praktische Bauphysik*“ erscheint nun in der 10. Auflage. Eine Überarbeitung war wiederum erforderlich geworden, da sich in der kurzen Zeit seit Erscheinen der 9. Auflage viele Normen und Vorschriften geändert haben. Beispielhaft seien hier die erhöhten Anforderungen beim Schallschutz nach DIN 4109-5, die neue Tageslichtnorm DIN 5034 und das Inkrafttreten des Gebäudeenergiegesetztes (GEG) genannt, das die Energieeinsparverordnung (EnEV) abgelöst hat. Zum Thema GEG wurden bewusst nur die wesentlichen Inhalte aufgenommen, da das Gesetzgebungsverfahren zum Zeitpunkt des Redaktionsschlusses im Juli 2023 noch nicht abgeschlossen war und weitere gravierende Änderungen – u. a. zur Anlagentechnik – zu erwarten sind. Außerdem wurden die bisherigen Inhalte zur Bilanzierung nach DIN V 4108 i. V. mit DIN V 4701-10 herausgenommen, da dieses Verfahren nur bis zum 31.12.2023 angewendet werden durfte.

Das bewährte Lehrbuch enthält wieder viele Beispiele, mit denen die zahlreichen Anforderungen und bauphysikalischen Nachweise im Selbststudium erarbeitet und nachvollzogen werden können. Es dient außerdem als wertvolles Nachschlagewerk zu den klassischen Gebieten Wärme, Feuchte, Akustik, Brand und Tageslicht.

Mit der 10. Auflage ist ein Wechsel bei den Autoren verbunden. Herr Matthias Post, der über viele Jahre als Co-Autor bis einschließlich zur 9. Auflage mitgewirkt hat und für viele Beiträge insbesondere zu den Themen des Wärme- und Feuchteschutzes verantwortlich war, scheidet aus. Als neue Co-Autorin konnte Frau *Saskia Windhausen* gewonnen werden, die als Professorin für Bauingenieurwesen und Bauphysik an der IU Internationale Hochschule in Köln tätig ist. Beide Autoren danken Herrn Matthias Post für seine langjährige Mitarbeit und das entgegengebrachte Vertrauen. Für die Mitwirkung bei der Durchsicht und Überprüfung des Manuskripts danken die Autoren Frau Lena Ronsdorf M.Sc. ganz herzlich.

Ein besonderer Dank geht an den Verlag Springer-Vieweg sowie an Frau Karina Danulat und Frau Annette Prenzer, die das Lektorat übernommen haben und stets mit wertvollen Hinweisen und Geduld unterstützend tätig waren.

Für Anregungen und Hinweise sind die Autoren dankbar.

Siegen und Köln, Deutschland
2023

Peter Schmidt
Saskia Windhausen

Inhaltsverzeichnis

1 Physikalische Grundlagen

Gebäude müssen verschiedenen Ansprüchen genügen. Im Wesentlichen wird erwartet: Die Gebäude sollen Menschen und Tieren bei großer Sicherheit umfangreichen Schutz gewähren, sie sollen den Bewohnern ein Wohlbefinden gestatten.

Die Bauten können diesen Aufgaben in vollem Umfang nur dann entsprechen, wenn sie einerseits fachgerecht gebaut und andererseits sinnvoll genutzt werden.

Baurechtlich verbindliche Mindestanforderungen enthalten die für den jeweiligen Arbeitsbereich zuständigen Baunormen. Darüber hinaus werden auch Vorschläge für erhöhte Anforderungen genannt, z. B. beim Wärmeschutz oder Schallschutz.

Gesetzliche Anforderungen an Bauprodukte und Bauarten sind in der Bauregelliste vorgeschrieben. Entsprechend den Landesbauordnungen wird unterschieden zwischen geregelten Bauprodukten (Bauregelliste A Teil 1), nicht geregelten Bauprodukten (Bauregelliste A Teil 2), nicht geregelten Bauarten (Bauregelliste A Teil 3) und sonstigen Bauprodukten (Bauregellisten B und C). Für geregelte Bauprodukte ergibt sich ihre Verwendbarkeit aus der Übereinstimmung mit den bekanntgemachten technischen Regeln. Für nicht geregelte Bauprodukte und Bauarten ergibt sich ihre Verwendbarkeit aus der Übereinstimmung mit der allgemeinen bauaufsichtlichen Zulassung oder dem allgemeinen bauaufsichtlichen Prüfzeugnis oder der Zustimmung im Einzelfall.

Allgemein anerkannte Regeln der Technik sind über die baurechtlichen Anforderungen hinaus zu beachten, damit in der Bauleistung aus zivilrechtlicher Sicht nicht ein Mangel gesehen wird. Die allgemein anerkannten Regeln der Technik sind im Sinne der Rechtsprechung solche technischen Regeln für Planung und Ausführung, die in der Wissenschaft als theoretisch richtig erkannt sind und feststehen, sowie im Kreis der für die Anwendung der betreffenden Regeln maßgeblichen, nach dem neuesten Erkenntnisstand vorgebildeten Technikern durchweg bekannt und aufgrund fortdauernder praktischer Erfahrung als richtig und notwendig anerkannt sind.

P. Schmidt, S. Windhausen, *Lohmeyer Praktische Bauphysik*,
https://doi.org/10.1007/978-3-658-42604-0_1

Tab. 1.1 Funktionen eines Gebäudes

Sicherheitsfunktionen	Schutzfunktionen	Gebrauchsfunktionen
Standsicherheit	Wärmeschutz	Nutzbarkeit
Feuersicherheit	Feuchteschutz	Zweckmäßigkeit
	Schallschutz	Bequemlichkeit
	Brandschutz	Wirtschaftlichkeit
Sicherheit für das menschliche Leben	Schutz der Gesundheit des Menschen	Angenehmer Gebrauch des Gebäudes
Sicherheit für den Bestand des Gebäudes	Schutz vor Bauschäden	Schutz vor Baumängeln

Gebäude, die für den dauernden Aufenthalt von Menschen bestimmt sind, sollen also die in Tab. 1.1 zusammengestellten Funktionen erfüllen können.

Bei versagender Sicherheit ist die Existenz des Gebäudes gefährdet. Es besteht damit große Gefahr für die Bewohner. Besondere Maßnahmen müssen das verhindern. Daher ist einerseits ein Standsicherheitsnachweis erforderlich (statische Berechnung), andererseits ist ein Nachweis ausreichender Feuersicherheit nötig.

Können die Schutzfunktionen durch ein Gebäude nicht genügend erfüllt werden, ist mit Bauschäden oder einer erheblichen Beeinträchtigung der Bewohner zu rechnen. Es ist daher die besondere Aufgabe der Bauphysik, vorwiegend diese Schutzfunktionen zu behandeln.

1.1 Allgemeines

Die Physik[1] ist eine Wissenschaft, die die grundlegenden Erscheinungen in der uns umgebenden Natur untersucht und erforscht. Sie beschäftigt sich auch mit den Eigenschaften der Stoffe und dem Aufbau der Körper, die an diesen Vorgängen beteiligt sind.

Durch Beobachtungen, Versuche und Messungen werden die Naturvorgänge gesetzmäßig erfasst und mathematisch dargestellt. Physikalische Vorgänge sind beispielsweise:

• Messen:	Längenmessen, Zeitmessen, Wiegen, Temperaturmessen;
• Mischen:	Auflösen, Verrühren, Zusammenschmelzen;
• Formen:	Biegen, Drehen, Fräsen, Hobeln, Pressen, Sägen, Walzen;
• Trennen:	Absetzen, Destillieren, Entmischen, Filtrieren, Sedimentieren, Sieben, Trocknen;
• Zerkleinern:	Mahlen, Schneiden;
• Verändern:	Aggregatzustand durch Erwärmen oder Abkühlen verändern, dadurch Schmelzen und Erstarren, Verdampfen und Kondensieren.

[1] Griechisch „physis“: Natur.

Teilgebiete der klassischen Physik sind z. B. Mechanik, Wärmelehre, Akustik, Optik, Elektrizität. Die Physik bildet gemeinsam mit der Chemie die Grundlage der Technik.

Die Chemie ist im Gegensatz dazu die Lehre von den Stoffen und den stofflichen Veränderungen. Sie befasst sich mit den Gesetzen, die für das Entstehen von Verbindungen aus den Elementen und umgekehrt für den Zerfall der Verbindungen in Elemente maßgebend sind. Chemische Vorgänge sind z. B. die chemischen Reaktionen:

• Analyse,	• Oxydation (Rosten),
• chemische Bindung,	• Reduktion,
• Hydratation (Wasserbindung),	• Synthese.

Die Bauphysik ist ein aus der Physik entwickeltes Teilgebiet, welches im weitesten Sinne alle physikalischen Fragen der Bautechnik klärt. Im engeren Sinne versteht man darunter den Wärme- und Feuchteschutz, den Schallschutz bzw. die Bauaukustik, die Raumakustik, die Versorgung von Räumen mit Tageslicht und den Brandschutz. Alle genannten Teilgebiete der Bauphysik werden in diesem Lehrbuch ausführlich behandelt.

Die Begriffe, die in der Physik benutzt werden, sind in besonderem Maße durch klare und genaue Begriffsbestimmungen gekennzeichnet. Begriffe und Bezeichnungen des täglichen Lebens sind oft recht ungenau und müssen daher für das Gebiet der Physik eindeutig festgelegt werden. Es ist deshalb unumgänglich, die „physikalische Fachsprache" zumindest so weit anzuwenden, wie es das Vermeiden von Missverständnissen erfordert.

Für die „bautechnische Fachsprache" gibt es ebenfalls klare Regeln, die allerdings häufig nicht beachtet werden. Da im allgemeinen Sprachgebrauch einheitliche Begriffe zu benutzen sind, werden einige Schutzmaßnahmen des Bauens in Tab. 1.2 erläutert.

Tab. 1.2 Schutzmaßnahmen in der bautechnischen Fachsprache

Schutzmaßnahme	Erläuterung und Beispiele
Dämmen	Schutzmaßnahme gegen Temperatur- und gegen Schalleinflüsse. Gegen Wärme und Schall wird *gedämmt.* *Bezeichnungen:* Wärmedämmung, Schalldämmung, Dämmstoff, Dämmschicht.
Sperren, Abdichten	Schutzmaßnahme gegen Feuchtigkeit. Gegen Feuchtigkeit wird *gesperrt* oder auch *abgedichtet.* *Bezeichnungen:* Feuchtigkeitssperre, Dampfsperre, Sperrschicht, Dichtungsschicht, Dichtungsbahn, Dachabdichtung.
Isolieren	Schutzmaßnahme gegen elektrischen Strom Gegen Elektrizität wird *isoliert.* *Bezeichnungen:* Isolierung eines Kabels (niemals „Isolierung" für eine Dämmschicht oder Sperrschicht verwenden), isolierter Draht, Isolierband.

1.2 Physikalische Größen und Einheiten

Die meisten physikalischen Naturgesetze können durch mathematische Beziehungen ausgedrückt werden. Für die Darstellung physikalischer Zusammenhänge verwendet man physikalische Größen. Darunter sind messbare Eigenschaften der physikalischen Objekte oder Vorgänge zu verstehen. Die physikalischen Basisgrößen (Grundgrößen) sind:

• Länge	• Stoffmenge
• Zeit	• Lichtstärke
• Masse	• Temperatur
• Stoffmenge	

Von diesen sieben Basisgrößen lassen sich alle anderen physikalischen Größen ableiten. Es sind dann abgeleitete Größen.

Eine wesentliche Aufgabe der Physik ist das Messen. Dazu gehören neben Messgeräten auch die entsprechenden Maße mit ihren Maßeinheiten. Es werden nur Einheiten benutzt, die im **internationalen Einheitensystem** festgelegt sind.

Dieses sind die **SI-Einheiten** (Systeme International d'Unités). Die Basiseinheiten (Grundeinheiten) des Internationalen Einheitensystems (SI) sind in Tab. 1.3 zusammengestellt.

Das Messen einer physikalischen Größe geschieht durch den Vergleich mit einer Einheit. Aus den vorgenannten **Basiseinheiten** können weitere Einheiten abgeleitet werden. Es sind dann **abgeleitete Basiseinheiten.**

Eine Einheit kann grundsätzlich beliebig gewählt werden, sie muss jedoch von der gleichen Art wie die zu messende Größe sein. Es können Längen daher nur in Längeneinheiten gemessen werden (z. B. Meter, Zentimeter, Kilometer), und Zeiten kann man nur in Zeiteinheiten angeben (z. B. Sekunden, Stunden, Tage). Da physikalische Größen unterschiedlich groß sind, benötigt man einen Zahlenwert. Jede physikalische Größe ist das Produkt aus einem Zahlenwert und einer Einheit.

Die in Tab. 1.4 genannten Vorsätze sind nicht anwendbar für Winkeleinheiten (Vollwinkel, Rechter Winkel, Grad, Minute, Sekunde) und auch nicht für Zeiteinheiten (Minute, Stunde, Tag, Jahr).

Tab. 1.3 SI-Basiseinheiten für physikalische Grundgrößen. (DIN 1301-1)

Physikalische Basisgröße (Grundgröße)	Basiseinheit (Grundeinheit)	
	Name	Zeichen
Länge	der Meter (auch: das Meter)	m
Masse	das Kilogramm	kg
Zeit	die Sekunde	s
Stromstärke	das Ampere	A
Temperatur	das Kelvin	K
Stoffmenge	das Mol	mol
Lichtstärke	die Candela	cd

Tab. 1.4 Vorsätze für Einheiten. (DIN 1301-1)

Zehnerpotenz	Vorsatz	Kurzzeichen	Bedeutung
10^{12}	Tera	T	1.000.000.000.000
10^{9}	Giga	G	1.000.000.000
10^{6}	Mega	M	1.000.000
10^{3}	Kilo	k	1000
10^{2}	Hekto	h	100
10	Deka	da	10
10^{-1}	Dezi	d	0,1
10^{-2}	Zenti	c	0,01
10^{-3}	Milli	m	0,001
10^{-6}	Mikro	µ	0,000.001
10^{-9}	Nano	n	0,000.000.001
10^{-12}	Piko	p	0,000.000.000.001

Physikalische Gleichungen Die Verbindung physikalischer Größen geschieht mit mathematischen Gleichungen. Diese Gleichungen sind Größengleichungen. Darin wird jede physikalische Größe durch eine Kurzbezeichnung dargestellt. Diese Kurzbezeichnung ist das Formelzeichen, z. B. l für Länge oder t für Zeit. Mit diesen physikalischen Größen kann normal gerechnet werden, man kann sie beispielsweise multiplizieren oder dividieren. Für diese Formelzeichen benutzt man lateinische oder griechische Buchstaben, die stets in kursiver Schrift gedruckt werden (l für Länge, t für Zeit). Die Einheitenzeichen werden stets in senkrechter Schrift gedruckt (m für Meter, s für Sekunde).

Beispiele zu physikalischen Gleichungen

1. Ein Grundstück hat eine Länge von 30 m und eine Breite von 12 m. Die Fläche A des Grundstücks wird aus der Länge l mal der Breite b berechnet.

$$\text{Fläche } A = \text{Länge } l \text{ mal Breite } b$$
$$A = l \cdot b$$
$$A = 30\ \text{m} \cdot 12\ \text{m}$$
$$A = 360\ \text{m}^2$$

   Das Grundstück hat also eine Fläche von 360 m² (Meter hoch zwei).
2. Wenn eine Länge von 200 m in einer Zeit von 25 s zurückgelegt wird, kann daraus die Geschwindigkeit errechnet werden.

   Geschwindigkeit v = Länge l geteilt durch Zeit t

$$v = \frac{l}{t} \ (\text{sprich}: v \text{ ist gleich } l \text{ durch } t)$$

$$v = \frac{200\ \text{m}}{25\ \text{s}}$$

$$v = 8\,\frac{\text{m}}{\text{s}}$$

Die durchschnittliche Geschwindigkeit beträgt also 8 m pro Sekunde. ◄

Bei der Erklärung der physikalischen Größen wird in den folgenden Abschnitten auf eine wissenschaftliche Begriffsbestimmung bewusst nur soweit Wert gelegt, wie es für die Bautechnik nötig erscheint. Es können sich dadurch zwar Unvollständigkeiten ergeben, das Verstehen des Gebiets der Bauphysik wird dadurch jedoch nicht erschwert. Die Vereinfachungen sollen das Verständnis und die Anwendung in der Praxis erleichtern.

1.3 Länge *l*

Die Länge (Formelzeichen: *l*) ist eine physikalische Basisgröße. Grundlage für Längenmessungen ist der Meter. Früher wurden verschiedene Längeneinheiten verwendet (Fuß, Elle usw.). Bereits 1875 einigten sich 19 Staaten darauf, als gemeinsame Längeneinheit den Meter einzuführen. Der Meter sollte gleich dem 10-millionsten Teil eines Längengrades zwischen Pol und Äquator sein; das ist ein Viertel des Erdumfanges. Nach „genauen“ Messungen wurde ein Maßstab aus Platin-Iridium angefertigt, der als internationaler Prototyp des Meters galt (Urmeter). Neuere Messungen ergaben für den Erdmeridian eine Länge von 40.008.005 m ≈ 40.008 km.

Nach DIN 1301 gilt entsprechend der „Generalkonferenz für Maß und Gewicht“ 1983 folgende (recht unvorstellbare) Begriffsbestimmung für den Meter:

- Der Meter ist die Länge der Strecke, die das Licht im Vakuum während der Dauer von (1/299.792.458) Sekunden durchläuft.

Die Einheit für die Länge ist der Meter (Einheitenzeichen: m). Der Meter ist eine SI-Basiseinheit.

Aus der Einheit Meter können durch Vorsätze (Tab. 1.4) größere und kleinere Einheiten gebildet werden. Beispiele enthält Tab. 1.5.

Tab. 1.5 Meter und andere Einheiten der Länge *l*

Name der Einheit	Kurzzeichen	Zusammenhang mit der Einheit Meter			
Kilometer	km	1 km = 10^3 m	=	1000 m	eintausend Meter
Dezimeter	dm	1 dm = 10^{-1} m	=	1/10 m	ein zehntel Meter
Zentimeter	cm	1 cm = 10^{-2} m	=	1/100 m	ein hundertstel Meter
Millimeter	mm	1 mm = 10^{-3} m	=	1/1000 m	ein tausendstel Meter
Mikrometer	µm	1 µm = 10^{-6} m	=	1/1.000.000 m	ein millionstel Meter
Nanometer	nm	1 nm = 10^{-9} m	=	1/1.000.000.000 m	ein milliardstel Meter

Zum Messen von Längen verwendet man unter anderem: Messstäbe (Meterstab, „Zollstock"), Bandmaße, Messlatten, Schieblehren, Mikrometerschrauben, Messuhren, optische Geräte.

In der Bautechnik wird oft nur mit einer Genauigkeit von 1 mm gearbeitet. Vielfach genügen jedoch Genauigkeiten von einem halben Zentimeter, besonders bei großen Abmessungen.

1.3.1 Fläche

Die Fläche ist eine abgeleitete physikalische Größe, die sich beispielsweise bei der Form eines Rechtecks aus Länge a mal Breite b ergibt. Die Fläche wird mit A bezeichnet (Fläche = englisch area). Eine Fläche ist ein zweidimensionales Gebilde, sie kann eben oder beliebig gekrümmt sein, hat aber keinen Rauminhalt. Flächen erster Ordnung sind die Ebenen. Flächen zweiter Ordnung sind gekrümmte Flächen: z. B. die Oberflächen von Kugel, Kegel, Zylinder oder einem beliebigen Körper.

Der Flächeninhalt ist ein Maß für die Größe einer Fläche.

Beispiele für Flächeninhalte *A*

Quadrat	Seitenlänge a	$A = a^2$
Rechteck	Seitenlänge a und b	$A = a \cdot b$
Parallelogramm	Seitenlänge a, Höhe h rechtwinklig zu a	$A = a \cdot h$
Trapez	zueinander parallele Seiten a und c Höhe h rechtwinklig zu a und c	$A = ½\,(a + c) \cdot h$
Dreieck	Grundseite a, Höhe h rechtwinklig zu a	$A = ½ \cdot a \cdot h$
Kreis	Radius r	$A = \pi \cdot r^2$
Kugeloberfläche	Radius r	$A = 4 \cdot \pi \cdot r^2$

Die Flächeninhalte unregelmäßiger Vielecke können durch Unterteilung in Dreiecke berechnet werden. Bei völlig unregelmäßig begrenzten Flächen kann die Flächenermittlung mit einem Planimeter erfolgen.

Die Einheit für den Flächeninhalt ist der Quadratmeter (Einheitszeichen: m^2). Der Quadratmeter ist eine abgeleitete SI-Einheit.

Außerdem ist eine gesetzliche Einheit zur Angaben der Flächen von Grundstücken das Ar mit dem Einheitenzeichen a.

1 a	(Ar)	= 100 m^2	= 10 m · 10 m
1 ha	(Hektar)	= 100 a	= 10.000 m^2 = 100 m · 100 m

◄

1.3.2 Volumen

Das Volumen ist eine abgeleitete physikalische Größe. Das Volumen ist der räumliche Inhalt eines Körpers. Der Rauminhalt wird mit V bezeichnet (Rauminhalt = lateinisch Volumen). Der Rauminhalt ist ein Maß für die Größe eines Körpers oder für die Ausdehnung eines Stoffes.

Beispiele für Rauminhalte *V*

Würfel	Seitenlänge a	$V = a^3$
Prisma	Seitenlänge a, b, c	$V = a \cdot b \cdot c$
Pyramide	Grundfläche A, Höhe h	$V = 1/3 \cdot A \cdot h$
Kegel	Radius r, Höhe h	$V = 1/3 \cdot \pi \cdot r^2 \cdot h$
Kugel	Radius r	$V = 4/3 \cdot \pi \cdot r^3$

Die Einheit für den Rauminhalt ist der Kubikmeter (Einheitenzeichen: m^3). Der Kubikmeter ist eine abgeleitete SI-Einheit.

Als Maß für den Rauminhalt ist außerdem der Liter mit dem Einheitenzeichen l gesetzlich zugelassen. Zusätzlich werden dezimale Vielfache und Teile mit Vorsätzen gebildet:

1 l	(Liter)	= 1 dm^3	
1 hl	(Hektoliter)	= 100 l	= 0,1 m^3
1 dl	(Deziliter)	= 1/10 l	= 0,1 l
1 ml	(Milliliter)	= 1/1000 l	= 0,001 l = 1 cm^3

Das Volumen unregelmäßiger, fester Körper kann durch Messung in einer Flüssigkeit oder mit einem Überlaufgefäß bestimmt werden. ◄

1.4 Zeit *t*

Die Zeit ist eine physikalische Basisgröße. Sie wird mit dem Formelzeichen t abgekürzt (Zeit = lateinisch tempus und englisch time). Um Verwechslungen mit der Temperatur T zu vermeiden, wird für die Zeit stets der kleine Buchstabe t gewählt.

Grundlage für Zeitmessungen ist die Sekunde. Die von der Natur gelieferte Zeiteinheit ist der Tag bzw. das Jahr. Der Tag ist die Zeit für eine Drehung der Erde um ihre Achse bzw. das Jahr für einen Umlauf der Erde um die Sonne. Die durchschnittliche Zeit eines Sonnentages wurde in 2 mal 12 h geteilt, eine Stunde in 60 min und eine Minute in 60 s. Somit ist eine Sekunde der 86.400ste Teil eines mittleren Sonnentages.

Tab. 1.6 Sekunde und andere Einheiten der Zeit *t*

Name der Einheit	Kurzzeichen	Zusammenhang mit der Einheit Sekunde	Name der Einheit
Jahr	a	1 a	= 365 · 24 h = 8760 h
Tag	d	1 d	= 24 h; 1 d = 24 · 60 · 60 s = 86.400 s
Stunde	h	1 h	= 60 min; 1 h = 60 · 60 s = 3600 s
Minute	min	1 min	= 60 s
Sekunde	s	1 s	= 10^3 ms = 1000 ms
Millisekunde	ms	1 ms	= 10^{-3} s = 1/1000 s

Nach DIN 1301 gilt entsprechend der „Generalkonferenz für Maß und Gewicht" folgende Begriffsbestimmung für die Sekunde:

- Die Sekunde ist das 9.192.631.770-fache der Periodendauer der dem Übergang zwischen den beiden Hyperfeinstrukturniveaus des Grundzustandes von Atomen des Nuklids 133Cs entsprechenden Strahlung.

Die Einheit für die Zeit ist die Sekunde (Einheitenzeichen: s). Die Sekunde ist eine SI-Basiseinheit. Beispiele für andere Einheiten der Zeit zeigt (Tab. 1.6).

Zum Messen und Vergleichen der Zeit benutzt man Uhren, die geregelt werden durch gleichbleibende Dauer von Pendelschwingungen (Pendeluhren) oder Drehschwingungen (Armbanduhren, Federuhren) oder durch die Schwingungsdauer eines elektrisch aufgeladenen Quarzes (Quarzuhren).

Beispiele zu Angaben der Zeit

1. Die Angabe 5 h bedeutet immer eine *Zeitspanne* von 5 h.
2. Die Angabe 5 h gibt einen *Zeitpunkt* an, nämlich 5 Uhr.
3. Die Schreibweise 4 h 35 min 16 s bezeichnet eine Zeitspanne von 4 h, 35 min und 16 s = 16.516 s.
4. Die Bezeichnung 4 h 35 min 16 s nennt den Zeitpunkt, also die Uhrzeit. Bei solch gemischten Schreibweisen ist es zulässig, statt des Zeichens min verkürzt m zu schreiben, also 4 h 35 m 16 s
5. Eine Zeitspanne von 6 h 30 min ist auch mit 6,5 h anzugeben, denn es sind 6 h und 30/60 h bzw. 6 h und 0,5 h. ◄

1.4.1 Geschwindigkeit *v*

Die Geschwindigkeit ist eine aus der Länge und der Zeit abgeleitete physikalische Größe. Sie wird mit dem Formelzeichen *v* abgekürzt (Geschwindigkeit = englisch velocity). Es wird stets der kleine Buchstabe *v* gewählt, damit Verwechselungen mit dem Volumen *V* ausgeschlossen sind.

Ein Gegenstand, der eine Strecke in einer bestimmten Zeit zurücklegt, hat dabei eine entsprechende Geschwindigkeit v. Die Länge l wird hierbei auf die Zeit t bezogen; Länge und Zeit stehen miteinander in Beziehung.

Die Einheit für die Geschwindigkeit ist der Meter pro Sekunde (Einheitenzeichen: m/s). Diese Einheit ist eine abgeleitete SI-Einheit.

$$\textbf{Geschwindigkeit}\ v = \frac{\textbf{Länge}\ \boldsymbol{l}\ \text{in Meter}}{\textbf{Zeit}\ \boldsymbol{t}\ \text{in Sekunden}} \quad v = \frac{l}{t}\ \text{in}\ \frac{\text{m}}{\text{s}} \tag{1.1}$$

Unter einer gleichbleibenden Geschwindigkeit v versteht man das Verhältnis der zurückgelegten Strecke l zu der dafür benötigten Zeit t (Abb. 1.1 und 1.2).

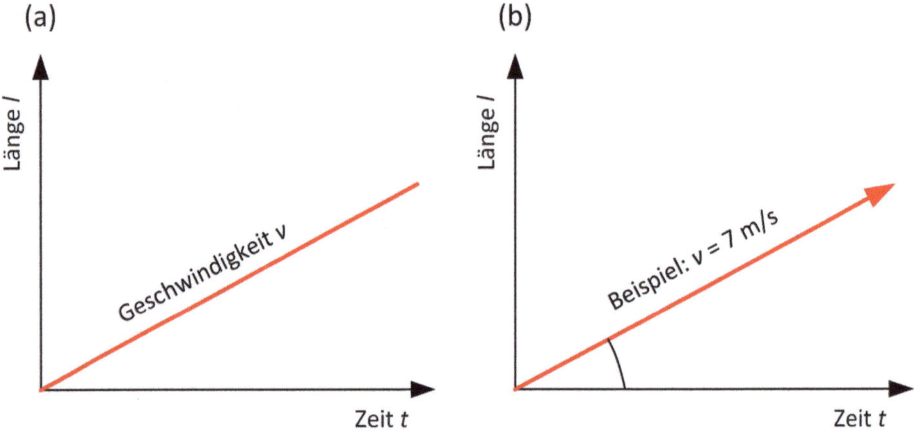

Abb. 1.1 Darstellung der Geschwindigkeit. (**a**) Weg-Zeit-Diagramm einer gleichbleibenden Geschwindigkeit: Das Verhältnis von zurückgelegtem Weg l und vergangener Zeit t ist stets gleich. (**b**) Die Geschwindigkeit kann als Vektor dargestellt werden. Hierzu gehören außer Zahlenwert mit Einheit auch die Richtung

Abb. 1.2 Weg-Zeit-Diagramm einer gleichbleibenden Geschwindigkeit: Größere Geschwindigkeiten sind bei gleichem Maßstab steiler als kleinere Geschwindigkeiten

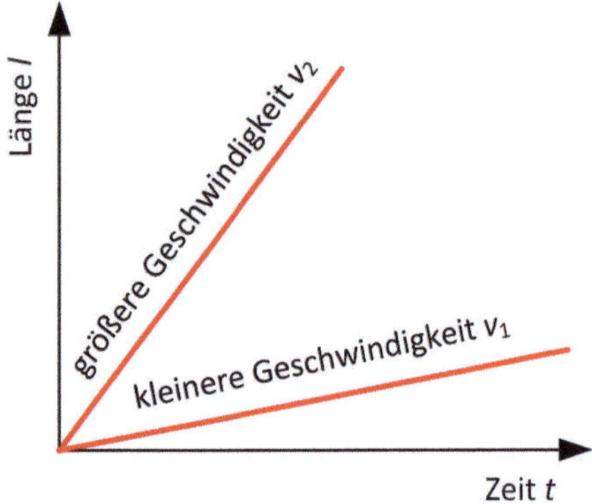

Tab. 1.7 Einheiten der Geschwindigkeit v

Name der Einheit	Kurzzeichen	Zusammenhang mit der Einheit Meter pro Sekunde
Meter pro Sekunde	m/s	1 m/s = 3,6 km/h
Meter pro Minute	m/min	$1\ \text{m/min} = \frac{1}{60}\ \text{m/s} \approx 0{,}017\ \text{m/s}$
Meter pro Stunde	m/h	$1\ \text{m/h} = \frac{1}{3600}\ \text{m/s}$
Kilometer pro Sekunde	km/s	1 km/s = 1000 m/s
Kilometer pro Minute	km/min	$1\ \text{km/min} = \frac{1000}{60}\ \text{m/s} \approx 16{,}67\ \text{m/s}$
Kilometer pro Stunde	km/h	$1\ \text{km/h} = \frac{1}{3{,}6}\ \text{m/s} \approx 0{,}28\ \text{m/s}$

Eine Geschwindigkeit kann auch in der Einheit Kilometer durch Stunde (oder Kilometer pro Stunde) angegeben werden. Sie wird dann angegeben mit dem Einheitszeichen km/h.

Da 1 km = 1000 m und 1 h = 3600 s sind, erhält man für die Umrechnung

$$1\ \text{m/s} = 3{,}6\ \text{km/h} \tag{1.2}$$

Weitere Einzelheiten der Geschwindigkeit im Vergleich zur Einheit m/s enthält (Tab. 1.7).

Beispiele zu Angaben der Geschwindigkeit

1. Ein Personenwagen legt die Entfernung vom Kilometerstein 36,5 bis zum Kilometerstein 38,5 in einer Minute zurück. Die Geschwindigkeit berechnet sich wie folgt.

Länge	$l = 38{,}5\ \text{km} - 36{,}5\ \text{km} = 2{,}0\ \text{km}$
Zeit	$t = 1\ \text{min} = \frac{1}{60}\ \text{h}$
Geschwindigkeit	$v = \frac{l}{t} = \frac{2{,}0\ \text{km}}{\frac{1}{60}\ \text{h}} = 120\ \text{km/h}$

Umrechnung in die abgeleitete SI-Einheit m/s:

Geschwindigkeit	$v = 120\ \text{km/h} : 3{,}6\ \frac{\text{km/h}}{\text{m/s}} = \frac{120}{3{,}6} = \frac{100}{3}\ \text{m/s}$
	$v = 33\ \frac{1}{3}\ \text{m/s}$

2. Ein Kran hebt auf einer Baustelle eine Last in 20 s von der 2. Obergeschossdecke (+56,8 m) auf die Decke über dem 5. Obergeschoss (+67,0 m).
   Die Strecke l beträgt

$$l = 67{,}0\ \text{m} - 56{,}8\ \text{m} = 10{,}2\ \text{m}$$

   Die durchschnittliche Geschwindigkeit v berechnet sich zu:

$$v = \frac{l}{t} = \frac{10{,}2\ \text{m}}{20\ \text{s}} = 0{,}51\ \text{m/s}$$

◄

Bei den errechneten Geschwindigkeiten handelt es sich um „durchschnittliche" Geschwindigkeiten. Die Gegenstände sind dabei mit gleichbleibender Geschwindigkeit bewegt worden. Man spricht in diesen Fällen von einer gleichförmigen und geradlinigen Bewegung. Aber nur selten erfolgt eine Bewegung tatsächlich gleichförmig. Die Geschwindigkeit ändert sich, wenn die Bewegung des Gegenstandes beschleunigt oder verzögert wird.

Aus physikalischer Sicht haben zwei Geschwindigkeiten große Bedeutung: die Schallgeschwindigkeit und die Lichtgeschwindigkeit.

Die **Schallgeschwindigkeit** ist abhängig von dem Medium, in dem sich die Schallwellen ausbreiten. Die Schallgeschwindigkeit ist in der Luft geringer als im Wasser, in festen Stoffen ist sie im Allgemeinen wesentlich größer. Sie beträgt bei 0 °C etwa:

- 330 m/s in der Luft
- 1400 m/s im Wasser
- 5100 m/s in Stahl

Die **Lichtgeschwindigkeit** ist die gleiche Geschwindigkeit, mit der sich elektromagnetische Wellen ausbreiten. Sie ist die Grenzgeschwindigkeit für die Ausbreitung von Wirkungen, sie ist damit auch die höchste Geschwindigkeit für Bewegungen überhaupt. Die Lichtgeschwindigkeit beträgt im Vakuum und in der Luft etwa 300.000 km/s (im Wasser ≈ 225.000 km/s). Mit Hilfe der Lichtgeschwindigkeit werden die Entfernungen von Himmelskörpern bestimmt: Die Strecke, die das Licht innerhalb eines Jahres zurücklegt, wird als Lichtjahr Lj bezeichnet. Ein Lichtjahr gibt etwa die Länge von $9{,}46 \cdot 10^{12}$ km an.

1.4.2 Beschleunigung *a*

Die Beschleunigung ist eine abgeleitete physikalische Größe. Sie wird mit dem Formelzeichen a abgekürzt (Beschleunigung = englisch und lateinisch acceleration). Ein Gegenstand, dessen Geschwindigkeit geändert wird, erfährt eine Beschleunigung. Man bezeichnet die Beschleunigung als positiv, wenn die Geschwindigkeit größer wird (z. B. beim

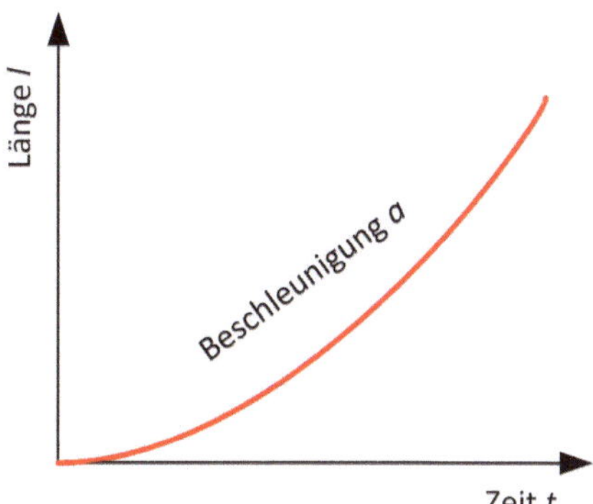

Abb. 1.3 Weg-Zeit-Diagramm einer gleichmäßig beschleunigten Bewegung: Die Geschwindigkeit wird im Laufe der Zeit größer, die Kurve ist steiler

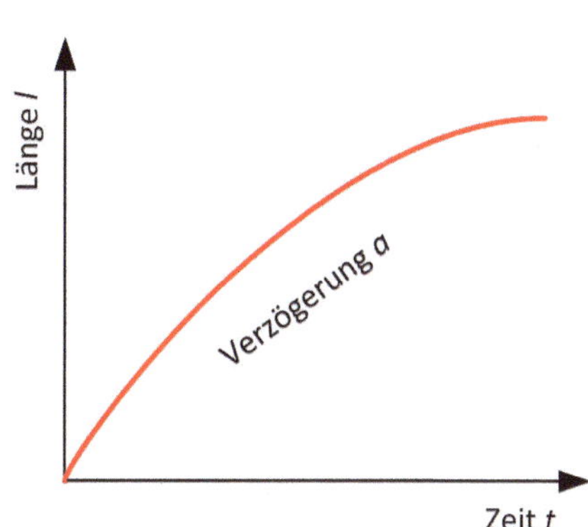

Abb. 1.4 Weg-Zeit-Diagramm einer gleichmäßig verzögerten Bewegung: Die Geschwindigkeit wird im Laufe der Zeit geringer, die Kurve ist flacher

Gasgeben in einem Auto) (Abb. 1.3). Eine geringer werdende Geschwindigkeit ist eine negative Beschleunigung, eine Verzögerung (z. B. beim Bremsen eines Autos) (Abb. 1.4). Sie wird mit einem Minuszeichen gekennzeichnet.

Die Beschleunigung ist die Geschwindigkeitsänderung v in einer Zeitspanne Δt. Δ (Delta) ist das Zeichen für die Änderung oder den Teil einer physikalischen Größe. Es gilt:

$$\textbf{Beschleunigung } a = \frac{\textbf{Geschwindigkeitsänderung } v \text{ in Meter pro Sekunde}}{\textbf{Zeitspanne } \Delta t \text{ in Sekunden}}$$

Damit erhält man für die Beschleunigung eine abgeleitete SI-Einheit.

Die Einheit für die Beschleunigung ist der Meter durch Sekunde hoch zwei (Einheitenzeichen: m/s^2).

$$a = \frac{v}{t} \text{ in } \frac{\text{m/s}}{\text{s}} \text{ oder } a = \frac{l}{t^2} \text{ in } \frac{\text{m}}{\text{s}^2} \tag{1.3}$$

1. **Meter durch Sekundenquadrat ist gleich der Beschleunigung eines Körpers, dessen Geschwindigkeit sich während einer Sekunde gleichmäßig um 1 m/s ändert.**

Die Geschwindigkeit eines Gegenstandes, der aus der Ruhe heraus gleichmäßig beschleunigt wird, nimmt gleichmäßig zu. Die mittlere Geschwindigkeit v_m in einer bestimmten Zeitspanne ist halb so groß wie die Geschwindigkeit v_e am Ende der Zeitspanne, wenn der Gegenstand bis dahin gleichmäßig beschleunigt wurde:

$$v_{\mathrm{m}} = \frac{v_{\mathrm{e}}}{2} \tag{1.4}$$

Da die Geschwindigkeit gleichmäßig mit der Zeit zunimmt, gilt für die mittlere Geschwindigkeit:

$$v_{\mathrm{m}} = \frac{1}{2} \cdot a \cdot t \tag{1.5}$$

Es ist gleichgültig, ob ein Gegenstand in einer Zeit t einen Weg l mit veränderlicher Geschwindigkeit oder mit gleichbleibender mittlerer Geschwindigkeit zurücklegt. Der in der Zeit zurückgelegte Weg ist dabei gleichgroß:

$$l = v_{\mathrm{m}} \cdot t \text{ oder } l = \left(\frac{1}{2} \cdot a \cdot t \right) \cdot t$$

Ein aus der Ruhe gleichmäßig beschleunigter Körper hat nach der Zeit t den Weg l zurückgelegt:

$$\boldsymbol{l = \frac{1}{2} \cdot a \cdot t^2} \tag{1.6}$$

Schwerkraft, Gravitation und Fallbeschleunigung

Alle Körper, die sich im Schwerefeld der Erde befinden, werden von der Erde angezogen. Die von der Erde auf die Masse der Körper ausgeübte Kraft wird als *Schwerkraft* bezeichnet. Unter der Schwerkraft ist also diejenige Kraft zu verstehen, mit der ein Körper von der Erde angezogen wird. Die Schwerkraft stellt für einen Körper *keine* charakteristische Eigenschaft dar.

Die Schwerkraft wird auch *Gravitation* genannt. Frei bewegliche Körper erfahren als Folge der Gravitation eine beschleunigte Bewegung in Richtung des Erdmittelpunktes, die Körper fallen nach „unten“. Dies ist die *Fallbeschleunigung*. Die Fallbeschleunigung ist zwar ortsabhängig, sie aber für alle Körper am selben Ort gleichgroß. Mit größerem Abstand vom Erdmittelpunkt nimmt die Fallbeschleunigung ab. Sie beträgt wegen der Abplattung der Erde und der Drehung um ihre Achse in Meereshöhe:

- 9,81 m/s^2 am 45. Breitengrad,
- 9,78 m/s^2 am Äquator,
- 9,83 m/s^2 am Nord- und Südpol.

Die Fallbeschleunigung am 45. Breitengrad in Meereshöhe wird als *Normfallbeschleunigung* g_n bezeichnet. Die Normfallbeschleunigung hat folgenden genauen Wert:

$$\boldsymbol{g_\mathrm{n} = 9{,}80665\ \mathrm{m/s^2}} \quad (1.7)$$

In der Technik wird oft nur mit einem Näherungswert der Fallbeschleunigung gerechnet:

$$\boldsymbol{g_\mathrm{n} \approx 10\ \mathrm{m/s^2}} \quad (1.8)$$

Der Luftwiderstand wird hierbei nicht berücksichtigt. Im luftleeren Raum fallen alle Körper gleich schnell, da sie die gleiche Fallbeschleunigung erfahren.

Gleiche Gesetzmäßigkeiten gelten auch auf anderen Himmelskörpern. Allerdings ist dort die Fallbeschleunigung eine andere. Auf dem Mond beträgt die Fallbeschleunigung beispielsweise nur etwa 1/6 der Erdbeschleunigung:

$$g_\mathrm{Mond} \approx {}^1\!/_6\ g_\mathrm{Erde} \quad (1.9)$$

Die Gravitation ist auch die wechselseitige Anziehungskraft, die insbesondere massereiche Körper aufeinander ausüben. Dadurch wird die Umlaufbahn der Erde und der anderen Planeten um die Sonne bestimmt, ebenso die Umlaufbahn des Mondes um die Erde.

Mit dem *Gravitationsgesetz* von Newton[2] konnten die Gesetze der Planetenbewegung mathematisch bestätigt werden, die schon vorher von Kepler[3] entdeckt wurden.

Geschwindigkeit und zurückgelegter Weg

Ein aus dem Ruhezustand frei fallender Gegenstand hat nach der Zeit t die Geschwindigkeit v erreicht:

$$v = \boldsymbol{g_\mathrm{n}} \cdot t \quad (1.10)$$

Er legt dabei den Weg l zurück:

$$\boldsymbol{l = \frac{1}{2} \cdot g_\mathrm{n} \cdot t^2} \ \text{ oder } \ \boldsymbol{l = \frac{g_\mathrm{n}}{2} \cdot t^2} \quad (1.11)$$

Aus beiden Gleichungen kann eine weitere Gleichung zum Berechnen der Geschwindigkeit v entwickelt werden:

$$v = \sqrt{\boldsymbol{2\ g_\mathrm{n} \cdot l}} \quad (1.12)$$

Umgewandelt erhält man für den zurückgelegten Weg:

$$\boldsymbol{l = \frac{v^2}{2 g_\mathrm{n}}} \quad (1.13)$$

[2] Sir Isaac Newton, englischer Physiker und Mathematiker, 1643–1727.

[3] Johannes Kepler, deutscher Astronom, 1571–1630.

Beispiele zu Angaben der Beschleunigung

1. Ein Stein wird von einer Brücke ins Wasser fallen gelassen. Die Zeit vom Loslassen des Steins bis zum Aufschlagen aufs Wasser beträgt 4 s. Die Fallstrecke wird berechnet.

$$l = \frac{g_n}{2} \cdot t^2 = \frac{9{,}81}{2}\,\mathrm{m/s^2} \cdot (4\,\mathrm{s})^2 \approx 78\,\mathrm{m}$$

   Hinweis: Der tatsächliche Höhenunterschied wird geringer sein, da der Luftwiderstand den Stein langsamer fallen lässt.

2. Die Endgeschwindigkeit v_e des fallenden Steins beim Aufschlagen auf dem Wasser wird berechnet.

$$v_e = \frac{2\,l}{t} = \frac{2 \cdot 78\,\mathrm{m}}{4\,\mathrm{s}} = 39\,\mathrm{m/s} \approx 140\,\mathrm{km/h}$$

3. Mit welcher Fallhöhe ist die Geschwindigkeit eines Autos zu vergleichen, der 50 km/h fährt?

$$v_e = 50\,\mathrm{km/h} = \frac{50}{3{,}6}\,\mathrm{m/s} \approx 14\,\mathrm{m/s}$$

$$l = \frac{v_e^2}{2\,g_n} = \frac{(14\,\mathrm{m/s})^2}{2 \cdot 9{,}81\,\mathrm{m/s^2}} \approx 10\,\mathrm{m}$$

   Das bedeutet, dass ein Fahrzeug mit einer Geschwindigkeit von 50 km/h bei einem Unfall den gleichen Aufschlag verursacht, als wenn es 10 m frei fallen würde. Nicht angeschnallte mitfahrende Personen werden mit der gleichen Kraft gegen die Karosserie oder die Windschutzscheibe geschleudert, mit der sie bei einem Sprung in 10 m Tiefe landen würden. ◄

1.5 Masse *m*

Die Masse (Formelzeichen: *m*) ist eine physikalische Basisgröße. Sie stellt eine wichtige Grundeigenschaft aller Körper dar. Die Masse eines Körpers hängt von seinem Volumen und der Art des Stoffes ab, aus dem der Körper besteht. Sie bleibt beim Transport von einem Ort zum anderen stets unverändert, mit ihr widersetzt sich jedoch der Körper einer Bewegungsänderung. Die Masse eines Körpers ist für uns von Bedeutung bei der Nutzung der Rohstoffe unserer Erde sowie beim Kauf von Waren.

Die Masse eines Körpers ist messbar. Dabei nutzt man zwei Eigenschaften aller Körper aus: die Schwere und die Trägheit der Körper.

Die **Schwere** eines Körpers ist dessen Eigenschaft, von der Erde angezogen zu werden.

Die **Trägheit** eines Körpers ist dessen Eigenschaft, jeder Ortsveränderung und Geschwindigkeitsänderung einen Widerstand entgegenzusetzen. Unter der Trägheit eines Körpers versteht man also sein Beharrungsvermögen.

Früher wurden verschiedene Einheiten für die Masse verwendet (z. B. Zentner, Pfund, usw.). Schon 1889 wurde eine international einheitliche Festlegung getroffen. Danach stimmt die Masse eines Kilogramms überein mit der Masse, die in einem Liter Wasser von 4 °C größter Dichte enthalten ist.

Nach DIN 1301 gilt entsprechend der „Generalkonferenz für Maß und Gewicht" folgende Begriffsbestimmung für das Kilogramm:

- Das Kilogramm ist die Einheit der Masse; es ist gleich der Masse des Internationalen Kilogrammprototyps.

Die Einheit für die Masse ist das Kilogramm (Einheitenzeichen: kg). Das Kilogramm ist eine SI-Basiseinheit.

Weitere Einheiten der Masse können durch Vorsätze gebildet werden (Tab. 1.8).

Das metrische Karat (Einheitenzeichen Kt) ist ein besonderer Name für den fünftausendstel Teil des Kilogramms. Das Karat wird bei den Angaben der Masse von Edelsteinen verwendet.

$$1\ \text{Kt} = 1/5000\ \text{kg} = 0{,}2\ \text{g} \tag{1.14}$$

Zum Messen der Masse benutzt man Waagen. Den Vorgang der Massenmessungen nennt man *Wägung*. Die beim Wägen ermittelte Masse des Körpers wird auch sein Gewicht genannt.

Zum Wägen oder zum Eichen einer Waage benötigt man einen Wägesatz. Dazu werden von dem Kilogramm-Prototyp Nachbildungen hergestellt und Untereinheiten geschaffen.

Bei der Prüfung von Baustoffen wird im Allgemeinen mit einer Genauigkeit von 10 g gearbeitet, in besonderen Fällen mit 1 g. Nur bei Analysen braucht man größere Genauigkeiten. Im üblichen Baubetrieb (Materialbestellung und -abrechnung) genügen Genauigkeiten von 1 kg. Bei der Betonherstellung wird mit einer Genauigkeit von 3 Masseprozent (3 M.-%) (Gewichtsprozent) gearbeitet.

Tab. 1.8 Kilogramm und andere Einheiten der Masse *m*

Name der Einheit	Kurzzeichen	Zusammenhang mit der Einheit Kilogramm
Megagramm	Mg	1 Mg = 10^3 kg = 1000 kg
Gramm	g	1 g = 10^{-3} kg = 1/1000 kg (ein Tausendstel)
Milligramm	mg	1 mg = 10^{-6} kg = 1/1.000.000 kg (ein Millionstel)
Mikrogramm	µg	1 µg = 10^{-9} kg = 1/1.000.000.000 kg (ein Milliardstel)
Besondere Einheit: Tonne	t	1 t = 1 Mg = 10^3 kg = 1000 kg

Beispiele zu Angaben der Masse

1. Eine Ware wird auf eine Waage gelegt. Durch Vergleich mit geeichten Wägestückchen wird die Masse der Ware bestimmt: 500 g.

$$500 \text{ g} = 0{,}5 \text{ kg} = \frac{1}{2} \text{ kg}$$

   Man sagt: die Ware hat eine Masse von 500 g oder: die Ware wiegt $\frac{1}{2}$ Kilogramm. Man kann die Masse auch angeben in 50 Dekagramm = 50 dag, doch das ist ungewöhnlich.

2. Ein Kubikmeter Beton soll aus 300 kg Zement, 180 kg Wasser und 1800 kg Sand und Kies zusammengesetzt werden. Die Masse des Betons ist so groß wie die Summe Σ der Masse aller Stoffe, aus denen er besteht. Σ (Sigma) ist das Zeichen für Summe.

$$m = \Sigma m_{1\ldots3} = m_1 + m_2 + m_3 = 300 \text{ kg} + 180 \text{ kg} + 1800 \text{ kg} = 2280 \text{ kg}$$

3. Eine Betonmischung wird mit 50 kg Zement hergestellt. Die Waage muss bei einer erforderlichen Genauigkeit von 3 Masseprozent (Gewichtsprozent) auf 1,5 kg genau arbeiten, denn:

$$\Delta m = 50 \cdot 3\,\% = 50 \text{ kg} \cdot \frac{3}{100} = 1{,}5 \text{ kg}$$

   Δ (Delta) ist das Zeichen für den Teil einer physikalischen Größe. ◄

Dichte

Das Verhältnis der Masse eines Körpers zu seinem Volumen wird als seine Dichte bezeichnet. Das Formelzeichen für die Dichte ist ρ (rho).

$$\text{Dichte} = \frac{\text{Masse}}{\text{Volumen}} \quad \rho = \frac{m}{V} \quad \text{in kg/dm}^3 \text{ oder t/m}^3 \text{ oder g/cm}^3$$

Die Dichte eines Stoffes gibt seine Massekonzentration an und ist für einen Stoff eine kennzeichnende Größe.

Bei unregelmäßig geformten Körpern mit unbekanntem Volumen kann die Masse des Stoffes nach dem Prinzip des Archimedes[4] ermittelt werden. Durch Unterwasserwägung kann ein geringeres Gewicht festgestellt werden als bei der Wägung in der Luft. Das bedeutet, dass am Körper eine Auftriebskraft wirksam wird. Das Prinzip des Archimedes lautet:

[4] Archimedes, griechischer Mathematiker und Physiker, 285–212 v. Chr.

Die Größe der Auftriebskraft ist gleich dem Gewicht der verdrängten Flüssigkeit Der Auftrieb sorgt beispielsweise dafür, dass Schiffe aus Stahl schwimmen. Auch auf Bauwerke im Grundwasser wirkt eine Auftriebskraft. Gegen diesen Auftrieb müssen Bauwerke im Grundwasser gesichert sein (z. B. durch eine ausreichend große und entgegenwirkende Auflast), damit sie nicht aufschwimmen.

1.5.1 Kraft *F*

Die Kraft ist eine abgeleitete physikalische Größe. Sie wird mit dem Formelzeichen *F* abgekürzt. (Kraft = englisch force).

Zum Bewegen oder Heben eines Körpers ist eine Kraft erforderlich. Die Kraft wird umso kleiner sein können, je geringer die Masse des Körpers ist, denn die Masse wird von der Erde angezogen. Die erforderliche Kraft wird ebenfalls umso kleiner sein können, je weiter der Körper vom Erdmittelpunkt entfernt ist, da hierbei die Erdanziehung einen geringeren Einfluss besitzt.

Ein Körper verharrt in Ruhe oder er bleibt in gleichförmiger Bewegung, solange er nicht durch einwirkende Kräfte gezwungen wird, diesen Zustand zu ändern. Das Wirken einer Kraft auf einen Körper verursacht eine Beschleunigung des Körpers. Das Verhältnis der wirkenden Kraft zur erreichten Beschleunigung ist für jeden Körper eine konstante (gleichbleibende) Größe. Es ist seine Masse.

Diese Gesetzmäßigkeiten hatte schon Galilei[5] erkannt. Später formulierte Newton[6] diese Gesetzmäßigkeit allgemeingültig im zweiten Newtonschen Gesetz:

$$\text{Masse} = \frac{\text{Kraft}}{\text{Beschleunigung}} \quad \boldsymbol{m} = \frac{\boldsymbol{F}}{\boldsymbol{a}} \tag{1.15}$$

$$\text{Kraft} = \text{Masse} \cdot \text{Beschleunigung} \quad \boldsymbol{F} = \boldsymbol{m} \cdot \boldsymbol{a} \tag{1.16}$$

Dieses ist das Grundgesetz der Mechanik.

Daraus ergibt sich auch die Einheit für die Kraft. Sie entsteht aus dem Produkt der Einheiten von Masse (kg) und Beschleunigung (m/s^2), also kg · m/s^2. Da diese Einheit zu umständlich in der praktischen Anwendung ist, nennt man diese Einheit Newton (N).

Die Einheit für die Kraft ist das Newton (Einheitenzeichen: N). Das Newton ist eine abgeleitete SI-Einheit.

$$F = m \cdot a \quad \text{in N} \quad \text{mit } m \text{ in kg} \quad \text{und } a \text{ in m/s}^2 \tag{1.17}$$

1 N ist die Kraft, die einer Masse von 1 kg die Beschleunigung von 1 m durch Sekunde hoch zwei erteilt.

[5] Galileo Galilei, italienischer Mathematiker und Philosoph, 1564–1642.

[6] Sir Isaac Newton [gesprochen: nju:tn], englischer Physiker und Mathematiker, 1643–1727.

Tab. 1.9 Newton und andere Einheiten der Kraft F

Name der Einheit	Kurzzeichen	Zusammenhang mit der Einheit Newton
Meganewton	MN	$1\ \mathrm{MN} = 10^6 \cdot \mathrm{N} = 1.000.000\ \mathrm{N}$
Kilonewton	kN	$1\ \mathrm{kN} = 10^3 \cdot \mathrm{N} = 1000\ \mathrm{N}$
Millinewton	mN	$1\ \mathrm{mN} = 10^{-3} \cdot \mathrm{N} = 1/1000\ \mathrm{N}$

$$\mathbf{1\ N = 1\ kg \cdot 1\ m/s^2 = 1\ kg \cdot m \cdot s^{-2}} \tag{1.18}$$

Aus der Einheit Newton können mit Hilfe der Vorsätze dezimale Vielfache und Teile gebildet werden (Tab. 1.9).

Für einen Körper mit der Masse m = 1 kg ergibt sich mit der Normfallbeschleunigung g_n eine auf ihn wirkende Schwerkraft bzw. Gewichtskraft F_G = 9,80665 N:

$$F_G = m \cdot g_n = 1\ \mathrm{kg} \cdot 9{,}80665\ \mathrm{m/s^2} = 9{,}80665\ \mathrm{kg \cdot m/s^2} = 9{,}80665\ \mathrm{N} \tag{1.19}$$

Statt F_G schreibt man nur G und spricht einfach von Eigenlast oder Belastung. In der Technik rechnet man mit einem Näherungswert der Fallbeschleunigung g_n = 10 m/s anstelle der Normfallbeschleunigung g_n = 9,80665 m/s^2 oder der aufgerundeten Fallbeschleunigung $g_n \approx$ 9,81 m/s^2.

Damit kann die Masse m eines Körpers mit seiner Gewichtskraft G auf der Erde verglichen werden:

$$\begin{gathered} 1\ \text{Kilogramm} \triangleq 10\ \text{Newton} \\ \mathbf{1\ kg \triangleq 10\ N} \end{gathered} \tag{1.20}$$

In der „Empfehlung über die Verwendung der neuen gesetzlichen Einheiten im Bauwesen" des Normenausschusses von 1971 wird für Kraftgrößen die Einheit Kilonewton (kN) vorgeschlagen. Mit der Empfehlung soll erreicht werden, dass bei Krafteinheiten im Bauwesen von *einer* Einheit ausgegangen werden kann. Die Einheit Kilonewton (kN) ist leicht vorstellbar, denn eine Masse von 100 kg verursacht eine Last von 1 Kilonewton

$$\begin{gathered} 1\ \text{Kilonewton} \triangleq 100\ \text{Kilogramm} \\ \mathbf{1\ kN \triangleq 100\ kg} \end{gathered} \tag{1.21}$$

Die Ungenauigkeiten durch Verwenden des Näherungswertes für die Fallbeschleunigung von $g_n \approx$ 10 m/s^2 statt g_n = 9,80665 m/s^2 ist in Berechnungen der Bautechnik ohne Weiteres zulässig. Der „Fehler" beträgt knapp 2 % und liegt bei Belastungsannahmen in der Regel auf der sicheren Seite.

Kräfte, Lasten und Belastungen werden **in der Bautechnik in der Einheit Kilonewton** (kN) angeben (Tab. 1.10):

Tab. 1.10 Umrechnungswerte für die Einheiten der Kraft F (gerundet für $g_n \approx 10\ \text{m/s}^2$)

Einheit		N	kN	MN
Newton	1 N =	1	10^{-3}	10^{-6}
Kilonewton	1 kN =	10^3	1	10^{-3}
Meganewton	1 MN =	10^6	10^3	1

Wichte

Das Verhältnis der Gewichtskraft eines Körpers zu seinem Volumen wird als seine Wichte bezeichnet. Das Formelzeichen für die Wichte ist γ (gamma).

$$\text{Wichte} = \frac{\text{Gewichtskraft}}{\text{Volumen}} \quad \gamma = \frac{F}{V} \quad \text{in kN/m}^3 \text{ oder kN/dm}^3 \text{ oder MN/m}^3 \text{ oder N/cm}^3$$

Die Wichte γ darf nicht mit der Dichte ρ verwechselt werden, denn:
Die Dichte ρ eines Stoffes von 1 kg/dm^3 entspricht einer Wichte γ von etwa 10 kN/dm^3.

Beispiele zur Erläuterung

1. Wasser hat eine Dichte von $\rho_w = 1{,}0\ \text{kg/dm}^3$. Die Dichte von Beton beträgt etwa $\rho_c = 2{,}5\ \text{kg/dm}^3$.
   Die Dichte wird für die Kennzeichnung eines Stoffes verwendet, z. B. für Beton bei der Berechnung der Bestandteile einer Mischung.
2. Wasser hat eine Wichte von $\gamma_w = 10\ \text{kN/m}^3$. Die Wichte von Beton beträgt etwa $\gamma_c = 25\ \text{kN/m}^3$.
   Die Wichte wird für die Ermittlung von Eigenlasten für Baustoffe und Bauteile verwendet, z. B. für Lastannahmen bei der Berechnung von Belastungen der Bauteile und Bauwerke.
3. Ein Fahrzeug mit einer Masse von 1 t soll innerhalb einer Zeit von 5 s aus dem Stand auf eine Geschwindigkeit von 50 km/h beschleunigt werden.
   Es wird berechnet, welche Beschleunigung das Fahrzeug erfährt, welche Kraft dazu erforderlich ist und nach welcher Entfernung diese Geschwindigkeit erreicht wird.

$$\text{Geschwindigkeit } v = 50\ \text{km/h} = 50 \cdot \frac{1}{3{,}6}\ \text{m/s} \approx 14\ \text{m/s}$$

$$\text{Beschleunigung } a = \frac{v}{t} = \frac{14\ \text{m/s}}{5\ \text{s}} \approx 2{,}8\ \text{m/s}^2$$

$$\text{Kraft } F = m \cdot a = 100\ \text{kg} \cdot 2{,}8\ \text{m/s}^2 = 2800\ \text{kg} \cdot \text{m/s}^2 = 2800\ \text{N}$$

$$\text{Weg } l = \frac{a}{2} \cdot t^2 = \frac{2{,}8\ \text{m}}{2\ \text{s}^2} \cdot (5\ \text{s})^2 = 1{,}4 \cdot 25\ \text{m} = 35\ \text{m}$$

4. Bei einer Ramme zum Schlagen von Spundbohlen fällt der Rammbär mit einer Masse von $m = 100$ kg aus 3 m Höhe frei herab. Die Aufschlag-Geschwindigkeit, die Falldauer und die wirkende Kraft werden berechnet.

$$\text{Geschwindigkeit } v = \sqrt{2\ g_n \cdot l} = \sqrt{2 \cdot 10\ \text{m/s}^2 \cdot 3\ \text{m}} \approx 7{,}7\ \text{m/s}$$

$$\text{Zeit } t = \frac{v}{g_n} = \frac{7{,}7\ \text{m/s}}{10\ \text{m/s}^2} = 0{,}77\ \text{s}$$

$$\text{Kraft } F = m \cdot g_n = 100\ \text{kg} \cdot 10\ \text{m/s}^2 = 1000\ \text{kg} \cdot \text{m/s}^2 = 1000\ \text{N}$$

5. Auf einem Fundament steht ein Mauerpfeiler von 100 cm Länge, 76 cm Breite und 3 m Höhe. Die Dichte des Mauerwerks beträgt 1800 kg/m³. Die auf das Fundament wirkende Eigenlast wird berechnet (Abb. 1.5).

$$\text{Volumen } V = l \cdot b \cdot h = 1{,}0\ \text{m} \cdot 0{,}76\ \text{m} \cdot 3{,}0\ \text{m} = 2{,}28\ \text{m}^3$$

$$\text{Masse } \text{m} = V \cdot \rho = 2{,}28\ \text{m}^3 \cdot 1800\ \text{kg/m}^3 = 4\,100\ \text{kg}$$

$$\text{Eigenlast } G = \text{m} \cdot g_n \approx 4100\ \text{kg} \cdot 10\ \text{m/s}^2 = 41000\ \text{kg m/s}^2 = 41000\ \text{N} = 41\ \text{kN}$$

6. Eine Gebäudedecke von 20 cm Dicke ist aus Stahlbeton mit einer Dichte von $\rho = 2500$ kg/m³ hergestellt. Die Last für 1 m² Grundfläche wird berechnet (Abb. 1.6). ◄

$$\text{Volumen } V = l \cdot b \cdot d = 1\ \text{m} \cdot 1\ \text{m} \cdot 0{,}20\ \text{m} = 0{,}20\ \text{m}^3$$

$$\text{Masse } m = V \cdot \rho = 0{,}20\ \text{m}^3 \cdot 2500\ \text{kg/m}^3 = 500\ \text{kg}$$

$$\text{Last } G = \text{m} \cdot g_n \approx 500\ \text{kg} \cdot 10\ \text{m/s}^2 = 5000\ \text{kg} \cdot \text{m/s}^2 = 5000\ \text{N} = 5\ \text{kN}$$

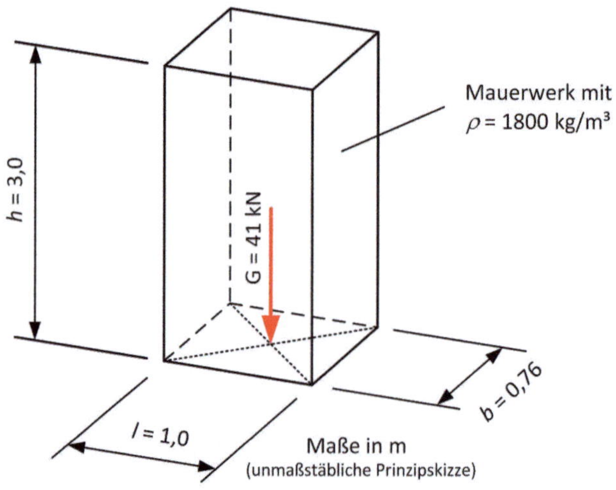

Abb. 1.5 Die Eigenlast *G* eines Mauerpfeilers wirkt als Kraft auf das Fundament

Eigenlast als Einzellast *G*

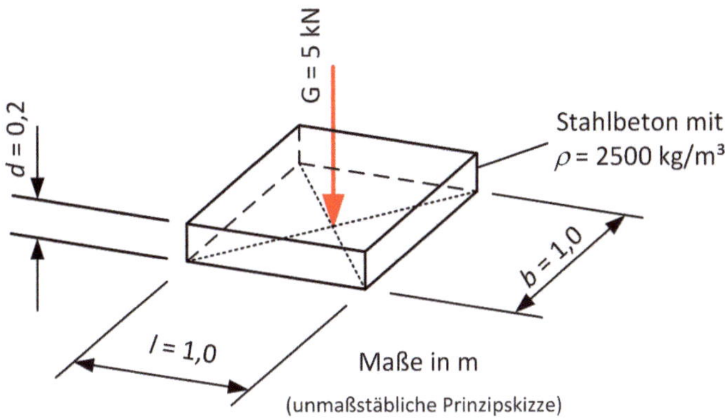

Eigenlast als Flächenlast *g*

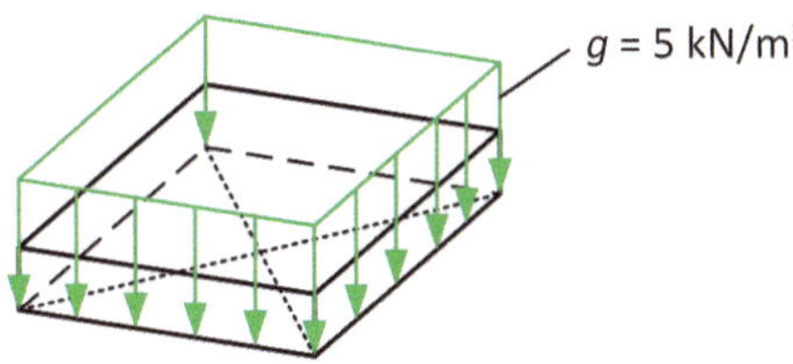

Abb. 1.6 Die Eigenlast einer Stahlbetondecke wirkt als flächenbezogene Last und wird statt mit *G* als Flächenlast *g* bezeichnet

Diese Eigenlast *G* wirkt auf die Grundfläche eines Quadratmeters. Man kann die auf 1 m² wirkende Last direkt angeben. Da es eine Last je Flächeneinheit ist, wählt man als Formelzeichen für Flächenlasten den kleinen Buchstaben *g*.

$$\text{Flächenlast } g = d \cdot \mathrm{r} \cdot g_{\mathrm{n}}$$
$$\approx 0{,}20\ \mathrm{m} \cdot 2500\ \mathrm{kg/m^3} \cdot 10\ \mathrm{m/s^2}$$
$$\approx 5000\ \frac{\mathrm{kg\ m}}{\mathrm{s^2}}/\mathrm{m^2} = 5000\ \mathrm{N/m^2} = 5\ \mathrm{kN/m^2}$$

1.5.2 Arbeit *W*

Die Arbeit (Formelzeichen: *W*) ist eine abgeleitete physikalische Größe. Das Formelzeichen *W* stammt von dem englischen Begriff *work* (= Arbeit).

Zum Bewegen oder Heben eines Körpers ist eine Kraft erforderlich. Wenn eine Kraft auf einen Körper wirkt und diesen Körper dabei bewegt, wird durch die Kraft eine Arbeit verrichtet. Die Kraft muss dabei den Körper gegen die nach unten ziehende Schwerkraft bewegen. Die Arbeit ist umso größer, je größer die aufzuwendende Kraft und je länger der zurückgelegte Weg ist. Abb. 1.7 zeigt in Beispielen die Arbeit aus Kraft mal Weg. Die physikalische Arbeit kann daher folgendermaßen bestimmt werden.

Die Arbeit W ist gleich dem Produkt aus der wirkenden Kraft F und dem zurückgelegten Weg l.

$$\begin{gathered}\text{Arbeit } \boldsymbol{W} = \text{Kraft } \boldsymbol{F} \cdot \text{Weg } \boldsymbol{l} \\ \boldsymbol{W} = \boldsymbol{F} \cdot \boldsymbol{l}\end{gathered} \tag{1.24}$$

Die Einheit für die Arbeit ist das Joule (Einheitenzeichen: J). Joule ist eine abgeleitete SI-Einheit. Die Einheit wurde benannt nach James Joule.[7]

1. **Joule ist gleich der Arbeit, die verrichtet wird, wenn die Kraft 1 N den Angriffspunkt eines Körpers in Richtung der Kraft um 1 m verschiebt.**

$$\begin{gathered}1 \text{ Joule} = 1 \text{ Newton} \cdot 1 \text{ Meter} \\ \mathbf{1\ J = 1\ N \cdot 1\ m = 1\ Nm}\end{gathered} \tag{1.25}$$

Aus der Einheit Joule können durch Vorsätze größere und kleinere Einheiten abgeleitet werden (Tab. 1.11).

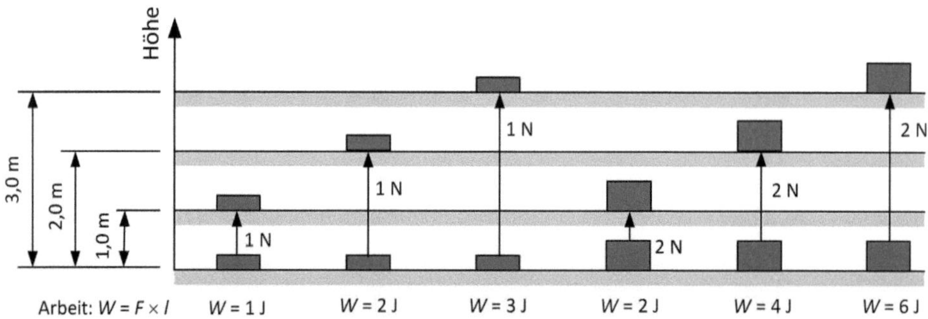

Abb. 1.7 Darstellung der Arbeit aus Kraft mal Weg

Tab. 1.11 Joule und andere Einheiten der Arbeit W

Name der Einheit	Kurzzeichen	Zusammenhang mit der Einheit Joule	
Megajoule	MJ	1 MJ = 10^6 J = 1.000.000 J	1 MJ = 1 MNm
Kilojoule	kJ	1 kJ = 10^3 J = 1000 J	1 kJ = 1 kNm
Millijoule	mJ	1 mJ = 10^{-3} J = 1/1000 J	1 mJ = 1 mNm
Mikrojoule	µJ	1 µJ = 10^{-6} J = 1/1.000.000 J	1 µJ = 1 µNm
Newtonzentimeter	Ncm	1 Ncm = 10^{-2} J = 1/100 J	1 Ncm = 10^{-2} Nm

[7] James P. Joule, englischer Physiker, 1818–1889.

Tab. 1.12 Umrechnungswerte für die Einheiten der Arbeit W bzw. Energie W

Einheit		J oder Ws	kWh	kpm	kcal
Joule	1 J	1	$2{,}78 \cdot 10^{-7}$	0,102	$2{,}39 \cdot 10^{-4}$
Wattsekunde	1 Ws =	1	$2{,}78 \cdot 10^{-7}$	0,102	$2{,}39 \cdot 10^{-4}$
Kilowattstunde	1 kWh =	$3{,}60 \cdot 10^{6}$	1	$3{,}67 \cdot 10^{5}$	860
Kilopondmeter	1 kpm =	9,80665	$2{,}72 \cdot 10^{-6}$	1	$2{,}34 \cdot 10^{-3}$
Kilokalorie	1 kcal =	$4{,}1868 \cdot 10^{3}$	$1{,}16 \cdot 10^{-3}$	427	1

Zur Umrechnung von veralteten Einheiten in die gültigen Einheiten der Arbeit soll Tab. 1.12 dienen.

An einem Körper, der mit der Masse m aus seiner Lage um die Höhe h angehoben wird, muss gegen die Schwerkraft die Arbeit W verrichtet werden.

Erforderliche Kraft	$F = m \cdot g_n$
Verrichtete Arbeit	$W = F \cdot h$ in Joule mit F in N und h in m

$$\text{oder } \boldsymbol{W = m \cdot g_n \cdot h} \quad \text{in Joule} \left(\text{oder kg} \cdot \frac{\text{m}}{\text{s}^2} \cdot \text{m} = \text{kg} \cdot \frac{\text{m}^2}{\text{s}^2} \right) \tag{1.26}$$

Der gehobene Körper kann jetzt aus seiner neuen Lage wieder Arbeit verrichten, wenn er in seine Ausgangslage zurückfällt. Dieses gespeicherte Arbeitsvermögen wird Energie genannt.

Energie

Unter Energie versteht man die gespeicherte Arbeit. Sie kann nach Bedarf zu einem späteren Zeitpunkt wieder abgegeben werden, auch in anderer Form. Zwei Formen der Energie können hierbei unterschieden werden:

1. die Energie der Lage (potenzielle Energie *Wp*)
2. die Energie der Bewegung (kinetische Energie *Wk*)

Unter **potenzieller Energie** eines Körpers wird diejenige Energie verstanden, die in einem Körper aufgrund seiner Lage gespeichert ist.

$$\boldsymbol{W_p = F \cdot h} \qquad \text{in Joule mit } \boldsymbol{F} \text{ in N und } \boldsymbol{h} \text{ in m} \tag{1.27}$$

Unter **kinetischer Energie** eines Körpers wird diejenige Energie verstanden, die in einem Körper aufgrund seiner Geschwindigkeit gespeichert ist.

$$W_k = \frac{1}{2} \cdot m \cdot v^2 \text{ in Joule oder kg} \cdot \left(\frac{\text{m}}{\text{s}} \right)^2 \tag{1.28a}$$

Die kinetische Energie enthält die Geschwindigkeit v nicht nur in einfacher Form, sondern zum Quadrat.

Beispiele zu Angaben der Arbeit

1. Die zum Heben einer Last von 500 N um 1,2 m Höhe erforderliche Arbeit wird berechnet (Abb. 1.8b).

$$\text{Arbeit:} \quad W = F \cdot h = 500\ \text{N} \cdot 1{,}2\ \text{m} = 600\ \text{Nm} = 600\ \text{J}$$

2. In einem Staubecken werden 20.000 m^3 Wasser 12 m hoch über der Kraftwerksturbine gespeichert. Die potenzielle Energie wird berechnet. 20.000 m^3 Wasser haben eine Masse von 20.000 t = 20 · 10^6 kg.

$$\text{Potenzielle Energie:} \quad W_\text{p} = m \cdot g_\text{n} \cdot h$$

$$= 20 \cdot 10^6\,\text{kg} \cdot 10\ \frac{\text{m}}{\text{s}^2} \cdot 12\ \text{m} = 2400 \cdot 10^6\ \text{kg}\ \frac{\text{m}^2}{\text{s}^2}$$

$$W_\text{p} = 2\,400 \cdot 10^6\ \text{Nm} = 2{,}4 \cdot 10^9\ \text{J} = 2{,}4\ \text{MJ}$$

3. Ein Wagen wird mit einer Kraft von 20 N über eine Strecke von 1,2 m bezogen. Die verrichtete Arbeit wird berechnet (Abb. 1.8a).

$$\text{Arbeit:}\ W = F \cdot l = 20\ \text{N} \cdot 1{,}2\ \text{m} = 24\ \text{Nm}$$

Ein Behälter mit einer Masse von m = 50 kg wird um die Strecke l = 1,2 m senkrecht hochgehoben (Abb. 1.8b). Es ergibt sich:

$$\text{Kraft:}\ F = m \cdot g = 50 \cdot 10 = 500\,\text{N}$$

$$\text{Arbeit:}\ W = F \cdot l = 500 \cdot 1,2 = 600\,\text{Nm} = 600\,\text{J}$$

4. Ein Fahrzeug ist 1 t = 1000 kg schwer und fährt im Stadtverkehr mit einer Geschwindigkeit von 50 km/h. Die kinetische Energie wird berechnet:

$$\text{Kinetische Energie:} \quad W_\text{k} = \frac{1}{2} \cdot m \cdot v^2 = \frac{1}{2} \cdot 1\ \text{t} \cdot (50\ \text{km/h})^2$$

$$= \frac{1}{2} \cdot 1000\ \text{kg} \cdot \left(13{,}9 \frac{\text{m}}{\text{s}}\right)^2 \approx 96.600\ \text{kg}\ \frac{\text{m}}{\text{s}^2}$$

$$W_\text{k} = 96.600\ \text{J} = 96{,}6\ \text{kJ}$$

5. Das gleiche Fahrzeug aus Beispiel 4 fährt auf der Bundesstraße doppelt so schnell, also 100 km/h.

$$\text{Kinetische Energie:}\ W_\text{k} = \frac{1}{2} \cdot m \cdot v^2 = \frac{1}{2} \cdot 1\ \text{t} \cdot (100\ \text{km/h})^2$$

$$W_\text{k} = \frac{1}{2} \cdot 1000\ \text{kg} \cdot \left(27,8 \frac{\text{m}}{\text{s}}\right)^2 \approx 386.400\ \text{kg}\ \frac{\text{m}^2}{\text{s}^2}$$

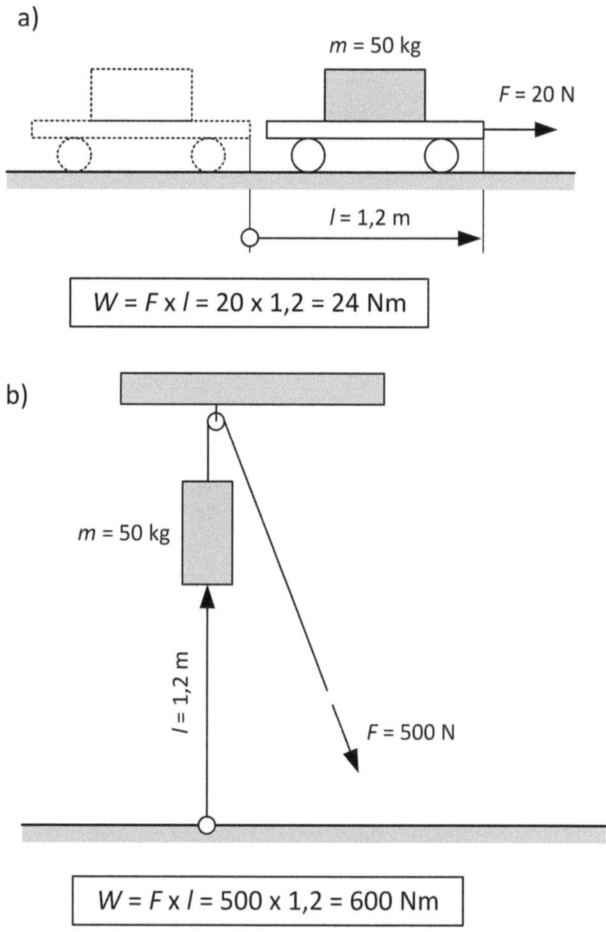

Abb. 1.8 Darstellung der Arbeit. (**a**) Zum Ziehen einer bestimmten Masse ist eine geringere Kraft nötig als zum Heben. (**b**) Die verrichtete Arbeit beim Heben der gleichen Masse ist größer als beim Ziehen

Folgerung: Die kinetische Energie ist bei doppelter Geschwindigkeit 4-mal so groß, entsprechend ist sie bei 3-facher Geschwindigkeit 9-mal so groß. Ebenso steigt die Energie, mit der bei einem Unfall das Fahrzeug verformt wird!

6. Ein schweres Förderfahrzeug, z. B. ein Containerstapler in einem Hafengelände, der ein Gesamtgewicht von $m = 102$ t hat, wird bei einer Geschwindigkeit von $v = 20$ km/h = 5,56 m/s gebremst. Der Bremsweg beträgt $l = 12{,}9$ m. Eine Gesamt-Reaktionszeit von 1,25 s ist zu berücksichtigen. Die Größe der Horizontalkraft F_h wird berechnet.

   Die horizontal auf die Verkehrsfläche wirkende Bremskraft F_h des Förderfahrzeugs errechnet sich aus der Gleichung (1.28b):

$$F_h = \frac{m \cdot v^2}{2 \cdot l}$$

$$= \frac{102.000 \cdot 5{,}56^2}{2 \cdot (12{,}9 - 5{,}56 \cdot 1{,}25)} \approx 265.000 \text{ kgm/s}^2 \quad (1.28b)$$

$$F_h \approx 265 \text{ kN}$$ ◄

Energie-Erhaltungsgesetz

Das Gesetz von der Erhaltung der Energie besagt, dass Energie weder erzeugt noch verbraucht werden kann, dass also Energie weder entstehen noch verschwinden kann. Das Gesetz, das von J. R. Mayer[8] im Jahr 1845 formuliert wurde, lautet:

Die Summe der Energie ist in einem abgeschlossenen System konstant, also gleichbleibend groß.

Dieser allgemeingültige Satz gilt auch für das Teilgebiet der Mechanik. Das bedeutet:

Bei mechanischen Vorgängen bleibt die Summe der mechanischen Energie der beteiligten Körper konstant.

Das Gesetz gilt also auch für potenzielle und kinetische Energie, ebenso für die Umwandlung der Energie von einer Energieform in eine oder mehrere andere Arten.

Wenn in der Praxis von „Energieerzeugung" gesprochen wird, dann handelt es sich bei einer Energie-Umwandlung um Energiebeträge, die für uns nutzbar gemacht werden. Bei „Energieverlusten" geht es um Energiebeträge, die bei einer Umwandlung für uns nicht nutzbar zu machen sind, also „verloren" gehen. Zur Nutzbarmachung von Energie durch Umwandlungsprozesse sind Energie-Unterschiede nötig. Maßgebliche Differenzen hierfür sind z. B. Höhe, Druck, Geschwindigkeit, Temperatur.

Einsteinsche Gleichung

Masse und Energie sind miteinander verknüpft, dargestellt durch eine von Albert Einstein[9] im Jahr 1905 gefundene Gleichung. Damit begründete er die Relativitätstheorie. Die Einsteinsche Gleichung lautet:

Energie = Masse mal Lichtgeschwindigkeit zum Quadrat

$$W_E = m \cdot c^2$$

Hierbei sind:

W_E Energie eines Körpers, einer Strahlung, eines Feldes usw.
m Masse, die der Energie W_E entspricht
c Lichtgeschwindigkeit im Vakuum

[8] Julius Robert Mayer, deutscher Arzt und Physiker, 1814–1878.

[9] Albert Einstein, deutscher Physiker, 1879–1955.

Lichtgeschwindigkeit:

$$c \cong 3 \cdot 10^8 \text{ m/s} = 3 \cdot 10^5 \text{ km/s} = 300.000 \text{ km/s} \cong 1{,}08 \text{ Mrd. km/h}$$

Danach sind Masse und Energie äquivalent (gleichwertig). Masse und Energie sind einander proportional. Eine Änderung des einen hat immer eine Änderung des anderen zur Folge.

1.5.3 Leistung *P*

Die Leistung ist eine abgeleitete physikalische Größe. Sie wird mit dem Formelzeichen *P* abgekürzt. Die Abkürzung kommt von dem englischen Begriff power (= Leistung).

Eine Arbeit, die in einer bestimmten Zeit verrichtet wird, ist eine Leistung. Unter Leistung versteht man die Arbeit in der Zeiteinheit oder das Verhältnis der Arbeit zur Zeiteinheit.

$$\textbf{Leistung} = \frac{\textbf{Arbeit}}{\textbf{Zeit}} \quad P = \frac{W}{t} \tag{1.29}$$

Die Einheit der Leistung ist das Watt (Einheitenzeichen: *W*). Watt ist eine abgeleitete SI-Einheit. Die Einheit wurde nach James Watt[10] benannt.

1 W entspricht der Leistung, bei der die Energie 1 J während der Zeit von 1 s umgewandelt wird.

$$1 \text{ Watt} = \frac{1 \text{ Joule}}{1 \text{ Sekunde}} \quad 1 \text{ W} = 1 \ \frac{\text{J}}{\text{s}} \tag{1.30}$$

Aus der Einheit Watt können größere und kleinere Einheiten abgeleitet werden (Tab. 1.13).

Die Einheiten Watt und Kilowatt sind aus dem täglichen Leben bekannt. Ebenso aber auch andere Einheiten, die jedoch nicht mehr benutzt werden dürfen, wie z. B. Kalorie oder PS.

Zur Umrechnung von den veralteten Einheiten in die gültigen Einheiten der Leistung soll Tab. 1.14 dienen.

Tab. 1.13 Watt und andere Einheiten der Leistung *P*

Name der Einheit	Kurzzeichen	Zusammenhang mit der Einheit Watt
Megawatt	MW	1 MW = 10^6 W = 1.000.000 W
Kilowatt	kW	1 kW = 10^3 W = 1000 W
Milliwatt	mW	1 mW = 10^{-3} W = 1/1000 W
Mikrowatt	µW	1 µW = 10^{-6} W = 1/1.000.000 W

[10] James Watt, englischer Erfinder, 1736–1819.

Tab. 1.14 Umrechnungswerte für Einheiten der Leistung P

Einheit		W	kW	PS	kcal/s	kcal/h
Watt	1 W	1	10^{-3}	$1{,}36 \cdot 10^{-3}$	$2{,}39 \cdot 10^{-4}$	0,86
Kilowatt	1 kW =	10^3	1	1,36	0,239	860
Pferdestärke	1 PS	735,5	0,736	1	0,176	632
Kilokalorie durch Sekunde	1 kcal/s =	4186,8	4,19	5,69	1	3600
Kilokalorie durch Stunde	1 kcal/h =	1,163	$1{,}16 \cdot 10^{-3}$	$1{,}58 \cdot 10^{-3}$	$2{,}78 \cdot 10^{-4}$	1

Beispiele zu Angaben der Leistung

1. Bei Kraftfahrzeugen wurde die Leistung des Motors früher in Pferdestärken angegeben. Ein Personenwagen „hat" 34 PS. Das entspricht einer Leistung von

$$P = 34\ \text{PS} \cdot 0{,}736\ \frac{\text{kW}}{\text{PS}} = 25\ \text{kW}$$

2. Eine Pumpe hebt in einer Minute 12 m³ Wasser 4 m hoch. Die Leistung der Pumpe wird berechnet:

erforderliche Kraft $F = m \cdot g_\text{n} = 12.000\ \text{kg} \cdot 10\ \text{m/s}^2 = 120.000\ \text{kgm/s}^2$
$= 120.000\ \text{N} = 120\ \text{kN}$

verrichtete Arbeit $W = F \cdot \text{A} = 120\ \text{kN} \cdot 4\ \text{m} = 480\ \text{kNm}$
$= 480\ \text{kJ}$

erbrachte Leistung $P = W/t = 480\ \text{kJ}/60\ \text{s} = 8\ \text{kJ/s}$
$= 8\ \text{kW}$

3. Ein Bauaufzug ist mit einem Motor ausgerüstet, dessen Leistung mit 10 PS angegeben wurde. Es sind Lasten von 6 kN möglichst in 1/4 min ins 10. Obergeschoss (= 30 m hoch) zu ziehen. Es soll berechnet werden, ob die Leistung des Motors ausreicht.
erforderliche Leistung:

$$P_\text{erf} = F \cdot h/t = 6\ \text{kN} \cdot 30\ \text{m}/15\ \text{s} = 12\ \text{kNm/s}$$
$$= 12\ \text{kJ/s} = 12\ \text{kW}$$

vorhandene Leistung:

$$P_\text{vorh} = 10\ \text{PS} \cdot 0{,}736\ \frac{\text{kW}}{\text{PS}} = 7{,}36\ \text{kW}$$

Da die erforderliche Leistung größer als die vorhandene Leistung ist, kann der Bauaufzug diese Aufgabe nicht erfüllen.

4. Ein elektrischer Heizofen hat einen Anschlusswert von P = 2 Kilowatt. Er braucht eine Energie von 2 Kilowatt in einer Stunde. Er liefert auch eine Wärmeenergie von 2 Kilowattstunden. Seine verrichtete Arbeit beträgt also:

$$W = 2\ \text{kWh} = 2\ \text{kWh} \cdot \frac{3600\ \text{s}}{1\ \text{h}} = 7200\ \text{kWs}$$

$$W = 7200\ \text{kJ} = 7{,}2\ \text{MJ}$$

5. Eine elektrische Glühlampe hat eine Leistung von 60 W. Sie benötigt eine Energie von 60 Wattstunden.

$$W = 60\ \text{Wh} = 60\ \text{Wh} \cdot \frac{3600\ \text{s}}{1\ \text{h}} = 216.000\ \text{Ws}$$

$$W = 216\ \text{kJ}$$ ◄

1.5.4 Druck *p*

In Flüssigkeiten und Gasen herrscht ein Druck. Der Druck ist eine abgeleitete Größe. Er wird mit dem kleinen Buchstaben p; bezeichnet; (Druck = englisch: *pressure*).

Flüssigkeitsdruck
Jede Flüssigkeit erfährt infolge ihrer eigenen Schwerkraft (Eigenlast) einen Druck. Dieser Druck wirkt im Inneren der Flüssigkeit gleichmäßig nach allen Seiten. Er wirkt durch Kräfte auf die Begrenzungsflächen des Behälters oder auf die Wandungen eingetauchter Körper. Der Druck nimmt mit der Tiefe zu, da auch mit der Tiefe die Eigenlast der Flüssigkeit zunimmt. Er errechnet sich aus der Gewichtskraft bzw. der Eigenlast bezogen auf die Fläche. Der Druck ist eine flächenbezogene Kraft.

$$\text{Druck}\ p = \frac{\text{Eigenlast}\ F}{\text{Fläche}\ A} \quad \boldsymbol{p} = \frac{\boldsymbol{F}}{\boldsymbol{A}}\ \text{in}\ \frac{\text{N}}{\text{m}^2}\ \text{oder Pa} \tag{1.31}$$

$$\text{oder Druck}\ p = \text{Wichte}\ \gamma \cdot \text{Höhe}\ h \quad \boldsymbol{p} = \boldsymbol{\gamma} \cdot \boldsymbol{h}\ \text{in}\ \frac{\text{N}}{\text{m}^2}\ \text{oder Pa} \tag{1.32}$$

Der Druck in ruhenden (nicht strömenden) Flüssigkeiten wird als hydrostatischer Druck bezeichnet (hydr … = griechisch: wasser …).

Die Einheit des Drucks ist das Pascal (Einheitenzeichen: Pa). Pascal ist eine abgeleitete SI-Einheit. Die Einheit wurde nach Blaise Pascal[11] benannt. 1 Pa ist gleichbedeutend mit 1 N durch Quadratmeter:

$$1\ \text{Pa} = 1\ \text{N/m}^2 \tag{1.33}$$

[11] Blaise Pascal, französischer Mathematiker und Physiker, 1623–1662.

Tab. 1.15 Pascal und andere Einheiten des Druckes p und der mechanischen Spannung σ

Name der Einheit	Kurzzeichen	Zusammenhang mit der Einheit Pascal		
Newton durch Quadratmeter	N/m^2	1 N/m^2	= 1 Pa	
Kilonewton durch Quadratmeter	kN/m^2	1 kN/m^2	= 1000 N/m^2	= 1000 Pa
Meganewton durch Quadratmeter	MN/m^2	1 MN/m^2	= 1000 kN/m^2	= 1000 kPa
Newton durch Quadratmillimeter	N/mm^2	1 N/mm^2	= 1 MN/m^2	= 1 MPa
Besondere Einheit:				
Bar	Bar	1 bar	= 100.000 Pa = 1000 hPa = 100 kPa	
Millibar	Mbar	1 mbar	= 100 Pa = 1 hPa	
Mikrobar	µbar	1 µbar	= 0,1 Pa	

Andere als in der Tab. 1.15 angegebene Einheiten sollen nicht verwendet werden. Die gleiche Einheit ist auch die Einheit der mechanischen Spannung σ (griechischer Buchstabe sigma). Zur Umrechnung der veralteten Einheiten in die gültigen Einheiten des Druckes kann Tab. 1.16 dienen.

Beispiele zu Angaben des Drucks

1. Bei der Prüfung von Beton mit hohem Wassereindringwiderstand (sogenannter wasserundurchlässiger Beton oder WU-Beton) wird auf die Probekörper ein Wasserdruck von 5 bar = 0,5 N/mm^2 über eine Zeit von 72 h aufgebracht. Dieser Wasserdruck entspricht einer Wassersäule von 50 m Höhe, denn es gilt:

$$p = \frac{50\ \text{m} \cdot 1000\ \text{kg} \cdot 10\ \text{m/s}^2}{1{,}0\ \text{m}^2} = \frac{500.000\ \text{kgm}}{\text{m}^2 \cdot \text{s}^2} = 500.000\ \text{N/m}^2$$

$$p = 0{,}5\ \text{N/mm}^2$$

2. In der Medizin wird der Blutdruck in Millimeter Quecksilbersäule angegeben. Dies ist der Druck des Blutes auf die Gefäßwandungen der Schlagadern. Dabei entspricht ein gemessener Wert von 140 Quecksilbersäule = 140 Hg = 140 Torr.
Die Einheit Torr wurde von E. Torricelli[12] eingeführt. Hierfür gilt:

$$1\ \text{Torr} = 1\ \text{Hg} = 1\ \text{Millimeter Quecksilbersäule} = 133{,}3\ \text{Pa} = 1{,}33\ \text{mbar}$$

$$1\ \text{hPa} = 1\ \text{mbar} = 0{,}75\ \text{Torr}$$

Im vorstehenden Beispiel bedeutet ein Druck von 140 mm Hg = 140 Torr:

$$p = 140\ \text{Torr} \cdot 133{,}3\ \text{Pa/Torr} \approx 18.660\ \text{Pa}$$

$$p \approx 187\ \text{hPa}$$ ◄

[12] Evangelista Torricelli, italienischer Mathematiker und Physiker, 1608–1647.

Tab. 1.16 Umrechnungswerte für Einheiten des Drucks *p*

Einheit		Pa = N/m²	bar	kp/cm² = at	atm	mWS	mmQs=Torr
Pascal Newton durch Quadratmeter	1 Ps = 1 N/m² =	1	10^{-5}	$1{,}02 \cdot 10^{-5}$	$9{,}87 \cdot 10^{-6}$	$1{,}02 \cdot 10^{-4}$	$7{,}5 \cdot 10^{-3}$
Bar	1 bar =	100 000	1	1,02	0,987	10,2	750
Kilopond durch Quadratzentimeter Technische Atmosphäre	1 kp/cm² = 1 at =	98 067	0,981	1	0,968	10	736
Physikalische Atmosphäre	1 atm =	101,32	1,013	1,033	1	10,33	760
Meter Wassersäule	1 mWs =	9 807	$9{,}81 \cdot 10^{-2}$	0,1	$9{,}68 \cdot 10^{-2}$	1	73,6
Millimeter Quecksilbersäule Torr	1 mmQS = 1 Torr =	133	$1{,}33 \cdot 10^{-3}$	$1{,}36 \cdot 10^{-3}$	$1{,}32 \cdot 10^{-3}$	$1{,}36 \cdot 10^{-2}$	1

Luftdruck

Die Schwerkraft der Lufthülle erzeugt in der Luft einen Druck, der mit zunehmendem Abstand von der Erdoberfläche immer kleiner wird. Je 5 km Höhe nimmt der Luftdruck etwa um die Hälfte ab. Er ist aber auch von der Temperatur und von der Wetterlage abhängig.

Gemessen wird der Luftdruck mit einem Barometer (baros = griechisch: schwer). Auf der Erdoberfläche herrscht ein Luftdruck, der erzeugt wird durch die irdische Lufthülle, der sogenannten Atmosphäre (Atmosphäre = griechisch: Dunstkugel). Eine alte Einheit des Luftdruckes war die physikalische Atmosphäre (Einheitenzeichen: atm).

Die Einheit des Luftdrucks ist das Pascal (Einheitenzeichen: Pa). Pascal ist eine abgeleitete SI-Einheit. Die Einheit wurde nach Blaise Pascal[11] benannt. 1 Pa ist gleichbedeutend mit 1 N durch Quadratmeter (1 Pa = 1 N/m²):

Ein besonderer Name für 100.000 Pa ist das Bar (Einheitenzeichen: bar). Luftdrücke wurden oft in Bar angegeben bzw. in Millibar (mbar), inzwischen nur noch in Hektopascal (hPa). In Tab. 1.15 sind die verschiedenen Einheiten des Druckes zusammengestellt.

Der Normalluftdruck (Normdruck) auf Meereshöhe beträgt

$$1 \text{ atm} = 1{,}01325 \text{ bar} = 101.325 \text{ Pa} = 101.325 \text{ N/m}^2 \approx 10 \text{ N/cm}^2$$

$$1 \text{ hPa} = 1 \text{ mbar}$$

(vgl. Tab. 1.16).

Beispiel zur Angabe des Luftdrucks

Auf eine Tischplatte von 70 cm × 100 cm wirkt ein Luftdruck von $p \approx 70$ cm × 100 cm · 10 N/cm^2 = 70.000 N = 70 kN. Der Tisch bricht nicht zusammen, weil der gleiche Druck auch von unten dagegen wirkt. ◄

Unterdruck

In einem Raum, der luftleer gemacht wird, herrscht kein Luftdruck. Ein solcher luftleerer Raum wird Vakuum genannt (vacuus = lateinisch: leer). In einem Vakuum herrscht ein Unterdruck gegenüber dem normalen Luftdruck. Gegenüber einem Vakuum wirkt der normale Luftdruck als Überdruck in einer Größe von ≈ 10 N/cm^2. Das ist eine sehr hohe Belastung. Ein vollständiges Vakuum ist jedoch praktisch nicht erzeugbar. Bei jeder „Vakuumverpackung" ist nur ein Teilvakuum erzeugt worden. Es herrscht also immer noch ein entsprechender Teildruck. Auch der menschliche Körper ist dem Luftdruck ausgesetzt. Dem Luftdruck wirkt der Druck des Blutes in den Adern oder der Druck der Zellflüssigkeit in den Geweben entgegen und hält das Gleichgewicht.

Beispiele zu Angaben des Unterdrucks

1. Aus einem 10 L großen Gefäß wurden 4 L Luft abgesaugt. Es herrscht in dem Gefäß ein Unterdruck von p_u = 4 N/cm^2. Der absolute Druck p_a im Gefäß beträgt

   $$p_a = p_L - p_u = 10 \text{ N/cm}^2 - 4 \text{ N/cm}^2 = 6 \text{ N/cm}^2$$

   Auf die Wandungen des Gefäßes wirkt von außen ein Druck von 4 N/cm^2.
2. Eine Saugpumpe kann Wasser nur so hoch ansaugen, wie die Größe des Luftdrucks ausmacht, der auf den Wasserspiegel drückt. Der Druck der Atmosphäre (1 physikalische Atmosphäre) entspricht dem Druck oder der Last von 10 m Wassersäule (siehe Tab. 1.16). Das bedeutet, dass die maximale Saughöhe 10 m beträgt (Abb. 1.9). In der Praxis kann jedoch kaum über 7,5 m hoch gesaugt werden, je nach Wirkungsgrad der Pumpe. Pumpen und Saugleitungen, die wegen Undichtigkeiten nur ein geringeres Vakuum erzeugen können, schaffen noch weniger.
3. Mit einem Schlauch kann man Wasser über den Wasserspiegel A hinaus in eine tiefere Ebene B ablaufen lassen. Der Wasserschlauch arbeitet dann als Saugheber (Abb. 1.10), wenn der Schlauch gefüllt ist und keine Luft nachgesaugt wird. Der Luftdruck drückt das Wasser durch den Schlauch.

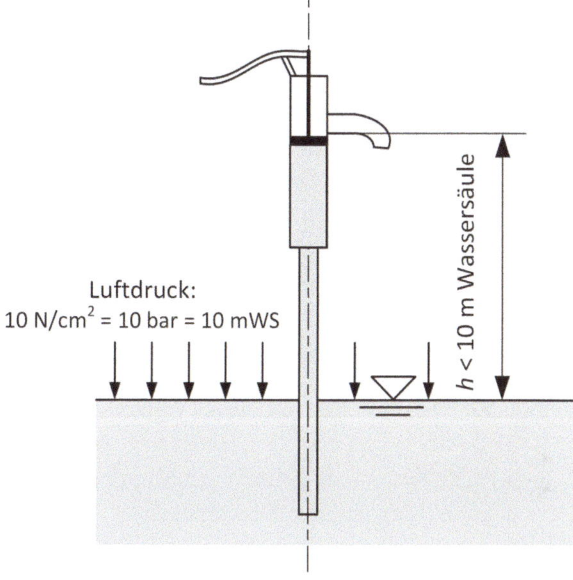

Abb. 1.9 Saugpumpe: Die durch den Luftdruck hochgedrückte Wassersäule wird nie 10 m erreichen, da das durch Pumpen erzeugbare Vakuum 1 bar nicht erreicht

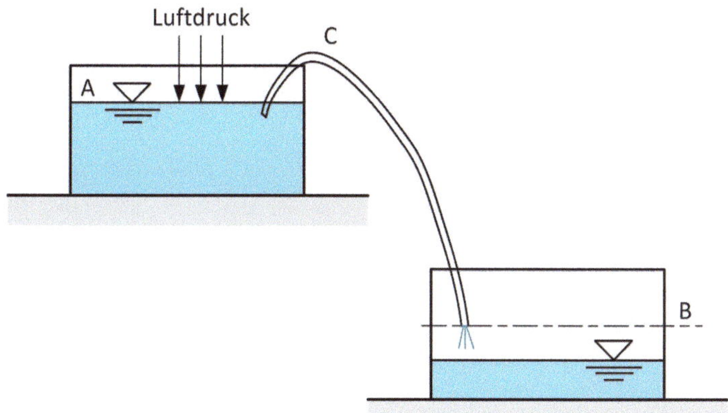

Abb. 1.10 Saugheber: Das Wasser läuft selbsttätig, solange die Ebene A höher als B liegt, der Punkt C nicht zu hoch kommt und keine Luft in den Schlauch eindringt

4. Nach dem Prinzip des Unterdrucks arbeiten auch die Vakuumheber zum Heben von Gegenständen mit glatten Flächen. Die Saugnäpfe werden auf die glatte Fläche des Gegenstands gesetzt und eine Vakuumpumpe sorgt für einen Unterdruck im Saugnapf. Die typische Anwendung ist der Transport von Glasscheiben. Aber auch Stahlbeton-Fertigteile mit glatten Sichtbetonflächen und Stahlträger können damit bis zur Montagestelle transportiert werden. ◄

Überdruck

Der Luftdruck steigt, wenn das Volumen einer Luftmenge verringert wird, wie es z. B. bei Druckluft geschieht. In einer Druckluftflasche ist eine umso größere Luftmenge enthalten, je höher der Druck ist. Es gilt daher das Gesetz:

Das Produkt aus dem Druck p und dem Volumen V einer abgeschlossenen Gasmenge ist bei gleichbleibender Temperatur gleich groß, also konstant.

$$p_1 \cdot V_1 = p_2 \cdot V_2 = \ldots \text{ konstant} \tag{1.34}$$

Beispiele zu Angaben des Überdrucks

1. In einem Autoreifen mit einem Volumen von 50 l herrscht ein absoluter Druck von 25 N/cm² = 2,5 bar. Der Überdruck gegenüber der Außenluft beträgt $p_ü = p_a - p_L = 25\ \text{N/cm}^2 - 10\ \text{N/cm}^2 = 15\ \text{N/cm}^2$. Dieser Überdruck wird am Manometer abgelesen (Manometer = Druckmesser).
2. Die Luftmenge, die in den vorgenannten Autoschlauch gepumpt werden muss, wird berechnet.

$$p_1 \cdot V_1 = p_2 \cdot V_2$$

$$V_1 = \frac{p_2 \cdot V_2}{p_1} = \frac{25\ \text{N/cm}^2 \cdot 50\ l}{10\ \text{N/cm}^2} = 125\ l$$

3. In einer Druckluftflasche mit einem Volumen von $V = 40\ l$ herrscht ein Druck von 1500 N/cm² = 150 bar. Es wird das Volumen der Luft berechnet, das sie unter Normaldruck einnimmt.

$$p_1 \cdot V_1 = p_2 \cdot V_2$$

$$V_1 = \frac{p_2 \cdot V_2}{p_1} = \frac{150\ \text{bar} \cdot 40\ l}{1\ \text{bar}} = 6000\ l = 6\ \text{m}^3$$

4. Wenn für ein Gerät ein Arbeitsdruck von 2,5 bar benötigt wird, ist die zur Verfügung stehende Luftmenge geringer als die gesamte eingeschlossene Luftmenge des vorigen Beispiels.

   Volumen der Luft mit einem Druck von 2,5 bar:

$$V_1 = \frac{p_2 \cdot V_2}{p_1} = \frac{150\ \text{bar} \cdot 40\ l}{2{,}5\ \text{bar}} = 2400\ l$$

Restmenge der in der Pressluftflasche verbleibenden Luft mit einem Druck von 2,5 bar:

$$V_R = 40\ l$$

Zur Verfügung stehende Luftmenge:

$$V_1' = V_1 - V_R = 2400\,l - 40\,l = 2360\,l$$ ◄

1.6 Stoffmenge *n*

Die Stoffmenge *n* ist eine physikalische Basisgröße. Unter der Stoffmenge oder der Teilchenmenge versteht man eine aus gleichen Teilen (Atome, Moleküle, Ionen, Elektronen, usw.) bestehende Menge einer Substanz, die durch die Anzahl der in ihr enthaltenen Teilchen gekennzeichnet wird.

Nach DIN 1301 gilt entsprechend der „Generalkonferenz für Maß und Gewicht" folgende Begriffsbestimmung für das Mol:

- Das Mol ist die Stoffmenge eines Systems, das aus ebenso viel Einzelteilchen besteht, wie Atome in 0,012 kg des Kohlenstoffnuklids ^{12}C enthalten sind. ^{12}C wird gesprochen: C 12 oder Kohlenstoff 12, hierbei ist 12 die Massenzahl.

Die Einheit für die Stoffmenge ist das Mol (Einheitenzeichen: mol). Das Mol ist eine SI-Basiseinheit.

Bei Verwendung des Mol müssen die Einzelteilchen des Systems bezeichnet sein. Die Einzelteilchen können Atome, Moleküle, Ionen, Elektronen sowie andere Teilchen oder Gruppen solcher Teilchen genau angegebener Zusammensetzung sein.

Beispiele zur Stoffmenge

1. Aus der Festlegung für die Einheit mol ergibt sich, dass 1 mol Sauerstoff, 1 mol Wasser, 1 mol Eisen oder 1 mol einer beliebigen anderen Substanz stets die gleiche Anzahl an Teilchen enthalten.
2. Weiterhin folgt aus der Festlegung, dass die Anzahl der Teilchen in der Stoffmenge 1 mol auch dann stets gleich groß ist, wenn Aggregatzustand, Druck, Temperatur oder sonstige Einflüsse anders sind.
   Hinweis:
   Obwohl die Stoffmenge eine physikalische Basiseinheit ist, hat sie für die praktische Bautechnik keine Bedeutung. ◄

1.7 Stromstärke *I*

Eine besondere Art der Kraft ist die Stärke des elektrischen Stroms, die Stromstärke. Die elektrische Stromstärke ist mit der Größe eines Wasserflusses, also mit der Stärke eines Wasserstroms vergleichbar. Der elektrische Strom entsteht durch ein Fließen von Elektro-

Tab. 1.17 Ampere und andere Einheiten der elektrischen Stromstärke I

Name der Einheit	Kurzzeichen	Zusammenhang mit der Einheit Ampere
Ampere	A	$1\ \text{A} = 10^3\ \text{mA}$
Milliampere	mA	$1\ \text{mA} = 10^{-3}\ \text{A}$ = 1/1000 A (ein Tausendstel)
Mikroampere	µA	$1\ \mu\text{A} = 10^{-6}\ \text{A}$ = 1/1.000.000 A (ein Millionstel)

nen. Diese Elektronen sind kleine Elektrizitätsteilchen, die sich durch einen Leiter von einem Pol zum anderen Pol bewegen. Ein elektrischer Strom fließt nur in einem geschlossenen Stromkreis.

Die elektrische Stromstärke (Formelzeichen: I) ist eine physikalische Basisgröße. Die elektrische Stromstärke wird gemessen in Ampere.

Nach DIN 1301 gilt entsprechend der „Generalkonferenz für Maß und Gewicht" folgende gekürzte Begriffsbestimmung für das Ampere:

- 1 A ist die Stärke eines elektrischen Stromes, der durch zwei parallele Leiter in einem Abstand von 1 m fließend zwischen diesen Leitern je 1 m Länge eine Kraft von $2 \cdot 10^{-7\,\text{N}}$ hervorrufen würde.

Die Einheit für die elektrische Stromstärke ist das Ampere (Einheitenzeichen: A).

Das Ampere ist eine SI-Basiseinheit. Sie kann nicht aus anderen Einheiten abgeleitet werden. Benannt wird die Stromstärke nach André Ampère.[13]

$$1\ \text{Ampere} \triangleq 2 \cdot 10^{-7}\ \text{Newton}$$

$$1\ \text{A} = \frac{1}{5.000.000}\ \text{N} \tag{1.35}$$

Aus der Einheit Ampere können kleinere Einheiten abgeleitet werden (Tab. 1.17).

Zum Messen der elektrischen Stromstärke verwendet man Amperemeter. Man kann bei der Messung von der Wärmewirkung, der chemischen Wirkung oder der magnetischen Wirkung des elektrischen Stromes ausgehen.

Beispiele zu Stromstärken

In Tab. 1.18 sind verschiedene Werte der Stromstärke zusammengestellt, um einen Eindruck von der Größe der Stromstärken zu vermitteln. ◄

1.7.1 Elektrische Spannung

Der elektrische Strom ist gekennzeichnet durch das Fließen von Elektronen zwischen zwei Polen einer Spannungsquelle. Die Ursache für das Fließen jedes elektrischen Stro-

[13] André M. Ampère, französischer Physiker und Mathematiker, 1775–1836.

Tab. 1.18 Beispiele verschiedener Stromstärken

Objekt	Stromstärke in A	Objekt	Stromstärke in A
Taschenlampe	0,001 … 0,6	Straßenbahn-Motor	≈ 200
Glühlampe	0,1 … 1	Elektrolok-Motor	≈ 1000
Bügeleisen	2 … 5	Überlandleitung	100 … 1000
Elektroherd	5 … 10	Gewitterblitz	≈ 1.000.000

mes ist die elektrische Spannung. Sie gibt den Unterschied zwischen zwei Polen einer Spannungsquelle an.

Jede Spannungsquelle hat zwei Pole mit unterschiedlichen Ladungen: einen Minuspol mit einem Überschuss an Elektronen und einen Pluspol mit einem Mangel an Elektronen. Bei einer Verbindung der beiden Pole kommt es zu einem Fließen des elektrischen Stromes. Die Elektronen fließen vom Elektronenüberschuss zum Elektronenmangel, also vom Minuspol zum Pluspol. Der Unterschied der Elektronenmenge wird durch die elektrische Spannung angegeben. Die elektrische Spannung wird bezeichnet mit U.

Die Einheit für die elektrische Spannung ist das Volt (Einheitenzeichen V). Volt ist eine abgeleitete SI-Einheit. Die Einheit wurde nach A. Volta[14] benannt.

Die Definition der Spannungseinheit Volt ist folgende:

Das Volt ist die elektrische Spannung zwischen zwei Punkten eines metallischen Leiters, in dem bei einem Strom von 1 A zwischen den beiden Punkten eine Leistung von 1 W umgesetzt wird.

$$\text{elektrische Spannung } U = \frac{\text{elektrische Leistung } P}{\text{Stromstärke } I} \tag{1.36}$$

$$U \text{ in Volt} = \frac{P \text{ in Watt}}{I \text{ in Ampere}} \tag{1.37}$$

Die elektrische Spannung kann aber auch in folgender Weise definiert werden:

$$\text{elektrische Spannung } U = \text{Stromstärke } I \cdot \text{elektrischer Widerstand } R \tag{1.38}$$

Beispiel zur elektrischen Spannung

Im allgemeinen elektrischen Netz ist in Europa das Dreiphasen-Wechselstromsystem als Niederspannungsnetz üblich. Die Netzfrequenz ist auf 50 Hz (50 Hz) festgelegt. Der Nennwert der Netzspannung zwischen den Außenleitern zum Neutralleiter beträgt 230 V (230 V). Zwischen zwei Außenleitern ergibt sich somit eine Netzspannung von $230 \cdot \sqrt{3} \approx 400$ Volt (400 V). ◄

[14] Alessandro Volta, italienischer Physiker, 1745–1827.

1.7.2 Elektrischer Widerstand

Ein Stromkreis stellt dem Durchgang des elektrischen Stromes einen Widerstand entgegen. Der Widerstand ist von der Länge und dem Querschnitt des Leiters sowie von der Materialart des Leiters abhängig. Der elektrische Widerstand wird mit *R* bezeichnet (englisch: Resistor = Widerstand).

Die Einheit für den elektrischen Widerstand ist das Ohm (Einheitenzeichen Ω; griechisch: Omega). Ohm ist eine abgeleitete SI-Einheit. Die Einheit wurde nach Georg S. Ohm[15] benannt.

Das Ohmsche Gesetz besagt:

Der durch einen Leiter fließende elektrische Strom *I* ist der der Spannung *U* proportional, die zwischen den Enden eines Leiters herrscht.

Unter dem Widerstand *R* ist das Verhältnis der Spannung *U* zwischen den beiden Enden eines Leiters zur Stromstärke *I* im Leiter zu verstehen.

$$\text{elektrischer Widerstand } R = \frac{\text{elektrische Spannung } U}{\text{Stromstärke } I} \tag{1.39}$$

$$R \text{ in } \Omega \ (\text{Ohm}) = \frac{U \text{ in V } (\text{Volt})}{I \text{ in A } (\text{Ampere})} \tag{1.40}$$

Umgeformt ergibt sich daraus die Gleichung:

$$U = R \cdot I \tag{1.41}$$

1.7.3 Elektrische Arbeit

Eine besondere Form der physikalischen Arbeit ist die elektrische Arbeit bzw. elektrische Energie. Sie wird mit W_{el} bezeichnet. Elektrische Arbeit W_{el} wird verrichtet, wenn eine elektrische Ladung in einem elektrischen Feld bewegt wird. Dies ist immer dann der Fall, wenn ein elektrisches Gerät in Betrieb ist. Der elektrische Strom wird hierbei in eine andere Energieform umgewandelt. Mit Hilfe des Energie-Erhaltungsgesetzes lässt sich die elektrische Arbeit W_{el} bestimmen, indem die zur Verrichtung der Arbeit erforderliche mechanische Energie *W* berechnet wird.

$$\text{elektrische Arbeit } W_{el} = \text{elektrische Spannung } U \cdot \text{Stromstärke } I \cdot \text{Zeit } t$$

$$W_{el} = U \cdot I \cdot t \tag{1.42}$$

[15] Georg S. Ohm, deutscher Physiker, 1789–1854.

Die Einheit für die Arbeit ist das Joule (Einheitenzeichen: J). Joule ist eine abgeleitete SI-Einheit. Hierbei ist 1 J gleichbedeutend mit 1 Wattsekunde:

$$1\,\mathrm{J} = 1\,\mathrm{Ws} \tag{1.43}$$

Die elektrische Arbeit W_{el} wird in der Praxis als „Stromverbrauch" in Kilowattstunden kWh gemessen:

$$1\,\mathrm{kWh} = 1000\,\mathrm{Wh} = 1000 \cdot 3600\,\mathrm{Ws} = 3{,}6 \cdot 10^6\,\mathrm{J} \tag{1.44}$$

Andere Einheiten der Arbeit bzw. der Energie sind in Tab. 1.11 genannt. In Tab. 1.12 sind Umrechnungswerte für die Einheiten der Arbeit bzw. der Energie zusammengestellt.

1.7.4 Elektrische Leistung

Eine elektrische Arbeit W_{el}, die in einer bestimmten Zeit t verrichtet wird, ist eine elektrische Leistung P_{el}:

$$\text{elektrische Leistung } P_{el} = \frac{\text{Arbeit } W_{el}}{\text{Zeit } t} \tag{1.45}$$

Aus der Gleichung $P_{el} = \frac{W_{el}}{t}$ entsteht $P_{el} = \frac{U \cdot I \cdot t}{t}$ oder kurz gefasst:

elektrische Leistung P_{el} = elektrische Spannung U · Stromstärke I

$$P_{el} = U \cdot I \tag{1.46}$$

Die Einheit für die elektrische Leistung ist das Watt (Einheitenzeichen: W). Watt ist eine abgeleitete SI-Einheit.

Andere Einheiten der elektrischen Leistung sind in Tab. 1.13 genannt. In Tab. 1.14 sind Umrechnungswerte für die Einheiten der Leistung zusammengestellt.

Die Leistung elektrischer Maschinen und Geräte wird in Watt angegeben. Dabei kann entscheidend sein, ob die aufgenommene Leistung oder die abgegebene Leistung auf dem Typenschild genannt wird. Bei Generatoren oder Lichtmaschinen wird die abgegebene elektrische Leistung angegeben, bei Motoren die abgegebene mechanische Leistung. Bei elektrischen Geräten, die eine Arbeit verrichten (Baumaschinen), aber auch bei Lampen, wird die aufgenommene elektrische Leistung genannt.

1.8 Lichtstärke *I*

Das Licht ist eine physikalische Erscheinung, die auf unser Auge eine Reizwirkung ausübt. Das Licht stellt einen Transport von Energie dar, es wird als Lichtenergie bezeichnet. Das Licht breitet sich von einer Lichtquelle strahlenförmig nach allen Richtungen aus und zwar stets geradlinig.

Das Leuchten der Lichtquellen ist recht unterschiedlich stark und wird durch den Begriff der Lichtstärke erfasst.

Die Lichtstärke (Formelzeichen: I) ist eine physikalische Basisgröße. Sie ist mit komplizierten Verfahren messbar.

Die Einheit, mit der die Lichtstärke gemessen wird, ist die Candela.

Nach DIN 1301 gilt entsprechend der „Generalkonferenz für Maß und Gewicht" folgende Begriffsbestimmung für die Candela:

- Die Candela ist die Lichtstärke in einer bestimmten Richtung einer Strahlungsquelle, die monochromatische Strahlung der Frequenz 540 · 1012 Hz aussendet und deren Strahlstärke in dieser Richtung (1/683) Watt durch Steradiant beträgt.

Die Einheit für die Lichtstärke ist die Candela (Einheitenzeichen: cd). Die Candela (lateinisch = Kerze) ist eine SI-Basiseinheit. (Betonung auf der zweiten Silbe). Die Lichtstärke *I* Candela entspricht etwa der Lichtstärke einer Kerzenflamme (Haushaltskerze, Wachskerze).

Beispiele zu Lichtstärken

Die Beispiele in Tab. 1.19 zeigen verschiedene Lichtstärken, die allgemein vorstellbar sind. ◄

Das Licht umfasst einen Teilbereich der elektromagnetischen Wellen. Für das menschliche Auge ist nur ein Wellenbereich von 400 … 800 nm ($4 \cdot 10^{-7}$ bis $8 \cdot 10^{-7}$ m) wahrnehmbar. An diese Grenzen des sichtbaren Lichts schließt an der kurzwelligen Seite das ultraviolette Licht (UV) und an der langwelligen Seite das infrarote Licht (IR) an.

Tab. 1.19 Lichtstärken verschiedener Lichtquellen

Lichtquelle	Lichtstärke I in cd
Kerzenflamme	1
Hindernis-Befeuerung an Luftfahrthindernissen	10
Auto-Abblendlicht	25
Auto-Scheinwerferlicht	55
Glühlampe 25 W	18
Glühlampe 60 W	58
Glühlampe 100 W	110
Tagfahrlicht	400
Bogenlampe	1600
Leuchtturm Helgoland	$3{,}5 \times 10^7$

Es werden selbstleuchtende und beleuchtete Körper unterschieden.

- **Selbstleuchtende Körper** sind Lichtquellen. Die wichtigste hiervon ist die Sonne. Sie sendet große Lichtmengen aus, von denen ein geringer Teil zur Erde gelangt und hier das gesamte Leben ermöglicht. Die Fixsterne sind ebenfalls selbstleuchtende Himmelskörper. Andere Lichtquellen sind die Kerzenflamme, Gasflamme, elektrische Glühlampe, Leuchtstofflampe oder Leuchtröhre.
- **Beleuchtete Körper** sind alle dunklen nicht selbstleuchtende Körper, also die meisten Gegenstände unserer Umgebung. Dazu gehören Mond, Erde und die anderen Planeten. Diese Körper werden mit dem Auge erst dann wahrgenommen, wenn sie beleuchtet werden und von dem auftreffenden Licht wenigstens einen Teil zurückwerfen. Ein Körper, der das nicht tut, ist unsichtbar.

Lichtgeschwindigkeit

Die Lichtgeschwindigkeit ist die maximale Ausbreitungsgeschwindigkeit aller möglichen physikalischen Wirkungen. Sie wurde mit $v = 2{,}99792458 \cdot 10^8$ m/s bestimmt, das sind fast 300.000 km/s.

Beispiele zur Lichtgeschwindigkeit

1. Luft ist nicht sichtbar, weil die Lichtstrahlen durch sie hindurch gehen und nicht zurückgeworfen werden.
2. Gas ist schwer erkennbar. Es lässt fast das gesamte auftreffende Licht hindurchgehen und wirft nur einen sehr geringen Teil zurück.
3. Schwarze Körper sind bei geringer Beleuchtung kaum wahrzunehmen. Es werden von den wenigen Lichtstrahlen fast alle durch die schwarze Farbe absorbiert und kaum welche reflektiert.
4. Die Geschwindigkeit des Lichtes beträgt rund 300.000 km/s. Die Entfernung vom Mond zur Erde von 385.000 km wird vom Licht zurückgelegt in einer Zeit von

$$t = \frac{l}{v} = \frac{385.000\ \text{km}}{300.000\ \text{km/s}} = 1{,}3\ \text{s}$$

   Das Sonnenlicht legt die Entfernung von der Sonne zur Erde (etwa 150 Mio. km) in folgender Zeit zurück:

$$t = \frac{l}{v} \approx \frac{150.000.000\ \text{km}}{300.000\ \text{km/s}} = 500\ \text{s} = 8{,}3\ \text{min}$$

5. In einem Jahr legt das Licht eine Entfernung zurück von

$$l = v \cdot t \approx 300.000 \frac{\text{km}}{\text{s}} \cdot 365 \cdot 24 \cdot 60 \cdot 60 = 946 \cdot 10^{10}\ \text{km} \approx 9{,}5 \cdot 10^{12}\ \text{km}$$

   Diese Entfernung von etwa 9,5 Billionen km wird als 1 Lichtjahr (Lj) bezeichnet. ◄

1.8.1 Lichtstrom φ

Der Lichtstrom (Formelzeichen: φ; griechischer Buchstabe phi) ist eine aus der Lichtstärke abgeleitete physikalische Größe. Unter dem Lichtstrom versteht man die Lichtenergie, die von einer punktförmigen Lichtquelle nach allen Richtungen ausgesendet wird. Der Lichtstrom ist also das Produkt aus der Lichtstärke und dem durchstrahlten Raumwinkel (ω = griechischer Buchstabe omega).

$$\textbf{Lichtstrom } \varphi = \textbf{Lichtstärke } I \cdot \textbf{Raumwinkel } \omega \tag{1.47}$$

Die Einheit für den Lichtstrom ist das Lumen (Einheitenzeichen: lm). Es ist eine abgeleitete SI-Einheit.

Lichtquellen senden nicht nach allen Richtungen gleich viel Licht aus. Die Lichtverteilung hängt von dem Bau einer Lichtquelle ab. Die Summe der nach allen Richtungen ausgesandten Lichtmenge ergibt den von einer Lichtquelle ausgehenden Lichtstrom.

1.8.2 Lichtausbeute

Die Lichtausbeute ist eine dem erzeugten Lichtstrom und der dazugehörigen Leistungsaufnahme abgeleitete physikalische Größe. Sie gibt in gewisser Weise den Wirkungsgrad einer Lichtquelle an.

$$\text{Lichtausbeute} = \frac{\text{Lichtstrom } \varphi \text{ in Lumen}}{\text{Leistungsaufnahme } P \text{ in Watt}} \tag{1.48}$$

Die Einheit für die Lichtausbeute ist das Lumen durch Watt (Einheitenzeichen: lm/W).

Beispiele zur Lichtausbeute

Die Lichtausbeuten verschiedener Glühlampen und Leuchtstofflampen werden in Tab. 1.20 dargestellt.

1. Der Lichtstrom einer 75-Watt-Glühlampe ist etwa gleich dem Lichtstrom einer 20-Watt-Leuchtstofflampe.
2. Bei gleicher Leistungsaufnahme ist der Lichtstrom, den eine Leuchtstofflampe aussendet, wesentlich größer als bei einer Glühlampe. Die Lichtausbeute ist bei einer Leuchtstofflampe trotz der größeren Leistungsaufnahme gegenüber der Nennleistung etwa 3- bis 4-mal so groß wie bei einer Glühlampe. ◄

Tab. 1.20 Lichtausbeute verschiedener Lichtquellen

Lichtquellen	Leistungsaufnahme P in Watt	Lichtstrom φ in Lumen	Lichtausbeute φ/P
Glühlampen 230 V			
Einfachwendel EW	25	200	8
(klar oder innen mattiert)	40	350	9
	60	600	10
	75	800	11
	100	1200	12
	150	2000	13
	200	2800	14
Doppelwendel DW	40	400	10
(innen mattiert)	60	700	11
	75	900	12
	100	1300	13
Leuchtstofflampen			
(weiß) 20 W	30	900	30
25	35	1400	40
40	50	2300	46
65	80	3800	48
Energiesparlampen			
	7	350	50
	12	600	50
	20	1000	50

1.8.3 Leuchtdichte *L*

Die Leuchtdichte (Formelzeichen: L) ist eine aus der Lichtstärke abgeleitete physikalische Größe. Man versteht darunter das Verhältnis der Lichtstärke zur Leuchtfläche.

$$\textbf{Leuchtdichte } L = \frac{\textbf{Lichtstärke } I}{\textbf{Leuchtfläche } A} \quad \begin{matrix} \text{mit } I \text{ in cd} \\ \text{mit } A \text{ in m}^2 \end{matrix} \tag{1.49}$$

Daraus ergibt sich die abgeleitete SI-Einheit der Leuchtdichte L.

Die Einheit für die Leuchtdichte ist die Candela durch Quadratmeter (Einheitenzeichen: $\mathrm{cd/m^2}$).

Gebräuchlich ist auch die Einheit $\mathrm{cd/cm^2}$, die früher mit Stilb (sb) bezeichnet wurde.

Die Leuchtdichte einer Lichtquelle ist umso größer, je mehr eine bestimmte Lichtstärke von einer kleineren Leuchtfläche (leuchtende Fläche) ausgeht.

Beispiele zur Leuchtdichte

Die Blendwirkung einer Lichtquelle ist abhängig von ihrer Leuchtdichte. In Tab. 1.21 sind verschiedene Beispiele zusammengestellt.

Tab. 1.21 Leuchtdichten L verschiedener Lichtquellen

Lichtquelle	Leuchtdichte L in cd/cm²	Lichtquelle	Leuchtdichte L in cd/cm²
Nachthimmel	$\approx 10^{-7}$	Leuchtstofflampen	$\approx$ 0,2 … 0,4
Mond	$\approx$ 0,25	Kerzenflamme	$\approx$ 0,7
Grauer Himmel	$\leqq$ 0,3	Glühlampe mattiert	= 5 … 40
Blauer Himmel	$\leqq$ 1,0	Glühlampe klar	= 200 … 1500
Sonne am Horizont	$\approx$ 600	Lichtbogenschweißung	= 20.000
Mittagssonne	$\leqq$ 150.000		
Blendgrenze für das menschliche Auge:	L = 0,75 cd/cm² = 7500 cd/m²		

Eine Lichtquelle blendet umso mehr, je größer die Leuchtdichte ist.

1. Das Licht einer Leuchtstofflampe blendet bei gleicher Lichtstärke weniger als das Licht einer Glühlampe, da die Leuchtdichte geringer ist.
2. Die Leuchtdichte einer Glühlampe wird verringert durch einen Beleuchtungskörper (Leuchte, fälschlich als Lampe bezeichnet). Die Leuchtfläche ist größer.
3. Bei indirekter Beleuchtung wird eine Blendung des Auges vermieden, die Leuchtdichte wird durch die große reflektierende Fläche (rückstrahlende Fläche) stark gemindert. ◄

1.8.4 Beleuchtungsstärke *E*

Die Beleuchtungsstärke (Formelzeichen: E) ist eine aus der Lichtstärke abgeleitete physikalische Größe.

Das von einer Lichtquelle ausgehende Licht fällt nicht nur direkt ins Auge, sondern beleuchtet vor allem die Gegenstände in unserer Umgebung. Die Beleuchtung dieser Gegenstände wird mit der Beleuchtungsstärke gemessen. Diese ist abhängig von der **Stärke** der Lichtquelle, von der **Entfernung** der Lichtquelle und von dem **Winkel,** unter dem die Lichtstrahlen auf die beleuchtete Fläche auftreffen.

Die Einheit für die Beleuchtungsstärke ist das Lux (Einheitenzeichen: lx). Das Lux (lateinisch = Licht) ist eine abgeleitete SI-Einheit.

Unter Beleuchtungsstärke E versteht man also das Verhältnis des rechtwinklig auftreffenden Lichtstromes φ zur Auftrefffläche A.

$$\text{Beleuchtungsstarke } E = \frac{\text{Lichtstrom } \varphi}{\text{Auftrefffläche A}} \text{ in lx} \quad \begin{matrix} \text{mit } \varphi \text{ in lm} \\ \text{und } A \text{ in m}^2 \end{matrix} \tag{1.50}$$

1 Lux ist gleich der Beleuchtungsstärke, die auf einer Fläche herrscht, wenn auf 1 m² der Fläche gleichmäßig verteilt der Lichtstrom 1 Lumen fällt.

Tab. 1.22 Natürliche Beleuchtungsstärken E der Erdoberfläche

Beleuchtung	Beleuchtungsstärke E in lx
bei Vollmond	= 0,25
bei bedecktem Himmel im Winter	= 1000 … 2000
bei bedecktem Himmel im Sommer	= 5000 … 20.000
bei Sonnenlicht im Winter	= 10.000
bei Sonnenlicht im Sommer	= 100.000

$$\mathbf{1\ lx} = \mathbf{1}\ \mathrm{lm}/\mathbf{m}^2 \qquad (1.51)$$

Die Beleuchtungsstärke E nimmt mit dem Quadrat der Entfernung r ab. Beleuchtungsstärke E ist die Lichtstärke I durch den Abstand r zum Quadrat.

$$E = \frac{I}{r^2} \text{ in lx} \qquad (1.52)$$

Die Beleuchtungsstärke kann mit einem Belichtungsmesser (Luxmeter) gemessen werden. Die Beleuchtungsstärke der Erdoberfläche bei verschiedenen Licht- und Witterungsverhältnissen ist in Tab. 1.22 angegeben.

Bei künstlicher Beleuchtung ist zu beachten, dass sowohl die Leistungsfähigkeit als auch das Wohlbefinden der Menschen in hohem Maße von der Beleuchtung seiner Umgebung abhängen. Beispielsweise sind für die Beleuchtung von Arbeitsstätten die Anforderungen der DIN EN 12464 zu beachten. In dieser Norm werden Werte für die erforderliche Beleuchtsstärke festgelegt. Neben der Beleuchtungsstärke, die im Bereich der Sehaufgabe oder Tätigkeit einzuhalten ist (E_{m}), werden auch Anforderungen an die Beleuchtungsstärke im unmittelbaren Umgebungsbereich sowie an die Helligkeit der Räume gestellt. Als Beleuchtungsstärke wird jeweils der sogenannte Wartungswert angegeben. Dieser entspricht dem Mindestwert der Beleuchtungsstärke nach einer definierten Nutzungsdauer. Für einige ausgewählte Aufgaben- und Tätigkeitsbereiche sind die Wartungswerte der Beleuchtungsstärke in Tab. 1.23 angegeben. Für weitere Werte sowie weitergehende Regelungen wird auf DIN EN 12464 verwiesen.

Beispiele zur Beleuchtungsstärke

1. Eine Zeichenfläche für das Format DIN A 1 ($\approx$ 0,5 m^2) wird von einer Lampe mit einem mittleren Lichtstrom φ = 600 lm beleuchtet (Glühlampe 60 W). Die Beleuchtungsstärke wird berechnet.

   $$E = \frac{\varphi}{A} = \frac{600\ \mathrm{lm}}{0{,}5\ \mathrm{m}^2} = 1200\ \frac{\mathrm{lm}}{\mathrm{m}^2} = 1200\ \mathrm{lx} > 1000\ \mathrm{lx}$$

   Die Beleuchtungsstärke E beträgt 1200 Lux.

Tab. 1.23 Erforderliche Beleuchtungsstärken für Arbeitsstätten in Innenräumen. (Nach DIN EN 12464-1)

	Wartungswert der Beleuchtungsstärke			
Bereich der Sehaufgabe/Tätigkeit	Em lx	Em,z lx	Em,Wand lx	Em,Decke lx
Korridore und Verkehrsflächen	100	50	50	30
Treppen, Rolltreppen, Laufbänder	100	50	50	30
Bereich vor Rolltreppen, Aufzug	200	75	75	50
Kantine	200	75	75	50
Krankenstation	500	150	150	100
Handwerk – Friseure	500	150	150	100
Handwerk – Schmuckherstellung	1000	150	150	100
Industrie – Karosseriebau automatisch	300	100	50	30
Büros – Schreiben, Tippen, Lesen	500	150	150	100
Technisches Zeichnen	750	150	150	100
CAD-Arbeitsplätze	500	150	150	100
Allgemeine Verkaufsflächen	300	75	75	30

2. Eine Straßenleuchte ist in einer Höhe von $r = 6$ m über der Straße montiert. Die Beleuchtungsstärke direkt unter der Leuchte soll $E = 30$ lx betragen. Die erforderliche Lichtstärke I und der mittlere Lichtstrom φ für 1 m^2 Straßenfläche werden berechnet.

$$I = E \cdot r^2 = 30\ \text{lx} \cdot 6\ \text{m} \cdot 6\ \text{m} = 1080\ \text{lx} \cdot \text{m}^2 = 1080\ \text{cd}$$
$$j = E \cdot A = 30\ \text{lx} \cdot 1\ \text{m}^2 = 30\ \text{lm}$$

3. In 6 m Entfernung vom Fuß der Straßenleuchte ist die Beleuchtungsstärke geringer, selbst wenn die Lampe das Licht auch in diese Richtung gleichstark ausstrahlt. Der Abstand beträgt

$$r = \sqrt{2} \cdot 6\ \text{m} \approx 8{,}5\ \text{m}.$$

Die Beleuchtungsstärke ist bei einer Lichtstärke von 1080 cd an dieser Stelle

$$E = \frac{I}{r^2} = \frac{1080\ \text{cd}}{8{,}5\ \text{m} \cdot 8{,}5\ \text{m}} = 15 \frac{\text{cd}}{\text{m}^2} = 15\ \text{lx}$$

Die Beleuchtungsstärke ist in einer Entfernung von 6 m nur halb so groß wie direkt unter der Straßenleuchte. ◄

1.9 Temperatur Θ oder T

Die Temperatur ist eine der 7 physikalischen Basisgrößen. Durch die Temperatur wird der Wärmezustand der Körper oder der Umgebung gekennzeichnet. Im Zusammenhang mit den Anforderungen an den Wärmeschutz von Gebäuden und den zugehörigen Berechnungen spielt die Temperatur eine wesentliche Rolle. Aus diesem Grund wird auf die Temperatur und die damit zusammenhängenden Größen im Folgenden ausführlicher eingegangen.

Die Wärme ist ein bestimmter Zustand der Materie. Wärme ist aber auch eine besondere Form der Energie: *Wärme = Energie.*

Der Wärmezustand eines Stoffes wird durch seine Temperatur angegeben. Die Temperatur kann gemessen werden, man kann sie auch fühlen. Dementsprechend bezeichnen wir einen Stoff als „warm" oder „kalt". In der Physik wird jedoch nur von „Wärme" gesprochen, der Begriff „kalt" wird hier nicht verwendet.

Die Temperatur der Körper hängt von ihrer Wärmeenergie ab. Temperaturabhängig sind:

- das Volumen der Körper,
- der Aggregatzustand der Körper,
- die Stoffkonstanten.

Wenn der Wärmezustand, also die Temperatur eines Körpers, verändert werden soll, so ist Wärmeenergie zuzuführen oder abzuführen. Bei Zuführung von Wärmeenergie wird der Körper erwärmt, bei Abgabe von Wärmeenergie kühlt er ab; die Temperatur sinkt.

Da die üblichen Bezeichnungen heiß, warm, lau, kühl oder kalt nur unklare Beschreibungen des Wärmezustandes sind, wird die Temperatur gemessen. Dazu werden Thermometer verwendet.

Die Temperatur wird gemessen in Grad Celsius:

Die Einheit für die Celsius-Temperatur Θ (Theta) ist das Grad Celsius (Einheitenzeichen °C).[16]

Ein Grad Celsius ist der hundertste Teil der Temperaturdifferenz zwischen Eispunkt (0 °C) und Siedepunkt (100 °C) bei normalem Luftdruck (1013 hPA). Die Temperaturangaben in Grad Celsius sind weltweit üblich, mit Ausnahme der angelsächsischen Länder, wo die Temperatur bisweilen noch in Grad Fahrenheit (°F) angegeben wird.

Temperaturberechnungen erfolgen mit der thermodynamischen Temperatur.

Die Einheit für die thermodynamische Temperatur T ist das Kelvin (Einheitenzeichen K).[17] Das Kelvin ist eine SI-Basiseinheit.

Die Teilung der Kelvin-Skala entspricht der Celsius-Skala, d. h. die Schrittweite ist gelich groß. Diese Skalen sind nur um den konstanten Wert 273,15 verschoben, wobei die Celsius-Skala den Nullpunkt beim Gefrierpunkt von Wasser (Eispunkt) hat und die Kelvin-Skala beim absoluten Temperatur-Nullpunkt.

Nach DIN 1301 gilt entsprechend der „Generalkonferenz für Maß und Gewicht" folgende Begriffsbestimmung für das Kelvin:

---

[16] Anders Celsius, schwedischer Physiker, 1701–1744.

[17] William Thomson, britischer Physiker, 1824–1907, seit 1866 Lord Kelvin of Largs.

- Das Kelvin, die Einheit für die thermodynamische Temperatur, ist der 273,16te Teil der thermodynamischen Temperatur des Tripelpunktes des Wassers.

(Der Tripelpunkt des Wassers liegt bei 0,01 °C, denn Wasser kann nur bei dieser Temperatur und einem Druck von 6,1 mbar in allen drei Aggregatzuständen fest, flüssig und gasförmig auftreten.)

Anmerkung 1:	Es wurde festgelegt, dass die Einheit Kelvin und das Einheitenzeichen K benutzt werden können, um eine Temperaturdifferenz anzugeben.
Anmerkung 2:	Bei Angabe der Celsius-Temperatur wird der Einheitenname Grad Celsius (Einheitenzeichen °C) als besonderer Name für das Kelvin benutzt.

Zur Festlegung der Temperatureinheiten dienen zwei Festpunkte, nämlich die Temperatur des schmelzenden Eises und die Temperatur des siedenden Wassers. Es sind der **Schmelzpunkt** (Eispunkt) und der **Siedepunkt.** Diese Temperaturspanne wird in 100 Teile geteilt. 1/100 dieser Temperaturspanne entspricht 1 K oder 1 Grad Celsius. Die gleiche Einteilung wird über beide Festpunkte hinaus fortgesetzt.

Ein dritter Festpunkt ist die thermodynamische Temperatur, die früher als absolute Temperatur bezeichnet wurde. Es ist die Temperatur, bei der durch Abkühlung ein ideales Gas theoretisch den Druck Null haben muss. Dieser Punkt wird auch als Nullpunkt bezeichnet.

Die Temperaturspanne zwischen Schmelzpunkt und Nullpunkt beträgt 273,15 K bzw. 273,15 Grad Celsius.

Die Temperaturmessung mit Kelvin beginnt beim Nullpunkt mit Null Kelvin (0,0 K).

Die Temperaturmessung mit Grad Celsius beginnt beim Schmelzpunkt des Wassers mit Null Grad Celsius (±0 °C).

Aus diesen Festlegungen erhält man die Temperaturskalen nach Abb. 1.11. Die Temperaturpunkte und -differenzen für Siedepunkt, Schmelzpunkt und Nullpunkt sind in Tab. 1.24 zusammengestellt. Für Temperaturdifferenzen die Einheit Kelvin verwendet.

Die Temperaturen dürfen sowohl in Kelvin als auch in Grad Celsius angegeben werden. In der Bauphysik werden Temperaturen des Außen- und Raumklimas (Außenluft- und Raumlufttemperaturen), Temeparturen auf Bauteiloberflächen und im Bauteilinnern üblicherweise in Grad Celsius (°C) angegeben, während für Temperaturdifferenzen die Einheit Kelvin (K) verwendet wird.

Beispiele zu Angaben der Temperatur

1. Die Angabe für eine bestimmte Temperatur (Temperaturpunkt) kann lauten:

$$\Theta = 20\ °\mathrm{C} \quad \text{oder} \quad T = 293{,}15\ \mathrm{K}$$

2. Für die Angabe einer Temperaturspanne (Temperaturdifferenz) kann es heißen:

$$\Delta T = 20\,\mathrm{K}$$

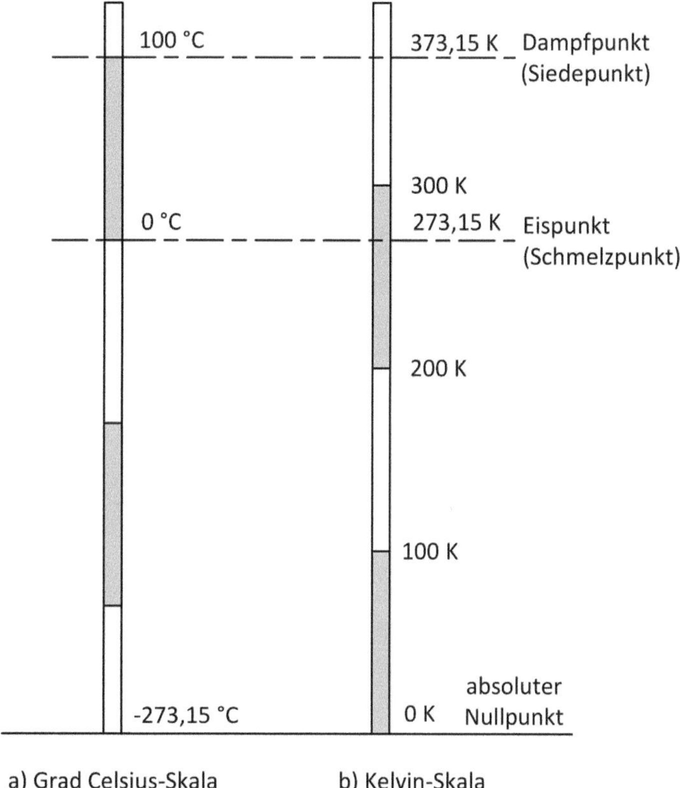

Abb. 1.11 Temperaturskala mit Nullpunkt, Schmelzpunkt und Siedepunkt. (**a**) Celsius-Skala. (**b**) Kelvin-Skala

Tab. 1.24 Temperaturskalen in Kelvin und Grad Celsius

Festpunkt	Angaben für Temperaturen	
	Kelvin	Grad Celsius
Siedepunkt	373,15 K	+100 °C
Schmelzpunkt	273,15 K	+0 °C
Tripelpunkt	273,16 K	+0,01 °C
Nullpunkt	0,0 K	−273,15 °C

3. Die Temperatur von 20 °C kann auf folgende Weise in Kelvin errechnet und angegeben werden:

$$T = 273{,}15\ \text{K} + 20\ \text{K} = 293{,}15\ \text{K}$$

4. Die Formulierung „die Raumtemperatur beträgt etwa 20 °C" ist die einfachere und geläufige Bezeichnung anstelle „die Raumtemperatur beträgt ungefähr 293 K".

5. Die Lagerung von Probekörpern zum Prüfen der Zementfestigkeit soll bei einer Temperatur von (20 ± 1) °C erfolgen. Diese Angabe besagt, dass die Temperatur möglichst + 20 °C betragen soll, aber um 1 K zwischen + 19 °C und + 21 °C schwanken darf. Die Angabe könnte auch lauten 20 °C ± 1 K. ◄

1.9.1 Wärmewirkungen

Bauteile sind Temperaturänderungen ausgesetzt. Hierdurch werden Verformungen und/oder Spannungen hervorgerufen. Bei Tragwerken kann meistens angenommen werden, dass die Temperatur im ganzen Tragwerk gleich ist. Beim Nachweis der von Wärmewirkungen hervorgerufenen Verformungen und Spannungen sind bestimmte Temperaturänderungen rechnerisch anzusetzen.

Temperaturänderungen können langsam oder schnell ablaufen; die Auswirkungen sind unterschiedlich:

Bei langfristigen (z. B. jahreszeitlichen) Temperaturänderungen (z. B. Sommer, Winter) kann die Annahme eines gleichmäßigen Erwärmens oder Abkühlens der Bauteile zutreffend sein. Die Bauteile wollen sich gleichmäßig verlängern oder verkürzen: es entstehen Längenänderungen. Wenn die Längenänderungen behindert werden, herrschen in den Bauteilen Druck- oder Zugspannungen.

Bei kurzfristigen (z. B. tageszeitlichen) Temperaturänderungen (z. B. Sonneneinstrahlung, Gewitterregen) kommt es zu ungleichmäßigen Dehnungen. Die Bauteile wollen sich verwölben: es entstehen gekrümmte Verformungen. Wenn diese Verwölbungen behindert werden, herrschen in den Bauteilen Biegespannungen.

Temperaturdehnung ε_T

Unter dem Einfluss von Temperaturerhöhungen dehnen sich die Bauteile nach allen Seiten aus. Die Temperaturdehnung ε_T ist proportional zur Temperaturerhöhung ΔT. Die Proportionalitäts-Konstante, bezogen auf einen Temperaturunterschied von 1 K, nennt man Temperaturdehnzahl oder Wärmedehnzahl α_T. Ihre Größe ist von der Art des Baustoffes abhängig.

Dehnungen, die von Temperaturänderungen abhängig sind und auf 1 K bezogen werden, können gemessen werden in mm je mm Bauteillänge und je Kelvin, also in der Einheit mm/(mm · K). Diese Einheit ist auch die Einheit der stoffabhängigen Wärmedehnzahl α_T. In Tab. 1.25 sind die Wärmedehnzahlen für einige Baustoffe für Temperaturen zwischen 0 °C und 100 °C angegeben. Anstelle der Einheit mm/(mm · K) wird auch die Einheit 1/K oder K^{-1} verwendet. Besser vorstellbare Zahlenwerte erhält man, wenn die Einheit mm/(m · K) benutzt wird.

Tab. 1.25 Wärmedehnzahlen α_T für verschiedene Baustoffe (Auswahl)

Baustoff	Wärmedehnzahl α_T	
	in mm/(m · K)	in mm/(mm · K)
Beton		
Normalbeton, Stahlbeton	0,010	$1{,}0 \cdot 10^{-5}$
Leichtbeton, Stahlleichtbeton	0,008	$0{,}8 \cdot 10^{-5}$
Mauerwerk aus		
Gasbetonsteinen	0,008	$0{,}8 \cdot 10^{-5}$
Kalksandsteinen	0,008	$0{,}8 \cdot 10^{-5}$
Leichtbetonsteinen	0,010	$1{,}0 \cdot 10^{-5}$
Ziegelsteinen	0,006	$0{,}6 \cdot 10^{-5}$
Metalle		
Aluminium	0,024	$2{,}4 \cdot 10^{-5}$
Kupfer	0,017	$1{,}7 \cdot 10^{-5}$
Stahl	0,012	$1{,}2 \cdot 10^{-5}$
Zink	0,026	$2{,}6 \cdot 10^{-5}$
Holz – in Faserrichtung	0,009	$0{,}9 \cdot 10^{-5}$
– quer zur Faser	0,050	$5{,}0 \cdot 10^{-5}$
Glas	0,009	$0{,}9 \cdot 10^{-5}$
Kunststoff PVC	0,080	$8{,}0 \cdot 10^{-5}$

Längenausdehnung Δl

Bei Erwärmung um eine Temperaturdifferenz ΔT erfährt ein Bauteil eine Längenänderung. Es wird sich verlängern, wenn es nicht daran gehindert wird. Umgekehrt wird sich bei Abkühlung ein Bauteil verkürzen. Die Längenausdehnung Δl kann mit folgender Gleichung berechnet werden:

$$\Delta l = \alpha_T \cdot \Delta T \cdot l_0 \quad \text{in mm} \tag{1.53}$$

Hierbei ist l_0 die ursprüngliche Länge vor der Temperaturänderung. Die Temperaturdifferenz ΔT ist bei Erwärmung mit positivem Vorzeichen, bei Abkühlung mit negativem Vorzeichen einzusetzen.

Flächenausdehnung ΔA

Flächige Bauteile erfahren bei Erwärmung eine Ausdehnung in beiden Richtungen der Fläche. Es ist eine Längenänderung in zwei Dimensionen. Die Flächenausdehnung ΔA ist mit nachstehender Gleichung zu berechnen:

$$\Delta A = 2 \cdot \alpha_T \cdot \Delta T \cdot A_0 \tag{1.54}$$

Volumenausdehnung Δ*V*

Räumliche Bauteile werden sich bei Erwärmung in Länge, Breite und Höhe ausdehnen. Die Längenänderung findet in drei Dimensionen statt. Meistens ist die Ausdehnung jedoch nur in einer Richtung von Bedeutung.

Zu berechnen ist die Volumenausdehnung Δ*V* wie folgt:

$$\Delta V = 3 \cdot \alpha_T \cdot \Delta T \cdot V_0 \tag{1.55}$$

Die Ausdehnung von Hohlräumen erfolgt nach den gleichen Gesetzmäßigkeiten.

Temperaturspannung σ_T

Wenn ein Bauteil an der Längenänderung infolge von Temperaturänderungen vollständig behindert wird, entstehen im Bauteil Spannungen (Zwängungsspannungen). Druckspannungen entstehen bei einer Behinderung des Ausdehnens. Es wirken Zugspannungen bei einer behinderten Verkürzung. Die Größe der entstehenden Spannung ist nicht nur von der behinderten Dehnung, sondern auch vom Elastizitätsmodul *E* des Baustoffs abhängig. Die Temperaturspannung σ_T kann mit folgender Gleichung berechnet werden:

$$\sigma_T = \pm\alpha_T \cdot \Delta T \cdot E \text{ in N/mm}^2 \quad \text{mit } \Delta T \text{ in K und } E \text{ in N/mm}^2 \tag{1.56}$$

Die dabei auftretende innere Längskraft N_T ist umso größer, je größer die Querschnittsfläche *A* des Bauteils ist:

$$N_T = \pm\sigma_T \cdot A \text{ in N mit } \sigma_T \text{ in N/mm}^2 \text{ und } A \text{ in mm}^2 \tag{1.57}$$

Beispiele zu Wärmewirkungen

1. **Ein Stahlbandmaß** von 25 m Länge wird von 20 °C durch Sonneneinstrahlung auf 35 °C erwärmt. Die Längenänderung Δ*l* beträgt:

$$\Delta l = +\alpha_T \cdot \Delta T \cdot l_0$$

$$\Delta l = +\ 0{,}012 \frac{\text{mm}}{\text{m} \cdot \text{K}} \cdot 15\text{K} \cdot 25\text{m} = +\ 4{,}5\text{ mm}$$

2. **Eine Stützwand** aus Beton wird bei + 15 °C hergestellt. Im Winter sinkt die Temperatur auf – 20 °C. In Abständen von 10 m sind Dehnfugen von 12 mm Breite angeordnet. Die Breite der Dehnfugen im Winter wird berechnet.

$$\Delta l = -\alpha_T \cdot \Delta T \cdot l_0$$

$$\Delta l = -\ 0{,}010 \frac{\text{mm}}{\text{m} \cdot \text{K}} \cdot 35\text{ K} \cdot 10\text{ m} = -\ 3{,}5\text{ mm}$$

Jeder Stützwandabschnitt wird um 3,5 mm kürzer. Eine zwischen den Stützwandabschnitten angeordnete Dehnfuge wird um 3,5 mm breiter, sofern keine Behinderung der Wand stattfindet, z. B. durch das Fundament.

Breite der Dehnfugen im Winter:

$$b_\text{F} = 12{,}0\ \text{mm} + 3{,}5\ \text{mm} = 15{,}5\ \text{mm}$$

Die Verbreiterung der Dehnfuge beträgt fast 30 % gegenüber der ursprünglichen Breite. Für diese Dehnung muss der Fugendichtstoff bei niedrigen Temperaturen geeignet sein.

3. **Ein Flachstahl** 80 × 8 (mm) von 3 m Länge ist einer Temperaturerhöhung von 60 K ausgesetzt.
   a) Welche Länge hat der Stab nach der Temperaturerhöhung?
   b) Welche Spannung tritt auf, wenn der Stab an der Dehnung gehindert wird?
   c) Welcher Druckkraft entspricht die vorhandene Spannung?

$$\text{zu a) } \Delta l = \alpha_\text{T} \cdot \Delta T \cdot l_0 = 0{,}000.012 \cdot 60 \cdot 3000 = 2{,}16\ \text{mm} \approx 2{,}2\ \text{mm}$$

$$l = l_0 + \Delta l = 3000 + 2{,}2 = 3002{,}2\ \text{mm}$$

$$\text{zu b) } \sigma_\text{T} = \alpha_\text{T} \cdot \Delta T \cdot E$$

$$\text{oder } \sigma_\text{T} = \varepsilon \cdot E = \frac{\Delta l}{l_0} \cdot E = \frac{2{,}16}{3000} \cdot 210.000 = 151{,}2\ \text{N/mm}^2$$

$$\text{zu c) } N_\text{T} = \sigma_\text{T} \cdot A = 151{,}2 \cdot 80 \cdot 8 = 9696.768\ \text{N} = 96{,}8\ \text{kN}$$

4. **Eine Stahlbetondecke** aus Beton wird im Sommer bei 25 °C hergestellt; Deckenlänge 12 m.
   a) Welche Verkürzung der Decke ergibt sich bei einer Abkühlung auf −10 °C, wenn das Auflager-Mauerwerk nachgibt?
   b) Wie groß sind die Spannungen in der Decke, wenn das Mauerwerk eine Verkürzung der Decke verhindern würde? Elastizitätsmodul des Betons $E_\text{b} = 26.000\ \text{N/mm}^2$.
   c) Wie groß sind die von 1 m Mauerwerk aufzunehmenden Kräfte? Deckendicke $d = 14$ cm.

$$\text{zu a) } \Delta l = \alpha_\text{T} \cdot \Delta T \cdot l_0 = 0{,}00001 \cdot 35 \cdot 12.000 = 4{,}2\ \text{mm}$$

$$\text{zu b) } \sigma_\text{T} = \frac{\Delta l}{l_0} \cdot E = \frac{4{,}2}{12.000} \cdot 26.000 = 9{,}1\ \text{N/mm}^2 = 0{,}91\ \text{kN/cm}^2$$

$$\text{zu c) } N_\text{T} = \alpha_\text{T} \cdot A = 0{,}91 \cdot 14 \cdot 100 = 1274\ \text{kN}$$

5. **Ein Stahlbetondach** hat in Abständen von 30 m Dehnfugen. Die Temperaturänderung beträgt 40 K. Die Wärmedehnzahl beträgt $\alpha_\text{T} = 0{,}00001$ mm/(mm·K). Wie groß ist die gesamte Längenänderung, wenn keine Behinderung stattfindet?

$$\Delta l = a_\text{T} \cdot \Delta T \cdot l_0 = 0{,}00001 \cdot 40 \cdot 30.000 = 12\ \text{mm}$$

6. **Ein Kranbahnträger** HE-B 300 hat über mehrere Felder eine Gesamtlänge von 28 m. An den Enden ist der Träger mit der übrigen Konstruktion fest verbunden. Es ist mit einem Temperaturunterschied von ±35 K zu rechnen. Querschnittsfläche des Trägers: $A = 149\ \text{cm}^2$.
   a) Wie groß ist die Druckspannung beim Erwärmen und die Zugspannung beim Abkühlen?
   b) Welcher Normalkraft entspricht diese Spannung?

zu a) $\sigma_T = \pm\alpha_T \cdot \Delta T \cdot E = \pm 0{,}000012 \cdot 35 \cdot 210.000 = \pm 88{,}2\ \text{N/mm}^2$
$= \pm 8{,}82\ \text{kN/cm}^2$

zu b) $N_T = \pm a_T \cdot A = \pm 8{,}82 \cdot 149 = \pm 1314\ \text{kN}$ ◄

Verwölbung

Bauteile können ungleichmäßigen Temperatureinwirkungen ausgesetzt sein. Sie werden z. B. von oben stärker erwärmt als an der Unterseite (Bodenplatten auf Erdreich). Andere Bauteile kühlen nach oben ab und werden von unten erwärmt (Dachdecken im Winter).

Fassadenplatten sind ebenfalls unterschiedlichen Temperaturen ausgesetzt, z. B. durch einseitige Sonneneinstrahlung. Die hierbei innerhalb des Bauteils entstehenden Temperaturdifferenzen (Temperaturunterschiede) bewirken ein Verwölben; es entsteht eine Biegeverformung.

Ein freiaufliegendes Bauteil (Abb. 1.12) mit der Höhe h und der Länge l erfährt durch eine Temperaturdifferenz zwischen beiden Seiten eine Formänderung entsprechend dem Maß f:

$$\text{Formänderungsmaß } f = \alpha_T \cdot \frac{\Delta T}{h} \cdot \frac{l^2}{8} \text{ in mm mit } \alpha_T \text{ in } \frac{\text{mm}}{\text{m} \cdot \text{K}} \quad \Delta T \text{ in K} \quad l \text{ in m} \quad h \text{ in m} \tag{1.58}$$

Beispiele zu Verformungen durch Temperatureinfluss

1. Eine 18 cm dicke Stahlbetondachdecke ist rechtwinklig zur Haupttragrichtung 12,0 m breit. Sie wird an der Unterseite auf +22 °C erwärmt, während an der Oberseite noch eine Temperatur von 8 °C herrscht (Abb. 1.13). Temperaturdehnzahl $\alpha_T = 0{,}010\ \text{mm/(m·K)}$. Die Verformung wird berechnet.

$$f = \alpha_T \cdot \frac{\Delta T}{h} \cdot \frac{l^2}{8} = 0{,}010 \cdot \frac{22-8}{0{,}18} \cdot \frac{12{,}0^2}{8} = 14\ \text{mm}$$

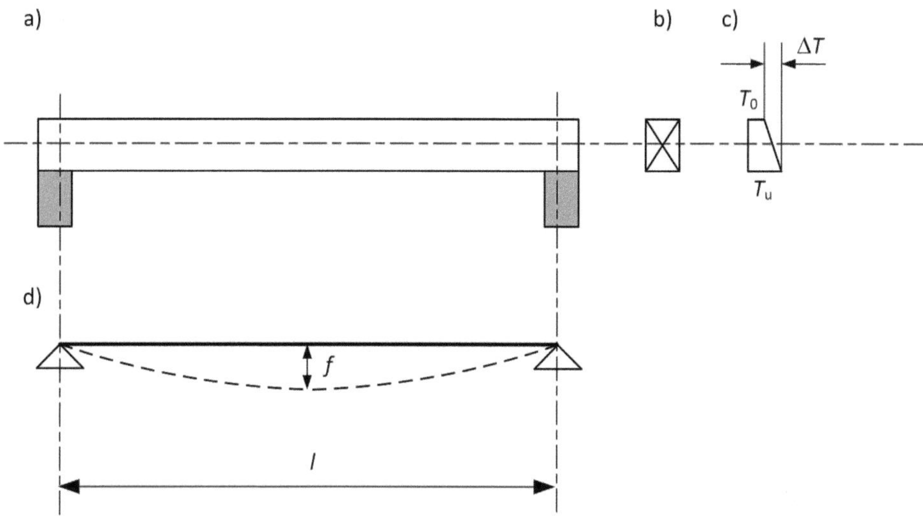

Abb. 1.12 Träger mit ungleichmäßiger Temperatureinwirkung. (**a**) Ansicht des Trägers im unverformten Zustand. (**b**) Querschnitt. (**c**) Temperaturdifferenz $\Delta T = T_u - T_0$. (**d**) statisches System mit Verformung f

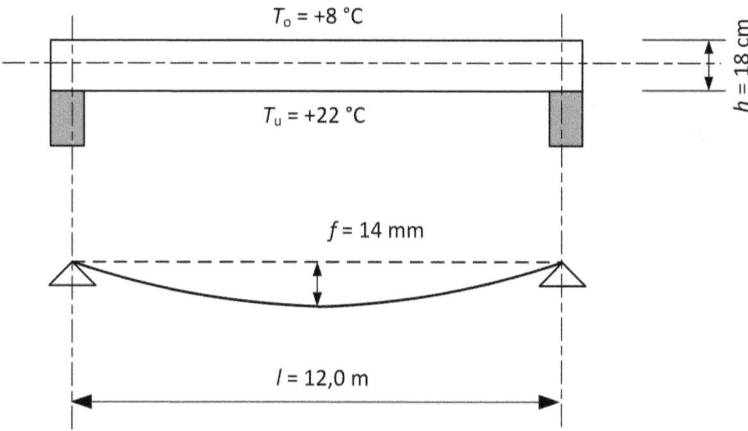

Abb. 1.13 Stahlbetondachdecke. (**a**) unverformter Zustand. (**b**) verformter Zustand bei 14 K Temperaturdifferenz: Risse an den Wandaußenseiten und Abplatzungen an den Auflagerinnenseiten sind zu erwarten

2. Ein Betonboden in einem Industriegelände liegt auf einer Kiestragschicht und wird von oben durch Sonneneinstrahlung erwärmt. Die Temperaturleitfähigkeit des Betons führt zu einem Temperaturabfall von 0,9 K je 1 cm Betonboden.
   Plattendicke 22 cm, Fugenabstand 5,5 m,
   Temperaturdifferenz in der Betonplatte $\Delta T = 22 \cdot 0{,}9 = 19{,}8\ \mathrm{K} = 20\ \mathrm{K}$ (Abb. 1.14).

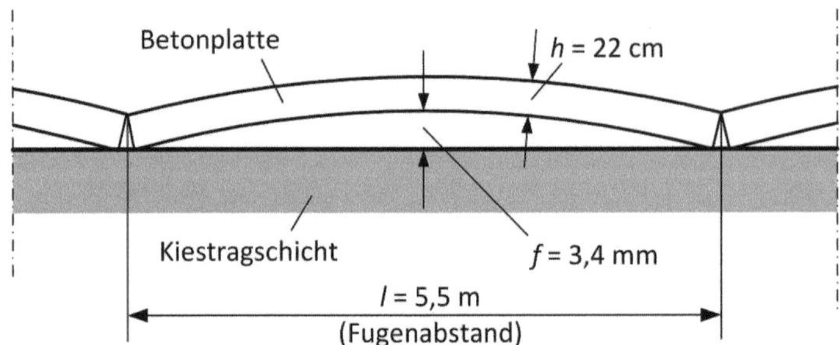

Abb. 1.14 Betonplatte auf Kiestragschicht mit Erwärmung durch Sonneneinstrahlung: Durch die entstehende Verformung wird die Tragschicht besonders stark im Bereich der Fugen beansprucht

Die Verformung beträgt

$$f = \alpha_T \cdot \frac{\Delta T}{h} \cdot \frac{l^2}{8} = 0{,}010 \cdot \frac{20}{0{,}22} \cdot \frac{5{,}5^2}{8} = 3{,}4 \text{ mm} \blacktriangleleft$$

1.9.2 Wärmemenge *Q*

Die Wärmemenge Q ist eine besondere Form der Energie, die Wärmeenergie (Formelzeichen: Q; von Quantum, Quantität = Menge). Bei der Beschreibung der temperaturabhängigen (thermischen) Eigenschaften der physikalischen Körper ist die Wärmemenge von großer Bedeutung.

Jeder Körper hat eine bestimmte Temperatur und besitzt daher eine bestimmte Menge an Wärme. Diese Wärmemenge eines Körpers wird bei Wärmezufuhr erhöht und bei Wärmeabgabe vermindert.

Die Einheit für die Wärmemenge ist das Joule (Einheitenzeichen: J; gesprochen dschul). Das Joule ist eine abgeleitete SI-Einheit und zwar die gleiche wie für die Arbeit W (siehe Abschn. 1.5.2).

Als Einheit für die Wärmemenge kann auch die Wattsekunde (Ws) oder die Kilowattstunde (kWh) benutzt werden.

Die frühere Einheit für die Wärmemenge war die Kalorie (Einheitenzeichen: cal; siehe auch Tab. 1.12).

$$\mathbf{1\ Joule\ (J) = 1\ Wattsekunde\ (Ws) = 0{,}239\ Kalorien\ (cal)} \quad (1.59)$$

$$1 \text{ Megajoule } (\text{MJ}) = 0{,}278 \text{ Kilowattstunden } (\text{kWh}) \quad (1.60)$$

Die Wärmemenge eines Körpers kann nicht direkt gemessen, wohl aber berechnet werden.

Ein Körper mit der Masse m wird bei der Zufuhr der Wärmemenge Q um die Temperaturdifferenz ΔT bzw. $\Delta\Theta$ erwärmt.

$$\text{zugeführte Wärmemenge} \quad \boldsymbol{\Delta Q = C \cdot m \cdot \Delta\Theta} \quad \text{in Joule} \quad (1.61)$$

Hierbei ist C eine materialabhängige Größe des betreffenden Stoffes. Es ist die spezifische Wärmekapazität C. Beispiele zur Erläuterung (siehe Abschn. 1.9.4).

Hinweis Bei Wärmeberechnungen wird anstelle der thermodynamischen Temperatur T in Kelvin mit der Celsius-Temperatur Θ (Theta) gerechnet

1.9.3 Heizwert *H*

Der Heizwert (Formelzeichen: H) eines Stoffes gibt an, welche Wärmemenge bei der Verbrennung frei wird. Hierbei wird die Wärmemenge auf die Masse des Stoffes oder das Volumen des Gases bezogen.

Die Einheit für den Heizwert ist das Joule durch Kilogramm (Einheitenzeichen: J/kg) oder das Joule durch Kubikmeter (Einheitenzeichen: J/m^3).

Bei Festkörpern und Flüssigkeiten:

$$\textbf{Heizwert } \boldsymbol{H} = \frac{\textbf{Wärmemenge } \boldsymbol{Q}}{\textbf{Masse } \boldsymbol{m}} \text{ in } \frac{\text{kJ}}{\text{kg}} \text{ bzw.} \frac{\text{MJ}}{\text{kg}} \quad \text{mit } \boldsymbol{Q} \text{ in kJ bzw. MJ und } \boldsymbol{m} \text{ in kg} \tag{1.62}$$

Bei Gasen:

$$\textbf{Heizwert } \boldsymbol{H} = \frac{\textbf{Wärmemenge } \boldsymbol{Q}}{\textbf{Volumen } \boldsymbol{V}} \text{ in } \frac{\text{kJ}}{\text{m}^3} \text{ bzw.} \frac{\text{MJ}}{\text{m}^3} \quad \text{mit } \boldsymbol{Q} \text{ in kJ bzw. MJ und } \boldsymbol{V} \text{ in m}^3 \tag{1.63}$$

Durch Vorsätze können weitere Einheiten gebildet werden.

Beispiele zu Heizwerten

1. In Tab. 1.26 werden Heizwerte verschiedener Stoffe angegeben. Bei der Ausnutzung der frei werdenden Wärmemenge ist jedoch ein entsprechender Wirkungsgrad anzusetzen, der von der Heizanlage abhängig ist.
2. Der Heizwert von 1 m^3 Erdgas entspricht etwa dem Heizwert von 1 kg Steinkohle.
   Steinkohle: $H = 29.719$ kJ/kg $\approx$ 29,7 MJ/kg
   Erdgas: $H = 31.736$ kJ/m^3 $\approx$ 31,7 MJ/m^3
3. Der Heizwert von 1 m^3 Erdgas entspricht etwa dem Heizwert von 2 m^3 Stadtgas, denn die Heizwerte stehen im Verhältnis 15.994 : 31.736 = 1 : 1,98.
4. Beim Verbrennen von 1 m^3 Erdgas wird eine Wärmemenge von 31,7 MJ frei, das entspricht einer Energie von 31,7 · 10^6 Wattsekunden oder 8,82 Kilowattstunden:

$$Q = 31{,}7 \text{ MJ} = 31{,}7 \cdot 10^6 \text{ J} = 31{,}7 \cdot 10^6$$

$$Q = 31{,}7 \cdot 10^6 \text{ Ws} \cdot 2{,}78 \cdot 10^{-7} \frac{\text{kWh}}{\text{Ws}} = 8{,}82 \text{ kWh}$$

(vgl. Tab. 1.12)

Der unterschiedliche Wirkungsgrad ist hierbei jedoch nicht berücksichtigt. ◄

Tab. 1.26 Beispiele für Heizwerte verschiedener Brennstoffe. (Quelle: „Arbeitsgemeinschaft Energiebilanzen")

Brennstoff	Mengeneinheit	Heizwert H in kJ	Heizwert H in kWh
Steinkohle	kg	29.719	8,26
Steinkohlenkoks	kg	28.596	7,95
Steinkohlenbriketts	kg	31.401	8,73
Braunkohlenbriketts	kg	20.097	5,59
Braunkohlenkoks	kg	30.145	8,38
Brennholz	kg	14.654	4,07
Torf	kg	14.235	3,96
Heizöl, leicht	kg	42.705	11,87
	l	37.153	10,33
Heizöl, schwer	kg	41.031	11,41
	l	39.062	10,86
Kokereigas	m^3	15.994	4,45
Stadtgas	m^3	15.994	4,45
Erdgas	m^3	31.736	8,82
Grubengas	m^3	15.994	4,45
Klärgas	m^3	15.994	4,45
Elektrischer Strom:	Zur Erzeugung von 1 kWh Strom werden in konventionellen Wärmekraftwerken 2,67 kWh aus Brennstoffen benötigt.		
Umrechnungsfaktor:	1 kJ = 0,000.278 kWh		

1.9.4 Spezifische Wärmekapazität *C* (Stoffwärme, Artwärme)

Die spezifische Wärmekapazität (Formelzeichen: *C*) ist eine von der Beschaffenheit des Stoffes abhängige Größe, sie kann als Materialkonstante angesehen werden und wird auch als Stoffwärme oder Artwärme bezeichnet.

Die Einheit für die spezifische Wärmekapazität *C* ist das Joule durch Kilogramm-Kelvin

$$\left(\text{Einheitenzeichen}: \frac{\text{J}}{\text{kg} \cdot \text{K}}\right)$$

Es ist eine abgeleitete SI-Einheit.

Die spezifische Wärmekapazität entspricht der Wärmemenge, die nötig ist, um 1 kg eines Stoffes um 1 K zu erwärmen.

Beispiele zu Wärmekapazitäten

In Tab. 1.27 werden die spezifischen Wärmekapazitäten für verschiedene Stoffe angegeben. Sie gelten zwar nur bei einer Temperatur von 20 °C, Unterschiede bei anderen Temperaturen können in der Bautechnik jedoch vernachlässigt werden.

Tab. 1.27 Rechenwerte der spezifischen Wärmekapazität für verschiedene Stoffe. (Nach DIN 4108-4 i. V. mit DIN EN ISO 10456)

Zeile	Stoff	Spezifische Wärmekapazität C in J/(kg · K)
1	Anorganische Bau- und Dämmstoffe	1000
2	Holz und Holzwerkstoffe	1600
3	Pflanzliche Fasern und Textilfasern	1300
4	Schaumkunststoffe und Kunststoffe	1400
5	Aluminium	800
6	Stahl, sonstige Metalle	400
7	Luft (ρ = 1,25 kg/m^3)	1000
8	Wasser	4190
9	Eis	2060

Hinweis: Nach DIN EN ISO 10456 wird die spezifische Wärmekapazität mit dem Formelzeichen c_p bezeichnet

Die spezifische Wärmekapazität der Luft kann auch angegeben werden mit:

$$C = 1000 \cdot 1{,}25 = 1250 \ \mathrm{J}/\left(\mathrm{m}^3 \cdot \mathrm{K}\right) = 1{,}25 \ \mathrm{kJ}/\left(\mathrm{m}^3 \cdot \mathrm{K}\right)$$ ◄

1.9.5 Wärmeinhalt Q_i

Der Wärmeinhalt (Formelzeichen: Q_i) ist die auf 0 °C bezogene Wärmeenergie, die ein Körper bei einer bestimmten Temperatur besitzt.

Die Einheit für den Wärmeinhalt ist das Joule (Einheitenzeichen: J), genau wie bei der Wärmemenge (siehe Abschn. 1.9.2).

Bei Plus-Temperaturen ($\theta > 0$ °C) ist der Wärmeinhalt positiv, bei Minus-Temperaturen ($\theta < 0$ °C) ist der Wärmeinhalt negativ. Bei Temperaturen $\theta = 0$ °C ist er gleich Null.

Der Wärmeinhalt Q_i wird ähnlich wie die Wärmemenge Q berechnet:

$$\textbf{Wärmeinhalt } \boldsymbol{Q_i = C \cdot m \cdot \theta} \quad \text{in Joule} \tag{1.64}$$

Beispiele zum Wärmeinhalt

1. Es wird die Wärmemenge berechnet, die zum Erwärmen von 100 L Wasser von 10 °C auf 40 °C für ein Bad erforderlich ist.

$$\begin{aligned}\Delta Q &= C \cdot \mathrm{m} \cdot \Delta\theta \\ &= 4190 \frac{\mathrm{J}}{\mathrm{kg} \cdot \mathrm{K}} \cdot 100 \ \mathrm{kg} \cdot (40 - 10) \ \mathrm{K} \approx 12.600.000 \ \mathrm{J} = 12{,}6 \ \mathrm{MJ}\end{aligned} \tag{1.65}$$

2. Die Menge an Erdgas wird ermittelt, die nötig ist, um die Erwärmung von 100 L Wasser um 30 °C zu erreichen, wenn nur etwa 60 % der Verbrennungswärme ausgenutzt wird (Wirkungsgrad $\eta = 0{,}60$).

$$V = \frac{Q}{H \cdot \eta}$$
$$V = \frac{12{,}6\ \text{MJ}}{31{,}7\ \text{MJ/m}^3 \cdot 0{,}60} = 0{,}66\ \text{m}^3 \tag{1.66}$$

3. 60 L heißes Wasser von 75 °C sollen mit Wasser von 12 °C so gemischt werden, dass die Temperatur des Mischwassers 40 °C beträgt. Die erforderliche Menge (Masse) an kaltem Wasser wird berechnet.

$$c_1 \cdot m_1 \cdot \Delta\theta_1 = c_2 \cdot m_2 \cdot \Delta\theta_2$$
$$m_2 = \frac{c_1 \cdot m_1 \cdot \Delta\theta_1}{c_2 \cdot \Delta\theta_2} = \frac{c_1 \cdot m_1 \cdot (\theta_1 - \theta_m)}{c_2 \cdot (\theta_m - \theta_2)}$$
$$= \frac{4190 \frac{\text{J}}{\text{kg} \cdot \text{K}} \cdot 60\ \text{kg} \cdot (75 - 40)\ \text{K}}{4190 \frac{\text{J}}{\text{kg} \cdot \text{K}} \cdot (40 - 12)\ \text{K}} \tag{1.67}$$
$$m_2 = \frac{2100\ \text{kg} \cdot \text{K}}{28\ \text{K}} = 75\ \text{kg}$$

Die unterschiedlichen Dichten des wärmeren und kälteren Wassers wurden hierbei vereinfachend nicht berücksichtigt.

4. Die Temperatur eines Frischbetons soll 15 °C betragen. Es werden dazu verwendet:
300 kg Zement mit einer Temperatur von $\theta_z = +5$ °C
1800 kg Gesteinskörnung ($\theta g = +2$ °C)
80 kg Wasser als Oberflächenfeuchte ($\theta_{w1} = +2$ °C)

$$\frac{100\ \text{kg Zugabewasser}\ (\theta_{w2} = ?)}{2280\ \text{kg Beton}\ (\theta_c = +15\ °C)}$$

Die erforderliche Temperatur des Zugabewassers wird berechnet.

$$Q_c = Q_z + Q_g + Q_{w1} + Q_{w2}$$
$$Q_{w2} = Q_c - Q_z - Q_g - Q_{w1} \tag{1.68}$$
$$C_{w2} \cdot m_{w2} \cdot \theta_{w2} = C_c \cdot m_c \cdot \theta_c - C_z \cdot m_z \cdot \theta_z - C_g \cdot m_g \cdot \theta_g - C_{w1} \cdot m_{w1} \cdot \theta_{w1}$$

$$Q_{w2} = \frac{C_c \cdot m_c \cdot \theta_c - C_z \cdot m_z - C_g \cdot m_g \cdot \theta_g - C_{w1} \cdot m_{w1} \cdot \theta_{w1}}{C_{w2} \cdot m_{w2}}$$

$$= \frac{1000 \cdot 2280 \cdot 15 - 1000 \cdot 300 \cdot 5 - 1000 \cdot 1800 \cdot 2 - 4190 \cdot 80 \cdot 2}{4190 \cdot 100} \left(\frac{\text{J / kg} \cdot \text{K}}{\text{J / kg} \cdot \text{K}} \cdot \frac{\text{kg}}{\text{kg}} \cdot °\text{C} \right) \quad (1.69)$$

$$= \frac{34{,}2 \cdot 10^6 - 1{,}5 \cdot 10^6 - 3{,}6 \cdot 10^6 - 0{,}67 \cdot 10^6}{0{,}42 \cdot 10^6} °\text{C}$$

$$\theta_{w2} = 68\ °\text{C}$$

Die erforderliche Temperatur des Zugabewassers muss + 68 °C betragen.

Da diese Rechnungen in der Betontechnologie oft erforderlich sind, kann auch mit folgender Näherungsformel gerechnet werden.

$$\theta_c = 0{,}1 \cdot \theta_z + 0{,}7 \cdot \theta_g + 0{,}2 \cdot \theta_w \quad \text{in °C} \quad (1.70)$$

mit θc = Temperatur des Frischbetons in °C

θ_z = Temperatur des Zements in °C

θ_g = Temperatur der normalfeuchten Gesteinskörnung in °C

θ_w = Temperatur des Zugabewassers in °C

5. Die Temperatur des Zugabewassers entsprechend Beispiel 4 wird berechnet.

$$0{,}2\ \theta_w = \theta_c - 0{,}1\ \theta_z - 0{,}7\ \theta_g$$

$$\theta_w = 5\ \theta_c - 0{,}5\ \theta_z - 3{,}5\ \theta_g = 5 \cdot 15[°\text{C}] - 0{,}5 \cdot 5[°\text{C}] - 3{,}5 \cdot 2[°\text{C}]$$

$$\theta_w = +66\ °\text{C}$$ ◄

1.9.6 Spezifische Schmelzwärme *q*

Die spezifische Schmelzwärme (Formelzeichen: *q*) eines Stoffes ist die Wärmemenge, die erforderlich ist, um ohne Temperaturänderung die Masse von 1 kg dieses festen Stoffes zu verflüssigen (Abb. 1.15).

Die Einheit für die spezifische Schmelzwärme ist das Joule durch Kilogramm (Einheitenzeichen: J/kg). Es ist eine abgeleitete SI-Einheit.

Beim Erstarren wird die gleiche Wärmemenge frei, es ist also

Schmelzwärme = Erstarrungswärme

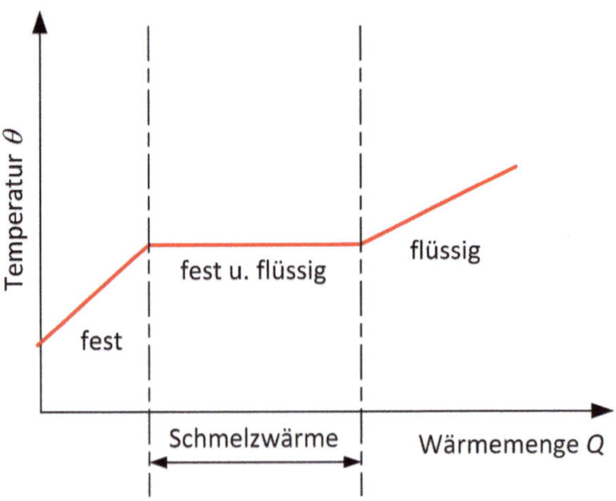

Abb. 1.15 Schmelzwärme ist die Wärmemenge, die nötig ist, um einen Körper vom festen in den flüssigen Aggregatzustand zu überführen. Während dieser Wärmezufuhr steigt die Temperatur nicht an

Beispiele zur Schmelzwärme

1. Die zum Schmelzen von Stoffen erforderliche Wärmemenge ist unterschiedlich groß. Tab. 1.28 gibt einige Stoffe die Werte der spezifischen Schmelzwärme q an.
2. Die zum Schmelzen von 15 kg Eis mit einer Temperatur von 0 °C erforderliche Wärmemenge Q wird berechnet.

$$Q = q_{\mathrm{e}} \cdot m_{\mathrm{e}} = 335 \text{ kJ/kg} \cdot 15 \text{ kg} = 5025 \text{ kJ} = 5{,}03 \text{ MJ} \tag{1.71}$$

3. Eine Eismenge von 15 kg mit einer Temperatur von −18 °C benötigt zum Schmelzen eine Wärmemenge Q von

$$\begin{aligned} Q &= C_{\mathrm{e}} \cdot m_{\mathrm{e}} \Theta_{\mathrm{e}} + \cdot m_{\mathrm{e}} \\ &= 2060 \frac{\mathrm{J}}{\mathrm{kg} \cdot \mathrm{K}} \cdot 15 \text{ kg} \cdot 18 \text{ K} + 335.000 \frac{\mathrm{J}}{\mathrm{K}} \cdot 15 \text{ kg} \\ Q &= 0{,}56 \cdot 10^6 \text{ J} + 5{,}03 \cdot 10^6 \text{ J} = 5{,}59 \cdot 10^6 \text{ J} = 5{,}59 \text{ MJ} \end{aligned} \tag{1.72}$$

4. Das Auftauen und Erwärmen von 15 kg Eis mit einer Temperatur von − 18 °C auf eine Wassertemperatur von +25 °C erfordert eine Wärmemenge Q von

$$\begin{aligned} Q &= C_{\mathrm{e}} \cdot m_{\mathrm{e}} \Theta_{\mathrm{e}} + q_{\mathrm{e}} \cdot m_{\mathrm{e}} + C_{\mathrm{w}} \cdot m_{\mathrm{w}} \; \Theta_{\mathrm{w}} \\ &= 2060 \frac{\mathrm{J}}{\mathrm{kg} \cdot \mathrm{K}} \cdot 15 \text{ kg} \cdot 18 \text{ K} + 335.000 \frac{\mathrm{J}}{\mathrm{K}} \cdot 15 \text{ kg} + 4190 \frac{\mathrm{J}}{\mathrm{kg} \cdot \mathrm{K}} \cdot 15 \text{ kg} \cdot 25 \text{ K} \\ &= 0{,}56 \cdot 10^6 \text{ J} + 5{,}03 \cdot 10^6 \text{ J} + 1{,}57 \cdot 10^6 \text{ J} \\ Q &= 7{,}16 \cdot 10^6 \text{ J} = 7{,}16 \text{ MJ} \end{aligned}$$

Anmerkung: Man erkennt aus diesen Beispielen, dass zum Auftauen des Eises eine größere Wärmemenge erforderlich ist als zum weiteren Erwärmen des Wassers.

Rechenwerte der spezifischen Wärmekapazität sind für ausgewählte Stoffe in Tab. 1.27 angegeben. ◄

Tab. 1.28 Schmelzpunkt und spezifische Schmelzwärme q

Stoff	Schmelzpunkt in °C	Spezifische Schmelzwärme q in kJ/kg	Stoff	Schmelzpunkt in °C	Spezifische Schmelzwärme q in kJ/kg
Aluminium	659	400	Eis	0	335
Blei	327	25	Wasserstoff	−259	60
Eisen	1535	270	Zink	420	110
Kupfer	1083	205	Zinn	232	60

Die zum Schmelzen von 15 kg Eis mit einer Temperatur

1.9.7 Wärmeleitfähigkeit λ

Die Wärme wird *innerhalb* eines Körpers von wärmeren Molekülen auf benachbarte kältere Moleküle weitergeleitet. Voraussetzung für eine Wärmeleitung ist also eine Temperaturdifferenz. Die Wärmeleitfähigkeit der Stoffe ist unterschiedlich; sie ist abhängig von Dichte, Struktur und Feuchte eines Stoffes. Es gibt daher gute und schlechte Wärmeleiter. Gute elektrische Leiter sind auch gute Wärmeleiter. Metalle sind bessere Wärmeleiter als Wasser, Wasser leitet die Wärme etwa 25-mal besser als Luft. Gute Dämmstoffe sind deswegen porös und enthalten viele kleine Lufträume.

Die Wärmeleitfähigkeit (Formelzeichen: λ; griechischer Buchstabe lambda) gibt die Wärmemenge Q_L an, die stündlich durch 1 m^2 einer 1 m dicken Schicht eines Stoffes hindurchgeleitet wird, wenn der Temperaturunterschied $\Delta\theta$ zwischen den beiden Oberflächen 1 K beträgt (Abb. 1.16).

Die Einheit für die Wärmeleitfähigkeit λ ist das Watt durch Meter mal Kelvin (Einheitenzeichen: W/(m · K)). Es ist eine abgeleitete SI-Einheit.

Je größer die Wärmeleitfähigkeit eines Stoffes ist, umso schlechter ist dieser Stoff für die Wärmedämmung geeignet. Wärmedämmstoffe haben daher niedrigere Zahlenwerte für die Wärmeleitfähigkeit λ.

Beispiele zur Wärmeleitfähigkeit

In Tab. 1.29 sind die Bemessungswerte der Wärmeleitfähigkeit λ_B für verschiedene ausgewählte Stoffe angegeben. ◄

1.9.8 Wärmedurchlasswiderstand *R*

Die Wärmedämmung eines Bauteils ist nicht nur abhängig von der Wärmeleitfähigkeit des Baustoffs, sondern auch von der Dicke des Bauteils. Da man in der Praxis nicht am Wärmedurchlass interessiert ist, sondern im Gegenteil einen möglichst großen Widerstand gegen Wärmedurchlass haben möchte, wird man diesen Wärmedurchlasswiderstand direkt ausrechnen.

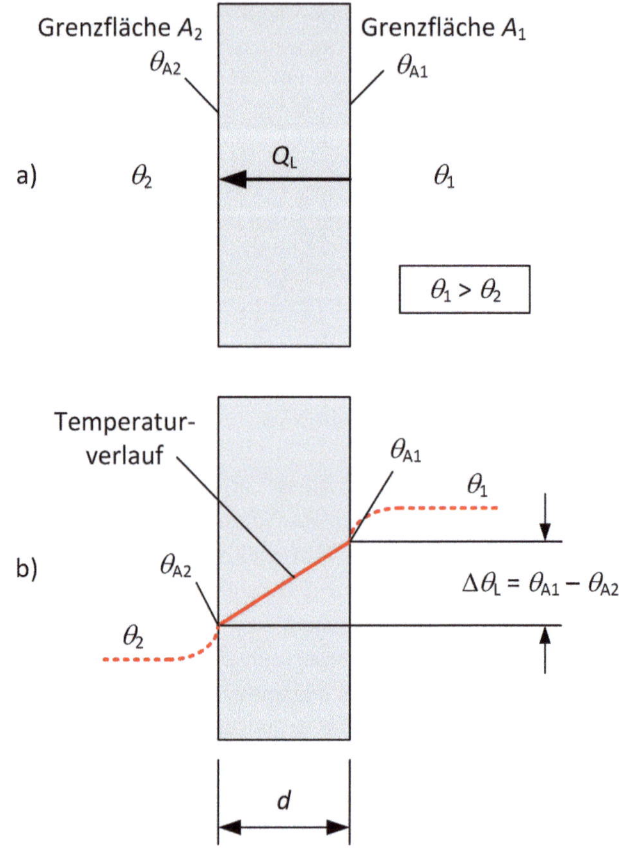

Abb. 1.16 Die Wärmemenge Q_L, die stündlich infolge Wärmeleitung durch 1 m^2 einer 1 m dicken Schicht eines Stoffes bei einem Temperaturunterschied von 1 K hindurch geht, wird von der Wärmeleitfähigkeit λ bestimmt und durch den Wärmedurchlass in W/(m·K) gekennzeichnet. (**a**) Wärmeleitung innerhalb einer Bauteilschicht. (**b**) Temperaturabfall $\Delta\theta_L$ innerhalb einer Bauteilschicht von der Grenzfläche A_1 zur Grenzfläche A_2

Den Widerstand eines Bauteils gegen das Durchdringen der Wärme erhält man aus dem Verhältnis von Bauteildicke d zu Wärmeleitfähigkeit λ. Der Wärmedurchlasswiderstand wird mit R bezeichnet.

Wärmedurchlasswiderstand bei homogenen Schichten

Der Wärmedurchlasswiderstand R einer ebenen homogenen Schicht mit der Dicke d und der Wärmeleitfähigkeit λ (Bemessungswert der Wärmeleitfähigkeit des Baustoffes, d. h. $\lambda = \lambda_B$) berechnet sich mit folgender Gleichung:

$$\textbf{Wärmedurchlasswiderstand } \boldsymbol{R} = \frac{\textbf{Bauteildicke } \boldsymbol{d}}{\textbf{Wärmeleitfähigkeit } \lambda} \tag{1.73}$$

$$\boldsymbol{R} = \frac{\boldsymbol{d}}{\lambda}$$

$$\text{in}\,\frac{\mathrm{m}^2\cdot\mathrm{K}}{\mathrm{W}}\ (\text{Quadratmeter mal Kelvin durch Watt})$$

Tab. 1.29 Bemessungswerte der Wärmeleitfähigkeit λ_B für ausgewählte Stoffe. (Nach DIN 4108-4 und DIN EN ISO 10456)

Stoff	λ_B W/(m · K)	Stoff	λ_B W/(m · K)
Kupfer	380	Mauerwerk (einschl. Mörtelfugen) aus:	
Aluminiumlegierungen	160	Kalksandstein ρ = 1600 kg/m^3	0,79
Stahl	50	Kalksandstein ρ = 1200 kg/m^3	0,56
Gneis, Basalt, Marmor	3,5	Hochlochziegel ρ = 1200 kg/m^3	0,50
Granit	2,8	Bimsvollblock ρ = 600 kg/m^3	0,25
Sandstein	2,3	Porenbeton-Plansteine ρ = 650 kg/m^3	0,21
Sand und Kies	2,0	Gips-Wandbauplatten ρ = 900 kg/m^3	0,41
Leichtbeton ρ = 1200 kg/m^3	0,62	Holz ρ = 500 kg/m^3	0,13
Beton (hohe Rohdichte)	2,0	Sperrholz ρ = 700 kg/m^3	0,17
Stahlbeton (mit 1 % Stahl)	2,3	OSB-Platten	0,13
Stahlbeton (mit 2 % Stahl)	2,5	Holzwolle-Leichtbauplatten	0,063 bis 0,105
Zementmörtel	1,6	Luft (ruhend)	0,025
Normalmörtel	1,2	Glas	1,0
Putzmörtel aus Kalk, Kalkzement und hydraulischem Kalk	1,0	Gummi (Hartgummi)	0,17
Gipsputzmörtel	0,70	Mineralwolle (MW)	0,031 bis 0,052
Kunstharzputz	0,70	Expandierter Polystyrolschaum (EPS)	0,031 bis 0,052
Zementestrich	1,4	Extrudierter Polystyrolschaum (XPS)	0,023 bis 0,046
Gussasphaltestrich	0,90	Polyurethan-Hartschaum (PU)	0,021 bis 0,041
		Schaumglas (CG)	0,038 bis 0,057

Die Einheit für den Wärmedurchlasswiderstand *R* ist Quadratmeter-Kelvin durch Watt $\left(\text{Einheitenzeichen}: \frac{\text{m}^2 \cdot \text{K}}{\text{W}}\right)$. Es ist eine abgeleitete SI-Einheit.

Wärmedurchlasswiderstand bei Bauteilen aus mehreren homogenen Schichten

Bei Bauteilen, die aus mehreren ebenen und jeweils homogen aufgebauten Schichten bestehen, berechnet sich der Wärmedurchlasswiderstand *R* aus der Summe der einzelnen Anteile der verschiedenen Schichten 1, 2, 3, … bis *n*. Es gilt:

$$R = \frac{d_1}{\lambda_1} + \frac{d_2}{\lambda_2} + \ldots \frac{d_n}{\lambda_n} \quad \text{oder} \qquad (1.74a)$$

$$R = \Sigma \frac{d}{\lambda} \quad \text{in} \frac{\text{m}^2 \cdot \text{K}}{\text{W}} \qquad (1.74b)$$

Gesamt-Wärmedurchlasswiderstand bei thermisch inhomogenen Bauteilen
Für inhomogen aufgebaute Bauteile, wie z. B. Außenwände in Holzrahmenbauweise oder Dachkonstruktionen, bei denen Bereiche mit thermisch unterschiedlichen Baustoffen (Sparren/Balken und Gefache) abwechseln, gelten die o. g. Regelungen nicht. In diesem Fall kann der Wärmedurchlasswiderstand R mit dem vereinfachten Verfahren nach DIN EN ISO 6946 bestimmt werden. Hierzu wird das Bauteil so in Abschnitte (senkrecht zu den Oberflächen) und Schichten (parallel zu den Oberflächen) zerlegt, dass jede Komponente für sich thermisch homogen ist. Der Wärmedurchlasswiderstand R_{tot} ergibt sich als Mittelwert des unteren ($R_{tot;lower}$) und oberen Grenzwertes ($R_{tot;upper}$):

$$R_{tot} = \frac{R_{tot;upper} + R_{tot,lower}}{2} \tag{1.75}$$

Für weitere Hinweise für auf die Norm (DIN EN ISO 6946) sowie auf Kap. 2 in diesem Werk verwiesen.

Der Wärmedurchlasswiderstand R kennzeichnet also die Wärmedämmwirkung eines Bauteils. Die Dämmwirkung ist umso größer, je größer der Wärmedurchlasswiderstand ist. Bauteile mit einem großen Wärmedurchlasswiderstand R lassen weniger Wärme durch als Bauteile mit einem geringen R.

Beispiele zum Wärmedurchlasswiderstand

1. **Außenwand** aus Kalksandstein, ρ = 1600 kg/m³, als Verblendmauerwerk ohne Außen- und Innenputz, 36,5 cm dick:
   Bemessungswert der Wärmeleitfähigkeit: λ_B = 0,79 W/(m · K)
   Wärmedurchlasswiderstand:

$$R = \frac{d}{\lambda_B} = \frac{0{,}365}{0{,}79} = 0{,}46\ \text{m}^2\text{K/W}$$

2. **Außenwand** aus Lochziegel-Mauerwerk, Rohdichte 1200 kg/dm³, 36,5 cm dick:
   Bemessungswert der Wärmeleitfähigkeit: λ_B = 0,50 W/(m · K)
   Wärmedurchlasswiderstand:

$$R = \frac{d}{\lambda_B} = \frac{0{,}365}{0{,}50} = 0{,}73\ \text{m}^2\text{K/W}$$

3. **Außenwand** aus Porenbeton-Plansteinen, Dicke 36,5 cm, ρ = 650 kg/m³ (λ_B = 0,21 W/(m · K)) mit 2 cm Außenputz aus Kalkzementmörtel (λ_B = 1,0 W/(m · K)) und 1 cm Innenputz aus Gipsputzmörtel (λ_B = 0,70 W/(m · K)):
   Wärmedurchlasswiderstand (von innen nach außen):

$$R = \sum \frac{d_i}{\lambda_{B,i}} = \frac{0{,}01}{0{,}70} + \frac{0{,}365}{0{,}21} + \frac{0{,}02}{1{,}0} = 1{,}77\ \text{m}^2\text{K/W}$$

4. **Außenwand** aus Kalksandstein, 24 cm Dicke, ρ = 1200 kg/m³ (λ_B = 0,56 W/(m · K)) mit außen angebrachtem WDVS (Polystyrol EPS, 18 cm Dicke, λ_B = 0,040 W/(m · K)), 1 cm Kunstharzputz (λ_B = 0,70 W/(m · K)) und 1 cm Innenputz aus Gipsputzmörtel (λ_B = 0,70 W/(m · K)):

   Wärmedurchlasswiderstand (von innen nach außen):

$$R = \sum \frac{d_i}{\lambda_{B,i}} = \frac{0,01}{0,70} + \frac{0,24}{0,56} + \frac{0,18}{0,04} + \frac{0,01}{0,70} = 4,96 \text{ m}^2\text{K/W}$$

Hinweis:

In der Praxis kann der Wärmedurchlasswiderstand tabellarisch berechnet werden. Hierzu bietet sich auch die Verwendung von Tabellenkalkulationsprogrammen (z. B. Excel von Microsoft, Number von Apple) an. Der Vorteil der tabellarischen Berechnung liegt in der besseren Übersichtlichkeit, der Möglichkeit der Programmierung (z. B. Makros) und Weiterverwendung der Daten sowie in der leichten Erkennbarkeit solcher Schichten, die einen maßgebenden Beitrag zum gesamten Wärmedurchlasswiderstand leisten.

In der folgenden Tabelle wird für das Beispiel 4 der Wärmedurchlasswiderstand tabellarisch berechnet.

Schicht-Nr.	Beschreibung	Schichtdicke d in	Wärmeleitfähigkeit λ_B in W/(mK)	Wärmedurchlasswiderstand R in m²K/W
1	Innenputz aus Gipsputzmörtel	0,01	0,70	0,014
2	Kalksandstein	0,24	0,56	0,429
3	Wärmedämmung EPS	0,18	0,04	4,5
4	Kunstharzputz	0,01	0,70	0,014
			Summe: R =	**4,957 m²K/W**

1.9.9 Wärmeübergangskoeffizienten und Wärmeübergangswiderstände

Die Wärme wird von der Oberfläche des einen Körpers auf einen anderen Körper übertragen, wenn sie miteinander in Berührung kommen und unterschiedliche Temperaturen aufweisen. Diese Form der Wärmeübertragung wird als Wärmeübergang bezeichnet. Der Wärmeübergang erfolgt – wie auch der Wärmestrom – immer vom wärmeren zum kälteren Körper bzw. zur kälteren Luft.

Der Wärmeübergangskoeffizient (Formelzeichen: h) gibt die Wärmemenge $Q_{ü}$ an, die stündlich zwischen 1 m² Körperoberfläche und der berührenden Luft ausgetauscht wird, wenn der Temperaturunterschied zwischen Oberfläche und Luft 1 K beträgt (Abb. 1.17).

Die Einheit für den Wärmeübergangskoeffizienten *h* ist das Watt durch Quadratmeter-Kelvin $\left(\text{Einheitenzeichen}: \frac{\text{W}}{\text{m}^2 \cdot \text{K}}\right)$. Es ist eine abgeleitete SI-Einheit.

Wärmeübergangskoeffizienten sind in Tab. 1.30 angegeben. Für die meisten Berechnungen ist der Kehrwert des Wärmeübergangskoeffizienten ($1/h$) von Interesse. Dieser wird als Wärmeübergangswiderstand R_s bezeichnet.

Der Wärmeübergangswiderstand R_s berechnet sich mit folgender Gleichung:

$$R_s = \frac{1}{h} \tag{1.76}$$

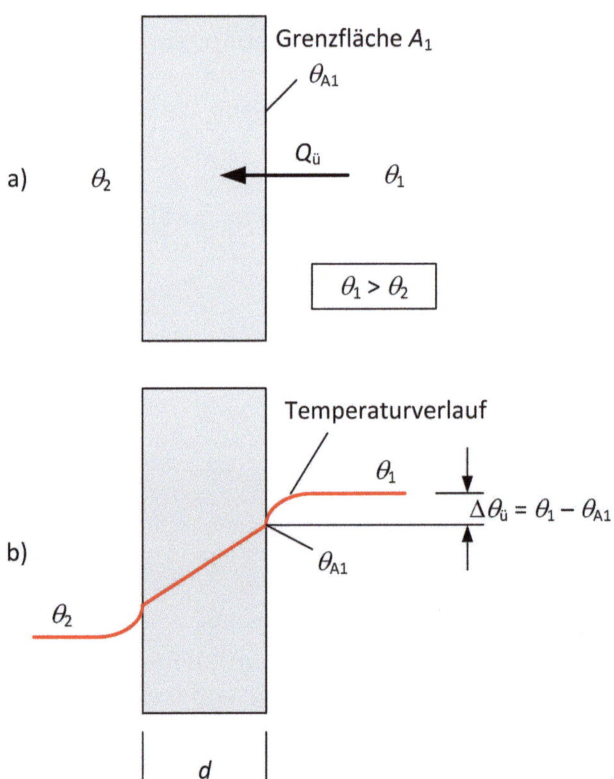

Abb. 1.17 Die Wärmemenge $Q_{ü}$, die stündlich infolge Wärmeübergang zwischen 1 m Bauteiloberfläche und der berührenden Luft bei einem Temperaturunterschied von 1 K ausgetauscht wird, ist durch den Wärmeübergangskoeffizient h in W/(m² · K) bestimmt. (**a**) Wärmeübergang von der Luft zum Bauteil. (**b**) Temperaturabfall $\Delta\theta_{ü}$ von der umgebenden Luft zur Bauteiloberfläche

Tab. 1.30 Bemessungswerte der Wärmeübergangskoeffizienten h und Wärmeübergangswiderstände R_{si} und R_{se}. (Nach DIN EN ISO 6946 und DIN EN ISO 13370)

Art der Wärmeübergangsfläche	Wärmeübergangskoeffizient h in $\frac{W}{m^2 \cdot K}$	Wärmeübergangswiderstand R_s in $\frac{m^2 \cdot K}{W}$
1 Innenseiten geschlossener Räume bei natürlicher Luftbewegung 1.1 Wandflächen, Fenster (Wärmestrom horizontal*)	8	$R_{si} = 0{,}13$
1.2 Decken und Fußböden bei Wärmeübergang von a) unten nach oben (Wärmestrom aufwärts, Decken) b) oben nach unten (Wärmestrom abwärts, Fußböden)	8 6	$R_{si} = 0{,}10$ $R_{si} = 0{,}17$
2 Außenseiten (direkt an die Außenluft grenzend)	23	$R_{se} = 0{,}04$
3 Außenseiten von hinterlüfteten Bauteilen (bei stark belüfteter Luftschicht)		$R_{se} = R_{si}$
4 Außenseiten von Bauteilen, die nicht direkt an die Außenluft grenzen (Abseiten, unbeheizte Räume)		$R_{se} = R_{si}$

* Wärmestrom horizontal gilt für alle Richtungen des Wärmestroms ±30 ° bezogen auf die horizontale Ebene

Anmerkungen:

Die Wärmeübergangswiderstände gelten für Bauteiloberflächen, die mit der Luft in Berührung sind. Sie können nicht angewendet werden, wenn die oberfläche einen anderen Stoff berührt

Die Werte R_{si} werden für $\varepsilon = 0{,}9$ (Emissionsgrad der Oberfläche) und mit h_{r0} (Wärmeübergangskoeffizient durch Strahlung eines schwarzen Körpers) für 20 °C berechnet

Der Wert R_{se} wird für $\varepsilon = 0{,}9$, h_{r0} und $v = 4$ m/s (Windgeschwindigkeit) ermittelt

Für feuchteschutztechnische Berechnungen (Überprüfung der Tauwasserbildung nach DIN 4108-3) ist raumseitig ein Wärmeübergangswiderstand von $R_{si} = 0{,}25$ m²K/W anzusetzen

Die Einheit für den Wärmeübergangswiderstand R_s ist Quadratmeter-Kelvin durch Watt

$$\text{Einheitenzeichen}: \left(\frac{m^2 \cdot K}{W}\right) \text{ oder } \left(m^2K/W\right)$$

Der Wärmeübergangswiderstand R_s ist abhängig von der Strömungsgeschwindigkeit der Luft (Luftbewegung bzw. Windgeschwindigkeit), von der Beschaffenheit der Bauteiloberfläche (insbesondere Rauigkeit, Struktur) und von der Richtung des Wärmestroms.

Zur Unterscheidung werden Wärmeübergangswiderstände für Außenoberflächen mit R_{se} und für raumseitige Bauteiloberflächen mit R_{si} gekennzeichnet. Der Index „s" steht für den englischen Begriff „*surface*" (= Oberfläche). Die Indizes „i" („*internal*" = innen) und „e" („*external*" = außen) geben den Ort an.

Es sind folgende Regeln zu beachten:

- Der Wärmeübergangswiderstand verringert sich mit zunehmender Strömungsgeschwindigkeit der Luft, da die Wärme besser von der Bauteiloberfläche an die Luft übergehen kann und umgekehrt. An Bauteiloberflächen, die direkt an die Außenluft grenzen, ist der Wärmeübergangswiderstand daher geringer als bei Bauteilflächen im Gebäudeinnern. Für Bauteiloberflächen, die direkt an die Außenluft grenzen, wird als Wärmeübergangswiderstand einheitlich der Wert $R_{se} = 0{,}04\ m^2K/W$ angesetzt.
- Bei raumseitigen Bauteiloberflächen wird eine Differenzierung vorgenommen, wobei hier die Richtung des Wärmestroms eine Rolle spielt. Bei aufwärts gerichtetem Wärmestrom ist der Wärmeübergangswiderstand kleiner als bei einem horizontalen Wärmestrom oder einem abwärts gerichteten Wärmestrom.
- Ein „horizontaler" Wärmestrom liegt vor, wenn seine Richtung zwischen ± 30° bezogen auf die horizontale Ebene orientiert ist.
- An der Deckenunterseite (Wärmestrom aufwärts) wird als raumseitiger Wärmeübergangswiderstand ein Wert von $R_{si} = 0{,}10\ m^2K/W$ angenommen. Bei Wänden (raumseitig, Wärmestrom horizontal) beträgt $R_{si} = 0{,}13\ m^2K/W$ und auf dem Fußboden (Wärmestrom abwärts) ist ein Wert von $R_{si} = 0{,}17\ m^2K/W$ anzunehmen.
- Einen Sonderfall stellen hinterlüftete Außenwände sowie Bauteile dar, die nicht direkt an die Außenluft grenzen (wie z. B. unbeheizte Räume, Abseiten). An der Außenoberfläche solcher Bauteile ist die Luftbewegung deutlich verringert. Die Verhältnisse entsprechen in etwa denjenigen, die auf der raumseitigen Oberfläche gelten. Aus diesen Gründen ist für den außenseitigen Wärmeübergangswiderstand der gleiche Wert wie für den raumseitigen Wärmeübergangswiderstand anzunehmen, d. h. es gilt: $R_{se} = R_{si}$.
- Bei Bauteilen, die ans Erdreich grenzen, ist der außenseitige Wärmeübergangswiderstand mit $R_{se} = 0$ anzunehmen. Für die Berechnung der Wärmeübertragung ans Erdreich gelten die Regeln der DIN EN ISO 13370.

Die für wärmeschutztechnische Berechnungen anzusetzenden Wärmeübergangswiderstände R_{si} (innen) und R_{se} (außen) sind in Abb. 1.18 dargestellt.

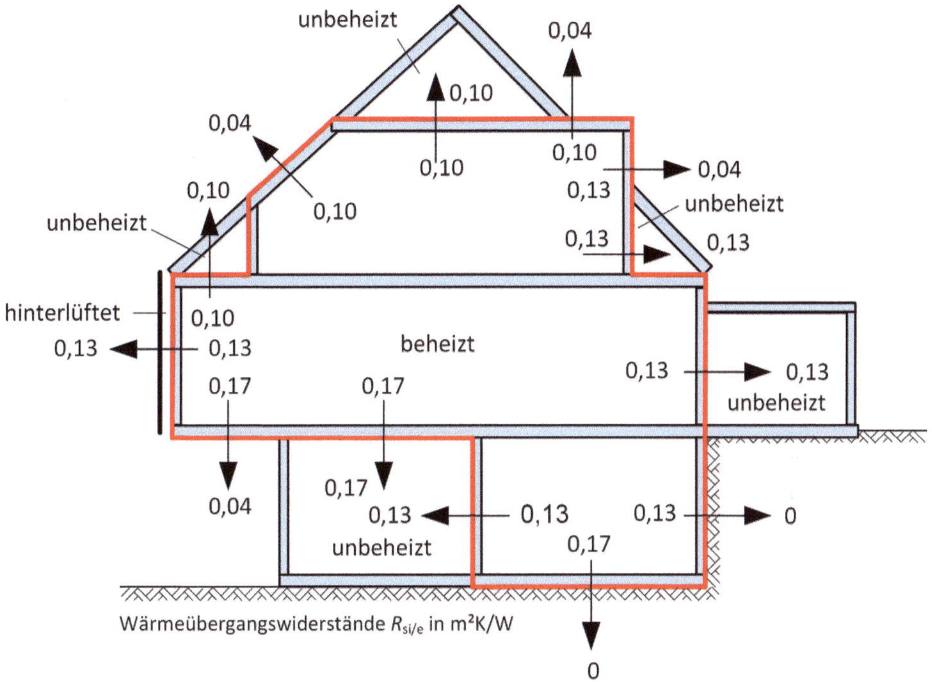

Abb. 1.18 Wärmeübergangswiderstände. (N. DIN EN 6946)

1.9.10 Wärmedurchgangskoeffizient *U*

Der gesamte Wärmetransport von der Luft auf der einen Seite eines Bauteils zur Luft auf der anderen Seite wird als *Wärmedurchgang* bezeichnet. Der Wärmedurchgang ergibt sich also aus der Gesamtheit des Wärmeübergangs auf beiden Bauteilseiten zuzüglich der Wärmeleitung durch das Bauteil (Abb. 1.19).

$$\left.\begin{array}{l}\text{Wärmeübergang an der Wandinnenseite}\\ +\\ \text{Wärmeleitung in der Wand}\\ +\\ \text{Wärmeübergang an der Wandaußenseite}\end{array}\right\} = \text{Wärmedurchgang}$$

Der Wärmedurchgang kann mit dem Wärmedurchgangskoeffizienten berechnet werden. Er wird mit dem Formelzeichen *U* bezeichnet. Der Wärmedurchgangskoeffizient gibt die Wärmemenge Q an, die stündlich durch 1 m² eines Bauteils von 1 m Dicke übertragen wird, wenn der Temperaturunterschied $\Delta\theta$ zwischen der beiderseits angrenzenden Luft 1 K beträgt.

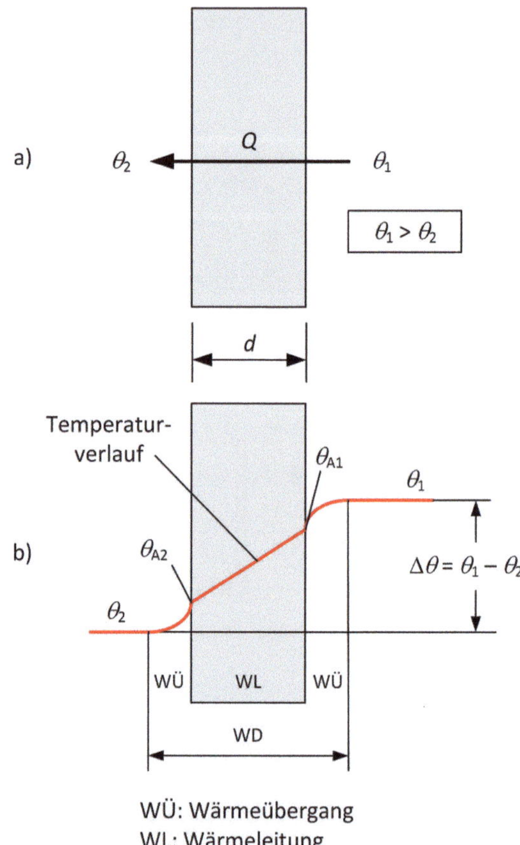

Abb. 1.19 Die Wärmemenge Q, die insgesamt als Wärmedurchgang infolge Wärmeleitung und Wärmeübergang durch Bauteile durchgeht, wird mit dem Wärmedurchgangskoeffizient U in W/(m² · K) gekennzeichnet. (**a**) Wärmedurchgang als Summe aus Wärmeübergängen und Wärmeleitung $Q = \Sigma Q_{ü} + Q_L$. (**b**) Temperaturabfall von der Innen zur Außenluft $\Delta\theta = \Sigma Q_{ü} + \Sigma Q_L$

Die Einheit für den Wärmedurchgangskoeffizient *U* ist das Watt durch Quadratmeter-Kelvin $\left(\text{Einheitenzeichen}: \frac{\text{W}}{\text{m}^2 \cdot \text{K}}\right)$. Es ist eine abgeleitete SI-Einheit.

Der Wärmedurchgangskoeffizient U zeigt an, wie groß der Wärmedurchgang durch die Bauteile ist. Je kleiner der U-Wert ist, umso geringer ist der Wärmedurchgang. Die Berechnung erfolgt mit folgender Gleichung:

Wärmedurchgangskoeffizient

$$\boldsymbol{U} = \frac{\mathbf{1}}{\boldsymbol{R}_{\mathbf{si}} + \boldsymbol{R} + \boldsymbol{R}_{\mathbf{se}}} \text{ in } \frac{\text{W}}{\text{m}^2 \cdot \text{K}} \quad (1.77)$$

Hierbei sind:

R_{si} Wärmeübergangswiderstand an der Bauteil-Innenseite (Abb. 1.18, Tab. 1.30)

R Wärmedurchlasswiderstand aus $\Sigma\, d/\lambda$ (Gl. (1.74a, b))

Rse Wärmeübergangswiderstand an der Bauteil-Außenseite (Abb. 1.18, Tab. 1.30)

Der Wärmedurchgangskoeffizient U wird in der Praxis vereinfacht bezeichnet als U-Wert.

Die nachstehenden Beispiele sollen den Wärmedurchgang erläutern.

Beispiele zum Wärmedurchgang

1. Für eine 36,5 cm dicke Außenwand aus Kalksandsteinen entsprechend Beispiel 1 Abschn. 1.9.8 wurde ein Wärmedurchlasswiderstand $R = 0{,}46\ \text{m}^2 \cdot \text{K/W}$ berechnet. Damit ergibt sich der vorhandene Wärmedurchgangskoeffizient U zu:

$$U = \frac{1}{R_{si} + R + R_{se}} = \frac{1}{0{,}13 + 0{,}46 + 0{,}04} = 1{,}59\ \text{W/m}^2\text{K}$$

2. Für eine 36,5 cm dicke Außenwand aus Lochziegeln entsprechend Beispiel 2 Abschn. 1.9.8 ergab sich ein Wärmedurchlasswiderstand $R = 0{,}73\ \text{m}^2 \cdot \text{K/W}$.
   Der Wärmedurchgangskoeffizient U berechnet sich damit wie folgt:

$$U = \frac{1}{R_{si} + R + R_{se}} = \frac{1}{0{,}13 + 0{,}73 + 0{,}04} = 1{,}11\ \text{W/m}^2\text{K}$$

3. Für eine 36,5 cm dicke Außenwand aus Porenbeton-Plansteinen wird ein Wärmedurchlasswiderstand von $R = 1{,}77\ \text{m}^2 \cdot \text{K/W}$ berechnet (Beispiel 3 Abschn. 1.9.8).
   Wärmedurchgangskoeffizient:

$$U = \frac{1}{R_{si} + R + R_{se}} = \frac{1}{0{,}13 + 1{,}77 + 0{,}04} = 0{,}52\ \text{W/m}^2\text{K}$$

   Bei dieser Außenwandkonstruktion ist ein gegenüber den Beispielen 1 und 2 geringerer Wärmedurchgang festzustellen, da die Porenbeton-Plansteine eine geringere Wärmeleitfähigkeit aufweisen.

4. Für die Außenwandkonstruktion aus Kalksandsteinen mit Wärmedämmverbundsystem nach Beispiel 4 (Abschn. 1.9.8) mit einem Wärmedurchlasswiderstand von $R = 4{,}96\ \text{m}^2 \cdot \text{K/W}$ berechnet sich der Wärmedurchgangskoeffizient zu:

$$U = \frac{1}{R_{si} + R + R_{se}} = \frac{1}{0{,}13 + 4{,}96 + 0{,}04} = 0{,}19\ \text{W/m}^2\text{K}$$

   Diese Außenwandkonstruktion weist aufgrund des Wärmedämmverbundsystems des geringsten Wärmedurchgangskoeffizienten der hier betrachteten Beispiele auf.

   Fazit:

   Je kleiner der Wärmedurchgangskoeffizient *U* eines Bauteils ist desto geringer ist der Wärmedurchgang, also auch der Wärmeverlust.

   Je geringer der Wärmeverlust sein soll desto größer muss der Wärmedurchlasswiderstand *R* der einzelnen Bauteilschichten sein. ◄

1.9.11 Wärmestromdichte *q*

Für die Dimensionierung der Heizungsanlage von Gebäuden ist es wichtig zu wissen, welche Wärmemenge durch die raumumfassenden Bauteile hindurchgeht.

Für die Berechnung der Wärmemenge wird die Wärmestromdichte q benötigt. Unter stationären Bedingungen (d. h. bei konstant bleibenden Temperaturverhältnissen) ist die Wärmestromdichte q abhängig von der Temperaturdifferenz und dem Wärmedurchgangskoeffizienten des Bauteils. Die Wärmestromdichte berechnet sich mit folgender Gleichung:

$$\text{Wärmestromdichte } q = U \cdot (\theta_i - \theta_e) \text{ in W/m}^2 \tag{1.77}$$

Hierbei sind:

U Wärmedurchgangskoeffizient in $W/(m^2 \cdot K)$

θ_i, θ_e Lufttemperaturen innen bzw. außen in °C

Die Temperaturdifferenz $\Delta\theta = \theta_i - \theta_e$ wird in Kelvin angegeben.

Zur Umrechnung:

$$1 \text{ Watt} = 1 \text{ Joule / Sekunde} = 3600 \text{ Joule / Stunde} = 3{,}6 \text{ kJ / h.}$$

Beispiele zur Wärmestromdichte

Für die Außenwände der Beispiele 1 bis 4 aus Abschn. 1.9.10 wird die Wärmestromdichte q für unterschiedliche Temperaturdifferenzen berechnet:

$\theta_i - \theta e$	= (+ 20 °C) – (–15 °C)	= 35 K	im Winter
$\theta_i - \theta e$	= (+ 20 °C) – (+ 5 °C)	= 15 K	im Herbst

1. Kalksandstein-Wand	$q = U\,(\theta_i - \theta_L)$	
$U = 1{,}59\ W/(m^2 \cdot K)$	$= 1{,}59 \cdot 35 = 55{,}7\ W/m^2$	im Winter
	$= 1{,}59 \cdot 15 = 23{,}9\ W/m^2$	im Herbst
2. Lochziegel-Wand	$q = U\,(\theta_i - \theta_L)$	
$U = 1{,}11\ W/(m^2 \cdot K)$	$= 1{,}11 \cdot 35 = 38{,}9\ W/m^2$	im Winter
	$= 1{,}11 \cdot 15 = 16{,}7\ W/m^2$	im Herbst
3. Porenbeton-Wand	$q = U\,(\theta_i - \theta_L)$	
$U = 0{,}52\ W/(m^2 \cdot K)$	$= 0{,}52 \cdot 35 = 18{,}2\ W/m^2$	im Winter
	$= 0{,}52 \cdot 15 = 7{,}8\ W/m^2$	im Herbst
4. KS-Wand mit WDVS	$q = U\,(\Theta_i - \Theta_e)$	
$U = 0{,}19\ W/(m^2 \cdot K)$	$= 0{,}19 \cdot 35 = 6{,}65\ W/m^2$	im Winter
	$= 0{,}19 \cdot 15 = 2{,}85\ W/m^2$	im Herbst

Feststellung:

Die Wärmestromdichte ist bei Wand 1 (ungedämmte Wand aus Kalksandsteinen) mehr als 8-mal so groß wie bei Wand 4 (Wand aus Kalksandsteinen mit Wärmedämmverbundsystem).

1.9.12 Wärmestrom Φ

Der Wärmestrom Φ (in Watt: W) berechnet sich aus der Wärmestromdichte q und der Fläche des betrachteten Bauteils mit folgender Gleichung:

$$\Phi = q \cdot A \quad \text{in W} \tag{1.78}$$

Darin bedeuten:

Φ Wärmestrom in W

q Wärmestromdichte in W/m² n. Gl. (1.77)

A Fläche des Bauteils (senkrecht zum Wärmestrom) in m²

Beispiele zum Wärmestrom

1. Für die KS-Wand (Beispiel 1, Abschn. 1.9.10) ist der Wärmestrom zu berechnen.
   Wärmedurchgangskoeffizient $U = 1{,}59$ W/(m²K)
   Abmessungen der Wand: Breite $b = 8$ m, Höhe $h = 2{,}75$ m
   Temperaturen: Außenluft: –5 °C, Raumluft +20 °C
   Wärmestromdichte $q = U \cdot (\theta_i - \theta_e) = 1{,}59 \cdot (20 - (-5)) = 39{,}75$ W/m²
   Fläche: $A = b \cdot h = 8 \cdot 2{,}75 = 22$ m²
   Wärmestrom: $\Phi = q \cdot \cdot A = 39{,}75 \cdot 22 = 874{,}5$ W
2. Für die KS-Wand mit WDVS (Beispiel 4, Abschn. 1.9.10) ist der Wärmestrom zu berechnen.
   Wärmedurchgangskoeffizient $U = 0{,}19$ W/(m²K)
   Abmessungen der Wand: Breite $b = 8$ m, Höhe $h = 2{,}75$ m
   Temperaturen: Außenluft: –5 °C, Raumluft +20 °C
   Wärmestromdichte $q = U \cdot (\theta_i - \theta_e) = 0{,}19 \cdot (20 - (-5)) = 4{,}75$ W/m²
   Fläche: $A = b \cdot h = 8 \cdot 2{,}75 = 22$ m²
   Wärmestrom: $\Phi = q \cdot A = 4{,}75 \cdot 22 = 184{,}5$ W ◄

1.9.13 Wärmemenge Q

Der Wärmestrom, der innerhalb einer bestimmten Zeitdauer t durch ein Bauteil hindurchgeht, wird als Wärmemenge Q bezeichnet (Dimension: Q in Wh bzw. J). Die Wärmemenge berechnet sich mit folgender Gleichung:

$$Q = \Phi \cdot t \qquad \text{in Wh (oder J)} \tag{1.79}$$

Darin bedeuten:

Q Wärmemenge in Wh (oder J)

Φ Wärmestrom in W

t Zeit in h

Beispiele zum Wärmemenge

1. Für die KS-Wand (Beispiel 1, Abschn. 1.9.10) ist die Wärmemenge, die sich für eine Zeitdauer von 30 Tagen ergibt, zu berechnen. Es werden stationäre Bedingungen vorausgesetzt.
   Wärmestrom $\Phi = 874{,}5$ W
   Wärmemenge: $Q = \Phi \cdot t = 874{,}5 \cdot 30 = 26.235$ Wh $= 26{,}235$ kWh
2. Für die KS-Wand mit WDVS (Beispiel 4, Abschn. 1.9.10) ist die Wärmemenge, die sich für eine Zeitdauer von 30 Tagen ergibt, zu berechnen. Es werden stationäre Bedingungen vorausgesetzt.
   Wärmestrom $\Phi = 184{,}5$ W
   Wärmemenge: $Q = \Phi \cdot t = 184{,}5 \cdot 30 = 5535$ Wh $= 5{,}54$ kWh ◄

2 Wärmeschutz

Unter dem Begriff *Wärmeschutz* werden alle Maßnahmen verstanden, die auf die Minimierung von Wärmeverlusten im Winter (energiesparender Wärmeschutz) und Wärmeeinträgen im Sommer (sommerlicher Wärmeschutz) bei Gebäuden abzielen. Weiterhin ist es die Aufgabe des Mindestwärmeschutzes, für ein behagliches und hygienisches Raumklima zu sorgen sowie Tauwasserbildung auf Bauteilinnenoberflächen zu vermeiden und das Risiko des Schimmelpilzwachstums zu minimieren.

Wärme ist eine Energieform. Energie kann in verschiedenen Formen auftreten. Nach dem Gesetz von der Erhaltung der Energie ist die Summe der Energie in einem abgeschlossenen System konstant, also gleichbleibend groß. Daher kann Energie weder erzeugt noch verbraucht werden.

Energie kann weder entstehen noch verschwinden. Wenn in der Praxis von „Energieerzeugung" gesprochen wird, dann handelt es sich bei einer Energie-Umwandlung um Energiebeträge, die für uns nutzbar gemacht werden. Bei „Energieverlusten" geht es um Energiebeträge, die bei einer Umwandlung für uns nicht nutzbar zu machen sind, also „verloren" gehen. Die Nutzbarmachung von Energie erfolgt durch Umwandlungsprozesse. Hierbei ist von Bedeutung, wie viel der umgewandelten Energie für uns nutzbar gemacht werden kann. Die Ausnutzung der umgewandelten Energie wird durch den Wirkungsgrad der Anlage gekennzeichnet. Der Wirkungsgrad ist das Verhältnis von Nutzenergie zur aufgewandten Energie.

Energie-Einsparung bedeutet, dass „Wärmeverluste" gering gehalten werden müssen und „Wärmegewinne" genutzt werden sollen:

- bei der Umwandlung der Energie in Wärme sollen möglichst geringe „Wärmeverluste" entstehen, z. B. in den heizungstechnischen Anlagen,
- bei der Nutzung der Wärme sollen die „Wärmeverluste" infolge Wärmedurchgangs durch Bauteile möglichst gering gehalten werden, z. B. durch Wärmedämmung der Außenbauteile,

P. Schmidt, S. Windhausen, *Lohmeyer Praktische Bauphysik*,
https://doi.org/10.1007/978-3-658-42604-0_2

- bei der Raumnutzung ist anfallende Wärme als „Wärmegewinn“ zu nutzen, z. B. durch Wärmerückgewinnung bei Lüftungsanlagen,
- Sonneneinstrahlung soll als „Wärmegewinn“ genutzt werden, z. B. durch Solartechnik zur Erzeugung von Warmwasser oder Strom als solarer Wärmegewinn.

Der Wärmeschutz im Hochbau soll den Menschen in Gebäuden einen ausreichenden Schutz vor Witterungseinflüssen sicherstellen. Er soll außerdem ein behagliches Raumklima ermöglichen. Dazu wird vorausgesetzt, dass die Räume entsprechend ihrer Nutzung ausreichend beheizt und belüftet werden.

Beim traditionellen Bauen waren bauphysikalische Betrachtungen praktisch nicht erforderlich. Außerdem galten andere Ansprüche an das Wohnen, selbst bei gehobener Wohnkultur. Folgende Stichworte kennzeichnen die frühere Situation:

- Dicke einschichtige Wände, kein Mischmauerwerk,
- Einfachfenster mit Holzrahmen und Einfachverglasung,
- keine sehr großen Fensterflächen,
- Einzelöfen mit Rauchabzug oder Heizkörper im Fensterbereich,
- Holzbalkendecken mit Füllungen,
- weichfedernde Bodenbeläge,
- keine geräuscherzeugende Geräte, keine Musikanlagen,
- Schlafzimmer und Küchen an der Ostseite,
- Schlafzimmer nicht an Treppenhäusern,
- Hauseingänge an der Ost- oder Nordseite,
- keine Toiletten und Bäder in den Wohnungen,
- große Raumhöhe durch hohe Geschosse,
- Steildächer mit nicht ausgebautem Dachgeschoss,
- Keller nur für Lager- und Vorratszwecke.

Beim heutigen Bauen sind bauphysikalische Untersuchungen insbesondere durch folgende Änderungen erforderlich:

- Unterschiedliche Wandbaustoffe,
- verschiedene Dämmstoffe,
- Außendämmungen, Innendämmungen, Kerndämmungen,
- Verwendung von Abdichtungsbahnen,
- dichte Fensterfugen bei nicht einwandfreier Dämmung,
- Isolierverglasung und Sonnenschutzverglasung,
- Verringerung der Heizkosten,
- nicht normale Bauformen und Baukonstruktionen,
- innnen liegende Toiletten und Bäder,
- höhere Komfortansprüche der Nutzer,
- geringere körperliche Betätigung,
- stärkere Beanspruchung der Menschen durch Stress.
- Gesetzliche Anforderungen z. B. durch Gebäudeenergiegesetz (GEG).

Der **Wärmeschutz** umfasst insbesondere alle Maßnahmen zum Verringern der Wärmeübertragung durch die Umfassungsflächen der Gebäude und durch die Trennflächen zu Räumen mit anderen Temperaturen.

Die **Wärmeübertragung** kann – ganz allgemein betrachtet – auf verschiedene Arten erfolgen:

- Wärmeleitung,
- Konvektion,
- Wärmestrahlung,
- Wärmetransmission.

Damit die richtigen Begriffe für diese physikalischen Vorgänge verwendet werden, erfolgt eine Zusammenstellung der Begriffe in Tab. 2.1.

Tab. 2.1 Physikalische Vorgänge in der wärmeschutztechnischen Fachsprache

Physikalischer Vorgang	Erläuterung und Beispiele	
Wärmestrahlung	Wärmetransport ohne Beteiligung von Materie in Form von elektromagnetischen Wellen. Wärmestrahlen sind den Lichtstrahlen gleichartig. Wärmestrahlen und Lichtstrahlen erzeugen von undurchlässigen Gegenständen in gleichartiger Weise Schatten.	
	Körper mit nichtmetallischer Oberfläche (beliebiger Farbe)	Körper mit glänzender, metallischer Oberfläche
	starkes Absorbieren	geringes Absorbieren
	(Aufsaugen von Wärme)	
	geringes Reflektieren	starkes Reflektieren
	(Zurückstrahlen von Wärme)	
	starkes Emittieren	geringes Emittieren
	(Abstrahlen von Wärme)	
Konvektion (Wärmeströmung)	Wärmetransport durch Mitführen von Wärmeenergie in einer Luftströmung. Warme Luft ist leichter als kalte, sie steigt auf und führt dadurch Wärme mit (Konvektor-Heizung, Rauchgase)	
Wärmeleitung	Wärmetransport innerhalb von festen oder flüssigen (auch gasförmigen) Stoffen von einem Ort höherer Temperatur zu einem Ort tieferer Temperatur. Gute Wärmeleiter (schlechte Dämmstoffe): Metalle, schwere Massivbaustoffe, Wasser Schlechte Wärmeleiter (gute Dämmstoffe): Luft, Dämmstoffe aus Holzwolle, Kork, Schaumkunststoff oder Schaumglas sowie mineralische und pflanzliche Faserdämmstoffe	
Wärmetransmission	Durchgang von Wärme durch die Außenbauteile eines Gebäudes infolge Wärmeleitung der Baustoffe einschließlich Wärmeübergang an den Bauteilinnenseiten und -außenseiten. Gebäude mit einem niedrigen Wärmedurchgangskoeffizienten (U-Wert als Mittelwert aller Außenbauteile) und mit geringen Außenflächen geben weniger Wärme an die Umgebung ab als andere Gebäude.	

2.1 Zweck des Wärmeschutzes

Der Wärmeschutz eines Gebäudes hat für verschiedene Bereiche große Bedeutung:

- Gesundheit der Nutzer (hygienisches Raumklima),
- Behaglichkeit der Bewohner (angenehmes Raumklima),
- Energieverbrauch (Heizung und Kühlung),
- Klima- und Umweltschutz (Abgase, Emissionen),
- Schutz der Baukonstruktion (Feuchteeinwirkung),
- Herstellkosten und Betriebskosten.

2.1.1 Gesundes Leben

Die Lebensweise der Menschen hat sich unter Einwirkung unserer klimatischen Verhältnisse und der auszuführenden Tätigkeiten so entwickelt, dass die meisten Menschen den größten Teil ihrer Zeit in Gebäuden verbringen, also in Wohn- und Arbeitsräumen. Es wird daher die Gesundheit und die Leistungsfähigkeit der Menschen wesentlich von der Qualität des Raumklimas beeinflusst. Gesundheit ist hierbei als Zustand körperlichen und seelischen Wohlbefindens zu verstehen.

2.1.2 Behaglichkeit und Raumklima

2.1.2.1 Behaglichkeit

Ein wesentlicher Teil des körperlichen Wohlbefindens kann von der thermischen Behaglichkeit abhängen. Besonders wichtige Bereiche, die die Behaglichkeit bestimmen, können mit folgenden umgangssprachlichen Begriffen gekennzeichnet werden:

- „gefühlte Temperatur“,
- „Fußwärme“,
- ungleichmäßige Wärmebelastung,
- „Barackenklima“,
- „Plastiktütenklima“,
- „Zugluft“.

Empfindungstemperatur

Ein wesentliches Kriterium für die Behaglichkeit ist die von einer Person empfundene Temperatur. Hierbei spielen die Raumlufttemperatur, Luftfeuchte und raumseitige Oberflächentemperaturen der raumumfassenden Bauteile eine große Rolle (Abb. 2.1).

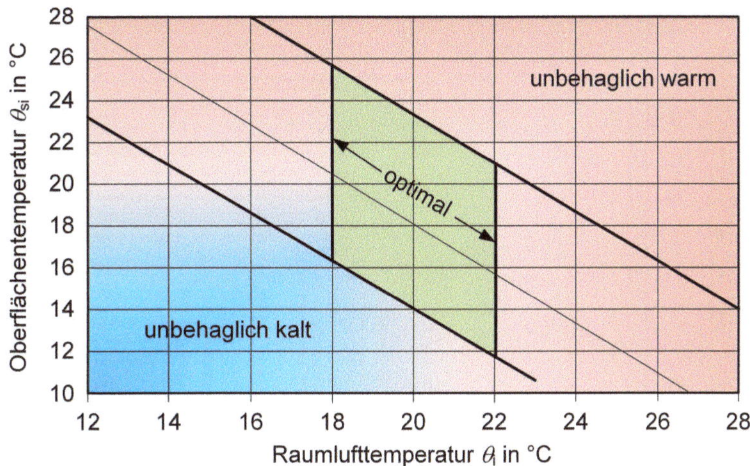

Abb. 2.1 Behaglichkeitsfeld des Menschen in geschlossenen Räumen. ϑ ist die vom Menschen empfundenen Temperatur. $\theta = \frac{1}{2} \cdot (\theta_i + \theta_{si})$. Geltungsbereich: relative Luftfeuchte $\varphi_i = 30 \ldots 70$ %. Luftbewegung = 0 … 20 cm/s

Die Ursache für die Temperaturempfindung des Menschen liegt in der Wärmeabgabe. Sie beträgt bei einer Person etwa 115 W. Die Wärmeabgabe teilt sich im Regelfall wie folgt auf:

- 35 % durch Konvektion,
- 40 % durch Strahlungsaustausch,
- 25 % durch Feuchtigkeitsabgabe.

Der Wärmeanteil, der durch Feuchtigkeit abgegeben wird, hat im Normalfall keine besondere Bedeutung.

Der Wärmehaushalt des Menschen, der Bedarf an frischer Luft (= sauerstoffreiche Luft) und andere Einflüsse haben außerdem Bedeutung für das Wohlbefinden (Tab. 2.2).

Bei allem Bestreben, möglichst dichte und dämmende raumumschließende Bauteile zu schaffen, muss dennoch ein Luftaustausch zwischen Raumluft und Außenluft stattfinden. Mit dieser Lüftung werden dann zwangsläufig Wärmeverluste auftreten.

Fußwärme

Fußböden, die nicht ausreichend „fußwarm“ sind, führen zu einer thermisch bedingten Unbehaglichkeit. Hierbei hat sowohl die Oberflächentemperatur als auch die Wärmeableitung des Fußbodens eine große Bedeutung. Im Normalfall werden Fußböden mit einer Oberflächentemperatur von mindestens 18 °C benötigt, die eine geringe Wärmeableitung haben.

Tab. 2.2 Wärmehaushalt des Menschen. (Nach RWE-Bau-Handbuch)

Richtwerte zum menschlichen Wärmehaushalt (Angaben für 1 Person)		Art der Betätigung									
		Völlige Ruhe ruhiges Liegen		Geringe Betätigung in Ruhe sitzend		Leichte Arbeit		Leichte körperliche Arbeit		Schwere körperliche Arbeit	
		Grundumsatz		Tischspiele	Lesen	Schule	Büro	Gymnastik Hausfrauenarbeit		Ballspielen	Handwerker
		Kinder	Erwachsene	Kinder	Erwachsene	Kinder	Erwachsene	Kinder	Erwachsene	Kinder	Erwachsene
Erforderlicher Energieverbrauch je Tag	kJ/d	5900	7500	8000	9700	8800	10.500	10.100	12.600	11.300	14.700
Gesamtwärmeabgabe (ein-schließlich Verdunstung)	W	50–65	65–85	60–80	75–100	100–130	125–170	170–225	215–295	280–380	360–490
Davon trockene Wärmeabgabe (Konvektion, Leitung und Strahlung)	W	35–45	50–65	45–60	60–75	70–95	95–130	120–160	165–220	200–275	280–370
Wasserdampfproduktion je Stunde	g/h	21–28	23–32	25–34	27–38	41–57	46–62	70–95	78–108	117–160	130–180
Sauerstoffbedarf je Stunde	l/h	9–12	12–16	10–14	14–19	17–24	24–32	30–41	40–51	50–68	65–90
Angeatmetes Kohlendioxid je Stunde (Konzentration in der Luft 3–5 Vol.-%)	l/h	7–10	10–13	9–12	12–16	15–20	19–26	25–34	32–43	46–56	55–75
Frischluftraten, erforderlich wenn CO_2 max 0,10 Vol.-%	m^3/h	12–17	17–21	15–20	20–26	25–33	32–42	42–57	55–72	70–93	90–130
Grenze des Schwüleempfindens	°C		28		26	24		21,5		19,5	
Gleichgewicht = Behaglichkeit	°C		24		22	20,5		19		17	
Grenze des Kühleempfindens	°C		18		17	16		15,5		14,5	

Ungleichseitige Wärmebelastung
Für die menschliche Gesundheit ist eine ungleichseitige (asymmetrische) Wärmebelastung des Körpers ungünstig. Dies ist dann der Fall, wenn die eine Körperseite einer stärkeren Wärmeabgabe ausgesetzt ist als die andere Körperseite. So kann z. B. bei beheizten Räumen ein naher Arbeitsplatz am Fenster oder der Schlafplatz an einer wenig gedämmten Außenwand zu schmerzhaften Beschwerden führen.

Barackenklima
Die Wärmespeicherfähigkeit der raumumschließenden Bauteile kann die Raumtemperatur stark beeinflussen. Durch Sonneneinstrahlung im Sommer kann es bei geringer Wärmespeicherfähigkeit der Bauteile zu einem Ansteigen der Raumtemperatur kommen. Die Räume können wie Wärmefallen wirken, es herrscht ein „Barackenklima“. Bedeutend hierfür ist die raumseitige speicherfähige Masse der Bauteile. Nachteilig wirken sich leichte Bauteile und leichte Bekleidungen der Wände und Decken aus. Der Effekt des Barackenklimas ist im Allgemeinen auf Räume im Dachgeschoss, an der Südseite und besonders an der Westseite von Gebäuden beschränkt. Durch besondere Sonnenschutzmaßnahmen bei größeren Fenstern kann eine übermäßige Raumaufheizung in Grenzen gehalten werden.

Plastiktütenklima
Die Wasseraufnahmefähigkeit der raumumschließenden Bauteile und der Einrichtungsgegenstände kann entscheidend für das Raumklima sein. Es geht hier um die Sorptionsfähigkeit der Oberflächen. Kurzfristige Belastungen durch Wasserdampf werden infolge Sorption aufgefangen. Dadurch schwankt die relative Luftfeuchte im Raum nur wenig. Bei geringeren Wasserdampfbelastungen wird die aufgenommene Feuchte wieder an die Raumluft abgegeben.

Bei Räumen mit geringer Sorptionsfähigkeit der Oberflächen steigt die Raumluftfeuchte schon bei geringen Belastungen extrem an, es entsteht das „Plastiktütenklima“. Zu diesem Plastiktütenklima in Räumen tragen bei: große Flächen aus Vinyltapeten, Lack, Fliesen, Glas.

Zugluft
In normal beheizten Räumen mit Temperaturen um 20 °C werden Luftgeschwindigkeiten bis 0,2 m/s nicht als störend empfunden. Bei luftdurchlässigen Außenbauteilen, z. B. bei nicht dichten Fensterrahmen oder Verkleidungen im ausgebauten Dachgeschoss, kann während ungünstiger Witterung (starker Wind, Sturm) die Behaglichkeit beeinträchtigt werden. Das gleiche gilt auch für Klima- und Lüftungsanlagen, wenn eine zu große Luftgeschwindigkeit herrscht.

2.1.2.2 Raumklima
Unter dem Begriff *Klima* ist der typische jährliche Ablauf der Witterung in einem bestimmten geografischen Gebiet zu verstehen (Duden). Klima ist der mittlere Zustand der

Atmosphäre über einem Gebiet und der für dieses Gebiet charakteristische, durchschnittliche Ablauf der Witterung (Brockhaus).

Raumklima ist das Klima, das in gebauten Räumen herrscht. Das Raumklima soll den Bedürfnissen der Nutzer dieser Räume genügen. Es soll ein nutzungsgerechtes Raumklima herrschen, damit sich die Nutzer wohlfühlen können.

Klimagerechtes Bauen ergibt sich aus zwei wesentlichen Aufgaben, die unsere Gebäude zu erfüllen haben:

- Schutz der Innenräume vor ungünstigem Außenklima, also vor Witterungseinflüssen wie Kälte, Hitze, Regen, Schnee, Wind, Sturm;
- Schutz der Gebäudeaußenhülle gegen klimabedingte Beeinträchtigungen zum Erreichen einer genügenden Dauerhaftigkeit der Bauwerke.

Die Belastungen durch das Außenklima bewirken Forderungen an das Raumklima, und zwar sowohl in wärmetechnischer als auch in feuchtetechnischer Hinsicht. Es handelt sich also im Wesentlichen um thermisch-hygrische Anforderungen. Damit wird deutlich, dass klimagerechtes Bauen nicht nur bauliche, sondern insbesondere auch energetische Aufwendungen nötig macht. Der Energieaufwand hängt stark von den baulichen Voraussetzungen ab. Geringere bauliche Maßnahmen werden stets höhere Energieaufwendungen zur Folge haben, um ein angemessenes Raumklima zu schaffen.

Wesentliche Anforderungen an das Raumklima, die sich aus den Nutzungsbedingungen ergeben, werden in Abschn. 2.1 „Zweck des Wärmeschutzes“ und in Abschn. 3.1 „Zweck des Feuchteschutzes“ erläutert. Zum Wohlfühlen der Menschen gehören außer günstigen Wärme- und Feuchteverhältnissen auch der Schallschutz als Schutz vor Außenlärm und Schutz vor Schallübertragung zwischen Räumen. Ebenso sind in den Räumen gute (Tages-)Lichtverhältnisse erforderlich.

Die einzelnen Anforderungen an Gebäude sind von der jeweiligen Nutzungsart abhängig. Dabei sind große Unterschiede zu beachten. Wesentliche Einflussfaktoren können sein:

- Einflüsse auf die Gesundheit und das Wohlbefinden der Menschen,
- Einflüsse auf die Entwicklung und Gesundheit der Tiere,
- Einflüsse auf das Gedeihen der Pflanzen,
- Einflüsse auf die Produktionsverfahren mit Maschinen, Apparaten und Geräten sowie
- Einflüsse auf den Zustand von Lagergütern.

Menschen in ihren Wohnungen haben andere Bedürfnisse als Tiere in Ställen oder Pflanzen in Gewächshäusern. Die Produktionsverfahren in der Schwerindustrie sind anders als bei der Chipherstellung. Die Lagerung von Lebensmitteln erfordert andere Maßnahmen als die Aufbewahrung hochwertiger Kunstgegenstände in Museen oder das Abstellen von Fahrzeugen in einer Tiefgarage. Hierfür ist jeweils ein anderes Raumklima nötig oder zulässig, sodass die erforderlichen Baumaßnahmen mehr oder weniger aufwändig sind.

Einflüsse und Anforderungen
Im Folgenden soll nur soweit auf das Raumklima eingegangen werden, wie es für das Empfinden der Menschen von Bedeutung ist. Dieser Maßstab muss nicht immer gültig sein. So haben z. B. bei Ställen, Gewächshäusern oder Produktions- und Lagerhallen andere Anforderungen einen berechtigten Vorrang, sodass sich Menschen an diese für sie ungünstigeren Klimabedingungen anpassen müssen.

Das Empfinden des Raumklimas ist bei den Menschen unterschiedlich ausgeprägt. Einen Einfluss hat die Stoffwechselrate des jeweiligen Menschen in Abhängigkeit von der körperlichen Tätigkeit. Die im Körper ablaufenden Reaktionen bei der Verbrennung der Nahrung führen zu einer Wärmeproduktion und zu einer Wärmeabgabe an die Umgebung. Diese Wärmeabgabe beträgt bei einem ruhenden, unbekleideten Menschen mittleren Alters etwa 45 W je m^2 Körperoberfläche, wenn er sich im thermischen Gleichgewicht mit seiner Umgebung befindet (Tab. 2.2). Bei einer Körperoberfläche von etwa 1,8 m^2 sind dies ungefähr 80 W. Dies ist der Grundumsatz der Wärmeproduktion oder der Grundumsatz des Stoffwechsels. Der Grundumsatz der Frauen liegt um 10 % bis 15 % unter dem der Männer.

Wärmeproduktion bzw. Stoffwechsel werden erhöht, wenn der Mensch arbeitet. Dies ist der Arbeitsenergieumsatz. Durch den Stoffwechsel wird im Körper des Menschen soviel Wärme produziert, wie der Körper an Wärme abgibt. Das thermische Gleichgewicht und das Klimaempfinden eines Menschen werden stark von diesem Wärmehaushalt (Stoffwechselrate) beeinflusst. In Tab. 2.3 sind einige Werte zur Wärmeabgabe des Menschen in Abhängigkeit von der körperlichen Tätigkeit zusammengestellt.

Tab. 2.3 Wärmeabgabe des Menschen in Abhängigkeit von der körperlichen Arbeit als Stoffwechselrate. (Nach DIN EN ISO 7730)

Körperliche Tätigkeit		Wärmeabgabe [W/m^2]	Aktivitätsstufe	Wärmeabgabe je Person (Anhaltswerte) [W]
Liegen	Ruhen, im thermischen Gleichgewicht mit der Umgebung	45	–	–
Sitzen	Entspannt sitzen	58	I	≈ 100
	Sitzende Tätigkeit (Büro, Wohnung, Schule, Labor)	70	–	–
Stehen	Entspannt stehen	70	–	–
	Stehende Tätigkeit (Einkaufen, Labor, leichte Industriearbeit)	93	II	≈ 150
	Stehende Tätigkeit (Verkauf, Hausarbeit, Maschinenbedienung)	116	III	≈ 200
Bewegen	Mittelschwere Tätigkeit, Werkstattarbeit	165	IV	>250

Das individuell unterschiedliche Empfinden eines Raumklimas und die dadurch bedingte gefühlsmäßige Beurteilung sind aber auch abhängig von folgenden Einflüssen:

- körperliche Verfassung, Körpertyp und Körpergewicht des Menschen,
- Geschlecht und Alter des Menschen, da dadurch die Stoffwechselrate bedingt ist,
- Anpassung an das Raumklima durch längere Gewöhnung,
- Bekleidung im Verhältnis zur Tätigkeit.

Die Übertragung des Wärmehaushalts (Stoffwechselrate) auf die Umgebung erfolgt zu fast 90 % über die Haut des Menschen und nur zum kleinen Teil über die Lunge. Daher hat die Bekleidung eine besondere Bedeutung und einen hohen Einfluss auf das Klimaempfinden. Wärmedurchgangswiderstände der Bekleidung sind in Tab. 2.4 angegeben.

Ein „Idealklima“, das von allen beteiligten Menschen in jedem Fall als angenehm und behaglich empfunden wird, kann es nicht geben. So werden beispielsweise von den in einem Büro tätigen Menschen nachstehende Raumtemperaturen in folgender Weise empfunden:

20 °C:	angenehm	40 %	zu warm	10 %	zu kühl	50 %
21 °C:	angenehm	60 %	zu warm	20 %	zu kühl	20 %
22 °C:	angenehm	55 %	zu warm	40 %	zu kühl	5 %

Dieses Beispiel zeigt, dass in einem Büro eine Raumtemperatur von 21 °C von vielen Menschen als angenehm empfunden wird, von zwei gleich großen Minderheiten jedoch als zu warm oder als zu kühl. Die Mehrzahl der Menschen kann also mit dieser Temperatur zufrieden gestellt werden, bei den anderen Menschen bewirkt das Unbehaglichkeitsgefühl eine sehr sinnvolle biologische Regulation. Es veranlasst die Menschen, notwendige Maßnahmen zur Wiederherstellung des Gleichgewichts im Wärmehaushalt zu ergreifen, z. B. indem eine Anpassung der Kleidung entsprechend der auszuübenden Tätigkeit vorgenommen wird.

Außer dem individuell unterschiedlichen Empfinden des Raumklimas wirken einige bauphysikalische Größen sich direkt auf das Raumklima aus, nicht nur die Temperatur der

Tab. 2.4 Wärmedurchgangswiderstände von Bekleidung. (Nach DIN EN ISO 7730)

Art der Bekleidungskombination	Wärmedurchgangswiderstand [$m^2 \cdot K/W$]
unbekleidet	0,000
Shorts	0,015
Typische Tropenkleidung	0,045
Leichte Sommerbekleidung	0,080
Leichte Arbeitskleidung	0,110
Typische Winterbekleidung für Innenräume	0,160
Schwere, traditionelle europäische Bürokleidung	0,230

Raumluft. Dies sind insgesamt folgende Einflüsse, die durch entsprechende Maßnahmen beeinflusst werden können:

• Temperatur der Raumluft:	
– bei zu niedrigen Temperaturen:	Zufuhr von Wärme durch Beheizung,
– bei zu hohen Temperaturen:	Verhindern zu starker Wärmezufuhr, Abführen von warmer Luft und/oder Zuführen von kühler Luft durch Lüften oder Klimatisieren;
• Temperatur der umgebenden Bauteilflächen:	
– bei zu niedrigen Temperaturen:	Wärmedämmung der Außenbauteile,
– bei zu hohen Temperaturen:	Wärmedämmung und Wärmespeicherung der Außenbauteile, Vermeiden des „Barackenklimas";
• Luftbewegung im Raum:	
– undichte Außenbauteile:	Abdichten der Fugen in Außenbauteilen (Dachausbau), Türen und Fenster müssen dicht schließen,
– erforderlicher Luftaustausch:	Lüften oder Klimatisieren darf nicht als „Ziehen" (Zugluft) empfunden werden;
• Luftfeuchte im Raum:	
– bei zu niedriger Luftfeuchte:	Erhöhen der Luftfeuchte durch Luftbefeuchter, wegen der Empfindlichkeit der Schleimhäute,
– bei zu hoher Luftfeuchte:	Verringern der Luftfeuchte durch Lüften oder Klimatisieren wegen des Empfindens von Schwüle, insbesondere aber auch zum Vermeiden von Tauwasserbildung an Außenbauteilen.

Sommerlicher Wärmeschutz

Bei der Bewertung des Raumklimas gewinnt der sommerliche Wärmeschutz zunehmende Bedeutung. Daher werden auch Anforderungen an den Wärmeschutz im Sommer gestellt. Da das Außenklima einen Einfluss auf das Raumklima im Sommer hat, sind in DIN 4108-2 die Grenz-Raumtemperaturen in Abhängigkeit von der jeweiligen Sommer-Klimaregion festgelegt, um die sommerlichen Klimaverhältnisse zu berücksichtigen. Diese Grenz-Raumtemperaturen sind in Tab. 2.5 zusammengestellt.

Die Zuordnung der Sommerklimaregion zum Gebäudestandort erfolgt nach Abb. 2.2. Kann anhand der Übersichtskarte in Abb. 2.2 keine eindeutige Zuordnung des Standortes zur Sommerklimaregion vorgenommen werden, gelten folgenden Regelungen:

- Standort liegt zwischen A und B: Zuordnung zu B;
- Standort liegt zwischen B und C: Zuordnung zu C;
- Standort liegt zwischen A und C: Zuordnung zu C.

Tab. 2.5 Grenz-Raumtemperaturen für die Sommer-Klimazonen. (Nach DIN 4108-2)

Sommer-Klimaregion	Merkmal der Region	Grenz-Raumtemperatur
A	sommerkühl	25 °C
B	gemäßigt	26 °C
C	sommerheiß	27 °C

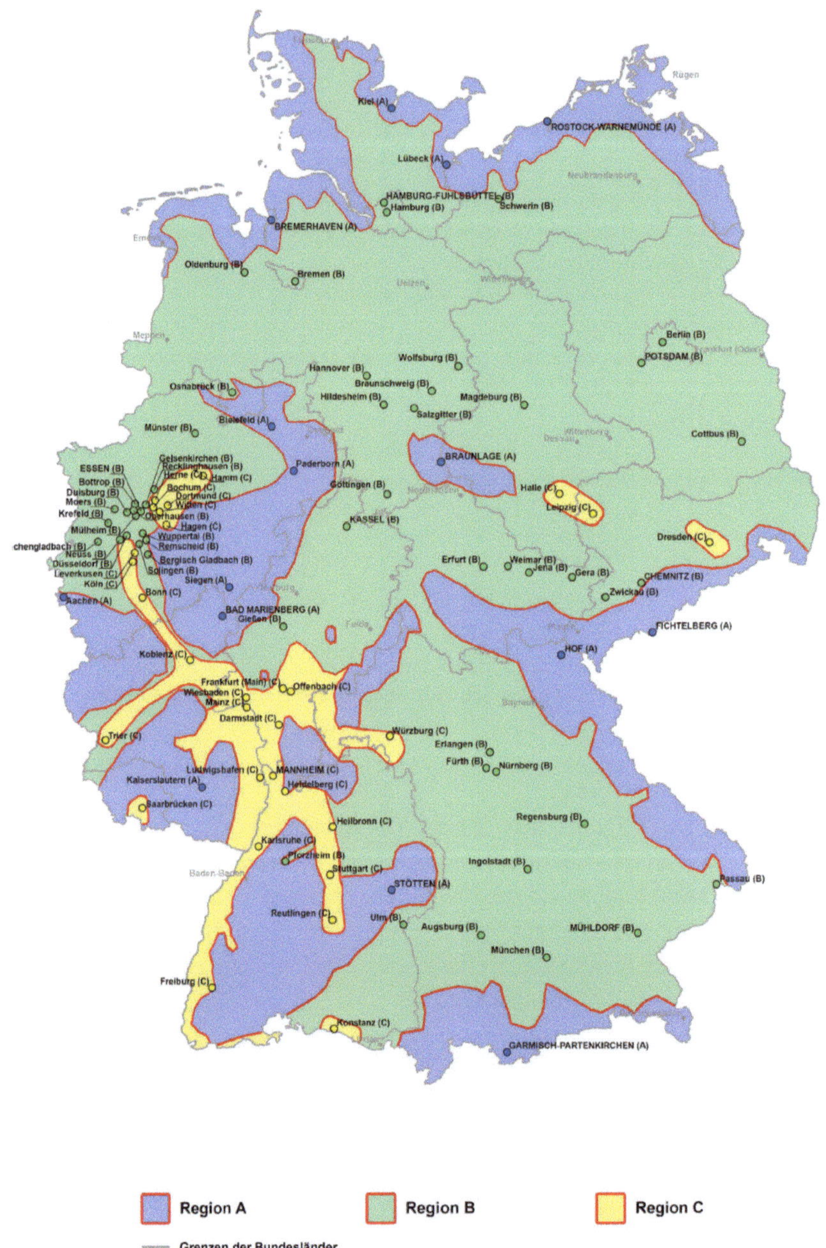

Abb. 2.2 Sommerklimaregionen. (N. DIN 4108-2:2013-02, Bild 1)

Beim Schaffen günstiger Klimabedingungen ist zwischen zwei Arten der Klimatisierung zu unterscheiden: der freien Klimatisierung und der erzwungenen Klimatisierung.

Freie Klimatisierung
Es sollte stets die Möglichkeit angestrebt werden, während einer langen Zeit des Jahres das Klima in den Räumen innerhalb solcher Grenzen zu halten, die kein Heizen oder Kühlen erfordern. Selbstverständlich unterliegt dies sehr stark dem Anspruch und Einfluss der Nutzer. Entscheidend ist jedoch, dass die Anlage des Gebäudes und die Gestalt sowie die Konstruktion der Außenbauteile so beschaffen und eine Raumlüftung so möglich sein sollten, dass sich das Gebäude weitgehend selbst klimatisieren kann. Dies wäre dann eine „freie oder autogene oder natürliche" Klimatisierung.

Erzwungene Klimatisierung
Bei besonderen klimatischen Verhältnissen und/oder besonderen Erfordernissen wird ein angemessenes Raumklima durch eine freie Klimatisierung nicht zu schaffen sein. Zumindest ist in Nord- und Mitteleuropa auf eine Beheizung der Räume in den Wintermonaten nicht zu verzichten, um die Wärmeverluste zu ersetzen. Aber es ist die Frage, ob in Sommermonaten ein Kühlen erforderlich ist, um die starke Wärmezufuhr durch intensive Sonneneinstrahlung auszugleichen. Hierfür wäre dann eine „erzwungene oder künstliche oder energetische" Klimatisierung nötig, eine Klimatisierung also, die zwangsweise herbeigeführt wird und Energie erfordert.

2.1.3 Geringer Energieverbrauch

Durch einen guten baulichen Wärmeschutz lassen sich ungewollte Wärmeverluste verringern. Geringere Wärmeverluste bedingen einen geringeren Energieverbrauch bzw. eine geringere erforderliche Energiezufuhr. Es bestehen folgende Zusammenhänge:

Energiezufuhr	Wärmeverlust
Den größten Teil der Energiezufuhr machen die Brennstoffe für Heizung und Warmwasserbereitung aus. Einschließlich der einzelnen kühlen Sommertage wird im Durchschnitt mehr als neun Monate des Jahres geheizt! Ungefähr ein Achtel des Brennstoffbedarfs entfällt auf die Warmwasserbereitung.	Die Nutzung der im Brennstoff enthaltenen Energie verursacht in einer Heizungsanlage unvermeidliche **Umwandlungsverluste.** Diese betragen bei gut gebauten und geregelten sowie regelmäßig gewarteten Anlagen ungefähr ein Viertel, bei nur durchschnittlichen Anagen etwa ein Drittel der zugeführten Energie.

(Fortsetzung)

Energiezufuhr	Wärmeverlust
Der **elektrische Strom** für Beleuchtung und Haushaltsgeräte macht zwar keinen großen Teil des Energiebedarfs aus. Doch sollte nicht vergessen werden, dass für die Stromerzeugung ebenfalls Brennstoffe benötigt werden, von denen rund zwei Drittel bei der Umwandlung in elektrische Energie verloren gehen. Deshalb ist Strom eine relativ teure Energie. Bei der Nutzung im Haus wird der Strom vollständig in Wärme ungewandelt. Die kostenlose **Wärme der Sonne**, die im Winter größtenteils durch die Südfenster einstrahlt, kann bei Häusern mit verbessertem Wärmeschutz an Bedeutung gewinnen. Zu einem geringen Teil trägt auch die Abgabe von Körperwärme an die Umgebung zur Verringerung der Energiezufuhr bei.	Die **Außenflächen des Hauses** (Dach, Außenwände, Kellerdecke, Fenster und Außentüren) leiten den größten Teil der Wärme nach außen. Im Durchschnitt einer normalen Heizperiode beträgt die Außentemperatur etwa +6 °C; zu einem behaglichen Raumklima gehört jedoch eine Raumluft-Temperatur von + 20 °C bis +22 °C. Dieser Temperaturunterschied bewirkt die Wärmeverluste. Je größer der Unterschied zwischen Innen- und Außentemperatur und je größer die Wärmeleitfähigkeit der Bauteile desto höher sind die Wärmeverluste. **Die Lüftungswärmeverluste** entstehen durch die Fugen von Fenstern und Außentüren und bei der Lüftung der Räume. Schließlich fließt noch warmes Abwasser in die Kanalisation und erhöht den Wärmeverlust.

Raumheizung und Warmwasserbereitung verursachen etwa ein Drittel des gesamten CO_2-Ausstoßes durch Nutzung fossiler Energieträger (Kohle, Erdöl, Erdgas). Fast 80 % dieses privaten Energieverbrauchs entfallen auf die Raumheizung.

Aus der Betrachtung der Energiebilanz lassen sich folgende Möglichkeiten zur Energieeinsparung ableiten:

- **Verbesserung der Wärmedämmung:**
  dadurch geringere Wärmeleitung durch die Außenfläche des Gebäudes;
- **Abdichtung von Fugen an Fenstern, Außentüren und Bauteilanschlüssen:**
  dadurch Verringerung der Lüftungswärmeverluste;
- **Absenkung der Raumtemperatur bei Nacht (Nachtabsenkung) und in ungenutzten Räumen:**
  dadurch geringere Temperaturunterschiede zwischen innen und außen und somit verringerte Wärmeverluste;
- **Vernünftige Bedienung von Fenstern, Außentüren, Rollläden, Vorhängen, offenen Kaminen:**
  dadurch werden vermeidbare Wärmeverluste eingeschränkt;
- **Bessere Einstellung, Regelung und Wartung der Heizanlage:**
  dadurch bessere Ausnutzung der Energie im Brennstoff.

Der Wärmeschutz eines Raumes ist von folgenden Einflüssen abhängig:

- Wärmedämmung der umschließenden Bauteile (Wände, Decken, Fenster, Türen);
- Anteil der Bauteile an der wärmeübertragenden Umfassungsfläche;

- Wärmespeicherfähigkeit der Bauteile (Tauwasserbildung, sommerlicher Wärmeschutz, instationärer Heizbetrieb),
- Anordnung der einzelnen Baustoffe bei mehrschaligen Bauteilen (Reihenfolge der Schalen);
- Energiedurchlässigkeit, Größe und Orientierung der Fenster (Sonnenschutzmaßnahmen);
- Luftdurchlässigkeit von Bauteilen (Fugen, Spalten),
- Lüftung des Raumes.

Zum Nachweis des Wärmeschutzes ist eine prüffähige Berechnung aufzustellen (Wärmeschutznachweis). Daraus soll hervorgehen, dass folgende Forderungen eingehalten werden:

- Mindestwärmeschutz nach DIN 4108-2
- Baulicher Wärmeschutz nach Gebäudeenergiegesetz (GEG): Begrenzung des spezifischen auf die wärmeübertragende Umfassungsfläche bezogenen Transmissionswärmeverlusts H'_T (in W/m^2K):
  $H'_T \leq 0{,}55\ H'_{T,Ref}$
  mit $H'_{T,Ref}$: Transmissionswärmeverlust des zugehörigen Referenzgebäudes
- Gesamtenergieeffizienz: Begrenzung des auf die wärmeübertragende Umfassungsfläche bezogenen Jahres-Primärenergiebedarfs Q'_p (in $kWh/(m^2a)$) (nach GEG):
  $Q'_p \leq 0{,}55\ Q'_{p,Ref}$.
  mit: $Q'_{p,Ref}$: Jahres-Primärenergiebedarf des zugehörigen Referenzgebäudes, in $kWh/(m^2a)$

2.1.4 Wärmeverluste verschiedener Gebäudetypen

Der Vergleich von vier als Beispiel ausgewählten charakteristischen Gebäudetypen ähnlicher Bauart zeigt, dass unterschiedlich hohe Wärmeverluste entstehen. Diese Verhältnisse treffen für Gebäude zu, die etwa in der Zeit von 1950 bis 1973 gebaut wurden, wobei nur die Mindestanforderungen der alten DIN 4108 eingehalten werden mussten.

Beispiele zur Erläuterung

Die folgenden 4 Beispiele zeigen die Größenordnungen der Wärmeverluste in Abhängigkeit vom Gebäudetyp. Die Beispiele wurden entnommen dem „Energiesparbuch für das Eigenheim“ vom Bundesminister für Raumordnung, Bauwesen und Städtebau.

Die Kosten für Heizöl wurden mit 38 Cent/*l* angesetzt.

1. **Reihenhaus** mit 100 m² Wohnfläche. Brennstoffkosten jährlich etwa 1049 € (10,49 €/m² Wohnfläche).

   Das beiderseits eingebaute Reihenhaus ist wegen seiner geringen Außenfläche im Verhältnis zur Wohnfläche besonders sparsam im Brennstoffverbrauch. Bei diesem Haus tragen größtenteils Fenster, Dach und Außenwände zum Wärmeverlust bei (Abb. 2.3).

2. **Doppelhaushälfte** mit 100 m² Wohnfläche. Brennstoffkosten jährlich etwa 1340 € (13,40 €/m² Wohnfläche).

   Bei diesem Haus kommt gegenüber dem Reihenhaus zusätzlich eine frei stehende Giebelwand als große Außenfläche hinzu, die den Wärmeverlust erhöht (Abb. 2.4).
3. **Freistehendes Einfamilienhaus** mit 125 m² Wohnfläche. Brennstoffkosten jährlich etwa 2015,34 € (16,1 €/m² Wohnfläche).

   Beim Einfamilienhaus dieser Art verursachen die größeren Außenflächen höhere Wärmeverluste (Abb. 2.5).
4. **Bungalow** mit 125 m² Wohnfläche. Brennstoffkosten jährlich etwa 2281,33 € (18,26 €/m² Wohnfläche).

   Die ebenerdige Bauweise des Bungalows mit der großen gebäudeumhüllenden Fläche erfordert hohe Heizkosten. Das Verhältnis von Außenflächen des Hauses zur Wohnfläche ist besonders ungünstig. Die Dachfläche und die meist großen Fensterflächen sind die Schwachstellen des Wärmeschutzes bei diesem Gebäudetyp (Abb. 2.6). ◄

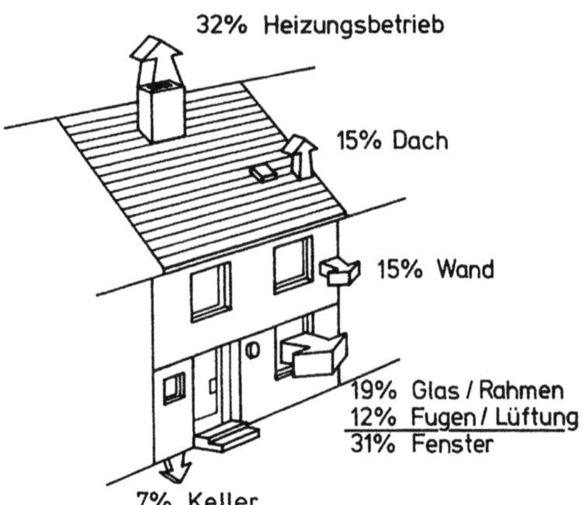

Abb. 2.3 Wärmeverlust bei einem Reihenhaus

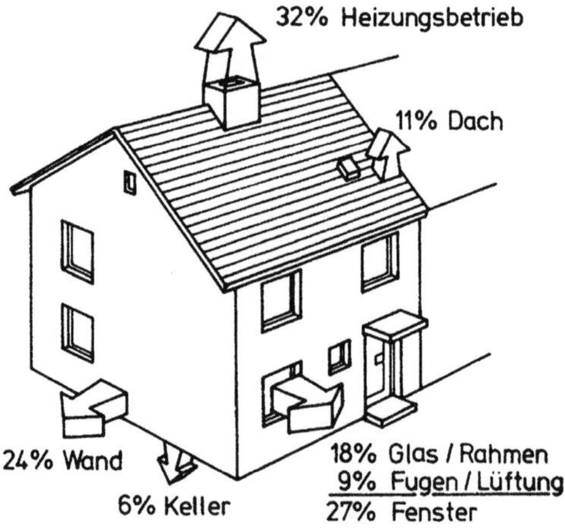

Abb. 2.4 Wärmeverlust bei einer Doppelhaushälfte

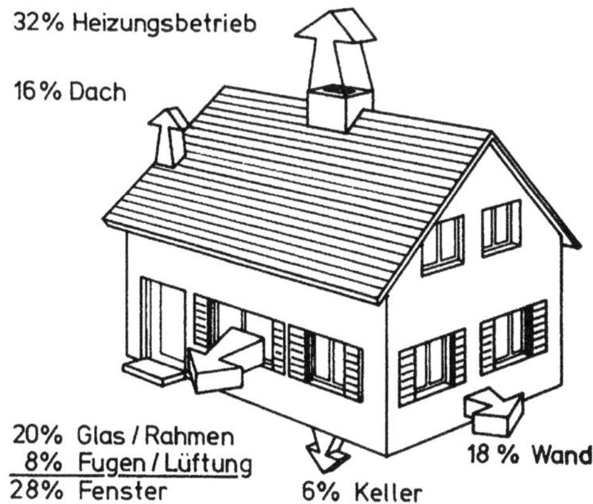

Abb. 2.5 Wärmeverlust bei einem frei stehenden Einfamilienhaus

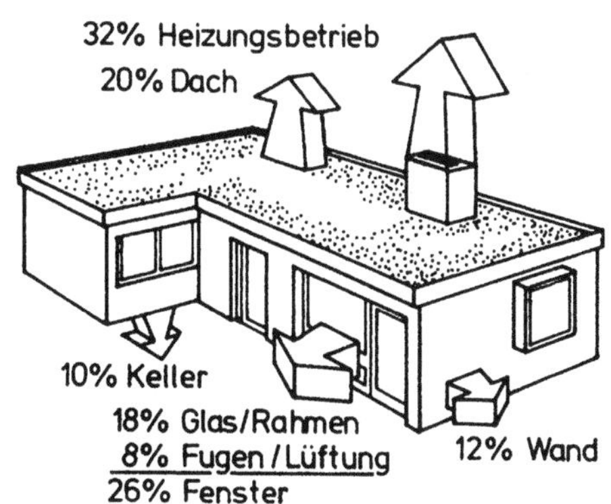

Abb. 2.6 Wärmeverlust bei einem Bungalow

2.2 Wärmedämmstoffe

Zur Erfüllung der Anforderungen an den Wärmeschutz sind für die Außenbauteile sowie Bauteile, die an Bereiche mit niedrigeren Raumtemperaturen grenzen, wärmedämmende Baustoffe erforderlich. Einige Baustoffe erfordern aufgrund ihrer geringen Wärmeleitfähigkeit keine weiteren zusätzlichen Maßnahmen, wie z. B. Mauerwerk aus Porenbeton. Bauteile, die aus Baustoffen mit hoher Wärmeleitfähigkeit bestehen, wie z. B. Stahlbeton oder Mauerwerk aus Kalksandsteinen, muss dagegen zusätzlich mit Wärmedämmstoffen gedämmt werden.

Wärmedämmstoffe werden aus unterschiedlichen Materialien hergestellt und sind größtenteils genormt (Tab. 2.6).

Die unterschiedlichen Anwendungsgebiete mit den Kurzzeichen der genormten Wärmedämmstoffe sind in Tab. 2.7 tabellarisch zusammengestellt. Aus der letzten Spalte der Tabelle wird die Vielfalt der. Einsatzmöglichkeiten für Wärmedämmstoffe durch Angabe von bauteilbezogenen Anwendungsbeispielen deutlich.

Tab. 2.6 Wärmedämmstoffe und Kurzzeichen nach DIN 4108-10 (Auswahl)

Wärmedämmstoff	Kurzzeichen	Zu beachtende Norm für Mindestanforderungen	zugehörige Produktnormen
Mineralwolle	MW	DIN 4108-10, Tabelle 3	DIN EN 13162
Polystyrol-Hartschaum (expandiertes Polystyrol)	EPS	DIN 4108-10, Tabelle 4	DIN EN 13163
Polystyrol-Extruderschaum (extrudiertes Polystyrol)	XPS	DIN 4108-10, Tabelle 5	DIN EN 13164
Polyurethan-Hartschaum	PU	DIN 4108-10, Tabelle 6	DIN EN 13165
Phenol-Hartschaum	PF	DIN 4108-10, Tabelle 7	DIN EN 13166
Schaumglas	CG	DIN 4108-10, Tabelle 8	DIN EN 13167
Holzwolle-Platten	WW	DIN 4108-2, Tabelle 9	DIN EN 13168
Holzwolle-Mehrschichtplatten	(WW-C)	DIN 4108-2, Tabelle 10	DIN EN 13168

Tab. 2.7 Wärmedämmstoffe, Anwendungsgebiete und Kurzzeichen. (N. DIN 4108-10)

Anwendungsgebiete	Kurzzeichen[1]	Bauteilbezogene Anwendungsbeispiele
Decken, Dächer	DAD	Außendämmungen von Dächern oder Decken, vor Bewitterung geschützt, Dämmungen unter Dachdeckungen
	DAA	Außendämmungen von Dächern oder Decken, vor Bewitterung geschützt, Dämmungen unter Abdichtungen
	DUK	Außendämmungen der Dächer, der Bewitterung ausgesetzt (Umkehrdächer)[2]
	DZ	Zwischensparrendämmungen, zweischalige Dächer, nicht begehbare, aber zugängliche oberste Geschossdecken
	DI	Innendämmungen der Decken (unterseitig) oder der Dächer, Dämmungen unter Sparren/Tragkonstruktionen, abgehängte Decken usw.
	DEO	Innendämmungen der Decken oder Bodenplatten (oberseitig) unter Estrichen ohne Schallschutzanforderungen
	DES	Innendämmungen der Decken oder Bodenplatten (oberseitig) unter Estrichen mit Schallschutzanforderungen
Wände	WAB[2]	Außendämmungen der Wände hinter Bekleidungen
	WAA	Außendämmungen der Wände hinter Abdichtungen
	WAP[2,3]	Außendämmungen der Wände unter Putz
	WZ	Dämmungen vor zweischaligen Wänden, Kerndämmungen
	WH	Dämmungen vor Holzrahmen- und Holztafelbauweise
	WI	Innendämmungen der Wände
	WTH	Dämmungen zwischen Haustrennwänden mit Schallschutzanforderungen
	WTR	Dämmungen von Raumtrennwänden
Perimeterdämmungen	PW	Außenliegende Wärmedämmungen vor Wänden gegen Erdreich (außerhalb der Abdichtung)[4]
	PB	Außenliegende Wärmedämmungen unter Bodenplatten gegen Erdreich (außerhalb der Abdichtung)[4]

[1]Die verwendeten Kurzzeichen sind Abkürzungen für Anwendungsgebiete von Wärmedämmungen
[2]Auch für den Anwendungsfall von unten gegen Außenluft
[3]Anwendungsgebiet/Kurzzeichen WAP gilt nicht für Dämmstoffplatten in Wärmedämmverbundsystemen (WDVS). WDVS sind keine genormte Anwendung
[4]Es gelten die Festlegungen nach DIN 4108-2

Die Wärmedämmstoffe haben unterschiedliche Eigenschaften. Diese Produkteigenschaften sind mit ihren Kurzzeichen in Tab. 2.8 zusammengestellt und beschrieben. Außerdem sind die zugehörigen Anwendungsbeispiele genannt.

Tab. 2.8 Wärmedämmungen, Produkteigenschaften und Kurzzeichen. (N. DIN 4108-10)

Produkteigenschaften	Kurzzeichen	Beschreibung	Eigenschaftsbezogene Anwendungsbeispiele
Druckbelastbarkeit	dk	keine Druckbelastbarkeit	Hohlraumdämmungen, Zwischensparrendämmungen
	dg	geringe Druckbelastbarkeit	Wohn- und Bürobereiche unter Estrichen (außer Gussasphaltestrich)[1]
	dm	mittlere Druckbelastbarkeit	nicht genutzte Dächer mit Abdichtung
	dh	hohe Druckbelastbarkeit	genutzte Dachflächen, Terrassen, Flachdächer mit Solaranlagen
	ds	sehr hohe Druckbelastbarkeit	Industrieböden, Parkdecks
	dx	extrem hohe Druckbelastbarkeit	hoch belastete Industrieböden, Parkdecks
Wasser-aufnahme	wk	keine Anforderungen an die Wasseraufnahme	Innendämmungen in Wohn- und Bürobereichen
	wf	keine Wasseraufnahme durch flüssiges Wasser	Außendämmungen von Außenwänden und Dächern
	wd	keine Wasseraufnahme durch flüssiges Wasser und/oder Diffusion	Perimeterdämmungen, Umkehrdächer
Zugfestigkeit	zk	keine Anforderungen an die Zugfestigkeit	Hohlraumdämmungen, Zwischensparrendämmungen
	zg	geringe Zugfestigkeit	Außendämmungen der Wände hinter Bekleidungen
	zh	hohe Zugfestigkeit	Außendämmungen der Wände unter Putz, Dächer mit verklebter Abdichtung
Schalltechnische Eigenschaft	sk	keine Anforderungen an schalltechnische Eigenschaften	alle Anwendungen ohne schalltechnische Anforderungen
	sh	Trittschalldämmung, erhöhte Zusammendrückbarkeit	schwimmende Estriche, Haustrennwände
	sm	Trittschalldämmung, mittlere Zusammendrückbarkeit	
	sg	Trittschalldämmung, geringe Zusammendrückbarkeit	
Verformung	tk	keine Anforderungen an Verformbarkeit	Innendämmungen
	tf	Dimensionsstabilität unter Feuchte und Temperatur	Außendämmungen der Wände unter Putz, Dächer mit Abdichtung
	tl	Verformungen unter Last und Temperatur	Dächer mit Abdichtung

[1]Bei der Anwendung von Gussasphaltestrichen sind für die Dämmschicht direkt unter dem Estrich temperaturbeständige Dämmstoffe (ds oder dx) erforderlich

Beispiele für die Verwendung der Bezeichnungen

1. Polystyrol-Hartschaumplatten nach DIN EN 13163 als Innendämmung unter einem Estrich: **45-3 EPS 040 DES sm**

Hierbei bedeuten:	
45	Nenndicke 45 mm
3	Zusammendrückbarkeit 3 mm
EPS	Kurzzeichen für das Material: expandiertes Polystyrol
040	Wärmeleitfähigkeitsgruppe 040 [λ = 0,040 W/(m · K)]
DES	Kurzzeichen für den Anwendungstyp: Innendämmung der Decke oder Bodenplatte (oberseitig) unter Estrich mit Schallschutzanforderung
sm	Kurzzeichen für die schalltechnische Eigenschaft: Trittschalldämmung mit mittlerer Zusammendrückbarkeit

2. Polystyrol-Extruderschaumplatten nach DIN EN 13164 als Perimeterdämmung an Außenwänden: **60 XPS 035 PW dh**

Hierbei bedeuten:	
60	Nenndicke 60 mm
XPS	Kurzzeichen für das Material: Polystyrol-Extruderschaum
035	Wärmeleitfähigkeitsgruppe 035 [λ = 0,035 W/(m · K)]
PW	Kurzzeichen für den Anwendungstyp: Außenliegende Wärmedämmung vor Wänden gegen Erdreich (außerhalb der Abdichtung)
dh	Kurzzeichen für die Druckbelastbarkeit: hohe Druckbelastbarkeit

3. Schaumglasplatten nach DIN EN 13167 als Perimeterdämmung unter Bodenplatten: **80 CG 050 PB dx**

Hierbei bedeuten:	
80	Nenndicke 80 mm
CG	Kurzzeichen für das Material: Schaumglas
050	Wärmeleitfähigkeitsgruppe 050 (λ = 0,050 W/(m · K)
PB	Kurzzeichen für den Anwendungstyp: Außenliegende Wärmedämmung unter der Bodenplatte gegen Erdreich (außerhalb der Abdichtung)
dx	Kurzzeichen für die Druckbelastbarkeit: extrem hohe Druckbelastbarkeit

◀

2.3 Wärmeschutz in Gebäuden

2.3.1 Physikalische Größen für den Wärmeschutz

Für die wärmeschutztechnischen Berechnungen und Nachweise werden geeignete bauphysikalische Bezeichnungen für die physikalischen Größen benötigt. In DIN 4108 „Wärmeschutz und Energie-Einsparung in Gebäuden“ und in der Gebäudeenrgiegesetz

(GEG) sind hierfür Symbole als Bezeichnungen bzw. als Formelzeichen mit den zugehörigen Einheiten festgelegt. Die Einheiten gehen auf SI-Einheiten zurück (SI = Système International d'Unités). Diese sind in DIN 1301-1 „Einheitennamen, Einheitenzeichen" vorgeschrieben. Die Symbole verschiedener physikalischer Größen sind zusätzlich mit Indizes (Fußzeiger) versehen. Die verwendeten Formelzeichen und Indizes sind europäisch genormt (Tab. 2.9).

Tab. 2.9 Wärmeschutztechnische Größen. (Auswahl; nach DIN 4108 und GEG)

Symbole	Bezeichnung	Einheit
A	Fläche; im speziellen die Hüllfläche eines Gebäudes	m^2
a	Numerischer Parameter	–
A_B	Bezugsfläche	m^2
A_N	Nutzfläche, abhängig vom Bruttovolumen	m^2
A_s	Effektive Kollektorfläche	m^2
b	Kennwert nach DIN EN ISO 13789, Temperatur-Korrekturfaktor	–
B'	Spezielle Kenngröße bei Wärmeverlusten über das Erdreich	m
c	Spezifische Wärmekapazität	kJ/(kg · K), Wh/(kg · K)
C	Wärmekapazität eines Bauteils	kJ/K, W · h/K
D	Breite eines Wärmedämmstreifens an der Bodenplatte	m
d	Dicke	m
d'	Zusätzliche wirksame Dicke durch Randdämmung	m
dt	Wirksame Gesamtdicke der Bodenplatte	m
e_P	Anlagenaufwandszahl, auf Primärenergiebedarf bezogen	–
F	Faktor	–
F_S	Abminderungsfaktor infolge Verschattung	–
F_C	Abminderungsfaktor für Sonnenschutzvorrichtungen	–
F_F	Abminderungsfaktor für den Rahmenanteil	–
F_f	Strahlungswirksamer Formfaktor zwischen Bauteil und Himmel bzw. Teilbestrahlungsfaktor für seitliche Abschattungsflächen	–
F_u	Temperaturkorrekturfaktor für Bauteile zu unbeheizten Räumen	–
F_w	Abminderungsfaktor infolge nicht senkrechten Strahlungseinfalls	–
F_x	Temperatur-Korrekturfaktor für Bauteil x	–
g	Wirksamer Gesamtenergiedurchlassgrad ($g = Fw\ g\perp$)	–
$g_\perp$ g_{tot}	Gesamtenergiedurchlassgrad bei senkrechtem Strahlungseinfall Gesamtenergiedurchlassgrad einschließlich Sonnenschutz	–
$Gt_{x/y}$	Heizgradtagzahl mit Innentemperatur x und Heizgrenztemperatur y	Kd
k_r	Äußerer Abstrahlungskoeffizient	$W/(m^2 \cdot K)$
H	Spezifischer Wärmeverlust	W/K
H_T	Spezifischer Transmissionswärmeverlust	W/K
H'_T	Spezifischer Transmissionswärmeverlust, bezogen auf die wärmeübertragende Umfassungsfläche	$W/(m^2 \cdot K)$
H_V	Spezifischer Lüftungswärmeverlust	W/K

(Fortsetzung)

Tab. 2.9 (Fortsetzung)

Symbole	Bezeichnung	Einheit
H_{WB}	Spezifischer Wärmebrückenzuschlag	W/K
$I_{s,M}$	Mittlere Strahlungsintensität der Sonne im Monat M	W/m^2
$I_{s,P}$	Mittlere Strahlungsintensität in der betrachteten Periode P	W/m^2
I_p	Strahlungsintensität, die auf die Trennfläche Unbeheizter Glasvorbau/ Kernhaus fällt	W/m^2
l	Länge einer linienförmigen Wärmebrücke	m
L	Thermischer Leitwert allgemein	W/K
L_D	Thermischer Leitwert zwischen beheiztem Raum und Außenluft	W/K
L_{pe}	Äußerer harmonischer thermischer Leitwert nach DIN EN ISO 13370	W/K
L_S	Thermischer Leitwert über das Erdreich nach außen (bei Gebrauch von Temperatur-Korrekturfaktoren)	W/K
L_s	Stationärer thermischer Leitwert nach DIN EN ISO 13370	W/K
n	Luftwechselrate nach DIN EN 832, DIN EN ISO 7345	h – 1
n_{50}	Luftwechselrate bei 50 Pa Druckdifferenz	h – 1
P	Umfang der Bodengrundfläche	m
Q	Wärme, Wärmemenge nach DIN EN ISO 7345 speziell: Wärmemenge des Jahresheizenergiebedarfs	Wh/a, kWh/a
Q_P	Primärenergetisch bewerteter Jahres-Heizenergiebedarf (Primärenergiebedarf nach DIN V 4701-10)	Wh/a, kWh/a
Q''_p	Flächenbezogener Jahres-Primärenergiebedarf	$kWh/(m^2 \cdot a)$
Q_l	Wärmeverluste	Wh, kWha
Q_g	Wärmegewinne	Wh, kWha
Q_r	Energiebetrag aus regenerativer Quelle	Wh, kWha
Q_s	Solarwärmegewinne	Wh, kWha
Q_i	Interne Wärmegewinne	Wh, kWha
Q_w	Energiebedarf für Warmwasseraufbereitung	Wh, kWha
Q''	Flächenbezogener Jahres-Heizenergiebedarf	$kWh/(m^2 \cdot a)$
Q'	Volumenbezogener Jahres-Heizenergiebedarf	$kWh/(m^3 \cdot a)$
Q_h	Jahres-Heizwärmebedarf	kWh/a
Q_{ss}	Solarer Wärmegewinn aus dem unbeheizten Glasvorbau	Wh
Q_{sd}	Direkte solare Gewinne aus dem unbeheizten Glasvorbau	Wh
Q_{si}	Indirekte solare Gewinne aus dem unbeheizten Glasvorbau	Wh
Qt	Gesamter Wärmeverlust durch das Heizsystem nach DIN EN 832	Wh, kWha
q oder q_E	Nutzflächenbezogener Energiebedarfswert nach DIN V 4701-10	$kWh/(m^2 \cdot a)$
R	Wärmedurchlasswiderstand	$m^2 \cdot K/W$
t	Zeitspanne	d
U	Wärmedurchgangskoeffizient	$W/(m^2 \cdot K)$
U_f	Wärmedurchgangswiderstand des Rahmens	$W/(m^2 \cdot K)$
U_g	Wärmedurchgangswiderstand des Glases	$W/(m^2 \cdot K)$
U_l	Wärmedurchgangswiderstand, längenspezifisch, bezogen auf die Länge, nicht auf die Fläche	$W/(m \cdot K)$

(Fortsetzung)

Tab. 2.9 (Fortsetzung)

Symbole	Bezeichnung	Einheit
ΔU_{WB}	Wärmebrückenzuschlag, pauschal	$W/(m^2 \cdot K)$
V	Nettovolumen (belüftetes Volumen)	m^3
V_a	Bruttovolumen	m^3
V_f	Luftvolumenstrom (eines Lüftungssystems)	m^3/h
V_E	Abluftvolumenstrom	m^3/h
V_S	Zuluftvolumenstrom	m^3/h
V_w	Warmwasservolumen	m^3
w	Dicke der aufgehenden Wand	m
z	Höhe der Kellerwand bis zur Erdreichoberkante	m
a	Strahlungsabsorptionsgrad (an opaken Oberflächen)	–
a_{sp}	Strahlungsabsorptionsgrad der Trennfläche unbeheizter Glasvorbau/ Kernhaus	–
b	Zeitanteil mit eingeschalteten Ventilatoren	–
q_e	Außenlufttemperatur	°C
q_I	Innentemperatur	°C
q_{ed}	Heizgrenztemperatur	°C
q_0	Temperatur des Kaltwassers	°C
q_W	Temperatur des erzeugten Warmwassers	°C
Dq_{er}	Differenz der Außenlufttemperatur und der Himmelstemperatur	K
l	Wärmeleitfähigkeit	$W/(m \cdot K)$
h	Ausnutzungsgrad	–
h_h	Jahresnutzungsgrad des Heizsystems	–
h_V	Nutzungsfaktor des Abluft-Zuluft-Wärmetauschersystems	–
g	Wärmegewinn-/verlust-Verhältnis	–
z	Deckungsanteil des Raumwärmebedarfs eines Heizelements	–
Y	Längenbezogener Wärmedurchgangskoeffizient, auch Wärmebrücken-verlustkoeffizient genannt	$W/(m \cdot K)$
F	Wärmestrom	W
t	Zeitkonstante (eines Gebäudes)	h
r	Rohdichte	kg/m^3
a	Jahr, z. B. 1/a = pro Jahr	Jahr
A	Aufenthalt	–
bf	über Kellerfußboden in das Erdreich (DIN EN ISO 13370)	–
bw	über Kellerwand in das Erdreich (DIN EN ISO 13370)	–
D	Dach	–
e	Außen oder von bestimmter Schicht nach außen zur Umgebungsluft	–
E	Elektro-	–
f	Fußboden, Bodenplatte, Kellerfußboden (DIN EN ISO 13370)	–
F	Rahmen (E DIN EN ISO 10077-2)	–
FH	Flächenheizung	–
G	Erdreich	–

(Fortsetzung)

Tab. 2.9 (Fortsetzung)

Symbole	Bezeichnung	Einheit
g	Wärmegewinne	–
Gt	Gradtagzahl	–
Grenz	Grenzwert	–
h	Heizung für Raumwärme	–
Hei	elektrischer Aufwand für die Raumwärmeerzeugung	–
HP	Heizperiode	–
hol	Ferien	–
i	innen (auch von einer Schicht nach innen zur Innenluft)	–
iu	vom beheizten Raum in den unbeheizten Raum	–
i, nb	vom beheizten Raum in den niedrig beheizten Raum	–
is	vom Gebäudeinneren zum unbeheizten Glasvorbau	–
k	konstruktiv, alle Bauteilschichten berücksichtigend	–
kor	korrigiert	–
kw	Kellerwand oberhalb der Erdreichoberkante	–
l	Verluste (DIN EN ISO 13789)	–
M	Monat, z. B. je Monat 1/M; M = Jan, Feb, Mrz, Apr, Mai, Jun, Jul, Aug, Sep, Okt, Nov, Dez	–
max	Höchst-	–
n	bei Nachtabsenkung	–
NA	Nichtaufenthalt, Nachabschaltung	–
p	Trennbauteil	–
r	regenerativ	–
R	Raum	–
S	solar	–
S	durch den unbeheizten Glasvorbau	–
si	an der Innenoberfläche; indirekt solar	–
sd	direkt solar	–
se	an der Außenoberfläche; vom unbeheizten Glasvorbau nach außen	–
t	heiztechnisch	–
T	Transmission	–
Ti	transparente Wärmedämmung	–
u	unbeheizter Raum	–
ue	vom unbeheizten Raum zur Außenluft (siehe auch Index e)	–
Nb, e	vom niedrigbeheizten Raum zur Außenluft	–
V	Lüftung oder Verglasung	–
w	Fenster (siehe E DIN EN ISO 10077-2)	–
W	Warmwasser	–
WB	Wärmebrücke	–
wirk	wirksam	–
X	stellvertretend für verschiedene Zustände, Bauteile, Bereiche	–
zul	zulässig	–

2.3.1.1 Wärmeleitfähigkeit λ

Die Wärmeleitfähigkeit λ, angegeben in W/(m · K), ist eine Eigenschaft des verwendeten Baustoffs. Sie gibt an, wieviel Wärme durch einen Baustoff in Watt (W) mit einem Meter (m) Dicke bei einer Temperaturdifferenz zwischen beiden Seiten von einem Kelvin (K) strömt.

Für wärme- und feuchteschutztechnische Berechnungen sind Bemessungswerte der Wärmeleitfähigkeit zu verwenden. Bemessungswerte der Wärmeleitfähigkeit für Baustoffe und Bauteile sind in DIN 4108-4 sowie DIN EN ISO 10456 festgelegt. Eine Übersicht gibt Kap. 7.

2.3.1.2 Wärmedurchlasswiderstand *R* bei homogenen Bauteilen

Der Wärmedurchlasswiderstand R, angegeben in $m^2 \cdot K/W$, ist der Widerstand eines Bauteils gegen den Durchlass von Wärme. Hierfür wird die Dicke des Bauteils d auf die Wärmeleitfähigkeit λ bezogen.

Wärmedurchlasswiderstand einer Bauteilschicht:

$$R = d/\lambda \text{ in } m^2 \cdot K/W \tag{2.1}$$

Für ein Bauteil aus mehreren jeweils thermisch homogenen Schichten ergibt sich der Wärmedurchlasswiderstand zu (Abb. 2.7):

$$R = d_1/\lambda_1 + d_2/\lambda_2 + \ldots + d_n/\lambda_n$$

Darin bedeuten:

R	Wärmedurchlasswiderstand, in m^2K/W;
$d_1, d_2, \ldots, d_n$	Schichtdicke, in m;
$\lambda_1, \lambda_2, \ldots, \lambda_n$	Bemessungswert der Wärmeleitfähigkeit, in W/(mK).

2.3.1.3 Wärmeübergangswiderstände R_{si} und R_{se}

Die Wärmeübergangswiderstände an den Bauteilgrenzflächen zur Umgebung werden mit R_{si} für die Innenseite (intern) und R_{se} für die Außenseite (extern) der Bauteile angegeben in $m^2 \cdot K/W$.

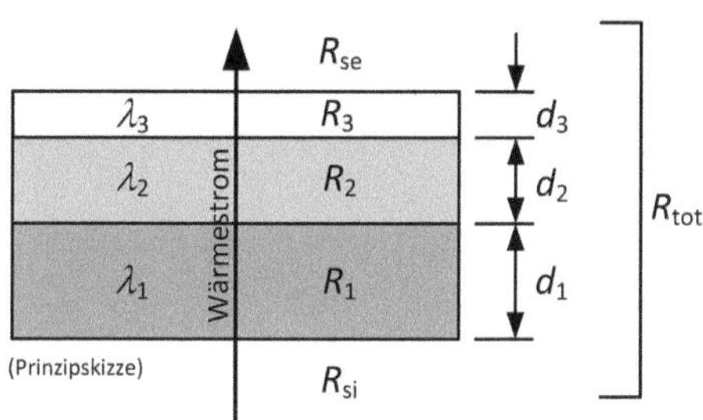

Abb. 2.7 Wärmedurchlasswiderstand bei homogenen Bauteilen

Ihre Größe ist abhängig von der Lage des Bauteils sowie der Richtung des Wärmestroms. Außerdem sind unterschiedliche Wärmeübergangswiderstände für wärmeschutztechnische sowie feuchteschutztechnische Berechnungen anzusetzen.

Eine Übersicht über anzusetzende Wärmeübergangswiderstände gibt folgende Auflistung (s. a. Abschn. 1.9.9):

Wärmeschutztechnische Berechnungen (z. B. Wärmeschutznachweis):

- Bauteile an Außenluft – außenseitig: R_{se} = 0,04 m²K/W (gilt unabhängig von der Richtung des Wärmestroms)
- Bauteile an Erdreich: R_{se} = 0 (näherungsweise; für genauere Betrachtungen s. DIN EN ISO 13370 „*Wärmetechnisches Verhalten von Gebäuden – Wärmeübertragung über das Erdreich*")
- Wände – raumseitig: R_{si} = 0,13 m²K/W
- Decken, Flachdächer – raumseitig: R_{si} = 0,10 m²K/W
- geneigte Dächer und Bauteile – raumseitig: Dachneigung <60°: R_{si} = 0,10 m²K/W; Dachneigung ≥60°: R_{si} = 0,13 m²K/W
- Bodenplatten, Kellerdecken, Decken nach unten an Außenluft – raumseitig: R_{si} = 0,17 m²K/W
- Hinterlüftete Konstruktionen (stark belüftete Luftschicht), Bauteile zu Abseiten und unbeheizten Räumen – außenseitig: $R_{se} = R_{si}$

Feuchteschutztechnische Berechnungen (z. B. Überprüfung der Tauwasserbildung, Schimmelpilzwachstum):

- außenseitig: R_{se} = 0,04 m²K/W
- raumseitig: R_{si} = 0,25 m²K/W

2.3.1.4 Wärmedurchgangswiderstand R_{tot}

Der Wärmedurchgangswiderstand eines Bauteils aus homogenen Schichten setzt sich entsprechend folgender Gleichungen aus den Bemessungswerten der Wärmedurchlasswiderstände R der einzelnen Bauteilschichten, ggf. den Wärmedurchlasswiderständen von Luftschichten sowie den inneren und äußeren Wärmeübergangswiderständen R_{si} und R_{se} zusammen.

Die Berechnung erfolgt nach DIN EN ISO 6946 „Bauteile – Wärmedurchlasswidertsand und Wärmedurchgangskoeffizient – Berechnungsverfahren". In der aktuellen Fassung der DIN EN ISO 6946 (Ausgabe März 2018) wird der Wärmedurchgangswiderstand als „*Gesamt-Wärmedurchlasswiderstand*" R_{tot} bezeichnet[1]. Die Berechnung beider Grö-

[1] Mit Stand vom April 2023 ist eine Berichtigung 1 zur DIN EN ISO 6946 herausgegeben worden (DIN EN ISO 6946 Berichtigung1:2023-04). In dieser Norm wird für R_{tot} wieder die ursprüngliche und nach Meinung der Autoren dieses Buches korrekte Bezeichnung „Wärmedurchgangswiderstand" angegeben, wenn die Größe die Wärmeübergangswiderstände enthält. Die in der bisherigen Norm verwendete Bezeichnung „Gesamt-Wärmedurchlasswiderstand" beruht auf einem Übersetzungsfehler aus dem Englische ins Deutsche.

ßen ist identisch. Nachfolgend wird die bauphysikalisch korrekte Bezeichnung „Wärmedurchgangswiderstand“ für die Bezeichnung der Größe R_{tot} verwendet.

Im Unterschied zum Wärmedurchlasswiderstand R enthält der Wärmedurchgangswiderstand R_{tot} die beiden Wärmeübergangswiderstände R_{si} und R_{se}. Der Wärmedurchlasswiderstand ist demnach eine Kenngröße, die den Widerstand des Bauteils gegenüber dem Wärmestrom unabhängig von der Lage des Bauteils und seiner Umgebung angibt. Der Wärmedurchgangswiderstand R_{tot} ist darüber hinaus auch von der Richtung des Wärmestroms und der Lage des Bauteils abhängig. Er ist zahlenmäßig um den Betrag aus der Summe beider Wärmeübergangswiderstände größer.

Die Berechnung von R_{tot} (in m²K/W) ist in DIN EN ISO 6946 festgelegt. Es gilt:

$$R_{tot} = R_{si} + R_1 + R_2 + \ldots + R_n + R_{se} \qquad \text{in } m^2 \cdot K/W$$

$$R_{tot} = R_{si} + \Sigma R_i + R_{se}$$

$$R_{tot} = R_{si} + \Sigma d_i / \lambda_i + R_{se} \tag{2.2}$$

Hierbei sind:

R_{tot} Wärmedurchgangswiderstand, in m^2K/W;

R_{si} Wärmeübergangswiderstand innen, in $m^2 \cdot K/W$;

R_{se} Wärmeübergangswiderstand außen, in $m^2 \cdot K/W$;

R_i Wärmedurchlasswiderstand der Schichten i, in $m^2 \cdot K/W$;

d_i Dicke der Schicht i, in m;

λ_i Bemessungswert der Wärmeleitfähigkeit des Baustoffs der Schicht i, in $W/(m \cdot K)$.

2.3.1.5 Wärmedurchgangskoeffizient *U*

Der Wärmedurchgangskoeffizient U gibt die Wärmemenge in Watt (W) an, die durch 1 m^2 Bauteilfläche hindurchgeht, wenn zwischen innen und außen eine Temperaturdifferenz von 1 Kelvin (K) besteht. Er wird auch kurz als U-Wert bezeichnet. U = *unit of heat transfer* (Einheit des Wärmedurchgangs).

Der Wärmedurchgangskoeffizient U (in $W/(m^2K)$) berechnet sich nach DIN EN ISO 6946 mit folgender Gleichung:

$$U = \frac{1}{R_{tot}} \tag{2.3}$$

Darin bedeuten:

R_{tot} Wärmedurchgangswiderstand, in m^2K/W;

R_{si} Wärmeübergangswiderstand innen, in m^2K/W;

R_{se} Wärmeübergangswiderstand außen, in m^2K/W;

R Wärmedurchlasswiderstand ($R = \Sigma d_i/\lambda_i$), in m^2K/W.

Der Wärmedurchgangskoeffizient ist erforderlichenfalls zu korrigieren (s. DIN EN ISO 6946 Anhang F), um folgende Einflüsse zu berücksichtigen:

- vorhandene Luftspalte in der Dämmschicht;
- mechanische Befestigungselemente, die Dämmschichten durchdringen;
- Niederschlag auf Umkehrdächern.

Ist die Gesamtkorrektur geringer als 3 % des jeweiligen U-Wertes, braucht keine Korrektur angesetzt zu werden. Der korrigierte Wärmedurchgangskoeffizient U_c wird wie folgt bestimmt:

$$U_c = U + \Delta U \tag{2.4}$$

Der Korrekturwert ΔU (in W/(m^{2}K)) ergibt sich wie folgt:

$$\Delta U = \Delta U_g + \Delta U_f + \Delta U_r \tag{2.5}$$

Hierbei bedeuten:
ΔU_g Korrektur für Luftspalte
ΔU_f Korrektur für mechanische Befestigungselemente
ΔU_r Korrektur für Umkehrdächer

Der Wärmedurchgangskoeffizient ist auf zwei Dezimalstellen als Endergebnis zu runden (s. DIN EN ISO 6946). Weiterhin ist zu beachten, dass Angaben über die zugrunde gelegten Eingangsdaten (Dicken der Stoffschichten, Bemessungswerte der Wärmeleitfähigkeiten, Korrekturstufen usw.) vorgenommen werden müssen.

Es wird daher empfohlen, dem Rechengang eine zeichnerische Darstellung des jeweiligen Außenbauteils beizufügen, damit die Randbedingungen nachvollziehbar sind.

2.3.2 Anforderungen an den Wärmeschutz nach DIN 4108

2.3.2.1 Allgemeines

Mindestanforderungen an den Wärmeschutz (Mindestwärmeschutz) sind in DIN 4108-2 festgelegt. Bei Neubauten sind Bauteile, die gegen die Außenluft, gegen das Erdreich oder gegen Gebäudeteile mit wesentlich niedrigeren Innentemperaturen abgrenzen, so auszuführen, dass die in DIN 4108-2 festgelegten Anforderungen des Mindestwärmeschutzes eingehalten werden.

Die Anforderungen an den Mindestwärmeschutz müssen an jeder Stelle des Gebäudes vorhanden sein. Dies trifft unter anderem auch zu für:

- Nischen unter Fenstern,
- Brüstungen von Fensterbauteilen und Fensterstürze,
- Wandbereiche an der Außenseite von Heizkörpern und Rohrkanälen,
- wasserführende Rohrleitungen, die ausnahmsweise in Außenwänden geführt werden.

Wenn bei Neubauten bei aneinandergereihter Bebauung die zu errichtenden Gebäude der Nachbarbebauung nicht gesichert ist, müssen die Gebäudetrennwände ebenfalls den Mindestwärmeschutz einhalten.

Neubauten sind so auszuführen, dass der Einfluss konstruktiver Wärmebrücken so gering wie möglich gehalten wird. Hierfür ist das Beiblatt 2 zur DIN 4108 zu beachten. Hinweise hierzu enthält Abschn. 2.4.3 in diesem Werk.

Unter den Voraussetzungen einer sorgfältigen Planung und fachgerechten Ausführung der baulichen Maßnahmen sowie eines angemessenen Nutzerverhaltens kann Folgendes erwartet werden:

- Bei ausreichender Beheizung und Belüftung wird sich in allen Bereichen des Gebäudes ein angenehmes und hygienisches Raumklima einstellen.
- Alle Bauteilflächen und -ecken werden frei von Tauwasser bleiben, womit das Risiko einer Schimmelpilzbildung ausgeschlossen oder stark eingeschränkt wird.

Für den Nachweis ausreichender Wärmeschutzmaßnahmen sind folgende wärmeschutztechnische Kennwerte von Bedeutung.

2.3.2.2 Mindestwärmeschutz flächiger Bauteile

Bei den Anforderungen an den Mindestwärmeschutz flächiger Bauteile wird unterschieden in

- *homogene* Bauteile; ein- oder mehrschalig mit Unterscheidung in schwere Bauteile (flächenbezogene Masse $m' \geq 100$ kg/m^2) und leichte Bauteile ($m' < 100$ kg/m^2),
- *inhomogene nicht transparente* Bauteile (z. B. Skelett-, Rahmen-, Ständerbauweisen),
- *transparente und teiltransparente* Bauteile (Fenster, Fenstertüren, Pfosten-Riegel-Konstruktionen, Vorhangfassaden).

2.3.2.3 Anforderungen an homogene Bauteile

Bei homogenen Bauteilen ist zu unterscheiden zwischen Bauteilen mit einer flächenbezogenen Masse von $m' \geq 100$ kg/m^2 (schwere Bauteile) und Bauteilen mit einer flächenbezogenen Masse von $m' < 100$ kg/m^2 (leichte Bauteile).

Bauteile mit einer flächenbezogenen Masse von $m' \geq 100$ kg/m^2

Ein- und mehrschalige Bauteile mit $m' \geq 100$ kg/m^2, die beheizte Räume gegen die Außenluft, niedrig beheizte Bereiche sowie Bereiche mit wesentlich niedrigeren Innentemperaturen oder unbeheizte Bereiche abgrenzen, müssen die Anforderungen an den Wärmedurchlasswiderstand R (Mindestwert) nach Tab. 2.10 erfüllen.

Beispielsweise wird für Wände gegen Außenluft ein Mindestwert von $R = 1{,}2$ m^{2}K/W gefordert. Da die Anforderungen an den energiesparenden Wärmeschutz nach Gebäudeenergiegesetz (GEG) wesentlich strenger sind, wird diese Anforderung i. d. R. problemlos

Tab. 2.10 Mindestwerte für Wärmedurchlasswiderstände von Bauteilen. (Nach DIN 4108-2, Tab. 3)

Bauteile	Beschreibung	Wärmedurchlasswiderstand des Bauteils[2] R in m²K/W
Wände beheizter Räume	gegen Außenluft, Erdreich, Tiefgaragen, nicht beheizte Räume (auch nicht beheizte Dachräume oder nicht beheizte Kellerräume außerhalb der wärmeübertragenden Umfassungsfläche)	≥ 1,2[3]
Dachschrägen beheizter Räume	gegen Außenluft	≥ 1,2
Decken beheizter Räume nach oben und Flachdächer		
	gegen Außenluft	≥ 1,2
	zu belüfteten Räumen zwischen Dachschrägen und Abseitenwänden bei ausgebauten Dachräumen	≥ 0,90
	zu nicht beheizten Räumen, zu bekriechbaren oder noch niedrigeren Räumen	≥ 0,90
	zu Räumen zwischen gedämmten Dachschrägen und Abseitenwänden bei ausgebauten Dachräumen	≥ 0,35
Decken beheizter Räume nach unten[1]		
	gegen Außenluft, gegen Tiefgarage, gegen Garagen (auch beheizte), Durchfahrten (auch verschließbare) und belüftete Kriechkeller	≥ 1,75
	gegen nicht beheizten Kellerraum	≥ 0,90
	unterer Abschluss (z. B. Sohlplatte) von Aufenthaltsräumen unmittelbar an das Erdreich grenzend bis zu einer Raumtiefe von 5 m	
	über einem nicht belüfteten Hohlraum, z. B. Kriechkeller, an das Erdreich grenzend	
Bauteile an Treppenräumen		
	Wände zwischen beheiztem Raum und direkt beheiztem Treppenraum, Wände zwischen beheiztem Raum und indirekt beheiztem Treppenraum, sofern die anderen Bauteile des Treppenraums die Anforderungen dieser Tabelle erfüllen	≥ 0,07
	Wände zwischen beheiztem Raum und indirekt beheiztem Treppenraum, wenn nicht alle anderen Bauteile des Treppenraums die Anforderungen dieser Tabelle erfüllen.	≥ 0,25

(Fortsetzung)

Tab. 2.10 (Fortsetzung)

Bauteile	Beschreibung	Wärmedurchlasswiderstand des Bauteils[2] R in m²K/W
	oberer und unterer Abschluss eines beheizten oder indirekt beheizten Treppenraumes	wie Bauteile beheizter Räume
Bauteile zwischen beheizten Räumen		
	Wohnungs- und Gebäudetrennwände zwischen beheizten Räumen	≥ 0,07
	Wohnungstrenndecken, Decken zwischen Räumen unterschiedlicher Nutzung	≥ 0,35

[1]Vermeidung von Fußkälte
[2]bei erdberührten Bauteilen: konstruktiver Wärmedurchlasswiderstand
[3]bei niedrig beheizten Räumen 0,55 m²K/W

erfüllt. Beispielsweise ergibt sich für eine Wand aus Kalksandstein-Mauerwerk (Dicke d = 24 cm, Wärmeleitfähigkeit 0,70 W/mK) mit einer 14 cm dicken Wärmedämmschicht (λ = 0,04 W/mK) ein Wärmedurchlasswiderstand von R = 0,24/0,70 + 0,14/0,04 = 3,84 m²K/W > min R = 1,2 m²K/W (Putzschichten seien hier nicht berücksichtigt).

Bauteile mit einer flächenbezogenen Masse von m′< 100 kg/m²
Bei ein- und mehrschaligen Bauteilen mit m' < 100 kg/m² wird ein erhöhter Mindestwert des Wärmedurchlasswiderstands von

$$R \geq 1{,}75\ \mathrm{m}^2 \cdot \mathrm{K/W}$$

gefordert.

2.3.2.4 Anforderungen an inhomogene nicht transparente Bauteile

Für thermisch inhomogene Bauteile wie sie bei Rahmen-, Skelett- und Holzständerbauweisen sowie bei Fassaden als Pfosten-Riegel-Konstruktionen vorkommen, gelten folgene Anforderungen:

• Gefachbereich:	$R_G \geq 1{,}75$ m²K/W
• Mittelwert für das gesamte Bauteil:	$R_m \geq 1{,}0$ m²K/W

Für Rollladenkästen gelten folgende Anforderungen:

• Mittelwert für das gesamte Bauteil:	$R_m \geq 1{,}0$ m²K/W
• Deckel:	$R \geq 0{,}55$ m²K/W

2.3.2.5 Anforderungen an transparente und teiltransparente Bauteile

Für opake Ausfachungen von transparenten und teiltransparenten Bauteilen (wie z. B. Vorhangfassaden, Pfosten-Riegel-Konstruktionen, Glasdächer, Fenster, Fenstertüren und Fensterwände) gelten folgende Anforderungen bei beheizten und niedrig beheizten Räumen:

$$R \geq 1{,}2\ \mathrm{m^2K/W} \quad \left(\text{bzw. } U_\mathrm{p} \leq 0{,}73\ \mathrm{W/\left(m^2K\right)}\right)$$

Für die Rahmen gilt:

$U_\mathrm{f} \leq 2{,}9\ \mathrm{W/m^2K}$ und Ausführung nach DIN EN ISO 10077-1 „Wärmetechnisches Verhalten von Fenstern, Türen und Abschlüssen – Berechnung des Wärmedurchgangskoeffizienten“

Transparente Teile der thermischen Hülle sind mindestens mit Isolierglas oder zwei Glasscheiben (z. B. Verbundfenster, Kastenfenster) auszuführen.

2.3.2.6 Nachweis bei flächigen Bauteilen

Die Berechnung des Wärmedurchlasswiderstands R, des Wärmedurchgangswiderstands R_T (bzw. R_tot) sowie des Wärmedurchgangskoeffizienten U homogener und inhomogener Bauteile erfolgt mit den Regeln der DIN EN ISO 6946; siehe hierzu auch die Abschn. 1.9.8, 1.9.9 und 1.9.10 in diesem Werk.

Die Berechnung von Bauteilen mit Luftschichten erfolgt ebenfalls nach DIN EN ISO 6946; siehe hierzu Abschn. 2.3.2.7.

Die für die Berechnung der erforderlichen Bemessungswerte der Wärmeleitfähigkeit sind DIN 4108-4, DIN EN ISO 10456 oder bauaufsichtlichen Regelungen zu entnehmen; siehe hierzu auch die in Kap. 8 (Anhang) angegebenen Kennwerte.

Hinweise zur Ermittlung des Wärmedurchlasswiderstands R

Nachfolgend werden einige Randbedingungen näher beschrieben, die bei der Ermittlung der Wärmedurchlasswiderstände zu berücksichtigen sind:

- Der Wärmedurchlasswiderstand von Bauteilen mit Wärmebrücken wird nicht nach den Rechenverfahren berechnet, die bei Bauteilen mit einem eindimensionalen Wärmestrom gelten. Vielmehr gelten die in DIN EN ISO 10211 und DIN EN ISO 10077 beschriebenen Rechenverfahren.
  Für nicht transparente Bauteile gelten die Teile 1 und 2 der DIN EN ISO 10211.
  Transparente Bauteile sind nach DIN EN ISO 10077-2 zu berechnen.
- Bei der Ermittlung des vorhandenen Wärmedurchlasswiderstands ist zu beachten, dass der Mindestwärmeschutz bei Wänden an jeder Stelle vorhanden sein muss. Dies ist heute in der Regel der Fall, da z. B. Heizkörpernischen nur noch sehr selten realisiert werden.
- In der Vergangenheit wurde bei der Ermittlung des Wärmedurchlasswiderstandes für an das Erdreich grenzende Bauteile häufig das Erdreich oder Dränschichten mit angerechnet. Dies ist nicht zulässig.
- Für Fußböden und Bodenplatten, die an das Erdreich grenzen, wird der Wärmeschutz aus den raumseitigen Schichten zur Abdichtung berechnet. Perimeterdämmungen sind gesondert geregelt.

- Bei Fenster-, Fenstertüren und Türen von beheizten Räumen sind mindestens Isolier- oder Doppelverglasung anzuwenden.
- Bei Pfosten-Riegelkonstruktionen oder Fensterfassaden (geschosshoch) sind mindestens wärmetechnisch getrennte Aluminiumprofile zu verwenden. Im Bereich der transparenten Bauteilflächen ist auch hier mindestens Isolier- oder Doppelverglasung auszuführen. Der Wärmedurchlasswiderstand im nicht transparenten Ausfachungsbereich muss mindestens einen Wärmedurchlasswiderstand von $R = 1{,}2\ m^2K/W$ aufweisen.
- Die Rahmen sind mit einem Wärmedurchgangskoeffizient $U_f \leq 2{,}9\ W/m^2K$ nach DIN EN ISO 10077-1 auszuführen.

2.3.2.7 Berücksichtigung von Luftschichten

Bei Bauteilen mit Luftschichten (z. B. zweischalige Konstruktionen, Wände mit hinterlüfteter Bekleidung) ergibt sich der Wärmedurchlasswiderstand für die Luftschicht nicht wie bei üblichen Bauteilschichten aus der Schichtdicke und Wärmeleitfähigkeit des Baustoffes, sondern in Abhängigkeit von der Art der Belüftung der Luftschicht. Hierbei ist zwischen folgenden Zuständen zu unterscheiden:

- ruhende Luftschichten,
- schwach belüftete Luftschichten,
- stark belüftete Luftschichten.

Ruhende Luftschichten

Eine Luftschicht gilt als ruhend, wenn der Luftraum von der Umgebung abgeschlossen ist und ein Luftstrom darin nicht vorgesehen ist. Werte für den Wärmedurchlasswiderstand von ruhenden Luftschichten sind in Tab. 2.11 angegeben.

Tab. 2.11 Wärmedurchlasswiderstand von ruhenden Luftschichten. (N. DIN EN ISO 6946:2018-03, Tab. 8)

Dicke der Luftschicht in mm	Wärmedurchlasswiderstand in m^2K/W Richtung des Wärmestroms		
	aufwärts	horizontal	abwärts
0	0	0	0
5	0,11	0,11	0,11
7	0,13	0,13	0,13
10	0,15	0,15	0,15
15	0,16	0,17	0,17
25	0,16	0,18	0,19
50	0,16	0,18	0,21

Die Werte für Wärmestrom „horizontal" gelten für alle Richtungen des Wärmestroms von ±30° zur horizontalen Ebene

Zwischenwerte dürfen linear interpoliert werden

Als ruhende Luftschicht gelten neben absolut abgeschlossene Lufträume auch Luftschichten mit kleinen Öffnungen zur Außenumgebung. Dazu müssen diese Öffnungen so angeordnet sein, dass ein Luftstrom durch die Luftschicht nicht möglich ist und die Öffnungen folgende Abmessungen nicht überschreiten:

- 500 mm² je Meter Länge (in horizontaler Richtung) für vertikale Luftschichten;
- 500 mm² je Quadratmeter Oberfläche für horizontale Luftschichten.

Entwässerungsöffnungen in der Außenschale von zweischaligem Mauerwerk, die als offene vertikale Fugen angeordnet sind, erfüllen die o. g. Bedingungen im Regelfall und sind daher nicht als Lüftungsöffnungen anzusehen. Derartige Luftschichten können daher als ruhend angenommen werden.

Schwach belüftete Luftschichten

Als schwach belüftet gilt eine Luftschicht, wenn der Luftaustausch mit der Außenumgebung durch Öffnungen mit der Fläche A_{ve} folgendermaßen begrenzt wird:

- über 500 mm² bis <1500 mm² je m Länge (in horizontaler Richtung) für vertikale Luftschichten,
- über 500 mm² bis <1500 mm² je Quadratmeter Oberfläche für horizontale Luftschichten.

Die Intensität der Belüftung ist von der Größe und Verteilung der Lüftungsöffnungen abhängig. Näherungsweise darf der Wärmedurchgangswiderstand R_{tot} (in m²K/W) eines Bauteils mit schwach belüfteter Luftschicht mit folgender Gleichung berechnet werden:

$$R_{tot} = \frac{(1500 - A_{ve})}{1000} \cdot R_{tot;nve} + \frac{(A_{ve} - 500)}{1000} \cdot R_{tot;ve} \tag{2.6}$$

Darin bedeuten:

R_{tot} Gesamt-Wärmedurchlasswiderstand des Bauteils einschließlich der schwach belüfteten Luftschicht, in m²K/W

A_{ve} Fläche der Lüftungsöffnungen, in m²

$R_{tot;nve}$ Gesamt-Wärmedurchlasswiderstand mit einer ruhenden Luftschicht, in m²K/W

$R_{tot;ve}$ Gesamt-Wärmedurchlasswiderstand mit einer stark belüfteten Luftschicht, in m²K/W

Stark belüftete Luftschichten

Eine stark belüftete Luftschicht ist gegeben, wenn die Öffnungen zwischen Luftschicht und Außenumgebung folgende Größen überschreiten:

- 1500 mm² je m Länge für vertikale Luftschichten,
- 1500 mm² je Quadratmeter Oberfläche für horizontale Luftschichten.

Der Gesamt-Wärmedurchlasswiderstand eines Bauteils mit einer stark belüfteten Luftschicht ist zu ermitteln, indem der Wärmedurchlasswiderstand der Luftschicht und aller anderen Schichten, die zwischen Luftschicht und Außenumgebung angeordnet sind, vernachlässigt wird.

Für den äußeren Wärmeübergangswiderstand R_{se} wird ein Wert verwendet, der dem bei ruhender Luft entspricht (d. h. gleich dem inneren Wärmeübergangswiderstand desselben Bauteils ist). Bei Bauteilen mit stark belüfteter Luftschicht gilt:

$$R_{se} = R_{si} \tag{2.7}$$

2.3.2.8 Wärmedurchlasswiderstand unbeheizter Räume

Die Berechnung des Wärmeübergangs von einem beheizten Gebäude an die Außenumgebung über unbeheizte Räume (z. B. unbeheizte Dachräume, Garagen) erfolgt nach DIN EN ISO 13789; siehe Norm. Alternativ darf ein vereinfachtes Verfahren nach DIN EN ISO 6946 angewendet werden, welches nachfolgend kurz erläutert wird.

Unbeheizte Dachräume

Bei Dachkonstruktionen mit ebener gedämmter Decke zum unbeheizten Dachraum und einem geneigten, ungedämmten Dach (Schrägdach) darf der Dachraum näherungsweise als eine thermisch homogene Schicht angenommen werden. Als Wärmedurchlasswiderstände R_u dieser Schicht, die den unbeheizten Dachraum einschließlich der Schräg-Dachkonstruktion idealisiert, sind die Werte nach Tab. 2.12 anzusetzen (Abb. 2.8).

Für den öffentlich-rechtlichen Nachweis des Wärmeschutzes nach GEG gemäß vereinfachtem Verfahren für Wohngebäude ist mit einem Temperaturkorrekturfaktor von $F_x = 1{,}0$ zu rechnen, wenn unbeheizte Dachräume nach dem hier dargestellten vereinfachten Verfahren durch Ansatz des Wärmedurchlasswiderstands R_u berücksichtigt werden.

Die Wärmedurchlasswiderstände R_u gelten für Dachräume mit natürlicher Belüftung, die sich über beheizten Gebäuden befinden. Bei Zwangsbelüftung kann das hier dargestellte vereinfachte Verfahren nicht angewendet werden. Es ist das genauere Verfahren nach DIN EN ISO 13789 anzuwenden.

Tab. 2.12 Wärmedurchlasswiderstand von unbeheizten Dachräumen. (N. DIN EN ISO 6946)

Dachkonstruktion (des geneigten Dachs)	R_u in m^2K/W
Ziegeldach ohne Pappe, Schalung o. Ä.	0,06
Platten- oder Ziegeldach mit Pappe oder Schalung o. Ä. unter Ziegeln	0,20
wie Zeile zuvor, jedoch mit Aluminiumverkleidung oder einer anderen Oberfläche mit geringem Emissionsgrad an der dachunterseite	0,30
Dach mit Schalung und Pappe	0,30

Die Werte enthalten den Wärmedurchlasswiderstand des belüfteten Raums und der Schräg-Dachkonstruktion. Sie enthalten nicht den äußeren Wärmeübergangswiderstand R_{se}

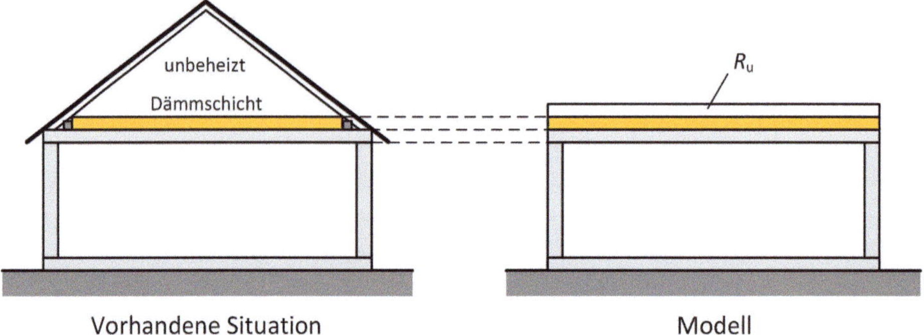

Abb. 2.8 Berücksichtigung von unbeheizten Dachräumen bei der Ermittlung des Wärmedurchlasswiderstandes der Dachdecke

Beispiel

Für folgende Situation sind der Wärmedurchlasswiderstand, der Wärmedurchgangswiderstand sowie der Wärmedurchgangskoeffizient zu berechnen.

Schichtenfolge der obersten Geschossdecke (von unten nach oben):

(1) oberste Geschossdecke aus Stahlbeton: Dicke $d = 20$ cm, $\lambda = 2{,}3$ W/(m K)
(2) Dämmschicht auf der Decke: Dicke d = 22 cm, $\lambda = 0{,}040$ W/(m K)
(3) OSB-Platten, Dicke d = 2,5 cm, $\lambda = 0{,}13$ W/(m K)

Der unbeheizte Dachraum wird mit einem Ziegeldach ohne Pappe, Schalung o. Ä. ausgeführt.

Wärmedurchlasswiderstand der Decke:

$$R_{\text{Decke}} = \sum \frac{d_i}{\lambda_i} = \frac{0{,}20}{2{,}3} + \frac{0{,}22}{0{,}040} + \frac{0{,}025}{0{,}13} = 5{,}78 \text{ m}^2\text{K/W}$$

Wärmedurchlasswiderstand des unbeheizten Dachraums (Tab. 2.12):

$$R_{\text{u}} = 0{,}06 \text{ m}^2\text{K/W}$$

Gesamter Wärmedurchlasswiderstand:

$$R = R_{\text{Decke}} + R_{\text{u}} = 5{,}78 + 0{,}06 = 5{,}84 \text{ m}^2\text{K/W}$$

Wärmeübergangswiderstände:

innen (raumseitig): $R_{si} = 0{,}10$ m²K/W (Wärmestrom aufwärts)
außen: $R_{se} = R_{si} = 0{,}10$ m²K/W (da Dachraum wie eine hinterlüftete Konstruktion betrachtet wird)

Wärmedurchgangswiderstand:

$$R_{tot} = R_{si} + R + R_{se} = 0{,}10 + 5{,}84 + 0{,}10 = 6{,}04\ \text{m}^2\text{K/W}$$

Wärmedurchgangskoeffizient:

$$U = \frac{1}{R_{tot}} = \frac{1}{6{,}04} = 0{,}166\ \text{W/m}^2\text{K}$$

◀

Sonstige unbeheizte Räume

Auch der Einfluss sonstiger unbeheizter Räume (wie z. B. Garagen, Abstellräume), die direkt an die beheizte Zone eines Gebäudes grenzen, auf den Wärmedurchlasswiderstand des Außenbauteils können durch Modellierung einer thermisch homogenen Schicht ersetzt werden. Für das Verfahren wird auf DIN EN ISO 6946 verwiesen.

2.3.2.9 Bauteile mit inhomogenen Schichten

Bauteile mit inhomogenen Schichten sind dadurch gekennzeichnet, dass die einzelnen Bauteilschichten in einer oder zwei Raumrichtungen (jeweils in Bauteilebene) nicht gleich aufgebaut sind, sondern unterschiedliche thermische Eigenschaften aufweisen. Beispielhafte Konstruktionen sind übliche Dachkonstruktionen in Holzbauweise (abwechselnd Sparren und Gefache) sowie Bauteile in Holzständer-, Holztafel- oder Rahmenkonstruktionen (Abb. 2.9).

Für derartige Konstruktionen kann der Wärmedurchlasswiderstand mit einem Näherungsverfahren nach DIN EN ISO 6946 berechnet werden. Dabei wird zunächst ein oberer Grenzwert des Wärmedurchgangswiderstands $R_{tot,upper}$ und anschließend ein unterer Grenzwert $R_{tot,lower}$ berechnet. Aus beiden Werten ergibt sich der Wärmedurchgangswiderstand R_{tot} (in $\text{m}^2\text{K/W}$) als Mittelwert. Es gilt:

$$R_{tot} = \frac{R_{tot,upper} + R_{tot,lower}}{2} \tag{2.8}$$

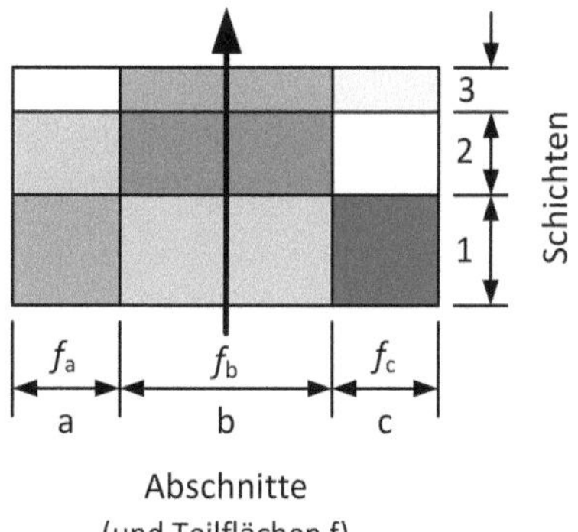

Abb. 2.9 Inhomogenes Bauteil und Aufteilung in jeweils homogene Abschnitte und Schichten

Darin bedeuten:

R_{tot} Wärmedurchgangswiderstand, in m²K/W;

$R_{tot,upper}$ oberer Grenzwert des Wärmedurchgangswiderstands, in m²K/W (s. unten);

$R_{tot,lower}$ unterer Grenzwert des Wärmedurchgangswiderstands, in m²K/W (s. unten).

Der Wärmedurchgangswiderstand ist bei der Berechnung auf zwei Dezimalstellen zu runden, sofern er als Endergebnis angegeben wird.

Oberer und unterer Grenzwert werden berechnet, indem das Bauteil in jeweils homogene Abschnitte und Schichten aufgeteilt wird. Abschnitte werden durch Grenzen gebildet, die senkrecht zur Bauteiloberfläche verlaufen (z. B. Gefache und Sparren bei einer Dachkonstruktion in Holzbauweise). Schichten werden durch Grenzen gebildet, die parallel zur Bauteiloberfläche gerichtet sind (wie z. B. die Wärmedämmung im Gefach, Bekleidungen usw.).

Es sind folgende Regeln zu beachten:

- Der Abschnitt m (m = a, b, c, … q) hat die Teilfläche f_m.
- Die Schicht j (j = 1, 2, 3, … n) hat die Dicke d_j.
- Der Teil m_j in einem inhomogenem Bauteil besitzt die Wärmeleitfähigkeit λ_{mj}, die Teilfläche f_m und den Wärmedurchlasswiderstand R_{mj}.
- Die Teilfläche eines Abschnittes ergibt sich aus seinem Anteil an der Gesamtfläche. Daraus folgt, dass $f_a + f_b + f_c + \ldots + f_q = 1$ ist.

Oberer Grenzwert des Wärmedurchgangswiderstands

Der obere Grenzwert des Wärmedurchgangswiderstands $R_{tot,upper}$ (in m²K/W) berechnet sich unter Annahme eines eindimensionalen Wärmestroms mit folgender Gleichung:

$$\frac{1}{R_{tot,upper}} = \frac{f_a}{R_{tot,a}} + \frac{f_b}{R_{tot,b}} + \cdots + \frac{f_q}{R_{tot,q}} \tag{2.9}$$

Darin bedeuten:

$R_{tot,upper}$ oberer Grenzwert des Wärmedurchgangswiderstands, in m²K/W;

$R_{tot,a}, R_{tot,b}, \ldots, R_{tot,q}$ Wärmedurchgangswiderstände von Bereich zu Bereich für jeden Abschnitt (z. B. für Abschnitt a: $R_{tot,a} = R_{si} + R_{1,a} + R_{2,a} + \ldots + R_{se}$), in m²K/W;

$f_a, f_b, \ldots, f_q$ Teilflächen jedes Abschnittes (dimensionslos, d. h. Angabe als Zahl zwischen 0 und 1).

Beispiel

Für die Außenwand in Holzrahmenbauweise in Abb. 2.10 ist der obere Grenzwert des Wärmedurchgangswiderstands zu berechnen.

Für die Berechnung wird das Bauteil in jeweils thermisch homogene Abschnitte und Schichten eingeteilt. Als Abschnitte ergeben sich der Bereich der Stiele (Abschnitt a) und Gefache (Abschnitt b).

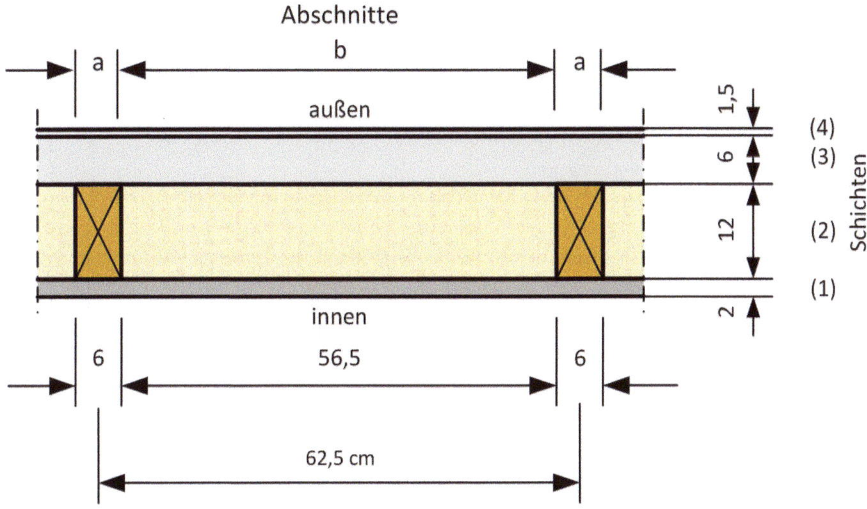

Abb. 2.10 Beispiel – Berechnung des Wärmedurchgangswiderstands für ein inhomogenes Bauteil; hier: Außenwand in Holzrahmenbauweise

Die Abschnitte verteilen sich auf folgende Flächen:

Abschnitt a (Stiele):	$f_a = 0{,}06/0{,}625 = 0{,}096$
Abschnitt b (Gefache):	$f_b = 0{,}565/0{,}625 = 0{,}904$

Weiterhin ergeben sich vier Schichten.

Der Bauteilaufbau mit Berechnung der Wärmedurchlasswiderstände der einzelnen Schichten in den beiden Abschnitten a und b ergibt sich nach folgender Tabelle:

Schicht-Nr.	Beschreibung	Dicke d in m	Wärmeleitfähigkeit λ in W/mK	Wärmedurchlasswiderstand $R = d/\lambda$ in m²K/W
(1)	Bekleidung aus OSB-Platten	0,02	0,13	0,154
(2) Abschnitt a	Stiele aus Nadelholz C24	0,12	0,13	0,923
(2) Abschnitt b	Wärmedämmung	0,12	0,04	3,000
(3)	Holzwolle-Leichtbauplatten	0,06	0,07	0,857
(4)	Putz aus Kalkzementmörtel	0,015	1,0	0,015

Wärmeübergangswiderstände:

innen: $R_{si} = 0{,}13$ m²K/W
außen: $R_{se} = 0{,}04$ m²K/W

Gesamt-Wärmedurchlasswiderstand für den Abschnitt a (Stiele):

$$R_{\text{tot,a}} = 0{,}13 + 0{,}154 + 0{,}923 + 0{,}857 + 0{,}015 + 0{,}04 = 2{,}119\ \text{m}^2\text{K/W}$$

Gesamt-Wärmedurchlasswiderstand für den Abschnitt b (Gefache):

$$R_{\text{tot,b}} = 0{,}13 + 0{,}154 + 3{,}000 + 0{,}857 + 0{,}015 + 0{,}04 = 4{,}196\ \text{m}^2\text{K/W}$$

Damit ergibt sich der obere Grenzwert des Wärmedurchgangswiderstands zu:

$$\frac{1}{R_{\text{tot,upper}}} = \frac{f_a}{R_{\text{tot,a}}} + \frac{f_b}{R_{\text{tot,b}}} + \cdots + \frac{f_q}{R_{\text{tot,q}}} = \frac{0{,}096}{2{,}119} + \frac{0{,}904}{4{,}196} = 0{,}261\ \text{W/m}^2\text{K}$$

$$R_{\text{tot,upper}} = 1/0{,}261 = 3{,}835\ \text{m}^2\text{K/W}$$ ◀

Unterer Grenzwert des Wärmedurchgangswiderstands

Die Berechnung des unteren Grenzwertes des Wärmedurchgangswiderstands $R_{\text{tot,lower}}$ kann mit den beiden folgenden Verfahren ermittelt werden.

1. **Möglichkeit:**

   Für jede thermisch inhomogene Schicht j wird zunächst ein äquivalenter Wärmedurchlasswiderstand R_j mit Hilfe folgender Formel berechnet:

$$\frac{1}{R_j} = \frac{f_a}{R_{aj}} + \frac{f_b}{R_{bj}} + \cdots + \frac{f_q}{R_{qj}} \qquad (2.10)$$

Darin bedeuten:

R_j äquivalenter Wärmedurchlasswiderstand jeder inhomogenen Schicht j, in $\text{m}^2\text{K/W}$;

$f_a, f_b, \ldots, f_q$ Teilflächen jedes Abschnittes ($a, b, \ldots, q$) (dimensionslos);

$R_{aj}, R_{bj}, \ldots, R_{qj}$ Wärmedurchlasswiderstände für jede thermisch inhomogene Schicht j für jeden Abschnitt ($a, b, \ldots, q$), in $\text{m}^2\text{K/W}$;

Der untere Grenzwert des Wärmedurchgangswiderstands $R_{\text{tot,lower}}$ berechnet sich dann mit folgender Gleichung:

$$R_{\text{tot,lower}} = R_{si} + R_1 + R_2 + \ldots + R_n + R_{se} \qquad (2.11)$$

Darin bedeuten:

R_{si}, R_{se} raumseitiger sowie außenseitiger Wärmeübergangswiderstand, in $\text{m}^2\text{K/W}$;

$R_1, R_2, \ldots, R_n$ Wärmeübergangswiderstände für die einzelnen Schichten 1, 2, …, n, in $\text{m}^2\text{K/W}$.

2. **Möglichkeit:**
   Für jede inhomogene Schicht *j* wird eine äquivalente Wärmeleitfähigkeit $\lambda_{eq,j}$ mit folgender Formel ermittelt:

$$\lambda_{eq,j} = \lambda_{aj} \cdot f_a + \lambda_{bj} \cdot f_b + \ldots + \lambda_{qj} \cdot f_q \tag{2.12}$$

Darin bedeuten:

$\lambda_{eq,j}$ äquivalente Wärmeleitfähigkeit der inhomogenen Schicht *j*, in W/mK;
$\lambda_{aj}, \lambda_{bj}, \ldots, \lambda_{qj}$ Wärmeleitfähigkeit der inhomogenen Schicht *j* in den Abschnitten a, b, q, in W/mK;
$f_a, f_b, \ldots, f_q$ Teilflächen jedes Abschnittes (*a, b, ..., q*) (dimensionslos).

Der äquivalente Wärmedurchlasswiderstand R_j der inhomgenen Schicht j berechnet sich damit zu:

$$R_j = \frac{d_j}{\lambda_{eq,j}} \tag{2.13}$$

Darin bedeuten:

R_j Wärmedurchlasswiderstand der inhomogenen Schicht, in m^2K/W;
d_j Dicke der inhomogenen Schicht *j*, in m;
$\lambda_{eq,j}$ äquivalente Wärmeleitfähigkeit der inhomogenen Schicht *j*, in W/mK.

Weiterhin gelten folgende Regeln:

Grenzt eine ebene Fläche an eine Luftschicht, wird für die Berechnung angenommen, dass sie eben ist. Dabei ist Folgendes zu beachten:

a) Die schmaleren Abschnitte werden erweitert, wobei der Wärmedurchlasswiderstand nicht geändert wird (Abb. 2.11a).
b) Die überstehenden Abschnitte werden entfernt, wobei der Wärmedurchlasswiderstand vermindert wird (Abb. 2.11b).

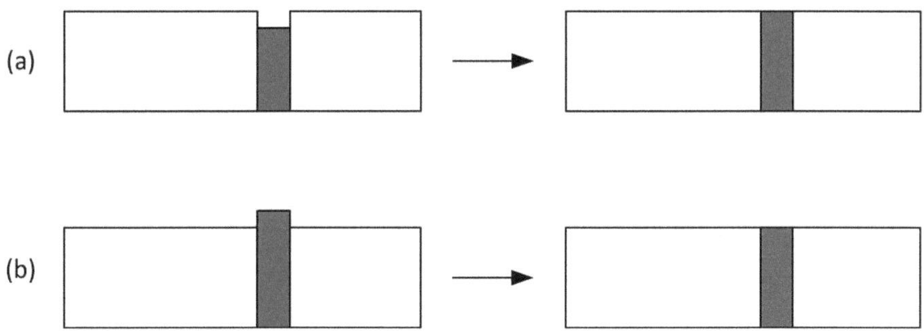

Abb. 2.11 Berücksichtigung von nicht ebenen Bauteilen

Sofern eine Luftschicht Teil einer inhomgenen Schicht ist, darf sie wie ein Stoff mit einer äquivalenten Wärmeleitfähigkeit $\lambda_{eq,j} = d_j/R_g$ behandelt werden. R_g ist nach DIN EN ISO 6946 Anhang D zu bestimmen. Hier wird auf die Norm verwiesen.

Beispiel

Für das Bauteil in Abb. 2.10 soll der untere Grenzwert des Gesamt-Wärmedurchlasswiderstands berechnet werden.

1. Möglichkeit:
   Für die inhomogene Schicht Nr. (2) wird ein äquivalenter Wärmedurchlasswiderstand berechnet.

$$\frac{1}{R_2} = \frac{f_a}{R_{a2}} + \frac{f_b}{R_{b2}} = \frac{0,096}{0,923} + \frac{0,904}{3,000} = 0,405 \text{ W/m}^2\text{K}$$

$$=> R_2 = 2,469 \text{ m}^2\text{K/W}$$

   Die Schichten Nr. (1), (3) und (4) sind homogen; die Wärmedurchlasswiderstände wurden bereits berechnet (s.o.).
   Der Gesamt-Wärmedurchlasswiderstand ergibt sich zu:

$$\begin{aligned} R_{tot} &= R_{si} + R_1 + R_2 + R_3 + R_4 + R_{se} \\ &= 0,13 + 0,154 + 2,469 + 0,857 + 0,015 + 0,04 \\ &= 3,665 \text{ m}^2\text{K/W} \end{aligned}$$

2. Möglichkeit:
   Für die inhomogene Schicht Nr. (2) wird eine äquivalente Wärmeleitfähigkeit ermittelt.

$$\lambda_{eq,2} = \lambda_{a2} \cdot f_a + \lambda_{b2} \cdot f_b = 0,13 \cdot 0,096 + 0,040 \cdot 0,904 = 0,0486 \text{ W/mK}$$

   Damit ergibt sich der Wärmedurchlasswiderstand dieser Schicht zu:

$$R_2 = \frac{d_2}{\lambda_{eq.2}} = \frac{0,12}{0,0486} = 2,469 \text{ m}^2\text{K/W}$$

   Weitere Berechnung wie oben, die zum gleichen Ergebnis führt. ◀

2.3.2.10 Bauteile mit keilförmigen Schichten

Bei Bauteilen mit einer keilförmigen Schicht (z. B. Gefälledämmung auf einem Flachdach), ändert sich der Gesamt-Wärmedurchlasswiderstand über die Fläche des Bauteils. Der Wärmedurchgangskoeffizient ist durch das Integral über die Fläche des betreffenden Bauteils definiert. Die Berechnung ist nach Anhang E der DIN EN ISO 6946 durchzuführen.

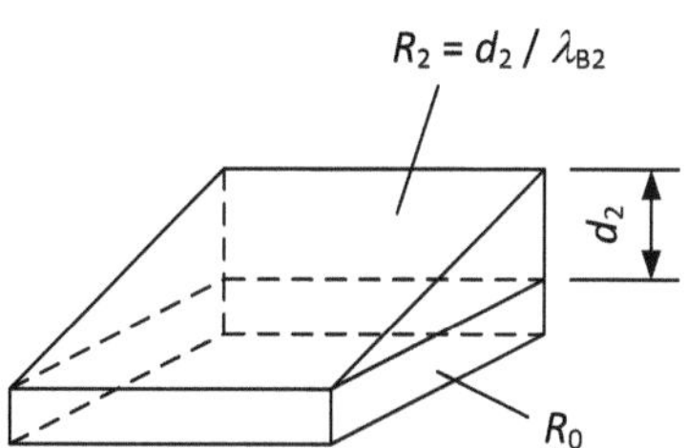

Abb. 2.12 Keilförmiges Bauteil mit rechteckiger Fläche

Nachfolgend wird die Berechnung exemplarisch für keilförmige Bauteile mit rechteckiger Fläche angegeben. Für weitere geometrische Formen (dreieckige Flächen) wird auf die Norm verwiesen.

Für ein keilförmiges Bauteil mit rechteckiger Fläche ergibt sich der Wärmedurchgangskoeffizient U zu (Abb. 2.12):

$$U = \frac{1}{R_2} \cdot \ln\left(1 + \frac{R_2}{R_0}\right) \tag{2.14}$$

Darin bedeuten:

- U Wärmedurchgangskoeffizient des keilförmigen Bauteils mit rechteckiger Fläche, in W/m²K;
- R_0 Wärmedurchlasswiderstand des restlichen Teils, einschließlich der Wärmeübergangswiderstände auf beiden Seiten, in m²K/W;
- R_2 maximaler Wärmedurchlasswiderstand der keilförmigen Schicht ($R_2 = d_2/\lambda_{B2}$), in m²K/W.

2.3.2.11 Perimeterdämmungen

Perimeterdämmungen sind ebenfalls gesondert geregelt (Perimeter = Umfang eines Gebäudes). Perimeterdämmungen sind Wärmedämmungen erdreichberührender Außenwandflächen und auch unter Bodenplatten. Für Perimeterdämmungen, die bis zu 7 m in das Grundwasser eingebaut werden können, muss eine allgemeine bauaufsichtliche Zulassung vorliegen. Im Allgemeinen werden extrudierte Polystyrol-Hartschaumplatten XPS oder Schaumglasplatten CG verwendet, z. B. für Außenwände XPS 035 PW dh oder unter Bodenplatten XPS PB dx.

Weiterhin müssen die Dämmplatten dicht gestoßen im Verband verlegt werden und eben auf dem Untergrund aufliegen, eine Forderung, die auch für andere, durch Wärmedämmschichten gedämmte Außenbauteile gilt.

Bei Perimeterdämmungen geht die Wärmedämmschicht außerhalb der Abdichtung bei der Ermittlung des Wärmedurchlasswiderstands ein. Hierbei sind unbedingt auch die Regelungen der allgemeinen bauaufsichtlichen Zulassungen zu beachten, z. B. Zuschlagswerte, die bei der Ermittlung des U-Wertes zu berücksichtigen sind.

2.3.2.12 Umkehrdächer

Bei einem Umkehrdach befindet sich die Dämmschicht auf der Dachabdichtung. Die Entwässerung erfolgt somit im Bereich der Dämmschicht. Aus diesem Grund sind folgende Regeln zu beachten.

Für die Dämmschicht dürfen nur geeignete Wärmedämmstoffe aus extrudiertem Polystyrol-Hartschaum (PU) nach DIN EN 13164 verwendet werden (Anwendungstyp DUK nach DIN 4108-10). Die Dämmplatten müssen einlagig auf ausreichend ebenem Untergrund verlegt werden. Ein langfristiges Überstauen der Wärmedämmplatten ist auszuschließen. Ein kurzfristiges Überstauen, z. B. bei intensiven Niederschlägen, gilt dagegen als unbedenklich.

Bei der Berechnung des U-Wertes eines Umkehrdaches ist der errechnete Wärmedurchgangskoeffizient um einen Zuschlagswert zu erhöhen. Der Grund hierfür liegt darin, dass die Dämmwirkung durch Niederschlagswasser, das bei einem Umkehrdach konstruktionsbedingt im Bereich der Dämmschicht abgeleitet wird, verringert wird.

Für die Ermittlung des Zuschlagswertes stehen zwei Verfahren zur Verfügung:

- Berechnung nach DIN EN ISO 6946 Anhang F und
- tabellarische Ermittlung nach DIN 4108-2.

Nachfolgend wird nur auf das tabellarische Verfahren nach DIN 4108-2 eingegangen, für das andere Verfahren wird auf DIN EN ISO 6946 verwiesen.

Der Wärmedurchgangskoeffizient für ein Umkehrdach ergibt sich durch Berücksichtigung eines Zuschlagswertes ΔU (in $W/(m^2K)$). Es gilt:

$$U_c = U + \Delta U \tag{2.15}$$

Darin bedeuten:

U_c korrigierter Wärmedurchgangskoeffizient für ein Umkehrdach, in W/m^2K;
U Wärmedurchgangskoeffizient (ohne Korrekturen), in W/m^2K;
ΔU Zuschlagswert für Umkehrdächer nach Tab. 2.13, in W/m^2K.

Der Zuschlagswert ermittelt sich in Abhängigkeit vom prozentualen Anteil des Wärmedurchlasswiderstands der Schichten, die raumseitig der Abdichtung vorhanden sind, am Gesamtwärmedurchlasswiderstand des Umkehrdachs.

Bei leichten Unterkosntruktionen mit einer flächenbezogenen Masse $m' < 250$ kg/m^2 muss der Wärmedurchlasswiderstand raumseitig der Abdichtung mindestens 0,15 m^2K/W betragen.

2.3.2.13 Temperatur-Korrekturfaktoren F_{xi}

Bei der Berechnung von Wärmeströmen durch angrenzende unbeheizte Bereiche (z. B. unbeheizter Keller, unbeheizter Glasvorbau, Erdreich) ist die dort gegenüber der Außenluft abweichende (geringere) Temperatur mithilfe von Temperatur-Korrekturfaktoren zu berücksichtigen.

Tab. 2.13 Zuschlagswerte für Umkehrdächer. (N. DIN 4108-2, Tab. 4)

Anteil des Wärmedurchlasswiderstands raumseitig der Abdichtung am Gesamtwärmedurchlasswiderstand	Zuschlagswert ΔU in W/m^2K
< 10 %	0,05
≥ 10 % und ≤ 50 %	0,03
> 50 %	0

Tab. 2.14 Berechnungswerte der Temperatur-Korrekturfaktoren F_x. (N. DIN V 18599-2: 2018-09, Tab. 5)

Wärmestrom nach außen über Bauteil i	Formel-zeichen	Temperatur-Korrekturfaktor F_{xi}
Außenwand, Fenster, Decke über Außenluft, Decke über Tiefgarage	F_e	1,0
Dach (als Systemgrenze)	F_D	1,0
Oberste Geschossdecke bzw. Dachgeschossdecke (Dachraum zur Außenluft nicht wärmegedämmt)	F_D	0,8
Wände und Decken zu Abseiten (Drempelwand)	F_u	0,8
Wände und Decken zu unbeheizten Räumen (außer Kellerräumen)	F_u	0,5
Wände und Decken zu niedrig beheizten Räumen (Räume mit Innentemperaturen zwischen 12 °C und 19 °C; z. B. Treppenhäuser)	F_{nb}	0,35
Wände und Fenster zu unbeheiztem Glasvorbau bei Ausführung des Glasvorbaus mit		
- Einfachglas	F_u	0,8
- Zweischeibenglas	F_u	0,7
- Wärmeschutzglas	F_u	0,5
Bauteile des unteren Gebäudeabschlusses[1)] für $B = 5$ m bis $B = 7{,}5$ m und $1{,}0 < R \leq 3{,}0$ m^2K/W		
- Fußboden (Bodenplatte) des beheizten Kellers	$F_{f,b}$	0,50
- Wand des beheizten Kellers	$F_{w,b}$	0,65

[1)]B: charakteristisches Bodenplattenmaß; es gilt: $B = A_G/(0{,}5\ P)$, wobei A_G die Grundfläche der Bodenplatte und P der Umfang ist; weitere Werte siehe DIN V 18599-2

In Tab. 2.14 sind Berechnungswerte der Temperatur-Korrekturfaktoren F_x angegeben. Beispielsweise beträgt der Temperatur-Korrekturfaktor bei Wänden zu unbeheizten Räumen $F_x = 0{,}5$. Das bedeutet, dass der Wärmestrom im Heizfall durch die betrachtete Wand, die an den unbeheizten Raum grenzt, nur das 0,5-fache bzw. 50 % des Wärmestroms beträgt, der angesetzt würde, wenn die Wand an Außenluft grenzen würde. Der verringerte Wärmestrom ergibt sich dadurch, dass im unbeheizten Raum nicht die Außenlufttemperatur θ_e herrscht, sondern eine geringere Temperatur.

Die mittlere Temperatur im unbeheizten Raum θ_u (in °C) berechnet sich mit folgender Gleichung:

$$\theta_u = \theta_i - F_x\left(\theta_i - \theta_e\right) \tag{2.16}$$

Darin bedeuten:

θ_i Bilanz-Innentemperatur der Gebäudezone, in °C (n. DIN V 18599-2, 6.1.2 i. V. mit DIN V 18599-10); z. B. für Wohngebäude im Heizfall ist θ_i = 20 °C (n. DIN V 18599-10, Tab. 4), wenn keine Korrekturen (Nachtabsenkung) erfolgen

F_x Berechnungswert des Temperatur-Korrekturfaktors, dimensionslos (n. Tab. 2.14)

θ_e Außenlufttemperatur, in °C (für den öffentlich-rechtlichen Nachweis sind die Werte des Referenzortes Potsdam nach DIN V 18599-10 zu verwenden)

Bei Bauteilen des unteren Gebäudeabschlusses sind die Temperatur-Korrekturfaktoren von der Art des Bauteils (z. B. Bodenplatte bzw. Wand des beheizten Kellers, Vorhandensein einer Randdämmung der Bodenplatte u. a.), der Größe des charakteristischen Bodenplattenmaßes B und dem Wärmedurchlasswiderstand R des betrachteten Bauteils abhängig. Das charakteristische Bodenplattenmaß $B = A_G/(0{,}5\ P)$ ergibt sich nach DIN EN ISO 13370, wobei A_G die Fläche der Bodenplatte (in m^2) und P der Umfang (in m) ist, der an nicht beheizte Bereiche grenzt. Weitere Regeln siehe DIN EN ISO 13370.

2.3.3 Berechnungsbeispiele zur Ermittlung des Wärmedurchgangs

Beispiel 1: Bauteil aus mehreren homogenen Schichten

Zweischalige Außenwand mit Kerndämmung

Schichtenfolge/Stoffdaten, Abb. 2.13:

Wärmeübergangswiderstand innen	R_{si} = 0,130 m^2 · K/W
1. 0,015 m Kalkgipsputz	λ_B = 0,700 W/(m · K)
2. 0,175 m porosierter Hochlochziegel	λ_B = 0,240 W/(m · K)
3. 0,140 m Wärmedämmstoff	λ_B = 0,040 W/(m · K)
4. 0,010 m ruhende Luftschicht	R_{Luft} = 0,150 m^2 · K/W
5. 0,115 m Ziegelmauerwerk	λ_B = 0,870 W/(m · K)
Wärmeübergangswiderstand außen	R_{se} = 0,040 m^2 · K/W

Zwischen den Mauerwerksschalen befinden sich Drahtanker aus Edelstahl,

$$\lambda_f = 12{,}00\ \mathrm{W/\left(m \cdot K\right)}$$

$$R_{tot} = 0{,}13 + 0{,}015/0{,}70 + 0{,}175/0{,}24 + 0{,}140/0{,}040 + 0{,}15 + 0{,}115/0{,}87 + 0{,}04$$

$$R_{tot} = 0{,}13 + 0{,}0214 + 0{,}729 + 3{,}500 + 0{,}15 + 0{,}132 + 0{,}04$$

$$R_{tot} = 4{,}702\ \mathrm{m^2 \cdot K/W}$$

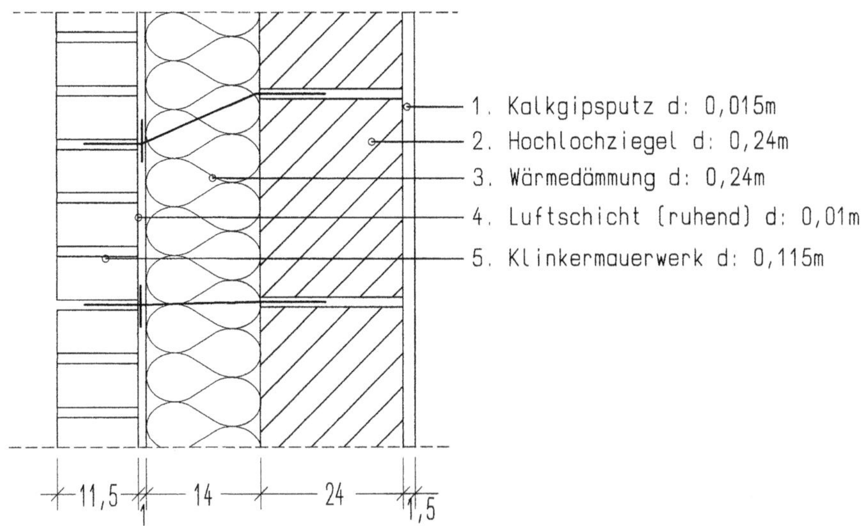

Abb. 2.13 Beispiel – Mehrschalige Außenwand

$$U = 1/4{,}702\ \mathrm{m}^2 \cdot \mathrm{K/W}$$

$$U = 0{,}213\ \mathrm{W}/\left(\mathrm{m}^2 \cdot \mathrm{K}\right)$$

Der Wärmedurchgangskoeffizient ist ggf. zu korrigieren, da mechanische Befestigungselemente (hier: Drahtanker) die Wärmedämmschicht durchdringen und so zu einer Wärmebrückenwirkung führen. Für die Korrektur ist das Verfahren nach DIN EN ISO 6946 Anhang F zu beachten. Ist jedoch die Gesamtkorrektur geringer als 3 % des jeweiligen U-Wertes, braucht keine Korrektur angesetzt zu werden. Im vorliegenden Fall ergibt sich der Grenzwert, der ohne Korrektur nicht überschritten werden darf, zu (3 % vom ursprünglichen U-Wert):

$$\max\ \Delta U = 0{,}03 \cdot 0{,}213 = 0{,}006\ \mathrm{W}/\left(\mathrm{m}^2 \cdot \mathrm{K}\right)$$

Der Korrekturwert ΔU_f für mechanische Befestigungsteile wird nach DIN EN ISO 6946 Anhang F berechnet.

Es gilt:

$$\Delta U_\mathrm{f} = \alpha \cdot \frac{\lambda_\mathrm{f} \cdot A_\mathrm{f} \cdot n_\mathrm{f}}{d_1} \cdot \left(\frac{R_1}{R_\mathrm{tot}}\right)^2 \tag{2.17}$$

Darin bedeuten:

$\alpha = 0{,}8$	wenn das Befestigungselement die Dämmschicht vollständig durchdringt;
$\alpha = 0{,}8 \cdot d_1/d_0$	bei einem Befestigungselement in einer Aussparung.
λ_f	Wärmeleitfähigkeit des Befestigungselements, in W/mK;

n_f Anzahl der Befestigungselemente je m^2;
A_f Querschnittsfläche eines Befestigungselements, in m^2;
d_0 Dicke der Dämmschicht, die das Befestigungselement enthält, in m;
d_1 Länge des Befestigunsgelements, das die Dämmschicht durchdringt, in m;
R_1 Wärmedurchlasswiderstand der von den Befestigungselementen durchdrungenen Dämmschicht, in m^2K/W;
R_{tot} Gesamt-Wärmedurchlasswiderstand der Komponente ohne Berücksichtingung der Wärmebrückenwirkung, in m^2K/W.

Für das hier betrachtete Beispiel ergibt sich:

$$\Delta U_f = \alpha \cdot \frac{\lambda_f \cdot A_f \cdot n_f}{d_1} \cdot \left(\frac{R_1}{R_{tot}}\right)^2$$
$$= 0,8 \cdot \frac{12 \cdot 0,00002 \cdot 5}{0,14} \cdot \left(\frac{3,500}{4,702}\right)^2$$
$$= 3,8 \cdot 10^{-3} \text{ W/m}^2\text{K}$$
$$< \max \Delta U = 0,006 = 6 \cdot 10^{-3} \text{ W/m}^2\text{K}$$

mit:

$\alpha = 0,8$	da die Drahtanker die Dämmschicht vollständig durchdringen;
$\lambda_f = 12$ W/mK	Wärmeleitfähigkeit der Drahtanker;
$A_f = \pi \cdot d_f^2/4 = \pi \cdot 0,005^2/4 = 0,00002\ m^2$	Querschnittsfläche der Drahtanker, Durchmesser 5 mm = 0,005 m;
$n_f = 5$	Stück Drahtanker/m^2
$R_1 = 0,14/0,040 = 3,500\ m^2K/W$	Wärmedurchlasswiderstand der von den Drahtankern durchdrungenen Wärmedämmschicht; hier $d = 14$ cm = 0,14 m, $\lambda = 0,040$ W/mK:
$R_{tot} = 4,702\ m^2K/W$	Wärmedurchgangswiderstand der Wandkonstruktion ohne Berücksichtigung der Wärmebrückenwirkung durch Befestigungselemente.

Fazit:

Der Korrekturwert ist kleiner als der Grenzwert von 3 % des ursprünglichen U-Wertes (max ΔU), sodass in diesem Fall keine Korrektur angebracht werden muss.

Zur Vermeidung von durchgehenden Fugen im Bereich der Wärmedämmschicht wird eine durchgehende, zweilagige Wärmedämmschicht mit versetzten Stößen gewählt. Die Fugendicke zwischen den Wärmedämmstoffplatten soll nicht mehr als 5 mm betragen. Eine Korrektur für Luftspalte gemäß DIN EN ISO 6946 Anhang F ist daher nicht vorzusehen (siehe Tab. 2.15: Korrekturen für Luftspalte). ◄

Tab. 2.15 Korrekturen für Luftspalte. (Nach DIN EN ISO 6946 Anhang F)

Stufe	$\Delta U''$ in W/(m² · K)	Beschreibung
0	0,00	Die Dämmung ist so angebracht, dass keine oder nur kleine Luftspalte vorhanden sind, die keine wesentliche Wirkung auf den Wärmedurchgangskoeffizienten haben.
1	0,01	Es befinden sich Luftzwischenräume, die die warme und kalte der Dämmschicht verbinden, jedoch keine Luftzirkulation zwischen warmer und kalter Seite zulassen.
2	0,04	Es befinden sich Luftzwischenräume zwischen warmer und kalter Seite, wobei eine Luftzirkulation zwischen warmer und kalter Seite möglich wird.

Beispiel 2: Bauteil wie zuvor (Beispiel 1), jedoch mit dünnerer Dämmschicht und belüfter Luftschicht

Für das gleiche Bauteil mit einer Dämmstärke von 10 cm ($\lambda_B = 0{,}040$ W/(m · K)) und einer 5 cm dicken stark belüfteten Luftschicht ergibt sich folgender U-Wert:

Schichtenfolge/Stoffdaten:

Wärmeübergangswiderstand innen	$R_{si} = 0{,}130$ m² · K/W
1. 0,015 m Kalkgipsputz	$\lambda_B = 0{,}700$ W/(m · K)
2. 0,175 m porosierter Hochlochziegel	$\lambda_B = 0{,}240$ W/(m · K)
3. 0,100 m Wärmedämmstoff	$\lambda_B = 0{,}040$ W/(m · K)
4. 0,050 m stark belüftete Luftschicht	$R_{Luft} = 0{,}000$ m² · K/W
5. 0,115 m Ziegelmauerwerk	*(wird nicht angesetzt)*
Wärmeübergangswiderstand außen	$R_{se} = 0{,}013$ m² · K/W
Zwischen den Mauerwerksschalen befinden sich	
Drahtanker aus Edelstahl (5 Stück/m²)	$\lambda_f = 12{,}00$ W/(m · K)

Für den äußeren Wärmeübergangswiderstand wird ein Wert verwendet, der dem bei ruhender Luft entspricht (d. h. gleich dem inneren Wärmeübergangswiderstand desselben Bauteils ist; $R_{se} = R_{si}$). Die belüftete Luftschicht sowie die Verblendschale aus Ziegelmauerwerk werden nicht angesetzt. R_{tot} sowie U ergeben sich wie folgt:

$$R_{tot} = 0{,}13 + 0{,}015/0{,}70 + 0{,}175/0{,}24 + 0{,}100/0{,}040 + 0{,}13 = 3{,}511\ \text{m}^2\text{K/W}$$

$$U = \frac{1}{3{,}511} = 0{,}285\ \text{W}/\left(\text{m}^2\text{K}\right)$$

Korrektur wegen der Drahtanker:

$$\Delta U_{\mathrm{f}} = \alpha \cdot \frac{\lambda_{\mathrm{f}} \cdot A_{\mathrm{f}} \cdot n_{\mathrm{f}}}{d_1} \cdot \left(\frac{R_1}{R_{\mathrm{tot}}}\right)^2$$

$$= 0{,}8 \cdot \frac{12 \cdot 0{,}00002 \cdot 5}{0{,}10} \cdot \left(\frac{2{,}500}{3{,}511}\right)^2$$

$$= 4{,}87 \cdot 10^{-3}\ \mathrm{W/m^2K}$$

mit:

$\alpha = 0{,}8$	da die Drahtanker die Dämmschicht vollständig durchdringen;
$\lambda_f = 12$ W/mK	(Wärmeleitfähigkeit der Drahtanker);
$A_f = \pi \cdot d_f^2/4 = \pi \cdot 0{,}005^2/4 = 0{,}00002$ m^2	(Querschnittsfläche der Drahtanker, Durchmesser 5 mm = 0,005 m);
$n_f = 5$	Stück Drahtanker/m^2
$R_1 = 0{,}10/0{,}040 = 2{,}500$ m^{2}K/W	(Wärmedurchlasswiderstand der von den Drahtankern durchdrungenen Wärmedämmschicht; hier d = 10 cm = 0,10 m, $\lambda = 0{,}040$ W/mK):
$R_{tot} = 3{,}511$ m^{2}K/W	(Gesamt-Wärmedurchlasswiderstand der Wandkonstruktion ohne Berücksichtigung der Wärmebrückenwirkung durch Befestigungselemente).

Grenzwert (3 % des U-Wertes):

$$\max\ \Delta U = 0{,}03 \cdot 0{,}285 = 0{,}00855 = 8{,}55 \cdot 10^{-3}\ \mathrm{W/m^2K}$$

Fazit:

Der Korrekturwert ist kleiner als der Grenzwert ($\Delta U_f = 4{,}87 \cdot 10^{-3} < \max \Delta U = 8{,}55 \cdot 10^{-3}$ W/m^{2}K), sodass in diesem Fall keine Korrektur angebracht werden muss. ◄

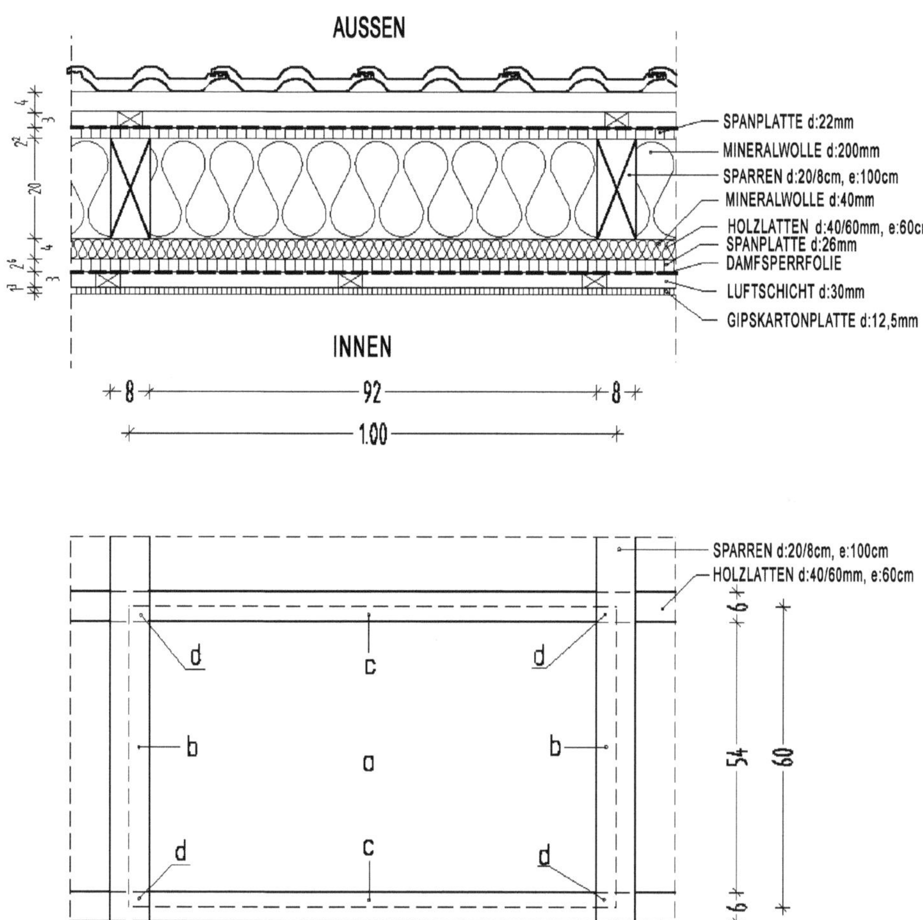

Abb. 2.14 Beispiel – Geneigtes Dach mit Zwischen- und Untersparrendämmung

Beispiel 3: Bauteil aus inhomogenen Schichten

Geneigtes Dach mit Zwischen- und Untersparrendämmung. Schichtenfolge und Baustoffdaten entsprechend Abb. 2.14:

Wärmeübergangswiderstand innen		$R_{si} = 0{,}10\ m^2 \cdot K/W$
1.	0,0125 m Gipskartonplatte	$\lambda_B = 0{,}210\ W/(m \cdot K)$
	$R_1 = 0{,}0125/0{,}210 = 0{,}060\ m^2K/W$	
2.	0,03 m Luftschicht	$R_2 = 0{,}160\ m^2 \cdot K/W$[1]
	(Hinweis: die Lattung wird vernachlässigt)	

(Fortsetzung)

3.	0,026 m Spanplatte	$\lambda_B = 0{,}170$ W/(m · K)
	$R_3 = 0{,}026/0{,}170 = 0{,}153$ m²K/W	
4.1	Traglattung 0,04/0,06 m, $e = 0{,}6$ m	
	lichter Abstand: 0,54 m	$\lambda_B = 0{,}130$ W/(m · K)
	$R_{4.1} = 0{,}04/0{,}130 = 0{,}308$ m²K/W	
4.2	0,04 m Mineralwolle zw. den Latten	$\lambda_B = 0{,}040$ W/(m · K)
	$R_{4.2} = 0{,}04/0{,}040 = 1{,}000$ m²K/W	
5.1	Sparren 0,08/0,2 m, $e = 1{,}0$ m	
	lichter Abstand: 0,92 m	$\lambda_B = 0{,}130$ W/(m · K)
	$R_{5.1} = 0{,}20/0{,}130 = 1{,}538$ m²K/W	
5.2	0,20 m Mineralwolle zw. den Sparren	$\lambda_B = 0{,}040$ W/(m · K)
	$R_{5.2} = 0{,}20/0{,}04 = 5{,}000$ m²K/W	
6.	0,022 m Spanplatte	$\lambda_B = 0{,}170$ W/(m · K)
	$R_6 = 0{,}022/0{,}170 = 0{,}129$ m²K/W	
	Wärmeübergangswiderstand außen	$R_{se} = 0{,}10$ m² · K/W[2]

[1]Die Luftschicht zwischen Gipskartonplatte und Spanplatte ist nach DIN EN ISO 6946 nicht belüftet. Es wird ein Wärmedurchlasswiderstand von $R = 0{,}160$ m² · K/W angenommen
[2]Für den äußeren Wärmeübergangswiderstand ist $R_{se} = 0{,}10$ m²K/W anzusetzen, da es sich bei der Dachkonstruktion um ein Bauteil mit einer stark belüfteten Luftschicht handelt. In diesem Fall ist nach DIN EN ISO 6946 $R_{se} = R_{si}$ anzunehmen

Nach dem in DIN EN ISO 6946 festgelegten Verfahren ergibt sich der Gesamt-Wärmedurchlasswiderstand eines inhomogenen Bauteils aus dem Mittelwert aus oberem und unterem Grenzwert des Gesamt-Wärmedurchlasswiderstands ($R_{tot,upper}$ und $R_{tot,lower}$).

Dazu wird das Bauteil in thermisch homogene Schichten und Abschnitte eingeteilt.

Im vorliegenden Beispiel sind die Schichten 1 (Gipskartonplatten), 2 (Luftschicht; vereinfachend wird hier die Lattung vernachlässigt), 3 (Spanplatte) und 6 (Spanplatte) thermisch homogen.

Die Schichten 4 (Traglattung und Untersparrendämmung) sowie 5 (Sparren und Zwischensparrendämmung) sind dagegen thermisch inhomogen.

Oberer Grenzwert des Wärmedurchgangswiderstands:

Zur Ermittlung des oberen Grenzwertes $R_{tot,upper}$ werden die Wärmedurchlasswiderstände der einzelnen homogenen Teile abschnittsweise einschließlich der Wärmeübergangswiderstände addiert und anschließend nach der flächenanteiligen Größe der Abschnitte berücksichtigt.

Als Erstes wird von dieser Dachfläche eine Teilfläche festgelegt, in der alle Möglichkeiten von unterschiedlichen aufeinander liegenden Materialkombinationen zutreffen.

Im Abb. 2.14 ist dieser Teilbereich *f*a dargestellt. Die Flächenanteile der Abschnitte ergeben sich in diesem Fall über das Achsmaß der Sparrenbreite und der Traglattung, bezeichnet als Fläche *A*.

In diesem Fall entstehen 4 Bereiche a, b, c und d mit unterschiedlichen übereinander liegenden Materialien. Der *U*-Wert wird nicht pauschal für 1 m² Bauteilfläche berechnet, sondern für die zuvor beschriebene Abschnittsfläche *A*.

f_a, f_b, f_c und f_d sind hierbei die Flächenanteile der Abschnittsfläche *A*.

Die Fläche A berechnet sich zu:

$$A = 1{,}00 \cdot 0{,}60 = 0{,}60\ \text{m}^2\ \left(\text{Sparrenachsabstand} \times \text{Lattenachsabstand}\right)$$

Ermittlung des oberen Grenzwertes $R_{\text{tot,upper}}$:
Der obere Grenzwert des Wärmedurchgangswiderstands $R_{\text{tot,upper}}$ berechnet sich wie folgt (s. 2.3.2.9); hier: Aufteilung in die Abschnitte a bis d:

$$\frac{1}{R_{\text{tot,upper}}} = \frac{f_\text{a}}{R_{\text{tot,a}}} + \frac{f_\text{b}}{R_{\text{tot,b}}} + \frac{f_\text{c}}{R_{\text{tot,c}}} + \frac{f_\text{d}}{R_{\text{tot,d}}}$$

Abschnitt a: Wärmedämmstoff zwischen den Sparren (5.2) und der Traglattung (4.2) in Teilfläche A_a

$$A_\text{a} = 0{,}92 \cdot 0{,}54 = 0{,}497\ \text{m}^2 \qquad f_\text{a} = 0{,}497/0{,}60 \qquad f_\text{a} = 0{,}828$$

$$R_{\text{tot,a}} = R_\text{si} + R_\text{a1}, + R_\text{a2} + R_\text{a3} + R_\text{a4.1} + R_\text{a5.1} + R_\text{a6} + R_\text{se}$$

$$R_{\text{tot,a}} = 0{,}10 + 0{,}012/0{,}21 + 0{,}16 + 0{,}026/0{,}17 + 0{,}04/0{,}04 + 0{,}20/0{,}04 + 0{,}022/0{,}17 + 0{,}10$$
$$= 6{,}700\ \text{m}^2 \cdot \text{K/W}$$

Abschnitt b: Sparren (5.1), Wärmedämmstoff zwischen der Traglattung (4.2) in Teilfläche A_b

$$A_\text{b} = 0{,}08 \cdot 0{,}54 = 0{,}043\ \text{m}^2 \qquad f_\text{b} = 0{,}043/0{,}60 \qquad f_\text{b} = 0{,}072$$

$$R_{\text{tot,b}} = R_\text{si} + R_\text{b1}, + R_\text{b2} + R_\text{b3} + R_\text{b4.1} + R_\text{b5.2} + R_\text{b6} + R_\text{se}$$

$$R_{\text{tot,b}} = 0{,}10 + 0{,}012/0{,}21 + 0{,}16 + 0{,}026/0{,}17 + 0{,}04/0{,}04 + 0{,}20/0{,}13 + 0{,}022/0{,}17 + 0{,}10$$
$$= 3{,}238\ \text{m}^2 \cdot \text{K/W}$$

Abschnitt c: Wärmedämmstoff zwischen den Sparren (5.2), Holz im Bereich der Traglattung (4.1) in Teilfäche A_c

$$A_\text{c} = 0{,}92 \cdot 0{,}06 = 0{,}055\ \text{m}^2 \qquad f_\text{c} = 0{,}055/0{,}6 \qquad f_\text{c} = 0{,}092$$

$$R_{\text{tot,c}} = R_\text{si} + R_\text{c1}, + R_\text{c2} + R_\text{c3} + R_\text{c4.1} + R_\text{c5.2} + \text{R}_\text{c6} + R_\text{se}$$

$$R_{\text{tot,c}} = 0{,}10 + 0{,}012/0{,}21 + 0{,}16 + 0{,}026/0{,}17 + 0{,}04/0{,}13 + 0{,}20/0{,}04 + 0{,}022/0{,}17 + 0{,}10$$
$$= 6{,}007\ \text{m}^2 \cdot \text{K/W}$$

Abschnitt d: Holz im Bereich der Sparren (5.1) und Holz im Bereich der Traglattung (4.1) in Teilfäche A_d

$$A_d = 0{,}08 \cdot 0{,}06 = 0{,}005\ \text{m}^2 \qquad f_d = 0{,}005/0{,}60 \qquad f_d = 0{,}008$$

$$R_{\text{tot,d}} = R_{si} + R_{d1} + R_{d2} + R_{d3} + R_{d4.1} + R_{d5.1} + R_{d6} + R_{se}$$

$$R_{\text{tot,d}} = 0{,}10 + 0{,}012/0{,}21 + 0{,}16 + 0{,}026/0{,}17 + 0{,}04/0{,}13 + 0{,}20/0{,}13 + 0{,}022/0{,}17 + 0{,}10$$

$$= 2{,}546\ \text{m}^2 \cdot \text{K/W}$$

Damit ergibt sich $R_{\text{tot,upper}}$ zu:

$$1/R_{\text{tot,upper}} = 0{,}828/6{,}700 + 0{,}072/3{,}238 + 0{,}092/6{,}007 + 0{,}008/2{,}546$$

$$= 0{,}1643\ \text{m}^2\text{K/W}$$

$$=> R_{\text{tot,upper}} = 1/0{,}1643 = 6{,}087\ \text{m}^2\text{K/W}$$

Ermittlung des unteren Grenzwertes des Wärmedurchgangswiderstands $R_{\text{tot,lower}}$:

Für jede thermisch inhomogene Schicht j wird zunächst ein äquivalenter Wärmedurchlasswidertand R_j nach folgendem Schema ermittelt:

$$1/R_j = f_a/R_{aj} + f_b/R_{bj} + \ldots f_q/R_{qj}$$

Das Bauteil besteht aus 6 Schichten, wobei die Schichten Nr. 4 (Untersparrendämmung und Traglattung) und Nr. 5 (Zwischensparrendämmung und Sparren) thermisch inhomogen sind.

Die Schichten Nr. 1, Nr. 2, Nr. 3 und Nr. 6 sind dagegen thermisch homogen, sodass die bereits oben angegebenen Wärmedurchlasswiderstände (R_1, R_2, R_3 und R_6) für alle Abschnitte (a bis d) gleichermaßen gelten.

Es ergeben sich folgende Wärmedurchlasswiderstände:

Schicht 1 – Gipskartonplatten (homogen):

$$R_1 = 0{,}0125/0{,}210 = 0{,}060\ \text{m}^2\text{K/W}\ \left(\text{in allen Abschnitten a bis d}\right)$$

Schicht 2 – ruhende Luftschicht (homogen):

$$R_2 = 0{,}160\ \text{m}^2\text{K/W}\ \left(\text{in allen Abschnitten a bis d}\right)$$

Schicht 3 – Spanplatte (homogen)

$$R_3 = 0{,}026/0{,}170 = 0{,}153\ \text{m}^2\text{K/W}\ \left(\text{in allen Abschnitten a bis d}\right)$$

Schicht 4 (inhomogen) setzt sich aus 4.1 (Traglattung) und 4.2 (Untersparrendämmung) zusammen:

4.1 – Traglattung:

$$R_{4.1} = 0{,}04/0{,}130 = 0{,}308\ \mathrm{m^2K/W}\ \left(\text{in den Abschnitten c und d}\right)$$

$$f_c = 0{,}092, f_d = 0{,}008$$

4.2 – Untersparrendämmung:

$$R_{4.2} = 0{,}04/0{,}040 = 1{,}000\ \mathrm{m^2K/W}\ \left(\text{in den Abschnitten a und b}\right)$$

$$f_a = 0828, f_b = 0{,}072$$

$$\begin{aligned} 1/R_4 &= f_c/R_{4.1} + f_d/R_{4.1} + f_a/R_{4.2} + f_b/R_{4.2} \\ &= 0{,}092/0{,}308 + 0{,}008/0{,}308 + 0{,}828/1{,}000 + 0{,}072/1{,}000 \\ &= 1{,}225\ \mathrm{W/m^2K} \end{aligned}$$

$$=> R_4 = 1/1{,}225 = 0{,}816\ \mathrm{m^2K/W}$$

Schicht 5 (inhomogen) setzt sich zusammen aus 5.1 (Sparren) und 5.2 (Zwischensparrendämmung) zusammen:

5.1 – Sparren: $R_{5.1}$ = 0,20/0,130 = 1,538 m²K/W in den Abschnitten b und d

5.2 – Zwischensparrendämmung: $R_{5.2}$ = 0,20/0,04 = 5,000 m²K/W in den Abschnitten a und c

$$\begin{aligned} 1/R_5 &= f_b/R_{5.1} + f_d/R_{5.1} + f_a/R_{5.2} + f_c/R_{5.2} \\ &= 0{,}072/1{,}538 + 0{,}008/1{,}538 + 0{,}828/5{,}000 + 0{,}092/5{,}000 \\ &= 0{,}236\ \mathrm{W/m^2K} \end{aligned}$$

$$=> R_5 = 1/0{,}236 = 4{,}237\ \mathrm{m^2K/W}$$

Schicht 6 – Spanplatte (homogen):

$$R_6 = 0{,}022/0{,}170 = 0{,}129\ \mathrm{m^2K/W}\ \text{in allen Abschnitten a bis d}$$

Der untere Grenzwert des Wärmedurchgangswiderstands berechnet sich damit zu:

$$\begin{aligned} R_{\text{tot,lower}} &= R_{si} + R_1 + \ldots + R_6 + R_{se} \\ &= 0{,}10 + 0{,}060 + 0{,}160 + 0{,}153 + 0{,}817 + 4{,}237 + 0{,}129 + 0{,}10 \\ &= 5{,}756\ \mathrm{m^2K/W} \end{aligned}$$

Der Wärmedurchgangswiderstand R_{tot} der Dachkonstruktion berechnet sich mit folgender Formel:

$$R_{tot} = \frac{R_{tot,upper} + R_{tot,lower}}{2} = \frac{6{,}087 + 5{,}756}{2} = 5{,}922 \text{ m}^2\text{K/W}$$

Wärmedurchgangskoeffizient:

$$U = \frac{1}{R_{tot}} = \frac{1}{5{,}922} = 0{,}169 \text{ W/m}^2\text{K}$$

Der Wärmedurchgangskoeffizient der hier betrachteten Dachkonstruktion beträgt $U = 0{,}169$ W/m^{2}K. ◄

Beispiel 4: Verringerung der Dämmwirkung beim geneigten Dach

Wärmedämmschichten sind vollflächig, hohlraumfrei und möglichst ohne Fugen einzubauen. Diese Notwendigkeit wird durch die Regelungen der DIN EN ISO 6946 beschrieben. Die DIN EN ISO 6946 sieht in Abhängigkeit von der Einbauqualität der Wärmedämmschicht Korrekturen für mögliche Luftspalte vor. Die Korrektur berechnet sich mit folgender Gleichung:

$$\Delta U_g = \Delta U'' \cdot \left(R_1 / R_{tot}\right)^2 \tag{2.18}$$

Hierbei bedeuten:

ΔU_g Korrekturwert für Luftspalte, in W/m^{2}K

$\Delta U''$ Korrektur für Luftspalte nach Tab. 2.14, in W/m^{2}K;

R_1 Wärmedurchlasswiderstand der Schicht, die Luftspalte enthält, in m^{2}K/W;

R_{tot} Gesamt-Wärmedurchlasswiderstand des Bauteils ohne Berücksichtigung von Wärmebrücken, in m^{2}K/W.

Zum Beispiel:

In einem geneigten Dach, mit Belüftung oberhalb der Wärmedämmschicht, befinden sich Fugen zwischen Wärmedämmschicht und Sparren infolge von Schwindprozessen des Schnittholzes und aufgrund ungenauen Zuschnitts der Wärmedämmschicht. Nach Tab. 2.14, sind die Fugen der Korrekturstufe 2 zuzuordnen, da Luftspalte die Dämmung durchdringen und eine Luftzirkulation zwischen der warmen und kalten Seite der Dämmung möglich ist. Die Korrekturstufe beträgt in diesem Fall:

$$\Delta U'' = 0{,}04 \text{ W} / \left(\text{m}^2 \cdot \text{K}\right)$$

Der U-Wert ohne Korrektur ist für das hier betrachtete Dach mit $U = 0{,}237$ W/(m^2 · K) berechnet worden. Der Grenzwert, der für dieses Dach ohne Korrektur nicht überschritten werden darf, ermittelt sich zu (3 %):

$$\max \Delta U = 0{,}237 \cdot 0{,}03 = 0{,}007 \text{ W/}\left(\text{m}^2 \cdot \text{K}\right)$$

Weitere Angaben:
Dämmschicht: Dicke d = 14 cm, Wärmeleitfähigkeit λ = 0,040 W/mK
Die Korrektur wird wie folgt berechnet:

$$\Delta U_g = \Delta U'' \cdot (R_1 / R_{tot})^2$$

$$R_1 = 0{,}14/0{,}04 = 3{,}500 \text{ m}^2 \cdot \text{K/W}$$

$$R_{tot} = 1/0{,}237 = 4{,}219 \text{ m}^2 \cdot \text{K/W}$$

$$\Delta U_g = 0{,}04 \cdot (3{,}500/4{,}219)^2 = 0{,}028 \text{ W/}(\text{m}^2 \cdot \text{K})$$

Der Korrekturwert von ΔU_g = 0,028 W/(m² · K) ist größer als der Grenzwert von 0,007 W/(m² · K). Es muss daher eine Korrektur infolge der Luftspalte vorgenommen werden. Es gilt:

$$U_c = U + \Delta U_g = 0{,}237 + 0{,}028 = 0{,}265 \text{ W/}(\text{m}^2 \cdot \text{K})$$

$$U_c = 0{,}27 \text{ W/}(\text{m}^2\text{K})$$ ◀

Beispiel 5: Dachterrasse auf Flachdach mit keilförmiger Dämmschicht

Schichtenfolge/Stoffdaten, Abb. 2.15:

	Wärmeübergangswiderstand innen		R_{si} = 0,100 m² · K/W
1.	0,18 m Stahlbetondecke,		λ_B = 2,100 W/(m · K)
2.	Wärmedämmstoff am tiefsten Punkt	d = 0,06 m,	λ_B = 0,040 W/(m · K)
3.	Wärmedämmstoff am höchsten Punkt	d = 0,12 m	λ_B = 0,040 W/(m · K)
	Wärmeübergangswiderstand außen		R_{se} = 0,040 m² · K/W

Am Beispiel einer Dachterrasse, bestehend aus zwei rechteckigen Flächen gleicher Größe und gleicher Schichtenfolge (Wärmeleitfähigkeiten und Schichthöhen), soll der Rechengang der DIN EN ISO 6946 verdeutlicht werden. Die Längsseiten der recht-

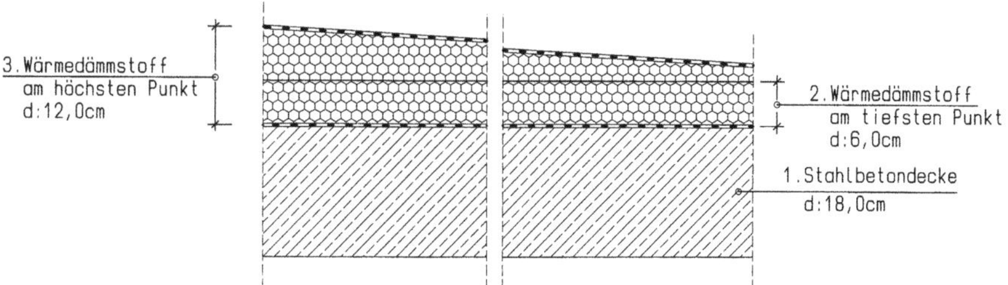

Abb. 2.15 Beispiel – Flachdach mit keilförmigen Dämmschichten

eckigen Grundflächen stoßen mit der kleinsten Wärmedämmschichtdicke in der Mitte aneinander. Die Dicke der Wärmedämmschicht am höchsten Punkt beträgt $d = 0{,}12$ m, am tiefsten Punkt $d = 0{,}06$ m. Die Neigung der Wärmedämmschicht soll 5 % nicht überschreiten.

Für den Fall einer rechteckigen Fläche gilt für die Ermittlung von U (s. a. 2.3.2.10):

$$U = (1/R_2) \cdot \ln\left[1 + (R_2/R_0)\right] \tag{2.19}$$

Dabei bedeuten:

R_2 maximaler Wärmedurchlasswiderstand der keilförmigen Schicht, in m²K/W;

R_0 Bemessungswert des Wärmedurchgangswiderstands des restlichen Teils, einschließlich der Wärmeübergangswiderstände des Bauteils, in m²K/W;

ln natürlicher Logarithmus.

Ergebnisse:

$$R_2 = d_2/\lambda_{B2} = 0{,}06/0{,}040 = 1{,}500\ \text{m}^2\text{K/W}$$

$$\begin{aligned} R_0 &= R_{si} + R_1 + R_2 + \ldots + R_n + R_{si} \\ &= 0{,}10 + 0{,}18/2{,}1 + 0{,}06/0{,}04 + 0{,}04 \\ &= 1{,}726\ \text{m}^2\text{K/W} \end{aligned}$$

$$\begin{aligned} U &= (1/R_2)\ \ln\left[1 + (R_2/R_0)\right] = (1/1{,}500)\ \ln\left[1 + (1{,}500/1{,}726)\right] \\ &= 0{,}667\ \ln\ (1 + 0{,}869) = 0{,}42\ \text{W/m}^2\text{K} \end{aligned}$$ ◄

Beispiel 6: Erläuterung des Mindestwärmeschutzes für ein Umkehrdach

Nachfolgend wird die Berechnung des Wärmedurchgangskoeffizienten U für ein Umkehrdach dargestellt, bei dem die Dämmung über der Abdichtung liegt. Schichtenfolge und Schichtdicken zeigt Abb. 2.16.

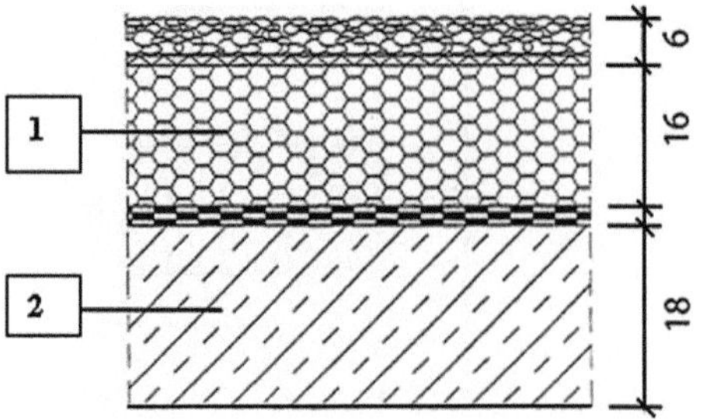

Abb. 2.16 Bauteilaufbau eines Umkehrdaches

Ermittlung des Wärmedurchgangskoeffizienten U für ein Umkehrdach

Wärmeübergangswiderstand außen		$R_{se} = 0{,}04\ \text{m}^2 \cdot \text{K/W}$
[1] Wärmedämmstoff	$d_1 = 0{,}16$ m	$\lambda_{B,1} = 0{,}03$ W/(m · K)
[2] Stahlbetondecke	$d_2 = 0{,}18$ m	$\lambda_{B,2} = 2{,}10$ W/(m · K)
Wärmeübergangswiderstand innen		$R_{si} = 0{,}10\ \text{m}^2 \cdot \text{K/W}$

Für die Berechnung wird ein schrittweises Vorgehen bei der Ermittlung des U-Wertes empfohlen.

1. Schritt:
   Ermittlung des Wärmedurchlasswiderstandes R_1 *außerhalb* der Abdichtung:

$$R_1 = d_1 / \lambda_{B,1} = 0{,}16/0{,}03$$
$$= 5{,}33\ \text{m}^2 \cdot \text{K/W}$$

2. Schritt:
   Ermittlung des Wärmedurchlasswiderstandes R_2 *raumseitig* der Abdichtung:

$$R_2 = d_2 / \lambda_{B,2} = 0{,}18/2{,}10$$
$$= 0{,}09\ \text{m}^2 \cdot \text{K/W}$$

3. Schritt:
   Ermittlung des Anteils des raumseitigen Wärmedurchlasswiderstandes R am Gesamtwärmedurchlasswiderstand:

$$R = R_1 + R_2 = 5{,}33 + 0{,}09$$
$$= 5{,}42\ \text{m}^2 \cdot \text{K/W} > R_{\text{min}} = 1{,}20\ \text{m}^2 \cdot \text{K/W}$$

Verhältnis des raumseitigen zum gesamten Wärmedurchgangswiderstand:

$$R_1 / R = 100 \cdot 0{,}09/5{,}42 = 1{,}6\ \%$$

Der Anteil des raumseitigen Wärmedurchlasswiderstandes beträgt 1,6 %.

Nach DIN 4108-2 beträgt der Zuschlagswert für das vorhandene Umkehrdach entsprechend Tab. 2.13:

$$\Delta U = 0{,}05\ \ \text{W/m}^2\text{K}$$

4. Schritt:
   Ermittlung des „korrigierten" U-Wertes:

$$R_{\text{tot}} = R_{\text{se}} + R_1 + R_2 + R_{\text{si}}$$
$$= 0{,}04 + 5{,}33 + 0{,}09 + 0{,}10$$

$$R_{\text{tot}} = 5{,}56\ \text{m}^2 \cdot \text{K/W}$$

$$U_0 = 1/R_T = 1/5{,}56$$
$$= 0{,}18 \text{ W}/\left(\text{m}^2 \cdot \text{K}\right)$$

$$U_c = U_0 + \Delta U = 0{,}18 + 0{,}05$$
$$= 0{,}23 \text{ W}/\left(\text{m}^2 \cdot \text{K}\right)$$

Endergebnis:
Wärmedurchgangskoeffizient des Umkehrdaches:

$$U = U_c = 0{,}23 \text{ W}/\left(\text{m}^2\text{K}\right)$$ ◄

2.3.4 Fenster und Türen

Für die Ermittlung wärmeschutztechnischer Kennwerte von Fenstern und Türen sind DIN EN ISO 10077 „Wärmetechnisches Verhalten von Fenstern, Türen und Abschlüssen – Berechnung des Wärmedurchgangskoeffizienten“ sowie DIN 4108-4 „Wärmeschutz und Energie-Einsparung in Gebäuden – Teil 4: Wärme- und feuchteschutztechnische Bemessungswerte“ zu beachten.

In DIN EN ISO 10077 ist ein Berechnungsverfahren zur Bestimmung des Wärmedurchgangskoeffizienten von Fenstern und Türen (Teil 1 der Norm) sowie ein numerisches Verfahren zur Berechnung des Wärmedurchgangskoeffizienten von Rahmen (Teil 2 der Norm) festgelegt. Auf das Berechnungsverfahren zur Bestimmung des Wärmedurchgangskoeffizienten von Fenstern und Türen wird nachfolgend näher eingegangen, siehe hierzu Abschn. 2.3.4.1, 2.3.4.2 und 2.3.4.3.

Weiterhin enthält DIN EN ISO 10077-1 tabellierte Werte für den Wärmedurchgangskoeffizienten für Fenster. Siehe hierzu Abschn. 2.3.4.4.

DIN 4108 Teil 4 enthält ergänzende Angaben zu verschiedenen wärmeschutztechnischen Größen für Gläser, Fenster, Türen und Vorhangfassaden. Siehe hierzu Abschn. 2.3.4.5.

Aufgrund des Umfangs beider Normen wird nachfolgend nur exemplarisch auf einige wichtige Aspekte eingegangen. Für Details und weitere Informationen wird auf die genannten Normen verwiesen.

2.3.4.1 Berechnung des Wärmedurchgangskoeffizienten von Fenstern und Türen nach DIN EN 10077-1

Ein Verfahren zur Berechnung des Wärmedurchgangskoeffizienten von Fenstern und Türen ist in DIN EN ISO 10077-1 festgelegt.

Anwendungsbereich

Das Rechenverfahren nach DIN EN ISO 10077-1 gilt für Fenster und Türen, die aus einer Verglasung und/oder einer opaken Füllung in einem Rahmen mit oder ohne Abschlüsse bestehen.

Die Norm gilt dagegen nicht für Vorhangfassaden und andere tragende Verglasungen sowie nicht für Tore. Dachflächenfenster sind wegen ihrer komplexen geometrischen Rahmenabschnitte ebenfalls nicht enthalten.

In informativen Anhängen der DIN EN 10077-1 sind Standardwerte für Verglasungen, Rahmen und Abschlüsse angegeben. Diese Werte liegen i. A. auf der sicheren Seite und führen zu ungünstigeren Kennwerten. In der Praxis sollten daher die genauen Werte der jeweiligen Hersteller verwendet werden.

Die Wirkung von Wärmebrücken im Bereich der Leibung oder des Baukörperanschlusses und der übrigen Gebäudehülle sind von der Berechnung ausgenommen. Die Berechnung berücksichtigt außerdem nicht:

- Einflüsse aus der Sonneneinstrahlung,
- Wärmeübertragung infolge Luftdurchlässigkeit,
- das Tauverhalten,
- belüftete Zwischenräume in Kastenfenstern und Verbundfenstern,
- Umrahmungen von Erkerfenstern.

Für genauere Angaben zum Anwendungsbereich der DIN EN ISO 10077 wird auf die Norm verwiesen.

2.3.4.2 Wärmedurchgangskoeffizient von Fenstern

Allgemeines

Bei der Berechnung des Wärmedurchgangswiderstands eines Fensters U_W (Index W = window) werden im Wesentlichen folgende Anteile berücksichtigt:

- Verglasung (bei Formelzeichen wird hierfür der Index „g = glazing“ verwendet),
- Rahmen (Index f),
- Einfluss des Glasrandverbunds (Index g).

Je nach Konstruktion und Aufbau des Fensters sind ggfs. noch weitere Einflüsse zu berücksichtigen, wie z. B. der Einfluss von Sprossen (Index gb) oder opaken Füllungen (Index p).

Die Berechnung des U_W-Wertes hängt darüber hinaus von der Bauart des Fensters ab. In DIN EN ISO 10077-1 werden daher Verfahren zur Berechnung des U_W-Wertes für verschiedene Bauarten angegeben, u. a. für einfach verglaste Fenster (gemeint sind solche mit Einscheiben- sowie Mehrscheiben-Isolierverglasung), Kastenfenster, Verbundfenster, Fenster mit geschlossenen Abschlüssen oder Jalousien sowie Türen (U_D-Wert).

Nachfolgend wird nur auf Fenster mit Mehrscheiben-Isolierverglasung, die heute i. d. R. bei Neubauten sowie bei Modernisierungen im Bestand ausgeführt werden, eingegangen. Für alle anderen Bauarten und Besonderheiten wird auf die Norm verwiesen.

Mehrfach verglaste Fenster

Der Wärmedurchgangswiderstand für mehrfach verglaste Fenster U_W (hiermit sind Fenster mit Zweischeiben sowie Dreischeiben-Isolierverglasung gemeint) berechnet sich mit folgender Formel (Abb. 2.17):

$$U_W = \frac{\sum A_g \cdot U_g + \sum A_f \cdot U_f + \sum l_g \cdot \Psi_g + \sum l_{gb} \cdot \Psi_{gb}}{A_g + A_f} \tag{2.20}$$

Darin bedeuten:

- U_W Wärmedurchgangskoeffizient des Fensters, in W/m^{2}K;
- U_g Wärmedurchgangskoeffizient der Verglasung, in W/m^{2}K;
- U_f Wärmedurchgangskoeffizient des Rahmens, in W/m^{2}K;
- A_g Fläche der Verglasung, in m^2;
- A_f (Projektions-)Fläche des Rahmens, in m^2;
- l_g Umfangslänge des Randverbunds, in m;
- Ψ_g längenbezogener Wärmedurchgangskoeffizient des Randverbunds infolge des kombinierten wärmetechnischen Einflusses von Glas, Abstandhalter und Rahmen, in W/mK;
- Ψ_{gb} längenbezogener Wärmedurchgangskoeffizient des Randverbunds infolge des kombinierten wärmetechnischen Einflusses von Glas und Sprosse, in W/mK.

Für Abschätzungen und Vorbemessungen können folgende Anhaltswerte angenommen werden:

• Verglasung:	U_g = 1,1 W/(m^{2}K) (Zweischeiben-Isoliergläsern) bis 0,7 W/m^{2}K (bei Dreischeiben-Isoliergläsern);
• Rahmen:	U_f = 0,9 bis 1,4 W/m^{2}K (für PVC-Rahmen je nach Anzahl der Kammern);
• Glasrandverbund:	Ψ_g = 0,08 W/mK (bei Abstandhaltern aus Aluminimum).

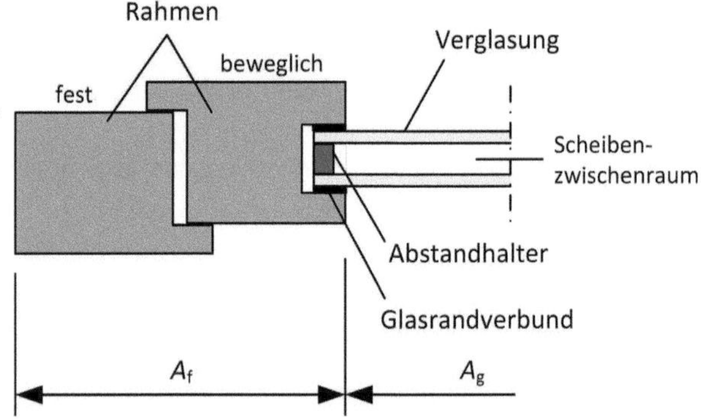

Abb. 2.17 Fenster mit Mehrfachverglasung (hier: Zweischeiben-Isolierverglasung)

Bei Sprossen ist der Einfluss von folgenden Größen abhängig:

- Anordnung der Sprossen (im Scheibenzwischenraum (SZR), glasteilend, aufgeklebt);
- Material der Sprossen (z. B. Kunststoff, Metall);
- Abstand zwischen Glasscheibe und Sprosse bei im SZR integrierten Sprossen;
- Art der Verglasung (Zwei-, Dreischeibenverglasung).

Für Vorbemessungen von Fenstern mit im SZR integrierten Sprossen aus Kunststoff ($\lambda \leq 0{,}30$ W/mK) kann der längenbezogene Wärmedurchgangskoeffizient wie folgt angenommen werden:

- bei Zweischenscheiben-Verglasung: $\Psi_{gb} = 0{,}04$ W/mK;
- bei Dreischeiben-Verglasung (Sprosse in einem SZR): $\Psi_{gb} = 0{,}02$ W/mK.

Für die Bestimmung der wärmetechnischen Kenngrößen siehe auch 2.3.4.3. Für den Nachweis sollten die tatsächlichen Kennwerte der Produkthersteller verwendet werden. Diese sind i. d. R. günstiger als die hier bzw. in Normen angegebenen Werte.

Aus Gl. (2.19) wird deutlich, dass die Anteile aus Verglasung ($A_g \cdot U_g$) und Rahmen ($A_f \cdot U_f$) jeweils mit ihrer zugehörigen Fläche (A_g bzw. A_f) und Wärmedurchgangskoeffizienten (U_g bzw. U_f) in die Berechnung eingehen. Der Randverbund, d. h. der luftdichte Abschluss des Glasrandes bei Mehrscheiben-Isolierverglasungen wird mit der Umfangslänge (l_g) und dem längenbezogenen Wärmedurchgangskoeffizienten (Ψ_g) berücksichtigt. Die Summe dieser einzelnen Anteile bestehend aus Verglasung, Rahmen und Randverbund wird schließlich auf die Fensterfläche ($A_g + A_f$) bezogen, wobei sich der Wärmedurchgangskoeffizient des Fensters U_W ergibt.

Daraus ergibt sich, dass der U_W-Wert eines Fensters immer von der Fensterfläche abhängig ist.

Es gilt folgender Zusammenhang:

Der Wärmedurchgangskoeffizient eines Fensters U_w wird mit zunehmender Fenstergröße (Fensterfläche) geringer und nähert sich dem U-Wert der Verglasung U_g an. Aufgrund des Einflusses des Randverbunds kann der U_g-Wert der Verglasung allerdings nicht erreicht werden. Umgekehrt weisen kleine Fenster mit einem hohen Rahmenanteil einen großen U_w-Wert auf.

Für die Praxis bedeutet dieser Zusammenhang Folgendes:

1. Verglasung und Rahmen sollten möglichst gleich große Wärmedurchgangskoeffizienten aufweisen bzw. der Unterschied zwischen den Wärmedurchgangskoeffizienten von Verglasung und Rahmen sollte nicht zu groß sein.
2. Bei kleinen Fenstern führen sehr gute Verglasungen (z. B. Dreischeiben-Isolierverglasungen) nicht zu der erhofften energetischen Verbesserung des gesamten Fensters, da ihr Einfluss auf den U_W-Wert des Fensters aufgrund der i. d. R. schlechteren Rahmen und des Randverbunds nur gering ist.

3. Kleine Fenster führen zu größeren U_W-Werten, da in diesem Fall der Einfluss der Rahmen aufgrund des steigenden Rahmenanteils an der Fensterfläche sowie der Einfluss des Randverbunds bedeutend wird.

Die Flächen A_W, A_g und A_f sowie die Umfangslänge des Randverbunds l_g sind in DIN EN ISO 10077-1 genau definiert. Siehe hierzu die Abb. 2.18 und 2.19.

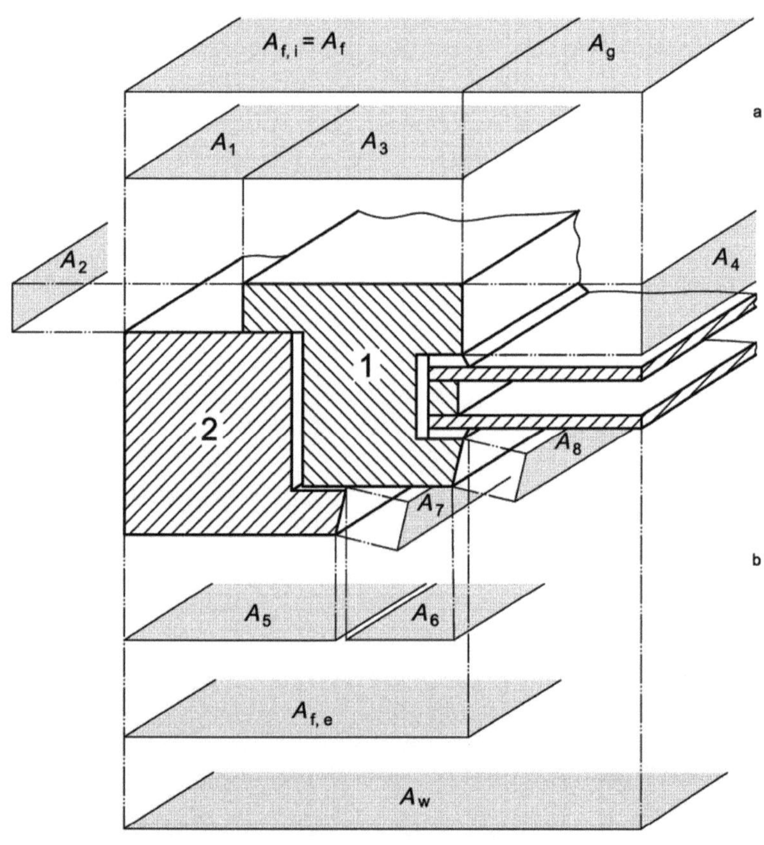

Legende

1 Rahmen (beweglich) $A_f = \max(A_{f,i}; A_{f,e})$
2 Rahmen (feststehend) $A_w = A_f + A_g$
a raumseitig $A_{f,di} = A_1 + A_2 + A_3 + A_4$.
b außenseitig $A_{f,de} = A_5 + A_6 + A_7 + A_8$.

Abb. 2.18 Definition der Flächen von Verglasung A_g, Rahmen A_f und Fenster A_W. (N. DIN EN ISO 10077-1:2018-01, Bild 3)

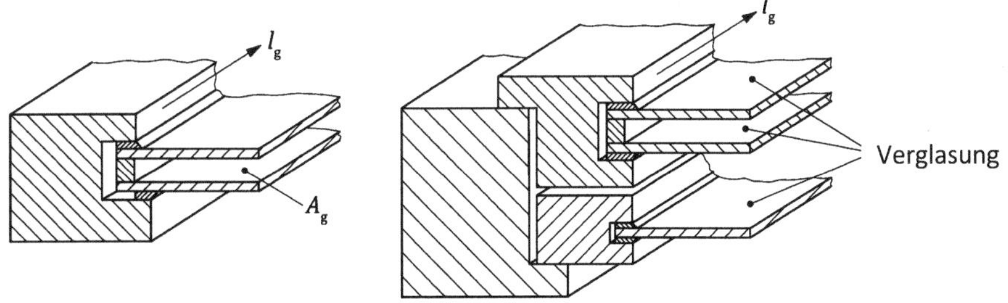

Abb. 2.19 Definition der Umfangslänge l_g des Randverbunds. (N. DIN EN ISO 10077-1:2018-01, Bild 1)

Die Fensterfläche A_W ergibt sich aus der Summe von A_g (Fläche der Verglasung) und A_f (Fläche des Rahmens). Es gilt:

$$A_W = A_g + A_f \qquad (2.21)$$

Darin bedeuten:

A_W Fensterfläche, in m²;

A_g Fläche der Verglasung (Ansichtsfläche der sichtbaren Verglasung), in m²;

A_f Fläche des Rahmens (Ansichtsfläche), in m².

Beispiel

Für ein Fenster mit der Größe 1,23 m × 1,48 m (Prüfstandgröße) soll der Wärmedurchgangskoeffizient U_W berechnet werden. Das Fenster besitzt keine Sprossen (Abb. 2.20).

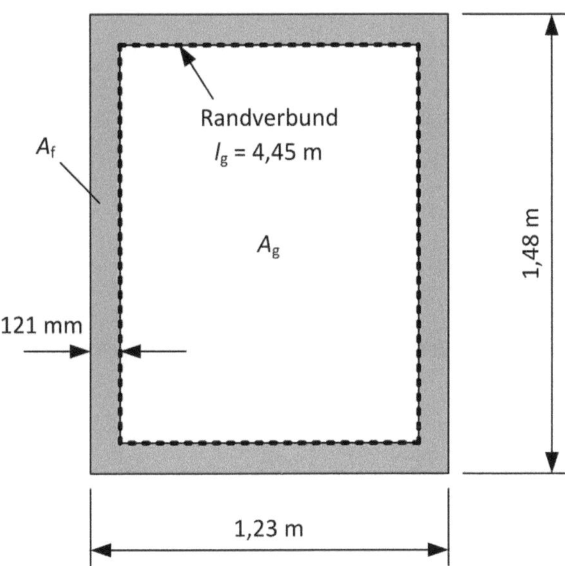

Abb. 2.20 Beispiel – Berechnung des Wärmedurchgangskoeffizienten eines Fensters

Weitere Angaben:

- Ansichtsbreite Rahmen-Flügel: 121 mm
- Gesamtfläche Fenster: $A_W = A_g + A_f = 1{,}82\ m^2$
- Fläche des Rahmens: $A_f = 0{,}59\ m^2$
- Fläche der Verglasung: $A_g = 1{,}23\ m^2$
- Umfangslänge des Randverbundes: $l_g = 4{,}45\ m$
- Wärmedurchgangskoeffizient des Rahmens: $U_f = 1{,}2\ W/(m^2K)$
- Wärmedurchgangskoeffizient der Verglasung: $U_g = 1{,}1\ W/(m^2K)$
- Abstandhalter aus Aluminum: $\Psi_g = 0{,}08\ W/(mK)$

Der Wärmedurchgangskoeffizient des Fensters berechnet sich zu:

$$\begin{aligned} U_W &= \frac{\sum A_g \cdot U_g + \sum A_f \cdot U_f + \sum l_g \cdot \Psi_g}{A_g + A_f} \\ &= \frac{1{,}23 \cdot 1{,}1 + 0{,}59 \cdot 1{,}2 + 4{,}45 \cdot 0{,}08}{1{,}23 + 0{,}59} \\ &= 0{,}743 + 0{,}389 + 0{,}196 = 1{,}33 \cong 1{,}3 \ \text{W/m}^2\text{K} \end{aligned}$$

Der Wärmedurchgangskoeffizient des hier betrachteten Fensters entspricht bei dieser Komponenten-Kombination gerade noch dem U_W-Wert, der nach GEG bei Neubauten (als Referenzwert für das Referenzgebäude) sowie bei Bestandsgebäuden (Nachweis nach dem Bauteilverfahren) vorgesehen ist bzw. gefordert wird. ◀

Fenster mit Verglasungen und opaken Füllungen

Bei Fenstern mit Verglasungen und opaken Füllungen berechnet sich der Wärmedurchgangskoeffizient U_W mit folgender Gleichung:

$$U_W = \frac{\sum A_g \cdot U_g + \sum A_f \cdot U_f + \sum A_p \cdot U_p + \sum l_g \cdot \Psi_g + \sum l_p \cdot \Psi_p + \sum l_{gb} \cdot \Psi_{gb}}{A_g + A_f + A_p} \tag{2.22}$$

Darin bedeuten:

U_W Wärmedurchgangskoeffizient des Fensters, in W/m^2K;
U_g Wärmedurchgangskoeffizient der Verglasung, in W/m^2K;
U_f Wärmedurchgangskoeffizient des Rahmens, in W/m^2K;
U_p Wärmedurchgangskoeffizient der opaken Füllung, in W/m^2K;
A_g Fläche der Verglasung, in m^2;
A_f (Projektions-)Fläche des Rahmens, in m^2;
A_p Fläche der opaken Füllung, in m^2;
l_g Umfangslänge des Randverbunds, in m;

Ψ_g längenbezogener Wärmedurchgangskoeffizient des Randverbunds infolge des kombinierten wärmetechnischen Einflusses von Glas, Abstandhalter und Rahmen, in W/mK;

Ψ_p längenbezogener Wärmedurchgangskoeffizient infolge des kombinierten wärmetechnischen Einflusses von Füllung, Abstandhalter und Rahmen, in W/mK;

Ψ_{gb} längenbezogener Wärmedurchgangskoeffizient des Randverbunds infolge des kombinierten wärmetechnischen Einflusses von Glas und Sprosse, in W/mK.

Türen mit Verglasung und opaken Füllungen

Bei Türen mit Verglasung und opaken Füllungen berechnet sich der Wärmedurchgangskoeffizient U_D mit folgender Gleichung:

$$U_D = \frac{\sum A_g \cdot U_g + \sum A_f \cdot U_f + \sum A_p \cdot U_p + \sum l_g \cdot \Psi_g + \sum l_p \cdot \Psi_p + \sum l_{gb} \cdot \Psi_{gb}}{A_g + A_f + A_p} \tag{2.23}$$

Darin bedeuten:

U_W Wärmedurchgangskoeffizient des Fensters, in W/m²K;

U_g Wärmedurchgangskoeffizient der Verglasung, in W/m²K;

U_f Wärmedurchgangskoeffizient des Rahmens, in W/m²K;

U_p Wärmedurchgangskoeffizient der opaken Füllung, in W/m²K;

A_g Fläche der Verglasung, in m²;

A_f (Projektions-)Fläche des Rahmens, in m²;

A_p Fläche der opaken Füllung, in m²;

l_g Umfangslänge des Randverbunds, in m;

Ψ_g längenbezogener Wärmedurchgangskoeffizient des Randverbunds infolge des kombinierten wärmetechnischen Einflusses von Glas, Abstandhalter und Rahmen, in W/mK;

Ψ_p längenbezogener Wärmedurchgangskoeffizient infolge des kombinierten wärmetechnischen Einflusses von Füllung, Abstandhalter und Rahmen, in W/mK;

Ψ_{gb} längenbezogener Wärmedurchgangskoeffizient des Randverbunds infolge des kombinierten wärmetechnischen Einflusses von Glas und Sprosse, in W/mK.

Für weitere Bauarten wird auf die Norm verwiesen.

2.3.4.3 Wärmetechnische Kenngrößen

Eine Übersicht über die wärmetechnischen Kenngrößen, die für die Ermittlung des Wärmedurchgangskoeffizienten eines Fensters bzw. einer Tür benötigt werden, sind in Tab. 2.16 zusammengestellt.

Für die genaue Ermittlung der in Tab. 2.16 angegebenen wärmetechnischen Größen wird auf die genannten Normen verwiesen.

Nachfolgend sollen nur einige Anhaltswerte, die bei Neubauten sowie bei Modernisierungen bzw. Austausch im Bestand gelten, angegeben werden.

Tab. 2.16 Wärmetechnsiche Kenngrößen der Fenster-/Türkomponenten. (N. DIN EN ISO 10077-1)

Komponente	Beschreibung	Formelzeichen	Einheit	Ursprung
Rahmen	Wärmedurchgangskoefiizient des Rahmens	U_f	W/m²K	DIN EN ISO 10077-2 oder DIN EN 12412-2 oder DIN EN ISO 10077-1 Anhang F
Verglasung	Wärmedurchgangskoeffizient der Verglasung	U_g	W/m²K	DIN EN 673 (Berechnung) DIN EN 674 (Messung)
Glasrandverbund	längenbezogener Wärmedurchgangskoeffizient des Glasrandverbunds infolge des kombinierten Einflusses von Verglasung, Abstandhalter und Rahmen	Ψ_g	W/mK	DIN EN ISO 10077-1 Anhang G oder DIN EN ISO 10077-2
Opake Füllung	Wärmedurchgangskoeffizient einer opaken Füllung	U_p	W/m²K	DIN EN ISO 6946 oder DIN EN ISO 10211 oder DIN EN 12664/12667
Randverbund bei einer opaken Füllung	längen Wärmedurchgangskoeffizient des Randverbunds infolge des kombinierten Einflusses von Füllung, Abstandhalter und Rahmen	Ψ_p	W/mK	DIN EN ISO 10077-2
Sprossen	längenbezogener Wärmedurchgangskoeffizient infolge des kombinierten Einflusses von Sprosse und Verglasung	Ψ_{gb}	W/mK	DIN EN ISO 10077-1 Anhang G oder DIN EN ISO 10077-2

Verglasung

Übliche Wärmedurchgangskoeffizienten von Verglasungen (U_g-Werte) sind in Tab. 2.17 angegeben. Zweischeiben-Isolierverglasungen erreichen heute standardmäßig einen U_g-Wert von 1,0 bis 1,1 W/(m²K).

Die Gläser sind mit einer Beschichtung bestehend aus einer extrem dünnen und lichtdurchlässigen Silberoxidschicht versehen. Die Beschichtung befindet sich auf der raumseitigen Scheibe im Scheibenzwischenraum und hat die Aufgabe, die Wärmestrahlung in den Raum zurück zu reflektieren. Dadurch werden Wärmeverluste durch die Verglasung deutlich reduziert. Der Scheibenzwischenraum selbst ist mit einem Edelgas (in der Regel Argon, seltener Krypton) befüllt.

Der Randverbund der Verglasung besteht teilweise aus thermisch verbesserten Abstandhaltern um die Wärmebrückenwirkung zu verringern. Weiterhin ist der Randverbund

Tab. 2.17 Heute übliche Wärmedurchgangskoeffizienten von ausgewählten Mehrfach-Verglasungen (U_g-Werte)

Art	Gesamtdicke in mm	Aufbau	Befüllung des SZR mit	U_g-Wert in W/(m²K)
Zweischeiben-Isolierverglasung	24	4-16-4	Argon	1,1
	20	4-12-4	Krypton	1,0
Dreischeiben-Isolierverglasung	44	4-16-4-16-4	Argon	0,6
	36	4-12-4-12-4	Krypton	0,5

SZR = Scheibenzwischenraum

so gut abgedichtet, dass die Edelgaskonzentration im Scheibenzwischenraum selbst nach mehreren Jahrzehnten nicht unter 90 % sinkt. Neben den Zweischeiben-Isolierverglasungen werden heute zunehmend auch Dreischeiben-Isolierverglasungen eingesetzt. Bei einer Dreischeiben-Isolierverglasung besteht die Verglasung aus drei am Rand luftdicht miteinander verbundenen Einzelscheiben. Mit Dreischeiben-Isolierverglasung werden U-Werte von 0,5 bis 0,8 W/(m²K) erreicht.

Der Aufbau einer Zweischeiben-Isolierverglasung ist in Abb. 2.21 dargestellt.

Rahmen

Wärmedurchgangskoeffizienten von Rahmen aus Kunststoff und Holz (U_f-Werte) befinden sich in Tab. 2.18. Für die Größe des Wärmedurchgangskoeffizienten U spielt bei Kunststoffprofilen neben der Tiefe des Rahmens auch die Anzahl der Kammern eine entscheidende Rolle. Die Kunststoffprofile besitzen im Querschnitt mehrere hintereinander liegende Kammern. Diese sind in der Regel hohl, d. h. mit Luft gefüllt. Die Größe der Kammern, d. h. der lichte Abstand der Kunststoffstege ist so gewählt, dass in den Kammern gerade eben keine Konvektion stattfindet, um Wärmeverluste zu minimieren. Die in den

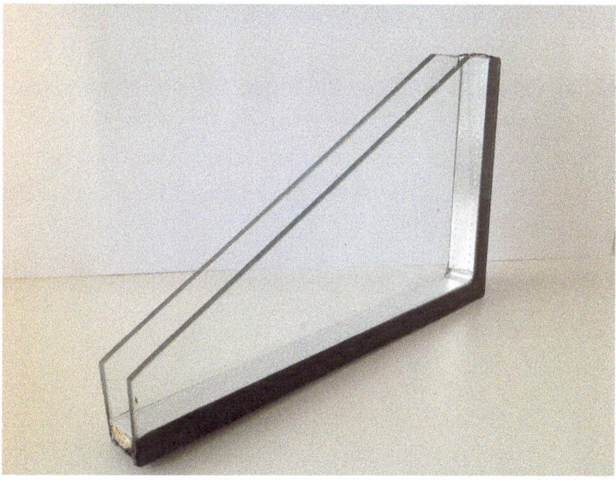

Abb. 2.21 Zweischeiben-Isolierverglasung

Tab. 2.18 Wärmedurchgangskoeffizienten von Rahmen (U_f-Werte)

Material	Beschreibung	U_f-Wert in W/(m²K)
Kunststoff	2- oder 3-Kammer-Profilsystem, Tiefe = 60 mm (Hinweis: wird heute i. d. R. nicht mehr verwendet)	≥ 2,0
	5-Kammer-Profil, Tiefe = 70 mm	1,3 bis 1,5
	6-Kammer-Profilsystem, Tiefe = 82 mm	1,1
	8-Kammer-Profilsystem, Tiefe = 82 mm	0,8 bis 0,9
Holz	je nach Dicke	1,0 bis 2,9 (abh. von der Rahmendicke bzw. der Bautiefe)

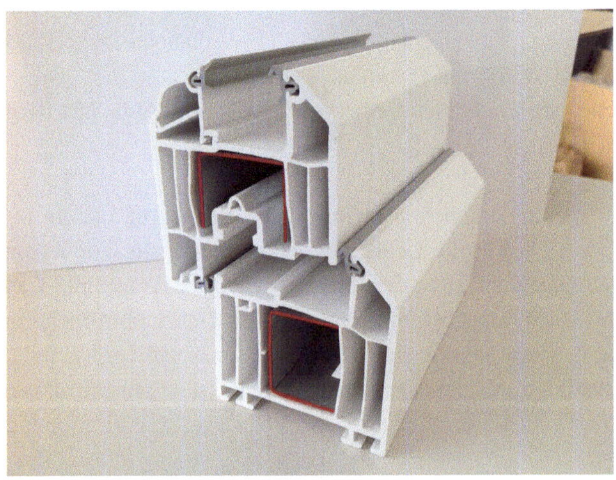

Abb. 2.22 Rahmen aus einem Kunststoffprofil

Kammern eingeschlossene Luft wird somit optimal als natürlich vorhandener Dämmstoff eingesetzt. Ältere Kunststoffrahmen besitzen lediglich zwei oder drei Kammern mit entsprechend schlechten U_f-Werten. Heute werden standardmäßig Profile mit mindestens fünf Kammern eingesetzt. Einige Hersteller bieten sogar Profile mit acht Kammern und entsprechender großer Bautiefe an.

Der Schnitt durch ein Kunststoffprofil ist in Abb. 2.22 dargestellt.

Randverbund

Der Wärmedurchgangskoeffizient für den Randverbund der Verglasung ist ein längenbezogener Wert und wird mit Ψ_g bezeichnet. Anhaltswerte für den Ψ_g–Wert siehe Tab. 2.19; genauere Werte sind in DIN EN ISO 10077-1, Anhang G angegeben, siehe heirzu auch Tab. 2.20.

Tab. 2.19 Anhaltswerte für den längenbezogenen Wärmedurchgangskoeffizienten des Randverbunds (Ψ_g-Werte)

Beschreibung	Längenbezogener Wärmedurchgangskoeffizient ψ_g in W/(mK)
Abstandhalter aus Aluminium	0,060 bis 0,080
Thermisch verbesserte Abstandhalter	0,040 bis 0,050
Abstandhalter aus Kunststoff	0,035

Tab. 2.20 Werte des längenbezogenen Wärmedurchgangskoeffizienten für typische Abstandhalter (aus Aluminium oder Stahl). (N. DIN EN ISO 10077-1, Tab. G.1)

Rahmen	Längenbezogener Wärmedurchgangskoeffizient für verschiedene Verglasungen Ψ_g in W/mK	
	Zweischeiben- oder Dreischeiben-Isolierverglasung aus unbeschichtetem Glas, Befüllung des SZR mit Luft- oder Gas	Zweischeiben[a]- oder Dreischeiben[b]-Isolierverglasung, Glas mit niedrigem Emissionsgrad (beschichtet), Befüllung des SZR mit Luft oder Gas
Holz oder PVC	0,06	0,08
Metallrahmen mit wärmetechnischer Trennung	0,08	0,11
Metallrahmen ohne wärmetechnische Trennung	0,02	0,05

[a]Mit einer beschichteten Scheibe bei Zweischeibenverglasungen
[b]Mit zwei beschichteten Scheiben bei Dreischeibenverglasung

Standardmäßig werden heute überwiegend Abstandhalter aus Aluminium eingesetzt, da Aluminium gute Festigkeitseigenschaften besitzt und sich leicht verarbeiten lässt. Aufgrund der guten Wärmeleitfähigkeit von Aluminium ergeben sich allerdings entsprechend hohe Wärmeverluste über den Randverbund. Thermisch verbesserte Abstandhalter aus Edelstahl mit Kunststoffkern reduzieren die Wärmeverluste über den Randverbund deutlich, sind jedoch teurer und lassen sich schwieriger verarbeiten. Sie werden daher nur in seltenen Fällen eingesetzt. Abstandhalter aus Kunststoff haben zwar die besten energetischen Eigenschaften, sind aber nicht so beständig gegen Erwärmung (z. B. bei Sonneneinstrahlung im Sommer). Aus diesem Grund beschränkt sich deren Verwendung auf Verglasungen mit gebogenen Rändern (sogenannte Modellscheiben).

Abstandhalter aus verschiedenen Materialien sind in Abb. 2.23 dargestellt.

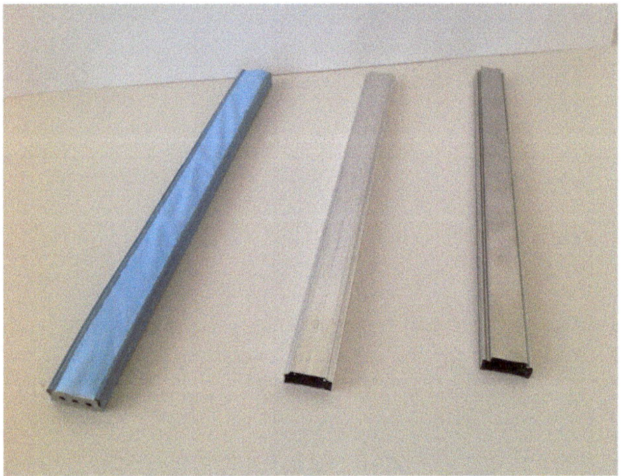

Abb. 2.23 Abstandhalter aus verschiedenen Materialien

2.3.4.4 Tabellarische Ermittlung des Wärmedurchgangskoeffizienten von Fenstern

DIN EN ISO 10070-1 Anhang H enthält tabellierte Werte für den Wärmedurchgangskoeffizienten von Fenstern. Diese Werte sind nach den rechnerischen Verfahren der Norm für verschiedene Verglasungen und typische Abstandhalter ermittelt worden.

Die tabellierten Werte gelten für folgende Randbedingungen:

- vertikal angeordnete Fenster mit den Abmessungen 1,23 m × 1,48 m (Prüfstandgröße);
- Flächenanteil des Rahmens von 20 % und 30 %;
- Verglasungen:
  - $U_g \geq 2{,}1$ W/mK (unbeschichtetes Glas),
  - $U_g \leq 2{,}0$ W/mK (beschichtetes Glas);
- Rahmen:
  - $U_f = 7{,}0$ W/m²K (Metallrahmen ohne wärmetechnische Trennung),
  - $2{,}2 \leq U_f \leq 3{,}8$ W/m²K (Metallrahmen mit wärmetechnischer Trennung),
  - $U_f \leq 2{,}0$ W/m²K (Holz- und PVC-Rahmen);
  - Abstandhalter aus Aluminium oder Stahl sowie thermisch verbesserte Abstandhalter nach DIN EN ISO 10077-1, Tab. G.1 und G.2;
- Fenster mit einem Fensterflügel.

Wärmedurchgangskoeffizienten für Fenster mit anderen Abmessungen oder anderer Orientierung (schräg), anderem Rahmenanteil oder anderen Kombinationen von Rahmen und Verglasung sind mit den o. a. Rechenverfahren (2.3.4.2) zu berechnen.

Tabellierte Werte für den Wärmedurchgangskoeffizienten von Fenstern sind in den Tab. 2.21, 2.22, 2.23 und 2.24 angegeben.

Tab. 2.21 Wärmedurchgangskoeffizienten U_W für vertikale Fenster mit einem Flächenanteil von 30 % an der Gesamtfensterfläche mit typischen Abstandhaltern (z. B.: Aluminium, Stahl). (N. DIN EN ISO 10077-1 Anhang H, Tab. H.1)

		Wärmedurchgangskoeffizienten U_w für vertikale Fenster mit einem Flächenanteil des Rahmens von 30 % an der Gesamtfensterfläche und mit typischen Arten von Abstandhaltern und folgenden Werten für U_f												
Art der Verglasung	Ug	0,80	1,0	1,2	1,4	1,6	1,8	2,0	2,2	2,6	3,0	3,4	3,8	7,0
Einscheiben- verglasung	5,8	4,3	4,4	4,4	4,5	4,5	4,6	4,7	4,7	4,8	5,0	5,1	5,2	6,1
Zweischeiben- oder Dreischeiben-Isolierverglasung	3,3	2,7	2,8	2,8	2,9	2,9	3,0	3,1	3,2	3,3	3,4	3,5	3,6	4,5
	3,2	2,6	2,7	2,7	2,8	2,9	2,9	3,0	3,1	3,2	3,3	3,5	3,6	4,4
	3,1	2,6	2,6	2,7	2,7	2,8	2,9	2,9	3,0	3,1	3,3	3,4	3,5	4,3
	3,0	2,5	2,5	2,6	2,7	2,7	2,8	2,8	3,0	3,1	3,2	3,3	3,4	4,2
	2,9	2,4	2,5	2,5	2,6	2,7	2,7	2,8	2,9	3,0	3,1	3,2	3,4	4,2
	2,8	2,3	2,4	2,5	2,5	2,6	2,6	2,7	2,8	2,9	3,1	3,2	3,3	4,1
	2,7	2,3	2,3	2,4	2,5	2,5	2,6	2,6	2,7	2,9	3,0	3,1	3,2	4,0
	2,6	2,2	2,3	2,3	2,4	2,4	2,5	2,6	2,7	2,6	2,9	3,0	3,2	4,0
	2,5	2,1	2,2	2,3	2,3	2,4	2,4	2,5	2,6	2,5	2,8	3,0	3,1	3,9
	2,4	2,1	2,1	2,2	2,2	2,3	2,4	2,4	2,5	2,5	2,8	2,9	3,0	3,8
	2,3	2,0	2,1	2,1	2,2	2,2	2,3	2,4	2,5	2,4	2,7	2,8	3,0	3,8
	2,2	1,9	2,0	2,0	2,1	2,2	2,2	2,3	2,4	2,3	2,6	2,8	2,9	3,7
	2,1	1,9	1,9	2,0	2,0	2,1	2,2	2,2	2,3	2,3	2,6	2,7	2,8	3,6
	2,0	1,8	1,9	2,0	2,0	2,1	2,1	2,2	2,3	2,5	2,6	2,7	2,8	3,6
	1,9	1,8	1,8	1,9	1,9	2,0	2,1	2,1	2,3	2,4	2,5	2,5	2,7	3,6
	1,8	1,7	1,8	1,8	1,9	1,9	2,0	2,1	2,2	2,3	2,4	2,6	2,7	3,5
	1,7	1,6	1,7	1,7	1,8	1,9	1,9	2,0	2,1	2,2	2,4	2,5	2,6	3,4
	1,6	1,6	1,6	1,7	1,7	1,8	1,9	1,9	2,1	2,2	2,3	2,4	2,5	3,3
	1,5	1,5	1,5	1,6	1,7	1,7	1,8	1,8	2,0	2,1	2,2	2,3	2,5	3,3
	1,4	1,4	1,5	1,5	1,6	1,7	1,7	1,8	1,9	2,0	2,2	2,3	2,4	3,2
	1,3	1,3	1,4	1,5	1,5	1,6	1,6	1,7	1,8	2,0	2,1	2,2	2,3	3,1
	1,2	1,3	1,3	1,4	1,5	1,5	1,6	1,6	1,8	1,9	2,0	2,1	2,3	3,1
	1,1	1,2	1,3	1,3	1,4	1,4	1,5	1,6	1,7	1,8	1,9	2,1	2,2	3,0
	1,0	1,1	1,2	1,3	1,3	1,4	1,4	1,5	1,6	1,8	1,9	2,0	2,1	2,9
	0,9	1,1	1,1	1,2	1,2	1,3	1,4	1,4	1,6	1,7	1,8	1,9	2,0	2,9
	0,8	1,0	1,1	1,1	1,2	1,2	1,3	1,4	1,5	1,6	1,7	1,9	2,0	2,8
	0,7	0,93	0,99	1,0	1,1	1,2	1,2	1,3	1,4	1,5	1,7	1,8	1,9	2,7
	0,6	0,86	0,92	0,98	1,0	1,1	1,2	1,2	1,4	1,5	1,6	1,7	1,8	2,7
	0,5	0,79	0,85	0,91	0,97	1,0	1,1	1,2	1,3	1,4	1,5	1,6	1,8	2,6

Alle Werte in W/m²K

Tab. 2.22 Wärmedurchgangskoeffizienten U_W für vertikale Fenster mit einem Flächenanteil von 20 % an der Gesamtfensterfläche mit typischen Abstandhaltern (z. B. aus Aluminium, Stahl). (N. DIN EN ISO 10077-1 Anhang H, Tab. H.2)

Art der Verglasung	Ug	Wärmedurchgangskoeffizienten U_w für vertikale Fenster mit einem Flächenanteil des Rahmens von 20 % an der Gesamtfensterfläche und mit typischen Arten von Abstandhaltern und folgenden Werten für U_f												
		0,8	1,0	1,2	1,4	1,6	1,8	2,0	2,2	2,6	3,0	3,4	3,8	7,0
Einscheiben- verglasung	5,8	4,8	4,8	4,9	4,9	5,0	5,0	5,0	5,1	5,2	5,2	5,3	5,4	6,0
Zweischeiben- oder Dreischeiben-Isolierverglasung	3,3	3,0	3,0	3,0	3,1	3,1	3,2	3,2	3,3	3,4	3,5	3,5	3,6	4,1
	3,2	2,9	2,9	3,0	3,0	3,0	3,1	3,1	3,2	3,3	3,4	3,5	3,5	4,0
	3,1	2,8	2,8	2,9	2,9	3,0	3,0	3,0	3,1	3,2	3,3	3,4	3,5	3,9
	3,0	2,7	2,8	2,8	2,8	2,9	2,9	3,0	3,1	3,1	3,2	3,3	3,4	3,9
	2,9	2,6	2,7	2,7	2,8	2,8	2,8	2,9	3,0	3,1	3,1	3,2	3,3	3,8
	2,8	2,6	2,6	2,6	2,7	2,7	2,8	2,8	2,9	3,0	3,1	3,1	3,2	3,7
	2,7	2,5	2,5	2,6	2,6	2,6	2,7	2,7	2,8	2,9	3,0	3,1	3,1	3,6
	2,6	2,4	2,4	2,5	2,5	2,6	2,6	2,6	2,7	2,6	2,9	3,0	3,1	3,5
	2,5	2,3	2,4	2,4	2,4	2,5	2,5	2,6	2,7	2,5	2,8	2,9	3,0	3,5
	2,4	2,2	2,3	2,3	2,4	2,4	2,4	2,5	2,6	2,4	2,7	2,8	2,9	3,4
	2,3	2,2	2,2	2,2	2,3	2,3	2,4	2,4	2,5	2,4	2,7	2,7	2,8	3,3
	2,2	2,1	2,1	2,2	2,2	2,2	2,3	2,3	2,4	2,3	2,6	2,7	2,7	3,2
	2,1	2,0	2,0	2,1	2,1	2,2	2,2	2,2	2,3	2,2	2,5	2,6	2,7	3,1
	2,0	2,0	2,0	2,1	2,1	2,1	2,2	2,2	2,3	2,4	2,5	2,6	2,7	3,1
	1,9	1,9	1,9	2,0	2,0	2,1	2,1	2,1	2,3	2,3	2,4	2,5	2,6	3,1
	1,8	1,8	1,9	1,9	1,9	2,0	2,0	2,1	2,2	2,3	2,3	2,4	2,5	3,0
	1,7	1,7	1,8	1,8	1,9	1,9	1,9	2,0	2,1	2,2	2,3	2,3	2,4	2,9
	1,6	1,7	1,7	1,7	1,8	1,8	1,9	1,9	2,0	2,1	2,2	2,3	2,3	2,8
	1,5	1,6	1,6	1,7	1,7	1,7	1,8	1,8	1,9	2,0	2,1	2,2	2,3	2,7
	1,4	1,5	1,5	1,6	1,6	1,7	1,7	1,7	1,9	1,9	2,0	2,1	2,2	2,7
	1,3	1,4	1,5	1,5	1,5	1,6	1,6	1,7	1,8	1,9	1,9	2,0	2,1	2,6
	1,2	1,3	1,4	1,4	1,5	1,5	1,5	1,6	1,7	1,8	1,9	1,9	2,0	2,5
	1,1	1,3	1,3	1,3	1,4	1,4	1,5	1,5	1,6	1,7	1,8	1,9	1,9	2,4
	1,0	1,2	1,2	1,3	1,3	1,3	1,4	1,4	1,5	1,6	1,7	1,8	1,9	2,3
	0,9	1,1	1,1	1,2	1,2	1,3	1,3	1,3	1,5	1,5	1,6	1,7	1,8	2,3
	0,8	1,0	1,1	1,1	1,1	1,2	1,2	1,3	1,4	1,5	1,5	1,6	1,7	2,2
	0,7	0,93	0,97	1,0	1,1	1,1	1,1	1,2	1,3	1,4	1,5	1,5	1,6	2,1
	0,6	0,85	0,89	0,93	0,97	1,0	1,1	1,1	1,2	1,3	1,4	1,5	1,5	2,0
	0,5	0,77	0,81	0,85	0,89	0,93	0,97	1,0	1,1	1,2	1,3	1,4	1,5	1,9

Alle Werte in W/m^2K

Tab. 2.23 Wärmedurchgangskoeffizienten U_W für vertikale Fenster mit einem Flächenanteil von 30 % an der Gesamtfensterfläche und mit wärmetechnisch verbesserten Abstandhaltern. (N. DIN EN ISO 10077-1 Anhang H, Tab. H.3)

Art der Verglasung	U_g	Wärmedurchgangskoeffizienten U_w für vertikale Fenster mit einem Flächenanteil des Rahmens von 30 % an der Gesamtfensterfläche und mit wärmetechnisch verbesserten Abstandhaltern und folgenden Werten für U_f												
		0,8	1,0	1,2	1,4	1,6	1,8	2,0	2,2	2,6	3,0	3,4	3,8	7,0
Einscheiben- verglasung	5,8	4,3	4,4	4,4	4,5	4,5	4,6	4,7	4,7	4,8	5,0	5,1[N3]	5,2	6,2
Zweischeiben- oder Dreischeiben-Isolierverglasung	3,3	2,7	2,7	2,8	2,9	2,9	3,0	3,0	3,1	3,2	3,4	3,5	3,6	4,4
	3,2	2,6	2,7	2,7	2,8	2,8	2,9	3,0	3,0	3,2	3,3	3,4	3,5	4,4
	3,1	2,5	2,6	2,7	2,7	2,8	2,8	2,9	3,0	3,1	3,2	3,3	3,5	4,3
	3,0	2,5	2,5	2,6	2,6	2,7	2,8	2,8	2,9	3,0	3,1	3,3	3,4	4,2
	2,9	2,4	2,5	2,5	2,6	2,6	2,7	2,8	2,8	3,0	3,1	3,2	3,3	4,2
	2,8	2,3	2,4	2,4	2,5	2,6	2,6	2,7	2,8	2,9	3,0	3,1	3,2	4,1
	2,7	2,3	2,3	2,4	2,4	2,5	2,6	2,6	2,7	2,8	2,9	3,1	3,2	4,0
	2,6	2,2	2,2	2,3	2,4	2,4	2,5	2,5	2,6	2,6	2,9	3,0	3,1	3,9
	2,5	2,1	2,2	2,2	2,3	2,4	2,4	2,5	2,6	2,5	2,8	2,9	3,0	3,9
	2,4	2,0	2,1	2,2	2,2	2,3	2,3	2,4	2,5	2,5	2,7	2,8	3,0	3,8
	2,3	2,0	2,0	2,1	2,2	2,2	2,3	2,3	2,4	2,4	2,7	2,8	2,9	3,7
	2,2	1,9	2,0	2,0	2,1	2,1	2,2	2,3	2,3	2,3	2,6	2,7	2,8	3,7
	2,1	1,8	1,9	2,0	2,0	2,1	2,1	2,2	2,3	2,2	2,5	2,6	2,8	3,6
	2,0	1,8	1,8	1,9	2,0	2,0	2,1	2,1	2,3	2,4	2,5	2,6	2,7	3,6
	1,9	1,7	1,8	1,8	1,9	2,0	2,0	2,1	2,2	2,3	2,4	2,5	2,7	3,5
	1,8	1,6	1,7	1,8	1,8	1,9	1,9	2,0	2,1	2,2	2,4	2,5	2,6	3,5
	1,7	1,6	1,6	1,7	1,8	1,8	1,9	1,9	2,0	2,2	2,3	2,4	2,5	3,4
	1,6	1,5	1,6	1,6	1,7	1,7	1,8	1,9	2,0	2,1	2,2	2,3	2,5	3,3
	1,5	1,4	1,5	1,6	1,6	1,7	1,7	1,8	1,9	2,0	2,1	2,3	2,4	3,2
	1,4	1,4	1,4	1,5	1,5	1,6	1,7	1,7	1,8	2,0	2,1	2,2	2,3	3,2
	1,3	1,3	1,4	1,4	1,5	1,5	1,6	1,7	1,8	1,9	2,0	2,1	2,2	3,1
	1,2	1,2	1,3	1,3	1,4	1,5	1,5	1,6	1,7	1,8	1,9	2,1	2,2	3,0
	1,1	1,2	1,2	1,3	1,3	1,4	1,5	1,5	1,6	1,7	1,9	2,0	2,1	3,0
	1,0	1,1	1,1	1,2	1,3	1,3	1,4	1,4	1,6	1,7	1,8	1,9	2,0	2,9
	0,9	1,0	1,1	1,1	1,2	1,3	1,3	1,4	1,5	1,6	1,7	1,8	2,0	2,8
	0,8	0,95	1,0	1,1	1,1	1,2	1,2	1,3	1,4	1,5	1,7	1,8	1,9	2,8
	0,7	0,88	0,94	1,0	1,1	1,1	1,2	1,2	1,3	1,5	1,6	1,7	1,8	2,7
	0,6	0,18	0,87	0,93	0,99	1,0	1,1	1,2	1,3	1,4	1,5	1,6	1,8	2,6
	0,5	0,74	0,80	0,86	0,92	0,98	1,0	1,1	1,2	1,3	1,4	1,6	1,7	2,5

Alle Werte in W/m²K

Tab. 2.24 Wärmedurchgangskoeffizienten U_W für vertikale Fenster mit einem Flächenanteil von 20 % an der Gesamtfensterfläche und mit wärmetechnisch verbesserten Abstandhaltern. (N. DIN EN ISO 10077-1 Anhang H, Tab. H.4)

Art der Verglasung	Ug	Wärmedurchgangskoeffizienten U_w für vertikale Fenster mit einem Flächenanteil des Rahmens von 20 % an der Gesamtfensterfläche und mit wärmetechnisch verbesserten Abstandhaltern und folgenden Werten für U_f												
		0,8	1,0	1,2	1,4	1,6	1,8	2,0	2,2	2,6	3,0	3,4	3,8	7,0
Einscheiben- verglasung	5,8	4,8	4,8	4,9	4,9	5,0	5,0	5,0	5,1	5,2	5,2	5,3	5,4	6,0
Zweischeiben- oder Dreischeiben-Isolierverglasung	3,3	2,9	3,0	3,0	3,1	3,1	3,1	3,2	3,2	3,3	3,4	3,5	3,6	4,1
	3,2	2,9	2,9	2,9	3,0	3,0	3,1	3,1	3,2	3,2	3,3	3,4	3,5	4,0
	3,1	2,8	2,8	2,9	2,9	2,9	3,0	3,0	3,1	3,2	3,2	3,3	3,4	3,9
	3,0	2,7	2,7	2,8	2,8	2,9	2,9	2,9	3,0	3,1	3,2	3,2	3,3	3,8
	2,9	2,6	2,7	2,7	2,7	2,8	2,8	2,9	2,9	3,0	3,1	3,2	3,2	3,7
	2,8	2,5	2,6	2,6	2,7	2,7	2,7	2,8	2,8	2,9	3,0	3,1	3,2	3,7
	2,7	2,5	2,5	2,5	2,6	2,6	2,7	2,7	2,8	2,8	2,9	3,0	3,1	3,6
	2,6	2,4	2,4	2,5	2,5	2,5	2,6	2,6	2,7	2,6	2,8	2,9	3,0	3,5
	2,5	2,3	2,3	2,4	2,4	2,5	2,5	2,5	2,6	2,5	2,8	2,8	2,9	3,4
	2,4	2,2	2,3	2,3	2,3	2,4	2,4	2,5	2,5	2,4	2,7	2,8	2,8	3,3
	2,3	2,1	2,2	2,2	2,3	2,3	2,3	2,4	2,4	2,4	2,6	2,7	2,8	3,3
	2,2	2,1	2,1	2,1	2,2	2,2	2,3	2,3	2,4	2,3	2,5	2,6	2,7	3,2
	2,1	2,0	2,0	2,1	2,1	2,1	2,2	2,2	2,3	2,2	2,4	2,5	2,6	3,1
	2,0	1,9	2,0	2,0	2,0	2,1	2,1	2,2	2,3	2,3	2,4	2,5	2,6	3,1
	1,9	1,8	1,9	1,9	2,0	2,0	2,0	2,1	2,2	2,3	2,3	2,5	2,5	3,0
	1,8	1,8	1,8	1,8	1,9	1,9	2,0	2,0	2,1	2,2	2,3	2,3	2,4	2,9
	1,7	1,7	1,7	1,8	1,8	1,8	1,9	1,9	2,0	2,1	2,2	2,3	2,3	2,9
	1,6	1,6	1,6	1,7	1,7	1,8	1,8	1,8	1,9	2,0	2,1	2,2	2,3	2,8
	1,5	1,5	1,6	1,6	1,6	1,7	1,7	1,8	1,9	1,9	2,0	2,1	2,2	2,7
	1,4	1,4	1,5	1,5	1,6	1,6	1,6	1,7	1,8	1,9	1,9	2,0	2,1	2,6
	1,3	1,4	1,4	1,4	1,5	1,5	1,6	1,6	1,7	1,8	1,9	1,9	2,0	2,5
	1,2	1,3	1,3	1,4	1,4	1,4	1,5	1,5	1,6	1,7	1,8	1,9	1,9	2,5
	1,1	1,2	1,2	1,3	1,3	1,4	1,4	1,4	1,5	1,6	1,7	1,8	1,9	2,4
	1,0	1,1	1,2	1,2	1,2	1,3	1,3	1,4	1,5	1,5	1,6	1,7	1,8	2,3
	0,9	1,0	1,1	1,1	1,2	1,2	1,2	1,3	1,4	1,5	1,5	1,6	1,7	2,2
	0,8	0,96	1,0	1,0	1,1	1,1	1,2	1,2	1,3	1,4	1,5	1,5	1,6	2,1
	0,7	0,88	0,92	0,96	1,0	1,0	1,1	1,1	1,2	1,3	1,4	1,5	1,5	2,1
	0,6	0,80	0,84	0,88	0,92	0,96	1,0	1,0	1,1	1,2	1,3	1,4	1,5	2,0
	0,5	0,72	0,76	0,80	0,84	0,88	0,92	0,96	1,1	1,1	1,2	1,3	1,4	1,9

Alle Werte in W/m²K

2.3.4.5 Bemessungswerte des Wärmedurchgangskoeffizienten für Verglasungen, Fenster und Türen nach DIN 4108-4

DIN 4108-4 enthält zusätzliche Regeln für die Ermittlung von wärmetechnischen Kennwerten für Verglasungen, Fenster und Türen.

Dabei werden – wie dies in DIN 4108-4 für andere Baustoffe und Bauteile auch erfolgt – sogenannte Bemessungswerte angegeben.

Fenster und Türen

Für Fenster und Türen gelten folgende Regeln:

1. Der Nennwert U_W (Wärmedurchgangskoeffizient Fenster) bzw. U_D (Wärmedurchgangskoeffizient Tür) ist der vom Hersteller deklarierte bzw. festgelegte Wärmedurchgangskoeffizient nach DIN EN 14351-1. Dieser darf durch Berechnung n. DIN EN ISO 10077 bestimmt werden (s. o.) oder kann durch Messung durch das Heizkastenverfahren n. DIN EN ISO 12567 ermittelt werden.
2. Der Bemessungswert des Wärmedurchgangskoeffizienten $U_{W,BW}$ für Fenster, Fenstertüren und Dachflächenfenster entspricht dem Nennwert U_W.
3. Der Bemessungswert des Wärmedurchgangskoeffizienten $U_{D,BW}$ für Außentüren entspricht dem Nennwert U_D. Sofern keine Werte für U_D vorhanden sind (z. B. bei Bestandstüren, handwerklicher Fertigung), dürfen pauschal die Bemessungswerte $U_{D,BW}$ nach Tab. 2.25 verwendet werden.
4. Der Nennwert U_W bzw. U_D darf für die in DIN EN 14351-1:2016-12, Anhang E festgelegten Abmessungen ermittelt werden.

Verglasung (Mehrscheiben-Isolierglas)

Der Bemessungswert des Wärmedurchgangskoeffizienten für die Verglasung $U_{g,BW}$ wird nur benötigt, wenn ausschließlich das Glas festzulegen ist, wie z. B. bei Ersatz oder Erneuerung der Verglasung.

Der Bemessungswert des Wärmedurchgangskoeffizienten für die Verglasung $U_{g,BW}$ berechnet sich mit folgener Gleichung:

$$U_{g,BW} = U_g + \Delta U_g \tag{2.24}$$

Tab. 2.25 Bemessungswert des Wärmedurchgangskoeffizienten von Außentüren $U_{D,BW}$. (N. DIN 4108-4, Tab. 7)

Konstruktion der Außentür	$U_{D,BW}$ in W/m²K
aus Holz, Holzwerkstoffen und Kunststoff	2,9
aus Metallrahmen und metallischen Bekleidungen	4,0

Tab. 2.26 Korrekturwerte ΔU_g (N. DIN 4108-4, Tab. 9)

Beschreibung	ΔU_g in W/m²K
Sprossen im SZR (einfaches Sprossenkreus)	+0,10
Sprossen im SZR (mehrfaches Sprossenkreuz)	+0,20

SZR: Scheibenzwischenraum

Darin bedeuten:

$U_{g,BW}$ Bemessungswert des Wärmedurchgangskoeffizienten für die Verglasung, in W/m²W;

U_g Nennwert des Wärmedurchgangskoeffizienten der Verglasung, in W/m²K;

ΔU_g Korrekturwert nach Tab. 2.26, in W/m²K.

Für weitere Kennwerte und Regeln wird auf DIN 4108-4 verwiesen.

2.4 Wärmebrücken

2.4.1 Definition

Wärmebrücken sind örtlich begrenzte Diskontinuitäten in der Gebäudehülle, die dadurch gekennzeichnet sind, dass der Wärmestrom signifikant größer als in den unmittelbar angrenzenden Nachbarbereichen (Regelquerschnitt) des Bauteils ist.

Wärmebrücken weisen folgende Merkmale auf (Abb. 2.24):

- Die Isothermen (Linien gleicher Temperatur) verlaufen im Bereich einer Wärmebrücke gekrümmt (zum Vergleich: bei einem ungestörten Bauteil mit konstanter Dicke verlaufen die Isothermen parallel zu den Oberflächen).
- Die Dichte der Adiabaten (Wärmestromlinien) ist nicht konstant, sondern nimmt nach außen hin ab.
- Die Adiabaten verlaufen nicht – wie im ungestörten Bereich der Bauteile – senkrecht zur Bauteiloberfläche, sondern treten schräg aus den Oberflächen aus. Hinweis: Adiabaten und Isothermen kreuzen sich immer rechtwinklig zueinander.
- Die Innenoberflächentemperaturen sind im Einflussbereich einer Wärmebrücke zum Teil deutlich geringer als im ungestörten Normalbereich. Hierdurch wird einerseits die Behaglichkeit beeinträchtigt. Andererseits besteht eine erhöhte Gefahr der Tauwasserbildung sowie ein erhöhtes Risiko des Schimmelpilzwachstums.

2.4.2 Arten von Wärmebrücken

Grundsätzlich können Wärmebrücken in die folgenden Arten unterteilt werden (Abb. 2.25):

Abb. 2.24 Wärmebrücke mit Darstellung der Isothermen (Linien gleicher Temperatur) und Adiabaten (Wärmestromlinien) am Beispiel einer Außenecke

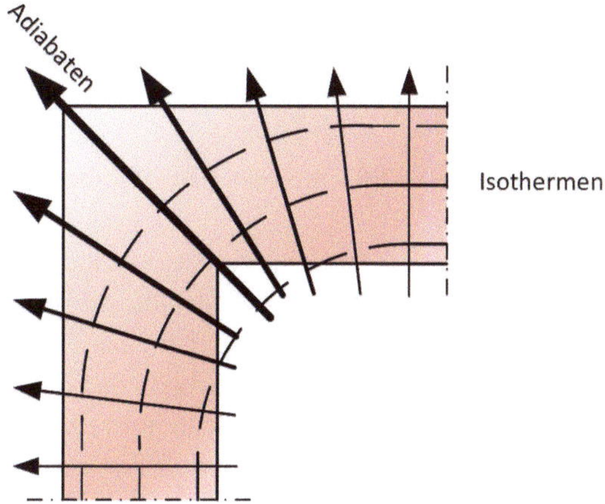

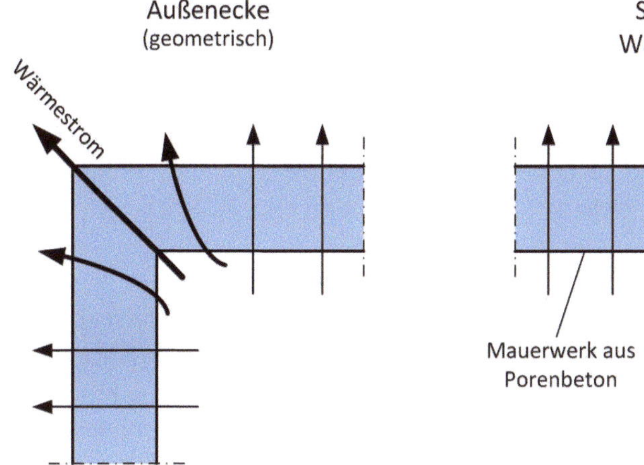

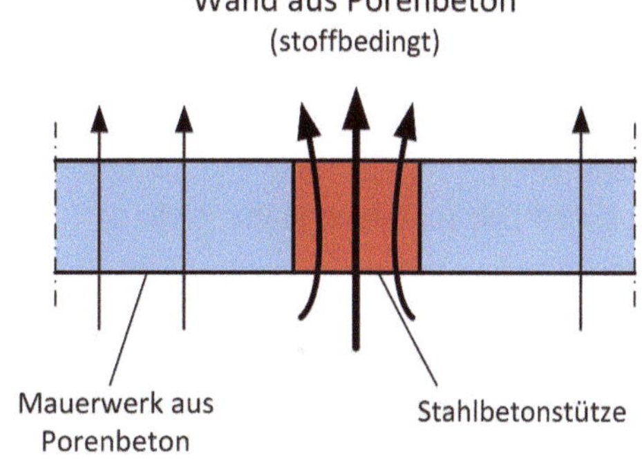

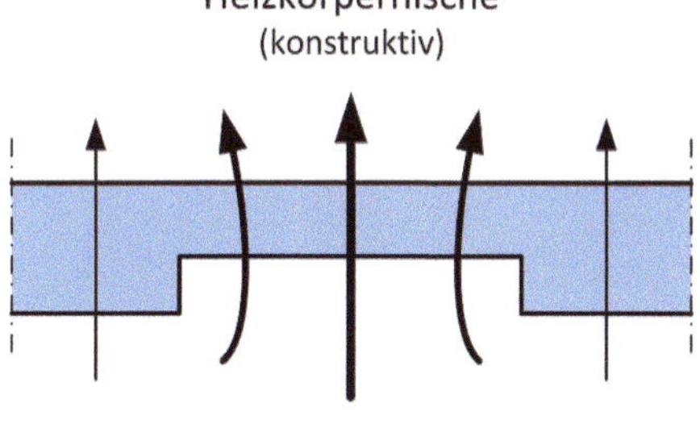

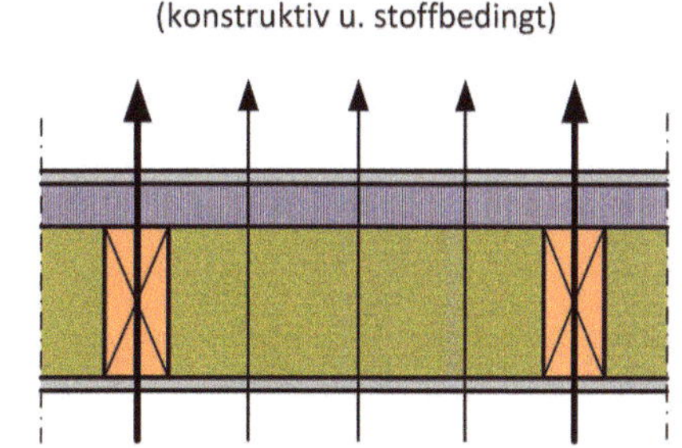

Abb. 2.25 Grundsätzlich zu unterscheidende Arten von Wärmebrücken

- geometrische Wärmebrücken,
- stoff- oder materialbedingte Wärmebrücken und
- konstruktive Wärmebrücken.

Weiterhin gibt es Mischformen bzw. Wärmebrücken, die sich mehreren der o. g. Arten zuordnen lassen.

In der Literatur findet sich gelegentlich der Begriff „*konvektive Wärmebrücken*". Hierunter sind Stellen in der Gebäudehülle zu verstehen, bei denen aufgrund einer örtlichen Leckage oder Undichtheit (z. B. bei einer Fuge) durch Luftströmung erhöhte Wärmeverluste auftreten. Da die für Wärmebrücken typischen Merkmale fehlen (z. B. das Auftreten von niedrigeren Innenoberflächentemperaturen) und derartige Wärmebrücken auch nicht in den Begriffsdefinitionen in der für Wärmebrücken geltenden Norm DIN EN ISO 10211 aufgeführt werden, handelt es sich hierbei nicht um Wärmebrücken im eigentlichen Sinn.

2.4.2.1 Geometrische Wärmebrücken

Geometrische Wärmebrücken entstehen, wenn bei einem Bauteil keine ebenen Verhältnisse vorliegen und die Außenfläche größer als die Innenfläche ist. Die Dichte der Wärmestromlinien (Adiabaten) nimmt nach außen hin ab. Dadurch verlagern sich auch die Isothermen zum Raum hin und die Oberflächentemperatur auf der Innenseite des Bauteils ist niedriger als im Normalbereich.

2.4.2.2 Stoff- oder materialbedingte Wärmebrücken

Stoff- oder materialbedingte Wärmebrücken entstehen, wenn Materialien mit unterschiedlichen Wärmeleitfähigkeiten verwendet werden (z. B. Stahlbetonstütze in einer Mauerwerkswand aus Porenbeton). Auch in diesem Fall verlaufen die Isothermen gekrümmt und die Oberflächentemperatur auf der Innenseite des Bauteils ist geringer als im ungestörten Bereich.

2.4.2.3 Konstruktive Wärmebrücken

Konstruktive Wärmebrücken liegen vor, wenn verschiedene Bauteilkomponenten mit unter schiedlichen Wärmeleitfähigkeiten sowie unterschiedlichen Abmessungen konstruktiv miteinander verbunden werden. Auch in diesem Fall verlaufen die Isothermen gekrümmt.

2.4.3 Mindestwärmeschutz im Bereich von Wärmebrücken

2.4.3.1 Allgemeines

Mindestanforderungen an den Wärmeschutz im Bereich von Wärmebrücken sind in DIN 4108-2, Abschn. 6 geregelt. Weiterhin ist das Beiblatt 2 zur DIN 4108 zu beachten, das Planungs- und Ausführungsbeispiele für Wärmebrücken enthält. Bei Konstruktionen und Anschlüssen, die dem Beiblatt 2 der DIN 4108 entsprechen, gelten die Anforderungen an den Mindestwärmeschutz als erfüllt.

Nachfolgend werden die wichtigsten Regeln angegeben, für detaillierte Informationen wird auf die genannte Norm verwiesen.

2.4.3.2 Erfordernis des Mindestwärmeschutzes im Bereich von Wärmebrücken

Mindestanforderungen an den Wärmeschutz im Bereich von Wärmebrücken sind einzuhalten und nachzuweisen, da im thermischen Einflussbereich von Wärmebrücken mit folgenden nachteiligen Einflüssen zu rechnen ist (Abb. 2.26):

- Deutlich geringere raumseitige Oberflächentemperaturen als im benachbarten Normalbereich;
- Gefahr der Tauwasserbildung auf der Innenoberfläche;
- erhöhtes Risiko des Schimmelpilzwachstums;
- erhöhte Transmissionswärmeverluste.

Zur Verringerung der Auswirkungen der genannten Nachteile sowie insbesondere zur Reduzierung des Risikos des Schimmelpilzwachstums durch konstruktive Maßnahmen, sind die nachfolgend angegebenen Anforderungen an den Mindestwärmeschutz bei Wärmebrücken einzuhalten.

Voraussetzung hierfür ist eine gleichmäßige Beheizung und ausreichende Belüftung der Räume sowie eine weitgehend ungehinderte Luftzirkulation an den Außenwandoberflächen (raumseitig).

Ausnahmen:

- Der Wärmeverlust bei einzelnen dreidimensionalen Wärmebrücken (z. B. punktuelle Balkonauflager, Abhängungen von Vordächern) darf i. d. R. vernachlässigt werden.
- Für übliche Verbindungsmittel (z. B. Nägel, Schrauben, Drahtanker usw.) braucht kein Nachweis der Einhaltung der Mindestinnenoberflächentemperatur geführt zu werden.
- An Fenstern ist Tauwasserbildung vorübergehend und in kleinen Mengen zulässig. Voraussetzung hierfür ist, dass die Oberfläche die Feuchtigkeit nicht absorbiert und Maßnahmen zur Vermeidung eines Kontaktes mit angrenzenden empfindlichen Maßnahmen getroffen werden.

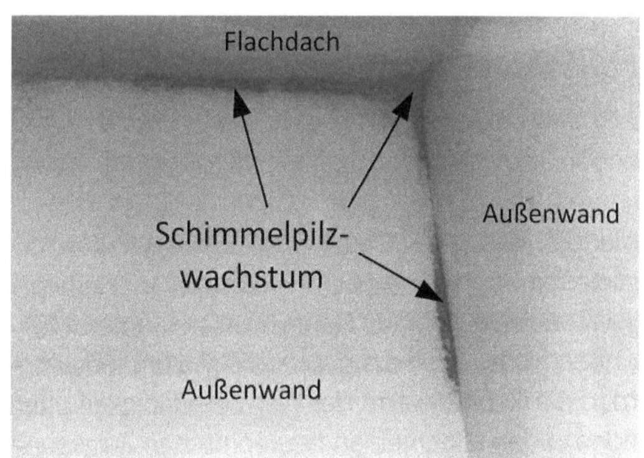

Abb. 2.26 Schimmelpilzwachstum in einer Raumecke

2.4.4 Anforderungen an den Mindestwärmeschutz bei Wärmebrücken

2.4.4.1 Allgemeines

Bauteilanschlüsse nach DIN 4108 Beiblatt 2 gelten als ausreichend wärmegedämmt, d. h. es sind keine weiteren Nachweise erforderlich. Die Anforderungen an den Mindestwärmeschutz sind in diesem Fall erfüllt. Exemplarisch ist an dieser Stelle ein Kellerdeckenanschluss in Abb. 2.27 dargestellt, der die Anforderungen an den Mindestwärmeschutz ohne weitere Nachweise erfüllt, wenn die Konstruktion nach den Vorgaben der DIN 4108 Beiblatt 2 ausgeführt wird.

Folgende Bauteile sind ohne zusätzliche Wärmedämmmaßnahmen unzulässig:

- auskragende Balkonplatten,
- Attiken,
- frei stehende Stützen,
- Wände mit $\lambda > 0{,}5$ W/(mK).

2.4.4.2 Kanten bzw. linienförmige Wärmebrücken

An der ungünstigsten Stelle muss der Temperaturfaktor die Bedingung $f_{Rsi} \geq 0{,}70$ erfüllen. Das bedeutet, dass als raumseitige Oberflächentemperatur $\theta_{si} \geq 12{,}6$ °C eingehalten wird.

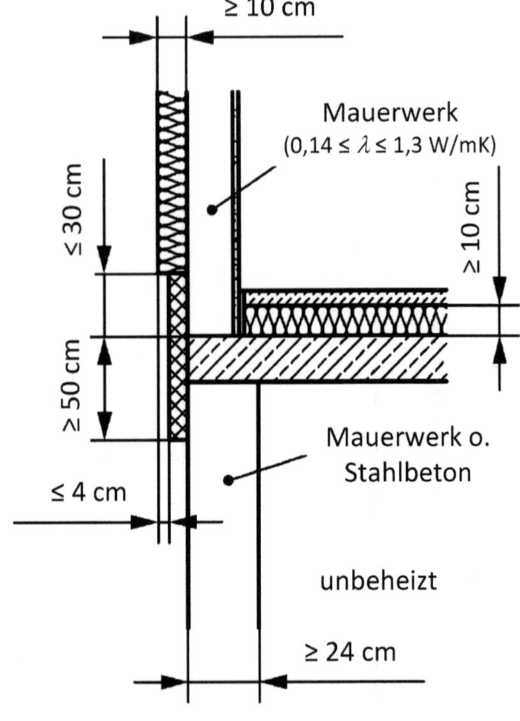

Abb. 2.27 Bauteilanschluss nach DIN 4108 Beiblatt 2; hier: exemplarische Darstellung eines Kellerdeckenanschlusses bei unbeheiztem Keller (innen gedämmt) und außengedämmter Außenwand. (N. DIN 4108 Beiblatt 2:2019-06, Tab. 14, Nr. 49)

Fenster sind von dieser Regelung ausgenommen. Berechnung des Temperaturfaktors f_{Rsi} nach 2.4.4.5.

Für Schnittstellen zwischen Fensterelement und Baukörper gilt ebenfalls $f_{\mathrm{Rsi}} \geq 0{,}70$.

Kanten, die aus Bauteilen gebildet werden, die den Mindestwärmeschutz (Mindestwert des Wärmedurchlasswiderstandes R) nach Tab. 2.10 erfüllen, brauchen nicht nachgewiesen zu werden.

Alle linienförmigen Wärmebrücken, die in DIN 4108 Beiblatt 2 aufgeführt sind, brauchen nicht nachgewiesen zu werden. Gleiches gilt auch für Wärmebrücken, deren Gleichwertigkeit zu den Planungs- und Ausführungsbeispielen des Beiblattes 2 der DIN 4108 gegeben ist.

2.4.4.3 Rollladenkästen

Für Rollladenkästen gelten folgende Anforderungen:

- Einbau-, Aufsatzkästen: An den Schnittstellen zwischen Rollladenkasten und Baukörper ist $f_{\mathrm{Rsi}} \geq 0{,}70$ einzuhalten.
- Vorsatzkästen: An den Schnittstellen zwischen Fensterelement einschließlich Vorsatzkasten und Baukörper ist $f_{\mathrm{Rsi}} \geq 0{,}70$ einzuhalten.

2.4.4.4 Ecken bzw. punktförmige Wärmebrücken

An der ungünstigsten Stelle muss der Temperaturfaktor die Bedingung $f_{\mathrm{Rsi}} \geq 0{,}70$ erfüllen, d. h. dies entspricht einer raumseitigen Oberflächentemperatur von $\theta_{\mathrm{si}} \geq 12{,}6\ °\mathrm{C}$. Fenster sind von dieser Regelung ausgenommen.

Für Ecken gilt:

Ecken, die aus Kanten nach 2.4.4.2 gebildet werden und bei denen keine Störung der Dämmebene vorhanden ist, brauchen nicht nachgewiesen zu werden. Sie können als unbedenklich hinsichtlich Schimmelpilzbildung angesehen werden.

2.4.4.5 Temperaturfaktor f_{Rsi}

Der Temperaturfaktor f_{Rsi} ergibt sich mit folgender Gleichung (f_{Rsi} ist dimensionslos):

$$f_{\mathrm{Rsi}} = \frac{\theta_{\mathrm{si}} - \theta_{\mathrm{e}}}{\theta_{\mathrm{i}} - \theta_{\mathrm{e}}} \tag{2.25}$$

Darin bedeuten:

θ_{i} Lufttemperatur innen, in °C;

θ_{e} Lufttemperatur außen, in °C;

θ_{si} Temperatur auf der Bauteiloberfläche innen, in °C.

Randbedingungen siehe 2.4.4.6.

2.4.4.6 Randbedingungen

Für den Nachweis sind folgende Randbedingungen zu Grunde zu legen (Wohngebäude und Gebäude mit wohnähnlicher Nutzung):

1. Innenlufttemperatur $\theta_i = 20$ °C
2. Relative Luftfeuchte innen $\phi_i = 50$ %
3. Kritische Luftfeuchte für Schimmelpilzbildung auf der Bauteiloberfläche (n. DIN EN ISO 13788): $\phi_{si} = 80$ %
4. Außenlufttemperatur $\theta_e = -5$ °C
5. Wärmeübergangswiderstände:
   - innen: $R_{si} = 0{,}25$ m²K/W (beheizte Räume),
   - außen (nach DIN EN ISO 6946): $R_{se} = 0{,}04$ m²K/W

Für Wärmebrücken in Bauteilen, die

- ans Erdreich sowie
- an unbeheizte Keller und Dachräume grenzen,

gelten die Temperaturrandbedingungen nach Tab. 2.27.

Bei abweichenden Nutzungsrandbedingungen (Nichtwohngebäude) sind die erforderlichen Maßnahmen zum Mindestwärmeschutz von Wärmebrücken anhand des zu erwartenden Raumklimas festzulegen.

Beispiel

Die Temperatur auf der Innenoberfläche einer Außenwandecke (Wärmebrücke) beträgt $\theta_{si} = 9{,}8$ °C. Welcher Temperaturfaktor ergibt sich und wie ist die Konstruktion zu beurteilen?

Der Temperaturfaktor berechnet sich zu:

$$f_{Rsi} = \frac{\theta_{si} - \theta_e}{\theta_i - \theta_e} = \frac{9{,}8 - (-5)}{20 - (-5)} = 0{,}592 < 0{,}70$$

Die Konstruktion ist nicht zulässig, da der geforderte Mindestwert des Temperaturfaktors von 0,70 unterschritten wird. Es besteht Gefahr der Tauwasserbildung auf der Innenoberfläche im Bereich der Außenwandecke. ◄

Tab. 2.27 Temperaturrandbedingungen für Wärmebrücken. (N. DIN 4108-2, Tab. 5)

Gebäudeteil bzw. Umgebung	Temperatur θ °C
unbeheizter Keller	10
Erdreich (an der unteren Modellgrenze)	10
unbeheizte Pufferzone	10
unbeheizter Dachraum, Tiefgaragen	−5

2.4.5 Berücksichtigung der Transmissionswärmeverluste infolge Wärmebrücken beim Nachweis des energiesparenden Wärmeschutzes nach GEG

2.4.5.1 Forderungen des GEG

Grundsätzlich fordert das Gebäudeenergiegesetz (GEG), dass der Einfluss konstruktiver Wärmebrücken auf den Jahres-Heizwärmebedarf nach den anerkannten Regeln der Technik und nach den im jeweiligen Einzelfall wirtschaftlich vertretbaren Maßnahmen so gering wie möglich gehalten wird. Siehe hierzu GEG § 12 „Wärmebrücken". Weiterhin wird im GEG gefordert, dass der verbleibende Einfluss von Wärmebrücken bei der Ermittlung des Jahres-Primärenergiebedarfs zu berücksichtigen ist. Dazu sind die in GEG § 24 „Einfluss von Wärmebrücken" angegebenen Vorgehensweisen zu berücksichtigen. Sofern Gleichwertigkeitsnachweise geführt werden, ist dies für solche Wärmebrücken nicht erforderlich, bei denen die angrenzenden Bauteile kleinere Wärmedurchgangskoeffizienten aufweisen als diejenigen, die in den Planungs- und Ausführungsbeispielen des Beiblattes 2 der DIN 4108 angegeben sind. Wärmebrückenzuschläge sind nach DIN 4108 Beiblatt zu ermitteln. Zur Erfassung der Wärmeverluste über Wärmebrücken können pauschale Wärmebrückenzuschläge nach DIN 4108 Beiblatt 2 verwendet werden; s. Abschn. 2.4.5.3.

Hintergründe

Mit zunehmend energetisch besserer Qualität der Gebäudehülle, d. h. mit abnehmenden Transmissionswärmeverlusten über die Bauteile im Regelbereich, steigt der prozentuale Anteil der Wärmeverluste über Wärmebrücken.

Dieser Zusammenhang wird an folgendem Beispiel deutlich:

Angegeben ist dazu der prozentuale Anteil der Wärmeverluste über Wärmebrücken am gesamten Transmissionswärmeverlust für Gebäude mit unterschiedlicher energetischer Qualität:

1. Nicht modernisierte Bestandsgebäude: <3 bis 5 %
2. Neubauten (GEG-Standard): >10 bis 15 %
3. Energieeffizienzhäuser: >>15 %

Daraus wird deutlich, dass bereits bei Gebäuden, die lediglich dem derzeitigen GEG-Standard entsprechen, die Wärmeverluste über Wärmebrücken ca. 10 bis 15 % am Gesamt-Transmissionsverlust ausmachen. Diese Wärmeverluste haben somit eine Größenordnung erreicht, die nicht mehr vernachlässigt werden können. Aus diesem Grund fordert das GEG, dass Wärmeverluste über Wärmebrücken (Wärmebrückenverluste) bei Neubauten rechnerisch zu berücksichtigen sind.

2.4.5.2 Möglichkeiten zur Reduzierung des Einflusses von Wärmebrücken auf den Jahres-Heizwärmebedarf

Möglichkeiten, den Einfluss von Wärmebrücken auf den Jahres-Heizwärmebedarf so gering wie möglich zu halten (Forderungen GEG § 12), beginnen bereits bei der Planung eines Gebäudes.

Folgende Planungsgrundsätze sollten beachtet werden (Beispiele, s. Abb. 2.28):

- **Verhältnis A/V_e:** Verringerung bzw. Minimierung der wärmeabgebenden Oberfläche (wärmeübertragende Umfassungsfläche A) bei gleichzeitiger Maximierung des beheizten Gebäudevolumens V_e. Hinweis: Bei einer Kugel ergibt sich das geringste Verhältnis A/V_e; somit wäre dies der ideale Baukörper. In der Praxis sollten kompakte Baukörper ausgeführt werden.
- **Grundriss:** Wahl eines kompakten statt gegliederten Grundrisses; dadurch Reduzierung der Anzahl geometrischer Wärmebrücken (wie z. B. Außenecken).
- **Geometrie:** Verwendung einfacher geometrischer Formen und ebener Flächen statt strukturierter Flächen (Vermeidung des „Kühlrippeneffekts").
- **Gauben, Erker:** Verzicht auf Gauben, Erker und alle Elemente, die die wärmeabgebende Oberfläche vergrößern sowie gleichzeitig eine Vielzahl von Wärmebrücken enthalten.
- **Rollläden:** Verzicht auf Rollläden mit Aufsatzkästen; besser geeignet sind Rollläden mit Vorsatzkästen.
- **Balkonplatten:** Verzicht auf auskragende Balkonplatten; stattdessen Balkone vor der Fassade thermisch getrennt aufstellen.
- **Verglasungen/Sprossen:** Verzicht auf Verglasungen mit Sprossen im Scheibenzwischenraum; stattdessen Verwendung von Verglasungen ohne Sprossen oder aufgesetzte Sprossen.
- **Heizkörpernischen, Aussparungen:** Verzicht auf Heizkörpernischen und Aussparungen in Außenwänden; besser: Wand im Bereich von Heizkörpern ungeschwächt, d. h. mit gleicher Dicke, fortführen; auf Aussparungen verzichten.
- **Aussteifungsstützen:** Verzicht auf Aussteifungsstützen aus Stahl oder Stahlbeton in Außenbauteilen mit geringer Wärmeleitfähigkeit wie z. B. in Wänden aus Porenbeton (besser: Aussteifung durch Querwände). Alternativ: Anordnung einer durchgehenden Wärmedämmschicht.
- **Eckstützen, -pfeiler:** Verzicht von Eckstützen oder -pfeilern, an die sich an zwei Seiten (um 90° versetzt) Fenster anschließen.
- **Fenster:** Anordnung der Fenster in der Dämmebene (bei WDVS) bzw. möglichst weit an der Außenfläche der Fassade.
- **Treppenläufe:** Dämmung des Fußpunktes von Treppenläufen aus Stahlbeton auf der Bodenplatte (wenn die Bodenplatte innenseitig gedämmt ist; Abb. 2.29).
- **Unterste Mauersteinschicht:** Ausführung der untersten Mauersteinschicht aus Mauersteinen mit geringer Wärmeleitfähigkeit bei einem Mauerwerksbau mit innenseitig gedämmter Bodenplatte („Kimmstein", Abb. 2.30).

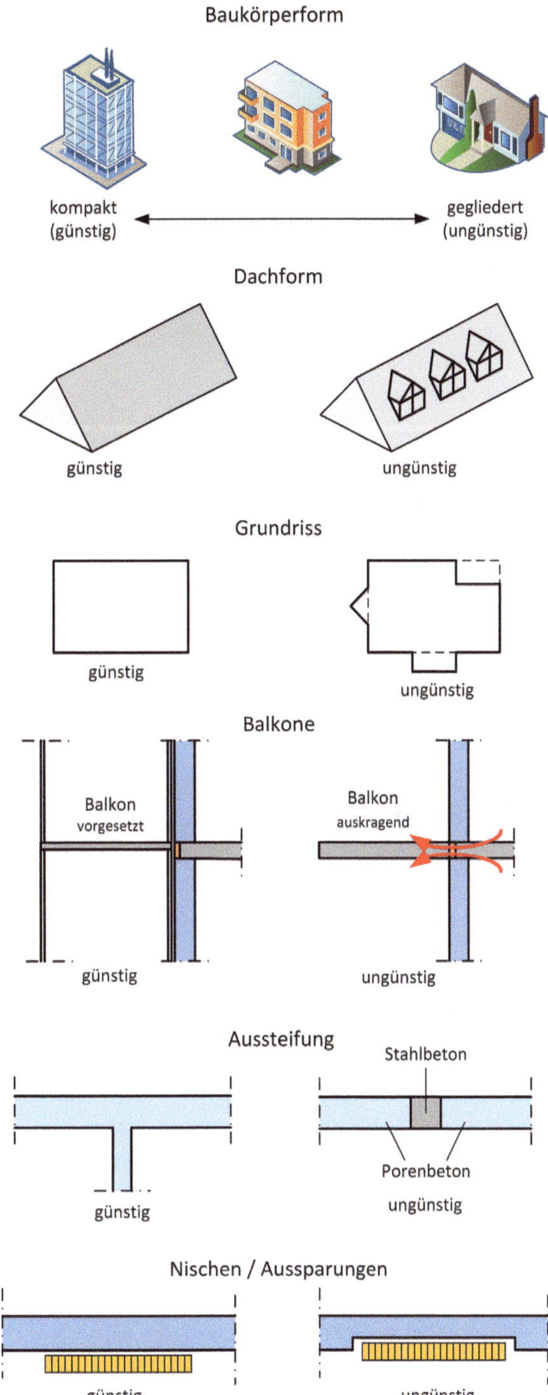

Abb. 2.28 Planungsgrundsätze zur Verringerung der Anzahl von Wärmebrücken (ausgewählte Beispiele)

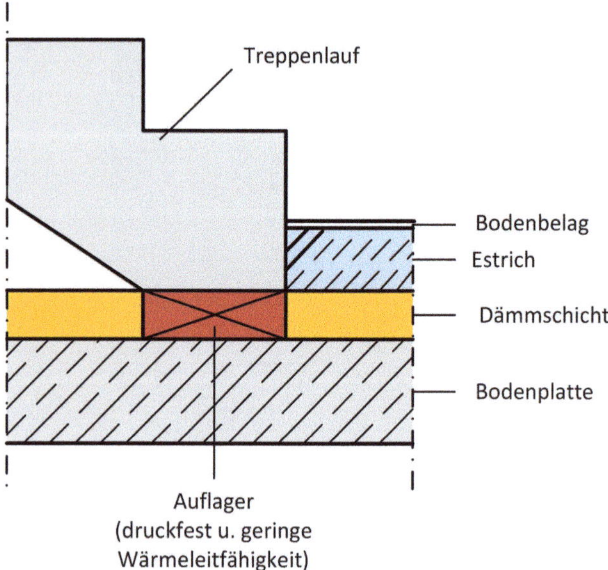

Abb. 2.29 Unterseitig gedämmtes Auflager eines Treppenlaufes im Bereich der Bodenplatte

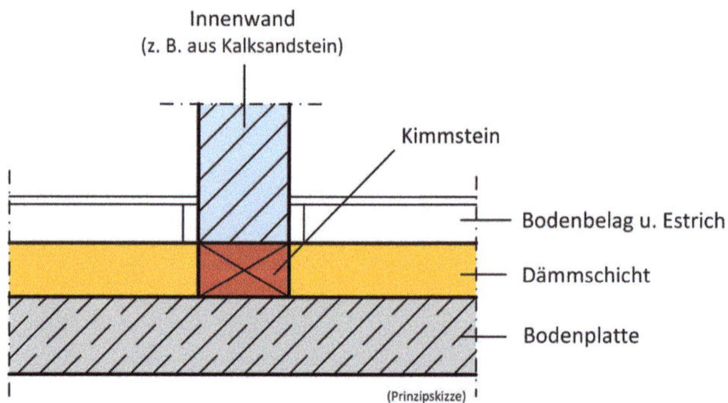

Abb. 2.30 Unterste Mauersteinschicht aus Mauersteinen mit geringer Wärmeleitfähigkeit („Kimmstein")

2.4.5.3 Rechnerische Erfassung der Wärmeverluste über Wärmebrücken

Für die rechnerische Erfassung der Transmissionswärmeverluste über Wärmebrücken bestehen folgende Möglichkeiten:

1. **Pauschale Erfassung** der Wärmeverluste über Wärmebrücken mit Hilfe eines „Wärmebrückenzuschlags" in Abhängigkeit von der Art der Ausführung und der Größe der wärmeübertragenden Umfassungsfläche (siehe 2.4.5.4).
2. **Genaue Berechnung** der Wärmeverluste individuell für jede einzelne Wärmebrücke und Aufsummierung aller Einzelanteile zum Gesamtwärmeverlust, der durch Wärmebrücken verursacht wird (siehe 2.4.5.5).

2.4.5.4 Pauschale Erfassung der Wärmeverluste mittels Wärmebrückenzuschlag

Die pauschale Erfassung der Transmissionswärmeverluste über Wärmebrücken erfolgt mit Hilfe eines Zuschlages. Hierbei wird eine pauschale Erhöhung der Wärmedurchgangskoeffizienten aller Bauteile der thermischen Gebäudehülle vorgenommen („*Wärmebrückenzuschlag*“).

Die spezifischen Wärmebrückenverluste über die Wärmebrücken H_{WB} werden pauschal berechnet, indem ein Zuschlagswert ΔU_{WB} (Dimension: W/(m²K)) mit der wärmeübertragenden Umfassungsfläche des Gebäudes A (Dimension: m²) multipliziert wird.

Damit berechnen sich die spezifischen Transmissionswärmeverluste H_T mit folgender Gleichung:

$$H_T = H_{RQ} + H_{WB} = \sum F_{xi} \cdot U_i \cdot A_i + \Delta U_{WB} \cdot A \tag{2.26}$$

Darin bedeuten:

- H_T spezifische Transmissionswärmeverluste, in W/K;
- H_{RQ} spezifische Transmissionswärmeverluste über die Bauteile der Regelquerschnitte (Normalbereiche), in W/K;
- H_{WB} spezifische Transmissionswärmeverluste über Wärmebrücken, in W/K;
- $F_{x,i}$ Temperaturkorrekturfaktor, abhängig von der Lage des Bauteils (dimensionslos);
- U_i Wärmedurchgangskoeffizient des Bauteils i, in W/(m²K);
- A_i Fläche des Bauteils i, in m²;
- ΔU_{WB} Zuschlagswert („Wärmebrückenzuschlag“), in Abhängigkeit von der Ausführung der Wärmebrücke, in W/(m²K);
- A wärmeübertragende Umfassungsfläche, in m².

Zuschlagswerte ΔUWB

Der **Zuschlagswert** (Wärmebrückenzuschlag) ΔU_{WB} ist von der Ausführung der Wärmebrücke abhängig. Es gelten folgende Regeln (Abb. 2.31):

1. $\boldsymbol{\Delta U_{WB}}$ **= 0,05** W/(m²K) Kategorie A bzw. $\boldsymbol{\Delta U_{WB}}$ **= 0,03** W/(m²K) (Kategorie B):
   Diese Werte dürfen nur verwendet werden, wenn die Gleichwertigkeit nach DIN 4108 Beiblatt 2 nachgewiesen wird, d. h. die Wärmebrücken den Beispielen des Beiblattes 2 der DIN 4108 entsprechen. Es gelten folgende Regeln: a) Sofern alle Wärmebrücken die Anforderungen der Kategorie B (höhere energetische Qualität) erfüllen, darf als Wärmebrückenzuschlag 0,03 W/(m²K) angesetzt werden. b) In allen anderen Fällen ist mit einem Wärmebrückenzuschlag von 0,05 W/(m²K) zu rechnen. Alternativ kann auch ein projektbezogener Wärmebrückenzuschlag ermittelt werden; s. DIN 4108 Beiblatt 2.
2. $\boldsymbol{\Delta U_{WB}}$ **= 0,10** W/(m²K):
   Dieser Wert darf im Regelfall ohne weiteren Nachweis angesetzt werden.

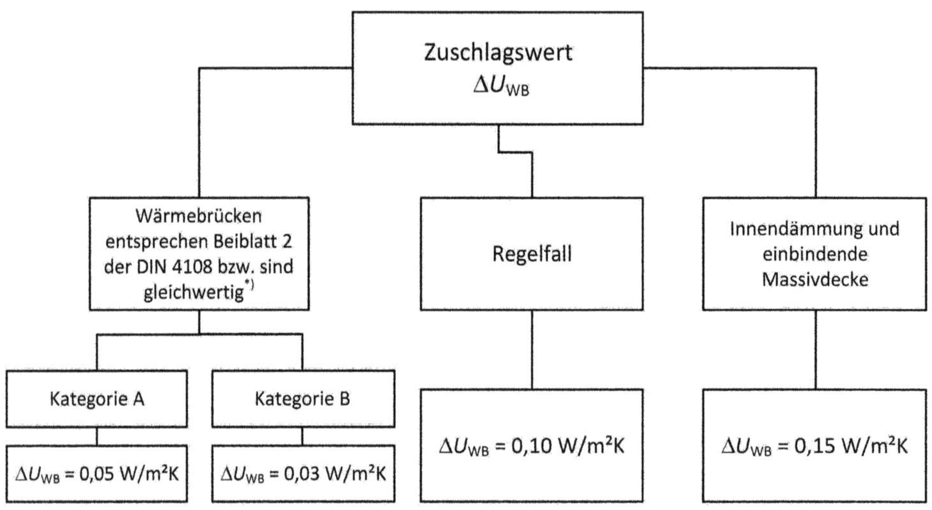

Abb. 2.31 Zuschlagswerte ΔU_{WB} für die pauschale Erfassung der Wärmeverluste über Wärmebrücken

3. $\boldsymbol{\Delta U_{WB}}$ **= 0,15** W/(m²K):
   Dieser Wert ist anzusetzen bei Gebäuden mit Innendämmung (Kriterium: Wert ist zu verwenden, wenn mehr als 50 % der Außenwände mit einer Innendämmung und einbindender Massivdecke versehen sind).

2.4.5.5 Genaue Berechnung der Wärmeverluste über Wärmebrücken

Bei der genauen Berechnung werden die Transmissionswärmeverluste über Wärmebrücken mit Hilfe von *längenbezogenen Wärmedurchgangskoeffizienten* Ψ (Dimension in W/(mK)) ermittelt.

Hierzu ist es erforderlich, für jeden Bauteilanschluss (Wärmebrücke) den längenbezogenen Wärmedurchgangskoeffizienten Ψ zu ermitteln und die genauen Längen l der Bauteilanschlüsse/Wärmebrücken zu bestimmen. Durch Multiplikation beider Größen ($\Psi_j \times l_j$) erhält man den spezifischen Transmissionswärmeverlust der betrachteten linienförmigen Wärmebrücke „j". Die Aufsummierung aller Anteile ($\Sigma\ \Psi_j \times l_j$) ergibt den gesamten Transmissionswärmeverlust über Wärmebrücken.

Punktförmige Wärmebrücken brauchen i. d. R. nicht berücksichtigt zu werden, sodass deren Anteil an den Transmissionswärmeverlusten ($\Sigma\chi_k$) in den meisten Fällen zu Null wird.

Die spezifischen Transmissionswärmeverluste H_T berechnen sich mit folgender Gleichung:

$$H_T = H_{RQ} + H_{WB} = \sum F_{xi} \cdot U_i \cdot A_i + \sum \Psi_j \cdot l_j + \sum \chi_k \qquad (2.27)$$

Darin bedeuten:

H_T spezifische Transmissionswärmeverluste, in W/K;

H_{RQ} spezifische Transmissionswärmeverluste über die Bauteile der Regelquerschnitte, in W/K;

H_{WB} spezifische Transmissionswärmeverluste über Wärmebrücken, in W/K;

$F_{x,i}$ Temperaturkorrekturfaktor, abhängig von der Lage des Bauteils (dimensionslos);

U_i Wärmedurchgangskoeffizient des Bauteils i, in W/(m^{2}K);

A_i Fläche des Bauteils i, in m^2;

Ψ_j längenbezogener Wärmedurchgangskoeffizient einer linienförmigen Wärmebrücke („j"), in W/(mK);

l_j Länge der linienförmigen Wärmebrücke bzw. des Bauteilanschlusses („j"), in m;

χ_k Transmissionswärmeverlust einer punktförmigen Wärmebrücke („k"), in W/K; Hinweis: Anteil χ_k darf i. d. R. vernachlässigt werden; nachfolgend wird hierauf nicht näher eingegangen.

Das genaue Verfahren bietet gegenüber dem Verfahren mit pauschalen Zuschlagswerten einige Vorteile, bringt aber auch mehrere Nachteile mit sich:

- **Vorteile:** Die durch Wärmebrücken verursachten Transmissionswärmeverluste werden im Vergleich zum Verfahren mit pauschalen Zuschlagswerten genauer ermittelt und lassen sich gegenüber dem pauschalen Verfahren erheblich reduzieren.
- **Nachteile:** Die Berechnung bzw. Ermittlung der längenbezogenen Wärmedurchgangskoeffizienten Ψ der Bauteilanschlüsse ist mit einem erheblichen Aufwand verbunden und i. d. R. nur mit entsprechender Software durchzuführen. Für einige Konstruktionen und Bauteilanschlüsse können die Ψ-Werte darüber hinaus auch aus Tabellen entnommen werden („Wärmebrückenkataloge").

2.4.6 Längenbezogener Wärmedurchgangskoeffizient bei Wärmebrücken

2.4.6.1 Allgemeines

Der längenbezogene Wärmedurchgangskoeffizient (Ψ-Wert) beschreibt den zusätzlichen Transmissionswärmeverlust im Bereich einer Wärmebrücke gegenüber dem ungestörten Normalbereich. Die Dimension des Ψ-Wertes ist W/(mK).

Die Berechnung des längenbezogenen Wärmedurchgangskoeffizienten Ψ erfolgt nach DIN EN ISO 10211 (siehe 2.4.6.2).

Für ausgewählte Bauteilanschlüsse und Konstruktionen können die Ψ-Werte auch aus Wärmebrückenkatalogen entnommen werden (siehe 2.4.6.3).

2.4.6.2 Berechnung des Ψ-Wertes

Der längenbezogene Wärmedurchgangskoeffizient Ψ einer Wärmebrücke ergibt sich aus der Differenz zwischen dem Transmissionswärmeverlust im Bereich der Wärmebrücke und dem ungestörten Normalbereich.

Der Transmissionswärmeverlust im Bereich der Wärmebrücke H_{WB} kann aus dem dort vorhandenen Wärmestrom Φ (in W) und der Temperaturdifferenz $\Delta\theta$ (in K) ermittelt werden, indem der Quotient aus beiden Größen berechnet wird. Es gilt folgender Zusammenhang:

$$H_{WB} = \frac{\Phi}{\Delta\theta} \quad (2.28)$$

Darin bedeuten:

H_{WB} Transmissionswärmeverlust im Bereich der Wärmebrücke, in W/K;
Φ Wärmestrom im Bereich der Wärmebrücke, in W;
$\Delta\theta$ Temperaturdifferenz zwischen innen und außen, in K.

Im ungestörten, an die Wärmebrücke angrenzenden Normalbereich, ergibt sich der spezifische Transmissionswärmeverlust H_{RQ} aus dem Wärmedurchgangskoeffizienten U und der Fläche A mit folgender Gleichung:

$$H_{RQ} = U \cdot A \quad (2.29)$$

Als Differenz zwischen dem Wärmeverlust im Wärmebrückenbereich H_{WB} und dem ungestörten Normalbereich H_{RQ} ergibt sich (ΔH in W/K):

$$\Delta H = \frac{\Phi}{\Delta\theta} - U \cdot A \quad (2.30)$$

Wird für die Fläche $A = b \times l$ die Abmessung $b = 1$ m gesetzt (die Abmessung l beschreibt die tatsächliche Länge der Wärmebrücke bzw. des Bauteilanschlusses) ergibt sich folgender Ausdruck:

$$\Delta H = \frac{\Phi}{\Delta\theta} - U \cdot l \cdot 1 \quad (2.31)$$

Der Quotient aus dem Wärmestrom im Bereich der Wärmebrücke und der Temperaturdifferenz ($\Phi/\Delta\theta$) wird auch als **thermischer Leitwert L^{2D}** bezeichnet. Für die Transmissionswärmeverluste im ungestörten Normalbereich wird auch das Formelzeichen L_0 (= $U \times A = U \times l \times 1$) verwendet. Die Differenz zwischen dem Wärmeverlust im Wärmebrückenbereich und dem ungestörten Normalbereich ΔH entspricht dem längenbezogenen Wärmedurchgangskoeffizienten der Wärmebrücke, der üblicherweise mit dem Formelzeichen Ψ gekennzeichnet wird. Mit diesen Angaben sowie unter Berücksichtigung der

Temperaturkorrekturfaktoren F_x, die für den ungestörten Bereich anzunehmen sind, ergibt sich der längenbezogene Wärmedurchgangskoeffizient Ψ einer Wärmebrücke mit folgender Gleichung:

$$\Psi = \frac{\Phi}{\Delta\theta} - \sum F_{x,j} \cdot U_j \cdot l_j = L^{2D} - L^0 \qquad (2.32)$$

Darin bedeuten:

Ψ längenbezogener Wärmedurchgangskoeffizient einer (linienförmigen) Wärmebrücke, in W/(mK);

Φ Wärmestrom im Bereich der Wärmebrücke, in W;

$\Delta\theta$ Temperaturdifferenz zwischen innen (Raumlufttemperatur) und außen (Außenlufttemperatur), in K;

F_x Temperaturkorrekturfaktor in Abhängigkeit von der Lage des Bauteils (dimensionslos);

U Wärmedurchgangskoeffizient der Bauteile, in $W/(m^2K)$;

l Länge der Wärmebrücke, in m.

Für die Berechnung des Ψ-Wertes ist es lediglich erforderlich, den Wärmestrom Φ im Bereich der Wärmebrücke zu berechnen. Alle anderen Größen sind bekannt (Temperaturdifferenz, U-Wert, Temperaturkorrekturfaktor, Länge der Wärmebrücke).

Hier ergibt sich jedoch die Schwierigkeit, dass der Wärmestrom nicht ohne Weiteres zu ermitteln ist. Vielmehr sind numerische Berechnungen auf Grundlage eines geeigneten Verfahrens (z. B. auf Grundlage der Methode der Finite Elemente (FEM)) erforderlich. Siehe Beispiele in den Abb. 2.32, 2.33, 2.34, 2.35, 2.36 und 2.37.

2.4.6.3 Ermittlung des Ψ-Wertes mit Hilfe von Wärmebrückenkatalogen

Der längenbezogene Wärmedurchgangskoeffizient von Wärmebrücken kann auch mit Hilfe geeigneter Tabellenwerke („Wärmebrückenkataloge") ermittelt werden.

Bei der Anwendung solcher Kataloge sind die Randbedingungen genau zu beachten (z. B. Temperaturrandbedingungen, Maßbezug außen oder innen usw.).

Ein Beispiel zeigt Abb. 2.38.

2.4.6.4 Negative Ψ-Werte

Die längenbezogenen Wärmedurchgangskoeffizienten von Wärmebrücken (Ψ-Werte) können auch negative Werte annehmen.

Das bedeutet, dass die Wärmeverluste im Bereich der Wärmebrücke geringer als die Verluste im ungestörten Normalbereich sind. Dieser Effekt kann auftreten, wenn die Abmessungen außenmaßbezogen sind, wie dies üblicherweise bei Nachweisen des Wärmeschutzes nach GEG der Fall ist.

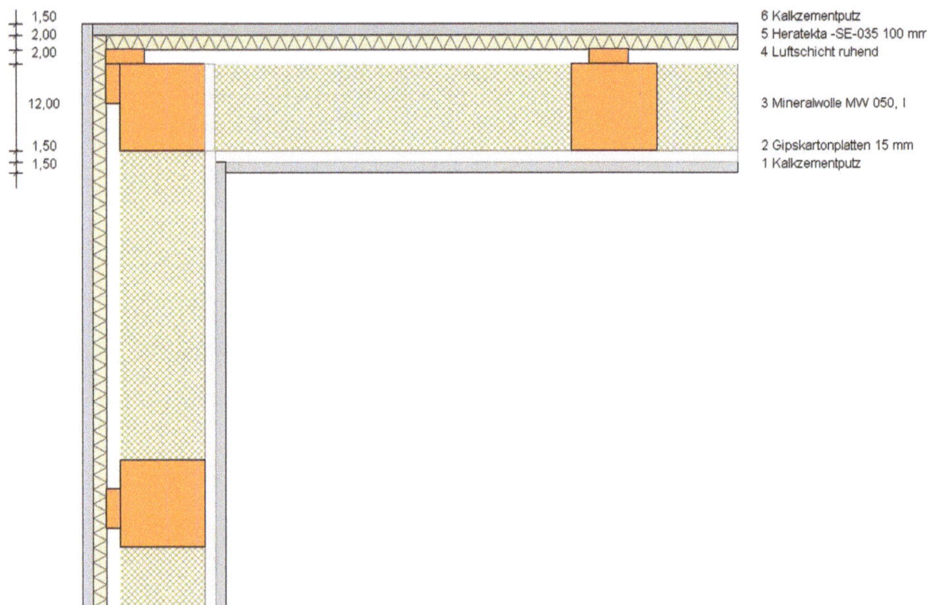

Abb. 2.32 Numerische Berechnung einer Wärmebrücke; hier: Querschnitt Außenwandecke in Holztafelbauweise

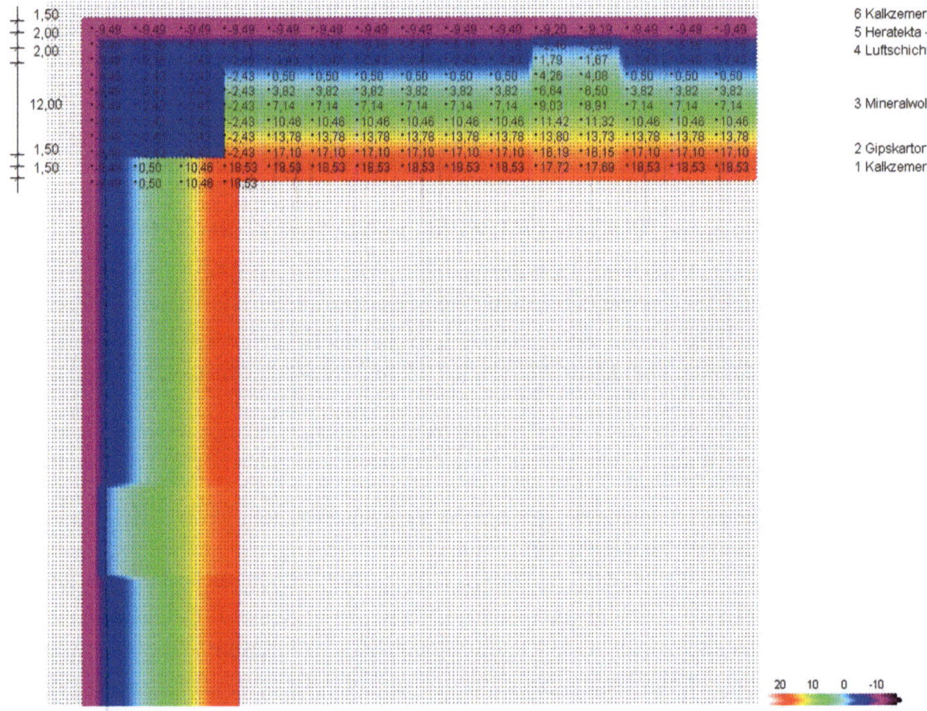

Abb. 2.33 Elementnetz (finite Elemente) und Anfangstemperaturen vor der Berechnung

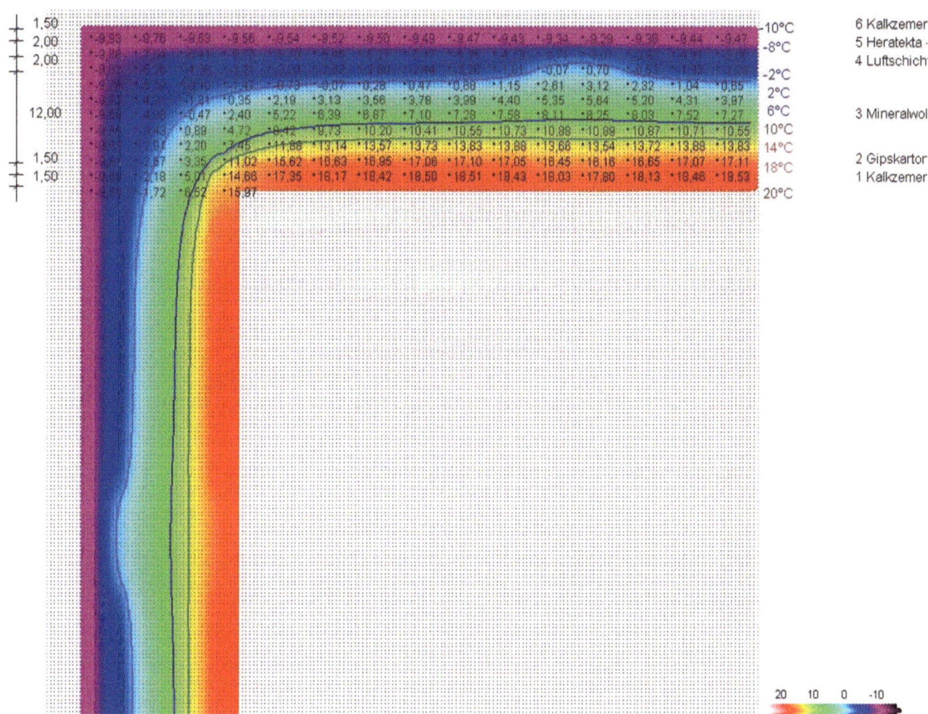

Abb. 2.34 Temperaturverlauf nach der Berechnung

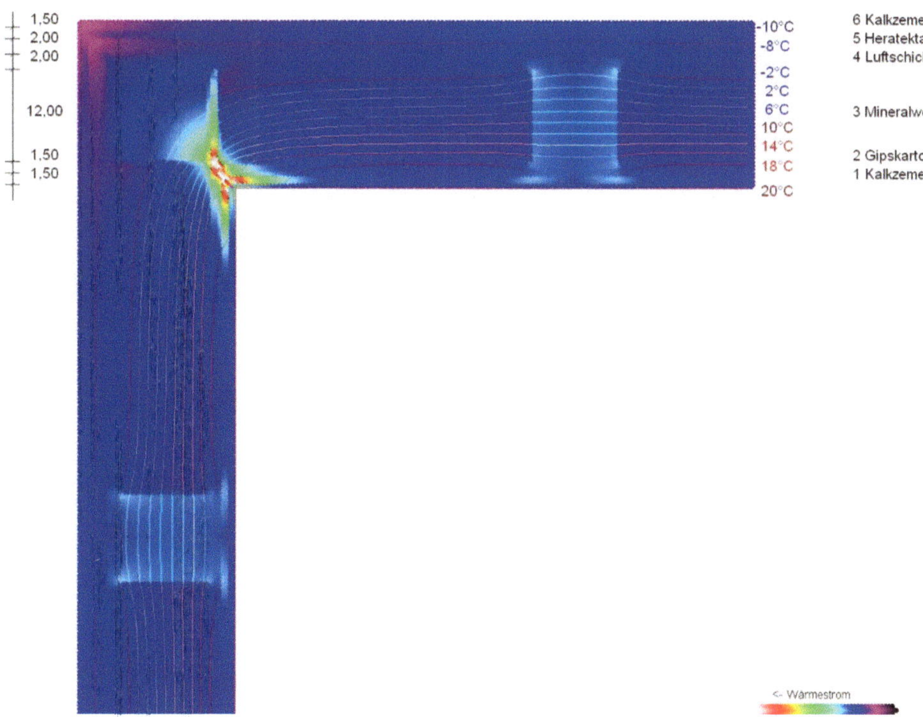

Abb. 2.35 Wärmestrom

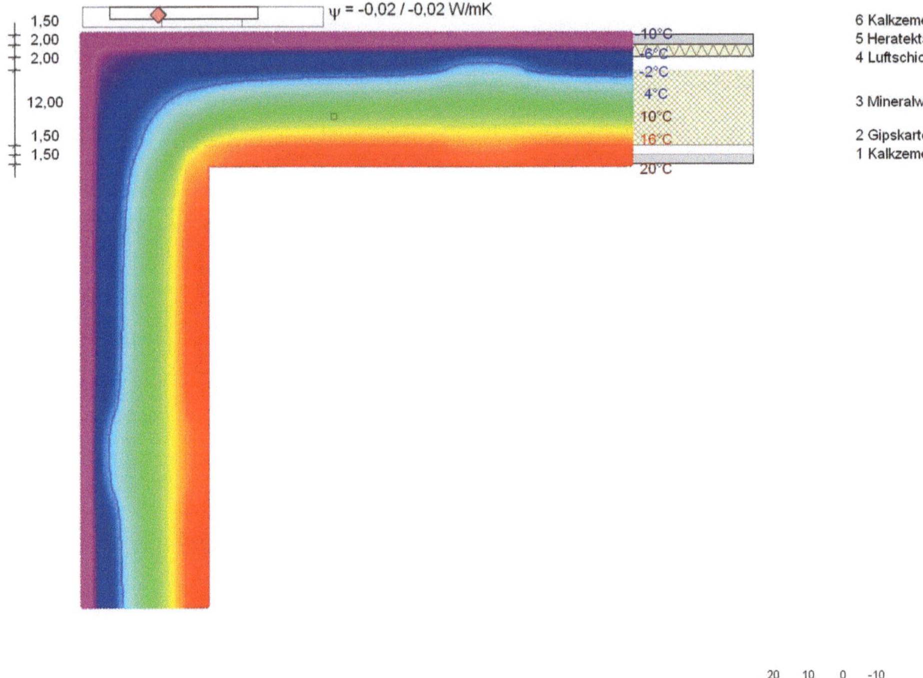

Abb. 2.36 Temperaturverlauf und Ψ-Wert

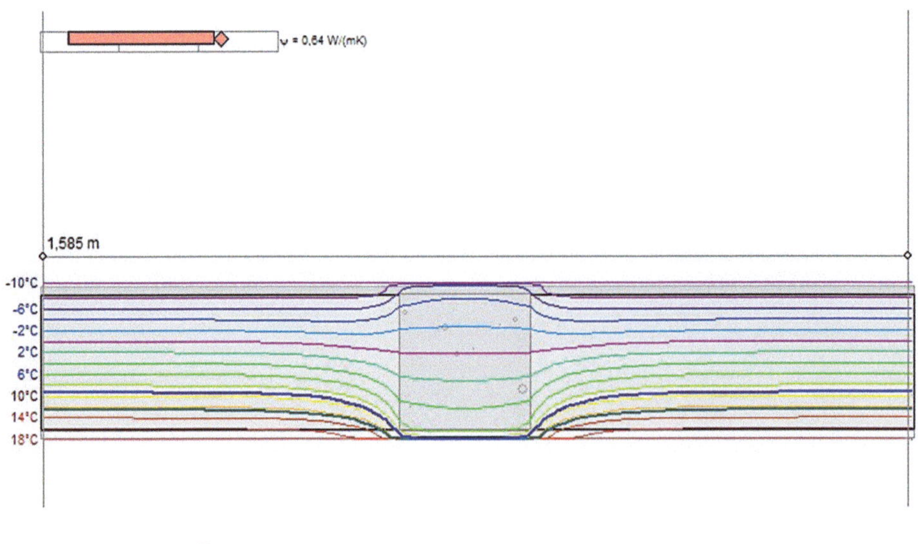

Die Taupunkttemperatur der Raumluft beträgt 9,3°C (20,0°C 50%)
80% relative Luftfeuchte werden bei einer Abkühlung der Raumluft auf 12,6°C erreicht
Rsi / Rse = 0,13 / 0,04 m²K/W   θi / θe = 20,0 / -10,0 °C

Abb. 2.37 Numerische Berechnung einer Wärmebrücke; hier: Stahlbetonstütze in Wand aus Porenbeton; Ψ = 0,64 W/(mK)

Tafel 2.3.2: Längenbezogener Wärmedurchgangskoeffizient Ψ [W/(m·K)]

		Dicke der Deckendämmung d_D [cm]			
		16	20	24	30
Dicke der Außenwanddämmung d_{AW} [cm]	10	0,111	0,101	0,089	0,070
	14	0,119	0,113	0,104	0,090
	18	0,122	0,118	0,112	0,100
	24	0,122	0,120	0,116	0,107
	30	0,118	0,119	0,117	0,110

Hinweise

- Für die Berechnung wurde an der Giebelinnenseite ein Innenputz mit der Wärmeleitfähigkeit 0,70 W/(m·K) von oben bis zur Stahlbetondecke heruntergeführt. Die Ergebnisse gelten auch für Innenputze mit niedrigerer Wärmeleitfähigkeit und für Innenputze, die weniger weit heruntergeführt sind.
- Gilt für Dicken ≤ 17,5 cm und für Rohdichteklassen ≤ 2,0 des KS-Mauerwerks.

Ausführung

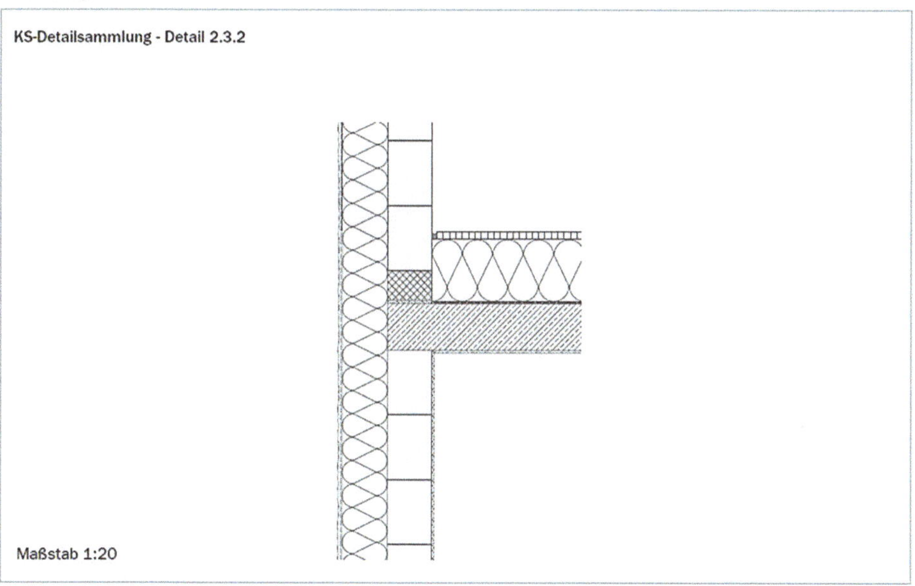

Abb. 2.38 Wärmebrückenkatalog. (Hier: Auszug aus dem Kalksandstein Wärmebrückenbrückenkatalog; www.kalksandstein.de)

Beispielsweise werden im Bereich einer Außenecke die Transmissionswärmeverluste des Normalbereichs auch im Überlappungsbereich auf beiden Wandseiten voll angesetzt. Hierbei kann es vorkommen, dass diese Verluste in ihrer Summe bereits so groß sind und die Wärmebrückenverluste kompensieren bzw. sogar übersteigen. In diesem Fall ergibt sich ein negativer Ψ-Wert (Abb. 2.39).

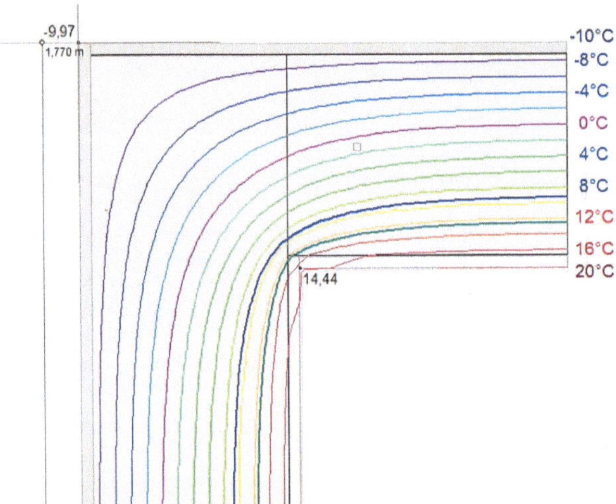

Abb. 2.39 Negativer Ψ-Wert im Bereich einer Außenecke; hier: Ψ = – 0,28 W/(mK); Wand aus Porenbeton (λ = 0,19 W/mK, d = 24 cm)

Grundsätzlich können Ψ-Werte mit unterschiedlichem Maßbezug nicht miteiander verglichen werden. Vielmehr ist eine Umrechnung erforderlich. Nachfolgend wird exemplarisch die Umrechnung für eine Außenecke angegeben. Für andere Wärmebrücken exitieren Umrechnungsformeln in der Literatur.[2]

Umrechnung bei einer Außenecke

Ein innenmaßbezogener Ψ-Wert (Ψ_i) kann mit folgender Gleichung in einen außenmaßbezogenen Wert (Ψ_e) umgerechnet werden (Abb. 2.40):

$$\Psi_e = \Psi_i - U_1 \cdot d_2 - U_2 \cdot d_1 \tag{2.33}$$

Darin bedeuten:

Ψ_e außenmaßbezogener Ψ-Wert, in W/(mK);
Ψ_i innenmaßbezogener Ψ-Wert, in W/(mK);
U_1 Wärmedurchgangskoeffizient Wand 1, in W/(m²K);
U_2 Wärmedurchgangskoeffizient Wand 2, in W/(m²K);
d_1 Dicke Wand 1, in m;
d_2 Dicke Wand 2, in m.

Beispiel

Für die Außenwandecke in Abb. 2.39 soll der Ψ-Wert mit Innenmaßbezug berechnet werden.

[2] z. B. Stiegel, Hauser: Wärmebrückenkatalog, IRB Verlag, 2006.

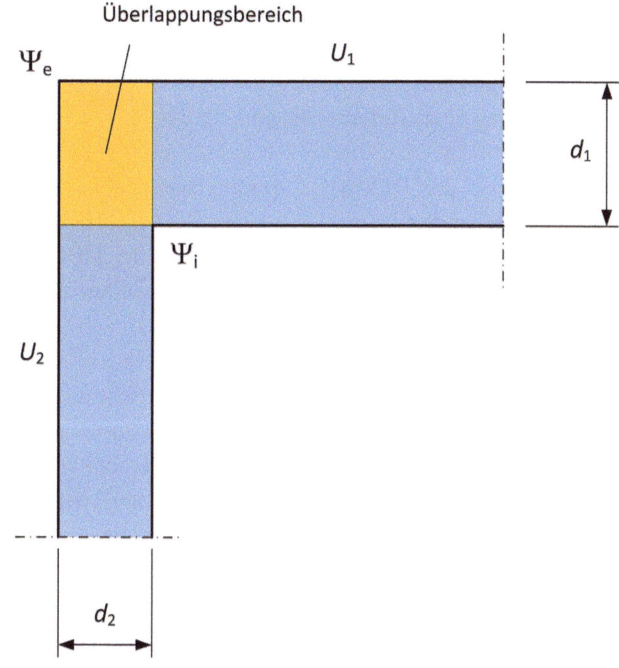

Abb. 2.40 Umrechnung des Ψ-Wertes von Innenmaßbezug auf Außenmaßbezug

Randbedingungen:

- $U_1 = U_2 = 0{,}70$ W/m²K
- $d_1 = d_2 = 24$ cm = 0,24 m
- Außenmaßbezogener Ψ-Wert: $\Psi_e = -0{,}28$ W/mK

Mit Gl. (2.32) kann einen außenmaßbezogener Ψ-Wert (Ψe) bei bekanntem innenmaßbezogenen Ψ-Wert (Ψi) berechnet werden:

$$\Psi_e = \Psi_i - U_1 \cdot d_2 - U_2 \cdot d_1$$

Durch Umformung ergibt sich der gesuchte innenmaßbezogene Ψ-Wert (Ψ_i):

$$=> \Psi_i = \Psi_e + U_1 \cdot d_2 + U_2 \cdot d_1 = (-0{,}28) + 0{,}70 \cdot 0{,}24 + 0{,}70 \cdot 0{,}24 = +0{,}056 \text{ W/mK}$$ ◀

2.4.7 Planungs- und Ausführungsbeispiele nach DIN 4108 Beiblatt 2

2.4.7.1 Allgemeines

DIN 4108 Beiblatt 2 enthält Planungs- und Ausführungsbeispiele für verschiedene Anschlussausbildungen (Wärmebrücken).

Hiermit werden folgende Ziele verfolgt:

- Angabe von geeigneten Konstruktionsempfehlungen;
- Festlegung eines Referenzniveaus für die Qualität einer Anschlussausbildung.

Im Beiblatt 2 der DIN 4108 werden ausschließlich zweidimensionale Anschlussausbildungen behandelt.

Alle Bauteilanschlüsse, die im Beiblatt 2 der DIN 4108 angegeben sind, erfüllen die Forderung $\boldsymbol{f_{Rsi}} \geq \mathbf{0{,}70}$, d. h. die Anforderungen an den Mindestwärmeschutz gelten als erfüllt.

Entsprechen bei einem Gebäude alle Bauteilanschlüsse den Beispielen nach Beiblatt 2, oder ist die Gleichwertigkeit zu einem der Anschlussausbildungen des Beiblattes 2 nachgewiesen, dürfen die Transmissionswärmeverluste im Bereich von Wärmebrücken mit dem Zuschlagswert von $\boldsymbol{\Delta U_{WB}} = \mathbf{0{,}05\ W/(m^2K)}$ bei Wärmebrücken der Kategorie A (bzw. 0,03 $W/(m^2K)$ bei Wärmebrücken der Kategorie B) berechnet werden, wenn das pauschale Verfahren über Wärmebrückenzuschläge verwendet wird.

Die im Beiblatt 2 der DIN 4108 angegebenen Ψ-Werte sind Referenzwerte, die ausschließlich dem Nachweis der Gleichwertigkeit dienen sowie zum Vergleich mit den anderen im Beiblatt 2 der DIN 4108 angegebenen Bauteilanschlüssen herangezogen werden können. Es handelt sich hierbei nicht um die tatsächlichen längenbezogenen Wärmedurchgangskoeffizienten Ψ der abgebildeten Anschlussausbildungen.

2.4.7.2 Ausgewählte Bauteilanschlüsse nach DIN 4108 Beiblatt 2

Nachfolgend werden einige Bauteilanschlüsse aus dem Beiblatt 2 der DIN 4108 exemplarisch angegeben. Für weitere Informationen sowie für die hier nicht aufgeführten Planungs- und Ausführungsbeispiele wird auf die Norm (DIN 4108 Beiblatt 2) verwiesen.

Die in den Bauteilanschlüssen verwendeten Materialien bzw. Baustoffe mit den zu Grunde gelegten Bemessungswerten der Wärmeleitfähigkeit λ sind in Tab. 2.28 angegeben.

Bei den Bauteilanschlüssen werden zwei Kategorien unterschieden, die verschiedene energetische Niveaus kennzeichnen:

- Kategorie A beschreibt ein durchschnittliches energetisches Niveau.
- Kategorie B beschreibt ein höherwertigeres energetisches Niveau und umfasst auch immer die Kategorie A.

Folgende Bauteilanschlüsse aus dem Beiblatt 2 der DIN 4108 werden hier exemplarisch angegeben:

Kellerboden

- Streifenfundament, Außenwand monolithisch, Bodenplatte innengedämmt, $\Psi_{ref} \leq -0{,}03$ W/mK, Kategorie B (Nr. 1 n. DIN 4108 Beiblatt 2) (Abb. 2.41).

Tab. 2.28 Materialien bzw. Baustoffe und zugehörige Bemessungswerte der Wärmeleitfähigkeit der Bauteilanschlüsse. (N. DIN 4108 Beiblatt 2:2019-06, Tab. 3)

Material-Nummer	Material bzw. Baustoff	Bemessungswert der Wärmeleitfähigkeit λ W/mK
1	Wärmedämmung	0,035[a]
2	Perimeterdämmung	0,040[b]
3	Mauerwerk[e]	$\lambda \leq 0{,}14$
4		$0{,}12 \leq \lambda \leq 0{,}21$
5		$0{,}14 \leq \lambda \leq 1{,}3$
6	Stahlbeton	2,3
7	Estrich	1,4
8	Gipsplatte	0,25
9	Holzwerkstoffplatte	0,14
10	Holz	0,13
11	Innenputz	0,70
12[d]	Beton unbewehrt	1,6
13	Erdreich	2,0
14	Wärmedämmstein (gilt auch für Mauerwerk mit λ 0,33)[c]	0,33

[a]Der Ansatz der Trittschalldämmung erfolgt mit einer Dicke d = 40 mm und einer Wärmeleitfähigkeit von λ = 0,040 W/mK

[b]Liegen bei erdberührten Bauteilen Grundwasserverhältnisse vor, die den Einsatz von speziellen Dämmstoffen erforderlich machen, beispielsweise drückendes Wasser, gelten die Bilder auch für Dämmstoffe mit einer Wärmeleitfähigkeit von λ = 0,045 W/mK

[c]Alternativ sind auch konstruktive Lösungen, z. B. im Stahlbetonbau möglich, wenn deren energetische und thermische Gleichwertigkeit nachgewiesen wird

[d]Beton unbewehrt ist mit λ = 2,3 W/mK berücksichtigt

[e]Nummer des Bildelements 3: i. d. R. monolithisch; Nummer des Bildelements 4: als Außenwand i. d. R. zusatzgedämmt; Nummer des Bildelements 5: als Außenwand zusatzgedämmt

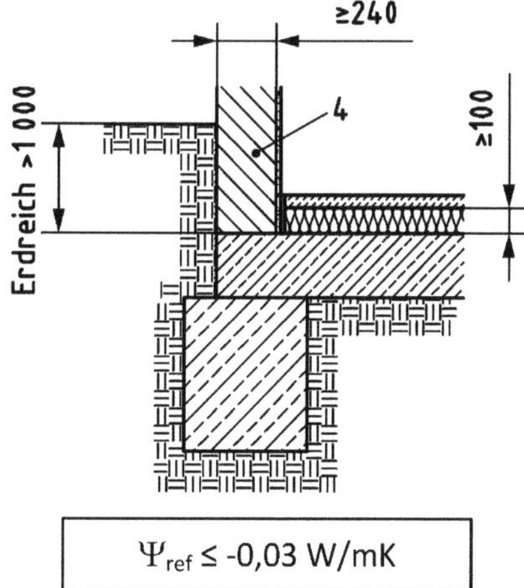

Abb. 2.41 Kellerboden – Streifenfundament, Außenwand monolithisch, Bodenplatte innengedämmt, $\Psi_{ref} \leq -0{,}03$ W/mK, Kategorie B. (Nr. 1 n. DIN 4108 Beiblatt 2, Tab. 5)

- Flachgründung, Außenwand monolithisch, Bodenplatte innengedämmt, $\Psi_{ref} \leq -0{,}03$ W/mK, Kategorie B (Nr. 3 n. DIN 4108 Beiblatt 2) (Abb. 2.42).
- Streifenfundament, Außenwand außengedämmt, Bodenplatte innen- und außengedämmt, $\Psi_{ref} \leq 0{,}44$ W/mK, Kategorie A (Nr. 5 n. DIN 4108 Beiblatt 2) (Abb. 2.43).

Bodenplatte auf Erdreich

- Streifenfundament, Außenwand monolithisch, Bodenplatte innengedämmt, $\Psi_{ref} \leq -0{,}02$ W/mK, Kategorie B (Nr. 11 n. DIN 4108 Beiblatt 2) (Abb. 2.44).
- Flachgründung, Außenwand monolithisch, Bodenplatte innen- und außengedämmt, $\Psi_{ref} \leq 0{,}06$ W/mK, Kategorie B (Nr. 13 n. DIN 4108 Beiblatt 2) (Abb. 2.45).
- Flachgründung, Außenwand außengedämmt, Bodenplatte innen- und außengedämmt, $\Psi_{ref} \leq 0{,}22$ W/mK, Kategorie B (Nr. 21 n. DIN 4108 Beiblatt 2) (Abb. 2.46).
- Streifenfundament, zweischalige Außenwand mit Verblendschale, Bodenplatte innen- und außengedämmt, $\Psi_{ref} \leq 0{,}44$ W/mK, Kategorie A (Nr. 27 n. DIN 4108 Beiblatt 2) (Abb. 2.47).
- Flachgründung, Außenwand in Holzbauweise, Bodenplatte innen- und außengedämmt, $\Psi_{ref} \leq 0{,}07$ W/mK, Kategorie B (Nr. 35 n. DIN 4108 Beiblatt 2) (Abb. 2.48).

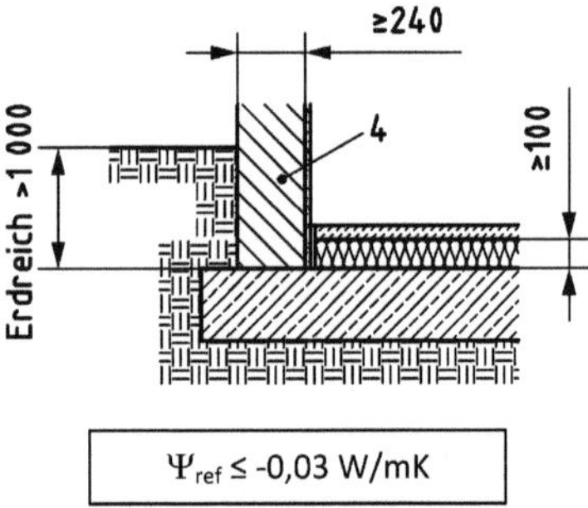

Abb. 2.42 Kellerboden – Flachgründung, Außenwand monolithisch, Bodenplatte innengedämmt, $\Psi_{ref} \leq -0{,}03$ W/mK, Kategorie B. (Nr. 3 n. DIN 4108 Beiblatt 2, Tab. 5)

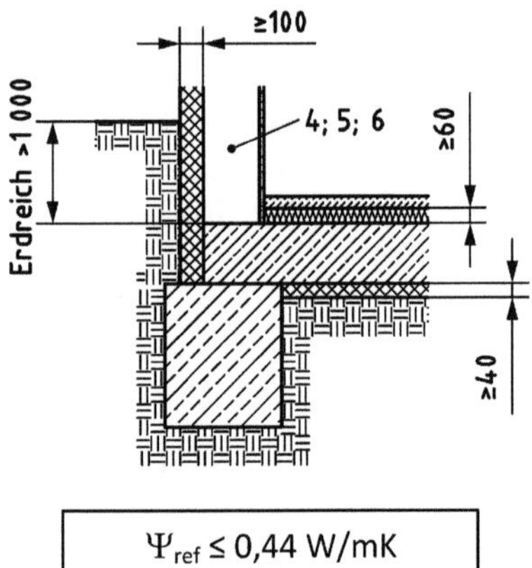

Abb. 2.43 Kellerboden – Streifenfundament, Außenwand außengedämmt, Bodenplatte innen- und außengedämmt, $\Psi_{ref} \leq 0{,}44$ W/mK, Kategorie A. (Nr. 5 n. DIN 4108 Beiblatt 2, Tab. 6)

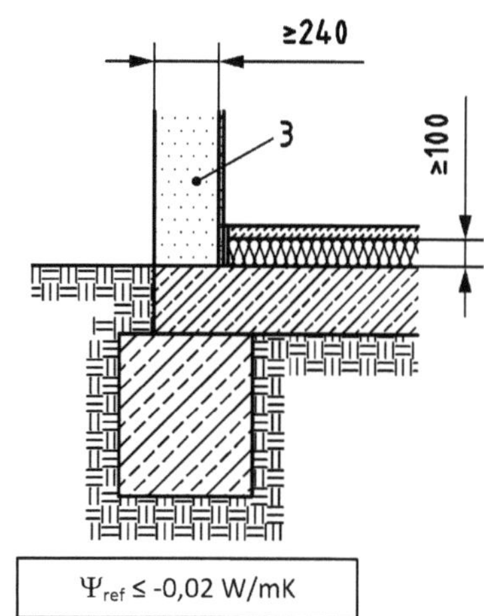

Abb. 2.44 Bodenplatte auf Erdreich – Streifenfundament, Außenwand monolithisch, Bodenplatte innengedämmt, $\Psi_{ref} \leq -0{,}02$ W/mK, Kategorie B. (Nr. 11 n. DIN 4108 Beiblatt 2, Tab. 7)

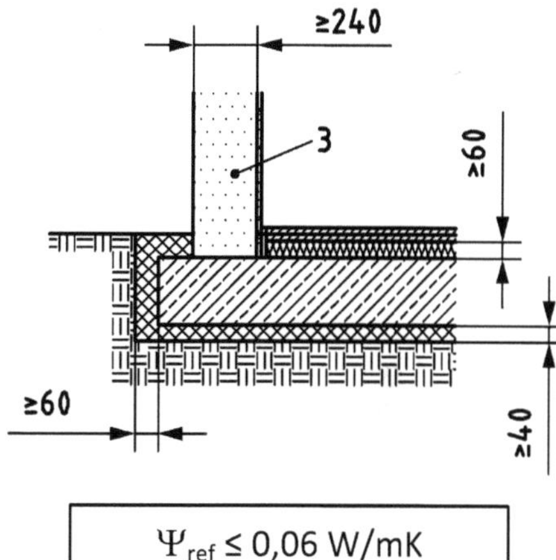

Abb. 2.45 Flachgründung – Außenwand monolithisch, Bodenplatte innen- und außengedämmt, $\Psi_{ref} \leq 0{,}06$ W/mK, Kategorie B. (Nr. 13 n. DIN 4108 Beiblatt 2, Tab. 7)

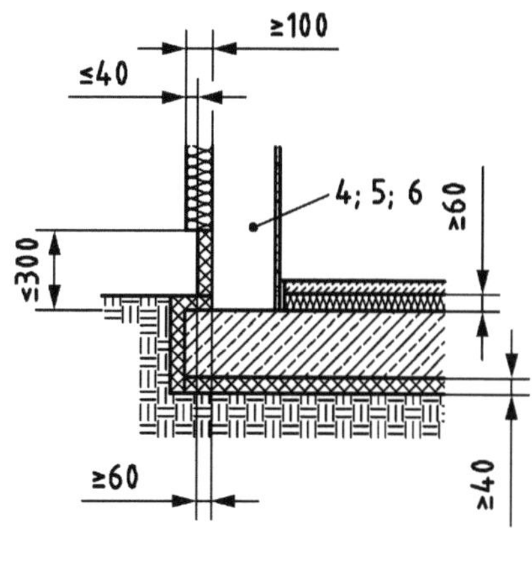

Abb. 2.46 Flachgründung, Außenwand außengedämmt, Bodenplatte innen- und außengedämmt, $\Psi_{ref} \leq 0{,}22$ W/mK, Kategorie B. (Nr. 21 n. DIN 4108 Beiblatt 2, Tab. 8)

Abb. 2.47 Streifenfundament, zweischalige Außenwand mit Verblendschale, Bodenplatte innen- und außengedämmt, $\Psi_{ref} \leq 0{,}44$ W/mK, Kategorie A. (Nr. 27 n. DIN 4108 Beiblatt 2, Tab. 9)

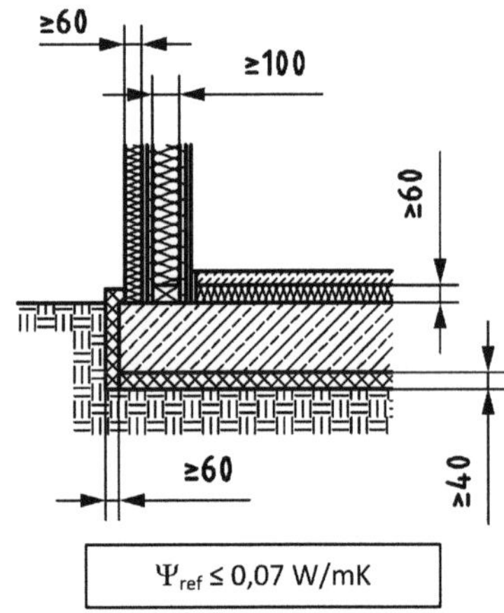

Abb. 2.48 Flachgründung, Außenwand in Holzbauweise, Bodenplatte innen- und außengedämmt, $\Psi_{ref} \leq 0{,}07$ W/mK, Kategorie B. (Nr. 35 n. DIN 4108 Beiblatt 2, Tab. 10)

Kellerdecke

- beheizter Keller, Außenwand monolithisch, Kellerdecke mit Deckenrandstein und thermischer Trennung, $\Psi_{ref} \leq 0{,}14$ W/mK, Kategorie B (Nr. 43 n. DIN 4108 Beiblatt 2) (Abb. 2.49).
- beheizter Keller, Außenwand außengedämmt, $\Psi_{ref} \leq 0{,}05$ W/mK, Kategorie B (Nr. 48 n. DIN 4108 Beiblatt 2) (Abb. 2.50).
- unbeheizter Keller, Außenwand außengedämmt, $\Psi_{ref} \leq 0{,}42$ W/mK, Kategorie A (Nr. 49 n. DIN 4108 Beiblatt 2) (Abb. 2.51).

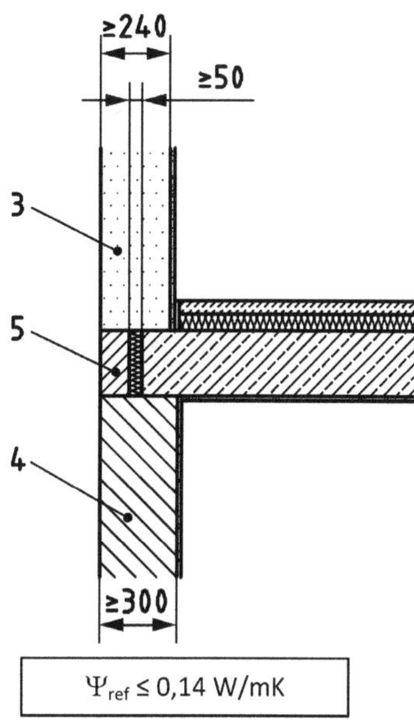

Abb. 2.49 Beheizter Keller – Außenwand monolithisch, Kellerdecke mit Deckenrandstein und thermischer Trennung, $\Psi_{ref} \leq 0{,}14$ W/mK, Kategorie B (Nr. 43 n. DIN 4108 Beiblatt 2, Tab. 13) (Abb. 2.49)

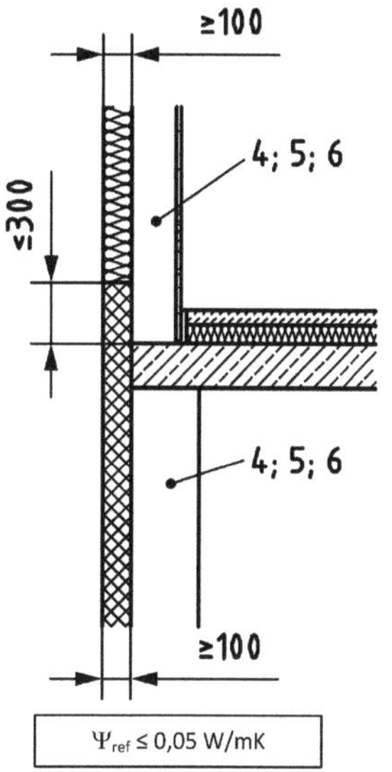

Abb. 2.50 Beheizter Keller, Außenwand außengedämmt, $\Psi_{ref} \leq 0{,}05$ W/mK, Kategorie B. (Nr. 48 n. DIN 4108 Beiblatt 2, Tab. 14)

- unbeheizter Keller, zweischalige Außenwand mit Verblendschale, $\Psi_{ref} \leq 0{,}13$ W/mK, Kategorie A (Nr. 55 n. DIN 4108 Beiblatt 2) (Abb. 2.52).
- unbeheizter Keller, Außenwand in Holzbauweise, $\Psi_{ref} \leq 0{,}05$ W/mK, Kategorie B (Nr. 60 n. DIN 4108 Beiblatt 2) (Abb. 2.53).

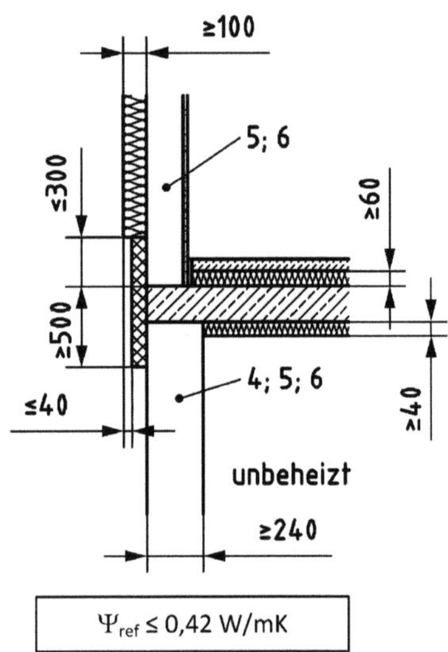

Abb. 2.51 Unbeheizter Keller, Außenwand außengedämmt, $\Psi_{ref} \leq 0{,}42$ W/mK, Kategorie A. (Nr. 49 n. DIN 4108 Beiblatt 2, Tab. 14)

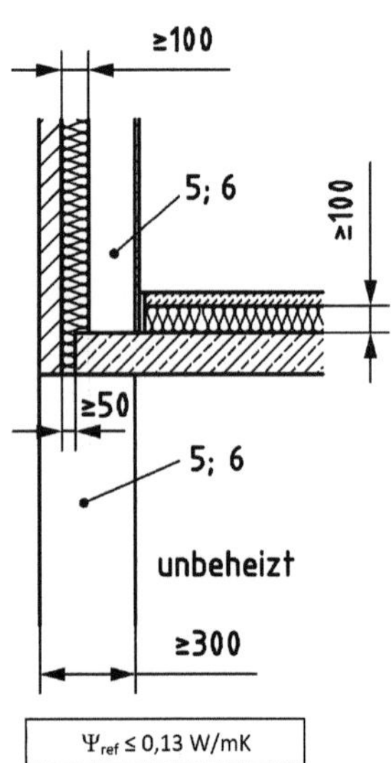

Abb. 2.52 Unbeheizter Keller, zweischalige Außenwand mit Verblendschale, $\Psi_{ref} \leq 0{,}13$ W/mK, Kategorie A. (Nr. 55 n. DIN 4108 Beiblatt 2, Tab. 15)

Innenwände (nach unten)

- Bodenplatte auf Erdreich und Streifenfundament, Innenwand massiv, Bodenplatte innengedämmt, $\Psi_{ref} \leq 0{,}41$ W/mK, Kategorie A (Nr. 84 n. DIN 4108 Beiblatt 2) (Abb. 2.54).
- Bodenplatte auf Erdreich und Streifenfundament, Innenwand in Holzbauweise, Bodenplatte innengedämmt, $\Psi_{ref} \leq 0{,}01$ W/mK, Kategorie B (Nr. 85 n. DIN 4108 Beiblatt 2) (Abb. 2.55).

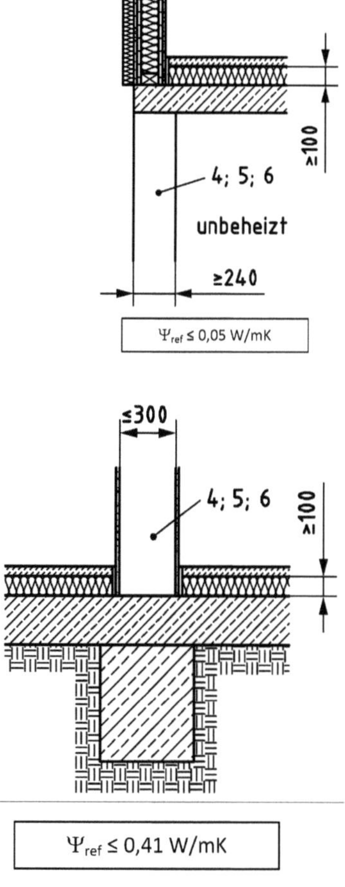

Abb. 2.53 Unbeheizter Keller, Außenwand in Holzbauweise, $\Psi_{ref} \leq 0{,}05$ W/mK, Kategorie B. (Nr. 60 n. DIN 4108 Beiblatt 2, Tab. 16)

Abb. 2.54 Bodenplatte auf Erdreich und Streifenfundament – Innenwand massiv, Bodenplatte innengedämmt, $\Psi_{ref} \leq 0{,}41$ W/mK, Kategorie A. (Nr. 84 n. DIN 4108 Beiblatt 2, Tab. 21)

- Bodenplatte auf Erdreich und Flachgründung, Innenwand massiv mit Wärmedämmstein, Bodenplatte innen- und außengedämmt, $\Psi_{ref} \leq 0{,}26$ W/mK, Kategorie B (Nr. 90 n. DIN 4108 Beiblatt 2) (Abb. 2.56).

Innenwandeinbindungen an Außenwand

- Innenwand (monolithisch) an Außenwand (monolithisch), $\Psi_{ref} \leq 0{,}08$ W/mK, Kategorie A (Nr. 149 n. DIN 4108 Beiblatt 2) (Abb. 2.57).
- Innenwand (Holzbauweise) an Außenwand (Holzbauweise), $\Psi_{ref} \leq 0{,}02$ W/mK, Kategorie B (Nr. 161 n. DIN 4108 Beiblatt 2) (Abb. 2.58).

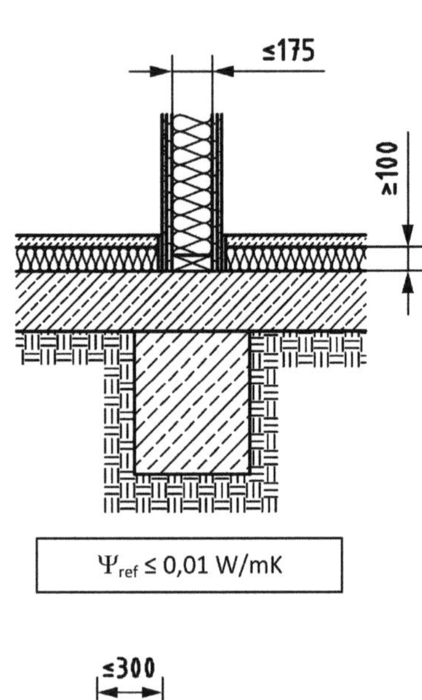

Abb. 2.55 Bodenplatte auf Erdreich und Streifenfundament, Innenwand in Holzbauweise, Bodenplatte innengedämmt, $\Psi_{ref} \leq 0{,}01$ W/mK, Kategorie B. (Nr. 85 n. DIN 4108 Beiblatt 2 Tab. 21)

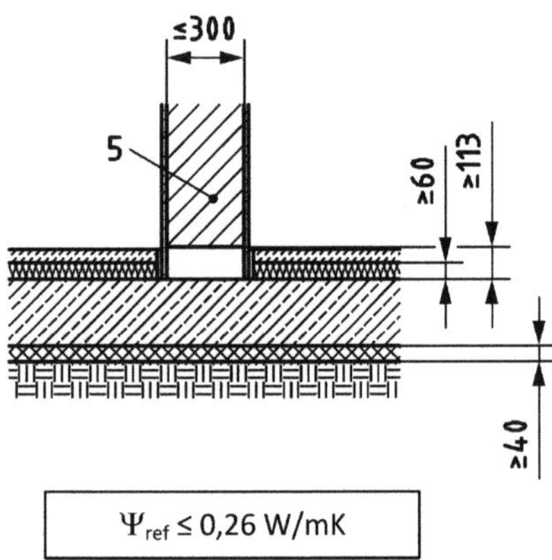

Abb. 2.56 Bodenplatte auf Erdreich und Flachgründung, Innenwand massiv mit Wärmedämmstein, Bodenplatte innen- und außengedämmt, $\Psi_{ref} \leq 0{,}26$ W/mK, Kategorie B. (Nr. 90 n. DIN 4108 Beiblatt 2, Tab. 21)

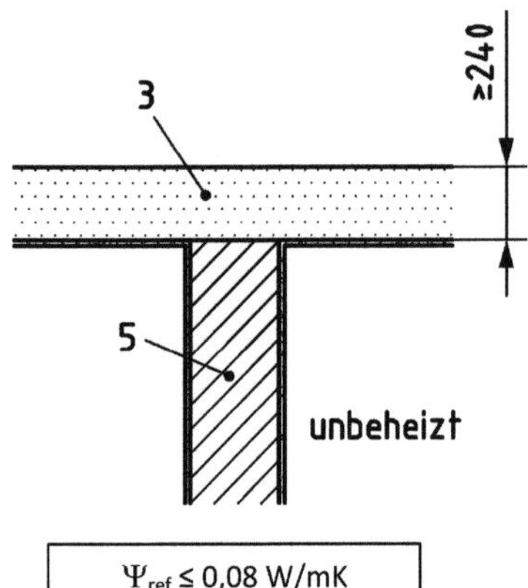

Abb. 2.57 Innenwand (monolithisch) an Außenwand (monolithisch), $\Psi_{ref} \leq 0{,}08$ W/mK, Kategorie A. (Nr. 149 n. DIN 4108 Beiblatt 2, Tab. 34)

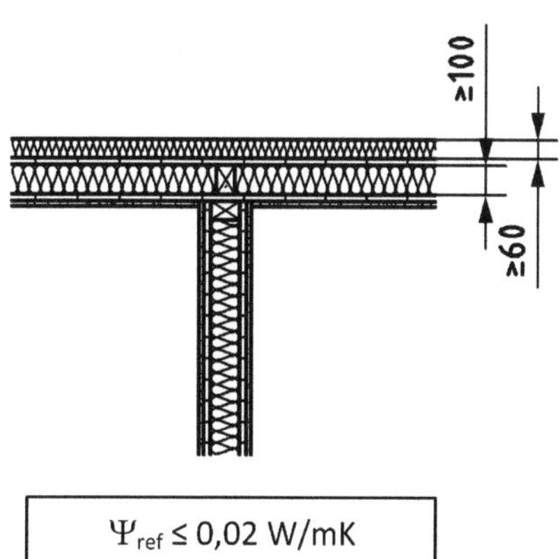

Abb. 2.58 Innenwand (Holzbauweise) an Außenwand (Holzbauweise), $\Psi_{ref} \leq 0{,}02$ W/mK, Kategorie B. (Nr. 161 n. DIN 4108 Beiblatt 2, Tab. 37)

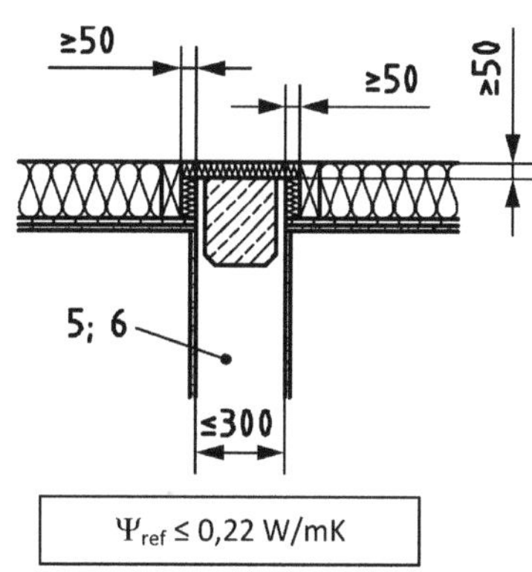

Abb. 2.59 Holzdach, Innenwand massiv, $\Psi_{ref} \leq 0{,}22$ W/mK, Kategorie A. (Nr. 169 n. DIN 4108 Beiblatt 2, Tab. 39)

Innenwand an Dach

- Holzdach, Innenwand massiv, $\Psi_{ref} \leq 0{,}22$ W/mK, Kategorie A (Nr. 169 n. DIN 4108 Beiblatt 2) (Abb. 2.59).

Geschossdecke

- Geschossdecke (massiv), Außenwand monolithisch, $\Psi_{ref} \leq 0{,}19$ W/mK, Kategorie A (Nr. 183 n. DIN 4108 Beiblatt 2) (Abb. 2.60).
- Außenwand in Holzbauweise, Balkendecke mit Gefachbereich, $\Psi_{ref} \leq 0{,}03$ W/mK, Kategorie B (Nr. 186 n. DIN 4108 Beiblatt 2) (Abb. 2.61).

Fensterlaibung

- Außenwand monolithisch, $\Psi_{ref} \leq 0{,}06$ W/mK, Kategorie B (Nr. 225 n. DIN 4108 Beiblatt 2) (Abb. 2.62).
- Außenwand in Holzbauweise, $\Psi_{ref} \leq 0{,}06$ W/mK, Kategorie B (Nr. 230 n. DIN 4108 Beiblatt 2) (Abb. 2.63).

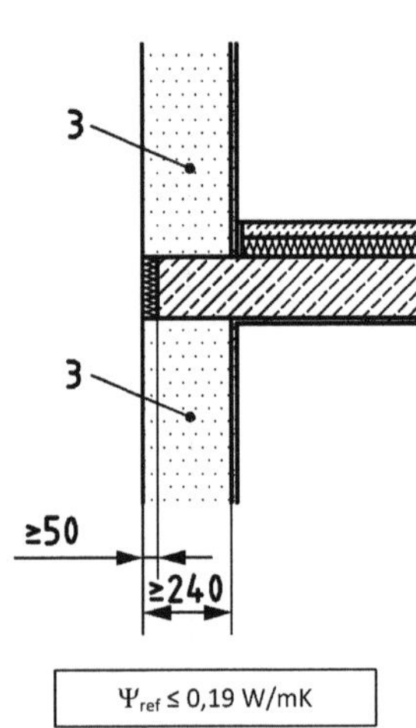

Abb. 2.60 Geschossdecke (massiv), Außenwand monolithisch, $\Psi_{ref} \leq 0{,}19$ W/mK, Kategorie A. (Nr. 183 n. DIN 4108 Beiblatt 2, Tab. 42)

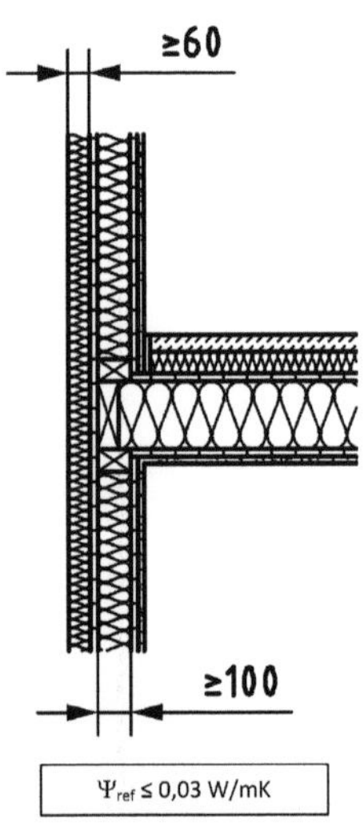

Abb. 2.61 Außenwand in Holzbauweise, Balkendecke mit Gefachbereich, $\Psi_{ref} \leq 0{,}03$ W/mK, Kategorie B. (Nr. 186 n. DIN 4108 Beiblatt 2, Tab. 44)

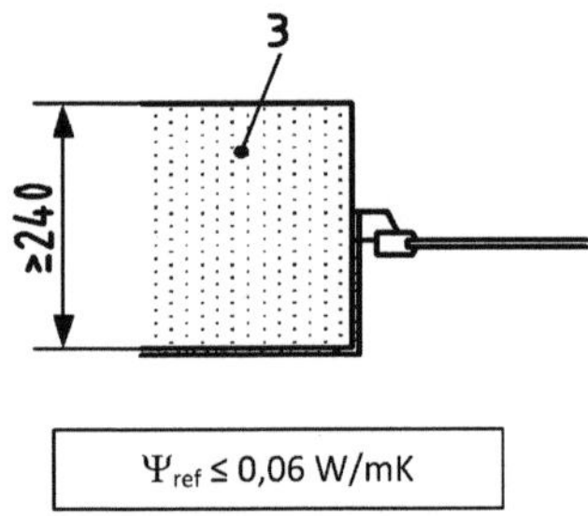

Abb. 2.62 Außenwand monolithisch, $\Psi_{ref} \leq 0{,}06$ W/mK, Kategorie B. (Nr. 225 n. DIN 4108 Beiblatt 2, Tab. 61)

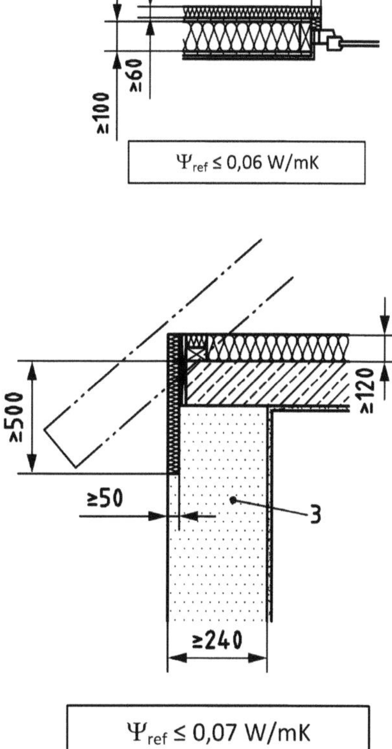

Abb. 2.63 Außenwand in Holzbauweise, $\Psi_{ref} \leq 0{,}06$ W/mK, Kategorie B. (Nr. 230 n. DIN 4108 Beiblatt 2, Tab. 64)

Abb. 2.64 Oberste Geschossdecke zum unbeheizten Dachraum, Außenwand monolitisch, $\Psi_{ref} \leq 0{,}07$ W/mK, Kategorie B. (Nr. 340 n. DIN 4108 Beiblatt 2, Tab. 89)

Pfettendach

- Oberste Geschossdecke zum unbeheizten Dachraum, Außenwand monolitisch, $\Psi_{ref} \leq 0{,}07$ W/mK, Kategorie B (Nr. 340 n. DIN 4108 Beiblatt 2) (Abb. 2.64).
- Steildach Holz, beheizter Dachraum, Außenwand monolitisch, Überdämmung ≥ 100 mm, $\Psi_{ref} \leq 0{,}07$ W/mK, Kategorie B (Nr. 343 n. DIN 4108 Beiblatt 2) (Abb. 2.65).
- Steildach, beheizter Dachraum, Außenwand in Holzbauweise, $\Psi_{ref} \leq 0{,}02$ W/mK, Kategorie B (Nr. 348 n. DIN 4108 Beiblatt 2) (Abb. 2.66).

Abb. 2.65 Steildach Holz, beheizter Dachraum, Außenwand monolitisch, Überdämmung ≥ 100 mm, $\Psi_{ref} \leq 0,07$ W/mK, Kategorie B. (Nr. 343 n. DIN 4108 Beiblatt 2, Tab. 89)

≥140
≥100
3
≥240

$\Psi_{ref} \leq 0,07$ W/mK

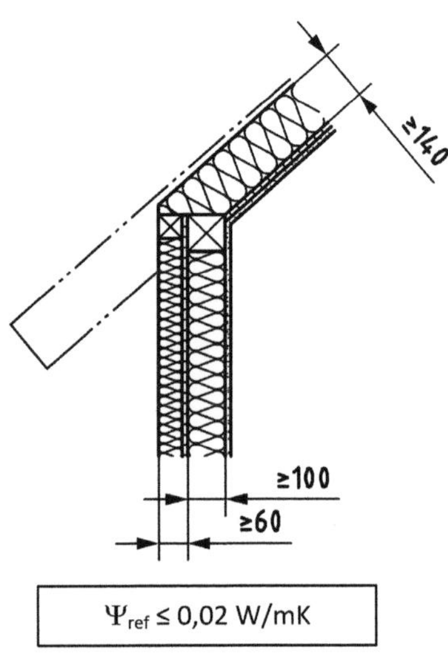

Abb. 2.66 Steildach, beheizter Dachraum, Außenwand in Holzbauweise, $\Psi_{ref} \leq 0,02$ W/mK, Kategorie B. (Nr. 348 n. DIN 4108 Beiblatt 2, Tab. 92)

2.4.8 Beispiele zum Nachweis der Schimmelpilzfreiheit

Beispiel 1

Das nachfolgende Beispiel soll die Vorgehensweise zum Nachweis der Schimmelpilzfreiheit erläutern. Hierzu werden wieder die beiden zuvor beschriebenen Balkonplatten verwendet.

Folgende Materialien wurden bei der Stahlbetonkragplatte ohne thermische Trennung zugrunde gelegt (Abb. 2.67):

Bei der Wandkonstruktion handelt es sich um ein Wärmedämmverbundsystem. Der Kunstharzputz ist als Oberflächenbeschichtung außen auf die Polystyrol-Schaumplatten aufgebracht.

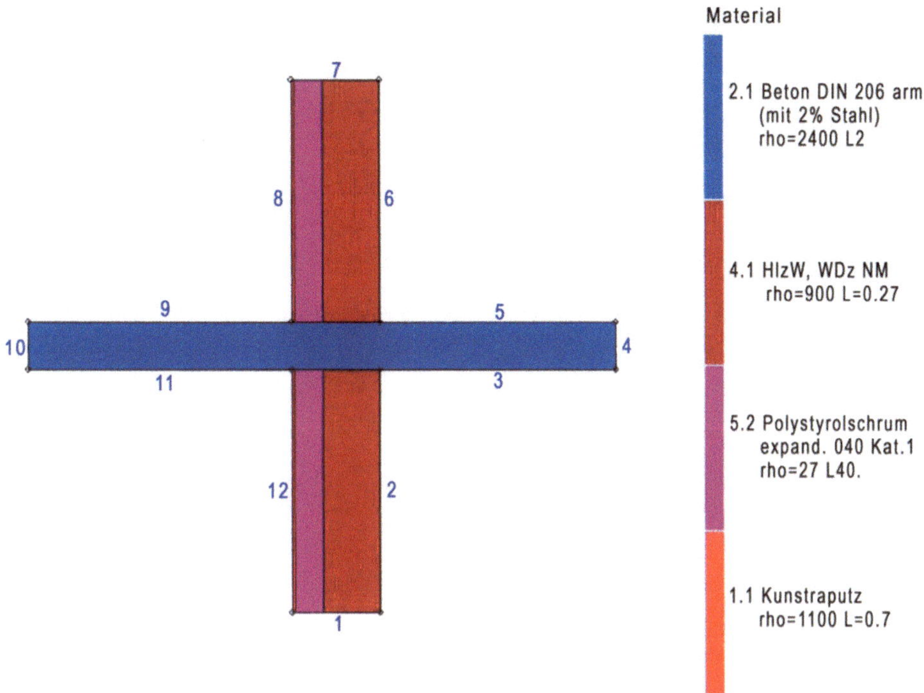

Abb. 2.67 Materialien der einzelnen Baustoffe bei einer Stahlbetonkragplatte ohne thermische Trennung; 1–12: Nummerierung der Bauteilseiten für das Berechnungsverfahren

Die niedrigste raumseitige Oberflächentemperatur wird an der Wärmebrücke mit einem geeigneten Wärmebrücken-Berechnungsprogramm ermittelt. Daraus ergeben sich zur Berechnung des f_{Rsi}-Faktors die folgenden Eingangsgrößen:

raumseitige Oberflächentemperatur	$\theta_{si} = 12{,}5$ °C
Außenlufttemperatur	$\theta_e = -5{,}0$ °C
Innenlufttemperatur	$\theta_i = 20{,}0$ °C

Ermittlung des Temperaturfaktors f_{Rsi}:

$$f_{Rsi} = \frac{\theta_{si} - \theta_e}{\theta_i - \theta_e} = \frac{12{,}5 - (-5)}{20 - (-5)}$$

$f_{Rsi} = 0{,}68 < 0{,}70$, also nicht zulässig.

Anhand von Isothermen-Linien und farblichen Darstellungen der Temperaturen im Bauteil ist zu erkennen, an welchen Stellen das Bauteil auskühlt, oder seine Temperatur hält. Isothermen sind Punkte z. B. in einem Bauteil, die die gleiche Temperatur aufweisen. Diese Punkte sind miteinander verbunden und stellen dadurch Linien dar. Mit

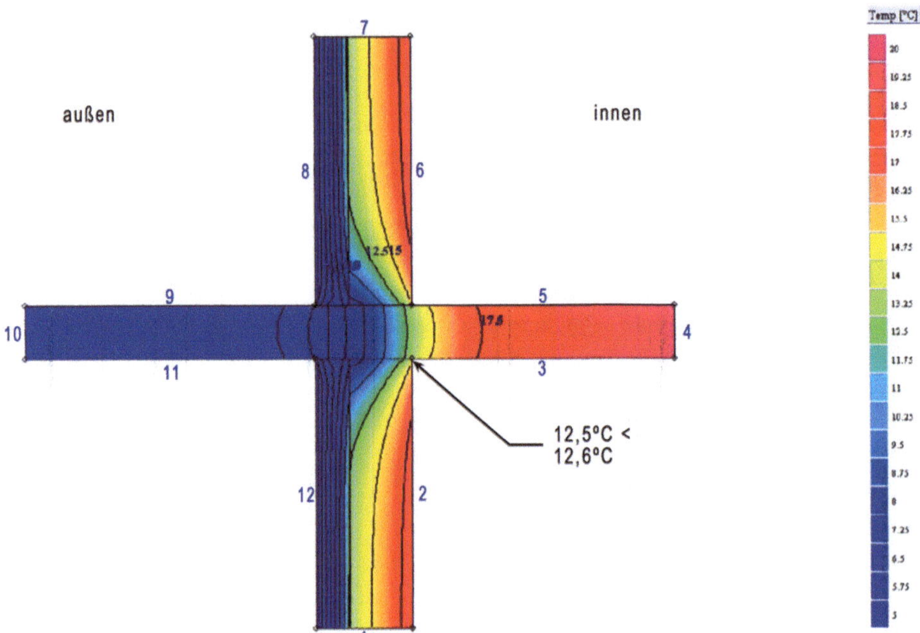

Abb. 2.68 Isothermenverlauf im Bauteil bei einer Stahlbetonkragplatte ohne thermische Trennung

Isothermen können Temperaturverschiebungen z. B. innerhalb eines Bauteils dargestellt werden.

Die in Abb. 2.68 dargestellte Isotherme für 12,5 °C zeigt, in welchem kurzen Bereich innerhalb des Bauteils diese Temperatur von der Außenkante des Hintermauerwerks an die Innenseite des Hintermauerwerks „wandert".

Bei den zuvor genannten Randbedingungen und den gewählten Baustoffen weist die untere Ecke im Innenbereich eine Oberflächentemperatur von nur 12,5 °C auf. Obwohl der Temperaturfaktor $f_{Rsi} \geq 0{,}7$ nur knapp unterschritten wird, ist bei derartigen Grenzfällen früher oder später von einer Schimmelpilzbildung auszugehen. Ausschlaggebend hierfür können eine zu hohe relative Luftfeuchte im Raum oder aber auch längere Winterperioden mit weniger als – 5 °C Außentemperatur sein.

Bei einem derartigen Nachweis ist immer darauf zu achten, diesen auf der sicheren Seite abzuschließen. Ein Wert von $f_{Rsi} \geq 0{,}8$ ist hier erstrebenswert. ◄

Beispiel 2

Das zweite Beispiel zeigt in Abb. 2.69 die gleiche Stahlbetonkragplatte, jedoch mit einer thermischen Trennung im Bereich der Außenwanddämmung. Bei der thermischen Trennung handelt es sich um einen handelsüblichen vorgefertigten gedämmten Bewehrungskorb. Statische Belange sind bei dieser Maßnahme gesondert zu berücksichtigen.

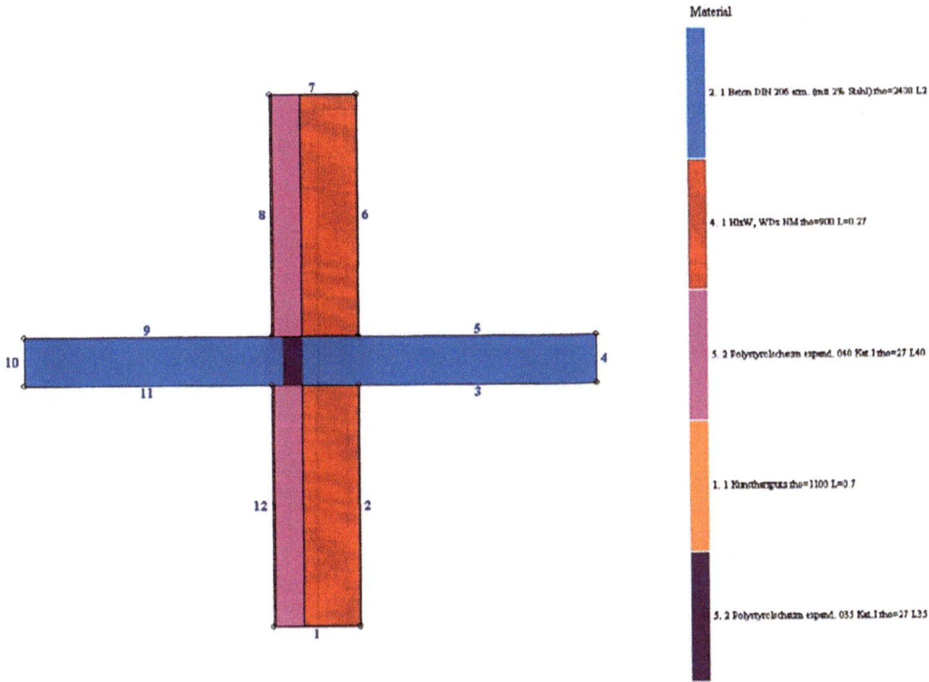

Abb. 2.69 Materialien der einzelnen Bauteile bei einer thermisch getrennte Stahlbetonkragplatte

In Abb. 2.70 ist sehr gut zu erkennen, dass sich die Temperaturen in den Bauteilen gleichmäßig verteilen. Die Oberflächentemperaturen der inneren Bauteile sind nahezu gleich.

Aus Abb. 2.70 ergeben sich zur Berechnung des Temperaturfaktors f_{RSi} folgende Eingangsgrößen:

raumseitige Oberflächentemperatur	$\theta_{\mathrm{si}} = 18{,}5$ °C
Außenlufttemperatur	$\theta_{\mathrm{e}} = -5{,}0$ °C
Innenlufttemperatur	$\theta_{\mathrm{i}} = +20{,}0$ °C

Der Temperaturfaktor f_{RSi} wird mit folgender Gleichung ermittelt:

$$f_{\mathrm{Rsi}} = \frac{\theta_{\mathrm{si}} - \theta_{\mathrm{e}}}{\theta_{\mathrm{i}} - \theta_{\mathrm{e}}} = \frac{18{,}51 - (-5)}{20 - (-5)} = 0{,}94 > 0{,}70$$

Der Temperaturfaktor f_{RSi} ist deutlich größer als 0,7. Die Anforderungen können eingehalten werden, die Konstruktion ist in Bezug auf den Tauwasserausfall und die Schimmelbildung ungefährdet und daher bei fachgerechter Ausführung mangelfrei.

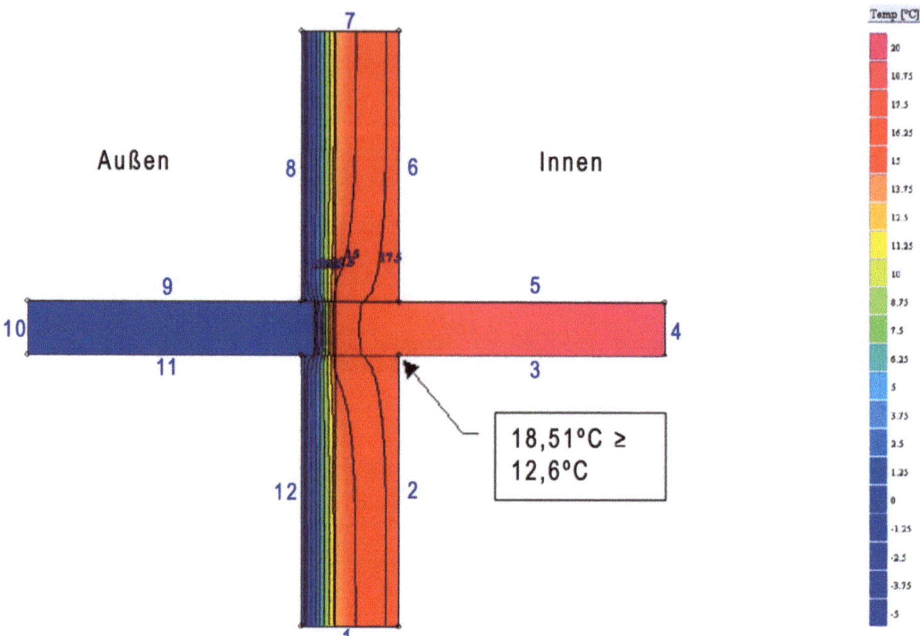

Abb. 2.70 Isothermenverlauf im Bauteil bei thermisch getrennter Stahlbetonkragplatte

Hinweis: Für übliche Verbindungsmittel, wie z. B. Nägel, Schrauben, Drahtanker, sowie beim Anschluss von Fenstern an angrenzende Bauteile und für Mörtelfugen von Mauerwerk nach DIN EN 1996 muss für den Mindestwärmeschutz kein Nachweis geführt werden. ◄

2.5 Anforderungen an die Luftdichtheit von Außenbauteilen

2.5.1 Anforderungen und Regelwerke

Zentrales Regelwerk für Anforderungen an die Luftdichtheit von Außenbauteilen ist das Gebäudeenergiegesetz (GEG). Sie fordert bei Neubauten die Ausführung einer dauerhaft luftundurchlässigen wärmeübertragenden Umfassungsfläche einschließlich der Fugen. Die luftdichte Ausführung der thermischen Gebäudehülle ist nach den allgemein anerkannten Regeln der Technik vorzunehmen.

Hintergründe für Anforderungen an die Luftdichtheit von Außenbauteilen sind primär die Minimierung von Lüftungswärmeverlusten, die durch Fugen und Leckagen in der Gebäudehülle entstehen sowie sekundär die Steigerung der Behaglichkeit und Verbesserung des Raumklimas durch Vermeiden von Zugluft.

Insbesondere durch die zunehmend schärferen Anforderungen an den Wärmeschutz ist es notwendig, nicht nur die Transmissionswärmeverluste – d. h. die Wärmeverluste über die Außenbauteile – zu reduzieren, sondern auch die Lüftungswärmeverluste zu minimieren. Dabei ist besonderes Augenmerk auf ungewollte Verluste, die durch Fugen und Leckagen entstehen, zu legen. Nur durch eine ausreichende Luftdichtheit der Gebäudehülle können die derzeitigen und zukünftigen Anforderungen an den Wärmeschutz erfüllt werden.

Zusätzlich zum GEG sind weitere Normen zu beachten:

- Für den Mindestwärmeschutz gilt DIN 4108-2 („Wärmeschutz und Energieeinsparung in Gebäuden – Teil 2: Mindestanforderungen an den Wärmeschutz".
- Regeln zur Ausführung der Luftdichtheitsschicht enthält DIN 4108-7 („Wärmeschutz und Energie-Einsparung in Gebäuden – Teil 7: Luftdichtheit von Gebäuden – Planungs- und Ausführungsempfehlungen sowie -beispiele").
- Für Regeln zum Abdichten von Fugen mit Fugendichtstoffen ist DIN 18540 zu beachten.
- Für die Prüfung der Luftdichtheit von Gebäuden ist DIN 13829 („Wärmetechnisches Verhalten von Gebäuden – Bestimmung der Luftdurchlässigkeit von gebäuden – Differenzdruckverfahren") und von Bauteilen DIN 12114 („Wärmetechnisches Verhalten von Gebäuden – Luftdurchlässigkeit von Bauteilen – Laborprüfverfahren") zu beachten.
- Für Fenster und Türen ist DIN EN 12207 („Fenster und Türen – Luftdurchlässigkeit – Klassifizierung") zu beachten.

Siehe hierzu die schematische Übersicht in Abb. 2.71.

2.5.1.1 Anforderungen nach Gebäudeenergiegesetz (GEG)

Anforderungen an die Dichtheit werden in GEG § 13 – Dichtheit – definiert. Konkret heißt es dort:

> „Ein Gebäude ist so zu errichten, dass die wärmeübertragende Umfassungsfläche einschließlich der Fugen dauerhaft luftundurchlässig nach den anerkannten Regeln der Technik abgedichtet ist. Öffentlich-rechtliche Vorschriften über den zum Zweck der Gesundheit und Beheizung erforderlichen Mindestluftwechsel bleiben unberührt"

Die Überprüfung der Luftdichtheit kann mit Hilfe eines „Blower-Door-Tests" erfolgen (Messung nach DIN EN ISO 9972). Prüfgröße ist die sogenannte Luftwechselrate n_{50}, die angibt, wie oft das Raumluftvolumen bei einer aufgebrachten Druckdifferenz zwischen innen und außen von 50 Pa aufgrund von Undichtigkeiten ausgetauscht wird.

Bei Durchführung eines Blower-Door-Tests und anschließendem Abdichten und Verschließen ggfs. festgestellter Leckagen, dürfen die rechnerischen Lüftungswärmeverluste für den Wärmeschutznachweis nach GEG geringer angesetzt werden als ohne Prüfung der Luftdichtheit.

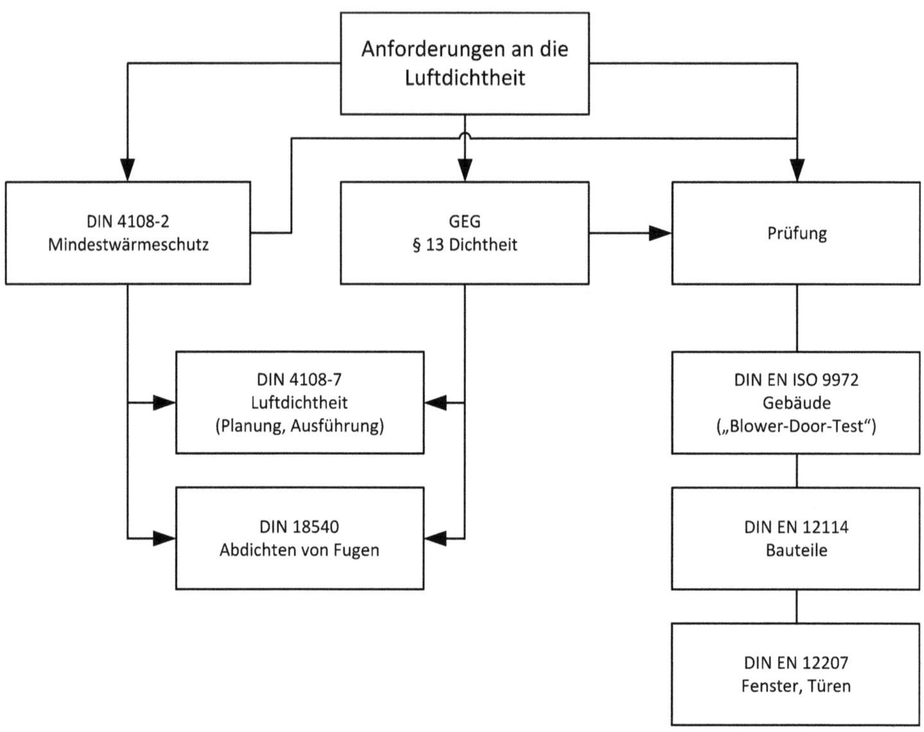

Abb. 2.71 Regelwerke mit Anforderungen an die Luftdichtheit

Konkret werden für Neubauten folgende Anforderungen an die Luftwechselrate n_{50} gestellt:

- Gebä ude ohne raumlufttechnische Anlagen : $n_{50} \leq 3{,}0\ \text{h}^{-1}$ (2.34)
- Gebä ude mit raumlufttechnische Anlagen : $n_{50} \leq 1{,}5\ \text{h}^{-1}$ (2.35)

2.5.1.2 Anforderungen nach DIN 4108-2

Weiterhin werden Anforderungen an die Luftdichtheit auch im Rahmen des Mindestwärmeschutzes nach DIN 4108-2 („Wärmeschutz und Energieeinsparung in Gebäuden – Teil 2: Mindestanforderungen an den Wärmeschutz") gestellt. Danach müssen Fugen in der wärmeübertragenden Außenfläche des Gebäudes dauerhaft und luftundurchlässig abgedichtet sein, wobei die Regeln der beiden Normen DIN 4108-7 („Wärmeschutz und Energie-Einsparung in Gebäuden – Teil 7: Luftdichtheit von Gebäuden – Planungs- und Ausführungsempfehlungen sowie -beispiele") und DIN 18540 („Abdichten von Außenwandfugen im Hochbau mit Fugendichtstoffen") zu beachten sind.

Dies gilt insbesondere für durchgehende *Fugen zwischen Fertigteilen* oder zwischen Ausfachungen und dem Tragwerk. Diese Anforderungen gelten ebenso für Bauteile oder Bauteilschichten, die aus einzelnen Teilen zusammengesetzt sind, beispielsweise Holzschalungen.

2.5.1.3 Prüfung der Luftdichtheit

Die Luftdichtheit von Bauteilen kann nach DIN EN 12114 geprüft werden, die Luftdichtheit von Gebäuden nach DIN EN ISO 9972 („Blower-Door-Test", s.o.).

Bei Bauteilanschlussfugen müssen die Messergebnisse des abgeleiteten Fugendurchlasskoeffizienten a kleiner sein als:

$$a \leq 0{,}1\ \mathrm{m}^3/(\mathrm{m} \cdot \mathrm{h}) \qquad \text{in daPa}^{2/3} \tag{2.36}$$

Hinweis: Der Druck wird in daPa angegeben:

$$1\ \mathrm{daPa} = 1\ \mathrm{Deka-Pascal} = 10\ \mathrm{Pascal} = 10\ \mathrm{N/m^2}$$

Die Luftdichtheit von Fenstern und Fenstertüren muss DIN EN 12207 entsprechen (Klasse 2 bei Gebäuden bis zu zwei Vollgeschossen bzw. Klasse 3 bei Gebäuden mit mehr als zwei Vollgeschossen). Bei Außentüren muss die Luftdurchlässigkeit der Funktionsfuge mindestens der Klasse 2 der DIN EN 12207 entsprechen.

2.5.2 Abgrenzung Luftdichtheit und Winddichtheit

Der Begriff *Luftdichtheit* ist nicht mit der *Winddichtheit* zu verwechseln.

Die *Luftdichtheit* der Gebäudehülle soll verhindern, dass warme Raumluft durch die Außenbauteile ins Freie gelangt. Primäre Aufgabe der Luftdichtheitsschicht ist es, Lüftungswärmeverluste zu minimieren, indem die Bauteile einschließlich ggfs. vorhandener Fugen und Leckagen luftdicht abgeschlossen werden. Weiterhin soll die Luftdichtheit der Außenbauteile die Behaglichkeit und das Raumklima verbessern, indem z. B. Zuglufterscheinungen ausgeschlossen werden. Die Luftdichtheitsschicht wird grundsätzlich auf der warmen Seite der Konstruktion (d. h. raumseitig vor der Wärmedämmung) angeordnet. Sie übernimmt in vielen Fällen zuglich die Funktion der Dampfsperre.

Die *Winddichtheit* einer Konstruktion soll bewirken, dass das Einströmen von kalter Außenluft in das Bauteil zuverlässig verhindert wird. Im Gegensatz zur Luftdichtheitsschicht wird die Winddichtheitsschicht auf der Außenseite der Wärmedämmung angeordnet. Sie muss außerdem diffusionsoffen sein, um die Diffusion von Wasserdampf aus der Konstruktion an die Außenumgebung zu ermöglichen. Daher ist die Winddichtheitsschicht auf der kalten Seite der Konstruktion (von außen vor der Wärmedämmung) anzuordnen. Siehe hierzu auch Abb. 2.72.

Die Anforderungen des GEG sowie der weiteren genannten Normen (DIN 4108-2, DIN 4108-7) beziehen sich nur auf die Luftdichtheit, nicht jedoch auf die Winddichtheit.

2.5.3 Planung und Ausführung der Luftdichtheitsschicht

DIN 4108-7 enthält ausführliche Angaben und Regeln zur Planung und Ausführung der Luftdichtheitsschicht.

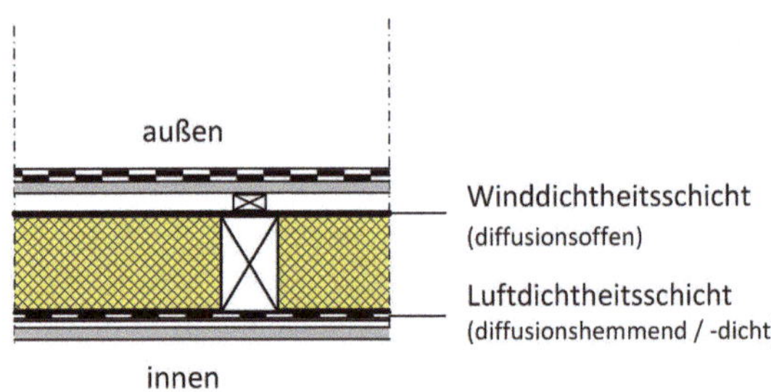

Abb. 2.72 Luftdichtheitsschicht und Winddichtheitsschicht

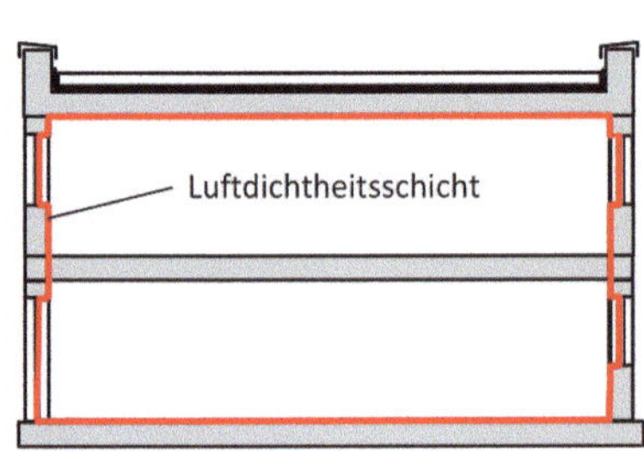

Abb. 2.73 Stiftregel – Zeichnen der Luftdichtheitsschicht mit einem Stift ohne diesen abzusetzen. (In Anlehnung an DIN 4108-7, Bild 1)

Als Grundregel gilt die sogenannte „***Stiftregel***“, die besagt, dass sich eine umlaufende Luftdichtheitsschicht ergibt, indem diese mit einem Stift gezeichnet wird, ohne diesen abzusetzen (Abb. 2.73).

Bezüglich der Planung und Ausführung sind folgende Angaben zu beachten:

- Bauteile aus Stahlbeton gelten als luftdicht.
- Plattenmaterialien wie Gipsfaserplatten, Gipsplatten, Faserzementplatten, Bleche, Holzwerkstoffplatten, die z. B. als raumseitige Bekleidungen der Dachkonstruktion dienen, gelten in der Fläche als luftdicht. Im Bereich von Fugen, Anschlüssen, Stößen usw. sind besondere Maßnahmen erforderlich, wie z. B. Abdichtung durch Dichtbänder o. ä. Dichtstoffe.
- Stahltrapezbleche sind dagegen i. d. R. undicht im Bereich ihrer Überlappungen.
- Nut-Feder-Schalungen sowie Platten als raumseitige Bekleidung sind im Bereich von Anschlüssen und Durchdringungen undicht, sofern keine gesonderten Maßnahmen ergriffen werden.

Zur Herstellung der Luftdichtheit bei undichten Bauteilen sowie im Bereich von Überlappungen eignen sich Kunststoff- und Elastomerbahnen, Bitumenbahnen sowie Bahnen aus Papierwerkstoffen. Perforationen durch Befestigungsmittel zur Fixierung der Bahnen haben auf die Luftdichtheit keinen Einfluss. Bei stiftförmigen Verbindungsmitteln für Bauteilanschlüsse und Stöße wird eine ausreichende Luftdichtheit nur erzielt, wenn eine Pressung oder Abdeckung vorliegt.

Die luftdichte Ausführung von Fugen kann durch vorkonfektionierte Dichtschnüre und -bänder, Klebebänder, Dichtstoffe und Spezialprofile erfolgen. Bei vorkomprimierten Dichtbändern wird eine ausreichende Luftdichtheit nur erzielt, wenn das Dichtband beim Einbau in die Fuge ausreichend zusammengedrückt wird.

Luftdichtheitsbahnen müssen an benachbarte Bauteile, die die Luftdichtheitsschicht bilden, luftdicht angeschlossen werden. Ein luftdichter Anschluss kann durch Einputzen, Kombination von Latten oder Profilen mit vorkomprimierten Dichtbändern oder Klebemassen sowie durch Klebemassen ohne Verwendung von Latten oder Profilen erfolgen.

Bei der Planung der Luftdichtheitsschicht sollte darauf geachtet werden, dass diese von möglichst wenigen Bauteilen oder Installationsleitungen durchdrungen wird. Die Elektroinstallation sowie die Verlegung anderer Versorgungsleitungen sollten daher in einer separaten Installationsebene erfolgen, die raumseitig der Luftdichtheitsschicht angeordnet wird. Ein weiterer Vorteil einer Installationsebene ergibt sich, wenn Leitungen zu einem späteren Zeitpunkt verlegt werden müssen. Bei einer separaten Installationsebene sind diese Arbeiten in der Regel einfacher auszuführen und erfordern einen geringeren Zeitaufwand.

Exemplarisch ist in den Abb. 2.74 und 2.75 die Anordnung einer nicht unterbrochenen Luftdichtheitsschicht im Bereich von Anschlüssen schematisch dargestellt.

2.5.4 Konstruktionsbeispiele für Überlappungen, Anschlüsse, Durchdringungen und Stöße

In DIN 4108-7, Abschn. 8, werden Beispiele für Überlappungen, Anschlüsse, Durchdringungen und Stöße der Luftdichtheitsschicht angegeben. Es ist zu beachten, dass die Beispiele nur Lösungsansätze zeigen, aber keine detaillierte Konstruktionszeichnung ersetzen. Alternative Lösungen sind möglich. Beispiele für die Ausführung der Luftdichtheitsschicht werden in den Abb. 2.76, 2.77, 2.78, 2.79, 2.80, 2.81 und 2.82 gezeigt.

Für weitere Informationen wird auf die Norm (DIN 4108-7) verwiesen.

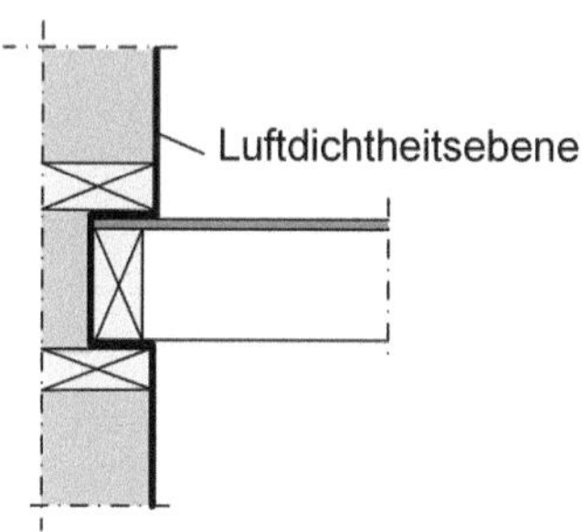

Abb. 2.74 Prinzipdarstellung für eine nicht unterbrochene Luftdichtheitsebene bei Geschossdecken im Holzbau. (In Anlehnung an DIN 4108-7:2011-01, Bild 3)

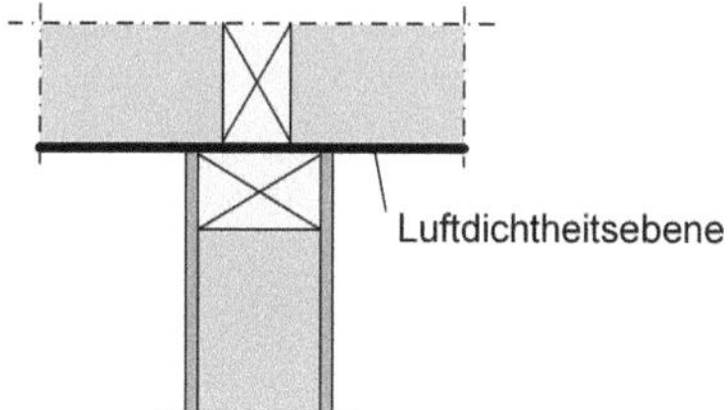

Abb. 2.75 Prinzipdarstellung für eine durchlaufende Luftdichtheitsebene bei Anschluss einer Innenwand. (In Anlehnung an DIN 4108-7:2011-01, Bild 4)

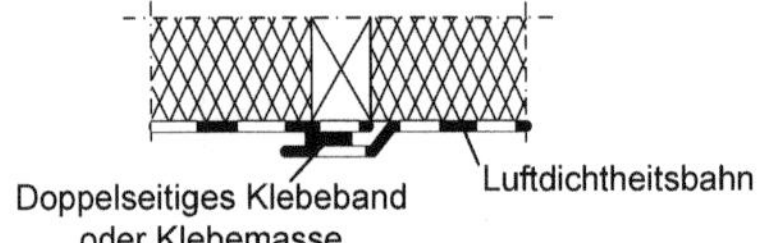

Abb. 2.76 Beispiel für die Ausbildung von Überlappungen mit doppelseitigem Klebeband oder Klebemasse mit harter Hinterlage. (In Anlehnung an DIN 4108-7, Bild 7)

Abb. 2.77 Beispiel für die Ausbildung von Überlappungen durch Verschweißen oder Verkleben bei Aufsparrendämmung. (In Anlehnung an DIN 4108-7, Bild 8)

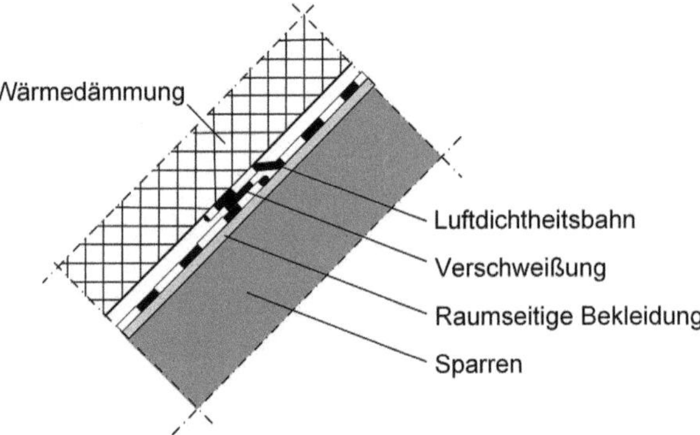

Abb. 2.78 Beispiel für den Anschluss im Bereich einer Pfette mit einem Anschlussstreifen. (In Anlehnung an DIN 4108-7, Bild 13)

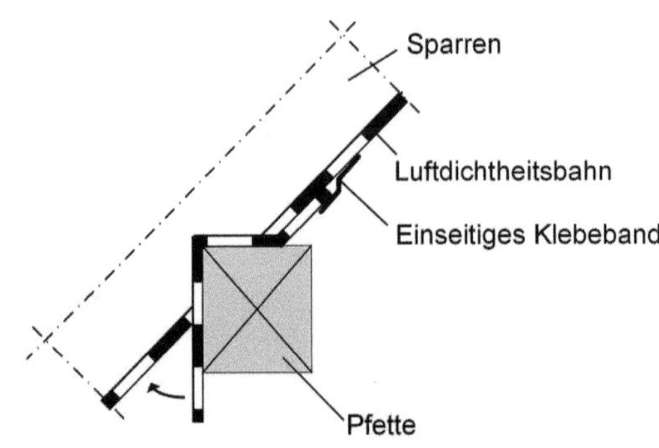

Abb. 2.79 Beispiel zum Anschluss einer Luftdichtheitsbahn an eine Durchdringung mit einseitigem Klebeband. (In Anlehnung an DIN 4108-7, Bild 16)

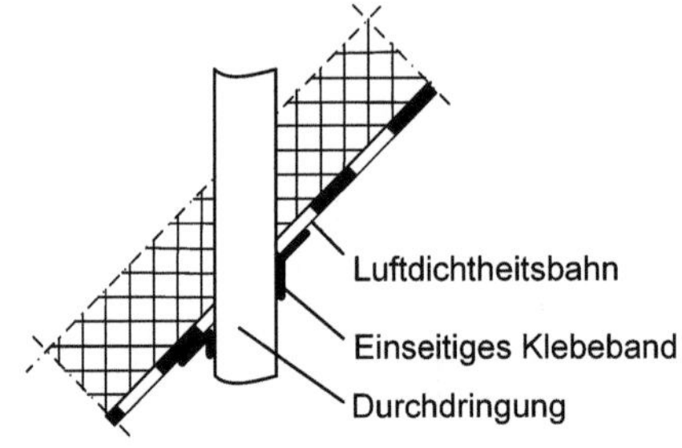

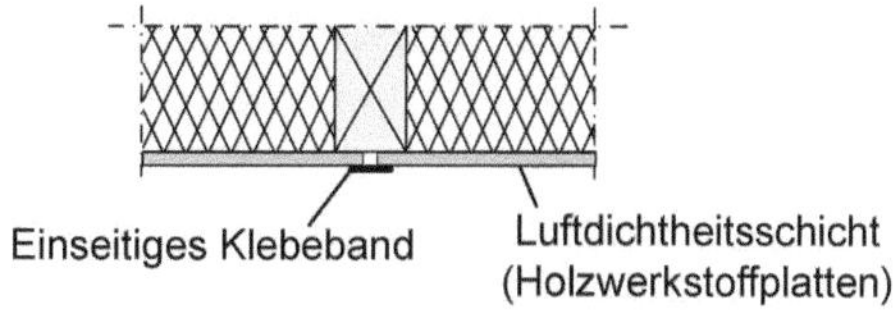

Abb. 2.80 Beispiel zur Abdichtung eines hinterlegten Plattenstoßes mit einseitigem Klebeband. (In Anlehnung an DIN 4108-7, Bild 18)

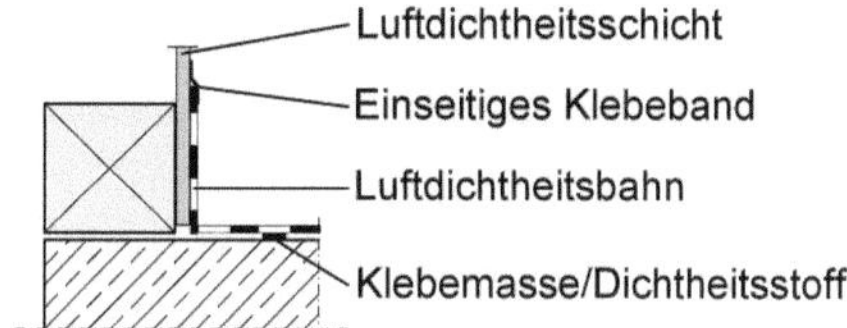

Abb. 2.81 Beispiel für den Anschluss der Luftdichtheitsschicht an eine Fundamentplatte aus Beton mit Klebemasse. (In Anlehnung an DIN 4108-7, Bild 23)

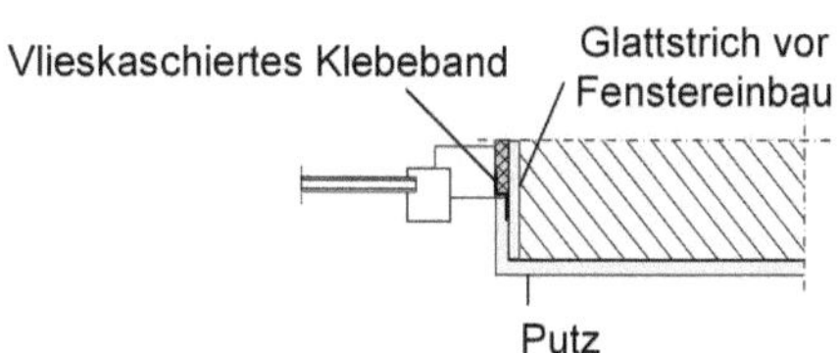

Abb. 2.82 Beispiel der Abdichtung der Fuge zwischen Fensterblendrahmen und Mauerwerk mit vlieskaschiertem Klebeband. (In Anlehnung an DIN 4108-7, Bild 27)

2.6 Sommerlicher Wärmeschutz

2.6.1 Allgemeine Grundlagen

Gebäude mit Wohnungen oder Einzelbüros und Gebäude mit vergleichbarer Nutzung erfordern bei ausreichenden baulichen und planerischen Maßnahmen im Regelfall keine Anlagen zur Anpassung der Raumluft an günstige raumklimatische Verhältnisse. Nur in besonderen Fällen können Anlagen zur Raumluftaufbereitung notwendig werden, z. B. bei großen internen Wärmequellen, bei großen Menschenansammlungen, bei besonderen Nutzungen.

Mindestanforderungen an den sommerlichen Wärmeschutz sollen ein behagliches Raumklima erzielen, einer hohen Erwärmung der Aufenthaltsräume infolge sommerlicher Wärmeentwicklung entgegenwirken sowie die Notwendigkeit einer Kühlung von Aufenthaltsräumen vermeiden.

Grundsätzlich ist der sommerliche Wärmeeintrag abhängig von folgenden Einflüssen:

- Standort des Gebäudes;
- Gesamt-Energiedurchlassgrad der Fenster und festen Verglasungen, dazu gehören:
  - Sonnenschutz,
  - Anteil der Fensterflächen an der Fläche der Außenbauteile,

  - Orientierung nach der Himmelsrichtung,
  - Neigung bei Fenstern in Dachflächen;
- Bauart der Innenbauteile;
- Raumgröße;
- Nachtlüftung in den Räumen;
- Wärmeleiteigenschaften der nicht transparenten Außenbauteile bei instationären Randbedingungen (tageszeitlicher Temperaturgang und Sonneneinstrahlung);
- Wärmespeicherfähigkeit angrenzender Bauteile.

Bei letztgenanntem Einfluss ist die Erwärmung der Räume umso geringer, je größer die speicherfähige Masse der Bauteile ist, die mit der Raumluft in Verbindung stehen. Wirksam sind dabei nur Bauteilschichten raumseitig vor Wärmedämmschichten.

Es ist nicht ausreichend, nur einen Wärmeschutz für den Winter zu gewährleisten. Um auch im Sommer erträgliche Temperaturen in Räumen ohne Klimaanlagen zu schaffen, sind in DIN 4108-2:2013-02 („Wärmeschutz und Energie-Einsparung in Gebäuden – Teil 2: Mindestanforderungen an den Wärmeschutz") Anforderungen an den Wärmeschutz im Sommer festgelegt.

Unzumutbare Temperaturbedingungen dürfen in Gebäuden nicht entstehen. Daher ist bereits in der Planungsphase der sommerliche Wärmeschutz einzubeziehen, indem durch bauliche Maßnahmen auch im Sommer ein angenehmes Raumklima entstehen kann. Relativ aufwendige Kühlmaßnahmen, die viel Energie erfordern, sind zu vermeiden.

Auswirkungen auf ein ungünstiges Raumklima haben außerdem:

- hohe Wärmeleiteigenschaften der nicht transparenten Außenbauteile beim tageszeitlichen Temperaturgang durch Sonneneinstrahlung, insbesondere bei Süd- und Westorientierungen;
- dunkle Farbgebung unbeschatteter Außenbauteile mit höheren Temperaturauswirkungen;
- große Fensterflächen ohne Sonnenschutzmaßnahmen, wie z. B. durch auskragende Dächer, Balkone, Fensterläden, Rollläden, Markisen, Jalousien oder Sonnenschutzgläser;
- Fensteranordnungen in zwei oder mehr Richtungen, insbesondere Südost- und Südwest-Orientierungen.

Abhängig von der Sonnenschutzmaßnahme ist jedoch sicherzustellen, dass die Innenraumbeleuchtung mit Tageslicht nicht unzulässig herabgesetzt wird.

Die Erwärmung der Raumluft durch Sonneneinstrahlung und interne Wärmequellen wie Beleuchtung und Geräte oder Personen ist umso geringer, je speicherfähiger die Bauteile sind, die mit der Raumluft in Verbindung stehen. Eine intensive Lüftung der Räume, insbesondere während der Nacht oder in frühen Morgenstunden verbessert das sommerliche Raumklima („erhöhte Nachtlüftung").

2.6.2 Nachweis des sommerlichen Wärmeschutzes

Für den Nachweis des sommerlichen Wärmeschutzes nach DIN 4108-2 stehen zwei Verfahren zur Verfügung:

1. Ein *vereinfachtes Verfahren* über *Sonneneintragskennwerte*, das an bestimmte Anwendungsvoraussetzungen geknüpft ist. Der Nachweis wird für den kritischen Raum bzw. kritische Raumgruppen geführt. Als „kritisch" sind solche Räume bzw. Raumgruppen zu verstehen, die an die Außenfassade (einschl. Dach) grenzen und der Sonneneinstrahlung besonders ausgesetzt sind.
2. Verfahren durch *thermische Gebäudesimulation* und Nachweis der Anforderungswerte für die Übertemperaturgradstunden, die für Wohn- und Nichtwohngebäude festgelegt sind.

Nachfolgend wird nur das vereinfachte Verfahren über Sonneneintragskennwerte behandelt. Für das genaue Verfahren durch thermische Gebäudesimulation wird auf die Norm (DIN 4108-2) verwiesen (Abb. 2.83).

2.6.3 Sommerklimaregionen

Für den Nachweis des sommerlichen Wärmeschutzes werden hinsichtlich der Anforderungen verschiedene Sommerklimaregionen unterschieden, um die regional unterschiedlichen Klimaverhältnisse genauer zu berücksichtigen. Aus diesem Grund ist Deutschland in drei Sommerklimaregionen (Zonen A, B und C) eingeteilt. Die Sommerklimaregionen unterscheiden sich wie folgt:

- Zone A: beschreibt sommerkühle Regionen;
- Zone B: beschreibt gemäßigte Regionen;
- Zone C: beschreibt sommerheiße Regionen.

Die Zuordnung des Bauwerksstandortes zu einer Sommerklimaregion erfolgt anhand der Karte in Abb. 2.84. Die Sommerklimaregionen wurden aus dem Zusammenwirken von Lufttemperatur und solarer Einstrahlung und dem daraus sich ergebenden sommerlichen Wärmeverhalten eines Gebäudes ermittelt.

Ist eine genaue Zuordnung des Bauwerksstandortes zu einer Sommerklimaregion nicht möglich, z. B. weil sich der Standort in der Nähe einer Grenze zwischen zwei Regionen befindet, gelten folgende Regeln:

- Standort liegt zwischen A und B: Zuordnung des Standortes zu B;
- Standort liegt zwischen B und C: Zuordnung des Standortes zu C;
- Standort liegt zwischen A und C: Zuordnung des Standortes zu C.

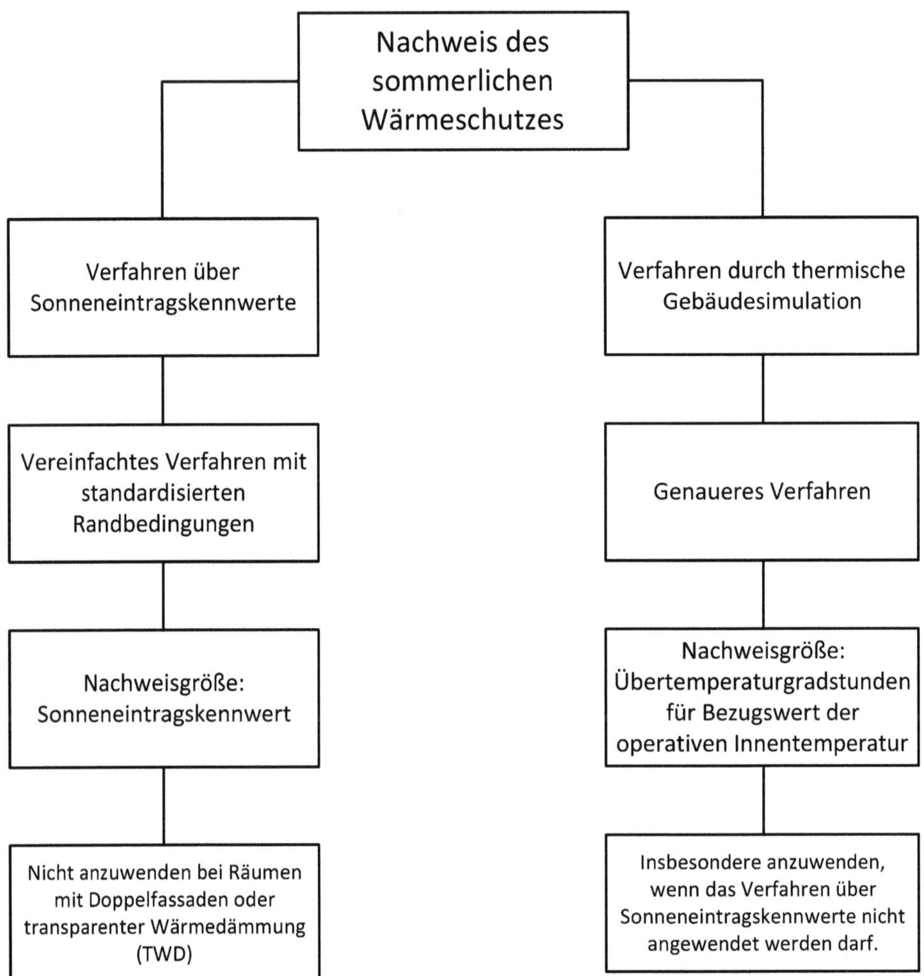

Abb. 2.83 Verfahren zum Nachweis des sommerlichen Wärmeschutzes nach DIN 4108-2

2.6.4 Verzicht auf einen Nachweis des sommerlichen Wärmeschutzes

In folgenden Fällen darf auf den Nachweis des sommerlichen Wärmeschutzes verzichtet werden:

1. Wenn der Fensterflächenanteil f_{WG} unter den in Tab. 2.29 angegebenen Grenzen liegt.
2. Bei Wohngebäuden bzw. Gebäudeteilen, die dem Wohnen dienen, bei denen der kritische Raum
   a. einen Fensterflächenanteil von 35 % nicht überschreitet UND
   b. deren Fenster (mit Ost-, Süd-, Westorientierung) (einschl. Glasvorbau) mit außen liegenden Sonnenschutzvorrichtungen nach Tab. 2.30 ausgestattet sind.

Abb. 2.84 Sommerklimaregionen. (N. DIN 4108-2:2013-02, Bild 1)

Tab. 2.29 Zulässige Werte des grundflächenbezogenen Fensterflächenanteils f_{WG}, unterhalb dessen auf einen sommerlichen Wärmeschutznachweis verzichtet werden kann. (N. DIN 4108-2, Tab. 6)

Neigung der Fenster gegenüber der Horizontalen	Orientierung der Fenster[a]	Grundflächenbezogener Fensterflächenanteil[b] f_{WG}
über 60° bis 90°	Nordwest über Süd bis Nordost	10 %
	Alle anderen Nordorientierungen	15 %
von 0° bis 60°	alle Orientierungen	7 %

[a]Bei mehreren Orientierungen der Fenster des betrachteten Raums (Eckraum), ist der kleinere Grenzwert für f_{WG} maßgebend
[b]Ermittlung von f_{WG} siehe unten. Bei mehreren Fassaden (Eckraum) im betrachteten Raum bzw. der Raumgruppe ergibt sich das Verhältnis aus der Summe der Fensterflächen zu der Grundfläche
Fensterflächenanteil: $f_{WG} = A_W/A_G$
mit:
A_W: Fensterfläche, in m^2
A_G: Nettogrundfläche, in m^2 (berechnet mit lichten Maßen)

Tab. 2.30 Anforderungen an Wohngebäude bzw. Gebäudeteilen zur Wohnnutzung, wenn auf den Nachweis des sommerlichen Wärmeschutzes verzichtet werden soll

Kriterium		Anforderung
Fensterflächenanteil		$f_{WG} \leq 35$ %
Orientierung der Fenster (einschl. derer eines Glasvorbaus)[a]		Ost, Süd, West
Sonnenschutzvorrichtung	Glas mit $g > 0{,}40$	$F_C \leq 0{,}30$
	Glas mit $g \leq 0{,}40$	$F_C \leq 0{,}35$

Hinweis:
g: Gesamtenergiedurchlassgrad der Verglasung
F_C: Abminderungsfaktor für Sonnenschutzvorrichtungen
Fensterflächenanteil:
$f_{WG} = A_W/A_G$
mit:
A_W: Fensterfläche, in m^2
A_G: Nettogrundfläche, in m^2 (berechnet mit lichten Maßen)
[a]Ein Glasvorbau wird nicht als kritischer Raum herangezogen

Hinweis: Ein Glasvorbau gilt nicht als kritischer Raum bzw. wird nicht als kritischer Raum herangezogen.

Es ist zu beachten, dass die Anforderungen nach Punkt 1 (Tab. 2.29) für Nichtwohngebäude gelten. Die Anforderungen sind hier schärfer (deutlich kleiner zulässiger Fensterflächenanteil) als bei Wohngebäuden (Punkt 2). Dies ist darin begründet, dass höhere Innentemperaturen in der Freizeit (in Wohngebäuden) eher toleriert werden können als beim Arbeiten (in Nichtwohngebäuden). Der zulässige Fensterflächenanteil – der nicht überschritten werden darf, wenn auf den Nachweis des sommerlichen Wärmeschutzes verzichtet werden soll – ist daher bei Nichtwohngebäuden deutlich geringer als bei Wohngebäuden.

Beispiel

Für den in Abb. 2.85 dargestellten kritischen Raum eines Nichtwohngebäudes mit den lichten Raummaßen ($b = 3{,}785$ m, $t = 4{,}38$ m, $h = 2{,}80$ m) ist zu überprüfen, ob auf den Nachweis des sommerlichen Wärmeschutzes verzichtet werden kann.

Nettogrundfläche A_G:

Die Nettogrundfläche wird mit den lichten Raummaßen ermittelt. Als größte anzusetzende Raumtiefe ist die dreifache lichte Raumhöhe anzusetzen. Hier ergibt sich:

Maximale Raumtiefe: max $t = 3 \cdot 2{,}80 = 8{,}40$ m > vorh $t = 4{,}38$ m.

$$A_G = 4{,}38 \cdot 3{,}725 = 16{,}32 \text{ m}^2$$

Fensterfläche A_W:

Bei der Berechnung der Fensterflächen wird das lichte Rohbaumaß verwendet, d. h. das Blendrahmenaußenmaß einschließlich aller Rahmenaufdoppelungen zuzüglich Einbaufuge oder Montagefuge. Die Dicke von Putzschichten oder Bekleidungen ist dabei nicht zu berücksichtigen.

$$A_{W1} = 1{,}70 \cdot 2{,}135 = 3{,}63 \text{ m}^2 \quad (\text{Süd} - \text{Ost} - \text{Orientierung})$$

$$A_{W2} = 2{,}01 \cdot 2{,}135 = 4{,}29 \text{ m}^2 \quad (\text{Süd} - \text{West} - \text{Orientierung})$$

$$A_W = 3{,}63 + 4{,}29 = 7{,}92 \text{ m}^2$$

Ermittlung des grundflächenbezogenen Fensterflächenanteils f_{WG}:

$$f_{WG} = \frac{A_W}{A_G} \cdot 100 = \frac{7{,}92}{16{,}32} \cdot 100 = 48{,}5\ \%$$

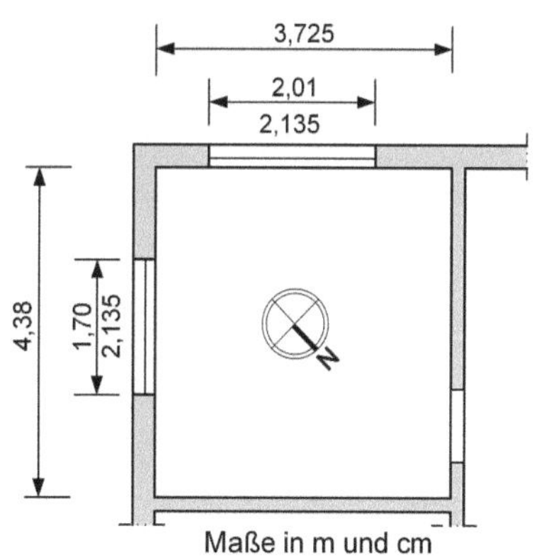

Abb. 2.85 Beispiel – Überprüfung, ob auf den Nachweis des sommerlichen Wärmeschutzes für den kritischen Raum eines Nichtwohngebäudes verzichtet werden kann

Die Neigung der Fenster gegenüber der Horizontalen beträgt 90°. Die Fassaden des Raumes haben eine Südost- sowie eine Südwest-Orientierung. Der einzuhaltende Grenzwert liegt bei 10 %.

$$f_{\mathrm{WG,vorh}} = 48{,}5\ \% > f_{\mathrm{WG,zul}} = 10\ \%$$

Die Voraussetzungen für einen Verzicht auf einen Nachweis sind nicht gegeben. Der Nachweis des sommerlichen Wärmeschutzes ist zu führen. ◀

2.6.5 Räume oder Raumbereiche in Verbindung mit unbeheizten Glasvorbauten

Für den Nachweis des sommerlichen Wärmeschutzes ist zu berücksichtigen, ob unbeheizte Glasvorbauten (z. B. Wintergärten) an einen kritischen Raum grenzen. In Abhängigkeit von der Belüftung des kritischen Raums ergibt sich das anzuwendende Nachweisverfahren. Es sind folgende Fälle zu unterscheiden:

1. Die Belüftung des kritischen Raums erfolgt ***nur*** über den unbeheizten Glasvorbau.
2. Die Belüftung des kritischen Raums erfolgt ***nicht*** oder ***nicht ausschließlich*** über den unbeheizten Glasvorbau.

Zu 1. Belüftung nur über den unbeheizten Glasvorbau
Es sind zwei Fälle zu unterscheiden:

a) Der Nachweis ist erfüllt, wenn der unbeheizte Glasvorbau
   - einen Sonnenschutz mit $F_C \leq 0{,}35$ aufweist sowie
   - Lüftungsöffnungen im untersten und obersten Glasbereich hat, die insgesamt mindestens 10 % der Glasfläche betragen.

b) Ist a) nicht gegeben, ist der Nachweis nach dem genaueren Verfahren durch thermische Gebäudesimulation zu führen. Dabei ist die tatsächliche bauliche Ausführung einschließlich des unbeheizten Glasvorbaus in der Simulation abzubilden.

Zu 2. Belüftung nicht oder nicht ausschließlich über den unbeheizten Glasvorbau
Es sind zwei Fälle zu unterscheiden:

a) Der Nachweis kann mit dem vereinfachten Verfahren über Sonneneintragskennwerte geführt werden. Dabei wird für die Berechnung angenommen, dass der unbeheizte Glasvorbau nicht vorhanden wäre.

b) Alternativ kann der Nachweis durch thermische Gebäudesimulation erbracht werden. Dabei ist die tatsächliche bauliche Ausführung einschließlich des unbeheizten Glasvorbaus in der Berechnung abzubilden.

Siehe hierzu auch das Flussdiagramm in Abb. 2.86.

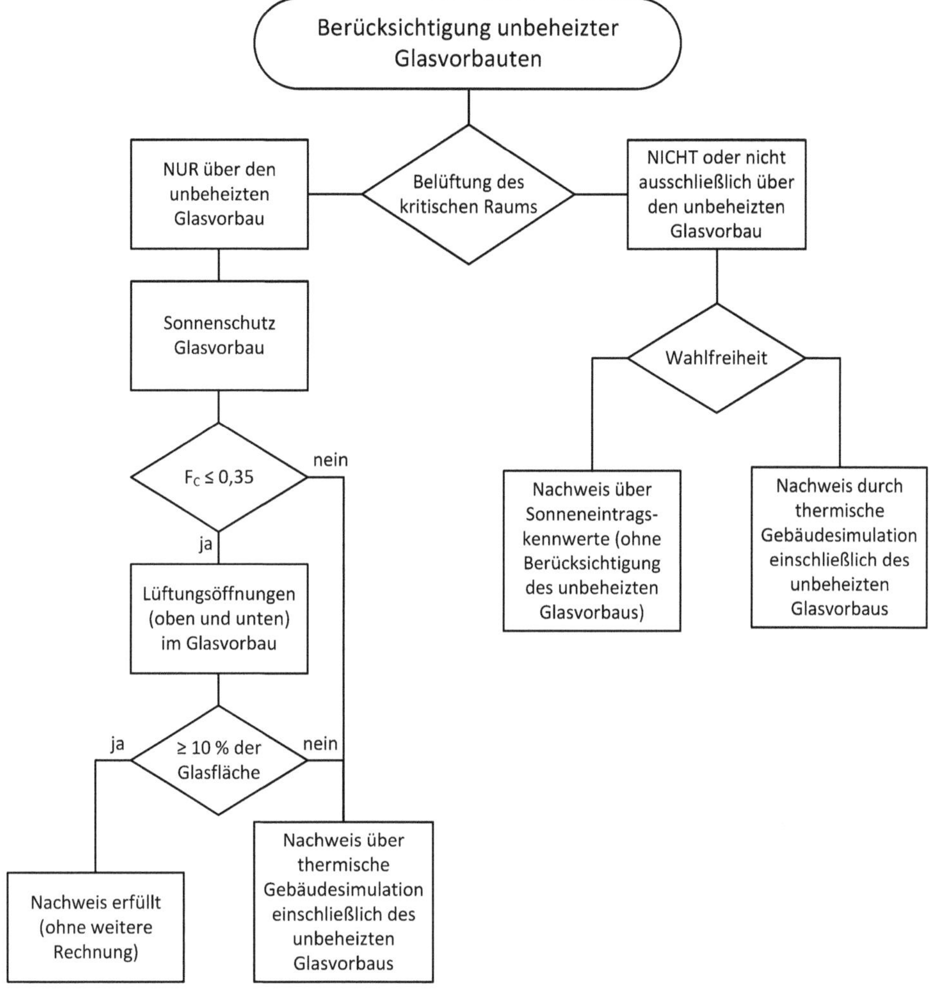

Abb. 2.86 Berücksichtigung unbeheizter Glasvorbauten

2.6.6 Allgemeine Berechnungsrandbedingungen

2.6.6.1 Nettogrundfläche und Raumtiefe

Für die Berechnung der Nettogrundfläche A_G gelten folgende Regeln (Abb. 2.87):

- Die Nettogrundfläche wird mit den lichten Raummaßen ermittelt.
- Bei sehr tiefen Räumen ist die anzusetzende Raumtiefe t auf das dreifache der lichten Raumhöhe h zu begrenzen: max $t = 3 \cdot h$.
- Bei Räumen mit gegenüberliegenden Fensterfassaden ergibt sich keine Begrenzung der Raumtiefe, wenn der Fassadenabstand $\leq 6\,h$ ist (h: lichte Raumhöhe).
- Bei einem Abstand gegenüberliegender Fensterfassaden $>6\,h$ ist der Nachweis für die jeweiligen fassadenorientierten Raumbereiche zu führen.

Abb. 2.87 Regeln zur Berechnung der Nettogrundfläche

Raum mit $b \leq 3\,h$ und $d \leq 3\,h$

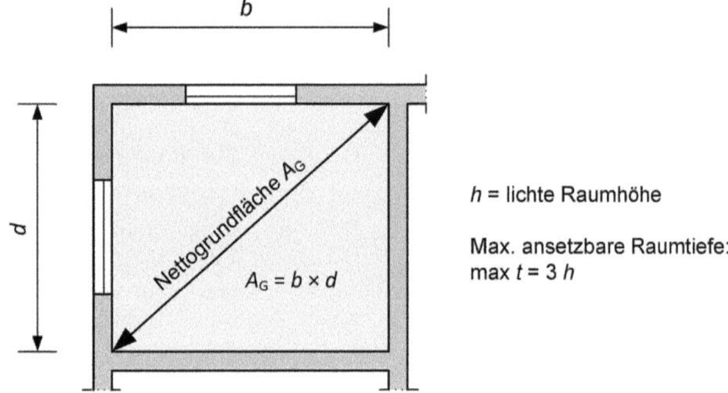

Raum mit $b > 3\,h$ und $d > 3\,h$

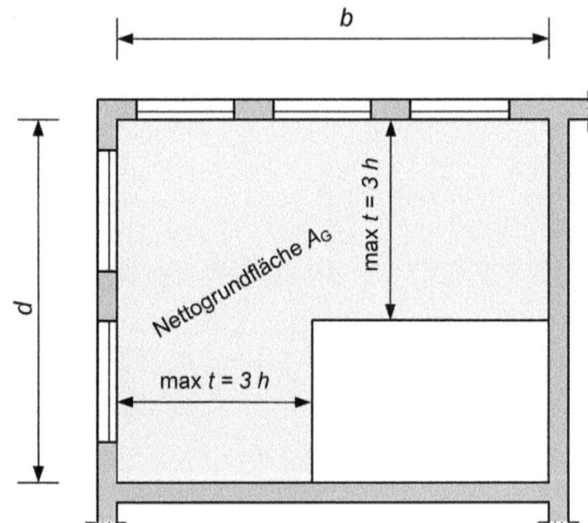

Raum mit gegenüberliegenden Fensterfassaden ($b > 6\,h$)

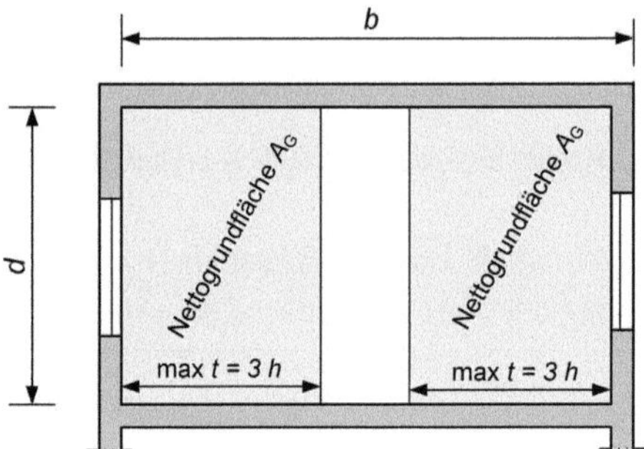

- Bei der Berechnung der wirksamen Wärmekapazität sind die raumumfassenden Bauteile nur insoweit zu berücksichtigen, wie sie das Volumen bestimmen, welches sich aus der Nettogrundfläche A_G und lichter Raumhöhe h ergibt.

2.6.6.2 Fensterrahmenanteil und Fensterfläche

Es gelten folgende Regeln:

- Das Verfahren über Sonneneintragskennwerte ist für Fenster mit einem Rahmenanteil von 30 % entwickelt worden. Näherungsweise dürfen auch Gebäude mit Fenstern, die einen abweichenden Rahmenanteil aufweisen, hiermit berechnet werden. Bei genauer Berücksichtigung des Rahmenanteils ist das Verfahren durch thermische Gebäudesimulation anzuwenden.
- Die Fensterfläche A_W wird mit den lichten Rohbaumaßen ermittelt. Darunter ist das Blendrahmenaußenmaß einschließlich aller Rahmenaufdoppelungen zuzüglich Einbaufuge oder Montagefuge zu verstehen. Die Dicke von Putzschichten oder Bekleidungen ist dabei nicht zu berücksichtigen (Abb. 2.88).
- Bei Fenstern mit opaken Anteilen (z. B.: opake Paneele, Vorbaukästen, Mini-Aufsatzkästen) ist für den Nachweis nur der verglaste Teilbereich der Fenster zu berücksichtigen. Rahmen, die zwischen verglaster und opaker Fläche vorhanden sind, werden in diesem Fall vollständig dem verglasten Bereich zugeschlagen.
- Bei Dachflächenfenstern ist das Außenmaß des Blendrahmens als lichtes Rohbaumaß anzunehmen. Diese Regelung gilt unabhängig vom Glasanteil und der Art der Rahmenausbildung.

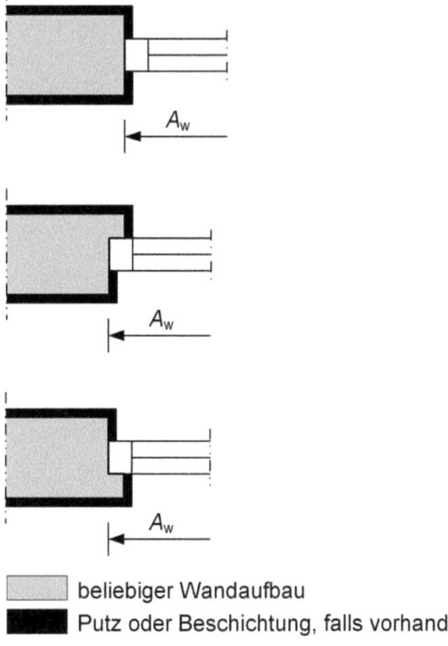

Abb. 2.88 Beispiel zur Ermittlung des lichten Rohbaumaßes bei Fensteröffnungen. (N. DIN 4108-2, Bild 2)

2.6.6.3 Fensterflächenanteil

Der grundflächenbezogene Fensterflächenanteil f_{WG} berechnet sich mit folgender Gleichung:

$$f_{WG} = \frac{A_W}{A_G} \tag{2.37}$$

Darin bedeuten:

f_{WG} grundflächenbezogener Fensterflächenanteil des kritischen Raums bzw. Raumbereichs (dimensionslose Größe);

A_W gesamte Fensterfläche des kritischen Raums bzw. Raumbereichs, in m^2;

A_G Nettorundfläche des kritischen Raums bzw. Raumbereichs, in m^2.

2.6.7 Verfahren über Sonneneintragskennwerte

2.6.7.1 Allgemeines

Das Verfahren über Sonneneintragskennwerte ist in DIN 4108-2, Abschn. 8.3 geregelt. Es handelt sich um ein vereinfachtes Verfahren mit standardisierten Randbedingungen. Dieser Nachweis ist für den kritischen Raum oder Raumgruppen des nachzuweisenden Gebäudes zu führen. Dafür wird für den kritischen Raum der vorhandene Sonneneintragskennwert S_{vorh} ermittelt und mit dem maximal zulässigen Sonneneintragskennwert verglichen. Der Nachweis ist erbracht, wenn der zulässige Sonneneintragskennwert S_{zul} von dem vorhandenen Sonneintragskennwert S_{vorh} nicht überschritten wird. Es gilt:

$$S_{vorh} \le S_{zul} \tag{2.38}$$

Darin bedeuten:

S_{zul} zulässiger Sonneneintragskennwert (dimensionslose Größe);

S_{vorh} vorhandener Sonneneintragskennwert (dimensionslose Größe).

Kann der Nachweis mit Hilfe des Verfahrens über Sonneneintragskennwerte nicht erbracht werden, weil die Anwendungsvoraussetzungen nicht erfüllt sind (z. B. bei Belüftung über einen Glasvorbau) oder der Nachweis nicht erfüllt wird ($S_{vorh} > S_{zul}$), ist eine thermisch-dynamische Gebäudesimulation durchzuführen. Siehe hierzu DIN 4108-2, Abschn. 8.4.

Außerdem kann der Nachweis des sommerlichen Wärmeschutzes mit dem vereinfachten Verfahren über Sonneneintragskennwerte geführt werden, wenn der kritische Raum oder kritische Raumbereiche in Verbindung mit folgenden baulichen Einrichtungen stehen:

- Doppelfassaden oder
- transparente Wärmedämmsysteme (TWD).

2.6.7.2 Berechnung des vorhandenen Sonneneintragskennwertes

Der vorhandene Sonneneientragskennwert S_{vorh} ist eine dimensionslose Größe, die von folgenden Größen beeinflusst wird:

- Fensterfläche des kritischen Raums oder Raumbereichs;
- Gesamtenergiedurchlassgrad der Verglasung;
- Sonnenschutzvorrichtung;
- Nettogrundfläche des kritischen Raums oder Raumbereichs.

Dabei bestehen folgende Zusammenhänge:

- Große Fensterflächen sowie ein großer Gesamtenergiedurchlassgrad der Verglasung vergrößern den Sonneneintragskennwert (und umgekehrt).
- Eine große Nettogrundfläche verringert den Sonneneintragskennwert (und umgekehrt).
- Ein geringer Gesamtenergiedurchlassgrad der Verglasung sowie Sonnenschutzvorrichtungen verringern den Sonneneintragskennwert. (und umgekehrt).

Der vorhandene Sonneneintragskennwert S_{vorh} berechnet sich mit folgender Gleichung:

$$S_{vorh} = \frac{\sum_j^n A_{W,j} \cdot g_{tot,j}}{A_G} \tag{2.39}$$

Darin bedeuten:

S_{vorh} vorhandener Sonnenentragskennwert (dimensionslose Größe);
$A_{W,j}$ Fensterfläche des j-ten Fensters, in m^2;
g_{tot} Gesamtenergiedurchlassgrad der Verglasung einschließlich Sonnenschutz, berechnet n. Gl. (2.39) bzw. nach DIN 52022 oder angelehnt nach DIN EN 410 bzw. zugesicherten Herstellerangaben (dimensionslose Größe);
A_G Nettogrundfläche des Raumes oder Raumbereichs, in m^2;

Die Summe erstreckt sich über sämtliche Fenster des nachzuweisenden raums oder Raumbereichs.

Der Gesamtenergiedurchlassgrad der Verglasung einschließlich Sonnenschutz g_{tot} berechnet sich vereinfachend mit folgender Gleichung. Alternativ darf das Berechnungsverfahren für g_{tot} nach DIN V 4108-6, Anhang B angewendet werden (s. Norm). Für die vereinfachte Berechnung gilt:

$$g_{tot} = g \cdot F_C \tag{2.40}$$

Darin bedeuten:

g_{tot} Gesamtenergiedurchlassgrad der Verglasung einschließlich Sonnenschutz (dimensionslose Größe);
g Gesamtenergiedurchlassgrad der Verglasung (dimensionslose Größe);
F_C Abminderungsfaktor für Sonnenschutzvorrichtungen nach Tab. 2.31 (dimensionslose Größe).

Tab. 2.31 Anhaltswerte für Abminderungsfaktoren F_C von fest installierten Sonnenschutzvorrichtungen in Abhängigkeit von der Art der Verglasung. (N. DIN 4108-2, Tab. 7)

Zeile		Sonnenschutzvorrichtung[a]	Abminderungsfaktor F_C		
			$g \leq 0{,}40$ (Sonnen- schutz-glas) zweifach	$g > 0{,}40$ dreifach	$g > 0{,}40$ zweifach
1		**ohne Sonnenschutzvorrichtung**	1,00	1,00	1,00
2		**innen liegend oder zwischen den Scheiben**[b]			
	2.1	weiß oder hoch reflektierende Oberflächen mit geringer Transparenz[c]	0,65	0,70	0,65
	2.2	helle Farben oder geringe Transparenz[d]	0,75	0,80	0,75
	2.3	dunkle Farben oder höhere Transparenz	0,90	0,90	0,85
3		**außen liegend**			
	3.1	Fensterläden, Rollläden			
	3.1.1	Fensterläden, Rollläden, ¾ geschlossen	0,35	0,30	0,30
	3.1.2	Fensterläden, Rollläden, geschlossen[e]	0,15e	0,10[e]	0,10[e]
	3.2	Jalousie und Raffstore, drehbare Lamellen			
	3.2.1	Jalousie und Raffstore, drehbare Lamellen, 45° Lamellenstellung	0,30	0,25	0,25
	3.2.2	Jalousie und Raffstore, drehbare Lamellen, 10° Lamellenstellung[e]	0,20[e]	0,15[e]	0,15[e]
	3.3	Markise, parallel zur Verglasung[d]	0,30	0,25	0,25
	3.4	Vordächer, Markisen allgemein, frei stehende Lamellen[f]	0,55	0,50	0,50

[a]Die Sonnenschutzvorrichtung muss fest installiert sein. Übliche dekorative Vorhänge gelten nicht als Sonnenschutzvorrichtung

[b]Für innen- und zwischen den Scheiben liegende Sonnenschutzvorrichtungen ist eine genaue Ermittlung zu empfehlen

[c]Hoch reflektierende Oberflächen mit geringer Transparenz, Transparenz ≤ 10 %, Reflexion ≥ 60 %

[d]Geringe Transparenz, Transparenz < 15 %

[e]F_C-Werte für geschlossenen Sonnenschutz dienen der Information und sollten für den Nachweis des sommerlichen Wärmeschutzes nicht verwendet werden. Ein geschlossener Sonnenschutz verdunkelt den dahinterliegenden Raum stark und kann zu einem erhöhten Energiebedarf für Kunstlicht führen, da nur ein sehr geringer bis kein Einfall des natürlichen Tageslichts vorhanden ist

[f]Dabei muss sichergestellt sein, dass keine direkte Besonnung des Fensters erfolgt. Dies ist näherungsweise der Fall, wenn

– bei Südorientierung der Abdeckwinkel $\beta \geq 50°$ ist (Abb. 2.89);

– bei Ost- und Westorientierung der Abdeckwinkel $\beta \geq 85°$ ist $\gamma \geq 115°$ ist (Abb. 2.89)

Der F_C-Wert darf auch für beschattete Teilflächen des Fensters angesetzt werden. Dabei darf FS nach DIN V 18599-2:2011-12, A.2, nicht angesetzt werden

Zu den jeweiligen Orientierungen gehören Winkelbereiche von 22,5°. Bei Zwischenorientierungen ist der Abdeckwinkel $\beta \geq 80°$ erforderlich

Definition des Winkels β siehe Abb. 2.89

Abb. 2.89 Definition des Winkels β

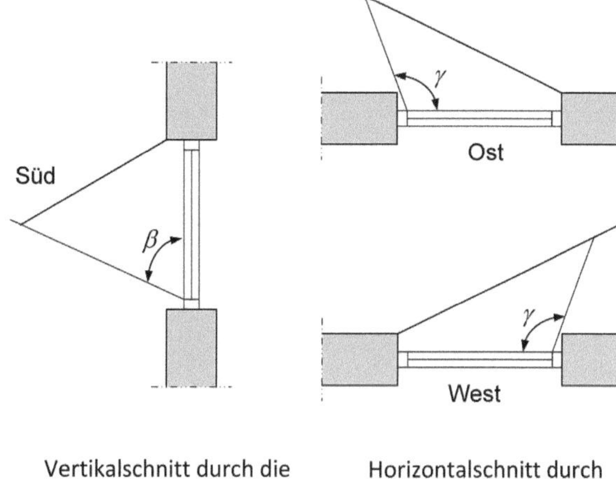

Werden Glasflächen baulich verschattet, kann g_{tot} in Gl. (2.37) mit dem Verschattungsfaktor F_S nach DIN V 18599-2:2018-09, modifiziert werden ($g_{tot} = g \cdot F_C \cdot F_S$), wobei die jeweiligen Faktoren für den Sommerfall zu verwenden sind. Die mehrfache Berücksichtigung eines Einzeleinflusses (Vordächer nach Tab. 2.31, Zeile 3.4) ist hierbei nicht zulässig. Für die Ermittlung von F_S wird auf die genannte Norm verwiesen.

2.6.7.3 Bestimmung des zulässigen Sonneneintragskennwertes

Der zulässige Sonneneintragskennwert ergibt sich mit folgender Gleichung:

$$S_{zul} = \Sigma S_x \tag{2.41}$$

Darin bedeuten:

S_{zul} zulässiger Sonneneintragskennwert (dimensionslose Größe);

S_x anteiliger Sonneneintragskennwert nach Tab. 2.32 (dimesionslose Größe).

2.6.7.4 Bestimmung der Bauart

Für die Bestimmung der Bauart gelten folgende Regeln:

1. Ohne besonderen Nachweis ist von einer *leichten* Bauart auszugehen.
2. Vereinfachend kann von *mittlerer* Bauart ausgegangen werden, wenn folgende Eigenschaften gegeben sind:
   - Stahlbetondecke;
   - massive Innen- und Außenbauteile (flächenanteilig gemittelte Rohdichte ≥ 600 kg/m^3);
   - keine innen liegende Wärmedämmung an den Außenbauteilen;
   - keine abgehängte oder thermisch abgedeckte Decke;
   - keine hohen Räume (>4,5 m) wie z. B. bei Turnhallen, Museen usw.

Tab. 2.32 Anteilige Sonneneintragskennwerte zur Bestimmung des zulässigen Sonneneintragskennwertes. (N. DIN 4108-2, Tab. 8)

			Anteiliger Sonneneintragskennwert S_x					
Nutzung			Wohngebäude			Nichtwohngebäude		
Klimaregion[a]			A	B	C	A	B	C
Nachtlüftung und Bauart								
S1	Nachtlüftung	Bauart[b]						
	ohne	leicht	0,071	0,056	0,041	0,013	0,007	0,000
		mittel	0,080	0,067	0,054	0,020	0,013	0,006
		schwer	0,087	0,074	0,061	0,025	0,018	0,011
	erhöhte Nachtlüftung[c] mit $n \geq 2\ h^{-1}$	leicht	0,098	0,088	0,078	0,071	0,060	0,048
		mittel	0,114	0,103	0,092	0,089	0,081	0,072
		schwer	0,125	0,113	0,101	0,101	0,092	0,083
	hohe Nachtlüftung[d] mit $n \geq 5\ h^{-1}$:	leicht	0,128	0,117	0,105	0,090	0,082	0,074
		mittel	0,160	0,152	0,143	0,135	0,124	0,113
		schwer	0,181	0,171	0,160	0,170	0,158	0,145
Grundflächenbezogener Fensterflächenanteil f_{WG}[e]								
S_2	$S_2 = a - (b \cdot f_{WG})$	a	0,060			0,030		
		b	0,231			0,115		
Sonnenschutzglas[f,i]								
S_3	Fenster mit Sonnenschutzglas[f] mit $g \leq 0{,}4$		0,03					
Fensterneigung[g,i]								
S_4	0° ≤ Neigung ≤ 60° (gegenüber der Horizontalen)		$-0{,}035\,f_{neig}$					
Orientierung[h,i]								
S_5	Nord-, Nordost- und Nordwest-orientierte Fenster soweit die Neigung gegenüber der Horizontalen > 60° ist sowie Fenster, die dauernd vom Gebäude selbst verschattet sind		$+0{,}10\,f_{nord}$					
Einsatz passiver Kühlung								
S_6	**Bauart**							
	leicht		0,02					
	mittel		0,04					
	schwer		0,06					

[a]Ermittlung der Klimaregion nach Abb. 2.84

[b]Bestimmung der Bauart nach 2.6.7.4

[c]Bei Wohnnutzung kann i. d. R. von der Möglichkeit zu erhöhter Nachtlüftung ausgegangen werden. Der Ansatz der erhöhten Nachtlüftung darf auch erfolgen, wenn eine Lüftungsanlage so ausgelegt ist, dass durch die Lüftungsanlage ein nächtlicher Luftwechsel von mindestens $n = 2\ h^{-1}$ sichergestellt ist

[d]Von hoher Nachtlüftung kann ausgegangen werden, wenn für den zu bewertenden Raum oder Raumbereich die Möglichkeit besteht, geschossübergreifende Nachtlüftung zu nutzen (z. B. über

(Fortsetzung)

Tab. 2.32 (Fortsetzung)

angeschlossenes Atrium, Treppenhaus oder Galerieebene). Der Ansatz der hohen Nachtlüftung darf auch erfolgen, wenn eine Lüftungsanlage so ausgelegt wird, dass durch die Lüftungsanlage ein nächtlicher Luftwechsel von mindestens $n = 5\ h^{-1}$ sichergestellt wird

[e]Berechnung des Fensterflächenanteils nach 2.6.6.3. Hinweis: Die durch S_1 vorgegebenen anteiligen Sonneneintragskennwerte gelten für grundflächenbezogene Fensterflächenanteile von etwa 25 %. Durch den anteiligen Sonneneintragskennwert S_2 erfolgt eine Korrektur des S_1-Wertes in Abhängigkeit vom Fensterflächenanteil, wodurch die Anwendbarkeit des Verfahrens auf Räume mit grundflächenbezogenen Fensterflächenanteilen abweichend von 25 % gewährleistet wird. Für Fensterflächenanteile kleiner 25 % wird S_2 positiv, für Fensterflächenanteile größer 25 % wird S_2 negativ

[f]Als gleichwertige Maßnahme gilt eine Sonnenschutzvorrichtung, welche die diffuse Strahlung nutzerunabhängig permanent reduziert und hierdurch ein $g_{tot} \leq 0{,}4$ erreicht wird. Bei Fensterflächen mit unterschiedlichem g_{tot} wird S_3 flächenanteilig gemittelt:

$S_3 = 0{,}03 \cdot A_{W,gtot \leq 0{,}4}/A_{W,gesamt}$

Dabei ist:

$A_{W,gtot \leq 0{,}4}$ die Fensterfläche mit $g_{tot} \leq 0{,}4$;

$A_{W,gesamt}$ die gesamte Fensterfläche

[g]$f_{neig} = A_{W,neig}/A_{W,gesamt}$

Dabei ist:

$A_{W,neig}$ die geneigte Fensterfläche;

$A_{W,gesamt}$ die gesamte Fensterfläche

[h]$f_{nord} = A_{W,nord}/A_{W,gesamt}$

Dabei ist:

$A_{W,nord}$ die Nord-, Nordost- und Nordwest-orientierte Fensterfläche soweit die Neigung gegenüber der Horizontalen

$>60°$ ist sowie Fensterflächen, die dauernd vom Gebäude selbst verschattet sind;

$A_{W,gesamt}$ die gesamte Fensterfläche

Fenster, die dauernd vom Gebäude selbst verschattet werden: Werden für die Verschattung Fs Werte nach DIN V 18599-2 verwendet, so ist für jene Fenster $S_5 = 0$ zu setzen

[i]Gegebenenfalls flächenanteilig gemittelt zwischen der gesamten Fensterfläche und jener Fensterfläche, auf die diese Bedingung zutrifft

3. Von schwerer Bauart ist auszugehen, wenn folgende Eigenschaften vorliegen:
   - Stahlbetondecke;
   - massive Innen- und Außenbauteile (flächenanteilig gemittelte Rohdichte $\geq 1600\ kg/m^3$);
   - keine innen liegende Wärmedämmung an den Außenbauteilen;
   - keine abgehängte oder thermisch abgedeckte Decke.
   - keine hohen Räume (>4,5 m) wie z. B. bei Turnhallen, Museen usw.

Die wirksame Wärmekapazität darf alternativ auch nach DIN EN ISO 13788 für den nachzuweisenden Raum oder raumbereich berechnet werden (Periodendauer 1 d). Dabei ist folgende Einstufung vorzunehmen:

Leichte Bauart liegt vor, wenn folgende Bedingung erfüllt ist:

$$\frac{C_{wirk}}{A_G} < 50\ \text{Wh}/\left(\text{K m}^2\right) \qquad (2.42)$$

Mittlere Bauart liegt vor, wenn folgende Bedingung erfüllt ist:

$$50\ \mathrm{Wh}/\left(\mathrm{K\ m}^2\right) \leq \frac{C_{\mathrm{wirk}}}{A_{\mathrm{G}}} < 130\,\mathrm{h}/\left(\mathrm{K\ m}^2\right) \tag{2.43}$$

Schwere Bauart liegt vor, wenn folgende Bedingung gegeben ist:

$$\frac{C_{\mathrm{wirk}}}{A_{\mathrm{G}}} > 130\ \mathrm{Wh}/\left(\mathrm{K\ m}^2\right) \tag{2.44}$$

In den Gl. (2.41), (2.42) und (2.43) bedeuten:

C_{wirk} wirksame Wärmekapazität, in Wh/K;

A_{G} Nettogrundfläche, in m^2.

Beispiel

Für den in Abb. 2.90 dargestellten kritischen Raum eines Nichtwohngebäudes ist der Nachweis nach dem vereinfachten Verfahren über Sonneneintragskennwerte zu führen.

Randbedingungen:

- Nutzung: Nichtwohngebäude (NWG)
- Zwischengeschoss
- Gesamtenergiedurchlassgrad der Verglasung für alle Fenster:g = 0,40
- Sonnenschutz: Sonnenschutzglas mit innen liegendem Sonnenschutz, dunkle Farben
- Standort: Sommerklimaregion A
- schwere Bauart
- erhöhte Nachtlüftung

Lösung:

Gesamtenergiedurchlassgrad g_{tot} einschl. Sonnenschutz nach Gl. (2.39):

$$g_{\mathrm{tot}} = g \cdot F_{\mathrm{c}} = 0{,}40 \cdot 0{,}90 = 0{,}36$$

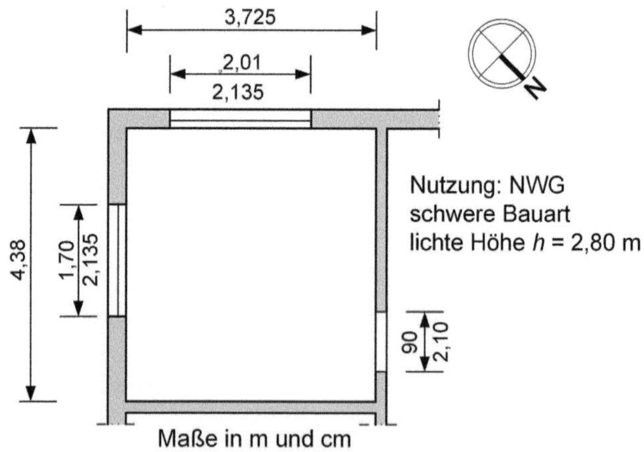

Abb. 2.90 Beispiel – Nachweis des sommerlichen Wärmeschutzes für den kritischen Raum eines NWG

mit $F_c = 0{,}90$ nach Tab. 2.31, Zeile 2.3
Fensterfläche A_W:

$$A_{W1} = 1{,}70 \cdot 2{,}135 = 3{,}63\ \text{m}^2\ (\text{Süd} - \text{Ost} - \text{Orientierung})$$

$$A_{W2} = 2{,}01 \cdot 2{,}135 = 4{,}29\ \text{m}^2\ (\text{Süd} - \text{West} - \text{Orientierung})$$

$$A_W = 3{,}63 + 4{,}29 = 7{,}92\ \text{m}^2$$

Nettogrundfläche A_G:

$$A_G = 4{,}38 \cdot 3{,}725 = 16{,}32\ \text{m}^2$$

Ermittlung des vorhandenen Sonneneintragskennwertes S_{vorh} nach Gl. (2.38):

$$S_{vorh} = \frac{\sum_j^n A_{W,j} \cdot g_{tot,j}}{A_G} = \frac{7{,}92 \cdot 0{,}36}{16{,}32} = 0{,}175$$

Zulässiger Sonneneintragskennwert:
Für die Ermittlung des zulässigen Sonneneintragskennwertes sind die anteiligen Sonneneintragskennwerte zu summieren.

1. Anteiliger Sonneneintragskennwert S_1:
   Es kann von einer erhöhten Nachtlüftung ausgegangen werden. Für NWG und Sommerklimaregion A ergibt sich:

$$S_1 = 0{,}101$$

2. Anteiliger Sonneneintragskennwert S_2:
   Der grundflächenbezogene Fensterflächenanteil f_{WG} wurde in einem vorherigen Beispiel zu 48,5 % ermittelt ($f_{WG} = A_W/A_G \cdot 100 = 7{,}92/16{,}32 \cdot 100 = 48{,}5\ \%$).

$$S_2 = a - (b \cdot f_{WG}) = 0{,}030 - (0{,}115 \cdot 48{,}5/100)$$
$$= -0{,}026(\text{negativer Wert, da } f_{WG} > 25\ \%)$$

3. Anteiliger Sonneneintragskennwert S_3:

$$S_3 = 0{,}03, \text{da } g = 0{,}40$$

4. Anteiliger Sonneneintragskennwert S_4:
   $S_4 = 0$, da Fensterneigung gegenüber Horizontalen 90° (nicht unter 60°).
5. Anteiliger Sonneneintragskennwert S_5:
   $S_5 = 0$, da keine Nordorientierung der Fenster.
6. Anteiliger Sonneneintragskennwert S_6:
   $S_6 = 0$, da keine passive Kühlung eingesetzt wird.

Damit ergibt sich der zulässige Sonneneintragskennwert nach Gl. (2.40) zu:

$$S_{\text{zul}} = \Sigma\ S_{\text{x}} = S_1 + S_2 + S_3 + S_4 + S_5 + S_6$$
$$= 0{,}101 + (-0{,}026) + 0{,}03 + 0 + 0 + 0 = 0{,}105$$

Nachweis:

$$S_{\text{vorh}} = 0{,}175 > S_{\text{zul}} = 0{,}105$$

=> Der Nachweis ist nicht erfüllt.

Dies liegt im Wesentlichen am unzureichenden Sonnenschutz, der in diesem Fall innen liegend ist.

Ein außen liegender Sonnenschutz ist dagegen wesentlich effektiver, da die Sonnenstrahlung bereits außen vor den Fenstern abgehalten wird und nicht in den Raum gelangen kann wie dies bei einem innen liegenden Sonnenschutz der Fall ist.

Das Beispiel soll daher insofern abgeändert werden, indem ein außen liegender Sonnenschutz angeordnet wird. Gewählt werden außen liegende drehbare Lamellen mit 45° Lamellenstellung (Tab. 2.31, Zeile 3.2.1). Alle anderen Parameter bleiben unverändert.

Als Abminderungsfaktor F_{C} ergibt sich:

$$F_{\text{C}} = 0{,}30 \quad (\text{bei Sonnenschutzglas mit } g \leq 0{,}40)$$

Gesamtenergiedurchlassgrad g_{tot} einschl. Sonnenschutz nach Gl. (2.39):

$$g_{\text{tot}} = g \cdot F_{\text{c}} = 0{,}40 \cdot 0{,}30 = 0{,}12$$

Vorhandener Sonneneintragskennwertes S_{vorh} nach Gl. (2.38):

$$S_{\text{vorh}} = \frac{\sum_{\text{j}}^{\text{n}} A_{\text{W,j}} \cdot g_{\text{tot,j}}}{A_{\text{G}}} = \frac{7{,}92 \cdot 0{,}12}{16{,}32} = 0{,}058$$

Nachweis:

$$S_{\text{vorh}} = 0{,}058 < S_{\text{zul}} = 0{,}105$$

Der Nachweis ist erfüllt. ◄

2.7 Gebäudeenergiegesetz (GEG)

2.7.1 Allgemeines

Das „*Gesetz zur Einsparung von Energie und zur Nutzung erneuerbarer Energien zur Wärme- und Kälteerzeugung in Gebäuden (Gebäudeenergiegesetz – GEG)*“ stellt Anforderungen an den energiesparenden Wärmeschutz von zu errichtenden und bestehenden Gebäuden sowie an die Heizungs-, Kühl- und Raumlufttechnik sowie an die Warmwasserversorgung. Das Gebäudeenergiegesetz (nachfolgend kurz GEG genannt) ist in Artikel 1 des „*Gesetz [es] zur Vereinheitlichung des Energieeinsparrechts für Gebäude und zur Änderung weiterer Gesetze*“ [3] veröffentlicht. Das GEG ist am 1. November 2020 in Kraft getreten und ersetzt folgende Gesetze und Verordnungen:

- Energieeinsparungsgesetz (EnEG)
- Energieeinsparverordnung (EnEV)
- Erneuerbare-Energien-Wärmegesetz (EEWärmeG)

Damit steht in Deutschland ein einheitliches Regelwerk für den Nachweis des energiesparenden Wärmeschutzes von Gebäuden unter Berücksichtigung der Anlagentechnik zur Verfügung. Dabei ist zu beachten, dass das GEG lediglich die Anforderungen festlegt, aber keine Rechenverfahren enthält. Die erforderlichen Rechen- und Nachweisverfahren sind in verschiedenen Normen geregelt, auf die das GEG Bezug nimmt. Beispielhaft seien hier die Normenreihen DIN V 18599 „*Energetische Bewertung von Gebäuden*“ und DIN 4108 „*Wärmeschutz und Energie-Einsparung in Gebäuden*“ genannt.

Mittlerweile (Stand Juni 2023) wurde eine erste Novelle des GEG verabschiedet, die am 1. Januar 2023 in Kraft getreten ist und in Artikel 18a des „*Gesetzes zu Sofortmaßnahmen für einen beschleunigten Ausbau der erneuerbaren Energien und weiteren Maßnahmen im Stromsektor*“[4] veröffentlicht wurde. Die GEG-Novelle 2023 beinhaltet im Wesentlichen Verschärfungen der Anforderungen an zu errichtende Gebäude, indem der Höchstwert des Jahres-Primärenergiebedarfs auf 55 % des Wertes des zugehörigen Referenzgebäudes abgesenkt wird; bisher betrug der Höchstwert 75 % des Wertes des zugehörigen Referenzgebäudes.

Zurzeit (Stand Juni 2023) wird der Entwurf eines Gesetzes zur Änderung des Gebäudeenergiegesetzes (sogenanntes „*Heizungsgesetz*“) in der Politik und Öffentlichkeit kontrovers diskutiert, wobei rein fachliche Aspekte leider eine untergeordnete Rolle spielen. In diesem Buch wird auf das zukünftige „Heizungsgesetz“ nicht eingegangen, da zum Zeitpunkt des Redaktionsschlusses nur der vom Bundeskabinett beschlossene Entwurf vorlag und während des Gesetzgebungsverfahrens noch Änderungen zu erwarten sind.

Grundlage der folgenden Abschnitte ist das GEG in der Fassung vom 13. August 2020 (Inkrafttreten am 1. Januar 2020) mit Berücksichtigung der GEG-Novelle vom 20. Juli 2022 (Inkrafttreten am 1. Januar 2023).

---

[3] Gesetz zur Vereinheitlichung des Energieeinsparrechts für Gebäude und zur Änderung weiterer Gesetze vom 8. August 2020; Bundesgesetzblatt Jahrgang 2020 Teil I Nr. 37, ausgegeben zu Bonn am 13. August 2020.

[4] Gesetz zu Sofortmaßnahmen für einen beschleunigten Ausbau der der erneuerbaren Energien und weiteren Maßnahmen im Stromsektor, Artikel 18a Änderung des Gebäudeenergiegesetzes vom 20. Juli 2022; Bundesgesetzblatt Jahrgang 2022 Teil I Nr. 29, ausgegeben zu Bonn am 28. Juli 2022.

2.7.2 Ziele und Zweck des Gebäudeenergiegesetzes

Das Gebäudeenergiegesetz (GEG) dient dem Ziel, den Energiebedarf, der für Raumwärme (Heizung), Kühlung, Lüftung und Warmwasser sowie Beleuchtung (nur bei Nichtwohngebäuden) zu minimieren und die eingesetzte Energie effizient zu nutzen. Dabei soll zunehmend auf die Nutzung erneuerbarer Energien geachtet werden, um unabhängig von fossilen Energieträgern wie Erdgas und Heizöl zu werden. Außerdem soll das GEG dazu beitragen, dass

- die energie- und klimapolitischen Ziele der Bundesregierung (Klimaneutralität bis 2045) sowie
- eine weitere Erhöhung des Anteils erneuerbarer Energien am Endenergieverbrauch für die Erzeugung von Raumwärme und -kälte und
- eine nachhaltige Entwicklung der Energieversorgung

erreicht werden.

Gründe hierfür sind:

1. **Begrenzte Verfügbarkeit von fossilen Energieträgern:** Die Verfügbarkeit der heute noch weit verbreiteten und teils noch kostengünstigen fossilen Primärenergieträger wie Erdgas und Heizöl wird mittelfristig nicht mehr gegeben sein. Vielmehr muss mit einem sinkenden Angebot gerechnet werden. In der Folge sind Preissteigerungen zu erwarten.
2. **Zukünftige Preissteigerungen für fossile Energieträger:** Durch den weltweiten Anstieg des Energiebedarfs, der insbesondere durch stark wachsende Volkswirtschaften der bisherigen Schwellenländer (z. B. Brasilien, China, Indien) verursacht wird, und einer gleichbleibenden oder eher sinkenden Fördermenge von Erdgas und Öl ist in Zukunft mit weiteren Preissteigerungen für fossile Energieträger zu rechnen. Diese werden durch Krisen und Handelsembargos noch verstärkt und sind somit unberechenbar (wie z. B. die Gaskrise infolge des Importstopps von russischem Erdgas).
3. **Reduzierung der CO_2-Emissionen:** Zunehmende Herausforderungen durch den fortschreitenden Klimawandel führen zu verstärkten Forderungen auch in der breiten Öffentlichkeit, die CO2-Emissionen weiter zu reduzieren. Nach Vorgabe des Klimaschutzgesetzes[5] müssen die CO2-Emissionen bereits bis 2030 um 65 % gegenüber dem Niveau von 1990 gesenkt werden.

---

[5] Bundes-Klimaschutzgesetz (KSG) vom 12. Dezember 2019; Bundesgesetzblatt Teil I S. 2513; geändert durch Artikel 1 des Gesetzes vom 18. August 2021 (Bundesgesetzblatt Teil I, S. 3905); Inkrafttreten der Gesetzesnovelle am 31. August 2021.

4. **Klimaschutzziele:** Gesetzliche Verpflichtung der Klimaneutralität in Deutschland bis 2045; siehe hierzu das Klimaschutzgesetz (KSG) § 3 (2). Danach hat sich Deutschland verpflichtet, bis 2045 klimaneutral zu sein. Das bedeutet, dass dann eine Treibhausgas-Neutralität erreicht werden muss, d. h. die Treibhausgasemissionen dürfen nicht größer als der Abbau sein.

2.7.3 Struktur des GEG

Das GEG (2020/23) gliedert sich wie folgt (Abb. 2.91):

Teil 1 – Allgemeiner Teil
Teil 2 – Anforderungen an zu errichtende Gebäude
- Abschnitt 1 – Allgemeiner Teil
- Abschnitt 2 – Jahres-Primärenergiebedarf und baulicher Wärmeschutz bei zu errichtenden Gebäuden
  - Unterabschnitt 1 – Wohngebäude
  - Unterabschnitt 2 – Nichtwohngebäude
- Abschnitt 3 – Berechnungsgrundlagen und –verfahren
- Abschnitt 4 – Nutzung von erneuerbaren Energien zur Wärme- und Kälteerzeugung bei einem zu errichtenden Gebäude

Teil 3 – Bestehende Gebäude
- Abschnitt 1 – Anforderungen an bestehende Gebäude
- Abschnitt 2 – Nutzung erneuerbarer Energien zur Wärmeerzeugung bei bestehenden öffentlichen Gebäuden

Teil 4 – Anlagen der Heizungs-, Kühl- und Raumlufttechnik sowie der Warmwasserversorgung
- Abschnitt 1 – Aufrechterhaltung der energetischen Qualität bestehender Anlagen
  - Unterabschnitt 1 – Veränderungsverbot
  - Unterabschnitt 2 – Betreiberpflichten
- Abschnitt 2 – Einbau und Ersatz
  - Unterabschnitt 1 – Verteilungseinrichtungen und Warmwasseranlagen
  - Unterabschnitt 2 – Klimaanlagen und sonstige Anlagen der Raumlufttechnik
  - Unterabschnitt 3 – Wärmedämmung von Rohrleitungen und Armaturen
  - Unterabschnitt 4 – Nachrüstung bei heizungstechnischen Anlagen; Betriebsverbot für Heizkessel

Abschnitt 3 – Energetische Inspektion von Klimaanlagen

Teil 5 – Energieausweise

Teil 6 – Finanzielle Förderung der Nutzung erneuerbarer Energien für die Erzeugung von Wärme oder Kälte und von Energieeffizienzmaßnahmen

Teil 7 – Vollzug

Teil 8 – Besondere Gebäude, Bußgeldvorschriften, Anschluss- und Benutzungszwang

• § 104	Kleine Gebäude und Gebäude aus Raumzellen
• § 105	Baudenkmäler und sonstige besonders erhaltenswerte Bausubstanz
• § 106	Gemischt genutzte Gebäude
• § 107	Wärmeversorgung im Quartier
• § 108	Bußgeldvorschriften
• § 109	Anschluss- und Benutzungszwang

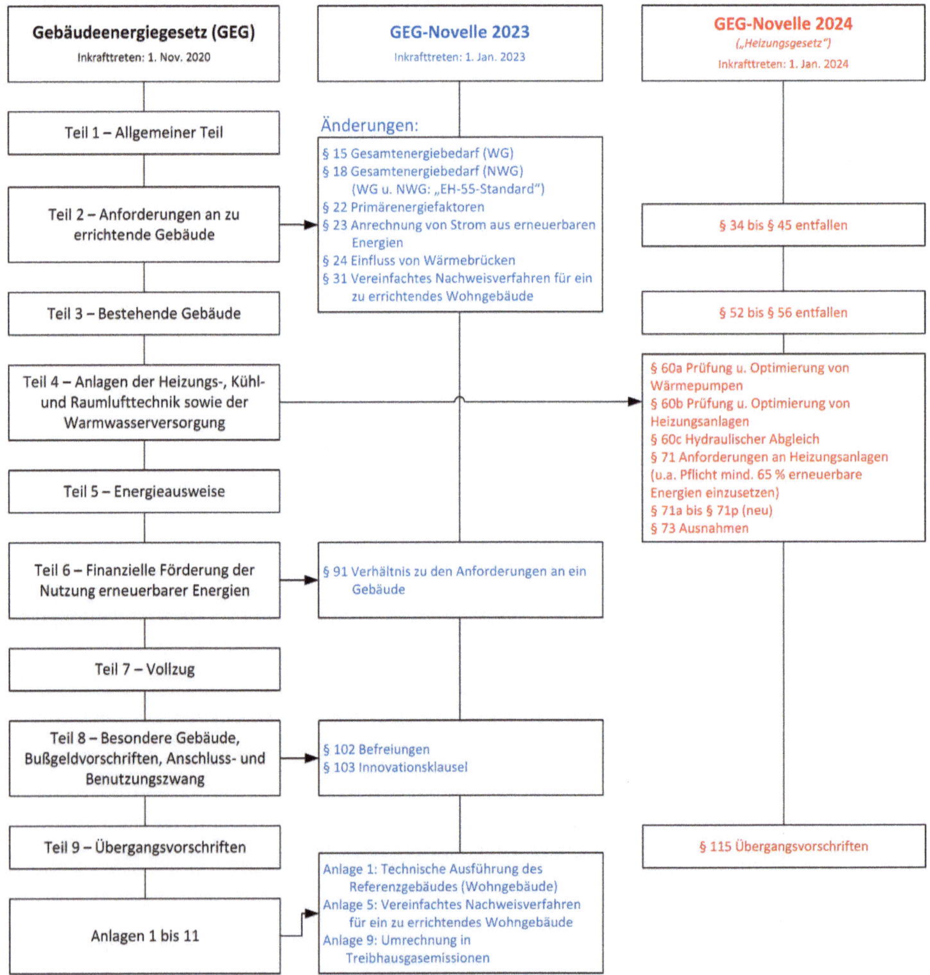

Abb. 2.91 Struktur des GEG (schematische Darstellung)

Teil 9 – Übergangsvorschriften

Anlagen

- Anlage 1: Technische Ausführung des Referenzgebäudes (Wohngebäude)
- Anlage 2: Technische Ausführung des Referenzgebäudes (Nichtwohngebäude)
- Anlage 3: Höchstwerte der mittleren Wärmedurchgangskoeffizienten der wärmeübertragenden Umfassungsfläche (Nichtwohngebäude)
- Anlage 4: Primärenergiefaktoren
- Anlage 5: Vereinfachtes Nachweisverfahren für ein zu errichtendes Wohngebäude
- Anlage 6: Zu verwendendes Nutzungsprofil für die Berechnungen des Jahres-Primärenergiebedarfs beim vereinfachten Nachweisverfahren für ein zu errichtendes Nichtwohngebäude
- Anlage 7: Höchstwerte der Wärmedurchgangskoeffizienten von Außenbauteilen bei Änderung an bestehenden Gebäuden
- Anlage 8: Anforderungen an die Wärmedämmung von Rohrleitungen und Armaturen
- Anlage 9: Umrechnung in Treibhausgasemissionen
- Anlage 10: Energieeffizienzklassen von Wohngebäuden
- Anlage 11: Anforderungen an die Inhalte der Schulung für die Berechtigung zur Ausstellung von Energieausweisen

2.7.4 Anwendungsbereich des GEG

Der Anwendungsbereich des GEG erstreckt sich auf

1. Gebäude, deren Räume unter Einsatz von Energie beheizt oder gekühlt werden und
2. Anlagen und Einrichtungen der Heizungs-, Kühl- und Raumlufttechnik sowie der Warmwasserversorgung. Bei Nichtwohngebäuden zählen auch Einrichtungen der Beleuchtungstechnik zum Anwendungsbereich.

Hiervon gibt es zahlreiche Ausnahmen; beispielhaft seien hier genannt (für sämtliche Ausnahmen wird auf den Gesetzestext des GEG verwiesen):

- Betriebsgebäude, die überwiegend zur Aufzucht oder zur Haltung von Tieren genutzt werden (z. B. Viehställe),
- Betriebsgebäude, soweit sie nach ihrem Verwendungszweck großflächig und lang anhaltend offen gehalten werden müssen (z. B. Flugzeughangar),
- unterirdische Bauten (z. B. U-Bahn-Stationen),
- Unterglasanlagen und Kulturräume für Aufzucht, Vermehrung und Verkauf von Pflanzen (Gewächshäuser),

- Traglufthallen und Zelte,
- Gebäude, die dazu bestimmt sind, wiederholt aufgestellt und zerlegt zu werden (temporäre Bauten) und provisorische Gebäude mit einer geplanten Nutzungsdauer von bis zu zwei Jahren,
- Gebäude, die dem Gottesdienst oder anderen religiösen Zwecken gewidmet sind (z. B. Kirchen),
- Wohngebäude, die
  - für eine Nutzungsdauer von weniger als vier Monaten jährlich bestimmt sind oder
  - für eine begrenzte jährliche Nutzungsdauer bestimmt sind und deren zu erwartender Energieverbrauch für die begrenzte jährliche Nutzungsdauer weniger als 25 % des zu erwartenden Energieverbrauchs bei ganzjähriger Nutzung beträgt (z. B., Ferienhäuser).
- Sonstige handwerkliche, landwirtschaftliche, gewerbliche, industrielle oder für öffentliche Zwecke genutzte Betriebsgebäude, die nach ihrer Zweckbestimmung
  - auf eine Raum-Solltemperatur von weniger als 12 Grad Celsius beheizt werden oder
  - jährlich weniger als vier Monate beheizt sowie jährlich weniger als zwei Monate gekühlt werden.

Auf Bestandteile von Anlagen der Heizungs-, Kühl- und Raumlufttechnik sowie der Warmwasserversorgung, die nicht im räumlichen Zusammenhang mit Gebäuden nach Punkt 1 (s. o.) stehen, ist das GEG ebenfalls nicht anzuwenden.

2.7.5 Begriffe

Im Gebäudeenergiegesetz (GEG) werden verschiedene Begriffe definiert und verwendet, von denen eine Auswahl nachfolgend erläutert wird. Zur besseren Übersicht sind die Begriffe thematisch gegliedert:

- Gebäude und Räume (Tab. 2.33)
- Anlagen (Tab. 2.34)
- Flächen und Volumen (Tab. 2.35)
- Energiebedarfsgrößen (Tab. 2.36)

Beispielsweise unterscheidet das GEG *Wohngebäude* und *Nichtwohngebäude* und legt hierfür auch unterschiedliche Anforderungen fest. Zu den Wohngebäuden zählen gemäß GEG alle Gebäude, die überwiegend dem Wohnen dienen. Hierzu gehören beispielsweise Ein- und Mehrfamilienhäuser, aber auch Wohn-, Alten- und Pflegeheime. Als Nichtwohngebäude werden alle Gebäude bezeichnet, die nicht unter die Kategorie Wohngebäude fallen. Typische Nichtwohngebäude sind Büro- und Verwaltungsbauten, Schwimmbäder, Sporthallen, Kultur- und Veranstaltungsbauten, Schulen und Hochschulen.

Tab. 2.33 Begriffsbestimmungen des GEG; hier: Gebäude und Räume

Begriff	Definition/Erläuterung
Wohngebäude	Gebäude, die nach ihrer Zweckbestimmung überwiegend dem Wohnen dienen, einschließlich Wohn-, Alten- und Pflegeheime und ähnliche Einrichtungen
Nichtwohngebäude	Gebäude, die nicht zu den Wohngebäuden zählen (z. B. Bürogebäude, Schulen, Kindertagesstätten, Universitätsgebäude, Schwimmbäder, Hotels, Veranstaltungsgebäude)
Kleine Gebäude	Gebäude mit nicht mehr als 50 m^2 Nutzfläche.
Niedrigstenergiegebäude	Ein Gebäude, das eine sehr gute Gesamtenergieeffizienz aufweist und dessen Gesamtenergiebedarf sehr gering ist. Darüber hinaus kann der Energiebedarf zu einem wesentlichen Teil aus erneuerbaren Quellen gedeckt werden.
Baudenkmäler	Nach Landesrecht geschützte Gebäude (Hinweis: Für Baudenkmäler gelten besondere Regelungen)
Beheizte bzw. gekühlte Räume	Räume, die auf Grund bestimmungsgemäßer Nutzung direkt oder durch Raumverbund beheizt bzw. gekühlt werden.

Tab. 2.34 Begriffsbestimmungen des GEG; hier: Anlagen

Begriff	Definition/Erläuterung
Abwärme	Wärme (oder Kälte), die aus technischen Prozessen und aus baulichen Anlagen stammenden Abluft- und Abwasserströmen entnommen wird.
Aperturfläche	Lichteintrittsfläche einer solarthermischen Anlage (beim Kollektor).
Brennwertkessel	Heizkessel, der die energetische Nutzung des in den Abgasen enthaltenen Wasserdampfs durch Kondensation des Wasserdampfs im Betrieb vorsieht.
Erneuerbare Energien	Solare Strahlungsenergie, Umweltwärme, Geothermie, Wasserkraft, Windenergie und Energie aus Biomasse.
Geothermie	Wärme, die dem Erdboden entnommen wird.
Heizkessel	Der aus Kessel und Brenner bestehende Wärmeerzeuger, der zur Übertragung der durch die Verbrennung freigesetzten Wärme an den Wärmeträger Wasser dient.
Nah-/Fernwärme	Wärme, die mithilfe eines Wärmeträgers in einem Wärmenetz verteilt wird.
Nennleistung	Die vom Hersteller festgelegte und im Dauerbetrieb unter Beachtung des vom Hersteller angegebenen Wirkungsgrades als einhaltbar garantierte größte Wärme- oder Kälteleistung in Kilowatt.
Niedertemperatur-Heizkessel	Heizkessel, der kontinuierlich mit einer Eintrittstemperatur von 35 bis 40 °C betrieben werden kann und in dem es unter bestimmten Umständen zur Kondensation des in den Abgasen enthaltenen Wasserdampfes kommen kann.
Stromdirektheizung	Gerät, mit dem Raumwärme direkt durch Ausnutzung eines elektrischen Widerstands erzeugt wird; auch in Verbindung mit Festkörper-Wärmespeichern.
Umweltwärme	Wärme (oder Kälte), die aus der Luft, dem Wasser oder technischen Prozessen und Abwasserströmen aus baulichen Anlagen technisch nutzbar gemachte Wärme (oder Kälte).

Tab. 2.35 Begriffsbestimmungen des GEG und allgemeine Begriffe; hier: Flächen, Volumen, Zone

Begriff	Definition/Erläuterung
Gebäudenutzfläche A_N	Nutzfläche eines Wohngebäudes. Die Berechnung erfolgt nach DIN V 18599-1:2018-09. Es gilt (A_N in m²): $A_N = 0{,}32 \cdot V_e$ bei Geschosshöhen h_G zwischen 2,5 m und 3 m. Bei Geschosshöhen h_G mit weniger als 2,5 m oder mehr als 3 m gilt: $$A_N = \left(\frac{1}{h_G} - 0{,}04\right) \cdot V_e$$ mit V_e = beheiztes Gebäudevolumen n. DIN V 18599-1 (2018-09), in m³
Nettogrundfläche A_{NGF}	Nettogrundfläche (A_{NGF}) nach anerkannten Regeln der Technik, die beheizt oder gekühlt wird (Berechnung und Definition nach DIN V 18599-1:2018-09). Die Nettogrundfläche wird als Bezugsfläche für die energiebezogenen Angaben bei Nichtwohngebäuden verwendet.
Wärmeübertragende Umfassungsfläche A	Die wärmeübertragende Umfassungsfläche ist die äußere Begrenzung jeder Zone. Wohngebäude: Die wärmeübertragende Umfassungsfläche A eines Wohngebäudes ist nach den Bemaßungsregeln in DIN V 18599-1:2018-09 so festzulegen, dass sie alle beheizten und gekühlten Räume einschließt. Für alle umschlossenen Räume sind dabei gleiche Nutzungsrandbedingungen anzunehmen (Ein-Zonen-Modell). Nichtwohngebäude: Die wärmeübertragende Umfassungsfläche (Systemgrenze) bei einem Nichtwohngebäude ist die Hüllfläche aller konditionierten Zonen nach DIN V 18599-1:2018-09. Die Hüllfläche wird durch eine stoffliche Grenze gebildet, üblicherweise durch Außenfassade, Innenflächen, Kellerdecke, oberste Geschossdecke oder Dach.
Bruttovolumen (beheiztes Gebäudevolumen) V_e	Das beheizte Gebäudevolumen V_e ist das Volumen, das von der wärmeübertragenden Umfassungsfläche A umschlossen wird. Es enthält auch die Volumina der Bauteile. Es wird anhand von Außenmaßen ermittelt. Die Berechnung erfolgt nach DIN V 18599-1:2018-09.
Zone	Als Zone wird die grundlegende räumliche Berechnungseinheit für die Energiebilanzierung bezeichnet. Eine Zone fasst den Grundflächenanteil bzw. Bereich eines Gebäudes zusammen, der durch gleiche Nutzungsrandbedingungen gekennzeichnet ist und keine relevanten Unterschiede hinsichtlich der Arten der Konditionierung und anderer Zonenkriterien aufweist. Die Nutzungsrandbedingungen sind in DIN V 18599-10:2018-09 festgelegt. Die Zonenkriterien sind als Teilungskriterien in DIN V 18599-1:2018-09 erläutert.

Tab. 2.36 Begriffe; hier: Energiebedarfsgrößen und hiermit zusammenhängende Größen

Begriff	Definition/Erläuterung
CO2-Äquivalent	Berechnete Stoffmasse an Treibhausgase, welche aus dem Einsatz an Endenergie an der Gebäudegrenze entstehen. Dabei werden alle Einzelemissionen auf die Treibhauswirkung von Kohlenstoffdioxid gewichtet umgerechnet, wobei auch vorgelagerte Prozessketten außerhalb des Gebäudes (Gewinnung, Umwandlung und Verteilung) berücksichtigt.
Endenergiebedarf	Der Endenergiebedarf ist die berechnete Energiemenge, die der Anlagentechnik (Heizungsanlage, raumlufttechnische Anlage, Warmwasserbereitungsanlage, Beleuchtungsanlage) zur Verfügung gestellt wird, um die festgelegte Rauminnentemperatur, die Erwärmung des Warmwassers und die gewünschte Beleuchtungsqualität über das ganze Jahr sicherzustellen. Diese Energiemenge bezieht die für den Betrieb der Anlagentechnik benötigte Hilfsenergie ein. Die Endenergie wird an der „Schnittstelle" Gebäudehülle übergeben und stellt somit die Energiemenge dar, die der Verbraucher für eine bestimmungsgemäße Nutzung unter normativen Randbedingungen benötigt.
Gesamtenergiebedarf	Der Gesamtenergiebedarf ist der Jahres-Primärenergiebedarf a) eines Wohngebäudes für Heizung, Warmwasser, Lüftung und Kühlung oder b) eines Nichtwohngebäudes für Heizung, Warmwasser, Lüftung, Kühlung sowie Beleuchtung.
Luftwechsel	Luftvolumenstrom je Volumeneinheit.
Nutzwärmebedarf (Heizwärmebedarf)	Der Nutzwärmebedarf (Heizwärmebedarf) ist der rechnerisch ermittelte Wärmebedarf, der zur Aufrechterhaltung der festgelegten thermischen Raumkonditionen innerhalb einer Gebäudezone während der Heizzeit benötigt wird.
Nutzkältebedarf (Kühlbedarf)	Der Nutzkältebedarf (Kühlbedarf) ist der rechnerisch ermittelte Kühlbedarf, der zur Aufrechterhaltung der festgelegten thermischen Raumkonditionen innerhalb einer Gebäudezone benötigt wird in Zeiten, in denen die Wärmequellen eine höhere Energiemenge anbieten als benötigt wird.
Nutzenergiebedarf für Trinkwarmwasser	Der Nutzenergiebedarf für Trinkwarmwasser ist der rechnerisch ermittelte Energiebedarf, der sich ergibt, wenn die Gebäudezone mit der im Nutzungsprofil festgelegten Menge an Trinkwarmwasser entsprechender Zulauftemperatur versorgt wird.
Nutzenergiebedarf der Beleuchtung	Der Nutzenergiebedarf der Beleuchtung ist der rechnerisch ermittelte Energiebedarf, der sich ergibt, wenn die Gebäudezone mit der im Nutzungsprofil festgelegten Beleuchtungsqualität beleuchtet wird.
Primärenergiebedarf	Der Primärenergiebedarf ist die berechnete Energiemenge, die zusätzlich zum Energieinhalt des notwendigen Brennstoffs und der Hilfsenergien für die Anlagentechnik auch die Energiemengen einbezieht, die durch vorgelagerte Prozessketten außerhalb des Gebäudes bei der Gewinnung, Umwandlung und Verteilung der jeweils eingesetzten Brennstoffe entstehen (Abb. 2.92).

(Fortsetzung)

Tab. 2.36 (Fortsetzung)

Begriff	Definition/Erläuterung
Raum-Solltemperatur	Vorgegebene Temperatur im Innern eines Gebäudes bzw. einer Zone, die vom Nutzungsprofil abhängt und den Sollwert der Raumtemperatur bei Heiz- bzw. Kühlbetrieb repräsentiert. Die Ermittlung erfolgt nach DIN V 18599-1:2018-1 i. V. DIN V 18599-10:2018-09.
Verluste der Anlagentechnik	Verluste (d. h. Wärmeabgabe, Kälteabgabe), die in den technischen Prozessschritten zwischen dem Nutzenergiebedarf und Endenergiebedarf, d. h. bei der Übergabe, Verteilung und Speicherung, enstehen.
Wärmesenke	Wärmemenge, die der Gebäudezone entzogen wird.
Wärmequelle	Wärmemengen mit Temperaturen, die über der Innentemperatur liegen, die der Gebäudezone zugeführt werden oder innerhalb der Gebäudezone entstehen.

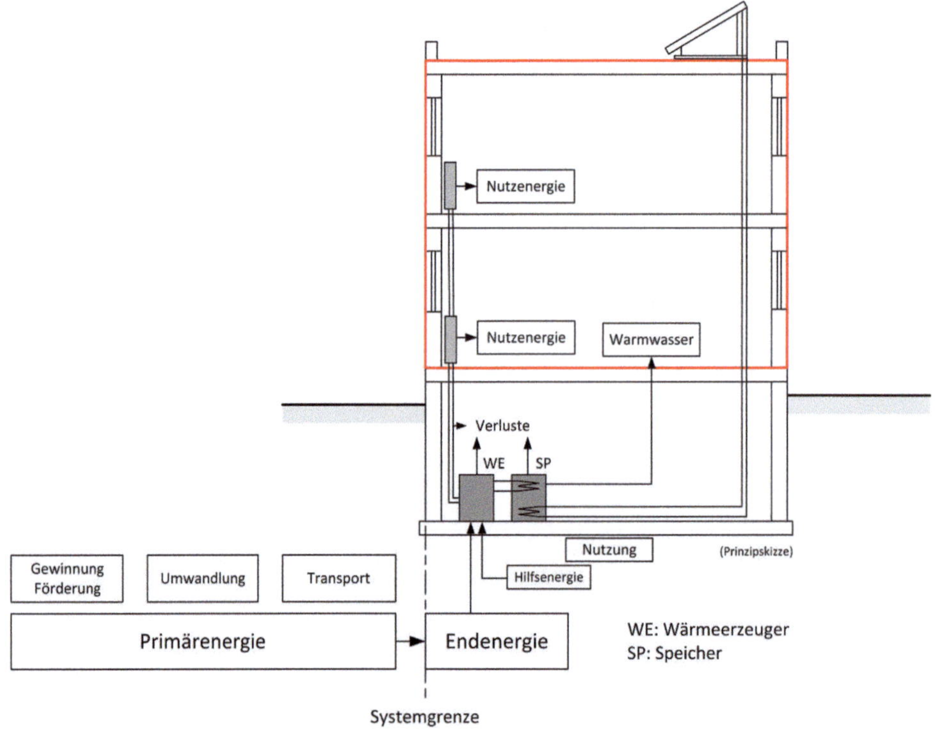

Abb. 2.92 Primärenergiebedarf (schematische Darstellung)

2.7.6 Bezugsmaße für die wärmeübertragende Umfassungsfläche und das Bruttovolumen

2.7.6.1 Bezugsmaße im Grundriss

Als Bezugsmaße zur Bestimmung der wärmeübertragende Umfassungsfläche *A* und des Bruttovolumens V_e im Grundriss (horizontale Richtung) gelten folgende Maße (Abb. 2.93):

- Bei Außenbauteilen die Außenmaße einschl. evtl. vorhandener außen liegender Wärmedämmung und Putzschichten.
- Bei Innenbauteilen zwischen einer temperierten Zone und einer nicht temperierten Zone das Außenmaß der temperierten Zone.
- Bei Innenbauteilen zwischen zwei (auch unterschiedlich) temperierten Zonen das Achsmaß.

2.7.6.2 Bezugsmaße im Aufriss

Als Bezugsmaße zur Bestimmung der wärmeübertragende Umfassungsfläche *A* und des Bruttovolumens V_e im Aufriss (vertikale Richtung) gelten folgende Maße (Abb. 2.94):

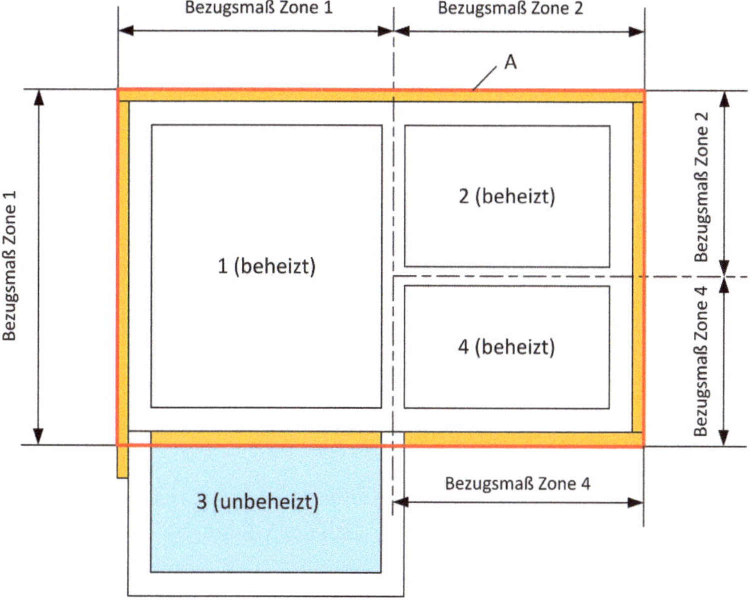

Abb. 2.93 Bezugsmaße im Grundriss; Zonen 1, 2 und 4: beheizt; Zone 3: nicht beheizt; N: Nachbargebäude. (In Anlehnung an DIN V 18599-1:2018-09, Bild 7)

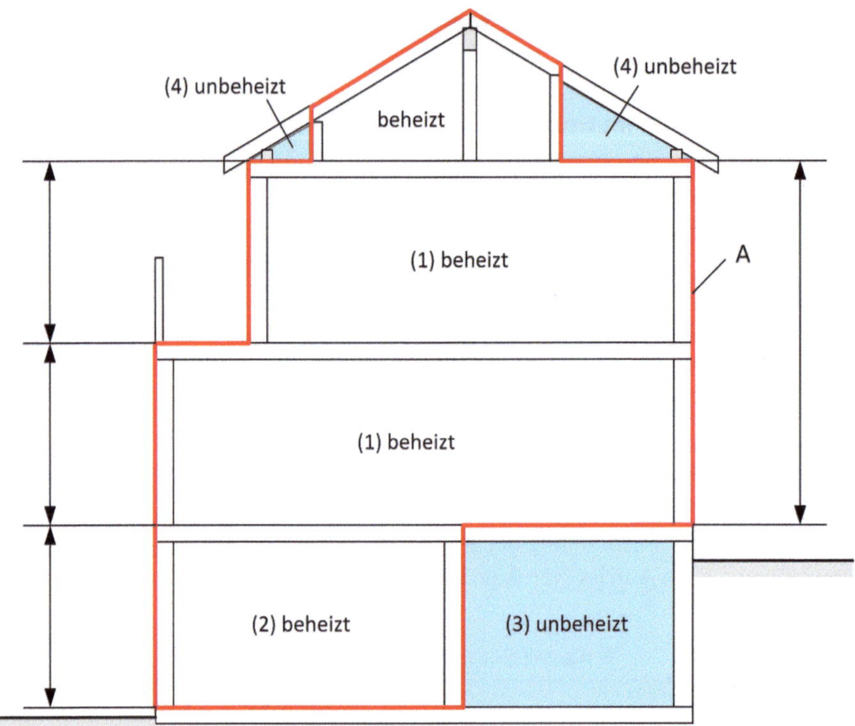

Abb. 2.94 Bezugsmaße im Aufriss; Zonen 1 und 2: beheizt; Zonen 3 und 4: nicht beheizt. (In Anlehnung an DIN V 18599-1:2018-09, Bild 8)

- Bezugsmaß in allen Ebenen eines Gebäudes ist die Oberkante der Rohdecken, unabhängig von der Lage einer evtl. vorhandenen Dämmschicht. Dies gilt auch für den unteren Gebäudeabschluss, d. h. für die Bodenplatte und Kellerdecke.
- Einzige Ausnahme ist der obere Gebäudeabschluss. Hier wird die Oberkante der obersten wärmetechnisch wirksamen Bauteilschicht als Bezugsmaß angesetzt (z. B. Außenkante Wärmedämmung).

2.7.6.3 Bruttovolumen

Das Bruttovolumen V_e (beheiztes Gebäudevolumen) befindet sich innerhalb der wärmeübertragenden Umfassungsfläche. Es enthält auch die Volumina der Bauteile.

2.7.7 Anforderungen an zu errichtende Gebäude

2.7.7.1 Allgemeines

An zu errichtende Gebäude werden folgende Anforderungen gestellt:

- Begrenzung des Jahres-Primärenergiebedarfs
- Einhaltung des baulichen Wärmeschutzes

- Wärmebrücken (Reduzierung auf die unbedingt erforderliche Anzahl; rechnerische Erfassung der Wärmeverluste)
- Dichtheit der Gebäudehülle
- Sommerlicher Wärmeschutz

Jahres-Primärenergiebedarf

Der Jahres-Primärenergiebedarf ist die Haupt-Anforderungsgröße beim Nachweis des energiesparenden Wärmeschutzes nach GEG. Er wird als bezogene Größe in der Einheit kWh/(m^2a) angegeben, wobei sich der Wert bei Wohngebäuden auf 1 m^2 Gebäudenutzfläche und bei Nichtwohngebäuden auf 1 m^2 Nettogrundfläche bezieht. Der Jahres-Primärenergiebedarf berücksichtigt neben der energetischen Qualität der Bauteile der thermischen Gebäudehülle (wärmeübertragende Umfassungsfläche) im Wesentlichen die verwendete Anlagentechnik einschließlich der zum Betrieb erforderlichen Hilfsenergien sowie den eingesetzten Energieträger. Dabei werden auch Energieaufwände berücksichtigt, die durch vorgelagerte Prozessketten durch Gewinnung, Umwandlung und Transport der verwendeten Energieträger (Primärenergie) entstehen. Bei der Ermittlung des Jahres-Primärenergiebedarfs wird der erneuerbare Anteil der Energieaufwände herausgerechnet, um die Verwendung erneuerbarer Energien gezielt zu fördern und fossile Brennstoffe schlechter zu bewerten. Durch diese Methodik wird erreicht, dass der Jahres-Primärenergiebedarf eines Gebäudes, welches mit erneuerbaren Energien betrieben wird, erheblich geringer ausfällt als bei einem exakt gleichartigen Gebäude, bei dem fossile Brennstoffe verwendet werden. Für einen objektiven Vergleich von Gebäuden hinsichtlich des tatsächlichen Energiebedarfs für die Erzeugung von Raumwärme (und Kälte), Warmwasser und Lüftung ist der Primärenergiebedarf daher nicht geeignet. Hierfür sollte ausschließlich der Endenergiebedarf herangezogen werden, der die berechnete Energiemenge angibt, die über die Gebäudegrenze (Systemgrenze) fließen muss, um die festgelegten Konditionen im Gebäude (Raumwärme, Warmwasser, Lüftung usw.) zu erreichen.

Für den Nachweis des Jahres-Primärenergiebedarfs siehe Abschn. 2.7.6.2.

Baulicher Wärmeschutz

Eine weitere Anforderungsgröße beim Nachweis des Wärmeschutzes nach GEG ist der bauliche Wärmeschutz. Hierunter ist die energetische Qualität der thermischen Gebäudehülle zu verstehen, d. h. es werden Anforderungen an die Bauteile gestellt, die die wärmeübertragende Umfassungsfläche bilden. Der Grund für diesen zusätzlichen Nachweis liegt darin, dass der Nachweis des Jahres-Primärenergiebedarfs mit einer entsprechenden Anlagentechnik und Einsatz erneuerbarer Energien problemlos erreicht werden könnte, selbst wenn die Bauteile der thermischen Gebäudehülle lediglich ein Niveau des Mindestwärmeschutzes (nach DIN 4108-2) aufweisen würden. Der Nachweis des baulichen Wärmeschutzes wird bei Wohngebäuden durch Begrenzung der Transmissionswärmeverluste und bei Nichtwohngebäuden durch Begrenzung der mittleren Wärmedurchgangskoeffizienten der Außenbauteile erbracht. Siehe Abschn. 2.7.6.3.

Wärmebrücken

Eine weitere Anforderung bezieht sich auf Wärmebrücken. Nach GEG § 12 sind Gebäude so zu errichten, dass der Einfluss konstruktiver Wärmebrücken auf den Jahres-Heizwärmebedarf so gering wie möglich gehalten wird. Dabei sind die anerkannten Regeln der Technik einzuhalten und die Maßnahmen im Einzelfall unter wirtschaftlichen Gesichtspunkten abzuwägen. Unter konstruktiven Wärmebrücken sind hier Wärmebrücken zu verstehen, die rein konstruktionsbedingt entstehen, z. B. bei lokaler Anordnung von Bauteilen mit hoher Wärmeleitfähigkeit in einem ansonsten energetisch guten Bauteil (z. B. Aussteifungsstütze aus Stahlbeton in einer Außenwand aus Porenbeton).

Die Forderung der Minimierung des Einflusses von Wärmebrücken ist dadurch begründet, dass der prozentuale Anteil der Wärmeverluste am Jahres-Heizwärmebedarf durch Wärmebrücken mit zunehmender energetischer Qualität der Bauteile der wärmeübertragenden Umfassungsfläche überproportional ansteigt. Aus diesem Grund wird im GEG auch gefordert, dass der verbleibende Einfluss von Wärmebrücken bei der Ermittlung des Jahres-Primärenergiebedarfs rechnerisch erfasst werden muss, z. B. pauschal durch Wärmebrückenzuschläge oder durch eine genaue Berechnung (GEG § 24).

Dichtheit

Weiterhin werden Anforderungen an die Dichtheit der Gebäudehülle gestellt. Nach GEG § 13 muss die wärmeübertragende Umfassungsfläche einschließlich der Fugen dauerhaft luftundurchlässig abgedichtet werden. Hierdurch sollen Lüftungswärmeverluste minimiert werden. Gleichzeitig ist der aus hygienischen und gesundheitlichen Gründen sowie zu Beheizung erforderliche Mindestluftwechsel sicherzustellen, z. B. um Schimmelpilzwachstum zu vermeiden.

Sommerlicher Wärmeschutz

Schließlich sind Anforderungen an den sommerlichen Wärmeschutz zu erfüllen, um eine zu starke Aufheizung von Gebäuden im Sommer zu vermeiden. Die Maßnahmen des sommerlichen Wärmeschutzes sind allein baulicher Art, wie z. B. Sonnenschutzvorrichtungen, Sonnenschutzgläser. Der Nachweis ist erbracht, wenn die Anforderungen nach DIN 4108-2:2013-02 Abschn. 8.3 eingehalten werden (Verfahren über Sonneneintragskennwerte) oder durch eine Simulationsrechnung nach DIN 4108-2:2013-02 Abschn. 8.4 gezeigt werden kann, dass die dort angegebenen Übertemperatur-Gradstunden nicht überschritten werden.

2.7.7.2 Anforderungen an den Jahres-Primärenergiebedarf

Die Höchstwerte des Jahres-Primärenergiebedarfs ergeben sich bei Wohn- und Nichtwohngebäuden durch Berechnung eines Referenzgebäudes, das die gleiche Geometrie, Ausrichtung und Gebäudenutzfläche (bei Wohngebäuden) bzw. Nettogrundfläche (bei Nichtwohngebäuden) aufweist wie das zu errichtende Gebäude. Bei Nichtwohngebäuden muss das Referenzgebäude zusätzlich noch die gleiche Nutzung aufweisen wie das zu errichtende Gebäude.

Die technische Ausführung des Referenzgebäudes ist im GEG jeweils für Wohn- und Nichtwohngebäude festgelegt; siehe GEG Anlage 1 (Wohngebäude) und GEG Anlage 2 (Nichtwohngebäude). Exemplarisch ist hier die technische Ausführung des Referenzgebäudes für ein Wohngebäude angegeben (Tab. 2.37); für Nichtwohngebäude wird auf das GEG verwiesen.

Ab dem 1. Januar 2023 darf der vorhandene Jahres-Primärenergiebedarf eines zu errichtenden Gebäudes nicht größer als der 0,55-fache Wert des zugehörigen Referenzgebäudes sein. Diese Forderung gilt sowohl für Wohn- als auch für Nichtwohngebäude.

Tab. 2.37 Technische Ausführung des Referenzgebäudes für Wohngebäude. (Nach GEG, Anlage 1)

		Referenzausführung bzw. Wert (Maßeinheit)	
Zeile	Bauteil/System	Eigenschaft (zu Zeilen 1.1 bis 4)	
1.1	Außenwand, Geschossdecke gegen Außenluft	Wärmedurchgangskoeffizient	$U = 0{,}28$ W/(m²K)
1.2	Außenwand gegen Erdreich, Bodenplatte, Wände und Decken zu unbeheizten Räumen	Wärmedurchgangskoeffizient	$U = 0{,}35$ W/(m²K)
1.3	Dach, oberste Geschossdecke, Wände zu Abseiten	Wärmedurchgangskoeffizient	$U = 0{,}20$ W/(m²K)
1.4	Fenster, Fenstertüren	Wärmedurchgangskoeffizient	$U_w = 1{,}3$ W/(m²K)
		Gesamtenergiedurchlassgrad der Verglasung $g_\perp$	$g_\perp = 0{,}60$
1.5	Dachflächenfenster	Wärmedurchgangskoeffizient	$U_w = 1{,}4$ W/(m²K)
		Gesamtenergiedurchlassgrad der Verglasung $g_\perp$	$g_\perp = 0{,}60$
1.6	Lichtkuppeln	Wärmedurchgangskoeffizient	$U_w = 2{,}7$ W/(m²K)
		Gesamtenergiedurchlassgrad der Verglasung $g_\perp$	$g_\perp = 0{,}64$
1.7	Außentüren, Türen gegen unbeheizte Räume	Wärmedurchgangskoeffizient	$U = 1{,}80$ W/(m²K)
2	Bauteile nach den Zeilen 1.1 bis 1.7	Wärmebrückenzuschlag	$\Delta U_{WB} = 0{,}05$ W/(m²K)
3	Solare Wärmegewinne über opake Bauteile	wie das zu errichtende Gebäude	
4	Luftdichtheit der Gebäudehülle	Bemessungswert n_{50}	Bei Berechnung nach
			DIN V 4108-6:2003-06: mit Dichtheitsprüfung
			DIN V 18599-2:2018-09: nach Kategorie I
5	Sonnenschutzvorrichtung	keine Sonnenschutzvorrichtung	

(Fortsetzung)

Tab. 2.37 (Fortsetzung)

Zeile	Bauteil/System	Referenzausführung bzw. Wert (Maßeinheit) Eigenschaft (zu Zeilen 1.1 bis 4)
6	Heizungsanlage	Wärmeerzeugung durch Brennwertkessel (verbessert), Erdgas, Aufstellung:
		• für Gebäude bis zu 500 m² Gebäudenutzfläche innerhalb der thermischen Hülle
		• für Gebäude mit mehr als 500 m² Gebäudenutzfläche außerhalb der thermischen Hülle
		Auslegungstemperatur 55/45 °C, zentrales Verteilsystem innerhalb der wärmeübertragenden Umfassungsfläche, innenliegende Stränge und Anbindeleitungen, Standard-Leitungslängen nach DIN V 4701-10:2003-08 Tabelle 5.3-2, Pumpe auf Bedarf ausgelegt (geregelt, Δp konstant), Rohrnetz hydraulisch abgeglichen
		Wärmeübergabe mit freien statischen Heizflächen, Anordnung an normaler Außenwand, Thermostatventile mit Proportionalbereich 1 K nach DIN V 4701-10:2003-08 bzw. P-Regler (nicht zertifiziert) nach DIN V 18599-5:2018-09
7	Anlage zur Warmwasserbereitung	zentrale Warmwasserbereitung
		gemeinsame Wärmebereitung mit Heizungsanlage nach Zeile 6
		bei Berechnung nach GEG § 20 Absatz 1 (Verfahren nach DIN V 18599): allgemeine Randbedingungen nach DIN V 18599-8:2018-09 Tabelle 6, Solaranlage mit Flachkollektor sowie Speicher ausgelegt nach DIN V 18599:2018-09 Abschn. 6.4.3 bei Berechnung nach GEG § 20 Absatz 2 (Verfahren nach DIN V 4108-6): Solaranlage mit Flachkollektor zur ausschließlichen Trinkwassererwärmung entsprechend den Vorgaben nach DIN V 4701-10:2003-08 Tabelle 5.1-10 mit Speicher, indirekt beheizt (stehend), gleiche Aufstellung wie Wärmeerzeuger,
		• kleine Solaranlage bei $A_N \leq 500$ m² (bivalenter Solarspeicher)
		• große Solaranlage bei $A_N > 500$ m²
		Verteilsystem innerhalb der wärmeübertragenden Umfassungsfläche, innen liegende Stränge, gemeinsame Installationswand, Standard-Leitungslänge nach DIN V 4701-10:2003-08 Tabelle 5.1-2 mit Zirkulation
8	Kühlung	keine Kühlung

(Fortsetzung)

Tab. 2.37 (Fortsetzung)

Zeile	Bauteil/System	Referenzausführung bzw. Wert (Maßeinheit)	
		Eigenschaft (zu Zeilen 1.1 bis 4)	
9	Lüftung	zentrale Abluftanlage mit Außenwandluftdurchlässen (ALD), nicht bedarfsgeführt mit geregeltem DC-Ventilator, • DIN V 4701:2003-08: Anlagen-Luftwechsel $n_A = 0{,}4\ h^{-1}$ • DIN V 18599-10:2018-09: nutzungsbedingter Mindestaußenluftwechsel $n_{Nutz} = 0{,}5\ h^{-1}$	
10	Gebäudeautomation	Klasse C nach DIN V 18599-11:2018-09	

Es gilt folgende Anforderung:

$$Q''_{\mathrm{p}} \leq 0{,}55 \cdot Q''_{\mathrm{p,Ref}} \tag{2.45}$$

Darin bedeuten:

Q''_p vorhandener Jahres-Primärenergiebedarf des zu errichtenden Gebäudes, in kWh/(m²a); bei Wohngebäuden wird als Bezugsfläche die Gebäudenutzfläche A_N, bei Nichtwohngebäuden die Nettogrundfläche A_{NGF} verwendet

$Q''_{p,Ref}$ Jahres-Primärenergiebedarf des zugehörigen Referenzgebäudes, in kWh/(m²a)

Anmerkung: Ab 2025 ist geplant, den Höchstwert des Jahres-Primärenergiebedarfs noch weiter abzusenken. Nach derzeitigem Stand soll der Höchstwert auf das 0,40-fache des zugehörigen Referenzgebäudes gedeckelt werden ($Q''_p \leq 0{,}40 \cdot Q''_{p,\,Ref}$).

2.7.7.3 Anforderungen an den baulichen Wärmeschutz

Anforderungen an den baulichen Wärmeschutz werden gestellt, damit ein energetisches Mindestniveau der thermischen Gebäudehülle, d. h. der Bauteile, die die wärmeübertragende Umfassungsfläche bilden, erreicht wird.

Wohngebäude

Für zu errichtende Wohngebäude wird gefordert, dass der spezifische, auf die wärmeübertragende Umfassungsfläche bezogene Transmissionswärmeverlusts den 1,0-fachen Wert des zugehörigen Referenzgebäudes nicht überschreitet (GEG § 16). Es gilt:

$$H'_{\mathrm{T}} \leq 1{,}0 \cdot H'_{\mathrm{T,Ref}} \tag{2.46}$$

Darin bedeuten:

H'_T spezifischer, auf die wärmeübertragende Umfassungsfläche bezogener Transmissionswärmeverlust des zu errichtenden Wohngebäudes, in W/(m²K)

$H'_{T,Ref}$ spezifischer, auf die wärmeübertragende Umfassungsfläche bezogener Transmissionswärmeverlust des zugehörigen Referenzgebäudes, in W/(m²K)

Nichtwohngebäude

Für zu errichtende Nichtwohngebäude wird gefordert, dass die mittleren Wärmedurchgangskoeffizienten der Bauteile der wärmeübertragenden Umfassungsfläche die Höchstwerte nach GEG Anlage 3 nicht überschreiten (s. Tab. 2.38).

2.7.8 Berechnungsverfahren

2.7.8.1 Randbedingungen

Die Berechnung Jahres-Primärenergiebedarfs erfolgt für Wohn- und Nichtwohngebäude nach DIN V 18599:2018-09.

Für zu errichtende Wohngebäude, die nicht gekühlt werden, darf der Jahres-Primärenergiebedarf alternativ nach DIN V 4108-6:2003-06 und DIN V 4701-10:2003-08 ermittelt werden. Dieses Verfahren darf allerdings nur bis zum 31.12.2023 angewendet

Tab. 2.38 Höchstwerte der Wärmedurchgangskoeffizienten der wärmeübertragenden Umfassungsfläche von zu errichtenden Nichtwohngebäuden. (Nach GEG Anlage 3)

		Höchstwerte der mittleren Wärmedurchgangskoeffizienten in W/(m²K)	
Nummer	Bauteil	Zonen mit Raum-Solltemperaturen im Heizfall ≥ 19 °C	Zonen mit Raum-Solltemperaturen im Heizfall von 12 °C bis <19 °C
1	Opake Außenbauteile, soweit nicht in Bauteilen der Zeilen 3 und 4 enthalten	0,28	0,50
2	Transparente Außenbauteile, soweit nicht in Bauteilen der Zeilen 3 und 4 enthalten	1,50	2,80
3	Vorhangfassaden	1,50	3,00
4	Glasdächer, Lichtbänder, Lichtkuppeln	2,50	3,10

Hinweise zur Berechnung:

Bei der Berechnung des mittleren Wärmedurchgangskoeffizienten des jeweiligen Bauteils sind die Bauteile entsprechend ihres Flächenanteils zu berücksichtigen

Die Wärmedurchgangskoeffizienten von Bauteilen, die an unbeheizte Räume (außer Dachräume) sowie ans Erdreich grenzen, sind zusätzlich mit dem Faktor 0,5 zu multiplizieren. Bei der Berechnung des Mittelwerts des Wärmedurchgangskoeffizienten der Bodenplatte werden Flächen nicht berücksichtigt, die mehr als 5,0 m vom äußeren Rand des Gebäudes entfernt sind

Bei Zonen mit unterschiedlichen Raum-Solltemperaturen im Heizfall sind die mittleren Wärmedurchgangskoeffizienten getrennt durchzuführen

Die Berechnung der Wärmedurchgangskoeffizienten ist nach folgenden Regelwerken vorzunehmen:

- für Bauteile, die ans Erdreich grenzen: DIN V 18599-2:2018-09 Abschn. 6.1.4.3
- für opake Bauteile: DIN 4108-4:2020-11 i. V. mit DIN EN ISO 6946:2018-03

werden; maßgebend ist das Datum der Bauantragstellung. Der bei diesem Rechenverfahren zu bestimmende Jahres-Heizwärmebedarf ist mit dem Monatsbilanzverfahren nach DIN V 4108-6:2003-06 mit den in Anhang D.3 der Norm genannten Randbedingungen zu berechnen. Als Referenzklima ist abweichend von den Angaben in DIN V 4108-6 das Klima nach DIN V 18599-10:2018-08 Abschn. 7.1 (Region Potsdam) zu verwenden.

Bei beiden Rechenverfahren wird eine Energiebilanzierung von Wärmequellen (z. B. solare Wärmegewinne, interne Wärmegewinne) und Wärmesenken (z. B. Transmissionswärmeverluste, Lüftungswärmeverluste, Verluste bei der Wärmeerzeugung, Verteilung und Wärmeübergabe) innerhalb des Gebäudes vorgenommen sowie zusätzlich die außerhalb der Gebäudegrenze entstehenden Verluste durch Gewinnung, Umwandlung und Transport des Energieträgers berücksichtigt.

Beim Nachweis des Jahres-Primärenergiebedarfs ist darauf zu achten, dass das Referenzgebäude sowie das vorhandene Gebäude mit dem gleichen Verfahren berechnet werden.

Bei Wohngebäuden werden bei der Berechnung des Jahres-Primärenergiebedarfs die Anteile für Heizung, Warmwasserbereitung, Lüftung und Kühlung berücksichtigt. Der Energiebedarf für Warmwasser ist bei Wohngebäuden in der Berechnung des Jahres-Primärenergiebedarfs je nach gewähltem Berechnungsverfahren entweder nach DIN V 18599-10:2018-09 bei Anwendung des Rechenverfahrens der DIN V 18599 oder pauschal mit 12,5 kWh/(m^{2}a) bei Anwendung des Monatsbilanzverfahrens nach DIN V 4108-6:2003-06 und DIN V 4701-10:2003-08, geändert durch A1:2006-12, anzusetzen.

Bei Nichtwohngebäuden ist bei der Berechnung des Jahres-Primärenergiebedarfs zusätzlich der Anteil für die eingebaute Beleuchtung zu berücksichtigen.

Für die Bilanzierung wird bei Wohngebäuden in der Regel eine Zone mit gleichen Randbedingungen (Temperatur, Nutzung, technische Ausstattung) angesetzt (Ein-Zonen-Modell). Bei Nichtwohngebäuden ist eine Einteilung in mehrere Zonen vorzunehmen, wenn sich in dem Gebäude Flächen hinsichtlich ihrer Nutzung, ihrer technischen Ausstattung, ihrer inneren Lasten oder ihrer Versorgung mit Tageslicht wesentlich unterscheiden. Die Randbedingungen für die Nutzung werden in DIN V 18599-10:2018-09 geregelt.

Als Bezugsgröße für die Angabe des Jahres-Primärenergiebedarfs wird bei Wohngebäuden die Gebäudenutzfläche A_N verwendet. Die Gebäudenutzfläche ist dabei bei üblichen Geschosshöhen h_G, d. h. h_G zwischen 2,5 und 3,0 m, ausschließlich abhängig vom beheizten Gebäudevolumen V_e. Bei anderen Geschosshöhen, d. h. $h_G < 2,5$ m oder $> 3,0$ m, fließt in die Berechnung neben der Größe des beheizten Gebäudevolumens V_e außerdem die Geschosshöhe h_G mit ein (s. Tab. 2.35). Bei Nichtwohngebäuden wird als Bezugsgröße für die Angabe des Jahres-Primärenergiebedarfs die Nettogrundfläche A_{NGF} verwendet.

2.7.8.2 Rechenablauf

Der prinzipielle Rechenablauf zur Ermittlung des Jahres-Primärenergiebedarfs nach DIN V 18599 stellt sich wie folgt dar:

1. Festlegen der Nutzungsrandbedingungen nach DIN V 18599-10.
2. Zonierung des Gebäudes (DIN V 18599-1).
3. Geometrie (Abmessungen usw.) für jede Zone ermitteln.
4. Bauphysikalische Kennwerte der Bauteile für jede Zone berechnen (U-Werte, g-Werte).
5. Nutz- und Endenergiebedarf für Beleuchtung für jede Zone ermitteln (DIN V 18599-4).
6. Wärmequellen/-senken durch Lüftungssysteme in der Zone festlegen.
7. Wärmequellen/-senken durch Personen, Geräten, Prozesse in der Zone festlegen.
8. Erste überschlägige Bilanzierung des Nutzwärme- bzw. Nutzkältebedarfs der Zone.
9. Aufteilung der überschlägig bilanzierten Nutzenergie auf die Versorgungssysteme der Zone (Heizung, RLT-Anlagen, Kühlung).
10. Wärmequellen durch die Heizung (Verteilung, Speicherung, ggf. Erzeugung) in der Zone ermitteln (DIN V 18599-2).
11. Wärmequellen durch die Trinkwarmwasserbereitung (Verteilung, Speicherung, ggf. Erzeugung) in der Zone ermitteln (DIN V 18599-8).
12. Endgültige Bilanzierung des Nutzwärme- bzw. Nutzkältebedarfs der Zone (DIN V 18599-1 und -2).
13. Nutzenergiebedarf für Luftaufbereitung ermitteln (DIN V 18599-3).
14. Endgültige Aufteilung der bilanzierten Nutzenergie auf die Versorgungssysteme der Zone (Heizung, RLT-Anlagen, Kühlung).
15. Ermittlung der Verluste und Hilfsenergien für Heizung (Übergabe, Verteilung, Speicherung), RLT-Anlagen, Warmwasserbereitung und Kühlsysteme.
16. Aufteilung der Nutzwärmeabgabe/Nutzkälteabgabe aller Erzeuger auf die die unterschiedlichen Erzeugungssysteme.
17. Zusammenstellung der erforderlichen Energien für Heizung, Kühlung, Lüftung, Warmwasserbereitung und Beleuchtung sowie Zuordnung zu den Energieträgern.
18. Aufsummierung über alle Zonen und Bilanzierung Endenergiebedarf (DIN V 18599-1).
19. Bilanzierung Primärenergiebedarf (DIN V 18599-1).

Aufgrund der Komplexität der Berechnungsverfahren wird hierauf nicht weiter eingegangen. Für eine Berechnung des Jahres-Primärenergiebedarfs ist in der Regel eine geeignete Software erforderlich. Dies gilt sinngemäß auch für die beiden Tabellenverfahren (nach DIN/TS 18599-12:2021-04 für Wohngebäude und DIN/TS 18599-13:2020-12 für Nichtwohngebäude), mit denen eine tabellarische Berechnung des Jahres-Primärenergiebedarfs und weiterer Kenngrößen möglich ist. Dies ist grundsätzlich zwar machbar, allerdings aufgrund des großen Zeitaufwands und der Fehleranfälligkeit für die Anwendung in der Praxis nicht zu empfehlen. Hierfür müssten die Berechnungsalgorithmen mindestens programmiert werden oder als Excel-Tabellen vorliegen, was zurzeit allerdings nicht angeboten wird.

2.7.8.3 Vereinfachtes Nachweisverfahren für ein zu errichtendes Wohngebäude

Für zu errichtende Wohngebäude steht alternativ zur Berechnung des Jahres-Primärenergiebedarfs nach DIN V 18599 ein vereinfachtes Nachweisverfahren zur Verfügung (s. GEG § 31). Dieses darf angewendet werden, wenn bestimmte Voraussetzungen vorliegen. Der Nachweis erfolgt, indem Bauteilanforderungen der thermischen Gebäudehülle sowie vorgegebene Anlagenkonzepte eingehalten werden.

Voraussetzungen

Das vereinfachte Nachweisverfahren darf angewendet werden, wenn alle nachfolgend angegebenen Voraussetzungen erfüllt sind (UND-Verknüpfung):

1. **Wohngebäude:** Bei dem zu errichtenden Gebäude handelt es sich um ein Wohngebäude nach GEG § 3 Nummer 33, d. h. ein Gebäude, das nach seiner Zweckbestimmung überwiegend dem Wohnen dient (einschließlich Wohn-, Alten-, Pflegeheimen oder ähnlicher Einrichtungen. Sofern das Gebäude ein gemischt genutztes Gebäude ist, darf das vereinfachte Nachweisverfahren für den Wohngebäudeteil angewendet werden, wenn hierfür alle nachfolgend genannten Voraussetzungen erfüllt sind.
2. **Keine Klimaanlage:** Das Wohngebäude ist nicht mit einer Klimaanlage ausgestattet.
3. **Prüfung der Dichtheit:** Die Dichtheit wird nach GEG § 26 geprüft; die dort angegebenen Grenzwerte werden eingehalten.
4. **Sommerlicher Wärmeschutz:** Damit der sommerliche Wärmeschutz ohne weiteren Nachweis erfüllt ist, müssen folgende Voraussetzungen erfüllt sein:
   a. Der auf die Grundfläche bezogene Fensterflächenanteil im kritischen Raum (Raum mit der höchsten Wärmeeinstrahlung) darf nicht größer als 35 % sein.
   b. Sämtliche Fenster, die nach Ost, Süd und West orientiert sind, sind mit außen liegenden Sonnenschutzvorrichtungen ($F_c \leq 0{,}30$) versehen
5. **Beheizte Bruttogrundfläche:** Die beheizte Bruttogrundfläche A_{BGF} muss innerhalb folgender Grenzen liegen:

   $115\ m^2 \leq A_{BGF} \leq 2300\ m^2$.

   Anmerkung: Die beheizte Bruttogrundfläche ist die Summe der Bruttogrundflächen aller beheizten Geschosse. Bei Gebäuden mit ≥ 2 beheizten Geschossen wird nur 80 % der Bruttogrundfläche des obersten beheizten Geschosses angesetzt.
6. **Mittlere Geschosshöhe:** Die mittlere Geschosshöhe muss mindestens 2,5 m sein und darf nicht größer als 3,0 m sein.

   Anmerkung: Die mittlere Geschosshöhe ist der flächengewichtete Mittelwert der Geschosshöhen aller beheizten Geschosse des Gebäudes. Die Geschosshöhe ist das Maß von Oberkante Rohdecke des betreffenden Geschosses bis zur Oberkante Rohdecke des darüber liegenden Geschosses.

7. **Kompaktheit:** Die Kompaktheit des Gebäudes U_{brutto} (= Verhältnis von Bruttoumfang zur beheizten Bruttogrundfläche jedes beheizten Geschosses) muss folgende Bedingung erfüllen:
   $U_{brutto}{}^2 \leq 20\, A_{BGF}$ eines beheizten Geschosses (mit U_{brutto} in [m], A_{BGF} in [m²]). Bei einem angebauten Gebäude ist in dem Bruttoumfang auch derjenige Anteil zu berücksichtigen, der an das Nachbargebäude grenzt.
8. **Deckungsgleichheit der Geschosse:** Bei mehrgeschossigen Gebäuden und beheizten Räumen in mehreren Geschossen müssen die beheizten Bruttogeschossflächen aller Geschosse deckungsgleich sein. Vor- und Rücksprünge sind nicht zulässig. Nur das oberste Geschoss darf eine kleinere beheizte Bruttogeschossfläche aufweisen.
9. **Geschossanzahl:** Maximale Anzahl beheizter Geschosse = 6.
10. **Fensterflächenanteil:**
    a. Regelfall (außer b): max. 30 % an der gesamten Fassadenfläche des Gebäudes.
    b. Bei zweiseitig angebauten Gebäuden: max. 35 % an der gesamten Fassadenfläche.
11. **Gesamtfläche spezieller Fenstertüren:**
    a. frei stehende und einseitig angebaute Gebäude: max. 4,5 % an der der gesamten Fassadenfläche.
    b. zweiseitig angebaute Gebäude: max. 5,5 % an der gesamten Fassadenfläche.
12. **Nördlich orientierte Fenster:** Die Fläche von nördlich orientierten Fenstern darf nicht größer sein als der Mittelwert der Fensterfläche anderer Himmelorientierungen (Ost, Süd, West).
13. **Dachflächenfenster, Lichtkuppeln:** Der Anteil von Dachflächenfenstern, Lichtkuppeln und ähnlichen transparenten Flächen darf höchstens 6 % der Dachfläche betragen.
14. **Außentüren:** Die Gesamtfläche aller Außentüren an der beheizten Bruttogrundfläche des Gebäudes darf folgende Werte nicht überschreiten:
    a. **Ein- und Zweifamilienhäuser: 2,7 %**
    b. **andere Gebäude: 1,5 %**

Bauteilanforderungen
Die Bauteile der thermischen Gebäudehülle müssen die Anforderungen nach Tab. 2.39 einhalten.

Anlagensysteme
Es dürfen folgende Anlagensysteme eingesetzt werden:

1. Sole-Wasser-Wärmepumpe mit Flächenheizsystem; zentrale Abluftanlage.
2. Wasser-Wasser-Wärmepumpe mit Flächenheizsystem; zentrale Abluftanlage.
3. Luft-Wasser-Wärmepumpe mit Flächenheizsystem; zentrale Lüftungsanlage mit Wärmerückgewinnung (Wärmebereitstellungsgrad ≥ 80 %).

Tab. 2.39 Bauteilanforderungen bei Anwendung des vereinfachten Nachweisverfahrens für ein zu errichtendes Wohngebäude. (N. GEG § 31)

Bauteil	Anforderung
Dachflächen, oberste Geschossdecke, Dachgauben	$U \leq 0{,}14$ W/(m²K)
Fenster u. sonstige transparente Bauteile	$U_W \leq 0{,}90$ W/(m²K)
Dachflächenfenster	$U \leq 1{,}0$ W/(m²K)
Außenwände, Geschossdecken nach unten gegen Außenluft	$U \leq 0{,}20$ W/(m²K)
Sonstige opake Bauteile (Kellerdecken, Wände und Decken zu unbeheizten Räumen, Wand- und Bodenflächen gegen Erdreich)	$U \leq 0{,}25$ W/(m²K)
Türen (Keller- und Außentüren)	$U_D \leq 1{,}2$ W/(m²K)
Lichtkuppeln u. ähnliche Bauteile	$U \leq 1{,}5$ W/(m²K)
Spezielle Fenstertüren (mit Klapp-, Falt-, Schiebe- oder Hebemechanismus)	$U_W \leq 1{,}4$ W/(m²K)
Vermeidung von Wärmebrücken Wärmebrückenzuschlag	$\Delta U_{WB} \leq 0{,}035$ W/(m²K)

Anmerkungen:
1. Die Anforderungen sind über die gesamte Fläche des jeweiligen Bauteils einzuhalten.
2. Die Anforderungen an die Ausführung von Wärmebrücken sowie an die Luftdichtheit sind einzuhalten; siehe GEG.

4. Fernwärme mit zertifiziertem Primärenergiefaktor $f_p \leq 0{,}7$; zentrale Lüftungsanlage mit Wärmerückgewinnung (Wärmebereitstellungsgrad ≥ 80 %).
5. Zentrale Biomasse-Heizungsanlage auf Basis von Holzpellets, Hackschnitzel oder Scheitholz; zentrale Abluftanlage; Solarthermieanlage zur Trinkwarmwasser-Bereitung.

Weiterhin sind folgende Randbedingungen zu beachten:

- Aufstellungsort des Wärmeerzeugers bzw. der Wärmeübergabestation innerhalb der thermischen Gebäudehülle.
- Bei Wärmepumpen dürfen einzelne Komponenten auch außerhalb der thermischen Hülle angeordnet werden, wenn sich mindestens der Speicher sowie die Verteilung innerhalb der thermischen Hülle befinden.
- Zentrale Trinkwarmwasser-Bereitung. Bei Wärmepumpen kann die Trinkwarmwasser-Bereitung auch dezentral mittels Durchlauferhitzer erfolgen.
- Trinkwarmwasser-Zirkulation ist zulässig.
- Die zentrale Abluftanlage kann durch eine Lüftungsanlage mit Wärmerückgewinnung ersetzt werden.
- Weitere Wärmeerzeuger für Heizung und/oder Trinkwarmwasser sind nicht zulässig, auch nicht ergänzend.
- Die Anlagensysteme können durch solarthermische Anlagen ergänzt werden.

Für weitere Informationen wird auf das GEG verwiesen.

2.7.8.4 Vereinfachtes Nachweisverfahren für Nichtwohngebäude

Für Nichtwohngebäude darf der Jahres-Primärenergiebedarf nach einem vereinfachten Verfahren berechnet werden, wenn bestimmte Voraussetzungen gegeben sind; siehe GEG § 32. Hierbei darf ein Ein-Zonen-Modell für die Berechnung zu Grunde gelegt werden.

Voraussetzungen:

1. Die Summe der Nettogrundflächen aus der Hauptnutzung und den Verkehrsflächen betragen mehr als 2/3 der gesamten Nettogrundfläche des Gebäudes.
2. Beheizung und Warmwasserbereitung erfolgen für alle Räume auf dieselbe Art.
3. Das Gebäude wird nicht gekühlt.
4. Höchstens 10 % der Nettogrundfläche des Gebäudes werden durch Glühlampen, Halogenlampen oder die Beleuchtungsart „indirekt" nach DIN V 18599:2018-09 beleuchtet.

Das vereinfachte Nachweisverfahren kann für folgende Gebäude angewendet werden:

1. Bürogebäude, Verkaufseinrichtung, Gewerbebetrieb, Gaststätte.
2. Gebäude des Groß- und Einzelhandels mit maximal 1000 m^2 Nettogrundfläche, sofern neben der Hauptnutzung nur Büro-, Lager-, Sanitär- oder Verkehrsflächen vorhanden sind.
3. Gewerbebetriebe bis 1000 m2 Nettogrundfläche, sofern neben der Hauptnutzung nur Büro-, Lager-, Sanitär- oder Verkehrsflächen vorhanden sind.
4. Schulen, Turnhallen, Kindergarten, Kindertagesstätte oder ähnliche Einrichtungen.
5. Beherbergungsstätten ohne Schwimmhalle, Sauna oder Wellnessbereich.
6. Bibliotheken.

Weitere Angaben siehe GEG.

2.7.9 Anforderungen an bestehende Gebäude

Bei bestehenden Gebäuden sind Anforderungen nur bei wesentlichen Änderungen an Außenbauteilen (z. B. Austausch der Fenster, Dämmung der Außenwände) sowie bei der Erweiterung und dem Ausbau zu beachten. Wesentliche Änderungen liegen vor, wenn mehr als 10 % der jeweiligen Bauteilgruppe geändert werden sollen (Bagatellregelung). Der Nachweis kann wahlweise über das Bauteilverfahren oder über das Referenzgebäudeverfahren erbracht werden.

Bauteilverfahren

Beim *Bauteilverfahren* darf das geänderte Bauteil festgelegte Höchstwerte der Wärmedurchgangskoeffizienten (U-Werte) nicht überschreiten. Die einzuhaltenden U-Werte sind im GEG Anlage 7 festgelegt und sind abhängig vom Bauteil, von der Änderungsmaßnahme sowie von der Raum-Solltemperatur. Beispielsweise darf bei Wohngebäuden und Zonen von Nichtwohngebäuden mit Raum-Solltemperaturen größer gleich 19 °C bei Außenwänden ein U-Wert von 0,24 W/(m^2K) nicht überschritten werden. Für Fenster und Fenstertüren ist der U_w-Wert auf maximal 1,30 W/(m^2K) festgelegt, für Fenster und Fenstertüren mit Sonderverglasungen beträgt der maximale U_w-Wert 2,00 W/(m^2K). Für Verglasungen ist der Höchstwert mit 1,10 W/(m^2K) festgelegt (bei Sonderverglasungen 1,60 W/(m^2K). Bei Steildächern ist ein U-Wert von 0,24 W/(m^2K), bei Flachdächern ein U-Wert von 0,20 W/(m^2K) einzuhalten (Auszug siehe Tab. 2.40). Für genauere Angaben wird auf das GEG verwiesen.

Referenzgebäudeverfahren
Alternativ zum Bauteilverfahren kann der Nachweis, dass die geänderten Außenbauteile die Anforderungen der EnEV erfüllen, mit dem *Referenzgebäudeverfahren* geführt werden. Beim Referenzgebäudeverfahren wird der Nachweis über den Jahres-Primärenergiebedarf für das geänderte Gebäude insgesamt geführt. Die Anforderungen sind erfüllt, wenn das geänderte Gebäude insgesamt den

a) Jahres-Primärenergiebedarf des Referenzgebäudes um nicht mehr als 40 % überschreitet und
b) bei Wohngebäuden den Höchstwert des spezifischen, auf die wärmeübertragende Umfassungsfläche bezogenen spezifischen Transmissionswärmeverlusts nach Tab. 2.41 nicht überschreitet und
c) bei Nichtwohngebäuden den Höchstwert des mittleren Wärmedurchgangskoeffizienten der wärmeübertragenden Umfassungsfläche nach GEG Anlage 3 (s. Tab. 2.38) nicht überschreitet.

Für weitere Angaben und Regeln wird auf das GEG verwiesen.

2.7.10 Energieausweise

Die EU-Richtlinie über die Gesamtenergieeffizienz von Gebäuden fordert unter anderem die Einführung von Energieausweisen sowohl für neue als auch für bestehende Gebäude. Diese Forderung wurde bereits mit Einführung der EnEV 2007 umgesetzt. Ab Juli 2009 gilt für alle Gebäude eine Ausweispflicht. Bei Gebäuden mit mehr als 1000 m^2 Nutzfläche und großem Publikumsverkehr (z. B. Rathäuser, Schulen, Universitäten) ist der Energieausweis an gut sichtbarer Stelle öffentlich auszuhängen (Abb. 2.95).

Der Energieausweis soll Auskunft über die Gesamtenergieeffizienz und die energetische Qualität eines Gebäudes geben. Dadurch soll potenziellen Käufern oder Mietern ein Vergleich der energetischen Qualität von Gebäuden ermöglicht werden. Außerdem lässt der Energieausweis Rückschlüsse auf die erwartenden Heizkosten zu. Der Energieausweis soll weiterhin Anreize zur energetischen Modernisierung geben.

Tab. 2.40 Höchstwerte der Wärmedurchgangskoeffizienten von Außenbauteilen bei Änderung bestehender Gebäude. (N. GEG Anlage 7; Auszug)

		Wärmedurchgangskoeffizient in $W/(m^2K)$	
Nummer	Erneuerung, Ersatz oder erstmaliger Einbau von Außenbauteilen	Wohngebäude Zonen in Nichtwohngebäuden mit Raum-Solltemperatur ≥ 19 °C	Zonen in Nichtwohngebäuden mit Raum-Solltemperatur ≥ 12 °C und ≤ 19 °C
Außenwände			
1a[1)]	Außenwände: • Ersatz oder • erstmaliger Einbau	$U \leq 0{,}24$	$U \leq 0{,}35$
1b[1),2)]	Außenwände: • Anbringen von Bekleidungen (Platten, plattenartige Bauteile), Verschalungen, Mauervorsatzschalen, Dämmschichten auf der Außenseite einer bestehenden Wand • Erneuerung des Außenputzes einer bestehenden Wand	$U \leq 0{,}24$	$U \leq 0{,}35$
Fenster, Fenstertüren, Dachflächenfenster, Glasdächer, Außentüren, Vorhangfassaden			
2a	Gegen Außenluft abgrenzende Fenster und Fenstertüren: • Ersatz oder erstmaliger Einbau des gesamten Bauteils • Einbau zusätzlicher Vor- oder Innenfenster	$U_w \leq 1{,}3$	$U_w \leq 1{,}9$
2b	Gegen Außenluft abgrenzende Dachflächenfenster: • Ersatz oder erstmaliger Einbau des gesamten Bauteils • Einbau zusätzlicher Vor- oder Innenfenster	$U_w \leq 1{,}4$	$U_w \leq 1{,}9$
2c[3)]	Gegen Außenluft abgrenzende Fenster, Fenstertüren und Dachflächenfenster: • Ersatz der Verglasung oder verglaster Flügelrahmen	$U_g \leq 1{,}1$	keine Anforderung

(Fortsetzung)

Tab. 2.40 (Fortsetzung)

		Wärmedurchgangskoeffizient in W/(m²K)	
Nummer	Erneuerung, Ersatz oder erstmaliger Einbau von Außenbauteilen	Wohngebäude Zonen in Nichtwohngebäuden mit Raum-Solltemperatur ≥ 19 °C	Zonen in Nichtwohngebäuden mit Raum-Solltemperatur ≥ 12 °C und ≤ 19 °C
3a	Gegen Außenluft abgrenzende Fenster, Fenstertüren und Dachflächenfenster mit Sonderverglasungen: • Ersatz oder erstmaliger Einbau des gesamten Bauteils oder • Einbau zusätzlicher Vor- oder Innenfenster	U_w bzw. $U_g \leq 2{,}0$	U_w bzw. $U_g \leq 2{,}8$
3b[4)]	Gegen Außenluft abgrenzende Fenster, Fenstertüren und Dachflächenfenster mit Sonderverglasung: • Ersatz der Sonderverglasung oder verglaster Flügelrahmen	$U_g \leq 1{,}6$	keine Anforderung
4	Einbau neuer Außentüren (ohne rahmenlose Türanlagen aus Glas, Karusselltüren und kraftbetätigte Türen)	$U = 1{,}8$ (Türfläche)	$U = 1{,}8$ (Türfläche)
Dachflächen sowie Decken und Wände gegen unbeheizte Dachräume			
5a[1)]	Gegen Außenluft abgrenzende Dachflächen einschließlich Dachgauben sowie gegen unbeheizte Dachräume abgrenzende Decken (oberste Geschossdecken) und Wände (einschl. Abseitenwände): • Ersatz oder • erstmaliger Einbau	$U = 0{,}24$	$U = 0{,}35$
5c[1),5)]	Gegen Außenluft abgrenzende Dachflächen mit Abdichtung: • Ersatz der Abdichtung	$U = 0{,}20$	$U = 0{,}35$
Wände gegen Erdreich oder unbeheizte Räume (mit Ausnahme von Dachräumen) sowie Decken nach unten gegen Erdreich, Außenluft oder unbeheizte Räume			

(Fortsetzung)

Tab. 2.40 (Fortsetzung)

		Wärmedurchgangskoeffizient in W/(m²K)	
Nummer	Erneuerung, Ersatz oder erstmaliger Einbau von Außenbauteilen	Wohngebäude Zonen in Nichtwohngebäuden mit Raum-Solltemperatur ≥ 19 °C	Zonen in Nichtwohngebäuden mit Raum-Solltemperatur ≥ 12 °C und ≤ 19 °C
6a[1)]	Wände, die an Erdreich oder an unbeheizte Räume grenzen (mit Ausnahme von Dachräumen) und Decken, die beheizte Räume nach unten zum Erdreich oder zu unbeheizten Räumen abgrenzen: • Ersatz oder • erstmaliger Einbau	$U = 0{,}30$	keine Anforderung
6e[1),5)]	Decken, die beheizte Räume nach unten gegen Außenluft abgrenzen: • Anbringen oder Erneuern von außenseitigen Bekleidungen oder Verschalungen, Feuchtigkeitssperren oder Drainagen oder • Anbringen von Deckenbekleidungen auf der Kaltseite	$U = 0{,}24$	$U = 0{,}35$

[1)]Werden Maßnahmen nach den Nummern 1a, 1b, 5a, 5c, 6a oder 6e ausgeführt und ist die Dämmschichtdicke im Rahmen dieser Maßnahmen aus technischen Gründen begrenzt, so gelten die Anforderungen als erfüllt, wenn die nach anerkannten Regeln der Technik höchstmögliche Dämmschichtdicke eingebaut wird, wobei ein Bemessungswert der Wärmeleitfähigkeit von $\lambda = 0{,}035$ W/(m·K) einzuhalten ist. Abweichend von Satz 1 ist ein Bemessungswert der Wärmeleitfähigkeit von $\lambda = 0{,}045$ W/(m·K) einzuhalten, soweit Dämmmaterialien in Hohlräume eingeblasen oder Dämmmaterialien aus nachwachsenden Rohstoffen verwendet werden. Wird bei Maßnahmen nach Nummer 5b eine Dachdeckung einschließlich darunter liegender Lattungen und Verschalungen ersetzt oder neu aufgebaut, sind die Sätze 1 und 2 entsprechend anzuwenden, wenn der Wärmeschutz als Zwischensparrendämmung ausgeführt wird und die Dämmschichtdicke wegen einer innenseitigen Bekleidung oder der Sparrenhöhe begrenzt ist. Die Sätze 1 bis 3 sind bei Maßnahmen nach den Nummern 5a, 5b, und 5c nur auf opake Bauteile anzuwenden

[2)]Werden Maßnahmen nach Nummer 1b ausgeführt, müssen die dort genannten Anforderungen nicht eingehalten werden, wenn die Außenwand nach dem 31. Dezember 1983 unter Einhaltung energiesparrechtlicher Vorschriften errichtet oder erneuert worden ist

[3)]Bei Ersatz der Verglasung oder verglaster Flügelrahmen gelten die Anforderungen nach den Nummern 2c, 2e und 3c nicht, wenn der vorhandene Rahmen zur Aufnahme der vorgeschriebenen Verglasung ungeeignet ist. Werden bei Maßnahmen nach Nummer 2c oder bei Maßnahmen nach Nummer 2e Verglasungen oder verglaste Flügelrahmen ersetzt und ist die Glasdicke im Rahmen dieser

(Fortsetzung)

Tab. 2.40 (Fortsetzung)

Maßnahmen aus technischen Gründen begrenzt, so gelten die Anforderungen als erfüllt, wenn eine Verglasung mit einem Wärmedurchgangskoeffizienten von höchstens 1,3 W/(m²·K) eingebaut wird. Werden Maßnahmen nach Nummer 2c an Kasten- oder Verbundfenstern durchgeführt, so gelten die Anforderungen als erfüllt, wenn eine Glastafel mit einer infrarot-reflektierenden Beschichtung mit einer Emissivität $\varepsilon_n \leq 0{,}2$ eingebaut wird.

[4)]Sonderverglasungen im Sinne der Nummern 3a, 3b und 3c sind

– Schallschutzverglasungen mit einem bewerteten Schalldämmmaß der Verglasung von Rw,R ≥ 40 dB nach DIN EN ISO 717-1: 2013-06 oder
einer vergleichbaren Anforderung,

– Isolierglas-Sonderaufbauten zur Durchschusshemmung, Durchbruchhemmung oder Sprengwirkungshemmung nach anerkannten Regeln
der Technik oder

– Isolierglas-Sonderaufbauten als Brandschutzglas mit einer Einzelelementdicke von mindestens 18 mm nach DIN 4102-13: 1990-05 oder
einer vergleichbaren Anforderung

[5)]Werden Maßnahmen nach den Nummern 5b, 5c, 6b, 6c oder 6e ausgeführt, müssen die dort genannten Anforderungen nicht eingehalten werden, wenn die Bauteilfläche nach dem 31. Dezember 1983 unter Einhaltung energiesparrechtlicher Vorschriften errichtet oder erneuert worden ist

Tab. 2.41 Höchstwerte des spezifischen, auf die wärmeübertragende Umfassungsfläche bezogenen Transmissionswärmeverlusts H'_T bei bestehenden Wohngebäuden. (N. GEG § 50)

Wohngebäudetyp	max. H'_T in W/(m²K)
freistehend, $A_N \leq 350$ m²	0,40
freistehend, $A_N > 350$ m²	0,50
einseitig angebaut	0,45
alle anderen Wohngebäude	0,65

Das GEG unterscheidet zwei unterschiedliche Energieausweis-Typen (s. GEG § 79). Es gibt den bedarfsorientierten (*Bedarfsausweis*) sowie den verbrauchsorientierten Energieausweis (*Verbrauchsausweis*). Ein Bedarfsausweis ist zwingend bei zu errichtenden Gebäuden auszustellen, da hier keine Verbrauchswerte vorliegen. Weiterhin ist ein Bedarfsausweis erforderlich für bestehende Gebäude, wenn diese weniger als fünf Wohnungen umfassen, nicht modernisiert sind (Anforderungsniveau WSchVO 1977) und für die der Bauantrag vor dem 1.11.1977 gestellt worden ist. Für alle anderen Gebäude besteht Wahlfreiheit zwischen Bedarfs- und Verbrauchsausweis.

Der bedarfsorientierte Energieausweis beruht auf berechneten Größen, die für normierte Randbedingungen für das betrachtete Gebäude ermittelt werden. Im Bedarfsausweis werden der Jahres-Primärenergiebedarf und der Endenergiebedarf jeweils in kWh/(m²a) sowie der spezifische, auf die wärmeübertragende Umfassungsfläche bezogene Transmissionswärmeverlust in W/(m²K) sowie weitere Daten und Kennwerte angegeben. Vor-

ENERGIEAUSWEIS für Wohngebäude

gemäß den §§ 16 ff. der Energieeinsparverordnung (EnEV) vom [1]

Gültig bis: Registriernummer [2] (oder: „Registriernummer wurde beantragt am...") 1

Gebäude

Gebäudetyp		Gebäudefoto (freiwillig)
Adresse		
Gebäudeteil		
Baujahr Gebäude [3]		
Baujahr Wärmeerzeuger [3, 4]		
Anzahl Wohnungen		
Gebäudenutzfläche (A_N)	☐ nach § 19 EnEV aus der Wohnfläche ermittelt	
Wesentliche Energieträger für Heizung und Warmwasser [3]		
Erneuerbare Energien	Art:	Verwendung:
Art der Lüftung/Kühlung	☐ Fensterlüftung ☐ Schachtlüftung ☐ Lüftungsanlage mit Wärmerückgewinnung ☐ Lüftungsanlage ohne Wärmerückgewinnung ☐ Anlage zur Kühlung	
Anlass der Ausstellung des Energieausweises	☐ Neubau ☐ Vermietung/Verkauf ☐ Modernisierung (Änderung/Erweiterung)	☐ Sonstiges (freiwillig)

Hinweise zu den Angaben über die energetische Qualität des Gebäudes

Die energetische Qualität eines Gebäudes kann durch die Berechnung des **Energiebedarfs** unter Annahme von standardisierten Randbedingungen oder durch die Auswertung des **Energieverbrauchs** ermittelt werden. Als Bezugsfläche dient die energetische Gebäudenutzfläche nach der EnEV, die sich in der Regel von den allgemeinen Wohnflächenangaben unterscheidet. Die angegebenen Vergleichswerte sollen überschlägige Vergleiche ermöglichen (**Erläuterungen – siehe Seite 5**). Teil des Energieausweises sind die Modernisierungsempfehlungen (Seite 4).

☐ Der Energieausweis wurde auf der Grundlage von Berechnungen des **Energiebedarfs** erstellt (Energiebedarfsausweis). Die Ergebnisse sind auf **Seite 2** dargestellt. Zusätzliche Informationen zum Verbrauch sind freiwillig.

☐ Der Energieausweis wurde auf der Grundlage von Auswertungen des **Energieverbrauchs** erstellt (Energieverbrauchsausweis). Die Ergebnisse sind auf **Seite 3** dargestellt.

Datenerhebung Bedarf/Verbrauch durch ☐ Eigentümer ☐ Aussteller

☐ Dem Energieausweis sind zusätzliche Informationen zur energetischen Qualität beigefügt (freiwillige Angabe).

Hinweise zur Verwendung des Energieausweises

Der Energieausweis dient lediglich der Information. Die Angaben im Energieausweis beziehen sich auf das gesamte Wohngebäude oder den oben bezeichneten Gebäudeteil. Der Energieausweis ist lediglich dafür gedacht, einen überschlägigen Vergleich von Gebäuden zu ermöglichen.

Aussteller

Ausstellungsdatum Unterschrift des Ausstellers

[1] Datum der angewendeten EnEV, gegebenenfalls angewendeten Änderungsverordnung zur EnEV [2] Bei nicht rechtzeitiger Zuteilung der Registriernummer (§ 17 Absatz 4 Satz 4 und 5 EnEV) ist das Datum der Antragstellung einzutragen; die Registriernummer ist nach deren Eingang nachträglich einzusetzen. [3] Mehrfachangaben möglich [4] bei Wärmenetzen Baujahr der Übergabestation

ENERGIEAUSWEIS für Wohngebäude

gemäß den §§ 16 ff. der Energieeinsparverordnung (EnEV) vom [1]

Berechneter Energiebedarf des Gebäudes Registriernummer [2] (oder: „Registriernummer wurde beantragt am...") 2

Energiebedarf

CO_2-Emissionen [3] kg/(m²·a)

Endenergiebedarf dieses Gebäudes kWh/(m²·a)

A+ A B C D E F G

0 25 50 75 100 125 150 175 200 225 >250

kWh/(m²·a) Primärenergiebedarf dieses Gebäudes

Anforderungen gemäß EnEV [4]

Primärenergiebedarf
Ist-Wert kWh/(m²·a) Anforderungswert kWh/(m²·a)

Energetische Qualität der Gebäudehülle H_T'
Ist-Wert W/(m²·K) Anforderungswert W/(m²·K)

Sommerlicher Wärmeschutz (bei Neubau) ☐ eingehalten

Für Energiebedarfsberechnungen verwendetes Verfahren
☐ Verfahren nach DIN V 4108-6 und DIN V 4701-10
☐ Verfahren nach DIN V 18599
☐ Regelung nach § 3 Absatz 5 EnEV
☐ Vereinfachungen nach § 9 Absatz 2 EnEV

Endenergiebedarf dieses Gebäudes [Pflichtangabe in Immobilienanzeigen] kWh/(m²·a)

Angaben zum EEWärmeG [5]

Nutzung erneuerbarer Energien zur Deckung des Wärme- und Kältebedarfs auf Grund des Erneuerbare-Energien-Wärmegesetzes (EEWärmeG)

Art: Deckungsanteil: %

Ersatzmaßnahmen [6]

Die Anforderungen des EEWärmeG werden durch die Ersatzmaßnahme nach § 7 Absatz 1 Nummer 2 EEWärmeG erfüllt.

☐ Die nach § 7 Absatz 1 Nummer 2 EEWärmeG verschärften Anforderungswerte der EnEV sind eingehalten.

☐ Die in Verbindung mit § 8 EEWärmeG um % verschärften Anforderungswerte der EnEV sind eingehalten.

Verschärfter Anforderungswert Primärenergiebedarf: kWh/(m²·a)

Verschärfter Anforderungswert für die energetische Qualität der Gebäudehülle H_T': W/(m²·K)

Vergleichswerte Endenergie

A+ A B C D E F G

0 25 50 75 100 125 150 175 200 225 >250

Effizienzhaus 40; MFH Neubau; EFH Neubau; EFH energetisch gut modernisiert; Durchschnitt Wohngebäudebestand; MFH energetisch nicht wesentlich modernisiert; EFH energetisch nicht wesentlich modernisiert [7]

Erläuterungen zum Berechnungsverfahren

Die Energieeinsparverordnung lässt für die Berechnung des Energiebedarfs unterschiedliche Verfahren zu, die im Einzelfall zu unterschiedlichen Ergebnissen führen können. Insbesondere wegen standardisierter Randbedingungen erlauben die angegebenen Werte keine Rückschlüsse auf den tatsächlichen Energieverbrauch. Die ausgewiesenen Bedarfswerte der Skala sind spezifische Werte nach der EnEV pro Quadratmeter Gebäudenutzfläche (A_N), die im Allgemeinen größer ist als die Wohnfläche des Gebäudes.

[1] siehe Fußnote 1 auf Seite 1 des Energieausweises [2] siehe Fußnote 2 auf Seite 1 des Energieausweises [3] freiwillige Angabe [4] nur bei Neubau sowie bei Modernisierung im Fall des § 16 Absatz 1 Satz 3 EnEV [5] nur bei Neubau [6] nur bei Neubau im Fall der Anwendung von § 7 Absatz 1 Nummer 2 EEWärmeG [7] EFH: Einfamilienhaus, MFH: Mehrfamilienhaus

ENERGIEAUSWEIS für Wohngebäude

gemäß den §§ 16 ff. der Energieeinsparverordnung (EnEV) vom [1]

Erfasster Energieverbrauch des Gebäudes Registriernummer [2] (oder: „Registriernummer wurde beantragt am...") 3

Energieverbrauch

Endenergieverbrauch dieses Gebäudes kWh/(m²·a)

A+ A B C D E F G

0 25 50 75 100 125 150 175 200 225 >250

kWh/(m²·a) Primärenergieverbrauch dieses Gebäudes

Endenergieverbrauch dieses Gebäudes [Pflichtangabe für Immobilienanzeigen] kWh/(m²·a)

Verbrauchserfassung – Heizung und Warmwasser

Zeitraum von	Zeitraum bis	Energieträger [3]	Primärenergiefaktor	Energieverbrauch [kWh]	Anteil Warmwasser [kWh]	Anteil Heizung [kWh]	Klimafaktor

Vergleichswerte Endenergie

A+ A B C D E F G

0 25 50 75 100 125 150 175 200 225 >250

Effizienzhaus 40; MFH Neubau; EFH Neubau; EFH energetisch gut modernisiert; Durchschnitt Wohngebäudebestand; MFH energetisch nicht wesentlich modernisiert; EFH energetisch nicht wesentlich modernisiert [4]

Die modellhaft ermittelten Vergleichswerte beziehen sich auf Gebäude, in denen die Wärme für Heizung und Warmwasser durch Heizkessel im Gebäude bereitgestellt wird.

Soll ein Energieverbrauch eines mit Fern- oder Nahwärme beheizten Gebäudes verglichen werden, ist zu beachten, dass hier normalerweise ein um 15 bis 30 % geringerer Energieverbrauch als bei vergleichbaren Gebäuden mit Kesselheizung zu erwarten ist.

Erläuterungen zum Verfahren

Das Verfahren zur Ermittlung des Energieverbrauchs ist durch die Energieeinsparverordnung vorgegeben. Die Werte der Skala sind spezifische Werte pro Quadratmeter Gebäudenutzfläche (A_N) nach der Energieeinsparverordnung, die im Allgemeinen größer ist als die Wohnfläche des Gebäudes. Der tatsächliche Energieverbrauch einer Wohnung oder eines Gebäudes weicht insbesondere wegen des Witterungseinflusses und sich ändernden Nutzerverhaltens vom angegebenen Energieverbrauch ab.

[1] siehe Fußnote 1 auf Seite 1 des Energieausweises [2] siehe Fußnote 2 auf Seite 1 des Energieausweises [3] gegebenenfalls auch Leerstandszuschläge, Warmwasser- oder Kühlpauschale in kWh [4] EFH: Einfamilienhaus, MFH: Mehrfamilienhaus

ENERGIEAUSWEIS für Wohngebäude

gemäß den §§ 16 ff. der Energieeinsparverordnung (EnEV) vom [1]

Empfehlungen des Ausstellers Registriernummer [2] (oder: „Registriernummer wurde beantragt am...") 4

Empfehlungen zur kostengünstigen Modernisierung

Maßnahmen zur kostengünstigen Verbesserung der Energieeffizienz sind ☐ möglich ☐ nicht möglich

Empfohlene Modernisierungsmaßnahmen

Nr.	Bau- oder Anlagenteile	Maßnahmenbeschreibung in einzelnen Schritten	empfohlen: in Zusammenhang mit größerer Modernisierung	empfohlen: als Einzelmaßnahme	(freiwillige Angaben) geschätzte Amortisationszeit	(freiwillige Angaben) geschätzte Kosten pro eingesparte Kilowattstunde Endenergie
			☐	☐		
			☐	☐		
			☐	☐		
			☐	☐		
			☐	☐		
			☐	☐		
			☐	☐		
			☐	☐		
			☐	☐		
			☐	☐		

☐ weitere Empfehlungen auf gesondertem Blatt

Hinweis: Modernisierungsempfehlungen für das Gebäude dienen lediglich der Information. Sie sind nur kurz gefasste Hinweise und kein Ersatz für eine Energieberatung.

Genauere Angaben zu den Empfehlungen sind erhältlich bei/unter:

Ergänzende Erläuterungen zu den Angaben im Energieausweis (Angaben freiwillig)

[1] siehe Fußnote 1 auf Seite 1 des Energieausweises [2] siehe Fußnote 2 auf Seite 1 des Energieausweises

Abb. 2.95 Muster Energieausweis Nichtwohngebäude – Aushang Bedarfsausweis. (Quelle: BMVBS/dena)

teil des Bedarfsausweises ist die objektive Bewertung der energetischen Qualität des Gebäudes, da das tatsächliche Nutzerverhalten nicht in die Berechnung einfließt. Die energetische Qualität von verschiedenen Gebäuden kann objektiv nur mit Hilfe eines Bedarfsausweises verglichen werden, da die Randbedingungen gleich sind und das Nutzerverhalten normiert ist.

Der verbrauchsorientierte Energieausweis oder Verbrauchsausweis verwendet dagegen einen Energieverbrauchskennwert, der aus den tatsächlichen Verbräuchen der letzten drei Jahre bzw. Abrechnungsperioden ermittelt wird. Bei der Berechnung des Energieverbrauchskennwertes wird eine Bereinigung durch einen Klimafaktor vorgenommen, um die in Deutschland vorkommenden unterschiedlichen Klimaregionen (z. B. Mittelgebirge mit geringeren Temperaturen als die Küstengebiete oder das Rheintal) zu berücksichtigen. Weiterhin sind längere Leerstände bei der Ermittlung des Energieverbrauchskennwertes angemessen zu berücksichtigen. Allerdings ist zu beachten, dass der Energieverbrauchskennwert (Angabe in kWh/(m^{2}a)) stark vom tatsächlichen Nutzerverhalten abhängig ist. Untersuchungen haben gezeigt, dass hier große Schwankungen möglich sind. Aus diesem Grund ist der Verbrauchsausweis für den Vergleich mit anderen Gebäuden nur bedingt geeignet. Außerdem gibt er nur eingeschränkt Auskunft über die tatsächliche energetische Qualität des Gebäudes und lässt auch keine genauen Rückschlüsse auf die zu erwartenden Heizkosten zu.

Beide Ausweistypen enthalten außerdem konkrete Angaben zu möglichen Modernisierungsempfehlungen. Der Energieausweis darf nur von berechtigten Personen ausgestellt werden und ist dem Eigentümer oder Vermieter vom Aussteller zu erläutern. Die Gültigkeit eines Energieausweises beträgt zehn Jahre. Danach, oder nach Modernisierungen bzw. Änderungen ist ein neuer Energieausweis auszustellen. Für weitere Angaben wird auf das GEG verwiesen.

2.7.11 Sonstige Regelungen und Ausblick

Das GEG sieht Betriebsverbote für Heizkessel und Ölheizungen sowie Nachrüstverpflichtungen bei Anlagen (z. B. Austausch alter Heizkessel, Dämmung von Wärmeverteilungs- und Warmwasserleitungen) und bei Gebäuden (z. B. Dämmung oberster Geschossdecken) vor; genauere Angaben siehe GEG § 71 und § 72. Allerdings existieren zahlreiche Ausnahmen, siehe GEG § 73. Auf eine Wiedergabe wird hier verzichtet, da in Kürze mit Änderungen zu rechnen ist (Stand Juli 2023).

Der Vollzug des GEG wird durch private Nachweise (Fachunternehmererklärungen) sowie Kontrollen durch den Bezirksschornsteinfegermeister überprüft.

Für 2024 wird eine weitere Novelle des GEG erwartet. Wesentliche Änderung gegenüber der bisherigen Fassung ist die Vorgabe, dass zukünftig nur noch Heizungen eingebaut werden dürfen, die mindestens 65 % der eingesetzten Energie aus erneuerbaren Quellen beziehen. Diese Forderung ist nur mit Wärmepumpen zu erfüllen und bedeutet de facto das Aus für konventionelle Gas- und Ölheizungen. Auch Wärmeerzeuger, die mit Biomasse betrieben werden, dürfen nach den Planungen zumindest für zu errichtende Gebäude nicht mehr eingesetzt werden. Obwohl ein erster Entwurf des GEG 2024 vorliegt, wird hier auf eine Wiedergabe und Kommentierung verzichtet, da die aktuelle Gesetzgebung zurzeit (Juli 2023) alles andere als verlässlich ist. Es wird daher auf die entsprechenden Quellen im Internet verwiesen.

3 Feuchteschutz

Unter dem Begriff Feuchteschutz werden Maßnahmen zum Schutz des Bauwerks gegen Einwirkungen durch Wasser verstanden. Physikalisch betrachtet ist der Begriff „Feuchte" nicht präzise gewählt. Feuchte ist nichts Anderes als Wasser. Die Verwendung des Begriffs „Feuchte" ist jedoch in der bautechnischen Fachsprache üblich und wird auch hier verwendet.

Der Schutz des Bauwerks vor Wasser ist nötig für den dauerhaften Bestand des Bauwerks und für ein hygienisches Raumklima.

Wasser kann auf verschiedene Weise in die Baukonstruktion gelangen.

Regenwasser dringt von oben ein bei schadhaften Dächern, Terrassen, Balkonen. Aber auch unter dem Einfluss des Staudrucks bei Wind auf lotrechte Bauteile kann durch fehlerhafte Stellen und Fugen in die Bauteile Regen eindringen. Weiterhin kann Wasser durch Kapillarwirkung bis nach innen gelangen.

Bodenfeuchte kann von unten aus dem Grundwasser oder als Oberflächenwasser von den Bauteilen des Bauwerks angesaugt werden, wenn hiergegen wirkungsvolle Abdichtungen fehlen.

Baufeuchte wird von jenem Wasser gebildet, das beim Herstellen, Lagern, Transportieren und Einbauen der Baustoffe in die Bauteile gelangt.

Wohnfeuchte entsteht in den Gebäuden durch die Nutzung der Räume. Wohnfeuchte ist abhängig von der Art der Raumnutzung. Menschen und Tiere geben Wasser an die Raumluft ab. Beim Kochen, Backen, Baden und Duschen entstehen kurzfristig größere Feuchtemengen. Eine kontinuierliche Feuchtequelle sind Zimmerpflanzen. Durch diese Feuchtigkeitsabgaben an die Raumluft wird die relative Luftfeuchtigkeit in den Räumen erhöht.

Bei Abkühlung der Luft kann der in ihr enthaltene Wasserdampf an kalten Bauteil-Innenflächen kondensieren, insbesondere im Bereich von Wärmebrücken.

P. Schmidt, S. Windhausen, *Lohmeyer Praktische Bauphysik*,
https://doi.org/10.1007/978-3-658-42604-0_3

Wasserdampf ist gasförmiges Wasser. Wasserdampf ist unsichtbar wie Luft. Umgangssprachlich wird von Wasserdampf gesprochen, wenn „Dampfschwaden" zu sehen ist. Dies ist jedoch bereits kondensierender Wasserdampf, der ein Gemisch aus Luft, Wasserdampf und feinen Wassertröpfchen ist, zu erkennen als Nebel oder Wolken. Es ist das Tückische an Wasserdampf in Räumen, dass er unsichtbar ist. Wenn Wasserdampf sichtbar wird, ist er bereits kondensiert.

Kondenswasser = Tauwasser. Bei hoher relativer Luftfeuchte ist in der Luft viel Wasserdampf enthalten. Bei Abkühlung kondensiert der Wasserdampf zu flüssigem Wasser, es kommt zur Bildung von Kondenswasser, oder – wie in der Baufachsprache vielfach gesagt wird – zur Bildung von Tauwasser. Daher sind Wärmebrücken mit kalten Bauteil-Innenflächen gefährlich, da es hier zur Tauwasserbildung kommen kann. Tauwasser kann die Ausgangsursache für Schimmelbildung sein.

3.1 Zweck des Feuchteschutzes

Gesunde Wohnverhältnisse und ein behagliches Raumklima können nur entstehen, wenn die raumumschließenden Bauteile genügend trocken sind. Bei feuchten Außenbauteilen ist ein behagliches Raumklima auch durch intensives Beheizen kaum zu erreichen. Außerdem erfordert das Beheizen solcher Räume einen erhöhten Aufwand an Energie.

Die Folgen feuchter Außenbauteile sind vielfältiger Art:

- Die Wärmedämmfähigkeit sinkt, wenn Baustoffporen mit Wasser gefüllt sind.
- Bei Frosteinwirkung kann das gefrierende Wasser zu Gefügesprengungen führen, weil es dabei sein Volumen um 9,5 % vergrößert.
- Gelöste Salze aus anderen Stoffen können chemisch angreifend wirken und Ausblühungen verursachen.
- In den Bauteilen kann es zu Verrottung, Fäulnis und Korrosion kommen. Zerstörungen setzen ein.
- Schimmel- und Pilzbefall ist nicht nur hässlich, er wirkt zerstörend. Pilzsporen in der Raumluft können bei den Bewohnern verschiedene Erkrankungen und Allergien hervorrufen.
  - Kühlfeuchte Räume können zu rheumatischen Erkrankungen führen.
  - Schlechtes Raumklima wirkt sich auf die Leistungsfähigkeit der Bewohner aus.
  - Feuchte Bauteile mindern den Nutzwert eines Gebäudes.

Zweck eines wirksamen Feuchteschutzes ist es, die vorgenannten Einflüsse und die daraus entstehenden Mängel oder Schäden zu vermeiden. Wesentlich ist hierbei das Vermeiden von Wärmebrücken, damit es nicht zur Tauwasserbildung und zum Schimmelbefall kommen kann.

3.2 Wassergehalt (Feuchtegehalt)

Luft und Baustoffe enthalten auch Wasser. Dieses Wasser kann in unterschiedlicher Form auftreten.

Zustand des Wassers
In der Praxis ist es üblich, für Wasser in den verschiedenen Aggregatzuständen auch unterschiedliche Bezeichnungen zu verwenden:

• fester Zustand	→ Eis
• flüssiger Zustand	→ Wasser
• gasförmiger Zustand	→ Dampf

In der Physik wird die Verbindung von Wasserstoff und Sauerstoff (chemische Formel: H_2O) stets als Wasser bezeichnet, und zwar unabhängig vom jeweiligen Aggregatzustand.

Die Übergänge des Wassers von einem Aggregatzustand in den anderen sind temperaturabhängig. Die Temperaturgrenzen, bei denen der Aggregatzustand des Wassers wechselt, werden als Temperaturpunkte bezeichnet, obwohl es keine Punkte im engeren Sinne sind. Zur einheitlichen Sprachregelung werden in Tab. 3.1 die verschiedenen Temperaturpunkte (Temperaturgrenzen) erläutert.

Gleichgewicht des Wassergehaltes
Luft kann eine gewisse Menge Wasser enthalten. Dieses Wasser ist in gasförmigem Zustand als Wasserdampf von der Luft durch Lösung aufgenommen worden. Es stellt sich ein Gleichgewichtszustand ein, wenn keine Temperaturänderungen und keine Bewegungen stattfinden. Die Luft hat dann einen gleichbleibenden Wasserdampfgehalt.

Tab. 3.1 Physikalische Temperaturpunkte

Temperaturpunkt	Erläuterungen
Taupunkt	Die Temperatur, bei der die Luftfeuchte 100 % erreicht, ist die Taupunkt-Temperatur. Diese Temperatur wird Tautemperatur oder Taupunkt genannt. Übliche Luft enthält Wasserdampf. Beim Abkühlen der Luft steigt die relative Luftfeuchte. Aus dampfförmigem Wasser wird flüssiges Wasser, wenn der Taupunkt unterschritten wird. Es bildet sich Kondenswasser (Tauwasser, nicht aber Schwitzwasser). Der Taupunkt hat mit dem Gefrierpunkt oder Eispunkt, der bei 0 °C liegt, nichts zu tun (siehe Tab. 3.3).
Schmelzpunkt	Die Temperatur, bei der Wasser vom festen Zustand (Eis) in den flüssigen Zustand (Wasser) übergeht, ist der Schmelzpunkt. Umgekehrt ist die gleiche Temperatur der Gefrierpunkt des Wassers. Es ist der Eispunkt. Er liegt unter Normaldruck bei 0 °C. Schmelzpunkt = Gefrierpunkt = Eispunkt.
Siedepunkt	Die Temperatur, bei der flüssiges Wasser beim Sieden in den gasförmigen Zustand (Dampf) übergeht, ist der Siedepunkt. Der Siedepunkt des Wassers liegt unter Normaldruck bei 100 °C.

Raumluft kann eine gleichbleibende Menge an Wasserdampf enthalten, wenn die bei der Nutzung des Raumes zugeführte Wasserdampfmenge gleich groß der abgeführten Menge ist. Wasserdampf gelangt in die Raumluft durch die Feuchtigkeitsabgabe der Personen, durch Kochen, Baden, Duschen usw., aber auch durch das Einströmen feuchter Luft aus anderen Räumen. Wasserdampf kann aus dem Raum entweichen durch Lüften und durch Öffnungen oder Fugen an Fenstern, Türen, Bauteilanschlüssen usw.

Für Berechnungen und andere Betrachtungen wählt man einen Zeitabschnitt, in dem die Verhältnisse unverändert bleiben, z. B. 1 Stunde.

Baustoffe haben bei Lagerung in feuchter Luft nach einiger Zeit einen Wassergehalt, der sich auf eine bestimmte Menge einstellt. Dieser Wassergehalt wird als Gleichgewichtsfeuchte zur betreffenden Luft bezeichnet. Jeder Baustoff zeigt einen für ihn typischen Zusammenhang zwischen Wassergehalt und relativer Luftfeuchte.

Diese Gleichgewichtsfeuchten eines Baustoffs werden wiedergegeben durch eine „Sorptionsisotherme", oder man verwendet den „praktischen Feuchtegehalt".

3.2.1 Sättigungsmenge der Luft

Luft ist ein Gemisch verschiedener Gase, wobei Stickstoff (ca. 78 Volumen-%) und Sauerstoff (ca. 21 Vol.-%) den größten Anteil bilden. Weiterhin besitzt Luft die Fähigkeit, Feuchtigkeit in Form von Wasserdampf aufzunehmen. Die Wasserdampf-Aufnahmefähigkeit ist allerdings begrenzt. Die maximale Wasserdampfmenge, die Luft aufnehmen kann, wird als Sättigungsmenge (auch Sättigungsdampfkonzentration für Wasserdampf) bezeichnet. Die Sättigungsmenge ist abhängig von der Lufttemperatur, wobei warme Luft überproportional mehr Wasserdampf aufnehmen kann als kalte Luft.

In Tab. 3.2 ist die Sättigungsmenge c_{sat} der Luft in Abhängigkeit von der Lufttemperatur angegeben.

Tab. 3.2 Sättigungsmenge c_{sat} der Luft in Abhängigkeit von der Temperatur der Luft. (N. DIN 4108-3)

Luft-temperatur	Sättigungs-menge	Luft-temperatur	Sättigungs-menge	Luft-temperatur	Sättigungs-menge
θ in °C	c_{sat} in g/m³	θ in °C	c_{sat} in g/m³	θ in °C	c_{sat} in g/m³
−20	0,9	±0	4,8	+20	17,3
−18	1,1	+2	5,6	+22	19,4
−16	1,3	+4	6,4	+24	21,8
−14	1,5	+6	7,3	+26	24,4
−12	1,8	+8	8,3	+28	27,2
−10	2,1	+10	9,4	+30	30,3
−8	2,5	+12	10,7	+32	33,8
−6	3,0	+14	12,1	+34	37,6
−4	3,5	+16	13,6	+36	41,7
−2	4,1	+18	15,4	+38	46,3
±0	4,8	+20	17,3	+40	51,2

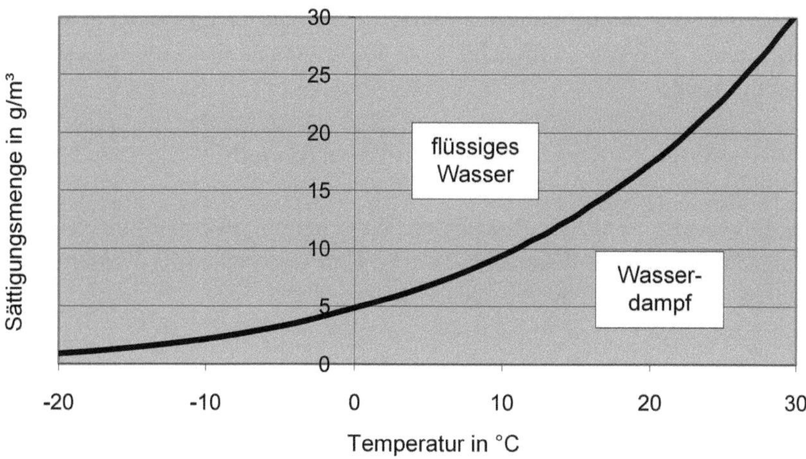

Abb. 3.1 Maximaler Wasserdampfgehalt der Luft (Sättigungsmenge) c_{sat} in Abhängigkeit von der Lufttemperatur θ

In Abb. 3.1 ist der Zusammenhang zwischen der Sättigungsmenge der Luft und der Lufttemperatur grafisch dargestellt. Dabei ist gut zu erkennen, dass die Sättigungsmenge überproportional mit zunehmender Lufttemperatur ansteigt.

3.2.2 Relative Luftfeuchte

In den meisten Fällen enthält die Luft geringere Mengen an Wasserdampf als es der Sättigungsmenge (c_{sat}) entspricht. Zur Kennzeichnung des Wassergehaltes der Luft dient die relative Luftfeuchte ϕ (griechischer Buchstabe phi), die das Verhältnis zwischen der tatsächlich vorhandenen Wasserdampfmenge c und der Sättigungsmenge c_{sat} angibt.

Die relative Luftfeuchte (r. F.) kann entweder als Dezimalzahl oder in Prozent angegeben werden. Es gilt:

$$\phi = \frac{c}{c_{sat}} \text{ als Dezimalzahl oder } \phi = \frac{c}{c_{sat}} \cdot 100 \ \varphi \text{ in } \% \tag{3.1}$$

Mit Wasserdampf gesättigte Luft hat eine relative Luftfeuchte von 1,0 entsprechend 100 %. Die relative Luftfeuchte von Luft, die nur zur Hälfte mit Wasserdampf gesättigt ist, beträgt 0,5 oder 50 %.

Beispiele

1. Aus Tab. 3.2 ergibt sich, dass 1 m³ Luft mit einer Temperatur von 20 °C maximal 17,3 g Wasser in Form von Wasserdampf enthalten kann. Die relative Luftfeuchte beträgt 100 %, wenn die Luft genauso viel Wasserdampf enthält wie es der Sättigungsmenge entspricht, d. h. im betrachteten Beispiel 17,3 g/m³.

2. Luft mit einer Temperatur von 14 °C kann maximal 12,1 g Wasser je m³ enthalten. Bei einer relativen Luftfeuchte von 50 % enthält die Luft folgende Wasserdampfmenge:

$$c = \phi \cdot c_{sat} = 0{,}5 \cdot 12{,}1 = 6{,}05 \text{ g/m}^3$$

3. Luft ist meistens nicht vollständig mit Wasserdampf gesättigt, sondern enthält weniger Wasserdampf. Wenn 20 °C warme Luft insgesamt 15 g Wasserdampf je m³ enthält, dann beträgt die relative Luftfeuchte 87 %.

$$\phi = \frac{c}{c_{sat}} \cdot 100 = \frac{15}{17{,}3} \cdot 100 = 87\ \%$$ ◀

Die relative Luftfeuchte hat deswegen große Bedeutung, weil es bei Abkühlung der Luft an kalten Bauteiloberflächen zur Kondensation, d. h. zur Tauwasserbildung kommen kann.

3.2.3 Tauwasserbildung

Beim Erwärmen feuchter Luft sinkt die relative Luftfeuchte, da mit zunehmender Lufttemperatur die Sättigungsmenge ansteigt. Umgekehrt nimmt die relative Luftfeuchte zu, wenn die Temperatur sinkt, da die Sättigungsmenge mit abnehmender Temperatur abnimmt. In beiden betrachteten Fällen wird vorausgesetzt, dass die vorhandene absolute Wasserdampfmenge in der Luft konstant bleibt, d. h. weder Feuchtigkeit zugeführt noch abgeführt wird (stationäre Bedingungen).

Es lassen sich somit folgende Zusammenhänge zwischen Lufttemperatur und relativer Luftfeuchte festhalten:

Erhöhung der Lufttemperatur → Verringerung der relativen Luftfeuchte
Beim Abkühlen feuchter Luft steigt die relative Luftfeuchte, auch wenn kein Wasserdampf zugeführt wird. Das Verhältnis der absolut vorhandenen zur aufnehmbaren Wasserdampfmenge wird dadurch ebenfalls verändert.

Verringerung der Lufttemperatur → Erhöhung der relativen Luftfeuchte → Tauwasserbildung
Beim weiteren Abkühlen feuchter Luft wird schließlich die relative Luftfeuchte von 100 % erreicht. Bei noch tieferer Temperatur kann die Luft die in ihr enthaltene Feuchte nicht mehr als Dampf in gasförmigem Zustand halten, der Dampf kondensiert zu Wasser, es kommt zur Tauwasserbildung. Die relative Luftfeuchte bleibt in diesem Fall unverändert bei 100 %. Die ausfallende Tauwassermenge entspricht der Differenz zwischen der Wasserdampfmenge vor der Abkühlung der Luft und der Sättigungsmenge, die sich nach der Abkühlung ergibt.

Zur Tauwasserbildung kommt es bevorzugt auf kühlen raumseitigen Bauteiloberflächen, wie z. B. im Winter an Fensterflächen sowie im Bereich von Wärmebrücken. Dieser Vorgang ist auch in der freien Natur zu beobachten. Er ist durch Frühnebel oder Morgentau bekannt.

Tauwasser kann sich auch auf einer kalten Getränkeflasche bilden, wenn diese aus dem Kühlschrank geholt wird und die Umgebungsluft eine entsprechend hohe Luftfeuchte aufweist.

Die Bildung von Tauwasser ist ein Kondensationsvorgang, wobei der Wasserdampf vom gasförmigen Aggregatzustand in den flüssigen Zustand überführt wird. Dieser Vorgang kann auch im Inneren von Bauteilen stattfinden.

Tauwasserbildung
Tauwasserbildung tritt auf, wenn die Lufttemperatur unter die Taupunkttemperatur abgesenkt wird. Bei Abkühlung der Luft steigt die relative Luftfeuchte zunächst an, bis sie einen Wert von 1,0 bzw. 100 % erreicht hat. Bei weiterer Abkühlung der Luft fällt überschüssige Feuchte, d. h. die Feuchtemenge, die über der Sättigungsmenge liegt, in Form von Tauwasser aus.

Beispiele

1. Wenn wasserdampfgesättigte Luft von 20 °C auf 14 °C abgekühlt wird, muss ein Teil des Wasserdampfes in Form von Wasser ausfallen (siehe Tab. 3.2). Rechnung:

$$c = c_{\mathrm{sat},1} - c_{\mathrm{sat},2} = 17{,}3\ \mathrm{g/m^3} - 12{,}1\ \mathrm{g/m^3} = 5{,}2\ \mathrm{g/m^3}$$

   Aus jedem m^3 Luft kondensieren 5,2 g Wasserdampf zu Tauwasser. Es wird in flüssiger Form sichtbar und ist auf kalten Oberflächen zu finden.
2. Kühlt 20 °C warme Luft mit einer relativen Luftfeuchte von 87 % auf 14 °C ab, werden insgesamt 15,1 g/m^3 – 12,1 g/m^3 = 3,0 g/m^3 an Tauwasser ausfallen. Rechnung:

   Wasserdampfmenge der Luft bei 20 °C und 87 % relativer Luftfeuchte:

$$c = \phi \cdot c_{\mathrm{sat}} = 0{,}87 \cdot 17{,}3 = 15{,}1\ \mathrm{g/m^3}$$

   Sättigungsmenge der Luft bei 14 °C:

$$c_{\mathrm{sat}} = 12{,}1\ \mathrm{g/m^3}$$

Die Tauwassermenge bzw. – masse M_c ergibt sich aus der Differenz zwischen c und c_{sat}:

$$M_c = c - c_{sat} = 15{,}1 - 12{,}1 = 3{,}0 \text{ g/m}^3$$

3. Wenn 20 °C warme Luft mit einer relativen Luftfeuchte von 60 % auf 14 °C abgekühlt wird, kann kein Tauwasser ausfallen. Die relative Luftfeuchte der abgekühlten Luft liegt noch unter 100 %. Rechnung:

$$c = \phi_1 \cdot c_{sat,1} = \frac{60}{100} \cdot 17{,}3 \text{ g/m}^3 = 10{,}4 \text{ g/m}^3$$

$$\phi_2 = \frac{c}{c_{sat,2}} = \frac{10{,}4 \text{ g/m}^3}{12{,}1 \text{ g/m}^3} \cdot 100 = 86\,\% < 100\,\%$$

◀

3.2.4 Taupunkttemperatur

Die Temperatur, bei der sich Tauwasser bildet, wird als Taupunkttemperatur θ_{sat} der Luft bezeichnet (auch „Taupunkt" genannt). Die Taupunkttemperatur wird bestimmt durch die Lufttemperatur und die relative Luftfeuchte. Sie liegt umso näher bei der Lufttemperatur, je höher die relative Luftfeuchte ist. Abb. 3.2 verdeutlicht diese Zusammenhänge.

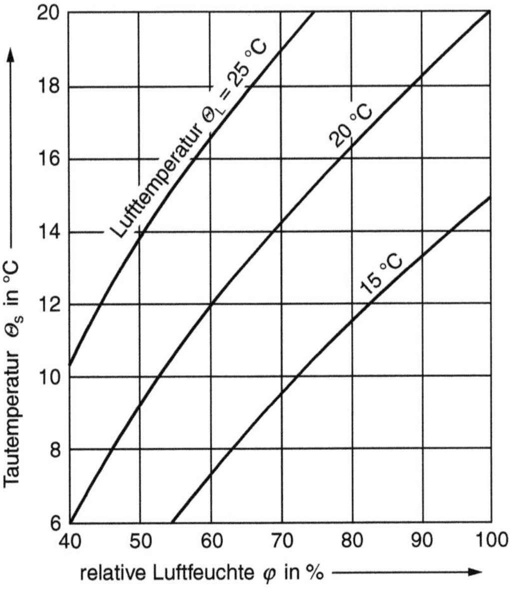

Abb. 3.2 Taupunkttemperatur der Luft in Abhängigkeit von der relativen Luftfeuchte. (Nach W. Schüle)

Werte für die Taupunkttemperatur in Abhängigkeit von der Lufttemperatur und der relativen Luftfeuchte sind in Tab. 3.3 angegeben. Die Taupunkttemperatur kann auch mit Formeln berechnet werden. Siehe hierzu DIN 4108-3, Anhang C.

Taupunkttemperatur
Die Taupunkttemperatur kennzeichnet diejenige Lufttemperatur, bei der es zur Tauwasserbildung kommt. Sie ist abhängig der Lufttemperatur und der relativen Luftfeuchte. Es gilt folgender Zusammenhang: Mit zunehmender relativer Luftfeuchte nähert sich die Taupunkttemperatur der Lufttemperatur an. Bei einer relativen Luftfeuchte von 100 % entspricht die Taupunkttemperatur der Lufttemperatur.

Beispiele

1. Es wird die Taupunkttemperatur für ein Raumklima mit einer Raumlufttemperatur von 20 °C und einer relativen Luftfeuchte von 50 % gesucht.
   Aus Tab. 3.3 ergibt sich als Taupunkttemperatur 9,3 °C.
   Das bedeutet, dass es zur Tauwasserbildung kommt, wenn die Luft in dem betrachteten Raum auf eine Temperatur von 9,3 °C und tiefer abgekühlt wird. Die Temperaturen der raumseitigen Bauteiloberflächen müssen daher eine Temperatur von mehr als 9,3 °C aufweisen, damit Tauwasserbildung auf ihnen ausgeschlossen wird.
2. Wie groß ist die relative Luftfeuchte in einem Raum mit einer Raumlufttemperatur von 20 °C, wenn die Taupunkttemperatur 14,4 °C beträgt?
   Aus Tab. 3.3 ergibt sich eine relative Luftfeuchte von 70 %.
3. Die Außenbauteile eines Raumes müssen einen umso kleineren Wärmedurchgangskoeffizienten aufweisen, je höher die relative Luftfeuchte ist, damit es an den Innenoberflächen dieser Bauteile nicht zur Tauwasserbildung kommt. Dieser Zusammenhang wird mit Hilfe der folgenden Tabelle (Tab. 3.4) deutlich. ◄

3.2.5 Kritische Luftfeuchte an Bauteiloberflächen

Tauwasserbildung an Bauteiloberflächen sollte im Regelfall vermieden werden, da einerseits Schädigungen der Bauteile infolge Feuchtigkeit auftreten können (z. B. durch Durchfeuchtungen, Korrosion) und andererseits die Voraussetzungen für Schimmelpilzwachstum gegeben sind. Lediglich an Fenstern und Fenstertüren gilt das Auftreten von Oberflächentauwasser als unkritisch, sofern dieses kurzfristig auftritt,vollständig wieder abtrocknet und angrenzende Materialien nicht geschädigt werden.

Tab. 3.3 **Taupunkttemperatur für Wasserdampf in Luft** in Abhängigkeit von der Temperatur und der relativen Luftfeuchte. (Nach DIN 4108-3)

Temperatur °C	Taupunkttemperatur θ_{sat}[a] in °C bei einer relativen Luftfeuchte von													
	30 %	35 %	40 %	45 %	50 %	55 %	60 %	65 %	70 %	75 %	80 %	85 %	90 %	95 %
30	10,5	12,9	14,9	16,8	18,4	20,0	21,4	22,7	23,9	25,1	26,2	27,2	28,2	29,1
29	9,7	12,0	14,0	15,9	17,5	19,0	20,4	21,7	23,0	24,1	25,2	26,2	27,2	28,1
28	8,8	11,1	13,1	15,0	16,6	18,1	19,5	20,8	22,0	23,2	24,2	25,2	26,2	27,1
27	8,0	10,2	12,2	14,1	15,7	17,2	18,6	19,9	21,1	22,2	23,3	24,3	25,2	26,1
26	7,1	9,4	11,4	13,2	14,8	16,3	17,6	18,9	20,1	21,2	22,3	23,3	24,2	25,1
25	6,2	8,5	10,5	12,2	13,9	15,3	16,7	18,0	19,1	20,3	21,3	22,3	23,2	24,1
24	5,4	7,6	9,6	11,3	12,9	14,4	15,8	17,0	18,2	19,3	20,3	21,3	22,3	23,1
23	4,5	6,7	8,7	10,4	12,0	13,5	14,8	16,1	17,2	18,3	19,4	20,3	21,3	22,2
22	3,6	5,9	7,8	9,5	11,1	12,5	13,9	15,1	16,3	17,4	18,4	19,4	20,3	21,2
21	2,8	5,0	6,9	8,6	10,2	11,6	12,9	14,2	15,3	16,4	17,4	18,4	19,3	20,2
20	1,9	4,1	6,0	7,7	9,3	10,7	12,0	13,2	14,4	15,4	16,4	17,4	18,3	19,2
19	1,0	3,2	5,1	6,8	8,3	9,8	11,1	12,3	13,4	14,5	15,5	16,4	17,3	18,2
18	0,2	2,3	4,2	5,9	7,4	8,8	10,1	11,3	12,5	13,5	14,5	15,4	16,3	17,2
17	−0,6	1,4	3,3	5,0	6,5	7,9	9,2	10,4	11,5	12,5	13,5	14,5	15,3	16,2
16	−1,4	0,5	2,4	4,1	5,6	7,0	8,2	9,4	10,5	11,6	12,6	13,5	14,4	15,2
15	−2,2	−0,3	1,5	3,2	4,7	6,1	7,3	8,5	9,6	10,6	11,6	12,5	13,4	14,2
14	−2,9	−1,0	0,6	2,3	3,7	5,1	6,4	7,5	8,6	9,6	10,6	11,5	12,4	13,2
13	−3,7	−1,9	−0,1	1,3	2,8	4,2	5,5	6,6	7,7	8,7	9,6	10,5	11,4	12,2
12	−4,5	−2,6	−0,1	0,4	1,9	3,2	4,5	5,7	6,7	7,7	8,7	9,6	10,4	11,2
11	−5,2	−3,4	−1,8	−0,4	1,0	2,3	3,5	4,7	5,8	6,7	7,7	8,6	9,4	10,2
10	−6,0	−4,2	−2,6	−1,2	0,1	1,4	2,6	3,7	4,8	5,8	6,7	7,6	8,4	9,2

[a]Zwischenwerte dürfen näherungsweise geradlinig interpoliert werden

Mit dem Wachstum von Schimmelpilzen auf Bauteiloberflächen ist sogar zu rechnen, wenn die oberflächennahe relative Luftfeuchte Werte von 80 % und mehr annimmt und dieser Zustand mindestens eine Woche andauert. Wasser in flüssiger Form ist für das Auftreten von Schimmelpilzen daher nicht zwingend erforderlich. Die für das Schimmelpilzwachstum benötigten Nährstoffe sind in den meisten Baustoffen enthalten. Außerdem sind Schimmelpilze bezüglich des Nährstoffangebotes ziemlich anspruchslos, sodass das bestehende Feuchteangebot als wesentliche Voraussetzung für das Auftreten von Schimmelpilzen anzusehen ist.

Vor diesen Hintergründen lassen sich die folgenden kritischen Werte der relativen Luftfeuchte (r. F.) an Bauteiloberflächen (Oberflächenfeuchte) definieren:

• für Tauwasserbildung:	$\phi_{\mathrm{si,cr}} = 1{,}0$ (entsprechend 100 % r. F.)
• für Schimmelpilzwachstum:	$\phi_{\mathrm{si,cr}} = 0{,}8$ (entsprechend 80 % r. F.)
• für Baustoffkorrosion:	$\phi_{\mathrm{si,cr}}$ je nach Material unterschiedlich

Damit die genannten kritischen Werte für die oberflächennahe relative Luftfeuchte nicht überschritten werden, dürfen die raumseitigen Oberflächentemperaturen der Bauteile bestimmte Mindestwerte nicht unterschreiten. Diese Mindesttemperaturen hängen vom Raumklima ab, d. h. sie werden von der Raumlufttemperatur und der relativen Luftfeuchte der Raumluft bestimmt.

Als Raumklima werden folgende Randbedingungen angenommen (s. DIN 4108-3):

Raumklima (n. DIN 4108-3):
Lufttemperatur: $\theta_{\mathrm{i}} = 20\ °\mathrm{C}$
Relative Luftfeuchte: $\phi_{\mathrm{i}} = 0{,}5$ bzw. 50 %

Unter der Annahme stationärer Randbedingungen (d. h. weder Feuchteeintrag noch –entzug aus dem betrachteten Raum) ergeben sich bei dem oben angegebenen Raumklima folgende Mindestwerte $\theta_{\mathrm{si,min}}$ für die raumseitigen Oberflächentemperaturen:

Vermeidung von Tauwasserbildung: $\theta_{\mathrm{si,min}} = 9{,}3\ °\mathrm{C}$
Vermeidung von Schimmelpilzwachstum: $\theta_{\mathrm{si,min}} = 12{,}6\ °\mathrm{C}$

Die einzuhaltende niedrigste raumseitige Oberflächentemperatur $\theta_{\mathrm{si,min}}$ kann auch mit Hilfe folgender Formel berechnet werden:

$$p_{\mathrm{sat}}\left(\theta_{\mathrm{si,min}}\right) = \frac{p_{\mathrm{i}}}{\phi_{\mathrm{si,cr}}} = \frac{\phi_{\mathrm{i}}}{\phi_{\mathrm{si,cr}}} \cdot p_{\mathrm{sat}}\left(\theta_{\mathrm{i}}\right) \tag{3.2}$$

Tab. 3.4 Beispiel – Taupunkttemperatur

Lufttemperatur	Relative Luftfeuchte	Taupunkttemperatur	Zulässige Temperaturdifferenz
θ in °C	ϕ in %	θ_{sat} in °C	$\theta - \theta_{sat}$ in °C
20	30	1,9	<18,1
	40	6,0	<14,0
	50	9,3	<10,7
	60	12,0	<8,0
	70	14,4	<5,6
	80	16,4	<3,6
	90	18,3	<1,7

Darin bedeuten:

$\theta_{si,min}$ Mindestwert der raumseitigen Oberflächentemperatur, in °C;
$p_{sat}(\theta_{si,min})$ Sättigungsdampfdruck für den kritischen Mindestwert der raumseitigen Oberflächentemperatur, in Pa (s. a. Tab. 3.4);
$p_{sat}(\theta_i)$ Sättigungsdampfdruck für die Raumlufttemperatur, in Pa;
ϕ_i relative Luftfeuchte der Raumluft;
p_i Wasserdampfteildruck der Raumluft ($p_i = \phi_i \cdot p_{sat,i}$), in Pa;
$\phi_{si,cr}$ kritischer Wert der relativen Luftfeuchte an der raumseitigen Oberfläche.

Beispiel

a) Für folgende Randbedingungen ist der Mindestwert der raumseitigen Oberflächentemperatur zur Vermeidung von Schimmelpilzwachstum rechnerisch zu bestimmen.
Raumklima: $\theta_i = 20$ °C, $\phi_i = 0{,}5$.
Kritische relative Luftfeuchte an der raumseitigen Oberfläche: $\phi_{si,cr} = 0{,}8$.
Die Werte für den Sättigungsdampfdruck werden aus Tab. 3.5 entnommen:

$$p_{sat}\left(\theta_i = 20\ °C\right) = 2337\ Pa$$

Damit ergibt sich der Sättigungsdampfdruck für den kritischen Mindestwert der raumseitigen Oberflächentemperatur zu:

$$p_{sat}\left(\theta_{si,min}\right) = \frac{p_i}{\phi_{si,cr}} = \frac{\phi_i}{\phi_{si,cr}} \cdot p_{sat}\left(\theta_i\right)$$

$$= \frac{0{,}5}{0{,}8} \cdot 2337 = 1461\ Pa$$

Diesem Sättigungsdampfdruck ist folgende Temperatur zugeordnet (Tab. 3.5):

$$\theta_{si,min} = 12{,}6\ °C\ \left(\text{Wert für }\ p_{sat} = 1458\ Pa\right)$$

Die einzuhaltende, d. h. nicht zu unterschreitende raumseitige Oberflächentemperatur beträgt 12,6 °C.

b) Es wird angenommen, dass die relative Luftfeuchte 65 % (ϕ_i = 0,65) beträgt bei einer gegenüber a) unveränderten Raumlufttemperatur von 20 °C. Kritische Oberflächenfeuchte: 80 % ($\phi_{si,cr}$ = 0,8). Es ergibt sich:

$$p_{sat}\left(\theta_{si,min}\right) = \frac{p_i}{\phi_{si,cr}} = \frac{\phi_i}{\phi_{si,cr}} \cdot p_{sat}\left(\theta_i\right)$$

$$= \frac{0,65}{0,8} \cdot 2337 = 1899 \text{ Pa}$$

Diesem Sättigungsdampfdruck ist folgende Temperatur zugeordnet (Tab. 3.5):

$$\theta_{si,min} = 16,7\ °\text{C}\ \left(\text{Wert für } p_{sat} = 1899 \text{ Pa}\right)$$

Tab. 3.5 Sättigungsdampfdruck für Wasserdampf in Luft über flüssigem Wasser bzw. über Eis in Abhängigkeit von der Temperatur (nach DIN 4108-3); die fett markierten Werte geben den Sättigungsdampfdruck für das Normklima nach DIN 4108-3 an (innen: +20 °C, außen: −5 °C)

Temperatur	**Sättigungsdampfdruck** p_{sat} in Pa für Temperaturschritte in Zehntel °C									
°C	,0	,1	,2	,3	,4	,5	,6	,7	,8	,9
20	**2337**	2351	2366	2381	2395	2410	2425	2440	2455	2470
19	2196	2210	2224	2238	2252	2266	2280	2294	2308	2323
18	2063	2076	2089	2102	2115	2129	2142	2155	2169	2182
17	1937	1949	1961	1974	1986	1999	2012	2024	2037	2050
16	1817	1829	1841	1852	1864	1876	1888	1900	1912	1924
15	1704	1715	1726	1738	1749	1760	1771	1783	1794	1806
14	1598	1608	1619	1629	1640	1650	1661	1672	1683	1693
13	1497	1507	1517	1527	1537	1547	1557	1567	1577	1587
12	1402	1411	1420	1430	1439	1449	1458	1468	1477	1487
11	1312	1321	1330	1338	1347	1356	1365	1374	1383	1393
10	1227	1236	1244	1252	1261	1269	1278	1286	1295	1303
9	1147	1155	1163	1171	1179	1187	1195	1203	1211	1219
8	1072	1080	1087	1094	1102	1109	1117	1124	1132	1140
7	1001	1008	1015	1022	1029	1036	1043	1050	1058	1065
6	935	941	948	954	961	967	974	981	988	994
5	872	878	884	890	897	903	909	915	922	928
4	813	819	824	830	836	842	848	854	860	866

(Fortsetzung)

Tab. 3.5 (Fortsetzung)

Temperatur °C	**Sättigungsdampfdruck** p_{sat} in Pa für Temperaturschritte in Zehntel °C									
	,0	,1	,2	,3	,4	,5	,6	,7	,8	,9
3	757	763	768	774	779	785	790	796	801	807
2	705	710	715	721	726	731	736	741	747	752
1	656	661	666	671	676	680	685	690	695	700
0	611	615	619	624	629	633	638	642	647	652
−0	611	615	619	624	629	633	638	642	647	652
−1	562	557	553	548	544	539	535	530	526	521
−2	517	513	509	504	500	496	492	488	484	479
−3	475	471	468	464	460	456	452	448	444	441
−4	437	433	430	426	422	419	415	412	408	405
−5	**401**	398	394	391	388	384	381	378	375	371

Fazit: Schon eine geringe Steigerung der relativen Luftfeuchte von 50 % auf 65 % führt zu einem erheblichen Anstieg der erforderlichen raumseitigen Oberflächentemperatur von 12,6 °C (bei 50 % r. F.) auf 16,7 °C (bei 65 % r. F.), um Schimmelpilzwachstum zu vermeiden.◀

Vermeidung von Schimmelpilzwachstum
Die kritische Oberflächenfeuchte, bei der mit Schimmelpilzwachstum zu rechnen ist, beträgt 80 %. Die vorhandene Oberflächenfeuchte sollte daher niedriger als 80 % sein. Die zugehörige kritische Oberflächentemperatur bei Normklima (Raumlufttemperatur +20 °C, relative Luftfeuchte 50 %) beträgt 12,6 °C. Die Innenoberflächentemperatur von Bauteilen muss daher mindestens 12,6 °C betragen, um Schimmelpilzwchstum auszuschließen.

3.2.6 Wasserdampfteildruck und Sättigungsdampfdruck

Die Oberfläche der Erdkugel ist von einer Lufthülle umgeben. Diese Luft hat eine Eigenlast (Wichte), d. h. sie lastet auf jedem Körper mit ihrer Masse (mit ihrem Gewicht). Die Wichte von trockener Luft beträgt ca. 1,204 kg/m³. Die Eigenlast, den die Luft auf Körper und die Erdoberfläche ausübt, wird als Luftdruck bezeichnet. Er beträgt in Meereshöhe etwa 1000 hPa entsprechend 1 Bar. Es gilt:

$$\begin{aligned}1\ \text{Bar} &= 1000\ \text{mbar}\ (\text{Millibar})\\ &= 10^5\ \text{Pa}\ (\text{Pascal})\\ &= 1000\ \text{hPa}\ (\text{Hektopascal})\\ &= 10^5\ \text{N/m}^2\ (\text{Newton je Quadratmeter})\end{aligned}$$

Die Masse (das Gewicht) des Wasserdampfes in der Luft erzeugt einen zusätzlichen Druck. Dieser Druck ist der Wasserdampf-Partialdruck oder Wasserdampfteildruck, er überlagert den Luftdruck. Der „Wasserdampf-Partialdruck" (Wasserdampf-Teildruck) wird in der Praxis meist als „Wasserdampfdruck" bezeichnet. Der Wasserdampfdruck ist umso größer, je feuchter die Luft ist. Er ist abhängig von der Temperatur und der relativen Luftfeuchte; er erreicht den Höchstwert bei wasserdampfgesättigter Luft. In diesem Fall wird der Wasserdampfdruck als „Sättigungsdampfdruck" bezeichnet.

Für wasserdampfgesättigte Luft kann zur jeweiligen Temperatur der zugehörige Sättigungsdampfdruck angegeben werden. Werte für den Sättigungsdampfdruck in Abhängigkeit von der Temperatur sind für einen Temperaturbereich zwischen 20 °C und – 5 °C in Tab. 3.5 angegeben. Für weitere Werte siehe DIN 4108-3.

Luft, die nicht wasserdampfgesättigt ist, hat einen niedrigen Wasserdampfdruck, daher wird hierfür der Begriff Wasserdampfteildruck bzw. Wasserdampfpartialdruck verwendet.

Dieser Wasserdampfteildruck p wird aus der relativen Luftfeuchte ϕ und dem Sättigungsdruck p_{sat} bei der Temperatur θ ermittelt. Es gilt folgender Zusammenhang

$$p = \phi \cdot p_{sat} \text{ in Pa (Pascal)} \tag{3.3}$$

Die relative Luftfeuchte ϕ (phi) ist in obige Gleichung als Dezimalzahl einzusetzen.

Beispiele

1. Luft mit einer Temperatur von 20 °C hat bei einer relativen Luftfeuchte von 100 % einen Sättigungsdampfdruck von:

   $$2337 \text{ Pa} = 2337 \text{ N/m}^2 = 23{,}37 \text{ mbar}$$

   Dieses ist der in der feuchten Luft zusätzlich zur trockenen Luft herrschende Druck des Wasserdampfes.
2. Bei 50 % relativer Luftfeuchte beträgt der Wasserdampf-Teildruck nur 50 % des Sättigungsdampfdruckes: Für Luft mit 20 °C und 50 % r. F. ergibt sich:

   Wasserdampfteildruck $p = \phi \cdot p_{sat} = 50\,\%$ von $2337 = 0{,}50 \cdot 2337 = 1168$ Pa
3. Ein Außenbauteil ist folgenden Klimabedingungen ausgesetzt:

Innenklima	θ_i = + 20 °C,	relative Luftfeuchte	ϕ_i = 50 % = 0,5
Außenklima	θ_e = – 5 °C,	relative Luftfeuchte	ϕ_e = 80 % = 0,8

Es herrscht auf beiden Seiten des Bauteils folgender Wasserdampfteildruck:

innen	$p_i = \phi_i \cdot p_{sat,i}$	= 0,50 · 2337	= 1168 Pa
außen	$p_e = \phi_e \cdot p_{sat,e}$	= 0,80 · 401	= 321 Pa

Die Differenz des Wasserdampfdruckes zwischen innen und außen beträgt:

$$\Delta p = p_\mathrm{i} - p_\mathrm{e} = 1168 - 321 = 847 \text{ Pa}$$

Aufgrund der Dampfdruckdifferenz erfolgt eine Wanderung des Wasserdampfes von innen nach außen (dem Dampfdruckgefälle folgend).◀

3.2.7 Feuchtegehalt von Baustoffen

Die Wassermenge, die in einem Baustoff enthalten ist, wird entweder als massebezogener oder als volumenbezogener Feuchtegehalt angegeben:

$$\text{massebezogener Feuchtegehalt } u_\mathrm{m} = \frac{\text{Masse des Wassers } m_\mathrm{w}}{\text{Masse des trockenen Baustoffs } m_\mathrm{b}} \tag{3.4}$$

$$\text{volumenbezogener Feuchtegehalt } u_\mathrm{v} = \frac{\text{Volumen des Wassers } V_\mathrm{w}}{\text{Volumen des Baustoffs } V_\mathrm{b}} \tag{3.5}$$

Da beide Größen dimensionslos sind, werden sie entweder als Dezimalzahl oder in Prozent angegeben.

Der Feuchtegehalt, der sich nach einiger Zeit in einem Baustoff einstellt, wenn er einem Klima mit einer bestimmten relativen Luftfeuchte ausgesetzt ist, wird als „Gleichgewichtsfeuchte“ oder „praktischer Feuchtegehalt“ bezeichnet.

Die Gleichgewichtsfeuchte ist für einen Baustoff typisch, denn es besteht ein enger Zusammenhang zwischen Wassergehalt und relativer Luftfeuchte. Die Temperatur hat keinen bedeutenden Einfluss; sie kann für praktische Bereiche vernachlässigt werden. Die Gleichgewichtsfeuchten eines Baustoffs können durch die sogenannte „Sorptionsisotherme“ wiedergegeben werden.

Sorptionsisothermen von Baustoffen

Sorption ist die Aufnahme von Wasser durch die Baustoffe.

Isothermen sind die Verbindungslinien zwischen Punkten gleicher Temperatur oder gleicher Feuchte.

Sorptionsisothermen sind Linien für den Gleichgewichtszustand zwischen feuchter Luft und dem aufgenommenen Wassergehalt im Baustoff.

Die Menge des durch Sorption aufgenommenen Wassers ist im Wesentlichen abhängig von der Größe der inneren Oberfläche und von der Dicke der Sorptionsschicht. Die Dicke

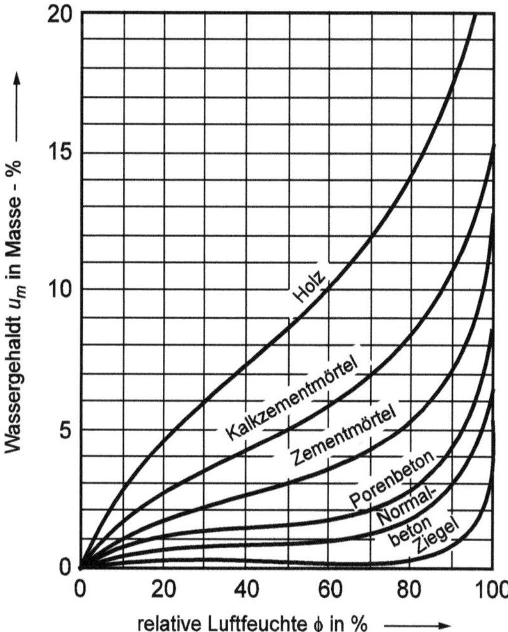

Abb. 3.3 Sorptionsisothermen für verschieden Baustoffe mit Angabe des Wassergehalts in Masse-%

dieser Wasserschicht wird durch die relative Luftfeuchte beeinflusst und durch den Porendurchmesser begrenzt.

Abb. 3.3 zeigt Sorptionsisothermen verschiedener Baustoffe.

Praktische Feuchtgehalte von Baustoffen

Der praktische Feuchtegehalt ist derjenige Wassergehalt, der bei der Untersuchung genügend ausgetrockneter Bauten in 90 % aller Fälle nicht überschritten wird. Es ist die sogenannte Ausgleichsfeuchte.

Anhaltswerte für den praktischen Feuchtegehalt bzw. die Ausgleichsfeuchte von ausgewählten Baustoffen sind in Tab. 3.6 angegeben. Diese Werte können auch als Vergleichswerte bei der Prüfung des Feuchtegehalts von genutzten Gebäuden dienen. Sie geben einen Anhalt dafür, ob im Einzelfall der tatsächliche Feuchtegehalt zu hoch oder ausreichend niedrig ist.

Tab. 3.6 Praktische Feuchtegehalte u_m von Baustoffen

Baustoffe	Massebezogener Feuchtegehalt u_m %
Ziegel	11
Kalksandstein	3
Beton mit geschlossenem Gefüge mit dichter Gesteinskörnung	2
Leichtbeton mit haufwerksporigem Gefüge mit dichter Gesteinskörnung nach DIN 4226-1	3
Leichtbeton mit haufwerksporigem Gefüge mit poriger Gesteinskörnung nach DIN 4226-2	4,5
Porenbeton	6,5
Gips, Anhydrit	2
Gussasphalt, Asphaltmastix	0
Anorganische Stoffe in loser Schüttung; expandiertes Gesteinglas (z. B. Blähperlit)	1
Mineralische Faserdämmstoffe aus Glas-, Stein-, Hochofenschlacken-(Hütten) Fasern	1,5
Schaumglas	0
Holz, Sperrholz, Spanplatten, Holzfaserplatten, Schilfrohrplatten und -matten, organische Faserdämmstoffe	15
Holzwolle-Leichtbauplatten	13
Pflanzliche Faserdämmstoffe aus Seegras, Holz-, Torf- und Kokosfasern und sonstigen Fasern	15
Korkdämmstoffe	10
Schaumkunststoffe aus Polystyrol, Polyurethan (hart)	1

3.3 Wassertransport (Feuchtetransport)

Der Wasser- bzw. Feuchtetransport kann auf verschiedene Weisen erfolgen:

- Diffusion
- laminare Strömung
- kapillare Wasserwanderung
- Wassertransport durch elektrokinetische Einflüsse (Osmose)
- Luftströmung
- Wasserverdunstung

Die verschiedenen Begriffe werden in den folgenden Abschnitten erläutert.

3.3.1 Wassertransport durch Diffusion

Diffusion bezeichnet das gegenseitige Durchdringen von Gasen oder Flüssigkeiten, auch das Durchwandern sehr kleiner Teilchen durch einen anderen Stoff. Diese kleinen Teilchen können Atome, Moleküle oder Ionen sein, die aufgrund ihrer thermischen Eigenbeweglichkeit wandern.

Es werden drei Arten der Diffusion von Wassermolekülen unterschieden (Abb. 3.4):

- Wasserdampfdiffusion
- Lösungsdiffusion
- Oberflächendiffusion

Der bedeutungsvollste Diffusionsvorgang ist die Wasserdampfdiffusion.

Wasserdampfdiffusion

Wasserdampf ist Wasser in gasförmigem Zustand. Die Luft kann Wasserdampf bis zur Sättigungsmenge aufnehmen. Wasserdampf ist unsichtbar. Der Gehalt an Wasserdampf in der Luft kann gemessen werden. Je größer der absolute Gehalt an Wasserdampf ist, umso größer ist auch der Wasserdampfdruck. Wasserdampf folgt stets dem Dampfdruckgefälle.

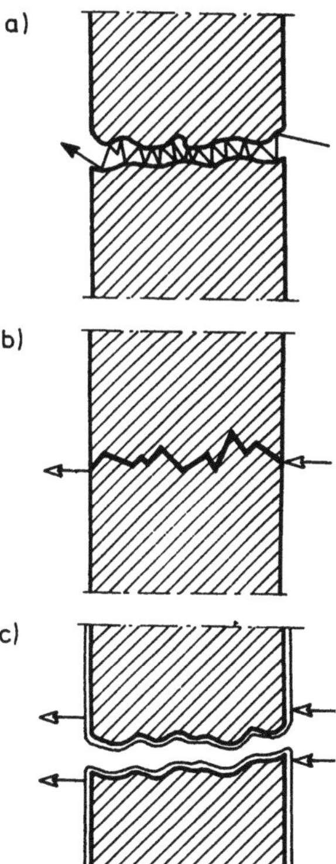

Abb. 3.4 Diffusionsarten (vereinfachte Darstellung). (**a**) Wasserdampfdiffusion im Zickzack-Kurs durch die Poren des Baustoffs. (**b**) Lösungsdiffusion durch eine Flüssigkeit oder durch einen organischen Stoff. (**c**) Oberflächendiffusion in einem Flüssigkeitsfilm auf den äußeren und inneren Oberflächen eines Feststoffes

Ohne Einwirkung anderer Kräfte und auch gegen die Schwerkraft wird sich Wasserdampf in Richtung des Druckgefälles, also in Richtung geringerer Konzentration, bewegen. Dieser Bewegungsvorgang und das dabei stattfindende Vermischen der Dampfmoleküle wird als Diffusion bezeichnet (Abb. 3.4a).

Die Diffusionsrichtung wird stets durch den absoluten Gehalt an Wasserdampf bestimmt. Wasserdampf wird stets dorthin diffundieren, wo die Luft absolut trockener ist. Dieser Vorgang findet auch durch Baustoffe hindurch statt, da die Wassermoleküle sehr klein sind. Sie haben eine Größe von etwa 0,3 mm (1 Nanometer = 1 Millionstel Millimeter). Die (Bau-)Stoffe setzen dennoch der Diffusion einen Widerstand entgegen. Dieser Diffusionswiderstand ist umso größer, je dichter die Stoffe sind. Vor dichteren Stoffen kann es zum Stau der Diffusion kommen.

Im Winter ist der Wasserdampfdruck der Außenluft aufgrund der niedrigeren Außenlufttemperaturen selbst bei gesättigter Außenluft meist geringer als der Wasserdampfdruck der Raumluft. Es herrscht ein Dampfdruckgefälle von innen nach außen, die Diffusionsrichtung verläuft von innen nach außen. Die Temperatur fällt in den Bauteilen nach außen ab. Es wird dort Wasserdampf kondensieren, wo er die Taupunkttemperatur erreicht. Ein Teil des dampfförmigen Wassers geht in den flüssigen Aggregatzustand über. Dampf kondensiert zu Wasser.

Bei Bauteilen, die ans Erdreich anschließen oder im Grundwasser liegen, ist die Situation eine andere. Hier herrscht außen ein der Temperatur entsprechender Wasserdampf-Sättigungsdruck. Je nach den herrschenden Wasserdampfteildrücken beidseitig des betrachteten Bauteils kann hier die Diffusion von innen nach außen oder umgekehrt von außen nach innen erfolgen.

Lösungsdiffusion

Lösungsdiffusion ist die Bewegung des Wassermoleküle in einem flüssigen Stoff, in dem Wasser gelöst ist. Wasser kann aber nicht nur in Flüssigkeiten, sondern auch in organischen Stoffen gelöst sein, z. B. in Holz, Kunststoffen oder Bitumen. Es findet auch in diesen Stoffen eine Lösungsdiffusion statt (Abb. 3.4b).

Oberflächendiffusion

Oberflächendiffusion ist die Bewegung der Wassermoleküle in einem Wasserfilm, der sich auf den äußeren und inneren Oberflächen von Feststoffen gebildet hat. Die Molekülwanderung findet in Richtung des Dampfdruckgefälles statt. Das aber hat nur dann Bedeutung, wenn der Stoff sehr porös ist (also eine große innere Oberfläche besitzt) und wenn der Wasserfilm dick genug ist, der Stoff also einen hohen Wassergehalt besitzt (Abb. 3.4c).

3.3.2 Wassertransport durch kapillare Wasserwanderung

Eine Kapillare ist eine haarfeine, röhrenartige Pore. Mit Kapillarität werden die Erscheinungen bezeichnet, die infolge der Oberflächenspannung von Flüssigkeiten in engen

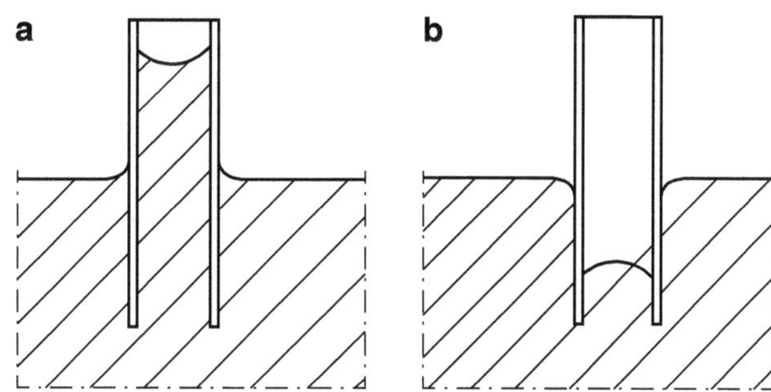

Abb. 3.5 Flüssigkeitsspiegel in einem Haarröhrchen (Kapillare). (**a**) höherstehender Flüssigkeitsstand mit nach oben gewölbtem Flüssigkeitsrand. (**b**) tieferliegender Flüssigkeitsstand mit nach unten gewölbtem Flüssigkeitsrand

Poren und Röhrchen auftreten. Die Grenzflächenspannungen zwischen Flüssigkeit, Porenwandung und Luft sind entscheidend dafür, ob die Flüssigkeit in der Kapillare gegenüber dem äußeren Flüssigkeitsspiegel aufsteigt oder zurückbleibt (Abb. 3.5).

In vielen Fällen der Baupraxis hat die kapillare Wasserwanderung große Bedeutung:

- Aufsteigende Feuchte im Mauerwerk bei fehlender waagerechter Abdichtung,
- nach innen wandernde Feuchte bei schlechter lotrechter Abdichtung im Erdreich,
- nach innen wandernde Feuchte bei Außenwänden im Schlagregen,
- bei Tauwasserbildung in den Bauteilen: das Tauwasser wird durch Kapillarität weitergeleitet,
- Speicherfähigkeit von Innenwand- und -deckenflächen für schnell anfallende Feuchte in Küchen, Bädern usw.

3.3.3 Wasserverdunstung

Die Wasserverdunstung (oder kurz Verdunstung) ist eine langsamere Verdampfung. Hierbei geht also das Wasser vom flüssigen in den gasförmigen Aggregatzustand über. Die dazu notwendige Wärmemenge wird als Verdampfungswärme dem Wasser und der Umgebung entzogen. Sie beträgt bei 20 °C insgesamt 2455 kJ je kg verdunstetes Wasser. Es entsteht dabei die sogenannte „Verdunstungskälte“.

Die Verdunstung ist der entgegengesetzte Vorgang zur Kondensation, der Tauwasserbildung.

Bauteile, durch die Wasser diffundiert, werden trocken erscheinen, wenn die durchdiffundierende Wassermenge geringer ist als an der anderen Bauteilseite verdunsten kann. Entscheidend für die Verdunstung ist der Diffusionswiderstand der Luftschicht, die den Bauteilen oder auch einer Wasseroberfläche anhaftet. Anders ausgedrückt: die verdunstete Wassermenge wird beeinflusst durch die relative Luftfeuchte, die Oberflächentemperatur und die Luftgeschwindigkeit.

Beispiele

Das Austrocknungsverhalten von Beton wird in Abhängigkeit von Windgeschwindigkeit, Luftfeuchte und Temperatur in Abb. 3.6 angegeben.

1. Bei 20 °C Lufttemperatur, 50 % relativer Luftfeuchte, 20 °C Oberflächentemperatur und Luftgeschwindigkeit 20 km/h verdunsten von der Oberfläche 0,6 kg Wasser je m² in 1 Stunde.
2. Bei 30 °C Lufttemperatur, 40 % relativer Luftfeuchte, 30 °C Oberflächentemperatur und Luftgeschwindigkeit 30 km/h verdunstet von der Oberfläche eine Wassermenge von 1,5 kg/(m² · h). ◄

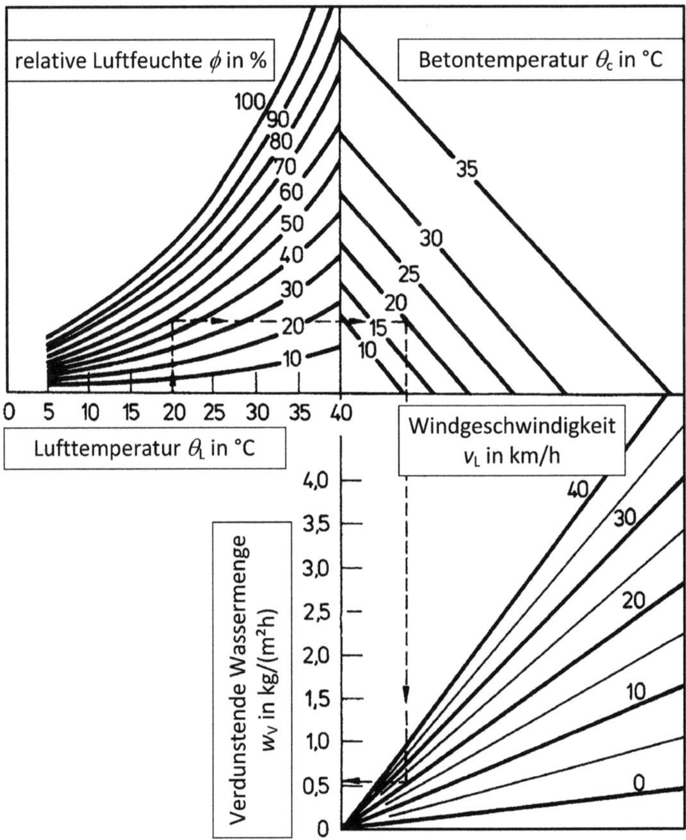

Abb. 3.6 Verdunstende Wassermengen in Abhängigkeit von Windgeschwindigkeit, Luftfeuchte und Temperatureinflüssen

3.3.4 Wassertransport durch Luftströmung

Wind ist die übliche Art der Luftbewegung. Durch Wind können aber auch innerhalb eines Gebäudes Luftströmungen entstehen. Auf der Luvseite eines Gebäudes wird durch den äußeren Staudruck des Windes in den dort gelegenen Räumen ein höherer Luftdruck entstehen als in den Räumen auf der Leeseite, wo außen der Windsog wirkt. Außerdem ist bei hohen Gebäuden der Winddruck an derselben Gebäudeseite oben größer als unten.

Luftdruckunterschiede entstehen aber auch durch raumlufttechnische Anlagen, also durch Lüftungs- und Klimaanlagen. Räume, in die Luft eingeblasen wird, erfahren eine Erhöhung des Luftdrucks, in Räumen mit Absauganlagen wird der Luftdruck erniedrigt. Diese Druckunterschiede bewirken Luftströmungen innerhalb eines Gebäudes.

Undichtigkeiten der raumumschließenden Bauteile gestatten einen Ausgleich von Druckunterschieden zwischen Raum- und Außenluft. Die durch diese Undichtigkeiten strömende Luft führt Wasserdampf mit. Dieser Wasserdampf kondensiert, wenn beim Abkühlen die Tautemperatur erreicht wird. Hierbei können sich an diesen undichten Stellen im Laufe der Zeit Durchfeuchtungsschäden entwickeln. Undichtigkeiten in diesem Sinne sind Fugen bei gedämmten Dächern, bei Fenstern und Türen oder bei Holz- und Plattenbekleidungen. Übliche Baustoffporen bei Putz, Mauerwerk, Beton gehören jedoch nicht dazu. Diese Baustoffe gelten bei üblichen Drücken und einwandfreier Ausführung als dicht, auch wenn hierbei nicht von einer wirklichen Gasdichtigkeit gesprochen werden kann.

Die für baupraktische Belange wesentlichste Luftströmung entsteht bei natürlicher Lüftung der Räume. Der hierbei entstehende Wassertransport ist bei üblichen Verhältnissen größer als der durch andere Luftströmungen stattfindende Wassertransport.

Beispiele

1. Bei *wärmegedämmten Schrägdächern* bekommt der Wassertransport durch Luftströmung immer größere Bedeutung. In die Dachkonstruktion kann durch Luftströmung mehr Wasser eingebracht werden als durch Dampfdiffusion.
2. Bei *undichten Fugen oder Anschlüssen* kann eine nennenswerte Luftströmung entstehen, mit der Feuchtigkeit in die Baukonstruktion eingetragen wird. Die Luftströmung wird durch Druckunterschiede (z. B. Winddruck) verursacht.
3. Bei *Undichtheiten* entstehen nicht nur erhebliche Wärmeverluste, siehe hierzu Kap. 2 in diesem Werk. Es findet auch ein beachtlicher Feuchteeintrag statt, indem der Wasserdampf kondensiert, der in der Luft mitgeführt wird.
4. Bei *dicken Dämmschichten* kann an der Außenseite eine Kondensation stattfinden, da tiefere Temperaturen, z. B. nachts, den äußeren Dachbereich stark abkühlen.
5. Eine *Unterlüftung der Dachdeckung* und der Unterspannbahn sollte unterbleiben. Kalte Außenluft kann zusätzlich eine Feuchtezufuhr von außen zur Folge haben.
6. Eine diffusionsbremsende bzw. diffusionshemmende Schicht („Dampfbremse") oder sogar eine diffusionssperrende Schicht („Dampfsperre") auf der Innenseite der

Dämmung („warme“ Seite) ist erforderlich, um Wasserdampfdiffusion in die kühlen Bereiche eines Bauteils und damit Tauwasserbildung zu vermeiden. Sie muss jedoch so ausgeführt werden, dass ihre Funktion auch im Bereich aller Anschlüsse und Überlappungen gewährleistet ist. Hierbei ist besonders auf eine handwerklich saubere und fachgerechte Ausführung zu achten. Für die Begriffe diffusionsbremsend, diffusionshemmend und diffusionssperrend (siehe Abschn. 3.4.2). ◀

3.3.5 Wassertransport durch laminare Strömung

Als laminare Strömung wird die langsame Sickerströmung einer Flüssigkeit durch poröse feste Stoffe bezeichnet, wobei die einzelnen Schichten der Flüssigkeit ohne Wirbelbildung aneinander vorbeigleiten.

Darcy hat das Gesetz der laminaren Sickerwasserströmung entwickelt. Es findet Anwendung bei der Berechnung von Sickerwasserströmungen in Böden und Filterschichten. Für andere Bauteile ist das Gesetz von Darcy nur anwendbar bei vollständiger Wassersättigung des Bauteils.

3.3.6 Wassertransport durch elektrokinetische Einflüsse (Osmose)

In feinporigen Stoffen vorhandenes Wasser beginnt zu fließen, wenn in diesen Stoffen ein Gefälle elektrischer Spannung wirkt. Dieser Wassertransport ist der „elektrokinetische Wassertransport“. Er wird auch als „Elektroosmose“ bezeichnet.

Der Vorgang des elektrokinetischen Wassertransports wird einerseits zur Messung einer Wasserbewegung in Böden oder Bauteilen verwendet. Andererseits kann ein vorhandener Wassertransport gebremst oder in entgegengesetzte Richtung umgelenkt werden. Dies wird bei der elektrokinetischen Mauerwerksentfeuchtung versucht. Dazu werden in der zu entfeuchtenden Wand in zwei verschiedenen Höhen Elektroden eingebaut. Ein elektrischer Strom bewirkt ein Fließen des Wassers nach unten bis die Wand ausreichend trocken ist.

3.4 Rechenwerte der Wasserdampfdiffusion

Die Wasserdampfdiffusion kann innerhalb des Bauteilquerschnitts zur Tauwasserbildung führen. Zur Vermeidung von Schäden an den Bauteilen (z. B. Korrosion, Verminderung der Tragfähigkeit usw.) und zur Minimierung des Risikos von Schimmelpilzwachstum sowie zur Vermeidung weiterer nachteiliger Auswirkungen (z. B. Minderung des Wärmeschutzes) sind bestimmte Anforderungen einzuhalten. Diese werden in DIN 4108-3 („Wärmeschutz und Energie-Einsparung in Gebäuden – Teil 3: Klimabedingter Feuchteschutz“) geregelt.

Eine Übersicht über die für feuchteschutztechnische Berechnungen und Nachweise verwendeten Größen, deren Formelzeichen sowie Indizes sind in Tab. 3.7 angegeben.

Tab. 3.7 Größen, Formelzeichen und Einheiten sowie Indizes für feuchteschutztechnische Berechnungen. (Nach DIN 4108-3)

Größen		
Bedeutung	Formelzeichen	Einheit
Feuchteproduktion im Raum	G	kg/h
Flächenbezogene Tauwassermasse	M_c	kg/m^2
Flächenbezogene Verdunstungsmasse	M_{ev}	kg/m^2
Wärmedurchlasswiderstand	R	m^{2}K/W
Wärmeübergangswiderstand, raumseitig	R_{si}	m^{2}K/W
Wärmeübergangswiderstand, außenseitig	R_{se}	m^{2}K/W
Gaskonstante für Wasserdampf	G_v	Pa · m^3/ (kg · K)
Thermodynamische Temperatur	T	K
Raumvolumen	V	m^3
Wasseraufnahmekoeffizient	W_w	kg/(m^2 · h^{0,5})
Wasserdampf-Diffusionsdurchlasswiderstand	Z_p	m^2 · s · Pa/kg
Wasserdampf-Diffusionsdurchlasswiderstand bezüglich volumenbezogener Masse der Luftfeuchte	Z_v	s/m
Schichtdicke	d	m
Temperaturfaktor auf der raumseitigen Bauteiloberfläche	f_{Rsi}	–
Wasserdampfdiffusionsstromdichte	g	kg/(m^2 · s)
Tauwasserrate	g_c	kg/(m^2 · s)
Verdunstungsrate	g_{ev}	kg/(m^2 · s)
Luftwechselrate	n	1/h bzw. h^{-1}
Wasserdampfteildruck	p	Pa
Sättigungsdampfdruck	p_{sat}	Pa
Wärmestromdichte	q	W/m^2
Wasserdampfdiffusionsäquivalente Luftschichtdicke	s_d	m
Zeit	t	s bzw. h
Dauer der Tauperiode	t_c	s
Dauer der Verdunstungsperiode	t_{ev}	s
Massebezogener Feuchtegehalt	u	kg/kg
Volumenbezogener Feuchtegehalt	w	kg/m^3
Wasserdampf-Diffusionsleitkoeffizient in einem Material	δ	kg/(m · s · Pa)
Wasserdampf-Diffusionsleitkoeffizient in ruhender Luft	δ_0	kg/(m · s · Pa)
Volumenbezogene Masse der Luftfeuchte (absolute Luftfeuchte)	ν	kg/m^3
Raumseitige Erhöhung der absoluten Luftfeuchte gegenüber außen	$\Delta\nu$	kg/m^3
Relative Luftfeuchte	ϕ	– bzw. %
Bemessungswert der Wärmeleitfähigkeit	λ	W/(m · K)
Wasserdampf-Diffusionswiderstandszahl	μ	–
Temperatur (Grad Celsius)	θ	°C

(Fortsetzung)

Tab. 3.7 (Fortsetzung)

Indizes	
Bedeutung	**Index**
Kondensation	c
Kritischer Wert	cr
Außenluft	e
Verdunstung	ev
Raumluft	i
Mindestwert	min
Oberfläche	s
Wert bei Sättigung	sat
Außenseitige Oberfläche	se
Raumseitige Oberfläche	si
Gesamtwert für ein Bauteil	T

Hinweis: Bei einigen Einheiten steht eine 1 für das Verhältnis zweier gleicher Einheiten, z. B.: kg/kg.

3.4.1 Wasserdampf-Diffusionswiderstandszahl

Jeder Stoff setzt der Diffusion von Wasserdampf einen entsprechenden Widerstand entgegen. Diese für den Stoff typische Widerstandsfähigkeit wird durch die Wasserdampf-Diffusionswiderstandszahl μ (mü) (auch „μ-Wert“ genannt) ausgedrückt. Die μ-Werte der Baustoffe können durch Diffusionsmessungen ermittelt werden, wobei die Messgenauigkeit sehr begrenzt ist. Aus diesem Grund werden in DIN 4108-4 („Wärmeschutz und Energie-Einsparung in Gebäuden – Teil 4: Wärme- und feuchteschutztechnische Bemessungswerte“) nur Richtwerte für die Wasserdampf-Diffusionswiderstandszahl angegeben. Die μ-Werte sind als Grenzwerte zu verstehen, die auch die Streuungen der Baustoffeigenschaften berücksichtigen.

Die Wasserdampf-Diffusionswiderstandszahl μ gibt an, um wie viel höher der Widerstand des jeweiligen Stoffes gegen Wasserdampfdiffusion im Vergleich zu Luft gleicher Schichtdicke ist. Damit ist μ eine dimensionslose Verhältniszahl. Der Widerstand einer 1 m dicken Luftschicht wird gleich 1 gesetzt.

Richtwerte der Wasserdampf-Diffusionswiderstandszahl für Baustoffe sind in Kap. 8 (Anhang) angegeben; siehe auch DIN 4108-4.

Beispiele

1. Verschiedene Baustoffe mit unterschiedlichen Wasserdampf-Diffusionswiderstandszahlen sind in Abb. 3.7 gegenübergestellt. Bei Berechnungen ist jeweils derjenige Wert einzusetzen, der sich für die Baukonstruktion ungünstiger auswirkt.

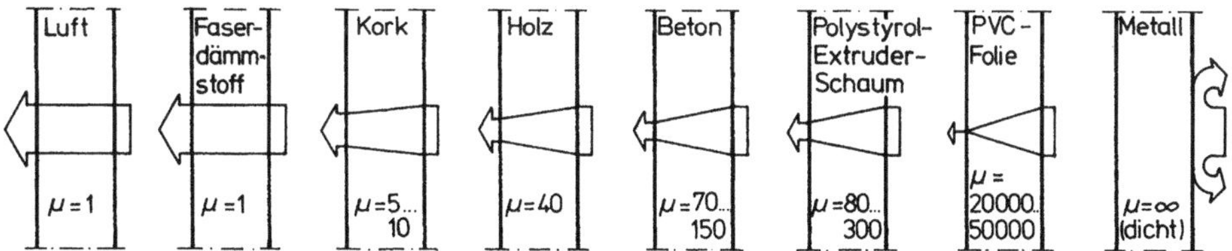

Abb. 3.7 Wasserdampf-Diffusionswiderstandszahlen μ verschiedener Stoffe mit vereinfachter Darstellung des Wasserdampfdurchgangs

2. Für Normalbeton beträgt die Wasserdampf-Diffusionswiderstandszahl $\mu = 70/150$. Das bedeutet, dass dieser Baustoff einen 70- bis 150-mal größeren Widerstand gegen Wasserdampf-Diffusion besitzt als Luft. ◀

3.4.2 Wasserdampfdiffusionsäquivalente Luftschichtdicke

Die wasserdampfdiffusionsäquivalente Luftschichtdicke s_d einer Baustoffschicht ist eine gegen Diffusion gleichwertige Schichtdicke (äquivalent = gleichwertig). Sie wird aus ihrer Dicke d und der Wasserdampf-Diffusionswiderstandszahl μ des Baustoffes berechnet. Es gilt:

$$s_d = \mu \cdot d \qquad s_d \text{ und } d \text{ in m} \tag{3.6}$$

In Abhängigkeit von der Größe der wasserdampfdiffusionsäquivalenten Luftschichtdicke einer Bauteilschicht wird nach DIN 4108-3 folgende Einteilung vorgenommen:

- diffusionsoffene Schicht: Bauteilschicht mit $s_d \leq 0{,}5$ m
- diffusionsbremsende Schicht: Bauteilschicht mit 0,5 m < $s_d \leq 10$ m („Dampfbremse“)
- diffusionshemmende Schicht: Bauteilschicht mit 10 m < $s_d \leq 100$ m
- diffusionssperrende Schicht: Bauteilschicht mit 100 m < s_d < 1500 m („Dampfsperre“)
- diffusionsdichte Schicht: Bauteilschicht mit $s_d \geq 1500$ m

Wasserdampfdiffusionsäquivalente Luftschichtdicke
Die wasserdampfdiffusionsäquivalente Luftschichtdicke s_d ist die Dicke einer Bauteilschicht oder eines Bauteils, die den gleichen Wasserdampfdiffusionswiderstand aufweist wie eine gleich dicke Luftschicht. Je größer der Wert s_d ist desto größer ist der Widerstand gegen Wasserdampfdiffusion und umgekehrt.

Beispiele

1. Für Gipsmörtel wird ein Richtwert der Wasserdampf-Diffusionswiderstandszahl von μ = 10 angegeben. Aus diesem Grund hat daher eine 1,5 cm dicke Gipsputzschicht den gleichen Diffusionswiderstand wie eine 15 cm dicke Luftschicht.

$$s_d = \mu \cdot d = 10 \cdot 0{,}015 = 0{,}15 \text{ m}$$
$$\left(\text{diffusionsoffen, da } s_d = 0{,}15 < 0{,}5 \text{ m}\right)$$

2. Der Wasserdampfdiffusionswiderstand einer 25 mm dicken Holzplatte aus Fichte (μ = 40) ist einer 1,0 m dicken Luftschicht gleichwertig.

$$s_d = \mu \cdot d = 40 \cdot 0{,}025 = 1{,}0 \text{ m}$$
$$\left(\text{diffusionsbremsend, da } s_d = 1{,}0 > 0{,}5 \text{ m und} < 10 \text{ m}\right)$$

3. Eine 60 mm dicke Dämmschicht aus Polystyrol-Extruderschaum (μ = 80/300) hat eine wasserdampfdiffusionsäquivalente Luftschichtdicke von 4,8 bis 18 m.

$$s_d = \mu \cdot d = \left(80 \text{ bis } 300\right) \cdot 0{,}060 = 4{,}8 \text{ bis } 18 \text{ m}$$
$$\left(\text{diffusionshemmend bei } 4{,}8 \text{ m bzw. diffusionsbremsend bei } 18 \text{ m}\right)$$

4. Der Wasserdampfdiffusionswiderstand einer 0,2 mm dicken Polyurethan-Folie mit μ = 100.000 ist so groß wie der Widerstand einer 20 m dicken Luftschicht.

$$s_d = \mu \cdot d = 100\ 000 \cdot 0{,}2 \cdot 10^{-3} = 20 \text{ m}$$
$$\left(\text{diffusionsbremsend, da } s_d > 10 \text{ m und} < 100 \text{ m}\right)$$

5. Keramikplatten mit 15 mm Dicke setzen der Wasserdampf-Diffusion einen Widerstand entgegen, der dem Widerstand einer 1,5 bis 3 m dicken Luftschicht gleichzusetzen ist.

$$s_d = \mu \cdot d = \left(100 \text{ bis } 300\right) \cdot 0{,}015 = 1{,}5 \text{ bis } 3 \text{ m}$$
$$\left(\text{diffusionsbremsend, da } s_d > 0{,}5 \text{ m und} < 10 \text{ m}\right)$$

6. Mauerwerk aus Porenbeton-Blocksteinen in 30 cm Dicke hat den gleichen Wasserdampfdiffusionswiderstand wie die dünnen Keramikplatten des vorigen Beispiels.

$$s_d = \mu \cdot d = \left(5 \text{ bis } 10\right) \cdot 0{,}30 = 1{,}5 \text{ bis } 3 \text{ m}$$
$$\left(\text{diffusionsbremsend, da } s_d > 0{,}5 \text{ m und} < 10 \text{ m}\right)$$

7. PE-Folie mit einer Dicke von 1,5 mm und einer Wasserdampfdiffusionswiderstandszahl von $\mu = 100.000$.

$$s_d = \mu \cdot d = 0{,}0015 \cdot 100.000 = 150 \text{ m}$$
$$\left(\text{diffusionssperrend, da } s_d > 100 \text{ m und} < 1500 \text{ m}\right) \blacktriangleleft$$

3.4.3 Wasserdampf-Diffusionsdurchlasswiderstand

Die Behinderung des Transports von Wasserdampf durch die Bauteile wird durch den Wasserdampf-Diffusionsdurchlasswiderstand Z_p in ähnlicher Weise erfasst wie es beim Wärmetransport mit dem Wärmedurchlasswiderstand R geschieht. Beide Widerstände sind miteinander vergleichbar:

Durchlass:	Wärme	Wasserdampf
R	≙	Z_p

Da bei der Wasserdampfdiffusion die Übergangswiderstände an der Bauteilinnenseite und -außenseite vernachlässigbar klein sind, kann man auch die Durchgangswiderstände miteinander vergleichen:

Durchgang:	Wärme	Wasserdampf
R_{tot}	≙	Z_p

Der Wasserdampfdiffusionsdurchlasswiderstand Z_p einer homogenen Baustoffschicht wird mit folgender Gleichung berechnet:

$$Z_p = 5 \cdot 10^9 \cdot \mu \cdot d \quad \text{in m}^2 \cdot \text{s} \cdot \text{Pa/kg} \tag{3.7}$$

Die Konstante 5 × 10^9 entspricht dem gerundeten Kehrwert des Wasserdampf-Diffusionsleitkoeffizienten in Luft δ_0 bei einer Bezugstemperatur von 10 °C, in m · s · Pa/kg.

Bei Anordnung mehrerer homogener Baustoffschichten hintereinander wird der Gesamt-Wasserdampf-Diffusionsdurchlasswiderstand Z_p des Bauteils aus den Dicken d_1, d_2, … d_n der einzelnen Baustoffschichten und ihrer Wasserdampf-Diffusionswiderstandszahlen μ_1, μ_2, … μ_n nach folgender Gleichung ermittelt:

$$Z_p = 1{,}5 \cdot 10^9 \cdot \left(\mu_1 \cdot d_1 + \mu_2 \cdot d_2 + \ldots \mu_n \cdot d_n\right) \text{ in m}^2 \cdot \text{s} \cdot \text{Pa/kg} \tag{3.8}$$

Für die Anordnung verschiedener Baustoffschichten hintereinander gilt für Bauteile, die an die Außenluft grenzen, folgende Faustregel:

Der Diffusionsdurchlasswiderstand der einzelnen Schichten sollte von innen nach außen abnehmen (d. h. es gilt die Konstruktionsregfel „innen dichter als außen“)

Bei Beachtung dieser Konstruktionsregel wird es in der Regel keine Schwierigkeiten beim Nachweis der Tauwasserbildung geben.

3.4.4 Wasserdampf-Diffusionsstromdichte

Die Dichte des Wasserdampf-Diffusionsstromes durch die Bauteile ist abhängig von der Druckdifferenz $\Delta p = p_i - p_e$ und dem Wasserdampfdiffusionswiderstand Z_p. Damit ist die Wasserdampfdiffusionsstromdichte g vergleichbar mit der Wärmestromdichte q beim Wärmedurchgang:

Wärmestromdichte q

$$q = U \cdot (\theta_i - \theta_e) = \frac{\theta_i - \theta_e}{R_T} = \frac{\Delta\theta}{R_T} \tag{3.9}$$

Wasserdampfdiffusionsstromdichte g

$$g = \frac{p_i - p_e}{Z_p} = \frac{\Delta p}{Z_p} \tag{3.10}$$

Die Analogie zwischen Wärmestrom und Diffusionsstrom ist in Abb. 3.8 und Tab. 3.8 veranschaulicht.

Die Wasserdampfdiffusionsstromdichte g gibt an, wie viel Wasserdampf bei einem entsprechenden Druckunterschied zwischen Innen- und Außenluft durch ein Bauteil hindurch diffundiert. Die Wasserdampfmenge wird gemessen in kg je m^2 Bauteilfläche in 1 Sekunde. Es gilt:

$$g = \frac{p_i - p_e}{Z_p} = \frac{\Delta p}{Z_p} \text{ in kg}/\left(\text{m}^2 \cdot \text{s}\right) \tag{3.11}$$

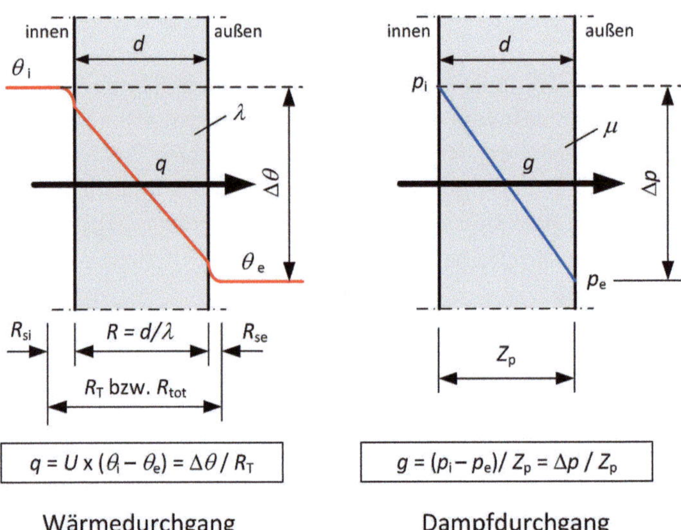

Abb. 3.8 Analogie zwischen Wärmestromdichte q und Diffusionsstromdichte g

Tab. 3.8 Vergleich zwischen Wärmestromdichte und Wasserdampf-Diffusionsstromdichte

Stromdichte	Wärme	Wasserdampf
Stromgefälle (Ursache der Strömung)	Temperaturdifferenz $\Delta\theta = \theta_i - \theta_e$	Dampfdruckdifferenz $\Delta p = p_i - p_e$
Widerstand gegen Strömung	Wärmedurchgangswiderstand R_T	Diffusionsdurchlasswiderstand Z_p

Hierbei wird vom stationären Zustand ausgegangen und außerdem vorausgesetzt, dass kein Tauwasser ausfällt.

3.5 Schutz vor Tauwasser

Die wärmeschützende Wirkung der raumumschließenden Außenbauteile darf durch Wassereinwirkung nicht unzulässig vermindert werden, weder durch von außen eindringendes Niederschlagswasser noch durch innen wirksam werdende Tauwasserbildung. Wasser bzw. Feuchtigkeit darf den Wärmeschutz nicht beeinträchtigen. Dieses ist eine Grundforderung der DIN 4108 „Wärmeschutz und Energie-Einsparung in Gebäuden".

DIN 4108 enthält in Teil 3 zum klimabedingten Feuchteschutz verschiedene Anforderungen, Empfehlungen und Hinweise, die zu beachten sind::

- Vermeidung kritischer Luftfeuchten an Bauteiloberflächen;
- Vermeidung von Tauwasserbildung im Bauteilinneren;
- Empfehlungen für den Schlagregenschutz von Wänden;
- Bauteile, für die kein rechnerischer Tauwasser-Nachweis erforderlich ist.

Bei der Tauwasserbildung ist zu unterscheiden:

- Tauwasserbildung auf Bauteiloberflächen,
- Tauwasserbildung im Bauteilinnern.

Diese beiden Fälle (Tauwasserbildung auf Bauteiloberflächen und im Bauteilinnern) werden in den nächsten Abschnitten näher behandelt.

3.5.1 Tauwasserbildung auf Bauteiloberflächen

Normalfälle (kein Nachweis zur Tauwasserbildung erforderlich):

Schäden durch Tauwasserbildung werden im Allgemeinen vermieden, wenn die Mindestanforderungen an den Wärmeschutz nach DIN 4108-2 eingehalten sind. Insbesondere im Bereich von Wärmebrücken sind die entsprechenden Anforderungen einzuhalten (z. B. $f_{Rsi} \geq 0{,}7$ bzw. $\theta_{si} \geq 12{,}6$ °C zur Vermeidung von Schimmelpilzwachstum).

Hierbei ist zu beachten, dass die Anforderungen für die zugrunde gelegten Klimarandbedingungen gelten (innen: 20 °C und 50 % rel. Feuchte; außen: −5 °C und 80 % rel. Feuchte).

Derartige Klimabedingungen können für beheizte, nicht klimatisierte Räume mit üblicher Nutzung angenommen werden, sofern eine ausreichende Beheizung und Lüftung stattfindet (wie z. B. bei Aufenthaltsräumen in Wohn- und Bürogebäuden einschließlich häuslicher Küchen und Bäder).

Ein rechnerischer Nachweis ist daher für diese Normalfälle in der Regel nicht erforderlich.

Weiterhin ist zu beachten, dass das kurzfristige Auftreten von Oberflächentauwasser an Fenstern und Fenstertüren als unkritisch anzusehen ist, sofern dieses wieder abtrocknet und die Beaufschlagung mit Feuchtigkeit nicht über längere Zeiträume andauert.

Sonderfälle (Nachweis der Tauwasserbildung erforderlich):

In Sonderfällen ist der Gesamt-Wärmedurchlasswiderstand R_{tot} des Außenbauteils rechnerisch zu ermitteln, der unter den jeweiligen raumklimatischen Bedingungen erforderlich ist, damit Tauwasserbildung auf der Oberfläche von Bauteilen vermieden wird. Solche Sonderfälle liegen bei dauernd hoher Raumluftfeuchte vor, z. B. bei Großküchen, Hallenbädern, Wäschereien. Auch in unbeheizten Kellerräumen kann die Tauwasserbildung auf Bauteiloberflächen kritisch werden. Dies gilt insbesondere im Sommer, wenn feuchtwarme Luft in unbeheizte Kellerräume gelangt und es auf den kühlen Bauteiloberflächen zur Tauwasserbildung kommt. Aus diesem Grund sollten Kellerräume bei entsprechender Witterung auf keinen Fall gelüftet werden.

3.5.2 Tauwasserbildung im Bauteilinnern

Normalfälle (kein rechnerischer Tauwasser-Nachweis erforderlich):

In DIN 4108-3 Abschn. 5.3 sind Bauteile angegeben, für die bei ausreichendem Wärmeschutz nach DIN 4108-2 (Mindestwärmeschutz) und bei luftdichter Ausführung nach DIN 4108-7 kein rechnerischer Nachweis der Tauwasserbildung infolge Wasserdampfdiffusion erforderlich ist.

Die Angaben gelten nur für Bauteile von nicht klimatisierten Wohnräumen oder wohnähnlich genutzten Räumen sowie für die in DIN 4108-3 festgelegten Klimabedingungen (innen: 20 °C, 50 % relative Luftfeuchte; außen: −5 °C, 80 % r.F.). Ein rechnerischer Nachweis des Tauwasserausfalls bei diesen Bauteilen ist nicht erforderlich, weil entweder kein Tauwasserrisiko besteht oder das Periodenbilanzverfahren für eine Bewertung nicht geeignet ist.

Bauteile, für die kein rechnerischer Tauwassernachweis erforderlich ist, sind in Abschn. 3.6 angegeben.

Sonderfälle (Nachweis der Tauwasserbildung erforderlich)

Wenn die Bauteile nicht den Anforderungen der DIN 4108-3 Abschn. 5.3 (Abschn. 3.6 in diesem Werk) entsprechen oder die Randbedingungen (Klimabedingungen, Nutzung) nicht zutreffen, ist ein rechnerischer Nachweis der Tauwasserbildung infolge Wasserdampfdiffusion erforderlich.

Will man diesen Rechenaufwand vermeiden, ist es also nötig, eine der genannten Wand bzw. Dachkonstruktionen in Abschn. 3.6 zu wählen. Das dürfte in den meisten Fällen möglich sein („Normalfall").

Nur in Sonderfällen sind daher rechnerische Nachweise erforderlich. Die Nachweisverfahren befinden sich in Abschn. 3.7.

3.5.3 Maßnahmen gegen schädliche Auswirkungen der Tauwasserbildung

Zum Vermeiden schädlicher Auswirkungen der Tauwasserbildung im Bauteilinnern gibt es mehrere Möglichkeiten. Im Einzelfall ist abzuklären, welche dieser Möglichkeiten angewendet werden kann:

- Absenkung der relativen Luftfeuchte im Raum
- Veränderung der Schichtenfolge („innen dichter als außen")
- Hinterlüftung einzelner Bauteilschichten
- Wahl geeigneter Baustoffe
- Einbau von Dampfbremsen oder Dampfsperren
- Einbau von Entspannungsschichten oder Entlüftern
- Beachtung der Anforderungen an Wärmebrücken
- richtiges Nutzerverhalten (ausreichendes Lüften und Heizen).

3.5.3.1 Absenkung der relativen Luftfeuchte im Raum

Die Möglichkeit, die relative Luftfeuchte im Raum zu senken, kann in besonderen Fällen sinnvoll sein. Die Nutzung eines Raumes wird kaum geändert werden können, nur weil die Gefahr einer schädlichen Auswirkung der Tauwasserbildung besteht. Jedoch kann durch Belüftung und Entlüftung, eventuell durch eine mechanisch betriebene Lüftungsanlage, die relative Luftfeuchte gesteuert werden, mit oder ohne Wärmerückgewinnung. Die Auswirkungen auf den Lüftungswärmebedarf sind zu berücksichtigen.

3.5.3.2 Veränderung der Schichtenfolge

Die Konstruktionen sollten stets so ausgebildet werden, dass folgende Grundregel für die diffusionsäquivalenten Luftschichtdicken s_d und die Wärmedurchlasswiderstände R der einzelnen Schichten eingehalten wird:

In Richtung der stattfindenden Diffusion (im Allgemeinen von innen nach außen):

- die s_d-Werte nehmen ab,
- die R-Werte nehmen zu.

Das bedeutet:

Konstruktionen, die in Diffusionsrichtung diffusionsoffener und besser wärmegedämmt sind, verhalten sich im Allgemeinen unproblematisch. Bei anderen Konstruktionen zeigt ein rechnerischer Nachweis, ob schädliche Auswirkungen durch Tauwasser zu erwarten sind oder nicht.

3.5.3.3 Hinterlüftung einzelner Bauteilschichten

Außen oder innen liegende Bauteilschichten können durch eine Luftschicht von anderen Bauteilen abgekoppelt werden, sodass die Wasserdampfdiffusion unterbrochen wird. Bei außen liegenden Bauteilschichten mit hohen s_d-Werten kann eine Luftschicht sinnvoll oder nötig sein, wenn sie eine Hinterlüftung bewirkt, z. B. Metall- oder Kunststoff-Fassaden. Die Luftschicht muss für eine Hinterlüftung bestimmte Bedingungen erfüllen, wenn sie wirkungsvoll sein sollen.

Für eine bestimmte Luftschichtdicke zwischen der hinterlüfteten Schale und den anderen Bauteilen bestehen keine bauphysikalischen Gründe. Eine Hinterlüftung verhindert auch die Übertragung von flüssigem Wasser nach innen, z. B. Schlagregen. Eine Luftschichtdicke von 20 mm reicht aus, um ein Übertragen von Wasser zu vermeiden. Damit aber das durch die hinterlüftete Schale eingedrungene Wasser schnell abgeführt wird, sind Lüftungsöffnungen am unteren und oberen Rand der hinterlüfteten Schale erforderlich. Sie sollten möglichst groß sein. Am Fußpunkt muss eventuell eindringendes Wasser oder ausfallendes Tauwasser schadlos abfließen können. Angaben zum Schlagregenschutz enthält Abschn. 3.9.

Für belüftete Dächer, die ausreichend gedämmt sind und bei denen Tauwasserbildung nicht zu befürchten ist, enthält DIN 4108 nähere Angaben; siehe hierzu Abschn. 3.6.

Zur wärmedämmenden Wirkung von Luftschichten bei Dächern enthält Kap. 2 nähere Angaben.

3.5.3.4 Wahl der Baustoffe

Bei einschichtigem Wandaufbau ist der s_d-Wert des Baustoffs von untergeordneter Bedeutung. Bei Außendämmungen spielt der s_d-Wert der Dämmung keine große Rolle. Bei Innendämmungen oder Kerndämmungen ist die Wahl geeigneter Baustoffe zum Vermeiden von Tauwasser wichtig; zumal dann, wenn die Schichtenfolge nicht verändert werden kann. Günstiger sind hierbei Dämmstoffe mit größerem Diffusionswiderstand.

Bei Flachdächern liegt – mit Ausnahme beim Umkehrdach – im Allgemeinen die Abdichtung über der Dämmung. Hierbei ist eine dampfdurchlässige Kunststoffdichtungsbahn günstiger als eine Bitumendichtungsbahn. Vorhandene Dämmschichten, die unter einer dampfundurchlässigen Dichtungsbahn durch Tauwasser feucht geworden sind, können unter einer dampfdurchlässigen Dichtungsbahn im Laufe der Zeit wieder „austrocknen“.

3.5.3.5 Einbau einer diffusionshemmenden oder diffusionssperrenden Schicht

Bei Bauteilen, die vor einer schädlichen Auswirkung der Tauwasserbildung zu schützen sind, kann der Einbau einer diffusionshemmenden Schicht (s_d > 10 m) oder einer diffusionssperrenden Schicht (s_d > 100 m) (Dampfsperre) sinnvoll oder erforderlich sein. Dadurch wird der Diffusionsstrom behindert. Im zu schützenden Bereich ist der Dampfdruck geringer, im anderen Bereich allerdings höher. Diffusionshemmende oder diffusionssperrende Schichten sollten daher möglichst nahe an jene Bauteiloberfläche gelegt werden, die dem kritischen Klima ausgesetzt ist, von dem die Tauwasserbildung ausgeht. Dabei kann eine Pufferschicht auf der Dampfsperre das ausfallende Tauwasser aufnehmen und später an die Raumluft wieder abgeben. Außerdem ist die diffusionshemmende bzw. diffusionssperrende Schicht gegen mechanische Beschädigung zu schützen.

Diffusionshemmende bzw. diffusionssperrende Schichten können zusätzlich die Funktion der Luftdichtheitsschicht gegen einströmende Luft übernehmen. Bei konventionell abgedichteten Flachdächern wirken sie als zweite Dichtungsschicht und können als Notdichtung bis zur Fertigstellung der gesamten Flachdachkonstruktion genutzt werden.

3.5.3.6 Dampfdruckausgleichsschichten

Dampfdruckausgleichsschichten sollen bei relativ dichten Schichten den Dampfdruck abbauen. Sie verringern jedoch trotz einer gewissen Porosität den Wasserdampfteildruck innerhalb eines Bauteils nicht. Sie können daher Tauwasserbildung nicht verhindern. Sie sind auch nicht imstande, das anfallende Tauwasser in geeigneter Zeit verdunsten zu lassen.

Dampfdruckausgleichsschichten müssen dort eingesetzt werden, wo Abdichtungen mit hohen Temperaturen (z. B. bituminöse Abdichtungen) auf feuchte Bauteile aufgebracht werden müssen. Das in den Bauteilen enthaltene Wasser verdampft beim Erhitzen und erzeugt dann keine Blasen in der Abdichtung, da sich kein lokaler erhöhter Dampfdruck ausbilden kann.

Eine Dampfdruckausgleichsschicht ist auch bei Flachdächern erforderlich, bei denen die Abdichtung direkt auf der Wärmedämmschicht aufgebracht wird (sogenannte Warmdächer). Sie wird direkt unter der Dachabdichtung und auf der Dämmschicht angeordnet und verhindert Blasenbildung der Abdichtungsschicht bei Erwärmung (z. B. bei Sonneneinstrahlung). Lediglich bei Dämmstoffen aus Mineralfaser ist keine Dampfdruckausgleichsschicht erforderlich, da der Druckausgleich in der Dämmschicht erfolgt.

Dachentlüfter, die in die Dichtungsschicht flacher oder schwach geneigter Dächer eingebaut werden, haben nur eine geringe Wirkung. Wie Entspannungsschichten können auch sie die Wärmedämmschichten nicht wirkungsvoll trocknen. Eine Trocknung durch Strömung kann nicht stattfinden. Eine Trocknung bzw. Verdunstung durch Diffusion setzt einen wirksamen Unterschied des Gesamtdrucks voraus, der in den Belüftungskanälen nicht vorhanden ist.

3.5.3.7 Anforderungen an Wärmebrücken

Die wichtigste Maßnahme zur Vermeidung von Tauwasserbildung sowie zur Verhinderung kritischer oberflächennaher Luftfeuchten ist die Beachtung der Anforderungen an Wärmebrücken. Diese sind zusammen mit den Randbedingungen für die Berechnung und Maßnahmen zur Vermeidung von Schimmelpilzbildung in DIN 4108-2 („Wärmeschutz und Energieeinsparung in Gebäuden – Teil 2: Mindestanforderungen an den Wärmeschutz") angegeben. Weitere Regelungen zur Berechnung von Wärmebrücken enthält DIN EN ISO 10211 („Wärmebrücken im Hochbau – Wärmeströme und oberflächentemperaturen – Detaillierte Berchnungen"). Beispielhafte Planungs- und Ausführungsbeispiele für Wärmebrücken sind im Beiblatt 2 der DIN 4108 („Wärmeschutz und Energieeinsparung in Gebäuden – Wärmebrücken – Planungs- und Ausführungsbeispiele") angegeben. Sämtliche Ausführungsbeispiele, die im Beiblatt 2 der DIN 4108 aufgeführt sind, erfüllen die Anforderungen hinsichtlich der Vermeidung kritischer Luftfeuchten, d. h. diese Konstruktionen gewährleisten eine oberflächennahe relative Luftfeuchte von $\phi_{si,cr} \leq 80\ \%$ bzw. eine Innenoberflächentemperatur von $\theta_{si} \geq 12{,}6\ °C$. Für Wärmebrücken, die nicht exakt den Ausführungsbeispielen des Beiblattes 2 der DIN 4108 entsprechen, aber in ihrer Konstruktion einem der Beispiele ähneln, können die Anforderungen durch einen Gleichwertigkeitsnachweis erbracht werden.

Bei der Planung eines Gebäudes sollten bezüglich Wärmebrücken folgende Grundregeln beachtet werden:

1. Wärmebrücken sind nach Möglichkeit zu vermeiden.
2. Nicht vermeidbare Wärmebrücken müssen den normativen Anforderungen entsprechen (d. h. Ausführungsbeispiele nach Beiblatt 2 der DIN 4108 oder gleichwertige Konstruktionen sowie Wärmebrücken mit $\phi_{si,cr} \leq 80\ \%$ bzw. $\theta_{si} \geq 12{,}6\ °C$).

Auswirkungen von Wärmebrücken:

- Bei zunehmender Erhöhung der Wärmedämm-Maßnahmen der einzelnen Bauteile steigt der Anteil an Wärmeverlusten im Bereich von Wärmebrücken. Aus diesem Grund müssen Wärmeverluste infolge Wärmebrücken beim Nachweis des energiesparenden Wärmeschutzes rechnerisch berücksichtigt werden. Die Anforderungen sind im Gebäudeenergiegesetz (GEG) geregelt.
- Durch Wärmebrücken entstehen infolge des erhöhten Wärmedurchgangs raumseitig niedrigere Oberflächentemperaturen als im Bereich der Regelbauteile.
- Niedrige Oberflächentemperaturen beeinträchtigen die Behaglichkeit der Bewohner, es entsteht der Eindruck, dass es „zieht".
- Diese Schwachstellen im Bereich von Wärmebrücken bilden die Voraussetzung für das Entstehen von Tauwasserschäden.
- Eine Tauwasserbildung findet dort statt, wo die örtliche Oberflächentemperatur die Taupunkttemperatur unterschreitet. Schimmelpilzbildungen sind die Folge.

- Schimmelpilzbildungen können auch ohne Tauwasserbildung bereits bei einer oberflächennahen relativen Luftfeuchte von ≥80 % und mehr auftreten, wenn diese Bedingungen an mehr als etwa 12 Stunden am Tag ungefähr eine Woche andauern.
- Vorbeugende Maßnahmen gegen Schimmelpilzwachstum sind u. a. in DIN/TS 4108-8 („Wärmeschutz und Energie-Einsparung in Gebäuden – Teil 8: Vermeidung von Schimmelwachstum in Wohngebäuden") sowie in der Schrift „Schimmelpilz-Leitfaden" (Leitfaden zur Vorbeugung, Untersuchung, Bewertung und Sanierung von Schimmelpilzwachstum in Innenräumen) der Innenraumlufthygiene-Kommission des Umweltbundesamtes (www.umweltbundesamt.de) angegeben.

3.5.3.8 Richtiges Nutzerverhalten

Bauliche Mängel und/oder falsches Nutzerverhalten sind die Voraussetzungen für Schimmelbildung. Schimmelpilzwachstum findet die passenden Voraussetzungen, wenn genügend Feuchtigkeit vorhanden ist und das Material der Bauteiloberfläche die notwendigen Nährstoffe bereithält, wie dies beispielsweise bei Holz und Tapeten oder Staubablagerungen der Fall ist. Das Problem liegt häufig darin, dass die Nutzer von Wohnungen gar nicht wissen, wie sie richtig lüften und heizen müssen, um schädliche Auswirkungen der Tauwasserbildung bzw. kritische Oberflächenfeuchten zu vermeiden.

Empfehlungen für richtiges Lüften verschiedener Räume (nach Schimmelpilz-Leitfaden) siehe Abschn. 3.10.14 in diesem Werk.

3.6 Bauteile, für die kein rechnerischer Tauwassernachweis erforderlich ist

3.6.1 Allgemeines

Für bestimmte Bauteile ist kein rechnerischer Nachweis des Tauwasserausfalls nach dem Periodenbilanzverfahren (Glaserverfahren) nach Abschn. 3.7 erforderlich. Es wird dabei vorausgesetzt, dass diese Bauteile einen ausreichenden Wärmeschutz nach DIN 4108-2 (Mindestwärmeschutz) aufweisen und darüber hinaus luftdicht nach DIN 4108-7 ausgeführt sind. Außerdem gelten die Regeln nur für Bauteile von nicht klimatisierten Wohnräumen oder wohnähnlich genutzten Räumen. Ein rechnerischer Tauwassernachweis ist für diese Bauteile nicht erforderlich, da entweder kein Risiko der Tauwasserbildung besteht oder das Periodenbilanzverfahren für eine Beurteilung nicht geeignet ist.

Die bezüglich des Tauwasserausfalls nicht nachzuweisenden Bauteile werden im Abschn. 5.3 der DIN 4108-3 beschrieben. Nachfolgend werden die wichtigsten Regeln in Kurzform angegeben, für nähere Informationen wird auf die Norm verwiesen.

Bei Bauteilen in Holzbauweise sind außerdem die Regeln des baulichen Holzschutzes nach DIN 68800-2 zu beachten.

3.6.2 Außenwände

3.6.2.1 Außenwände aus Mauerwerk oder Beton

Für folgende Außenwände aus Mauerwerk oder Beton ist kein rechnerischer Tauwassernachweis erforderlich (Abb. 3.9):

- Wände aus Mauerwerk nach DIN EN 1996-1-1
- Wände aus Normalbeton nach DIN EN 206 bzw. DIN 1045-2
- Wände aus gefügedichtem Leichtbeton nach DIN 1045-2, DIN EN 206 und DIN EN 1992-1-1
- Wände aus haufwerksporigem Leichtbeton nach DIN 4213, DIN EN 992 und DIN EN 1520

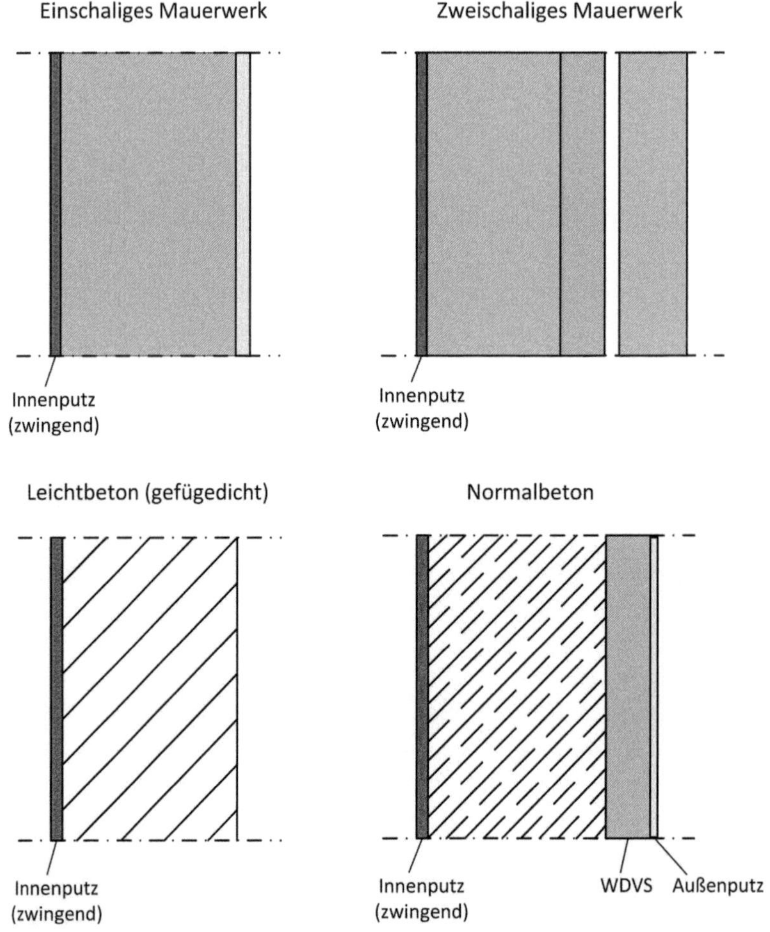

Abb. 3.9 Außenwände, für die kein rechnerischer Tauwassernachweis erforderlich ist

Alle genannten Wandkonstruktionen jeweils mit Innenputz und bestimmten Außenschichten (wasserabweisender Außenputz, angemörtelte oder angemauerte Bekleidungen, hinterlüftete Außenwandbekleidungen, Außendämmungen, wasserabweisender Wärmedämmputz oder Wärmedämmverbundsystem (WDVS), Verblendmauerwerk); genaue Angaben siehe Norm.

3.6.2.2 Wände mit Innendämmung

Für Wände mit Innendämmung mit folgenden Eigenschaften ist kein rechnerischer Tauwassernachweis erforderlich (Abb. 3.10):

- Die Wand darf keiner Beanspruchung durch Schlagregen ausgesetzt sein.
- Wärmedurchlasswiderstand der Innendämmung $R \leq 0{,}5$ m²K/W.
- Bei $R > 0{,}5$ m²K/W und $R \leq 1{,}0$ m²K/W muss die Dämmschicht einschließlich der raumseitigen Bekleidung ein $s_{d,i} > 0{,}5$ m aufweisen.
- Ein Einströmen von Raumluft in bzw. hinter die Innendämmung ist zu vermeiden.

3.6.2.3 Wände in Holzbauart

Für Wände in Holzbauart (nach DIN 68800-2) in folgenden Varianten ist kein rechnerischer Tauwassernachweis erforderlich:

a) Mit beidseitiger Bekleidung oder Beplankung mit vorgehängter Außenwandbekleidung und raumseitiger diffusionshemmender Schicht mit $s_{d,i} \geq 2$ m sowie außenseitiger diffusionsoffener Schicht mit $s_{d,e} \leq 0{,}3$ m oder Holzfaserdämmplatte n. DIN EN 13171. Diese Forderungen gelten auch für nicht belüftete Außenwandbekleidungen aus kleinformatigen Elementen, bei denen sich auf der äußeren Beplankung eine wasserableitende Schicht mit $s_{d,e} \leq 0{,}3$ m befindet.

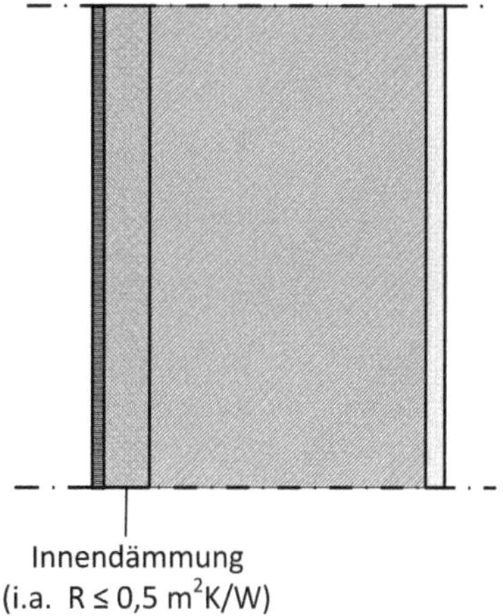

Abb. 3.10 Wände mit Innendämmung, für die kein rechnerischer Tauwassernachweis erforderlich ist

b) Mit raumseitiger Bekleidung oder Beplankung und einer raumseitigen diffusionshemmenden Schicht mit $s_{d,i} \geq 2{,}0$ m und mit einem Wärmedämmverbundsystem (WDVS) aus Mineralfaserdämmstoff n. DIN EN 13162 oder Holzfaserdämmplatten n. DIN EN 13171 und wasserabweisendem Putz mit $s_d \leq 0{,}7$ m.
c) Mit beidseitiger Bekleidung oder Beplankung mit raumseitiger diffusionshemmender Schicht mit $s_{d,i} \geq 2{,}0$ m und einer äußeren Beplankung mit $s_d \leq 0{,}3$ m mit einem WDVS aus Mineralfaserdämmstoff n. DIN EN 13162 oder Holzfaserdämmplatten n. DIN EN 13171 sowie wasserabweisendem Putz mit $s_d \leq 0{,}7$ m.
d) Aus Elementen mit beidseitiger Bekleidung oder Beplankung mit einem WDVS aus Polystyrol oder einer Vorsatzschale aus Mauerwerk n. DIN 68800-2, Anhang A.

3.6.2.4 Holzfachwerkwände

Für Holzfachwerkwände mit raumseitiger Luftdichtheitsschicht in folgender Ausführung ist kein rechnerischer Tauwassernachweis erforderlich:

a) Mit wärmedämmender Ausfachung sowie einer Innenbekleidung mit 1 m $\leq s_{d,i} \leq$ 2 m.
b) Mit Innendämmung (im Bereich Fachwerk und Gefach) bei Wänden ohne Schlagregenbeanspruchung mit $R \leq 0{,}5$ m²K/W. Bei einem Wärmedurchlasswiderstand von $0{,}5 \leq R \leq 1{,}0$ m²K/W ist ein s_d von 1 m $\leq s_{d,i} \leq$ 2 m einzuhalten (Wärmedämmung einschl. raumseitiger Bekleidung). Das Einströmen von Raumluft in bzw. hinter die Innendämmung ist zu verhindern.
c) Mit Außendämmung (im Bereich Fachwerk und Gefach) mit einem WDVS und mit $s_{d,e} \leq$ 2 m der äußeren Konstruktionsschichten; alternativ mit hinterlüfteter Außenwandbekleidung.

3.6.2.5 Erdberührte Kelleraußenwände mit Bauwerksabdichtung

Für folgende erdberührte Kelleraußenwände mit Bauwerksabdichtung ist kein rechnerischer tauwassernachweis erforderlich:

- Wände aus einschaligem wärmedämmendem Mauerwerk oder
- Wände aus Mauerwerk bzw. Beton mit Perimeterdämmung.

3.6.3 Bodenplatten

3.6.3.1 Bodenplatten mit Perimeterdämmung mit Bauwerksabdichtung

Für Bodenplatten mit Perimeterdämmung mit Bauwerksabdichtung (d. h. Dämmschicht unterhalb der Bodenplatte) ist kein rechnerischer Tauwassernachweis erforderlich, wenn der Anteil der raumseitig der Dämmung vorhandenen Schichten am Gesamtwärmedurchlasswiderstand der Bodenplatte nicht mehr als 20 % beträgt.

3.6.3.2 Bodenplatten mit raumseitiger Dämmung

Für Bodenplatten mit raumseitiger Dämmung ist nach dem Normentwurf zur DIN 4108-3 vom April 2023 (s. E DIN 4108-3, 5.3.3.3) kein rechnerischer Tauwassernachweis erforderlich, wenn bestimmte Voraussetzungen eingehalten werden (siehe weiter unten) (Abb. 3.11). Derartige Konstruktionen sind in der Praxis die Regelausführung, wenn die Wassereinwirkungsklasse W1-E (Bodenfeuchte und nicht drückendes Wasser) nach DIN 18533-1 „Abdichtung von erdberührten Bauteilen – Teil 1: Anforderungen, Planungs- und Ausführungsgrundsätze" vorliegt. Bei W1-E wird die Abdichtung üblicherweise auf der Oberseite der Bodenplatte angeordnet. Unmittelbar auf der Bodenplattenabdichtung wird die Wärmedämmschicht eingebaut, die auch gleichzeitig als Schutzschicht für die Abdichtung dient. Diese Ausführung gestaltet sich wesentlich einfacher und kostengünstiger als bei Konstruktionen mit außenseitiger Dämmschicht, bei denen die Wärmedämmung unter der Bodenplatte im Erdreich eingebaut wird (Perimeterdämmung) (s. 3.6.3.1).

In der bisherigen Fassung der DIN 4108-3 gab es für Bodenplatten mit raumseitiger Dämmschicht keine Erleichterung durch eine Befreiung vom rechnerischen Tauwassernachweis. Dies hatte dazu geführt, dass derartige Konstruktionen – obwohl sie in der Praxis zur Regelausführung bei der häufig vorkommenden Wassereinwirkungsklasse W1-E gehören – hinsichtlich schädlicher Tauwasserbildung rechnerisch nachgewiesen werden mussten. Dies ändert sich zukünftig, sofern die Regelungen des Normentwurfs in der finalen Fassung der DIN 4108-3 aufgenommen werden.

Sofern die nachfolgend beschriebenen Voraussetzungen zutreffen, kann auch bei Bodenplatten mit raumseitiger Dämmschicht auf einen rechnerischen Tauwassernachweis verzichtet werden. Im Einzelnen müssen folgende Bedingungen eingehalten werden:

1. Auf der Bodenplatte ist ein Estrichaufbau nach DIN 18560 „Estriche im Bauwesen" (alle Teile) mit Dämmstoffen nach DIN 18560 „Estriche im Bauwesen" angeordnet.
2. Die Dämmstoffe (im Estrichaufbau; Punkt 1) müssen den Anforderungen der Produktnormen nach Tab. 3.9 entsprechen.
3. Die wasserdampfdiffusionsäquivalente Luftschichtdicke (s_d-Wert) der Schichten, die sich raumseitig der Wärmedämmung befinden, muss $s_d \geq 20$ m betragen.

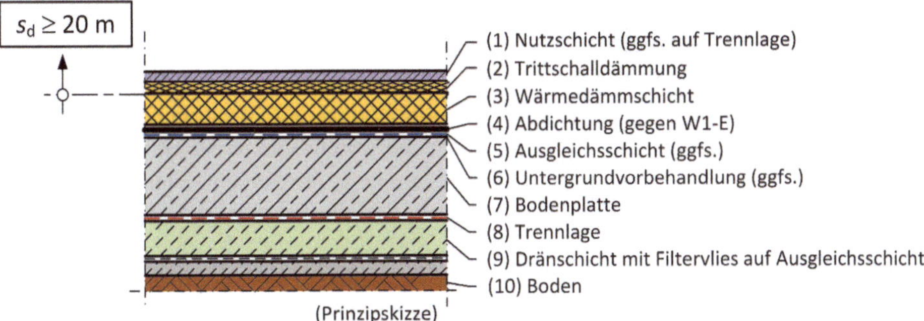

Abb. 3.11 Bodenplatte bei W1-E (Bodenfeuchte und nicht drückendes Wasser) mit raumseitiger Dämmung ohne rechnerischen Tauwassernachweis

Tab. 3.9 Zugelassene Dämmstoffe im Estrichaufbau bei Bodenplatten mit raumseitiger Dämmung ohne rechnerischen Tauwassernachweis

Dämmstoff	Kurzzeichen	Norm	Ausgabedatum
Mineralwolle	MW	DIN EN 13162	2015-04
Expandiertes Polystyrol	EPS	DIN EN 13163	2017-02
Extrudierter Polystyrolschaum	XPS	DIN EN 13164	2015-04
Polyurethan-Hartschaum	PU	DIN EN 13165	2016-09
Phenolharzschaum	PF	DIN EN 13166	2016-09
Schaumglas	CG	DIN EN 13167	2015-04
Holzwolle	WW	DIN EN 13168	2015-04
Blähperlit	EPB	DIN EN 13169	2015-04
Expandierter Kork	ICB	DIN EN 13170	2015-04

Beispiel

Für folgende Bodenplatte mit raumseitiger Dämmung ist zu überprüfen, ob auf einen rechnerischen Tauwassernachweis verzichtet werden kann.

Aufbau (von außen nach innen):

1. Bodenplatte (Stahlbeton), $d = 20$ cm, $\mu = 80/130$
2. Abdichtung (PMBC) gegen W1-E (Bodenfeuchte und nicht drückendes Wasser)
3. Wärmedämmung (XPS), $d = 14$ cm
4. Trittschalldämmung (EPS), $d = 4$ cm, $\mu = 20/100$
5. Trennlage (PE-Folie), $s_d = 50$ m
6. Zementestrich, $d = 6$ cm, $\mu = 15/35$
7. Bodenbelag aus Linoleum, $d = 0{,}5$ cm, $\mu = 800/1000$

Die Berechnung des s_d-Wertes der Schichten, die sich raumseitig der Wärmedämmung befinden, erfolgt tabellarisch (Tab. 3.10). Maßgebend sind hier die Schichten Nr. 4 (Trittschalldämmung), Nr. 5 (Trennlage), Nr. 6 (Zementestrich) und Nr. 7 (Linoleum), da sich diese raumseitig der Wärmedämmung befinden. Die anderen Schichten (Nr. 1-Bodenplatte, Nr. 2 – Abdichtung und Nr. 3 – Wärmedämmung) werden bei der Ermittlung des s_d-Wertes für die Überprüfung, ob auf einen rechnerischen Tauwassernachweis verzichtet werden kann, nicht angesetzt.

Für viele Baustoffe werden zwei Wasserdampf-Diffusionswiderstandszahlen μ angegeben. In diesem Fall ist derjenige Wert anzunehmen, der zu der ungünstigeren Auswirkung führt. Im vorliegenden Beispiel wird der jeweils kleinere μ-Wert angesetzt, da dies zum geringeren vorhandenen s_d-Wert (Summe s_d der Schichten Nr. 4 bis 7) führt und der Anforderungswert in Höhe von $s_d = 20{,}0$ m ein Minimalwert ist, d. h. nicht unterschritten werden darf.

Tab. 3.10 Beispiel – Berechnung des s_d-Wertes für eine Bodenplatte mit raumseitiger Dämmung

Nr.	Bezeichnung	Dicke d m	Wasserdampf-Diffusions-widerstandszahl μ [-]	Wasserdampf-diffusions-äquivalente Luftschichtdicke $s_d = \mu \cdot d$ m
1	Bodenplatte			
2	Abdichtung			
3	Wärmedämmung (XPS)			
4	Trittschalldämmung	0,04	**20**/100	0,80
5	Trennlage	-	-	50,0
6	Zementestrich	0,06	**15**/35	0,90
7	Linoleum	0,05	**800**/1000	40,0
			Summe: s_d=	**91,7 m**

Ergebnis:

Der s_d-Wert der Schichten raumseitig der Wärmedämmung ist größer als der geforderte s_d-Wert von 20,0 m:

$$\text{vorh } s_d = 91{,}7\,\text{m} \gg \text{erf } s_d = 20{,}0\,\text{m}$$

Auf einen rechnerischen Tauwassernachweis kann verzichtet werden. ◄

3.6.4 Dächer

Für Dächer, bei denen kein rechnerischer Tauwassernachweis erforderlich ist, gelten die folgenden allgemeinen Regelungen (Abschn. 3.6.4.1). Zusätzlich sind bauartspezifische Regeln für nicht belüftete und belüftete Dächer zu beachten (siehe Abschn. 3.6.4.2).

3.6.4.1 Allgemeine Regelungen

Dächer, für die kein rechnerischer Tauwassernachweis erforderlich ist, müssen die folgenden Anforderungen erfüllen:

- Dachdeckungen müssen ***regensicher*** sein. Diese Forderung wird bei Dachdeckungen mit Dachziegeln, Dachsteinen, Schiefer und Metallblechen erfüllt, wenn die erforderliche Dachneigung eingehalten wird und zusätzlich regensichernde Maßnahmen wie z. B. Unterdächer, Unterdeckungen oder Unterspannungen angeordnet werden.
- Dachabdichtungen müssen ***wasserdicht*** sein. Diese Forderung wird bei Abdichtungen mit Dachabdichtungsstoffen wie z. B. Bitumen- und Polymerbitumenbahnen, Kunststoff- und Elastomerbahnen oder Flüssigkunststoffen erfüllt. Weiterhin müssen Dachabdichtungen bis zum oberen Rand der An- und Abschlüsse und im Bereich von Durchdringungen wasserdicht sein. Es sind bestimmte Mindest-Anschlusshöhen einzuhalten; siehe hierzu die Regeln der DIN 18531 sowie der Flachdachrichtlinie.

3.6.4.2 Anforderungen an belüftete Luftschichten und belüftete Dachdeckungen

Weiterhin werden Anforderungen an die Eigenschaften von belüfteten Luftschichten und belüftete Dachdeckungen gestellt. Diese sind abhängig von der Dachneigung:

a) **Dachneigung ≥ 5°**
- Der freie Lüftungsquerschnitt im Dachquerschnitt muss eine Höhe von ≥ 2 cm aufweisen (Abb. 3.12). Dies gilt für die gesamte Dachfläche, lokale Unterschreitungen aufgrund von Maßtoleranzen oder Einbauten sind zulässig.
- An den Traufen (Dachränder) bzw. an Traufe und Pultdachabschluss muss der freie Lüftungsquerschnitt ≥ 2 ‰ bezogen auf die zugehörige Dachfläche betragen, mindestens jedoch 200 cm^2/m (Abb. 3.13).
- Am First und Grat sind Lüftungsquerschnitte von 0,5 ‰ der zugehörigen Dachfläche betragen, mindestens jedoch 50 cm^2/m.

b) **Dachneigung < 5°**
- Die Länge der Sparren bzw. die Länge des Luftraums darf nicht größer als 10 m sein. Hiermit ist die Entfernung zwischen der Zuluft- und Abluftöffnung gemeint.
- Die Lüftungsquerschnitte müssen mindestens 2 ‰ der zugehörigen Dachfläche betragen, mindestens jedoch 200 cm^2/m. Die Lüftungsquerschnitte sind an jeweils gegenüberliegenden Dachrändern anzuordnen.
- Die Höhe des freien Lüftungsquerschnitts über der Wärmedämmung muss mindestens 2 ‰ der zugehörigen Dachfläche betragen; es werden jedoch mindestens 5 cm gefordert (Abb. 3.14). Die freie, durchgehende Lüftungshöhe ist für eine einwandfreie Lüftung des Luftraums erforderlich. Außerdem muss eine freie Anströmung der Öffnungen sichergestellt sein. Maßtoleranzen sind bei der Planung des Lüftungsquerschnitts zu beachten.

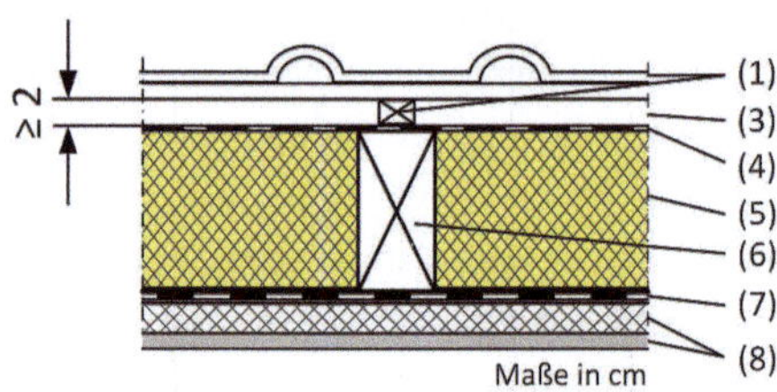

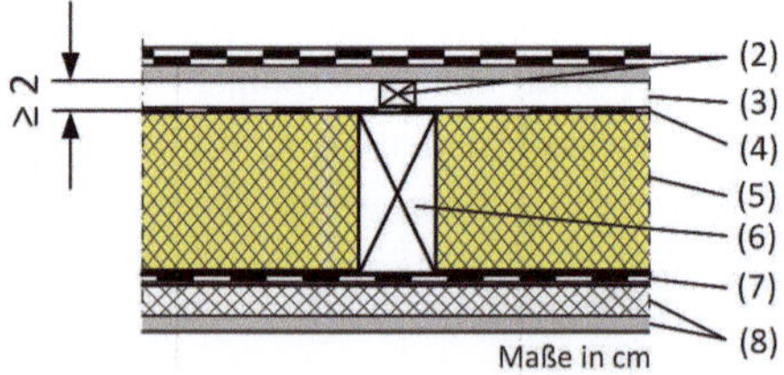

Abb. 3.12 Höhe des freien Lüftungsquerschnitts bei Dächern mit einer Dachneigung ≥ 5°; (1) belüftete Dachdeckung (Dachdeckung auf Trag- und Konterlattung), (2) Dachabdichtung mit zusätzlicher belüfteter Luftschicht (Dachabdichtung auf Konterlattung und Schalung), (3) belüftete Luftschicht, (4) regensichernde Zusatzmaßnahme, Unterdeckbahn, (5) Zwischensparrendämmung, (6) Sparren, (7) Schicht zur Begrenzung des Diffusionsstroms, (8) raumseitige Bekleidung mit Unterkonstruktion, ggfs. einschl. Dämmung. (In Anlehnung an DIN 4108-3:2018-10, Bild 1)

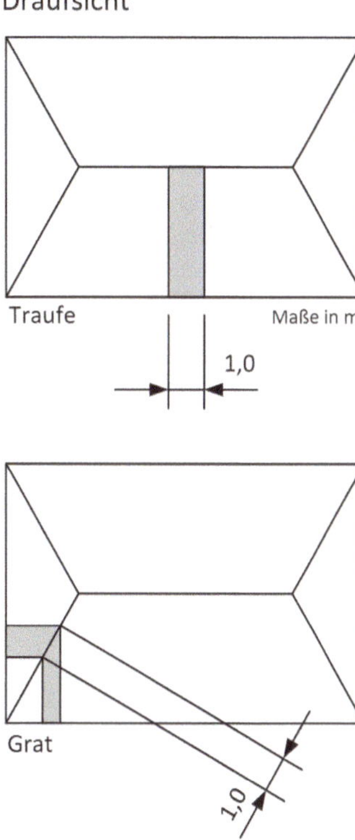

Abb. 3.13 Definition der zugehörigen Dachfläche bei Traufe und Grat. (In Anlehnung an DIN 4108-3:2018-10, Bild 2)

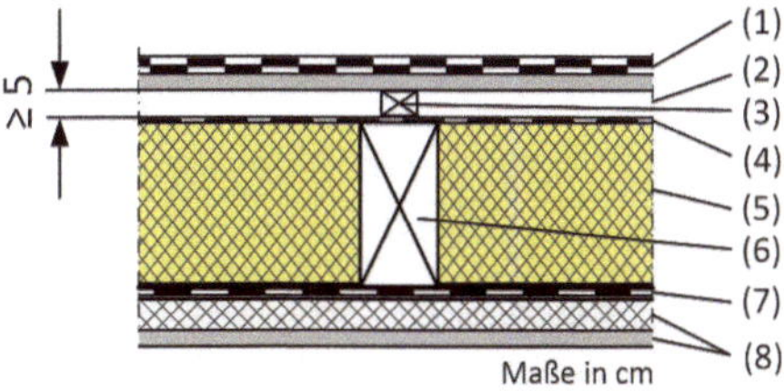

Ohne Unterdeckbahn

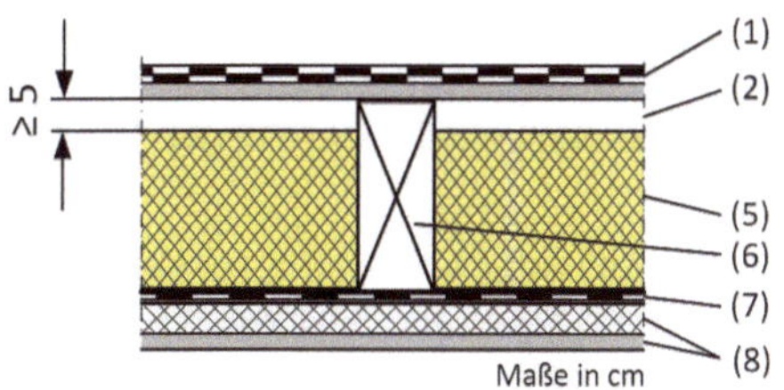

Abb. 3.14 Höhe des freien Lüftungsquerschnitts bei Dächern mit einer Dachneigung < 5°; (1) Dachabdichtung auf Schalung, (2) belüftete Luftschicht, (3) Konterlatten, (4) Unterdeckbahn, (5) Zwischensparrendämmung, (6) Sparren, (7) Schicht zur Begrenzung des Diffusionsstroms, (8) raumseitige Bekleidung mit Unterkonstruktion, ggfs. mit Dämmung. (In Anlehnung an DIN 4108-3:2018-10, Bild 3)

3.6.4.3 Nicht belüftete Dächer

Der Wärmedurchlasswiderstand der Bauteilschichten, die unterhalb einer raumseitigen diffusionshemmenden oder diffusionsdichten Schicht liegen, darf höchstens 20 % des Gesamtwärmedurchlasswiderstands betragen. Bei inhomogenen Querschnitten mit nebeneinanderliegenden Bereichen mit unterschiedlichen Wärmedurchlasswiderständen gilt diese Forderung für den Gefachbereich.

Für folgende nicht belüftete Dächer ist kein rechnerischer Tauwassernachweis erforderlich:

a) **Nicht belüftete Dächer mit Zwischensparrendämmung und Aufsparrendämmung**

Für nicht belüftete Dächer mit Zwischensparrendämmung und Aufsparrendämmung nach Abb. 3.15 und 3.16 ist kein rechnerischer Tauwassernachweis erforderlich, sofern die Bedingungen nach Tab. 3.11 eingehalten werden.

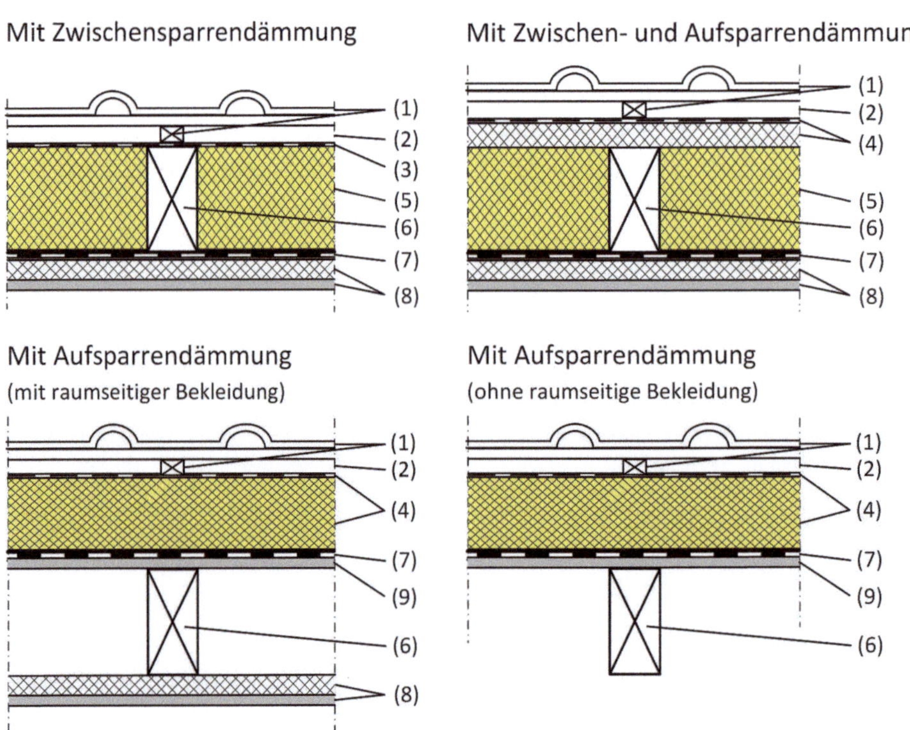

Abb. 3.15 Nicht belüftete Dächer mit Zwischensparrendämmung (und ggfs. Aufsparrendämmung) und nicht belüftete Dächer mit Aufsparrendämmung; (1) belüftete Dachdeckung (Dachdeckung auf Trag- und Konterlattung) oder nicht belüftete Dachdeckung mit darunter liegender belüfteter Luftschicht (Dachdeckung auf Konterlattung, Schalung und Vordeckung) oder Dachabdichtung mit darunter liegender belüfteter Luftschicht (Dachabdichtung auf Konterlattung und Schalung), (2) belüftete Luftschicht, (3) $s_{d,e}$ Unterdeckung, ggfs. einschl. Schalung, (4) $s_{d,e}$ Unterdeckung und Aufsparrendämmung, (5) Zwischensparrendämmung, (6) Sparren, (7) $s_{d,i}$, (8) raumseitige Bekleidung mit Unterkonstruktion, ggfs. einschl. Dämmung, (9) Schalung. (In Anlehnung an DIN 4108-3:2018-10, Bild 4)

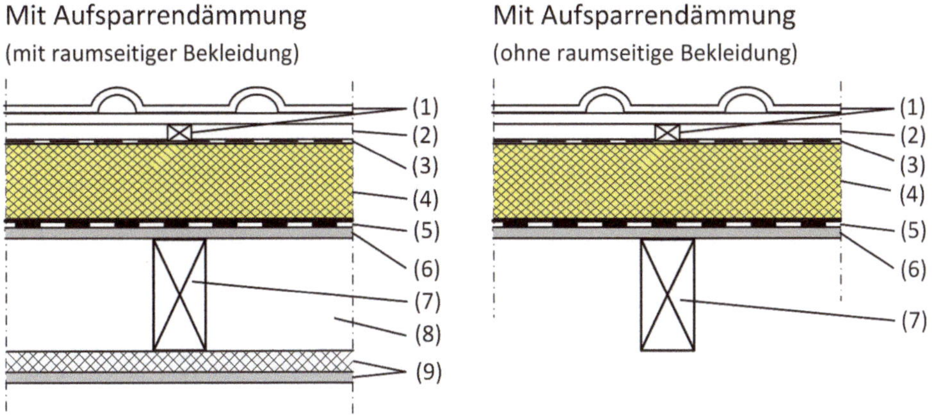

Mit Aufsparrendämmung
(mit raumseitiger Bekleidung)

(1)
(2)
(3)
(4)
(5)
(6)
(7)
(8)
(9)

Mit Aufsparrendämmung
(ohne raumseitige Bekleidung)

(1)
(2)
(3)
(4)
(5)
(6)
(7)

Abb. 3.16 Nicht belüftete Dächer mit Aufsparrendämmung; (1) belüftete Dachdeckung (Dachdeckung auf Trag- und Konterlattung) oder nicht belüftete Dachdeckung mit darunter liegender belüfteter Luftschicht (Dachdeckung auf Konterlattung, Schalung und Vordeckung) oder Dachabdichtung mit darunter liegender belüfteter Luftschicht (Dachabdichtung auf Konterlattung und Schalung), (2) belüftete Luftschicht, (3) $s_{d,e}$ Unterdeckung, (4) Aufsparrendämmung, (5) $s_{d,i}$, (6) Schalung, (7) Sparren, (8) Luftschicht, (9) raumseitige Bekleidung mit Unterkonstruktion, ggfs. einschl. Dämmung, (in Anlehnung an DIN 4108-3:2018-10, Bild 5)

Tab. 3.11 Zuordnung der s_d-Werte für Dächer nach Abb. 3.14. (In Anlehnung an DIN 4108-3:2018-10, Tab. 3)

Wasserdampfäquivalente Luftschichtdicke nicht belüfteter Dächer mit Zwischensparrendämmung und Aufsparrendämmung	
s_d	
außen $s_{d,e}$	innen $s_{d,i}$
$s_{d,e} \leq 0{,}1$ m	$s_{d,i} \geq 1{,}0$ m
0,1 m $< s_{d,e} \leq 0{,}3$ m	$s_{d,i} \geq 2{,}0$ m
0,3 m $< s_{d,e} \leq 2{,}0$ m	$s_{d,i} \geq 6 \times s_{d,e}$

Erläuterung:
$s_{d,e}$: Summe der Werte der wasserdampfäquivalenten Luftschichtdicken aller Schichten, die sich oberhalb der Wärmedämmschicht befinden bis zur ersten belüfteten Luftschicht.
$s_{d,i}$: Summe der Werte der wasserdampfäquivalenten Luftschichtdicken aller Schichten, die sich unterhalb der Wärmedämmschicht befinden.

b) **Nicht belüftete Dächer mit Aufsparrendämmung**

Für nicht belüftete Dächer mit Aufsparrendämmung n. Abb. 3.16 ist kein rechnerischer Tauwassernachweis erforderlich, sofern die Bedingungen nach Tab. 3.12 eingehalten werden.

Tab. 3.12 Zuordnung der s_d-Werte für Dächer nach Abb. 3.16. (In Anlehnung an DIN 4108-3:2018-10, Tab. 4)

Wasserdampfäquivalente Luftschichtdicke nicht belüfteter Dächer mit Aufsparrendämmung	
s_d	
außen $s_{d,e}$	innen $s_{d,i}$
$s_{d,e} \leq 0{,}5$ m	$s_{d,i} \geq 10$ m
$s_{d,e} > 0{,}5$ m	$s_{d,i} \geq 100$ m

Erläuterung:
$s_{d,e}$: Summe der Werte der wasserdampfäquivalenten Luftschichtdicken aller Schichten, die sich oberhalb der Wärmedämmschicht befinden bis zur ersten belüfteten Luftschicht.
$s_{d,i}$: Summe der Werte der wasserdampfäquivalenten Luftschichtdicken aller Schichten, die sich unterhalb der Wärmedämmschicht befinden.

c) **Nicht belüftete Dächer bei bestehenden Dachkonstruktionen**

Für nicht belüftete, bestehende Dächer nach Abb. 3.17 ist kein rechnerischer Tauwassernachweis erforderlich, sofern die Anforderungen nach Tab. 3.13 eingehalten werden.

d) **Nicht belüftete Dächer mit diffusionsdichter Untersparrendämmung**

Für nicht belüftete Dächer mit diffusionsdichter Untersparrendämmung nach Abb. 3.18 ist kein rechnerischer Tauwassernachweis erforderlich, sofern die folgenden Bedingungen eingehalten werden:

- $s_{d,i} \geq 10$ m
- $s_{d,e} \leq 0{,}5$ m

e) **Nicht belüftete Dächer mit Dachabdichtung**

Für nicht belüftete Dächer mit Dachabdichtung nach Abb. 3.19 ist kein rechnerischer Tauwassernachweis erforderlich, sofern die folgenden Bedingungen eingehalten werden:

- $s_{d,i} \geq 100$ m.

Bei Massivdecken mit diffusionssperrenden oder diffusionsdichten Dämmstoffen kann ggfs. auf eine zusätzliche diffusionshemmende Schicht verzichtet werden.

- Zwischen der Schicht $s_{d,i}$ und der Dachabdichtung dürfen keine Bauteile aus Holz oder Holzwerkstoffen angeordnet werden.

Mit Zwischensparrendämmung

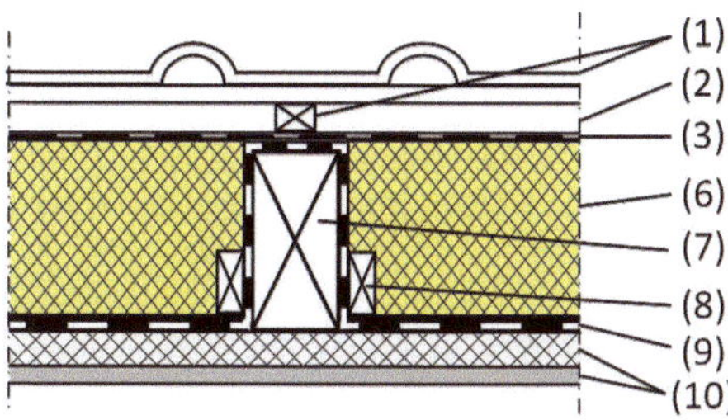

Mit Zwischensparrendämmung und Brettschalung

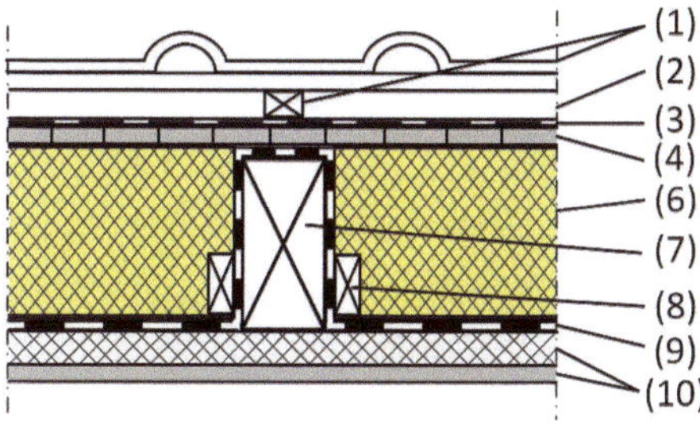

Mit Aufsparrendämmung

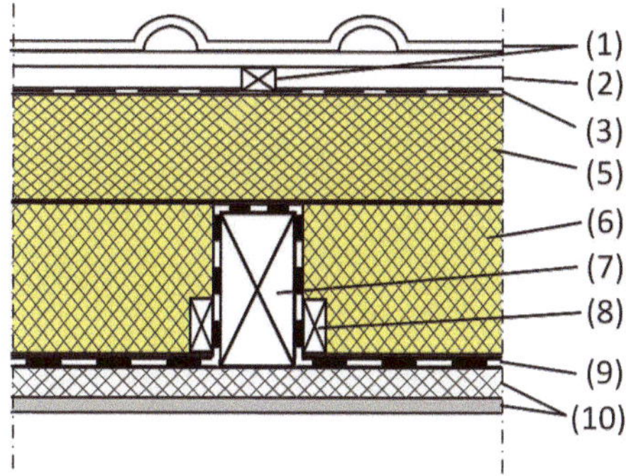

Abb. 3.17 Nicht belüftete, bestehende Dächer; (1) belüftete Dachdeckung (Dachdeckung auf Trag- und Konterlattung) oder nicht belüftete Dachdeckung mit darunter liegender belüfteter Luftschicht (Dachdeckung auf Konterlattung, Schalung und Vordeckung) oder Dachabdichtung mit darunter liegender belüfteter Luftschicht (Dachabdichtung auf Konterlattung und Schalung), (2) belüftete Luftschicht, (3) Unterdeckung mit $s_d \leq 0{,}5$ m, (4) Vollholz-Brettschalung, Nenndicke $\leq$ 24 mm, (5) Aufsparrendämmung: Holzfaser n. DIN EN 13171, Mineralwolle n. DIN EN 13162, PU mineralvlieskaschiert n. DIN EN 13165 mit einer Mindestdicke von 50 mm, Phenolharz-Hartschaumdämmung n. DIN EN 13166 mit einer Mindestdicke von 50 mm, (6) Mineralwolle-Zwischensparrendämmung, Dicke 12 bis 20 cm, (7) Sparren aus Holz, Höhe 12 bis 20 cm, (8) durchgehende lineare Anpressung, (9) Schicht mit variablem s_d-Wert nach Tab. 3.11, (10) raumseitige Bekleidung mit Unterkonstruktion, ggfs. einschl. Dämmung, (in Anlehnung an DIN 4108-3:2018-10, Bild 6)

Tab. 3.13 Anforderungen an Schichten mit variablem s_d-Wert für Dächer nach Abb. 3.16. (In Anlehnung an DIN 4108-3:2018-10, Tab. 5)

Art der diffusionshemmenden Schicht	Luftfeuchte	Wasserdampfdiffusionsäquivalente Luftschichtdicke
Schichten mit variablem Wasserdampfdiffusionswiderstand	90 % ± 2 % („feucht")	$s_{d,\text{feucht}} \leq 0{,}5$ m (gemessen bei einer mittleren relativen Luftfeuchte von 90 % ± 2 %)
	25 % ± 2 % („trocken")	$s_{d,\text{trocken}} \leq 0{,}5$ m (gemessen bei einer mittleren relativen Luftfeuchte von 25 % ± 2 %)

Mit diffusionsdichter Untersparrendämmung
ohne Zwischensparrendämmung

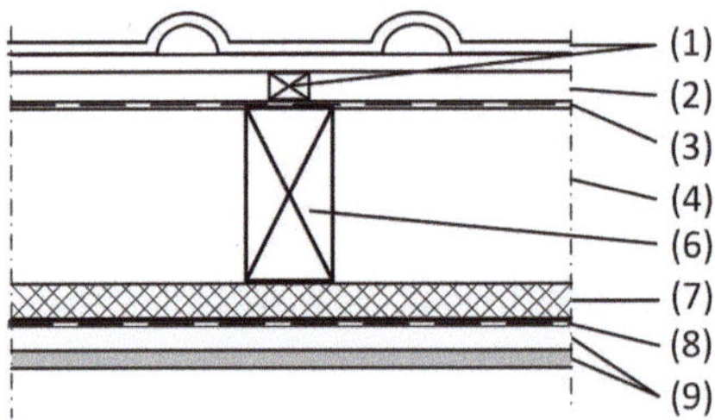

Mit diffusionsdichter Untersparrendämmung
und Zwischensparrendämmung

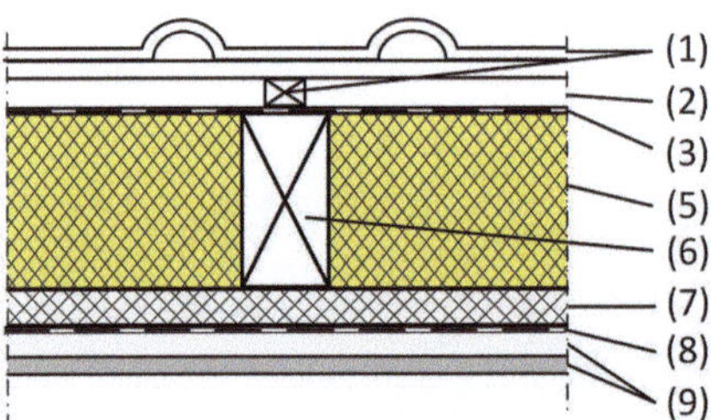

Abb. 3.18 Nicht belüftete Dächer mit diffusionsdichter Untersparrendämmung; (1) belüftete Dachdeckung (Dachdeckung auf Trag- und Konterlattung) oder nicht belüftete Dachdeckung mit darunter liegender belüfteter Luftschicht (Dachdeckung auf Konterlattung, Schalung und Vordeckung) oder Dachabdichtung mit darunter liegender belüfteter Luftschicht (Dachabdichtung auf Konterlattung und Schalung), (2) belüftete Luftschicht, (3) Unterdeckung mit $s_{d,e} \leq 0{,}5$ m, (4) Luftschicht, (5) Zwischensparrendämmung, (6) Sparren, (7) Untersparrendämmung (diffusionsdicht), (8) $s_{d,i} \geq 10$ m, (9) raumseitige Bekleidung mit Unterkonstruktion, ggfs. einschl. Dämmung. (In Anlehnung an DIN 4108-3:2018-10, Bild 7)

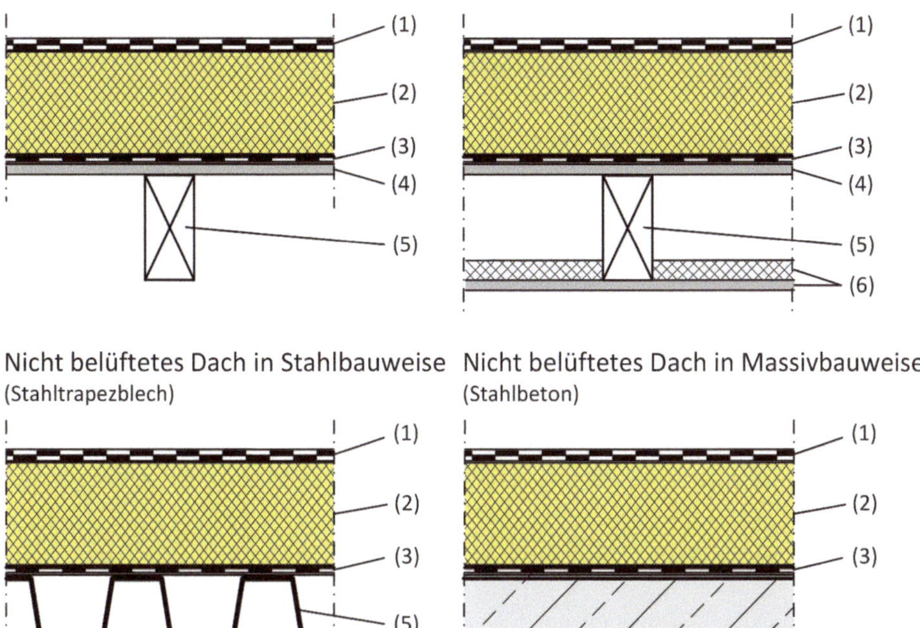

Abb. 3.19 Nicht belüftete Dächer mit Dachabdichtung; (1) Dachabdichtung, (2) Aufdach-/Aufsparrendämmung, (3) $s_{d,i}$, (4) Schalung, (5) Tragkonstruktion (z. B. Holzbalken, Stahltrapezblech, Stahlbeton), (6) raumseitige Bekleidung mit Unterkonstruktion, ggfs. einschl. Dämmung. (In Anlehnung an DIN 4108-3:2018-10, Bild 8)

f) **Nicht belüftete Dächer aus Porenbeton**

Für nicht belüftete Dächer aus Porenbeton nach DIN EN 12602 ist kein rechnerischer Tauwassernachweis erforderlich, wenn diese folgende Eigenschaften aufweisen:

- Dachabdichtung
- ohne diffusionshemmende Schicht an der Unterseite
- ohne Wärmedämmung

g) **Nicht belüftete Dächer als Umkehrdächer**

Für nicht belüftete Dächer mit Dachabdichtung und Wärmedämmung, die oberhalb der Dachabdichtung angeordnet ist (Umkehrdächer), ist kein rechnerischer Tauwassernachweis erforderlich, wenn diese nach DIN 4108-2 und DIN 4108-10 ausgeführt sind.

3.6.4.4 Belüftete Dächer

Für folgende belüftete Dächer ist kein rechnerischer Tauwassernachweis erforderlich.

a) **Belüftete Dächer mit einer Dachneigung < 5°**

Für belüftete Dächer mit einer Dachneigung < 5° ist kein rechnerischer Tauwassernachweis erforderlich, wenn folgende Bedingungen erfüllt sind (Abb. 3.20):

- Der Wert $s_{d,i}$ muss ≥ 100 m betragen.
- Der Wärmedurchlasswiderstand der Schichten, die sich raumseitig der Schicht Nr. 5 (Abb. 3.20) befinden, darf höchstens 20 % des Gesamtwärmedurchlasswiderstandes betragen.
- Die Länge des Luftraums (Sparrenlänge) muss ≤ 10 m sein.

b) **Belüftete Dächer mit einer Dachneigung ≥ 5°**

Für belüftete Dächer mit einer Dachneigung ≥ 5° ist kein rechnerischer Tauwassernachweis erforderlich, wenn folgende Bedingung erfüllt ist (Abb. 3.21):

- Der Wert $s_{d,i}$ muss ≥ 2 m betragen.

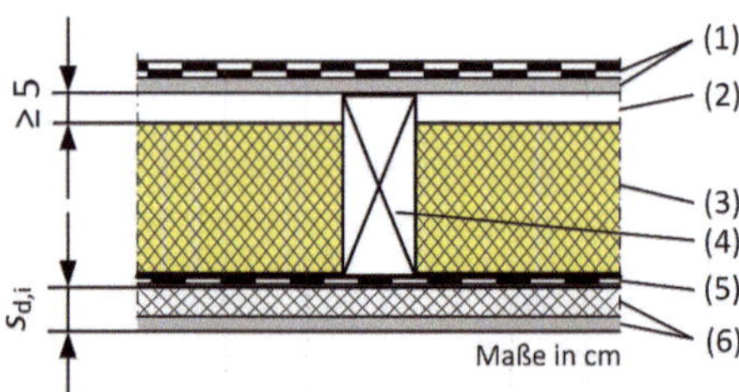

Abb. 3.20 Belüftete Dächer mit einer Dachneigung < 5°; (1) Dachabdichtung auf Schalung, (2) belüftete Luftschicht, (3) Zwischensparrendämmung, (4) Sparren, (5) Schicht zur Begrenzung des Diffusionsstroms, (6) raumseitige Bekleidung mit Unterkonstruktion, ggfs. einschl. Dämmung. (In Anlehnung an DIN 4108-3:2018-10, Bild 9)

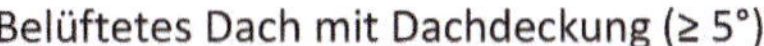

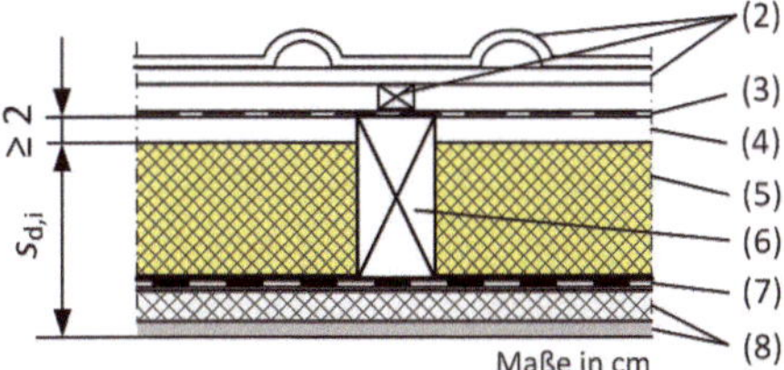

Belüftetes Dach mit Dachabdichtung (≥ 5°)

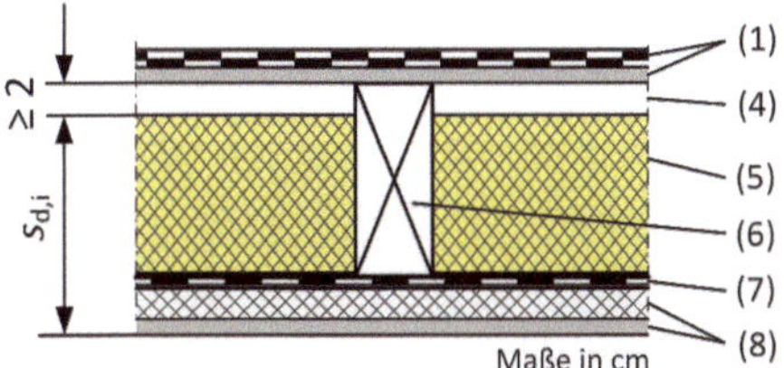

Abb. 3.21 Belüftete Dächer mit einer Dachneigung ≥ 5°; (1) Nicht belüftete Dachdeckung (Dachdeckung auf Schalung und Vordeckung) oder Dachabdichtung (Dachabdichtung auf Schalung), (2) belüftete Dachdeckung (Dachdeckung auf Trag- und Konterlattung), (3) Unterspannung, (4) Belüftungsebene, (5) Zwischensparrendämmung, (6) Sparren, (7) Schicht zur Begrenzung des Diffusionsstroms, (8) raumseitige Bekleidung mit Unterkonstruktion, ggfs. einschl. Dämmung. (In Anlehnung an DIN 4108-3:2018-10, Bild 10)

3.7 Diffusionstechnische Berechnungen

Regelfälle bedürfen keiner feuchteschutztechnischen Untersuchung (siehe Abschn. 3.6).

Sonderfälle müssen feuchteschutztechnisch näher untersucht werden (siehe Abschn. 3.7). Dabei sind zwei verschiedene Arten der Tauwasserbildung zu unterscheiden:

- Tauwasserbildung auf Oberflächen von Bauteilen,
- Tauwasserbildung im Inneren von Bauteilen.

Mit diesen Sonderfällen befassen sich die folgenden Abschnitte.

3.7.1 Vermeidung von Tauwasser- und Schimmelpilzbildung auf Oberflächen von Bauteilen

Tauwasserbildung auf raumseitigen Bauteiloberflächen sollte möglichst vollständig verhindert werden. Lediglich auf Fenstern und Fenstertüren ist vorübergehende Tauwasserbildung zulässig, sofern das Tauwasser wieder abtrocknet und Schäden an benachbarten Bauteilen nicht zu erwarten sind.

Schimmelpilzbildung in Aufenthaltsräumen ist aus hygienischen und gesundheitlichen Gründen grundsätzlich zu vermeiden, da von Schimmelpilzen toxische sowie allergene Wirkungen ausgehen.

Nachfolgend werden Regeln zur Berechnung von Bauteilen sowie Wärmebrücken zur Vermeidung von Tauwasserbildung sowie Schimmelpilzwachstum auf raumseitigen Bauteiloberflächen angegeben.

3.7.1.1 Berechnung für ebene, thermisch homogene Bauteile

Ebene, thermisch homogene Bauteile bestehen aus einzelnen, ebenen Schichten mit konstanter Dicke und jeweils konstanten thermischen Eigenschaften.

Tauwasserbildung sowie Schimmelpilzwachstum auf den Innenoberflächen von ebenen, thermisch homogenen Bauteilen wird bei üblicher Raumnutzung vermieden, wenn die Mindestanforderungen an den Wärmeschutz nach DIN 4108-2 eingehalten werden.

In Sonderfällen muss ein rechnerischer Nachweis geführt werden. Solche Sonderfälle liegen z. B. bei Räumen mit dauernd hoher Luftfeuchte wie z. B. bei Schwimmbädern vor. In diesen Fällen müssen die Außenbauteile einen Mindest-Wärmedurchlasswiderstand R_{min} aufweisen, um kritische oberflächennahe Luftfeuchten zu vermeiden. Der mindestens erforderliche Wärmedurchlasswiderstand berechnet sich mit folgender Gleichung:

$$R_{min} = \frac{R_{si}}{1 - f_{Rsi,min}} - \left(R_{si} + R_{se}\right) \tag{3.12}$$

mit

$$f_{Rsi,min} = \frac{\theta_{si,min} - \theta_e}{\theta_i - \theta_e} \tag{3.13}$$

Dabei ist:

$\theta_{si,min}$ Mindestwert der raumseitigen Oberflächentemperatur;
$f_{Rsi,min}$ Bemessungs-Temperaturfaktor für die raumseitige Oberfläche;
R_{si}, R_{se} raumseitiger bzw. außenseitiger Wärmeübergangswiderstand.

Unter Zugrundelegung der standardisierten Klimarandbedingungen, die nach DIN 4108-2 zur Vermeidung von Schimmelpilzwachstum bei Wärmebrücken angesetzt werden (Raumlufttemperatur 20 °C, Außenlufttemperatur – 5 °C, relative Luftfeuchte innen 50 %), ergeben sich folgende Bemessungs-Temperaturfaktoren:

- $f_{Rsi,min}$ = 0,57 zur Vermeidung von Tauwasserbildung (entsprechend $\phi_{si,cr}$ = 1 bzw. 100 % r. F.);
- $f_{Rsi,min}$ = 0,70 zur Vermeidung von Schimmelpilzbildung (entsprechend $\phi_{si,cr}$ = 0,8 bzw. 80 % r. F.);
- $f_{Rsi,min}$ = 0,88 als Beispiel zur Vermeidung von Korrosion (entsprechend $\phi_{si,cr}$ = 0,6 bzw. 60 % r. F.);

Wärmeübergangswiderstände
Für die Wärmeübergangswiderstände sind folgende Werte anzusetzen.

a) ***Ungehinderte Luftzirkulation***

Sofern die Luftzirkulation an der Wandinnenoberfläche nicht behindert wird, dürfen die Wärmeübergangswiderstände nach DIN 4108-2 angesetzt werden:

- R_{si} = 0,25 m² K/W
- R_{se} = 0,04 m² K/W

b) ***Behinderte Luftzirkulation:***

Bei behinderter Luftzirkulation oder eingeschränktem Strahlungsaustausch zwischen der raumseitigen Wandoberfläche und den wärmeren Bauteilen im Raum wird der Wärmeübergang verringert, was zu niedrigeren Innenoberflächentemperaturen führt. Dieser Fall tritt beispielsweise auf, wenn an einer Außenwand Möbel oder Regale aufgestellt werden. Die DIN/TS 4108-8 „Wärmeschutz und Energie-Einsparung in Gebäuden – Teil 8: Vermeidung von Schimmelwachstum in Wohngebäuden" gibt hierfür erhöhte äquivalente raumseitige Wärmeübergangswiderstände an, mit denen der Einfluss von Einrichtungsgegenständen an Außenwänden bei der Berechnung der Bauteilinnenoberflächentemperatur angemessen berücksichtigt werden kann. Danach sind folgende äquivalente raumseitige Wärmeübergangswiderstände anzunehmen:

- Bereiche hinter Einbauschränken: $R_{si,äq}$ = 1,00 m²K/W
- Bereiche hinter stehenden Schränken: $R_{si,äq}$ = 0,5 m²K/W

Auf der Außenseite gelten die Wärmeübergangswiderstände nach DIN EN ISO 6946 „Bauteile – Wärmedurchlasswiderstand und Wärmedurchgangskoeffizient – Berechnungsverfahren", d. h. im Regelfall gilt:

- R_{se} = 0,04 m² K /W

Beispiel

Die Auswirkungen der verschiedenen raumseitigen Wärmeübergangswiderstände auf die Höhe der Innenoberflächentemperatur soll am Beispiel einer Außenwand erläutert werden, die genau die Anforderungen an den Mindestwärmeschutz nach DIN 4108-2 erfüllt. Es wird angenommen, dass die Außenwand eine flächenbezogene Masse von $m' \geq 100$ kg/m² aufweist (z. B. Wand aus Kalksandstein-Mauerwerk) und homogen aufgebaut ist. In diesem Fall muss der Wärmedurchlasswiderstand nach DIN 4108-2 mindestens R = 1,2 m²K/W betragen. Weiterhin werden die Klimarandbedingungen nach Norm vorausgesetzt (innen: 20 °C, außen – 5 °C).

Es ergeben sich folgende Szenarien:

a) Ungehinderte Luftzirkulation:

In diesem Fall darf mit dem Standardwert für den raumseitigen Wärmeübergangswiderstand nach DIN 4108-2 gerechnet werden, d. h. es gilt R_{si} = 0,25 m²K/W. Der Wärmeübergangswiderstand außen ist mit R_{se} = 0,04 m²K/W anzunehmen. Als Oberflächentemperatur ergibt sich:

$$\theta_{si} = \theta_i - \frac{R_{si}}{R_{si} + \sum R + R_{se}} \cdot (\theta_i - \theta_e) = 20 - \frac{0,25}{0,25 + 1,2 + 0,04} \cdot (20 - (-5)) = 15,8\ °\mathrm{C}$$

b) Behinderte Luftzirkulation durch frei stehenden Schrank:

Nach DIN/TS 4108-8 ist ein Wärmeübergangswiderstand von $R_{si,äq}$ = 0,50 m²K/W anzunehmen. Die Oberflächentemperatur berechnet sich zu:

$$\theta_{si} = 20 - \frac{0,50}{0,50 + 1,2 + 0,04} \cdot (20 - (-5)) = 12,8\ °\mathrm{C}$$

c) Behinderte Luftzirkulation durch einen Einbauschrank:

Es ist ein Wärmeübergangswiderstand von $R_{si,äq}$ = 1,00 m²K/W anzunehmen. Die Oberflächentemperatur beträgt:

$$\theta_{si} = 20 - \frac{1,00}{1,00 + 1,2 + 0,04} \cdot (20 - (-5)) = 8,8\ °\mathrm{C}$$

Bewertung:

Die Berechnungen zeigen, dass bei behinderter Luftzirkulation durch einen Einbauschrank die Oberflächentemperatur auf einen Wert von 8,8 °C absinkt und dadurch die kritische Oberflächentemperatur von 12,6 °C deutlich unterschritten wird. Bei Normklima wäre in diesem Fall mit Schimmelpilzwachstum auf der Wandinnenoberfläche zu rechnen. Nur für den Fall, dass vor der betrachteten Wand ein frei stehender Schrank aufgestellt wird, wird rechnerisch eine Oberflächentemperatur von 12,8 °C erreicht und der Mindestwert von 12,6 °C gerade eingehalten. Dagegen ist der Fall der ungehinderten Luftzirkulation unproblematisch, da sich hierfür auf der Wandinnenoberfläche eine Temperatur von 15,8 °C ergibt und der kritische Wert von 12,6 °C deutlich überschritten wird. In den beiden zuletzt genannten Fällen ist nicht mit Schimmelpilzwachstum zu rechnen, sofern die Normklimabedingungen eingehalten werden und eine gleichmäßige Beheizung und Belüftung der Räume erfolgt (Abb. 3.22). ◄

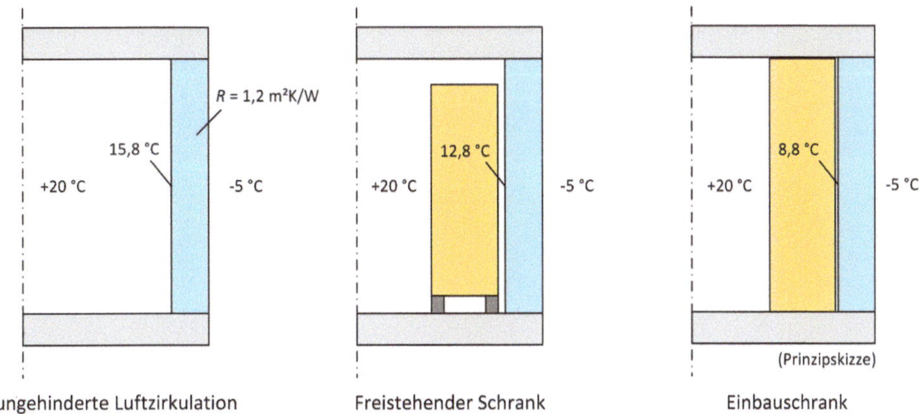

Abb. 3.22 Raumseitige Oberflächentemperaturen für eine Außenwand mit Mindestwärmeschutz bei ungehinderter und behinderter Luftzirkulation

3.7.1.2 Berechnung im Bereich von Wärmebrücken

Die Randbedingungen für den rechnerischen Nachweis des Mindestwertes der raumseitigen Oberflächentemperatur im Bereich von Wärmebrücken hinsichtlich der Vermeidung von Schimmelpilzwachstum sind in DIN 4108-2 („Mindestanforderungen an den Wärmeschutz") angegeben.

Danach wird im Bereich von Wärmebrücken eine raumseitige Oberflächentemperatur von mindestens 12,6 °C (bei einer Raumlufttemperatur von 20 °C und einer relativen Luftfeuchte von 50 %) an der ungünstigsten Stelle gefordert. Dieser Wert entspricht einem Temperaturfaktor von $f_{Rsi} = 0{,}7$.

Im Gegensatz zu ebenen, homogenen Bauteilen ist die Berechnung der Oberflächentemperatur bei Wärmebrücken nicht so einfach möglich. Vielmehr sind hierfür numerische Verfahren (z. B. nach der Methode der Finiten Elemente) anzuwenden, die eine entsprechende Software erfordern. Die hierfür zu beachtenden Randbedingungen und Berechnungsgrundlagen sind in DIN EN ISO 10211 („Wärmebrücken im Hochbau – Wärmeströme und Oberflächentemperaturen – Detaillierte Berechnungen") festgelegt.

Das Ergebnis eine Wärmebrückenberechnung ist exemplarisch in Abb. 3.23 dargestellt.

Beispiele

1. Ein Schwimmbad wird auf 28 °C (Raumlufttemperatur) beheizt. Die durchschnittliche relative Luftfeuchte beträgt 75 %. Der erforderliche Mindest-Wärmedurchlasswiderstand der Außenbauteile wird berechnet.

Relative Luftfeuchten	$\phi_e = 80\ \%\ (= 0{,}8)$	$\phi_i = 75\ \%\ (= 0{,}75)$
Temperaturen (außen, innen)	$\theta_e = -5\ °C$	$\theta_i = +28\ °C$
Mindestwert der raumseitigen Oberflächentemperatur zur Vermeidung von Tauwasserbildung (Taupunkttemperatur bei 28 °C und 75 % r. F.)	–	$\theta_{si,min} = 23{,}1\ °C$
Wärmeübergangswiderstände	$R_{se} = 0{,}04\ m^2 \cdot K/W$	$R_{si} = 0{,}25\ m^2 \cdot K/W$

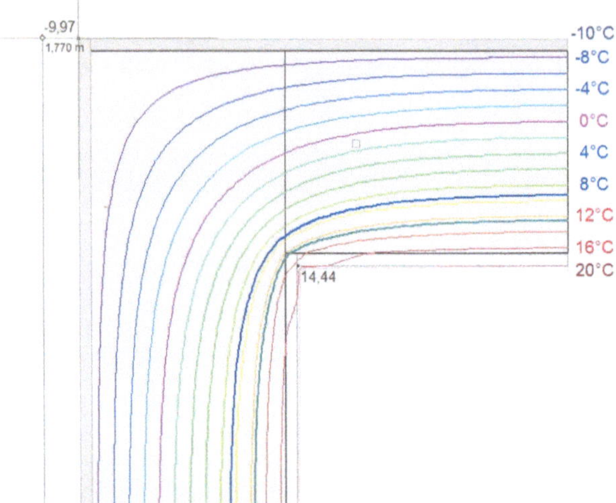

Abb. 3.23 Temperaturverteilung bei einer Wärmebrücke; die Wärmebrücke erfüllt die Anforderungen an den Mindestwärmeschutz n. DIN 4108-2 (raumseitige Oberflächentemperatur θ_{si} = 14,4 °C > $\theta_{si,min}$ = 12,6 °C)

Mindest-Wärmedurchlasswiderstand zur Vermeidung von Tauwasserbildung:

$$R_{min} = \frac{R_{si}}{1 - f_{Rsi,min}} - (R_{si} + R_{se}) = \frac{0{,}25}{1 - 0{,}852} - (0{,}25 + 0{,}04) = 1{,}15 \text{ m}^2\text{K/W}$$

mit:

$$f_{Rsi,min} = \frac{\theta_{si,min} - \theta_e}{\theta_i - \theta_e} = \frac{23{,}1 - (-5)}{28 - (-5)} = 0{,}852$$

Der Mindestwert des Wärmedurchlasswiderstands der Außenbauteile muss R_{min} = 1,15 m²K/W betragen. Für Außenbauteile, die an die Außenluft grenzen, wird nach DIN 4108-2 ein Mindestwert von R = 1,2 m²K/W gefordert. Die Anforderungen an den Mindestwärmeschutz sind in diesem Fall ausreichend (1,2 > 1,15 m²K/W), es sind keine zusätzlichen Maßnahmen erforderlich.

2. Ein **Badezimmer** wird nach der Nutzung durch Ankippen des Fensters „gelüftet". Hierbei wird im Wesentlichen die Temperatur der Raumluft und besonders die des Fenstersturzes abgesenkt.

Folgen:	1. Die Raumluft-Temperatur θ_i sinkt durch Kipp-Lüftung von 24 °C auf 16 °C.
	2. Die relative Luftfeuchte ϕ_i steigt von 50 % auf etwa 80 %.
	3. Die Taupunkttemperatur ergibt sich für 16 °C und 80 % r. F. zu $\theta_{si,min}$ = 12,6 °C.

Mindest-Wärmedurchlasswiderstand zur Vermeidung von Tauwasserbildung:

$$R_{\text{min}} = \frac{R_{\text{si}}}{1 - f_{\text{Rsi,min}}} - \left(R_{\text{si}} + R_{\text{se}}\right) = \frac{0{,}25}{1 - 0{,}838} - \left(0{,}25 + 0{,}04\right) = 1{,}25\ \text{m}^2\text{K/W}$$

mit:

$$f_{\text{Rsi,min}} = \frac{\theta_{\text{si,min}} - \theta_{\text{e}}}{\theta_{\text{i}} - \theta_{\text{e}}} = \frac{12{,}6 - (-5)}{16 - (-5)} = 0{,}838$$

Diese Ergebnisse zeigen, dass bei einer derartigen Lüftung an der Außenwand Tauwasser ausfällt, wenn nur die Anforderungen des Mindest-Wärmeschutzes nach DIN 4108-2 eingehalten werden (R_{min} = 1,2 m^{2}K/W).

Folgerung: Kurz und kräftig lüften. Dadurch erfolgt schnell ein ausreichender Luftaustausch bevor die Temperatur der Bauteiloberflächen im Innenraum stark abfällt.

Das bedeutet aber, dass sich bei höherer relativer Luftfeuchte, wie sie in der Praxis durchaus entsteht, Tauwasser auf der Innenoberseite der Wand bildet. Im Dauerzustand führt diese Situation zur Schimmelbildung. ◄

3.7.2 Tauwasserbildung im Bauteilinnern

Aufgrund des Dampfdruckgefälles, das sich im Winter üblicherweise zwischen innen und außen einstellt, kann es in dampfdurchlässigen Bauteilen zu einem Feuchteanstieg bis hin zur Tauwasserbildung kommen. Tauwasser ist allerdings nur sichtbar, wenn die Bauteilschichten dieses weder durch Sorption noch durch Kapillarität aufnehmen können.

Tauwasser im Bauteilinnern, das durch Erhöhung der Baustofffeuchte in Bau- und Wärmedämmstoffen Materialschädigungen verursacht, muss vermieden werden. Dagegen gilt Tauwasserbildung als unschädlich, wenn die grundsätzlichen Anforderungen wie Wärmeschutz und Standsicherheit der Konstruktion nicht beeinträchtigt werden.

Konkret sind folgende Bedingungen einzuhalten:

1. Baustoffe dürfen durch Tauwasser nicht geschädigt werden (z. B. durch Korrosion, Pilzbefall).
2. Tauwasser, das während der Tauperiode im Bauteilinneren anfällt, muss während der Verdunstungsperiode wieder an die Umgebung abgegeben werden, d. h. es gilt:

   $$M_{\text{c}} \leq M_{\text{ev}}$$

   mit: M_{c} Tauwassermasse, M_{ev} Verdunstungsmasse
3. Die Tauwassermasse M_{c} darf im Regelfall nicht größer als 1,0 kg/m^2 sein. An Berührungsflächen von Bauteilschichten, von denen mindestens eine nicht kapillar wasseraufnahmefähig ist, ist die Tauwassermasse M_{c} auf 0,5 kg/m^2 begrenzt. Diese Regelung gilt für Dächer und Wände gegen Außenluft sowie bei Decken unter nicht ausgebauten Dachräumen.

Hinweis: Kapillar nicht wasseraufnahmefähige Bauteilschichten sind z. B. Metalle, Folien, Normalbeton, die meisten Dämmstoffe aus Schaumkunststoffen oder Mineralwolle sowie Stoffe mit einem Wasseraufnahmekoeffizient $W_W \leq 0{,}5$ kg/(m²h^0,5).

4. Bei Holz darf der massebezogene Feuchtegehalt u um nicht mehr als 5 % erhöht werden. Bei Holzwerkstoffen gilt als Grenzwert für die Erhöhung des massebezogene Feuchtegehalt 3 %. Diese Grenzen gelten jedoch nicht für Holzwolle-Leichtbauplatten und Mehrschicht-Leichtbauplatten nach DIN EN 13168.

Die Anforderungen an Tauwasserbildung im Bauteilinneren lauten zusammengefasst wie folgt:

1. Keine Schädigung von Bauteilen durch Tauwasser.
2. $M_c \leq M_{ev}$
3. $M_c \leq 1{,}0$ kg/m² (Regelfall) bzw. $M_c \leq 0{,}5$ kg/l² (bei Tauwasserbildung an kapillar nicht wasseraufnahmefähigen Schichten).
4. Bei Holz: $\Delta u \leq 5$ %; bei Holzwerkstoffen: $\Delta u \leq 3$ %

Werden die o. g. Anforderungen nicht erfüllt, darf die Funktionsfähigkeit der Konstruktion mit Hilfe genauerer Berechnungsmethoden nach DIN 4108-3, Anhang D („Feuchteschutzbemessung durch hygrothermische Simulation") überprüft werden. Hier wird auf die Norm verwiesen.

Im Regelfall sind die o. g. Bedingungen erfüllt. Dies ist der Fall für die in Abschn. 3.6 aufgeführten Wand- und Dachkonstruktionen. Für diese Bauteile ist daher in der Regel kein rechnerischer Tauwassernachweis erforderlich.

In Sonderfällen muss ein rechnerischer Nachweis geführt werden, indem die Tauwassermasse M_c und Verdunstungsmasse M_{ev} berechnet werden. Solche Sonderfälle liegen vor, wenn das Bauteil nicht die Bedingungen des Abschn. 3.6 (Bauteile ohne rechnerischen Tauwassernachweis) erfüllt.

Die Berechnung der Tauwasser- und Verdunstungsmasse infolge Diffusion erfolgt nach den Regeln in DIN 4108-3, Anhang A. Siehe hierzu auch die folgenden Abschnitte.

Weiterhin ist zu beachten, dass konvektionsbedingte Tauwasserbildung (infolge Einströmens feuchter Außenluft in das Bauteil) durch eine luftdichte Ausbildung der Konstruktion nach DIN 4108-7 verhindert wird.

3.7.2.1 Allgemeine Angaben zur Berechnung

Die Berechnung der diffusionsbedingten Tauwasser- und Verdunstungsmasse erfolgt mit dem Periodenbilanzverfahren nach DIN 4108-3, Anhang A (Glaserverfahren).

Hierbei handelt es sich um ein vereinfachtes Verfahren zur Berechnung eindimensionaler Diffusionsströme. Dabei werden konstante Blockklima-Randbedingungen jeweils für eine idealisierte Tauperiode (Winterfall) und eine idealisierte Verdunstungsperiode (Sommerfall) definiert.

Mit dem Perioden-Bilanzverfahren können nur ebene Bauteilquerschnitte überprüft werden. Bei inhomogenen Bauteilen (wie z. B. Skelett-, Ständer- und Rahmenkonstruktionen, Holzbalken-, Sparren- oder Fachwerkkonstruktionen) sind die Diffusionsberechnungen nur für den Gefachbereich vorzunehmen und nachzuweisen.

Beim Perioden-Bilanzverfahren wird vorausgesetzt, dass Tauwasser, welches an den Schichtgrenzen auftritt, in diesen Ebenen verbleibt und nicht von den angrenzenden Schichten kapillar aufgenommen wird.

Alternativ zum Perioden-Bilanzverfahren können Tauwasser- und Verdunstungsmasse in ebenen Bauteilquerschnitten auch mit dem Monatsbilanzverfahren nach DIN EN ISO 13788 „Wärme- und feuchtetechnisches Verhalten von bauteilen und Bauelementen – Raumseitige Oberflächentemperatur zur Vermeidung kritischer Oberflächenfeuchte und Tauwasserbildung im Bauteilinnern – Berechnungsverfahren" berechnet werden. Hierfür sind realitätsnahe Monatsmittelwerte der Lufttemperatur und der relativen Luftfeuchte als Klimarandbedingung für den Bauwerksstandort anzunehmen. Für weitere Informationen wird auf die Norm verwiesen.

3.7.2.2 Klimarandbedingungen

Für das hier beschriebene Perioden-Bilanzverfahren sind die Klimarandbedingungen nach Tab. 3.14 anzunehmen.

Tab. 3.14 Klimarandbedingungen für die Beurteilung der Tauwasserbildung und Verdunstung im Bauteilinneren. (N. DIN 4108-3, Tab. A.3)

	Temperatur	Relative Luftfeuchte	Wasserdampfteildruck	Dauer t		
Klima	θ	ϕ	p	Tage d	Stunden h	Sekunden s
Tauperiode (von Dezember bis Februar)						
Innenklima	20 °C	50 %	1168 Pa	90	2160	$7776 \cdot 10^3$
Außenklima	−5 °C	80 %	321 Pa			
Verdunstungsperiode (von Juni bis August)[a]						
Wasserdampfteildruck Innenklima			1200 Pa	90	2160	$7776 \cdot 10^3$
Wasserdampfteildruck Außenklima			1200 Pa			
Sättigungsdampfdruck im Tauwasserbereich: –Wände, die Aufenthaltsräume gegen Außenluft abgrenzen –Decken unter nicht ausgebauten Dachräumen *–Verschattete Dächer oder Dächer mit hellen Deckungen bzw. Abdichtungen* [1)]			1700 Pa			
–Nicht verschattete Dächer *und Dächer mit dunklen Deckungen bzw. Abdichtungen*[1)], die Aufenthaltsräume gegen Außenluft abschließen			2000 Pa			

[1)] Hinweis: Die kursiv angegebenen Regelungen sind zukünftig vorgesehen (zurzeit Regelung in E DIN 4108-3:2023-04)

[a]In der Verdunstungsperiode werden im Rahmen des Perioden-Bilanzverfahrens nicht die Temperaturen und Luftfeuchten, sondern nur die gerundeten Wasserdampfteildrücke als Randbedingung angegeben

Tab. 3.15 Wärmeübergangswiderstände für die Berechnung der Schichtgrenz- und Bauteiloberflächentemperaturen

Lage	Wärmeübergangswiderstand
raumseitig (innen)	$R_{si} = 0{,}25\ m^2K/W$
außen	$R_{se} = 0{,}04\ m^2K/W$

3.7.2.3 Wärmeübergangswiderstände

Bei Anwendung des hier beschriebenen Perioden-Bilanzverfahrens sind für die Berechnung der Temperaturen an den Schichtgrenzen und Bauteiloberflächen die Wärmeübergangswiderstände nach Tab. 3.15 anzunehmen.

Die Wärmeübergangswiderstände gelten für alle vier Fälle der Tauwasserberechnung.

3.7.2.4 Stoffkennwerte und Stoffeigenschaften

Für die Berechnung der Temperaturverteilung (Bauteiloberflächen- und Schichtgrenztemperaturen) sind die Bemessungswerte der Wärmeleitfähigkeit λ_B zu verwenden.

Für die Berechnung der wasserdampfdiffusionsäquivalenten Luftschichtdicken s_d sind die Richtwerte der Wasserdampfdiffusionswiderstandszahlen μ zu verwenden. Für viele Baustoffe werden zwei μ-Werte angegeben, um den Streubereich sowie praktisch auftretende unterschiedliche Feuchtezustände abzudecken.

Von den beiden angegebenen μ-Werten ist jeweils der für die Tauperiode ungünstigere Wert anzunehmen. Für die Verdunstungsperiode gilt dann der gleiche Wert.

Bei bekannter Tauwasserebene gelten folgende Regeln für die Verwendung des μ-Wertes (Abb. 3.24):

- Für Schichten von innen bis zur Tauwasserebene ist der kleinere μ-Wert zu verwenden ($\geq$ Schichten, die $s_{d,c}$ bilden).
- Für Schichten von der Tauwasserebene bis außen ist der größere μ-Wert anzusetzen ($\geq$ Schichten, die $s_{d,T} - s_{d,c}$ bilden).
- Ggfs. ist die Lage der Tauwasserebene zunächst zu schätzen und nach einem ersten Rechenlauf – falls erforderlich – zu korrigieren.

Für Luftschichten im Bauteilquerschnitt ist der Wärmedurchlasswiderstand R nach DIN EN ISO 6946 anzunehmen.

Die wasserdampfäquivalente Luftschichtdicke für ruhende bzw. als ruhend anzunehmende Luftschichten (s_d-Wert) ist konstant mit 0,01 m anzunehmen. Dies gilt unabhängig von der Neigung und tatsächlichen Dicke der Luftschicht.

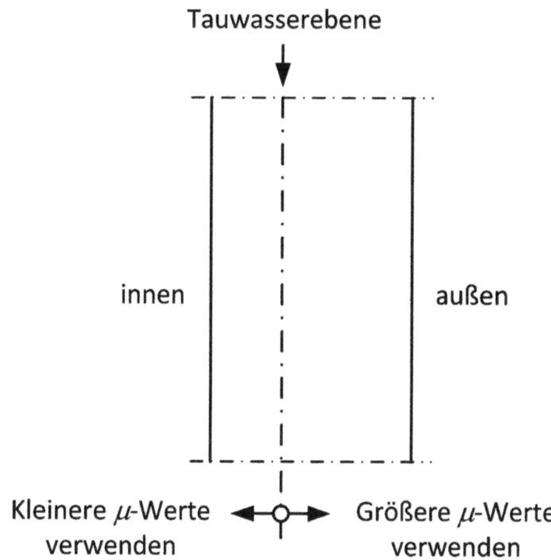

Abb. 3.24 Verwendung des μ-Wertes

Beispiele

1. Für Polystyrol-Extruderschaum werden als Richtwerte der Wasserdampf-Diffusionswiderstandszahl angegeben: $\mu = 80/300$.

Das bedeutet, dass der Widerstand gegen Dampfdiffusion dieses Dämmstoffes 80- bis 300-mal größer als einer gleichdicken Luftschicht ist.

2. Für innen liegende Dämmschichten aus Polystyrol-Extruderschaum ist der Wert $\mu = 80$ anzunehmen, da hierbei rechnerisch mehr Wasserdampf in das Bauteil eindiffundiert. Dieser Wert ist in diesem Fall der für die Baukonstruktion ungünstigere Wert.
3. Für außen liegende Dämmschichten aus Polystyrol-Extruderschaum ist der Wert $\mu = 300$ anzunehmen, da hierbei rechnerisch weniger Wasserdampf aus dem Bauteil ausdiffundiert. Dieser Wert ist in diesem Fall der für die Baukonstruktion ungünstigere Wert. ◀

3.7.2.5 Diffusionstechnische Berechnungen

Diffusionstechnische Berechnungen sind nur dann durchzuführen, wenn eine Tauwasserbildung im Inneren von Bauteilen erwartet wird. Für Bauteile nach Abschn. 3.6 sind bei normalen Betriebsbedingungen keine Berechnungen bzw. Nachweise erforderlich.

Diffusionsberechnungen werden nach folgendem Ablauf durchgeführt:

- Überprüfung, ob sich und an welcher Stelle sich im Bauteilquerschnitt während der tauperiode Tauwasser bildet,
- bei Tauwasserbildung: Berechnung der Tauwassermasse M_c,
- bei Tauwasserbildung: Berechnung der Verdunstungsmasse M_{ev}.

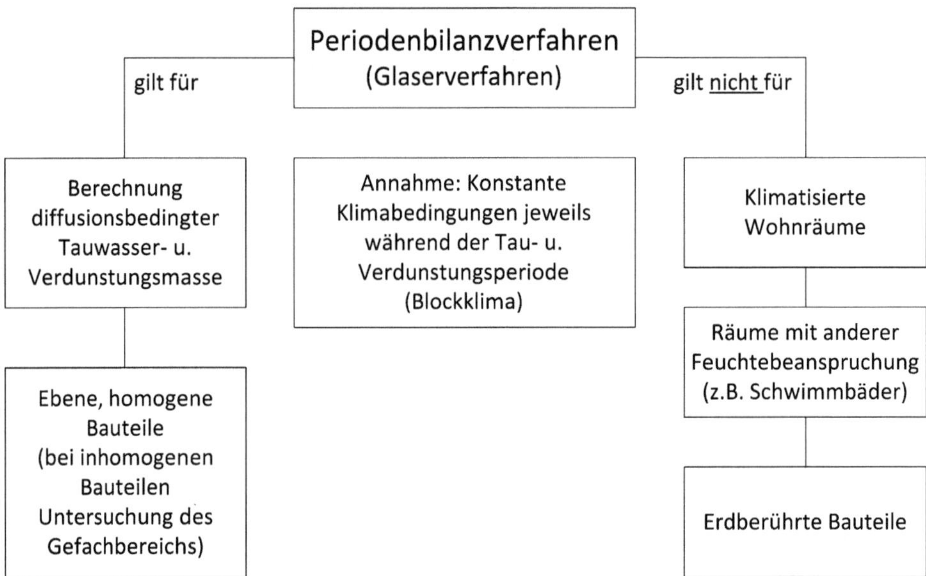

Abb. 3.25 Anwendungsbereich des Perioden-Bilanzverfahrens (Glaserverfahren)

Nachfolgend wird nur die Berechnung nach dem Perioden-Bilanzverfahren (Glaserverfahren) nach DIN 4108-3 gezeigt. Auf das Monats-Bilanzverfahren nach DIN EN ISO 13788 wird hier nicht eingegangen; siehe Norm.

Beim Periodenbilanzverfahren ist der Anwendungsbereich zu beachten. Dieses darf nur für die Berechnung ebener, homogener Bauteile angewendet werden, wobei konstante Klimarandbedingungen für die Tau- und Verdunstungsperiode (Blockklima) vorausgesetzt werden. Das Perioden-Bilanzverfahren gilt jedoch nicht für Bauteile, die an klimatisierte Räume grenzen, nicht für Bauteile von Räumen mit einer anderen Feuchtebeanspruchung (wie z. B. Schwimmbäder) und nicht für erdberührte Bauteile (Abb. 3.25).

Vorgehensweise beim Periodenbilanzverfahren

Der Ablauf zur Überprüfung eines Bauteilquerschnittes hinsichtlich Tauwasserbildung mit anschließendem Nachweis gestaltet sich wie folgt:

1. Berechnung der Schichtgrenztemperaturen θ_j (Temperaturverlauf) für den Bauteilquerschnitt und Bestimmung der zugehörigen Sättigungsdrücke p_{sat}.
2. Berechnung der äquivalenten Luftschichtdicken s_d der einzelnen Baustoffschichten. Sind zwei Diffusionswiderstandszahlen μ angegeben, dann ist derjenige Wert zu verwenden, der zur größeren Tauwassermasse M_c führt (→ Hinweis: Schichten, die $s_{d,c}$ bilden: kleineren μ-Wert verwenden; Schichten, die $(s_{d,T} - s_{d,c})$ bilden: größeren μ-Wert verwenden). Die Schritte 1 und 2 werden zweckmäßigerweise tabellarisch durchgeführt (siehe Formular in Tab. 3.16).

Tab. 3.16 Blanko-Formular zur tabellarischen Berechnung der Schichtgrenztemperaturen θ, der Sättigungsdampfdrücke p_{sat} und der diffusionsäquivalenten Luftschichtdicken s_d. (Hinweis: Die Tabelle ist absichtlich nicht ausgefüllt, sondern dient als Vorlage)

absichtlich nicht ausgefüllt, sondern dient als Vorlage)

Schicht	d (m)	μ (-)	$s_d = \mu \cdot d$ (m)	λ (W/mK)	R_{si}/R_{se} d/λ (m^2K/W)	θ (°C)	p_{sat} (Pa)
Wärmeübergang innen					0,25*	20*	2337*
					0,04*		
Wärmeübergang außen						-5*	401*
		$s_{d,T}$ =		$\sum = R_{tot}$=		m^2K/W	
				$\Rightarrow U = 1/R_{tot}$ =		$W/(m^2K)$	

*) Regelfall (Normklima nach DIN 4108-3)

3. Diffusionsdiagramm zeichnen: äquivalente Luftschichtdicken s_d auftragen (x-Achse), Sättigungsdampfdrücke p_{sat} einzeichnen (y-Achse).
4. Verlauf des vorhandenen Wasserdampfteildruckes p ins Diffusionsdiagramm einzeichnen. Der Verlauf zwischen dem vorhandenen Wasserdampfdruck innen (p_i) und außen (p_e) ist eine Gerade.

   Dabei gilt:
   - vorhandener Wasserdampfteildruck innen: $p_i = \phi_i \cdot p_{sat,i}$
   - vorhandener Wasserdampfteildruck außen: $p_e = \phi_i \cdot p_{sat,e}$

   Die relative Luftfeuchte ϕ_i (= 50 % bzw. 0,5) und ϕ_e (= 80 % bzw. 0,8) ist nach Tab. 3.14 (Klimarandbedingungen) anzunehmen.

   Es gilt folgende Bedingung:

   Der vorhandene Wasserdampfteildruck p darf nicht größer als der Sättigungsdampfdruck p_{sat} werden, d. h. die Linie des vorhandenen Wasserdampfteildruckes muss immer unterhalb der Linie des Sättigungsdampfdruckes p_{sat} liegen bzw. darf sie höchstens berühren. Es gilt: $p \leq p_{sat}$! Gegebenenfalls ergibt sich daher ein geknickter Verlauf von p.
5. Es können folgende Fälle unterschieden werden:

   a) *Keine Tauwasserbildung:*

   Berühren sich die Gerade des Wasserdampfteildruckes und die Kurve des Sättigungsdampfdruckes nicht, so fällt kein Tauwasser aus (Abb. 3.28, „Fall a").

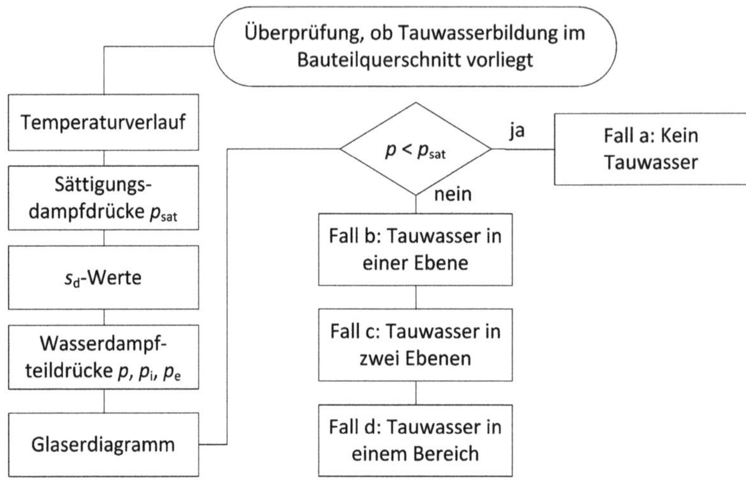

Abb. 3.26 Flussdiagramm zur Ermittlung, ob Tauwasserbildung im Bauteilquerschnitt stattfindet

b) *Tauwasserbildung:*
Die Gerade des Wasserdampfteildruckes würde den Kurvenzug des Sättigungsdampfdruckes schneiden. In diesem Fall sind statt der Geraden von den Drücken p_i und p_e aus die Tangenten an die Kurve des Sättigungsdruckes zu zeichnen, da der Wasserdampfteildruck nicht größer als der Sättigungsdruck sein kann (Abb. 3.29, 3.30 und 3.31, „Fälle b) bis d)"). Die Berührungsstellen der Tangenten mit dem Kurvenzug des Sättigungsdampfdruckes bestimmen bzw. begrenzen den Ort bzw. den Bereich des Tauwasserausfalls im Bauteil.

Die prinzipielle Vorgehensweise zur Feststellung, ob im Bauteilquerschnitt Tauwasser ausfällt, ist in Abb. 3.26 schematisch dargestellt.

3.7.3 Berechnung der Tauwassermasse

Tauwasserbildung im Bauteilinneren kann nur auftreten, wenn Wasserdampfdiffusion infolge eines Dampfdruckgefälles zwischen den Bauteiloberflächen stattfindet (d. h. die Bauteilschichten ausreichend dampfdurchlässig sind), ein Temperaturgefälle über den Bauteilquerschnitt vorhanden ist und der Wasserdampfteildruck den Sättigungsdruck erreicht (Abb. 3.27).

Mit Tauwasserbildung ist im Winter (Tauperiode) zu rechnen, da hier die erforderlichen Temperaturbedingungen (Temperaturgefälle) gegeben sind.

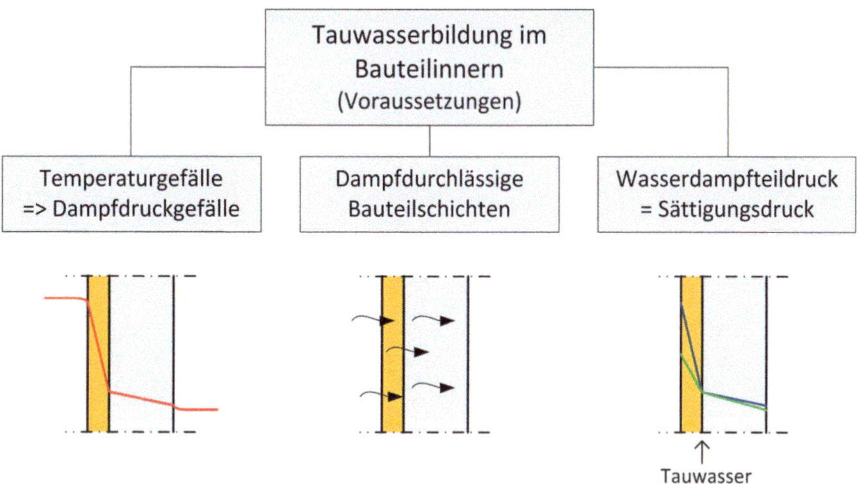

Abb. 3.27 Voraussetzungen für Tauwasserbildung im Bauteilinnern

Abb. 3.28 Diffusionsdiagramm für die Tauperiode „Fall a" – kein Tauwasserausfall

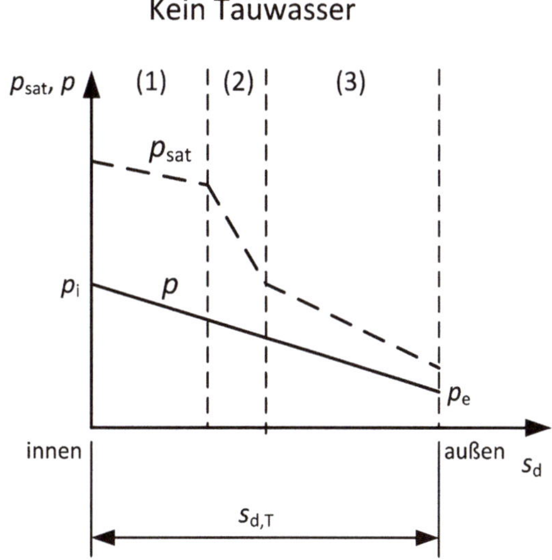

Für die Berechnung können vier Fälle unterschieden werden:

- **„Fall a"**: Wasserdampfdiffusion ohne Tauwasserausfall im Bauteilquerschnitt (Abb. 3.28);
- **„Fall b"**: Wasserdampfdiffusion mit Tauwasserausfall in *einer Ebene* des Bauteilquerschnitts (Abb. 3.29);
- **„Fall c"**: Wasserdampfdiffusion mit Tauwasserausfall in *zwei Ebenen* des Bauteilquerschnitts (Abb. 3.30);
- **„Fall d"**: Wasserdampfdiffusion mit Tauwasserausfall in einem *Bereich* des Bauteilquerschnitts (Abb. 3.31).

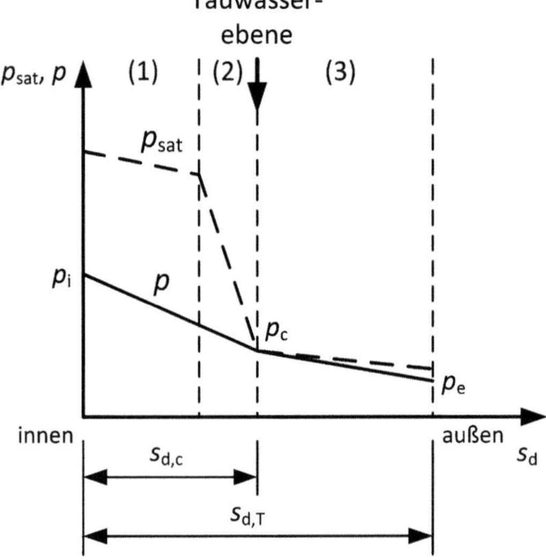

Abb. 3.29 Diffusionsdiagramm für die Tauperiode „Fall b" – Tauwasserausfall in einer Ebene

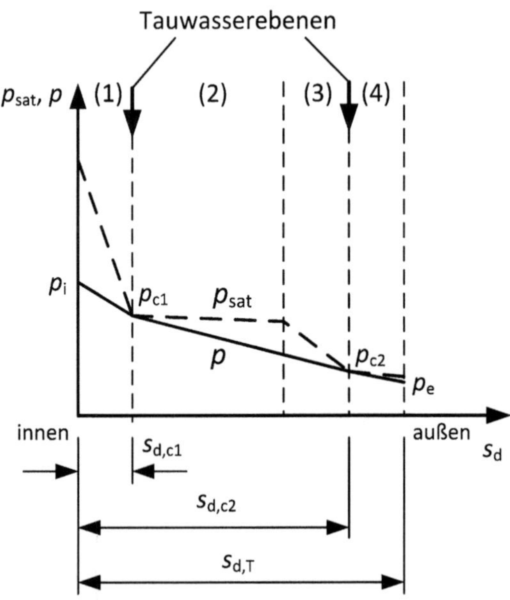

Abb. 3.30 Diffusionsdiagramm für die Tauperiode „Fall c" – Tauwasserausfall in zwei Ebenen

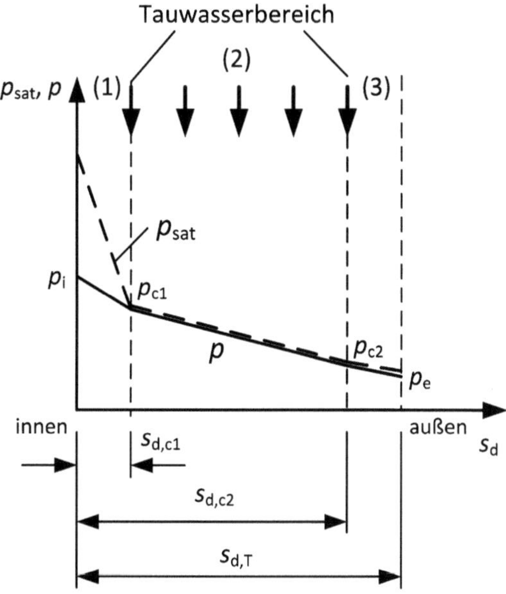

Abb. 3.31 Diffusionsdiagramm für die Tauperiode „Fall d" – Tauwasserausfall in einem Bereich

In den Abb. 3.28, 3.29 und 3.31 sowie den Gleichungen der nachfolgenden Abschnitte bedeuten:

p_i	Wasserdampfteildruck raumseitig, in Pa (Tauperiode: p_i = 1168 Pa);
p_e	Wasserdampfteildruck außenseitig, in Pa (Tauperiode: p_e = 321 Pa);
p_c	Sättigungsdampfdruck an der Stelle des Tauwasserausfalls, in Pa (aus Diffusionsdiagramm durch zeichnerische Konstruktion ermittelt), • bei Fall b: in der Tauwasserebene, • bei Fall c: in der 1. und 2. Tauwasserebene, p_{c1}, p_{c2} • bei Fall d: am Anfang und am Ende des Tauwasserbereiches, p_{c1}, p_{c2};
$s_{d,T}$	die Summe der s_d-Werte aller Einzelschichten des Bauteils, in m;
$s_{d,c}$	die Summe der s_d-Werte aller Einzelschichten von der Innenoberfläche bis zur Tauwasserebene, in m;
g_c	Tauwasserrate, in kg/(s · m²);
t_c	die Dauer der Tauperiode, in s;

Die Steigung des Verlaufs des Wasserdampfteildrucks im Diffusionsdiagramm gibt die Wasserdampfmenge an, die durch den Bauteilquerschnitt hindurch diffundiert. Dabei sind die beiden folgenden Fälle zu unterscheiden:

Sind die Steigungen auf der Innenoberfläche und der Außenoberfläche gleich groß, diffundiert genauso viel Wasserdampf in das Bauteil wie hinaus diffundiert. Der Wasserdampfteildruckverlauf ist dabei geradlinig, die Steigung ist konstant. In diesem bildet sich kein Tauwasser im Querschnitt, da die hinein diffundierende Wasserdampfmenge genauso groß ist wie diejenige, die aus dem Bauteil hinausströmt.

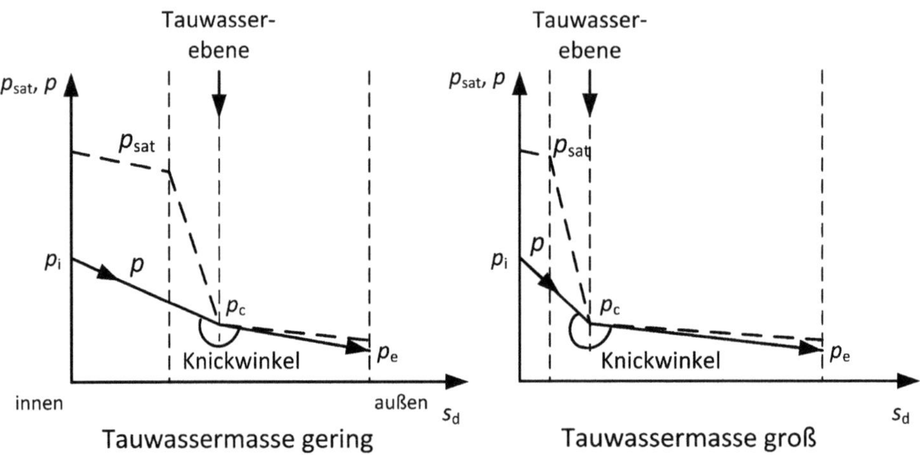

Abb. 3.32 Verlauf des Wasserdampfteildrucks bei kleinem (links) und großem (rechts) Diffusionsstrom und Auswirkung auf die Tauwassermasse

Ist die Steigung auf der Innenoberfläche des Bauteils größer als auf der Außenoberfläche, bedeutet das, dass mehr Wasserdampf in den Querschnitt hinein diffundiert als hinaus diffundiert. Es kommt im Querschnitt zur Tauwasserbildung. Der Verlauf des Wasserdampfteildrucks ist geknickt. Der Knickpunkt gibt die Ebene bzw. den Bereich an, wo Tauwasserbildung im Querschnitt stattfindet. Die Tauwassermasse ergibt sich aus der Differenz der Steigungen der beiden Geraden auf der Innen- und Außenseite. Sie ist umso größer je größer der Knickwinkel (abweichend von 180°) ist. Der Knickwinkel im Verlauf der Linie des Wasserdampfteildrucks entspricht der Tauwasserrate g_c (Abb. 3.32).

Durch Multiplikation mit der Dauer der Tauperiode t_c ergibt sich die Tauwassermasse M_c, die während der gesamten Tauperiode im Bauteilquerschnitt ausfällt.

Fall a – Kein Tauwasserausfall im Bauteilquerschnitt
Es fällt kein Tauwasser aus, da der vorhandene Wasserdampfteildruck p an jeder Stelle des Bauteilquerschnitts kleiner ist als der Sättigungsdampfdruck p_{sat} ($p < p_{sat}$).

Die Linie des Wasserdampfteildrucks im Diffusionsdiagramm ist eine Gerade mit konstanter Steigung. Das bedeutet, dass genauso viel Wasserdampf auf der Innenseite in das Bauteil hinein diffundiert wie auf der Außenseite hinaus diffundiert. Es verbleibt keine Feuchtigkeit im Querschnitt.

Fall b – Tauwasserausfall in einer Ebene
Es bildet sich Tauwasser in einer Ebene, d. h. zwischen zwei Schichtgrenzen. Die Tauwassermasse M_c berechnet sich mit folgenden Gleichungen:

$$g_c = \delta_0 \cdot \left(\frac{p_i - p_c}{s_{d,c}} - \frac{p_c - p_e}{s_{d,T} - s_{d,c}} \right) \tag{3.14}$$

$$M_c = g_c \cdot t_c \tag{3.15}$$

Fall c – Tauwasserausfall in zwei Ebenen

Es bildet sich Tauwasser in zwei Ebenen (Schichtgrenzen). Die Tauwassermasse berechnet sich mit folgenden Gleichungen:

Tauwasserebene c_1:

$$g_{c1} = \delta_0 \cdot \left(\frac{p_i - p_{c1}}{s_{d,c1}} - \frac{p_{c1} - p_{c2}}{s_{d,c2} - s_{d,c1}} \right) \tag{3.16}$$

$$M_{c1} = g_{c1} \cdot t_c \tag{3.17}$$

Tauwasserebene c_2:

$$g_{c2} = \delta_0 \cdot \left(\frac{p_{c1} - p_{c2}}{s_{d,c2} - s_{d,c1}} - \frac{p_{c2} - p_e}{s_{d,T} - s_{d,c2}} \right) \tag{3.18}$$

$$M_{c2} = g_{c2} \cdot t_c \tag{3.19}$$

Die gesamte Tauwassermasse ergibt sich mit folgender Gleichung:

$$M_c = M_{c1} + M_{c2} \tag{3.20}$$

Fall d- Tauwasserausfall in einem Bereich

$$g_c = \delta_0 \cdot \left(\frac{p_i - p_{c1}}{s_{d,c1}} - \frac{p_{c2} - p_e}{s_{d,T} - s_{d,c2}} \right) \tag{3.21}$$

$$M_c = g_c \cdot t_c \tag{3.22}$$

3.7.4 Berechnung der Verdunstungsmasse

Tauwasser, das sich während der Tauperiode im Bauteilquerschnitt gebildet hat (Fälle b bis d), kann während der Verdunstungsperiode über die Bauteiloberflächen an die Außenumgebung wieder abgegeben werden, d. h. es verdunstet.

Für die Berechnung der Verdunstungsmasse M_{ev} wird der Dampfdruck an der Stelle der Tauwasserbildung gleich dem Sättigungsdampfdruck für die Verdunstungsperiode p_c gesetzt (d. h. p_c = 1700 Pa bzw. 2000 Pa; s. Tab. 3.14). Der Verlauf des Wasserdampfteildruckes ergibt sich als geradlinige Verbindungslinie zwischen dem Sättigungsdampfdruck und den beiden Bauteiloberflächen. Dabei gibt die Steigung der Linien des Wasserdampf-

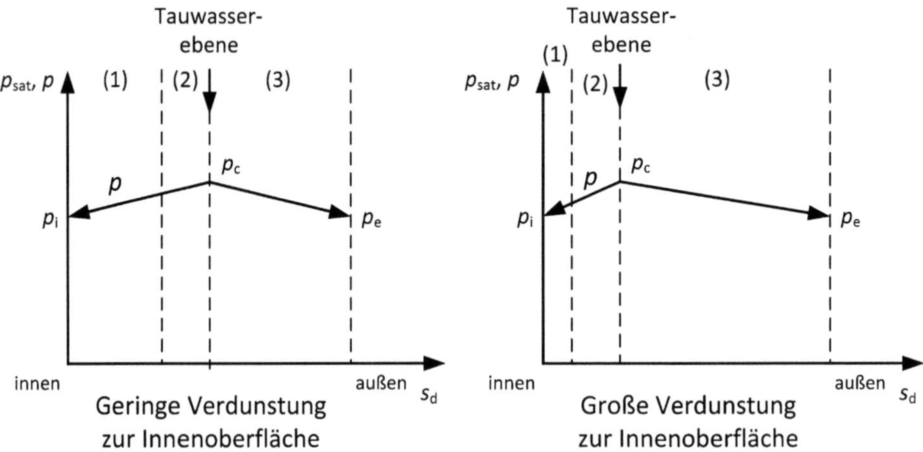

Abb. 3.33 Verlauf des Wasserdampfteildrucks bei kleinem (links) und großem (rechts) Diffusionsstrom und Auswirkung auf die Verdunstungsmasse

teildruckes die jeweilige Verdunstungsrate g_{ev} an, d. h. die Menge an Wasserdampf, die über die beiden Bauteiloberflächen verdunstet.

Je steiler die Linien des Wasserdampfdruckes verlaufen desto größer ist die Verdunstungsmasse (Abb. 3.33).

Die Verdunstungsmasse M_{ev} wird durch Multiplikation der Summe der Verdunstungsraten g_{ev} mit der Dauer der Verdunstungsperiode t_{ev} berechnet.

In Abb. 3.33 sowie den Gleichungen der nachfolgenden Abschnitte bedeuten:

p_i	Wasserdampfteildruck raumseitig, in Pa (Verdunstungsperiode: p_i = 1200 Pa);
p_e	Wasserdampfteildruck außenseitig, in Pa (Verdunstungsperiode: p_e = 1200 Pa);
p_c	Sättigungsdampfdruck an der Stelle des Tauwasserausfalls, in Pa (Wände, Decken: p_c = 1700 Pa; Dächer: p_c = 2000 Pa), • bei Fall b: in der Tauwasserebene, • bei Fall c: in der 1. und 2. Tauwasserebene, p_{c1}, p_{c2} • bei Fall d: aus der Mitte des Tauwasserbereiches, p_c;
$s_{d,T}$	die Summe der s_d-Werte aller Einzelschichten des Bauteils, in m;
$s_{d,c}$	die Summe der s_d-Werte aller Einzelschichten von der Innenoberfläche bis zur Tauwasserebene, in m;
g_{ev}	Verdunstungsrate, in kg/(s · m²);
t_{ev}	Dauer der Verdunstungsperiode, in s.

Fall a – kein Tauwasser – keine Verdunstung

Wenn während der Tauperiode keine Tauwasserbildung stattgefunden hat, ergibt sich während der Verdunstungsperiode auch keine Verdunstung. Das bedeutet, dass Verdunstungsrate $g_{ev} = 0$ und Verdunstungsmasse $M_{ev} = 0$ sind (Abb. 3.34).

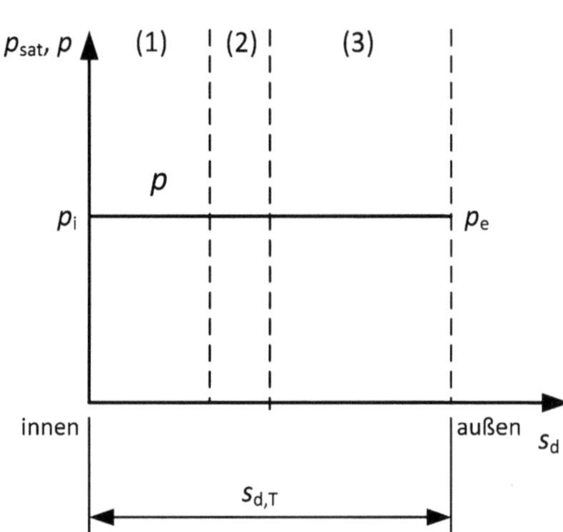

Abb. 3.34 Diffusionsdiagramm für die Verdunstungsperiode „Fall a" – kein Tauwasserausfall, keine Verdunstung

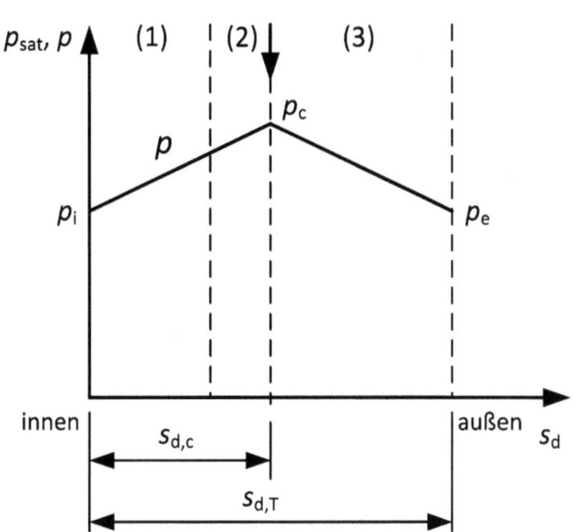

Abb. 3.35 Diffusionsdiagramm für die Verdunstungsperiode „Fall b" – Verdunstung nach Tauwasserausfall in einer Ebene

Fall b – Verdunstung nach Tauwasserausfall in einer Ebene

Die Verdunstungsmasse berechnet sich nach Tauwasserausfall in einer Ebene (Schichtgrenze) mit den beiden folgenden Gleichungen (Abb. 3.35):

$$g_{\text{ev}} = \delta_0 \cdot \left(\frac{p_{\text{c}} - p_{\text{i}}}{s_{\text{d,c}}} + \frac{p_{\text{c}} - p_{\text{e}}}{s_{\text{d,T}} - s_{\text{d,c}}} \right) \tag{3.23}$$

$$M_{\text{ev}} = g_{\text{ev}} \cdot t_{\text{ev}} \tag{3.24}$$

Fall c – Verdunstung nach Tauwasserausfall in zwei Ebenen

Bei Tauwasserausfall in zwei Ebenen erfolgt die Berechnung der Verdunstungsmasse unter Annahme folgender Voraussetzungen. An den Schichtgrenzen mit Tauwasserausfall wird der Sättigungsdampfdruck jeweils dem Sättigungsdampfdruck der Verdunstungsperiode gesetzt ($p_{c1} = p_{c2} = p_c = 1200$ Pa). Die Verdunstung des Tauwassers erfolgt von den beiden Tauwasserebenen zur jeweils näher liegenden Bauteiloberfläche (nach innen und außen) (Abb. 3.36).

Da der Sättigungsdampfdruck in beiden Tauwasserebenen gleich groß ist ($p_{c1} = p_{c2}$) treten Diffusionsströme zwischen diesen beiden Ebenen nicht auf. Die Verdunstungsraten zu den beiden Bauteiloberflächen berechnen sich mit folgenden Gleichungen:

Verdunstung nach innen:

$$g_{ev1} = \delta_0 \cdot \left(\frac{p_c - p_i}{s_{d,c1}} \right) \tag{3.25}$$

Verdunstung nach außen:

$$g_{ev2} = \delta_0 \cdot \left(\frac{p_c - p_e}{s_{d,T} - s_{d,c2}} \right) \tag{3.26}$$

Für die Berechnung der maximal möglichen Verdunstungsmasse ist es erforderlich zu überprüfen, welche Tauwassermasse in welcher Tauwasserebene zuerst austrocknet und nach welchem Zeitraum dies geschieht.

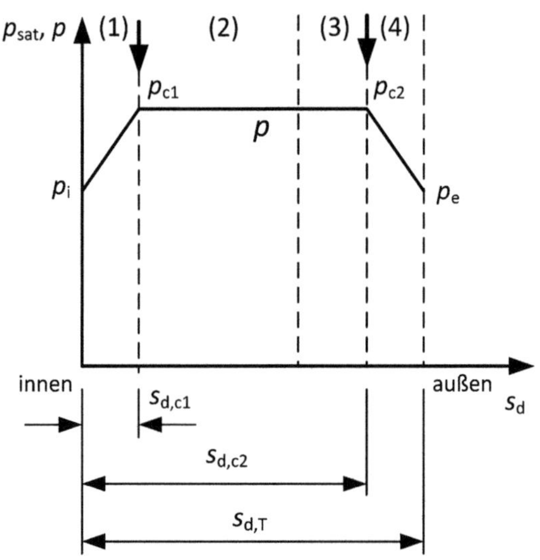

Abb. 3.36 Diffusionsdiagramm für die Verdunstungsperiode „Fall c" – Verdunstung nach Tauwasserausfall in zwei Ebenen

Dazu sind zunächst die beiden Verdunstungszeiten wie folgt zu bestimmen:
Verdunstung nach innen:

$$t_{ev1} = \frac{M_{c1}}{g_{ev1}} \tag{3.27}$$

Verdunstung nach außen:

$$t_{ev2} = \frac{M_{c2}}{g_{ev2}} \tag{3.28}$$

Es sind folgende Austrocknungsfälle zu unterscheiden:
a)

$$t_{ev1} > t_{ev} \text{ und } t_{ev2} > t_{ev}$$

In diesem Fall trocknen die Tauwassermassen in beiden Ebenen nicht vor dem Ende der Verdunstungsperiode aus. Die maximale Verdunstungsmasse für das Bauteil ergibt sich aus den Verdunstungsmassen je Tauwasserebene mit folgenden Gleichungen:

$$M_{ev1} = g_{ev1} \cdot t_{ev} \tag{3.29}$$

$$M_{ev2} = g_{ev2} \cdot t_{ev} \tag{3.30}$$

$$M_{ev} = M_{ev1} + M_{ev2} \tag{3.31}$$

b)

$$t_{ev1} < t_{ev} \text{ bzw.} t_{ev2} < t_{ev} :$$

In diesem Fall trocknet die Tauwassermasse in mindestens einer Ebene vor dem Ende der Verdunstungsperiode aus. Über die andere Tauwasserebene erfolgt in der verbleibenden Zeit eine Verdunstung zu beiden Oberflächen. Die maximale Verdunstungsmasse für das Bauteil ergibt sich aus den Verdunstungsmassen je Tauwasserebene mit folgenden Gleichungen:

$$\text{Falls } t_{ev1} < t_{ev2} :$$

$$M_{ev1} = g_{ev1} \cdot t_{ev1} \tag{3.32}$$

$$M_{ev2} = g_{ev2} \cdot t_{ev1} + \left(\delta_0 \cdot \frac{p_{c2} - p_i}{s_{d,c2}} + g_{ev2} \right) \cdot \left(t_{ev} - t_{ev1} \right) \tag{3.33}$$

$$M_{ev} = M_{ev1} + M_{ev2} \tag{3.34}$$

$$\text{Falls } t_{ev1} > t_{ev2} :$$

$$M_{ev2} = g_{ev2} \cdot t_{ev2} \tag{3.35}$$

$$M_{\text{ev1}} = g_{\text{ev1}} \cdot t_{\text{ev2}} + \left(\delta_0 \cdot \frac{p_{\text{c2}} - p_{\text{i}}}{s_{\text{d,c2}}} + g_{\text{ev2}} \right) \cdot \left(t_{\text{ev}} - t_{\text{ev1}} \right) \tag{3.36}$$

$$M_{\text{ev}} = M_{\text{ev1}} + M_{\text{ev2}} \tag{3.37}$$

Fall d – Verdunstung nach Tauwasserausfall in einem Bereich

Für die Berechnung der maximal möglichen Verdunstungsmasse wird der Sättigungsdampfdruck in der Mitte des Bereichs mit Tauwasserausfall angesetzt (Abb. 3.37). Die Verdunstungsmasse berechnet sich mit den folgenden Gleichungen:

$$g_{\text{ev}} = \delta_0 \left(\frac{p_{\text{c}} - p_{\text{i}}}{s_{\text{d,cm}}} + \frac{p_{\text{c}} - p_{\text{e}}}{s_{\text{d,T}} - s_{\text{d,cm}}} \right) \tag{3.38}$$

mit

$$s_{\text{d,cm}} = s_{\text{d,c1}} + 0{,}5 \cdot \left(s_{\text{d,c2}} - s_{\text{d,c1}} \right) \tag{3.39}$$

$$M_{\text{ev}} = g_{\text{ev}} \cdot t_{\text{ev}} \tag{3.40}$$

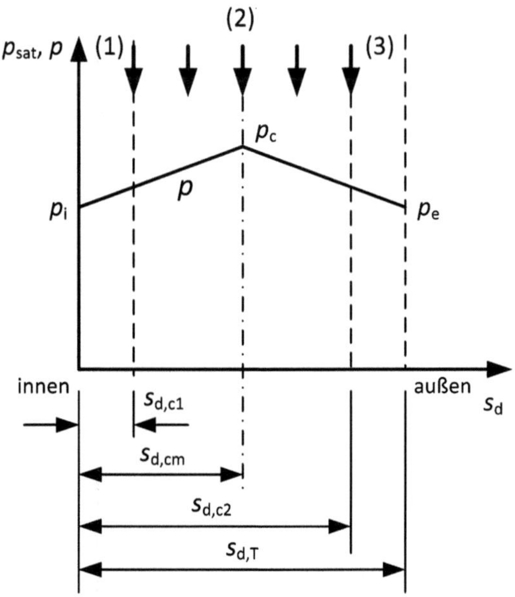

Abb. 3.37 Diffusionsdiagramm für die Verdunstungsperiode „Fall d" – Verdunstung nach Tauwasserausfall in einem Bereich

3.7.5 Beispiel

Beispiel

Nachfolgend soll das Perioden-Bilanzverfahren (Glaserverfahren) zur Überprüfung der Tauwasserbildung im Bauteilinnern an einem Beispiel erläutert werden.

Dazu soll für die in Abb. 3.38 dargestellte Außenwand mit Innendämmung überprüft werden, ob sich Tauwasser im Bauteilinnern bildet. Im Falle von Tauwasserbildung sind die während der Tauperiode anfallende Tauwassermasse sowie die während der Verdunstungsperiode entstehende Verdunstungsmasse zu berechnen. Weiterhin ist zu überprüfen, ob die Konstruktion in feuchtetechnischer Hinsicht zulässig ist.

Die Überprüfung der Tauwasserbildung sowie die Berechnungen der Kenngrößen erfolgen mit dem Periodenbilanzverfahren (Glaserverfahren).

Berechnung des Temperaturverlaufs, der Sättigungsdrücke und der s_d-Werte

Die Berechnung des Temperaturverlaufs und die Ermittlung der zugehörigen Sättigungsdampfdrücke sowie die Berechnung der diffusionsäquivalenten Luftschichtdicken erfolgt tabellarisch (Tab. 3.17).

Für die Berechnung der Oberflächen- sowie Schichtgrenztemperaturen wird die Wärmestromdichte q benötigt:

$$q = U \cdot (\theta_i - \theta_e) = 0{,}59 \cdot (20 - (-5)) = 14{,}75 \text{ W/m}^2$$

Damit ergeben sich die folgenden Oberflächen- bzw. Schichtgrenztemperaturen:

$$\theta_{si} = \theta_i - q \cdot R_{si} = 20 - 14{,}75 \cdot 0{,}25 = 16{,}3\ °\text{C}$$
$$\theta_{1-2} = \theta_{si} - q \cdot R_1 = 16{,}3 - 14{,}75 \cdot 0{,}050 = 15{,}6\ °\text{C}$$
$$\theta_{2-3} = \theta_{1-2} - q \cdot R_2 = 15{,}6 - 14{,}75 \cdot 1{,}000 = 0{,}9\ °\text{C}$$
$$\theta_{3-4} = \theta_{2-3} - q \cdot R_3 = 0{,}9 - 14{,}75 \cdot 0{,}343 = -4{,}2\ °\text{C}$$
$$\theta_{se} = \theta_{3-4} - q \cdot R_4 = -4{,}2 - 14{,}75 \cdot 0{,}015 = -4{,}4\ °\text{C}$$
$$\text{Kontrolle}: \theta_e = \theta_{se} - q \cdot R_{se} = -4{,}4 - 14{,}75 \cdot 0{,}04 = -4{,}99 \approx -5{,}0\ °\text{C}$$

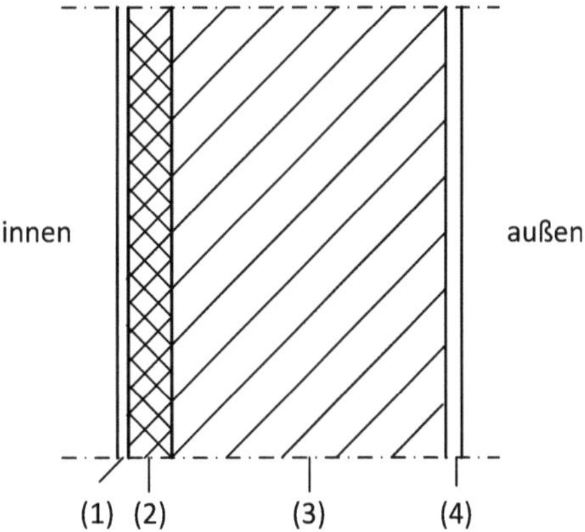

Abb. 3.38 Beispiel – Querschnitt Außenwand

Tab. 3.17 Beispiel – Tabellarische Ermittlung der Temperaturen, Sättigungsdampfdrücke und diffusionsäquivalenten Luftschichtdicken

Nr.	Schicht	d (m)	μ (–)	s_d (m)	$\Sigma s_d/s_{d,T}$ –	λ (W/(mK))	R (m²K/W)	θ (°C)	p_{sat} (Pa)
	Wärmeübergang innen						0,25	20,0	2337
1	Gipskartonplatten	0,0125	**4**/10	0,05	0,017	0,25	0,050	16,3	1852
2	Dämmstoff (Mineralfaser) WLG 040	0,04	1	0,04	0,030	0,04	1,000	15,6 0,9	1771 652
3	Mauerwerk aus Kalksandsteinen, 1400 kg/m³	0,24	5/**10**	2,40	0,826	0,70	0,343	−4,2	430
4	Kalkzementputz	0,015	15/**35**	0,525	1,000	1,0	0,015	−4,4	422
	Wärmeübergang außen						0,04	−5,0	401
Äquivalente Luftschichtdicke $s_{D,T}$ =				3,015	m				
Wärmedurchgangswiderstand						$\sum = R_T =$	1,698	m²K/W	
Wärmedurchgangskoeffizient						$U = 1/R_T =$	0,59	W/(m²K)	

Als Sättigungsdampfdrücke an den Bauteiloberflächen sowie den Schichtgrenzen ergeben sich folgende Werte:

$$p_{\text{sat,si}}\left(16{,}3\ °\text{C}\right) = 1852\ \text{Pa}$$

$$p_{\text{sat,1-2}}\left(15{,}6\ °\text{C}\right) = 1771\ \text{Pa}$$

$$p_{\text{sat,2-3}}\left(0{,}9\ °\text{C}\right) = 652\ \text{Pa}$$

$$p_{\text{sat,3-4}}\left(-4{,}\ 2\ °\text{C}\right) = 430\ \text{Pa}$$

$$p_{\text{sat,se}}\left(-4{,}\ 4\ °\text{C}\right) = 422\ \text{Pa}$$

Dampfdrücke an den Bauteiloberflächen:

- Dampfdruck an der raumseitigen Oberfläche: p_i = 1168 Pa
- Dampfdruck an der außenseitigen Oberfläche: p_e = 321 Pa

Mit diesen Angaben wird das Diffusionsdiagramm für die Tauperiode (Glaserdiagramm) gezeichnet (Abb. 3.39). Es ergibt sich Tauwasserausfall in einer Ebene („Fall b“) zwischen Schicht 2 (Wärmedämmung) und Schicht 3 (Mauerwerk aus Kalksandsteinen).

Berechnung der Tauwassermasse

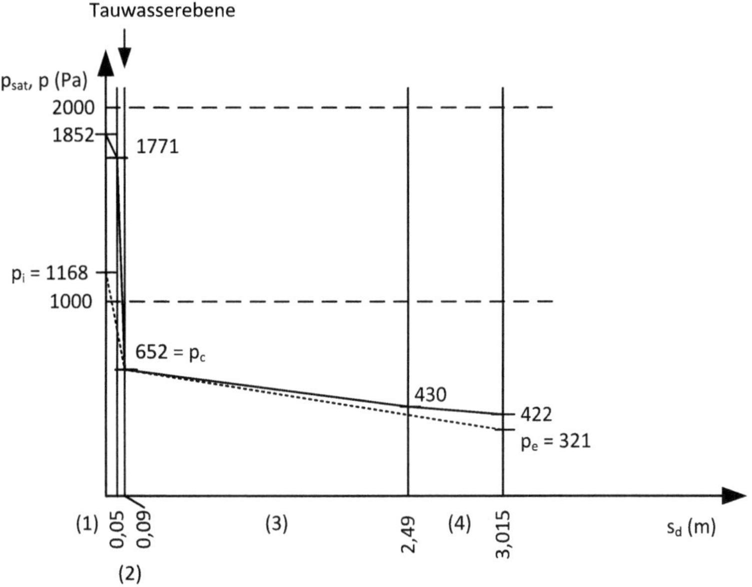

Abb. 3.39 Beispiel – Diffusionsdiagramm für die Tauperiode (Dezember bis Februar)

Die während der Tauperiode (Dezember bis Februar) anfallende Tauwassermasse berechnet sich wie folgt:

$$
\begin{aligned}
M_{\mathrm{c}} &= g_{\mathrm{c}} \times t_{\mathrm{c}} = \delta_0 \left(\frac{p_{\mathrm{i}} - p_{\mathrm{c}}}{s_{\mathrm{d,c}}} - \frac{p_{\mathrm{c}} - p_{\mathrm{e}}}{s_{\mathrm{d,T}} - s_{\mathrm{d,c}}} \right) \cdot t_{\mathrm{c}} \\
&= 2 \cdot 10^{-10} \left(\frac{1168 - 652}{0,09} - \frac{652 - 321}{3,015 - 0,09} \right) \cdot 7776 \cdot 10^3 \\
&= 8,740 \ \mathrm{kg/m^2}
\end{aligned}
$$

mit:

$$s_{\mathrm{d,c}} = s_{\mathrm{d,1}} + s_{\mathrm{d,2}} = 0,05 + 0,04 = 0,09 \ \mathrm{m}$$

$$s_{\mathrm{d,T}} = 3,015 \ \mathrm{m}$$

Berechnung der Verdunstungsmasse

Die während der Verdunstungsperiode (Juni bis August) aus dem Bauteilquerschnitt diffundierende Verdunstungsmasse berechnet sich zu (Abb. 3.40):

$$M_{ev} = g_{ev} \times t_{ev} = \delta_0 \left(\frac{p_c - p_i}{s_{d,c}} - \frac{p_c - p_e}{s_{d,T} - s_{d,c}} \right) \times t_{ev}$$
$$= 2 \cdot 10^{-10} \left(\frac{1700 - 1200}{0,09} - \frac{1700 - 1200}{3,015 - 0,09} \right) \cdot 7776 \cdot 10^3$$
$$= 8,370 \ \text{kg/m}^2$$

mit:

$$s_{d,c} = s_{d,1} + s_{d,2} = 0,05 + 0,04 = 0,09 \text{ m}$$
$$s_{d,T} = 3,015 \text{ m}$$

Bewertung

Die Wandkonstruktion ist diffusionstechnisch **nicht** zulässig, da

- die Tauwassermasse größer als die Verdunstungsmasse ist (Mc = 8,74 > Mev = 8,37 kg/m2) ist und
- die Tauwassermasse den zulässigen Wert für saugfähige Schichten übersteigt (M_c = 8,74 > zul M_c = 1,0 kg/m²).

Maßnahmen zur Vermeidung von Tauwasser

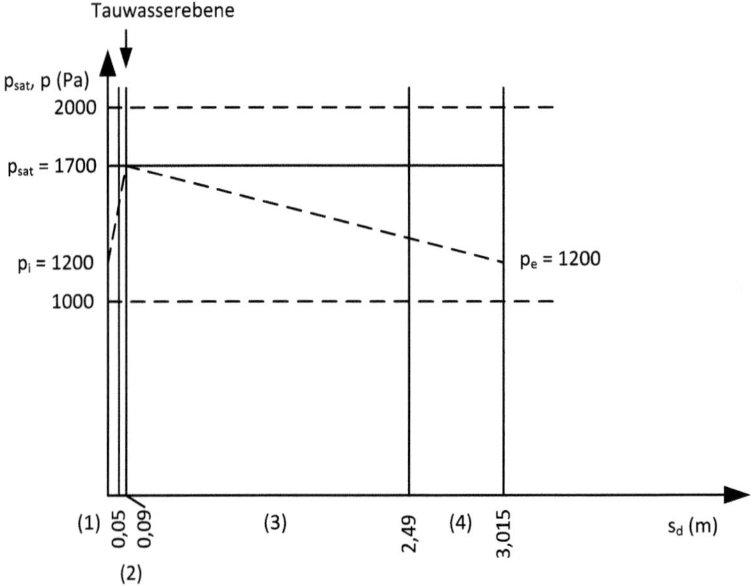

Abb. 3.40 Beispiel – Diffusionsdiagramm für die Verdunstungsperiode (Juni bis August)

Zur Vermeidung von Tauwasserbildung ist raumseitig, d. h. zwischen der Schicht 1 (Gipskartonplatten) und Schicht 2 (Wärmedämmung) eine Dampfsperre einzubauen, damit Wasserdampf aus dem Rauminnern nicht in die kühlen Bereiche des Wandquerschnitts, die sich außenseitig der Wärmedämmschicht befinden, gelangen kann.

Dimensionierung der Dampfsperre

Damit es zu keinem Tauwasserausfall kommt, muss die Dampfsperre zwischen Schicht 1 und 2 mindestens folgenden s_d-Wert aufweisen:

$$\begin{aligned} \min\ s_d &= \left(s_{d,T} - s_{d,c}\right) \cdot \left(p_i - p_e\right) / \left(p_c - p_e\right) - s_{d,T} \\ &= (3{,}015 - 0{,}09) \cdot (1168 - 321) / (652 - 321) - 3{,}015 \\ &= 4{,}5\ \text{m} \end{aligned}$$ ◀

3.8 Hygrothermische Simulation

Mit Hilfe geeigneter Computermodelle können hygrothermische Simulationen zur Berechnung der zeitabhängigen Temperatur- und Feuchteverteilung in Bauteilen durchgeführt werden. Derartige Simulationsrechnungen erlauben eine größere Genauigkeit und sind für ein größeres Anwendungsgebiet geeignet als das Periodenbilanzverfahren (Glaserverfahren).

Die Modellierung erfolgt durch Aufteilung des Bauteils in finite Volumen (bei dreidimensionalen Problemen) oder finite Elemente (zweidimensional) mit Gitterabständen in der Größenordnung von Millimetern bis Zentimetern und Zeitschritten von Minuten oder Stunden. Die Modelle erfassen i. d. R. den Feuchtetransport sowohl in der flüssigen (Wasser) als auch in der gasförmigen (Wasserdampf) Phase und können auch die Wärme- und Feuchtespeicherung der Baustoffe abbilden.

Als Eingabedaten werden die Stoffeigenschaften, insbesondere die hygrothermischen Eigenschaften (Funktion des Feuchtegehalts und/oder Temperatur) sowie die Klimarandbedingungen (zeitabhängig) benötigt.

Randbedingungen für die Anwendung von Simulationsverfahren zur feuchtetechnischen Untersuchung von Bauteilen sind in DIN 4108-3:2018-10, Anhang D angegeben. Für weitere Angaben wird auf die Norm verwiesen.

3.9 Schutz von Wänden vor Schlagregen und Spritzwasser

3.9.1 Einführung

Beanspruchungen von Wänden durch *Schlagregen* treten auf, wenn Regen oder sonstige Niederschläge durch Windeinwirkung gegen die Außenwandoberfläche bzw. Fassade gedrückt werden (Abb. 3.41).

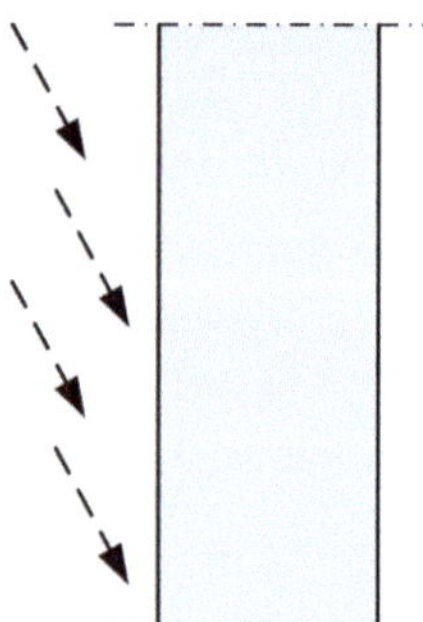

Abb. 3.41 Schlagregen

Dabei ist zu beachten, dass durch Regen und Niederschlagswasser deutlich mehr Feuchtigkeit von außen in eine Wand eindringen kann als durch Wasserdampfdiffusion und Tauwasserbildung von innen. Aus diesem Grund ist ein ausreichender Schutz der Außenwände vor Schlagregen und Niederschlägen Voraussetzung für einen wirksamen Feuchteschutz.

Bei nicht ausreichendem Schutz vor Schlagregen kann das auf die Wandoberfläche bzw. auf die Fassade treffende Wasser durch kapillare Saugwirkung in die Wand aufgenommen werden oder infolge des Winddrucks über Risse, Spalten oder nicht funktionsfähige Abdichtungen in die Wandkonstruktion eindringen. Zur Vermeidung von Schäden, die infolge Durchfeuchtung der Wand entstehen, sind geeignete Maßnahmen zu ergreifen.

Hierzu gehören z. B. die Anordnung von Bekleidungen, wasserhemmenden oder -abweisenden Putzen, Beschichtungen und Anstrichen, die fachgerechte Abdichtung von Fugen (direkte Maßnahmen) und/oder das Vorsehen von ausreichend großen Dachüberständen, Vordächern und Rücksprüngen in der Fassade oder ähnlichen Maßnahmen (indirekte Maßnahmen).

Beanspruchungen durch *Spritzwasser* treten auf, wenn Regen oder Niederschlagswasser im Bereich des Gebäudes auf den Boden trifft, von der Geländeoberfläche zurückprallt und gegen den Sockel geworfen wird (Abb. 3.42).

Der Sockel wird daher wesentlich stärker beansprucht als die aufgehende Fassade. Aus diesem Grund ist der Sockel vor Beanspruchungen durch geeignete Maßnahmen zu schützen, wie z. B. durch einen wasserabweisenden Sockelputz oder geeignete Bekleidungen. Die Spritzwasserbelastung des Sockels lässt sich wirksam durch einen Kiesstreifen entlang des Gebäudesockels reduzieren, da die auf den Kies aufprallenden Regentropfen nicht planmäßig gegen den Sockel reflektiert werden, sondern unregelmäßig in alle Richtungen abprallen (Abb. 3.43).

Als weitere Maßnahme zum Schutz des Gebäudesockels wird gefordert, die Abdichtung über die Geländeoberfläche an der aufgehenden Wand planmäßig hochzuführen. Als Mindestmaß werden 30 cm, bezogen auf das fertige Gelände 15 cm, gefordert. Hierdurch wird ein Hinterlaufen der Abdichtung vermieden und Feuchteschäden in den betroffenen Bauteilen (Bodenplatte, Kelleraußenwände) verhindert (Abb. 3.44).

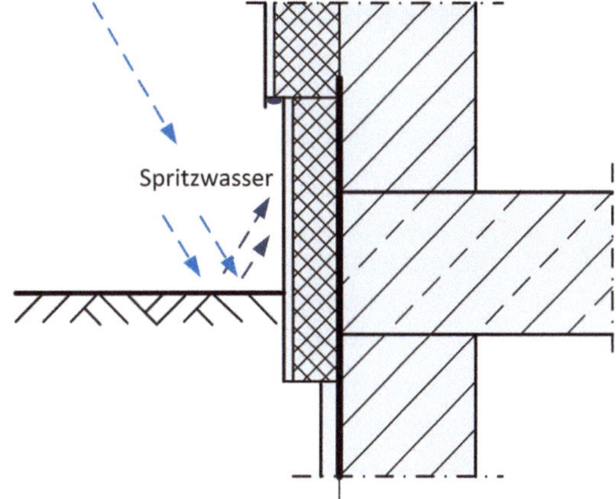

Abb. 3.42 Spritzwasser im Bereich des Sockels

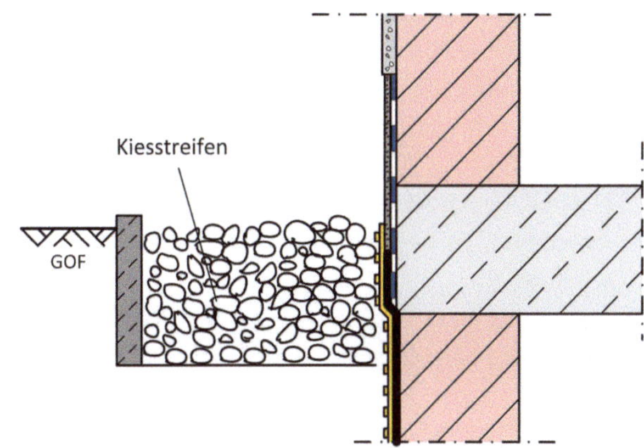

Abb. 3.43 Kiesstreifen entlang des Sockels zur Reduzierung der Beanspruchung durch Spritzwasser

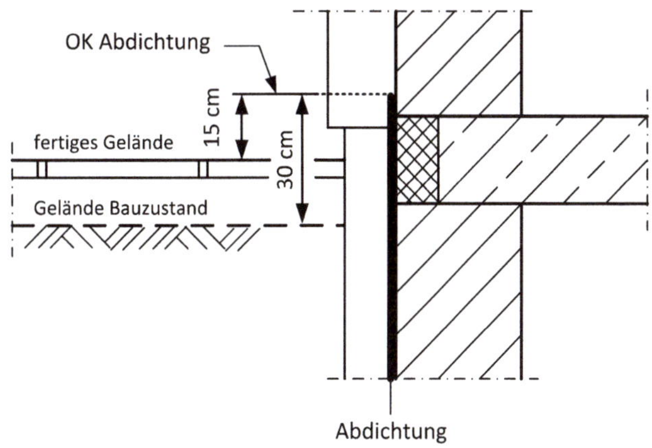

Abb. 3.44 Hochführen der Abdichtung über Gelände

3.9.2 Direkte und indirekte Maßnahmen zum Schlagregenschutz

Zum Schutz von Wänden und Fassaden vor Schlagregenbeanspruchung sind geeignete konstruktive Maßnahmen vorzusehen. Grundsätzlich lassen sich *direkte* und *indirekte* Maßnahmen unterscheiden (Abb. 3.45).

3.9.2.1 Direkte Maßnahmen

Bei direkten Maßnahmen werden schlagregenfeste Baustoffe verwendet und/oder schlagregensichere Bauteile oder Schutzschichten (z. B. Putze, Bekleidungen, Verblendmauerwerk) direkt vor der durch Schlagregen beanspruchten Wand angeordnet.

Direkte Maßnahmen sind vorzusehen, wenn Außenwände, Fassaden oder andere Bauteile direkt vom Schlagregen getroffen werden (wie z. B. Wände auf der Wetterseite, bei nicht ausreichend großem Dachüberstand). Ziel der direkten Maßnahmen ist es, die kapillare Wasseraufnahmefähigkeit der Bauteiloberfläche zu verringern, um dadurch das Eindringen von Feuchtigkeit in die Wand zu verhindern. Dabei ist bei der Wahl der Baustoffe bzw. Bauteile darauf zu achten, dass diese die Verdunstung nicht zu stark einschränken. Hierdurch soll gewährleistet werden, dass in die Konstruktion eingedrungene Feuchtigkeit abtrocknen kann.

Als direkte Maßnahmen sind geeignet (Abb. 3.46):

- Herstellung der Wand aus schlagregensicheren Baustoffen;
- Anordnung eines Anstriches mit imprägnierenden bzw. hydrophobierenden Eigenschaften;
- Anordnung eines wasserabweisenden Außenputzes;
- Anordnung einer hinterlüfteten Außenwandbekleidung;
- Ausführung der Wand als zweischaliges Verblendmauerwerk mit Luftschicht und Wärmedämmung oder mit Kerndämmung;
- Wände mit Außendämmung durch ein Wärmedämmputzsystem oder durch ein bauaufsichtlich zugelassenes Wärmedämmverbundsystem.

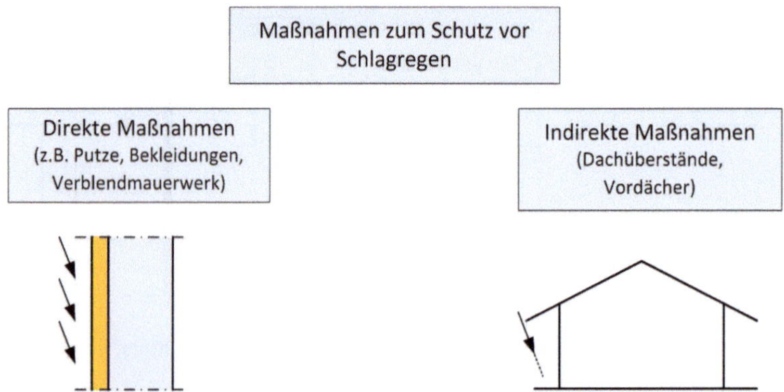

Abb. 3.45 Übersicht über direkte und indirekte Maßnahmen zum Schutz vor Schlagregen

Abb. 3.46 Direkte Maßnahmen zum Schutz von Wänden und Fassaden vor Schlagregen

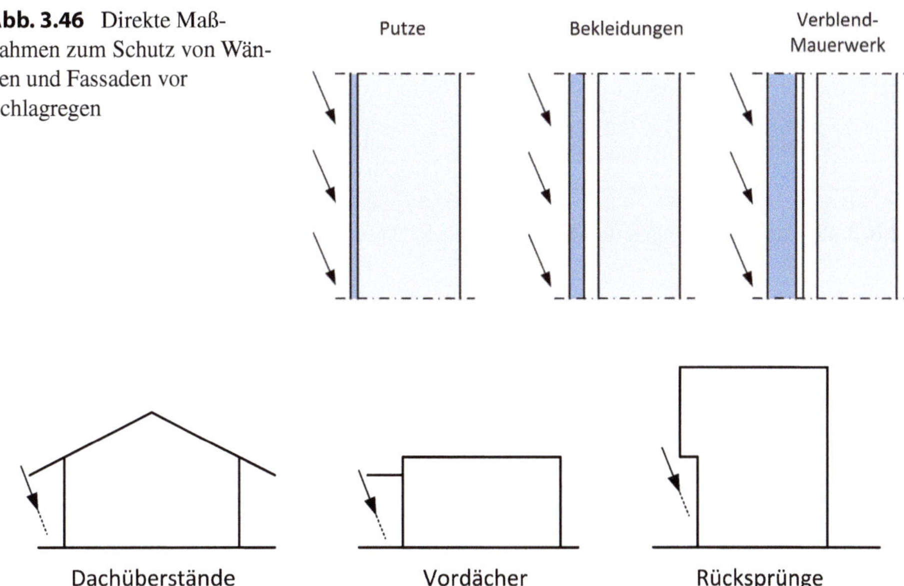

Abb. 3.47 Indirekte Maßnahmen zum Schutz von Wänden und Fassaden vor Schlagregen

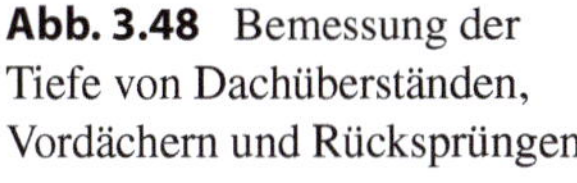

Abb. 3.48 Bemessung der Tiefe von Dachüberständen, Vordächern und Rücksprüngen

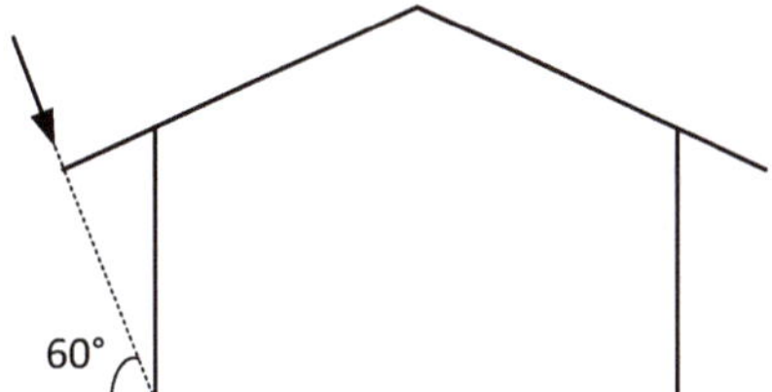

3.9.2.2 Indirekte Maßnahmen

Indirekte Maßnahmen sollen den Schlagregen von der Wand bzw. Fassade fernhalten. Geeignete indirekte Maßnahmen sind beispielsweise ausreichend große Dachüberstände, Vordächer oder Rücksprünge in der Fassade (Abb. 3.47).

Für die Ermittlung des erforderlichen Dachüberstands bzw. der Tiefe des Vordaches oder Rücksprungs kann als Fallwinkel des Schlagregens ein Winkel von 60° bezogen auf die Horizontale angenommen werden (Abb. 3.46).

In vielen Fällen sind indirekte Maßnahmen allein nicht ausreichend, da z. B. die erforderlichen Dachüberstände nicht realisiert werden können, oder die Anordnung von Vordächern sowie Rücksprüngen nicht möglich ist (Abb. 3.48).

Aus diesen Gründen ist es meist erforderlich sowohl direkte als auch indirekte Maßnahmen zum Schutz vor Schlagregen vorzusehen.

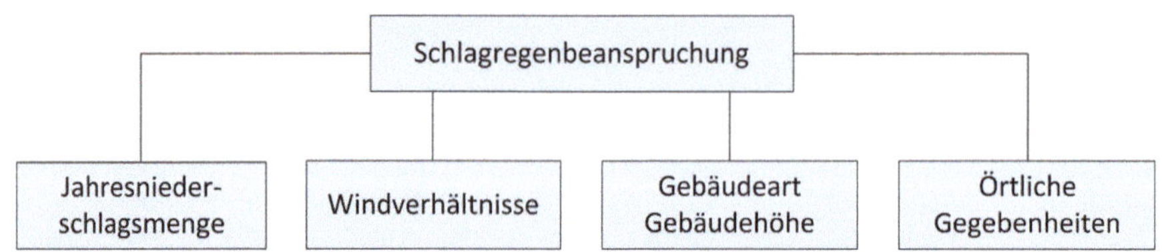

Abb. 3.49 Randbedingungen für Maßnahmen bei Schlagregenbeanspruchung

3.9.2.3 Randbedingungen für die zu treffenden Maßnahmen

Die im Einzelfall zu treffenden Maßnahmen zum Schlagregenschutz richten sich nach der Intensität der Schlagregenbeanspruchung. Diese wird bestimmt durch folgende Parameter (Abb. 3.49):

- Jahresniederschlagsmenge am Bauwerksstandort;
- Windverhältnisse am Bauwerksstandort;
- Gebäudeart und -höhe; bei exponierter Lage (z. B. Hochhaus auf einer Bergkuppe) ist die Schlagregenbeanspruchung höher als im benachbarten normalen Gelände;
- örtliche Gegebenheiten; bei windgeschützter Lage (z. B. flaches Gebäude in einem Tal) kann ggfs. ein Bonus möglich sein, d. h. die Schlagregenbeanspruchung kann hier niedriger angesetzt werden als in der Umgebung.

3.9.3 Normen und Vorschriften

Zentrale Norm mit Anforderungen an den Schlagregenschutz von Wänden ist DIN 4108-3 „Wärmeschutz und Energie-Einsparung bei Gebäuden – Teil 3: Klimabedingter Feuchteschutz – Anforderungen, Berechnungsverfahren und Hinweise für Planung und Ausführung“. In weiteren Normen, die hinsichtlich des Schlagregenschutzes zu beachten sind, werden Anforderungen an Außenwandputze (z. B. DIN 18550,, Außenwandbekleidungen (DIN 18515-1, DIN 18516-1), Außenwände in Holzbauart (DIN 68800) sowie Fugen und Anschlüsse (DIN 18540) geregelt. Für die Schlagregendichtheit von Fenstern und Außentüren gilt DIN EN 12208, für Vorhangfassaden ist DIN EN 12154 zu beachten.

Weiterhin sind verschiedene Produktnormen (z. B. für Außenputze (DIN EN 998-1), für Fugendichtstoffe usw.) zu beachten. Außerdem gelten die Regelungen bestimmter Prüfnormen wie z. B. DIN EN ISO 15148 für die Bestimmung des Wasseraufnahmekoeffizienten oder DIN EN ISO 15572 für die Ermittlung der wasserdampfäquivalenten Luftschichtdicke.

Eine Übersicht über die wichtigsten Normen mit Bezug zum Schlagregenschutz von Wänden und Fassaden einschließlich einer kurzen Erläuterung gibt Tab. 3.18.

Tab. 3.18 Übersicht über wichtige Normen mit Bezug zum Schlagregenschutz von Wänden und Fassaden

Norm	Bezeichnung	Erläuterung
DIN 4108-3: 2018-10	Wärmeschutz und Energie-Einsparung von Gebäuden – Teil 3: Klimabedingter Feuchteschutz – Anforderungen, Berechnungsverfahren und Hinweise auf Planung und Ausführung	Zentrale Norm: Regelt Anforderungen von Bauteilen bei Schlagregenbeanspruchung. Gibt Bauteilaufbauten in Abhängigkeit von der Beanspruchung an. Hinweis: Mit Stand vom April 2023 liegt ein Normentwurf vor (E DIN 4108:2023-04)
DIN 18550-1: 2018-01	Planung, Zubereitung und Ausführung von Innen- und Außenputzen	Teil 1 der Norm regelt die Anforderungen an Planung, Zubereitung und Ausführung von Außenwandputzen.
DIN 18515-1: 2023-06	Außenwandbekleidungen – Teil 1: Angemörtelte Fliesen oder Platten; Grundsätze für Planung und Ausführung	Diese Norm gilt für angemörtlete Fliesen oder Platten, die als Außenwandbekleidung dienen und regelt die Anforderungen an Planung und Ausführung.
DIN 18516-1: 2010-06	Außenwandbekleidungen, hinterlüftet – Teil 1: Anforderungen, Prüfgrundsätze	Diese Norm gilt für hinterlüftete Außenwandbekleidungen (mit und ohne Unterkonstruktion). Sie regelt Planungs-, Bemessungs- und Konstruktionsgrundsätze.
DIN EN 998-1: 2017-02	Festlegungen für Mörtel im Mauerwerksbau – Teil 1: Putzmörtel	Diese europäische Norm regelt die Anforderungen an im Werk hergestellten Putzmörtel aus anorganischen Bindemitteln, die als Außenputz und als Innenputz für Wände, Decken, Pfeiler und Trennwände verwendet werden.
DIN 18540: 2014-09	Abdichten von Außenwandfugen im Hochbau mit Fugendichtstoffen	Diese Norm regelt die Ausbildung von Außenwandfugen und deren Abdichtung mit elastischen Fugendichtstoffen.
DIN 68800-2: 2022-02	Holzschutz – Teil 2: Vorbeugende bauliche Maßnahmen im Hochbau	In dieser Norm werden vorbeugende bauliche Maßnahmen festgelegt, um die Dauerhaftigkeit von Bauteilen aus Holz und Holzwerkstoffen zu gewährleisten. Die Norm gilt in Verbindung mit dem Teil 1 der DIN 68800 (DIN 68800-1:2011-10: Holzschutz – Teil 1: Allgemeines).
DIN EN 12208: 2000-06	Fenster und Türen – Schlagregendichtheit – Klassifizierung	Diese Norm legt Anforderungen an die Schlagregendichtheit von Fenster und Türen fest und regelt die Klassifizierung.
DIN EN 12154:2000-06	Vorhangfassaden – Schlagregendichtheit – Leistungsanforderungen und Klassifizierung	Diese Norm regelt Anforderungen an die Schlagregendichtheit von Vorhangfassaden. Darüber hinaus wird ein Klassifizierungssystem festgelegt.

(Fortsetzung)

Tab. 3.18 (Fortsetzung)

Norm	Bezeichnung	Erläuterung
DIN EN ISO 15148:2018-12	Wärme- und feuchtetechnisches Verhalten von Baustoffen und Bauprodukten – Bestimmung des Wasseraufnahmekoeffizienten bei teilweisem Eintauchen	Diese Norm regelt das Verfahren zur Bestimmung des Wasseraufnahmekoeffizienten von Baustoffen. Die Regelungen werden für die Beurteilung von Putzen und Beschichtungen hinsichtlich ihres Regenschutzes benötigt.
DIN EN ISO 12572:2017-05	Wärme- und feuchtetechnisches Verhalten von Baustoffen und Bauprodukten – Bestimmung der Wasserdampfdurchlässigkeit – Verfahren mit einem Prüfgefäß	Diese Norm regelt das Verfahren zur Bestimmung der Wasserdampfdurchlässigkeit von Baustoffen. Die Regelungen werden für die Beurteilung von Putzen und Beschichtungen hinsichtlich ihres Regenschutzes benötigt.

3.9.4 Beanspruchungsgruppen

Zur Unterscheidung der Intensität der Beanspruchung durch Schlagregen werden nach DIN 4108-3 drei Beanspruchungsgruppen definiert, die von der Lage des Bauwerkstandortes abhängen. Eine Übersichtskarte für Deutschland ist in Abb. 3.50 angegeben.

Beanspruchungsgruppe I
(geringe Schlagregenbeanspruchung)

Diese Beanspruchungsgruppe kennzeichnet Gebiete mit einer geringen Schlagregenbeanspruchung, in denen jährliche Niederschlagsmengen von weniger als 600 mm auftreten. Abweichend darf Beanspruchungsgruppe I auch in Gebieten mit höheren Niederschlagsmengen angewendet werden, wenn besonders windgeschützte Lagen vorliegen.

Beanspruchungsgruppe II
(mittlere Schlagregenbeanspruchung)

Beanspruchungsgruppe II gilt in der Regel für Gebiete mit jährlichen Niederschlagsmengen von 600 mm bis 800 mm. Weiterhin darf Beanspruchungsgruppe II für windgeschützte Lagen auch für Gebiete mit höheren Niederschlagsmengen angewendet werden. Darüber hinaus gilt Beanspruchungsgruppe II auch für Hochhäuser oder Gebäude in exponierter Lage in solchen Gebieten, die aufgrund ihrer Lage (z. B. Tallage) und den herrschenden regionalen Regen- und Windverhältnissen einer geringen Schlagregenbeanspruchung (d. h. Beanspruchungsgruppe I) zuzuordnen wären (Abb. 3.51).

Beanspruchungsgruppe III
(starke Schlagregenbeanspruchung)

Die Beanspruchungsgruppe III klassifiziert Gebiete mit starker Schlagregenbeanspruchung. Sie ist für Gebiete mit jährlichen Niederschlagsmengen über 800 mm an-

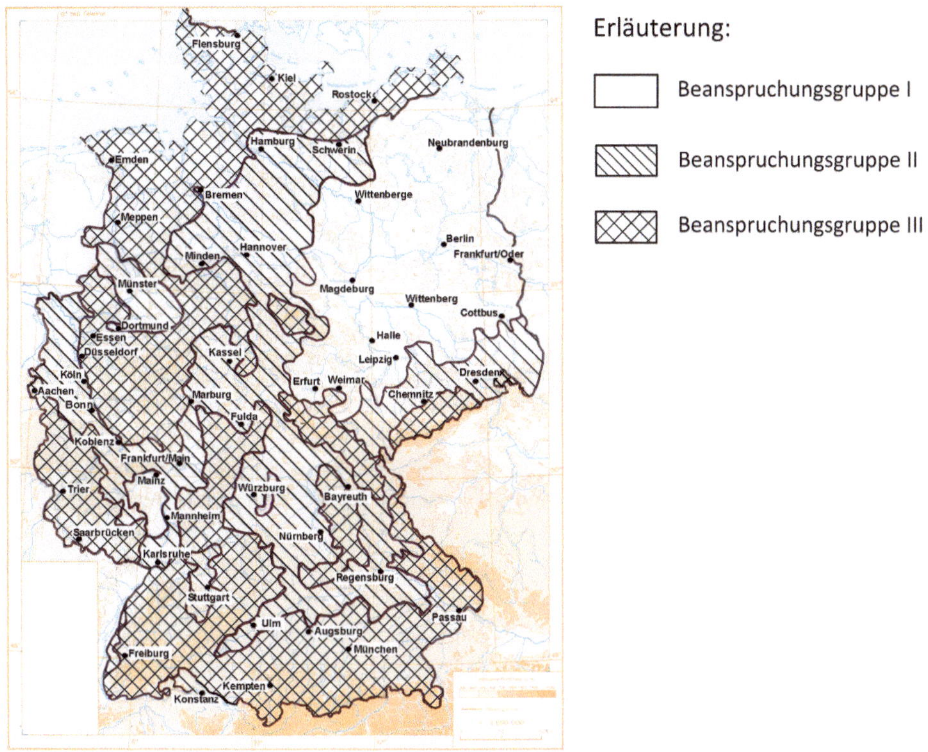

Abb. 3.50 Übersichtskarte zur Beanspruchung durch Schlagregen in Deutschland. (N. DIN 4108-3:2018-10, Bild 11)

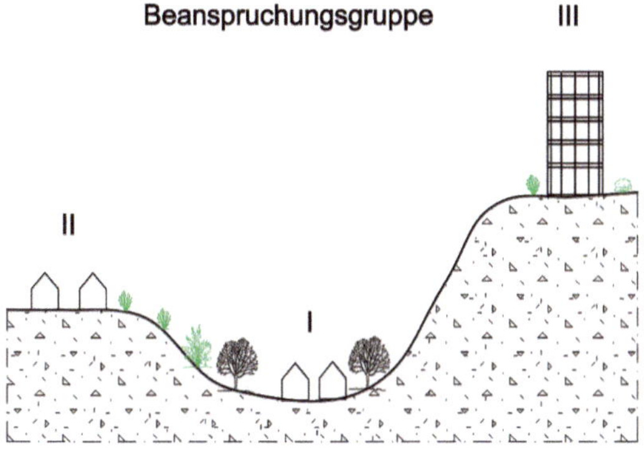

Abb. 3.51 Örtlich unterschiedliche Beanspruchung durch Schlagregen: In einem Gebiet der Beanspruchungsgruppe II (mittlere Schlagregenbeanspruchung) kann in windgeschützten Lagen (z. B. Tallage) auch Beanspruchungsgruppe I (geringe Schlagregenbeanspruchung) und in exponierten Lagen Beanspruchungsgruppe III (starke Schlagregenbeanspruchung) gültig sein

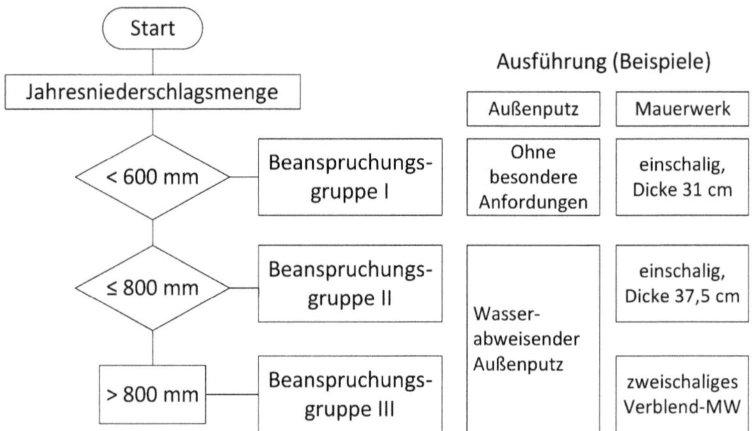

Abb. 3.52 Flussdiagramm als Entscheidungshilfe für die Wahl der zutreffenden Beanspruchungsgruppe und der zu ergreifenden konstruktiven Maßnahmen gegen Schlagregenbeanspruchung

zuwenden und gilt darüber hinaus für windreiche Lagen auch in Gebieten mit geringeren Niederschlagsmengen, d. h. ggfs. auch in den Beanspruchungsgruppen I oder II. Zur Beanspruchungsgruppe III gehören z. B. Küstengebiete, Mittel- und Hochgebirgslagen sowie das Alpenvorland. Auch für Hochhäuser und Häuser, die sich in exponierten Lagen befinden (z. B. auf Bergkuppen, Kammrücken), das Gebiet aber aufgrund der regionalen Regenverhältnisse und Windgegebenheiten einer mittleren Schlagregenbeanspruchung zuzuordnen ist (Beanspruchungsgruppe II), ist Beanspruchungsgruppe III anzuwenden.

Die genaue Kenntnis der zutreffenden Beanspruchungsgruppe ist erforderlich, um die richtigen Maßnahmen gegen Schlagregenbeanspruchung ergreifen zu können. Siehe hierzu auch das Flussdiagramm in Abb. 3.52.

3.9.5 Schlagregenschutz – Anforderungen an Putze und Beschichtungen

Putze und Beschichtungen sollen Außenwände vor direkter Befeuchtung, Schlagregen und eindringendem Wasser schützen. Zur Gewährleistung dieser Eigenschaften sind bestimmte Anforderungen und Randbedingungen zu beachten, die nachfolgend erläutert werden.

3.9.5.1 Putze

Die Wasseraufnahmefähigkeit von Putzen ist geringer als die des Mauerwerks. Putze bieten demnach einen hervorragenden Schutz der Wand vor eindringender Feuchtigkeit und Schlagregen. Dabei ist zu beachten, dass Putze ihre schützende Funktion nur dann erfüllen, wenn sich keine Risse bilden, die z. B. durch Zwängungsspannungen infolge von Temperatureinwirkungen und Schwindvorgängen verursacht werden können. Bereits

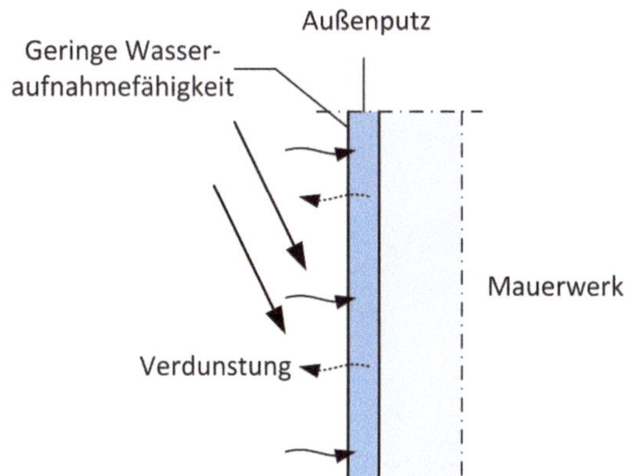

Abb. 3.53 Schutzwirkung von Außenputzen gegen Schlagregen

Rissbreiten von mehr als 0,1 mm führen dazu, dass Feuchtigkeit durch Kapillarwirkung in den Putz und den Wandquerschnitt eindringen kann und die Schutzwirkung des Putzes verloren geht. Es ist daher dafür zu sorgen, dass Rissbildungen in Außenputzen vermieden werden. Für die Anforderungen an Außenputze sind die Regelungen der DIN 4108-3, für Herstellung und Ausführung DIN 18550-1 zu beachten. Die Schutzwirkung von Außenputzen gegen Schlagregen ist in Abb. 3.53 dargestellt.

3.9.5.2 Beschichtungen

Durch Aufbringen einer Beschichtung auf der Wandoberfläche werden die oberflächennahen Poren, Hohlräume und ggfs. Risse mit einer wasserabweisenden Schicht auskleidet bzw. überbrückt. Die aufgebrachte Beschichtung entfaltet eine hydrophobierende Wirkung, d. h. auf die Wandoberfläche treffendes Wasser (z. B. bei einer Schlagregenbeanspruchung) perlt ab und kann somit nicht mehr in tiefere Bauteilschichten eindringen. Zur Anwendung kommen spezielle, hydophobierende Anstriche, die in der Lage sind, Rissbreiten von 0,2 mm bis 0,3 mm zu überbrücken. Es ist allerdings zu beachten, dass hydrophobierende Anstriche eine begrenzte Lebensdauer aufweisen und in bestimmten Zeitabständen erneuert werden müssen, damit die wasserabweisende Wirkung und die damit verbundene Schutzfunktion für die Außenwand aufrecht erhalten wird. Für die Anforderungen an Beschichtungen bezüglich Schlagregenbeanspruchung ist DIN 4108-3 zu beachten. Für die Wirkungsweise von hydrphobierenden Beschichtungen siehe Abb. 3.54.

3.9.5.3 Anforderungen

Die Aufgabe von Außenputzen und Beschichtungen ist es, die Außenwand vor Schlagregen und direkter Befeuchtung wirkungsvoll zu schützen und somit ein Eindringen von Feuchtigkeit und Wasser in den Wandquerschnitt nach Möglichkeit zu verhindern, mindestens aber zu hemmen. Darüber hinaus müssen Putze und Beschichtungen aber so beschaffen sein, dass die Verdunstung von Feuchtigkeit aus dem Wandquerschnitt nicht behindert wird. Das bedeutet, dass Diffusion, d. h. der Transport von Wasserdampf durch den Wandquerschnitt, durch Putze und Beschichtungen nicht unterbunden werden darf.

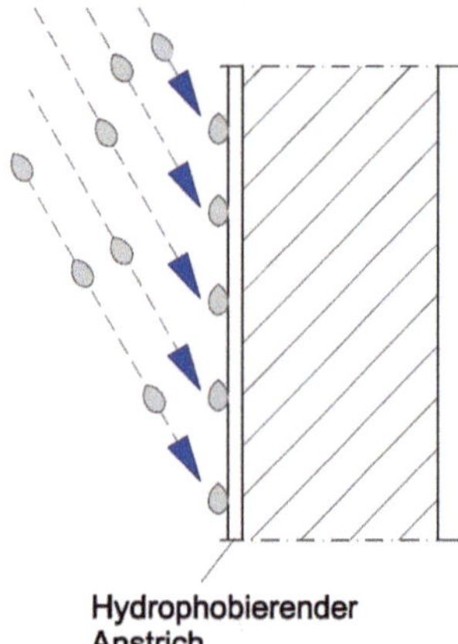

Abb. 3.54 Wirkungsweise von hydrophobierenden Beschichtungen und Schutzfunktion gegen Schlagregen

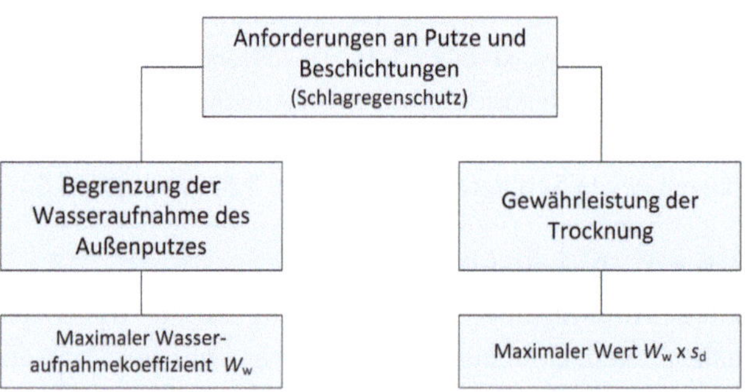

Abb. 3.55 Anforderungen an Putze und Beschichtungen

Beide Forderungen – einerseits die Begrenzung der Wasseraufnahme durch Schlagregen und direkter Befeuchtung von außen und andererseits die Gewährleistung einer ausreichenden Wasserdampfdiffusion zur Sicherstellung der Trocknung des Wandquerschnitts von innen nach außen – führen zur Festlegung entsprechender Anforderungen für Putze und Beschichtungen (Abb. 3.55). Nach DIN 4108-3 wird

- die *Wasseraufnahme* des Außenputzes bzw. der Beschichtung durch Begrenzung des Wasseraufnahmekoeffizienten W_w und
- die *Wasserdampfdiffusion* (und damit die Gewährleistung der Trocknung) durch Begrenzung der wasserdampfdiffusionsäquivalenten Luftschichtdicke s_d des Außenputzes bzw. der Beschichtung

sichergestellt.

Darüber hinaus wird durch eine weitere Forderung – die Begrenzung des Produktes aus dem Wasseraufnahmekoeffizienten und der wasserdampfdiffusionsäquivalenten Luftschichtdicke (W_w x s_d) – sichergestellt, dass bei größeren Wasseraufnahmen diese auch schnell wieder abtrocknen können.

Tab. 3.19 Kriterien für den Regenschutz von wasserabweisenden Putzen und Beschichtungen (Siehe hierzu zu auch DIN 18550). (In Anlehnung an DIN 4108-3:2018-10, Tab. 6)

Größe	Höchstwert	Bemerkung
Wasseraufnahmekoeffizient	$W_w \leq 0{,}5$ kg/(m² h^{0,5})	Begrenzung der Wasseraufnahme.
Wasserdampfdiffusions-äquivalente Luftschichtdicke	$s_d \leq 2{,}0$ m	Sicherstellung Diffusion und Gewährleistung von Trocknungsvorgängen.
Produkt	$W_w \times s_d \leq 0{,}2$ kg/(m h^{0,5})	Gewährleistung, dass bei einer größeren aufgenommenen Wassermenge diese schnell wieder durch Trocknung abgegeben werden kann.

Hinweis: Bei Wänden mit Innendämmung siehe hierzu auch die Regelungen in WTA-Merkblatt 6-4-09 D (WTA Merkblatt 6-4-09 D: Innendämmung nach WTA I: Planungsleitfaden (Bezugsquelle siehe www.wta.de)) und WTA-Merkblatt 6-5-14 D (WTA Merkblatt 6-5-14 D: Innendämmung nach WTA II: Nachweis von Innendämmsystemen mittels numerischer Berechnungsverfahren).

Gemäß DIN 4108-3 gelten für *wasserabweisende* Putze und Beschichtungen die Höchstwerte in Tab. 3.19.

Hinweis: Anforderungen und Grenzwerte für *wasserhemmende* Putze und Beschichtungen, die in früheren Ausgaben der Norm (DIN 4108-3:2001-07) noch angegeben waren, sind in der aktuellen Ausgabe der Norm vom Oktober 2018 nicht mehr vorhanden. Das heißt, dass zukünftig keine Unterscheidung in wasserhemmend und wasserabweisend mehr vorgenommen wird.

3.9.6 Zuordnung von Wandbauarten und Beanspruchungsgruppen

Beispiele für die Zuordnung von üblichen Wandbauarten und Beanspruchungsgruppen sind im Abschn. 6.4 der DIN 4108-3 angegeben. Siehe hierzu die Übersicht in Tab. 3.20 sowie das Ablaufdiagramm in Abb. 3.56.

Nach DIN 4108-3 werden für folgende Wandbauarten Zuordnungen zu Beanspruchungsgruppen angegeben:

- Außenwände mit Außenputz;
- Außenwände mit Sichtmauerwerk;
- Außenwände mit Fliesen oder Platten;
- Außenwände mit gefügedichter Betonaußenschicht;
- Außenwände mit hinterlüfteten Bekleidungen;
- Außenwände mit Wärmedämmputzsystem oder Wärmedämmverbundsystem und
- Außenwände in Holzbauart mit Wetterschutz.

Außenwände mit Außenputz
Wasserabweisender Außenputz bei Beanspruchungsgruppe II und III

Tab. 3.20 Beispiele für die Zuordnung von Wandbauarten und Beanspruchungsgruppen. (In Anlehnung an DIN 4108-3, Tab. 7)

		Beanspruchungsgruppe		
		I	**II**	**III**
		Schlagregenbeanspruchung		
Wandbauart		gering	mittel	stark
Verputzte Außenwände	Außenputz ohne besondere Anforderungen an den Schlagregenschutz	X	–	–
	Wasserabweisender Außenputz	–	X	X
Sichtmauerwerk	einschalig	Dicke mind. 31 cm[a]	Dicke mind. 37,5 cm[a]	–
	zweischaliges Verblendmauerwerk mit Luftschicht oder mit Kerndämmung[a]	–	–	X
Außenwände mit im Dickbett oder Dünnbett angemörtelten Fliesen oder Platten		X	X	–
Außenwände mit im Dickbett oder Dünnbett angemörtelten Fliesen oder Platten n. DIN 18515-1 mit wasserabweisendem Ansetzmörtel		–	–	X
Außenwände mit gefügedichter Betonaußenschicht		X	X	X
Wände mit hinterlüfteten Außenwandbekleidungen[b]		X	X	X
Wände mit Außendämmung durch ein – Wärmedämmputzsystem oder – Wärmedämmverbundsystem (bauaufsichtlich zugelassen)		X	X	X
Außenwände in Holzbauart mit Wetterschutz nach DIN 68800-2		X	X	X

[a]mit Innenputz
[b]Offene Fugen zwischen den Bekleidungsplatten beeinträchtigen den Regenschutz nicht

Bei verputzten Außenwänden werden nur bei den Beanspruchungsgruppen II (mittlere Schlagregenbeanspruchung) und III (starke Schlagregenbeanspruchung) Anforderungen an den Außenputz gestellt. Dieser muss *wasserabweisend* sein, wobei die Grenzwerte für den Wasseraufnahmekoeffizienten W_w, für die wasserdampfäquivalente Luftschichtdicke s_d und das Produkt aus beiden Größen (W_w x s_d) eingehalten werden müssen(Tab. 3.19). Für Wände in Beanspruchungsgruppe I (geringe Schlagregenbeanspruchung) werden an den Außenputz keine besonderen Anforderungen gestellt. Siehe Abb. 3.57.

Außenwände mit Sichtmauerwerk

Bei Außenwänden, bei denen das Mauerwerk nicht verputzt oder mit einer Bekleidung versehen wird und sichtbar bleibt (Sichtmauerwerk), ist eine einschalige Wandkonstruktion nur bei geringer sowie mittlerer Schlagregenbeanspruchung (Beanspruchungsgruppen I und II) zulässig. Bei Beanspruchungsgruppe I wird eine Mindestwandstärke von 31 cm (einschließlich Innenputz), bei Beanspruchungsruppe II eine Dicke von mindestens 37,5 cm gefordert.

Abb. 3.56 Ablaufdiagramm für die Zuordnung von üblichen Wandbauarten und Beanspruchungsgruppen

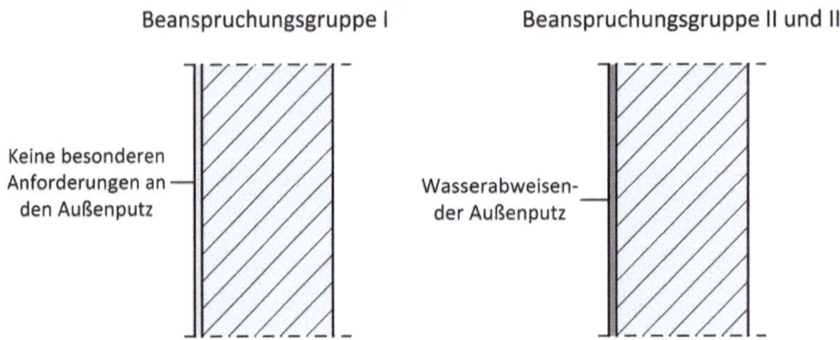

Abb. 3.57 Außenwände mit Außenputz

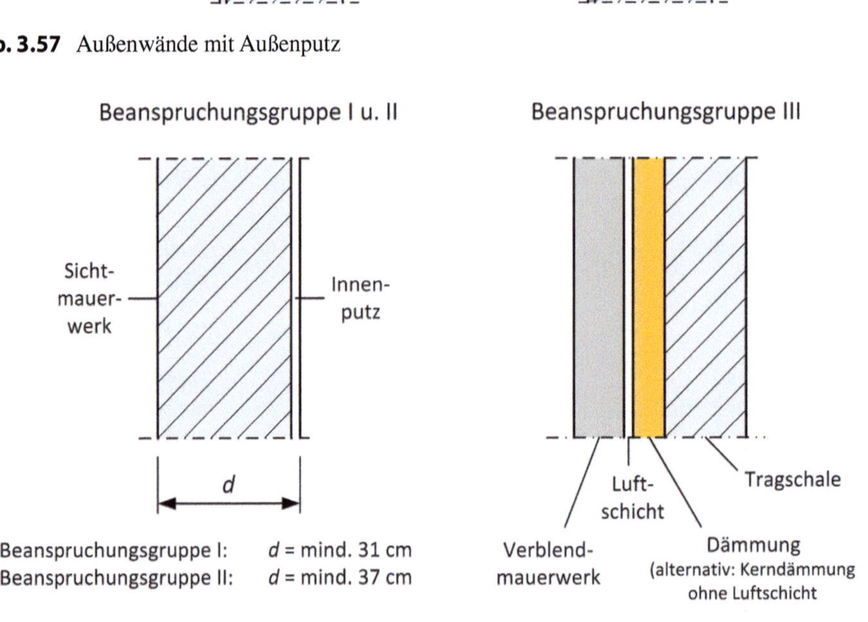

Abb. 3.58 Außenwände mit Sichtmauerwerk

Bei starker Schlagregenbeanspruchung (Beanspruchungsgruppe III) muss die Wand zweischalig ausgeführt werden. Die Wandkonstruktion kann dabei als zweischaliges Verblendmauerwerk mit Luftschicht oder mit Kerndämmung (jeweils mit Innenputz) hergestellt werden (Abb. 3.58). Bei der Ausführung und Konstruktion ist zusätzlich DIN EN 1996 (Eurocode 6 – Bemessung und Konstruktion von Mauerwerksbauten) zu beachten.

Außenwände mit Fliesen oder Platten

Für Außenwände, auf deren Außenseite Fliesen oder Platten angeordnet werden (Mörtel als Dickbett oder Dünnbett), gelten nur bei starker Schlagregenbeanspruchung (Beanspruchungsgruppe III) besondere Anforderungen hinsichtlich der Ausführung. In diesem Fall ist ein wasserabweisender Ansetzmörtel zu verwenden. Bei geringer und mittlerer Schlagregenbeanspruchung (Beanspruchungsgruppen I und II) werden keine besonderen Anforderungen gestellt. Für die Ausführung und Herstellung gilt DIN 18515-1. Siehe hierzu Abb. 3.59.

Beanspruchungsgruppe I u. II

Angemörtelte Fliesen u. Platten

Beanspruchungsgruppe III

Angemörtelte Fliesen u. Platten mit wasser-abweisendem Ansetzmörtel

Abb. 3.59 Außenwände mit angemörtelten Fliesen oder Platten

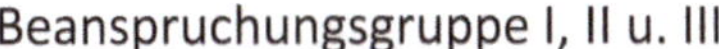

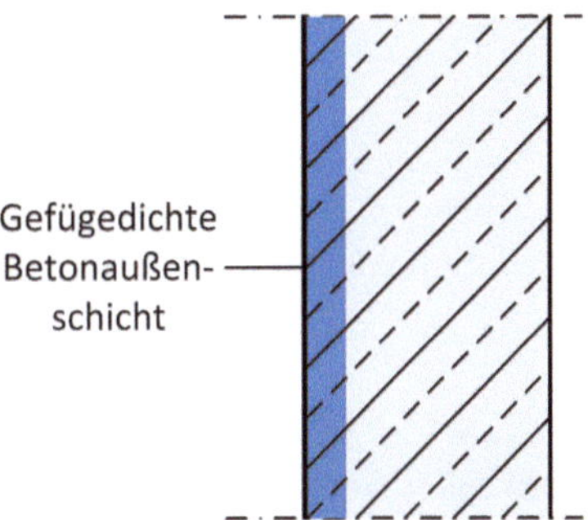

Abb. 3.60 Außenwände mit gefügedichter Betonaußenschicht

Außenwände mit gefügedichter Betonaußenschicht

Bei Außenwänden mit gefügedichter Betonaußenschicht werden keine besonderen Anforderungen hinsichtlich des Schlagregenschutzes gestellt. Es sind die entsprechenden geltenden Normen zu Ausführung, Herstellung und Konstruktion zu beachten. Siehe Abb. 3.60.

Außenwände mit hinterlüfteten Außenwandbekleidungen

Für Außenwände, die mit hinterlüfteten Außenwandbekleidungen versehen sind, gelten keine besonderen Anforderungen hinsichtlich des Schutzes gegen Schlagregen. Es ist zu beachten, dass offene Fugen zwischen den einzelnen Bekleidungsplatten den Regenschutz nicht beeinträchtigen. Darüber hinaus sind die entsprechenden geltenden Normen zu Ausführung und Konstruktion zu beachten, wie z. B. DIN 18516-1. Siehe hierzu Abb. 3.61.

Außenwände mit Wärmedämmputzsystem oder Wärmedämmverbundsystem

An Außenwände mit Wärmedämmputzsystem oder Wärmedämmverbundsystem (WDVS) werden hinsichtlich des Schlagregenschutzes ebenfalls keine besonderen Anforderungen gestellt. Es wird in der Norm (DIN 4108-3) lediglich darauf hingewiesen, dass nur solche

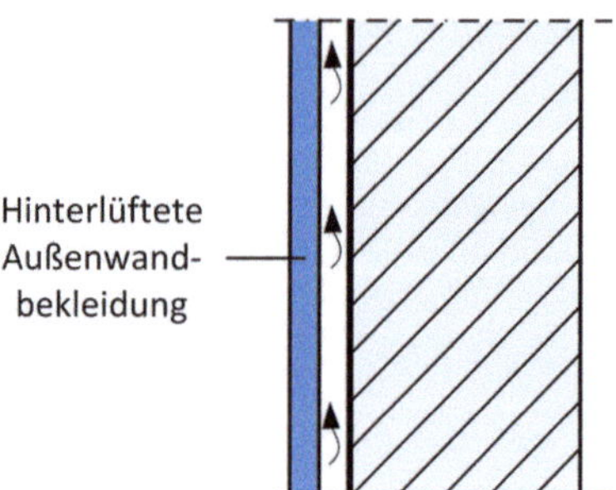

Abb. 3.61 Außenwände mit hinterlüfteten Außenwandbekleidungen

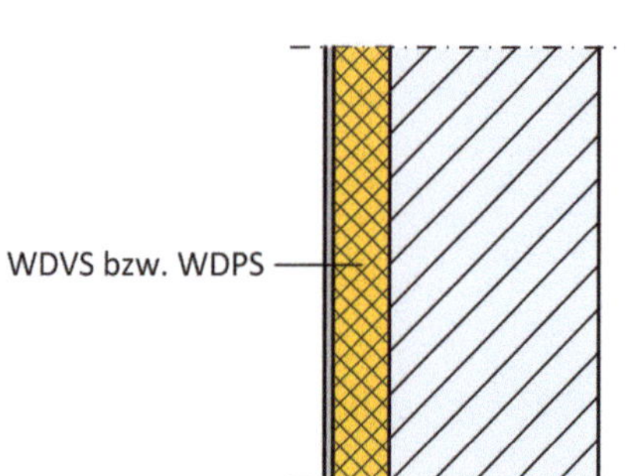

Abb. 3.62 Außenwände mit Wärmedämmputzsystem und Wärmedämmverbundsystem

WDVS verwendet werden dürfen, für die eine bauaufsichtliche Zulassung vorliegt. Zusätzlich gelten die entsprechenden Normen und Vorschriften, z. B. DIN EN 13499 für WDVS aus expandiertem Polystyrol und DIN EN 13500 für WDVS aus Minerallwolle. Siehe hierzu auch Abb. 3.62.

Außenwände in Holzbauart
Bei Außenwänden in Holzbauart ist hinsichtlich des Schlagregenschutzes zu beachten, dass ein Wetterschutz vorzusehen ist, der den Anforderungen und Regeln der DIN 68800-2 entspricht. Konstruktionsbeispiele siehe Abb. 3.63.

3.9.7 Schlagregenschutz – Anforderungen an Fugen und Anschlüsse

3.9.7.1 Allgemeines

Ein ausreichender Schutz gegen Schlagregen ist auch im Bereich von Fugen und Anschlüssen sicherzustellen. Aus diesem Grund fordert DIN 4108-3 entsprechende konstruktive Maßnahmen; siehe auch Abschn. 6.4.2 der Norm. Im Einzelnen wird gefordert, dass Fugen und Anschlüsse

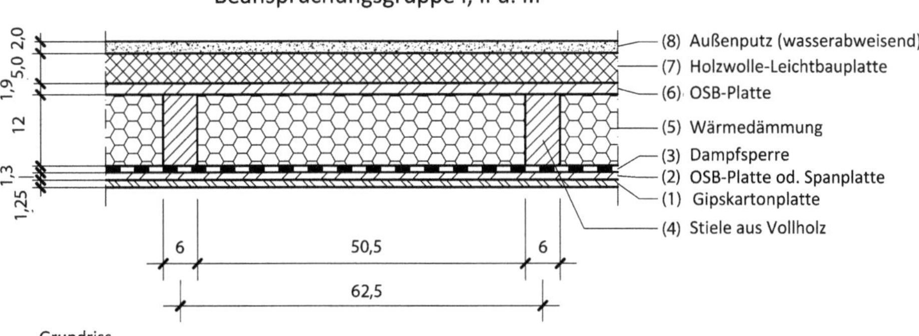

Abb. 3.63 Außenwände in Holzbauart

- entweder durch Fugendichtstoffe (siehe hierzu auch DIN 18540 „Abdichten von Außenwandfugen im Hochbau mit Fugendichtstoffen" und folgender Abschnitt), Dichtbänder und Folien
- oder durch konstruktive Maßnahmen

gegen Schlagregen abgedichtet werden.

Beispiele für die Art der Fugenabdichtung in Abhängigkeit von der Intensität der Schlagregenbeanspruchung und der Beanspruchungsgruppe sind in Tab. 3.21 angegeben. Die Ausführung von Fugenabdichtungen ist so vorzunehmen, dass die Wartung von Fugen, einschließlich der Fugen von Anschlüssen, möglich ist.

3.9.7.2 Abdichten von Fugen mit Fugendichtstoffen nach DIN 18540

Für das Abdichten von Außenwandfugen mit Fugendichtstoffen gilt DIN 18540 „Abdichten von Außenwandfugen im Hochbau mit Fugendichtstoffen".

Der Anwendungsbereich der Norm erstreckt sich auf die Ausbildung von Außenwandfugen und deren Abdichtung mit elastischen Fugendichtstoffen. Diese müssen den Anforderungen der DIN EN 15651-1 entsprechen und eine zulässige Gesamtverformung (ZGV) von 25 % und einen niedrigen Elastizitätsmodul aufweisen. Zusätzliche Anforderungen an die Fugendichtstoffe werden in DIN 18540 definiert.

DIN 18540 gilt für Außenwandfugen zwischen Bauteilen aus

- Ortbeton und/oder Betonfertigteilen (mit geschlossenem Gefüge) sowie
- unverputztem Mauerwerk und/oder Naturstein.

Fugen zwischen Bauteilen aus Porenbeton sowie Fugen, die mit Erdreich in Berührung kommen sowie Gebäudetrennfugen werden vom Anwendungsbereich der DIN 18540 nicht abgedeckt. Siehe hierzu auch Abb. 3.65.

Tab. 3.21 Zuordnung von Abdichtungsarten von Fugen und Beanspruchungsgruppen. (In Anlehnung an DIN 4108-3, Tab. 8)

	Fugenart			
Beanspruchung	Vertikalfugen		Horizontalfugen	
Beanspruchungsgruppe I (geringe Schlagregenbeanspruchung)	Konstruktive Fugenausbildung[a]	Fugen nach DIN 18540[a]	Offene, schwellenförmige Fugen; Schwellenhöhe $h \geq 60$ mm (Abb. 3.64)	Fugen nach DIN 18540 mit zusätzlichen konstruktiven Maßnahmen (z B. mit Schwellenhöhe $h \geq 50$ mm)
Beanspruchungsgruppe II (mittlere Schlagregenbeanspruchung)			Offene, schwellenförmige Fugen; Schwellenhöhe $h \geq 80$ mm (Abb. 3.64)	
Beanspruchungsgruppe III (starke Schlagregenbeanspruchung)			Offene, schwellenförmige Fugen; Schwellenhöhe $h \geq 100$ mm (Abb. 3.64)	

[a]Fugen nach DIN 18540 dürfen nicht bei Bauten in einem Bergsenkungsgebiet ausgeführt werden. Bei Setzungsfugen sind Fugen nach DIN 18540 nur dann zulässig, wenn die Verformungen bei der Bemessung der Fugenmaße berücksichtigt werden

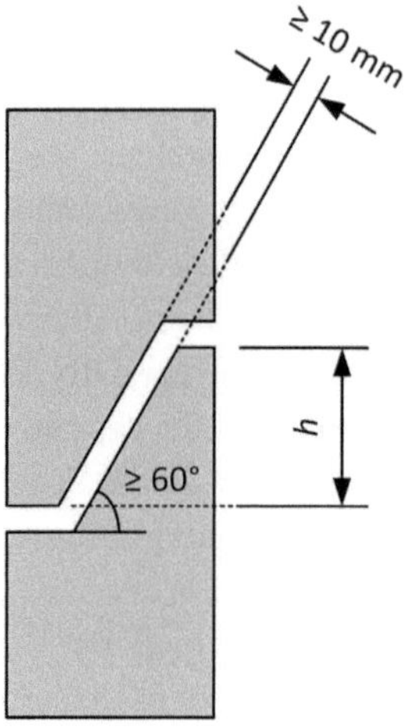

Abb. 3.64 Schwellenhöhe *h* bei offenen, schwellenförmigen Fugen. (N. DIN 4108-3, Bild 12)

Nach dem in Normen am Anfang üblichen Abschnitt mit Begriffsdefinitionen (Abschn. 3 der Norm; in diesem Fall verweist DIN 18540 auf die beiden Normen DIN 52460 und DIN EN ISO 6927) folgt ein Abschnitt, der die Bezeichnung, Anforderungen, Prüfverfahren und Einhaltung der Anforderungen festlegt (Abschn. 4 der DIN 18540). Für nähere Informationen wird an dieser Stelle auf die Norm verwiesen.

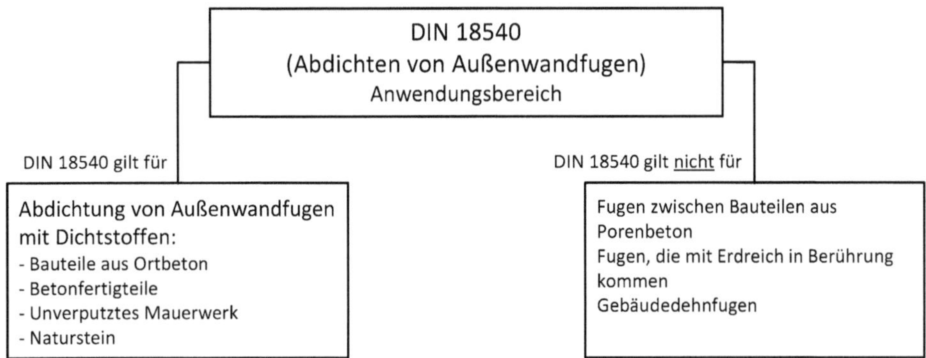

Abb. 3.65 Anwendungsbereich der DIN 18540 – Abdichten von Außenwandfugen im Hochbau mit Fugendichtstoffen

Anschließend folgen im Abschn. 5 der DIN 18540 Regelungen zur konstruktiven Ausbildung von Außenwandfugen (Abschn. 5 der Norm). Abschließend werden Regelungen zur Ausführung der Abdichtung gegeben (Abschn. 6 der DIN 18540). Die wichtigsten Regelungen (konstruktive Ausbildung sowie Ausführung) sollen nachfolgend kurz dargestellt werden.

Konstruktive Ausbildung der Außenwandfugen
(s. a. DIN 18540, Abschn. 5)

Für die konstruktive Ausbildung der Außenwandfugen gelten folgende Regelungen:

1. Die Fugenflanken müssen parallel verlaufen (bis zu einer Tiefe von $t_F = 2\, b_F$; b_F = lichte Breite der Fuge) (Abb. 3.66). Hierdurch soll gewährleistet werden, dass dem Hinterfüllmaterial ein ausreichender Halt geboten wird.
2. Bei Bauteilen aus Beton sind die Kanten mit einer Fase ($b_A \geq 10$ mm) zu versehen (Abb. 3.66).
3. Bei Bauteilen aus Mauerwerk müssen Fugen ebenfalls parallele Fugenflanken aufweisen. Ggfs. ist dies durch entsprechende Maßnahmen, z. B. einem Glattstrich, sicherzustellen.
4. Mörtelfugen (z. B. Lagerfugen) sind vollfugig auszuführen.
5. Die Fugenbreite b_F ist nach Tab. 3.22 zu ermitteln.
6. In Sonderfällen ist es erforderlich, die Fugenbreite zu vergrößern (z. B. bei höheren Bauteiltemperaturen an dunklen Wänden oder bei zu erwartenden nutzungsbedingten Bauwerksbewegungen). Die Fugenbreite b_F ist in diesem Fall so zu bemessen, dass die Gesamtverformung des Fugendichtstoffes (= Summe aus Dehnung, Stauchung und Scherung) höchstens 25 % – bezogen auf die Fugenbreite b_F – beträgt, wobei eine Bauteiltemperatur von 10 °C zugrunde gelegt wird.
7. Die Fugenflanken müssen eine ausreichende Festigkeit und Tragfähigkeit aufweisen, um die Zugspannungen, die über den Fugendichtstoff auf sie einwirken, aufnehmen können.

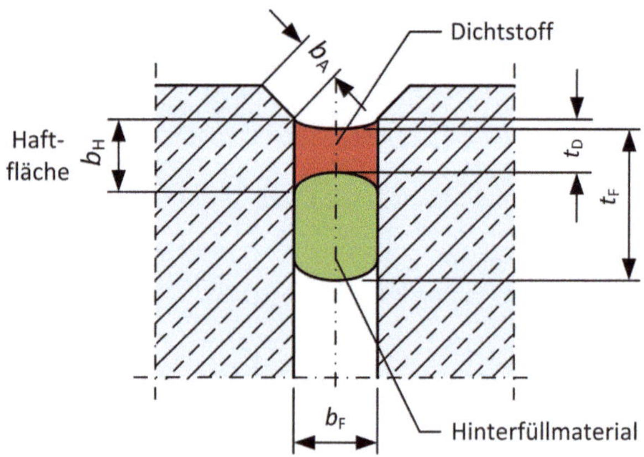

Abb. 3.66 Konstruktive Ausbildung von Außenwandfugen, die mit Fugendichtstoffen abgedichtet werden; hier: Bezeichnungen und Abmessungen. (N. DIN 18540, Bild 1)

b_F Breite der Fuge
t_F Tiefe des Abdichtungssystems
t_D Tiefe des Dichtstoffs
b_A Breite der Fase
b_H Breite der Haftfläche

Tab. 3.22 Maße von Fugen und Fugendichtstoffen. (N. DIN 18540, Tab. 2)

	Fugenbreite b_F		Tiefe des Fugendichtsoffes t_D[c]	
Fugenabstand	Nennmaß[a]	Mindestmaß[b]	Nennmaße	Grenzabmaße
bis 2 m	15 mm	10 mm	8 mm	±2 mm
über 2,5 bis 3,5 m	20 mm	15 mm	10 mm	±2 mm
über 3,5 bis 5 m	25 mm	20 mm	12 mm	±2 mm
über 5 bis 6,5 m	30 mm	25 mm	15 mm	±3 mm
über 6,5 m	35 mm[d]	30 mm	15 mm	±3 mm

[a]Nennmaß für die Planung
[b]Mindestmaß zum Zeitpunkt der Fugenabdichtung
[c]Die angegebenen Werte gelten für den Endzustand, dabei ist auch die Volumenänderung des Fugendichtstoffes zu berücksichtigen
[d]Bei größeren Fugenbreiten sind die Anweisungen des Dichtstoffherstellers zu beachten

Ausführung der Abdichtung

(s. a. DIN 18540, Abschn. 6)

Regelungen zur Ausführung der Abdichtung der Außenwandfugen mit Fugendichtstoffen werden im Abschn. 6 der DIN 18540 angegeben. Im Einzelnen werden dort folgende Themen behandelt,:

- Anforderungen an Hilfsstoffe;
- Vorbereitung der Fugen;
- Einbringen des Fugendichtstoffes;
- Nachträgliche Beschichtungen auf Fugendichtstoffen;
- Dokumentation des Arbeitsablaufes.

An dieser Stelle wird nur kurz auf ausgewählte Regeln eingegangen; für weiterführende Informationen und den Wortlaut des Normentextes wird auf die Norm (DIN 18540) verwiesen.

Hinterfüllmaterial

Aufgabe des Hinterfüllmaterials ist es, die Tiefe des Fugendichtstoffes sicherzustellen, d. h. ein unkontrolliertes Eindringen des Fugendichtstoffes in die Fuge zu verhindern. Zur Erfüllung dieser Aufgabe muss das Hinterfüllmaterial eine (möglichst) konvexe Begrenzung der Fugentiefe t_F gewährleisten (Abb. 3.66), damit Bewegungen der Fugenflanken vom Fugendichtstoff schadlos aufgenommen werden können. Weiterhin soll das Hinterfüllmaterial verhindern, dass der Fugendichtstoff eine Haftung an drei Flächen (seitliche Fugenflanken sowie am Hinterfüllmaterial) eingeht. Als Hinterfüllmaterial eignen sich Rundprofile aus Schaumstoff (mind. Brandverhaltensklasse E nach DIN 13501-1). Diese müssen mit dem Fugendichstoff verträglich sein, dürfen nicht wassersaugend sein und dürfen die Formänderung des Fugendichtstoffes nicht behindern.

Vorbereitung der Fugen

Vor dem Einbringen des Fugendichtstoffes sind die Fugen vorzubereiten:

1. Die Fugenränder sind abzukleben (falls erforderlich).
2. Das Hinterfüllmaterial (s. o.) ist genügend fest und gleichmäßig tief einzubauen. Die Maße für die Tiefe des Füllmaterials t_F und des Fugendichtstoffes t_D (Tab. 3.22) sind zu beachten.
3. Auf die Fugenflanken ist der Primer gleichmäßig aufzutragen, die Herstellerangaben sind zu beachten. Die Ablüftezeit des Primers ist einzuhalten.

Einbringen des Fugendichtstoffes

Folgende Regeln sind beim Einbringen des Fugendichtstoffes zu beachten:

1. Die Temperatur an der Wandoberfläche muss mindestens +5 °C betragen und darf +40 °C nicht überschreiten. Bei Temperaturen unter +5 °C und über +40 °C darf der Fugendichtstoff nicht eingebracht werden.
2. Bei senkrechten Fugen ist der Fugendichtstoff von oben nach unten einzubringen. Hierdurch soll verhindert werden, dass sich Niederschlagswasser hinter bereits abgedichteten Fugen ansammelt.
3. Der Fugendichtstoff ist gleichmäßig und nach Möglichkeit blasenfrei einzubringen. Die Tiefe t_D (Tab. 3.22) ist einzuhalten.
4. Beim Einbau des Fugendichtstoffes ist darauf zu achten, dass ein guter Kontakt zu den Fugenflanken hergestellt wird. Hierzu ist der Dichtstoff anzudrücken und abzuglätten, dabei ist möglichst wenig Abglättmittel zu verwenden.
5. Mehrkomponentige Fugendichtstoffe sind im vorgeschriebenen Mischungsverhältnis zu mischen (Herstellerangaben sind zu beachten).
6. Bei nicht frühbeständigen Fugendichtstoffen (nfb) ist zu beachten, dass diese nach dem Einbringen vor Beanspruchung durch Wasser geschützt werden.

Nachträgliche Beschichtungen
Grundsätzlich dürfen Fugendichtstoffe nicht nachträglich mit einer Beschichtung oder einem Anstrich versehen werden.

Die Norm lässt allerdings Ausnahmefälle zu, wenn die Verträglichkeit des Fugendichtstoffes mit dem Anstrich bzw. der Beschichtung nachgewiesen wird. Hierzu ist eine Prüfung nach DIN 52452-4, Prüfverfahren A3 erforderlich.

Dokumentation
Der Arbeitsablauf der Abdichtungsmaßnahmen der Fugen ist zu dokumentieren, wobei folgende Angaben enthalten sein müssen:

1. Name und Firma des Ausführenden;
2. Datum;
3. Angaben zum Objekt;
4. Witterung (Temperatur, Niederschläge, relative Luftfeuchte);
5. Bezeichnung der ausgeführten Arbeiten, Fugenmaße usw.;
6. Primer und Fugendichtstoff (Bezeichnung, Chargennummer);
7. Hilfsstoffe (z. B. Hinterfüllmaterial, Abglättmittel).

3.9.8 Schlagregenschutz – Anforderungen an Fenster, Außentüren und Vorhangfassaden

Anforderungen an die Schlagregendichtheit von Fenstern, Außentüren und Vorhangfassaden werden wie folgt geregelt:

- Für Fenster und Außentüren gilt DIN EN 12208;
- für Vorhangfassaden gilt DIN EN 12154.

3.9.8.1 Schlagregendichtheit von Fenstern und Außentüren
DIN EN 12208 legt die Klassifizierung von Prüfergebnissen für Fenster und Außentüren fest, die nach dem Prüfverfahren, das in prEN 1027 („Fenster und Türen – Schlagregendichtheit“) geregelt ist, geprüft wurden.

Die Klassifizierung erfolgt nach den Angaben in Tab. 3.23. Es werden zwei Prüfverfahren unterschieden:

- Prüfverfahren A eignet sich für Produkte (Fenster und Außentüren), die nicht geschützt sind.
- Prüfverfahren B eignet sich für Produkte, die vor Schlagregen teilweise im oberen Bereich geschützt sind. Als Schutz gelten ausreichend große Vordächer und Dachüberstände, Rücksprünge, zurückgesetzte Fenster, tiefe Fensterlaibungen.

Tab. 3.23 Klassifizierung der Schlagregendichtheit von Fenstern und Türen. (N. DIN EN 12208, Tab. 1)

Prüfdruck P_{max} in Pa	**Klassifizierung** **Prüfverfahren A** (für Produkte, die nicht geschützt sind)	**Prüfverfahren B** (für Produkte, die teilweise geschützt sind)	**Anforderungen**
–	0	0	keine Anforderung
0	1A	1B	Besprühungsdauer 15 Minuten
50	2A	2B	wie Klasse 1 + 5 Minuten (gesamt 20 Minuten)
100	3A	3B	wie Klasse 2 + 5 Minuten (gesamt 25 Minuten)
150	4A	4B	wie Klasse 3 + 5 Minuten (gesamt 30 Minuten)
200	5A	5B	wie Klasse 4 + 5 Minuten (gesamt 35 Minuten)
250	6A	6B	wie Klasse 5 + 5 Minuten (gesamt 40 Minuten)
300	7A	7B	wie Klasse 6 + 5 Minuten (gesamt 45 Minuten)
450	8A	–	wie Klasse 7 + 5 Minuten (gesamt 50 Minuten)
600	9A	–	wie Klasse 8 + 5 Minuten (gesamt 55 Minuten)
> 600	Exxx	–	oberhalb 600 Pa in Stufen von 150 Pa; die Dauer muss in jeder Stufe 5 Minuten betragen

Prüfverfahren A: Geeignet für Produkte, die nicht geschützt sind.
Prüfverfahren B: Geeignet für Produkte, die teilweise geschützt sind (z. B. durch Vordächer, Dachüberstände, Rücksprünge, tiefe Fensterlaibungen).

Prüfverfahren nach prEN 1027 bzw. DIN EN 1027

Die Prüfung der Schlagregendichtheit von Fenstern und Außentüren, die für die Prüfug vollständig zusammengebaut und montiert sein müssen, erfolgt mit dem in prEN 1027 bzw. DIN EN 1027 festgelegten Prüfverfahren. Hierbei wird die Außenseite der Fenster bzw. Türen dauernd mit einer definierten Wassermenge besprüht und gleichzeitig ein Überdruck auf einer Seite aufgebracht (Prüfdruck). Der Prüfdruck wird in Stufen erhöht, bis es zum Wassereintritt kommt. Die Stelle des Wassereintritts sowie der zugehörige Prüfdruck und die Zeitdauer, über die der maximale Prüfdruck gehalten werden konnte, werden protokolliert. Die Prüfergebnisse sind in einem Prüfbericht zu dokumentieren. Siehe auch Abb. 3.67.

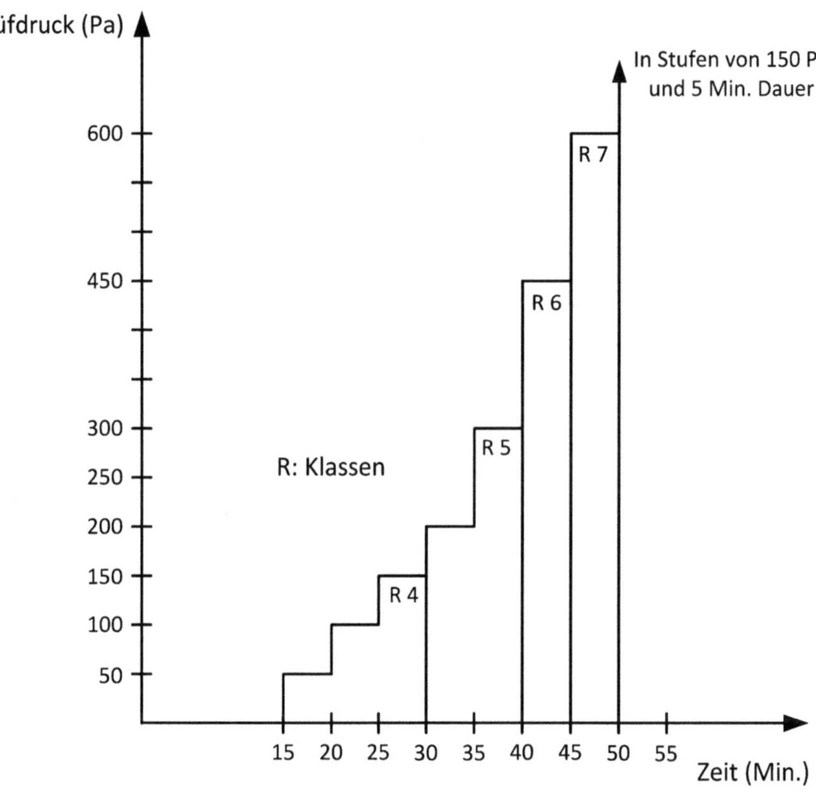

Abb. 3.67 Prüfung der Schlagregendichtheit von Fenstern und Außentüren; schematische Darstellung des Versuchsablaufs

Tab. 3.24 Druckstufen zur Prüfung der Schlagregendichtheit von Vorhangfassaden. (N. DIN EN 12154, Tab. 1)

Klasse	**Druckstufen in Pa und Prüfdauer** in min Pa/T	**Wassersprühmenge** in l/min m^2
R 4	0/15; 50/5; 100/5; 150/5	2
R 5	0/15; 50/5; 100/5; 150/5; 200/5; 300/5	2
R 6	0/15; 50/5; 100/5; 150/5; 200/5; 300/5; 450/5	2
R 7	0/15; 50/5; 100/5; 150/5; 200/5; 300/5; 450/5; 600/5	2
RE xxx	0/15; 50/5; 100/5; 150/5; 200/5; 300/5; 450/5; 600/5; über 600/5 in Stufen von 150 Pa und 5 min Dauer	2

3.9.8.2 Schlagregendichtheit von Vorhangfassaden

Die Schlagregendichtheit von Vorhangfassaden wird nach DIN EN 12154 klassifiziert. Dabei werden fünf Klassen definiert, die vom erreichten Prüfdruck abhängen (Tab. 3.24).

Das Prüfverfahren ist in prEN 12155 festgelegt. Der Prüfkörper (Vorhangfassade) wird auf einer Seite mit einem Wasserfilm benetzt, wobei gleichzeitig Druckstufen mit einem Überdruck aufgebracht werden. Die Grenze der Schlagregendichtheit ist erreicht, wenn der höchste Prüfdruck festgestellt wird, bei dem der Prüfkörper innerhalb des festgelegten Zeitraumes dicht bleibt (Tab. 3.25 und Abb. 3.68).

Tab. 3.25 Klassifizierung der Schlagregendichtheit von Vorhangfassaden. (N. DIN EN 12154, Tab. 2)

Höchster Prüfdruck P_{max} in Pa	**Klassifizierung**
150	R 4
300	R 5
450	R 6
600	R 7
über 600	RE xxx

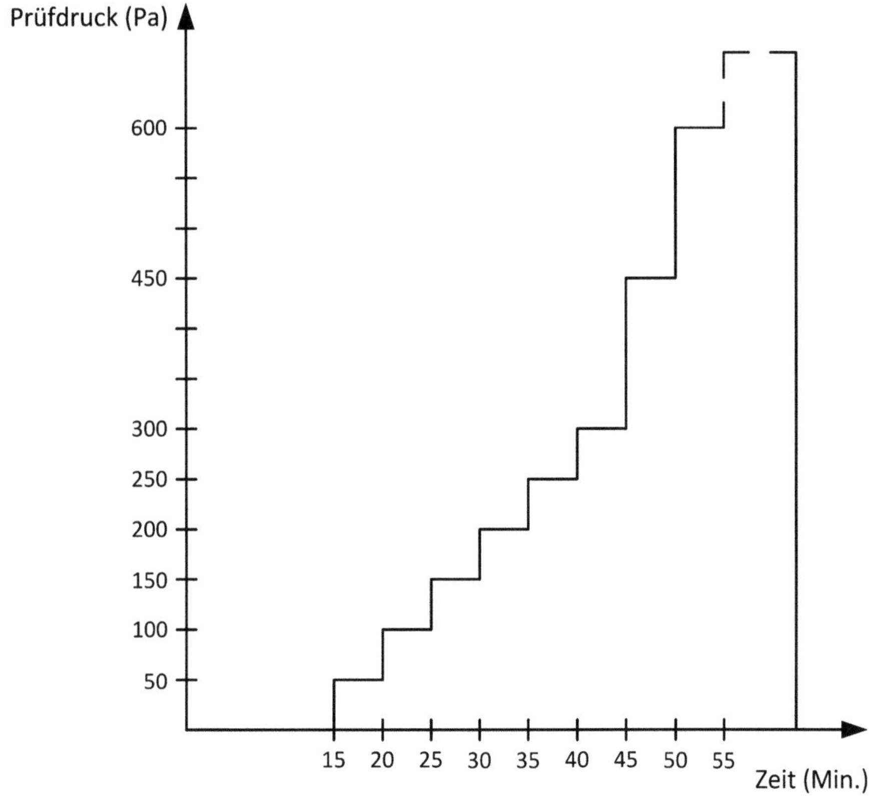

Abb. 3.68 Prüfung der Schlagregendichtheit von Vorhangfassaden; schematische Darstellung des Versuchsablaufs (Abb.: Schmidt)

3.10 Vermeidung von Schimmelpilzwachstum in Wohn- und Aufenthaltsräumen

3.10.1 Einleitung

Schimmelpilze dürfen aus gesundheitlichen und hygienischen Gründen in Wohn- und Aufenthaltsräumen nicht toleriert werden. Ihr Auftreten deutet auf zu hohe raumseitige Bauteil-Oberflächenfeuchten hin, die durch eine energetisch schlechte Gebäudehülle und Wärmebrücken sowie durch falsches Nutzerverhalten verursacht werden.

Schimmelpilze sind Pilze, die auf befallenen Bauteiloberflächen ein Fadengeflecht (Myzel) ausbilden. Charakteristisches Merkmal ist ihr staubiger oder flaumiger Belag, der je nach Art weiß, grau oder schwarz sowie gelb-grün bis bläulich erscheinen kann. Nach allgemeiner wissenschaftlicher Erkenntnis kann von einem Schimmelpilzbefall in Innenräumen eine gesundheitliche Belastung infolge der allergenen und toxischen Wirkung ausgehen; siehe hierzu den „Leitfaden zur Vorbeugung, Erfassung und Sanierung von Schimmelbefall in Gebäuden (Schimmelpilz-Leitfaden)“[1] des Umweltbundesamts sowie den „Leitfaden zur Ursachensuche und Sanierung bei Schimmelpilzwachstum in Innenräumen“.[2] Aus den vorgenannten Gründen darf Schimmelpilzwachstum in Aufenthaltsräumen grundsätzlich nicht toleriert werden und ist konsequent zu vermeiden (Abb. 3.69).

Zur Vermeidung von Schimmelpilzwachstum muss einerseits die Baukonstruktion verschiedene Anforderungen erfüllen (im Wesentlichen gehören hierzu Anforderungen an den Mindestwärmeschutz sowie ein ausreichender Schutz vor Schlagregen und aufsteigende Feuchte) und andererseits ein angepasstes Nutzerverhalten vorliegen, in dem Aufenthaltsräume ausreichend beheizt und belüftet werden.

3.10.2 Neufassung der DIN/TS 4108-8

Zentrales Regelwerk zur Vermeidung von Schimmelpilzwachstum in Wohngebäuden ist die gleichnamige DIN/TS 4108-8 „Wärmeschutz und Energie-Einsparung in Gebäuden – Teil 8: Vermeidung von Schimmelwachstum in Wohngebäuden“, die als Neufassung in Form einer Technischen Spezifikation (TS) im September 2022 erschienen ist. Die DIN/TS 4108-8 ersetzt die Vorgängerausgabe aus dem Jahr 2010, die als DIN-Fachbericht publiziert wurde.

DIN/TS 4108-8 enthält Hinweise für die Planung und Nutzung, um Schimmelpilzwachstum in Aufenthaltsräumen von Hochbauten zu vermeiden. Darüber hinaus werden

[1] Leitfaden zur Vorbeugung, Untersuchung, Bewertung und Sanierung von Schimmelwachstum in Innenräumen („Schimmelpilz-Leitfaden“); hrsg. v. Umweltbundesamt, Fassung vom November 2017; Eigenverlag, Berlin

[2] Leitfaden zur Ursachensuche und Sanierung von Schimmelbefall in Gebäuden; hrsg. v. Umweltbundesamt, Fassung vom Dezember 2017; Eigenverlag, Berlin

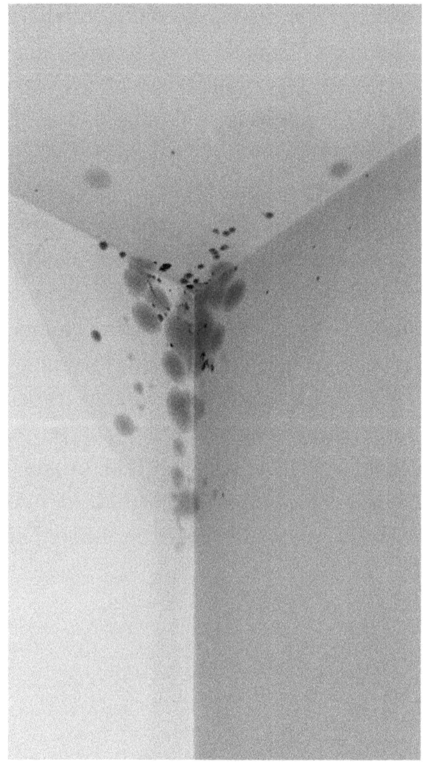

Abb. 3.69 Schimmelpilzwachstum auf der Bauteilinnenoberfläche in einer Außenwandecke; hier: Ursache: Durchfeuchtung der Außenwand aufgrund eindringenden Schlagregens

Hinweise für die Planung und Nutzung von Heizungs- und Lüftungssystemen angegeben mit dem Ziel, die Lebensbedingungen für Schimmelpilze unter Berücksichtigung bauphysikalischer Zusammenhänge zu bekämpfen. Die Norm gilt sowohl für Neubauten als auch für Gebäude im Bestand, wobei jeweils eine wohnungsübliche bzw. -ähnliche Nutzung hinsichtlich des Raumklimas und der Feuchteeinträge vorausgesetzt wird. Dagegen darf das Dokument nicht für Räume angewendet werden, in denen abweichende thermische und/oder hygrische Verhältnisse vorliegen, wie z. B. bei Schwimmbädern oder unbeheizten Glasvorbauten (Wintergärten).

Gegenüber dem Vorgängerdokument wurden einige wesentliche Änderungen vorgenommen. Neben einer redaktionellen Überarbeitung und der Umbenennung der Dokumentart in eine Technische Spezifikation (TS) wurden sämtliche Abschnitte der Norm auch inhaltlich überarbeitet. Dabei wurden Anpassungen an die Regelungen der inzwischen ebenfalls neu herausgegebenen Lüftungsnorm DIN 1946-6 „Raumlufttechnik – Teil 6: Lüftung von Wohnungen“ vorgenommen. Die DIN/TS 4108-8 ist zwar ein eigenständiges Regelwerk, bezieht sich aber inhaltlich in großen Teilen auf die DIN 1946-6. Eine sinnvolle Anwendung der DIN/TS 4108-8 ist daher nur gegeben, wenn auch die DIN 1946-6 mit herangezogen wird.

Eine wesentliche Änderung gegenüber der Vorgängerausgabe betrifft die Aufnahme mehrerer neuer Anhänge. Zusätzlich zu den bereits in der Vorgängerausgabe vorhandenen

Anhängen A bis C, die die historische Entwicklung von Mindestanforderungen an den baulichen Wärmeschutz (Anhang A), Regeln zur Erstellung von Gutachten bei festgestellten Schimmelpilzschäden (Anhang B) und eine Karte mit den früher geltenden Wärmedämmgebieten (Anhang C) umfassen, wurde die DIN/TS 4108-8 um die informativen Anhänge D bis H erweitert. Anhang D enthält einen Überblick über die verschiedenen Verfahren zum Nachweis der Lüftung zum Feuchteschutz in Form eines ausführlichen Ablaufdiagramms (Abb. 3.70). Unter dem Begriff „Lüftung zum Feuchteschutz" ist derjenige Außenluftvolumenstrom zu verstehen, der zur Sicherstellung des Bautenschutzes nutzerunabhängig, d. h. durch Infiltration und Lüftungssysteme sichergestellt wird. Anhang E enthält verschiedene Beispielrechnungen zur Lüftung zum Feuchteschutz, wobei die verschiedenen Verfahren erläutert werden.

Die Rechenverfahren zum Nachweis der Lüftung zum Feuchteschutz sind in Anhang F aufgeführt und beziehen sich auf die Verfahren der bereits zitierten DIN 1946-6 sowie der DIN 18017 „Lüftung von Bädern und Toilettenräumen ohne Außenfenster – Teil 3: Lüftung mit Ventilatoren". Mithilfe des Anhangs G können Luftvolumenströme, die durch teilweise oder vollständig geöffnete Fenster möglich sind, berechnet werden. Dieses Ver-

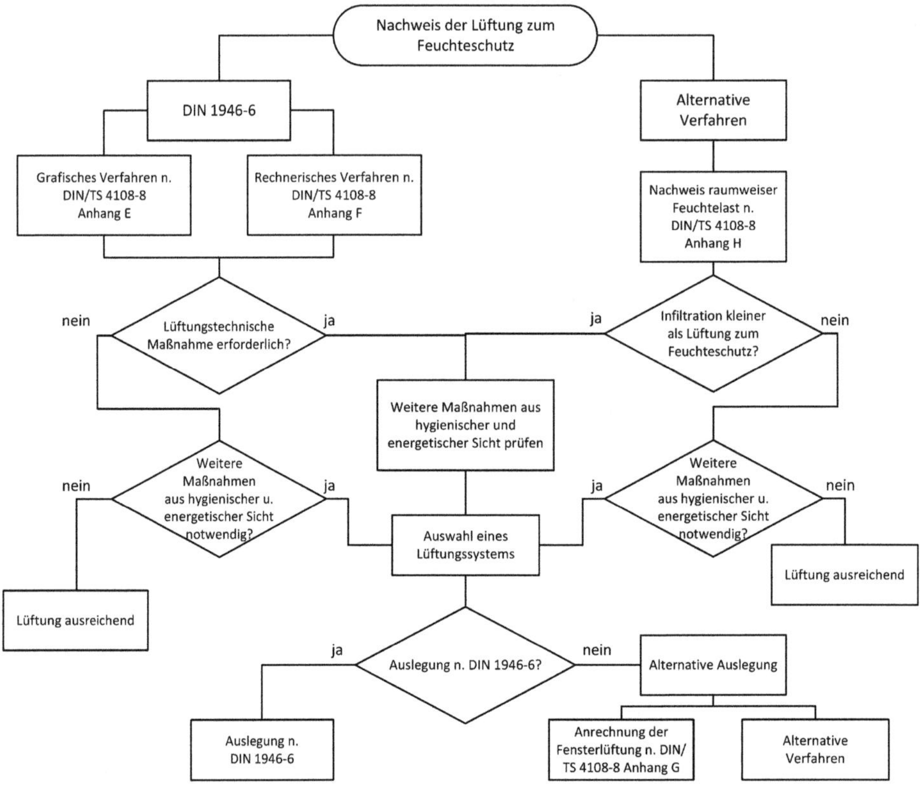

Abb. 3.70 Ablaufdiagramm zum Nachweis der Lüftung zum Feuchteschutz

fahren kann zur Beurteilung des tatsächlich vorhandenen Luftvolumenstroms von Räumen im Bestand bei einem vorgegebenen Nutzerverhalten herangezogen werden. Der Anhang H enthält ein Verfahren zum Nachweis der Lüftung sowie zur Berechnung des erforderlichen Luftvolumenstroms bei raumweise ermittelten Feuchtelasten. Dieses Verfahren ist anzuwenden, wenn die Randbedingungen, die in DIN/TS 4108 Abschn. 6 (Nutzerverhalten) für den Regelfall angegeben werden, nicht zutreffen.

3.10.3 Bedingungen für Schimmelpilzwachstum

Wesentliche Voraussetzung für Schimmelpilzwachstum ist eine ausreichende Feuchte. Unter Laborbedingungen können bestimmte Schimmelpilzarten bereits ab einer relativen Oberflächenfeuchte von etwa 70 % ausreichende Wachstumsbedingungen vorfinden. In der Praxis gilt als Kriterium für Schimmelpilzwachstum eine relative Luftfeuchte an der Bauteiloberfläche von mindestens ca. 80 % (kritische Oberflächenfeuchte), wenn diese an mindestens fünf aufeinander folgenden Tagen für jeweils 12 Stunden am Tag auftritt. Bei Überschreitung der kritischen Oberflächenfeuchte ist damit zu rechnen, dass Schimmelpilzwachstum früher, d. h. nach kürzerer Einwirkungsdauer eintritt. Es ist zu beachten, dass für Schimmelpilzwachstum kein Tauwasser an der Bauteiloberfläche vorhanden sein muss, sondern es bereits ausreicht, dass der kritische Wert von 80 % für die genannten Zeiträume überschritten wird.

Die weiteren Voraussetzungen für Schimmelpilzwachstum spielen dagegen eher eine untergeordnete Rolle. Hinsichtlich des Nährstoffangebots sind Schimmelpilze äußerst anspruchslos. In der Regel reichen übliche Verschmutzungen auf Bauteiloberflächen aus, damit Schimmelpilzwachstum dort möglich ist. Schimmelpilze bevorzugen ein saures Milieu mit einem pH-Wert, der zwischen 4,5 und 6,5 liegt. Dies sollte bei der Verwendung von Reinigungsmitteln auf Essigbasis beachtet werden, da diese das Schimmelpilzwachstum eher fördern als stoppen. Der optimale Temperaturbereich, bei dem Schimmelpilze wachsen, liegt zwischen 10 °C und 35 °C und befindet sich somit genau in der für Menschen angenehmen Temperaturspanne. Hinsichtlich der Oberflächenbeschaffenheit ist festzustellen, dass Schimmelpilze saugfähige Oberflächen gegenüber weniger saugfähigen bevorzugen. Da viele übliche Baustoffe, die im Innenbereich angewendet werden wie Putze, Mauerwerk sowie Holzwerkstoffe und Gipsbauplatten saugfähige Eigenschaften aufweisen, sind hier die Bedingungen für Schimmelpilzwachstum besonders günstig.

3.10.4 Anforderungen an die Baukonstruktion

Zur Vermeidung von Schimmelpilzwachstum muss die Baukonstruktion so beschaffen sein, dass bei üblicher Nutzung ausreichend hohe Bauteil-Innenoberflächentemperaturen sowohl in der Fläche als auch im Bereich von Wärmebrücken eingehalten werden.

Anforderungen an die Oberflächentemperatur sowie Regeln zu deren Berechnung sind in der DIN/TS 4108-8 in Verbindung mit der DIN 4108-2 „Wärmeschutz und Energie-Einsparung in Gebäuden – Teil 2: Mindestanforderungen an den Wärmeschutz" angegeben.

Schimmelpilzwachstum wird vermieden, wenn bei Annahme der Klimarandbedingungen nach DIN 4108-2 (innen: 20 °C, 50 % relative Luftfeuchte; außen: –5 °C, 80 % r. F.) die Oberflächentemperatur mindestens 12,6 °C beträgt. Dies ist gleichbedeutend mit einem Temperaturfaktor von $f_{\mathrm{Rsi}} \geq 0{,}70$. Der Temperaturfaktor ist ein dimensionsloser Kennwert und gibt das Verhältnis zwischen der Differenz aus raumseitiger Oberflächentemperatur und Außenlufttemperatur ($\theta_{\mathrm{si}} - \theta_{\mathrm{e}}$) und der Temperaturdifferenz zwischen innen und außen ($\theta_{\mathrm{i}} - \theta_{\mathrm{e}}$) an. Er ist wie folgt definiert:

$$f_{\mathrm{Rsi}} = \frac{\theta_{si} - \theta_e}{\theta_i - \theta_e} \tag{3.41}$$

Darin bedeuten:

θ_{si} minimale raumseitige Oberflächentemperatur im Bereich einer Wärmebrücke, in °C
θ_{i} Raumlufttemperatur (Normklima nach DIN 4108-3: $\theta_{\mathrm{i}} = +20$ °C)
θ_{e} Außenlufttemperatur (Normklima nach DIN 4108-3: $\theta_{\mathrm{e}} = -5$ °C)

Hintergrund für den festgelegten Mindestwert der Oberflächentemperatur von 12,6 °C ist die Einhaltung des 80 %-Kriteriums nach DIN 4108-2 (s. a. Abschn. 2.4.4 „Wärmebrücken – Anforderungen an den Mindestwärmeschutz" in diesem Werk). Das bedeutet, dass bei den Klimarandbedingungen nach Norm und einer Oberflächentemperatur von 12,6 °C die kritische Oberflächenfeuchte von 80 % – bei deren Überschreiten Schimmelwachstum einsetzt (s. o.) – gerade eben nicht überschritten wird. Für abweichende Klimabedingungen ergibt sich die mindestens einzuhaltende Oberflächentemperatur mithilfe des Diagramms in Abb. 3.71; alternativ kann auch die Formel in DIN/TS 4108-8 (dort Gleichung (3)) angewendet werden, siehe Norm.

Beispiele

Die Anwendung des Diagramms soll an folgenden beiden Beispielen verdeutlicht werden.

1. Im ersten Beispiel ist der Mindestwert der Oberflächentemperatur bei einer Raumlufttemperatur von 20 °C und einer relativen Luftfeuchte von 60 % gesucht. Aus Abb. 3.71 ergibt sich eine Mindest-Innenoberflächentemperatur von ca. $\theta_{\mathrm{si}} = 15{,}5$ °C, um Schimmelpilzwachstum auf der Oberfläche zu vermeiden.
2. Im zweiten Beispiel ist die Mindest-Innenoberflächentemperatur für eine Raumlufttemperatur von 19 °C und eine relative Luftfeuchte von 70 % gesucht. Aus Abb. 3.71 ergibt sich eine Mindest-Innenoberflächentemperatur von ca. 16,8 °C.

Fazit: Aus den Beispielen wird deutlich, dass mit steigender relativer Raumluftfeuchte auch die erforderliche Oberflächentemperatur ansteigt, um das Kriterium von 80 %

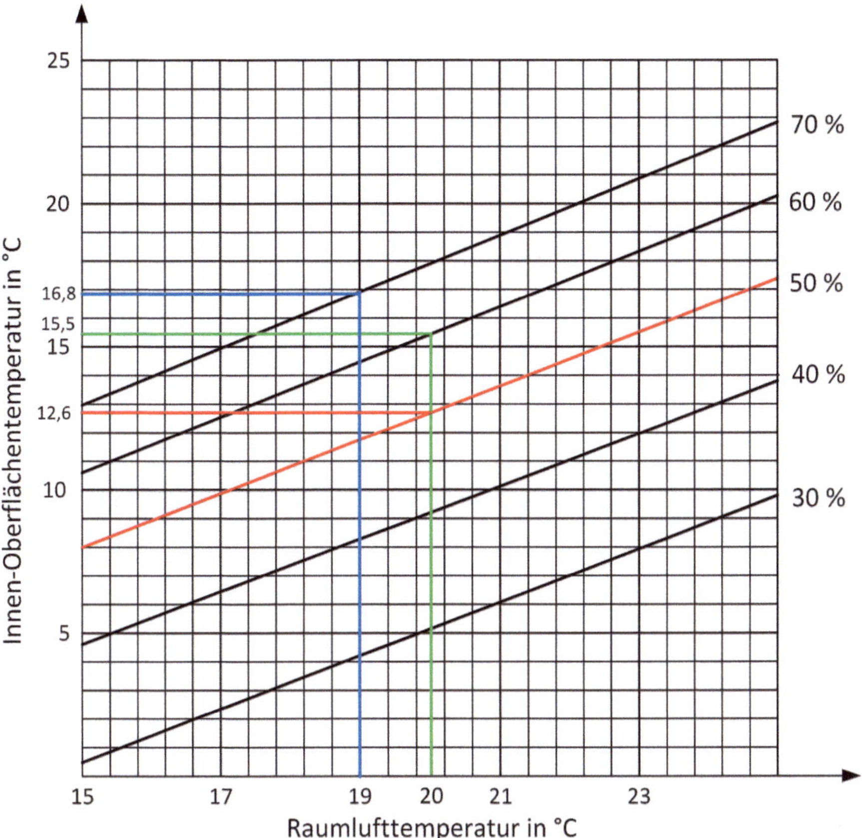

Abb. 3.71 Zusammenhang zwischen Raumlufttemperatur, relativer Raumluftfeuchte und mindestens einzuhaltender Oberflächentemperatur für eine Oberflächenfeuchte von 80 %. (In Anlehnung an DIN/TS 4108-8, Bild 1)

Oberflächenfeuchte einzuhalten und Schimmelpilzwachstum zu vermeiden. In diesem Zusammenhang ist zu beachten, dass in vielen Wohnungen häufig höhere Luftfeuchten festzustellen sind als es den Bedingungen nach Norm entspricht. ◀

3.10.5 Oberflächentemperatur der Regelbauteile

Die Berechnung der Oberflächentemperatur von ebenen Bauteilen mit homogenen Schichten erfolgt mit folgender Gleichung:

$$\theta_{si} = \theta_i - \frac{R_{si}}{R_{si} + \sum R + R_{se}} \cdot (\theta_i - \theta_e) \tag{3.42}$$

Darin bedeuten:

θ_i Raumlufttemperatur, in °C (Normklima: 20 °C)

θ_e Außenlufttemperatur, in °C (Normklima: – 5 °C)

R_{si} raumseitiger Wärmeübergangswiderstand, in m² K/W

R_{se} außenseitiger Wärmeübergangswiderstand, in m² K/W (Regelfall: R_{si} = 0,04 m²K/W für Bauteile an Außenluft)

Für den raumseitigen Wärmeübergangswiderstand R_{si} gelten abweichend zu den Angaben in DIN EN ISO 6946 „Bauteile – Wärmedurchlasswiderstand und Wärmedurchgangskoeffizient – Berechnungsverfahren" folgende Regeln (Tab. 3.26):

1. **Ungehinderte Luftzirkulation an der Bauteiloberfläche:**

Sofern eine gleichmäßige Beheizung und ausreichende Belüftung der Räume sowie eine ungehinderte Luftzirkulation an den raumseitigen Bauteiloberflächen sichergestellt sind, dürfen die Wärmeübergangswiderstände nach DIN 4108-2 für die Berechnung der Oberflächentemperatur verwendet werden. Der in DIN 4108-2 festgelegte raumseitige Wärmeübergangswiderstand von R_{si} = 0,25 m²K/W berücksichtigt bereits den behinderten Wärmeübergang durch leichte Gardinen sowie in der raumseitigen Kante von Außenecken. Für Fenster und Fenstertüren ist der Wärmeübergangswiderstand nach DIN EN ISO 13788 „Wärme- und feuchtetechnisches Verhalten von Bauteilen und Bauelementen – Raumseitige Oberflächentemperatur zur Vermeidung kritischer Oberflächentemperatur und Tauwasserbildung im Bauteilinnern – Berechnungsverfahren" anzunehmen, der dort mit R_{si} = 0,13 m²K/W festgelegt ist. Voraussetzung für die Anwendung dieses Wertes ist eine ungehinderte Luftzirkulation im Bereich der Fenster.

2. **Behinderte Luftzirkulation an der Bauteiloberfläche:**

Bei behinderter Luftzirkulation oder eingeschränktem Strahlungsaustausch zwischen der raumseitigen Wandoberfläche und den wärmeren Bauteilen im Raum wird der Wärmeübergang verringert, was zu niedrigeren Innenoberflächentemperaturen führt. Dieser Fall tritt beispielsweise auf, wenn an einer Außenwand Möbel oder Regale aufgestellt werden. Die neue DIN/TS 4108-8 gibt hierfür erhöhte äquivalente raumseitige Wärmeübergangs-

Tab. 3.26 Anzusetzende raumseitige Wärmeübergangswiderstände R_{si} für die Berechnung der Innenoberflächentemperatur nach DIN 4108-2 und DIN/TS 4108-8

Kriterium	Raumseitiger Wärmeübergangswiderstand	Bemerkung
Regelfall	R_{si} = 0,25 m²K/W	nach DIN 4108-2
Bereiche hinter frei stehenden Schränken	$R_{si,äq}$ = 0,5 m²K/W	DIN/TS 4108-8
Bereiche hinter Einbauschränken	$R_{si,äq}$ = 1,0 m²K/W	nach DIN/TS 4108-8

widerstände an, mit denen der Einfluss von Einrichtungsgegenständen an Außenwänden bei der Berechnung der Bauteilinnenoberflächentemperatur angemessen berücksichtigt werden kann. Danach ist für Bereiche hinter Einbauschränken ein äquivalenter Wärmeübergangswiderstand von $R_{si,äq}$ = 1,00 m²K/W und hinter stehenden Schränken ein Wert von $R_{si,äq}$ = 0,5 m²K/W anzunehmen.

Beispiel

Die Auswirkungen der verschiedenen raumseitigen Wärmeübergangswiderstände auf die Höhe der Innenoberflächentemperatur soll am Beispiel einer Außenwand erläutert werden, die genau die Anforderungen an den Mindestwärmeschutz nach DIN 4108-2 erfüllt. Es wird angenommen, dass die Außenwand eine flächenbezogene Masse von $m' \geq 100$ kg/m² aufweist (z. B. Wand aus Kalksandstein-Mauerwerk) und homogen aufgebaut ist. In diesem Fall muss der Wärmedurchlasswiderstand nach DIN 4108-2 mindestens R = 1,2 m²K/W betragen. Weiterhin werden die Klimarandbedingungen nach Norm vorausgesetzt.

Es ergeben sich folgende Szenarien:

a) **Ungehinderte Luftzirkulation:**

In diesem Fall darf mit dem Standardwert für den raumseitigen Wärmeübergangswiderstand nach DIN 4108-2 gerechnet werden, d. h. es gilt R_{si} = 0,25 m²K/W. Der Wärmeübergangswiderstand außen ist mit R_{se} = 0,04 m²K/W anzunehmen. Als Oberflächentemperatur ergibt sich:

$$\theta_{si} = \theta_i - \frac{R_{si}}{R_{si} + \sum R + R_{se}} \cdot (\theta_i - \theta_e) = 20 - \frac{0,25}{0,25 + 1,2 + 0,04} \cdot (20 - (-5)) = 15,8\ °\mathrm{C}$$

b) **Behinderte Luftzirkulation durch freistehenden Schrank:**

Nach DIN/TS 4108-8 ist ein Wärmeübergangswiderstand von R_{si} = 0,50 m²K/W anzunehmen. Die Oberflächentemperatur berechnet sich zu:

$$\theta_{si} = 20 - \frac{0,50}{0,50 + 1,2 + 0,04} \cdot (20 - (-5)) = 12,8\ °\mathrm{C}$$

c) **Behinderte Luftzirkulation durch einen Einbauschrank:**

Es ist ein Wärmeübergangswiderstand von R_{si} = 1,00 m²K/W anzunehmen. Die Oberflächentemperatur beträgt:

$$\theta_{si} = 20 - \frac{1,00}{1,00 + 1,2 + 0,04} \cdot (20 - (-5)) = 8,8\ °\mathrm{C}$$

Fazit: Die Berechnungen zeigen, dass bei behinderter Luftzirkulation durch einen Einbauschrank die Oberflächentemperatur auf einen Wert von 8,8 °C absinkt und dadurch die kritische Oberflächentemperatur von 12,6 °C deutlich unterschritten wird. Bei Normklima wäre in diesem Fall mit Schimmelpilzwachstum auf der Wandinnenoberfläche zu rechnen. Nur für den Fall, dass vor der betrachteten Wand ein freistehender Schrank aufgestellt wird, wird rechnerisch eine Oberflächentemperatur von 12,8 °C erreicht und der Mindestwert von 12,6 °C gerade eingehalten. Dagegen ist der Fall der ungehinderten Luftzirkulation unproblematisch, da sich hierfür auf der Wandinnenoberfläche eine Temperatur von 15,8 °C ergibt und der kritische Wert von 12,6 °C deutlich überschritten wird. In den beiden zuletzt genannten Fällen ist nicht mit Schimmelpilzwachstum zu rechnen, sofern die Normklimabedingungen eingehalten werden und eine gleichmäßige Beheizung und Belüftung der Räume erfolgt. ◀

3.10.6 Oberflächentemperatur im Bereich von Wärmebrücken

Im Bereich von Wärmebrücken wird ebenfalls ein Mindestwert der Innenoberflächentemperatur von θ_{si} = 12,6 °C entsprechend einem Temperaturfaktor $f_{Rsi} \geq 0{,}70$ gefordert. Diese Temperatur darf an keiner Stelle der Wärmebrücke unterschritten werden.

Die Ermittlung der raumseitigen Oberflächentemperatur im Bereich von Wärmebrücken gestaltet sich im Vergleich zu den Regelbereichen sehr viel aufwändiger, da eine einfache Handrechnung nicht möglich ist. Es existieren folgende Verfahren. Zum einen können Wärmebrücken mithilfe einer geeigneten Software modelliert und berechnet werden, wobei neben dem für eine Wärmebrücke charakteristischen längenbezogenen Wärmedurchgangskoeffizient (ψ-Wert) auch Wärmeströme und Temperaturen ausgegeben werden. Zum anderen existieren in der Literatur sowie im Internet sogenannte Wärmebrückenkataloge, die ebenfalls die gesuchten Daten für ausgewählte Anschlüsse bereitstellen.

Wärmebrücken, die den Anforderungen des Beiblattes 2 der DIN 4108 „Wärmeschutz und Energie-Einsparung in Gebäuden; Beiblatt 2: Wärmebrücken – Planungs- und Ausführungsbeispiele“ entsprechen, erfüllen die Anforderungen an den Mindestwärmeschutz automatisch. Das bedeutet, dass auch die geforderte Innenoberflächentemperatur von 12,6 °C eingehalten und nicht unterschritten wird.

3.10.7 Fenster und Fenstertüren sowie Türen

Fenster, Fenstertüren und Außentüren gelten als Bauteile mit besonderer Funktionalität, die aus verschiedenen Bauelementen mit einer komplexen Geometrie sowie aus verschiedenen Materialien bestehen. Aus diesem Grund müssen sie gesondert betrachtet werden. Hinsichtlich der Vermeidung von Schimmelpilzwachstum wird auf DIN EN ISO 13788 verwiesen.

Die Beurteilung des Baukörperanschlusses erfolgt ebenfalls mithilfe des Temperaturfaktors f_{Rsi}, wobei hier die gleichen Anforderungen anzusetzen sind wie bei Regelbauteilen und Wärmebrücken, d. h. es gilt $f_{Rsi} \geq 0{,}70$ entsprechend einer Innenoberflächentemperatur von $\theta_{si} \geq 12{,}6$ °C. Für die Ermittlung der Oberflächentemperaturen im Bereich der Laibung ist für die Wand ein Wärmeübergangswiderstand von $R_{si} = 0{,}25$ m²K/W und für das Fenster (bzw. Fenstertür, Außentür) $R_{si} = 0{,}13$ m²K/ anzunehmen.

An das Fenster selbst werden keine Anforderungen hinsichtlich der Oberflächentemperatur gestellt. Es ist zu beachten, dass vorübergehende Tauwasserbildung am unteren Rand der Verglasung nicht vollständig vermieden werden kann. Außerdem ist Tauwasserbildung an Fenstern zulässig, sofern es sich um kleine Mengen handelt und dies nur vorübergehend auftritt sowie die Oberfläche die Feuchtigkeit nicht absorbiert und entsprechende Maßnahmen zur Vermeidung eines Kontaktes mit angrenzenden feuchteempfindlichen Stoffen getroffen werden (s. a. DIN 4108-2, 6.1).

3.10.8 Nutzerverhalten und Feuchteabgabe

Einen entscheidenden Einfluss auf das Schimmelpilzwachstum hat das Nutzerverhalten. Hierunter sind der Feuchteintrag durch die Nutzung der Wohnung sowie das individuelle Lüftungs- und Heizverhalten zu verstehen. Außerdem zählen hierzu die Positionierung von Möbeln und Einrichtungsgegenständen sowie das Anbringen von Wandbekleidungen an Außenwänden.

In Wohnungen wird nutzungsbedingt permanent Feuchte an die Raumluft abgegeben. Typische Feuchtequellen sind die Bewohnerinnen und Bewohner, Pflanzen und Haustiere sowie die Nutzung von Küche (z. B. Kochvorgänge) und Bad (z. B. Duschen). Weitere Feuchtequellen sind beispielsweise Baufeuchte bei Neubauten sowie die Feuchtreinigung von Fußböden. Die Feuchteabgabe in Form von Wasserdampf durch einen Menschen beträgt etwa 50 g/h bzw. 1200 g je Tag (g/d).

Kochvorgänge verursachen eine Feuchteabgabe von ca. 700 g/h bis 1000 g/h. Duschen führt ebenfalls zu erheblichen Feuchtemengen, die der Raumluft zugeführt werden. Ein Duschvorgang von 5 Minuten Dauer einschließlich Abtrocknen bewirkt eine Feuchteabgabe von etwa 300 g. Einen erheblichen Feuchteeintrag verursacht das Wäschetrocknen in der Wohnung auf Wäscheständern. Beim Trocknen der Wäsche einer Waschmaschine mit einer 5 kg-Trommel fallen etwa 2500 g Wasserdampf an (Tab. 3.27). Das entspricht in etwa der gleichen Menge, die durch zwei Personen in 24 h abgegeben werden, sofern diese sich ständig in der Wohnung aufhalten. Aufgrund der erheblichen Feuchteabgabe durch freies Wäschetrocknen in der Wohnung sollte hierauf möglichst verzichtet werden und die Wäsche in separaten Trockenräumen oder in Wäschetrocknern getrocknet werden. Stehen geeignete Trockenräume nicht zur Verfügung (so wie dies in heutigen Neubauten meist der Fall ist) oder ist das Trocknen im Wäschetrockner nicht möglich (weil z. B. die Wäsche nicht Trockner-geeignet ist), muss der Raum, in dem sich der Wäscheständer befindet, ver-

Tab. 3.27 Nutzungsbedingte Feuchtequellen und Feuchteabgaben in Wohnungen. (In Anlehnung an DIN/TS 4108-8, Tab. 1)

Feuchtequelle	Beschreibung	Feuchteabgabe		Bemerkung
Mensch	überwiegend keine oder geringe Aktivität	50 g/h	1200 g/d [a]	je Person
Pflanzen	Mittelwert für verschiedene Zimmerpflanzen	2 g/h	50 g/d [b]	Mix aus verschiedenen typischen Zimmerpflanzen
Küche	Kochvorgänge	700 … 1000 g/h		-
	Geschirrspüler	100 g/Spülvorgang		-
	Spülen mit der Hand unter fließendem Wasser	300 g/h		Wassertemperatur 50 °C
	Spülen im Spülbecken	140 g/h		Wassertemperatur 50 °C
Bad	Wannenbad	700 g/h	300 g/Bad	20 Min. Wannenbad u. Abtrocknen
	Duschen	2600 g/h	300 g/ Duschvorgang	5 Min. Dusche u. Abtrocknen
	Abtrocknen	70 g/Vorgang		Feuchteabgabe durch Trocknung der Handtücher
Wäschetrocknen	5 kg geschleuderte Wäsche	2500 g/Waschmaschine		freies Trocknen auf Wäscheständer
Haustiere	Aquarium	6 g/(h m^2)		Aquarium ist abgedeckt
	Katze	10 g/h	250 g/d [a]	Hauskatze
	Hund	40 g/h	950 g/d [a]	mittelgroßer Hund (20 kg)

[a] Anwesenheit 24 h/d

[b] Repräsentativer Mittelwert für verschiedene typische Zimmerpflanzen. Die Feuchteabgabe korrespondiert sehr gut mit der Gießwassermenge.

stärkt gelüftet und beheizt werden. Während des Trocknens sollte die Tür geschlossen gehalten werden, damit kein Wasserdampf in die anderen Räume der Wohnung gelangt.

Je nach Belegung der Wohnung und Anwesenheit der Bewohnerinnen und Bewohner ergeben sich somit teilweise erhebliche tägliche Feuchteabgaben. Bei einem 1-Personenhaushalt und nur 12-stündiger Anwesenheit ergibt sich ohne Wäschetrocknen eine Feuchtemenge von ca. 2,1 kg/d. Bei dauernder Anwesenheit erhöht sich die Feuchteabgabe auf ca. 3,2 kg/d (ohne Wäsche) bzw. etwa 3,8 kg/d mit Wäschetrocknen. In einem 4-Personenhaushalt werden immerhin ca. 6,6 kg/d Wasserdampf ohne Wäschetrocknen und 9,1 kg/d mit Wäschetrocknen der Raumluft zugeführt. Zum Vergleich: Diese Menge entspricht in flüssiger Form einem mittelgroßen Eimer Wasser je Tag, der an Feuchtigkeit anfällt und in Form von Wasserdampf an die Raumluft abgegeben wird.

Es ist zu beachten, dass die anfallende Feuchte ausschließlich durch Lüftung abgeführt werden muss. Der Feuchteabtransport infolge Wasserdampfdiffusion durch die Außenbauteile ist dagegen so gering, dass er keine Rolle spielt. Am wirksamsten ist der Feuchteabtransport mithilfe von Lüftungssystemen wie Außenluftdurchlässe (freie Lüftung) oder ventilatorgestützten Lüftungsanlagen, da hier der Luftaustausch kontinulierlich und nutzerunabhängig erfolgt. Darüber hinaus werden die Lüftungswärmeverluste gegenüber der manuellen Fensterlüftung erheblich reduziert. Dies trifft insbesondere für Lüftungsanlagen mit Wärmerückgewinnung zu, bei denen die Abluft über einen Wärmetauscher geführt wird und ein Großteil der Wärme für die Erwärmung der Zuluft oder die Trinkwarmwasserbereitung verwendet werden kann. Für die Auslegung von freien und ventilatorgestützten Lüftungssystemen wird auf DIN 1946-6 verwiesen.

3.10.9 Lüftungsverhalten

Das Lüftungsverhalten hat einen maßgeblichen Einfluss auf das Risiko des Schimmelpilzwachstums in Wohnungen. Es beeinflusst außerdem die Raumluftqualität sowie die Höhe des Heizenergieverbrauchs. Es ist zu beachten, dass das Lüftungsverhalten von einer Vielzahl von Faktoren beeinflusst wird. Zum einen spielen individuelle Lebensgewohnheiten eine wesentliche Rolle, d. h. nutzerabhängige Faktoren wie Anwesenheit, Belegung, Haushaltsaktivitäten sowie verschiedene Feuchtequellen wie Kochen, Duschen und Wäschetrocknen in der Wohnung. Zum anderen beeinflussen das Wetter (u. a. Außenlufttemperatur, Niederschlag, Windgeschwindigkeit) sowie örtliche Gegebenheiten wie der Bauwerksstandort (z. B. Windexponiertheit), Fensterart und -anordnung sowie Art des Lüftungssystems und das Heizsystem das Lüftungsverhalten. Eine exakte Erfassung und Bewertung des Lüftungsverhaltens gestaltet sich aufgrund der vielen Einflussgrößen außerordentlich schwierig. In jedem Fall ist eine umfassende Information der Bewohnerinnen und Bewohner über ein angepasstes Lüftungsverhalten wichtig. Dies gilt insbesondere, wenn das Lüftungskonzept geändert wurde (z. B. beim Wechsel von manueller Fensterlüftung auf nutzerunabhängige Lüftung) oder die Luftdichtheit der Gebäudehülle verbessert wurde (z. B. beim Austausch der Fenster).

3.10.10 Luftvolumenstrom zum Feuchteschutz

Für den Nachweis der Anforderungen an die Lüftung zum Feuchteschutz existiert ein vereinfachtes Verfahren, das in DIN 1946-6 geregelt ist und auch in der DIN/TS 4108-8 für die Beurteilung des Schimmelpilzrisikos herangezogen wird. Mit diesem Verfahren kann der zum Feuchteschutz erforderliche Außenluftvolumenstrom – im Hinblick auf die Vermeidung von Schimmelpilzwachstum – bei kontinuierlicher Lüftung ermittelt werden. Dabei werden als Einflussgrößen der Wärmeschutz des Gebäudes, die Wohnungsgröße sowie die Belegungsdichte berücksichtigt. Der Außenluftvolumenstrom zum Feuchteschutz ergibt sich mithilfe des Diagramms in Abb. 5. Die genauen Berechnungsgleichungen sind in DIN 1946-6 enthalten und werden in DIN/TS 4108-8 nicht wiederholt. Für die Umrechnung des Außenluftvolumenstroms q_v (in m^3/h) in den Luftwechsel n (in h^{-1}) gilt folgende Gleichung:

$$n = \frac{q_v}{V} = \frac{q_v}{A \cdot h} \tag{3.43}$$

Darin bedeuten:

V Raumvolumen, in m^3
A Netto-Raumfläche, in m^2
h mittlere Raumhöhe, in m

Bei diskontinuierlicher Lüftung (z. B. Stoßlüften) können sich in Abhängigkeit von Lüftungsart sowie dem Wärmespeichervermögen der Bauteile sowohl höhere als auch niedrigere Luftwechsel ergeben. Genaue Angaben hierzu sind in der Norm allerdings nicht enthalten.

Beispiel

Für eine Wohnung mit einer Fläche von $A = 100\ m^2$ in einem Gebäude mit geringem Wärmeschutz (d. h. bis 1995 errichtet, d. h. die Anforderungen der WSchVO 1995[3] sind eingehalten) und hoher Belegung (<40 m^2/Person) ergibt sich aus dem Diagramm in Abb. 3.72 ein Außenluftvolumenstrom von ca. 42 m^3/h. Dies entspricht einem Luftwechsel von $n = 42/(100 \times 2{,}5) = 0{,}17\ h^{-1}$, wenn eine mittlere Raumhöhe von $h = 2{,}5$ m angenommen wird. Das bedeutet, dass die Raumluft einmal in etwa 6 Stunden (= 1/0,17 = 5,88 ≈ 6) vollständig ausgetauscht werden muss, um den Feuchteschutz sicherzustellen und Schimmelpilzwachstum zu vermeiden.

Hinweis: Mithilfe der genauen Formel (siehe DIN 1946-6, Gl. (2)) berechnet sich der Außenluftvolumenstrom zum Feuchteschutz $q_{v,ges,NE,FL}$ zu:

$$\begin{aligned} q_{v,ges,NE,FL} &= f_{WS} \cdot \left(-0{,}002 \cdot A_{NE}{}^2 + 1{,}15 \cdot A_{NE} + 11\right) \\ &= 0{,}4 \cdot \left(-0{,}002 \cdot 100^2 + 1{,}15 \cdot 100 + 11\right) = 42{,}4\ m^3/h \end{aligned}$$

Darin ist A_{NE} die Fläche der Nutzungseinheit (Wohnung) = 100 m^2 und f_{WS} ein Faktor, der die Qualität des Wärmeschutzes und die Belegung berücksichtigt (Tab. 3.28). ◀

3.10.11 Luftvolumenstrom durch Infiltration

Beim Nachweis des erforderlichen Außenluftvolumenstroms zum Feuchteschutz darf der Anteil durch Infiltration berücksichtigt werden. Der Außenluftvolumenstrom durch Infiltration ergibt sich durch Leckagen und Fugen sowie planmäßige Öffnungen (z. B. Briefkastenschlitz) in der Gebäudehülle.

[3] Wärmeschutzverordnung 1995 (WSchVO 1995); Hinweis: zurückgezogen

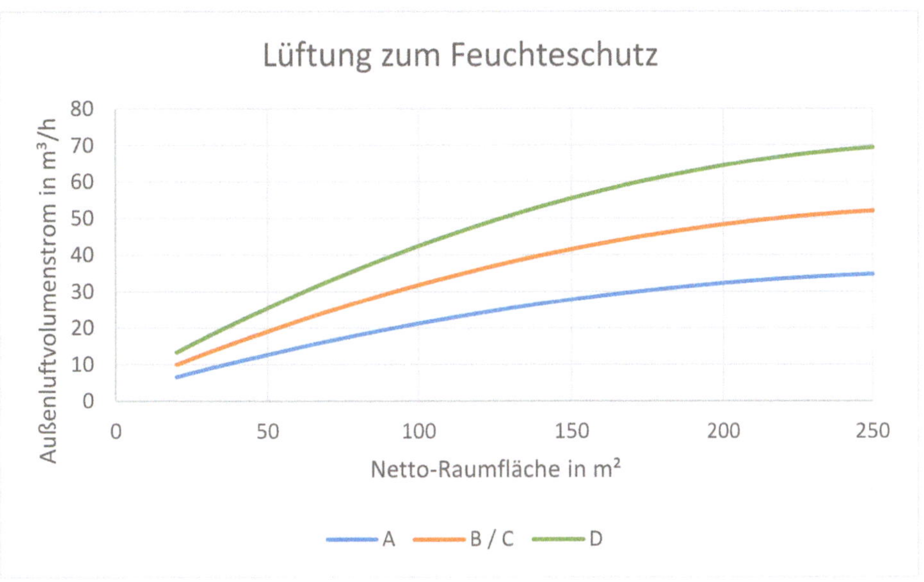

Abb. 3.72 Außenluftvolumenstrom zum Feuchteschutz (in Anlehnung an DIN/TS 4108-8, Bild 4); Erläuterung: A: Wärmeschutz hoch/Belegung gering; B: Wärmeschutz hoch/Belegung hoch; C: Wärmeschutz gering/Belegung gering; D: Wärmeschutz gering/Belegung hoch; Wärmeschutz hoch bedeutet: ab 1995 errichtet oder mit gleichwertigem Wärmeschutz; Wärmeschutz gering bedeutet: bis 1995 errichtet oder mit gleichwertigem Wärmeschutz; Belegung hoch: $< 40\ m^2$/Person; Belegung gering: $\geq 40\ m^2$/Person

Tab. 3.28 Faktor f_{WS} zur Berücksichtigung des Wärmeschutzes. (N. DIN 1946-6, Tab. 4)

	Belegung	
	geringe Belegung [c]	hohe Belegung
Wärmeschutz	$\geq 40\ m^2$/Person	$< 40\ m^2$/Person
hoch [a]	0,2	0,3
gering [b]	0,3	0,4

[a] Wärmeschutz hoch: Neubau nach 1995 oder Komplettsanierung mit entsprechendem Wärmeschutzniveau

[b] Wärmeschutz gering: Nicht oder teilmodernisierte Gebäude (z. B. nur Fensteraustausch, dadurch erhöhte Luftdichtheit bei niedrigem Wärmestandard)

[c] Von einer geringen Belegung ist meist bei selbst genutztem Eigentum auszugehen (z. B. EFH, große ETW)

Das Verfahren zur Berechnung des Luftvolumenstroms ist in der DIN 1946-6 geregelt (siehe dort Abschn. 4.2.3). In DIN/TS 4108-8 sind ergänzende Beispielrechnungen hierzu neu aufgenommen worden; diese sind in Anhang E zusammengestellt und ergänzen somit die Regelungen der DIN 1946-6.

Der Luftvolumenstrom durch Infiltration ist abhängig von der Windgeschwindigkeit (Unterscheidung in windschwache und windstarke Gebiete), dem Auftrieb (Unterscheidung in eingeschossige und mehrgeschossige Nutzungseinheiten) und der Luftdichtheit der Gebäudehülle. Die Zuordnung des Bauwerksstandortes zum Windgebiet ist mithilfe der Karte in DIN 1946-6 Anhang D zu ermitteln. Eingeschossige Nutzungseinheiten sind Wohnungen, die sich auf einer Ebene befinden, d. h. typischerweise Wohnungen in Mehrfamilienhäusern. Dagegen bedeutet die Bezeichnung mehrgeschossig, dass sich die betrachtete Wohnung über mehrere Geschosse erstreckt. Hierunter fallen üblicherweise Einfamilienhäuser sowie Maisonettewohnungen. Die Luftdichtheit der Gebäudehülle wird durch die Luftwechselzahl n_{50} beschrieben. Diese gibt den Luftwechsel bei einer Druckdifferenz von 50 Pascal zwischen innen und außen an. Die Luftwechselzahl n_{50} kann messtechnisch mithilfe eines Blower-Door-Tests (Differenzdruckverfahren nach DIN EN ISO 9972 „Wärmetechnisches Verhalten von Gebäuden – Bestimmung der Luftdurchlässigkeit von Gebäuden – Differenzdruckverfahren“) bestimmt werden.

Sofern mangels Messung kein genauer Wert n_{50} vorliegt, dürfen für die Berechnung des Luftvolumenstroms durch Infiltration Anhaltswerte angenommen werden. Diese sind in DIN 1946-6 angegeben. Beispielsweise kann der mittlere Gebäudebestand mit einer Luftwechselzahl von $n_{50} = 4{,}5\ \mathrm{h}^{-1}$ gut beschrieben werden. Bei (teil-)modernisierten Gebäuden (z. B. nach Austausch der Fenster) wird die Luftdichtheit der Gebäudehülle erhöht, was zu geringeren Luftwechselzahlen führt. Beispielsweise wird für modernisierte Einfamilienhäuser mit freier Lüftung, die vor 2002 errichtet wurden, ein n_{50}-Wert von $2{,}0\ \mathrm{h}^{-1}$ angegeben. Bei Gebäuden (EFH und MFH), die ab 2002 erstellt wurden und eine freie Lüftung aufweisen, darf mit einer Luftwechselzahl von $n_{50} = 1{,}5\ \mathrm{h}^{-1}$ gerechnet werden. Für Gebäude mit ventilatorgestützten Lüftungssystemen ist $n_{50} = 1{,}0\ \mathrm{h}^{-1}$ anzunehmen.

Diese Werte liegen teilweise deutlich unter den Anforderungswerten, die nach dem Gebäudeenergiegesetz (GEG)[4] für zu errichtende Gebäude festgelegt sind, wenn eine Prüfung der Luftdichtheit erfolgt (siehe GEG § 26). Beispielsweise darf bei Gebäuden ohne raumlufttechnische Anlagen der n_{50}-Wert $3{,}0\ \mathrm{h}^{-1}$ nicht überschreiten. Bei Gebäuden mit raumlufttechnischen Anlagen ist die maximale Luftwechselzahl auf $n_{50} = 1{,}5\ \mathrm{h}^{-1}$ festgelegt. Die schlechteren Werte im GEG im Vergleich zu den Anhaltswerten nach DIN/TS 4108-8 in Verbindung mit DIN 1946-6 sind dadurch begründet, dass die Berechnung des Luftvolumenstroms durch Infiltration auf der sicheren Seite liegen soll. Das bedeutet, dass für den Nachweis der Lüftung zum Feuchteschutz eine möglichst gute Luftdichtheit der Gebäudehülle unterstellt wird, damit der Luftvolumenstrom durch Infiltration gering ausfällt. Zum Vergleich sei hier noch die Luftdichtheit von Passivhäusern genannt. Laut den Qualitätsanforderungen des Passivhaus-Instituts muss die Luftwechselzahl von Passivhäusern kleiner als $0{,}6\ \mathrm{h}^{-1}$ sein ($n_{50} < 0{,}6\ \mathrm{h}^{-1}$).[5]

[4] Gesetz zur Vereinheitlichung des Energieeinsparrechts für Gebäude und zur Änderung weiterer Gesetze; Artikel 1 – Gesetz zur Einsparung von Energie und zur Nutzung erneuerbarer Energien zur Wärme- und Kälteerzeugung in Gebäuden (Gebäudeenergiegesetz – GEG); 8. August 2020; Bundesgesetzblatt Jahrgang 2020 Teil I Nr. 37, ausgegeben zu Bonn am 13. August 2020

[5] Kriterien für den Passivhaus-, EnerPHit- und PHI-Energiesparhaus-Standard; hrsg. v. Passivhaus Institut, Ausgabe Mai 2022, Darmstadt

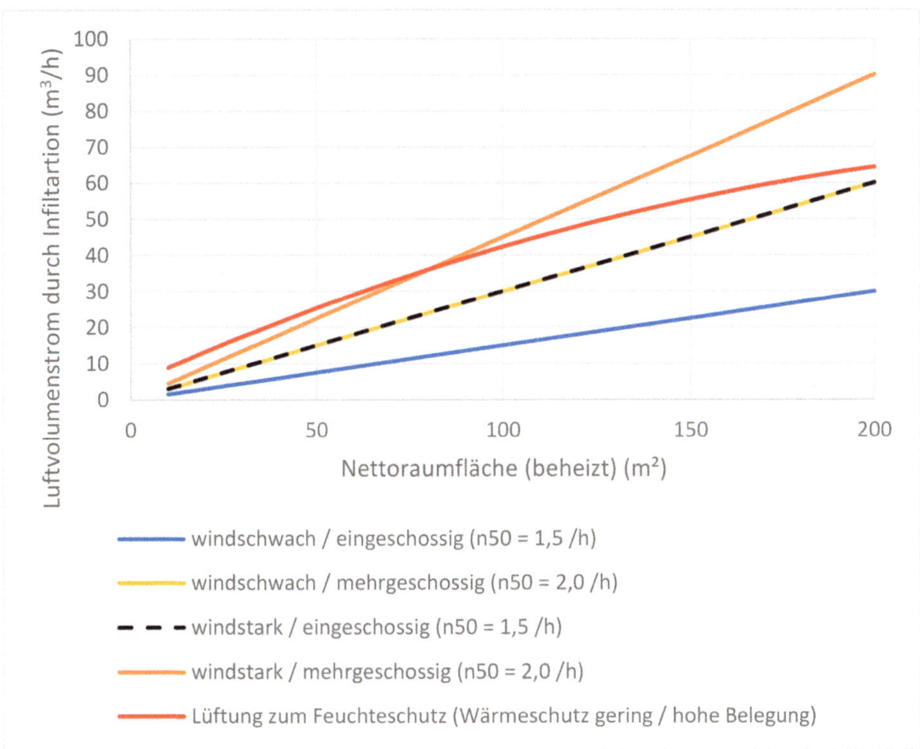

Abb. 3.73 Luftvolumenstrom durch Infiltration für ein teilmodernisiertes Gebäude mit geringem Wärmeschutz (vor WSchVO 1995) und hoher Belegung. (In Anlehnung an DIN/TS 4108-8, Bild E.1)

Mithilfe der Beispielrechnungen in DIN/TS 4108-8, Anhang E können die Infiltrationsluftvolumenströme in Abhängigkeit von der Größe der Wohnung für die oben genannten Einflussgrößen (Windgebiet, ein-/mehrgeschossig, Luftwechselzahl) grafisch ermittelt werden. Ein Diagramm für die Ermittlung des Infiltrationsluftvolumenstroms ist beispielhaft für ein teilmodernisiertes Gebäude (Luftdichtheit wurde erhöht, z. B. durch Austausch der Fenster) mit geringem Wärmeschutz und hoher Belegung in Abb. 3.73 dargestellt. Für Diagramme mit weiteren Parametern wird auf die Norm verwiesen.

Beispiel

Für die im Beispiel oben betrachtete Wohnung mit einer Fläche von 100 m² (eingeschossige Nutzungseinheit) ergibt sich nach dem Diagramm in Abb. 3.73 ein Infiltrationsluftvolumenstrom von 30 m³/h, wenn angenommen wird, dass der Bauwerksstandort in einem windschwachen Gebiet liegt und die Luftwechselzahl $n_{50} = 2{,}0\ h^{-1}$ beträgt. Für die hier betrachtete Wohnung ergibt sich im Beispiel oben ein Außenluftvolumenstrom zum Feuchteschutz von 42 m³/h. Das bedeutet, dass der Luftvolumenstrom durch Infiltration (30 m³/h) allein nicht ausreicht, um die Lüftung zum

Feuchteschutz zu gewährleisten. Es ist ein zusätzlicher Luftvolumenstrom durch Lüftung sicherzustellen, d. h. in diesem Fall ein Luftvolumenstrom in Höhe von 42 – 30 = 12 m^3/h.

Da der Luftvolumenstrom zum Feuchteschutz nach DIN 1946-6 allein durch lüftungstechnische Maßnahmen (z. B. Außenluftdurchlässe, ventilatorgestützte Lüftungssysteme) sichergestellt werden muss, sind die Lüftungssysteme in diesem Beispiel für einen Luftvolumenstrom von 12 m^3/h auszulegen. Fensterlüftung darf zur Sicherstellung des Feuchteschutzes nicht angesetzt werden, da diese nur nutzerabhängig erfolgen kann. ◄

3.10.12 Luftvolumenströme durch geöffnete Fenster

In vielen Fällen ist es erforderlich, den Luftvolumenstrom durch geöffnete Fenster abzuschätzen. Dies gilt insbesondere für die Beurteilung im Bestand, wenn beispielsweise Schimmelbefall und Feuchteschäden aufgetreten sind. Für derartige Fragestellungen enthält die DIN/TS 4108-8 Regeln, die im Zuge der Neufassung der Norm aufgenommen wurden. Nachfolgend sollen diese Regeln kurz erläutert werden.

Ein Verfahren für die Ermittlung des Luftvolumenstroms durch geöffnete Fenster unter stationären Bedingungen befindet sich in Anhang G der DIN/TS 4108-8. Damit ist eine Beurteilung des tatsächlich vorhandenen Luftvolumenstroms bei bekanntem Nutzerverhalten möglich.

Der Luftvolumenstrom durch geöffnete Fenster wird maßgeblich durch

- die Öffnungsfläche des Fensters,
- thermisch induzierte Faktoren und
- windinduzierte Faktoren

beeinflusst. In der DIN/TS 4108-8 Anhang G sind entsprechende Berechnungsalgorithmen für die Bestimmung der einzelnen Größen angegeben. Die Gleichungen sind recht komplex, sodass eine Handrechnung nur mit großem Aufwand möglich ist. Für die Anwendung in der Praxis wäre eine Programmierung (z. B. mit Excel) sinnvoll, da mit einem entsprechenden Tool schnell mehrere Varianten durchgerechnet werden können. Aus diesem Grund wird hier auf eine Wiedergabe der Gleichungen verzichtet, es wird auf die Norm (DIN/TS 4108-8, Anhang G) verwiesen.

Für eine erste grobe Abschätzung der Luftvolumenströme durch geöffnete Fenster eignen sich besser die Anhaltswerte in Anhang G der Norm. Hierzu werden Luftvolumenströme und Luftwechsel in Abhängigkeit von der Fensterstellung und -größe tabellarisch angegeben (Tab. 3.29). Diese Werte eignen sich gut für die Abschätzung des Luftvolumenstroms bzw. Luftwechsels und können für die Beurteilung herangezogen werden, wie lange Fenster geöffnet werden müssen, um den Feuchteschutz sicherzustellen.

Tab. 3.29 Anhaltswerte für Luftvolumenströme und Luftwechsel in Abhängigkeit von der Fensterstellung und Fenstergröße. (In Anlehnung an DIN/TS 4108-8, Tab. G.7; Auszug)

Fensterstellung	**Luftvolumenstrom** in m^3/h	**Luftwechsel** in h^{-1} bei $V = 75\ m^3$	bei $V = 25\ m^3$
kleines Fenster ($b \times h = 0{,}8\ m \times 1{,}2\ m$)			
einseitig, gekippt	60	0,8	2,4
einseitig, komplett geöffnet	671	9	27
gegenüberliegend, gekippt	252	3,4	10
gegenüberliegend, komplett geöffnet	2803	40	110
großes Fenster ($b \times h = 1{,}2\ m \times 1{,}5\ m$)			
einseitig, gekippt	99	1,3	3,9
einseitig, komplett geöffnet	1360	18	54
gegenüberliegend, gekippt	381	5	15
gegenüberliegend, komplett geöffnet	5256	70	210
Balkontür ($b \times h = 1{,}0\ m \times 2{,}0\ m$)			
einseitig, gekippt	92	1,2	3,7
einseitig, komplett offen	1685	23	67

Randbedingungen:
- Windgeschwindigkeit $v_{meteo} = 4$ m/s (Median der Windgeschwindigkeit für den Referenzort Potsdam (Testreferenzjahre TRY 04) für die Winter- und Übergangsmonate)
- Temperaturen in den Übergangsmonaten (März bis Mai und Oktober, November): innen $\theta_i = 20$ °C; außen $\theta_e = 10$ °C; $\Delta\theta = 10$ K
- Temperatur in den Wintermonaten (Dezember bis Februar): innen $\theta_i = 20$ °C; außen $\theta_e = 0$ °C; $\Delta\theta = 20$ K
- Fenster gekippt mit einer Öffnungsweite von 10 cm (d. h. Öffnungswinkel ca. 3° bis 5°)
- Innentüren sind geöffnet bzw. weisen einen wirksamen Türunterschnitt auf
- eingeschossige Wohnung
- Raumhöhe $h = 2{,}5$ m

Beispiel

Die Anwendung der Werte aus Tab. 3.29 soll an folgendem Beispiel verdeutlicht werden. Dazu wird die Wohnung aus dem vorhergehenden Beispiel betrachtet. Hierfür ergibt sich ein Außenluftvolumenstrom zum Feuchteschutz in Höhe von 42 m^3/h. Der Luftvolumenstrom durch Infiltration beträgt 30 m^3/h. Es soll überprüft werden, ob der zusätzliche Luftvolumenstrom in Höhe von 12 m^3/h (= 42 m^3/h – 30 m^3/h) durch Öffnung von Fenstern sichergestellt werden kann. Dazu werden folgende Situationen untersucht:

a) Die Lüftung erfolgt mit einem Fenster (klein), das einseitig komplett geöffnet werden.
b) Die Lüftung erfolgt mit einem Fenster (klein) in Kippstellung.

Zu a): Kleines Fenster, einseitig komplett geöffnet:

Aus Tab. 3.29 ergibt sich folgender Luftvolumenstrom: 671 m^3/h

Der erforderliche Außenluftvolumenstrom in Höhe von 12 m^3/h ist nach 12/671 = 0,0179 Stunden bzw. 1,1 Minuten (= 0,0179 x 60) Öffnungsdauer erreicht. Das bedeutet, dass das Fenster in jeder Stunde für mindestens eine Minute vollständig geöffnet werden muss, um den erforderlichen Außenluftvolumenstrom zum Feuchteschutz sicherzustellen.

Zu b) Fenster (klein) in Kippstellung:

Aus Tab. 3.29 ergibt sich folgender Luftvolumenstrom: 60 m^3/h

Öffnungsdauer: 12/60 × 60 = 12 Minuten.

Das bedeutet, dass ein gekipptes Fenster in jeder Stunde fast eine viertel Stunde geöffnet sein muss, um den Außenluftvolumenstrom zum Feuchteschutz sicherzustellen. Die relativ lange Öffnungsdauer zeigt, dass die Lüftung mithilfe gekippter Fenster nicht effektiv ist. Außerdem kühlen die angrenzenden Bauteile (insbesondere die Leibungen und der Fenstersturz) im Winter stark aus, sodass in diesen Bereichen geringe raumseitige Oberflächentemperaturen auftreten. Diese dauern selbst nach Schließen des Fensters und Aufheizen des Raums aufgrund der Trägheit der Baustoffe bei der Wärmeaufnahme noch längere Zeit an. Dadurch besteht – neben hohen Lüftungswärmeverlusten – ein erhöhtes Risiko des Schimmelpilzwachstums in diesen Bereichen. ◀

3.10.13 Empfehlungen für das Lüften

DIN/TS 4108-8 enthält Empfehlungen für das manuelle Lüften mithilfe von Fenstern und Fenstertüren. Diese Empfehlungen sind geeignet, um Mieter oder Eigentümer über grundlegende Regeln für ein angepasstes Lüftungsverhalten zu informieren und können außerdem als Anlage von Miet- oder Kaufverträgen dienen. Die Empfehlungen für das Lüften und Heizen lassen sich wie folgt zusammenfassen.

1. **Grundregel:** Feuchte und Schadstoffe sollten möglichst am Entstehungsort und zeitgleich oder unmittelbar nach ihrer Entstehung durch Lüften nach außen abgeführt werden. Dabei werden Systeme, die eine kontinuierliche Lüftung sicherstellen wie z. B. Außenluftdurchlässe oder Lüftungsanlagen, als günstig bewertet. Für Gebäude ohne Lüftungssysteme, die die überwiegende Mehrzahl des Gebäudebestandes ausmachen, wird die Stoßlüftung empfohlen.
2. **Stoßlüftung:** Unter Stoßlüftung wird der Austausch der Raumluft durch vollständiges Öffnen der Fenster eines Raumes für einige Minuten verstanden. Die Stoßlüftung gilt als Regellüftung bei Gebäuden ohne Lüftungssysteme. Beim Stoßlüften sollten auch die Innentüren geöffnet werden, da in diesem Fall ein höherer Luftaustausch erfolgt. Beim Abbau von Feuchtespitzen im Bad oder in der Küche wird empfohlen, beim Lüften die Türen zu schließen, um den Feuchteeintrag in andere Räume zu verhindern.

Besonders wirksam ist es, wenn gegenüberliegende Fenster gleichzeitig geöffnet werden, da hierbei ein großer Luftaustausch in kurzer Zeit möglich ist.

3. **Gekippte Fenster:** Gekippte Fenster sind wegen der großen Lüftungswärmeverluste und der starken Auskühlung angrenzender Bauteile ungeeignet. Einzige Ausnahme bilden Schlafräume, bei denen Fenster nachts in Kippstellung belassen werden dürfen, wenn tagsüber eine Stoßlüftung erfolgt und der Raum ausreichend beheizt wird.
4. **Wohnzimmer:** Wohnzimmer sollten regelmäßig gelüftet werden, um Feuchte abzuführen. Sofern viele Pflanzen oder andere Feuchtequellen (z. B. Aquarium) vorhanden sind, ist häufigeres Lüften erforderlich. Eine Stoßlüftung sollte dann erfolgen, wenn die Luftqualität als schlecht empfunden wird. In Küche und Bad kann durch Kochvorgänge bzw. beim Duschen in kurzer Zeit ein großer Feuchteeintrag auftreten. Diese Feuchtespitzen sollten unmittelbar durch intensives Lüften abgebaut werden. In Bädern, bei denen die Lüftungsmöglichkeit eingeschränkt ist, wird empfohlen, nach dem Duschen das Wasser von Boden und Wänden aufzunehmen. Für fensterlose Bäder und Küchen sind die Regeln der DIN 18017-3 sowie die „Bauaufsichtliche Richtlinie über die Lüftung fensterloser Küchen, Bäder und Toilettenräume in Wohnungen“[6] zu beachten.
5. **Schlafräume:** Nachts können Fenster in Schlafräumen während der Heizperiode in Kippstellung bleiben. Diese nächtliche Grundlüftung ist allerdings nur zulässig, wenn nach dem Aufstehen eine zusätzliche Stoßlüftung erfolgt und der Schlafraum tagsüber ausreichend beheizt wird. Außerdem werden weitere Stoßlüftungen während des Tages empfohlen.
6. **Kellerräume:** Unbeheizte Kellerräume sollten bei warmer und feuchter Witterung, wie es häufig im Sommer vorkommt und auch in den Übergangszeiten möglich ist, nicht gelüftet werden. Die erdberührten und ungedämmten Kelleraußenwände von unbeheizten Kellerräumen weisen auch im Sommer niedrige Oberflächentemperaturen auf. Beim Lüften gelangt warme und feuchte Luft in die Kellerräume, wodurch es beim Kontakt mit den kühlen Oberflächen zur Tauwasserbildung kommt. Als Folge ist Schimmelpilzwachstum zu befürchten. Aus diesem Grund sollte auf das Lüften an Tagen mit einer hohen absoluten Außenluftfeuchte grundsätzlich verzichtet werden. Im Winter sollten Keller gegenüber dem Sommer dagegen verstärkt gelüftet werden.
7. **Neubauten:** Baufeuchte kann in Neubauten sowie nach Modernisierungen oder Erweiterungen auftreten. Dies gilt verstärkt für Gebäude in Massivbauweise (Stahlbeton und Mauerwerk), da hier bauartbedingt Wasser zur Herstellung der Bauteile (Beton, Mörtel) verwendet wird. Auch Putze und Estriche enthalten Wasser, das nach Herstellung verdunstet und die Raumluftfeuchte erhöht. Die Baufeuchte muss durch intensiveres und häufigeres Lüften und Heizen aus dem Gebäude abgeführt werden. Bei Massivbauten dauert der Trocknungsprozess erfahrungsgemäß etwa zwei Jahre, sodass

[6] Bauaufsichtliche Richtlinie über die Lüftung fensterloser Küchen, Bäder und Toilettenräume in Wohnungen; April 2009, zuletzt geändert durch Beschluss der Fachkommission Bauaufsicht der Bauministerkonferenz vom 1. Juli 2010; hrsg. v. Bauministerkonferenz (www.is-argebau.de)

in dieser Zeit mit höheren Heizkosten zu rechnen ist. Erst danach wird die Gleichgewichtsfeuchte erreicht, d. h. der Feuchtegehalt in den Bauteilen passt sich der umgebenden Luftfeuchte an, sodass sich ein Gleichgewichtszustand einstellt.

8. **Modernisierungen/Austausch der Fenster:** Nach Modernisierungen weist die Gebäudehülle in der Regel eine höhere Luftdichtheit auf als vorher. Dies gilt insbesondere für den Fall, wenn Fenster ausgetauscht werden, da die Bauanschlussfuge zwischen Rahmen und Baukörper mit Dichtstoffen abgedichtet wird (siehe hierzu den „Leitfaden zur Planung und Ausführung der Montage von Fenstern und Haustüren für Neubau und Renovierung“[7]). In einem solchen Fall kann eine feuchtekritische Situation entstehen, wenn bei nicht verbessertem Wärmeschutz der Außenwände das Lüftungs- und Heizverhalten nicht angepasst wird. Das bedeutet, dass intensiver zu lüften und ggfs. stärker zu heizen ist, damit kritische Oberflächenfeuchten nicht überschritten werden. Gerade nach Modernisierungen ist es daher erforderlich, Mieter und Eigentümer über die Folgen zu informieren und auf ein angepasstes Lüftungs- und Heizverhalten hinzuweisen.
9. **Vermeidung von Wäschetrocknen in der Wohnung:** Grundsätzlich sollte auf freies Wäschetrocknen in der Wohnung verzichtet werden, wenn Trockenräume zur Verfügung stehen. Sofern ausnahmsweise Wäsche in der Wohnung getrocknet werden muss, sollte das Fenster in dem betreffenden Raum gekippt werden und die Heizung angestellt bleiben. Außerdem sollte die Tür zu den anderen Räumen geschlossen sein, damit Feuchtigkeit nicht in die Wohnung gelangt.

3.10.14 Empfehlungen für das Heizverhalten

Die Aufnahmefähigkeit der Luft für Wasserdampf (Sättigungsmenge) ist von der Lufttemperatur abhängig. Mit steigender Lufttemperatur nimmt die Sättigungsmenge zu, mit sinkender Temperatur nimmt sie ab. Dabei besteht kein proportionaler Zusammenhang, vielmehr kann warme Luft überproportional mehr Wasserdampf aufnehmen als kalte. Dieser Zusammenhang bewirkt, dass die relative Luftfeuchte bei gleichem Wasserdampfgehalt sinkt, wenn die Raumlufttemperatur erhöht wird. Wird die Temperatur dagegen abgesenkt, steigt die relative Luftfeuchte. Beispielsweise führt eine Reduzierung der Raumlufttemperatur von 20 °C auf 15 °C zu einer Erhöhung der relativen Luftfeuchte von 60 % auf den kritischen Wert von 80 %. Dieser Zusammenhang sollte bei der Nachtabsenkung der Heizung beachtet werden, da durch niedrigere Raumlufttemperaturen nachts zwar einerseits der Heizenergieverbrauch reduziert wird, andererseits das Risiko des Schimmelpilzwachstums aber steigt.

---

[7] Leitfaden zur Planung und Ausführung der Montage von Fenstern und Haustüren für Neubau und Renovierung; Ausgabe März 2020; hrsg. v. Gütegemeinschaft Fenster, Fassaden und Haustüren e. V., Frankfurt und ift Institut für Fenstertechnik, Rosenheim

In DIN/TS 4108- 8 werden daher grundsätzliche Empfehlungen für das Heizverhalten angegeben. Als Grundregel sollte beachtet werden, dass alle Räume einer Wohnung ausreichend beheizt werden müssen. Außerdem sollten kühlere Räume nicht über Raumluftverbund beheizt werden, da mit der warmen Luft auch vermehrt Wasserdampf in die kühleren Bereiche transportiert wird, wodurch das Schimmelpilzrisiko steigt. In Schlafräumen sollte die durchschnittliche Raumlufttemperatur mindestens 16 °C betragen. Bei Gebäuden mit schlechtem Wärmeschutz sind ggfs. höhere Temperaturen erforderlich, um Schimmelpilzwachstum zu vermeiden. Auch Nebenräume oder nicht genutzte Räume sollten beheizt werden (Grundbeheizung), um ein zu starkes Absinken von Raumluft- und Oberflächentemperaturen zu vermeiden. Auch hier gilt, dass bei schlechtem Wärmeschutz ggfs. verstärkt zu heizen ist. Türen zu gering beheizten Räumen sollten geschlossen gehalten werden, um einen Feuchteeintrag aus den angrenzenden wärmeren Räumen zu vermeiden.

3.10.15 Positionierung von Möbeln und Anbringen von Wandbekleidungen

Möbel oder Einrichtungsgegenstände, die an Außenwänden aufgestellt werden, wirken bauphysikalisch wie eine Innendämmung. Gleiches gilt sinngemäß für Wandbekleidungen (Holzschalungen, Vorhänge, Gardinen), die an einer Außenwand angeordnet werden. Auf der Wandinnenoberfläche stellen sich durch die Dämmwirkung geringere Temperaturen ein als im Normalbereich der Wand. Dieser Effekt wird im Bereich von Wärmebrücken noch verstärkt, sodass hier ein erhöhtes Schimmelpilzrisiko besteht. Dies gilt in besonderem Maße für Gebäude mit schlechtem Wärmeschutz. Aus diesem Grund sollte insbesondere bei älteren Gebäuden auf die Positionierung von Möbeln und Anordnung von Wandbekleidungen an Außenwänden verzichtet werden. Ist dies nicht möglich, kann das Schimmelpilzrisiko durch folgende Maßnahmen vermindert werden:

- Hinterlüftung, indem Möbel mindestens 5 cm von der Wand abgerückt werden.
- Gardinen und Vorhänge sollten nicht bis zum Fußboden reichen.
- Verbesserung des Wärmeschutzes der Außenwand.
- Ggfs. in Ausnahmefällen lokale Beheizung der Wandinnenoberfläche.

3.10.16 Begutachtung von Schimmelpilzschäden

Bei einem vorhandenen Schimmelpilzschaden sollte überprüft werden, ob baukonstruktive oder nutzerbedingte Ursachen oder beide Einflüsse hierfür maßgebend sind.

Die Baukonstruktion muss die Anforderungen an den Mindestwärmeschutz erfüllen. Hierbei ist zu beachten, dass bei Bestandsgebäuden die Anforderungen gelten, die zum Zeitpunkt der Errichtung des Gebäudes maßgebend waren. Bei nachträglichen Änderungen an der thermischen Gebäudehülle sind jedoch die zu diesem Zeitpunkt geltenden Mindestanforderungen zu beachten. Für eine Bewertung des Mindestwärmeschutzes von Bestandsgebäuden befinden sich in Anhang A der DIN/TS 4108-8 ausführliche Angaben über die historische Entwicklung des baulichen Mindestwärmeschutzes. Dazu werden Mindestanforderungen an den baulichen Wärmeschutz für flächige Bauteile der früheren Ausgaben der DIN 4108 bzw. DIN 4108-2 sowie die in den TGL der ehemaligen DDR (Deutsche Demokratische Republik) geregelten Mindestanforderungen in tabellarischer Form bereitgestellt. Siehe hierzu den Auszug in Tab. 3.30; für weitere Angaben wird auf die Norm (DIN/TS 4108-8) verwiesen.

Aus Tab. 3.30 wird ersichtlich, dass die Mindestanforderungen an den Wärmeschutz erst mit Beginn der 2000er-Jahre deutlich angehoben wurden. Beispielsweise wurde für Außenwände von 1952 (DIN 4108:1952-07) bis in die 1970er-Jahre (DIN 4108:1974-10) ein Wärmedurchlasswiderstand von 0,47 m^2K/W im Wärmedämmgebiet II gefordert. Das Wärmedämmgebiet II umfasste große Teile der Bundesrepublik Deutschland mit Ausnahme der Küstenregionen (Wärmedämmgebiet I) sowie der Mittelgebirgs- und Alpenregion (Wärmedämmgebiet III). Erst mit der Ausgabe der DIN 4108-2:1981-08 wurde der Wärmedurchlasswiderstand für Außenwände moderat auf 0,55 m^2K/W erhöht. Dieser Wert galt 20 Jahre und wurde erst mit der Neufassung der DIN 4108-2:2001-03 im Jahr 2001 auf den heute noch geltenden Mindest-Wärmedurchlasswiderstand von 1,20 m^2K/W angepasst. Aus diesen Daten lässt sich ablesen, dass der Mindestwärmeschutz älterer Gebäude, konkret solcher, die vor dem Jahr 2001 errichtet wurden, im Vergleich zu heutigen Neubauten relativ schlecht ist.

Für die Beurteilung des Nutzerverhaltens sind in der Regel Langzeitmessungen der Raumlufttemperaturen, der relativen Luftfeuchte und der Oberflächentemperaturen innen und außen erforderlich. Dabei ist zu beachten, dass der Messzeitraum ausreichend lang gewählt wird und in den Monaten der Heizperiode liegt. Außerdem müssen ausreichend große Temperaturdifferenzen zwischen der Raumluft und Außenluft vorhanden sein, damit die Messdaten aussagefähig sind. Sinnvoll sind auch Messungen von Luftschadstoffen und Sporenbelastung sowie die Messung der Baufeuchte (insbesondere bei Neubauten oder Erweiterungen/Modernisierungen). Wärmebrücken können mithilfe der Infrarotthermografie festgestellt und visualisiert werden. Für eine belastbare Aussage der Innenoberflächentemperaturen sind Thermografieaufnahmen allerdings nicht geeignet, da sie nur Kurzzeitmessungen darstellen.

3.10.17 Sanierung von Schimmelpilzschäden

3.10.17.1 Allgemeines

Vor der Sanierung eines Schimmelpilzschadens sollten immer zuerst die Ursachen ermittelt und abgestellt werden, die zum Schimmelbefall geführt haben. Andernfalls würde es nach der Sanierung wiederum zum Schimmelpilzwachstum kommen und die durchgeführten Sanierungsmaßnahmen wären zwecklos.

Tab. 3.30 Historische Entwicklung der Mindestanforderungen an den baulichen Wärmeschutz flächiger schwerer Bauteile nach DIN 4108. (In Anlehnung an DIN/TS 4108-8, Tab. A.1; Auszug)

Regelwerk			**Mindestwert des Wärmedurchlasswiderstands** in m^2K/W			
			Außenwände	Decken unter nicht ausgebauten Dachräumen	Flachdächer	Decken nach unten gegen Außenluft
DIN 4108:1952-07	Wärmedämmgebiet	I	0,39	0,47 (0,34)	0,56 (0,39)	1,29 (0,95)
		II	0,47		0,56 (0,47)	1,50 (1,12)
		III	0,56		0,56 (0,56)	1,72 (1,29)
DIN 4108:1960-05	Wärmedämmgebiet	I	0,39	0,47 (0,34)	0,56 (0,39)	1,29 (0,95)
		II	0,47		0,56 (0,47)	1,50 (1,12)
		III	0,56		0,56 (0,56)	1,72 (1,29)
DIN-Mitteilungen, Band 46 (1967), Heft 2, S. 92 u. 93	Wärmedämmgebiet	I	0,39	0,64 (0,34)	1,07 (0,77)	1,29 (0,95)
		II	0,47			1,50 (1,12)
		III	0,56			1,72 (1,29)
Ergänzende Bestimmungen zur DIN 4108:1974-10	Wärmedämmgebiet	I + II	0,47	0,86 (0,43)	1,29 (0,78)	1,72 (1,29)
		III	0,56			
DIN 4108-2:1981-08			0,55	0,90 (0,45)	1,10 (0,80)	1,75 (1,30)
DIN 4108-2:2001-03			1,20	0,90	1,20	1,75
DIN 4108-2:2003-07			1,20	0,90	1,20	1,75
Zum Vergleich: DIN 4108-2:2013-02 (aktuelle Norm)			*1,20*	*0,90*	*1,20*	*1,75*

Zahlenwerte in Klammern gelten für die ungünstigste Stelle des flächigen Bauteils.
Wärmedämmgebiete nach DIN/TS 4108-8 Anhang C.
Schwere Bauteile: bis einschließlich DIN 4108-2:1981-08: $\geq$ 300 kg/m²; DIN 4108-2:2001-03 und DIN 4108-2:2003-07: $\geq$ 100 kg/m²

Zentrale Regelwerke, welche ausführliche Informationen und Hinweise zur Sanierung von Schimmelpilzschäden enthält, sind der „Leitfaden zur Vorbeugung, Erfassung und Sanierung von Schimmelbefall in Gebäuden“ (Schimmelpilz-Leitfaden)[8] sowie der „Leitfaden zur Ursachensuche und Sanierung von Schimmelbefall in Gebäuden“.[9] Beide Publikationen sind vom Umwelt-Bundesamt (UBA) herausgegeben worden. In der in den vorhergehenden Abschnitten behandelten DIN/TS 4108-8 befinden sich dagegen keine Angaben zur Sanierung von Schimmelpilzschäden. Stattdessen wird dort auf die Veröffentlichungen des UBA verwiesen.

Nachfolgend kann nur kurz auf die wichtigsten Punkte eingegangen werden, die bei der Sanierung von Schimmelpilzschäden zu beachten sind. Für weitereführende Informationen wird auf die o. g. Publikationen verwiesen.

3.10.17.2 Nutzungsklassen

Zur Differenzierung der Anforderungen an die Sanierungsmaßnahmen bei Schimmelbefall werden verschiedene Nutzungsklassen (Raumklassen) unterschieden. Der Grund hierfür ist, dass ein Schimmelbefall in Räumen, in denen Personen sich häufig aufhalten ein höheres gesundheitliches Risiko für die Nutzer darstellen als Räume, die nur gelegentlich genutzt werden. Außerdem wird mithilfe der Nutzungsklassen unterschieden, ob die befallenen Räume innerhalb einer Wohnung liegen oder sich außerhalb davon befinden. Die Nutzungsklasse I gilt für Räume, in denen hohe hygienische Anforderungen gestellt werden, wie z. B. Räume in Krankenhäusern für Patienten mit geschwächtem Immunsystem. Die Nutzungsklasse II ist für Räume mit normalen Anforderungen an die Hygiene der Raumluft anzunehmen (z. B. Wohn- und Büroräume, Klassenräume, Kitas usw.). Nutzungsklasse II gilt als Regelfall. Es ist zu beachten, dass auch Nebenräume, die in einer Wohnung liegen (z. B. Abstellräume) der Nutzungsklasse II zuzuordnen sind, da bei Schimmelbefall davon auszugehen ist, dass Sporen und andere Schimmelbestandteile aus den Nebnräumen in die Aufenthaltsräume gelangen können. Nutzungsklasse III gilt für Räume mit reduzierten Anforderungen. Hiermit sind Räume gemeint, die nicht dauerhaft genutzt werden, wie z. B. Kellerräume, nicht ausgebaute Dachräume. Diese Räume dürfen aber keinen direkten Zugang zur Wohnung haben, ansonsten wären sie der Nutzungsklasse II zuzuordnen. Die Nutzungsklasse IV beschreibt Bereiche, in denen deutlich reduzierte Anforderungen gestellt werden. Hierzu zählen beispielsweise Bauteile bzw. Hohlräume in Bauteilen, die zu den Innenräumen luftdicht abgeschottet sind (Tab. 3.31)

[8] Leitfaden zur Vorbeugung, Untersuchung, Bewertung und Sanierung von Schimmelwachstum in Innenräumen („Schimmelpilz-Leitfaden“); hrsg. v. Umweltbundesamt, Fassung vom November 2017; Eigenverlag, Berlin

[9] Leitfaden zur Ursachensuche und Sanierung von Schimmelbefall in Gebäuden; hrsg. v. Umweltbundesamt, Fassung vom Dezember 2017; Eigenverlag, Berlin

Tab. 3.31 Nutzungsklassen (Raumklassen) zur Beschreibung der hygienischen Anforderungen hinsichtlich Schimmelbefall. (In Anlehnung an Schimmelpilz-Leitfaden, Tab.11)

Nutzungsklasse	Anforderungen an die Innenraumhygiene	Beispiele	Bemerkung
I	sehr hoch	Räume für Patienten mit Immunschwäche	individuelle Sanierungsmaßnahmen erforderlich keine Regelungen im Schimmelpilz-Leitfaden
II	normal	Wohnräume, Büros, Klassenräume, Kitas, Hörsäle	für Nebenräume mit direktem Zugang gelten die gleichen Anforderungen
III	reduziert	nicht dauerhaft genutzte Räume, z. B. Kellerräume, nicht ausgebautes Dachgeschoss	geringeres Anforderungsniveau der Sanierung geringere Dringlichkeit der Sanierung
IV	deutlich reduziert	luftdicht abgeschlossene Bauteile und Hohlräume	bestimmungsgemäß trockene Bauteile, die sich hinter der Abschottung befinden, müssen trocken sein

3.10.17.3 Vorgehensweise bei der Beseitigung von Schimmelbefall

Die erforderlichen Sanierungsmaßnahmen sind von der Größe bzw. dem Umfang des Schimmelbefalls abhängig. Gemäß Schimmelpilz-Leitfaden wird folgende Fallunterscheidung vorgenommen:

- kleiner Schimmelbefall
- großer Schimmelbefall

Ein kleiner Schimmelbefall liegt vor, wenn die betroffene Fläche < 0,5 m² ist und Schimmelpilzwachstum nur oberflächlich auftritt (s. Abschn. 3.10.17.4).

Ein großer Schimmelbefall ist vorhanden, wenn der befallene Bereich eine Fläche von ≥ 0,5 m² umfasst (s. Abschn. 3.10.17.5).

Die grundsätzliche Vorgehensweise bei der Sanierung von Schimmelpilzschäden ist schematisch im Ablaufdiagramm in Abb. 3.74 dargestellt.

3.10.17.4 Sanierung eines kleinen Schimmelbefalls

Einer kleiner Schimmelbefall (< 0,5 m², nur oberflächlich) kann in der Regel von den Nutzern selbst beseitigt werden, sofern diese nicht allergisch gegen Schimmelpilze reagieren oder ein geschwächtes Immunsystem haben und die Ursache für das Schimmelpilzwachstum bekannt ist. Im Einzelnen sollten folgende Maßnahmen durch den Nutzer durchgeführt werden:

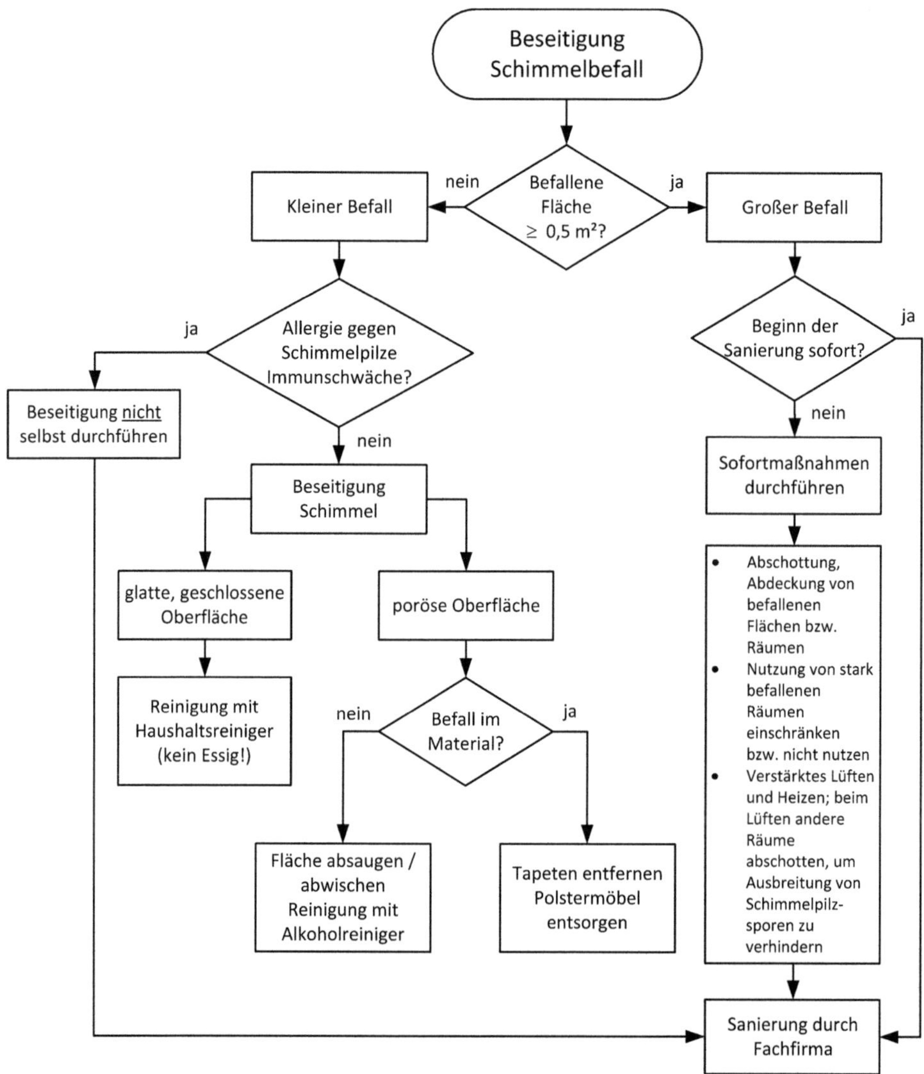

Abb. 3.74 Ablaufdiagramm zur Vorgehensweise bei der Beseitigung von kleinem und großem Schimmelbefall. (In Anlehnung an Schimmelpilz-Leitfaden, Abb. 23)

1. Bei befallenen glatten Flächen (z. B. Fliesen, Glas, Metalle) reicht es aus, wenn diese mit Wasser und einem handelsüblichen Reiniger abgewischt werden. Dabei ist zu beachten, dass kein Essigreiniger eingesetzt wird. Bei befallenen Silikonfugen (z. B. im Bad) ist der Fugendichtstoff zu erneuern, da eine Reinigung in der Regel nicht möglich ist.
2. Befallene poröse Flächen (z. B. Putz) sind mit einem Reiniger auf Alkoholbasis (70 % bis 80 % Alkoholanteil) zu behandeln. Zuvor kann es sinnvoll sein, die befallene Fläche

mit einem Staubsauger abzusaugen. Hierbei ist ein Zusatzfilter (HEPA-Filter) einzusetzen. Tapeten sollten entfernt werden, wenn sie mit Schimmel kontaminiert sind.
3. Befallene Möbel können feucht gereinigt werden, sofern der Schimmel nicht tief ins Material eingedrungen ist. Andernfalls müssen die Möbel entsorgt werden. Bei Polstermöbeln ist ebenfalls in Abhängigkeit vom Grad des Befalls zu entscheiden, ob diese gereinigt werden können oder beseitigt werden müssen.

Bei der Durchführung der Arbeiten ist grundsätzlich auf Schutzmaßnahmen zu achten. Außerdem sollte staubarm gearbeitet werden, damit Schimmelpilzsporen nicht aufgewirbelt und in der Raumluft verteilt werden. Folgende Schutzmaßnahmen sind zu beachten:

- Schutzhandschuhe tragen und Schimmel nicht mit bloßen Händen oder der Haut berühren.
- Atemschutzmaske (FFP2) tragen und keine Schimmelbestandteile einatmen.
- Schutzbrille tragen, insbesondere bei Arbeiten über Kopf.
- Arbeitskleidung nach Beendigung der Arbeiten waschen.
- Zu entsorgende, befallene Materialien in Plastiksäcke luftdicht verschließen. Dabei die Luft nicht aus dem Müllsack herauspressen, da sonst die Sporen in der Raumluft verteilt werden.

Sofern der Schimmelbefall sich nicht nur auf die Oberfläche erstreckt, sondern tiefer in die befallenen Materialien eingedrungen ist, sollten Fachfirmen für die Beseitigung herangezogen werden.

3.10.17.5 Sanierung eines großen Schimmelbefalls

Bei einem großen Schimmelbefall (befallene Fläche $\geq$ 0,5 m²) darf die Sanierung nur von entsprechenden Fachfirmen durchgeführt werden. Gegebenenfalls kann es notwendig sein, dass die Nutzer Sofortmaßnahmen als Überbrückung bis zur fachgerechten Sanierung ergreifen, um die weitere Ausbreitung des Schimmelbefalls zu verhindern. Hierzu gehören zum Beispiel die Abschottung beftroffener Bereiche bzw. Räume, intensiveres Lüften und Heizen sowie ggfs. das Abrücken von Möbeln von befallenen Wandflächen. Auch die Aufenthaltsdauer in bzw. Nutzung von befallenen Räumen kann bzw. muss ggfs. eingeschränkt werden.

Für die Maßnahmen bei der Beseitigung eines großen Schimmelbefalls wird auf den Schimmelpilz-Leitfaden des Umwelt-Bundesamtes verwiesen.

3.11 Abdichtung von Bauwerken

Die Thematik „Abdichtung von Bauwerken“ gehört inhaltlich zwar zum Feuchteschutz, zählt aber nicht zu den klassischen Disziplinen der Bauphysik. Aus diesem Grund soll an dieser Stelle nur kurz auf das Thema Abdichtungen am Beispiel von Dachabdichtungen

(Abschn. 3.11.2) und der Abdichtung von erdberührten Bauteilen (Abschn. 3.11.3) eingegangen werden. Für weiterführende Informationen wird auf die entsprechenden Normen und Vorschriften sowie auf die einschlägige Literatur[10] verwiesen.

3.11.1 Regelwerke

Zentrales Regelwerk für die Planung und Ausführung von Abdichtungen von Bauwerken ist die Normenreihe DIN 18531 bis DIN 18535. Sie besteht aus folgenden Einzelnormen (Abb. 3.75):

- DIN 18531 (2017-07): Abdichtung von Dächern sowie von Balkonen, Loggien und Laubengängen (Teile 1 bis 5)
- DIN 18532 (2017-07): Abdichtung von befahrbaren Verkehrsflächen aus Beton (Teile 1 bis 6)
- DIN 18533 (2017-07): Abdichtung von erdberührten Bauteilen (Teile 1 bis 3)
- DIN 18534 (2017-07): Abdichtung von Innenräumen (Teile 1 bis 6)
- DIN 18535 (2017-07): Abdichtung von Behältern und Becken (Teile 1 bis 3)

Ergänzt wird diese Normenreihe durch DIN 18195 (2017-07) „Abdichtung von Bauwerken – Begriffe“, die als Rahmendokument gilt und Begriffsdefinitionen enthält, die bauartübergreifend für alle Einzelnormen der Normenreihe gelten.

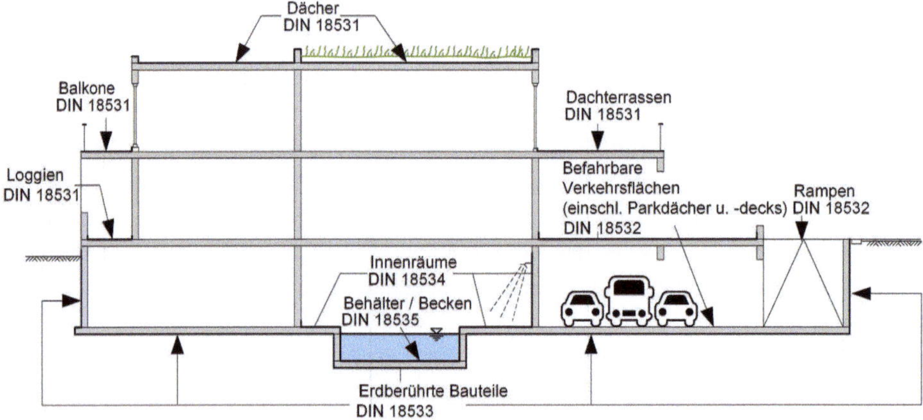

Abb. 3.75 Übersicht über die Anwendungsbereiche der Normenreihe DIN 18531 bis DIN 18535 für die Planung und Ausführung der Abdichtung von Dächern und Bauwerken. (In Anlehnung an DIN 18533, Bild 1)

[10] z. B.: Neubau und Instandsetzung von Flach- und Gründächern; Hrsg.: Eder, Lech, Mann, Schmidt; 2. überarbeitete und erweiterte Auflage 2021; Forum Verlag, Merching

Fachregel für Abdichtungen (Flachdachrichtlinie)
Neben den o.g. Normen existiert noch die „Fachregel für Abdichtungen – Flachdachrichtlinie",[11] die vom Zentralverband des Deutschen Dachdeckerhandwerks (ZVDH) herausgegeben wird und für die Planung und Ausführung der Abdichtung von Dächern, Balkonen, Loggien und befahrbaren Verkehrsflächen (z. B. Parkdecks) sowie erdüberschütteten Deckenflächen gilt. Der Geltungsbereich der Flachdachrichtlinie umfasst somit Teile des Anwendungsbereichs der DIN-Normenreihe (DIN 18531, DIN 18532 und teilweise DIN 18533), ersetzt diese aber nicht vollständig. Die Flachdachrichtlinie hat – wie die o.g. Normen – den Status einer allgemein anerkannten Regel der Technik und kann alternativ zu den Normen angewendet werden. Hinsichtlich der Regeln für Planung und Ausführung der Abdichtung gibt es teilweise geringe Unterschiede zwischen beiden Dokumenten. Beide Regelwerke – Norm und Flachdachrichtlinie – sind allerdings als gleichwertig anzusehen.

Bei der Anwendung ist allerdings zu beachten, dass ein Mischungsverbot gilt. Dieses besagt, dass ein Bauteil (z. B. ein Flachdach) entweder nach den Regeln der DIN-Normen (in diesem Fall DIN 18531) oder nach denen der Flachdachrichtlinie abgedichtet werden darf. Es ist nicht gestattet, einen Teil der Dachfläche nach Norm und den anderen Teil oder Details wie z. B. Durchdringungen und Anschlüsse nach der Flachdachrichtlinie abzudichten.

Anwendungsnormen sowie Produkt- und Stoffnormen
Zusätzlich zu den o.g. Normen, in denen Planung und Ausführung der Abdichtung geregelt sind, sind die Anwendungs- und Produktnormen zu beachten. Für Bauwerksabdichtungen gelten folgende Dokumente:

- DIN SPEC 20000-201 (2018-08) „Anwendung von Bauprodukten in Bauwerken – Teil 201: Anwendungsnorm für Abdichtungsbahnen nach Europäischen Produktnormen zur Verwendung in Dachabdichtungen" und
- DIN/TS 20000-202 (2020-11) „Anwendung von Bauprodukten in Bauwerken – Teil 202: Anwendungsdokument für Abdichtungsbahnen nach Europäischen Produktnormen als Abdichtung von erdberührten Bauteilen, von Innenräumen und von Behältern und Becken"

In den beiden Normen werden für die in den Produktnormen der Abdichtungsstoffe angegebenen Eigenschaften die anwendungsbezogenen Anforderungen für die Verwendung als Abdichtung festgelegt. Darüber hinaus werden den Abdichtungsstoffen Bezeichnungen und Kurzzeichen zugeordnet.

[11] Fachregel für Abdichtungen – Flachdachrichtlinie; Ausgabe Dezember 2016 mit Änderungen November 2017, Mai 2019 und März 2020; hrsg. v. Zentralverband des Deutschen Dachdeckerhandwerks – Fachverband Dach-, Wand- und Abdichtungstechnik – e. V. und Hauptverband der Deutschen Bauindustrie e. V. – Bundesfachabteilung

Tab. 3.32 Produktnormen für Abdichtungsbahnen zur Abdichtung von Bauwerken

Norm	Ausgabedatum	Titel	Anwendungsbereich
DIN EN 13707	2013-12	Abdictungsbahnen – Bitumenbahnen mit Trägereinlage für Dachabdichtungen – Definitionen und Eigenschaften	Dachabdichtungen
DIN EN 13956	2013-03	Abdichtungsbahnen – Kunststoff- und Elastomerbahnen für Dachabdichtungen – Definitionen und Eigenschaften	Dachabdichtungen
DIN EN 13969	2007-03	Abdichtungsbahnen – Bitumenbahnen für die Bauwerksabdichtung gegen Bodenfeuchte und Wasser – Definitionen und Eigenschaften	Bauwerksabdichtungen gegen Bodenfeuchte und Wasser
DIN EN 13967	2017-08	Abdichtungsbahnen – Kunststoff- und Elastomerbahnen für die Bauwerksabdichtung gegen Bodenfeuchte und Wasser – Definition und Eigenschaften	Bauwerksabdichtungen gegen Bodenfeuchte und Wasser
DIN EN 14967	2006-08	Abdichtungsbahnen – Bitumen-Mauersperrbahnen – Definitionen und Eigenschaften	Querschnittsabdichtung in und unter Wänden
DIN EN 14909	2012-07	Abdichtungsbahnen – Kunststoff- und Elastomer-Mauersperrbahnen – Definitionen und Eigenschaften	Querschnittsabdichtung in und unter Wänden

In den Produktnormen werden die Definitionen und Eigenschaften von Abdichtungsbahnen festgelegt (Tab. 3.32).

Anforderungen und Eigenschaften von flüssig zu verarbeitenden Abdichtungsstoffen (z. B. kunststoffmodifizierte Bitumendickbeschichtungen, Flüssigkunststoffe) sind in der Regel in bauaufsichtlichen Zulassungen (baZ) geregelt.

3.11.2 Abdichtung von Flachdächern sowie von Balkonen, Loggien und Laubengängen

Die Planung und Ausführung der Abdichtung von Flachdächern sowie von Balkonen, Loggien und Laubengängen ist in DIN 18531 geregelt. Alternativ steht hierfür die Fachregel für Abdichtungen (Flachdachrichtlinie) zur Verfügung (s. o.). In der Praxis wird meist die Flachdachdachrichtlinie angewendet, da die ausführenden Firmen häufig Mitglieder im Zentralverband des Deutschen Dachdeckerhandwerks (ZVDH) sind und das Regelwerk des ZVDH gegenüber der DIN 18531 bevorzugen. Die nachfolgenden Ausführungen beziehen sich daher auf die Flachdachrichtlinie. Für die Regelungen der Norm wird auf diese verwiesen.

Im Gegensatz zu geneigten Dächern, bei denen lediglich eine Dachdeckung aus sich überlappenden und meist kleinformatigen Dachziegeln oder -steinen zur Wasserableitung erforderlich ist, müssen Flachdächer mit einer wasserdichten Abdichtung versehen werden.

Als Flachdächer werden alle Dächer mit einer Neigung bis maximal 5° bezeichnet. Die Dachabdichtung wird dazu am Dachrand, an allen aufgehenden Bauteilen (z. B. Wände) sowie an Durchdringungen (z. B. Rohrdurchführungen, Lichtkuppeln, Kamine u. Ä.) hochgeführt und dort hinterlaufsicher angeschlossen. Die Dachabdichtung bildet quasi eine Art wasserdichte Wanne auf dem Flachdach. Durch diese Konstruktion soll sichergestellt werden, dass Niederschlagswasser selbst bei einem kurzzeitigen Aufstau, wie es z. B. bei Starkregenereignissen durchaus möglich ist, die Abdichtung nicht hinterläuft und ins Gebäudeinnere eindringt.

Die Dachabdichtung wird durch verschiedene Einwirkungen beansprucht und muss dafür ausgelegt sein. Zu den Einwirkungen zählen neben Niederschlagswasser und Feuchte mechanische und thermische Einwirkungen sowie UV-Strahlung. Je nach Standort und weiteren Randbedingungen sind ggfs. weitere Einwirkungen zu berücksichtigen wie z. B. Wurzelwachstum (bei begrünten Dächern) und chemische Einwirkungen bei Dächern von Industriebetrieben, bei denen chemische Emissionen auftreten (Abb. 3.76).

3.11.2.1 Gefälle und Entwässerung

Für eine sichere Ableitung des Niederschlagswassers ist es erforderlich, die Unterlage der Abdichtung mit einem Gefälle auszuführen. Im Regelfall sollte das Gefälle in der Fläche mindestens 2 % betragen. Im Bereich von Kehlen wird ein Mindestgefälle von 1 % gefordert. Lediglich in begründeten Fällen dürfen auch gefällelose Flächen vorgesehen werden. Beispiele für begründete Ausnahmen sind reduzierte Anschlusshöhen im Bereich von Türen, konstruktiv bedingte Entwässerungseinrichtungen, Bestandsgebäude sowie baurechtliche Anforderungen, die eine Gefällegebung nicht ermöglichen. Bei der Herstellung des Gefälles sind die nach DIN 18202 „Toleranzen im Hochbau – Bauwerke“ zulässigen

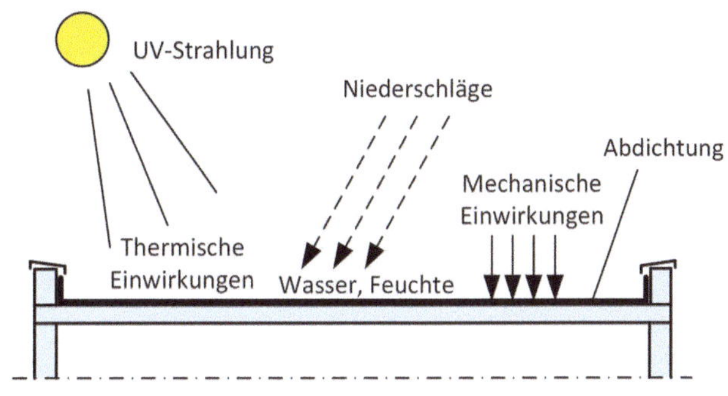

Abb. 3.76 Anordnung der Abdichtung bei einem Flachdach und Einwirkungen (Prinzipskizze)

Maßtoleranzen und Ebenheitsabweichungen zu berücksichtigen. Das tatsächliche Gefälle kann daher vom geplanten Wert abweichen.

Ähnliche Auswirkungen haben auch Durchbiegungen der Tragkonstruktion. Aus diesem Grund kann es selbst auf Dachflächen mit einem Gefälle von 5 % aufgrund von Ebenheitsabweichungen, Maßtoleranzen, Durchbiegungen und Überlappungen von Bahnen sowie Verstärkungen zur temporären Pfützenbildung kommen.

Das erforderliche Gefälle kann durch Neigung der Tragkonstruktion oder Unterlage, durch einen Gefälleestrich oder eine Gefälledämmung hergestellt werden. Die Ausführung einer Gefälledämmung durch Verwendung keilförmiger Dämmstoffplatten ist insbesondere bei nicht belüfteten, gedämmten Dachkonstruktionen (Warmdächer) eine einfache und in der Praxis häufig angewendete Möglichkeit (Abb. 3.77).

Die Entwässerung der Dachfläche von Flachdächern erfolgt i. d. R. mit Abläufen, d. h. das Niederschlagswasser wird innenseitig abgeführt. In diesem Fall ist unabhängig von der Größe der Dachfläche mindestens ein Ablauf sowie ein Notüberlauf/-ablauf vorzusehen. Die Bemessung sowie Ausführung erfolgen nach den Regeln im „Merkblatt zur Bemessung von Entwässerungen“[12] sowie nach DIN 1986-100 „Entwässerungsanlagen für Gebäude und Grundstücke“. Bei der Ausführung sind folgende Regeln zu beachten.

Abläufe sind grundsätzlich in den Tiefpunkten der Dachfläche anzuordnen und müssen so beschaffen sein, dass die Abdichtung wasserdicht angeschlossen werden kann

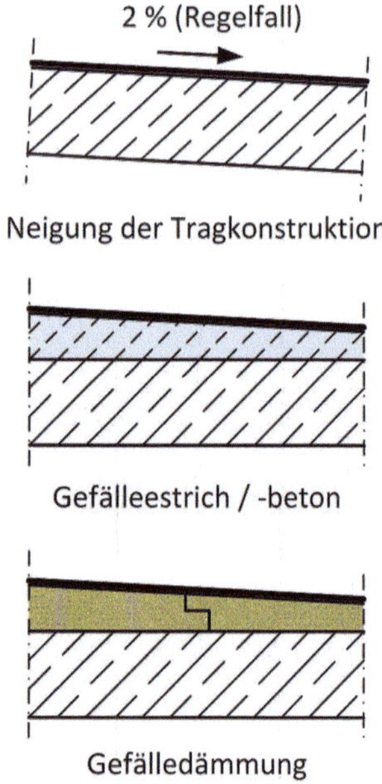

Abb. 3.77 Gefällegebung bei Flachdächern

[12] Merkblatt zur Bemessung von Entwässerungen; Hrsg.: Zentralverband des Deutschen Dachdeckerhandwerks – Fachverband Dach-, Wand- und Abdichtungstechnik e. V.; März 2011; Rudolf Müller Verlag, Köln

(z. B. durch Flanschkonstruktionen). Bei Dachbauarten mit Dampfsperre (Warmdächer) ist die Dampfsperre an die Abläufe anzuschließen. Dies erfordert die Verwendung spezieller Abläufe, die eine entsprechende Anschlussmöglichkeit für die Dampfsperre bieten. Abläufe, die auch zur Entwässerung der Oberfläche eines Belags dienen (z. B. bei einer Dachterrasse) und deshalb die Abdichtung durchdringen, müssen sowohl die Belagoberfläche als auch die Abdichtung entwässern. Der Mindestabstand von Abläufen zu Dachaufbauten, aufgehenden Bauteilen, Fugen oder Durchdringungen sollte mindestens 300 mm betragen. Maßgebend für den Mindestabstand ist die Flanschaußenkante. Für weitere Regeln zur Entwässerung wird auf die Flachdachrichtlinie verwiesen.

3.11.2.2 Anforderungen an die Unterlage und Unterkonstruktion

Besondere Anforderungen werden an die Unterlage der Abdichtung und deren Unterkonstruktion gestellt. Flächen, auf denen eine Abdichtung oder die damit verbundenen Funktionsschichten (d. h. Dampfsperre, Wärmedämmung usw.) aufgebracht werden, müssen stetig verlaufen, d. h. sie dürfen keine Absätze und scharfen Kanten oder Grate aufweisen. Weiterhin müssen die Flächen sauber und frei von Schmutz und Fremdkörpern sein. Vor dem Aufbringen der Abdichtung ist die Unterlage daher ausreichend vorzubereiten und zu säubern. Je nach Bauart der Unterlage (Beton, Holz, Stahltrapezblech) sind unterschiedliche Anforderungen zu beachten. Es gelten folgende Regeln:

Anforderungen an Betonoberflächen und Estriche

Oberflächen aus Ortbeton (z. B. Stahlbetondecken) sowie Estriche müssen ausreichend erhärtet und oberflächentrocken sein, bevor die Abdichtung oder weitere Funktionsschichten aufgebracht werden. Darüber hinaus dürfen in der Fläche keine Kiesnester oder klaffenden Risse vorhanden sein. Betonoberflächen und Estriche sind vor dem Einbau von Abdichtung und Funktionsschichten abzureiben. Bei Unterlagen aus Betonfertigteilen müssen die Fugen entweder geschlossen oder durch formstabile Materialien abgedeckt werden. Fugen von großformatigen Platten, bei denen Verformungen auftreten können, sind durch mindestens 20 cm breite Schleppstreifen abzudecken. Die Schleppstreifen sind lose aufzulegen und einseitig zu befestigen.

Sofern Dampfsperren oder Abdichtungen in Sonderfällen gegen Wasserunterläufigkeit ausgeführt werden sollen, ist die Betonoberfläche durch ein abtragendes Verfahren vorzubereiten. Geeignet sind bspw. Kugelstrahlen oder Feinfräsen. In diesem Fall ist die Haftfestigkeit des Betons nach DIN EN 1542 „Produkte und Systeme für den Schutz und die Instandsetzung von Betontragwerken – Prüfverfahren – Messung der Haftfestigkeit im Abreißversuch“ zu prüfen. Sofern die Grenzwerte der Ebenheitsabweichungen (Abb. 3.77) bei den abtragend vorbereiteten Betonoberflächen nicht eingehalten werden, ist ein Flächenausgleich mit einem zugelassenen Instandsetzungsmörtel vorzusehen. Außerdem ist die Rauigkeit der Betonoberfläche mit dem Sandflächenverfahren nach DIN EN 13036-1 „Oberflächeneigenschaften von Straßen und Flugplätzen – Prüfverfahren“ zu überprüfen. Sofern Rauigkeiten festgestellt werden, die größer 1,5 mm sind, ist auf der Oberfläche eine Kratzspachtelung mit einem geeigneten Reaktionsharzmörtel oder Re-

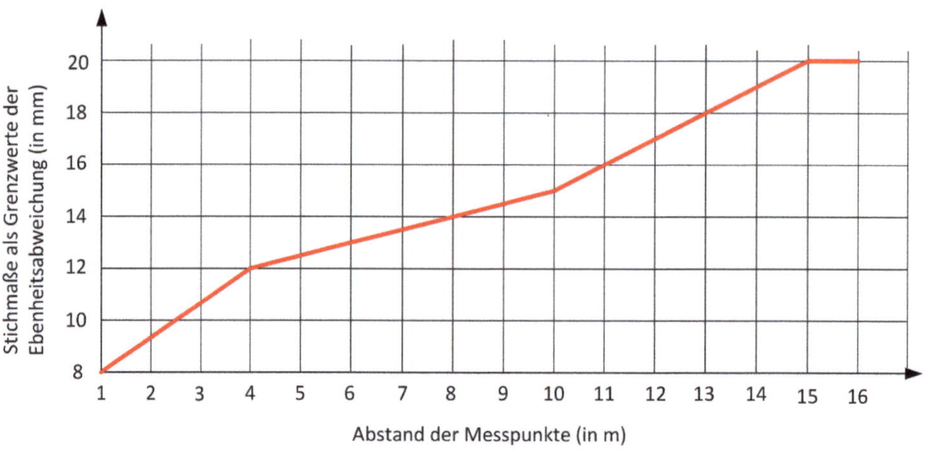

Abb. 3.78 Grenzwerte für Ebenheitsabweichungen der Oberseite von Stahlbetondecken nach DIN 18202. (In Anlehnung an Flachdachrichtlinie, Abb. 1)

aktionsharz aufzubringen. Nur bei Abdichtungen mit Polymerbitumenbahnen, die im Gießverfahren eingebaut werden, kann auf die Kratzspachtelung verzichtet werden, da der Ausgleich mit der Polymerbitumenklebemasse erfolgt. Die so vorbereitete Oberfläche ist anschließend mit einem Reaktionsharz nach ZTV-ING[13] zu versiegeln. Anschließend ist die Haftfestigkeit der versiegelten Fläche nach DIN EN 1542 zu ermitteln. Es ist darauf zu achten, dass die verwendeten Stoffe, d. h. Kratzspachtelung, Versieglung, Grundierung und Abdichtung, miteinander materialverträglich sind (Abb. 3.78).

Anforderungen an Holzschalungen

Sofern die Unterlage aus einer Schalung aus Holz oder Holzwerkstoffen besteht, ist über der Schalung eine Trennschicht einzubauen. Weiterhin sind die Regeln in der Vorschrift „Hinweise Holz und Holzwerkstoffe"[14] zu beachten. Maßnahmen des Holzschutzes dürfen den Dachaufbau aus Funktionsschichten und Abdichtungen nicht schädigen. Unterlagen aus Holz oder Holzwerkstoffen werden bspw. bei belüfteten Flachdächern (Kaltdächer) eingesetzt.

[13] Zusätzliche Technische Vertragsbedingungen und Richtlinien für Ingenieurbauten – ZTV ING; April 2019; Bundesanstalt für Straßenwesen (BASt), Bergisch-Gladbach

[14] Hinweise Holz und Holzwerkstoffe; Hrsg.: Zentralverband des Deutschen Dachdeckerhandwerks – Fachverband Dach-, Wand- und Abdichtungstechnik e. V.; November 2017; Rudolf Müller Verlag, Köln

Anforderungen an Stahltrapezprofile
Im Hallen- und Industriebau werden häufig Stahltrapezprofile als Tragkonstruktion für den Dachaufbau eingesetzt. Bei der Ausführung ist darauf zu achten, dass nur Stahltrapezprofile verwendet werden dürfen, die den bauaufsichtlichen Bestimmungen entsprechen, z. B. nach DIN EN 1090 „Ausführung von Stahltragwerken und Aluminiumtragwerken – Teil 4: Technische Anforderungen an tragende, kaltgeformte Bauelemente aus Stahl und tragende, kaltgeformte Bauteile für Dach-, Decken-, Boden- und Wandanwendungen". Für die Verlegung sind die „Richtlinie für die Planung und Ausführung von Dach-, Wand- und Deckenkonstruktionen aus Metallprofiltafeln"[15] sowie weitere Regelwerke zu beachten, insbesondere DIN EN 1090-4 „Ausführung von Stahltragwerken und Aluminiumtragwerken – Teil 4: Technische Anforderungen an tragende, kaltgeformte Bauelemente aus Stahl und tragende, kaltgeformte Bauteile für Dach-, Decken-, Boden- und Wandanwendungen". Die Blechdicke der Stahltrapezprofile sollte mindestens 0,88 mm betragen, da bei dünneren Blechen die Gefahr besteht, dass diese durch die Abdichtungsarbeiten unzulässig deformiert werden. Bei der Verlegung ist darauf zu achten, dass sich die Obergurte der Stahltrapezprofile in einer Ebene befinden. Bei einem verklebten Dachaufbau ist eine Höhendifferenz benachbarter Obergurte von maximal 2 mm zulässig. Im Bereich von Ausschnitten für Abläufe und Rohrdurchführungen sind Verstärkungsbleche anzuordnen, die Ausbildung erfolgt nach DIN EN 1090-4. Außerdem ist ein statischer Nachweis erforderlich, ggfs. sind tragende Auswechselungen erforderlich. Bei Dacheindeckungen aus Stahltrapezprofilen, die statisch als Schubfelder dienen, dürfen ohne statischen Nachweis nachträglich keine Veränderungen vorgenommen werden, z. B. indem Dachausschnitte angeordnet werden. Bei Stahltrapezprofilen von Dächern, die an beheizte Räume grenzen und daher mit einer Wärmedämmung versehen werden, ist i. d. R. eine Dampfsperre erforderlich. Diese wird auf den Obergurten verlegt und ist, sofern sie gleichzeitig die Funktion der Luftdichtheitsschicht übernimmt, an den Nähten sowie An- und Abschlüssen und Durchdringungen luftdicht anzuschließen. Siehe hierzu die Regeln im „Merkblatt Wärmeschutz bei Dach und Wand".[16]

Bei Stahltrapezprofilen wird der Dachaufbau i. d. R. als nicht belüftete Konstruktion (Warmdach) ausgeführt.

3.11.2.3 Bauarten für Flachdächer
Die Ausführung der Abdichtung und der weiteren Funktionsschichten des Dachaufbaus von Flachdächern ist von der Bauart abhängig. Nachfolgend wird in kurzer Form ein Überblick über die wichtigsten Bauarten mit Wärmedämmung gegeben.

---

[15] Richtlinie für die Planung und Ausführung von Dach-, Wand- und Deckenkonstruktionen aus Metallprofiltafeln"; Hrsg.: Industrieverband für Bausysteme im Metallleichtbau e. V. (IFBS); 2014; Krefeld

[16] Merkblatt Wärmeschutz bei Dach und Wand; Hrsg.: Zentralverband des Deutschen Dachdeckerhandwerks – Fachverband Dach-, Wand- und Abdichtungstechnik e. V.; Mai 2018; Rudolf Müller Verlag, Köln

Aufgrund ihrer Bauart lassen sich Flachdächer mit Wärmedämmung in nicht belüftete und belüftete Konstruktionen unterscheiden (Abb. 3.79).

Bei nicht belüfteten Dächern (sogenannte Warmdächer) wird die Dachabdichtung oberhalb der Wärmedämmschicht angeordnet. Raumseitig der Wärmedämmung ist i. d. R. eine Dampfsperre erforderlich, um Wasserdampfdiffusion in den Dachaufbau und schädliche Tauwasserbildung zu verhindern. Eine Sonderform bildet das Umkehrdach, bei dem die Schichtenfolge gegenüber einem Warmdach vertauscht (umgekehrt) ist. Die Wärmedämmschicht befindet sich auf der Dachabdichtung, ist also außenseitig angeordnet. Eine separate Dampfsperre ist nicht erforderlich, da die Abdichtung diese Funktion mit übernimmt.

Abb. 3.79 Übliche Konstruktionen von Flachdächern mit Wärmedämmung

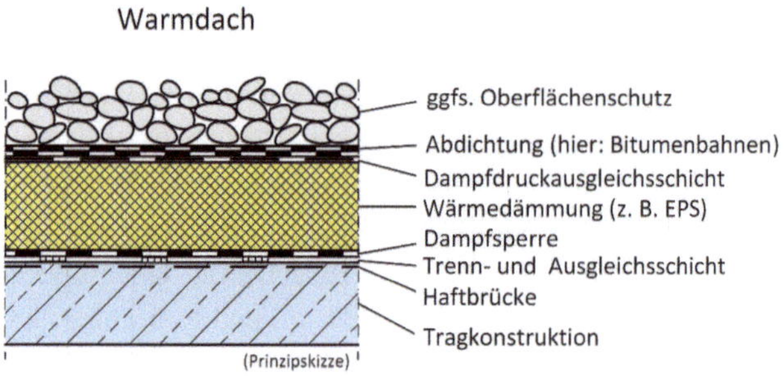

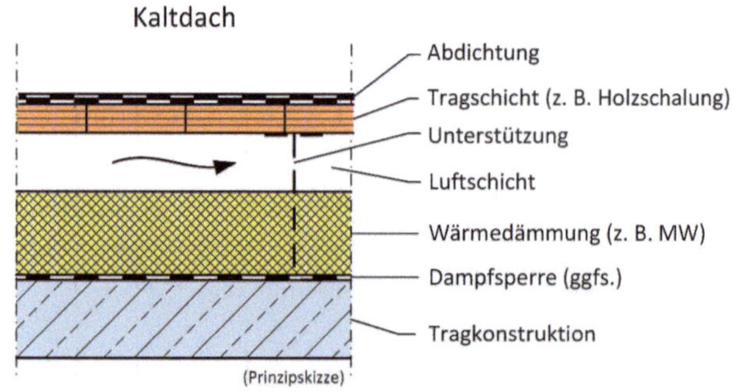

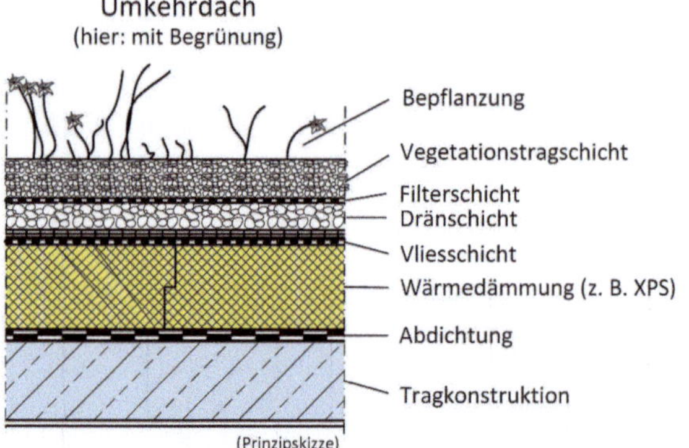

Charakteristisches Merkmal von belüfteten Dächern (Kaltdächer) ist eine belüftete Luftschicht im Dachaufbau. Diese befindet sich zwischen der Wärmedämmschicht und der Abdichtung, die hierzu auf einer aufgeständerten Tragkonstruktion (z. B. einer Holzschalung) angeordnet ist. Eine Dampfsperre ist bei Kaltdächern i. d. R. nicht erforderlich, da Feuchtigkeit und ggfs. anfallendes Tauwasser durch Luftzirkulation im belüfteten Zwischenraum abtransportiert wird.

In der Praxis werden wegen des geringeren Aufwands jedoch meist Warmdächer ausgeführt. Kaltdächer haben dagegen eine deutlich geringere Verbreitung, da die Ausführung der Tragkonstruktion als Unterlage für die Abdichtung einen zusätzlichen Aufwand erfordert. Umkehrdächer werden häufig bei energetischen Sanierungen ausgeführt, indem auf eine noch intakte oder instandgesetzte Altabdichtung eine Wärmedämmschicht aufgebracht wird. Daneben existieren noch weitere Bauweisen (z. B. das Duodach, eine Kombination aus Warm- und Umkehrdach), auf die hier nicht näher eingegangen wird; für weitere Informationen wird auf die Literatur verwiesen.

3.11.2.4 Planung und Ausführung der Abdichtung und weiterer Funktionsschichten des Dachaufbaus

Der Dachaufbau besteht aus der eigentlichen Abdichtung und weiterer Funktionsschichten, die in Abhängigkeit von der Bauart und verschiedener zu beachtender Anforderungen (z. B. Anordnung bei Materialunverträglichkeit, Verklebung) erforderlich sind. Nachfolgend wird die Ausführung exemplarisch für ein Warmdach (s. Abb. 3.79) erläutert.

Haftbrücke

Die Haftbrücke dient zur Verbesserung der Klebehaftung der Dampfsperre mit dem Untergrund. Sie ist erforderlich, wenn die Dampfsperre mit dem Untergrund vollständig oder teilweise verklebt werden soll. Geeignete Stoffe sind Voranstriche aus Bitumenlösung/-emulsion, Grundierungen oder Versiegelungen. Die Haftbrücke kann durch Rollen, Streichen oder Spritzen aufgebracht werden. Der Untergrund muss sauber sein und bei der Sicherung gegen Wasserunterläufigkeit mit einem abtragenden Verfahren vorbehandelt sowie mit einer Versiegelung versehen sein. Bevor weitere Schichten eingebaut werden, muss die Haftbrücke durchtrocknet sein, da ansonsten die volle Klebehaftung nicht gewährleistet ist.

Trenn- und Ausgleichsschicht

Eine Trennschicht oder Trennlage dient zur flächigen oder teilflächigen Trennung der Dampfsperre oder Abdichtung vom Untergrund bzw. darunterliegender Schichten. Sie soll die freie Beweglichkeit der Schichten bei Temperaturänderungen sicherstellen sowie die Schubkraftübertragung vermindern. Außerdem verhindert sie den direkten Kontakt unverträglicher Stoffe miteinander. Geeignete Stoffe sind Bitumen-Dachbahnen, Bitumen-Dachdichtungsbahnen, Kunsstoffvlies (300 g/m^2), Glasvlies (120 g/m^2) und Schaumstoffmatten. Kaschierungen von Kunststoff- und Elastomerbahnen mit einem Flächengewicht von mind. 150 g/m^2 können die Funktion ebenfalls erfüllen, d. h. in diesem Fall ist keine separate Trennlage bzw. Ausgleichschicht erforderlich. Je nach Untergrund können Trennlage bzw. Ausgleichsschicht lose verlegt und/oder mechanisch befestigt oder punkt- bzw. streifenweise verklebt ausgeführt werden.

Bei Dämmschichten aus XPS ist eine flächige Trennlage zwischen der Dämmschicht und der Abdichtung einzubauen, um Schäden an der Abdichtung durch Temperaturänderungen zu vermeiden. Trennlagen unter der Abdichtung sind außerdem erforderlich bei einer Unterlage aus Holz- und Holzwerkstoffen sowie bei Abdichtungen mit Kunststoff- und Elastomerbahnen, wenn diese auf Beton, Porenbeton, Holzschalungen oder bestehenden Abdichtungen (Altabdichtungen) verlegt werden.

Dampfsperre

Die Dampfsperre wird raumseitig, d. h unter der Wärmedämmschicht eingebaut. Sie ist bei Warmdächern erforderlich und soll Wasserdampfdiffusion in den Bauteilquerschnitt und dadurch bedingte schädliche Tauwasserbildung verhindern. Als Stoffe eignen sich Bitumen- und Polymerbitumenbahnen, Kunststoff- und Elastomerbahnen sowie Verbundfolien. Die Stoffe müssen die Anforderungen im Produktdatenblatt des Deutschen Dachdeckerhandwerks bzw. bei Anwendung der Normenreihe DIN 18531 die Anforderungen in Teil 2 der DIN 18531 erfüllen.

Bei Dämmschichten aus Schaumglas, deren Fugen mit Bitumenmasse oder Klebstoff geschlossen sind, kann auf die Dampfsperre verzichtet werden, da Schaumglas wasserdampfdiffusionsdicht ist.

Für die Ausführung der Dampfsperre gelten folgende Regeln:

Die Dampfsperre kann auf dem Untergrund lose verlegt oder punkt- bzw. streifenweise sowie vollflächig aufgeklebt werden. An allen An- und Abschlüssen sowie an Durchdringungen ist die Dampfsperre bis zur Oberkante der Wärmedämmung hochzuführen und dort anzuschließen (Abb. 3.80). Dampfsperrbahnen auf Stahltrapezprofilen sind parallel zu den Obergurten zu verlegen, wobei die Längsnähte jeweils auf einem Obergurt liegen müssen. Die Quernaht ist auf einem Hilfsauflager (z. B. aus einem Blechstreifen) aufzulegen, wenn die Dampfsperre gleichzeitig die Funktion der Luftdichtheitsschicht übernehmen soll. Als Klebstoffe für die Verklebung auf den Stahltrapezprofilen sollen kalt verarbeitbare Klebemassen bzw. Klebstoffe verwendet werden. Dampfsperren aus Kunststoffbahnen dürfen bei rauem Untergrund (z. B. Betonoberfläche) nur auf einer zusätzlichen Ausgleichsschicht verlegt werden.

Wärmedämmung

Flachdächer, die an temperierte Räume grenzen, sind i. d. R. mit einer Wärmedämmung zu versehen, um die Anforderungen an den energiesparenden Wärmeschutz nach dem Gebäudeenergiegesetz[17] und Mindestwärmeschutz nach DIN 4108-2 zu erfüllen. Als Wärme-

[17] Gesetz zur Vereinheitlichung des Energieeinsparrechts für Gebäude und zur Änderung weiterer Gebäude – Gebäudeenergiegesetz (GEG) vom 8. August 2020; Bundesgesetzblatt Jahrgang 2020 Teil I Nr. 37; Bundesanzeiger Verlag, Köln

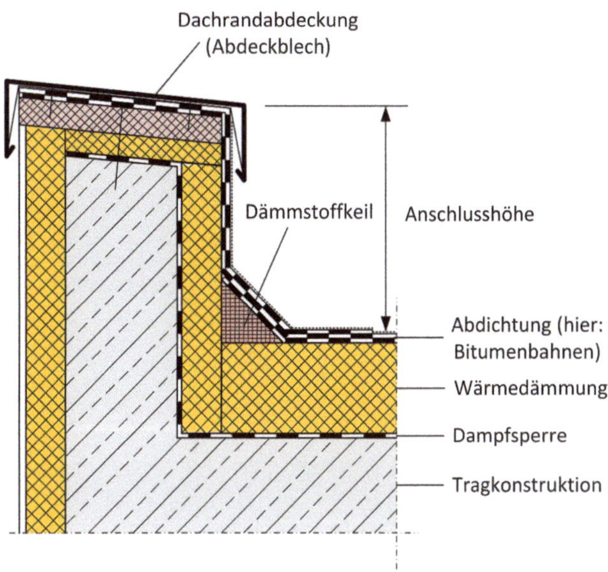

Abb. 3.80 Ausbildung eines Dachrandabschlusses bei einem Warmdach; hier: Anschluss der Abdichtung mit Bitumenbahnen an eine Attika

dämmstoffe sind je nach Nutzung der Dachfläche und Druckbelastbarkeit Polystyrolschäume (EPS, XPS), Polyurethan-Hartschaum (PU), Mineralwolle (MW) und Schaumglas (CG) zugelassen. Genaue Angaben zur Anwendung der Dämmstoffe enthält DIN 4108-10 „Wärmeschutz und Energieeinsparung in Gebäuden – Teil 10: Anwendungsbezogene Anforderungen an Wärmedämmstoffe – Werkmäßig hergestellte Wärmedämmstoffe“; für die Anforderungen und Eigenschaften sind die jeweiligen Produktnormen der Wärmedämmstoffe zu beachten.

Außerdem sind die Mindestwerte der Druckbelastbarkeit in Abhängigkeit von der Nutzung der Dachfläche bei der Auswahl des Wärmedämmstoffs zu beachten (Tab. 3.33). Bei der Verlegung von Wärmedämmschichten auf Stahltrapezprofilen sind Mindestdicken einzuhalten, damit die Dämmschicht beim Betreten nicht beschädigt wird. Die Werte gelten unabhängig von der Dicke, die sich aus den Anforderungen an den Wärmeschutz ergibt (Tab. 3.34, Abb. 3.81).

Für die Ausführung der Wärmedämmschicht sind die folgenden Regeln zu beachten:

1. ***Verlegung:***

Die Verlegung der Wärmedämmstoffe erfolgt grundsätzlich im Fugenversatz, d. h. die Stoßfugen benachbarter Platten müssen gegeneinander versetzt sein. Dabei lassen sich Fugen, die aus Maßabweichungen oder temperaturbedingten Längenänderungen entstehen, nicht vollständig vermeiden. Dämmplatten aus EPS sollten nur mit Stufenfalz ausgeführt werden, da bei EPS herstellungsbedingte Längenänderungen (Schrumpf) auftreten, die im

Tab. 3.33 Mindestwerte der Druckbelastbarkeit von Wärmedämmstoffen in Abhängigkeit von der Nutzung der Dachfläche. (In Anlehnung an Flachdachrichtlinie, Tab. 3)

Wärmedämmstoff	**Druckbelastbarkeit kPa**		**Produktnorm**
	nicht genutzte Dachflächen	genutzte Dachflächen	
Mineralwolle (MW)	60[1),2)]	70[1),3)]	DIN EN 13162
Expandiertes Polystyrol (EPS)	100	150	DIN EN 13163
Extrudiertes Polystyrol (XPS)	200	300	DIN EN 13164
Polyurethan-Hartschaum (PU)	100	100	DIN EN 13165
Schaumgals (CG)	500	500	DIN EN 13167

1) Bei 10 % Stauchung.

2) Im Bereich von Wegen für Wartung und Instandhaltung sind lastverteilende Schichten oberhalb der Wärmedämmung einzubauen.

3) Nutzung der Dachfläche ausschließlich durch Solaranlagen oder technische Anlagen.

Tab. 3.34 Mindestdicken der Dämmschicht bei Verlegung auf Stahltrapezprofilen. (In Anlehnung an Flachdachrichtlinie, Tab. 4)

Größte lichte Weite zwischen den Obergurten mm	**Mindestdicke der Wärmedämmschicht mm**			
	EPS	PU	MW	CG
70	40	40	50	40
100	50	50	80	50
150	70	60	120	70
200	120	80	140	100

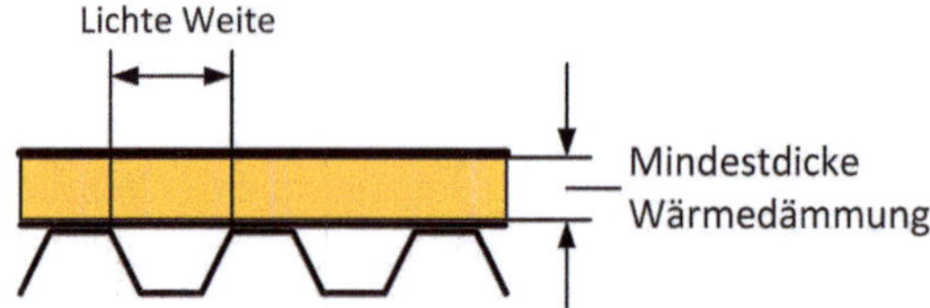

Abb. 3.81 Definition der lichten Weite zwischen den Obergurten bei Stahltrapezprofilen

Nachhinein zu unplanmäßigen Fugen führen. Dämmschichten mit einer Dicke von mehr als 160 mm mit stumpf gestoßenen Platten sind grundsätzlich zweilagig auszuführen.

2. ***Verklebung:***

Hartschaumdämmplatten aus EPS sollten mit der Unterlage verklebt werden; Polyurethan-Hartschaumdämmplatten sollten mit dem Untergrund entweder verklebt oder mechanisch befestigt werden. Für die Verklebung mit der Dampfsperre sollten nur kalt zu verarbeitende Klebemassen bzw. Klebstoffe verwendet werden, wenn die Unterkonstruktion aus Stahltrapezprofilen besteht. Außerdem ist zu beachten, dass heiße bituminöse Klebemassen bei Dämmstoffen aus Hartschaum (EPS, XPS, PU) nicht geeignet sind, da die Dämmstoffplatten bei heißen Klebemassen beschädigt würden. Soll die erste Lage der Abdichtung im Schweißverfahren oder mit heißem Oxidationsbitumen auf eine Dämmschicht aus Polystyrol-Hartschaum (EPS, XPS) aufgebracht werden, müssen die Dämmplatten auf der Oberseite mit einer Kaschierung versehen sein. Bei mehrlagigen Dämmschichten müssen die Schichten untereinander verklebt werden, wenn die Lagesicherung des Dachaufbaus (gegen Windsog) durch Verklebung der einzelnen Schichten sichergestellt wird.

3. ***Sonstiges:***

Bei Platten aus Hartschaum (PU) sollte die größte Seitenlänge nicht mehr als 1,25 m betragen. Grund hierfür ist die Begrenzung von Längenänderungen der PU-Platten bei Temperatureinwirkungen.

Dampfdruckausgleichsschicht
Die Dampfdruckausgleichsschicht soll lokalen Wasserdampfdruck unter der Abdichtung und Blasenbildung der Abdichtungsschicht verhindern. Sie ist anzuordnen, wenn mit Feuchtigkeit unter der Abdichtung gerechnet werden muss, z. B: Einbaufeuchte. Bei Warmdächern ist eine Dampfdruckausgleichsschicht im Regelfall vorzusehen. Dazu wird die erste Lage der Abdichtung nur punkt- oder streifenweise auf der Wärmedämmschicht aufgeklebt oder lose verlegt. Eine Ausnahme bilden Dachaufbauten mit einer Dämmschicht aus Mineralwolle. Hier ist keine Dampfdruckausgleichsschicht erforderlich, da der Dampfdruckausgleich in der Dämmschicht selbst erfolgen kann.

Abdichtung
Die Abdichtung kann mit Bitumen- und Polymerbitumenbahnen, Kunststoff- oder Elastomerbahnen sowie mit Flüssigkunststoffen (FLK) ausgeführt werden.

Bei üblichen Beanspruchungen stellt die Abdichtung mit Bitumen- und Polymerbitumenbahnen den Regelfall dar. Kunststoff- und Elastomerbahnen werden aufgrund ihrer höheren Zugfestigkeit dagegen verwendet, wenn die Dachabdichtung höheren mechanischen und/oder thermischen Beanspruchungen ausgesetzt ist. Abdichtungen mit Flüssigkunststoffen eignen sich aufgrund der Anpassungsmöglichkeiten an geometrisch komplizierte Formen und Details gut für die Sanierung im Bestand, wenn auf eine Altabdichtung eine neue Abdichtungsschicht aufgebracht werden soll.

Abdichtungen mit Bitumen- und Polymerbitumenbahnen werden i. d. R. zweilagig bzw. mehrlagig ausgeführt. Kunststoff- oder Elastomerbahnen werden dagegen nur einlagig verlegt. Für Abdichtungen mit Flüssigkunststoffen ist eine festgelegte Mindesttrockenschichtdicke einzuhalten, die von den Leistungsstufen (u. a. Klimazone, Nutzungsdauer, Nutzlast und weiteren Parametern) abhängig ist. Die Dicke beträgt im Regelfall 2,1 mm.

Abdichtungsstoffe werden aufgrund ihrer Anwendung verschiedenen Anwendungstypen zugeordnet und mit entsprechenden Kurzzeichen gekennzeichnet. Es gelten folgende Kurzzeichen:

- DE: Bahnen und Flüssigkunststoffe für einlagige Abdichtungen
- DO: Bahnen für die obere Lage einer mehrlagigen Abdichtung
- DU: Bahnen für die untere Lage einer mehrlagigen Abdichtung
- DZ: Bahnen für die Zwischenlage bzw. zusätzliche Lage einer mehrlagigen Abdichtung

Vor dem Einbau der Abdichtung ist sicherzustellen, dass die Stoffe und Bahnen untereinander verträglich sind; ggfs. sind besondere Maßnahmen zu ergreifen, z. B. durch den Einbau einer Trennlage, Verwendung geeigneter Stoffe.

Abdichtungen von genutzten, befahrbaren oder begrünten Dachflächen müssen mit einer Schutzlage oder Schutzschicht versehen werden. Sofern die Nutzschicht (z. B. Plattenbelag bei einer Dachterrasse) diese Funktion übernimmt, kann auf die Schutzlage/-schicht verzichtet werden. Für weitere Regeln, die bei genutzten, befahrbaren oder begrünten Dachflächen zu beachten sind, wird auf die Flachdachrichtlinie sowie weitere Regelwerke (z. B. Dachbegrünungsrichtlinie[18]) verwiesen.

Bei Dachflächen ohne Gefälle, die in begründeten Fällen ausgeführt werden dürfen, ist ein schwerer Oberflächenschutz vorzusehen (z. B. eine Kiesschicht, Körnung 16/32 mm).

Nachfolgend werden die Regeln für die Ausführung von Abdichtungen mit Bitumen- und Polymerbitumenbahnen näher erläutert, für die anderen Abdichtungsstoffe wird auf die Vorschriften verwiesen.

Für Abdichtungen mit Bitumen- und Polymerbitumenbahnen können Dachdichtungsbahnen, Schweißbahnen oder kaltselbstklebende Bahnen verwendet werden. Die Bahnen müssen den Anforderungen im „Produktdatenblatt für Bitumenbahnen“[19] entsprechen. Für die Abdichtung sind Bahnen aus Oxidationsbitumen, Polymerbitumen, modifiziert mit thermoplastischen Elastomeren (PYE) oder thermoplastischen Kunststoffen (PYP) geeignet. Bei der Ausführung sind die in Tab. 3.35 angegebenen Bahnendicken und Eigenschaften zu beachten.

Mehrlagige Abdichtungen

Abdichtungen mit Bitumen- und Polymerbitumenbahnen werden im Regelfall mindestens zweilagig ausgeführt. Für zweilagige Abdichtungen dürfen Polymerbitumen-Dachdichtungsbahnen (z. B. PYE-G 200 DD und PYP-G 200 DD) vom Anwendungstyp DO

---

[18] Dachbegrünungsrichtlinien – Richtlinien für Planung, Bau und Instandhaltung von Dachbegrünungen; 2018; Hrsg.: Forschungsgesellschaft Landschaftsentwicklung Landschaftsbau (FFL), Bonn

[19] Produktdatenblatt für Bitumenbahnen; Hrsg.: Zentralverband des Deutschen Dachdeckerhandwerks – Fachverband Dach-, Wand- und Abdichtungstechnik e. V.; Dezember 2016; Rudolf Müller Verlag, Köln

Tab. 3.35 Mindestdicken und weitere Eigenschaften von Bitumen- und Polymerbitumenbahnen bei der Verwendung als Dachabdichtung (Auswahl)

Bahnentyp	Spezifikation	Mindestdicke	Mindestgehalt an Löslichem
Polymerbitumen-Schweißbahnen	mit Glasgewebeeinlage oder Kombinationsträgereinlage	4 mm	-
	mit Polyestervlieseinlage	5 mm	
Polymerbitumen-Dachdichtungsbahnen		-	2100 g/m²
Kaltselbstklebende Polymerbitumenbahnen	als untere Lage	2,8 mm (3,5 mm)[1)]	-
Polymerbitumenbahnen aus PYP	für einlagige Verlegung	4 mm	-
Polymerbitumenbahnen aus PYE	für einlagige Verlegung	4,5 mm	-
Polymerbitumenbahnen mit Kupferbandeinlage (Cu)		5 mm	-
Bitumen-Schweißbahnen	mit Glasgewebeeinlage oder Kombinationsträgereinlage	4 mm	-
	mit Polyestervlieseinlage	5 mm	-
Bitumen-Dachdichtungsbahnen	mit Glasgewebeeinlage	-	2000 g/m²

1) Dicke von 3,5 mm, wenn die Fügung der Nähte eine zusätzliche Wärmezugabe erfordert, z. B. aufgrund der Witterung.

verwendet werden sowie vom Typ DU, wenn die Bahnen keine Bestreuung aufweisen. Außerdem sind Polymerbitumen-Schweißbahnen (z. B. PYE-G 200 S4/5 und PYP-G S4/5) vom Typ DO oder DU ohne Bestreuung geeignet. Kaltselbstklebende Polymerbitumenbahnen dürfen dagegen nur als untere Lage (DU) einer mehrlagigen Abdichtung verwendet werden (z. B, PYE-KTG/KTP KSP-2,8). Als untere Lage von Abdichtungen von Dächern und genutzten Deckenflächen (Balkone, Terrassen) dürfen auch Bitumen-Dachdichtungsbahnen (z. B. G 200 DD) und Bitumen-Schweißbahnen (z. B. G 200 S4) verwendet werden, wenn ein Gefälle von mindestens 2 % eingehalten wird und ein schwerer Oberflächenschutz aufgebracht wird. Für Abdichtungen von befahrbaren Flächen gelten abweichende Regeln; siehe Flachdachrichtlinie.

Einlagige Abdichtungen

In Ausnahmefällen dürfen Abdichtungen mit Bitumen- und Polymerbitumenbahnen auch einlagig ausgeführt werden. Dies ist der Fall bei nicht genutzten Dachflächen mit einem Gefälle von mindestens 2 %. In diesem Fall darf die Abdichtung aus einer Lage Polymerbitumenbahnen mit Kombinationsträgereinlage (Anwendungstyp DE) (z. B. PYP-KTG/KTP 4, PYE-KTG/KTP 4,5) hergestellt werden. Bei der Ausführung von An- und Abschlüssen ist zu beachten, dass diese grundsätzlich mindestens zweilagig auszuführen sind, dies gilt auch bei einer einlagigen Flächenabdichtung.

Für Regeln für Abdichtungen unter befahrbaren sowie begrünten Flächen wird auf die Flachdachrichtlinie verwiesen.

Verlegung der Bahnen
Bei mehrlagigen Abdichtungen müssen die einzelnen Lagen parallel zueinander (an der Längsseite) und mit Versatz verlegt sowie vollflächig miteinander verklebt werden. Die Quernähte sind bei ein- und mehrlagigen Abdichtungen gegeneinander zu versetzen. An Längs- und Quernähten müssen sich die Bahnen bei mehrlagigen Abdichtungen mindestens 80 mm und bei einlagigen Abdichtungen mindestens 100 mm überlappen (Abb. 3.82).

Bei mechanischer Befestigung der Bahnen sind größere Überdeckungsbreiten erforderlich, s. Flachdachrichtlinie. Die Nahtverbindungen können durch Verkleben oder Verschweißen hergestellt werden. Dabei sind je nach Verfahren und Bahnentyp bestimmte Mindestfügebreiten einzuhalten, darunter ist die Breite der Verbindung der Bahnen untereinander zu verstehen; Mindestfügebreiten s. Flachdachrichtlinie. Die untere Lage kann lose verlegt oder teilflächig mit dem Untergrund verklebt werden. Bei geeigneter Unterlage (z. B. Beton, Wärmedämmung mit Kaschierung, Schaumglasplatten) kann die untere Lage auch vollflächig aufgeklebt werden.

Einbauverfahren
Für die Verklebung stehen in Abhängigkeit vom Bahnentyp verschiedene Verfahren zur Verfügung. Im Einzelnen sind dies das Gießverfahren, das Schweißverfahren (nur für Schweißbahnen geeignet), das Bürstenstreichverfahren und das Kaltselbstklebeverfahren (nur für kaltselbstklebende Bahnen geeignet). Der fachgerechte Einbau der Bahnen kann durch eine einfache Sichtkontrolle überprüft werden. Beim Gieß-, Schweiß- und Bürstenstreichverfahren sollte an den Nähten und Stößen Klebemasse hervortreten, wenn die Bah-

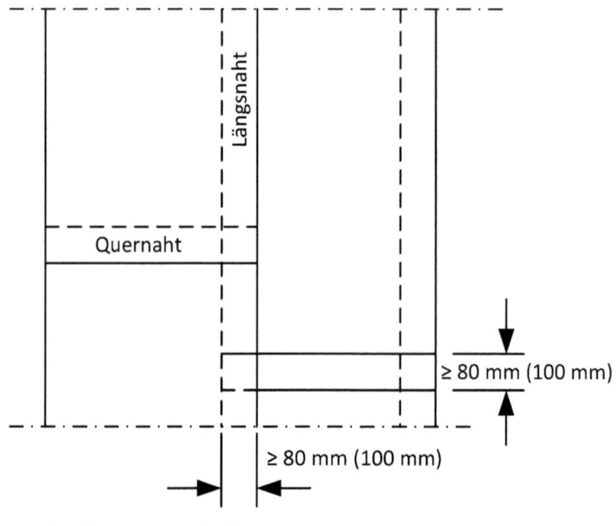

Abb. 3.82 Mindestbreiten der Überlappung an Längs- und Quernähten bei Abdichtungen mit Bitumen- und Polymerbitumenbahnen

nen vorschriftsmäßig eingebaut werden. Für die Verfahren im Einzelnen wird auf die Flachdachrichtlinie bzw. DIN 18531 verwiesen.

Schutzlagen/-schichten und Oberflächenschutz

Schutzlagen (z. B. Kunststoffbahnen, Bautenschutzmatten) oder Schutzschichten (z. B. Platten aus XPS, Betonplatten) dienen zum Schutz der Abdichtung vor mechanischer und/oder thermischer Beanspruchung. Sie sind bei genutzten, befahrbaren und begrünten Dachflächen vorzusehen. Bei nicht genutzten Dachflächen ist i. d. R. keine separate Schutzlage oder Schutzschicht erforderlich, da die Schutzfunktion durch einen Oberflächenschutz erzielt werden kann.

Der Oberflächenschutz dient bei nicht genutzten Dachflächen zum Schutz der Abdichtung vor mechanischen, thermischen und witterungsbedingten Beanspruchungen (z. B. Hagelschlag) sowie vor UV-Strahlung. Es wird zwischen einem Oberflächenschutz mit leichter Schutzwirkung (leichter Oberflächenschutz) und einem schweren Oberflächenschutz unterschieden (Abb. 3.83).

Als leichter Oberflächenschutz dient eine Bestreuung der Oberseite der oberen Abdichtungslage mit Schiefersplitt oder einem anderen geeigneten Material. Die Bestreuung kann bereits werksseitig aufgebracht sein oder wird vor Ort in eine Polymerbitumenklebemasse eingestreut. Durch den leichten Oberflächenschutz wird die Abdichtung vor schädlicher UV-Strahlung geschützt. Er ist bei Elastomerbitumenbahnen (PYE) erforderlich, da diese nicht dauerhaft gegen UV-Strahlung beständig sind.

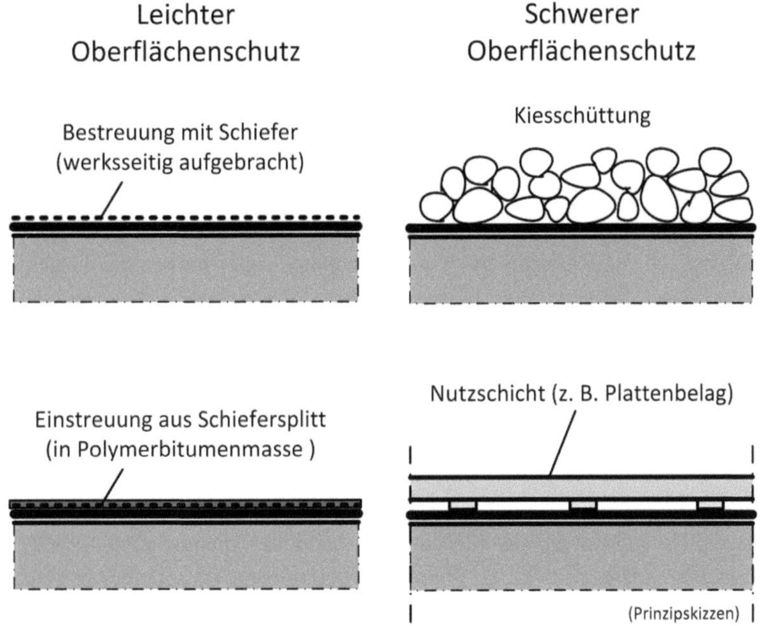

Abb. 3.83 Leichter und schwerer Oberflächenschutz

Abb. 3.84 Schwerer Oberflächenschutz; hier Kiesschicht

Ein schwerer Oberflächenschutz (z. B. Kiesschicht 16/32 mm) verbessert den Schutz der Abdichtung vor mechanischen Einwirkungen und reduziert darüber hinaus Temperaturschwankungen, wodurch sich die Nutzungsdauer der Abdichtung verlängern kann. Ein schwerer Oberflächenschutz erfüllt außerdem die Forderung einer harten Bedachung im Sinne der Landesbauordnungen, d. h. er bietet Schutz vor strahlende Wärme und Flugfeuer (Abb. 3.84).

3.11.2.5 Planung und Ausführung von Details

Eine wichtige Rolle bei der Planung und Ausführung von Abdichtungen spielen Details. Hierzu gehören An- und Abschlüsse, Durchdringungen und Bewegungsfugen. Aufgrund der umfangreichen Regeln kann hier exemplarisch nur kurz auf einige Punkte eingegangen werden.

Wie oben bereits erwähnt wurde, ist die Abdichtung an allen An- und Abschlüssen sowie Durchdringungen hochzuführen und dort hinterlaufsicher sowie gegen Abrutschen gesichert anzuschließen, um einen Schutz der Baukonstruktion vor Spritzwasser und Überflutung bzw. eindringendes Wasser zu gewährleisten. Die Anschlusshöhe, d. h. das Maß zwischen dem Abdichtungsrand am oberen Ende und der Oberfläche der Abdichtung bzw. des Belags, der Kiesschüttung oder Begrünung, ist von verschiedenen Parametern abhängig.

An aufgehenden Bauteilen (z. B. Wände, Aufkantungen) ist bei einer Neigung der Abdichtungsebene bis 5° (Flachdächer) eine Anschlusshöhe von mindestens 150 mm einzuhalten. Das gleiche Maß gilt für die Anschlusshöhe an Durchdringungen. Lediglich bei Abdichtungsebenen mit einer Neigung von mehr als 5° darf die Anschlusshöhe an aufgehenden Bauteilen auf 100 mm reduziert werden. In schneereichen Gebieten sind ggfs. größere Anschlusshöhen erforderlich, dies ist im Einzelfall zu prüfen und festzulegen. Als Anschlusshöhe ist das Maß zwischen dem Abdichtungsrand und der Oberfläche der Abdichtung bzw. des Belages, Kiesschicht oder Begrünung zu verstehen. Der Anschluss einer Dachabdichtung an eine Durchdringung mit Angabe der Anschlusshöhe ist exemplarisch in Abb. 3.85 dargestellt.

Im Bereich von Türen oder Zugängen gibt es besondere Regelungen. Hier darf die Anschlusshöhe verringert werden, wenn durch entsprechende Maßnahmen sichergestellt ist, dass die Spritzwasserbeanspruchung reduziert wird und kein Wasser ins Gebäudeinnere eindringen kann. Diese Voraussetzungen sind gegeben, wenn im Türbereich eine Entwässerungsrinne (ggfs. beheizt) auf der gesamten Breite eingebaut und an die Entwässerung angeschlossen wird. Weitere Maßnahmen sind die Anordnung einer Überdachung oder ein Rücksprung sowie die Ausbildung des Gefälles des Belags von der Tür weg. Außerdem ist die Abdichtung am Türrahmen mithilfe einer Flanschkonstruktion anzuschließen, d. h. es sind speziellen Rahmen mit Anschlussmöglichkeit (z. B. Flanschkonstruktionen) erforderlich. Im Innenraum ist außerdem eine zusätzliche Abdichtung mit Entwässerung nach außen vorzusehen. In diesem Fall darf die Anschlusshöhe bis auf 20 mm reduziert werden. Es ist zu beachten, dass derartige Anschlüsse, die einen barrierefreien Zugang ermöglichen, als abdichtungstechnische Sonderkonstruktionen gelten, die

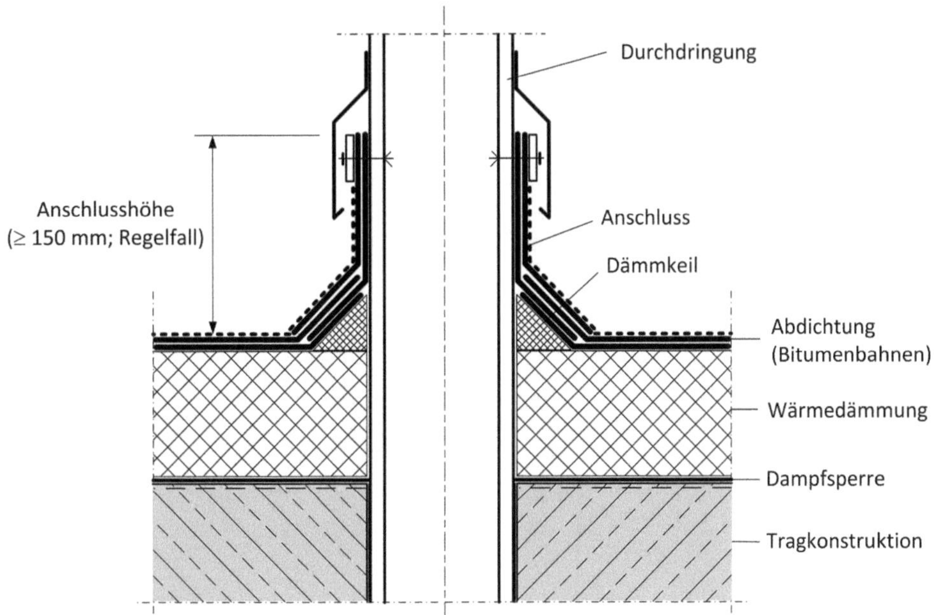

Abb. 3.85 Anschluss der Dachabdichtung an eine Durchdringung

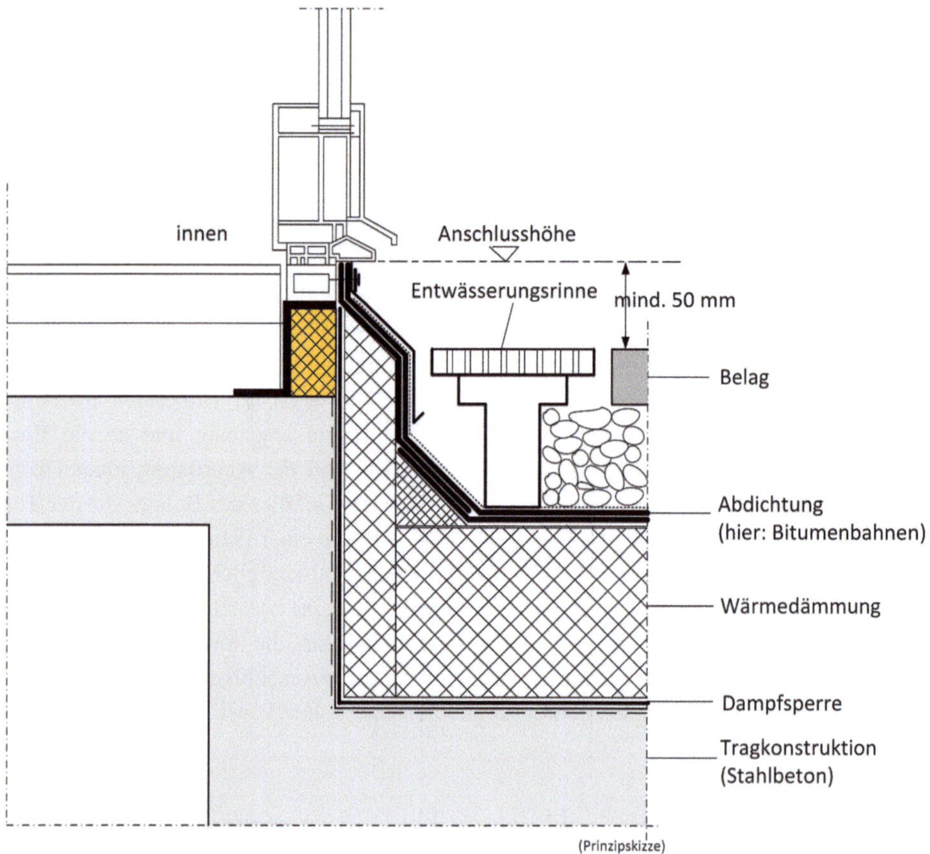

Abb. 3.86 Anschluss der Abdichtung an eine Tür bei einer Dachterrasse; hier: reduzierte Anschlusshöhe 50 mm

im Einzelfall zu planen sind. In Abb. 3.86 ist exemplarisch ein Zugang mit einer reduzierten Anschlusshöhe von 50 mm dargestellt.

3.11.2.6 Instandhaltung

Die vorgesehene Nutzungsdauer einer Dachabdichtung kann nur erreicht werden, wenn nicht nur die Planung und Ausführung der Abdichtung nach den geltenden Vorschriften erfolgen, sondern auch eine regelmäßige Instandhaltung durchgeführt wird. Regeln zur Instandhaltung befinden sich in der Faldachrichtlinie (dort Abschn. 5) sowie in DIN 18531-4.

Die Instandhaltung umfasst folgende Maßnahmen (s.a. DIN 31051 „Grundlagen der Instandhaltung“):

- **Inspektion:** Besichtigung zur Feststellung des Ist-Zustands und der Funktion von Abdichtung, An- und Abschlüssen sowie der Entwässerungseinrichtungen (z. B. Abläufe, Rinnen)

- **Wartung:** Pflege und Reinigung der Abdichtung und Entwässerungseinrichtungen
- **Instandsetzung:** Reparatur der Abdichtung sowie ihrer An- und Abschlüsse

Verantwortlich für die Durchführung regelmäßiger Instandhaltungsmaßnahmen sind die Nutzer bzw. Betreiber des Bauwerks (jedoch nicht Planende oder Ausführende). Es wird daher empfohlen, entsprechende vertragliche Vereinbarungen (Wartungsverträge) abzuschließen. Bei der Durchführung der Instandhaltungsmaßnahmen sind die geltenden Unfallverhütungsvorschriften[20] zu beachten und einzuhalten.

Eine Erneuerung der Dachabdichtung und/oder des gesamten Dachaufbaus ist erforderlich, wenn die Maßnahmen der Instandhaltung ausgeschöpft sind. In diesem Fall gelten die Regeln der aktuellen Vorschriften, d. h. DIN 18531 oder Flachdachrichtlinie.

Inspektion
Die Inspektion der Dachabdichtung ist mindestens einmal jährlich durchzuführen. Dazu sind die Dachfläche, die An- und Abschlüsse der Abdichtung sowie die Entwässerungseinrichtungen zu überprüfen. Das Ergebnis der Inspektion ist schriftlich zu dokumentieren. Die Inspektionsergebnisse bilden die Grundlage für evtl. notwendige Instandsetzungsmaßnahmen.

Wartung
Die Wartung sollte mindestens einmal jährlich durchgeführt werden. Es empfiehlt sich, die Wartung zusammen mit der Inspektion (s. o.) vorzunehmen. Die Wartung umfasst folgende Maßnahmen (Abb. 3.87):

- Beseitigung von Verschmutzungen auf der Dachfläche (Abdichtung) und an den An- und Abschlüssen. Entfernen von nicht erwünschtem Pflanzenbewuchs. Bei extensiv begrünten Dächern ist darauf zu achten, dass die nicht begrünten Randstreifen des Dachs von Bewuchs freigehalten werden.
- Reinigung der Abläufe und Rinnen
- Beseitigung, d. h. Glätten, von ggf. vorhandenen Kiesverwehungen

Instandsetzung
Maßnahmen der Instandsetzung werden notwendig, wenn Schäden an der Dachabdichtung und/oder den Funktionsschichten sowie zur Abdichtung gehörenden Bauteilen (wie z. B. Anschlüsse, Entwässerungseinrichtungen) festgestellt wurden und diese behoben werden müssen.

Primäres Ziel der Instandsetzung ist die Wiederherstellung der vollen Funktionsfähigkeit der Dachabdichtung. Für die Instandsetzung gelten die aktuellen Regelwerke (d. h.

[20] BG Bau – Berufsgenossenschaft der Bauwirtschaft: DGUV Information 201-054 – Dach-, Zimmer- und Holzbauarbeiten; Oktober 2015; Deutsche Gesetzliche Unfallversicherung e. V. (DGUV) (Hrsg.); Berlin

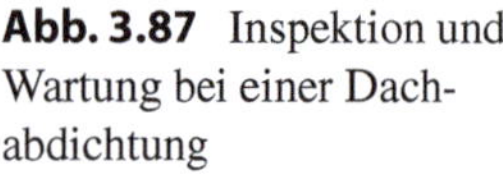

Abb. 3.87 Inspektion und Wartung bei einer Dachabdichtung

DIN 18531 oder Flachdachrichtlinie). Das bedeutet, dass diese Vorschriften auch für vorhandene Abdichtungen des Gebäudebestands anzuwenden sind, unabhängig davon, nach welchen Regelwerken die Altabdichtung geplant und ausgeführt wurde.

Die Instandsetzungsarbeiten sind unter Beachtung des Zustands der Dachfläche und des Dachaufbaus sowie der festgestellten Schäden zu planen und durchzuführen. Die Instandsetzung gliedert sich in folgende Arbeitsschritte:

1. Durchführung einer Voruntersuchung
2. Durchführung von Vorbereitungsarbeiten
3. Durchführung der eigentlichen Instandsetzungsmaßnahmen

Zu 1. Voruntersuchung:
Vor Durchführung der eigentlichen Instandsetzungsmaßnahmen ist eine Voruntersuchung vorzunehmen. Hierbei ist eine Bestandsaufnahme durchzuführen sowie der Ist-Zustand festzustellen. Weiterhin sind die möglichen Ursachen der festgestellten Schäden zu ermitteln. Art und Umfang der Voruntersuchung hängen von der jeweiligen Situation ab, die vom Schadensbild des Altdaches, der Art und dem Aussagewert vorliegender Planunterlagen und Dokumente sowie von den Zielen und der Art der geplanten Instandsetzungsmaßnahmen beeinflusst werden. Im Rahmen der Voruntersuchung können folgende Maßnahmen erforderlich sein:

- ***Brandschutz:*** Überprüfung des Altdaches im Hinblick auf die Erfüllung brandschutztechnischer Anforderungen.

- ***Verbleib vorhandener Dachschichten:*** Ist geplant, dass die vorhandenen Schichten des Dachaufbaus auf dem Dach verbleiben sollen, ist ihre Funktionsfähigkeit und Lagesicherheit (untereinander und mit der Tragkonstruktion) zu prüfen. Weiterhin sollte überprüft werden, ob sich die verbleibenden Schichten im Schichtenpaket nicht schädigend auswirken.
- ***Durchfeuchtung der Wärmedämmung:*** Deutet das Schadensbild auf die Durchfeuchtung der Wärmedämmung hin, ist der Durchfeuchtungsgrad stichprobenartig zu bestimmen, wenn die Wärmedämmschicht nicht entfernt werden soll.
- **Gefälle/Entwässerung:** Das Gefälle sowie die Entwässerungseinrichtungen sind zu überprüfen (insbesondere auf ihre Funktionsfähigkeit).

Die Ergebnisse der Voruntersuchung (Bestandsaufnahme) sind zu dokumentieren.

Zu 2. Vorbereitungsarbeiten

Je nach Situation und Schadensbild können Vorbereitungsarbeiten erforderlich sein, die vor den eignetlichen Instandsetzungsmaßnahmen durchzuführen sind. Zu den Vorbereitungsarbeiten zählen:

- Aufschneiden größerer Wellen, Blasen und Falten, die sich in der Abdichtung gebildet haben
- Entfernen grober Verkrustungen
- Entfernen von Schmutz u. ä. Ablagerungen
- Vorbehandlung des Untergrunds (z. B. Aufbringen eines Voranstrichs, Auftragen einer Grundierung oder eines Primers), wenn das Klebeverfahren oder der Zustand des Untergrunds, auf den die neue Abdichtung aufgebracht werden soll, dies erfordern.

Zu 3. Instandsetzungsmaßnahmen

Die eigentlichen Instandsetzungsmaßnahmen umfassen alle Maßnahmen zur Wiederherstellung einer funktionsfähigen Dachabdichtung unter Beachtung der Regeln der aktuellen Vorschriften (DIN 18531 oder alternativ Flachdachrichtlinie). Im Einzelnen sind folgende Maßnahmen durchzuführen:

- Sicherung und Fixierung von Wandanschlüssen
- Auftragen von Schutzanstrichen auf Metallteile, die korrosionsgefährdet sind
- Ausbessern von Schadstellen in der Dachabdichtung. Hierzu gehören auch großflächige Ausbesserungsarbeiten und Überarbeitungsmaßnahmen (sofern dies erforderlich ist).
- Ausbessern von Schadstellen an den An- und Abschlüssen der Abdichtung
- Beseitigung von Schäden an Entwässerungseinrichtungen (Abläufe, Rinnen)
- Instandsetzung der Abdichtung: Lokale Schadstellen in der Abdichtungsschicht können durch das Aufschweißen oder Aufkleben einer Abdichtungsbahn ausgebessert werden. Die Bahn sollte entweder der vorhandenen Abdichtung entsprechen oder mit dieser verträglich sein. Weiterhin muss das gewählte Fügeverfahren (Kleben, Schweißen) geeignet für die

miteinander zu verbindenden Stoffe sein. Eine weitere Möglichkeit, Schadstellen auszubessern, besteht durch das Aufbringen von Flüssigkunststoff (FLK) auf den betroffenen Bereich. Auch in diesem Fall müssen FLK und Unterlage miteinander verträglich sein.

Die neu einzubauenden Abdichtungsstoffe müssen den Anforderungen der geltenden Regelwerke (DIN 18531-2, Flachdachrichtlinie) sowie der zugeordneten Anwendungs- und Produktnormen entsprechen.

3.11.3 Abdichtung von erdberührten Bauteilen

Planung, Bemessung und Ausführung der Abdichtung von erdberührten Bauteilen sind in DIN 18533 „Abdichtung von erdberührten Bauteilen" geregelt. Diese Normenreihe besteht aus drei Teilen:

- DIN 18533-1 (2017-07): Abdichtung von erdberührten Bauteilen – Teil 1: Planungs- und Ausführungsgrundsätze
- DIN 18533-2 (2017-07): Abdichtung von erdberührten Bauteilen – Teil 2: Abdichtung mit bahnenförmigen Abdichtungsstoffen
- DIN 18533-3 (2017-07): Abdichtung von erdberührten Bauteilen – Teil 3: Abdichtung mit flüssig zu verarbeitenden Abdichtungsstoffen

In Teil 1 (DIN 18533-1) sind Anforderungen sowie allgemeine Planungs- und Ausführungsgrundsätze geregelt, die für alle Abdichtungsbauarten gelten. In diesem Teil werden auch die verschiedenen Einwirkungsklassen festgelegt, die maßgeblichen Einfluss auf die Festlegung der Abdichtungsbauart sowie die zu verwendenden Abdichtungsstoffe haben. Die beiden anderen Teile der Normenreihe, d. h. DIN 18533-2 und -3 enthalten jeweils zusätzliche Regeln, die von der jeweiligen Abdichtungsbauart abhängig sind. Der Teil 2 der Norm (DIN 18533-2) gilt für Abdichtungen mit bahnenförmigen Abdichtungsstoffen, wie z. B. Bitumen- und Polymerbitumenbahnen. Teil 3 (DIN 18533-3) enthält Regeln für Abdichtungen mit flüssig zu verarbeitenden Abdichtungsstoffen, wie z. B. kunststoffmodifizierte Bitumendickbeschichtungen (PMBC).

3.11.3.1 Abdichtungsbauarten

Unter Abdichtungsbauart ist der stoffliche und konstruktive Aufbau der Abdichtung zu verstehen, d. h. ob die Abdichtung mit Bahnen oder flüssig zu verarbeitenden Stoffen erfolgt, welche Stoffe im Einzelnen verwendet werden und wie die Abdichtungsschicht aufgebaut ist. Die Wahl der Abdichtungsbauart sowie die zu verwendenden Abdichtungsstoffe wird im Wesentlichen durch folgende Einflussgrößen bestimmt:

- Art und Intensität der Wassereinwirkung
- Beanspruchungen durch Rissneubildungen bzw. Rissbreitenänderungen im Abdichtungsuntergrund

- Anforderungen an die Raumnutzung
- Anforderungen an die Zuverlässigkeit
- Rissüberbrückungseigenschaften der Abdichtung

Zur Differenzierung der Art und Intensität der jeweiligen Einwirkungen werden Wassereinwirkungsklassen, Rissklassen und Raumnutzungsklassen definiert; siehe folgende Abschnitte.

3.11.3.2 Wassereinwirkungsklassen

Art und Intensität der Wassereinwirkung beeinflussen maßgeblich die Abdichtungsbauart und damit die zu verwendenden Abdichtungsstoffe. Zur Beschreibung der verschiedenen Wassereinwirkungen, die die Abdichtung beanspruchen, wird nach DIN 18533-1 eine Einteilung in Wassereinwirkungsklassen vorgenommen (Abb. 3.88):

- W1-E: Bodenfeuchte und nicht drückendes Wasser
  - W1.1-E: ohne Dränung
  - W1.2-E: mit Dränung
- W2- E: Drückendes Wasser
  - W2.1-E: Mäßige Einwirkung infolge drückendem Wasser bis 3,0 m Eintauchtiefe
  - W2.2-E: Hohe Einwirkung infolge drückendem Wasser über 3,0 m Eintauchtiefe
- W3-E: Nichtdrückendes Wasser auf erdüberschütteten Deckenflächen
- W4-E: Spritzwasser und Bodenfeuchte am Wandsockel sowie Kapillarwasser in und unter Wänden

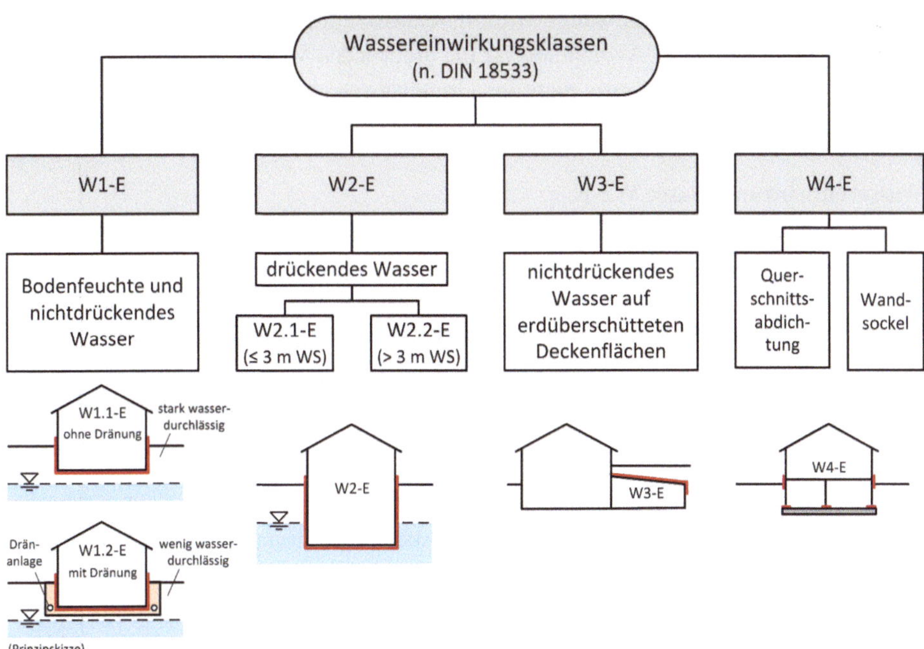

Abb. 3.88 Wassereinwirkungsklassen nach DIN 18533-1

Wassereinwirkungsklasse W1-E

Die Wassereinwirkungsklasse W1-E ist anzunehmen, wenn Bodenfeuchte und nicht drückendes Wasser zu erwarten sind. Davon ist in stark wasserdurchlässigen Böden auszugehen, wenn der Bemessungswasserstand (höchstmöglicher Grundwasserstand – HGW) mindestens 50 cm unter der Abdichtungsebene der Bodenplatte liegt. Diese Situation wird durch die Wassereinwirkungsklasse W1.1-E beschrieben. Stark wasserdurchlässige Böden weisen einen Wasserdurchlässigkeitsbeiwert von $k > 10^{-4}$ m/s auf, wie z. B. Sand und Kies.

Sofern ein wenig wasserdurchlässiger Boden ($k \leq 10^{-4}$ m/s, z. B. Ton, Schluff) ansteht, muss eine Dränanlage eingebaut werden, damit für die Bemessung der Abdichtung die Wassereinwirkungsklasse W1-E angenommen werden kann. Hintergrund für diese Forderung ist, dass sich Wasser in wenig wasserdurchlässigem Boden nach Starkregenereignissen aufgrund der verminderten Versickerungsleistung zumindest zeitweise bis zur Geländeoberfläche aufstauen kann und die Abdichtung durch drückendes Wasser belastet. Um dies zu verhindern, ist eine Dränanlage erforderlich, die das Wasser vom Baukörper planmäßig ableitet. Dadurch wird zeitweise drückendes Wasser ausgeschlossen und die Abdichtung kann für Bodenfeuchte und nicht drückendes Wasser ausgelegt werden. Dieser Fall wird mit Wassereinwirkungslasse W1.2-E beschrieben. Die Dränanlage muss den Anforderungen der DIN 4095 „Baugrund – Dränung zum Schutz baulicher Anlagen – Planung, Bemessung und Ausführung“ entsprechen. Es muss außerdem sichergestellt werden, dass die Dränanlage dauerhaft funktionsfähig ist. Aus diesem Grund wird gefordert, dass die Dränanlage in regelmäßigen Abständen zu überprüfen und ggfs. zu reinigen ist.

Erfolgt keine Dränung bei wenig wasserdurchlässigem Boden, ist drückendes Wasser anzunehmen (W2-E). Die Abdichtung ist für drückendes Wasser auszulegen. Dies gilt auch dann, wenn der Baukörper nicht ins Grundwasser eintaucht, da jederzeit mit aufstauendem Wasser gerechnet werden muss.

Wassereinwirkungsklasse W2-E

Die Wassereinwirkungsklasse W2-E ist anzunehmen, wenn der Baukörper durch drückendes Wasser beansprucht wird. Je nach Intensität des Wasserdrucks wird in die Klassen W2.1-E (Wasserdruck bis 3,0 m Wassersäule) und W2.2-E (Wasserdruck von mehr als 3,0 m Wassersäule) unterschieden. Drückendes Wasser liegt immer dann vor, wenn der Baukörper entweder ins Grundwasser eintaucht oder durch Stauwasser in wenig wasserdurchlässigen Böden ohne Dränung (s. o.) beansprucht wird. Im letzteren Fall ist als maximale Höhe des Wasserspiegels die Geländeoberfläche anzunehmen.

Im Gegensatz zu W1-E gestaltet sich die Ausführung der Abdichtung gegen drückendes Wasser deutlich aufwändiger. Bspw. muss die Abdichtung grundsätzlich auf der Außenseite der Bauteile angeordnet werden. Eine raumseitige Abdichtung der Bodenplatte – wie dies bei W1-E der Regelfall ist – ist bei W2-E nicht zulässig. Außerdem gibt es Einschränkungen bei der Wahl der Abdichtungsstoffe. Bspw. sind Abdichtungen mit kunststoffmodifizierten Bitumendickbeschichtungen (PMBC) bei drückendem Wasser mit mehr als 3,0 m Wassersäule (W2.2-E) nicht zulässig.

Wassereinwirkungsklasse W3-E
Die Wassereinwirkungsklasse W3-E ist bei erdüberschütteten Deckenflächen anzunehmen, wenn diese durch nicht drückendes Wasser belastet werden. Voraussetzung für die Annahme von W3-E ist, dass der tiefste Punkt der Decke mindestens 30 cm über dem Bemessungswasserstand (HGW) liegt und eine Aufstauhöhe von 10 cm nicht überschritten wird. Falls diese Voraussetzunge nicht vorliegen, ist die Decke für drückendes Wasser (W2-E) auszulegen.

Wassereinwirkungsklasse W4-E
Die Wassereinwirkungsklasse W4-E beschreibt Spritzwasser und Bodenfeuchte am Wandsockel sowie Kapillarwasser und aufsteigende Feuchte in und unter Wänden. Beide Beanspruchungsarten kommen bei Wänden aus Mauerwerk vor und werden daher hier näher betrachtet.

3.11.3.3 Rissklassen

Neben der Wassereinwirkung spielen auch Rissbildungen im Untergrund eine maßgebliche Rolle bei der Auswahl einer geeigneten Abdichtungsbauart. Dies liegt darin begründet, dass Rissbreitenänderungen und Rissneubildungen im Untergrund die Abdichtung mehr oder weniger stark beanspruchen. Die Abdichtung muss daher in der Lage sein, die zu erwartenden Rissbreitenänderungen oder Rissneubildungen schadlos und dauerhaft zu überbrücken. Es ist zu beachten, dass nur Rissneubildungen oder Rissbreitenänderungen von der Abdichtung überbrückt werden müssen, die **nach** dem Aufbringen der Abdichtungsschicht auftreten. Risse im Untergrund, die bereits vor Ausführung der Abdichtung vorhanden waren, beanspruchen die Abdichtung dagegen nicht.

Die Forderung nach ausreichenden Rissüberbrückungseigenschaften hat unmittelbaren Einfluss auf die Wahl der Abdichtungsbauart, da die verschiedenen Abdichtungsstoffe unterschiedliche Rissüberbrückungseigenschaften aufweisen. Bspw. besitzen Abdichtungen mit Bitumen- und Polymerbitumenbahnen sehr gute Rissüberbrückungseigenschaften und eignen sich daher für Untergründe, in denen größere Rissneubildungen und Rissbreitenänderungen zu erwarten sind. Abdichtungen mit mineralischen Dichtungsschlämmen (MDS) haben dagegen nur geringe Rissüberbrückungseigenschaften und dürfen daher nur für Untergründe angewendet werden, bei denen nur kleine Rissbreitenänderungen oder Rissneubildungen zu erwarten sind.

Zur Beschreibung der unterschiedlichen Beanspruchungen der Abdichtung durch Risse im Untergrund werden in DIN 18533-1 verschiedene Rissklassen definiert (Tab. 3.36). Im Einzelnen handelt es sich um die Rissklassen R1-E (geringe Beanspruchung durch Rissneubildungen bzw. Rissbreitenänderungen), R2-E (mäßig), R3-E (hoch) und R4-E (sehr hoch).

Tab. 3.36 Rissklassen nach DIN 18533-1

Rissklasse	Rissneubildung Rissbreitenänderung	Abdichtungsuntergrund (Beispiele)	Rissüberbrückungsklasse der Abdichtung
R1-E	≤ 0,2 mm	Mauerwerk im Bereich des Wandsockels Stahlbeton (ohne Zwang- und Biegeeinwirkung, die Rissbildungen verursachen) Untergründe für Querschnittsabdichtungen	RÜ1-E
R2-E	≤ 0,5 mm	Mauerwerk unter Erddruckbelastung geschlossene Fugen zwischen Fertigteilen Stahlbeton (mit Zwang-, Zug- und Biegeeinwirkung, die Rissbildungen verursachen) Fugen an Materialübergängen	RÜ2-E
R3-E	≤ 1,0 mm Rissversatz ≤ 0,5 mm	Aufstandsfugen von Wänden unter Erddruckbelastung	RÜ3-E
R4-E	≤ 5,0 mm Rissversatz ≤ 2,0 mm	stark exzentrisch belastetes Mauerwerk (d. h. klaffende Fuge bis zur Wandmitte; Exzentrizität $e = d/3$)	RÜ4-E

Den Rissklassen des Abdichtungsuntergrundes werden Rissüberbrückungsklassen (RÜ1-E bis RÜ4-E) der Abdichtungsbauart zugeordnet. Diese geben an, welche Rissneubildungen bzw. Rissbreitenänderungen eine Abdichtung dauerhaft und schadlos überbrücken kann. Beispielsweise werden Bitumen- und Polymerbitumenbahnen der RÜ4-E zugeordnet. Das bedeutet, dass hiermit Risse bis 5,0 mm und Rissversätze bis 2,0 mm überbrückt werden können. Abdichtungen mit kunststoffmodifizierten Bitumendickbeschichtungen (PMBC) werden dagegen nur der RÜ3-E zugeordnet, d. h. hiermit können Rissneubildungen bzw. Rissbreitenänderungen bis 1,0 mm und Rissversätze bis 0,5 mm überbrückt werden. Siehe hierzu die folgenden Abschnitte.

3.11.3.4 Raumnutzungsklassen

Ein weiterer Parameter, der bei der Wahl einer Abdichtungsbauart beachtet werden muss, ist die vorgesehene Raumnutzung. Zur Differenzierung der unterschiedlichen Anforderungen an die Raumnutzung werden in DIN 18533-1 drei Raumnutzungsklassen (RN1-E bis RN3-E) unterschieden.

Die Klasse RN1-E ist anzunehmen, wenn nur geringe Anforderungen an die Trockenheit der Raumluft gestellt werden. Typische Beispiele hierfür sind offene Werk- oder Lagerhallen sowie Tiefgaragen. RN2-E gilt für übliche Anforderungen an die Trockenheit der Raumluft und die Zuverlässigkeit der Abdichtungsbauart. Diese Klasse beschreibt den Regelfall und ist beispielsweise für Aufenthaltsräume in Wohn- und Bürogebäuden anzunehmen. Die Klasse RN3-E beschreibt hohe Anforderungen an die Trockenheit der Raumluft und ist außerdem anzunehmen, wenn hohe Anforderungen an die Zuverlässigkeit der Abdichtungsbauart gestellt werden. RN3-E ist beispielsweise für Räume anzunehmen, in denen wertvolle und unersetzliche Kulturgüter gelagert werden. Bei RN3-E ist zusätzlich zu beachten, dass durch die Abdichtung allein keine raumklimatischen Bedingungen geschaffen werden können, die den Anforderungen an die Trockenheit im Schimmelpilzfreiheit von Aufenthaltsräumen genügen. Hier sind weitere Maßnahmen erforderlich, wie z. B. Wärmedämmung, Beheizung, Belüftung. Hinweise hierzu befinden sich im DBV-Merkblatt „Hochwertige Nutzung von Untergeschossen".[21]

3.11.3.5 Anforderungen an den Abdichtungsuntergrund

Regelungen zu den Anforderungen an den Untergrund enthält DIN 18533 (alle Teile). Danach muss der Untergrund ausreichend fest und tragfähig sein sowie eine möglichst ebene Oberfläche aufweisen. Nicht verschlossene Vertiefungen von mehr als 5 mm wie z. B. Mörteltaschen und Ausbrüche sowie offene Stoß- und Lagerfugen sind mit einem geeigneten Mörtel zu verschließen. Oberflächen von Mauerwerk, offene Stoßfugen bis 5 mm Breite, Profilierungen sowie Unebenheiten von Mauersteinen (z. B. Putzrillen bei Ziegelmauerwerk) müssen entweder durch einen Dünn- oder Ausgleichputz, durch geeignete Dichtungsschlämmen oder durch eine Kratzspachtelung egalisiert werden, sofern nicht Abdichtungsstoffe verwendet werden, die ausreichend überdeckende Eigenschaften aufweisen, wie z. B. Bitumen- und Polymerbitumenbahnen. Für weitere Regelungen wird auf DIN 18533 verwiesen.

3.11.3.6 Wahl der Abdichtungsbauart

Die Wahl der Abdichtungsbauart ist von der Wassereinwirkungsklasse, Rissklasse des Untergrunds, Rissüberbrückungsklasse der Abdichtung, Raumnutzungsklasse und den Zuverlässigkeitsanforderungen abhängig. Die Zuordnung der verschiedenen Abdichtungsbauarten (Abdichtung mit Bahnen, Abdichtung mit flüssig zu verarbeitenden Abdichtungsstoffen) erfolgt in den Teilen 2 und 3 der DIN 18533; siehe folgende Abschnitte.

Der Zusammenhang zwischen Wassereinwirkungsklasse und Rissüberbrückungsklasse der Abdichtungsbauart geht aus Tab. 3.37 hervor. Die dort angegebene Zuordnung gilt, sofern keine höheren Rissüberbrückungsklassen aus den Rissklassen des Untergrunds maßgebend sind. Beispielsweise muss eine Abdichtung, die für Bodenfeuchte und nicht drückendes Wasser ausgelegt werden soll (W1-E) mindestens der Rissüberbrückungsklasse RÜ1-E zugeordnet sein, d. h. die Fähigkeit aufweisen, Rissneubildungen und Rissbreiten-

[21] DBV-Merkblatt „Hochwertige Nutzung von Untergeschossen"; hrsg. v. Deutscher Beton. und Bautechnik-Verein e. V. (DBV); Ausgabe Januar 2009, Berlin

Tab. 3.37 Zusammenhang zwischen Rissüberbrückungsklasse der Abdichtungsbauart

Wassereinwirkungsklasse		Rissüberbrückungsklasse	Rissneubildung bzw. Rissbreitenänderung
W1-E	Bodenfeuchte und nicht dückendes Wasser	mind. RÜ1-E	≤0,2 mm
W2.1-E	drückendes Wasser bis 3,0 m Eintauchtiefe	mind. RÜ3-E	≤1,0 mm Rissversatz ≤0,5 mm
W2.2-E	drückendes Wasser > 3,0 m Eintauchtiefe	mind. RÜ4-E	≤5,0 mm Rissversatz ≤2,0 mm
W3-E	nicht drückendes Wasser auf erdüberschütteten Decken	mind. RÜ3-E	≤1,0 mm Rissversatz ≤0,5 mm
W4-E	Spritzwasser am Wandsockel Kapillarwasser in und unter Wänden	mind. RÜ1-E	≤0,2 mm

änderungen bis 0,2 mm zu überbrücken. Bei drückendem Wasser bis 3,0 m Eintauchtiefe wird eine Rissüberbrückungsklasse von mindestens RÜ3-E gefordert, respektive die Fähigkeit besitzen, Rissneubildungen bzw. Rissbreitenänderungen bis 1,0 mm sowie Rissversätze bis 0,5 mm zu überbrücken. Bei drückendem Wasser über 3,0 m Eintauchtiefe wird die höchste Rissüberbrückungsklasse RÜ4-E gefordert (Rissneubildungen bzw. Rissbreitenänderungen bis 5,0 mm und Rissversätze bis 2,0 mm).

Die Abdichtung ist für eine ausreichende Nutzungsdauer auszulegen. Diese ergibt sich aus den Erfordernissen des Einzelfalls unter Beachtung von Wirtschaftlichkeitskriterien. Beispielsweise sollte die Abdichtung von erdberührten Bauteilen für eine längere Nutzungsdauer ausgelegt werden und möglichst der Nutzungsdauer des Bauwerks entsprechen als eine Dachabdichtung. Grund hierfür ist, dass die Instandsetzung oder Erneuerung der Abdichtung von erdberührten Bauteilen nur unter großem Aufwand möglich ist (z. B. Freilegen der Wandflächen), während eine Dachabdichtung relativ einfach repariert oder erneuerrt werden kann.

3.11.3.7 Abdichtung von erdberührten Bauteilen bei W1-E

Bei W1-E (Bodenfeuchte und nicht drückendes Wasser) kann die Abdichtung mit Bahnen sowie verschiedenen flüssig zu verarbeitenden Abdichtungsstoffen erfolgen (Tab. 3.38).

Typische Abdichtungsbauweisen (Schichtenfolge) von Bodenplatten sind in Abb. 3.89 und von erdberührten Wänden (jeweils W1-E) in Abb. 3.90 dargestellt. Für die Bemessung der Abdichtung und die Verarbeitung der Abdichtungsstoffe sowie weitere Regelungen wird auf die Norm (DIN 18533) verwiesen.

3.11.3.8 Abdichtung von erdberührten Bauteilen bei W2-E

Bei drückendem Wasser muss die Abdichtung grundsätzlich auf der Außenseite des abzudichtenden Bauteils angeordnet werden, damit der Wasserdruck die Abdichtungschicht gegen den Untergrund drückt (Abb. 3.91). Eine innenseitige Abdichtung, wie es bei

Tab. 3.38 Abdichtungsbauarten von erdberührten Bauteilen bei W1-E

Abdichtungsbauart mit	Bodenplatte (W1-E)	Erdberührte Wände (W1-E)
Bitumen- und Polymerbitumenbahnen	X	X
Kunststoff- und Elastomerbahnen	X	X
PMBC	X	X
Asphaltmastix, Gussasphalt	X	N
MDS	X	X
keine Abdichtung	X [1)]	N

X: zulässig

N: nicht zulässig

PMBC: Kunststoffmodifizierte Bitumendickbeschichtungen

MDS: Rissüberbrückende mineralische Dichtungsschlämmen

[1)] Auf eine Abdichtung der Bodenplatte kann verzichtet werden, wenn unter oder auf der Bodenplatte vollflächig Schaumglasdämmplatten in Heißbitimen mit lückenlos verschlossenen Fugen verlegt werden.

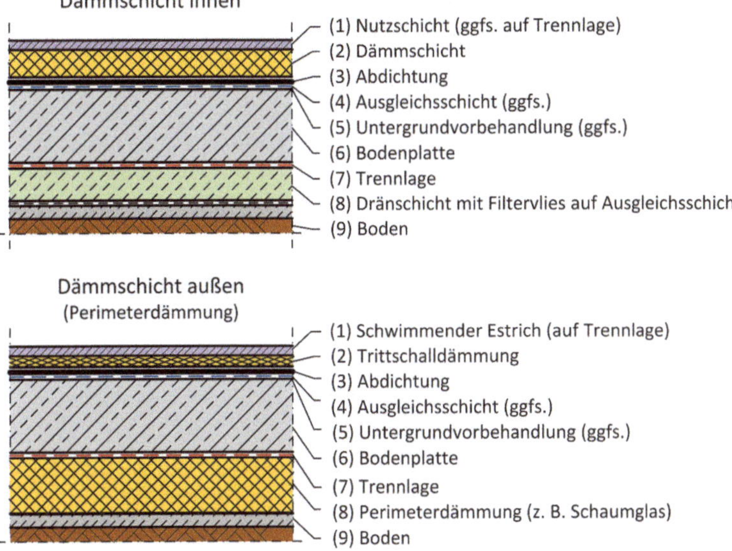

Abb. 3.89 Typische Abdichtungsbauweisen für die Abdichtung von Bodenplatten (W1-E). (In Anlehnung an DIN 18533-1, Bild 12)

Bodenplatten bei W1-E möglich ist und bei Bodenplattenabdichtungen den Regelfall darstellt, ist bei W2-E nicht zulässig. Für die Abdichtung bei drückendem Wasser sind Bitumen- und Polymerbitumenbahnen sowie Kunststoff- und Elastomerbahnen (W2.1-E und W2.2-E) sowie kunststoffmodifizierte Bitumendickbeschichtungen (PMBC) (nur für W2.1-E geeignet; bis 3,0 m Eintauchtiefe) zulässig. Für weitere Regeln wird auf DIN 18533 verwiesen.

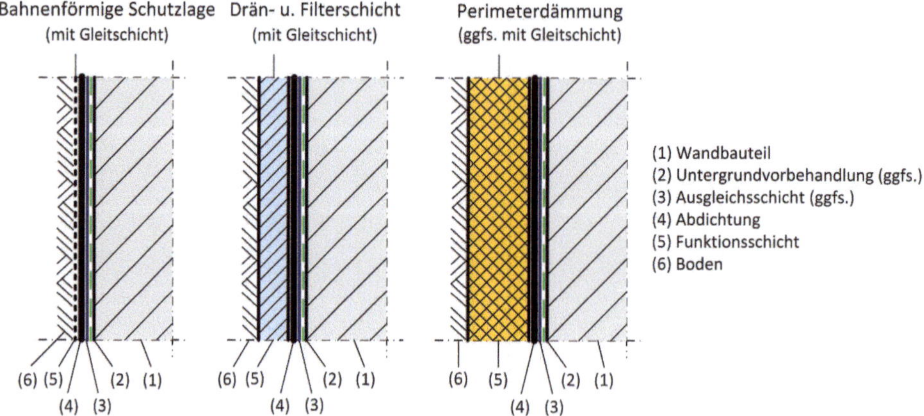

Abb. 3.90 Typische Abdichtungsbauweisen für die Abdichtung von erdberührten Wänden (W1-E). (In Anlehnung an DIN 18533-1, Bild 11)

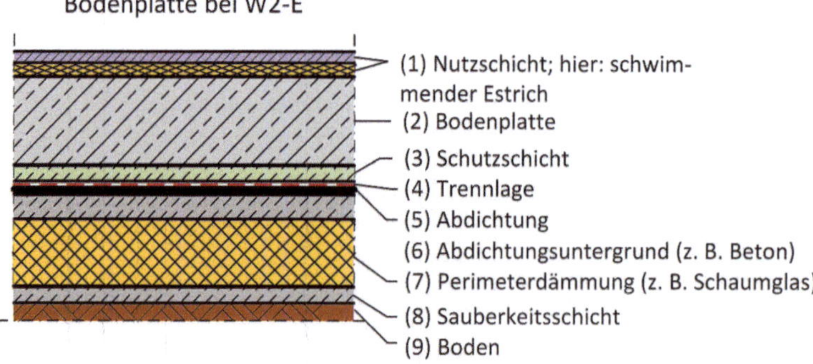

Abb. 3.91 Aufbau der Abdichtung bei einer Bodenplatte bei drückendem Wasser (W2-E). (In Anlehnung an DIN 18533-1, Bild 15)

3.11.3.9 Abdichtung von erdüberschütteten Decken bei W3-E

Für die Abdichtung von erdüberüberschütteten Decken bei nicht drückendem Wasser (W3-E) sind folgende Abdichtungsstoffe zugelassen:

- Asphaltmastix i. V. mit Gussasphalt (n. DIN 18533-3:2017-07, Tab. 1)
- Bitumen- und Polymerbitumenbahnen (n. DIN 18533-2:2017-07, Tab. 9)
- Flüssigkunststoffe (FLK) (n. DIN 18533-3:2017-07, Tab. 1)
- Polymerbitumen-Schweißbahn i. V. mit Gussasphalt (n. DIN 18533-3:2017-07, Tab. 1)
- Kunststoff- oder Elastomerbahnen (n. DIN 18533-2:2017-07, Tab. 17)
- Kunststoffmodifizierte Bitumendickbeschichtungen (PMBC) (n. DIN 18533-3:2017-07, Tab. 1)

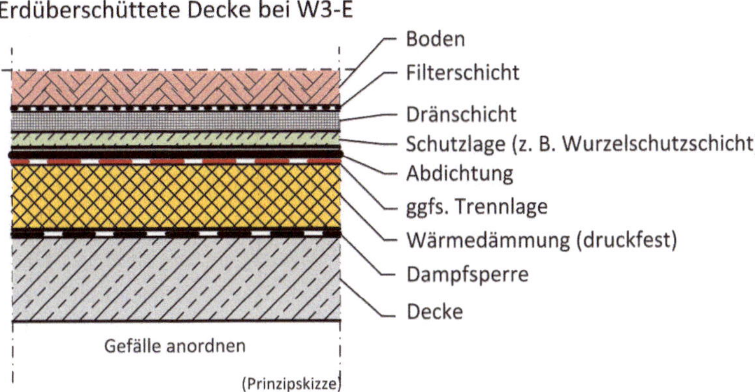

Abb. 3.92 Aufbau der Abdichtung bei erdüberschütteten Decken (W3-E). (In Anlehnung an DIN 18533-1, Bild 16)

Der typische Aufbau von Abdichtungen von erdüberschütteten Decken ist in Abb. 3.92 dargestellt. Für weitere Regeln, insbesondere für die Bemessung und Ausführung der Abdichtung, wird auf DIN 18533 verwiesen.

3.11.3.10 Abdichtung des Wandsockels (W4-E)

Der Wandsockel wird durch Spritz- und Oberflächenwasser beansprucht und muss daher mit einer Abdichtung versehen werden. Je nach Konstruktion der aufgehenden Außenwand kann der Abdichtungsstoff der erdberührten Wand auch für die Abdichtung des Wandsockels verwendet werden, indem die Wandabdichtung über Gelände weitergeführt wird.

Grundsätzlich muss die Abdichtung im Bauzustand mindestens 30 cm über Geländeoberfläche hochgeführt werden. Für das fertiggestellte Gelände ist ein Wert von mindestens 15 cm einzuhalten. Ausgenommen von dieser Regelung sind niveaugleiche Zugänge und Türschwellen, bei denen geringere Anschlusshöhen zulässig sind, wenn bestimmte Maßnahmen ergriffen werden (Anordnung einer Entwässerungsrinne vor der Tür, wasserdichter Anschluss der Abdichtung an den Türrahmen, Anordnung eines Gefälles des Belags von der Tür weg, Schutz vor Spritzwasser durch Vordach); s. Abschn. 3.11.3.13.

Der Abdichtungsrand (Abschluss) am Wandsockel darf nicht hinterlaufen werden. Dazu sind entsprechende Maßnahmen erforderlich, die von der Ausbildung der aufgehenden Wand sowie der Ausbildung des Wandsockel s abhängen.

Bei Wandsockeln mit Bekleidung (z. B. Verblendmauerwerk, Wärmedämmverbundsystem (WDVS)) wird die Abdichtung der erdberührten Wand hinter der Bekleidung auf der Wandoberfläche hochgeführt. Die Bekleidungen sind so befestigen, dass die Abdichtung im Spritz- und Oberflächenwasserbereich (bis 300 mm über Geländeoberfläche) nicht perforiert wird. Andernfalls sind die Befestigungen wie Durchdringungen abzudichten. Bei monolithischen verputzten Außenwänden ohne Bekleidung, bei denen auch der Wandsockel mit einer Putzschicht versehen werden soll, wird die Abdichtungsschicht der erdberührten Wand in einem Bereich von 5 cm bis 20 cm unter der Geländeoberfläche hinterlaufsicher an die Sockelabdichtung mit einer Überlappung von mindestens 10 cm angeschlossen. Für die Sockelabdichtung eignet sich in diesem Fall eine mineralische Dichtungsschlämme (MDS), die durch einen wasserabweisenden Sockelputz geschützt wird (Abb. 3.93).

Bei Wandsockeln ohne Bekleidung, bei denen der Abdichtungsrand frei der Witterung ausgesetzt und/oder ist mit Spritzwassereinwirkung zu rechnen ist, muss der Abdichtungsrand mithilfe von Klemmprofilen oder -schienen linienförmig am Untergrund ausreichend befestigt werden, um ein Eindringen von Wasser auszuschließen. Die Klemmprofile/-schienen sind dazu im Abstand von maximal 20 cm mit geeigneten Verbindungsmitteln zu befestigen. Zusätzlich ist der Abdichtungsrand mit einem Überhangstreifen oder -blech oder mittels einer Dichtstofffase gegen Hinterlaufen zu schützen (Abb. 3.94).

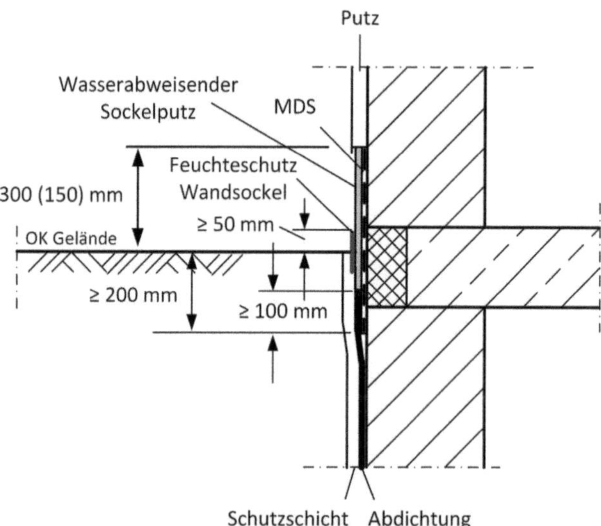

Abb. 3.93 Abdichtung des Wandsockels (W4-E) bei verputztem Mauerwerk. (In Anlehnung an DIN 18533-1, Bild 18)

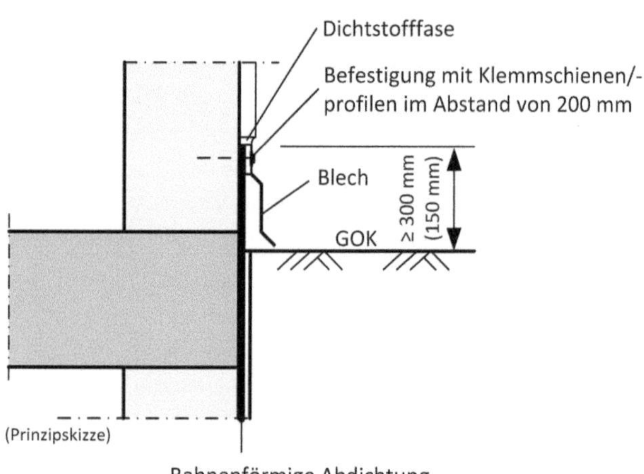

Abb. 3.94 Ausbildung des Abschlusses der Abdichtung bei einem Wandsockel ohne Bekleidung

3.11.3.11 Querschnittsabdichtungen in und unter Wänden (W4-E)

Außenwände und Innenwände, die kapillar leitfähig sind oder durch aufsteigende Feuchte geschädigt werden können, sind mit einer Querschnittsabdichtung zu versehen. Die Querschnittsabdichtung soll verhindern, dass Wasser bzw. Feuchte in den Wänden aufsetigt und die Bauteile durchfeuchtet.

Die Querschnittsabdichtung muss die einwirkenden Lasten (Vertikallasten und ggfs. Querkräfte bei erddruck- und wasserdruckbeanspruchten Außenwänden) schadlos aufnehmen und an den Untergrund (Bodenplatte) weiterleiten können. Als Abdichtungsstoffe sind Bahnen (Bitumen- und Polymerbitumenbahnen, Kunststoff- und Elastomerbahnen), rissüberbrückende mineralische Dichtungsschlämmen (MDS) sowie Flüssigkunststoffe (FLK) geeignet. Kunststoffmodifizierte Bitumendickbeschichtungen (PMBC) sind dagegen nicht zugelassen.

Bahnen, die als Querschnittsabdichtung eingesetzt werden, müssen den Anwendungstypen „MSB-Q" (geeignet für die Übertragung von Querkräften) oder „MSB-nQ" (nicht geeignet für die Übertragung von Querkraft) entsprechen. Querkräfte treten nur bei Wänden auf, die horizontal belastet werden. Dies ist typischerweise bei erdberührten Außenwänden der Fall, die durch Erddruck und ggfs. Wasserdruck auf Biegung beansprucht werden, wodurch am Wandfuß Querkräfte entstehen. Die Querschnittsabdichtung in biegebeanspruchten Wänden muss daher dem Anwendungstyp „MSB-Q" entsprechen. Innenwände werden dagegen in der Regel nur lotrecht belastet, es treten keine oder nur geringe Biegemomente und damit keine bzw. nur geringe Querkräfte auf. Als Querschnittsabdichtung sind daher Bahnen des Typs „MSB-nQ" ausreichend.

3.11.3.12 Anschlüsse

Bei Bodenplatten mit Abdichtung auf der Oberseite (dies ist der Regelfall bei W1-E) muss die Abdichtung der Bodenplatte an die Querschnittsabdichtung (Horizontalabdichtung) so herangeführt werden, dass im Bereich des Anschlusses kein Feuchtetransport möglich ist; d. h. sogenannte Putzbrücken sind zu vermeiden (Abb. 3.95).

Außerdem ist die Querschnittsabdichtung an die Wandabdichtung so heranzuführen oder anzuschließen, dass auch an dieser Stelle kein kapillarer Wassertransport möglich ist. Der Anschluss der Wandabdichtung an die Querschnittsabdichtung mittels einer Dichtungskehle und überstehender Bodenplatte ist Lösungen mit bündiger Bodenplatte vorzuziehen. Beispielhaft ist der Anschluss einer Wandabdichtung mit einer PMBC an eine Querschnittsabdichtung aus einer rissüberbrücenden MDS in Abb. 3.96 dargestellt.

Weiterhin wird gefordert, die Wandabdichtung an der Stirnseite der Bodenplatte mindestens 10 cm herunterzuführen. Zur Vermeidung von Beschädigungen der Abdichtungsschicht ist die Kante der Bodenplatte abzuschrägen.

3.11.3.13 Niveaugleiche Zugänge

Im Bereich von niveaugleichen Zugängen (z. B. bei Hauseingangstüren, Terrassen usw.) kann die geforderte Anschlusshöhe von 30 cm über Geländehöhe im Bauzustand (bzw.

Abb. 3.95 Anschluss der Abdichtung der Bodenplatte an die Querschnittsabdichtung (Horizontalabdichtung)

Fehlerhafte Ausführung der Horizontalabdichtung

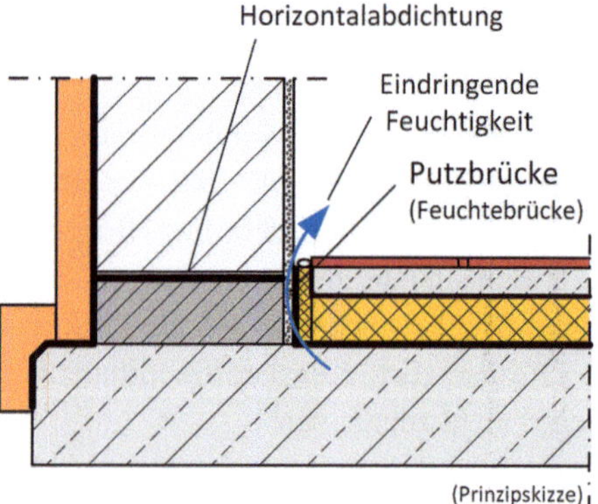

Regelgerechte Ausführungen

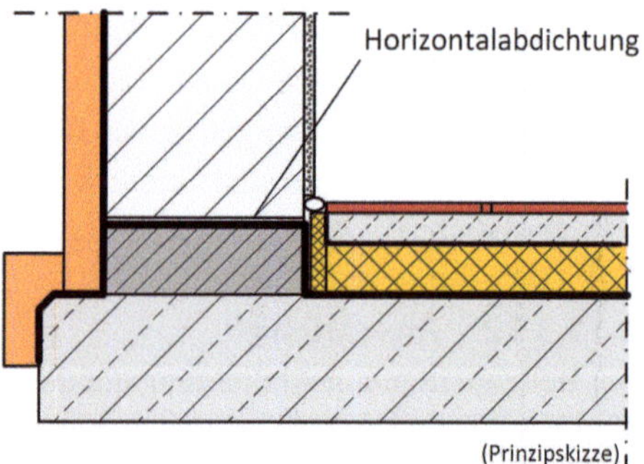

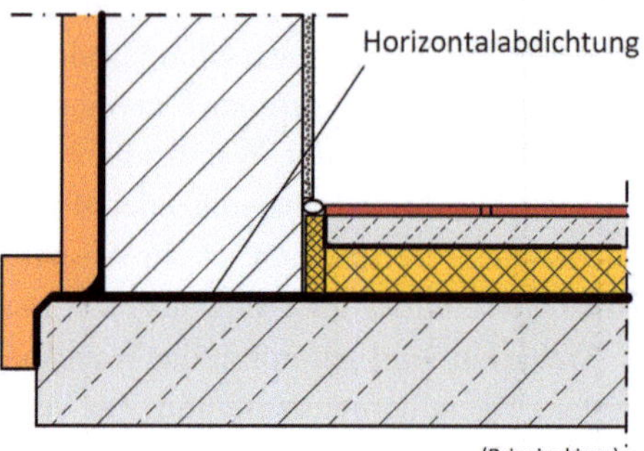

bevorzugt auszuführende Variante

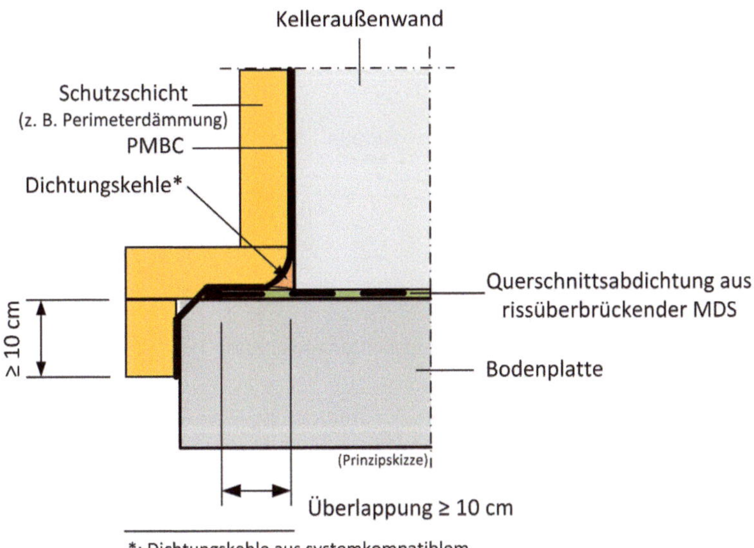

Abb. 3.96 Bodenplatten-Wandanschluss bei einer Wandabdichtung mit PMBC und einer Querschnittsabdichtung aus rissüberbrückender MDS bei W1-E

15 cm bei fertigem Gelände) nicht eingehalten werden. Hier sind besondere Maßnahmen durchzuführen, um ein Eindringen von Wasser ins Gebäude zu verhindern. Dazu zählen (Abb. 3.97):

- Einbau einer Entwässerungsrinne auf der gesamten Breite vor der Tür mit Anschluss an die Gebäudeentwässerung.
- Wasserdichte Anschluss der Abdichtung an die Türschwelle. Alternativ ist die Abdichtung hinter den Türrahmen anzuordnen; dabei muss die Abdichtung Türschwelle, Türpfosten und Rolladenschienen hinterfahren.
- Verringerung der Spritzwasserbeanspruchung durch Anordnung der Tür in einem Fassadenrücksprung oder Anordnung eines Vordaches.
- Ableitung von Oberflächenwasser durch Ausbildung eines ausreichenden Gefälles, welches von der Tür weg orientiert ist.

3.11.3.14 Abdichtung von Durchdringungen

Durchdringungen (z. B. Rohrdurchführungen, Abläufe usw.) müssen so angeordnet und konzipert werden, dass die Flächenabdichtung fachgerecht angeschlossen werden kann. Ihre Anzahl ist auf das unbedingt notwendige Maß zu begrenzen. Es wird daher empfohlen, Ver- und Entsorgungsleitungen in einer Mehrspartenhauseinführung zusammenzufassen.

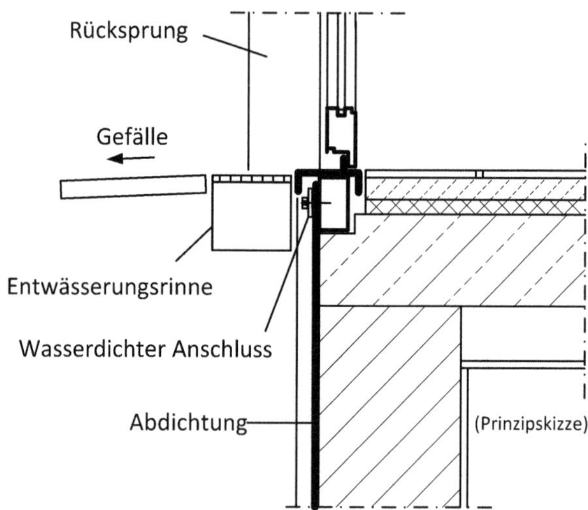

Abb. 3.97 Anschluss der Abdichtung im Bereich eines Zugangs. (In Anlehnung an DIN 18533-1, Bild 27)

Bei W1-E kann der Anschluss der Flächenabdichtung an Durchdringungen bei flüssig zu verarbeitenden Abdichtungsstoffen mit Manschetten, bei Bahnen mit Klebe- oder Anschweißflansch oder und Manschetten und Schelle erfolgen. Bei W2-E ist die Flächenabdichtung mithilfe einer Los- und Festflanschkonstruktion an die Durchdringung anzuschließen (Abb. 3.98).

3.11.3.15 Schutzschichten und Schutzmaßnahmen

Die Abdichtung von erdberührten Bauteilen ist grundsätzlich mit einer geeigneten Schutzschicht vor Beanspruchungen zu schützen, um Beschädigungen zu vermeiden. Der Zeitpunkt des Einbaus der Schutzschicht richtet sich nach der Abdichtungsbauart. Bei Abdichtungen mit bahnenförmigen Abdichtungsstoffen ist die Schutzschicht unverzüglich nach Herstellung einzubauen. Bei Abdichtungen mit flüssig zu verarbeitenden Stoffen darf die Schutzschicht dagegen erst nach vollständiger Durchtrocknung bzw. Aushärtung der Abdichtungsschicht angeordnet werden. Beim Einbau der Schutzschicht ist darauf zu achten, dass die fertige Abdichtung nicht beschädigt wird.

Als Stoffe für die Schutzschicht eignen sich je nach den zu erwartenden Beanspruchungen und lokalen Gegebenheiten Perimeterdämmplatten, Schaumglas sowie Dränplatten. Für den Schutz einer raumseitig angeordneten Abdichtung einer Bodenplatte kann ein Estrich nach DIN 18560 angeordnet werden. Bei W2-E werden Schutzschichten für die Wandabdichtung oft aus aus Beton oder Mauerwerk ausgeführt. Diese dienen dann als Abdichtungsrücklage. Das bedeutet, dass im ersten Arbeitsschritt die massive Schutzschicht aus Mauerwerk oder Beton hergestellt wird. Auf der wasserabgewandten Seite der fertiggestellten Schutzschicht wird im zweiten Schritt die Abdichtung aufgebracht, bevor abschließend die eigentliche Wand des Baukörpers hergestellt wird. Im letzten Arbeitsschritt wird der Zwischenraum zwischen Abdichtung und Wandoberfläche mit geeigneten Stoffen verfüllt (z. B. bei Mauerwerk Mörtel, bitumenhaltige Vergussmassen; siehe Norm).

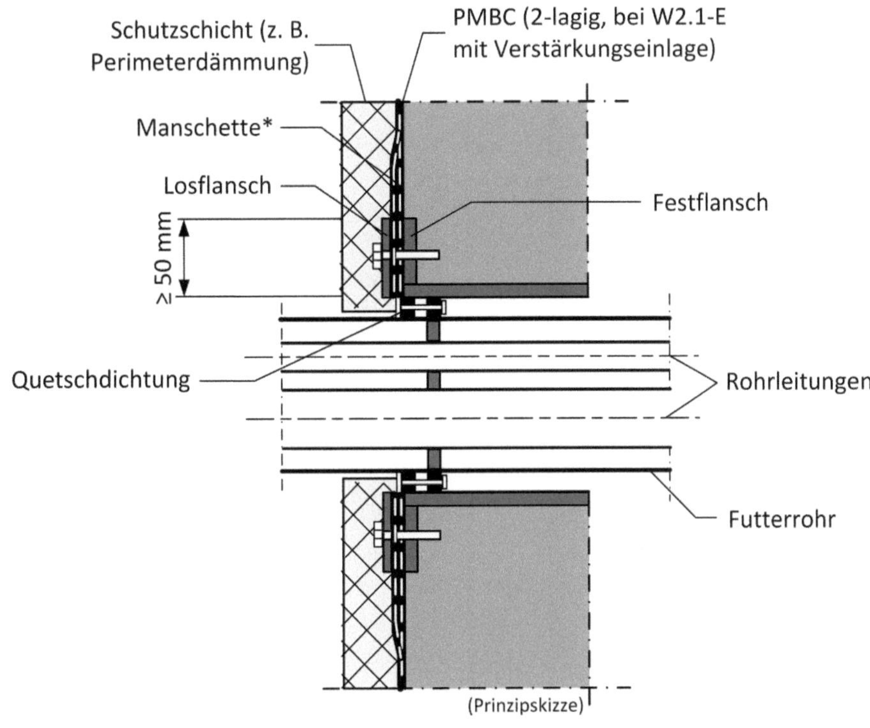

Abb. 3.98 Anschluss der Flächenabdichtung mit PMBC an eine Durchdringung als Mehrspartenhauseinführung bei W2.1-E mittels Los- und Festflanschkonstruktion

Während Schutzschichten den dauerhaften Schutz der Abdichtung sicherstellen, dienen Schutzmaßnahmen dazu, die fertiggestellte Abdichtung vorübergehend zu schützen, z. B: bei einer Arbeitsunterbrechung. Zu den Schutzmaßnahmen zählen beispielsweise:

- Fernhalten von Wasser, welches die Abdichtung von der Rückseite beansprucht, z. B. durch Abdecken der Oberseiten der Wände.
- Keine Lagerung von Baumaterialien und kein Abstellen von Geräten auf der Abdichtung. Betreten der Abdichtung nur mit geeigneten Schuhen.
- Schutz der Abdichtung vor schädigenden Stoffen, wie z. B. Schmier- und Treibstoffe, Lösungsmittel, Schalöl.
- Schutz von senkrechten oder stark geneigten Abdichtungen gegen Wärmeeinwirkung (z. B: bei Sonneneinstrahlung) durch Abhängen mit Planen, Wasserberieselung oder einen Zementmilchanstrich, um die Gefahr des Abrutschens zu verhindern.

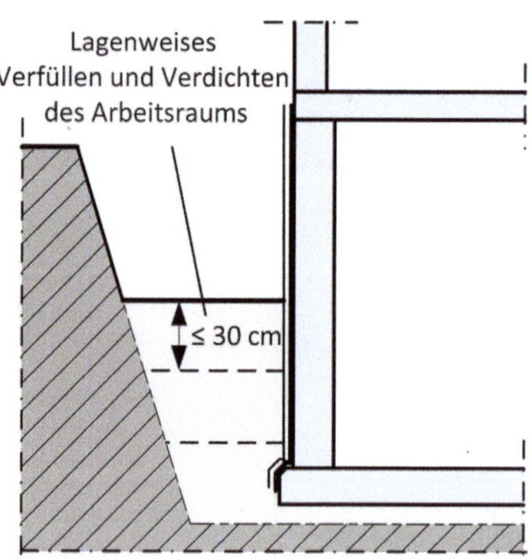

Abb. 3.99 Verfüllung der Baugrube

Nach Herstellung der Schutzschicht ist die Baugrube bzw. der Arbeitsraum lagenweise mit geeignetem Material zu verfüllen (Dicke der einzelnen Lagen max. 30 cm), wobei das Verfüllmaterial zu verdichten ist. Bauschutt, Abfall, Flaschen u. ä. Materialien und Gegenstände dürfen nicht angeschüttet werden. Beim Einbringen und Verdichten des Verfüllmaterials ist darauf zu achten, dass Schutzschicht und Abdichtung in ihrer Funktion nicht beeinträchtigt bzw. geschädigt werden. Außerdem dürfen keine erhöhten Lasten auf die Abdichtung einwirken, z. B. Radlasten von Baufahrzeugen. Setzungen der Verfüllung dürfen keine Schäden verursachen, ggfs. sind Gleitschichten einzubauen, um die Setzung zu ermöglichen (Abb. 3.99).

3.11.4 Abdichtung von weiteren Bauteilen

Für die Planung, Bemessung und Ausführung der Abdichtung von Innenräumen (n. DIN 18534) sowie Behältern und Becken (n. DIN 18535) wird auf die genannten Normen verwiesen.

Schallschutz und Bauakustik

4

4.1 Begriffsdefinition

Unter dem Begriff *Schallschutz* bzw. *Bauakustik* sind alle Maßnahmen zu verstehen, die Menschen in Räumen vor störenden Geräuschen aus fremden Räumen, Wohnungen oder Arbeitsbereichen sowie Geräuschen infolge von haustechnischen Anlagen oder vor Außenlärm (z. B. Verkehrslärm von außen) schützen. Anforderungen an den Schallschutz sowie Regelungen zur Nachweisführung werden in den folgenden Abschnitten dieses Kapitels behandelt..

Die *Raumakustik* bezeichnet dagegen ein Teilgebiet der Akustik, das sich mit der Auswirkung von baulichen Gegebenheiten und Maßnahmen, wie z. B. Raumgröße und Raumgeometrie sowie der Anordnung schallabsorbierender und schallreflektierender Bauteile und Komponenten, auf die Schallausbreitung in einem Raum befasst. Siehe hierzu Kap. 5.

Kennzeichnend für die Abgrenzung beider Gebiete, d. h. Abgrenzung von Schallschutz bzw. Bauakustik und Raumakustik, ist die Lage von Schallquelle und Empfänger. Sind Schallquelle und Empfänger durch Bauteile voneinander getrennt, wird der Schallschutz primär durch Schalldämmung (beim Luftschall) sowie durch schalltechnische Entkopplung der Bauteile (beim Tritt- und Körperschall) erzielt. Die hierfür erforderlichen Verfahren und Maßnahmen werden dem Gebiet des Schallschutzes bzw. der Bauakustik zugeordnet.

Befinden sich Schallquelle und Hörer dagegen im gleichen Raum, besteht die Aufgabe darin, eine ausreichende Hörsamkeit in dem betreffenden Raum durch geeignete Maßnahmen sicherzustellen. Hierfür werden schallabsorbierende Bauteile und Komponenten eingebaut, die den Schall dämpfen (absobieren) und somit störende Echos und einen unangenehmen Nachhall verhindern sollen. Weiterhin kann der Schall durch Anordnung schallreflektierender Bauteile gezielt gelenkt werden, um z. B. die Hörsamkeit in den hinteren Raumbereichen zu verbessern. Die Verfahren und Maßnahmen werden dem Gebiet der Raumakustik zugeordnet (Abb. 4.1).

P. Schmidt, S. Windhausen, *Lohmeyer Praktische Bauphysik*,
https://doi.org/10.1007/978-3-658-42604-0_4

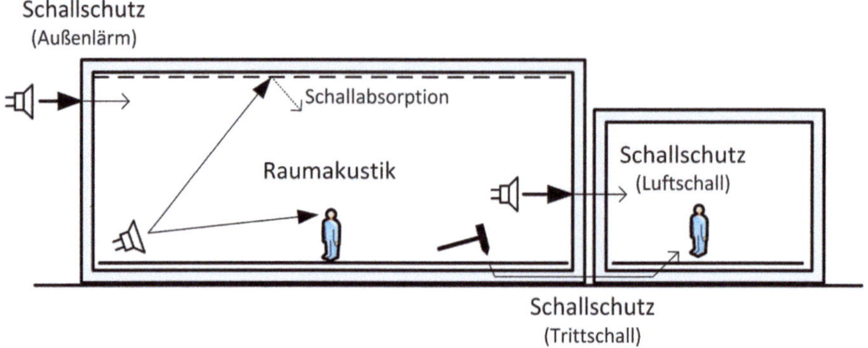

Abb. 4.1 Abgrenzung der Gebiete „Schallschutz“ bzw. „Bauakustik“ und „Raumakustik“

4.2 Einführung und Überblick

Ein ausreichender Schallschutz bei Gebäuden ist für das Wohlbefinden des Menschen von entscheidender Bedeutung. Er dient dem Gesundheitsschutz sowie der Wahrung von Privatsphäre und Vertraulichkeit.

In besonderem Maße gilt dies für Wohnungen, da die Menschen einen großen Teil ihrer Zeit in Wohnungen verbringen. Schallschutzmaßnahmen sind aber auch bei Nichtwohngebäuden wie z. B. Krankenhäuser, Hotels, Schulen, Büro- und Verwaltungsgebäuden erforderlich, um angemessene Arbeits- und Rahmenbedingungen zu schaffen.

In den nachfolgenden Abschnitten werden zunächst die physikalischen Grundlagen bezüglich der Thematik Schall behandelt und die wesentlichen Kenngrößen, die für die Beschreibung der Schallübertragung verwendet werden, erläutert. Anschließend werden die geltenden Regelwerke (Normen, Vorschriften und Richtlinien) zum Thema Schallschutz besprochen und die Anforderungen angegeben. Weitere Abschnitte befassen sich ausführlich mit der Nachweisführung der Schalldämmung von Bauteilen und ihre Konstruktion. Dabei werden Wände, Haustrennwände, Decken, Treppen und Vorsatzkonstruktionen behandelt. Zwei weitere Abschnitte befassen sich mit den Themen Außenlärm und städtebaulicher Schallschutz. Sämtliche Regeln werden durch Beispiele zusätzlich erläutert.

4.3 Physikalische Grundlagen

4.3.1 Schall

Als *Schall* wird die mechanische Schwingung eines elastischen Mediums (fest, flüssig, gasförmig), insbesondere im Frequenzbereich des menschlichen Hörens (Hörschall, ca. 16 Hz bis 20.000 Hz), bezeichnet. Eine mechanische Schwingung wiederum ist eine zeit-

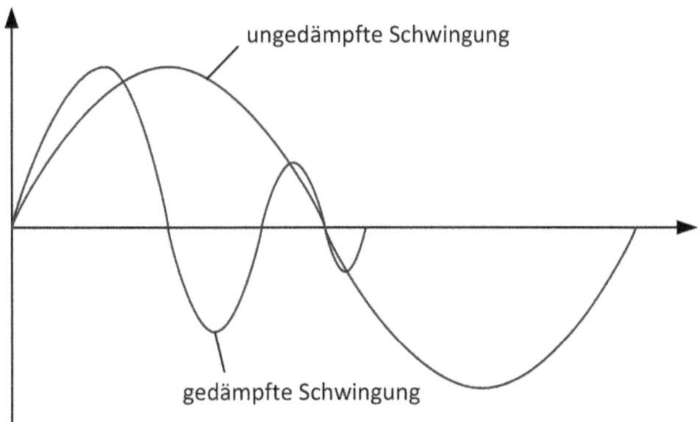

Abb. 4.2 Gedämpfte und ungedämpfte (harmonische) Schwingungen

lich periodische Zustandsänderung, die auftritt, wenn bei Störung des mechanischen Gleichgewichts Kräfte wirken, die dieses Gleichgewicht wiederherzustellen versuchen. Schwingungen können ungedämpft sein – in diesem Fall werden sie als harmonische Schwingung bezeichnet – oder gedämpft verlaufen (gedämpfte Schwingungen) (Abb. 4.2).

Beispiele

- Eine Klavier- oder Gitarrensaite schwingt beim Anregen hin und her und erzeugt auf diese Weise einen Ton. Hört die Klaviersaite auf zu schwingen, verstummt auch der Ton.
- Eine Decke, die durch Begehen oder durch Stühlerücken angeregt wird, führt Biegeschwingungen aus. Diese regen die Luft im Raum darunter an, sodass die Geräusche – je nach Schalldämmung der Decke – im Empfangsraum mehr oder weniger deutlich wahrgenommen werden.

Die Schallausbreitung setzt ein elastisches Medium in Form eines Gases (z. B. Luft), einer Flüssigkeit (z. B. Wasser) oder einen Festkörper voraus. Ohne dieses Medium kann sich der Schall nicht ausbreiten. Aus diesem Grund ist die Schallausbreitung im materiefreien Raum wie z. B. dem Weltall nicht möglich.
Mögliche Schallerzeuger sind (Abb. 4.3):

- Sprache;
- Stühlerücken, Gegenstände fallen lassen;
- Radio, Fernsehen;
- Musikinstrumente;
- Maschinen, haustechnische Anlagen;
- Verkehr (Kfz, Eisenbahn, Flugzeuge);
- schnell strömende Flüssigkeiten (Zischen, Rauschen einer Wasserleitung). ◀

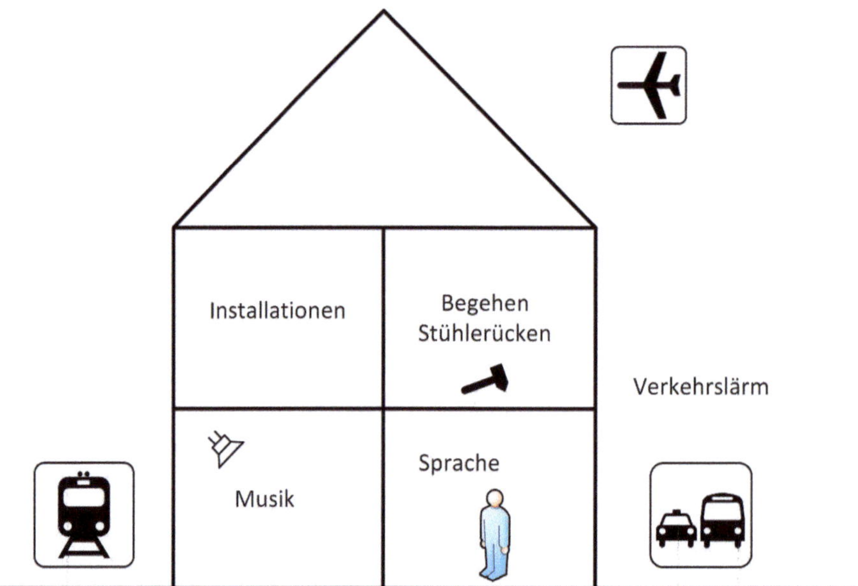

Abb. 4.3 Schallerzeuger (Auswahl)

4.3.2 Schallschnelle, Amplitude, Periode

Die Geschwindigkeit, mit der sich die Teilchen des elastischen Mediums um ihren Ruhepunkt bewegen, wird als Schallschnelle v (Dimension: m/s) bezeichnet. Die Entfernung der schwingenden Teilchen von der Ruhelage wird *Amplitude* genannt. Je größer die Amplitude ist desto lauter wird der Schall empfunden und desto größer ist der Schalldruck.

In der Luft überlagern sich die Schalldruckschwankungen (Amplituden) dem atmosphärischen Druck (Luftdruck). Der Ablauf einer vollständigen Schwingung wird als *Periode* mit der Dauer T bezeichnet. Die sich wiederholenden Schwingungszustände ergeben jeweils eine Phase.

Der Abstand einer Phase (d. h. der Abstand zwischen zwei benachbarten Wellenbergen einer Schwingung) ist als Schallwellenlänge λ definiert (Abb. 4.4).

4.3.3 Schallgeschwindigkeit

In einem elastischen Medium breiten sich die Schwingungen als Schallwellen mit der *Schallgeschwindigkeit c* aus. Die Schallgeschwindigkeit ist für Festkörper und Fluide (Flüssigkeiten und Gase) unterschiedlich. In Festkörpern breiten sich Schallwellen deutlich schneller aus als in Fluiden, d. h. die Schallgeschwindigkeit ist in Festkörpern um ein Vielfaches größer als in Gasen und Flüssigkeiten.

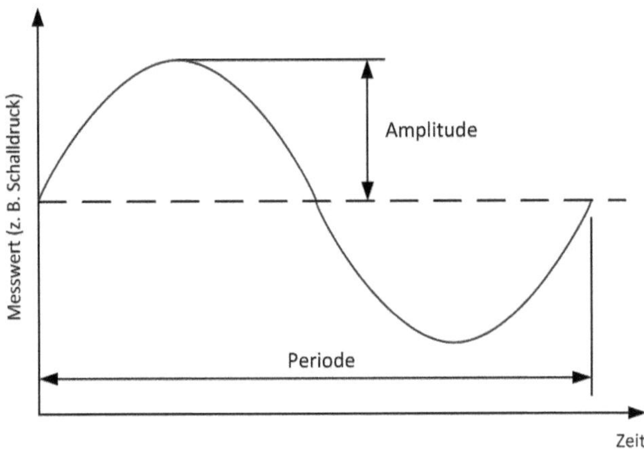

Abb. 4.4 Amplitude und Periode

Schallgeschwindigkeit in Festkörpern

In Festkörpern können sich die Schallwellen sowohl in Ausbreitungsrichtung (Longitudinalwellen) als auch in Querrichtung (Transversalwellen) ausbreiten, da Festkörper im Gegensatz zu Fluiden Schubkräfte übertragen können. Die Schallgeschwindigkeit in Festkörpern hängt vom Elastizitätsmodul E und der Querkontraktionszahl ν des Stoffes sowie von seiner Rohdichte ρ ab.

Für Festkörper berechnet sich die Schallgeschwindigkeit c mit folgender Gleichung:

$$c = \sqrt{\frac{E(1-\nu)}{\rho(1-\nu-2\,\nu^2)}} \tag{4.1}$$

Für stabförmige Bauteile kann die Querkontraktion vernachlässigt werden, d. h. es kann $\nu = 0$ gesetzt werden. Damit vereinfacht sich Gl. (4.1) und die Schallgeschwindigkeit für stabförmige Bauteile kann mit folgender Formel berechnet werden:

$$c = \sqrt{\frac{E}{\rho}} \tag{4.2}$$

In den Gl. (4.1) und (4.2) bedeuten:

c Schallgeschwindigkeit, in m/s;
E Elastizitätsmodul des Stoffes, in N/m^2;
ν Querkontraktionszahl (Poissonzahl) (dimensionslos);
ρ Rohdichte des Stoffes, in kg/m^3.

Beispiele

Für die folgenden stabförmigen Bauteile aus verschiedenen Materialien ist die Schallgeschwindigkeit zu berechnen:

a) *Balken aus Nadelholz:*
E-Modul (in Faserrichtung): $E = 11.000\ N/mm^2 = 11 \times 10^9\ N/m^2$

Rohdichte: $\rho = 500$ kg/m³

Die Schallgeschwindigkeit berechnet sich für stabförmige Bauteile nach Gl. (4.2):

$$c = \sqrt{\frac{E}{\rho}} = \sqrt{\frac{11 \cdot 10^9}{500}} = 4690\,\text{m/s}$$

b) *Träger aus Baustahl:*

E-Modul: $E = 210.000$ N/mm² $= 210 \times 10^9$ N/m²

Rohdichte: $\rho = 7850$ kg/m³

Schallgeschwindigkeit nach Gl. (4.2):

$$c = \sqrt{\frac{E}{\rho}} = \sqrt{\frac{210 \cdot 10^9}{7850}} = 5172\,\text{m/s}$$

c) *Balken aus Stahlbeton (C 20/25):*

E-Modul: E = 30.000 N/mm² = 30 × 10⁹ N/m²

Rohdichte: $\rho = 2400$ kg/m³

Schallgeschwindigkeit nach Gl. (4.2):

$$c = \sqrt{\frac{E}{\rho}} = \sqrt{\frac{30 \cdot 10^9}{2400}} = 3535\,\text{m/s}$$

◀

Schallgeschwindigkeit in der Luft

In der Luft können sich die Schallwellen nur in longitudinaler Richtung ausbreiten (Schwingungsrichtung ist parallel zur Ausbreitungsrichtung orientiert – Longitudinalwellen), da Gase keine Schubkräfte übertragen können. Die Ausbreitung von Schallwellen in der Luft erfolgt durch abwechselnde Verdichtung und Entspannung der Luftmoleküle.

In idealen Gasen hängt die Schallgeschwindigkeit c vom Druck p und der Dichte ρ sowie über die universelle Gasgleichung ($p\,V = \nu\,R\,T$) auch von der Temperatur T ab. Es gilt:

$$c = \sqrt{\kappa \cdot \frac{p}{\rho}} = \sqrt{\kappa \cdot \frac{R \cdot T}{M}} \tag{4.3}$$

Darin bedeuten:

c Schallgeschwindigkeit in einem idealen Gas, in m/s;

κ Faktor (Poissonkonstante:[1] $\kappa = K/p$ mit Kompressionsmodul K) (für Luft ist $\kappa = 1{,}402$);

[1] Simeon Denis Poisson (1781 bis 1840) war ein französischer Physiker und Mathematiker.

p atmosphärischer Druck, in Pa bzw. N/m^2 (= kg m/s^2) (in Meereshöhe gilt p = 1013 hPa = 101.300 Pa);
ρ Dichte des Gases, in kg/m^3 (für Luft gilt bei 0 °C in Meereshöhe ρ = 1,293 kg/m^3);
R universelle Gaskonstante, in J/(mol K) (R = 8,3145 J/mol K) (Hinweis: 1 J entspricht 1 g m^2/s^2);
T absolute Temperatur, in K;
M molare Masse, in kg/mol.

Für trockene Luft in Meereshöhe mit einem Faktor κ = 1,402, einer mittleren molaren Masse M = 0,02896 kg/mol (Luft bestehend aus Stickstoff und Sauerstoff) und einer Temperatur von 20 °C (T = 273,15 + 20 = 293,15 K) ergibt sich als Schallgeschwindigkeit c:

$$c = \sqrt{\kappa \cdot \frac{p}{\rho}} = \sqrt{\kappa \cdot \frac{R \cdot T}{M}} = \sqrt{1{,}402 \cdot \frac{8{,}3145 \cdot 293{,}15}{0{,}02896}} = 343{,}5 \approx 344\,\text{m/s} \tag{4.4}$$

Für Temperaturen zwischen −20 °C und +40 °C kann die Schallgeschwindigkeit c näherungsweise auch mit folgender Gleichung berechnet werden (c in m/s):

$$c_{\text{Luft}} \cong 331{,}6 + 0{,}6 \cdot \theta \tag{4.5}$$

Darin bedeuten:
c_{Luft} Schallgeschwindigkeit in Luft, in m/s;
θ Temperatur, in °C (Temperaturbereich von −20 °C bis +40 °C).

Bei einer Temperatur von 20 °C beträgt die Schallgeschwindigkeit in Luft:

$$c_{\text{Luft}/20^\circ\text{C}} = 331{,}6 + 0{,}6 \times 20 = 343{,}6 \approx 344\,\text{m/s} \quad (\text{bzw.}\,1240\,\text{km/h})$$

In der Bauphysik wird die Schallgeschwindigkeit in Luft in der Regel als Konstante angenommen, da sich die Temperaturen im baupraktischen Bereich nur geringfügig ändern. Das bedeutet, dass für die Schallgeschwindigkeit in Luft folgende Konstante genommen werden kann:

$$c_{\text{Luft}} = 344\,\text{m/s} \tag{4.6}$$

Schallgeschwindigkeiten für ausgewählte Stoffe
Werte der Schallgeschwindigkeit c in verschiedenen ausgewählten Stoffen sind in Tab. 4.1 angegeben.

Mach-Zahl
Das Verhältnis der Geschwindigkeit v eines Objektes zur Schallgeschwindigkeit c (in Luft oder einem Fluid) wird auch mit Hilfe der sogenannten Mach-Zahl Ma angegeben. Die Mach-Zahl ist nach dem Physiker und Philosophen Ernst Mach[2] benannt.

[2] Ernst Mach (1838 bis 1916) war ein österreichischer Physiker und Philosoph.

Tab. 4.1 Schallgeschwindigkeit c in ausgewählten Stoffen (bei 20 °C)

Stoff	Schallgeschwindigkeit c in m/s	Stoff	Schallgeschwindigkeit c in m/s
Luft (20 °C)	344	Kalksandstein (RDK 1,2)	2000
Wasser	1480	Hochlochziegel (RDK 0,65)	1900
Polystyrol (EPS)	1800	Nadelholz (in Faserrichtung)	4900
Beton (C20/25)	3500	Stahl	5100

Es gilt folgender Zusammenhang:

$$Ma = \frac{v}{c} \tag{4.7}$$

Darin bedeuten:

Ma Mach-Zahl (dimensionslos);

v Geschwindigkeit, in m/s;

c Schallgeschwindigkeit (in Luft oder einem Fluid), in m/s;

Hinweis: Die Mach-Zahl wird in der Luftfahrt zur dimensionslosen Angabe der Fluggeschwindigkeit im Verhältnis zur Schallgeschwindigkeit der umgebenden Luft verwendet.

Beispiele

1. *Flugzeug mit Überschallgeschwindigkeit:*
   Ein Flugzeug fliegt mit 2-facher Schallgeschwindigkeit (Ma = 2). In einer Höhe von 10.000 m über Grund wird bei einer Temperatur von –50 °C und einem Luftdruck eine Schallgeschwindigkeit von c = 300 m/s angenommen.
   Mit welcher Geschwindigkeit in km/h fliegt das Flugzeug?
   Durch Umformen von Gl. (4.7) ergibt sich:

   $$v = Ma \cdot c = 2{,}0 \cdot 300 = 600\,\text{m/s}$$

   Umrechnung in km/h:

   $$v = 600 \cdot 3{,}6 = 2160\,\text{km/h}$$

   Das Flugzeug fliegt mit 2160 km/h. Zum Vergleich: Die Reisegeschwindigkeit von üblichen Passagierjets (Düsenflugzeuge) in 10.000 m Höhe liegt bei ca. 900 bis max. 950 km/h, d. h. bei ca. Ma = 0,85 und damit unter der Schallgeschwindigkeit in Luft.

2. *Abstand zu einem Gewitter:*
   Bei einem Gewitter wird zwischen Blitz und zugehörigem Donner eine Zeitspanne von $t = 6$ s gemessen.

   Wie weit ist das Gewitter vom Beobachter entfernt?

   Während sich der Blitz mit Lichtgeschwindigkeit bewegt und quasi sofort vom Beobachter wahrgenommen wird, pflanzt sich der Donner nur mit der wesentlich langsameren Schallgeschwindigkeit c fort. Aus der Beziehung $v = s/t$ ergibt sich die Distanz s durch Umformen:

   $$s = t \cdot v = 6 \cdot 344 = 2064 \text{ m} = 2 \text{ km}$$

   Das Gewitter ist demnach noch ungefähr 2 km vom Beobachter entfernt. ◄

4.3.4 Frequenz, Frequenzbereiche, Oktaven

Als *Frequenz* f wird die Anzahl der Schwingungen pro Sekunde bezeichnet. Es gilt (f in 1/s oder Hz):

$$f = \frac{1}{T} \tag{4.8}$$

Darin bedeuten:

f Frequenz, in s^{-1} bzw. Hz (= Hertz[3]);

T Dauer der Periode, in s.

Beispiel

Gegeben sind folgende Werte für die Dauer der Periode: $T = 0{,}001$ s, 0,01 s, 0,02 s und 0,5 s.

Gesucht sind die zugehörigen Frequenzen:

$$T = 0{,}001 \text{ s}: f = \frac{1}{T} = \frac{1}{0{,}001} = 1000 \text{ s}^{-1} \text{ bzw.Hz}$$

$$T = 0{,}01 \text{ s}: f = \frac{1}{T} = \frac{1}{0{,}01} = 100 \text{ s}^{-1} \text{ bzw.Hz}$$

$$T = 0{,}02 \text{ s}: f = \frac{1}{T} = \frac{1}{0{,}02} = 50 \text{ s}^{-1} \text{ bzw.Hz}$$

[3] Die abgeleitete SI-Einheit Hertz wurde nach dem deutschen Physiker Heinrich Hertz benannt. Heinrich Hertz (1857 bis 1894) konnte erstmals elektromagnetische Schwingungen experimentell erzeugen und nachweisen.

Tab. 4.2 Frequenzbereiche

Bezeichnung	Frequenz	Erläuterung
Infraschall	< 16 Hz	für Menschen nicht hörbar (niederfrequent)
Hörschall	16 Hz bis 20 kHz	für Menschen hörbarer Schall
Ultraschall	20 kHz bis 1 GHz	für Menschen nicht hörbar (hochfrequent)
Hyperschall	> 1 GHz	nur noch bedingt ausbreitungsfähige Wellen

$$T = 0{,}5\ \text{s} : f = \frac{1}{T} = \frac{1}{0{,}5} = 2\ \text{s}^{-1}\ \text{bzw.Hz}$$

Im Frequenzspektrum des Schalls werden verschiedene *Frequenzbereiche* unterschieden (Tab. 4.2):

- Infraschall,
- Hörschall,
- Ultraschall und
- Hyperschall.

Die Verdoppelung der Frequenz entspricht einer *Oktave*. Im Bereich des Hörschalls ergibt sich somit eine Unterteilung in zehn Oktaven:

1. 16 bis 32 Hz,
2. 32 bis 63 Hz,
3. 63 bis 125 Hz,
4. 125 bis 250 Hz,
5. 250 bis 500 Hz,
6. 500 bis 1000 Hz,
7. 1000 bis 2000 Hz,
8. 2000 bis 4000 Hz,
9. 4000 bis 8000 Hz und
10. 8000 bis 16.000 Hz (= 16 kHz). ◀

4.3.5 Schallwellenlänge

Zwischen der Frequenz f, der Schallgeschwindigkeit c sowie der Schallwellenlänge λ besteht ein proportionaler Zusammenhang. Die Schallwellenlänge λ ergibt sich zu:

$$\lambda = \frac{c}{f} \tag{4.9}$$

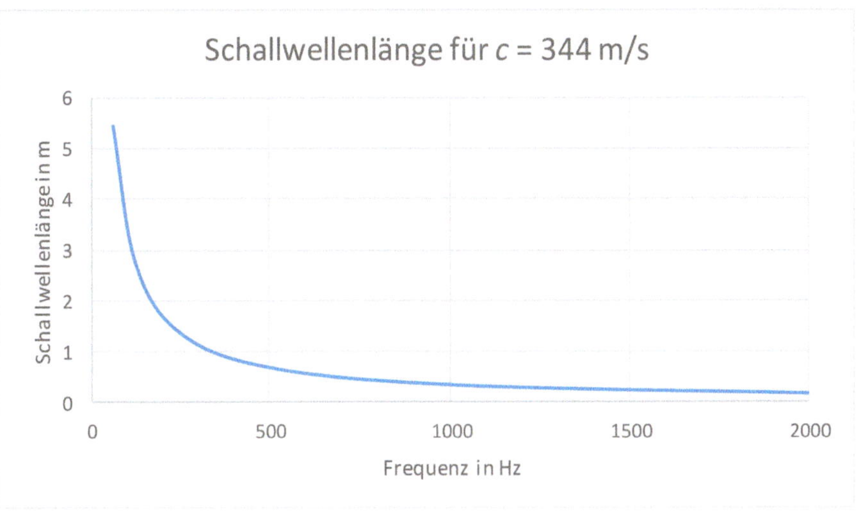

Abb. 4.5 Schallwellenlänge in Abhängigkeit von der Frequenz bei konstanter Schallgeschwindigkeit

Darin bedeuten:

λ Schallwellenlänge, in m;

c Schallgeschwindigkeit, in m/s; für Luft (20 °C) ist $c = 344$ m/s;

f Frequenz, in 1/s bzw. Hz (= Hertz).

Da die Schallgeschwindigkeit im für die Bauphysik üblichen Temperaturbereich als Konstante angesehen werden kann ($c = 344$ m/s n. Gl. (4.6)), bedeutet eine Erhöhung der Frequenz zwangsläufig eine Reduzierung der Schallwellenlänge und umgekehrt (Abb. 4.5).

Beispiel

Für eine Frequenz von $f = 500$ Hz ist die zugehörige Schallwellenlänge zu berechnen, wenn sich der Schall in der Luft ausbreitet (Luftschall).

Für Luft kann die Schallgeschwindigkeit als konstanter Wert mit $c = 344$ m/s angenommen werden, s. Gl. (4.6). Mit Gl. (4.9) berechnet sich damit die gesuchte Schallwellenlänge zu:

$$\lambda = \frac{c}{f} = \frac{344}{500} = 0{,}69 \text{ m}$$

Bei einer Frequenz von 500 Hz beträgt die Schallwellenlänge $\lambda = 0{,}69$ m. ◀

4.3.6 Ton, Klang, Geräusch, Knall

Bei einem reinen *Ton* verläuft die Schwingung sinusförmig, d. h. die Frequenz ist konstant.

Übersicht
Zwischen den beiden Größen Frequenz und Ton gilt folgender Zusammenhang:

- Mit zunehmender Frequenz nimmt die Tonhöhe zu.
- Mit abnehmender Frequenz nimmt die Tonhöhe ab.

Ein *Klang* setzt sich aus mehreren Tönen, mit jeweils konstanten Frequenzen, zusammen. Die Einzeltöne eines Klanges lassen sich durch Zerlegung mittels einer Fourier-Analyse bestimmen.

Ein *Geräusch* besteht dagegen aus sehr vielen Teiltönen, deren Frequenzen in keinem definierten Zahlenverhältnis zueinander stehen. Ein Geräusch deckt meist das gesamte Frequenzspektrum ab.

Als *Knall* wird ein plötzlich auftretendes sehr lautes Geräusch bezeichnet, das langsam wieder abnimmt (Abb. 4.6).

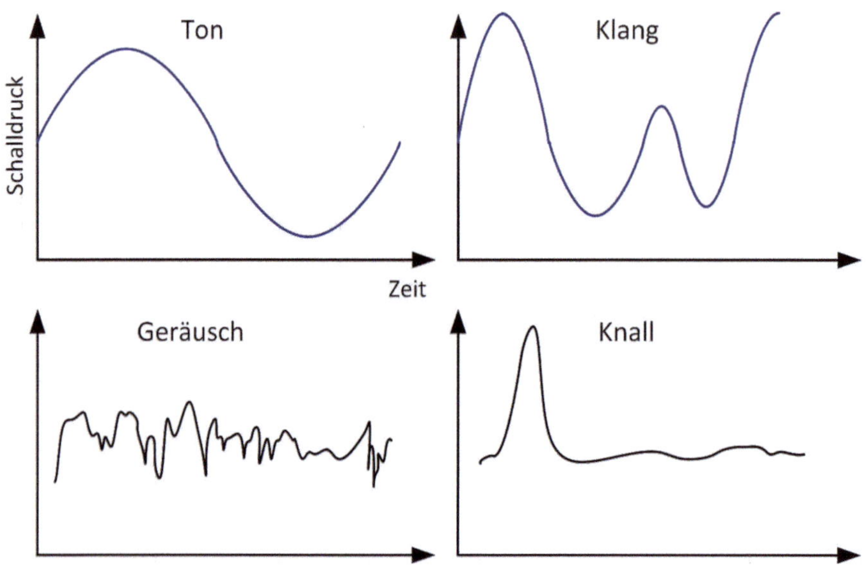

Abb. 4.6 Darstellung von Ton, Klang, Geräusch, Knall

4.3.7 Schalldruck, Schalldruckpegel

Die Stärke des Schalls wird durch Druckschwankungen gekennzeichnet, die dem atmosphärischen Druck (Luftdruck) überlagert sind. Die Druckschwankung selbst wird dabei als *Schalldruck* bezeichnet. Der Schalldruck p hängt von der Schallschnelle v sowie von der Schallgeschwindigkeit c ab (s. o.).

Im eindimensionalen Fall gilt folgende Beziehung:

$$\frac{\partial^2 p}{\partial t^2} = c^2 \cdot \frac{\partial^2 p}{\partial x^2} \text{bzw.} \qquad (4.10)$$

$$\frac{\partial^2 v}{\partial t^2} = c^2 \cdot \frac{\partial^2 v}{\partial x^2}$$

Im mehrdimensionalen Fall gilt:

$$\frac{\partial^2 p}{\partial t^2} = c^2 \text{ divgrad } p \text{bzw.} \qquad (4.11)$$

$$\frac{\partial^2 v}{\partial t^2} = c^2 \text{ divgrad } v$$

Darin bedeuten:

p Schalldruck, in Pa (= 1 N/m²);
c Schallgeschwindigkeit, in m/s;
v Schallschnelle, in m/s.

Der Vergleich des Luftdrucks (1013 hPa = 101.300 Pa[4]) mit der Druckschwankung, die als Schmerzgrenze des menschlichen Gehörs gilt (130 dB = 63 Pa), zeigt, dass der Schalldruck im Vergleich zum atmosphärischen Druck relativ gering ist.

Der Schalldruck unterscheidet sich um bis zu fünf Zehnerpotenzen (10^{-4} bis 10 Pa bzw. N/m²). Zur besseren Darstellung und Handhabung in der Praxis wird der Schalldruck daher als logarithmischer Verhältniswert in Form des Schalldruckpegels angegeben.

Der Schalldruckpegel entspricht dem 20-fachen dekadischen Logarithmus (Logarithmus zur Basis 10) des Verhältnisses von Schalldruck p und Bezugswert p_0. Als Bezugswert wird die Hörschwelle angesetzt ($p_0 = 2 \cdot 10^{-5}$ Pa). Durch Bildung des Logarithmus wird der große Zahlenbereich für die praktische Anwendung verkleinert.

Einen Überblick über einige Rechengesetze zum Logarithmus sind in Tab. 4.3 zusammengefasst.

---

[4] Pascal: Abgeleitete SI-Einheit des Drucks sowie der mechanischen Spannung. Es gilt: 1 Pa = 1 N/m² = 1 kg/(s²m). Die Einheit Pascal wurde nach dem französischen Mathematiker, Philosophen und Literaten *Blaise Pascal* (1623 bis 1662) benannt.

Tab. 4.3 Übersicht über einige Rechengesetze zum Logarithmus

Rechengesetze Logarithmus (hier dargestellt für den Logarithmus zur Basis 10)	
Definition (Logarithmus zur Basis 10): $\log 1 = 0$, $\log 10^1 = 1$, $\log 10^2 = 2$, $\log 10^3 = 3$, …, $\log 10^n = n$	
Produkte: $\log (x \times y) = \log x + \log y$	Beispiel: $\log (2 \times 4) = \log (8) = 0{,}903$ $= \log (2) + \log (4)$ $= 0{,}301 + 0{,}602$ $= 0{,}903$
Quotienten: $\log (x/y) = \log x - \log y$	Beispiel: $\log (3/2) = \log (1{,}5) = 0{,}176$ $= \log (3) - \log (2)$ $= 0{,}477 - 0{,}301$ $= 0{,}176$
Potenzen: $\log (x^r) = r \log (x)$	Beispiel: $\log (2^3) = \log (8) = 0{,}903$ $= 3 \times \log (2)$ $= 3 \times 0{,}301$ $= 0{,}903$
Summen und Differenzen: $\log (x + y) = \log (x) + \log (1 + y/x)$	Beispiel: $\log (2 + 3) = \log (5) = 0{,}699$ $= \log (2) + \log (1 + 3/2)$ $= 0{,}301 + 0{,}398$ $= 0{,}699$

Der Schalldruckpegel L_p (auch „*Schallpegel*") berechnet sich mit folgender Gleichung (L_p in dB):

$$L_p = 20 \cdot \log\left(\frac{p}{p_0}\right) \tag{4.12}$$

Darin bedeuten:

L_p Schalldruckpegel bzw. Schallpegel, in dB;

p Schalldruck, in Pa (1 Pa = 1 N/m²);

p_0 Bezugswert (Hörschwelle mit $p_0 = 20$ μPa $= 2 \cdot 10^{-5}$ Pa).

Der Schalldruckpegel ist eigentlich ein dimensionsloser Verhältniswert. Dennoch wird der Schalldruckpegel in der Einheit *Dezibel* (dB)[5] angegeben. Ein Dezibel entspricht dabei einem Zehntel der Einheit „*Bel*".

[5] dB = Dezibel entspricht 1/10 der Einheit Bel. Die Einheit Bel ist eine Hilfsmaßeinheit (Pseudoeinheit) und wird zur Kennzeichnung von logarithmischen, dimensionslosen Verhältniswerten wie z. B. Schallpegeln verwendet. Sie ist nach dem britischen, später US-amerikanischen Sprechtherapeuten, Erfinder und Großunternehmer *Alexander Graham Bell* (1847 bis 1922) benannt.

Tab. 4.4 Schalldrücke und zugehörige Schalldruckpegel für verschiedene Schallquellen

Schallquelle	Schalldruck p in Pa (= 1 N/m^2)	Schalldruckpegel L_p in dB
Düsenflugzeug in 30 m Entfernung	630	150
Gewehr aus 1 m Entfernung	200	140
Schmerzschwelle	100	130
Presslufthammer in 1 m Entfernung	2	100
Hauptverkehrsstraße in 10 m Entfernung	0,2 bis 0,63	80 … 90
Straßenverkehr	0,02 bis 0,2	60 … 80
Normale Unterhaltung	2×10^{-3} bis 2×10^{-2}	40 … 60
Sehr ruhiges Zimmer	2×10^{-4} bis $6{,}3 \times 10^{-4}$	20 … 30
Leises Blätterrauschen	$6{,}32 \times 10^{-5}$	10
Hörschwelle (bei 2 kHz)	2×10^{-5}	0

Beispiele für Schalldrücke p und zugehörige Schalldruckpegel L_p verschiedener Schallquellen sind in Tab. 4.4 angegeben.

Beispiel

An einer Hauptverkehrsstraße wird ein Schalldruck von $p = 0{,}4\ N/m^2$ gemessen. Wie groß ist der zugehörige Schalldruckpegel?

Der Schalldruckpegel L_p ergibt sich nach Gl. (4.12):

$$L_p = 20 \cdot \log\left(\frac{p}{p_0}\right) = 20 \cdot \log\left(\frac{0{,}4}{2 \cdot 10^{-5}}\right) = 86{,}0\ \text{dB}$$

Der Schalldruckpegel beträgt 86 dB. ◀

4.3.8 Addition von Schalldruckpegeln

Schalldruckpegel verschieden lauter Schallquellen addieren sich mit folgender Gleichung ($L_{p,ges}$ in dB):

$$L_{p,ges} = 10 \cdot \log \sum_{j=1}^{n} 10^{0,1 \cdot L_{p,j}} \quad (4.13)$$

Für gleich große Schalldruckpegel gilt folgende Gleichung:

$$L_{p,ges} = L_{p,i} + 10 \cdot \log\ n \quad (4.14)$$

In den Gl. (4.13) und (4.14) bedeuten:

$L_{p,ges}$ Gesamt-Schalldruckpegel bzw. Gesamt-Schallpegel, in dB;
$L_{p,j}$ Schalldruckpegel bzw. Schallpegel der Einzelschallquelle, in dB;
n Anzahl der Schallquellen (n = natürliche Zahl, d. h. 1, 2, 3, …).

Beispiele

1. *Addition von vier unterschiedlich lauten Schallquellen:*
In einem Raum wirken vier Schallquellen mit folgenden Schalldruckpegeln:
$L_{p,1} = 60$ dB, $L_{p,2} = 70$ dB, $L_{p,3} = 45$ dB, $L_{p,4} = 80$ dB.
Wie groß ist der Gesamt-Schalldruckpegel? Für $L_{p,ges}$ ergibt sich:

$$\begin{aligned} L_{p,ges} &= 10 \cdot \log\left(10^{0,1 \cdot L_{p,1}} + 10^{0,1 \cdot L_{p,2}} + 10^{0,1 \cdot L_{p,3}} + 10^{0,1 \cdot L_{p,4}}\right) \\ &= 10 \cdot \log\left(10^{0,1 \cdot 60} + 10^{0,1 \cdot 70} + 10^{0,1 \cdot 45} + 10^{0,1 \cdot 80}\right) \\ &= 10 \cdot \log\left(10^{6} + 10^{7} + 10^{4,5} + 10^{8}\right) \\ &= 10 \cdot \log\left(1,1103 \cdot 10^{8}\right) \\ &= 10 \cdot 8,05 \\ &= 80,5 \text{ dB} \end{aligned}$$

Im vorgenannten Raum werden die beiden Schallquellen mit 60 dB und 45 dB abgeschaltet. Der verbleibende Gesamt-Schalldruckpegel beträgt:

$$\begin{aligned} L_{p,ges} &= 10 \cdot \log\left(10^{0,1 \cdot L_{p,2}} + 10^{0,1 \cdot L_{p,4}}\right) \\ &= 10 \cdot \log\left(10^{7} + 10^{8}\right) \\ &= 10 \cdot \log\left(1,1 \cdot 10^{8}\right) \\ &= 10 \cdot 8,04 \\ &= 80,4 \text{dB} \end{aligned}$$

Fazit: Schallpegel, die um mehr als 10 dB niedriger (leiser) als andere sind, können bei Geräuschen gleicher Frequenz in der Regel vernachlässigt werden.

2. *Addition von drei gleich lauten Schallquellen:*
In einem Raum wirken drei (n = 3 bzw. 6 bzw. 9) gleich laute Schallquellen mit einem Schalldruckpegel von jeweils $L_p = 70$ dB.
Wie groß ist der Gesamt-Schalldruckpegel?
$n = 3$:

$$L_{p,ges} = L_{p.i} + 10 \cdot \log\ n = 70 + 10 \cdot \log 3 = 74,8 \text{ dB}$$

$n = 6$:

$$L_{p,ges} = L_{p.i} + 10 \cdot \log\ n = 70 + 10 \cdot \log 6 = 77,8 \text{ dB}$$

$n = 9$:

$$L_{p,ges} = L_{p.i} + 10 \cdot \log\ n = 70 + 10 \cdot \log 9 = 79,5 \text{ dB}$$

◀

4.3.9 Subtraktion von Schalldruckpegeln

Für die Subtraktion von Schalldruckpegeln gilt folgende Gleichung:

$$L_{\mathrm{p,1}} = 10 \cdot \log\left[10^{0,1 \cdot L_{\mathrm{p,ges}}} - \sum_{i=2}^{n} 10^{0,1 \cdot L_{\mathrm{p,i}}}\right] \qquad (4.15)$$

Darin bedeuten:

$L_{p,1}$ Schalldruckpegel der Schallquelle Nr. 1, in dB:
$L_{p,ges}$ Gesamt-Schalldruckpegel bzw. Gesamt-Schallpegel, in dB;
$L_{p,i}$ Schalldruckpegel bzw. Schallpegel der Einzelschallquelle, in dB;
n Anzahl der Schallquellen (n = natürliche Zahl, d. h. 1, 2, 3, …).

Die Anwendung der Gl. (4.15) erfolgt z. B., wenn ein Anforderungswert ($L_{p,ges}$) gegeben ist, die Schalldruckpegel mehrerer Schallquellen bekannt sind ($L_{p,i}$) und der maximale Schalldruckpegel einer weiteren Schallquelle ($L_{p,1}$) unter der Bedingung gesucht ist, dass der Anforderungswert nicht überschritten wird.

Beispiel

In einer Technikzentrale sind drei Klimageräte mit folgenden Schalldruckpegeln installiert:

$$L_{\mathrm{p,1}} = 77\ \mathrm{dB}, L_{\mathrm{p,2}} = 75\ \mathrm{dB}, L_{\mathrm{p,3}} = 79\ \mathrm{dB}$$

a) Wie groß ist der Gesamt-Schalldruckpegel $L_{p,ges}$?
b) Welchen Einzel-Schalldruckpegel $L_{p,4}$ dürfte ein weiteres, zusätzliches Gerät aufweisen, wenn der Gesamt-Schalldruckpegel den Wert von $L_{p,max}$ = 83 dB (Anforderungswert) nicht überschreiten darf?

Zu a) Gesamt-Schalldruckpegel:

$$\begin{aligned} L_{\mathrm{p,ges}} &= 10 \cdot \log\left(10^{0,1 \cdot L_{\mathrm{p,1}}} + 10^{0,1 \cdot L_{\mathrm{p,2}}} + 10^{0,1 \cdot L_{\mathrm{p,3}}}\right) \\ &= 10 \cdot \log\left(10^{0,1 \cdot 77} + 10^{0,1 \cdot 75} + 10^{0,1 \cdot 79}\right) \\ &= 10 \cdot \log\left(10^{7,7} + 10^{7,5} + 10^{7,9}\right) \\ &= 82,1\ \mathrm{dB} \end{aligned}$$

Zu b) Maximaler Einzel-Schalldruckpegel:

$$\begin{aligned} L_{\mathrm{p,4}} &= 10 \cdot \log\left[10^{0,1 \cdot L_{\mathrm{p,ges}}} - \sum_{i=2}^{n} 10^{0,1 \cdot L_{\mathrm{p,i}}}\right] \\ &= 10 \cdot \log\left[10^{0,1 \cdot 83} - 10^{0,1 \cdot 82,1}\right] \\ &= 75,7\ \mathrm{dB} \end{aligned}$$

Ein weiteres Gerät dürfte einen maximalen Einzel-Schalldruckpegel von 75,7 dB aufweisen, damit der Anforderungswert von $L_{p,max} = 83$ dB nicht überschritten wird. ◀

4.3.10 Lautstärkepegel

Das menschliche Ohr empfindet zwei Töne mit dem gleichen Schalldruckpegel verschieden laut, wenn sie unterschiedliche Frequenzen aufweisen. Es gilt folgender Zusammenhang:

Hohe Töne werden **lauter** empfunden als tiefe Töne.

Zur besseren, d. h. subjektiveren Bewertung des Schalls wird daher zusätzlich zum Schalldruckpegel L_p der Lautstärkepegel L_N verwendet. Die Einheit des Lautstärkepegels ist *phon*.

Der Zusammenhang zwischen dem Schalldruckpegel L_p und dem Lautstärkepegel L_N ist in DIN ISO 226 geregelt und wird in dem Diagramm in Abb. 4.7 dargestellt.

Gemäß Festlegung entspricht der Lautstärkepegel bei einer Frequenz von 1000 Hz genau dem Schalldruckpegel, d. h. es gilt folgender Zusammenhang: $L_N(1000 \text{ Hz}) = L_p(1000 \text{ Hz})$.

4.3.11 Bewerteter Schalldruckpegel

Neben dem Lautstärkepegel wird zur Berücksichtigung der subjektiven Empfindung des Schalls durch das menschliche Ohr ein bewerteter Schallpegel verwendet.

Der bewertete Schallpegel ergibt sich aus dem Schalldruckpegel L_p und einem Korrekturwert ΔL, der frequenzabhängig ist. Für Nachweise des Schallschutzes im Bauwesen wird üblicherweise die A-Bewertung nach DIN EN 61672 verwendet. Der A-bewertete Schalldruckpegel wird mit der Einheit dB(A) angegeben. Es gilt:

$$L_A = L_p + \Delta L \tag{4.16}$$

Darin bedeuten:

L_A Bewerteter Schalldruckpegel, in dB(A), Frequenzbewertung A;
L_p Schalldruckpegel, in dB;
ΔL Schalldruckpegelkorrektur nach Frequenzbewertung A, in dB.

Die Frequenzbewertung erfolgt nach DIN EN 61672. Ein Auszug für die A-Bewertung, die üblicherweise für die Beurteilung bei schallschutztechnischen Nachweisen verwendet wird, ist in Tab. 4.5 angegeben.

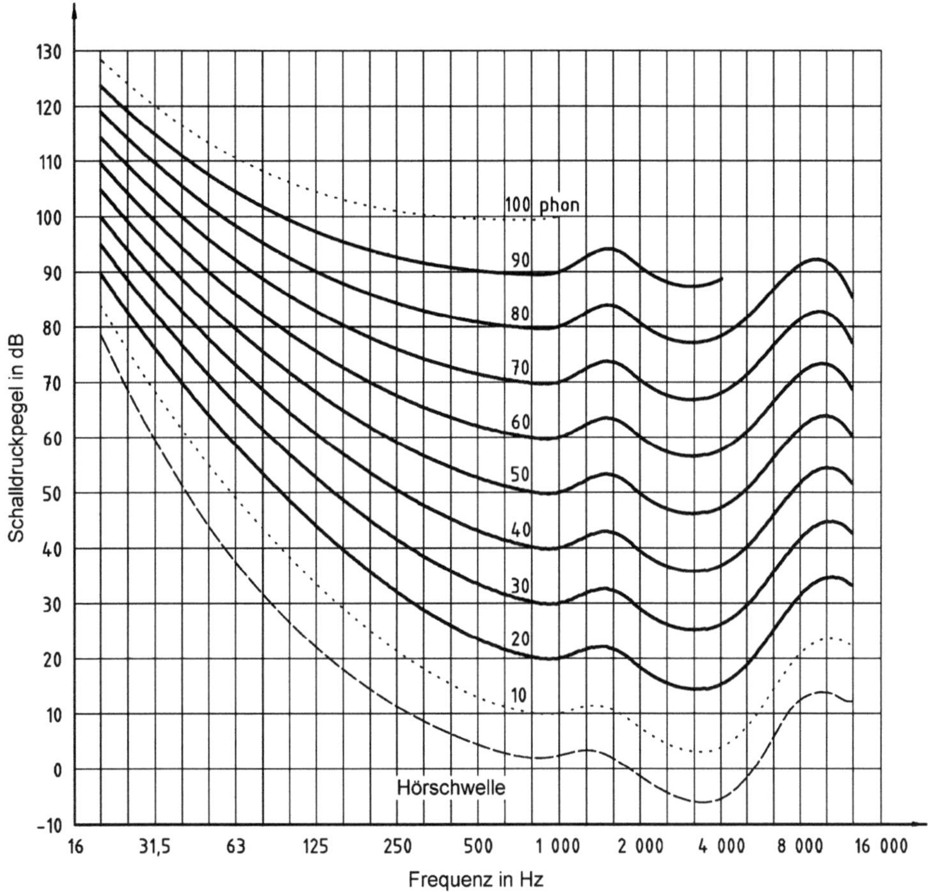

Abb. 4.7 Zusammenhang zwischen Schalldruckpegel und Lautstärkepegel. (N. DIN ISO 226:2006-04, Bild A.1)

Tab. 4.5 Frequenzbewertung A. (N. DIN EN 61672-1:2014-07, Tab. 3; Auszug)

Frequenz f Hz	Schallpegelkorrektur nach Frequenzbewertung A ΔL Hz	Frequenz f Hz	Schallpegelkorrektur nach Frequenzbewertung A ΔL Hz
16	−56,7	1000	0
31,5	39,4	2000	+1,2
63	−26,2	2500	+1,3 (max.)
125	−16,1	4000	+1,0
250	−8,6	8000	−1,1
500	−3,2	16.000	−6,6

Beispiel

Wie groß ist der A-bewertete Schalldruckpegel L_A

a) bei einer Frequenz von 1000 Hz und einem Schalldruckpegel von $L_p = 60$ dB?
b) bei einer Frequenz von 63 Hz und einem Schalldruckpegel von $L_p = 60$ dB?
c) bei einer Frequenz von 2500 Hz und einem Schalldruckpegel von $L_p = 60$ dB?

a) Bei einer Frequenz von 1000 Hz sind der A-bewertete Schalldruckpegel L_A und der Schalldruckpegel L_p gleich groß, da die Schallpegelkorrektur $\Delta L = 0$ ist.

$$L_A = L_p + \Delta L = 60 \text{ dB(A)}$$

b) Bei einer Frequenz von 63 Hz ergibt sich:

$$\Delta L = -26{,}2 \text{ dB (n.Tab.4.5)}$$

$$L_A = L_p + \Delta L = 60 + (-26{,}2) = 33{,}8 \text{ dB(A)}$$

Das bedeutet, dass der Schall bei einer Frequenz von 63 Hz nur so laut empfunden wird, wie es einem Schalldruckpegel von 33,8 dB entspricht.

c) Bei einer Frequenz von 2500 Hz ergibt sich:

$$\Delta L = +1{,}3 \text{ dB (n.Tab.4.5)}$$

$$L_A = L_p + \Delta L = 60 + 1{,}3 = 61{,}3 \text{ dB(A)}$$

Das bedeutet, dass der Schall bei einer Frequenz von 2500 Hz so laut empfunden wird, wie es einem Schalldruckpegel von 61,3 dB entspricht. ◄

4.4 Schallübertragung in Gebäuden

4.4.1 Allgemeines

Bei der Schallübertragung in Gebäuden werden je nach Übertragungsweg

- Luftschall sowie
- Körperschall und Trittschall

unterschieden (Abb. 4.8).

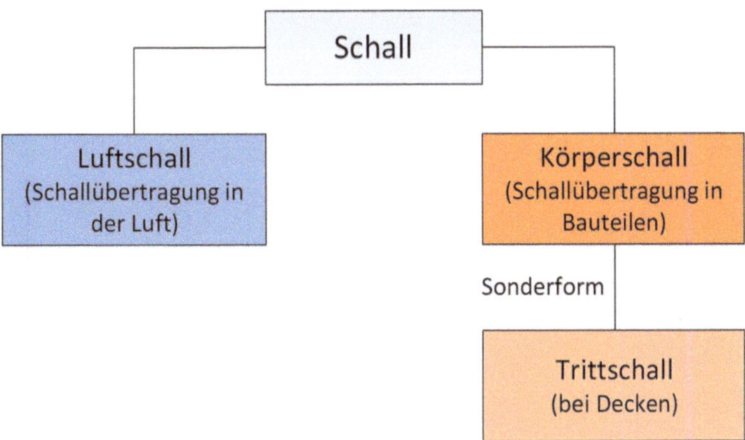

Abb. 4.8 Schallübertragung in Gebäuden (schematische Darstellung)

Abb. 4.9 Longitudinalwellen – Wellen, die in Ausbreitungsrichtung schwingen

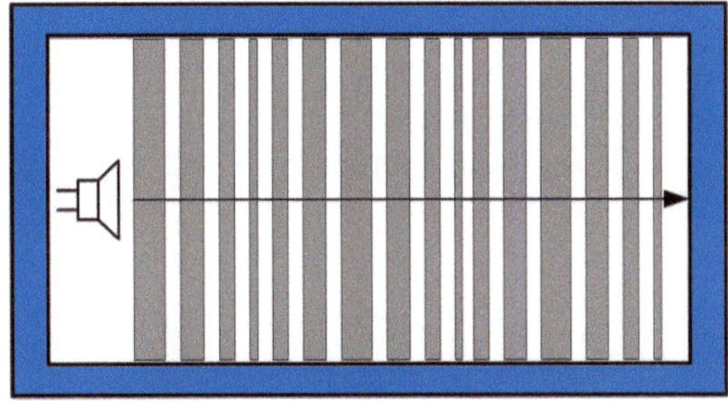

4.4.2 Luftschall

Bei der Luftschallübertragung breiten sich die Schallwellen in der Luft aus. Luftschall entsteht beispielsweise durch Sprechen, durch den Betrieb von Geräten wie Radio, Fernseher, Staubsauger oder durch Musikinstrumente.

In physikalischer Hinsicht wird Luftschall durch Longitudinalwellen beschrieben. Longitudinalwellen sind Wellen, die nur in Ausbreitungsrichtung schwingen, da Fluide und Gase (wie die Luft) keine Scherkräfte übertragen können (Abb. 4.9). Die Fortpflanzung der Schallwelle in der Luft erfolgt durch abwechselndes Verdichten und Entspannen der Luftmoleküle.

Die so erzeugten Luftdruckschwankungen im Senderaum (SR) regen die raumumfassenden Bauteile (Wände, Decken) zu Biegeschwingungen (Transversalwellen) an. Je nach Stärke der Biegeschwingungen der raumumfassenden Bauteile werden auch die im benachbarten Empfangsraum (ER) befindlichen Luftmoleküle in Schwingungen versetzt, die Schallübertragung zum Empfänger erfolgt hier wieder als Luftschall (Abb. 4.10).

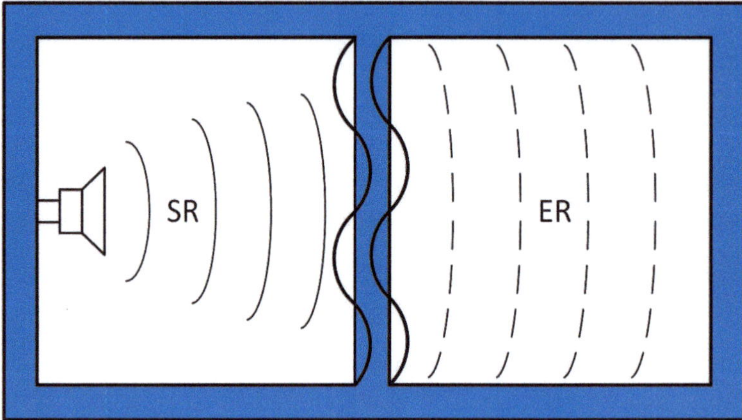

Abb. 4.10 Luftschallübertragung – Anregung einer Wohnungstrennwand durch Luftschall (Hinweis: in der Abbildung ist die Schallübertragung über die flankierenden Bauteile zur Vereinfachung nicht dargestellt)

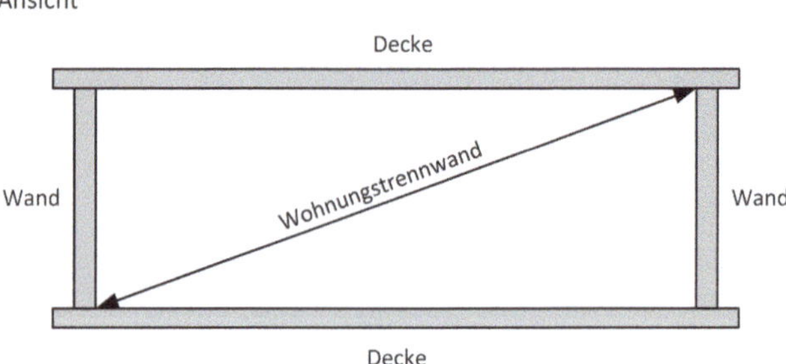

Abb. 4.11 Flankierende Bauteile einer Wohnungstrennwand (Decke, Wände links und rechts, Fußboden)

Schallübertragung über flankierende Bauteile

Neben der direkten Schallübertragung, bei der der Schall auf direktem Weg über das trennende Bauteil vom Sende- in den Empfangsraum übertragen wird, spielt auch die Längsleitung des Schalls über die flankierenden Bauteile eine wesentliche Rolle bei der Ermittlung der Luftschalldämmung.

Flankierende Bauteile sind Bauteile, die direkt an das trennende Bauteil grenzen. In der Regel (d. h. bei üblichen rechteckigen Ansichtsflächen der Bauteile) besitzt ein trennendes Bauteil vier flankierende Bauteile.

Beispielsweise wird eine Wohnungstrennwand von folgenden Bauteilen begrenzt:

- Seitenwände links und rechts (2 x)
- Decke (1 x)
- Fußboden (1 x)

In der Summe ergeben sich somit vier flankierende Bauteile (Abb. 4.11).

Für eine Decke, die als Trennbauteil wirkt, gelten die o. g. Regeln sinngemäß. Auch hier ergeben sich bei rechteckigen Raumgrundrissen vier flankierende Bauteile.

Bei der Berechnung der Luftschalldämmung sind neben dem Schallübertragungsweg über das Trennbauteil auch alle möglichen Übertragungswege über die flankierenden Bauteile zu berücksichtigen.

Für die Kennzeichnung der Schallübertragungswege werden Buchstabenkombinationen mit folgender Systematik verwendet:

- D, d: kennzeichnet das Trennbauteil (direkt);
- F, f: kennzeichnen die flankierenden Bauteile (flankierend);
- Großbuchstaben (D, F) werden für das angeregte Bauteil verwendet.
- Kleinbuchstaben (d, f) werden für das abstrahlende Bauteil verwendet.

Damit ergeben sich folgende Schallübertragungswege:

- Dd: Schallübertragung über das Trennbauteil;
- Ff: Schallübertragung nur über das flankierende Bauteil (Anregung im Senderaum = F und Abstrahlung im Empfangsraum = f);
- Fd: Schallübertragung über flankierendes Bauteil (Anregung im Senderaum = F) und Trennbauteil (Abstrahlung im Empfangsraum = d);
- Df: Schallübertragung über Trennbauteil (Anregung im Senderaum = D) und flankierendes Bauteil (Abstrahlung im Empfangsraum = f).

Bei biegesteifer Anbindung eines Trennbauteils an die vier flankierenden Bauteile ergeben sich somit insgesamt 13 Übertragungswege (Abb. 4.12):

- 1 Weg über das Trennbauteil (Dd) und
- 12 Wege über die flankierenden Bauteile:
  - 3 x Ff;
  - 3 x Fd und
  - 3 x Df.
- Summe: 1 + 12 = **13 Schallübertragungswege**

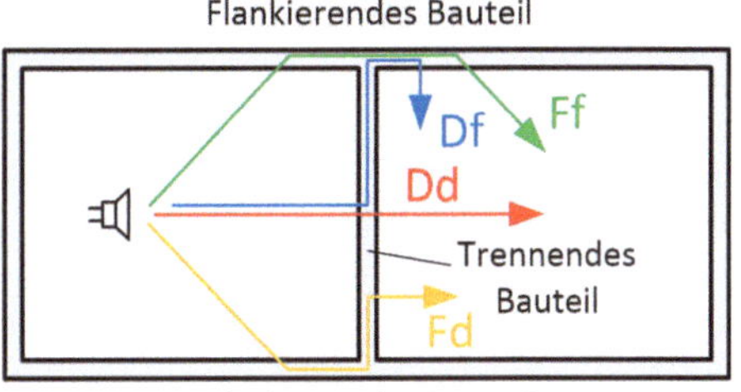

Abb. 4.12 Schematische Darstellung der verschiedenen Wege der Schallübertragung für den Luftschall bei biegesteifer Anbindung des Trennbauteils an die flankierenden Bauteile

Es ist zu beachten, dass die Schallübertragungswege über die flankierenden Bauteile von verschiedenen Parametern beeinflusst werden. Hierzu zählen:

- die Bauart (hier wird in Massivbau, Holz-, Leicht- und Trockenbau, Skelettbau und Mischbauweisen unterschieden);
- die Ausbildung der Kopplung bzw. Verbindung zwischen dem Trennbauteil und den flankierenden Bauteilen;
- das Vorhandensein von Bekleidungen (Vorsatzkonstruktionen) auf der Innenseite (Raumseite) der flankierenden Bauteile. Bekleidungen auf der Außenseite (z. B. Wärmedämmverbundsystem bei einer Außenwand) brauchen nicht berücksichtigt zu werden.

Beispielsweise wird die Schallübertragung bei einer biegeweichen Anbindung des Trennbauteils an die flankierenden Bauteile über diese Stoßstelle vermindert oder vollständig unterdrückt (d. h. schalltechnisch entkoppelt), sodass in diesem Fall nur eine Übertragung über das Trennbauteil (Weg Dd) und über die flankierenden Bauteile (vier Wege Ff) möglich ist (Abb. 4.13).

Schallübertragung über Nebenwege
Hierunter wird die Übertragung von Luftschall zwischen zwei aneinander grenzenden Räumen, die nicht über das Trennbauteil erfolgt, verstanden. Die Schallübertragung über Nebenwege setzt sich aus den Anteilen

- aus der Übertragung über die flankierenden Bauteile und
- aus der Übertragung über Undichtigkeiten, Leckagen, Lüftungsanlagen und -kanäle, Rohrleitungen, Fugen u. Ä.

zusammen.

Die Flankenübertragung (s. o.) ist somit nur ein Teil der gesamten Schallübertragung über die Nebenwege. Die Zusammenhänge werden in der Abbildung in Abb. 4.14 verdeutlicht.

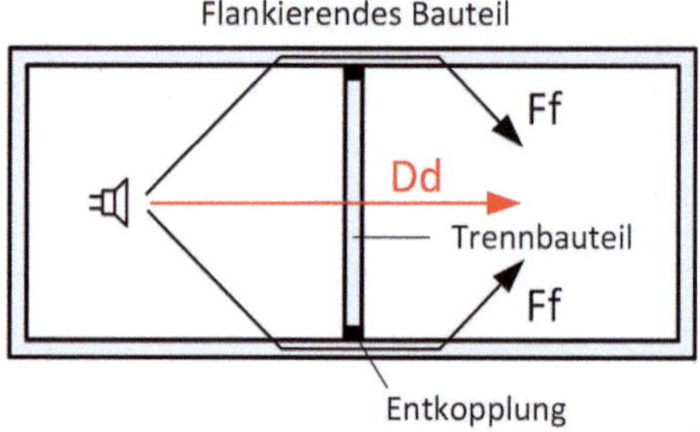

Abb. 4.13 Schallübertragungswege für den Luftschall bei vollständiger schalltechnischer Entkopplung (biegeweiche Anbindung) des Trennbauteils an die flankierenden Bauteile

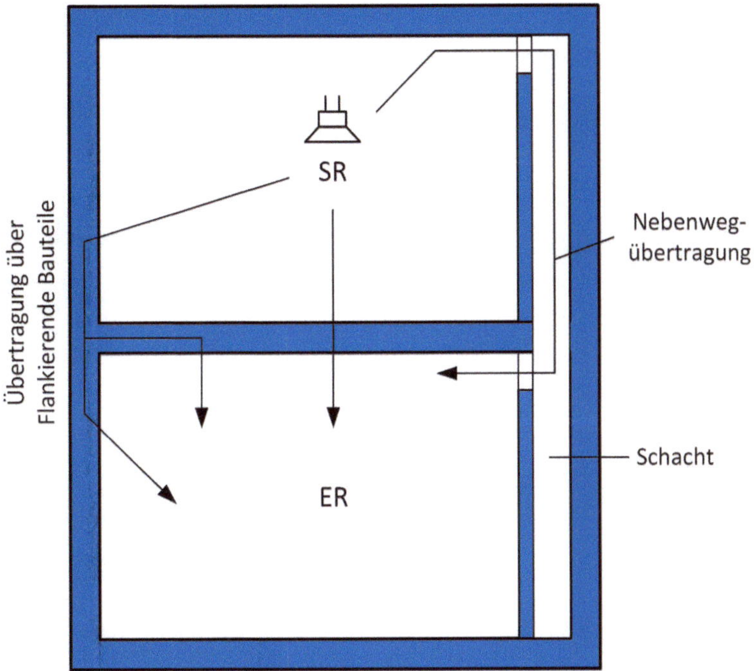

Abb. 4.14 Schallübertragung über Nebenwege sowie flankierende Bauteile

Bei der rechnerischen Ermittlung der Luftschalldämmung wird im Regelfall nur die Übertragung über die flankierenden Bauteile berücksichtigt. Übertragungen über Nebenwege müssen im Einzelfall gesondert berücksichtigt werden.

4.4.3 Körperschall und Trittschall

Als Körperschall wird Schall, der sich in einem Festkörper (Bauteile) ausbreitet, bezeichnet. Bei Decken wird hierfür die Bezeichnung Trittschall verwendet.

Körperschall entsteht durch direkte Anregung von Bauteilen zu Biegeschwingungen (z. B. durch Klopfen an einer Wand, durch das Betätigen von Armaturen der Wasserinstallation, durch Begehen einer Decke oder durch Stühlerücken auf einer Decke).

Beim Körper- und Trittschall wirken sowohl Longitudinalwellen als auch Transversalwellen. Longitudinalwellen schwingen in Ausbreitungsrichtung (Abb. 4.9), während die Schwingungsrichtung bei Transversalwellen quer zur Ausbreitungsrichtung gerichtet ist. Biegeschwingungen sind somit Transversalwellen (Abb. 4.15).

Bei der Körperschall- bzw. Trittschallübertragung regen die zu Biegeschwingungen angeregten Bauteile wiederum die Luftteilchen im Empfangsraum (ER) zu Schwingungen an. Der Schall wird hier als Luftschall weiter bis zum Empfänger übertragen (Abb. 4.16).

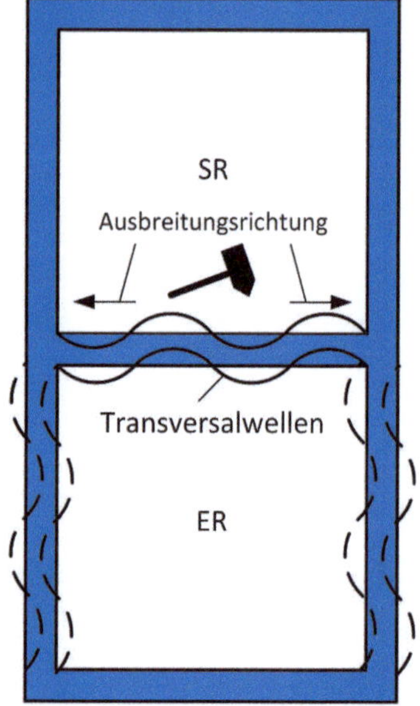

Abb. 4.15 Transversalwellen – Wellen, die quer zur Ausbreitungsrichtung schwingen

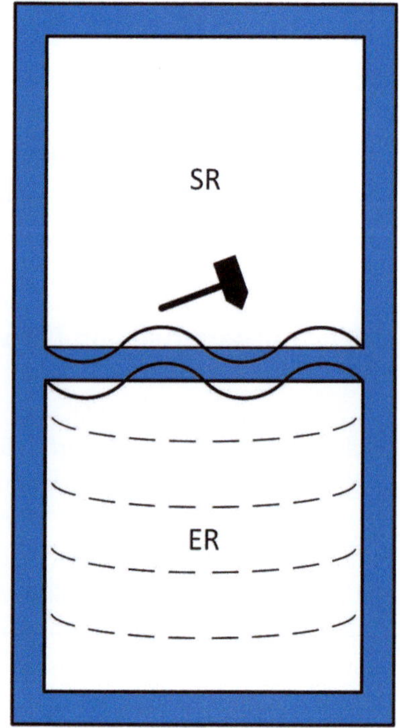

Abb. 4.16 Trittschallübertragung – Anregung einer Decke durch Trittschall

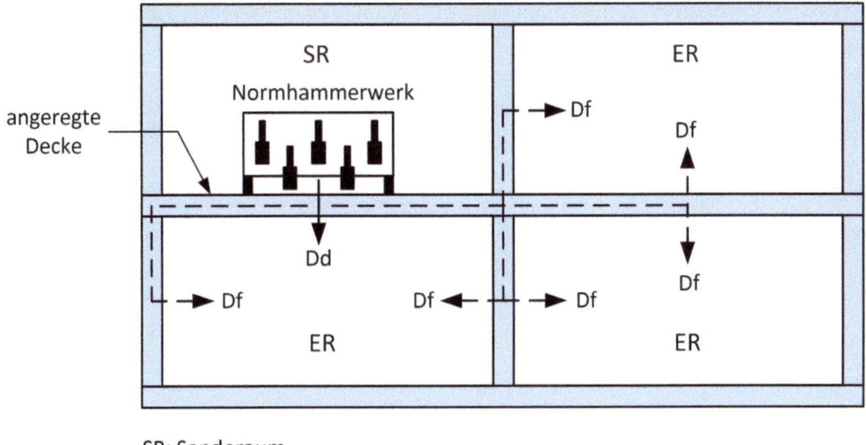

Abb. 4.17 Schallübertragungswege für den Trittschall

Auch bei der Trittschallübertragung ist die Übertragung über die flankierenden Bauteile zu beachten. Allerdings ist der Einfluss der flankierenden Bauteile auf die Trittschalldämmung geringer als bei der Luftschallübertragung, sodass sich die rechnerische Erfassung einfacher gestaltet.

Die möglichen Übertragungswege bei einer durch Trittschall angeregten Decke sind in Abb. 4.17 dargestellt. In der Abbildung sind neben dem direkten Übertragungsweg über die Decke (Weg Dd) in den darunter liegenden Empfangsraum auch Schallübertragungswege in einen direkt neben dem Senderaum liegenden Raum oder einen schräg darunter befindlichen Raum eingezeichnet (Wege Df).

Schalltechnische Entkopplung

Körperschall und Trittschall werden vermindert, wenn die angeregten Bauteile schalltechnisch von der übrigen Baukonstruktion entkoppelt werden, d. h. zwischen dem angeregten Bauteil und anderen Bauteilen keine starre, biegesteife Verbindung besteht.

Bei Decken wird hierzu die Estrichplatte mit dem Bodenbelag schalltechnisch von der Rohdecke durch Trittschalldämmplatten und Randdämmstreifen entkoppelt. Diese Konstruktion wird als *schwimmender Estrich* bezeichnet, da Estrichplatte und Bodenplatte „*schwimmend*“, d. h. ohne direkten Kontakt zur Rohdecke und den aufgehenden Bauteilen, gelagert sind (Abb. 4.18).

Auch weichfedernde Bodenbeläge (Teppich, auch PVC-Bodenbeläge) dienen zur Verbesserung der Trittschalldämmung.

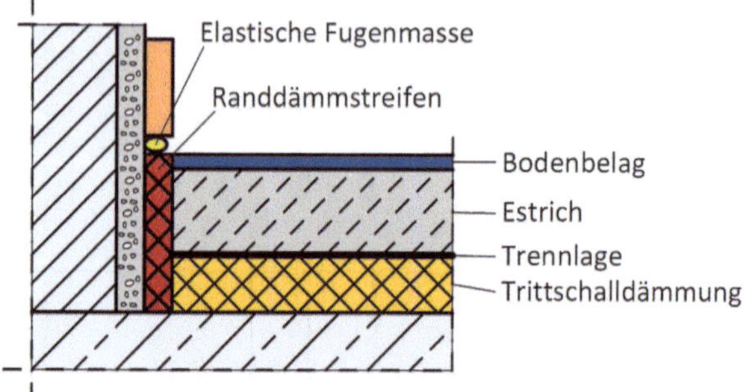

Abb. 4.18 Schwimmender Estrich – Aufbau und Wandanschluss

Abb. 4.19 Rohrschellen mit Gummieinlage zur Befestigung einer Wasserleitung an der Baukonstruktion; die Gummieinlage dient zur Verminderung der Körperschallübertragung

Rohrleitungen (z. B. Wasser- und Abwasserleitungen) werden zur Verminderung der Körperschallübertragung mit Hilfe von speziellen Rohrschellen, die die Körperschallübertragung vermindern, an der Baukonstruktion befestigt. Geeignet sind z. B. Gummieinlagen zwischen Wasserleitung und Rohrschelle (Abb. 4.19). Störende Geräusche, die durch den Betrieb der Leitungen entstehen, wie z. B. Zischen oder Rauschen, werden durch die schalltechnisch entkoppelte Befestigung vermindert oder sogar vollständig unterdrückt.

Sanitärinstallationen (z. B. Waschtische, Duschwannen, Badewannen, Klosettschüsseln) müssen ebenfalls zur Verminderung der Körperschallübertragung schalltechnisch entkoppelt an der Wand befestigt bzw. auf dem Boden aufgestellt werden. Hierzu sind geeignete und geprüfte Befestigungen vorzusehen.

4.5 Grundlagen der Luftschalldämmung

Der Begriff *Luftschalldämmung* beschreibt alle Maßnahmen, die zur Verminderung der Übertragung von Luftschall auf ein festgelegtes Maß (Anforderung) erforderlich sind. Die für die rechnerische Erfassung und Nachweisführung der Luftschalldämmung benötigten Kennwerte und Größen werden in den folgenden Abschnitten beschrieben.

4.5.1 Schalldämm-Maß

Kennzeichnende Größe für die Luftschalldämmung eines Bauteils ist das *Schalldämm-Maß*. Das Schalldämm-Maß beschreibt das Vermögen eines Bauteils, den Luftschall zu dämmen, d. h. zu mindern. Es ist eine frequenzabhängige Größe und wird als logarithmisches Maß angegeben, die Einheit ist Dezibel (dB). Das Schalldämm-Maß ist eine bauteilbezogene Größe, d. h. es ist ausschließlich abhängig von der Art und dem Aufbau des Bauteils, den verwendeten Baustoffen und den Abmessungen (Dicke).

Beim Schalldämm-Maß gelten folgende Zusammenhänge:

Übersicht

Große Werte des Schalldämm-Maßes bedeuten eine **gute** Luftschalldämmung eines Bauteils (d. h., das Bauteil lässt wenig Schall hindurch).

Kleine Werte bedeuten dagegen eine **schlechte** Luftschalldämmung (d. h., das Bauteil lässt viel Schall hindurch).

Mathematisch ist das Schalldämm-Maß der zehnfache dekadische Logarithmus des Verhältnisses der auf ein trennendes Bauteil (z. B. Wand oder Decke) auftreffenden Schallleistung zu der in den Empfangsraum abgestrahlten Schallleistung.

Labor-Schalldämm-Maß *R*

Sofern die Schallübertragung nur über das Trennbauteil betrachtet wird, d. h. eine Übertragung über die flankierenden Bauteile ausgeschlossen ist, wird das zugehörige Schalldämm-Maß als *Labor-Schalldämm-Maß R* bezeichnet. Das Labor-Schalldämm-Maß berechnet sich mit folgender Gleichung:

$$R = 10 \cdot \log\left(\frac{W_1}{W_2}\right) \tag{4.17}$$

Darin bedeuten:

R Labor-Schalldämm-Maß (frequenzabhängig), in dB;

W_1 Schallleistung, die im Senderaum auf das Trennbauteil auftrifft;

W_2 Schallleistung, die im Empfangsraum vom Trennbauteil abgestrahlt wird.

Bau-Schalldämm-Maß R'

In der Praxis wird ein nicht unerheblicher Teil des Schalls nicht nur über das Trennbauteil übertragen, sondern auch über die flankierenden Bauteile. Das sind Bauteile, die direkt an das Trennbauteil angrenzen. In der Regel hat ein Trennbauteil vier flankierende Bauteile. Bei einer Wand als Trennbauteil sind dies zwei Seitenwände sowie Decke und Fußboden. Bei einer Decke bilden die vier Wände die flankierenden Bauteile (Abb. 4.11).

Das zugehörige Schalldämm-Maß, das die Übertragung von Schall über die flankierenden Bauteile berücksichtigt, wird als *Bau-Schalldämm-Maß* R' bezeichnet (Abb. 4.20). Es gilt:

$$R' = 10 \cdot \log\left(\frac{W_1}{W_2 + W_3}\right) \tag{4.18}$$

Darin ist:

R' Bau-Schalldämm-Maß (frequenzabhängig), in dB;

W_3 Schallleistung, die im Empfangsraum über die flankierenden Bauteile abgestrahlt wird;

W_1, W_2 wie in Gl. (4.17).

Das Bau-Schalldämm-Maß R' ist je nach Art der flankierenden Bauteile und ihrer Verbindung mit dem Trennbauteil ca. 10 bis 15 dB schlechter, d. h. niedriger, als das Labor-Schalldämm-Maß R.

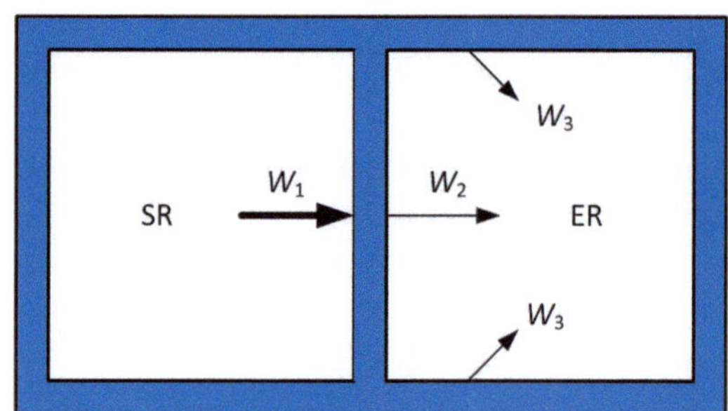

Abb. 4.20 Definition des Bau-Schalldämm-Maßes R'

Hinweis: Aufgrund der Rechengesetze des Logarithmus gilt folgender Zusammenhang:

- R' = 10 dB: 1/10 der Schallleistung gelangt in den Empfangsraum;
- R' = 20 dB: 1/100 der Schallleistung gelangt in den Empfangsraum;
- R' = 30 dB: 1/1000 der Schallleistung gelangt in den Empfangsraum;
- R' = 40 dB: 1/10.000 der Schallleistung gelangt in den Empfangsraum;
- R' = 50 dB: 1/100.000 der Schallleistung gelangt in den Empfangsraum
- R' = 60 dB: 1/1.000.000 der Schallleistung gelangt in den Empfangsraum usw.

Zum Vergleich: Die Mindestanforderung für Wohnungstrennwände beträgt 53 dB (n. DIN 4109-1). Dies entspricht der Forderung, dass etwa maximal 1/200.000 der auftreffenden Schallleistung durch die Bauteile in den Empfangsraum gelangen darf. Da dieser Wert allerdings nur eine Mindestanforderung darstellt, ist davon auszugehen, dass übermäßige Geräusche im Senderaum im Empfangsraum noch wahrgenommen werden. Das menschliche Gehör ist somit als ein überaus empfindliches Sinnesorgan anzusehen, da es selbst Geräusche wahrnimmt, die durch Bauteile um mehr als 99,99 % abgemindert werden.

Bewertetes Bau-Schalldämm-Maß R'_w

Für die praktische Handhabung, insbesondere bei der Nachweisführung, ist es von großem Nachteil, dass das Schalldämm-Maß von der Frequenz abhängig ist.

Begründung: Für jede Frequenz ergibt sich ein anderes Schalldämm-Maß $R(f)$. Das bedeutet, dass für jede Frequenz bzw. jedes Frequenzband (Oktave) ein separater rechnerischer Nachweis geführt werden müsste.

Um diesen Aufwand zu vermeiden, wird für die Nachweisführung mit einer *Einzahlangabe* für das Schalldämm-Maß gearbeitet. Die Einzahlangabe entspricht einer Art mittlerem Wert, der sich aus den einzelnen Schalldämm-Maßen für festgelegte Frequenzen mit Hilfe des Vergleichs einer definierten Bezugskurve ergibt. Dabei wird auch die geringere Empfindlichkeit des menschlichen Ohrs für tiefe Frequenzen berücksichtigt. Maßgebende Norm für die Ermittlung ist DIN EN ISO 717-1. Ein Beispiel für die Ermittlung der Einzahlangabe eines Schalldämm-Maßes aus den frequenzabhängigen Werten zeigt Abb. 4.21. Für genaue Angaben wird auf die genannte Norm verwiesen.

Die mit Hilfe des Verfahrens nach DIN EN ISO 717-1 erhaltene Einzahlangabe, die sich für eine Frequenz von 500 Hz ergibt, wird als *bewertetes Bau-Schalldämm-Maß* R'_w bezeichnet.

Das bewertete Bau-Schalldämm-Maß R'_w wird für den rechnerischen Nachweis der Luftschalldämmung nach DIN 4109 („Schallschutz im Hochbau") verwendet. In DIN 4109 sind Anforderungswerte für das bewertete Bau-Schalldämm-Maß festgelegt, wobei der Teil 1 der Norm (DIN 4109-1) Mindest-Anforderungen enthält und in Teil 5 (DIN 4109-5) erhöhte Anforderungen definiert werden.

Eine Übersicht über die verschiedenen Arten der Schalldämm-Maße enthält Tab. 4.6.

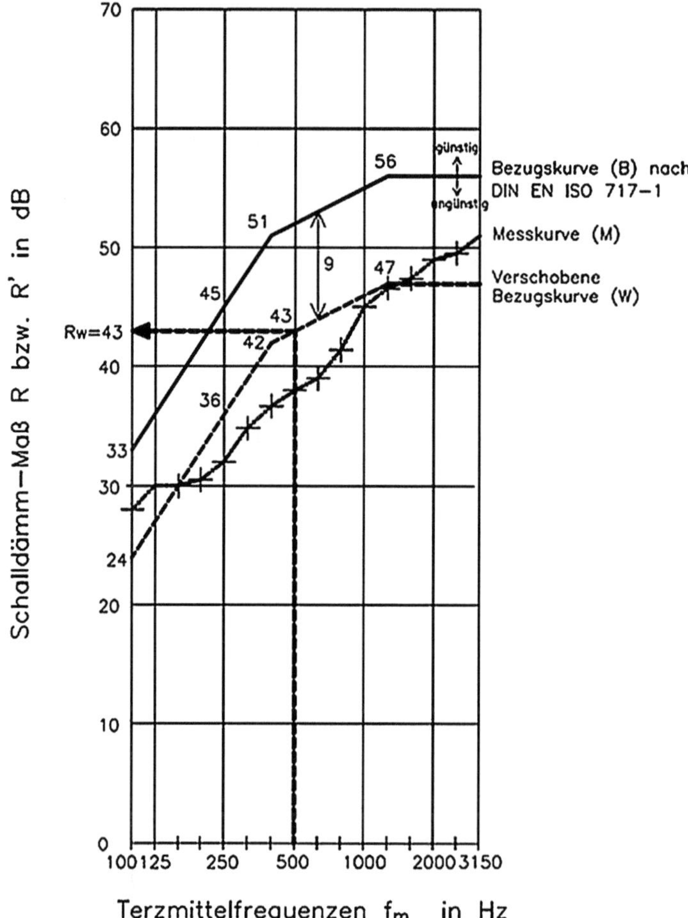

Abb. 4.21 Ermittlung des bewerteten Schalldämm-Maßes (Einzahlangabe des Schalldämm-Maßes) mit Hilfe des Verfahrens n. DIN EN ISO 717-1

Tab. 4.6 Übersicht über die verschiedenen Schalldämm-Maße

Bezeichnung	Formelzeichen Einheit: dB	Bemerkung
Labor-Schalldämm-Maß	*R*	*R* gibt die Luftschalldämmung für ein Trennbauteil allein an, ohne Berücksichtigung der Schallübertragung über die flankierenden Bauteile. Es kann nur im Prüfstand gemessen werden, indem das Trennbauteil schalltechnisch vom Prüfstand vollständig entkoppelt wird und eine Schallübertragung über flankierende Bauteile ausgeschlossen ist. *R* ist frequenzabhängig.

(Fortsetzung)

Tab. 4.6 (Fortsetzung)

Bezeichnung	Formelzeichen Einheit: dB	Bemerkung
Bau-Schalldämm-Maß	R'	R' gibt die Luftschalldämmung eines Trennbauteils einschließlich der Schallübertragung über die flankierenden Bauteile an. Es gibt die Verhältnisse im eingebauten Zustand wieder und wird daher als Bau-Schalldämm-Maß bezeichnet. R' ist frequenzabhängig.
Bewertetes Bau-Schalldämm-Maß	R'_w	R'_w ist eine Einzahlangabe, die sich aus den frequenzabhängigen Einzelwerten des Schalldämm-Maßes nach einem festgelegten Verfahren ergibt (d. h., es entspricht quasi einem bewerteten Mittelwert). Es wird für die Nachweise der Luftschalldämmung nach DIN 4109 verwendet.

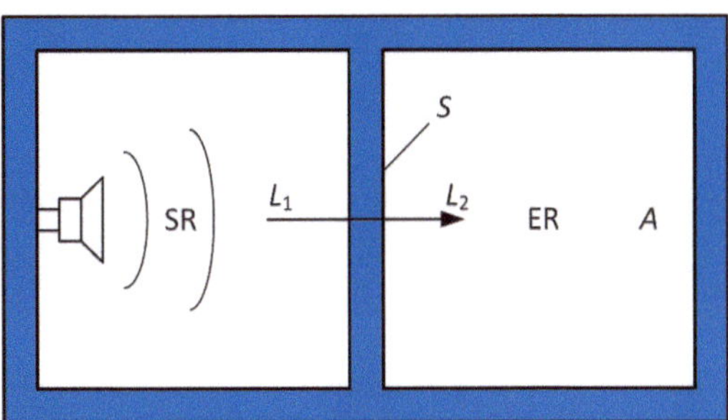

Abb. 4.22 Schallpegeldifferenz

4.5.2 Schallpegeldifferenz

Das Schalldämm-Maß lässt sich nicht direkt messen. Lediglich die Schallpegel im Sende- und Empfangsraum können messtechnisch bestimmt werden (Abb. 4.22). Aus der Schallpegeldifferenz zwischen dem Sende- und dem Empfangsraum ($D = L_1 - L_2$) kann das Bau-Schalldämm-Maß rechnerisch ermittelt werden, wobei hierbei die Fläche des Trennbauteils sowie die äquivalente Schallabsorptionsfläche des Empfangsraums bekannt sein müssen. Der Zusammenhang zwischen der Schallpegeldifferenz D und dem Bau-Schalldämm-Maß R' ergibt sich mit folgender Gleichung:

$$D = L_1 - L_2 = R' - 10\ \log\left(\frac{S}{A}\right) = R' + 10\ \log\left(\frac{A}{S}\right) \tag{4.19}$$

Darin bedeuten:

D Schallpegeldifferenz (frequenzabhängig), in dB;

L_1 Schalldruckpegel im Senderaum, in dB;

L_2 Schalldruckpegel im Empfangsraum, in dB;

R' Bau-Schalldämm-Maß (frequenzabhängig), in dB;
S Fläche des Trennbauteils, in m^2;
A äquivalente Schallabsorptionsfläche im Empfangsraum n. Gl. (4.20), in m^2.

4.5.3 Äquivalente Schallabsorptionsfläche

Die *äquivalente Schallabsorptionsfläche* A im Empfangsraum hängt von der *Nachhallzeit* T und dem Volumen des Empfangsraums V ab. Sie entspricht einer virtuellen Fläche im Empfangsraum mit dem Schallabsorptionsgrad von $\alpha = 1{,}0$ (d. h. sämtlicher Schall wird dort absorbiert bzw. „geschluckt").

Die äquivalente Schallabsorptionsfläche A ergibt sich mit Hilfe der *Sabine'schen* Formel zu:

$$A = 0{,}163 \cdot \frac{V}{T} \tag{4.20}$$

Darin bedeuten:
A äquivalente Schallabsorptionsfläche im Empfangsraum, in m^2;
V Raumvolumen, in m^3;
T Nachhallzeit, in s.

4.5.4 Nachhallzeit

Die *Nachhallzeit* T ist diejenige Zeitspanne, die vergeht, in der sich der Schalldruckpegel nach dem Abstellen des Schallsignals um 60 dB verringert (Abb. 4.23).

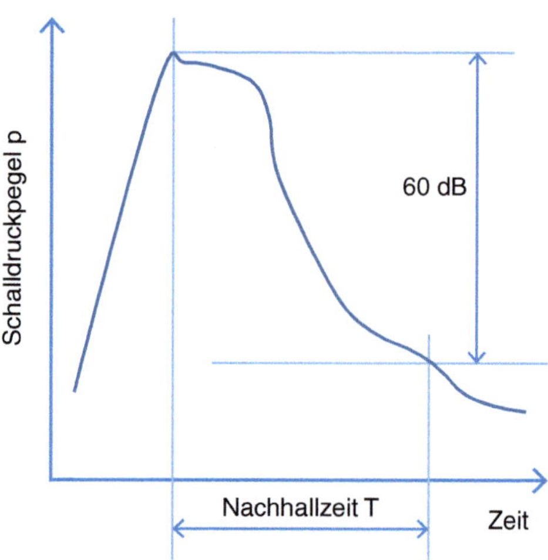

Abb. 4.23 Definition der Nachhallzeit

Tab. 4.7 Nachhallzeiten (Beispiele)

Raum	Nachhallzeit T s
Tonstudio	<0,3
Üblich möblierte Wohnräume	0,5 bis 0,6
Klassenräume, Seminarräume	0,6 bis 0,8
Hörsäle (500 bis 5000 m^3)	0,8 bis 1,2
Sporthalle (10.000 m^3)	2,0
Räume für Musikdarbietung	1,5 bis 3,0
Metropolitan Opera, New York	1,7 bis 2,0
Semper Oper, Dresden	1,6
Elbphilharmonie, Hamburg (großer Saal)	2,0
Kölner Dom	13,0

Mit zunehmender Raumgröße (Volumen) wird die Nachhallzeit größer. Für üblich möblierte Wohnräume wird eine Bezugs-Nachhallzeit von $T = 0{,}5$ s angenommen. Beispiele für die Nachhallzeiten ausgewählter Räume sind in Tab. 4.7 angegeben.

4.5.5 Bewertete Standard-Schallpegeldifferenz

Durch Einführen einer Bezugs-Nachhallzeit von $T_0 = 0{,}5$ s, die für übliche Wohn- und Aufenthaltsräume in den meisten Fällen zutreffend ist (s. o.), ergibt sich die Standard-Schallpegeldifferenz D_{nT}.

Als Einzahlangabe ergibt sich die *bewertete Standard-Schallpegeldifferenz* $D_{nT,w}$ mit folgender Gleichung:

$$\begin{aligned} D_{nT,w} &= R'_w - 10\log\left(\frac{S}{A}\right) \\ &= R'_w + 10\log\left(\frac{A}{S}\right) \\ &= R'_w + 10\log\left(\frac{0{,}163 \cdot V / T_0}{S}\right) \\ &= R'_w + 10\log\left(\frac{0{,}32 \cdot V}{S}\right) \end{aligned} \tag{4.21}$$

Darin bedeuten:

$D_{nT,w}$ bewertete Standard-Schallpegeldifferenz, in dB;
R'_w bewertetes Bau-Schalldämm-Maß, in dB;
S Fläche des Trennbauteils, in m^2;
A äquivalente Schallabsorptionsfläche im Empfangsraum, in m^2;

V Volumen des Empfangsraums, in m^3;
T_0 Bezugs-Nachhallzeit, $T_0 = 0{,}5$ s.

Die bewertete Standard-Schallpegeldifferenz wird als Anforderungsgröße für Nachweise nach VDI 4100 („Schallschutz im Hochbau – Wohnungen“) verwendet.

Aus der Standard-Schallpegeldifferenz $D_{nT,w}$ kann bei bekanntem Volumen des Empfangsraums und bekannter Fläche des Trennbauteils das bewertete Bau-Schalldämm-Maß berechnet werden und umgekehrt.

4.5.6 Berechnung des Bau-Schalldämm-Maßes aus der Schallpegeldifferenz

Das Bau-Schalldämm-Maß kann aus der Schallpegeldifferenz ($D = L_1 - L_2$) mit folgender Gleichung berechnet werden:

$$R' = L_1 - L_2 + 10 \, \log\left(\frac{S}{A}\right) \tag{4.22}$$

Darin bedeuten:
R' Bau-Schalldämm-Maß, in dB;
L_1 Schalldruckpegel im Senderaum, in dB;
L_2 Schalldruckpegel im Empfangsraum, in dB;
S Fläche des Trennbauteils, in m^2;
A äquivalente Schallabsorptionsfläche im Empfangsraum, in m^2.

Beispiel

Es soll das Bau-Schalldämm-Maß R' mit Hilfe von gemessenen Schalldruckpegeln bestimmt werden. Die folgenden Angaben beziehen sich auf eine Frequenz von 500 Hz. Gegeben:

- Schalldruckpegel im Senderaum: $L_1 = 85$ dB
- Schalldruckpegel im Empfangsraum: $L_2 = 25$ dB
- Der Empfangsraum ist ein Wohnraum mit einer Nachhallzeit von $T = 0{,}5$ s.
- Fläche des Trennbauteils (Wohnungstrennwand): $S = 2{,}5 \text{ m} \times 5{,}0 \text{ m} = 12{,}5 \text{ m}^2$.
- Volumen des Empfangsraums: $V = 5{,}0 \text{ m} \times 6{,}0 \text{ m} \times 2{,}5 \text{ m} = 75 \text{ m}^3$

Äquivalente Schallabsorptionsfläche:

$$A = 0{,}163 \cdot \frac{V}{T} = 0{,}163 \cdot \frac{75}{0{,}5} = 24{,}45 \text{ m}^2$$

Bau-Schalldämm-Maß:

$$R' = L_1 - L_2 + 10 \log\left(\frac{S}{A}\right) = 85 - 25 + 10 \log\left(\frac{12{,}5}{24{,}45}\right) = 57{,}1 \text{ dB}$$

Bei einem Empfangsraum mit einem nur halb so großen Volumen von $V = 37{,}5 \text{ m}^3$ ergibt sich bei gleich großer Fläche des Trennbauteils und gleicher Nachhallzeit:

$$A = 0{,}163 \cdot \frac{V}{T} = 0{,}163 \cdot \frac{37{,}5}{0{,}5} = 12{,}23 \text{ m}^2$$

$$R' = L_1 - L_2 + 10 \log\left(\frac{S}{A}\right) = 85 - 25 + 10 \log\left(\frac{12{,}5}{12{,}23}\right) = 60{,}1 \text{ dB}$$ ◄

Daraus folgt, dass bei dem Empfangsraum mit kleinerem Raumvolumen das Schalldämm-Maß größer sein muss, um den gleichen Schallschutz, d. h. das gleiche Schallschutzziel, zu erzielen.

Die Begründung hierfür liegt in der Definition des Schalldämm-Maßes nach Gl. (4.22). Aus Gl. (4.22) folgt, dass der Schallschutz nicht nur vom Schalldämm-Maß abhängig ist, sondern darüber hinaus auch vom Raumvolumen und der äquivalenten Schallabsorptionsfläche des Empfangsraums bestimmt wird.

Es gelten folgende Zusammenhänge:

Bei einem kleinen Empfangsraum (kleines Raumvolumen) muss das Schalldämm-Maß besser (größer) sein, um den gleichen Schallschutz zu erzielen als bei einem großen Empfangsraum (großes Raumvolumen) und umgekehrt (Abb. 4.24).

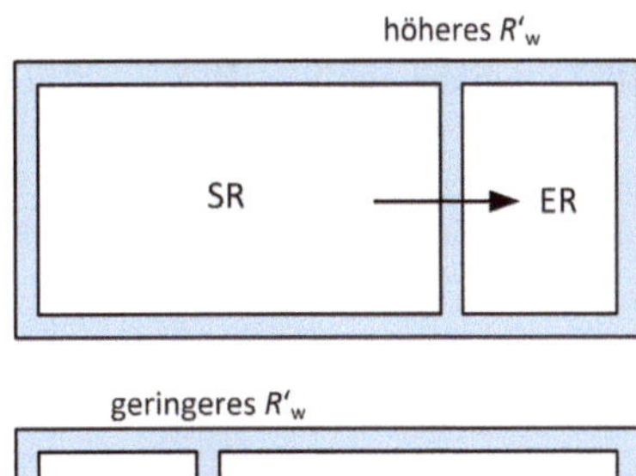

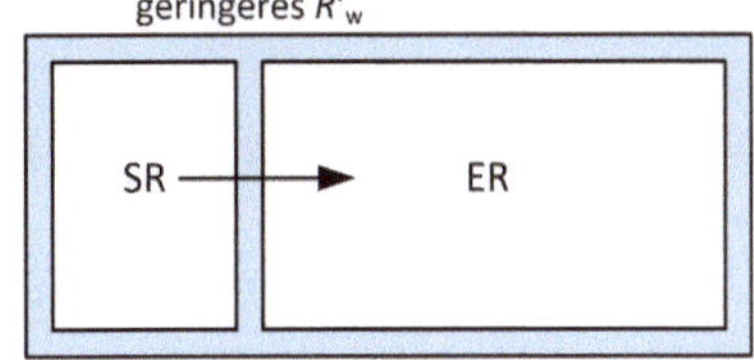

Abb. 4.24 Einfluss des Empfangsraumvolumens auf die Höhe der Luftschalldämmung, um gleichen Schallschutz zu erzielen

Übersicht
Empfangsraum mit **kleinem** Volumen → erfordert ein **höheres** Schalldämm-Maß,
Empfangsraum mit **großem** Volumen → erfordert ein **geringeres** Schalldämm-Maß,
um den gleichen Schallschutz zu erzielen.

Beim Nachweis des Schallschutzes nach DIN 4109 wird dieser Sachverhalt allerdings nicht berücksichtigt. Alleinige Anforderungsgröße für den Nachweis der Luftschalldämmung ist in DIN 4109 das bewertete Bau-Schalldämm-Maß R'_w des Trennbauteils unter Berücksichtigung der flankierenden Bauteile unabhängig vom Volumen des Empfangsraums.

4.5.7 Berechnung der Schallpegeldifferenz aus dem Bau-Schalldämm-Maß

Die Schallpegeldifferenz D kann aus dem Bau-Schalldämm-Maß R' mit folgender Gleichung berechnet werden:

$$D = R' - 10\ \log\left(\frac{S}{A}\right) \tag{4.23}$$

Darin bedeuten:

D Schallpegeldifferenz zwischen Sende- und Empfangsraum, in dB;
R' Bau-Schalldämm-Maß, in dB;
S Fläche des Trennbauteils, in m^2;
A äquivalente Schallabsorptionsfläche im Empfangsraum, in m^2.

4.5.8 Berechnung des Schalldämm-Maßes

Das Schalldämm-Maß eines homogenen einschaligen Bauteils ist von folgenden Größen abhängig:

- flächenbezogene Masse m' des Bauteils,
- Frequenz f,
- Dichte ρ und Schallgeschwindigkeit c der Luft,
- Einfallswinkel θ des Schalls auf das Bauteil (ausgedrückt durch den Winkel zwischen der Flächennormalen und dem Schallsignal).

Einschalige Bauteile im schalltechnischen Sinn sind Bauteile, die aus einer oder mehreren Schichten bestehen, wobei die einzelnen Schichten kontinuierlich miteinander verbunden sind. Dies gilt für plattenförmige Bauteile aus Beton, Leichtbeton, Porenbeton, ungelochten Mauersteinen und Gips sowie Gipswandbauplatten. Auch großformatige Fertigteilelemente aus den genannten Stoffen gelten als einschalige Bauteile. Mauerwerk aus Lochsteinen kann ebenfalls als homogen angesehen werden, wenn bestimmte Bedingungen erfüllt sind, z. B. der Lochanteil einen bestimmten Prozentsatz nicht überschreitet. Näheres siehe Norm (DIN 4109).

Die Berechnung des Schalldämm-Maßes für einschalige Bauteile erfolgt nach dem *Berger'schen Massegesetz* mit folgender Gleichung:

$$R = 10 \log\left[1 + \left(\frac{\pi \cdot f \cdot m'}{\rho_L \cdot c_L} \cdot \cos\vartheta\right)^2\right] \tag{4.24}$$

Darin bedeuten:

R Schalldämm-Maß (frequenzabhängig), in dB;
f Frequenz, in Hz bzw. s^{-1};
m' flächenbezogene Masse des Bauteils n. Gl. (4.25), in kg/m²;
ρ_L Dichte der Luft (in Meereshöhe bei 20 °C gilt $\rho_L = 1{,}25$ kg/m³), in kg/m³;
c_L Schallgeschwindigkeit der Luft, in m/s (in Meereshöhe bei 20 °C gilt $c_L = 344$ m/s);
ϑ Einfallswinkel des Schalls (Winkel zwischen der Flächennormalen und dem Schallsignal), in Grad.

Die flächenbezogene Masse m' des Bauteils ergibt sich zu (Abb. 4.25):

$$m' = \rho \cdot d \tag{4.25}$$

mit:

m' flächenbezogene Masse des Bauteils, in kg/m²;
ρ Rohdichte des Baustoffes, in kg/m³;
d Dicke des Bauteils, in m.

Unter der Annahme, dass für die Schallgeschwindigkeit in Luft und die Dichte der Luft konstante Werte angenommen werden sowie der ungünstigste Einfallswinkel angesetzt wird (Schallwelle trifft senkrecht auf das Bauteil) ist das Schalldämm-Maß eines einschaligen Bauteils nur noch von der flächenbezogenen Masse abhängig.

Dabei spielt das Material des Bauteils keine Rolle für die Schalldämmung. Diese ist ausschließlich von der flächenbezogenen Masse, d. h. von der Masse des Bauteils je Flächeneinheit abhängig.

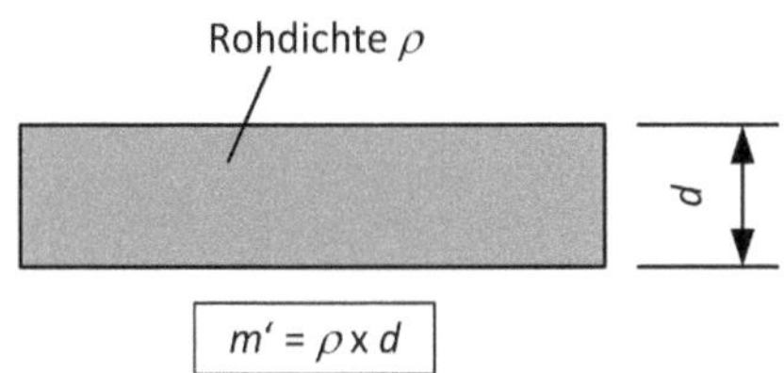

Abb. 4.25 Flächenbezogene Masse

Damit gilt für einschalige Bauteile folgende Beziehung:

$$R_w = f(m') \tag{4.26}$$

mit:

R_w bewertetes Schalldämm-Maß des einschaligen Bauteils, in dB;
m' flächenbezogene Masse des Bauteils, in kg/m^2.

Dabei gelten folgende Zusammenhänge:

- Bauteile mit einer großen flächenbezogenen Masse führen zu einem großen Schalldämm-Maß, d. h. sie vermindern die Luftschallübertragung bzw. sie verbessern die Luftschalldämmung.
- Bauteile mit einer geringen flächenbezogenen Masse führen zu einem kleinen Schalldämm-Maß und verschlechtern somit die Luftschalldämmung.

Fazit:

Je **größer** die **flächenbezogene Masse** eines Bauteiles ist desto **besser** ist dessen **Luftschalldämmung** und umgekehrt (*Berger'sches Massegesetz*).

Der Zusammenhang zwischen flächenbezogener Masse eines Bauteils und dem bewerteten Schalldämm-Maß ist in Abb. 4.26 dargestellt.

Vorsatzkonstruktionen (z. B. Bekleidungen aus Gipswandbauplatten o. Ä.), die vor einem einschaligen Bauteil angebracht sind, verändern das schalltechnische Verhalten. Das Schalldämm-Maß des Bauteils kann in diesem Fall nicht allein aus der flächenbezogenen Masse berechnet werden. In der Regel wird durch Vorsatzkonstruktionen eine Verbesserung der Luftschalldämmung erzielt.

Die Verfahren zur Berechnung des Bau-Schalldämm-Maßes für baupraktische Nachweise werden in DIN 4109 (Schallschutz im Hochbau) festgelegt. Siehe hierzu Abschn. 4.8 (Nachweis der Luftschalldämmung) sowie 4.10 (Vorsatzkonstruktionen).

4.5.9 Grenzfrequenz

Wie aus Gl. (4.24) (Berger'sches Massegesetz) ersichtlich ist, hängt das Schalldämm-Maß bei einschaligen Bauteilen neben der flächenbezogenen Masse auch von der Frequenz ab. Dabei nimmt das Schalldämm-Maß mit der Frequenz zu.

Im Bereich der sogenannten *Grenzfrequenz* verschlechtert sich allerdings die Luftschalldämmung, d. h. das Schalldämm-Maß bricht ein (Abb. 4.27).

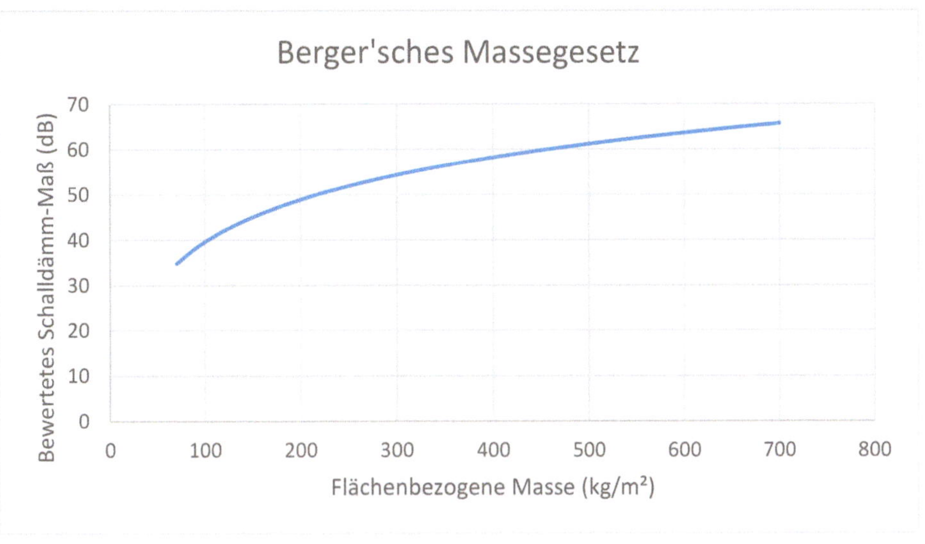

Abb. 4.26 Zusammenhang zwischen flächenbezogener Masse eines Bauteils m' und dem bewerteten Schalldämm-Maß R_w (hier beispielhaft für Mauerwerk aus Kalksandsteinen) (Berger'sches Massegesetz)

Abb. 4.27 Verschlechterung der Luftschalldämmung eines Bauteils im Bereich der Grenzfrequenz

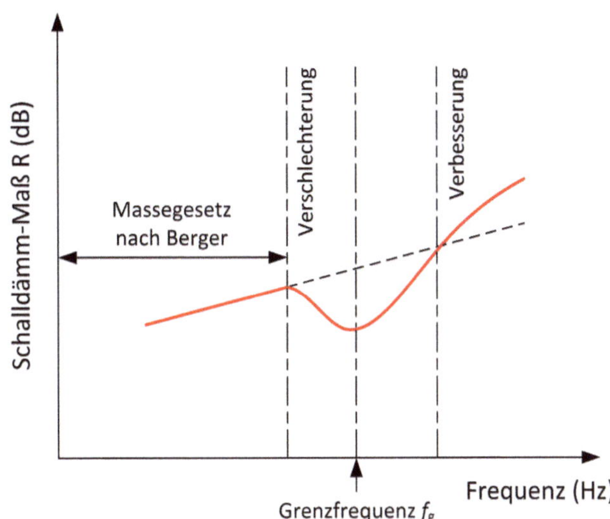

Der Grund hierfür liegt darin, dass im Bereich der Grenzfrequenz die Fortpflanzungsgeschwindigkeit der Biegewellen des angeregten Bauteils mit der Geschwindigkeit der Spur der schräg auf das Bauteil auftreffenden Schallwellen übereinstimmt.

Man spricht in diesem Fall vom *Spuranpassungseffekt* oder Koinzidenzeffekt (Abb. 4.28).

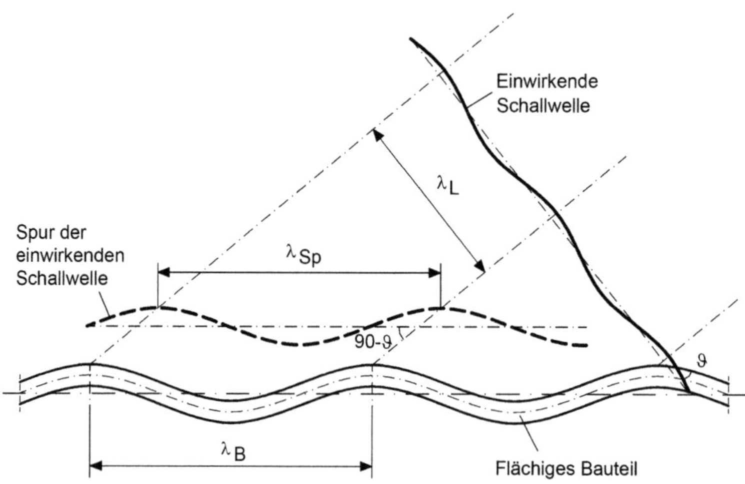

Abb. 4.28 Schematische Darstellung des Spuranpassungseffektes

Für plattenförmige Bauteile berechnet sich die *Grenzfrequenz* f_g mit folgender Gleichung:

$$f_g = \frac{c^2}{2\pi}\sqrt{\frac{m'}{B}} \quad \text{mit } B = \frac{Ed^3}{12\left(1-\mu^2\right)} \tag{4.27}$$

Darin bedeuten:

f_g Grenzfrequenz, in Hz bzw. s^{-1};
c Schallgeschwindigkeit in Luft, in m/s;
m' flächenbezogene Masse, in kg/m^2;
B Biegesteifigkeit der Platte, in N/m^2;
E Elastizitätsmodul, in N/m^2;
d Dicke der Platte, in m;
μ Querkontraktionszahl (dimensionslos).

Da die Biegesteifigkeit durch die Dicke sowie den Elastizitätsmodul ausgedrückt werden kann, vereinfachen sich die in Gl. (4.27) angegebenen Gleichungen zu:

$$f_g = 6{,}4 \cdot 10^4 \cdot \frac{1}{d}\sqrt{\frac{\rho}{E}} \tag{4.28}$$

Darin bedeuten:

f_g Grenzfrequenz, in Hz bzw. s^{-1};
d Dicke der Platte, in m;
ρ Dichte des Plattenwerkstoffes, in kg/m^3;
E Elastizitätsmodul des Plattenwerkstoffes, in N/m^2.

Aus den Gl. (4.27) und (4.28) wird deutlich, dass die Grenzfrequenz mit zunehmender Biegesteifigkeit und Dicke der Platte geringer wird. Durch eine entsprechende Dimensionierung des Bauteils kann vermieden werden, dass das Bauteil im Bereich der Grenzfrequenz schwingt.

Ungünstig sind Grenzfrequenzen zwischen 200 Hz und 2000 Hz, da tiefe Frequenzen als besonders störend empfunden werden. Dies ist der Fall bei plattenförmigen Bauteilen aus Beton, Leichtbeton, Mauerwerk und Gips mit flächenbezogenen Massen zwischen etwa 20 kg/m^2 und 100 kg/m^2.

Günstig sind dagegen hohe Biegesteifigkeiten bei dicken Wänden, wenn die Grenzfrequenz unter 200 Hz liegt. Dies ist der Fall bei plattenförmigen Bauteilen aus Beton, Leichtbeton und Mauerwerk mit einer flächenbezogenen Masse von mindestens 150 kg/m^2.

Beispiele

a) *Grenzfrequenz bei einer Wand aus Kalksandstein-Mauerwerk:*
Dicke d = 240 mm, Rohdichte ρ = 1180 kg/m^3, E-Modul E = 5130 N/mm^2 = 5,130 × 10^9 N/m^2
Grenzfrequenz n. Gl. (4.28):

$$f_\mathrm{g} = 6{,}4 \cdot 10^4 \cdot \frac{1}{d}\sqrt{\frac{\rho}{E}} = 6{,}4 \cdot 10^4 \cdot \frac{1}{0{,}24}\sqrt{\frac{1180}{5{,}130 \cdot 10^9}} = 128\ \text{Hz} < 200\ \text{Hz}$$

Die Grenzfrequenz liegt unterhalb des kritischen Bereichs (< 200 Hz). Ein Einbruch des Schalldämm-Maßes ist im kritischen Frequenzbereich nicht zu befürchten.

b) *Grenzfrequenz bei einer Gipskartonplatte:*
Dicke d = 10 mm, Rohdichte ρ = 600 kg/m^3, E-Modul E = 3500 N/mm^2 = 3,5 × 10^9 N/m^2
Grenzfrequenz n. Gl. (4.28):

$$f_\mathrm{g} = 6{,}4 \cdot 10^4 \cdot \frac{1}{d}\sqrt{\frac{\rho}{E}} = 6{,}4 \cdot 10^4 \cdot \frac{1}{0{,}01}\sqrt{\frac{600}{3{,}5 \cdot 10^9}} = 2650\ \text{Hz} > 2000\ \text{Hz}$$

Die Grenzfrequenz liegt oberhalb des kritischen Bereichs (> 2000 Hz). Ein Einbruch des Schalldämm-Maßes ist im kritischen Frequenzbereich nicht zu befürchten. ◄

4.5.10 Messung der Luftschalldämmung

Die Luftschalldämmung von Bauteilen kann messtechnisch durch Erzeugung eines Schallsignals im Senderaum und der Messung der zugehörigen Schalldruckpegel im Sende- und Empfangsraum ermittelt werden.

Als Messausrüstung sind ein spezieller Lautsprecher (Rundum-Lautsprecher, Dokaeder) für den Senderaum sowie Messgeräte zur Aufnahme des Schalldruckpegels (Mikrofon) erforderlich. Weiterhin werden ein Notebook mit Software zur Auswertung der Messdaten benötigt. Die Geräte sind exemplarisch in Abb. 4.29 dargestellt.

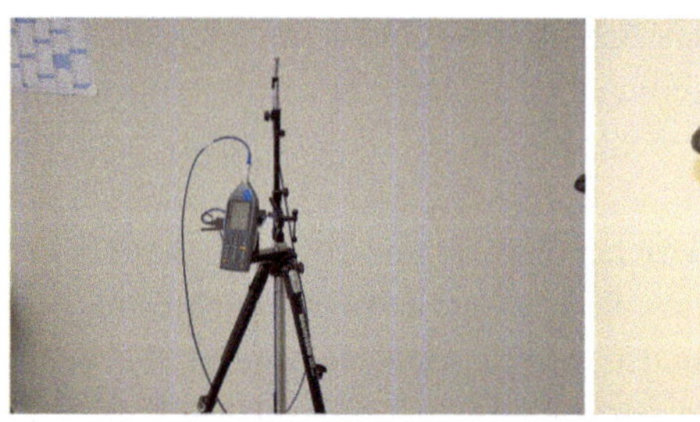

Mikrophon

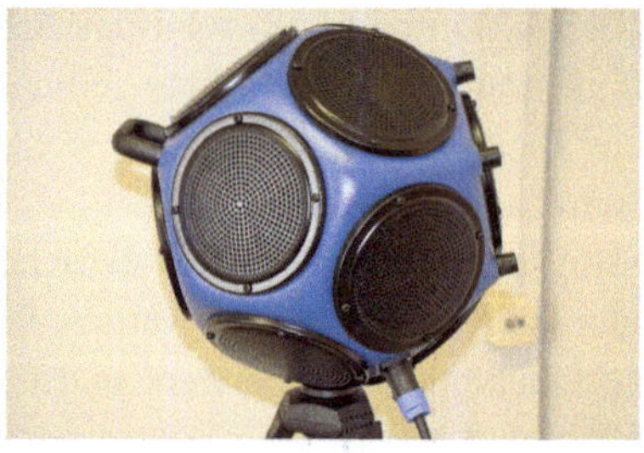

Dodekaeder
(Rundumlautsprecher)

Abb. 4.29 Messgeräte zur messtechnischen Ermittlung der Luftschalldämmung

4.6 Grundlagen der Trittschalldämmungund Kenngrößen für den Körperschall

Der Begriff *Trittschalldämmung* beschreibt alle Maßnahmen, die zur Verminderung der Übertragung von Trittschall, der durch Anregung einer Decke entsteht, auf ein festgelegtes Maß (Anforderung) erforderlich sind. Die für die rechnerische Erfassung und Nachweisführung der Trittschalldämmung benötigten Kennwerte und Größen werden in den folgenden Abschnitten beschrieben.

4.6.1 Norm-Trittschallpegel

Kennzeichnende Größe für die Trittschalldämmung bei Decken ist der *Norm-Trittschallpegel* L_n. Der Norm-Trittschallpegel gibt an, wie viel Schall durch die betrachtete Decke gelangt. L_n wird in dB angegeben.

Der Norm-Trittschallpegel wird mit Hilfe eines Norm-Hammerwerks (n. DIN EN ISO 16283-2), das auf die zu prüfende Decke gestellt wird, ermittelt. Hierzu wird im Empfangsraum unter der Decke der Schalldruckpegel L gemessen (Abb. 4.30).

Im Norm-Hammerwerk befinden sich mehrere Hammer mit einem Gewicht von jeweils 500 g. Diese werden in einem festgelegten Rhythmus durch eine Mechanik hochgezogen und 10 mal je Sekunde aus 4 cm Höhe auf die zu prüfende Decke fallen gelassen. Die so erzeugte Anregung der Decke dient zur messtechnischen Bestimmung des Norm-Trittschallpegels.

Die Größe des gemessenen Schallpegels L im Empfangsraum ist neben der Trittschalldämmung der Decke außerdem noch von der Schallabsorption im Empfangsraum abhängig. Die Schallabsorption wird u. a. von Ausstattung des Empfangsraumes (Möblierung, Art der Wand und Bodenbeläge usw.) beeinflusst.

Damit ein Messwert erhalten wird, der unabhängig von der tatsächlichen Ausstattung des Empfangsraumes ist, wird das Ergebnis auf einen normierten Raum mit einer Bezugs-

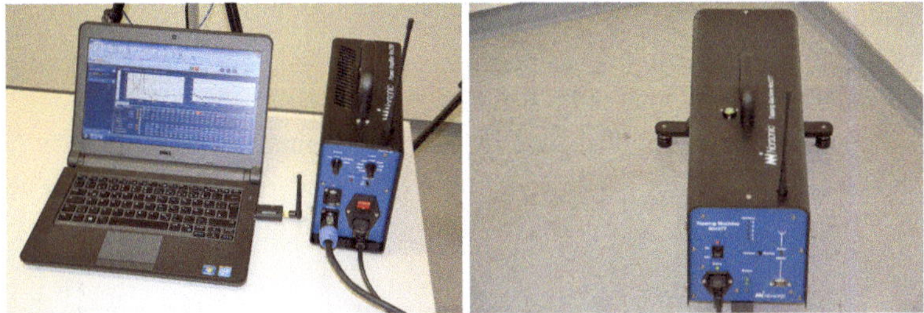

Abb. 4.30 Norm-Hammerwerk zur Messung der Trittschalldämmung einer Decke mit Notebook zur Auswertung der Daten

Abb. 4.31 Bestimmung des Norm-Trittschallpegels einer Decke

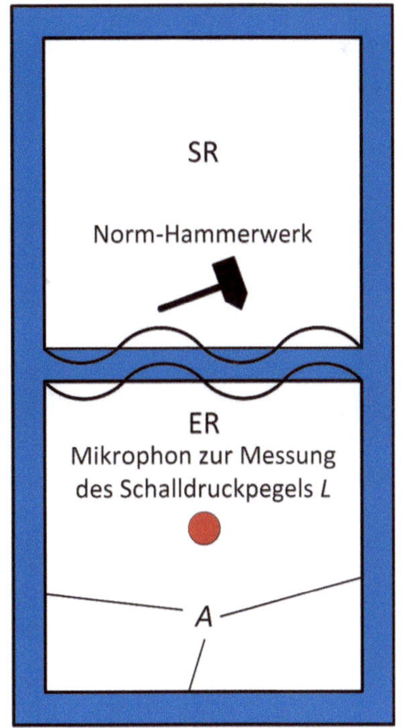

Schallabsorptionsfläche von $A_0 = 10\ \mathrm{m}^2$ umgerechnet. Eine Schallabsorptionsfläche von $10\ \mathrm{m}^2$ ergibt sich ungefähr für einen üblich möblierten Raum mit normaler Größe.

Der auf diese Weise umgerechnete und auf eine Bezugsfläche von $10\ \mathrm{m}^2$ ermittelte Schallpegel im Empfangsraum wird als Norm-Trittschallpegel L_n bezeichnet.

Genau wie das Schalldämm-Maß ist auch der Norm-Trittschallpegel von der Frequenz abhängig ($L_n(f)$).

Der Norm-Trittschallpegel L_n ergibt sich mit folgender Gleichung (Abb. 4.31):

$$L_n = L + 10\ \log\left(\frac{A}{A_0}\right) \tag{4.29}$$

Darin bedeuten:

L_n Norm-Trittschallpegel, in dB;
L gemessener Schalldruckpegel im Empfangsraum, in dB;
A äquivalente Schallabsorptionsfläche im Empfangsraum, in m^2;
A_0 Bezugsfläche ($A_0 = 10$ m^2) (Hinweis: diese Fläche würde sich bei einem üblich möblierten Empfangsraum normaler Größe ergeben), in m^2.

Aus der Definition des Norm-Trittschallpegels ergibt sich, dass dieser umso größer ist je mehr Schall durch die Decke gelangt, d. h. je schlechter die Decke hinsichtlich ihrer trittschalldämmenden Eigenschaften ist. In diesem Fall wird im Raum unter der Decke ein entsprechend großer Schalldruckpegel L gemessen, was einen entsprechend hohen Norm-Trittschallpegel L_n bewirkt.

Bei einer Decke mit guten trittschalldämmenden Eigenschaften gelangt dagegen wenig Schall in den Empfangsraum. In diesem Fall wird ein geringer Schalldruckpegel L gemessen. Dies führt zu einem entsprechend geringen Norm-Trittschallpegel L_n.

Übersicht

Große Werte des Norm-Trittschallpegels L_n bedeuten eine **schlechte** Trittschalldämmung der Decke.

Kleine Werte L_n bedeuten dagegen eine **gute** Trittschalldämmung.

Es ist zu beachten, dass übliche Decken (Stahlbetondecken, auch Holzbalkendecken) ohne Verbesserungsmaßnahmen die Anforderungen an die Trittschalldämmung nicht erfüllen und die Anforderungswerte weit überschreiten. Aus diesem Grund sind *Deckenauflagen* erforderlich, die die Trittschalldämmung verbessern.

Deckenauflagen sind bspw. schwimmende Estriche sowie Bodenbeläge, die die Trittschallübertragung mindern (Trittschallminderung).

Exemplarisch sind für einige ausgewählte Decken Messwerte des Norm-Trittschallpegels in Abb. 4.32 dargestellt.

4.6.2 Bewerteter Norm-Trittschallpegel

Unter Berücksichtigung der Schallübertragung über flankierende Bauteile wird der Norm-Trittschallpegel mit L'_n bezeichnet.

Im Gegensatz zur Luftschallübertragung, d. h. beim Schalldämm-Maß, spielt beim Trittschall die Übertragung über flankierende Bauteile eine untergeordnete Rolle. Die rechnerische Ermittlung des Norm-Trittschallpegels L'_n ist somit wesentlich einfacher als die Berechnung des Schalldämm-Maßes.

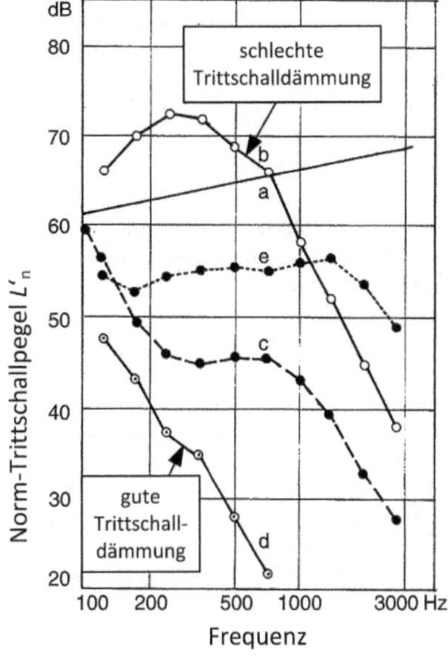

Legende:
a: Rohdecke, 18 cm Stahlbeton
b: Decke mit schw. Estrich auf zu steifer Dämmschicht
c: Decke mit schw. Estrich mittlerer Güte
d: sehr gute Decke
e: gute Decke, jedoch mit Schallbrücken

Abb. 4.32 Messwerte des Norm-Trittschallpegels für ausgewählte Decken (Abb. in Anlehnung an Schüle, Gösele, Künzel: Schall, Wärme, Feuchte; 10. Aufl., Bauverlag, Wiesbaden)

Für die praktische Handhabung, insbesondere bei der Nachweisführung, wird – wie beim Schalldämm-Maß – eine Einzahlangabe verwendet. Diese wird als *bewerteter Norm-Trittschallpegel* $L'_{n,w}$ bezeichnet.

Die Verfahren zur Berechnung des bewerteten Norm-Trittschallpegels $L'_{n,w}$ für baupraktische Nachweise werden in DIN 4109 (Schallschutz im Hochbau) geregelt. Siehe hierzu Abschn. 4.9.

4.6.3 Norm-Schalldruckpegel und Beurteilungspegel

Für die Beschreibung von Körperschall werden folgende Kenngrößen verwendet:

- *Norm-Schalldruckpegel* $L_{AF,n}$ (in dB) für gebäudetechnische Anlagen (z. B. Heizungsanlagen, raumlufttechnische Anlagen) einschließlich Wasserinstallationen;
- *Beurteilungspegel* L_r (in dB) für Gewerbebetriebe, die mit dem schutzbedürftigen Bereich verbunden sind.

4.7 Anforderungen an den Schallschutz

4.7.1 Regelwerke

Anforderungen an den Schallschutz sind in verschiedenen Regelwerken festgelegt. Die zentralen Normen und Vorschriften sind (Abb. 4.33):

- DIN 4109 – Schallschutz im Hochbau und
- VDI 4100 – Schallschutz im Hochbau – Wohnungen – Beurteilung und Vorschläge für einen erhöhten Schallschutz.

DIN 4109
In DIN 4109 werden Anforderungen an den Schallschutz festgelegt und Rechenverfahren für die Nachweisführung angegeben. Mindestanforderungen sind in Teil 1 der Norm (DIN 4109-1), erhöhte Anforderungen in Teil 5 (DIN 4109-5) festgelegt. Es ist zu beachten, dass die Mindestanforderungen nach DIN 4109-1 nur dem Gesundheitsschutz, der Vertraulichkeit bei normaler Sprechweise und dem Schutz vor unzumutbaren Belästigungen dienen. Die Mindestanforderungen der DIN 4109-1 befriedigen dagegen keine höheren Schutz-

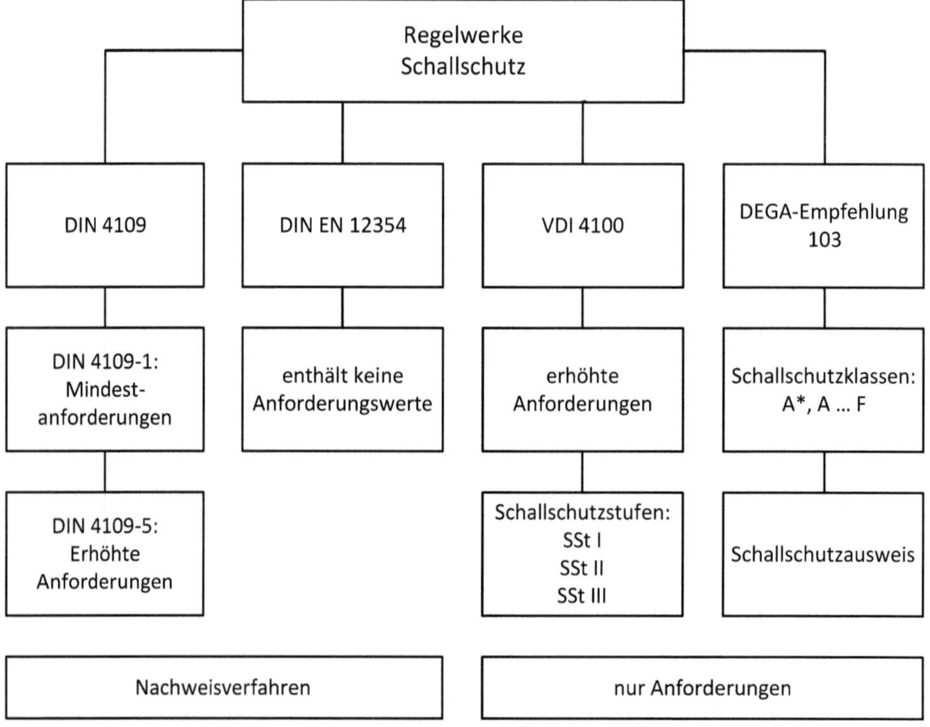

Abb. 4.33 Regelwerke mit Anforderungswerten für den Nachweis des Schallschutzes

ziele, die beispielsweise bei Wohnungen mit angehobener Ausstattung (z. B. Neubau-Eigentumswohnungen) zu erwarten wären. Hierfür sind die erhöhten Anforderungen nach DIN 4109-5 heranzuziehen.

VDI 4100
Die Richtlinie VDI 4100 gibt Vorschläge für einen erhöhten Schallschutz bei Wohnungen an. In der Richtlinie werden allerdings nur Anforderungen festgelegt, jedoch keine Rechen- und Nachweisverfahren geregelt. Zur feineren Abstufung der Schallschutzziele sind in der VDI 4100 drei Schallschutzstufen (SSt) mit unterschiedlich hohen Anforderungen definiert. Dabei wird in die Schallschutzstufen SSt I, II und II unterschieden.

SSt I beschreibt Bedingungen, die bei Wohnungen mit einem geringen Grundgeräuschpegel zu erwarten sind, mit denen Belästigungen in benachbarten Wohnräumen auf ein erträgliches Maß abgesenkt werden. Gegenüber den Mindestanforderungen der DIN 4109-1 ergibt sich ein geringfügig höheres Schutzziel. SSt I sollte bei einer Neubau-Wohnung erwartet werden, deren Ausstattung und Ausführung gegenüber der einfachsten Form angehoben ist.

Bei SSt II finden die Bewohner im Allgemeinen Ruhe und müssen ihr Verhalten nicht besonders einschränken, um Vertraulichkeit zu wahren. Gegenüber den Mindestanforderungen der DIN 4109-1 sind die Anforderungen der SSt II deutlich höher. SSt II ist bei Wohnungen zu erwarten, die auch in ihrer sonstigen Ausstattung und Ausführung einen durchschnittlichen Komfort bietet.

Bei SSt III finden die Bewohner ein hohes Maß an Ruhe. Geräusche von außen werden kaum wahrgenommen. Selbst bei lauter Sprache ist die Vertraulichkeit gewährleistet. SSt III ist bei Wohnungen zu erwarten, die auch in ihrer sonstigen Ausstattung und Ausführung besonderen Komfortansprüchen genügt.

DEGA-Empfehlung 103
Empfehlungen für erhöhte Anforderungen an den Schallschutz finden sich auch in der *DEGA-Empfehlung 103* der Deutschen Gesellschaft für Akustik e. V. Die DEGA-Empfehlung 103 – die zurzeit in der Fassung vom Januar 2018 vorliegt – definiert sieben Schallschutzklassen, mit denen der Schallschutz von Wohnräumen in Ergänzung zu den Anforderungen der DIN 4109 bewertet werden kann. Die einzelnen Schallschutzklassen werden in Anlehnung an die Klassifizierung bei Energieausweisen nach Gebäudeenergiegesetz (GEG) mit Großbuchstaben bezeichnet.

Dabei wird folgende Klassifizierung vorgenommen:

A∗ und A (sehr guter Schallschutz, d. h. hoch bzw. erhöht), B (guter Schallschutz), C (gegenüber Klasse D wahrnehmbar besserer Schallschutz), D (Schallschutz erfüllt Mindestanforderungen n. DIN 4109-1:2018-01), E (Schallschutz n. DIN 4109-1:2018 nicht erfüllt), F (schlechter Schallschutz).

Das Besondere an der DEGA Empfehlung 103 ist, dass auch Bestandsgebäude mit einem schlechteren Schallschutz als es den heute gültigen Mindestanforderungen entspricht schalltechnisch bewertet werden können. Hierzu dienen die Klassen E und F, die unter den Mindestanforderungen der aktuellen DIN 4109-1 liegen.

4.7.2 Aktuelle Rechtsprechung und Vereinbarung der Schutzziele

Die in DIN 4109-1 festgelegten Mindestanforderungen an den Schallschutz werden nur für den öffentlich-rechtlichen Nachweis im Rahmen der Bauantragsstellung als ausreichend angesehen. Die aktuelle Rechtsprechung ist der Auffassung, dass die in der DIN 4109-1 festgelegten Mindestanforderungen insbesondere bei Objekten, die auch in anderen Bereichen höheren Ansprüchen gerecht werden, wie z. B. Wohnlage, Ausstattung und Ausführung keinesfalls ausreichend sind.

Aus diesem Grund wird dringend empfohlen, den geschuldeten Schallschutz zusätzlich privat-rechtlich zu vereinbaren und entsprechend höhere Schutzziele, z. B. nach DIN 4109-5, VDI 4100 oder DEGA-Empfehlung 103 festzulegen. Die Vereinbarung höherer Schutzziele sollte präzise erfolgen, indem nicht nur das Regelwerk genannt wird, sondern auch die Schallschutzstufe (z. B. VDI 4100:2012, SSt II) oder Schallschutzklasse (z. B. DEGA 103, Schallschutzklasse A) in der vertraglichen Vereinbarung aufgenommen wird. Nur bei präziser Angabe und vertraglicher Vereinbarung der geforderten Schallschutzziele lassen sich Missverständnisse ausschließen und Rechtsstreitigkeiten vermeiden. Grundsätzlich besteht auch die Möglichkeit, für einzelne Bereiche oder Bauteile höhere Schutzziele festzulegen.

Die Grafik in Abb. 4.34 zeigt die anzuwendenden Regelwerke für den öffentlich-rechtlichen Nachweis sowie privat-rechtliche Vereinbarungen hinsichtlich des geschuldeten Schallschutzes.

4.7.3 Anforderungen nach DIN 4109

DIN 4109 (Schallschutz im Hochbau) enthält Anforderungswerte an die Luft- und Trittschalldämmung sowie zulässige Schalldruckpegel. Mindestanforderungen werden in DIN 4109-1 geregelt. Erhöhte Anforderungen finden sich in DIN 4109-5. Siehe hierzu die Struktur der Norm in Abb. 4.35.

An dieser Stelle sei noch einmal darauf hingewiesen, dass die Mindestanforderungen der DIN 4109-1 ausschließlich dem Gesundheitsschutz der Bewohner dienen und keine darüber hinaus gehenden Ansprüche hinsichtlich des Komforts erfüllen. Die Mindestanforderungen nach DIN 4109-1 sind für den öffentlich-rechtlichen Nachweis im Zuge des Bauantragsverfahrens anzunehmen.

Darüber hinaus gehende Schutzziele des geschuldeten Schallschutzes müssen gesondert vereinbart werden (z. B. nach DIN 4109-5 oder nach VDI 4100), indem eine

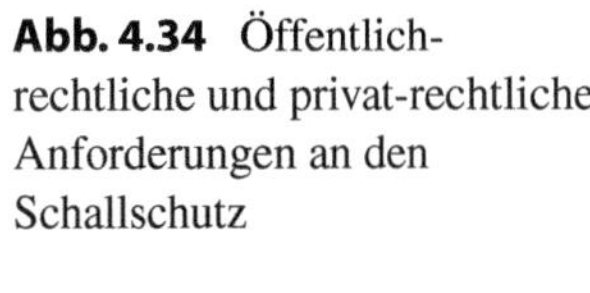

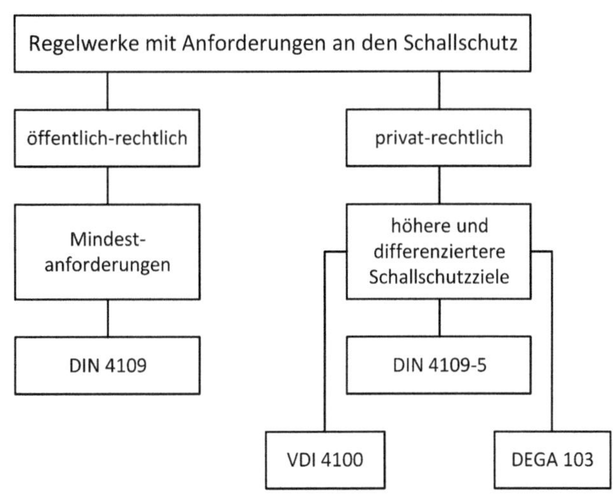

Abb. 4.34 Öffentlich-rechtliche und privat-rechtliche Anforderungen an den Schallschutz

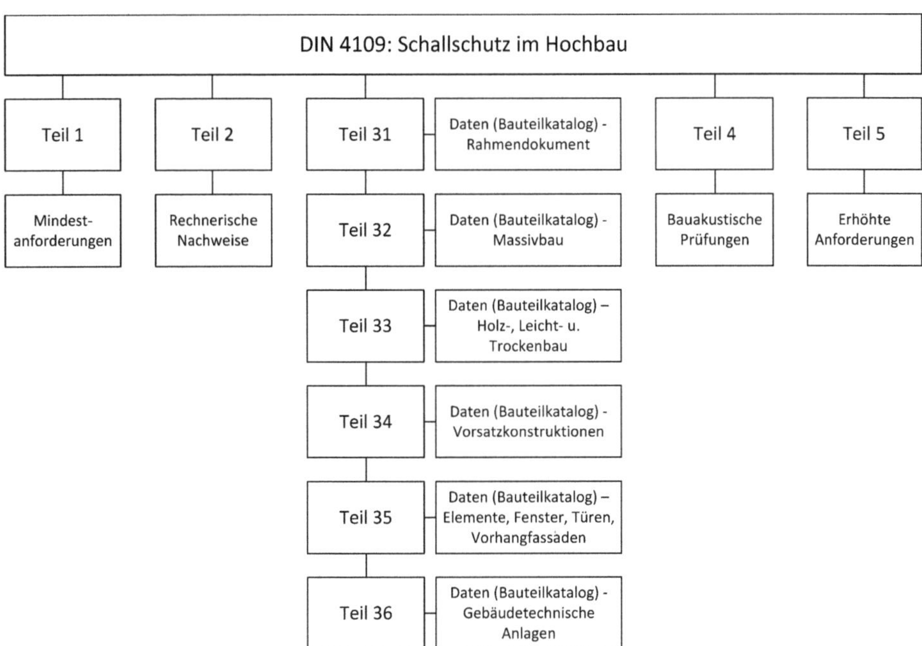

Abb. 4.35 Struktur der DIN 4109 „*Schallschutz im Hochbau*“

privat-rechtliche vertragliche Vereinbarung zwischen Auftraggeber (Bauherr) und Auftragnehmer (Planer, Ausführende) geschlossen wird.

Die aktuelle Rechtsprechung ist der Auffassung, dass die Mindestanforderungen der DIN 4109-1 nicht mehr den allgemein anerkannten Regeln der Technik entsprechen und im Regelfall ein höherer Schallschutz erforderlich ist. Dies gilt insbesondere für Gebäude, die auch in anderen Bereichen, wie z. B. der Wohnlage, Ausstattung und Ausführung höheren Ansprüchen gerecht werden.

Aus diesem Grund wird dringend empfohlen,

1. den geschuldeten Schallschutz vertraglich zu vereinbaren und
2. höhere Schutzziele (insbesondere bei Neubauten und Sanierungen im Bestand) festzulegen. Anforderungswerte für höhere Schutzziele sind z. B. in der DIN 4109-5, VDI 4100 sowie in der DEGA-Empfehlung 103 angegeben.

4.7.3.1 Anwendungsbereich der DIN 4109

DIN 4109 (Schallschutz im Hochbau) legt folgende Anforderungen zum Erreichen der nachfolgend beschriebenen Schallschutzziele in schutzbedürftigen Räumen fest:

- Anforderungen an die Schalldämmung von Bauteilen (Luftschall-, Trittschalldämmung) schutzbedürftiger Räume;
- Anforderungen an die zulässigen Schallpegel (Geräte, Armaturen, Wasserinstallationen, Gewerbebetriebe) in schutzbedürftigen Räumen.

Die Anforderungen gelten für *schutzbedürftige Räume* in Wohngebäuden und Nichtwohngebäuden. Schutzbedürftige Räume sind Aufenthaltsräume, die gegenüber Geräuschen zu schützen sind:

- Wohnräume, einschließlich Wohndielen, Wohnküchen;
- Schlafräume, einschließlich Übernachtungsräume in Beherbergungsstätten (Hotels usw.);
- Bettenräume in Krankenhäusern und Sanatorien;
- Unterrichtsräume in Schulen, Hochschulen und ähnlichen Einrichtungen;
- Büroräume;
- Praxisräume;
- Sitzungsräume und ähnliche Arbeitsräume.

Die Anforderungen der DIN 4109 gelten zum Schutz

- gegen Geräusche aus fremden Räumen (z. B. Nachbarwohnungen),
- gegen Geräusche von Anlagen der technischen Gebäudeausrüstung,
- gegen Geräusche aus Gewerbe- und Industriebetrieben, die im selben oder in baulich damit verbundenen Gebäuden vorhanden sind und

- gegen Außenlärm, z. B. Verkehrslärm und Lärm aus Gewerbe- und Industriebetrieben, die nicht mit de schutzbedürftigen Räumen baulich verbunden sind.

Die Anforderungen gelten für Neubauten und für bauliche Änderungen bestehender Gebäude (Bestandsbauten).

Sie gelten *nicht*

- zum Schutz von Aufenthaltsräumen, in denen nutzungsbedingt ständig Geräusche mit einem Schalldruckpegel von $L_{AF,95} \geq 40$ dB auftreten;
- gegen Fluglärm (hier ist das „Gesetz zum Schutz gegen Fluglärm" anzuwenden);
- gegen tieffrequenten Schall nach DIN 45680:2020-06 – Entwurf;
- für den Schallschutz im eigenen Wohn- und Arbeitsbereich (ausgenommen sind Geräusche von Anlagen der Raumlufttechnik, die vom Nutzer nicht beeinflusst werden können);
- zum Schutz vor Luftschall- und Trittschallübertragung und Geräuschen aus gebäudetechnischen Anlagen in
  - Küchen (ausgenommen sind Wohnküchen),
  - Flure,
  - Bäder, Toilettenräume und
  - Nebenräume.

4.7.3.2 Kenngrößen für die Beschreibung der Anforderungen

Für die Anforderungen an die Luft- und Trittschalldämmung sowie an die zulässigen Schalldruckpegel werden die in Tab. 4.8 angegebenen Kenngrößen (Anforderungsgrößen) verwendet. Diese Anforderungsgrößen werden sowohl für die Mindestanforderungen nach DIN 4109-1 als auch für die erhöhten Anforderungen nach DIN 4109-5 verwendet.

Übersicht

Der **Nachweis der Luftschalldämmung** erfolgt mit dem **bewerteten Bau-Schalldämm-Maß R'_w**.

(Nachweis von Türen erfolgen mit dem bewerteten Schalldämm-Maß R_w).

Der **Nachweis der Trittschalldämmung** erfolgt mit dem **bewerteten Norm-Trittschallpegel $L'_{n,w}$**.

Das bewertete Bau-Schalldämm-Maß R'_w sowie der bewertete Norm-Trittschallpegel $L'_{n,w}$ sind abhängig von der Art und Ausführung der Bauteile (z. B. von der Größe der flächenbezogenen Masse). Die Nachhallzeit im Empfangsraum wird bei diesen Größen nicht berücksichtigt.

Tab. 4.8 Anforderungsgrößen für die Luft- und Trittschalldämmung sowie die zulässigen Schalldruckpegel. (N. DIN 4109-1, Tab. 1)

Bauteile[a]	Berücksichtigte Schallübertragung	Anforderungsgröße			
		Luftschalldämmung dB		Trittschalldämmung dB	
Wände	über das trennende und die flankierenden Bauteile sowie ggfs. über Nebenwege[b]	bewertetes Bau-Schalldämm-Maß	R'_w	–	
Decken			R'_w	bewerteter Norm-Trittschallpegel	$L'_{n,w}$
Treppen		–		bewerteter Norm-Trittschallpegel	$L'_{n,w}$
Türen[c]	nur über die Tür	bewertetes (Labor-) Schalldämm-Maß	R_w	–	
Gebäudetechnische Anlagen, einschl. Wasserinstallationen		Maximaler Norm-Schalldruckpegel $L_{AF,max,n}$ n. DIN 4109-4			
Baulich verbundene Gewerbebetriebe (für die Nachtzeit gilt der Pegel der lautesten Stunde)		Beurteilungspegel L_r n. DIN 45645-1 bzw. TA-Lärm Zusätzlich ist der max. Norm-Schalldruckpegel $L_{AF,max,n}$ zu ermitteln.			

[a]Im betriebsfertigen Zustand
[b]Schallnebenwege, z. B. durch Kabelschotts, Installations- und Kabelkanäle in Massiv- und Installationswänden
[c]Nach DIN 4109-2:2018-01 muss ein Sicherheitsbeiwert von 5 dB berücksichtigt werden

Aus diesem Grund werden die Anforderungsgrößen nach DIN 4109 (bewertetes Bau-Schalldämm-Maß R'_w und bewerteter Norm-Trittschallpegel $L'_{n,w}$) als *bauteilbezogene* Größen bezeichnet.

4.7.4 Mindest-Anforderungen nach DIN 4109-1

4.7.4.1 Luft- und Trittschalldämmung in Gebäuden mit Wohn- oder Arbeitsbereichen (DIN 4109)

Mindest-Anforderungen an die Luft- und Trittschalldämmung in Gebäuden mit Wohn- und Arbeitsbereichen sind wie folgt festgelegt:

- Anforderungen zwischen fremden Wohnungen und Nutzungseinheiten in Mehrfamilienhäusern, Bürogebäuden und gemischt genutzten Gebäuden;
- Anforderungen zwischen Einfamilien-, Reihenhäusern und zwischen Doppelhäusern.

Mehrfamilienhäuser, Bürogebäude, gemischt genutzte Gebäude

Mindest-Anforderungen an die Luftschalldämmung R'_w (bewertetes Bau-Schalldämm-Maß) und an die Trittschalldämmung $L'_{n,w}$ (bewerteter Norm-Trittschallpegel) in Mehrfamilienhäusern, Bürogebäuden und in gemischt genutzten Gebäuden sind in Tab. 4.9 angegeben.

Tab. 4.9 Mindest-Anforderungen an die Schalldämmung in Mehrfamilienhäusern, Bürogebäuden und in gemischt genutzten Gebäuden. (N. DIN 4109-1:2018-01, Tab. 2)

Mehrfamilienhäuser, Bürogebäude, gemischt genutzte Gebäude				
Bauteil		Anforderungen an die		Bemerkungen
		Luftschalldämmung	Trittschalldämmung	
Art	Beschreibung	bewertetes Bau-Schalldämm-Maß R'_{w}	bewerteter Norm-Trittschallpegel $L'_{n,w}$	
Decken	Decken unter allgemein nutzbaren Dachräumen, z. B. Trockenböden, Abstellräumen und ihren Zugängen	≥ 53 dB	≤ 52 dB	–
	Wohnungstrenndecken (auch Treppen)	≥ 54 dB	≤ 50 dB[a,b]	Wohnungstrenndecken sind Bauteile, die Wohnungen voneinander oder von fremden Arbeitsräumen trennen
	Trenndecken (auch Treppen) zwischen fremden Arbeitsräumen bzw. vergleichbaren Nutzungseinheiten	≥ 54 dB	≤ 53 dB	–
	Decken über Kellern, Hausfluren, Treppenräumen unter Aufenthaltsräumen	≥ 52 dB	≤ 50 dB	Die Anforderung an die Trittschalldämmung gilt für die Trittschallübertragung in fremde Aufenthaltsräume in alle Schallausbreitungsrichtungen.
	Decken über Durchfahrten, Einfahrten von Sammelgaragen u. Ä. unter Aufenthaltsräumen	≥ 55 dB	≤ 50 dB	
	Decken unter bzw. über Spiel- oder ähnlichen Gemeinschaftsräumen	≥ 55 dB	≤ 46 dB	Wegen der verstärkten Übertragung tiefer Frequenzen können zusätzliche Maßnahmen zur Schalldämmung erforderlich sein
	Decken unter Terrassen und Loggien über Aufenthaltsräumen	–	≤ 50 dB	Anforderungen an die Luftschalldämmung gegen Außenlärm siehe Abschn. 4.11.
	Decken unter Laubengängen	–	≤ 53 dB	Die Anforderung an die Trittschalldämmung gilt für die Trittschallübertragung in fremde Aufenthaltsräume in alle Schallausbreitungsrichtungen.

(Fortsetzung)

Tab. 4.9 (Fortsetzung)

Mehrfamilienhäuser, Bürogebäude, gemischt genutzte Gebäude				
		Anforderungen an die		
Bauteil		Luftschalldämmung	Trittschalldämmung	Bemerkungen
	Balkone	–	≤58 dB	
	Decken und Treppen innerhalb von Wohnungen, die sich über zwei Geschosse erstrecken	–	≤50 dB	
	Decken unter Bad und WC ohne/mit Bodenentwässerung	≥54 dB	≤53 dB	
	Decken unter Hausfluren	–	≤50 dB	
Treppen	Treppenläufe und -podeste	–	≤53 dB	–
Wände	Wohnungstrennwände und Wände zwischen fremden Arbeitsräumen	≥53 dB	–	Wohnungstrennwände sind Bauteile, die Wohnungen voneinander oder von fremden Arbeitsräumen trennen.
	Treppenraumwände und Wände neben Hausfluren	≥53 dB	–	Für Wände mit Türen gilt die Anforderung R'_w(Wand) = R_w(Tür) + 15 dB. Darin ist R_w(Tür) die erforderliche Schalldämmung der Tür. Wandbreiten ≤30 cm bleiben dabei unberücksichtigt.
	Wände neben Durchfahrten, Sammelgaragen, einschl. Einfahrten	≥55 dB	–	–
	Wände von Spielräumen o. ä. Gemeinschaftsräumen	≥55 dB	–	–
	Schachtwände von Aufzugsanlagen an Aufenthaltsräumen	≥57 dB	–	–

(Fortsetzung)

Tab. 4.9 (Fortsetzung)

Mehrfamilienhäuser, Bürogebäude, gemischt genutzte Gebäude				
		Anforderungen an die		
Bauteil		Luftschall-dämmung	Trittschall-dämmung	Bemerkungen
Türen	Türen, die von Hausfluren oder Treppenräumen in geschlossene Flure oder Dielen von Wohnungen und Wohnheimen oder von Arbeitsräumen führen.	≥ 27 dB	–	Bei Türen gilt das bewertete Schalldämm-Maß R_w. Es muss ein Sicherheitsbeiwert von 5 dB berücksichtigt werden.
	Türen, die von Hausfluren oder Treppenräumen unmittelbar in Aufenthaltsräume – außer Flure und Dielen – von Wohnungen führen.	≥ 37 dB	–	

[a]Im Falle von baulichen Änderungen von vor dem 1. Juli 2016 fertiggestellten Gebäuden liegt die Anforderung bei $L'_{n,w} \leq 53$ dB

[b]Beim Neubau von Gebäuden mit Deckenkonstruktionen, die DIN 4109-33:2016-07, Schallschutz im Hochbau – Teil 33: Daten für die rechnerischen Nachweise des Schallschutzes (Bauteilkatalog) – Holz-, Leicht- und Trockenbau, zuzuordnen sind, liegt die Anforderung bei $L'_{n,w} \leq 53$ dB

Anmerkung: Derzeit kann nicht für alle gebräuchlichen Deckenkonstruktionen ein Anforderungswert von $L'_{n,w} \leq 50$ dB nachgewiesen werden. Bis zum Vorliegen geeigneter Lösungen im Rahmen einer vorgesehenen Überarbeitung von DIN 4109-33 gilt deshalb die in Fußnote b genannte Anforderung

Die Anforderungen sind zwischen fremden Wohnungen und/oder zwischen Wohnungen und fremden Arbeitsbereichen einzuhalten. Beispiele sind in Abb. 4.36 dargestellt.

Einfamilien-Reihenhäuser, Doppelhaushälften

Mindest-Anforderungen an die Luftschalldämmung (bewertetes Bau-Schalldämm-Maß R'_w) und Trittschalldämmung (bewerteter Norm-Trittschallpegel $L'_{n,w}$) zwischen Einfamilien-Reihenhäusern und zwischen Doppelhaushälften sind in Tab. 4.10 angegeben. Beispiele sind in Abb. 4.37 dargestellt.

4.7.4.2 Luft- und Trittschalldämmung in Nichtwohngebäuden (DIN 4109)

Mindest-Anforderungen an die Luft- und Trittschalldämmung in Nichtwohngebäuden sind für folgende Gebäudetypen festgelegt:

- Hotels und Beherbergungsstätten;
- Krankenhäuser und Sanatorien;
- Schulen und vergleichbare Einrichtungen.

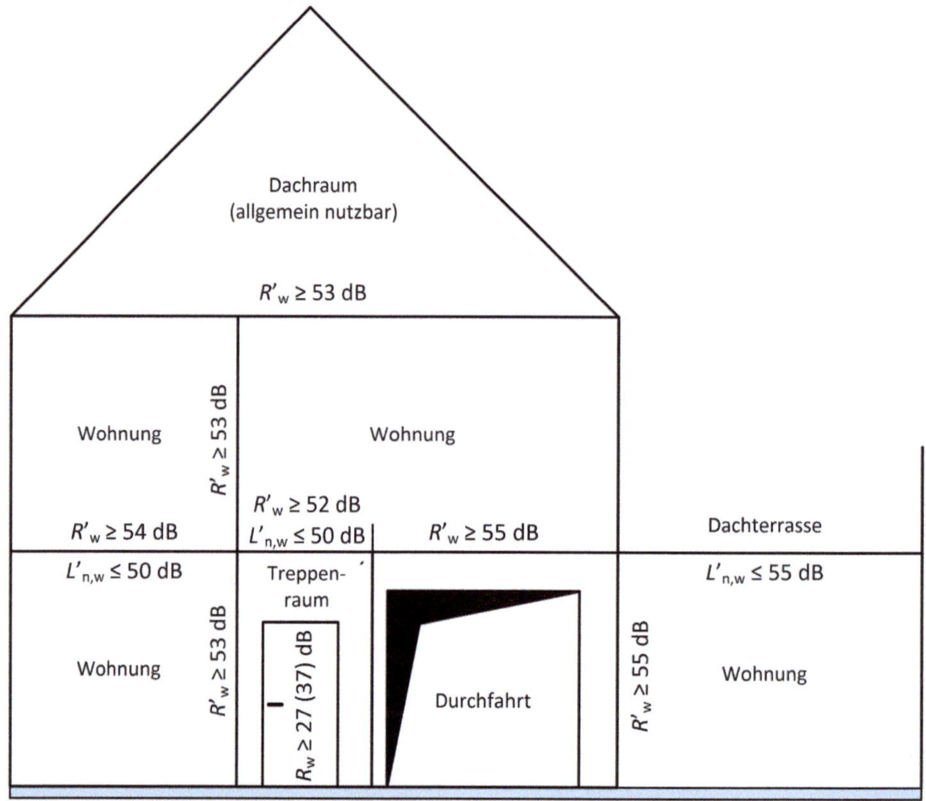

Abb. 4.36 Mindest-Anforderungen nach DIN 4109-1 bei Mehrfamilienhäusern, Bürogebäuden und gemischt genutzten Gebäuden (Beispiele)

Hotels und Beherbergungsstätten

Die Mindest-Anforderungen an die Luftschalldämmung R'_w (bewertetes Bau-Schalldämm-Maß) und an die Trittschalldämmung $L'_{n,w}$ (bewerteter Norm-Trittschallpegel) in Hotels und Beherbergungsstätten sind in Tab. 4.11 angegeben.

Krankenhäuser und Sanatorien

Die Mindest-Anforderungen an die Luftschalldämmung R'_w (bewertetes Bau-Schalldämm-Maß) und an die Trittschalldämmung $L'_{n,w}$ (bewerteter Norm-Trittschallpegel) in Krankenhäusern und Sanatorien sind in Tab. 4.12 angegeben.

Schulen und vergleichbare Einrichtungen

Die Mindest-Anforderungen an die Luftschalldämmung R'_w (bewertetes Bau-Schalldämm-Maß) und an die Trittschalldämmung $L'_{n,w}$ (bewerteter Norm-Trittschallpegel) in Schulen und vergleichbaren Einrichtungen (wie z. B. Ausbildungsstätten, Kindertagesstätten) sind in Tab. 4.13 angegeben.

Tab. 4.10 Mindest-Anforderungen an die Luft- und Trittschalldämmung zwischen Einfamilien-Reihenhäusern und zwischen Doppelhaushälften. (N. DIN 4109-1:2018-01, Tab. 3)

Einfamilien-Reihenhäuser, Doppelhäuser (Doppelhaushälften)				
Bauteil		Anforderungen an die Luftschall-dämmung	Trittschall-dämmung	Bemerkungen
Art	Beschreibung	bewertetes Bau-Schalldämm-Maß R'_w	bewerteter Norm-Trittschallpegel $L'_{n,w}$	
Decken	Decken	–	$\leq$41 dB	Die Anforderung an die Trittschalldämmung gilt nur für die Trittschallübertragung in fremde Aufenthaltsräume in horizontaler oder schräger Richtung.
	Bodenplatte auf Erdreich bzw. Decke über Kellergeschoss	–	$\leq$46 dB	
Treppen	Treppenläufe und -podeste	–	$\leq$46 dB	
Wände	Haustrennwände zu Aufenthaltsräumen, die im untersten Geschoss (erdberührt oder nicht) eines Gebäudes gelegen sind.	$\geq$59 dB	–	–
	Haustrennwände zu Aufenthaltsräumen, unter denen mindestens *ein* Geschoss (erdberührt oder nicht) des Gebäudes vorhanden ist.	$\geq$62 dB	–	–

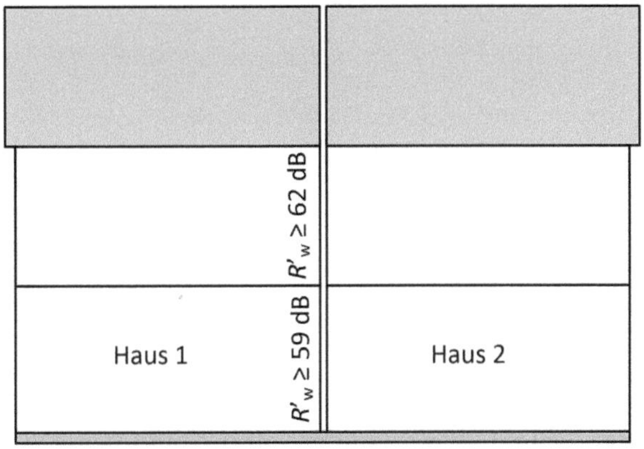

Abb. 4.37 Mindest-Anforderungen an die Luft- und Trittschalldämmung zwischen Einfamilien-Reihenhäusern und Doppelhäusern nach DIN 4109-1 (Beispiele)

Tab. 4.11 Mindest-Anforderungen an die Luft- und Trittschalldämmung in Hotels und Beherbergungsstätten. (N. DIN 4109-1:2018-01, Tab. 4)

Hotels und Beherbergungsstätten				
Bauteil		Anforderungen an die Luftschall-dämmung	 Trittschall-dämmung	Bemerkungen
Art	Beschreibung	bewertetes Bau-Schalldämm-Maß R'_{w}	bewerteter Norm-Trittschallpegel $L'_{n,w}$	
Decken	Decken (einschl. Decken unter Fluren)	≥ 54 dB	≤ 50 dB	Die Anforderung an die Trittschalldämmung gilt für die Trittschallübertragung in Aufenthaltsräume in alle Schallausbreitungsrichtungen.
	Decken unter bzw. über Schwimmbädern, Spiel- oder ähnlichen Gemeinschaftsräumen zum Schutz gegenüber Schlafräumen	≥ 55 dB	≤ 46 dB	Wegen der verstärkten Übertragung tiefer Frequenzen können zusätzliche Maßnahmen zur Körperschalldämmung erforderlich sein.
	Decken unter Bad und WC ohne bzw. mit Bodenentwässerung	≥ 54 dB	≤ 53 dB	Die Anforderung an die Trittschalldämmung gilt für die Trittschallübertragung in Aufenthaltsräume in alle Schallausbreitungsrichtungen.
Treppen	Treppenläufe und –podeste	–	≤ 58 dB	Keine Anforderungen an Treppenläufe und Zwischenpodeste in Gebäuden mit Aufzug.
Wände	Wände zwischen Übernachtungsräumen sowie Fluren und Übernachtungsräumen.	≥ 47 dB	–	Gilt auch für Trennwände mit Türen zwischen fremden Übernachtungsräumen ($R'_{w,res}$).
Türen	Türen zwischen Fluren und Übernachtungsräumen	≥ 32 dB	–	Bei Türen gilt R_{w} nach Tab. 4.8; s. a. Tab. 4.8, Fußnote c.

4.7.4.3 Anforderungen an die Luftschalldämmung von Außenbauteilen (DIN 4109-1)

Mindest-Anforderungen an die Luftschalldämmung von Außenbauteilen (z. B. Wand-Fensterkombinationen, Dächer) werden mit Hilfe des gesamten bewerteten Bau-Schalldämm-Maßes $R'_{w,ges}$ festgelegt. Der Anforderungswert für $R'_{w,ges}$ von Außenbauteilen, die schutzbedürftige Räume abgrenzen, ist abhängig von der Raumart und vom maßgeblichen Außenlärmpegel.

Tab. 4.12 Mindest-Anforderungen an die Luft- und Trittschalldämmung zwischen Räumen in Krankenhäusern und Sanatorien. (N. DIN 4109-1:2018-01, Tab. 5)

Krankenhäuser und Sanatorien				
		Anforderungen an die		
Bauteile		Luftschall-dämmung	Trittschall-dämmung	Bemerkungen
Art	Beschreibung	bewertetes Bau-Schall-dämm-Maß R'_{w}	bewerteter Norm-Tritt-schallpegel $L'_{n,w}$	
Decken	Decken (einschl. Decken unter Fluren)	≥ 54 dB	≤ 53 dB	Die Anforderung an die Trittschall-dämmung gilt für die Trittschallübertragung in fremde Aufenthalts-räume in alle Schall-ausbreitungs-richtungen.
	Decken unter bzw. über Schwimmbädern, Spiel- oder ähnlichen Gemein-schaftsräumen	≥ 55 dB	≤ 46 dB	Wegen der verstärkten Übertragung tiefer Fre-quenzen können zu-sätzliche Maßnahmen zur Körperschall-dämmung erforderlich sein.
	Decken unter Bädern und WCs ohne bzw. mit Boden-entwässerung	≥ 54 dB	≤ 53 dB	Die Anforderung an die Trittschall-dämmung gilt für die Trittschallübertragung in fremde Aufenthalts-räume in alle Schall-ausbreitungs-richtungen.
Treppen	Treppenläufe und -podeste	–	≤ 58 dB	Keine Anforderungen an Treppenläufe und Zwischenpodeste in Gebäuden mit Aufzug.
Wände	Wände zwischen - Krankenräumen, - Fluren und Kranken-räumen, - Untersuchungs- bzw. Sprechzimmern, - Fluren und Untersu-chungs- bzw. Sprech-zimmern, - Krankenräumen und Ar-beits- und Pflegeräumen.	≥ 47 dB	–	–

(Fortsetzung)

Tab. 4.12 (Fortsetzung)

Krankenhäuser und Sanatorien

Bauteile		Anforderungen an die Luftschall-dämmung	Anforderungen an die Trittschall-dämmung	Bemerkungen
	Wände zwischen Räumen mit Anforderungen an erhöhtes Ruhebedürfnis und besondere Vertraulichkeit (Diskretion)	≥ 52 dB	–	–
	Wände zwischen - Operations- bzw. Behandlungsräumen, - Fluren und Operations- bzw. Behandlungsräumen.	≥ 42 dB	–	–
	Wände zwischen - Räumen der Intensivpflege, - Fluren und Räumen der Intensivpflege.	≥ 37 dB	–	–
Türen	Türen zwischen - Untersuchungs- bzw. Sprechzimmern, - Fluren und Untersuchungs- bzw. Sprechzimmern.	≥ 37 dB	–	Bei Türen gilt R_w n. Tab. 4.8; s. a. Tab. 4.8, Fußnote c.
	Türen zwischen Räumen mit Anforderungen an erhöhtes Ruhebedürfnis und besondere Vertraulichkeit (Diskretion)	≥ 37 dB	–	Bei Türen gilt R_w n. Tab. 4.8; s. a. Tab. 4.8, Fußnote c.
	Türen zwischen - Fluren und Krankenräumen, - Operations- bzw. Behandlungsräumen, - Fluren und Operations- bzw. Behandlungsräumen.	≥ 32 dB	–	Bei Türen gilt R_w n. Tab. 4.8; s. a. Tab. 4.8, Fußnote c.

Tab. 4.13 Mindest-Anforderungen an die Luft- und Trittschalldämmung in Schulen und vergleichbaren Einrichtungen. (N. DIN 4109-1:2018-01, Tab. 6)

Schulen und vergleichbare Einrichtungen				
		Anforderungen an die		
Bauteile		Luftschalldämmung	Trittschalldämmung	Bemerkungen
Art	Beschreibung	bewertetes Bau-Schalldämm-Maß R'_{w}	bewerteter Norm-Trittschallpegel $L'_{n,w}$	
Decken	Decken zwischen Unterrichtsräumen oder ähnlichen Räumen/ Decken unter Fluren	≥55 dB	≤53 dB	Die Anforderung an die Trittschalldämmung gilt für die Trittschallübertragung in Aufenthaltsräumen in alle Schallausbreitungsrichtungen. Zu ähnlichen Räumen gehören auch solche Räume mit erhöhtem Ruhebedürfnis, wie z. B. Schlafräume.
	Decken zwischen Unterrichtsräumen oder ähnlichen Räumen und „besonders lauten“ Räumen (wie z. B. Speiseräume, Cafeterien, Musikräume, Spielräume, Technikzentralen)	≥55 dB	≤46 dB	Wegen der verstärkten Übertragung tiefer Frequenzen können zusätzlich Maßnahmen zur Körperschalldämmung erforderlich sein.
	Decken zwischen Unterrichtsräumen oder ähnlichen Räumen und z. B. Sporthallen, Werkräumen	≥60 dB	≤46 dB	–

(Fortsetzung)

Tab. 4.13 (Fortsetzung)

Schulen und vergleichbare Einrichtungen				
		Anforderungen an die		
Bauteile		Luftschall-dämmung	Trittschall-dämmung	Bemerkungen
Wände	Wände zwischen Unterrichtsräumen oder ähnlichen Räumen untereinander und zu Fluren	≥ 47 dB	–	Zu ähnlichen Räumen gehören auch solche Räume mit erhöhtem Ruhebedürfnis, wie z. B. Schlafräume.
	Wände zwischen Unterrichtsräumen oder ähnlichen Räumen und Treppenhäusern	≥ 52 dB	–	–
	Wände zwischen Unterrichtsräumen oder ähnlichen Räumen und „lauten“ Räumen (wie z. B. Speiseräume, Cafeterien, Musikräume, Spielräume, Technikzentralen)	≥ 55 dB	–	–
	Wände zwischen Unterrichtsräumen oder ähnlichen Räumen und z. B. Sporthallen, Sporthallen, Werkräumen	≥ 60 dB	–	–
Türen	Türen zwischen Unterrichtsräumen oder ähnlichen Räumen und Fluren	≥ 32 dB	–	Bei Türen gilt R_w n. Tab. 4.8; s. a. Tab. 4.8, Fußnote c.
	Türen zwischen Unterrichtsräumen oder ähnlichen Räumen untereinander	≥ 37 dB	–	Bei Türen gilt R_w n. Tab. 4.8; s. a. Tab. 4.8, Fußnote c.

Anmerkung: Zu den vergleichbaren Einrichtungen gehören beispielsweise öffentliche Kindertagesstätten

Der maßgebliche Außenlärmpegel L_a hängt von der Art der Lärmquelle (Straßenverkehr, Schienenverkehr, Verkehr auf Wasserstraßen, Flugverkehr, Industrie, Gewerbe), von der Tageszeit (Tag/Nacht) sowie von der Bausituation bzw. von der Lage des Außenbauteils in Bezug auf die Lärmquelle ab. Der maßgebliche Außenlärmpegel wird im Regelfall rechnerisch ermittelt. Alternativ kann L_a durch Messungen bestimmt werden. Für den Fall, dass ausschließlich Lärmpegelbereiche vorliegen, ist der maßgebliche Außenlärmpegel mit den Angaben in Tab. 4.15 zu bestimmen. Diese Tabelle enthält die Zuordnung zwischen Lärmpegelbereichen und maßgeblichem Außenlärmpegel L_a.

Der Anforderungswert (Mindestwert) für das gesamte bewertete Bau-Schalldämm-Maß erf. $R'_{w,ges}$ für das nachzuweisende Außenbauteil berechnet sich mit folgender Gleichung:

$$\text{erf.}R'_{w,ges} = L_a - K_{Raumart} \tag{4.30}$$

Darin bedeuten:

erf. $R'_{w,ges}$ Anforderung an das gesamte bewertete Bau-Schalldämm-Maß (Mindestwert), in dB;

L_a maßgeblicher Außenlärmpegel, in dB (s. Abschn. 4.11.5);

$K_{Raumart}$ Beiwert zur Berücksichtigung der Raumart n. Tab. 4.14, in dB.

Als Anforderung sind mindestens folgende Werte einzuhalten:

- erf. $R'_{w,ges}$ = 35 dB für Bettenräume in Krankenhäusern und Sanatorien;
- erf. $R'_{w,ges}$ = 30 dB für Aufenthaltsräume in Wohnungen, Übernachtungsräume in Beherbergungsstätten, Unterrichtsräume, Büroräume u. Ä.

Für Werte $R'_{w,ges}$ > 50 dB sind die Anforderungen aufgrund der örtlichen Gegebenheiten festzulegen.

Weiterhin ist zu beachten, dass die Anforderung nach Gl. (4.30) nicht für Fluglärm gilt. Für Fluglärm sind die im „Gesetz zum Schutz gegen Fluglärm" (Fluglärmgesetz)bzw. in der „2. Fluglärmschutzverordnung" festgelegten Anforderungen an die Luftschalldämmung von Außenbauteilen anzunehmen.

Der Mindestwert für das gesamte erforderliche Bau-Schalldämm-Maß $R'_{w,ges}$ n. Gl. (4.30) ist mit einem Korrekturwert K_{AL} zu korrigieren. Der Korrekturwert K_{AL} ermittelt sich in Abhängigkeit vom Verhältnis der vom Raum aus gesehenen gesamten Außenfläche

Tab. 4.14 Beiwert zur Berücksichtigung der Raumart

Raumart	Beiwert $K_{Raumart}$
Bettenräume in Krankenhäusern und Sanatorien	25 dB
Aufenthaltsräume in Wohnungen, Übernachtungsräume in Beherbergungsstätten, Unterrichtsräume u. Ä.	30 dB
Büroräume u. Ä.	35 dB

S_S zur Grundfläche des Raumes S_G. Damit wird berücksichtigt, dass bei kleinen Räumen eine höhere Luftschalldämmung erforderlich ist als bei größeren Räumen, um den gleichen Schallschutz zu erzielen.

Damit ergibt sich das erforderliche bewertete Bau-Schalldämm-Maß erf. $R'_{w,außen}$, das Außenbauteile mindestens aufweisen müssen, mit folgender Gleichung:

$$\text{erf.}R'_{\text{w,außen}} = \text{erf.}R'_{\text{w}} + K_{\text{AL}} \tag{4.31}$$

Darin bedeuten:

erf. $R'_{w,außen}$ erforderliches bewertetes Bau-Schalldämm-Maß des Außenbauteils, in dB;
erf. $R'_{w,ges}$ gesamtes bewertetes Bau-Schalldämm-Maß n. Gl. (4.30), in dB;
K_{AL} Korrekturwert n. Gl. (4.32), der das Verhältnis der Fläche des Außenbauteils zur Grundfläche des dahinterliegenden Raums berücksichtigt (dimensionslos).

Der Korrekturwert K_{AL} in Gl. (4.31) berechnet sich mit folgender Gleichung:

$$K_{\text{AL}} = 10\log\left(\frac{S_{\text{S}}}{0{,}8 \cdot S_{\text{G}}}\right) \tag{4.32}$$

Darin bedeuten:

K_{AL} Korrekturwert zur Berücksichtigung des Verhältnisses Außenfläche zur Grundfläche des Raums (dimensionslos);
S_S von innen gesehene Fläche des Außenbauteils bzw. der Außenbauteile (lichte Maße), in m^2;
S_G Grundfläche des betrachteten Raums (lichte Maße), in m^2.

Bei Räumen mit mehreren an der Schallübertragung beteiligten Außenflächen (Eckräume, Räume unter Dachfläche) ist für S_S die Summe aller Außenflächen anzusetzen (Abb. 4.38).

Beispiel

Gesucht ist das erforderliche bewertete gesamte Bau-Schalldämm-Maß erf. $R'_{w,außen}$ für die Außenbauteile (Fassade)

a) eines Bettenraums (Eckraum) in einem Krankenhaus bei Lärmpegelbereich IV und
b) eines Wohnraums in einem Mehrfamilienhaus (Raum in einem Zwischengeschoss) bei Lärmpegelbereich V (Abb. 4.39).

a) *Bettenraum*
Für den Lärmpegelbereich IV ist als maßgeblicher Außenlärmpegel L_a = 70 dB anzunehmen (Tab. 4.15). Für die Raumart „Bettenraum" ergibt sich ein Beiwert $K_{Raumart}$ = 25 dB (Tab. 4.14). Damit berechnet sich erf. $R'_{w,ges}$ nach Gl. (4.30) zu:

$$\text{erf.}R'_{\text{w,ges}} = L_{\text{a}} - K_{\text{Raumart}} = 70 - 25 = 45 > 35 \text{ dB}$$

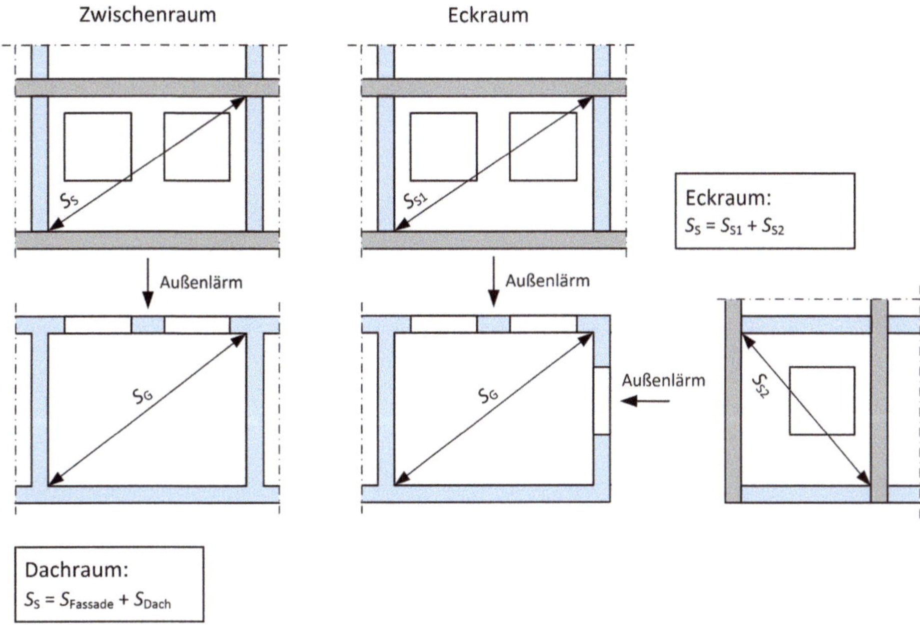

Abb. 4.38 Definition der Fläche S_S

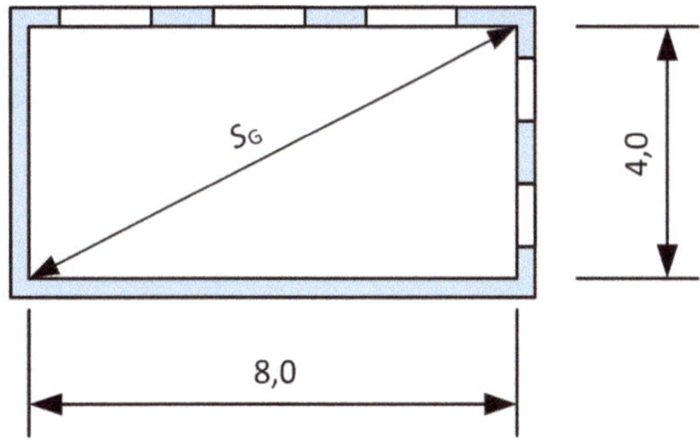

Abb. 4.39 Beispiel – Berechnung des erforderlichen bewerteten gesamten Bau-Schalldämm-Maßes für die Fassade eines Bettenraums und eines Wohnraums

Der Korrekturwert K_{AL} zur Berücksichtigung der Raumgröße ermittelt sich mit Gl. (4.32) zu:

$$K_{AL} = 10\log\left(\frac{S_S}{0{,}8 \cdot S_G}\right) = 10\log\left(\frac{36{,}0}{0{,}8 \cdot 32{,}0}\right) = +1{,}5 \text{ dB}$$

Tab. 4.15 Zuordnung zwischen Lärmpegelbereichen und maßgeblichem Außenlärmpegel. (N. DIN 4109-1:2018-01, Tab. 7)

Lärmpegelbereich	Maßgeblicher Außenlärmpegel L_a dB
I	55
II	60
III	65
IV	70
V	75
VI	80
VII	> 80 [a]

[a]Für maßgebliche Außenlärmpegel > 80 dB sind die Anforderungen aufgrund der örtlichen Gegebenheiten festzulegen

mit:

$$S_S = 3{,}0 \cdot (4{,}0 + 8{,}0) = 36{,}0 \text{ m}^2 \text{ (Fassadenfläche des Bettenraums)}$$

$$S_G = 4{,}0 \cdot 8{,}0 = 32{,}0 \text{ m}^2 \text{ (Grundfläche des Bettenraums)}$$

Damit ergibt sich der Anforderungswert des bewerteten gesamten Bau-Schalldämm-Maßes der Fassade des Bettenraums nach Gl. (4.31) zu:

$$\text{erf.} R'_{\text{w,außen}} = \text{erf.} R'_{\text{w,ges}} + K_{\text{AL}} = 45 + 1{,}5 = 46{,}5 \text{ dB}$$

b) *Wohnraum*

Für den Lärmpegelbereich V ist als maßgeblicher Außenlärmpegel $L_a = 75$ dB anzunehmen (Tab. 4.15). Für die Raumart „Wohnraum" ergibt sich ein Beiwert $K_{\text{Raumart}} = 30$ dB (Tab. 4.14). Damit berechnet sich $R'_{\text{w,ges}}$ nach Gl. (4.30) zu:

$$\text{erf.} R'_{\text{w,ges}} = L_a - K_{\text{Raumart}} = 75 - 30 = 45 > 30 \text{ dB}$$

Der Korrekturwert K_{AL} zur Berücksichtigung der Raumgröße ermittelt sich mit Gl. (4.32) zu:

$$K_{\text{AL}} = 10 \log\left(\frac{S_S}{0{,}8 \cdot S_G}\right) = 10 \log\left(\frac{12{,}5}{0{,}8 \cdot 30{,}0}\right) = -2{,}8 \text{ dB}$$

mit:

$$S_S = 5{,}0 \cdot 2{,}5 = 12{,}5 \text{ m}^2 \text{ (Fassadenfläche des Wohnraums)}$$

$$S_G = 5{,}0 \cdot 6{,}0 = 30{,}0 \text{ m}^2 \; (\text{Grundfläche des Wohnraums})$$

Damit ergibt sich der Anforderungswert des bewerteten gesamten Bau-Schalldämm-Maßes der Fassade des Wohnraums nach Gl. (4.31) zu:

$$\text{erf.}\, R'_{\text{w,außen}} = \text{erf.}\, R'_{\text{w,ges}} + K_{\text{AL}} = 45 - 2{,}8 = 42{,}2 \text{ dB} \qquad \blacktriangleleft$$

Aus den Zahlenbeispielen wird deutlich, dass der Korrekturwert K_{AL} bei kleiner Grundfläche und großer Außenfläche positiv wird. Damit ergibt sich für diese Fälle ein größerer Anforderungswert für das bewertete gesamte Bau-Schalldämm-Maß der Fassade. Es werden höhere Anforderungen an die Luftschalldämmung gestellt. Dagegen wird K_{AL} bei kleiner Außenfläche und großer Grundfläche des Raums negativ. Das erforderliche Bau-Schalldämm-Maß für die Außenbauteile verringert sich somit, d. h. die Anforderungen an die Luftschalldämmung sind nicht so streng.

Damit lässt sich folgender Zusammenhang formulieren:

Übersicht

Außenbauteile von Räumen mit **großer Außenfläche** und **kleiner Grundfläche** erfordern eine **bessere Luftschalldämmung** gegenüber Außenlärm (z. B. Eckräume oder Räume mit Dach- und Außenwandflächen), um ein bestimmtes Schallschutzziel zu erfüllen.

Außenbauteile von Räumen mit **kleiner Außenfläche** und **großer Grundfläche** erfordern eine **geringere Luftschalldämmung** gegenüber Außenlärm, um das gleiche Schallschutzziel zu erfüllen.

Einfluss von Fenstern und Türen sowie Lüftungseinrichtungen und Rollladenkästen

Fenster und Türen sowie Lüftungseinrichtungen (z. B. Abluftöffnungen) und Rollladenkästen haben einen wesentlichen Einfluss auf die Qualität der Luftschalldämmung von Außenbauteilen.

Grundsätzlich müssen Fenster und Türen bei Lärmeinwirkung geschlossen bleiben, damit der geforderte Schallschutz gegen Außenlärm erzielt wird. Aus diesem Grund sind bei Räumen, die z. B. an Hauptverkehrsstraßen liegen und einer entsprechenden Lärmbelastung ausgesetzt sind, schallgedämmte Lüftungsanlagen oder Außenluftdurchlässe (ALD) erforderlich, da eine Öffnung der Fenster zum Lüften aufgrund des dann nicht mehr gegebenen Schallschutzes nicht möglich ist.

Weiterhin sind bei der Berechnung des bewerteten gesamten Bau-Schalldämm-Maßes der Fassade auch Lüftungseinrichtungen und -öffnungen sowie Rollladenkästen mit zu berücksichtigen. Die Hersteller geben hierfür in der Regel die Norm-Schallpegeldifferenz an. Für die Berechnung des gesamten bewerteten Bau-Schalldämm-Maßes des betrachteten Außenbauteiles muss die Norm-Schallpegeldifferenz von Rollladenkästen und Lüftungsöffnungen zunächst in ein anteiliges Bau-Schalldämm-Maß umgerechnet werden, damit der Nachweis geführt werden kann; siehe hierzu auch Abschn. 4.11.

Nicht schallgedämmte Lüftungsöffnungen weisen im Regelfall keine Schalldämmung auf, sodass die Norm-Schallpegeldifferenz bei diesen Komponenten nur von der Öffnungsfläche abhängig ist, siehe 4.11.

4.7.4.4 Anforderungen an die Luft- und Trittschalldämmung zwischen „besonders lauten" und schutzbedürftigen Räumen (DIN 4109-1)

Mindest-Anforderungen an die Luft- und Trittschalldämmung zwischen „besonders lauten“ Räumen und schutzbedürftigen Räumen sind in Tab. 4.16 angegeben (Abb. 4.40).

Unter „besonders lauten“ Räumen sind zu verstehen:

- Räume, in denen der Schalldruckpegel des Luftschalls $L_{AF,max,n}$ häufig > 75 dB ist;
- Räume, in denen häufigere und größere Körperschallanregungen auftreten als in Wohnungen.

Beispiele für besonders laute Räume:

- Räume in Handwerks-/Gewerbebetrieben einschl. Verkaufsräume;
- Gasträume in Gaststätten;
- Cafes, Imbissstuben;
- Kegelbahnen;
- Technikräume;
- Küchenräume von Hotels und Beherbergungsstätten, Krankenhäusern, Sanatorien, Gaststätten (ausgenommen Kleinküchen);
- klinische Sonderräume (Kernspintomografie);
- Schwimmbäder;
- Spiel- und ähnliche Gemeinschaftsräume;
- Theater, Musik- und Werkräume;
- Sporthallen (sofern sie nicht in den Tab. 4.9, 4.10, 4.11, 4.12 und 4.13 geregelt sind).

Die Anforderungswerte sind neben der Raumart abhängig von der Größe des A-bewerteten Schalldruckpegels, der aufgrund der Nutzung in den angrenzenden „besonders lauten“ Räumen zu erwarten ist. Die in Tab. 4.16 angegebenen Anforderungswerte für das bewertete Schalldämm-Maß sowie den bewerteten Norm-Trittschallpegel zwischen „besonders lauten“ und angrenzenden schutzbedürftigen Räumen sind mindestens erforderlich, um die in Tab. 4.17 festgelegten zulässigen Schalldruckpegel einzuhalten.

Tab. 4.16 Mindest-Anforderungen an die Luft- und Trittschalldämmung von Bauteilen zwischen „besonders lauten" und schutzbedürftigen Räumen. (N. DIN 4109-1:2018-01, Tab. 8)

Art der Räume	Bauteile	Bewertetes Schalldämm-Maß R'_w für Schalldruckpegel $L_{AF,max}$ = 75 bis 80 dB	Bewertetes Schalldämm-Maß R'_w für Schalldruckpegel $L_{AF,max}$ = 81 bis 85 dB	Bewerteter Norm-Trittschallpegel $L'_{n,w}$ [a,b]
Räume mit „besonders lauten" gebäudetechnischen Anlagen oder Anlageteilen	Decken, Wände	≥57 dB	≥62 dB	–
	Fußböden	–	–	≤43 dB[c]
Betriebsräume von Handwerks- und Gewerbebetrieben, Verkaufsstätten	Decken, Wände	≥57 dB	≥62 dB	–
	Fußböden	–	–	≤43 dB
Küchenräume der Küchenanlagen von Beherbergungsstätten, Krankenhäusern, Sanatorien, Gaststätten, Imbissstuben und dergleichen (bis 22:00 Uhr in Betrieb)	Decken, Wände	≥55 dB	≥55 dB	–
	Fußböden	–	–	≤43 dB
Küchenräume wie vor, jedoch auch nach 22:00 Uhr in Betrieb	Decken, Wände	≥57 dB[d]	≥57 dB[d]	–
	Fußböden	–	–	≤33 dB
Gasträume (bis 22:00 Uhr in Betrieb)	Decken, Wände	≥55 dB	≥57 dB	-
	Fußböden	–	–	≤43 dB
Gasträume $L_{AF,max}$ ≤85 dB (auch nach 22:00 Uhr in Betrieb)	Decken, Wände	≥62 dB	≥62 dB	–
	Fußböden	–	–	≤33 dB
Räume von Kegelbahnen	Decken, Wände	≥67 dB	≥67 dB	–
	Fußböden -Keglerstube	–	–	≤33 dB
	- Bahn	–	–	≤13 dB
Gasträume 85 dB ≤ $L_{AF,max}$ ≤ 95 dB, z. B. mit elektroakustischen Anlagen	Decken, Wände	≥72 dB	≥72 dB	–
	Fußböden	–	–	≤28 dB

[a] Jeweils in Richtung der Lärmausbreitung

[b] Die für Maschinen erforderliche Körperschalldämmung ist mit diesem Wert nicht erfasst; hierfür sind ggfs. weitere Maßnahmen erforderlich. Ebenso kann je nach Art des Betriebes ein niedrigeres $L'_{n,w}$ notwendig sein; dies ist im Einzelfall zu überprüfen. Wegen der verstärkten Übertragung tiefer Frequenzen können zusätzliche Maßnahmen zur Schalldämmung erforderlich sein

[c] Nicht erforderlich, wenn geräuscherzeugende Anlagen ausreichend körperschallgedämmt aufgestellt werden; eventuelle Anforderungen nach den Tab. 4.9, 4.10, 4.11, 4.12 und 4.13 bleiben hiervon unberührt

[d] Handelt es sich um Großküchenanlagen und darüber liegende Wohnungen als schutzbedürftige Räume, gilt $R'_w \geq 62$ dB

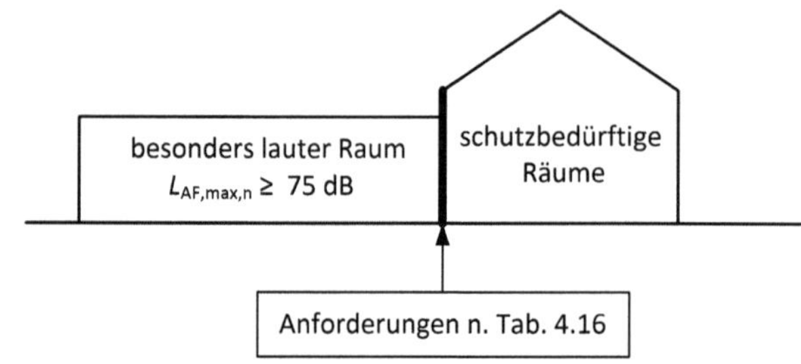

Abb. 4.40 Anforderungen zwischen „besonders lauten" Räumen und fremden schutzbedürftigen Räumen

Es ist zu beachten, dass in vielen Fällen zusätzliche Maßnahmen der Körperschalldämmung von Maschinen, Geräten und Rohrleitungen erforderlich sein können. Eine zahlenmäßige Angabe der Körperschalldämmung ist dabei oft nicht möglich, da die Größe der Körperschallerzeugung der Maschinen und Geräte sehr unterschiedlich sein kann.

4.7.4.5 Maximal zulässige A-bewertete Schalldruckpegel in fremden schutzbedürftigen Räumen (DIN 4109-1)

Maximal zulässige A-bewertete Schalldruckpegel in fremden schutzbedürftigen Räumen, die von gebäudetechnischen Anlagen und baulich mit dem Gebäude verbundenen Gewerbebetrieben erzeugt werden, sind in Tab. 4.17 angegeben (Abb. 4.41).

Als gebäudetechnische Anlagen im Sinne der DIN 4109 gelten:

- Versorgungs- und Entsorgungsanlagen;
- Transportanlagen;
- fest eingebaute, betriebstechnische Anlagen;
- Gemeinschaftswaschanlagen;
- Schwimmbäder, Saunen und dergleichen;
- Sportanlagen;
- zentrale Staubsaugeranlagen;
- Garagen;
- fest eingebaute, motorbetriebene außen liegende Sonnenschutzanlagen und Rollläden.

Die Anforderungen gelten nicht für Geräusche von ortsveränderlichen Geräten und Maschinen im eigenen Wohnbereich wie z. B. Staubsauger, Waschmaschinen, Küchen- und Sportgeräte. Weiterhin sind die Anforderungen nicht auf Nutzergeräusche anzuwenden, wie z. B. das Aufstellen eines Zahnputzbechers auf einen Waschtisch u. ä. Geräusche.

Tab. 4.17 Maximal zulässiger A-bewerteter Schalldruckpegel in fremden schutzbedürftigen Räumen, erzeugt von gebäudetechnischen Anlagen und baulich mit dem Gebäude verbundenen Betrieben. (N. DIN 4109-1:2018-01, Tab. 9)

Geräuschquellen		Maximal zulässige A-bewertete Schalldruckpegel	
		Wohn- und Schlafräume	Unterrichts- und Arbeitsräume
Sanitärtechnik/Wasserinstallationen (Wasserversorgungs- und Abwasseranlagen gemeinsam)		$L_{\mathrm{AF,max,n}} \leq 30$ dB[a,b,c]	$L_{\mathrm{AF,max,n}} \leq 35$ dB[a,b,c]
Sonstige hausinterne, fest installierte technische Schallquellen der technischen Ausrüstung, Ver- und Entsorgung sowie Garagenanlagen		$L_{\mathrm{AF,max,n}} \leq 30$ dB[c]	$L_{\mathrm{AF,max,n}} \leq 35$ dB[c]
Gaststätten einschließlich Küchen, Verkaufsstätten, Betriebe u. Ä.	tags 6:00 Uhr bis 22:00 Uhr	$L_r \leq 35$ dB $L_{\mathrm{AF,max}} \leq 45$ dB	$L_r \leq 35$ dB $L_{\mathrm{AF,max}} \leq 45$ dB
	nachts nach TA-Lärm[d]	$L_r \leq 25$ dB $L_{\mathrm{AF,max}} \leq 35$ dB	$L_r \leq 35$ dB $L_{\mathrm{AF,max}} \leq 45$ dB

[a]Einzelne kurzzeitige Geräuschspitzen, die beim Betätigen der Armaturen und Geräte nach Tab. 4.19 (Öffnen, Schließen, Umstellen, Unterbrechen) entstehen, sind nicht zu berücksichtigen

[b]Voraussetzungen zur Erfüllung des zulässigen Schalldruckpegels sind:

- Die Ausführungsunterlagen müssen die Anforderungen des Schallschutzes berücksichtigen, d. h. zu den Bauteilen müssen die erforderlichen Schallschutznachweise vorliegen
- Außerdem muss die verantwortliche Bauleitung benannt und zu einer Teilabnahme vor Verschließen bzw. Bekleiden der Installation hinzugezogen werden

[c]Abweichend von DIN EN ISO 10052:2010-10, 6.3.3, wird auf Messung in der lautesten Raumecke verzichtet (s. a. DIN 4109-4)

[d]TA-Lärm: Technische Anleitung zum Schutz gegen Lärm

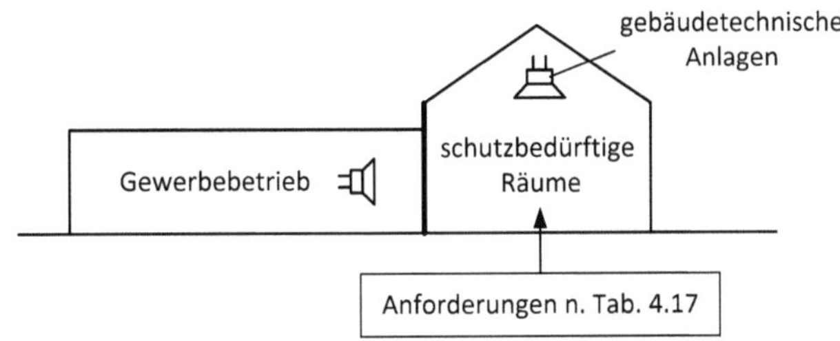

Abb. 4.41 Zulässige Schalldruckpegel in fremden schutzbedürftigen Räumen

4.7.4.6 Maximal zulässige A-bewertete Schalldruckpegel in schutzbedürftigen Räumen in der eigenen Wohnung (DIN 4109-1)

Für fest installierte technische Schallquellen der Raumlufttechnik im eigenen Wohn- und Arbeitsbereich, die nicht von den Bewohnern selbst betätigt bzw. in Gang gesetzt werden, sind die Anforderungen nach Tab. 4.18 einzuhalten.

Vom Produkthersteller der Anlagen sind die erforderlichen Maßnahmen zur Minderung der Geräuschausbreitung anzugeben. Diese müssen bei der Installation und Ausführung beachtet werden.

4.7.4.7 Anforderungen an Armaturen und Geräte der Trinkwasser-Installation (DIN 4109-1)

Anforderungen an Armaturen und Geräte der Trinkwasser-Installation (nachfolgend vereinfachend als Armaturen bezeichnet) sind in Tab. 4.19 angegeben. Die Armaturen werden aufgrund des gemessenen Armaturengeräuschpegel L_{ap} nach DIN EN ISO 3822-1 bis -4 in die Armaturengruppen I und II eingestuft.

Durchflussklassen, die für Auslaufarmaturen und daran anzuschließende Auslaufvorrichtungen (Strahlregler, Rohrbelüfter in Durchflussform, Rückflussverhinderer, Kugelgelenke und Duschköpfe) sowie für Eckventile gelten, sind in Abhängigkeit vom maximalen Durchfluss in Tab. 4.20 festgelegt. Die Einstufung der jeweils anzunehmenden Durchflussklasse erfolgt aufgrund des bei der Prüfung festgestellten Strömungswiderstandes oder des Durchflusses nach DIN EN ISO 3822-1 bis -4. Für Auslaufvorrichtungen, die einen geringeren Durchfluss als 0,15 l/s aufweisen, ist die Durchflussklasse O (Original) anzugeben.

Tab. 4.18 Anforderungen an maximal zulässige A-bewertete Schalldruckpegel in schutzbedürftigen Räumen in der eigenen Wohnung, erzeugt von raumlufttechnischen Anlagen im eigenen Wohnbereich. (N. DIN 4109-1:2018-01, Tab. 10)

Geräuschquellen	Maximal zulässige A-bewertete Schalldruckpegel	
	Wohn- und Schlafräume	Küchen
Fest installierte technische Schallquellen der Raumlufttechnik im eigenen Wohn- und Arbeitsbereich	$L_{AF,max,n} \leq 30$ dB[a,b,c,d]	$L_{AF,max,n} \leq 33$ dB[a,b,c,d]

[a]Einzelne, kurzzeitige Geräuschspitzen, die beim Ein- und Ausschalten der Anlagen auftreten, dürfen maximal 5 dB überschreiten

[b]Voraussetzungen zur Erfüllung des zulässigen Schalldruckpegels sind:

-Die Ausführungsunterlagen müssen die Anforderungen an den Schallschutz berücksichtigen, d. h. zu den Bauteilen müssen die erforderlichen Schallschutznachweise vorliegen;

-außerdem muss die verantwortliche Bauleitung benannt und zu einer Teilabnahme vor Verschließen bzw. Bekleiden der Installation hinzugezogen werden

[c]Abweichend von DIN EN ISO 10052:2010-10, 6.3.3, wird auf Messung in der lautesten Raumecke verzichtet (s. a. DIN 4109-4)

[d]Es sind um 5 d B höhere Werte zulässig, sofern es sich um Dauergeräusche ohne auffällige Einzeltöne handelt

Tab. 4.19 Anforderungen an Armaturen und Geräte der Trinkwasser-Installation. (N. DIN 4109-1:2018-01, Tab. 11)

Armaturen	Armaturengeräuschpegel L_{ap}[a] für kennzeichnenden Fließdruck oder Durchfluss nach DIN EN ISO 3822-1 bis DIN EN ISO 3822-4[b]	Armaturengruppe
Auslaufarmaturen Anschlussarmaturen - Geräte-Anschlussarmaturen - Elektronisch gesteuerte Armaturen mit Magnetventil Druckspüler Spülkästen Durchflusswassererwärmer	≤ 20 dB[c]	I
Durchgangsarmaturen, wie - Absperrventile - Eckventile - Rückflussverhinderer - Sicherheitsgruppen - Systemtrenner - Filter Drosselarmaturen, wie - Vordrosseln - Eckventile Druckminderer Duschköpfe	≤ 30 dB[c]	II
Auslaufvorrichtungen, die direkt an die Auslaufarmatur angeschlossen werden, wie - Strahlregler - Durchflussbegrenzer	≤ 15 dB	I
- Kugelgelenke - Rohrbelüfter - Rückflussverhinderer	≤ 25 dB	II

[a]Die Messungen von L_{ap} müssen bei 0,3 MPa und 0,5 MPa erfolgen

[b]Dieser Wert darf bei dem in DIN EN ISO 3822-1 bis DIN EN 3822-4 für die einzelnen Armaturen genannten oberen Fließdruck von 0,5 MPa oder Durchfluss $Q1$ um bis zu 5 dB überschritten werden

[c]Geräuschspitzen, die beim Betätigen der Armaturen entstehen (Öffnen, Schließen, Umstellen, Unterbrechen u. a.) werden bei der Prüfung nach DIN EN ISO 3822-1 bis DIN EN ISO 3822-4 im Allgemeinen nicht erfasst. Der A-bewertete Schallpegel dieser Geräusche, gemessen mit der Zeitbewertung „Fast", wird erst dann zur Bewertung herangezogen, wenn es die Messverfahren nach einer nationalen oder Europäischen Norm zulassen

Tab. 4.20 Durchflussklassen für Auslaufarmaturen und Eckventile. (N. DIN 4109-1:2018-01, Tab. 12)

Durchflussklasse	Maximaler Durchfluss Q (bei 0,3 MPa Fließdruck)
Z	0,15 l/s
A	0,25 l/s
S	0,33 l/s
B	0,42 l/s
C	0,50 l/s
D	0,63 l/s

4.7.5 Erhöhte Anforderungen nach DIN 4109-5

In DIN 4109-5 werden gegenüber DIN 4109-1 erhöhte Anforderungen an die Schalldämmung von Bauteilen schutzbedürftiger Räume sowie an die zulässigen Schallpegel in schutzbedürftigen Räumen festgelegt. Die Norm gilt für folgende Anwendungsbereiche:

- Wohngebäude und gemischt genutzte Gebäude mit Wohn- und Arbeitsbereichen
- Hotels und Beherbergungsstätten
- Krankenhäuser und Sanatorien

Für folgende Fälle gilt DIN 4109-5 nicht:

- zum Schallschutz in frei stehenden Einfamilienhäusern
- Aufenthaltsräume, in denen nutzungsbedingt nahezu ständig Geräusche mit $L_{AF,95} \geq 40$ dB auftreten
- zum Schutz gegen Fluglärm (siehe „Gesetz zum Schutz gegen Fluglärm“)
- zum Schutz gegen tieffrequenten Schall nach DIN 45860 (i. d. R, wenn $L_{CF} - L_{AF} >$ 20 dB ist)
- zum Schallschutz im eigenen Wohn- und Arbeitsbereich (Ausnahme: raumlufttechnische Anlagen, die vom Nutzer nicht beeinflusst werden können)
- zum Schutz vor Trittschallübertragung und Geräuschen aus gebäudetechnischen Anlagen in Küchen, sofern diese nicht als Aufenthaltsräume dienen (Wohnküchen) sowie in Flure, Bäder, Toilettenräume, Nebenräume
- zum Schutz vor Luftschallübertragung in Küchen, Flure, Bäder, Toilettenräume und Nebenräume, sofern diese nicht als Aufenthaltsräume dienen
- zum Schallschutz von schutzbedürftigen Räumen gegenüber besonders lauten Räumen, die baulich miteinander verbunden sind
- zum Schallschutz in Bürogebäuden, Schulen und Ausbildungsstätten

Im Allgemeinen sind die erhöhten Anforderungen an die Luftschalldämmung um 3 dB schärfer als die Mindest-Anforderungen, d. h. das erforderliche bewertete Bau-Schalldämm-Maß erf. R'_w ist bei den erhöhten Anforderungen um 3 dB höher als bei den Mindest-Anforderungen.

Die Anforderungen an die Trittschalldämmung sind dagegen um 5 dB strenger als die vergleichbaren Mindest-Anforderungen. Das bedeutet, dass der zulässige bewertete Norm-Trittschallpegel zul. $L'_{n,w}$ bei erhöhten Anforderungen um 5 dB niedriger ist als der Wert für Mindest-Anforderungen.

Bei Geräuschen von gebäudetechnischen Anlagen wird ein um 3 dB reduzierter Schalldruckpegel bei erhöhten Anforderungen zugrundgelegt.

In Einzelfällen wird von den vorgenannten Regelungen abgewichen.

Die Anforderungswerte der DIN 4109-5 führen zu einem wahrnehmbar besseren Schallschutz gegenüber den Mindestanforderungen der DIN 4109-1.

4.7.5.1 Luft- und Trittschalldämmung in Gebäuden mit Wohn- und Arbeitsbereichen (DIN 4109-5)

Erhöhte Anforderungen an die Schalldämmung in Mehrfamilienhäusern und in gemischt genutzten Gebäuden sind in Tab. 4.21 angegeben.

Es ist zu beachten, dass trittschallmindernde Bodenbeläge (z. B. weichfedernde Bodenbeläge sowie schwimmend verlegte Parkett- und Laminatbeläge) beim Nachweis im Wohnungsbau nicht angerechnet werden dürfen.

4.7.5.2 Erhöhte Anforderungen zwischen Einfamilien-Reihenhäusern und zwischen Doppelhaushälften

Bei Einfamilien-Reihenhäusern und Doppelhaushälften sind höhere Anforderungen an die Schalldämmung dadurch zu begründen, dass hier einerseits höhere Ansprüche an die Vertraulichkeit sowie eine deutlich höhere Erwartungshaltung bezüglich der Wahrnehmung von Geräuschen aus dem benachbarten Haus zu erwarten sind. Andererseits können die höheren Anforderungen an die Schalldämmung mit den bei dieser Bauweise üblichen zweischaligen Haustrennwänden leicht erfüllt werden.

Die erhöhten Anforderungen an die Schalldämmung zwischen Einfamilien-Reihenhäusern und zwischen Doppelhaushälften sind in Tab. 4.22 angegeben.

Trittschallmindernde Bodenbeläge (z. B. weichfedernde Bodenbeläge sowie schwimmend verlegte Parkett- und Laminatbeläge) dürfen beim Nachweis im Wohnungsbau nicht angerechnet werden.

4.7.5.3 Luft- und Trittschalldämmung in Nichtwohngebäuden

Erhöhte Anforderungen an die Schalldämmung werden für Hotels und Beherbergungsstätten (Tab. 4.23) sowie Krankenhäuser und Sanatorien (Tab. 4.24) festgelegt.

Tab. 4.21 Erhöhte Anforderungen an die Schalldämmung in Mehrfamilienhäusern und in gemischt genutzten Gebäuden. (N. DIN 4109-5:2020-08, Tab. 1)

Mehrfamilienhäuser, gemischt genutzte Gebäude

Bauteil		Anforderungen an die Luftschall-dämmung	Anforderungen an die Trittschall-dämmung	Bemerkungen
Art	Beschreibung	bewertetes Bau-Schalldämm-Maß R'_w	bewerteter Norm-Trittschallpegel $L'_{n,w}$	
Decken	Decken unter allgemein nutzbaren Dachräumen, z. B. Trockenböden, Abstellräumen und ihren Zugängen	≥ 56 dB	≤ 47 dB	–
	Wohnungstrenndecken (auch Treppen)	≥ 57 dB	≤ 45 dB	Wohnungstrenndecken sind Bauteile, die Wohnungen voneinander oder von fremden Arbeitsräumen trennen
	Trenndecken (auch Treppen) zwischen fremden Arbeitsräumen bzw. vergleichbaren Nutzungseinheiten	–	–	keine erhöhten Anforderungen
	Decken über Kellern, Hausfluren, Treppenräumen unter Aufenthaltsräumen	≥ 55 dB	$\leq 45^{a}$ dB	Die Anforderung an die Trittschalldämmung gilt für die Trittschallübertragung in fremde Aufenthaltsräume in alle Schallausbreitungsrichtungen.
	Decken über Durchfahrten, Einfahrten von Sammelgaragen u. Ä. unter Aufenthaltsräumen	≥ 58 dB	≤ 45 dB	
	Decken unter[b] bzw. über Spiel- oder ähnlichen Gemeinschaftsräumen	≥ 58 dB	≤ 41 dB	Wegen der verstärkten Übertragung tiefer Frequenzen können zusätzliche Maßnahmen zur Schalldämmung erforderlich sein
	Decken unter Terrassen und Loggien über Aufenthaltsräumen	–	≤ 45 dB	Anforderungen an die Luftschalldämmung gegen Außenlärm siehe Abschn. 4.11.
	Decken unter Laubengängen	–	≤ 48 dB	Die Anforderung an die Trittschalldämmung gilt für die Trittschallübertragung in fremde Aufenthaltsräume in alle Schallausbreitungsrichtungen.

	Balkone	–	≤ 58 dB[c]	
	Decken und Treppen innerhalb von Wohnungen, die sich über zwei Geschosse erstrecken	–	≤ 48 dB	
	Decken unter[b] Bad und WC ohne/mit Bodenentwässerung	≥ 57 dB	≤ 47 dB	
	Decken unter[b] Hausfluren	–	≤ 45 dB	
Treppen	Treppenläufe und -podeste	–	≤ 47 dB	–
Wände	Wohnungstrennwände und Wände zwischen fremden Arbeitsräumen	≥ 56 dB	–	Wohnungstrennwände sind Bauteile, die Wohnungen voneinander oder von fremden Arbeitsräumen trennen.
	Treppenraumwände und Wände neben Hausfluren	≥ 56 dB	–	Für Wände mit Türen gilt die Anforderung $R'_{w}(\text{Wand}) = R_{w}(\text{Tür}) + 15$ dB. Darin ist $R_{w}(\text{Tür})$ die erforderliche Schalldämmung der Tür. Wandbreiten ≤ 30 cm bleiben dabei unberücksichtigt.
	Wände neben Durchfahrten, Sammelgaragen, einschl. Einfahrten	≥ 58 dB	–	–
	Wände von Spielräumen o. ä. Gemeinschaftsräumen	≥ 58 dB	–	–
	Schachtwände von Aufzugsanlagen an Aufenthaltsräumen	≥ 57 dB[c]	–	–

(Fortsetzung)

Tab. 4.21 (Fortsetzung)

Mehrfamilienhäuser, gemischt genutzte Gebäude				
Bauteil		Anforderungen an die		Bemerkungen
		Luftschall-dämmung	Trittschall-dämmung	
Türen	Türen, die von Hausfluren oder Treppenräumen in geschlossene Flure oder Dielen von Wohnungen und Wohnheimen oder von Arbeitsräumen führen.	≥ 32 dB	–	Bei Türen gilt das bewertete Schalldämm-Maß R_w. Es muss ein Sicherheitsbeiwert von 5 dB berücksichtigt werden.
	Türen, die von Hausfluren oder Treppenräumen unmittelbar in Aufenthaltsräume – außer Flure und Dielen – von Wohnungen führen.	≥ 42 dB[d]	–	

[a]Es gibt keine Anforderungen an den Trittschallpegel, der ausgehend von einem angrenzenden Raum in den Keller eingetragen wird, sofern der Kellerraum kein schutzbedürftiger Raum ist. Die Anforderungen an die Trittschalldämmung an Decken, z. B. über Kellern, gelten, um für die horizontale Trittschallübertragung zwischen den über Kellern liegenden, schutzbedürftigen Räumen zu begrenzen. Daraus folgt, dass es nach DIN 4109-1:2018-01 keine Anforderungen an die Trittschallübertragung z. B. aus dem nicht schutzbedürftigen Keller in angrenzende schutzbedürftige Räume gibt

[b]Gilt auch für die Bodenplatte unter diesen Räumen

[c]Entspricht den Werten der DIN 4109-1:2018-01 (Mindest-Anforderungen)

[d]Die Anforderung beträgt ≥ 40 dB unter der Voraussetzung, dass durch gleichwertige schallschutztechnische Maßnahmen Schallschleusen, offene Dielen im Eingangsbereich, der Schallscutz zwischen Treppenraum und Aufenthaltsraum verbessert wird

Tab. 4.22 Erhöhte Anforderungen an die Luft- und Trittschalldämmung zwischen Ein-familien-Reihenhäusern und zwischen Doppelhaushälften. (N. DIN 4109-5:2020-08, Tab. 2)

Einfamilienhäuser, Reihenhäuser, Doppelhäuser				
Bauteil		Anforderungen an die		Bemerkungen
		Luftschall-dämmung	Trittschall-dämmung	
Art	Beschreibung	bewertetes Bau-Schalldämm-Maß R'_w	bewerteter Norm-Trittschallpegel $L'_{n,w}$	
Decken	Decken	–	≤36 dB	Die Anforderung an die Trittschalldämmung gilt nur für die Trittschallübertragung in fremde Aufenthaltsräume in horizontaler oder schräger Richtung.
	Bodenplatte auf Erdreich bzw. Decke über Kellergeschoss	–	≤41 dB	
Treppen	Treppenläufe und -podeste	–	≤41 dB	
Wände	Haustrennwände zu Aufenthaltsräumen, die im untersten Geschoss (erdberührt oder nicht) eines Gebäudes gelegen sind.	≥62 dB	–	–
	Haustrennwände zu Aufenthaltsräumen, unter denen mindestens *ein* Geschoss (erdberührt oder nicht) des Gebäudes vorhanden ist.	≥67 dB[a]	–	–

[a] Bei einem Keller,der als Weiße Wanne mit durchlaufenden flankierenden Außenwänden ausgeführt wird, gilt als Anforderungswert $R'_w \geq$ 64 dB

4.7.5.4 Luftschalldämmung von Außenbauteilen

In DIN 4109-5 werden keine zusätzlichen Anforderungen an die Schalldämmung von Außenbauteilen festgelegt, die über die Mindest-Anforderungen der DIN 4109-1 hinausgehen. Begründung: Durch eine bessere Schalldämmung der Außenbauteile wird der Grundgeräuschpegel in einem Raum bzw. Gebäude maßgeblich gesenkt. Dadurch werden Geräusche aus fremden Wohnungen und Arbeitsbereichen besser wahrgenommen und daher belästigender empfunden als dies ohne eine höhere Schalldämmung der Außenbauteile der Fall wäre. Aus diesem Grund wird auf erhöhte Anforderungen für Außenbauteile in DIN 4109-5 verzichtet.

Allerdings wird empfohlen, dass die Schalldämmung der Außenbauteile bei tieffrequenten Umgebungsgeräuschen verbessert werden sollte, um die Aufenthaltsqualität zu verbessern.

Tab. 4.23 Erhöhte Anforderungen an die Luft- und Trittschalldämmung in Hotels und Beherbergungsstätten. (N. DIN 4109-5:2020-08, Tab. 3)

Hotels und Beherbergungsstätten				
Bauteil		Anforderungen an die Luftschall-dämmung	Anforderungen an die Trittschall-dämmung	Bemerkungen
Art	Beschreibung	bewertetes Bau-Schalldämm-Maß R'_w	bewerteter Norm-Trittschallpegel $L'_{n,w}$	
Decken[a]	Decken (einschl. Decken unter Fluren)	≥ 57 dB	≤ 45 dB	Die Anforderung an die Trittschalldämmung gilt für die Trittschallübertragung in Aufenthaltsräume in alle Schallausbreitungsrichtungen.
	Decken unter bzw. über Schwimmbädern, Spiel- oder ähnlichen Gemeinschaftsräumen zum Schutz gegenüber Schlafräumen	≥ 58 dB	≤ 41 dB	Wegen der verstärkten Übertragung tiefer Frequenzen können zusätzliche Maßnahmen zur Körperschalldämmung erforderlich sein.
	Decken unter Bad und WC ohne bzw. mit Bodenentwässerung	≥ 57 dB	≤ 47 dB	Die Anforderung an die Trittschalldämmung gilt für die Trittschallübertragung in Aufenthaltsräume in alle Schallausbreitungsrichtungen.
Treppen[a]	Treppenläufe und -podeste	–	≤ 48 dB	Keine Anforderungen an Treppenläufe und Zwischenpodeste in Gebäuden mit Aufzug.
Wände	Wände zwischen Übernachtungsräumen sowie Fluren und Übernachtungsräumen.	≥ 52 dB	–	Gilt auch für Trennwände mit Türen zwischen fremden Übernachtungsräumen ($R'_{w,res}$).
Türen	Türen zwischen Fluren und Übernachtungsräumen	≥ 37 dB	–	Bei Türen gilt R_w nach Tab. 4.8; s. a. Tab. 4.8, Fußnote c.

[a] Weichfedernde Bodenbeläge dürfen für den Nachweis der Trittschalldämmung angerechnet werden

Tab. 4.24 Mindest-Anforderungen an die Luft- und Trittschalldämmung zwischen Räumen in Krankenhäusern und Sanatorien. (N. DIN 4109-5:2020-05, Tab. 4)

Krankenhäuser und Sanatorien				
		Anforderungen an die		
Bauteile		Luftschall-dämmung	Trittschall-dämmung	Bemerkungen
Art	Beschreibung	bewertetes Bau-Schall-dämm-Maß R'_{w}	bewerteter Norm-Tritt-schallpegel $L'_{n,w}$	
Decken[a]	Decken (einschl. Decken unter Fluren)	≥57 dB	≤46 dB	Die Anforderung an die Trittschalldämmung gilt für die Trittschallübertragung in fremde Aufenthaltsräume in alle Schallausbreitungsrichtungen.
	Decken unter bzw. über Schwimmbädern, Spiel- oder ähnlichen Gemeinschaftsräumen	≥58 dB	≤46 dB	Wegen der verstärkten Übertragung tiefer Frequenzen können zusätzliche Maßnahmen zur Körperschalldämmung erforderlich sein.
	Decken unter Bädern und WCs ohne bzw. mit Bodenablauf	≥57 dB	≤46 dB	Die Anforderung an die Trittschalldämmung gilt für die Trittschallübertragung in fremde Aufenthaltsräume in alle Schallausbreitungsrichtungen.
Treppen	Treppenläufe und -podeste	–	≤48 dB	–
Wände	Wände zwischen - Krankenräumen, - Fluren und Krankenräumen, - Untersuchungs- bzw. Sprechzimmern, - Fluren und Untersuchungs- bzw. Sprechzimmern, - Krankenräumen und Arbeits- und Pflegeräumen.	≥52 dB	–	–
	Wände zwischen Räumen mit Anforderungen an erhöhtes Ruhebedürfnis und besondere Vertraulichkeit (Diskretion)	≥55 dB	–	–
	Wände zwischen - Operations- bzw. Behandlungsräumen, - Fluren und Operations- bzw. Behandlungsräumen.	≥42 dB[b]	–	–
	Wände zwischen - Räumen der Intensivpflege, - Fluren und Räumen der Intensivpflege.	≥42 dB	–	–

(Fortsetzung)

Tab. 4.24 (Fortsetzung)

Krankenhäuser und Sanatorien				
		Anforderungen an die		
Bauteile		Luftschall-dämmung	Trittschall-dämmung	Bemerkungen
Türen	Türen zwischen - Untersuchungs- bzw. Sprechzimmern, - Fluren und Untersuchungs- bzw. Sprechzimmern.	≥40 dB	–	Bei Türen gilt R_w n. Tab. 4.8; s. a. Tab. 4.8, Fußnote c.
	Türen zwischen Räumen mit Anforderungen an erhöhtes Ruhebedürfnis und besondere Vertraulichkeit (Diskretion)	≥40 dB	–	Bei Türen gilt R_w n. Tab. 4.8; s. a. Tab. 4.8, Fußnote c.
	Türen zwischen - Fluren und Krankenräumen, - Operations- bzw. Behandlungsräumen, - Fluren und Operations- bzw. Behandlungsräumen.	≥37 dB	–	Bei Türen gilt R_w n. Tab. 4.8; s. a. Tab. 4.8, Fußnote c.

[a] Weichfedernde Bodenbeläge fürfen für den Nachweis der Schalldämmung angerechnet werden
[b] Anforderungswert entspricht den Werten der DIN 4109-1:2018-01 (Mindes-Anforderungen)

4.7.5.5 Erhöhter Schallschutz vor Geräuschen aus gebäudetechnischen Anlagen

Gegenüber den Mindest-Anforderungen nach DIN 4109-1 sind die zulässigen maximalen A-bewerteten Schalldruckpegel $L_{AF,max,n}$ in fremden, schutzbedürftigen Räumen um 3 dB gesenkt worden, um einen erhöhten Schallschutz vor Geräuschen aus gebäudetechnischen Anlagen sicherzustellen. Die erhöhten Anforderungen sind in Tab. 4.25 angegeben.

4.7.5.6 Schallschutz vor Geräuschen aus raumlufttechnischen Anlagen im eigenen Wohnbereich

Erhöhte Anforderungen zum Schallschutz vor Geräuschen aus raumlufttechnischen Anlagen im eigenen Wohnbereich sind in Tab. 4.26 angegeben. Die Anforderungen werden mithilfe des A-bewerteten Norm-Schalldruckpegels $L_{AF,max,n}$ festgelegt.

4.7.5.7 Beschreibung der Wahrnehmbarkeit

Die erhöhten Anforderungen nach DIN 4109-5 führen zu einem wahrnehmbar höheren Schallschutz. Die Wahrnehmbarkeit von Geräuschen aus Nachbarwohnungen ist von vielen Einflussgrößen abhängig. Hierzu gehören sowohl rein technische Größen wie die Schalldämmung der Bauteile, die Geräuschentwicklung sowie Nachhallzeit und Abmessungen des Empfangsraums als auch menschliche Eigenschaften wie z. B. das individuelle Hörvermögen und die Empfindlichkeit gegenüber Geräuschen.

Tab. 4.25 Erhöhte Anforderungen an zulässige maximale A-bewertete Schalldruckpegel in fremden schutzbedürftigen Räumen, erzeugt von gebäudetechnischen Anlagen. (N. DIN 4109-5:2020-08, Tab. 5)

Geräuschquellen	Maximal zulässige A-bewertete Schalldruckpegel	
	Wohn- und Schlafräume	Unterrichts- und Arbeitsräume
Sanitärtechnik/Wasserinstallationen (Wasserversorgungs- und Abwasseranlagen gemeinsam)	$L_{AF,max,n} \leq 27$ dB[a,b,c]	$L_{AF,max,n} \leq 25$ dB[a,b,c]
Sonstige hausinterne, fest installierte technische Schallquellen der technischen Ausrüstung, Ver- und Entsorgung sowie Garagenanlagen	$L_{AF,max,n} \leq 27$ dB[c]	$L_{AF,max,n} \leq 25$ dB[c]

[a]Einzelne kurzzeitige Geräuschspitzen, die beim Betätigen der Armaturen und Geräte (Öffnen, Schließen, Umstellen, Unterbrechen) entstehen, dürfen die Anforderungswerte um nicht mehr als 10 dB überschreiten

[b]Voraussetzungen zur Erfüllung des zulässigen Schalldruckpegels sind:

- Die Ausführungsunterlagen müssen die Anforderungen des Schallschutzes berücksichtigen, d. h. zu den Bauteilen müssen die erforderlichen Schallschutznachweise vorliegen
- Außerdem muss die verantwortliche Bauleitung benannt und zu einer Teilabnahme vor Verschließen bzw. Bekleiden der Installation hinzugezogen werden

[c]Abweichend von DIN EN ISO 10052:2010-10, 6.3.3, wird auf Messung in der schallhärtesten Raumecke verzichtet (s. a. DIN 4109-4)

Tab. 4.26 Erhöhte Anforderungen an zulässige maximale A-bewertete Norm-Schalldruckpegel in schutzbedürftigen Räumen in der eigenen Wohnung, erzeugt von raumlufttechnischen Anlagen im eigenen Wohnbereich. (N. DIN 4109-5:2020-08, Tab. 6)

Geräuschquellen	Maximal zulässige A-bewertete Schalldruckpegel
	Wohn- und Schlafräume
Fest installierte technische Schallquellen der Raumlufttechnik im eigenen Wohnbereich	$L_{AF,max,n} \leq 27$ dB[a,b,c,d,e]

[a]Einzelne, kurzzeitige Geräuschspitzen, die beim Ein- und Ausschalten der Anlagen auftreten, dürfen den Wert um höchstens 5 dB überschreiten

[b]Voraussetzungen zur Erfüllung des zulässigen Schalldruckpegels sind:

-Die Ausführungsunterlagen müssen die Anforderungen an den Schallschutz berücksichtigen, d. h. zu den Bauteilen müssen die erforderlichen Schallschutznachweise vorliegen;

-außerdem muss die verantwortliche Bauleitung benannt und zu einer Teilabnahme vor Verschließen bzw. Bekleiden der Installation hinzugezogen werden

[c]Abweichend von DIN EN ISO 10052:2010-10, 6.3.3, wird auf Messung in der schallhärtesten Raumecke verzichtet (s. a. DIN 4109-4)

[d]Es sind um 3 dB höhere Werte zulässig, sofern es sich um Dauergeräusche ohne auffällige Einzeltöne handelt

[e] Die Anforderung gilt nachts bei erforderlichem Luftvolumenstrom für die jeweilige lüftungstechnische Maßnahme nach z. B. DIN 1946-6; beispielsweise 15 m^3/h Person für Schlafzimmer

Hinweise zur subjektiven Wahrnehmbarkeit finden sich im Anhang A der DIN 4109-5. Dort ist eine Orientierungshilfe in Form einer Tabelle angegeben, mit der eine Beurteilung der subjektiven Wahrnehmbarkeit für verschiedene Geräusche in Mehrfamilienhäusern vorgenommen werden kann. Neben der Situation bei erhöhtem Schallschutz nach DIN 4109-5 wird hierbei auch der Fall berücksichtigt, dass nur Mindestanforderungen nach DIN 4109-1 vorliegen. Die Angaben beziehen sich auf Nachhallzeiten, wie sie in üblich möblierten Wohnräumen auftreten (T = 0,5 s) und setzen bestimmte Abmessungen des Empfangsraums voraus (Fläche des Trennbauteils 12 m^2, Raumvolumen 35 m^3). Ein Auszug dieser tabellierten Orientierungshilfe ist in Tab. 4.27 angegeben.

Aus Tab. 4.27 geht hervor, dass auch bei erhöhtem Schallschutzniveau nach DIN 4109-5 viele Geräusche aus Nachbarwohnungen noch wahrnehmbar sind. Beispielsweise sind normale Musik und Nutzergeräusche hörbar, während Gehgeräusche als noch hörbar

Tab. 4.27 Subjektive Wahrnehmbarkeit üblicher Geräusche zwischen Wohnungen in Mehrfamilienhäusern (in Anlehnung an DIN 4109-5, Tab. A.1; Auszug)

Art des Geräuschs	Beschreibung	Subjektive Wahrnehmbarkeit[a,b]	
		nach **DIN 4109-1** (Mindestanforderungen)	nach **DIN 4109-5** (erhöhte Anforderungen)
Normale Sprache	ruhige Unterhaltung	nicht verstehbar kaum hörbar	nicht verstehbar nicht hörbar
Angehobene Sprache	angeregte Unterhaltung	i. A. nicht verstehbar noch hörbar	nicht verstehbar kaum hörbar
Normale Musik	leises Musizieren	gut hörbar	hörbar
Gehgeräusche	normales Gehen	hörbar	noch hörbar
Nutzergeräusche	übliches Ablegen von Gegenständen auf Ablagen oder Sanitärobjekten	gut hörbar[c]	hörbar[c]
Geräusche von Haushaltsgeräten	Benutzung von Staubsauger, Haartrockner u. ä. Geräten	gut hörbar[c]	hörbar[c]
Geräusche aus sanitären Anlagen/ Wasserinstallationen	übliche Benutzung von Dusche, WC-Spülung	hörbar	noch hörbar

[a] Voraussetzungen: Grundgeräuschpegel 25 dB, Aufenthaltsräume mit üblicher Größe und Ausstattung

[b] Hinweis: Laute Sprache (z. B. Streit), laute Musik oder spielende Kinder (z. B. tobende, hüpfende, trampelnde Kinder) können in der Nachbarwohnung sowohl beim Schallschutzniveau n. DIN 4109-1 (Mindestanforderungen) als auch nach DIN 4109-5 (erhöhte Anforderungen) deutlich wahrgenommen bzw. leise verstanden werden

[c] Nutzergeräusche unterliegen starken Schwankungen, die vom Nutzerverhalten abhängig sind. Dies kann zu einer abweichenden Wahrnehmbarkeit dieser Geräusche führen

eingestuft werden. Lediglich normale Sprache, wie sie bspw. bei einer ruhigen Unterhaltung zu erwarten ist, ist aus der Nachbarwohnung bei erhöhten Anforderungen an den Schallschutz nach DIN 4109-5 nicht verstehbar und nicht hörbar. Allerdings zeigt Tab. 4.27 auch, dass gegenüber den Mindestanforderungen nach DIN 4109-1 eine deutliche Verbesserung des Schallschutzes erzielt wird und wesentliche Störungen vermieden werden, wenn die erhöhten Anforderungen nach DIN 4109-5 angesetzt werden. Grundsätzlich ist zu aber beachten, dass laute Sprache (z. B. bei einem Streit) oder laute Musik (z. B. bei laut gestelltem Radio) selbst bei erhöhtem Schallschutz noch deutlich wahrgenommen und teilweise sogar verstanden werden können. Gegenseitige Rücksichtnahme der Bewohner und eine übliche Nutzung sind Voraussetzung, da bei Nichtbeachtung selbst hohe Anforderungen an den Schallschutz nicht ausreichend sind.

4.7.6 Vorschläge für einen erhöhten Schallschutz nach VDI 4100

4.7.6.1 Allgemeines

Vorschläge und Empfehlungen für einen erhöhten Schallschutz in Wohnungen werden in der Richtlinie VDI 4100 (Schallschutz im Hochbau – Wohnungen – Beurteilung und Vorschläge für erhöhten Schallschutz) (2012) angegeben.

Laut aktueller Rechtsprechung (z. B. BGH-Urteil Urkundenrolle Nr. *VII ZR 54/07 vom 4. Juni 2009*) werden die Mindestanforderungen an den Schallschutz nach DIN 4109-1 in vielen Fällen als nicht ausreichend angesehen. Dies gilt insbesondere dann, wenn die Wohnung auch in anderen Belangen, z. B. aufgrund ihrer Ausstattung und Ausführung sowie Lage Ansprüchen gerecht wird, die über ein durchschnittliches Maß hinausgehen. Dies ist bspw. bei neuen Eigentumswohnungen mit gehobener Ausstattung sowie bei Modernisierungen von bestehenden Gebäuden in der Regel der Fall.

Aus den vorgenannten Gründen wird dringend empfohlen, bei Neubauten und Sanierungen im Bestand die erhöhten Anforderungen an den Schallschutz entweder nach DIN 4109-5 oder nach der in diesem Kapitel behandelten Richtlinie VDI 4100 zugrunde zu legen und den geschuldeten Schallschutz privat-rechtlich vertraglich zu vereinbaren, d. h. unter genauer Angabe des Schallschutzniveaus. dabei sollten das Regelwerk sowie ggfs. der genaue Anforderungswert bzw. die Schallschutzstufe angegeben werden (z. B. Schallschutz nach VDI 4100, Schallschutzstufe „xy").

Für die einzureichenden Nachweise bei der Bauantragsstellung reichen dagegen die Mindestanforderungen nach DIN 4109 aus. Diese haben öffentlich-rechtlichen Charakter.

4.7.6.2 Schallschutzstufen

Die Anforderungen an den Schallschutz nach VDI 4100 werden für drei Schallschutzstufen (SSt I, SSt II und SSt III) festgelegt.

Schallschutzstufe I (SSt I) ist anzunehmen bei Wohnungen mit geringem Grundgeräuschpegel, wodurch störende Geräusche aus Nachbarwohnungen auf ein erträgliches Maß abgesenkt werden. SSt I ist bei neu errichteten Wohnungen zu erwarten, die gegen-

Tab. 4.28 Übersicht über die Wahrnehmung üblicher Geräusche aus Nachbarwohnungen und Zuordnung zu den drei Schallschutzstufen in Mehrfamilienhäusern. (N. VDI 4100, Tab. 1, Auszug)

	Wahrnehmung der Immission aus der Nachbarwohnung		
Art der Geräuschemission	SSt I	SSt II	SSt III
Laute Sprache	undeutlich verstehbar	kaum verstehbar	im Allgemeinen nicht verstehbar
Angehobene Sprache	im Allgemeinen kaum verstehbar	im Allgemeinen nicht verstehbar	nicht verstehbar
Normale Sprache	im Allgemeinen nicht verstehbar	nicht verstehbar	nicht hörbar
Musik in normaler Lautstärke	noch hörbar	kaum hörbar	nicht hörbar
Laute Musik, laute eingestellte Rundfunk-/Fernsehrgeräte	deutlich hörbar	noch hörbar	kaum hörbar
Sehr laute Musikpartys	sehr deutlich hörbar	deutlich hörbar	noch hörbar

über der einfachsten Ausführung und Ausstattung eine gehobene Ausführung und Ausstattung aufweisen. Angehobene Sprache aus Nachbarräumen ist i. A. kaum verstehbar.

Schallschutzstufe II (SSt II) ist bspw. bei einer Wohnung zu erwarten, die auch in ihrer sonstigen Ausführung und Ausstattung durchschnittlichen Ansprüchen an den Komfort genügt. Laute Sprache aus Nachbarräumen ist wahrzunehmen, aber i. A. kaum verstehbar.

Schallschutzstufe III (SSt III) ist bspw. bei einer Wohnung zu erwarten, die auch in ihrer sonstigen Ausführung und Ausstattung sowie Lage besonderen Ansprüchen an den Komfort gerecht wird. Angehobene Sprache aus Nachbarräumen ist nicht verstehbar. Geräusche von außen sind kaum wahrnehmbar. Selbst besonders laute Geräusche (z. B. Musikinstrumente) sind kaum hörbar.

Eine Übersicht über die Wahrnehmung üblicher Geräusche und Zuordnung zu den drei Schallschutzstufen befindet sich in Tab. 4.28.

4.7.6.3 Anforderungswerte der VDI 4100

Die VDI 4100 verwendet andere Anforderungsgrößen als die DIN 4109:

Für die Luftschalldämmung wird die *bewertete Standard-Schallpegeldifferenz* $D_{nT,w}$ (in dB) verwendet. Die Trittschalldämmung wird mit dem *bewerteten Standard-Trittschallpegel* $L'_{nT,w}$ (in dB) gearbeitet.

Beide Größen, d. h. die bewertete Standard-Schallpegeldifferenz $D_{nT,w}$ und der bewertete Standard-Trittschallpegel $L'_{nT,w}$ sind abhängig von der Nachhallzeit im Empfangsraum. Die Nachhallzeit wiederum wird vom Raumvolumen und der Schallabsorptionsfläche beeinflusst. Die bewertete Standard-Schallpegeldifferenz und der bewertete Standard-Trittschallpegel sind demnach nachhallzeit-bezogene Größen, während das bewertete Bau-Schalldämm-Maß und der bewertete Norm-Trittschallpegel, die als Anforderungsgrößen der DIN 4109 verwendet werden, bauteilbezogen sind.

4.7.6.4 Umrechnung nachhallzeitbezogener Größen in bauteilbezogene Größen und umgekehrt

Eine Umrechnung der nachhallzeitbezogenen Größen der VDI 4100 (bewertete Standard-Schallpegeldifferenz $D_{nT,w}$ und bewerteter Standard-Trittschallpegel $L'_{nT,w}$) in die bauteilbezogenen Größen der DIN 4109 (Bau-Schalldämm-Maß R'_w und Norm-Trittschallpegel $L'_{n,w}$) und umgekehrt ist möglich. Umrechnungsformeln sind in Tab. 4.29 angegeben.

Beispiel

Es sollen Umrechnungen der schalltechnischen Größen nach Tab. 4.29 durchgeführt werden.

Empfangsraum: Breite = 3,5 m, Tiefe = 5,0 m, Höhe = 2,5 m (lichte Maße)

Volumen: $V_E = 3,5 \times 5,0 \times 2,5 = 43,75\ m^2$

Fläche der Trennwand: Breite = 3,5 m, Höhe = 2,5 m (lichte Maße)

$$S_S = 3,5 \times 2,5 = 8,75\ m^2$$

1. Umrechnung von R'_w in $D_{nT,w}$:

$$R'_w = 56\ dB$$

$$D_{nT,w} = R'_w + 10\log\left(\frac{0,32 \cdot V_E}{S_S}\right) = 56 + 10\log\left(\frac{0,32 \cdot 43,75}{8,75}\right) = 58,0\ dB$$

2. Umrechnung von $D_{nT,w}$ in R'_w:
   $D_{nT,w} = 56$ dB (Anforderungswert SSt I bei MFH)

$$R'_w = D_{nT,w} - 10\log\left(\frac{0,32 \cdot V_E}{S_S}\right) = 56 - 10\log\left(\frac{0,32 \cdot 43,75}{8,75}\right) = 54,0\ dB$$

3. Umrechnung von $L'_{n,w}$ in $L'_{nT,w}$:

$$L'_{n,w} = 40\ dB$$

   Volumen des Empfangsraums: $V_E = 4,0 \times 5,0 \times 2,5 = 50\ m^3$

$$L'_{nT,w} = L'_{n,w} - 10\log(0,032 \cdot V_E) = 40 - 10\log(0,032 \cdot 50) = 38,0\ dB$$

4. Umrechnung von $L'_{nT,w}$ in $L'_{n,w}$:
   $L'_{nT,w} = 44$ dB (Anforderungswert der SSt II)
   Volumen des Empfangsraums: $V_E = 4,0 \times 5,0 \times 2,5 = 50\ m^3$

$$L'_{n,w} = L'_{nT,w} + 10\log(0,032 \cdot V_E) = 44 + 10\log(0,032 \cdot 50) = 46,0\ dB$$

◄

Tab. 4.29 Umrechnung von bauteilbezogenen Größen in nachhallzeitbezogene Größen und umgekehrt

	Gesuchte Größe	Gegebene Größe	Gleichung
Luftschall	bewertete Standard-Schallpegeldifferenz $D_{nT,w}$	bewertetes Bau-Schalldämm-Maß R'_w	$D_{nT,w} = R'_w + 10\log\left(\frac{0{,}32 \cdot V_E}{S_S}\right)$
	bewertetes Bau-Schalldämm-Maß R'_w	bewertete Standard-Schallpegeldifferenz $D_{nT,w}$	$R'_w = D_{nT,w} - 10\log\left(\frac{0{,}32 \cdot V_E}{S_S}\right)$
Trittschall	bewerteter Standard-Trittschallpegel $L'_{nT,w}$	bewerteter Norm-Trittschallpegel $L'_{n,w}$	$L'_{nT,w} = L'_{n,w} - 10 \log (0{,}032 \cdot V_E)$
	bewerteter Norm-Trittschallpegel $L'_{n,w}$	bewerteter Standard-Trittschallpegel $L'_{nT,w}$	$L'_{n,w} = L'_{nT,w} + 10 \log (0{,}032 \cdot V_E)$

V_E Volumen des Empfangsraums (Innenmaße), in m^3
S_S Fläche des Trennbauteils (im Senderaum, Innenmaße), in m^2

Tab. 4.30 Empfohlene Anforderungswerte für einen höheren Schallschutz im eigenen Wohnbereich. (N. VDI 4100, Tab. 4, Auszug)

Schallschutzkriterium			Anforderungsgröße dB	SSt I	SSt II
eigene Wohnung	Luftschallschutz	horizontal (Wände ohne Türen) und vertikal	$D_{nT,w}$	≥ 48	≥ 52
		bei offenen Grundrissen, Wand mit Tür zum getrennten Raum	$D_{nT,w}$	≥ 26	≥ 31
	Trittschallschutz	Decken, Treppen im abgetrennten Treppenraum (oben u. unten abgeschlossen)	$L'_{nT,w}$	≤ 53	≤ 46

4.7.6.5 Empfohlene Anforderungswerte an den Schallschutz nach VDI 4100

Nachfolgend werden exemplarisch ausgewählte Anforderungswerte aus der VDI 4100 angegeben.

Für empfohlene Anforderungswerte an den Schallschutz in Mehrfamilienhäusern (MFH) sowie in Einfamilien-Doppel- und Einfamilien-Reihenhäusern siehe Tab. 4.30. Für empfohlene Anforderungswerte für einen höheren Schallschutz im eigenen Wohnbereich siehe Tab. 4.31. Für weitere Werte wird auf die Richtlinie VDI 4100 verwiesen.

Tab. 4.31 Empfohlene Anforderungswerte an den Schallschutz in Mehrfamilienhäusern (MFH) sowie in Einfamilien-Doppel- und Einfamilien-Reihenhäusern(EFH). (N. VDI 4100, Tab. 2 und 3, jeweils Auszüge)

Schallschutzkriterium			Anforderungsgröße dB	SSt I	SSt II	SSt III
MFH	Luftschallschutz	–	$D_{nT,w}$	≥56	≥59	≥64
	Trittschallschutz	vertikal, horizontal, diagonal	$L'_{nT,w}$	≤51	≤44	≤37
EFH	Luftschallschutz	–	$D_{nT,w}$	≥65	≥69	≥73
	Trittschallschutz	vertikal, horizontal, diagonal	$L'_{nT,w}$	≤46	≤39	≤32

MFH: Mehrfamilienhäuser
EFH: Einfamilien-Doppel- und Einfamilien-Reihenhäuser

4.7.7 Schallschutz im Wohnungsbau und Schallschutzausweis nach DEGA-Empfehlung 103

Die Deutsche Gesellschaft für Akustik e. V. (DEGA) definiert in ihrer *DEGA-Empfehlung 103* verschiedene Schallschutzkassen für eine differenzierte Bewertung des Schallschutzes von Wohnräumen und legt Vorgaben für einen Schallschutzausweis fest. Damit soll den Bewohner*Innen sowie anderen Interessengruppen (Mieter, Vermieter, Eigentümer, Kaufinteressenten, Käufer, Verkäufer, Makler) ein einfaches Instrument an die Hand gegeben werden, um den baulichen Schallschutz einer Wohneinheit einschätzen und vergleich zu können.

4.7.7.1 Schallschutzklassen

Die Klassifizierung umfasst sieben Schallschutzklassen, für die konkrete Anforderungen an den Luft- und Trittschall, an den Außenlärm sowie gegenüber Geräuschen aus gebäudetechnischen Anlagen festgelegt werden. Die Schallschutzklassen werden mit Großbuchstaben gekennzeichnet, beginnend mit A* und A (sehr guter Schallschutz) bis F (schlechter Schallschutz). Die Klasse D orientiert sich an den Mindestanforderungen der DIN 4109-1 (2018-01), wobei einige Abweichungen zur Norm vorgenommen wurden. Eine Übersicht über die einzelnen Schallschutzklassen und ihre jeweilige Beschreibung findet sich in Tab. 4.32. Für den eigenen Wohnbereich gelten die Schallschutzklassen EW1 bis EW3, für die bei der Erstellung von Schallschutzausweisen Bonuspunkte vergeben werden können (Tab. 4.33).

Es ist zu beachten, dass die Schallschutzklassen A*, A und B in der Regel nur mit mehrschaligen Bauteilaufbauten realisiert werden können. Die Schallschutzklasse C kann dagegen auch mit einer einschaligen Konstruktion erreicht werden.

Tab. 4.32 Schallschutzklassen nach DEGA-Empfehlung 103 (Ausgabe Januar 2018)

Schallschutzklasse	Beschreibung	Auswirkung auf	
		Doppel- u. Reihenhäuser	Mehrfamilienhäuser
A*	Wohneinheit mit sehr gutem Schallschutz. Es wird ein ungestörtes Wohnen nahezu ohne Rücksichtnahme gegenüber den Nachbarn ermöglicht.	hoher Schallschutz	–
A	Wohneinheit mit sehr gutem Schallschutz. Es wird ein ungestörtes Wohnen nahezu ohne Rücksichtnahme gegenüber den Nachbarn ermöglicht.	erhöhter Schallschutz	–
B	Wohneinheit mit gutem Schallschutz. Es wird bei gegenseitiger Rücksichtnahme zwischen den Nachbarn ein ruhiges Wohnen bei weitgehendem Schutz der Privatsphäre ermöglicht.	normaler Schallschutz	hoher Schallschutz
C	Wohneinheit mit einem Schallschutz, der gegenüber Klasse D wahrnehmbar besser ist. Die Bewohner finden bei üblichem rücksichtsvollen Wohnverhalten im Allgemeinen Ruhe, die Vertraulichkeit bleibt gewahrt.	–	erhöhter Schallschutz
D	Wohneinheit mit einem Schallschutz, der die Anforderungen der DIN 4109-1:2018-01 für Geschosshäuser mit Wohnungen und Arbeitsräumen im Wesentlichen erfüllt[1]. Die Bewohner werden im Sinne des Gesundheitsschutzes vor unzumutbaren Belästigungen durch Schallübertragung aus fremden Räumen und von außen geschützt. Geräusche aus fremden Räumen oder von außen können allerdings wahrgenommen werden. Gegenseitige Rücksichtnahme durch Vermeidung unnötigen Lärms ist daher erforderlich. In angrenzenden Räumen dürfen keine ungewöhnlich starken Geräusche verursacht werden.	–	normaler Schallschutz

(Fortsetzung)

Tab. 4.32 (Fortsetzung)

Schallschutzklasse	Beschreibung	Auswirkung auf	
		Doppel- u. Reihenhäuser	Mehrfamilienhäuser
E	Wohneinheit mit einem Schallschutz, der die Anforderungen der DIN 4109-1:2018-01 nicht erfüllt. Belästigungen durch Schallübertragung aus fremden Räumen und von außen sind möglich. Die Vertraulichkeit ist nicht mehr gegeben.	–	–
F	Wohneinheit mit einem schlechten Schallschutz, der deutlich unter den Mindestanforderungen der DIN 4109-1:2018-01 liegt. Mit Belästigungen aus fremden Räumen oder von außen muss auch bei bewusster Rücksichtnahme gerechnet werden. Vertraulichkeit kann nicht erwartet werden.	–	–

[1]Ausnahmen bzw. Änderungen gegenüber den Anforderungen der DIN 4109-1:2018-01:
Es werden Anforderungen an Nutzergeräusche und kurzzeitige Pegelspitzen, die beim Betätigen von Armaturen der Wasserinstallation entstehen, gestellt
Es werden die gleichen Anforderungen an das Nutzergeräusch „Urinieren" (Spureinlauf) gestellt wie für Wasserinstallationen
Für Geräusche aus Betrieben und Gaststätten sind in DIN 4109-1:2018-01 geringere Anforderungen gestellt

Tab. 4.33 Schallschutzklassen im eigenen Wohnbereich nach DEGA-Empfehlung 103 (Ausgabe Januar 2018)

Schallschutzklasse	Beschreibung
EW1	Schallschutz im eigenen Wohnbereich, bei der Vertraulichkeit nicht erwartet werden kann.
EW2	Schallschutz im eigenen Wohnbereich, bei welchem ein Mindestmaß an Vertraulichkeit gewährleistet werden kann und erhebliche Störungen vermieden werden.
EW3	Schallschutz im eigenen Wohnbereich, bei welchem Vertraulichkeit gewährleistet werden kann und Störungen vermieden werden.

Die Klassen E und F sind für die Beschreibung des Schallschutzes von Bestandsgebäuden vorgesehen, bei denen der Schallschutz schlechter ist als es den Mindestanforderungen der DIN 4109-1 entspricht.

4.7.7.2 Anforderungen an den Schallschutz

Als Anforderungswerte für die Beschreibung des Schallschutzes nach der DEGA-Empfehlung 103 werden – wie in der DIN 4109 – bauteilbezogene Größen verwendet,

d. h. für die Luftschalldämmung wird das bewertete Bau-Schalldämm-Maß R'_w und für die Trittschalldämmung der bewertete Norm-Trittschallpegel $L'_{n,w}$ herangezogen. Für Geräusche von Wasserinstallationen sowie für Geräusche von gebäudetechnischen Anlagen und Betrieben wird der mit der Frequenzbewertung „A" und der Zeitbewertung „Fast" gemessene maximale Schalldruckpegel $L_{AF,n,max}$ verwendet (bezogen auf eine Schallabsorptionsfläche von $A_0 = 10\ m^2$). Gleiches gilt auch für Nutzergeräusche.

Anforderungen an den Schallschutz zwischen fremden Wohneinheiten

Anforderungen an die Luft- und Trittschalldämmung zwischen fremden Wohneinheiten nach DEGA-Empfehlung 103 sind in Tab. 4.34 angegeben. Anforderungen an Geräusche aus Wasserinstallationen, gebäudetechnischen Anlagen sowie an das Nutzergeräusch „Urinieren" sind in Tab. 4.35 festgelegt. Für Anforderungen an die Luftschalldämmung von Außenbauteilen siehe Tab. 4.36.

Tab. 4.34 Anforderungen an die Luft- und Trittschalldämmung zwischen fremden Wohneinheiten. (N. DEGA-Empfehlung 103, Tab. 3 und 4; Ausgabe Januar 2018)

Luftschalldämmung

	Schallschutzklasse						
Bauteil	A*	A	B	C	D	E	F
Wände Decken R'_w [1]	≥ 72 dB	≥ 67 dB	≥ 62 dB	≥ 57 dB[2]	≥ 54 dB[2]	≥ 50 dB	< 50 dB
Wohnungseingangstüren in Flure oder Dielen R_w [3]	≥ 40 dB	≥ 40 dB	≥ 37 dB	≥ 32 dB	≥ 27 dB	≥ 22 dB	< 22 dB
Wohnungseingangstüren direkt in Aufenthaltsräume R_w [3]	nicht zulässig	nicht zulässig	nicht zulässig	≥ 42 dB	≥ 37 dB	≥ 32 dB	< 32 dB

Trittschalldämmung

	Schallschutzklasse						
Bauteil	A*	A	B	C	D	E	F
Decken $L'_{n,w}$	≤ 30 dB	≤ 35 dB	≤ 40 dB[4]	≤ 45 dB [4]	≤ 50 dB	≤ 60[4] dB	> 60 dB[4]
Balkone, Loggien, Terrassen $L'_{n,w}$	≤ 33 dB	≤ 38 dB	≤ 43 dB[4]	≤ 48 dB[4]	≤ 50 dB[5]	≤ 63 dB[4]	> 63 dB[4]
Treppen, Podeste, Hausflure, Laubengänge $L'_{n,w}$	≤ 33 dB	≤ 38 dB	≤ 43 dB[4]	≤ 48 dB[4]	≤ 53 dB[6]	≤ 63 dB[4]	> 63 dB[4]

[1]Bei Trennflächen < 10 m² ist der Nachweis über D_{nw} zu führen

[2]Für Wände gilt ein um 1 dB reduzierter Anforderungswert

[3]Die Anforderung an die Türen gilt für die Schallübertragung über die betriebsfertig eingebaute Tür ohne Nebenwege

[4]Austauschbarer Bodenbelag ist anrechenbar (rechnerisch nur bei geprüftem ΔL_w)

[5]Bei Balkonen Anforderung $L'_{n,w} \leq 58$ dB

[6]Bei Hausfluren Anforderung $L'_{n,w} \leq 50$ dB

Tab. 4.35 Anforderungen an Geräusche aus Wasserinstallationen, gebäudetechnischen Anlagen sowie an das Nutzergeräusch „Urinieren“. (N. DEGA-Empfehlung 103, Tab. 5; Ausgabe Januar 2018)

Geräusche aus Wasserinstallationen, gebäudetechnischen Anlagen und Nutzergeräusch „Urinieren“							
	Schallschutzklasse						
	A*	A	B	C	D	E	F
$L_{AF,max,n}$	≤20 dB(A)	≤20 dB(A)	≤24 dB(A)	≤27 dB(A)	≤30 dB(A)	≤35 dB(A)	>35 dB(A)

Anmerkung: Wenn keine tieffrequenten Geräuschanteile vorliegen, werden im Schallschutzausweis Bonuspunkte vergeben. Hiervon ist auszugehen, wenn die Differenz der C- und A-bewerteten Summenpegel gemäß DIN 45680 kleiner als 20 dB
Die Anforderungen gelten auch für Heizungs- und Lüftungsanlagen im eigenen Bereich

Tab. 4.36 Anforderungen an die Luftschalldämmung von Außenbauteilen. (N. DEGA-Empfehlung 103, Tab. 7; Ausgabe Januar 2018)

Luftschalldämmung von Außenbauteilen							
	Schallschutzklasse						
Bauteil	A*	A	B	C	D	E	F
Außenbauteil $R'_{w,ges}$	wie DIN 4109-1: $R'_{w,ges} + C_{tr,50\text{-}3150}$	wie DIN 4109-1:2018-01: $R'_{w,ges}$				–	–

Empfehlungen für den Schallschutz im eigenen Wohnbereich
Empfehlungen für den Schallschutz im eigenen Wohnbereich sind in Tab. 4.37 angegeben.

Nachhallzeit in Treppenräumen
In Treppenräumen und allgemein zugänglichen Fluren von mehrgeschossigen Wohngebäuden ergeben sich aufgrund fehlender Möblierung in der Regel zu lange Nachhallzeiten. Damit zu hohe Schalldruckpegel in Treppenräumen vermieden werden und störende Geräusche die angrenzenden Wohnungen nicht beeinträchtigen, sollte die Nachhallzeit begrenzt werden.

In der DEGA-Empfehlung 103 werden daher Empfehlungen für das Verhältnis von äquivalenter Schallabsorptionsfläche A zum Raumvolumen V (→ A/V) angegeben (Tab. 4.38).

4.7.7.3 Schallschutzausweis
Der *Schallschutzausweis* soll über die Qualität des Schallschutzes einer Wohnung Auskunft geben. Er ist in Anlehnung an den Energieausweis gestaltet und gibt die Schallschutzklasse der betreffenden Wohneinheit sowie weitere Erläuterungen zum Schallschutz an. Mit dem Schallschutzausweis werden eine einfache und verständliche Bewertung des Schallschutzes einer Wohnung oder eines Gebäudes sowie vergleichbare Bewertungen für Neubauten und Bestandsgebäude ermöglicht. Die Mustervorlage für den Schallschutzausweis ist in Abb. 4.42 dargestellt.

Tab. 4.37 Empfehlungen für den Schallschutz im eigenen Wohnbereich. (N. DEGA-Empfehlung 103, Tab. 10; Ausgabe Janaur 2018)

Bauteil		Schallschutzklasse		
		EW1	EW2	EW3
Luftschalldämmung von Zimmertüren in/von schützenswerten Räumen (R_w der betriebsfertig eingebauten Tür ohne Nebenwege)	offener Grundriss[1]	$R_w \geq 22$ dB	$R_w \geq 27$ dB	$R_w \geq 32$ dB
	geschlossener Grundriss[1]	$R_w \geq 17$ dB	$R_w \geq 22$ dB	$R_w \geq 27$ dB
Luftschalldämmung von Wänden (ohne Türen) von schützenswerten Räumen (z. B. Schlafzimmer, Kinderzimmer) R'_w		$R'_w \geq 40$ dB	$R'_w \geq 43$ dB	$R'_w \geq 47$ dB
Luftschalldämmung von Decken R'_w		$R'_w \geq 48$ dB	$R'_w \geq 51$ dB	$R'_w \geq 55$ dB
Trittschalldämmung von Decken vertikal und Treppen $L'_{n,w}$		$L'_{n,w} \leq 58$ dB	$L'_{n,w} \leq 53$ dB	$L'_{n,w} \leq 46$ dB
Geräusche aus Wasserinstallationen $L_{AF,max,n}$		$L_{AF,max,n} \leq 35$ dB(A)	$L_{AF,max,n} \leq 30$ dB(A)	$L_{AF,max,n} \leq 25$ dB(A)
Geräusche von Heizungs- und Lüftungsanlagen $L_{AF,max,n}$		$L_{AF,max,n} \leq 30$ dB(A)	$L_{AF,max,n} \leq 25$ dB(A)	$L_{AF,max,n} \leq 25$ dB(A)

[1]Bei geschlossenen Grundrissen sind wegen der zwei hintereinanderliegenden Türen geringere Schalldämm-Maße für die Einzeltür angegeben als bei offenen Grundrissen

[2]Wände mit Türen dürfen ein 5 dB geringeres Schalldämm-Maß (für die Wand) aufweisen

[3]Weichfedernde Bodenbeläge dürfen angerechnet werden

Tab. 4.38 Empfehlung für das Verhältnis *A/V* (äquivalente Schallabsorptionsfläche/Volumen) in allgemein zugänglichen Treppenräumen und Fluren von mehrgeschossigen Wohngebäuden. (N. DEGA-Empfehlung 103, Tab. 9; Ausgabe Januar 2018)

	Schallschutzklasse						
	A*	A	B	C	D	E	F
A/V	≥ 0,20 (oder kein gemeinsamer Treppenraum)	≥ 0,20 (oder kein gemeinsamer Treppenraum)	≥ 0,10	≥ 0,10	keine Maßnahmen		

Hinweis: Ein Verhältnis von $A/V = 0{,}10$ führt in der Regel zu einer Nachhallzeit von ca. 1,4 bis 1,8 s

Die für eine Wohneinheit geltende Schallschutzklasse wird mit Hilfe eines detaillierten Kriterienkataloges ermittelt. Hierbei werden der Gebäudestandort und die Außenlärmsituation sowie der bauliche Schallschutz mit einem Punktesystem bewertet. Die Schallschutzklasse ergibt sich anhand der erreichten Punktzahl.

Für genauere Informationen wird auf die DEGA-Empfehlung verwiesen.

Schallschutzausweis

DEGA

Antragsteller:	Max Mustermann Musterbau GmbH Musterstraße 1 11111 Musterstadt	Gebäude:	Musterbau Muster A Mustergasse 24 70000 Musterhausen	Bezeichung der Wohneinheit H1EG2

Standort und Außenlärmsituation

Punktzahl		Klasse
42 von mind. 40 in Stufe B	Wohngebiet ohne besondere Anforderungen an den Schallschutz der Außenbauteile	**B**

Baulicher Schallschutz

Punktzahl	Ausführungsqualität teilweise durch Messungen überprüft (siehe detaillierter SSAw)	ja nein	 x	Klasse
	Gesamtklasse von allen Kriterien eingehalten	ja nein	 x	
227 (incl. 32 Bonuspunkte) von mind. 145 in Stufe C	F 0 · E 30 · D 80 · C 145 · B 210 · A 270 · A* 340			**C**

Bauübliche Einordnung	Doppel-/Reihenhaus Mehrfamilienhaus
Bewertung	- Erhöhter Schallschutz in Mehrfamilienhäusern - Wohneinheit mit gutem Schallschutz, in der die Bewohner bei üblichem rücksichtsvollen Wohnverhalten im allgemeinen Ruhe finden und die Vertraulichkeit gewahrt bleibt

Gebäudetyp	Mehrfamilienhaus
Baujahr des Gebäudes	1960
Anzahl der Wohneinheiten	4
Bezeichnung der Wohneinheit	H1EG2
Geschoß	EG
Anzahl der Räume	4
Wohnfläche [m²]	112

Aussteller: Datum: 28.08.2017 Gültig bis: 28.08.2027	Unterschrift:

Abb. 4.42 Mustervorlage Schallschutzausweis. (N. DEGA-Empfehlung 103; Ausgabe Januar 2018)

4.8 Nachweis der Luftschalldämmung

Das Nachweisverfahren der Luftschalldämmung ist in DIN 4109 (Ausgabe 2016/18) geregelt. Es beruht auf dem in der europäischen Norm DIN EN 12354 festgelegten vereinfachten Verfahren, welches als Kenngrößen Einzahlangaben verwendet. Die Regeln der DIN 4109 können somit als nationale Umsetzung der DIN EN 12354 angesehen werden.

4.8.1 Grundprinzip

Das Grundprinzip des Nachweises der Luftschalldämmung erfolgt nach folgendem Prozedere (Abb. 4.43):

1. Berechnung des bewerteten Bau-Schalldämm-Maßes R'_w des nachzuweisenden Bauteils.
2. Ermittlung eines Sicherheitsabschlages u_{prog}.
3. Festlegung des Anforderungswertes für die Luftschalldämmung (erf. R'_w).
4. Nachweis mit folgender Gleichung:

$$R'_w - u_{prog} \geq \text{erf.}\, R'_w \tag{4.33}$$

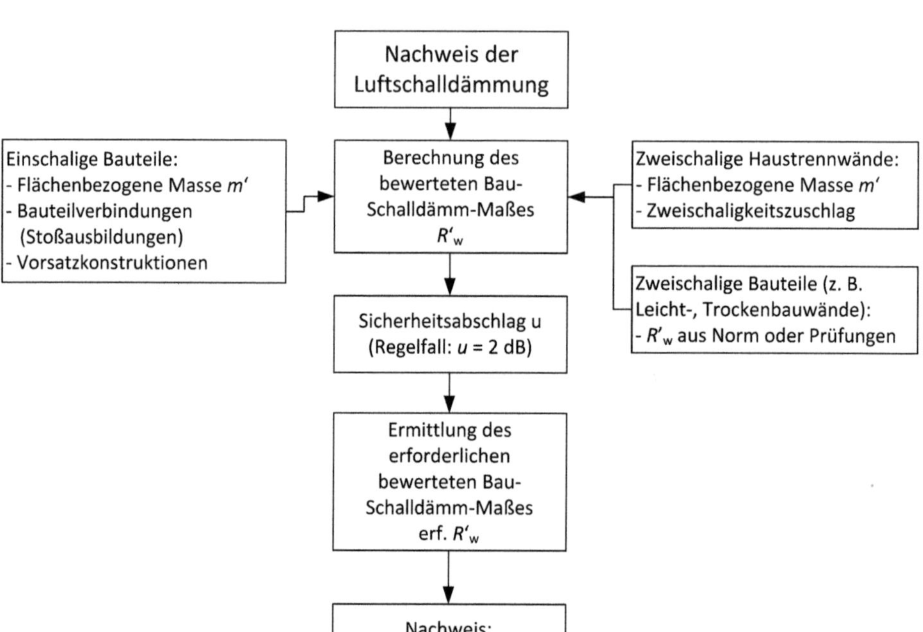

Abb. 4.43 Rechenablauf beim Nachweis der Luftschalldämmung

Darin bedeuten:

R'_w bewertetes Bau-Schalldämm-Maß des nachzuweisenden Bauteiles, in dB (Berechnung siehe 4.8.2);

u_{prog} Sicherheitsabschlag, in dB (vereinfachend darf der Sicherheitsabschlag zu $u_{prog} = 2$ dB angenommen werden; genauere Berechnung siehe DIN 4109);

erf. R'_w erforderliches bewertetes Bau-Schalldämm-Maß (Mindest-Anforderungen n. DIN 4109-1 (Abschn. 4.7.4), erhöhte Anforderungen n. DIN 4109-5 (Abschn. 4.7.5), in dB.

Der Nachweis erfolgt unter Berücksichtigung eines Sicherheitskonzeptes in Anlehnung an die Bemessungsnormen wie z. B. den Eurocodes. Beim Nachweis der Luftschalldämmung ist ein Sicherheitsabschlag u_{prog} anzusetzen. Der Sicherheitsabschlag kann genau berechnet werden (siehe Norm). Vereinfachend darf $u_{prog} = 2$ dB angenommen werden.

4.8.2 Berechnung des bewerteten Bau-Schalldämm-Maßes

Die Berechnung des bewerteten Bau-Schalldämm-Maßes R'_w des nachzuweisenden Bauteils erfolgt mit den Regeln des Teils 2 der Norm (DIN 4109-2). Zusätzlich ist der Bauteilkatalog (DIN 4109-31 bis -36) zu beachten, der bauteilspezifische Daten und Kennwerte enthält.

Für die resultierende Luftschallübertragung zwischen zwei Räumen werden

- die direkte Schallübertragung über das Trennbauteil (Weg Dd) und
- die Schallübertragung über sämtliche flankierenden Bauteile (Wege Ff, Df und Fd)

berücksichtigt (Abb. 4.44).

Bei der üblichen Übertragungssituation (ein Trennbauteil, vier flankierende Bauteile) ergeben sich somit 13 Übertragungswege, davon 12 Wege über die flankierenden Bauteile, ein Weg über das Trennbauteil. Für jeden Übertragungsweg wird ein Schalldämm-Maß bzw. Flanken-Schalldämm-Maß ermittelt.

Die einzelnen Anteile, die jeweils getrennt berechnet werden, werden zur gesamten Schallübertragung summiert. Es ist zu beachten, dass bei diesem Rechenverfahren nicht

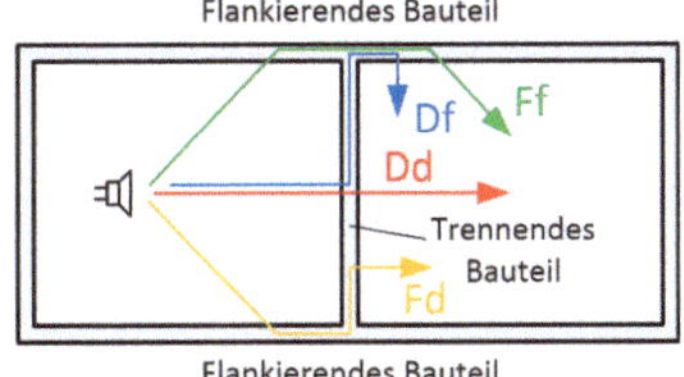

Abb. 4.44 Schallübertragungswege, die bei der Berechnung der Luftschalldämmung zu berücksichtigen sind

alle möglichen Schallübertragungswege berücksichtigt werden, sondern nur diejenigen über die flankierenden Bauteile. Die Übertragung über Nebenwege, z. B. über Lüftungsschächte, Kanäle u. Ä., werden nicht erfasst und müssen ggfs. gesondert berücksichtigt werden.

Das bewertete Bau-Schalldämm-Maß R'_w ergibt sich durch „energetische" Addition aller Anteile mit folgender Gleichung:

$$R'_w = -10 \log \left[10^{-R_{Dd,w}/10} + \sum_{F=f=1}^{n} 10^{-R_{Ff,w}/10} + \sum_{f=1}^{n} 10^{-R_{Df,w}/10} + \sum_{F=1}^{n} 10^{-R_{Fd,w}/10} \right] \quad (4.34)$$

Darin bedeuten:

R'_w	resultierendes bewertetes Bau-Schalldämm-Maß, in dB;
$R_{Dd,w}$	bewertetes Direkt-Schalldämm-Maß des Trennbauteils, in dB;
$R_{Ff,w}$, $R_{Df,w}$, $R_{Fd,w}$	bewertete Flanken-Schalldämm-Maße für die Schallübertragungswege über die flankierenden Bauteile, in dB.

Die Berechnung der Flankenschalldämm-Maße (auch Flankendämm-Maße genannt) in Gl. (4.34) gestaltet sich je nach Bauweise aufgrund der verschiedenen Konstruktionen unterschiedlich. Es werden folgende Bauweisen unterschieden Abb. 4.45):

- Massivbau,
- Leicht-, Holz- und Trockenbau,
- Skelettbau und Mischbauweisen,
- Gebäude mit zweischaliger massiver Haustrennwand bei Doppel- und Reihenhäusern.

Massivbau

Bei Gebäuden in Massivbauweise (Mauerwerk und Stahlbeton) ergeben sich die Flankenschalldämm-Maße aus dem Anteil der Direkt-Schalldämmung und den Stoßstelldämm-Maßen für die verschiedenen Übertragungswege. Alle Anteile werden aufsummiert und ergeben das bewertete Bau-Schalldämm-Maß.

Siehe 4.8.3.

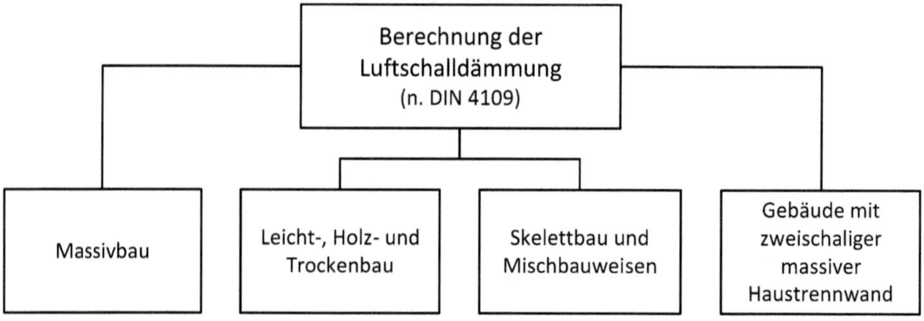

Abb. 4.45 Verfahren für die Berechnung der Luftschalldämmung für verschiedene Bauweisen

Gebäude mit zweischaliger massiver Haustrennwand

Für die Berechnung der Luftschalldämmung von zweischaligen massiven Haustrennwänden ergibt sich das bewertete Bau-Schalldämm-Maß aus der flächenbezogene Masse beider Schalen zuzüglich eines Zweischaligkeitszuschlags. Der Einfluss flankierender Bauteile wird durch eine Korrektur erfasst, wobei die Lage des Übertragungsweges sowie die Ausbildung von Bodenplatte und Kelleraußenwänden eine Rolle spielt.

Siehe 4.8.4.

Leicht-, Holz- und Trockenbau

Beim Leicht-, Holz- und Trockenbau werden die Flankenschalldämm-Maße pauschal erfasst, indem die bewertete Flankenschallpegeldifferenz $D_{n,f,w}$ für den jeweiligen Übertragungsweg ermittelt wird.

Siehe 4.8.5.

Skelettbau

Beim Skelettbau sowie bei Mischbauweisen werden die Flankenschalldämm-Maße von massiven Bauteilen wie beim Massivbau aus Direktschall- und Stoßstellendämmung ermittelt. Bei der Flankenübertragung von Leichtbauteilen analog zum Verfahren beim Leicht-, Holz- und Trockenbau vorgegangen.

Siehe 4.8.6.

Beispiel

Für eine Wohnungstrennwand in einem Gebäude in Massivbauweise soll das bewertete Bau-Schalldämm-Maß R'_w nach Gl. (4.34) ermittelt und der Nachweis n. Gl. (4.33) (Mindest-Anforderungen nach DIN 4109-1) geführt werden. Die Wohnungstrennwand grenzt an beiden Seiten jeweils an massive Innenwände (flankierende Bauteile 1 und 3), oben an eine massive Decke (flankierendes Bauteil 2) und unten an den Fußboden (massive Decke), d. h. es sind insgesamt 13 Schallübertragungswege zu berücksichtigen.

Gegeben:

Direkt-Schalldämm-Maß des Trennbauteils: $R_{Dd,w} = 61{,}0$ dB

Flankendämm-Maße für Übertragungswege über die seitlichen Innenwände (Bauteile 1 und 3) (Hinweis: die Innenwände sind baugleich):

Wand (1): $R_{11,w} = 69{,}0$ dB; $R_{1d,w} = 66{,}0$ dB; $R_{D1,w} = 66{,}0$ dB

Wand (3): $R_{33,w} = 69{,}0$ dB; $R_{3d,w} = 66{,}0$ dB; $R_{D3,w} = 66{,}0$ dB

Flankendämm-Maße für den Übertragungsweg über die Decke (Bauteil 2):

Decke (2): $R_{22,w} = 71{,}0$ dB; $R_{2d,w} = 67{,}0$ dB; $R_{D2,w} = 67{,}0$ dB

Flankendämm-Maße für den Übertragungsweg über den Fußboden (Bauteil 4):

Fußboden (4): $R_{44,w} = 79{,}0$ dB; $R_{4d,w} = 75{,}0$ dB; $R_{D4,w} = 75{,}0$ dB

Insgesamt werden 13 Schallübertragungswege (ein Weg über das Trennbauteil und 12 Wege über die flankierenden Bauteile) berücksichtigt.

Nach Gl. (4.34) berechnet sich das bewertete Bau-Schalldämm-Maß für die Wohnungstrennwand zu:

$$R'_{\mathrm{w}} = -10\log\left[10^{-R_{\mathrm{Dd,w}}/10} + \sum_{F=f=1}^{n} 10^{-R_{\mathrm{Ff,w}}/10} + \sum_{f=1}^{n} 10^{-R_{\mathrm{Df,w}}/10} + \sum_{F=1}^{n} 10^{-R_{\mathrm{Fd,w}}/10}\right]$$

$$= -10\log\begin{bmatrix} 10^{-R_{\mathrm{Dd,w}}/10} \\ +10^{-R_{11,\mathrm{w}}/10} + 10^{-R_{33,\mathrm{w}}/10} + 10^{-R_{22,\mathrm{w}}/10} + 10^{-R_{44,\mathrm{w}}/10} \\ +10^{-R_{\mathrm{D1,w}}/10} + 10^{-R_{\mathrm{D3,w}}/10} + 10^{-R_{\mathrm{D2,w}}/10} + 10^{-R_{\mathrm{D4,w}}/10} \\ +10^{-R_{\mathrm{1d,w}}/10} + 10^{-R_{\mathrm{3d,w}}/10} + 10^{-R_{\mathrm{2d,w}}/10} + 10^{-R_{\mathrm{4d,w}}/10} \end{bmatrix}$$

$$= -10\log\begin{bmatrix} 10^{-61,0/10} \\ +10^{-69,0/10} + 10^{-69,0/10} + 10^{-71,0/10} + 10^{-79,0/10} \\ +10^{-66,0/10} + 10^{-66,0/10} + 10^{-67,0/10} + 10^{-75,0/10} \\ +10^{-66,0/10} + 10^{-66,0/10} + 10^{-67,0/10} + 10^{-75,0/10} \end{bmatrix}$$

$$= 55{,}8 \text{ dB}$$

Anforderungswert nach DIN 4109-1 (Mindest-Anforderungen n. Tab. 4.9) für Wohnungstrennwände:

$$\text{erf.}\, R'_{\mathrm{w}} = 53 \text{ dB}$$

Nachweis n. Gl. (4.33):

$$R'_{\mathrm{w}} - u_{\mathrm{prog}} = 55{,}8 - 2 = 53{,}8 > \text{erf.}\, R'_{\mathrm{w}} = 53 \text{ dB}$$

Hinweis: Auf das berechnete bewertete Bau-Schalldämm-Maß des nachzuweisenden Bauteils (hier Wohnungstrennwand) ist ein Sicherheitsabschlag in Höhe von 2 dB anzusetzen.

Der Nachweis (Mindest-Anforderungen) ist erfüllt. Die erhöhten Anforderungen nach DIN 4109-5 werden jedoch nicht eingehalten, da für das bewertete Bau-Schalldämm-Maß ein Wert von $R'_{\mathrm{w}} = 56$ dB gefordert wird (Tab. 4.21). ◄

4.8.3 Luftschalldämmung im Massivbau

Die Berechnung des bewerteten Bau-Schalldämm-Maßes erfolgt nach Gl. (4.34). Die darin enthaltenen Größen für die

- Direktschalldämmung $R_{\mathrm{Dd,w}}$ und
- Flankenschalldämmung ($R_{\mathrm{Ff,w}}$, $R_{\mathrm{Df,w}}$ und $R_{\mathrm{Fd,w}}$)

werden mit den nachfolgend angegebenen Verfahren ermittelt.

4.8.3.1 Direktschalldämmung

Das bewertete Direkt-Schalldämm-Maß $R_{\mathrm{Dd,w}}$ für die direkte Schallübertragung über das massive Trennbauteil berechnet sich mit folgender Gleichung:

$$R_{\mathrm{Dd,w}} = R_{\mathrm{s,w}} + \Delta R_{\mathrm{Dd,w}} \tag{4.35}$$

Darin bedeuten:

$R_{\mathrm{Dd,w}}$ bewertetes Direkt-Schalldämm-Maß für den direkten Schallübertragungsweg, in dB;

$R_{\mathrm{s,w}}$ bewertetes Schalldämm-Maß des massiven Trennbauteils, in dB;

$\Delta R_{\mathrm{Dd,w}}$ gesamte bewertete Verbesserung des Schalldämm-Maßes durch zusätzlich angebrachte Vorsatzkonstruktionen auf der Sende- und/oder Empfangsseite des Trennbauteils, in dB.

Vorsatzkonstruktionen sind Bauteile, die vor dem eigentlichen Bauteil (hier: Trennbauteil) angeordnet werden und mit diesem schalltechnisch nicht homogen verbunden, sondern von diesem entkoppelt sind. Trennbauteil und Vorsatzkonstruktion bilden schalltechnisch ein zweischaliges Bauteil. Vorsatzkonstruktionen können z. B. aus Bekleidungen aus Gipsbauplatten, Gipskartonplatten, Holzwerkstoffplatten (bei Wänden) bestehen oder als schwimmende Estriche (bei Decken) ausgeführt werden (Abb. 4.46).

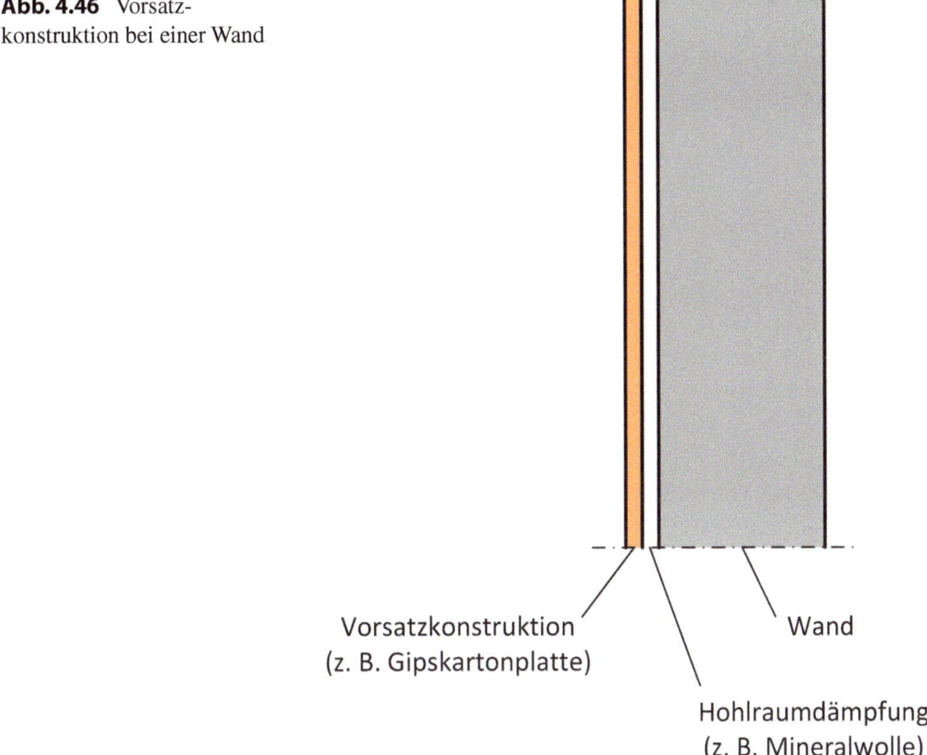

Abb. 4.46 Vorsatzkonstruktion bei einer Wand

Vorsatzkonstruktionen verbessern die Luftschalldämmung zum Teil erheblich (Verbesserung des Schalldämm-Maßes). Für die rechnerische Ermittlung der Verbesserung durch eine Vorsatzkonstruktion siehe Abschn. 4.10.

4.8.3.2 Flankenschalldämmung

Allgemeines

Bei massiven Bauteilen hängt das Flankenschalldämm-Maß $R_{ij,w}$ von den Schalldämm-Maßen der Bauteile im Übertragungsweg vom Bauteil im Empfangsraum (i) auf das Bauteil im Senderaum (j) sowie von den akustischen Eigenschaften der Bauteilverbindungen (Stoßstellen) ab.

Die akustischen Eigenschaften der Bauteilverbindungen werden durch das Stoßstellendämm-Maß K_{ij} ausgedrückt.

Weiterhin verbessern Vorsatzkonstruktionen, die im Bereich der flankierenden Bauteile raumseitig angebracht sind, die Schalldämmung im Übertragungsweg über die flankierenden Bauteile. Dies wird durch den Ansatz einer Verbesserung des Schalldämm-Maßes $\Delta R_{ij,w}$ berücksichtigt.

Schließlich wird die Schalldämmung auch von der gemeinsamen Kopplungslänge der miteinander verbundenen Bauteile sowie von der Fläche des Trennbauteils beeinflusst.

Bewertetes Flankendämm-Maß

Für massive Bauteile berechnet sich das bewertete Flankendämm-Maß $R_{ij,w}$ für den Schallübertragungsweg vom Bauteil (i) (Senderaum) auf das Bauteil (j) (Empfangsraum) mit folgender Gleichung:

$$R_{ij,w} = \frac{R_{i,w}}{2} + \frac{R_{j,w}}{2} + \Delta R_{ij,w} + K_{ij} + 10 \log\left(\frac{S_S}{l_0 \cdot l_f}\right) \qquad (4.36)$$

Darin bedeuten:

$R_{ij,w}$ bewertetes Flankendämm-Maß für den Schallübertragungsweg vom Bauteil (i) auf das Bauteil (j), in dB;

$R_{i,w}$ bewertetes Schalldämm-Maß des flankierenden massiven Bauteils im Senderaum, in dB;

$R_{j,w}$ bewertetes Schalldämm-Maß des flankierenden massiven Bauteils im Empfangsraum, in dB;

$\Delta R_{ij,w}$ gesamte bewertete Verbesserung des Schalldämm-Maßes durch zusätzlich angebrachte Vorsatzkonstruktionen auf dem Sendebauteil (i) und/oder Empfangsbauteil (j) des betrachteten Übertragungsweges, in dB (Anmerkung: es sind nur die raumseitig angebrachten Vorsatzkonstruktionen zu berücksichtigen; z. B. raumseitige Bekleidungen, nicht jedoch ein außen angebrachtes Wärmedämmverbundsystem (WDVS) bei einer Außenwand);

K_{ij} Stoßstellendämm-Maß auf dem Übertragungsweg ij, in dB;

S_S Fläche des Trennbauteils, die beiden Räumen gemeinsam ist, in m²;
l_f gemeinsame Kopplungslänge der Verbindungsstelle zwischen dem trennenden und dem flankierenden Bauteil, in m;
l_0 Bezugskopplungslänge; $l_0 = 1{,}0$ m.

Stoßstellen

Stoßstellen sind solche Bereiche im Übertragungsweg des Körperschalls, bei denen es aufgrund von Änderungen im Ausbreitungsweg zur Reflexion von Körperschall kommt. Dadurch vermindert sich die Schallübertragung.

Änderungen sind:

- Materialwechsel (auch elastische Zwischenschichten);
- Querschnittsänderungen;
- Bauteilverbindungen.

I. d. R. werden nur Bauteilverbindungen und Querschnittsänderungen (Dickenwechsel) bei der Berechnung der Stoßstellendämm-Maße berücksichtigt. Bauteilverbindungen treten auf als (Abb. 4.47):

- T-Stoß,
- Kreuzstoß und
- L-Stoß (Eckverbindung).

Bei der Berechnung der Schalldämmung im Stoßstellenbereich wird vereinfachend angenommen, dass die Fortsetzung des Bauteils nach der Stoßstelle die gleiche flächenbezogene Masse aufweist wie vor der Stoßstelle. Für abweichende Situationen wird auf die Norm verwiesen.

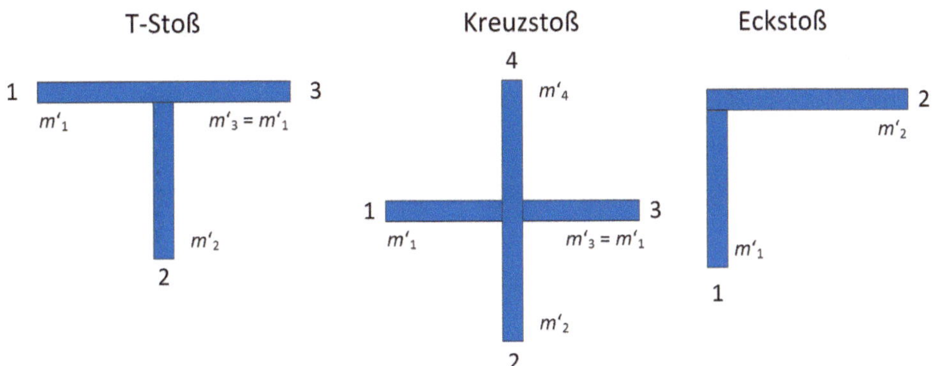

Abb. 4.47 Bauteilverbindungen. (N. DIN 4109-32)

Im Massivbau sind die Bauteilverbindungen i. d. R. starr, d. h. die Bauteile sind biegesteif miteinander verbunden. Auch elastische Verbindungen massiver Bauteile, die durch den Einbau von Zwischenschichten schalltechnisch voneinander entkoppelt sind, sind möglich. Nachfolgend wird nur auf die Behandlung starrer Verbindungen massiver Bauteile eingegangen.

Stoßstellen massiver Bauteile mit starrer Verbindung untereinander

Stoßstellen massiver Bauteile mit starrer (d. h. biegesteifer) Verbindung untereinander sind Bauteilverbindungen aus

- Mauerwerk,
- großformatigen massiven Elementen,
- Gips-Wandbauplatten oder
- Beton.

Das Stoßstellendämm-Maß berechnet sich aus den flächenbezogenen Massen der mit der Stoßstelle verbundenen Bauteile. Für die Berechnung wird die Hilfsgröße M benötigt, die sich mit folgender Gleichung berechnet:

$$M = \log\left(\frac{m'_{\perp i}}{m'_{i}}\right) \tag{4.37}$$

Darin sind:

M Hilfsgröße zur Berechnung des Stoßstellendämm-Maßes (dimensionslos);

m'_{i} flächenbezogene Masse des Bauteils i im Übertragungsweg ij, in kg/m²;

$m'_{\perp i}$ flächenbezogene Masse des anderen die Stoßstelle bildenden Bauteils senkrecht dazu, in kg/m².

Hinweis: Das Stoßstellendämm-Maß K_{ij} kann auch durch Prüfung ermittelt werden, siehe Norm.

Eckstoß

Für einen Eckstoß berechnet sich das Stoßstellendämm-Maß K_{ij} (in dB) zu:

$$K_{12} = 2{,}7 + 2{,}7 \cdot M^2 \tag{4.38}$$

T-Stoß

Für einen T-Stoß berechnet sich das Stoßstellendämm-Maß K_{ij} (in dB) zu:

$$K_{12} = 4{,}7 + 5{,}7 \cdot M^2 \left(= K_{Df} = K_{Fd}\right) \tag{4.39}$$

$$K_{13} = 5{,}7 + 14{,}1 \cdot M + 5{,}7 \cdot M^2 \; (= K_{Ff}) \text{ für } M < 0{,}215 \qquad (4.40)$$
$$K_{13} = 8 + 6{,}8 \cdot M \; (= K_{Ff}) \text{ für } M \geq 0{,}215$$

Kreuzstoß

Für einen Kreuzstoß berechnet sich das Stoßstellendämm-Maß K_{ij} (in dB) zu:

$$K_{12} = 5{,}7 + 15{,}4 \cdot M^2 (= K_{Df} = K_{Fd}) \qquad (4.41)$$

$$K_{13} = 8{,}7 + 17{,}1 \cdot M + 5{,}7 \cdot M^2 \; (= K_{Ff}) \text{ für } M < 0{,}182 \qquad (4.42)$$
$$K_{13} = 9{,}6 + 11 \cdot M \; (= K_{Ff}) \text{ für } M \geq 0{,}182$$

Dickenwechsel

Für einen Dickenwechsel berechnet sich das Stoßstellendämm-Maß K_{ij} (in dB) mit folgender Gleichung:

$$K_{12} = 5M^2 - 5 \qquad (4.43)$$

Mindestwert des Stoßstellendämm-Maßes

Das Stoßstellendämm-Maß K_{ij} muss mindestens folgendem Wert entsprechen:

$$K_{ij,min} = -10 \log \left[l_f \cdot l_0 \left(\frac{1}{S_i} + \frac{1}{S_j} \right) \right] \qquad (4.44)$$

Darin bedeuten:

$K_{ij,min}$ anzusetzender Mindestwert des Stoßstellendämm-Maßes auf dem Übertragungsweg ij, in dB;
l_f gemeinsame Kopplungslänge der Verbindungsstelle zwischen dem trennenden und dem flankierenden Bauteil, in m;
l_0 Bezugskopplungslänge, $l_0 = 1$ m;
S_i Fläche des angeregten Bauteils im Senderaum, in m^2;
S_j Fläche des abstrahlenden Bauteils im Empfangsraum, in m^2.

Beispiel

Für einen T-Stoß sollen die Stoßstellendämm-Maße für die Übertragungswege 13 (= Ff) und 23 (= Df) berechnet werden (Abb. 4.48).

Gegeben:

a) Übertragungsweg 13 (Ff):
Flächenbezogene Masse des angeregten Bauteils im Übertragungsweg (Senderaum) (Außenwand – Nr. 1):

$$m' = 250 \text{ kg/m}^2$$

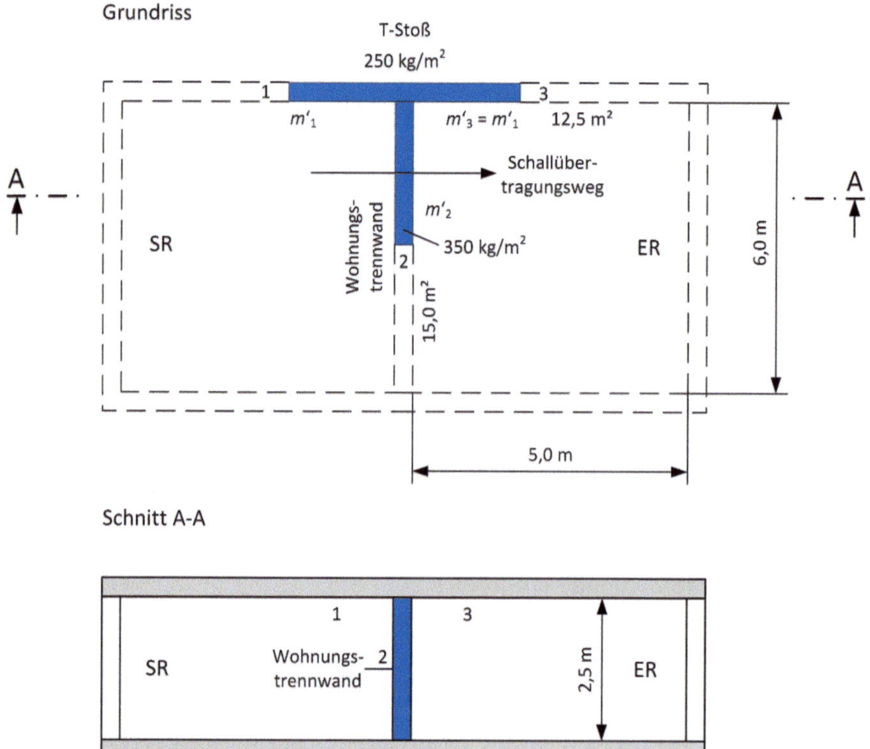

Abb. 4.48 Beispiel – Stoßstellendämm-Maß

Flächenbezogene Masse des anderen die Stoßstelle bildenden, senkrecht dazu angeordneten Bauteils (Trennwand – Nr. 2):

$$m'_{\perp} = 350 \text{ kg/m}^2$$

Hilfsgröße M: $M = \log(m'\perp/m') = \log(350/250) = 0{,}146$ Gemeinsame Kopplungslänge zwischen dem trennenden (Nr. 2) und dem flankierenden Bauteil (Nr. 1):

$$l_{\mathrm{f}} = 2{,}5 \text{ m}$$

Fläche des angeregten Bauteils (Nr. 1) im Senderaum (Tiefe = 4,0 m, Höhe = 2,5 m):

$$S_1 = 4{,}0 \times 2{,}5 = 10{,}0 \text{ m}^2$$

Flächen des abstrahlenden Bauteils (Nr. 3) im Empfangsraum (Breite = 5,0 m, Höhe = 2,5 m):

$$S_3 = 5,0 \times 2,5 = 12,5 \text{ m}^2$$

Stoßstellendämm-Maß K_{13} (= K_{Ff}) für T-Stoß:

$$K_{13} = 5,7 + 14,1 \cdot M + 5,7 \cdot M^2 \quad \text{für } M = 0,146 < 0,215$$
$$K_{13} = 5,7 + 14,1 \cdot 0,146 + 5,7 \cdot 0,146^2 = 7,9 \text{ dB}$$

Mindestwerte des Stoßstellendämm-Maßes:
Weg 13 (d. h. nur über die flankierenden Bauteile):

$$K_{13,\min} = -10\log\left[l_f \cdot l_0\left(\frac{1}{S_1} + \frac{1}{S_3}\right)\right] = -10\log\left[2,5 \cdot 1,0\left(\frac{1}{10,0} + \frac{1}{12,5}\right)\right] = 3,4 \text{ dB}$$

Maßgebend ist:

$$K_{13} = K_{Ff} == 7,9\,\text{dB}\left(> K_{13,\min} = 3,4\,\text{dB}\right)$$

b) Übertragungsweg 23 (Df):
Flächenbezogene Masse des angeregten Bauteils im Übertragungsweg (Senderaum) (Trennwand – Nr. 2):

$$m'_1 = m'_2 = 350 \text{ kg/m}^2$$

Flächenbezogene Masse des anderen die Stoßstelle bildenden, senkrecht dazu angeordneten Bauteils (Außenwand – Nr. 1 bzw. 3):

$$m'_{\perp,i} = m'_{1,3} = 250 \text{ kg/m}^2$$

Hilfsgröße M:

$$M = \log\left(\frac{m'_{\perp,i}}{m'_i}\right) = \log\left(\frac{m'_1}{m'_2}\right) = \log\left(\frac{250}{350}\right) = -1,461$$

Gemeinsame Kopplungslänge zwischen den Bauteilen Nr. 2 und Nr. 3:

$$l_f = 2,5 \text{ m}$$

Fläche des angeregten Bauteils (Nr. 2) im Senderaum (Breite = 6,0 m, Höhe = 2,5 m):

$$S_2 = 6,0 \times 2,5 = 15,0 \text{ m}^2$$

Fläche des abstrahlenden Bauteils im Empfangsraum (Nr. 2) (Breite = 5,0 m, Höhe = 2,5 m):

$$S_3 = 5{,}0 \times 2{,}5 = 12{,}5\ \text{m}^2$$

Stoßstellendämm-Maß K_{23} (= K_{Df}):

$$K_{23} = K_{Df} = 4{,}7 + 5{,}7 \cdot M^2 = 4{,}7 + 5{,}7 \cdot (-1{,}461)^2 = 16{,}9\,\text{dB}$$

Mindestwerte des Stoßstellendämm-Maßes:

$$K_{23,\min} = -10\log\left[l_f \cdot l_0\left(\frac{1}{S_2}+\frac{1}{S_3}\right)\right] = -10\log\left[2{,}5 \cdot 1{,}0\left(\frac{1}{15{,}0}+\frac{1}{12{,}5}\right)\right] = 4{,}4\ \text{dB}$$

Maßgebend ist:

$$K_{23} = K_{Df} = 16{,}9\,\text{dB}\left(> K_{23,\min} = 4{,}4\,\text{dB}\right)$$ ◀

4.8.3.3 Massive einschalige Wände

Massive einschalige Wände im Sinne des rechnerischen Nachweises der Luftschalldämmung nach DIN 4109 (Schallschutz im Hochbau) sind Wände aus

- Mauerwerk,
- Beton,
- Gips,
- großformatigen Wandtafeln (aus Mauerwerk, Beton, Leichtbeton, Porenbeton) oder
- anderen mineralischen Baustoffen,

die aus einer Schale bestehen und homogen aufgebaut sind.

Wände, die aus mehreren Schichten bestehen, können wie einschalige homogene Wände behandelt werden, wenn die Steifigkeit der einzelnen Schichten so hoch ist, dass die tiefste Resonanzfrequenz f_0 des entstehenden Feder-Masse-Systems (Abb. 4.49) möglichst nicht wesentlich höher als 100 Hz liegt (d. h. $f_0 \leq 100$ Hz).

Für eine Konstruktion (Wand oder Decke), die aus drei Schichten besteht, kann diese Randbedingung mit folgender Gleichung überprüft werden.

$$f_0 = 160\sqrt{s'\left(\frac{1}{m'_1}+\frac{1}{m'_2}\right)} \leq 100\ \text{Hz} \tag{4.44}$$

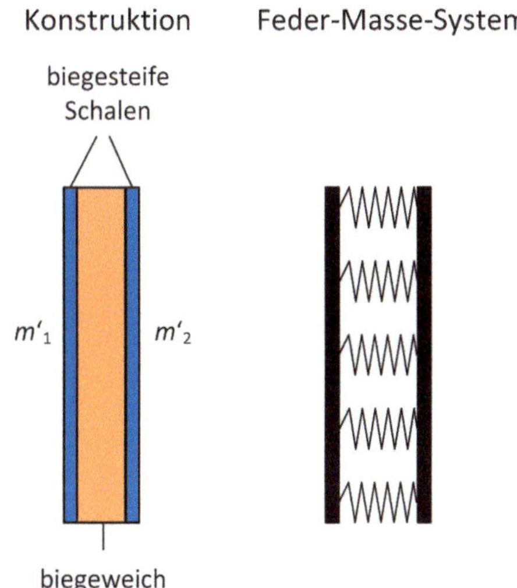

Abb. 4.49 Feder-Masse-System

Darin bedeuten:

f_0	Resonanzfrequenz der aus drei Schichten bestehenden Konstruktion, in Hz;
s'	dynamische Steifigkeit der mittleren Schicht (n. DIN EN 29052-1), in MN/m^3;
m'_1 und m'_2	flächenbezogene Massen der äußeren Schichten, in kg/m^2.

Ist die Bedingung nach Gl. (4.44) nicht erfüllt, ist das Bauteil als zweischalige Konstruktion zu betrachten (zwei Außenschalen, eine Innenschale). Bei zweischaligen Bauteilen hängt die Luftschalldämmung nicht allein von der flächenbezogenen Masse ab, sondern wird zusätzlich von Steifigkeit der Schalen sowie vom Schalenabstand bestimmt (Abb. 4.50).

Beispielsweise gelten zweischalige Haustrennwände, Wände aus zweischaligem Mauerwerk sowie Wände mit Vorsatzkonstruktionen als zweischalig.

Beispiele

a) Decke mit schwimmendem Estrich:

Für eine Decke mit schwimmendem Estrich soll die Resonanzfrequenz berechnet werden und überprüft werden, ob ein einschaliges Bauteil vorliegt (Abb. 4.51).

Aufbau:

(a) Rohdecke aus Stahlbeton: Dicke $d_1 = 20$ cm, Rohdichte $\rho_1 = 2400\ kg/m^3$
(b) Trittschalldämmplatten mit einer dynamischen Steifigkeit von $s' = 15\ MN/m^3$ (Hinweis: dynamische Steifigkeit nach DIN EN 29052-1)
(c) Estrichplatte aus Zementestrich: Dicke $d_2 = 4$ cm, Rohdichte $\rho_2 = 2350\ kg/m^3$

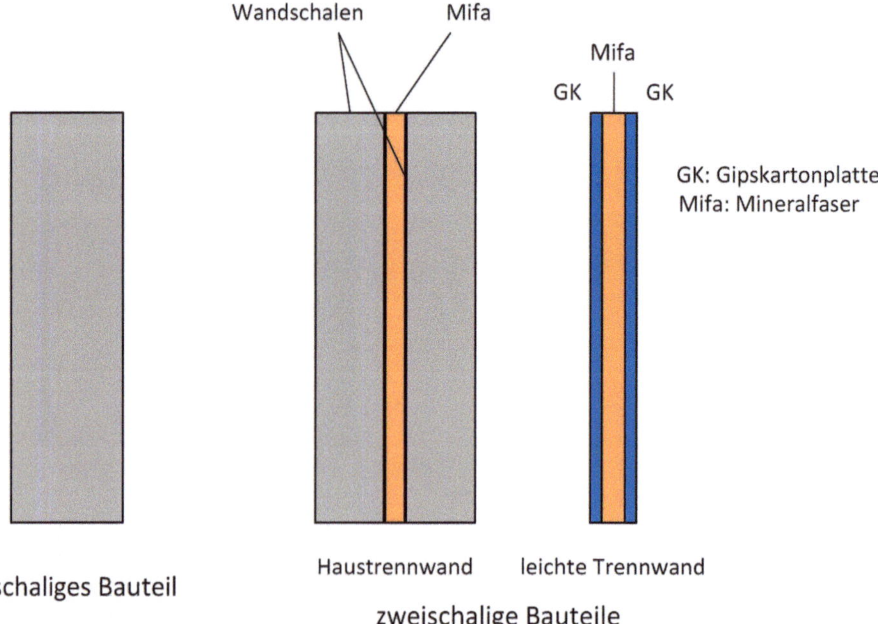

Abb. 4.50 Einschalige und zweischalige Bauteile

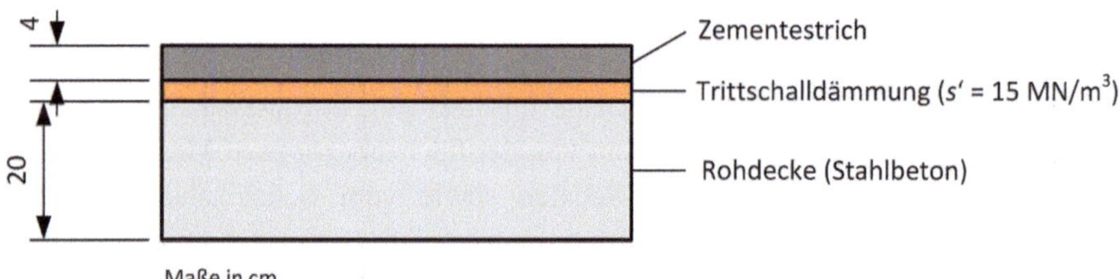

Abb. 4.51 Beispiel – Resonanzfrequenz für eine Stahlbetondecke mit schwimmendem Estrich

Flächenbezogene Massen:

Stahlbetondecke: $m'_1 = d_1 \times \rho_1 = 0{,}20 \times 2400 = 480\ \text{kg/m}^2$

Estrichplatte: $m'_2 = d_2 \times \rho_2 = 0{,}04 \times 2350 = 94\ \text{kg/m}^2$

Resonanzfrequenz:

$$f_0 = 160\sqrt{s'\left(\frac{1}{m'_1} + \frac{1}{m'_2}\right)}$$

$$= 160\sqrt{15 \cdot \left(\frac{1}{480} + \frac{1}{94}\right)}$$

$$= 69{,}9 < 100\ \text{Hz}$$

Die Decke kann schalltechnisch wie ein einschaliges Bauteil behandelt werden, d. h. es gelten die Regeln für einschalige Bauteile.

b) Für eine leichte Trennwand soll überprüft werden, ob schalltechnisch ein einschaliges oder ein zweischaliges Bauteil vorliegt.

Aufbau:

(a) Gipsplatte, $d = 12{,}5$ mm, $\rho = 900$ kg/m³
(b) Mineralfaserdämmstoff, $d = 100$ mm, $s' = 5$ MN/m³
(c) Gipsplatte, $d = 12{,}5$ mm, $\rho = 900$ kg/m³

Flächenbezogene Masse der Schichten Nr. (a) und (c): $m'_{1,2} = 0{,}0125 \times 900 = 11{,}25$ kg/m²
Resonanzfrequenz:

$$f_0 = 160\sqrt{s'\left(\frac{1}{m'_1}+\frac{1}{m'_2}\right)}$$
$$= 160\sqrt{5\cdot\left(\frac{1}{11{,}25}+\frac{1}{11{,}25}\right)}$$
$$= 150{,}8 > 100 \text{ Hz}$$

Die Resonanzfrequenz ist größer als 100 Hz. Die leichte Trennwand ist daher schalltechnisch wie ein zweischaliges Bauteil zu behandeln. ◄

4.8.3.4 Flächenbezogene Masse für einschalige Wände

Das Schalldämm-Maß von einschaligen Wänden hängt im Wesentlichen von der flächenbezogenen Masse m' ab. Für die Nachweisführung nach DIN 4109 wird das Schalldämm-Maß daher nur in Abhängigkeit von der flächenbezogenen Masse bestimmt, andere Einflussparameter werden nicht berücksichtigt. Dies gilt sowohl für das Schalldämm-Maß des trennenden Bauteils ($R_{s,w}$) als auch für die Flankendämm-Maße der flankierenden Bauteile ($R_{i,w}$ bzw. $R_{j,w}$).

Die flächenbezogene Masse plattenförmiger homogener einschaliger Bauteile (z. B. aus Beton, Leichtbeton, Porenbeton, Gips, Mauerwerk und Fertigteile) ist von der Dicke des Bauteils und der Rohdichte des Baustoffs abhängig. Die flächenbezogene Masse m' berechnet sich mit folgender Gleichung:

$$m' = d \cdot \rho \qquad (4.45)$$

Darin bedeuten:
m' flächenbezogene Masse, in kg/m²;
d Dicke des Bauteils, in m;
ρ Rohdichte des Baustoffes, in kg/m³.

Für die Rohdichte ρ dürfen nur Rechenwerte der DIN 4109 verwendet werden, nicht jedoch Werte aus Normen für Lastannahmen (wie z. B. aus dem Eurocode 1 bzw. der DIN EN 1991 oder anderen Regelwerken).

Entsprechende Rechenwerte der Rohdichte sind für ausgewählte Baustoffe in den nachfolgenden Abschnitten zusammengestellt. Für Rohdichten von nicht hier aufgeführten Baustoffen wird auf die Norm verwiesen.

Rohdichten von Mauerwerk und Beton
Werte für Rohdichten von Mauerwerk und Beton befinden sich in Tab. 4.39.

Putzschichten
Putzschichten werden durch eine Erhöhung der flächenbezogenen Masse berücksichtigt. Es gilt:

$$m'_{\text{ges}} = m'_{\text{Wand}} + m'_{\text{Putz,ges}} \tag{4.46}$$

Darin sind:

m'_{ges} flächenbezogene Masse des verputzten Bauteils, in kg/m²;
m'_{Wand} flächenbezogene Masse des unverputzten Bauteils, in kg/m²;
$m'_{\text{Putz,ges}}$ flächenbezogene Masse der Putzschichten, in kg/m².

Die flächenbezogene Masse einer Putzschicht m'_{Putz} ergibt sich in Abhängigkeit von der Dicke und der Rohdichte des Putzes mit folgender Gleichung:

$$m'_{\text{Putz}} = \rho_{\text{Putz}} \cdot d_{\text{Putz}} \tag{4.47}$$

Tab. 4.39 Rohdichten für Mauerwerk und Beton. (Auswahl, n. DIN 4109-32, 4.1.4.1.2)

Mauerwerk	
Mauerwerk mit Normalmörtel	$\rho_W = 900 \times \text{RDK} + 100$ in kg/m³ für (2,2 ≥ RDK ≥ 0,35)
Mauerwerk mit Leichtmörtel	$\rho_W = 900 \times \text{RDK} + 50$ in kg/m³ für 1,0 ≥ RDK ≥ 0,35
Mauerwerk mit Dünnbettmörtel	$\rho_W = 1000 \times \text{RDK} - 100$ in kg/m³ für RDK ≥ 1,0
	$\rho_W = 1000 \times \text{RDK} - 50$ in kg/m³ für Klassenbreite der RDK 100 kg/m³ und RDK ≤ 1,0
	$\rho_W = 1000 \times \text{RDK} - 25$ in kg/m³ für Klassenbreite der RDK 50 kg/m³ und RDK ≤ 1,0
Betonbauteile	
fugenlose Wände und Wände aus geschosshohen Platten/Betonfertigteilen bei unbewehrtem Normalbeton	$\rho = 2350$ kg/m³
bewehrte Bauteile aus Beton	$\rho = 2400$ kg/m³
RDK: Rohdichteklasse	

Tab. 4.40 Rechenwerte der Rohdichte für Putzschichten. (N. DIN 4109-32, 4.1.4.1.5)

Putzart	Rechenwert der Rohdichte ρ_{Putz} kg/m³
Gips- u. Dünnlagenputze	1000
Kalk- u. Kalkzementputze	1600
Leichtputze	900
Wärmedämmputze	250

Darin bedeuten:

m'_{Putz} flächenbezogene Masse einer Putzschicht, in kg/m²;

d_{Putz} Nenndicke einer Putzschicht, in m;

ρ_{Putz} Rechenwert der Rohdichte der Putzschicht, in kg/m³.

Als Rechenwerte der Rohdichte für Putzschichten sind die Werte in Tab. 4.40 anzunehmen.

Beispiel

Für eine Außenwand ist die flächenbezogene Masse zu berechnen (Abb. 4.52). Aufbau (von innen nach außen):

Gipsputz, $d = 1{,}5$ cm

Mauerwerk aus Kalksandsteinen mit Normalmörtel ausgeführt, Rohdichteklasse 1,2 (RDK = 1,2), $d = 24$ cm

Kalkzementputz, $d = 1{,}5$ cm

Rohdichte des Mauerwerks:

$$\rho_W = 900 \times \text{RDK} + 100 = 900 \times 1{,}2 + 100 = 1180 \ \text{kg/m}^3$$

Flächenbezogene Masse der Wand:

$$m'_{\text{Wand}} = d \times \rho_W = 0{,}24 \times 1180 = 283{,}2 \ \text{kg/m}^2$$

Putzschichten:

Gipsputz (innen): $d_1 = 1{,}5$ cm $= 0{,}015$ m, $\rho_{Putz,1} = 1000$ kg/m³

$$m'_{\text{Putz},1} = d_1 \times \rho_{\text{Putz},1} = 0{,}015 \times 1000 = 15 \ \text{kg/m}^2$$

Kalkzementputz (außen): $d_2 = 1{,}5$ cm $= 0{,}015$ m, $\rho_{Putz,2} = 1600$ kg/m³

$$m'_{\text{Putz},2} = d_2 \times \rho_{\text{Putz},2} = 0{,}015 \times 1600 = 24 \ \text{kg/m}^2$$

Gesamte flächenbezogene Masse der Wand:

$$m'_{\text{ges}} = m'_{\text{Wand}} + m'_{\text{Putz,ges}} = 283{,}2 + (15 + 24) = 322{,}2 \ \text{kg/m}^2$$ ◄

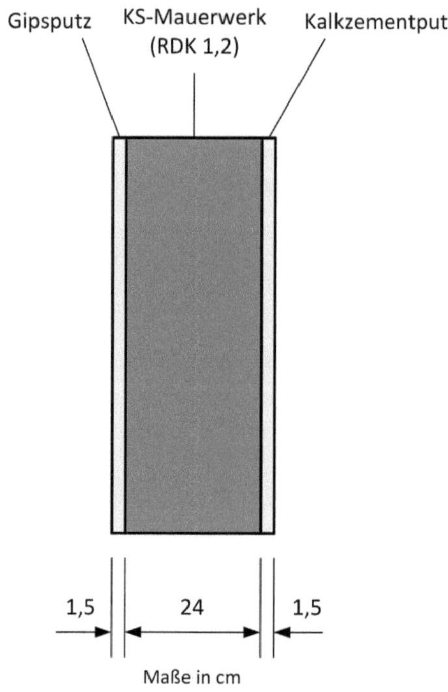

Abb. 4.52 Beispiel – flächenbezogene Masse einer Wand

Tab. 4.41 Bewertetes Schalldämm-Maß für einschalige homogene Bauteile. (Auswahl n. DIN 4109-32, 4.1.4.2)

Baustoff	Bewertetes Schalldämm-Maß dB	Bemerkung
Beton Betonsteine Kalksandstein Mauerziegel	$R_w = 30{,}9 \log(m'_{ges}/m'_0) - 22{,}2$	$65 < m'_{ges} < 720$ kg/m²
Leichtbeton	$R_w = 30{,}9 \log(m'_{ges}/m'_0) - 20{,}2$	$140 < m'_{ges} < 480$ kg/m²
Porenbeton	$R_w = 32{,}6 \log(m'_{ges}/m'_0) - 22{,}5$	$50 \leq m'_{ges} < 150$ kg/m²
	$R_w = 26{,}1 \log(m'_{ges}/m'_0) - 8{,}4$	$150 \leq m'_{ges} \leq 300$ kg/m²

Darin bedeuten:
R_w bewertetes Schalldämm-Maß des einschaligen homogenen Bauteils, in dB;
m'_{ges} flächenbezogene Masse des verwendeten Baustoffes, in kg/m²;
m'_0 Bezugsgröße, $m'_0 = 1$ kg/m² (Hinweis: Die Bezugsgröße dient nur zur Bildung eines dimensionslosen Wertes m'_{ges}/m'_0, damit hieraus der Logarithmus (log) ermittelt werden kann)

4.8.3.5 Bewertetes Schalldämm-Maß für homogene einschalige Bauteile

Das bewertete Schalldämm-Maß für homogene einschalige Bauteile berechnet sich in Abhängigkeit von der flächenbezogenen Masse m'_{ges}, wobei sich unterschiedliche Berechnungsformeln für die verschiedenen Baustoffe ergeben. Für ausgewählte Baustoffe sind die entsprechenden Formeln in Tab. 4.41 angegeben.

Tabellierte Werte für das bewertete Schalldämm-Maß

Berechnete Werte für das bewertete Schalldämm-Maß R_w für homogene einschalige Bauteile in Abhängigkeit von der flächenbezogenen Masse m' sind für verschiedene Baustoffe (Beton, Kalksandstein, Mauerziegel, Leichtbeton und Porenbeton) in Tab. 4.42 angegeben.

Tab. 4.42 Bewertetes Schalldämm-Maß R_w für homogene einschalige Bauteile (eigene Berechnung)

Bewertetes Schalldämm-Maß R_w			
Flächenbezogene Masse	Beton	Leichtbeton	Porenbeton
m'	Kalksandstein		
kg/m²	Mauerziegel		
50			32,9
55			34,2
60			35,5
65	33,8		36,6
70	34,8		37,7
80	36,6		39,5
90	38,2		41,2
100	39,6		42,7
110	40,9		44,0
120	42,0		45,3
130	43,1		46,4
140	44,1	46,1	47,5
150	45,0	47,0	48,4
160	45,9	47,9	49,1
170	46,7	48,7	49,8
180	47,5	49,5	50,5
190	48,2	50,2	51,1
200	48,9	50,9	51,7
210	49,6	51,6	52,2
220	50,2	52,2	52,7
230	50,8	52,8	53,2
240	51,3	53,3	53,7
250	51,9	53,9	54,2
260	52,4	54,4	54,6
270	52,9	54,9	55,1
280	53,4	55,4	55,5
290	53,9	55,9	55,9
300	54,3	56,3	56,3
310	54,8	56,8	
320	55,2	57,2	
330	55,6	57,6	
340	56,0	58,0	

(Fortsetzung)

Tab. 4.42 (Fortsetzung)

Bewertetes Schalldämm-Maß R_w			
Flächenbezogene Masse	Beton	Leichtbeton	Porenbeton
m'	Kalksandstein		
kg/m²	Mauerziegel		
350	56,4	58,4	
360	56,8	58,8	
370	57,2	59,2	
380	57,5	59,5	
390	57,9	59,9	
400	58,2	60,2	
410	58,5	60,5	
420	58,9	60,9	
430	59,2	61,2	
440	59,5	61,5	
450	59,8	61,8	
460	60,1	62,1	
470	60,4	62,4	
480	60,7	62,7	
490	60,9		
500	61,2		
550	62,5		
600	63,6		
650	64,7		
700	65,7		
710	65,9		
720	66,1		

Beispiel

Für die beidseitig verputzte Wand aus Kalksandstein-Mauerwerk mit einer gesamten flächenbezogenen Masse von m'_{ges} = 322,2 kg/m² (s. voriges Beispiel) soll das bewertete Schalldämm-Maß R_w berechnet werden.

a) Berechnung:
Nach Tab. 4.41 ergibt sich:

$$R_w = 30{,}9\ \log\left(m'_{ges} / m'_0\right) - 22{,}2 = 30{,}9\ \log\left(322{,}2/1{,}0\right) - 22{,}2 = 55{,}3\ \text{dB}$$

b) Ermittlung durch Ablesen aus Tabelle:
Alternativ zur Berechnung kann das bewertete Schalldämm-Maß auch aus Tab. 4.42 abgelesen werden. Als Eingangswert wird die flächenbezogene Masse (Summe aus

den Anteilen der Wand und Putzschichten) benötigt. Für $m'_{ges} = 322 \approx 320$ kg/m² ergibt sich aus Tab. 4.42:

$$R_w = 55{,}2 \text{ dB}$$

Das bewertete Schalldämm-Maß für die Wand allein (Direkt-Schalldämm-Maß), d. h. ohne Berücksichtigung des Einflusses der flankierenden Bauteile, ergibt sich zu $R_w = R_{Dd,w} = 55{,}3$ dB (berechneter Wert) bzw. 55,2 dB (Ablesewert aus Tab. 4.42). ◀

Spektrumanpassungswerte

Für einschalige homogene Bauteile können – falls erforderlich – die folgenden Spektrumanpassungswerte verwendet werden. Sie betragen:

$C = -1{,}6$ dB für die Luftschalldämmung und
$C_{tr} = -4{,}6$ dB für die Luftschalldämmung von Außenbauteilen gegen Verkehrslärm (Straßenverkehr).

Mit Hilfe der Spektrumsanpassungswerte kann das bewertete Schalldämm-Maß von Bauteilen R_w korrigiert werden, um typische Merkmale bestimmter Schallspektren (z. B. Lärm in Wohnungen, Verkehrslärm) besser berücksichtigen zu können. Das modifizierte bewertete Schalldämm-Maß ergibt sich mit folgender Gleichung:

$$R_{w,mod} = R_w + C \quad (4.48)$$
$$R_{w,mod} = R_w + C_{tr}$$

4.8.3.6 Einschalige entkoppelte Wände

Einschalige entkoppelte Wände bestehen aus einer Schale in Massivbauweise (Mauerwerk, Beton u. ä. Baustoffe), die an mehreren Kanten schalltechnisch von den angrenzenden Bauteilen entkoppelt ist. Die schalltechnische Entkopplung bewirkt zwar eine Minderung der Schallübertragung über die flankierenden Bauteile, führt aber zu einer Erhöhung des Direkt-Schalldämm-Maßes. Aus diesem Grund ist das bewertete Schalldämm-Maß entkoppelter Bauteile mit einem Korrekturwert K_E wie folgt abzumindern:

$$R_{w,KE} = R_w - K_E \quad (4.49)$$

Darin bedeuten:

$R_{w,KE}$ korrigiertes bewertetes Schalldämm-Maß, in dB;
R_w bewertetes Schalldämm-Maß (Direkt-Schalldämm-Maß), in dB;
K_E Korrekturwert, in dB (Tab. 4.43).

Tab. 4.43 Korrekturwerte K_E zur Korrektur des Schalldämm-Maßes einschaliger elastisch oder vollständig entkoppelter Bauteile. (N. DIN 4109-32, Tab. 1)

flächenbezogene Masse der Wand	Anzahl der entkoppelten Kanten	
	n = 2 bis 3	n = 4
$m' \leq 150\ kg/m^2$	$K_E = 2$ dB	$K_E = 4$ dB
$m' > 150\ kg/m^2$	$K_E = 3$ dB	$K_E = 6$ dB

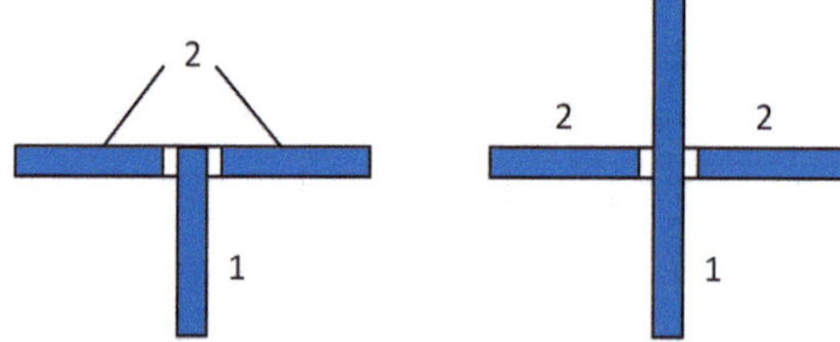

Abb. 4.53 Anwendung der Korrektur des Schalldämm-Maßes bei entkoppelten Trennbauteilen. (N. DIN 4109-32, Bild 1 u. 2)

Die Korrektur ist nur anzusetzen, wenn das Trennbauteil im Bereich der entkoppelten Bauteile endet. Durchlaufende Trennbauteile sind wie starr angeschlossene Bauteile zu behandeln, d. h. es ist keine Korrektur nötig (Abb. 4.53).

4.8.3.7 Wände aus Gips-Wandbauplatten

Wände aus Gips-Wandbauplatten werden grundsätzlich schalltechnisch entkoppelt eingebaut, wenn sie Anforderungen an den Schallschutz erfüllen sollen. Dazu werden alle Kanten mit Randdämmstreifen versehen. Übliche Wandstärken sind 60 mm, 80 mm und 100 mm, wobei Gips-Wandbauplatten mit 100 mm am häufigsten angewendet werden.

Die Schalldämmung wird von der flächenbezogenen Masse der Wand und der Art der Randdämmstreifen beeinflusst. Darüber hinaus wird ein schallbrückenfreier Einbau vorausgesetzt. Als Material für die üblicherweise eingesetzten Standard-Randdämmstreifen werden Kork, PE-Schwerschaum sowie Bitumen verwendet (Tab. 4.44).

Anmerkung: Werden andere als die genannten Randstreifen verwendet, können die Werte für das Schalldämm-Maß (Tab. 4.45) nicht verwendet werden. In diesem Fall sind die Daten für die Luft- und Trittschalldämmung durch Messungen in Prüfständen zu ermitteln

Für entkoppelte Wände aus Gips-Wandbauplatten mit einer Dicke von 100 mm gelten die in Tab. 4.45 angegebenen Direkt-Schalldämm-Maße.

4.8.3.8 Massive Decken

Massive Decken (Massivdecken) sind einschalige Trenndecken zwischen fremden Wohn- und Arbeitsräumen. Hierzu zählen Stahlbetondecken, Stahlleichtbetondecken sowie Fertigteildecken aus unterschiedlichen Baustoffen. Massivdecken mit Hohlräumen wer-

Tab. 4.44 Materialeigenschaften von Standard-Randdämmstreifen für Wände aus Gips-Wandbauplatten. (N. DIN 4109-32, Tab. 2)

	Material		
	Kork	PE-Schwerschaum	Bitumen (Wollfilzpappe)
Beschreibung	gepresster Naturkork-Granulat-Streifen	ein- oder beidseitig vlieskaschierter Polyethylen (PE-)Schwerschaumstreifen	bitumen-imprägnierter Wollfilzpappstreifen mit glatter Oberfläche
Dicke	ca. 5 mm	3 bis 4 mm	ca. 3 mm
Streifenrohdichte	≥ 250 kg/m^3	≥ 120 kg/m^3	≥ 300 kg/m^3
dynamische Steifigkeit	≤ 150 MN/m^3	≤ 150 MN/m^3	≤ 750 MN/m^3

Tab. 4.45 Direkt-Schalldämm-Maße für entkoppelte Wände aus Gips-Wandbauplatten. (N. DIN 4109-32, Tab. 3 und 4)

	Gipswände umlaufend entkoppelt	
	$m' = 90$ kg/m^2	$m' = 120$ kg/m^2
Randdämmstreifen[1]	R_w dB	R_w dB
Kork	38	40
PE-Schwerschaum	40	–
Bitumen (Wollfilzpappe)	42	45

[1]Anforderungen der Randdämmstreifen n. Tab. 4.44

den wie einschalige Bauteile mit derselben flächenbezogenen Masse behandelt. Massivdecken, für die die angegebenen Regeln zur Ermittlung der Luft- und Trittschalldämmung gelten, sind in Tab. 4.46 dargestellt.

Einflüsse auf die Luftschalldämmung bei Massivdecken

Die Luftschalldämmung von Massivdecken nach Tab. 4.46 ist von folgenden Parametern abhängig:

- flächenbezogene Masse der Decke;
- Vorhandensein einer Unterdecke sowie eines schwimmenden Estrichs oder anderen schwimmenden Böden.

Flächenbezogene Masse von Massivdecken

Bei der Ermittlung der flächenbezogenen Masse von Massivdecken wird unterschieden in

- Massivdecken ohne Hohlräume und
- Massivdecken mit Hohlräumen.

Tab. 4.46 Massivdecken, für die die Regeln der Ermittlung der Luft- und Trittschalldämmung gelten. (N. DIN 4109-32, Tab. 5)

Deckenkonstruktion		
Massivdecken ohne Hohlräume[1]		
Beschreibung	Norm	Querschnitt
Stahlbeton-Vollplatten aus Normalbeton oder aus Leichtbeton	DIN 1045-2	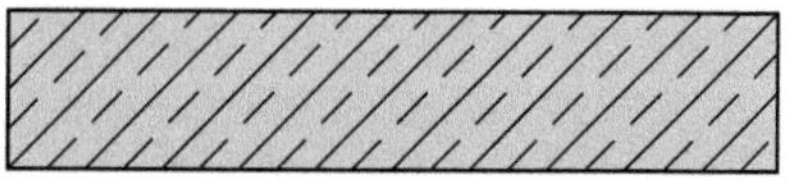 Stahlbeton-Vollplatten aus Normal- oder Leichtbeton
Fertigteilplatten mit Ortbetonergänzung	DIN EN 13747	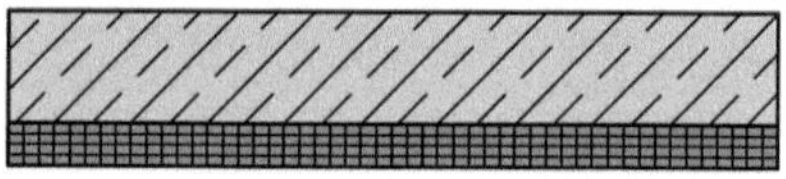 Fertigteilplatten mit Ortbeton-Ergänzung
Deckenplatten mit Stegen	DIN EN 13224	 Deckenplatten mit Stegen
Porenbeton-Deckenplatten	DIN 4223-100	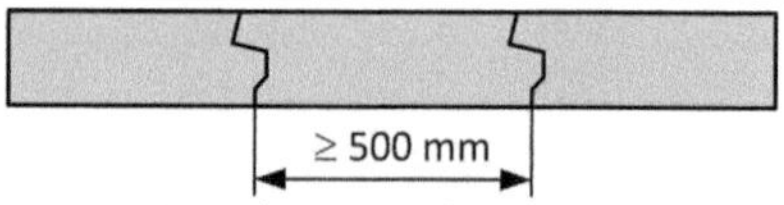 ≥ 500 mm Porenbeton-Deckenplatten
Massivdecken mit Hohlräumen[1]		
Ziegeldecken mit Deckenziegeln	Ziegeldecke n. DIN 1045-100 Deckenziegel n. DIN 4159	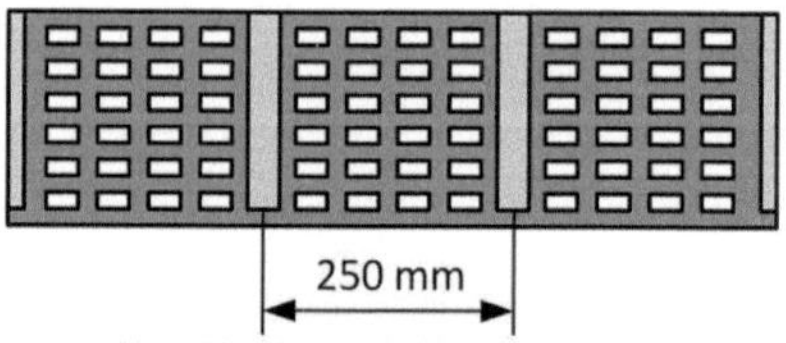 250 mm Ziegeldecken mit Deckenziegeln
Stahlbetonrippendecken und Stahlbetonbalkendecken mit Zwischenbauteilen	Stahlbetondecke n. DIN 1045-100 Zwischenbauteile n. DIN EN 15037-2 oder DIN 4160	 Stahlbetonrippendecken und -balkendecken mit Zwischenbauteilen
Stahlbetonhohldielen und -platten	DIN 1045-2	 Stahlbetonhohldielen u. -platten
Hohlplatten	DIN EN 1168	
Stahlbetondielen aus Leichtbeton	DIN EN 1520	
Stahlbetonhohldecke	DIN 1045-2	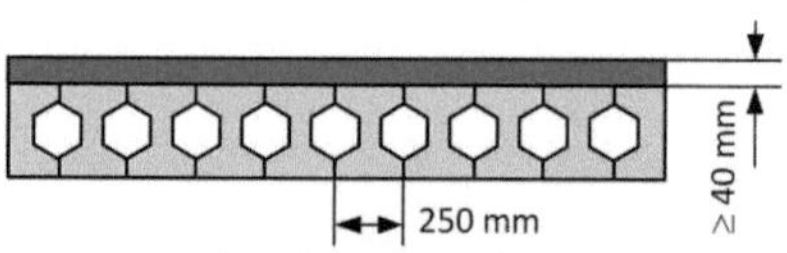 250 mm ≥ 40 mm Balkendecken ohne Zwischenbauteile

[1]ggfs. mit Putz

Tab. 4.47 Rechenwerte der Rohdichte für Baustoffe von Massivdecken ohne Hohlräume

Baustoff	Rechenwert der Rohdichte ρ kg/m³
Normalbeton (bewehrt)	2400
Aufbeton	2100
Zementestrich	2000

Massivdecken ohne Hohlräume

Für bewehrte Massivdecken ohne Hohlräume (Ortbeton, Fertigteile und Halbfertigteile mit Ortbetonergänzung) ist die flächenbezogene Masse durch Multiplikation der Deckendicke mit der Rohdichte zu berechnen. Es gilt:

$$m' = \rho \cdot d \tag{4.50}$$

Darin bedeuten:

m' flächenbezogene Masse der Massivdecke ohne Hohlräume, in kg/m²;

ρ Rechenwert der Rohdichte (Tab. 4.47), in kg/m³;

d Deckenstärke, in m.

Massivdecken mit Hohlräumen

Bei Massivdecken mit Hohlräumen ist die flächenbezogene Masse entweder

- aus den Rechenwerten nach DIN EN 1991-1-1 in Verbindung mit dem zugehörigen Nationalen Anhang DIN EN 1991-1-1/NA mit einem Abzug von 15 % oder
- aus dem vorhandenen (tatsächlichen) Querschnitt mit der entsprechenden Rohdichte

zu berechnen.

Ermittlung des bewerteten Schalldämm-Maßes von Massivdecken

Für die Ermittlung des bewerteten Schalldämm-Maßes R_w von Massivdecken gelten dieselben Gleichungen wie für einschalige Wände.

Für Massivdecken aus Beton gilt:

$$R_w = 30{,}9 \log\left(m'_{ges} / m'_0\right) - 22{,}2 \tag{4.51}$$

Für Massivdecken aus Porenbeton gilt:

- im Bereich $50 \leq m'_{ges} < 150$ kg/m²:

$$R_w = 32{,}6 \log\left(m'_{ges} / m'_0\right) - 22{,}5 \tag{4.52}$$

- im Bereich $150 \leq m'_{ges} \leq 300$ kg/m²:

$$R_w = 26{,}1 \log\left(m'_{ges} / m'_0\right) - 8{,}4 \tag{4.53}$$

Beispiel

Für eine Massivdecke aus Stahlbeton mit einer Dicke von $d = 20$ cm soll das bewertete Schalldämm-Maß berechnet werden. Weitere Bauteilschichten werden hier vereinfachend nicht berücksichtigt.

Rohdichte: $\rho = 2400$ kg/m³ (Tab. 4.47)

Flächenbezogene Masse:

$$m' = \rho \cdot d = 2400 \cdot 0{,}20 = 480 \text{ kg/m}^2$$

Bewertetes Schalldämm-Maß n. Gl. (4.51):

$$R_\mathrm{w} = 30{,}9 \log\left(m'_\mathrm{ges} / m'_0\right) - 22{,}2 = 30{,}9 \log\left(480/1{,}0\right) - 22{,}2 = 60{,}7 \text{ dB}$$

Das bewertete Schalldämm-Maß der Decke (ohne Flankenübertragung und Berücksichtigung etwaig vorhandener Deckenauflagen und Unterdecke) beträgt $R_\mathrm{w} = 60{,}7$ dB. ◀

4.8.3.9 Rechenbeispiel Nachweis Luftschalldämmung

Für die in Abb. 4.54 dargestellte Wohnungstrenndecke soll die Luftschalldämmung nachgewiesen werden.

Randbedingungen:

- Wohnungstrenndecke in einem MFH
- Übertragungsweg Dd;
- $S_\mathrm{S} = 3{,}05 \times 4{,}65 = 14{,}18$ m² (lichte Rohbaumaße);
- Deckenstärke $d = 20$ cm Stahlbeton;
- Auf der Decke befindet sich ein schwimmender Estrich (Dicke des Estrichs 4 cm; Steifigkeit der Trittschalldämmplatten $s'_\mathrm{Dämmung} = 15$ MN/m³);

Die Wohnungstrenndecke bildet mit der Außenwand einen T-Stoß und mit den anderen Wänden jeweils Kreuz-Stöße.

Flankierende Bauteile:

- Die flankierenden Bauteile sind im Sende- und Empfangsraum gleich.
- Flankierende Bauteile sind:
  - Außenwand AW (1);
  - Innenwand IW1 (2);
  - Innenwand IW2 (3);
  - Wohnungstrennwand WTrW (4).

Außenwand (1):

- Übertragungsweg F_1f_1;
- Wanddicke 17,5 cm;
- Kalksandstein RDK 1,4 mit Dünnbettmörtel ausgeführt;
- raumseitig verputzt.

Abb. 4.54 Beispiel – Luftschalldämmung einer massiven Wohnungstrenndecke. (N. DIN 4109-2)

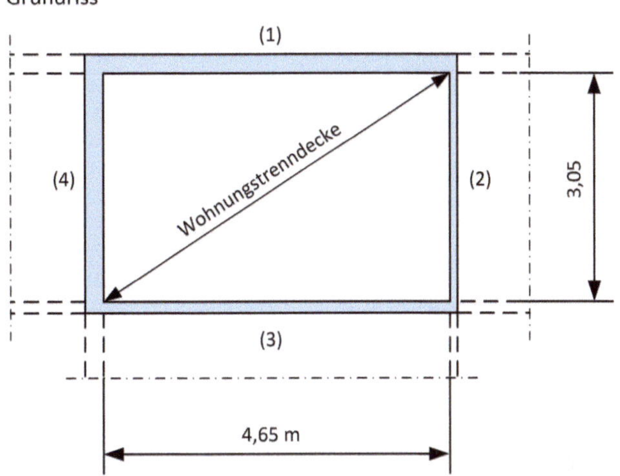

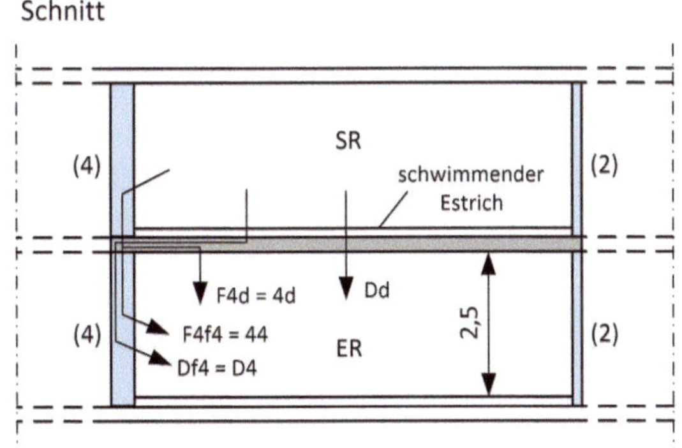

Hinweis: exemplarisch sind die flankierenden Übertragungswege für die Wand (4) sowie der direkte Weg Dd eingezeichnet

Innenwand IW1 (2):

- Übertragungsweg F_2f_2
- Wanddicke 11,5 cm
- Porenbeton RDK 0,6 mit Dünnbettmörtel ausgeführt;
- beidseitig verputzt

Innenwand IW2 (3):

- Übertragungsweg F_3f_3
- Wanddicke 17,5 cm
- Kalksandstein RDK 1,4 mit Dünnbettmörtel ausgeführt;
- beidseitig verputzt

Wohnungstrennwand WTrW (4):

- Übertragungsweg F_4f_4
- Wanddicke 24 cm
- Kalksandstein RDK 2,0 mit Dünnbettmörtel ausgeführt;
- beidseitig verputzt

Lösung:

Das bewertete Schalldämm-Maß der Wohnungstrenndecke ermittelt sich aus dem Schalldämm-Maß für den direkten Übertragungsweg (Dd) sowie für die Übertragungswege über alle flankierenden Bauteile (Ff, Df und Fd). Die resultierende Schalldämmung R'_w ergibt sich aus der „energetischen" (logarithmischen) Addition n. Gl. (4.34):

$$R'_w = -10\log\left[10^{-R_{Dd,w}/10} + \sum 10^{-R_{Ff,w}/10} + \sum 10^{-R_{Df,w}/10} + \sum 10^{-R_{Fd,w}/10}\right]$$

Darin sind:

$R_{Dd,w}$ das Direktschalldämm-Maß für das Trennbauteil und

R_{Ff}, $R_{Df,w}$ und $R_{Fd,w}$ die Flankenschalldämm-Maße der flankierenden Bauteile.

Die Flankenschalldämm-Maße werden je nach Bauweise nach unterschiedlichen Verfahren berechnet. Es wird unterschieden in Verfahren für die Massivbauweise, Haustrennwände in Massivbauweise, den Holz- und Leichtbau sowie den Skelettbau. Hier: Massivbau.

a) *Berechnung der bewerteten Schalldämm-Maße R_w der einzelnen Bauteile*

Wohnungstrenndecke:

$$\text{Normalbeton } \rho = 2400 \text{ kg/m}^3, \text{Dicke } 20 \text{ cm} = 0{,}2 \text{ m}$$

$$\text{Flächenbezogene Masse:}$$

$$m'_{\text{Rohdecke}} = d \times \rho = 0{,}2 \times 2400 = 480 \text{ kg/m}^2$$

Bewertetes Schalldämm-Maß (der Rohdecke ohne Deckenauflage:

$$R_w = 30{,}9 \log\left(m'_{ges}/m_0\right) - 22{,}2 = 30{,}9 \log\left(480/1{,}0\right) - 22{,}2 = 60{,}7\,\text{dB}$$

Außenwand AW (1):

Kalksandstein RDK 1,4, Dicke 17,5 cm = 0,175 m

Rohdichte:

$$\rho_W = 1000 \text{ RDK} - 100 = 1000 \times 1{,}4 - 100 = 1300 \text{ kg/m}^3 \left(\text{RDK} > 1{,}0\right)$$

Putz raumseitig: Dicke 1 cm = 0,01 m, Rohdichte 1000 kg/m^3

Flächenbezogene Masse:

$$m' = d \times \rho_W + d_{Putz} \times \rho_{Putz} = 0{,}175 \times 1300 + 0{,}01 \times 1000 = 238 \ \text{kg/m}^2$$

Bewertetes Schalldämm-Maß:

$$R_w = 30{,}9 \ \log\left(m'_{ges}/m_0\right) - 22{,}2 = 30{,}9 \ \log\left(238/1{,}0\right) - 22{,}2 = 51{,}2 \ \text{dB}$$

Innenwand IW1 (2):
Porenbeton RDK 0,6, Dicke 11,5 cm = 0,115 m
Rohdichte:

$$\rho_W = 1000 \ \text{RDK} - 100 = 1000 \times 0{,}6 - 25 = 575 \ \text{kg/m}^3$$

Putz beidseitig: Dicke 1 cm = 0,01 m, Rohdichte 1000 kg/m³
Flächenbezogene Masse:

$$m' = d \times \rho_W + 2 \times d_{Putz} \times \rho_{Putz} = 0{,}115 \times 575 + 2 \times 0{,}01 \times 1000 = 86 \ \text{kg/m}^2$$

Bewertetes Schalldämm-Maß:

$$R_w = 32{,}6 \ \log\left(m'_{ges}/m_0\right) - 22{,}5 = 32{,}6 \ \log\left(86/1{,}0\right) - 22{,}5 = 40{,}6 \ \text{dB}$$

Innenwand IW2 (3):
Kalksandstein RDK 1,4, Dicke 17,5 cm = 0,175 m
Rohdichte:

$$\rho_W = 1300 \ \text{kg/m}^3 \left(\text{s.o.}\right)$$

Putz beidseitig: Dicke 1 cm = 0,01 m, Rohdichte 1000 kg/m³
Flächenbezogene Masse:

$$m' = d \times \rho_W + 2 \times d_{Putz} \times \rho_{Putz} = 0{,}175 \times 1300 + 2 \times 0{,}01 \times 1000 = 248 \ \text{kg/m}^2$$

Bewertetes Schalldämm-Maß:

$$R_w = 32{,}6 \ \log\left(m'_{ges}/m_0\right) - 22{,}5 = 32{,}6 \ \log\left(86/1{,}0\right) - 22{,}5 = 40{,}6 \ \text{dB}$$

Wohnungstrennwand WTrW (4):
Kalksandstein RDK 2,0, Dicke 24 cm = 0,24 m
Rohdichte:

$$\rho_W = 1000 \ \text{RDK} - 100 = 1000 \times 2{,}0 - 100 = 1900 \ \text{kg/m}^3 \left(\text{RDK} > 1{,}0\right)$$

Putz beidseitig: Dicke 1 cm = 0,01 m, Rohdichte 1000 kg/m³
Flächenbezogene Masse:

$$m' = d \times \rho_W + d_{Putz} \times \rho_{Putz} = 0{,}24 \times 1900 + 2 \times 0{,}01 \times 1000 = 476 \ \text{kg/m}^2$$

Bewertetes Schalldämm-Maß:

$$R_w = 30{,}9\ \log\left(m'_{ges}/m_0\right) - 22{,}2 = 30{,}9\ \log\left(476/1{,}0\right) - 22{,}2 = 60{,}5\ \text{dB}$$

Siehe hierzu die Übersicht in Tab. 4.48.

b) *Berechnung der Flankenschalldämm-Maße $R_{ij,w}$ der flankierenden Bauteile*

Die Flankenschalldämm-Maße der flankierenden Bauteile $R_{ij,w}$ berechnen sich aus dem Direktschalldämm-Maß $R_{ij,w}$, dem Stoßstellendämm-Maß K_{ij}, der Verbesserung durch Vorsatzschalen $\Delta R'_w$ und einem Korrekturterm $10 \cdot \log(S/l)$ aus gemeinsamer Kantenlänge l_{ij} und Trennfläche S. Es gilt:

$$R_{ij,w} = \frac{R_{i,w}}{2} + \frac{R_{j,w}}{2} + \Delta R_{ij,w} + K_{ij} + 10\log\frac{S}{l_{ij}}$$

Die Berechnung erfolgt zweckmäßigerweise tabellarisch, siehe hierzu die Zusammenstellung der Werte in Tab. 4.49.

c) *Berechnung der Stoßstellendämm-Maße K_{ij}*

Zur Erläuterung der Werte in Tab. 4.49 wird nachfolgend der Rechenweg zur Ermittlung der Stoßstellendämm-Maße K_{ij} angegeben.

Bei massiven und homogenen Bauteilen, die biegesteif miteinander verbunden sind, berechnet sich das Stoßstellendämm-Maß K_{ij} aus den flächenbezogenen Massen der mit der Stoßstelle verbundenen Bauteile, wobei unterschiedliche Geometrien der Stoßstelle berücksichtigt werden.

Für die Berechnung des Stoßstellendämm-Maßes wird eine Größe M benötigt, die wie folgt definiert ist:

$$M = \log\left(\frac{m'_{\perp,i}}{m'_i}\right)$$

Tab. 4.48 Beispiel – Flächenbezogene Masse, daraus berechnetes bewertetes Schalldämm-Maß und gemeinsame Kantenlänge der an der Schallübertragung beteiligten Bauteile

Bauteil	Flächenbezogene Masse m' kg/m²	Bewertetes Schalldämm-Maß R_w dB	Gemeinsame Kantenlänge l_{ij} m
Wohnungstrenndecke	480	60,7	-
Außenwand (1)	238	51,2	4,65
Innenwand 1 (2)	86	40,6	3,05
Innenwand 2 (3)	248	51,8	4,65
Wohnungstrennwand (4)	476	60,5	3,05

Tab. 4.49 Beispiel – Berechnung der Flankenschalldämm-Maße $R_{ij,w}$

Weg	$R_{i,w}/2$ dB	$R_{j,w}/2$ dB	K_{ij} dB	$10\log(S/l)$ dB	$\Delta R'_w$ dB	$\Sigma = R_{ij,w}$ dB
Dd	60,7/2=30,4	60,7/2=30,4	–	–	7,2	67,9
1d	51,2/2=25,6	60,7/2=30,4	5,2	4,8	0	66,0
2d	40,6/2=20,3	30,4	14,3	6,7	0	71,7
3d	51,8/2=25,9	30,4	7,0	4,8	0	68,1
4d	60,5/2=30,3	30,4	5,7	6,7	0	73,0
D1	30,4	25,6	5,2	4,8	7,2	73,1
11	25,6	25,6	10,1	4,8	0	66,1
D2	30,4	20,3	14,3	6,7	7,2	78,8
22	20,3	20,3	17,8	6,7	0	65,1
D3	30,4	25,9	7,0	4,8	7,2	75,2
33	25,9	25,9	12,8	4,8	0	69,4
D4	30,4	30,3	5,7	6,7	7,2	80,2
44	30,3	30,3	8,8	6,7	0	76,0

Darin sind:

m'_i die flächenbezogene Masse des Bauteils *i* im Übertragungsweg *ij*, in kg/m²;

$m'_{\perp,i}$ die flächenbezogene Masse des anderen die Stoßstelle bildenden Bauteils senkrecht dazu, in kg/m².

c1) Decke

Weg Dd: $K_{ij} = 0$

Weg 1d:

Die Decke (d) ($m' = m'_\perp = 480$ kg/m²) bildet mit der Außenwand (1) ($m' = 238$ kg/m²) einen T-Stoß.

$$M = \log\left(\frac{m'_{\perp,i}}{m'_i}\right) = \log\left(\frac{480}{238}\right) = 0,305$$

$$K_{1d} = K_{12} = 4,7 + 5,7M^2 = 4,7 + 5,7 \times 0,305^2 = 5,2 \text{ dB}$$

Weg 2d:

Die Decke (d) bildet mit der Innenwand (2) einen Kreuzstoß.

$$M = \log\left(\frac{m'_{\perp,i}}{m'_i}\right) = \log\left(\frac{480}{86}\right) = 0,747$$

$$K_{2d} = K_{12} = 5,7 + 15,4M^2 = 5,7 + 15,4 \times 0,747^2 = 14,3 \text{ dB}$$

Weg 3d:

Die Decke (d) bildet mit der Innenwand (3) einen Kreuzstoß.

$$M = \log\left(\frac{m'_{\perp,\mathrm{i}}}{m'_{\mathrm{i}}}\right) = \log\left(\frac{480}{248}\right) = 0,287$$

$$K_{3\mathrm{d}} = K_{12} = 5,7 + 15,4M^2 = 5,7 + 15,4 \times 0,287^2 = 7,0 \text{ dB}$$

Weg 4d:

Die Decke (d) bildet mit der Wohnungstrennwand (4) einen Kreuzstoß.

$$M = \log\left(\frac{m'_{\perp,\mathrm{i}}}{m'_{\mathrm{i}}}\right) = \log\left(\frac{480}{476}\right) = 0,0036$$

$$K_{4\mathrm{d}} = K_{12} = 5,7 + 15,4M^2 = 5,7 + 15,4 \times 0,0036^2 = 5,7 \text{ dB}$$

c2) Flanke 1 (Außenwand)

Weg D1:

Die Decke (d) bildet mit der Außenwand (1) einen T-Stoß. Berechnung von M wie oben.

$$M = \log\left(\frac{m'_{\perp,\mathrm{i}}}{m'_{\mathrm{i}}}\right) = \log\left(\frac{238}{480}\right) = -0,305$$

$$K_{\mathrm{D1}} = K_{12} = 4,7 + 5,7M^2 = 4,7 + 5,7 \times (-0,305)^2 = 5,2 \text{ dB}$$

Weg 11:

Die Decke (d) bildet mit der Außenwand (1) einen T-Stoß.

$$M = \log\left(\frac{m'_{\perp,\mathrm{i}}}{m'_{\mathrm{i}}}\right) = \log\left(\frac{480}{238}\right) = 0,305$$

$$K_{11} = K_{13} = 8 + 6,8\ M = 8 + 6,8 \times 0,305 = 10,2 \text{ dB } \left(\text{für } M \geq 0,215\right)$$

c3) Flanke 2 (Innenwand IW1)

Weg D2:

Die Decke (d) bildet mit der Innenwand (2) einen Kreuz-Stoß.

$$M = \log\left(\frac{m'_{\perp,\mathrm{i}}}{m'_{\mathrm{i}}}\right) = \log\left(\frac{86}{480}\right) = -0,747$$

$$K_{\mathrm{D2}} = K_{12} = 5,7 + 15,4M^2 = 5,7 + 15,4 \times (-0,747)^2 = 14,3 \text{ dB}$$

Weg 22:

Die Decke (d) bildet mit der Innenwand (2) einen Kreuz-Stoß.

$$M = \log\left(\frac{m'_{\perp,\mathrm{i}}}{m'_{\mathrm{i}}}\right) = \log\left(\frac{480}{86}\right) = 0{,}747$$

$$K_{22} = K_{13} = 9{,}6 + 11\ M = 9{,}6 + 11 \times 0{,}747 = 17{,}8\ \text{dB}\ \left(\text{für}\ M \geq 0{,}182\right)$$

c4) Flanke 3 (Innenwand IW2)

Weg D3:

Die Decke (d) bildet mit der Innenwand (3) einen Kreuz-Stoß.

$$M = \log\left(\frac{m'_{\perp,\mathrm{i}}}{m'_{\mathrm{i}}}\right) = \log\left(\frac{248}{480}\right) = -0{,}287$$

$$K_{\mathrm{D3}} = K_{12} = 5{,}7 + 15{,}4\ M^2 = 5{,}7 + 15{,}4 \times \left(-0{,}287\right)^2 = 7{,}0\ \text{dB}$$

Weg 33:

Die Decke (d) bildet mit der Innenwand (3) einen Kreuz-Stoß.

$$M = \log\left(\frac{m'_{\perp,\mathrm{i}}}{m'_{\mathrm{i}}}\right) = \log\left(\frac{480}{248}\right) = 0{,}287$$

$$K_{33} = K_{13} = 9{,}6 + 11\ M = 9{,}6 + 11 \times 0{,}287 = 12{,}8\ \text{dB}\ \left(\text{für}\ M \geq 0{,}182\right)$$

c5) Flanke 4 (Wohnungstrennwand)

Weg D4:

Die Decke (d) bildet mit der Wohnungstrennwand (4) einen Kreuz-Stoß.

$$M = \log\left(\frac{m'_{\perp,\mathrm{i}}}{m'_{\mathrm{i}}}\right) = \log\left(\frac{476}{480}\right) = -0{,}0036$$

$$K_{\mathrm{D4}} = K_{12} = 5{,}7 + 15{,}4\ M^2 = 5{,}7 + 15{,}4 \times \left(-0{,}0036\right)^2 = 5{,}7\ \text{dB}$$

Weg 44:

Die Decke (d) bildet mit der Wohnungstrennwand (4) einen Kreuz-Stoß.

$$M = \log\left(\frac{m'_{\perp,\mathrm{i}}}{m'_{\mathrm{i}}}\right) = \log\left(\frac{480}{476}\right) = 0{,}0036$$

$$K_{44} = K_{13} = 8{,}7 + 17{,}1\ M = 8{,}7 + 17{,}1 \times 0{,}0036 = 8{,}8\ \text{dB}\ \left(\text{für}\ M < 0{,}182\right)$$

Tab. 4.50 Beispiel – Berechnung des Terms 10 · log ($S_S/(l_0\ l_f)$)

Weg	Gemeinsame Kopplungslänge l_f m	$10\log\left(\frac{S_S}{l_0 \cdot l_f}\right)$ dB
1d	4,65	4,8
2d	3,05	6,7
3d	4,65	4,8
4d	4,65	6,7
D1	4,65	4,8
11	4,65	4,8
D2	3,05	6,7
22	3,05	6,7
D3	4,65	4,8
33	4,65	4,8
D4	3,05	6,7
44	3,05	6,7

d) Berechnung der Werte des Terms 10 · log(*S/l*)

Die Berechnung der Werte des Terms 10 · log(*S/l*) erfolgt tabellarisch (Tab. 4.50). Exemplarisch wird der Wert für den Weg 1d berechnet:

$$10\ \log\left(\frac{S_S}{l_0 \cdot l_f}\right) = 10\ \log\left(\frac{14,2}{1,0.4,65}\right) = 4,8\ \text{dB}$$

mit:

$S_S = 3,05 \times 4,65 = 14,2\ m^2$ (Fläche des trennenden Bauteils)

$l_0 = 1$ m (Bezugskopplungslänge)

$l_f = 4,65$ m (gemeinsame Kopplungslänge zwischen dem trennenden Bauteil und dem flankierenden Bauteil)

e) *Berechnung der bewerteten Verbesserung durch Vorsatzkonstruktionen*

Auf der Wohnungstrenndecke befindet sich ein schwimmender Estrich, der im Sinne der Norm als Vorsatzkonstruktion gilt. Grundsätzlich darf die Verbesserung des Schalldämm-Maßes durch Vorsatzkonstruktionen berücksichtigt werden.

Das bewertete Schalldämm-Maß $R_{Dd,w}$ für die direkte Übertragung wird mit folgender Gleichung ermittelt:

$$R_{Dd,w} = R_{s,w} + \Delta R_{Dd,w}$$

Darin bedeuten:

$R_{Dd,w}$ das bewertete Schalldämm-Maß für den direkten Schallübertragungsweg, in dB;

$R_{s,w}$ das bewertete Schalldämm-Maß des trennenden massiven Bauteils, in dB;

$\Delta R_{Dd,w}$ die gesamte bewertete Verbesserung des Schalldämm-Maßes durch zusätzlich angebrachte Vorsatzkonstruktionen auf der Sende- und/oder Empfangsseite des trennenden Bauteils, in dB.

Hier: Schwimmender Estrich (Dicke 4 cm) mit:

$$s'_{\text{Dämmung}} \leq 15 \text{ MN/m}^3$$

$$m'_{\text{Estrich}} = 0{,}04 \times 2350 = 94 \text{ kg/m}^2$$

Die gesamte bewertete Verbesserung des Schalldämm-Maßes durch zusätzlich angebrachte Vorsatzkonstruktionen hängt von der Resonanzfrequenz f_0 ab. Die Resonanzfrequenz ergibt sich zu:

$$f_0 = 160\sqrt{s'\left(\frac{1}{m_1'} + \frac{1}{m_2'}\right)} = 160\sqrt{15\left(\frac{1}{480} + \frac{1}{94}\right)} = 69{,}9 \text{ Hz}$$

mit:
s' = 15 M/m^3 (dynamische Steifigkeit der Trittschalldämmung)
m'_1 = 480 kg/m^2 (flächenbezogene Masse der Rohdecke)
m'_2 = 94 kg/m^2 (flächenbezogene Masse des Estrichs)

Mit der Resonanzfrequenz berechnet sich die gesamte bewertete Verbesserung des Schalldämm-Maßes nach DIN 4109-34, Tab. 1, Fußnote b mit folgender Gleichung:

$$\Delta R_{\text{w}} = 74{,}4 - 20 \log f_0 - 0{,}5\ R_{\text{w}} = 74{,}4 - 20 \log 69{,}9 - 0{,}5 \times 60{,}7 = 7{,}2 \text{ dB}$$

Hinweis: Fußnote b in Tab. 1 der DIN 4109-34 gilt für Resonanzfrequenzen im Bereich von $30 \leq f_0 \leq 160$ Hz.

Die Verbesserung wird nur bei Übertragungswegen angesetzt, bei denen die Decke im Senderaum direkt angeregt wird, d. h. im hier betrachteten Beispiel bei folgenden Schallübertragungswegen:

Dd, D1, D2, D3 und D4.

f) *Berechnung des resultierenden bewerteten Schalldämm-Maßes der Decke R'_w*

Das resultierende bewertete Schalldämm-Maß der Wohnungstrenndecke ergibt sich mit folgender Gleichung:

$$R_{\text{w}}' = -10\left[10^{-R_{\text{Dd,w}}/10} + \sum 10^{-R_{\text{Ff,w}}/10} + \sum 10^{-R_{\text{Df,w}}/10} + \sum 10^{-R_{\text{Fd,w}}/10}\right]$$

$$= -10\log\begin{bmatrix} 10^{-67{,}9/10} \\ +\left(10^{-66{,}1/10} + 10^{-65{,}1/10} + 10^{-69{,}4/10} + 10^{-76{,}0/10}\right) \\ +\left(10^{-73{,}1/10} + 10^{-78{,}8/10} + 10^{-75{,}2/10} + 10^{-80{,}2/10}\right) \\ +\left(10^{-66{,}0/10} + 10^{-71{,}7/10} + 10^{-68{,}1/10} + 10^{-73{,}0/10}\right) \end{bmatrix}$$

$$= -10\log\left[1{,}622 \cdot 10^{-7} + 6{,}944 \cdot 10^{-7} + 1{,}019 \cdot 10^{-7} + 5{,}238 \cdot 10^{-7}\right]$$

$$= 10\log\left(14{,}823 \cdot 10^{-7}\right)$$

$$= 58{,}3\text{dB}$$

g) *Anforderung und Nachweis*
Nach Tab. 4.9 gilt für Wohnungstrenndecken in Mehrfamilienhäusern folgende Mindest-Anforderung nach DIN 4109-1:

$$\text{erf } R'_{\text{w}} = 54 \text{ dB}$$

Für den Nachweis ist ein „Sicherheitsabschlag" in Höhe von 2 dB anzusetzen. Damit ergibt sich:

$$R'_{\text{w}} - 2 \text{ dB} \geq \text{erf } R'_{\text{w}}$$

Nachweis:

$$R'_{\text{w}} - 2 \text{ dB} = 58{,}3 - 2 = 56{,}3 \text{ dB} \geq \text{erf } R'_{\text{w}} = 54 \text{ dB}$$

Der Nachweis (Mindest-Anforderungen nach DIN 4109-1) ist erfüllt.

h) *Umrechnung in die Standard-Schallpegeldifferenz*
Soll der Nachweis mit nachhallbezogenen Kenngrößen geführt werden, die z. B. die VDI 4100 als Anforderungsgrößen formuliert, ist eine Umrechnung erforderlich. Für die Luftschalldämmung wird hierzu die Standard-Schallpegeldifferenz $D_{\text{nT,w}}$ verwendet.
Die Umrechnung vom bewerteten Schalldämm-Maß R'_{w} in die Standard-Schallpegeldifferenz $D_{\text{nT,w}}$ erfolgt mit folgender Formel:

$$D_{\text{nT,w}} = R'_{\text{w}} + 10\log\left(\frac{0{,}32 V_{\text{E}}}{S_{\text{S}}}\right)$$

Darin sind:

$D_{\text{nT,w}}$ die Standard-Schallpegeldifferenz, in dB;
R'_{w} das bewertete (Bau-)Schalldämm-Maß, in dB;
V_{E} das Volumen des Empfangsraums, in m^3;
S_{S} die Fläche des trennenden Bauteils, in m^2 (Mindesttrennfläche 8 m^2).

Kennzeichnend für die Kenngröße Standard-Schallpegeldifferenz im Vergleich zum Schalldämm-Maß ist, dass diese von der Größe des Empfangsraums abhängig ist. Bei Empfangsräumen mit kleinem Volumen ist $D_{\text{nT,w}}$ größer als bei Empfangsräumen mit großem Volumen.

$$\text{Hier}: V_{\text{E}} = 4{,}65 \times 3{,}05 \times 2{,}5 = 35{,}5 \text{ m}^3; S_{\text{S}} = 4{,}65 \times 3{,}05 = 14{,}2 \text{ m}^2$$

$$R'_{\text{w}} = 56{,}3 \text{ dB (s.o.)}$$

Damit ergibt sich die Standard-Schallpegeldifferenz zu:

$$D_{\text{nT,w}} = R'_{\text{w}} + 10\log\left(\frac{0{,}32 V_{\text{E}}}{S_{\text{S}}}\right) = 58{,}4 + 10\log\left(\frac{0{,}32 \cdot 35{,}5}{14{,}2}\right) = 57{,}4 \text{ dB}$$

Sollen die Anforderungen der VDI 4100 (2012) zugrunde gelegt werden, gelten folgende Werte:

SSt I:	$D_{nT,w} = 57{,}4$ dB $\geq$ 56 dB → erfüllt
SSt II:	$D_{nT,w} = 57{,}4$ dB < 59 dB → nicht erfüllt
SSt III:	$D_{nT,w} = 57{,}4$ dB < 64 dB → nicht erfüllt

Hinweis: Bei einem Empfangsraum mit doppeltem Volumen ($V_E = 2 \times 35{,}5 = 71$ m^3) (gleiche Trennfläche $S_S = 14{,}2$ m^2) würde sich als Standard-Schallpegeldifferenz folgender Wert ergeben:

$$D_{nT,w} = R_w^{'} + 10\log\left(\frac{0{,}32 V_E}{S_S}\right) = 58{,}4 + 10\log\left(\frac{0{,}32 \cdot 71}{14{,}2}\right) = 60{,}4 \text{ dB}$$

Das bedeutet, dass in diesem Fall auch SSt II nach VDI 4100 ($D_{nT,w} = 60{,}4$ dB $\geq$ 59 dB) erfüllt wäre.

4.8.4 Massive zweischalige Haustrennwände

4.8.4.1 Definition und Aufbau

Massive zweischalige Wände (Haustrennwände) bestehen aus zwei massiven Schalen (Wandscheiben), die durch eine durchgehende Trennfuge voneinander entkoppelt sind. Der lichte Schalenabstand muss mindestens 30 mm betragen. Die beiden Schalen besitzen – mit Ausnahme des untersten Geschosses (im Bereich der Bodenplatte bzw. Gründung) – keine Kopplung untereinander, sodass die Schallübertragung über flankierende Bauteile weitgehend unterbunden wird (Abb. 4.55).

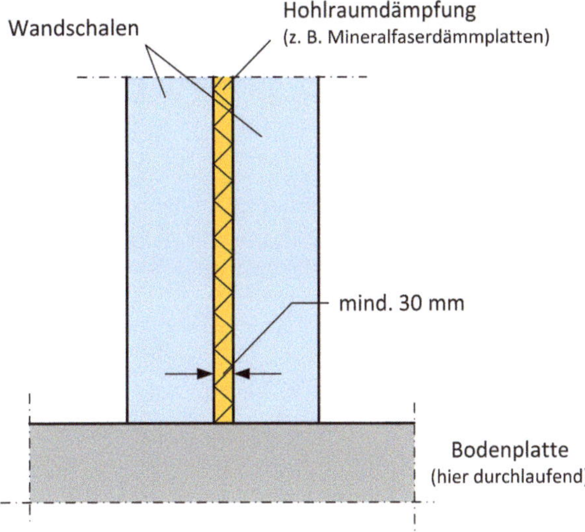

Abb. 4.55 Zweischalige Haustrennwand

Der Schalenzwischenraum ist mit einer Hohlraumbedämpfung aus weichem Material auszufüllen. Hierfür sind z. B. Mineralfaserdämmplatten geeignet. Nicht geeignet sind harte Stoffe wie z. B. Dämmplatten aus Polystyrol (PS) oder Polyurethanschaum (PUR), da hierdurch eine Körperschallübertagung von Schale zu Schale über diese Platten ermöglicht wird, was zu einer Verschlechterung der Schalldämmung führt.

Die zweischalige Ausführung bewirkt eine wesentlich bessere Schalldämmung gegenüber einer gleichschweren einschaligen Wand. Aus diesem Grund werden Haustrennwände i. d. R. als zweischalige Wandkonstruktionen ausgeführt.

Eine **zweischalige Wand** besitzt eine wesentlich **bessere Luftschalldämmung als eine gleich schwere einschalige Wand**.

4.8.4.2 Vereinfachtes Berechnungsverfahren für zweischalige Haustrennwände

In DIN 4109 (2016/18) ist zurzeit nur ein vereinfachtes Berechnungsverfahren zur Abschätzung der Schalldämmung von zweischaligen Haustrennwänden enthalten. Ein genaueres Verfahren ist in Arbeit und soll zukünftig in die Norm aufgenommen werden. Das vereinfachte Berechnungsverfahren gestaltet sich wie folgt.

Das bewertete Schalldämm-Maß $R'_{w,2}$ einer massiven zweischaligen Wand (Haustrennwand) ergibt sich aus dem bewerteten Schalldämm-Maß $R'_{1,w}$ einer gleichschweren einschaligen Wand sowie einem Zweischaligkeitszuschlag $\Delta R_{w,Tr}$ und einem Korrekturwert K.

Der Zweischaligkeitszuschlag $\Delta R_{w,Tr}$ ist abhängig von der jeweiligen Übertragungssituation (Tab. 4.51). Aus Tab. 4.51 wird deutlich, dass der Zweischaligkeitszuschlag je nach Übertragungssituation Werte von bis zu 12 dB annehmen kann. Das bedeutet, dass eine zweischalige Konstruktion im Vergleich zu einer gleich schweren einschaligen Wand eine entsprechend höhere Luftschalldämmung aufweist. Das Schalldämm-Maß kann im günstigsten Fall um bis zu 12 dB höher sein als bei einer gleich schweren einschaligen Wand.

Der Korrekturwert K berücksichtigt die zusätzliche Schallübertragung über flankierende Wände und Decken in den Fällen, in denen die Übertragung im Fundamentbereich vernachlässigt werden kann. Er ist daher nur für die Übertragungssituation nach Tab. 4.51, Zeile 1 anzusetzen.

Der Korrekturwert K wird mit folgender Gleichung berechnet, sofern die Bedingung $m'_{f,m} \leq m'_{Tr,1}$ erfüllt ist. Für $m'_{f,m} > m'_{Tr,1}$ ist $K = 0$. Es gilt:

$$K = 0{,}6 + 5{,}5 \log\left(\frac{m'_{Tr,1}}{m'_{f,m}}\right) \text{ für } m'_{f,m} \leq m'_{Tr,1} \quad (4.54)$$

$$K = 0 \text{ für } m'_{f,m} > m'_{Tr,1}$$

Tab. 4.51 Zuschlagswerte $\Delta R_{w,Tr}$ für unterschiedliche Übertragungssituationen (gekennzeichnet durch „Pfeil") für zweischalige Haustrennwände[a,b,c]. (N. DIN 4109-2:2018-01, Tab. 1)

Zeile	Situation (Vertikalschnitt)	Beschreibung	Zuschlagswert $\Delta R_{w,Tr}$ dB
1	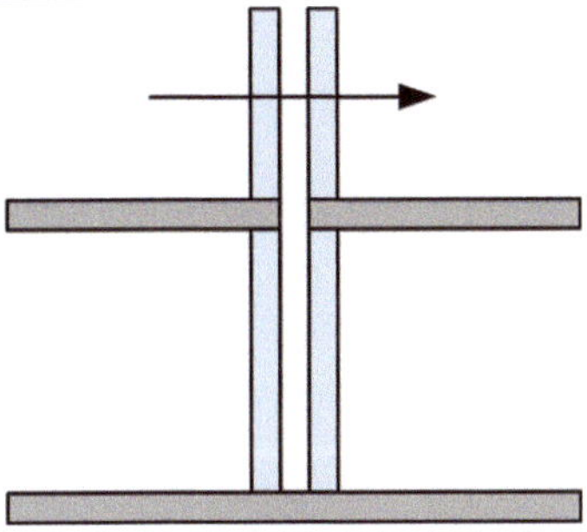	vollständige Trennung der Schalen und der flankierenden Bauteile ab Oberkante Bodenplatte, auch gültig für alle darüber liegenden Geschosse, unabhängig von der Ausbildung der Bodenplatte und der Fundamente	12
2	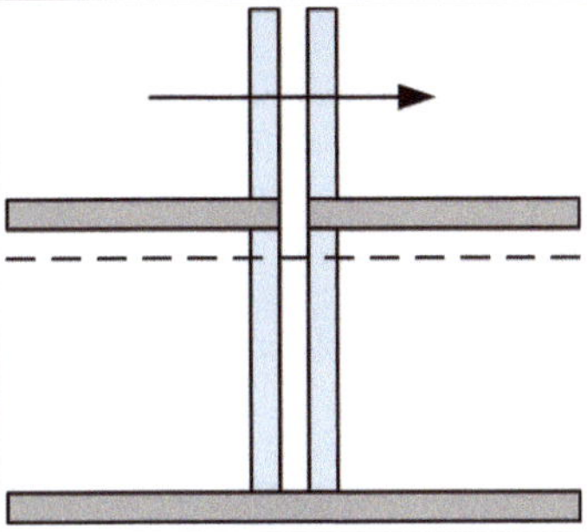	Außenwände durchgehend mit $m' \geq 575\ kg/m^2$ (z. B. Kelleraußenwände als „weiße Wanne")	9
3	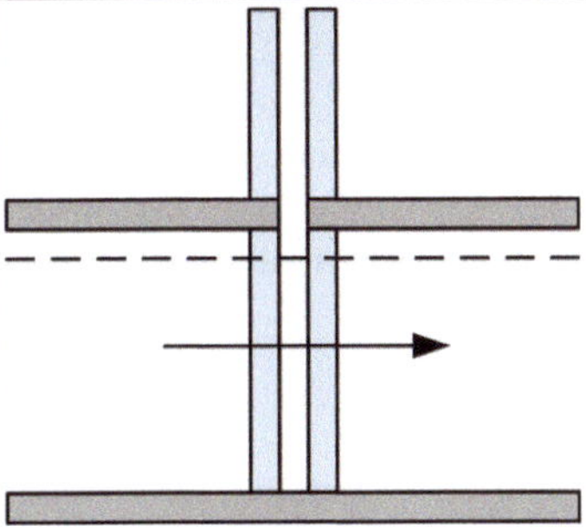	Außenwände durchgehend mit $m' \geq 575\ kg/m^2$ (z. B. Kelleraußenwände als „weiße Wanne") Bodenplatte durchgehend mit $m' \geq 575\ kg/m^2$	3
4	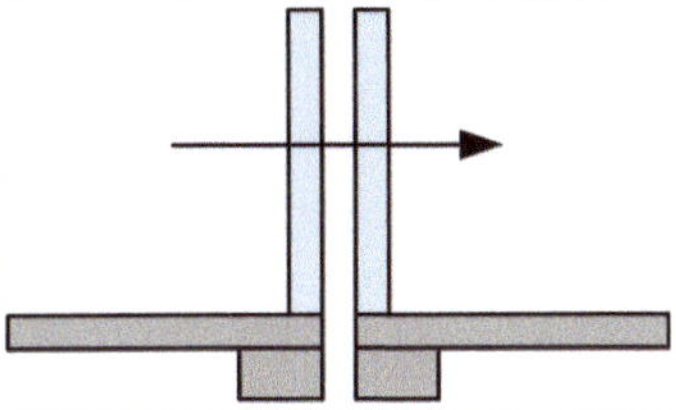	Außenwände getrennt Bodenplatte und Fundamente getrennt	9

(Fortsetzung)

Tab. 4.51 (Fortsetzung)

Zeile	Situation (Vertikalschnitt)	Beschreibung	Zuschlagswert $\Delta R_{w,Tr}$ dB
5		Außenwände getrennt auf gemeinsamen Fundament	6[d]
6		Außenwände getrennt Bodenplatte durchgehend mit $m' \geq$ 575 kg/m²	6[d]

[a]Falls die einzelnen Schichten nicht schwerer als 200 kg/m² sind, können die Zuschlagswerte für zweischalige Haustrennwände aus Porenbeton für die Zeilen 1, 2, 3 und 4 um 3 dB und für die Zeilen 5 und 6 um 6 dB erhöht werden

[b]Falls die einzelnen Schalen nicht schwerer als 250 kg/m² sind, können die Zuschlagswerte für zweischalige Haustrennwände aus Leichtbeton um 2 dB erhöht werden, wenn die Steinrohdichte ≤ 800 kg/m³ ist

[c]Falls der Schalenabstand mindestens 50 mm beträgt und der Fugenhohlraum mit Mineralwolledämmplatten nach DIN EN 13162, Anwendungskurzzeichen WTH nach DIN 4108-10 ausgefüllt wird (Hohlraumbedämpfung), können die Zuschlagswerte bei allen Materialien in den Zeilen 1, 2 und 4 um 2 dB erhöht werden

[d]Für eine Haustrennwand bestehend aus zwei Schalen je 17,5 cm Porenbeton der Rohdichteklasse 0,60 (oder größer) mit einem Schalenabstand von mind. 50 mm, verfüllt mit Mineralwolledämmplatten nach DIN EN 13162, Anwendungskurzzeichen WTH nach DIN 4108-10 kann insgesamt ein $\Delta R_{w,Tr}$ von +14 dB angesetzt werden. Zuschläge nach Fußnote a sind in diesem Zuschlag bereits berücksichtigt

Darin bedeuten:

- K Korrekturwert zur Berücksichtigung der Schallübertragung über flankierende Wände oder Decken, in dB (Hinweis: K ist nur bei der Übertragungssituation nach Tab. 4.51, Zeile 1 anzusetzen);
- $m'_{Tr,1}$ flächenbezogenen Masse einer Schale der zweischaligen Wand (Empfangsraum), in kg/m²;
- $m'_{f,m}$ mittlere flächenbezogene Masse der unverkleideten homogenen flankierenden Bauteile im Empfangsraum, in kg/m².

Die mittlere flächenbezogene Masse der flankierenden Bauteile im Empfangsraum wird mit folgender Gleichung ermittelt:

$$m'_{f,m} = \frac{1}{n} \sum_{i=1}^{n} m'_{f,i} \qquad (4.55)$$

Darin bedeuten:

$m'_{f,i}$ flächenbezogene Masse des jeweiligen nicht verkleideten massiven Flankenbauteils i, in kg/m²;

n Anzahl der nicht verkleideten massiven Flankenbauteile (dimensionslos).

4.8.4.3 Ermittlung des bewerteten Bau-Schalldämm-Maßes massiver zweischaliger Haustrennwände

Das bewertete Bau-Schalldämm-Maß $R'_{w,2}$ einer massiven zweischaligen Haustrennwand berechnet sich mit folgender Gleichung:

$$R'_{w,2} = R'_{w,1} + \Delta R_{w,Tr} - K \tag{4.56}$$

Darin bedeuten:

$R'_{w,2}$ bewertetes Bau-Schalldämm-Maß der massiven zweischaligen Haustrennwand, in dB;

$R'_{w,1}$ bewertetes Bau-Schalldämm-Maß einer gleich schweren einschaligen Wand (n. den Regeln für einschalige Wände), in dB;

$\Delta R_{w,TR}$ Zweischaligkeitszuschlag in Abhängigkeit von der Übertragungssituation n. Tab. 4.51, in dB;

K Korrekturwert zur Berücksichtigung der Übertragung über flankierende Bauteile und Wände n. Gl. (4.54) (nur bei Situation Tab. 4.51, Zeile 1 anzusetzen), in dB.

Beispiel

Für die in Abb. 4.56 dargestellte zweischalige Haustrennwand zwischen zwei Mehrfamilienhäusern soll die Luftschalldämmung nachgewiesen werden. Es soll nur der Übertragungsweg im 1. OG nachgewiesen werden.

Randbedingungen und Beschreibung:

Trennendes Bauteil (Dd):

- Zweischalige Haustrennwand in einem MFH
- 17,5 cm Hochlochziegel RDK 1,4 raumseitig verputzt
- 4 cm Trennfuge vollflächig mit Mineralfaserdämmplatten verfüllt
- 17,5 cm Hochlochziegel RDK 1,4 raumseitig verputzt

Rohdichte:

$$\rho_w = 1000 \text{ RDK} - 100 = 1000 \times 1,4 - 100 = 1300 \text{ kg/m}^2 \left(\textit{für} \text{ RDK} > 1,0\right)$$

Flächenbezogene Masse einer Einzelschale:

$$m'_{Tr,1} = 0,175 \times 1300 + 10 = 238 \text{ kg/m}^2$$

$$\text{mit}: m'_{Putz} = 10 \text{ kg/m}^2$$

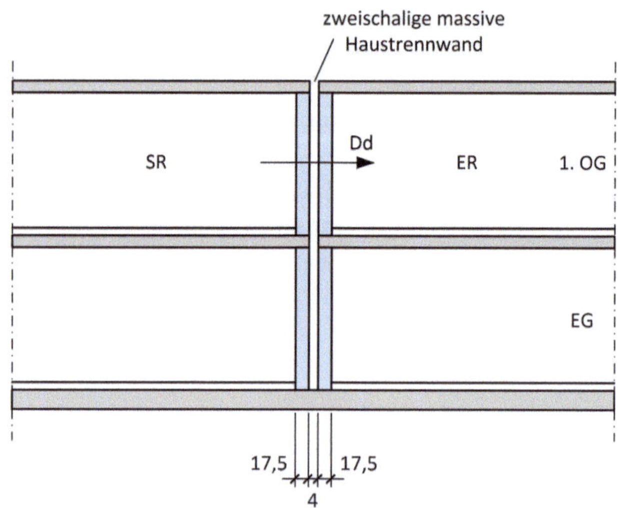

Abb. 4.56 Beispiel – zweischalige Haustrennwand. (N. DIN 4109-2)

Für massive zweischalige Haustrennwände berechnet sich das bewertete Schalldämm-Maß $R'_{\mathrm{w},1}$ (flächenbezogene Masse beider Einzelschalen) mit folgender Gleichung:

$$R'_{\mathrm{w},1} = 28\ \log\left(2 \times m'_{\mathrm{Tr},1}\right) - 18\ \mathrm{dB} = 28\ \log\left(2 \times 238\right) - 18 = 56{,}9\ \mathrm{dB}$$

Flankierende Bauteile:

Die flankierenden Bauteile im Sende- und Empfangsraum sind identisch.

F1f1 (Außenwand): 36,5 cm Hochlochziegel verputzt, RDK 0,8 mit Dünnbettmörtel vermörtelt.

$$m'_1 = 0{,}365 \times 775 + 30 = 313\ \mathrm{kg/m^2}$$

F2f2 (Decke): 20 cm Stahlbeton mit schwimmendem Estrich.

$$m'_2 = 0{,}2 \times 2400 = 480\ \mathrm{kg/m^2}$$

F3f3 (Innenwand): 11,5 cm Hochlochziegel beidseitig verputzt, RDK 0,8 mit Dünnbettmörtel vermörtelt.

$$m'_3 = 0{,}115 \times 750 + 20 = 106\ \mathrm{kg/m^2}$$

F4f4 (Fußboden):

30 cm Stahlbeton mit schwimmendem Estrich.

$$m'_4 = 0{,}3 \times 2400 = 720\ \mathrm{kg/m^2}$$

Bewertetes Schalldämm-Maß:

Mittlere flächenbezogene Masse der nicht mit Vorsatzkonstruktionen bekleideten Bauteile (hier: Außenwand, Decke, Innenwand; der Fußboden ist mit einem schwimmenden Estrich versehen):

$$m'_{\mathrm{f,m}} = 1/3 \times (313 + 480 + 106) = 300 \ \mathrm{kg/m^2}$$

Da die mittlere flächenbezogene Masse der flankierenden Bauteile größer ist als die flächenbezogene Masse einer Einzelschale der Trennwand ($m'_{\mathrm{f,m}} = 300 > m'_{\mathrm{Tr,1}} = 238$ kg/m^2) ergibt sich für den Korrekturwert $K = 0$ dB.

Zuschlag für die Übertragung im 1. OG (n. Tab. 4.51, Zeile 1):

$$\Delta R_{\mathrm{w,Tr}} = 12 \ \mathrm{dB}$$

Damit ergibt sich für das bewertete Schalldämm-Maß der zweischaligen Haustrennwand:

$$R'_{\mathrm{w,2}} = R'_{\mathrm{w,1}} + \Delta R_{\mathrm{w,Tr}} + K = 56{,}9 + 12 + 0 = 68{,}9 \ \mathrm{dB}$$

Anforderung und Nachweis:
Nach DIN 4109-1 wird für Haustrennwände zwischen Einfamilien-Reihen- und Doppelhäusern folgende Anforderung gestellt (Tab. 4.10); hier: ein Geschoss befindet sich unter dem nachzuweisenden Schallübertragungsweg):

$$\mathrm{erf}\ R'_{\mathrm{w}} = 62 \ \mathrm{dB}$$

Für den Nachweis ist ein „Sicherheitsabschlag" in Höhe von 2 dB anzusetzen. Damit ergibt sich:

$$R'_{\mathrm{w}} - 2 \ \mathrm{dB} \geq \mathrm{erf}\ R'_{\mathrm{w}}$$

Nachweis:

$$R'_{\mathrm{w}} - 2 \ \mathrm{dB} = 68{,}9 - 2 = 66{,}9 \ \mathrm{dB} > \mathrm{erf}\ R'_{\mathrm{w}} = 62 \ \mathrm{dB}$$

Der Nachweis (Mindest-Anforderungen) ist erfüllt. ◀

4.8.4.4 Planung und Konstruktion von Haustrennwänden

Bei der Planung und Konstruktion von zweischaligen Haustrennwänden sind folgende Hinweise und Regeln zu beachten:

Bei fachgerechter Ausführung ergibt sich eine wesentlich bessere Schalldämmung im Vergleich zu einer einschaligen Wand mit gleich großer flächenbezogener Masse. Insbesondere ist darauf zu achten, dass die Trennfuge ohne Schallbrücken ausgeführt wird. Die Trennung der Wandscheiben muss auch in den weiteren Bauteilschichten (z. B. Außenputz, Verblendschale) fortgesetzt werden (Abb. 4.57).

Abb. 4.57 Beispiele für die Ausführung einer zweischaligen Haustrennwand und Anschlüsse an eine Außenwand. (N. DIN 4109-32, Bild 4)

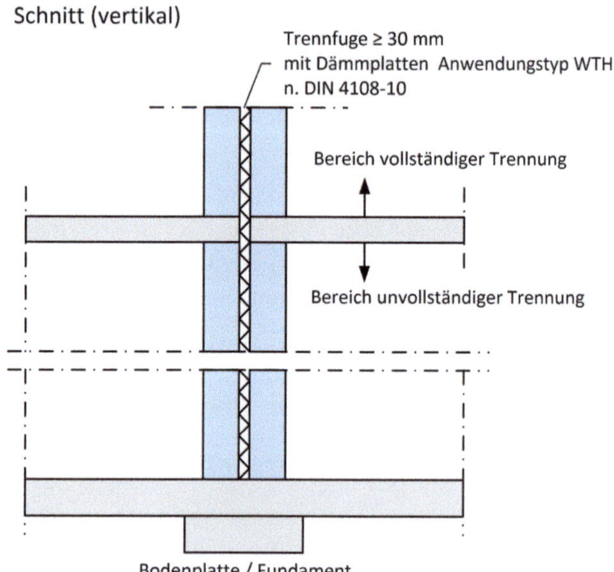

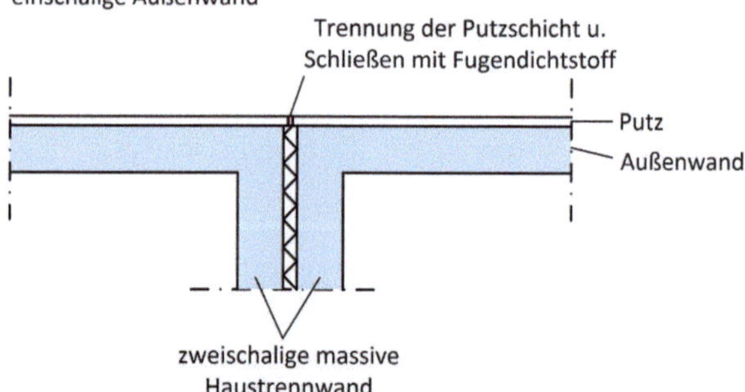

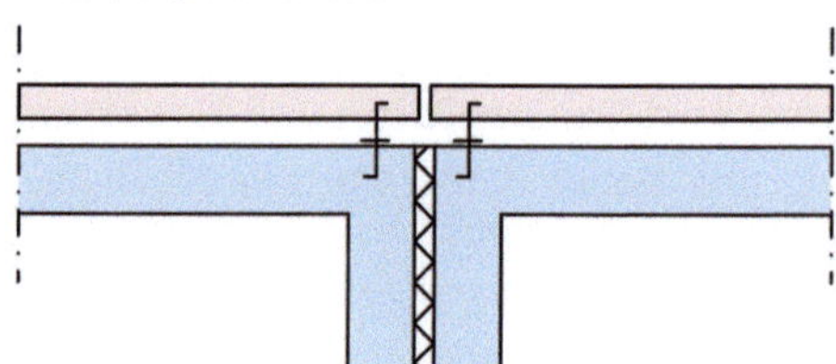

Die Breite der Trennfuge (lichter Abstand zwischen den Wandschalen) muss mindestens 30 mm betragen.

- Die flächenbezogene Masse einer Einzelschale einschließlich Putz muss mindestens 150 kg/m² betragen. Diese Forderung führt zu Wandstärken einer Einzelschale von mindestens 17,5 cm. Bei einer Breite der Trennfuge von ≥ 50 mm darf die flächenbezogene Masse einer Einzelschale bis auf 100 kg/m² reduziert werden.
- Der Fugenhohlraum ist mit Mineralwolledämmplatten nach DIN EN 13162 vollflächig auszufüllen. Die Platten sind dicht zu stoßen.
- Bei asymmetrischer Ausführung der Wandschalen (z. B. unterschiedliche flächenbezogene Massen, unterschiedliche Dicken) wird die Schalldämmung weiter verbessert. Dieser Effekt wird im zurzeit vorliegenden vereinfachten Berechnungsverfahren nicht berücksichtigt.

Beispiele für die Ausführung einer zweischaligen Haustrennwand und Anschlüsse an eine einschalige Außenwand sowie an eine Wand aus zweischaligem Mauerwerk sind in Abb. 4.57 dargestellt.

4.8.4.5 Fundamentausbildung

Die Fundamentausbildung hat in den oberen Geschossen nur einen geringen Einfluss auf das Schalldämm-Maß. Voraussetzung hierfür ist jedoch eine konsequente schalltechnische Entkopplung beider Wandschalen durch eine durchgehende Trennfuge. Die Trennfuge muss auch im Bereich des Daches beide Schalen voneinander trennen, um eine Schallübertragung zu vermeiden.

Einen wesentlichen Einfluss auf das Schalldämm-Maß hat jedoch die Ausbildung des Fundamentes im untersten Geschoss.

Hier sind die folgenden wesentlichen Fälle zu unterscheiden (Abb. 4.58):

a) durchlaufende Bodenplatte (ohne oder mit Fundament);
b) vollständig getrennte Bodenplatte (und Fundament);
c) getrennte Bodenplatte auf einem gemeinsamen Fundament.

Die maximale Schalldämmung ergibt sich bei vollständiger Trennung von Bodenplatte und Fundament (Fall b). Aus verschiedenen Gründen (z. B. Gefahr von Schäden durch unterschiedlich große Setzungen der beiden Gebäude) wird diese Variante meist nicht ausgeführt.

Stattdessen werden beide Gebäudeteile in vielen Fällen auf eine durchgehende Bodenplatte gegründet (Standardausführung bei Reihenhäusern und Doppelhäusern) (Fall a). Die Schalldämmung ist in diesem Fall am ungünstigsten, zumindest gilt dies für das unterste Geschoss.

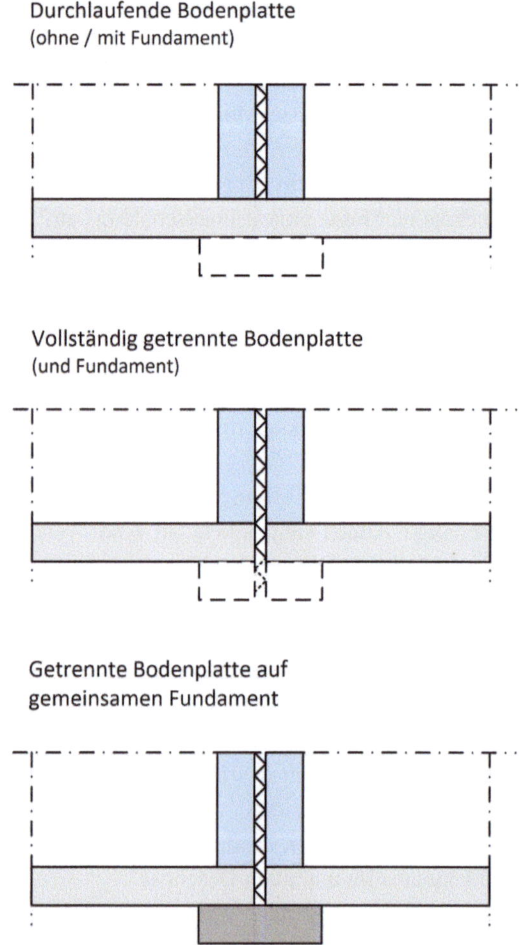

Abb. 4.58 Ausbildung des Fundamentbereichs bei zweischaligen Haustrennwänden. (N. DIN 4109-32, Bild 5)

Besser ist es, wenn die Bodenplatte unterbrochen wird, aber auf einem gemeinsamen Fundament aufgelegt wird (Fall c). In diesem Fall ergibt sich zwar eine schlechtere Schalldämmung im Vergleich zu einer vollständigen Trennung (Fall b), die Schalldämmung ist aber besser als bei einer durchgehenden Bodenplatte (Fall a).

4.8.5 Luftschalldämmung im Holz-, Leicht- und Trockenbau

4.8.5.1 Allgemeines

Im Gegensatz zum Massivbau ist die Berechnung der Flankenübertragung aus den Direkt-Schalldämm-Maßen und den Stoßstellendämm-Maßen im Holzbau problematisch, da Konstruktionen in Holzbauweise stark inhomogen sind.

Aus diesem Grund wird die Flankenübertragung pauschal erfasst, indem die bewertete Norm-Flankenschallpegeldifferenz $D_{n,f,w}$ der an der Schallübertragung beteiligten Bauteile herangezogen wird.

Vorsatzschalen und Fußbodenaufbauten werden dabei als integrierter Bestandteil des Bauteils behandelt.

4.8.5.2 Bewertetes Bau-Schalldämm-Maß

Das bewertete Bau-Schalldämm-Maß R'_w des Bauteils in Holz-, Leicht- oder Trockenbauweise berechnet sich mit folgender Gleichung:

$$R'_w = -10\log\left[10^{-R_{Dd,w}/10} + \sum_{F=f=1}^{n} 10^{-R_{Ff,w}/10}\right] \tag{4.57}$$

mit

$$R_{Ff,w} = D_{n,f,w} + 10\log\left(\frac{l_{lab}}{l_f}\right) + 10\log\left(\frac{S_S}{A_0}\right) \tag{4.58}$$

Darin bedeuten:

R'_w bewertetes Bau-Schalldämm-Maß zwischen zwei Räumen, in dB;
$R_{Dd,w}$ bewertetes Schalldämm-Maß des trennenden Bauteils, in dB;
$R_{Ff,w}$ bewertetes Flankendämm-Maß für den Übertragungsweg Ff, in dB;
$D_{n,f,w}$ bewertete Norm-Schallpegeldifferenz eines flankierenden Bauteils, in dB;
n die Anzahl der flankierenden Bauteile in einem Raum; üblicherweise ist $n = 4$;
l_{lab} die Bezugskantenlänge, in m:
  l_{lab} = 2,8 m für Fassaden und Innenwände bei horizontaler Übertragung;
  l_{lab} = 4,5 m für Decken, Unterdecken und Fußbodenaufbauten bei horizontaler Übertragung sowie bei Fassaden und Innenwände bei vertikaler Übertragung;
l_f gemeinsame Kopplungslänge der Verbindungsstelle zwischen dem trennenden Bauteil und den flankierenden Bauteilen F und f, in m;
S_S Fläche des trennenden Bauteils, in m² (min $S_S = 8$ m²);
A_0 Bezugsabsorptionsfläche, $A_0 = 10$ m².

Nachfolgend werden die Bauteildaten nur für einige ausgewählte Bauteile exemplarisch angegeben. Für die Daten sämtlicher Bauteile wird auf DIN 4109-33 verwiesen.

4.8.5.3 Metallständerwände

Metallständerwände sind nichttragende Trennwände, die aus einer Unterkonstruktion aus dünnwandigen Stahlblechprofilen nach DIN EN 14195:2020-07 in Verbindung mit DIN 18182-1 mit einer beidseitigen Bekleidung aus Plattenwerkstoffen bestehen. Als Plattenwerkstoffe können z. B. Gipsplatten, Gipsfaserplatten und Holzwerkstoffplatten verwendet werden.

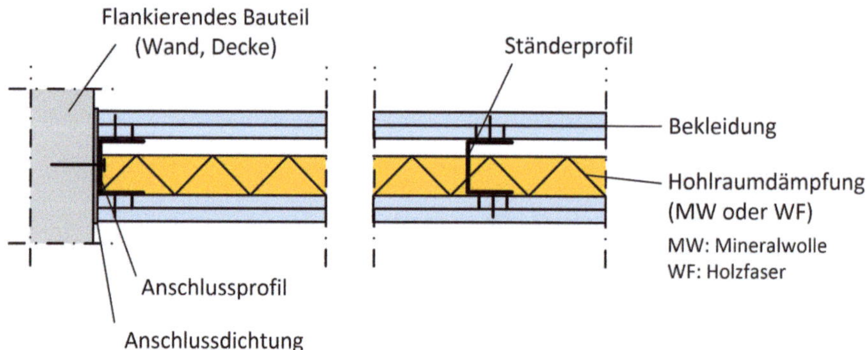

Abb. 4.59 Einfachständerwand. (N. DIN 4109-33, Bild 3)

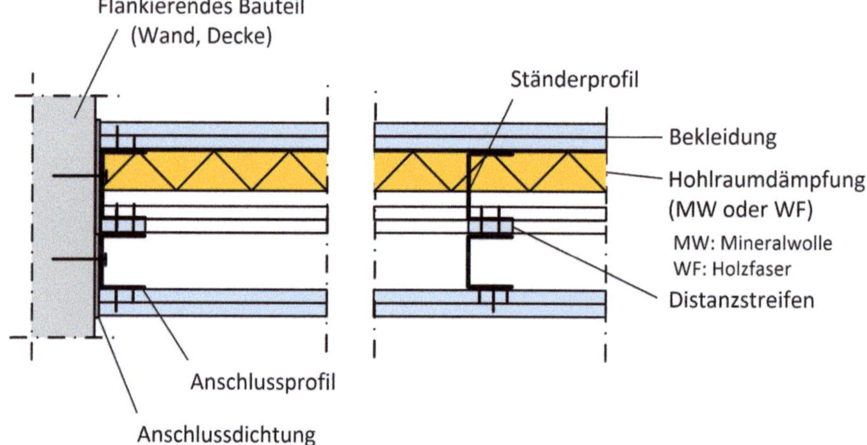

Abb. 4.60 Doppelständerwand. (N. DIN 4109-33, Bild 4)

Grundsätzlich werden Einfachständerwände (Abb. 4.59) und Doppelständerwände (Abb. 4.60) unterschieden. Die Luftschalldämmung ist bei Doppelständerwänden deutlich besser als bei Einfachständerwänden.

Die Schallübertragung erfolgt bei Metallständerwänden im Wesentlichen über folgende Wege:

- von der Bekleidung einer Wandseite über den mit Luft und Faserdämmstoff gefüllten Zwischenraum auf die andere Wandseite;
- über die Metallunterkonstruktion zwischen den Bekleidungen;
- über die flankierenden Bauteile (z. B. Wände, Böden, Decken oder Dächer);
- über Durchdringungen (z. B. Pfetten, Balken, Träger, Leitungen);
- über Undichtigkeiten in den Anschlussbereichen.

Bei der Planung und Ausführung von Metallständerwänden sind neben den Anforderungen an den Schallschutz auch Anforderungen an den vorbeugenden baulichen Brandschutz sowie an die Standsicherheit und Gebrauchstauglichkeit zu erfüllen.

- Hinsichtlich schallschutztechnischer Aspekte sind folgende Punkte besonders zu beachten:
- Dichte Ausführung der Wände. Die Anschlussprofile an die flankierenden Bauteile sind mit Dichtungsmaterial abzudichten.
- Im Wandhohlraum sind Mineralwolle (MW) oder Holzfaser (WF) einzubauen.
- Eine geringere Kopplung im Bereich der Ständer verbessert die Schalldämmung. Dadurch erzielen Doppelständerwände mit federnder Stegausbildung bessere Schalldämmwerte als Wände bei gleichem Materialaufwand.
- Die Verwendung spezieller Gipsplatten oder Gipsfaserplatten, deren Biegeweichheit und Plattenmasse in schallschutztechnischer Hinsicht optimiert ist, erreichen eine bessere Schalldämmung.
- Gleitende Deckenanschlüsse können die Schalldämmung verschlechtern (z. B. bei Deckendurchbiegungen > 10 mm erforderlich).
- Die Art der Befestigung der Bekleidung beeinflusst die Schalldämmung. Eine Befestigung durch Klebung kann zu einer besseren Schalldämmung führen als eine geschraubte Befestigung.

Für Metallständerwände mit Bekleidungen aus Gipsplatten gilt:

Doppelständerwände weisen eine höhere Schalldämmung auf als Einfachständerwände.

Direktschalldämmung

Werte für das bewertete Schalldämm-Maß R_w für Metallständerwände mit Gipsplatten sind in Tab. 4.52 angegeben.

Flankenschalldämmung von Metallständerwänden

Werte für die bewertete Norm-Schallpegeldifferenz $D_{n,f,w}$ von Metallständerwänden mit Gipsplatten sind in Tab. 4.53 angegeben. Die Werte $D_{n,f,w}$ beziehen sich bei Übertragung in

- horizontaler Richtung auf eine gemeinsame Kantenlänge von $l_{lab} = 2{,}8$ m und
- in vertikaler Richtung auf ein $l_{lab} = 4{,}5$ m.

Bei flankierender Schallübertragung von Metallständerwänden mit Gipsplatten über ein massives Trennbauteil ($m' \geq 350$ kg/m^2) ist eine bewertete Norm-Flankenschallpegeldifferenz von

$$D_{n,f,w} = 76 \text{ dB}$$

anzusetzen (Abb. 4.61).

Tab. 4.52 Bewertete Schalldämm-Maße R_w (= $R_{Dd,w}$) für Metallständerwände mit Gipsplatten n. DIN 18183-1. (N. DIN 4109-33, Tab. 2)

Art	Schnitt (horizontal)	Konstruktionsdetails				Bewertetes Schalldämm-Maß
		Metallständerprofil[b] mm	Mindestschalenabstand s mm	Bekleidung[c] s_B mm	Mindestdämmschichtdicke[a] s_D mm	R_w dB
Einfachständerwand (mit doppelter Bekleidung)	s_B, s, s_D	CW 50	50	GK 12,5	40	41
		CW 75	75		60	42
		CW 100	100		40	43
					60	44
					80	45
Einfachständerwand (mit doppelter Bekleidung)	s_B, s, s_D	CW 50	50	GK 12,5 + GK 12,5	40	48
		CW 75	75		40	48
					60	51
		CW 100	100		40	49
					60	51
					80	52
Doppelständerwand (mit doppelter Bekleidung)	s_B, s, s_D, 1; 1: elastischer Abstandhalter mit d = 5 mm	2 × CW 50	105	GK 12,5 + GK 12,5	2 × 40	60
		2 × CW 100	205		80	61

[a]MW: Mineralwolle oder WF: Holzfaser
[b]W: C-Wandprofil, Achsabstand ≥ 600 mm
[c]GK: Gipsplatte
1 elastischer Abstandhalter mit d = 5 mm

Tab. 4.53 Bewertete Norm-Flankenschallpegeldifferenz $D_{n,f,w}$ von Metallständerwänden mit 12,5 mm dicken Gipsplatten nach DIN 18183-1 bei horizontaler Schallübertragung. (N. DIN 4109-33, Tab. 26, Auszug)

Schnitt (horizontal)	flankierende Wand		Bewertete Norm-Flanken-schallpegeldifferenz $D_{n,f,w}$ (C; C_{tr}) dB
	Schalenabstand s mm	Anzahl Plattenlagen auf Innenseite	
	50	1	53 (−5; −5)
		2	56 (−6; −4)
	100	1	55 (−6; −5)
		2	59 (−7; −4)
	50	1	57 (−4; −9)
		2	60 (−4; −6)
	100	1	59 (−3; −9)
		2	61 (−2; −5)

Erläuterung der Bezeichnungen in den Abbildungen:
1 Trennwand als Einfach- oder Doppelständerwand nach DIN 18183-1 mit dichtem Anschluss an die flankierende Wand
2 Flankierende Wand als Einfach- oder Doppelständerwand nach DIN 18183-1 mit 12,5 mm dicken Gipsplatten GK oder Gipsfaserplatten GF
3 Etwa 80 %ige Hohlraumfüllung aus Mineralwolle MW oder Holzfaser WF
4 Innenseitige Bekleidung
5 Durchgehende Fuge an innenseitiger Bekleidung, z. B. Fugenschnitt ≥ 3 mm

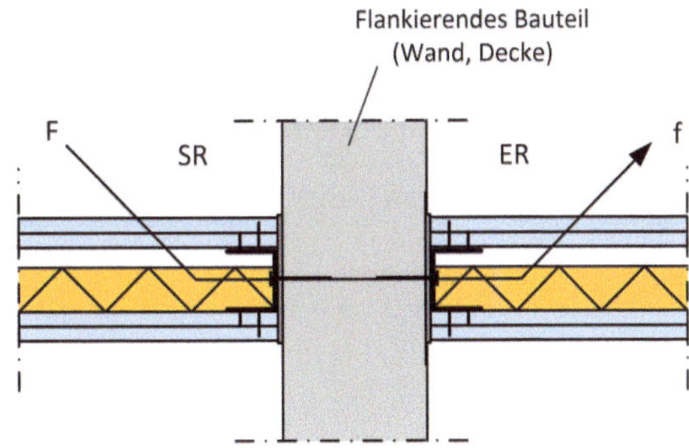

Abb. 4.61 Schallübertragung von Metallständerwänden über ein massives Trennbauteil (Decke oder Wand) (n. DIN 4109-33, Bild 5)

Flankenschalldämmung von schwimmenden Estrichen

Bei Massivdecken mit schwimmendem Estrich und aufgesetzter Trennwand als Einfach- oder Doppelständerwand mit Unterkonstruktion aus Holz oder Metall (d. h. Estrich läuft durch) sind die in Tab. 4.54 angegebenen Werte für die bewertete Norm-Flankenschall-pegeldifferenz anzunehmen.

Tab. 4.54 Bewertete Norm-Flankenschallpegeldifferenz $D_{n,f,w}$ von schwimmenden Estrichen bei horizontaler Schallübertragung. (N. DIN 4109-33, Tab. 41)

Schnitt (vertikal)	Art des Estrichs: Zement-, Calciumsulfat- oder Magnesia-Estrich	Art des Estrichs: Gussasphaltestrich
	bewertete Norm-Flankenschallpegeldifferenz $D_{n,f,w}$ dB	
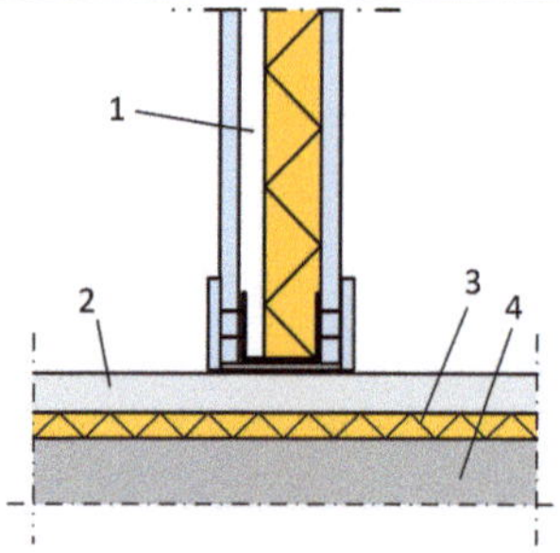 1, 2, 3, 4	40	46
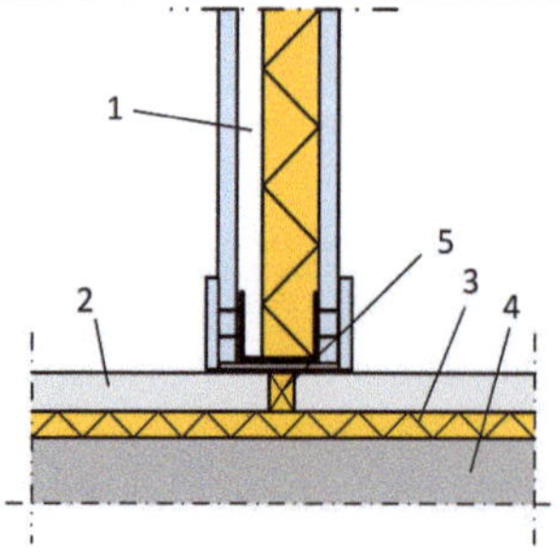 1, 2, 3, 4, 5	57[a]	57[a]

Erläuterungen der Bezeichnungen in den Abbildungen:

1 Trennwand als Einfach- oder Doppelständerwand mit Unterkonstruktion aus Holz oder Metall oder elementierte Trennwand; Trennwand mit Anschlussdichtung ausführen

2 Estrich

3 Mineralwolle MW Anwendungstyp DES nach DIN 4108-10 (DES: Oberseitige Innendämmung der Decke oder Bodenplatte unter Estrich mit Schallschutzanforderungen)

4 Flächenbezogene Masse der Massivdecke $m' \geq 300$ kg/m²

5 durchgehende Fuge im Estrich

Fußnote:

[a] Nachträglich ausgeführte Fugenschnitte seitlich der Trennwand führen zu ungünstigeren Werten

Flankenschalldämmung von Unterdecken unter Massivdecken

Bei Massivdecken mit Unterdecken, die als flankierende Bauteile über leichte mehrschalige Trennwände (wie z. B. Metallständerwände) verlaufen, wird der Luftschall primär über den Deckenhohlraum zwischen Rohdecke und Unterdecke übertragen. Aus diesem Grund spielt für die Güte der Luftschalldämmung die Dichtheit der Unterdecke an beiden Seiten der Trennwand sowie die Hohlraumdämpfung eine besondere Rolle.

Die Trennwand kann auf unterschiedliche Weise an die Unterdecke angeschlossen werden:

a) Trennwand an Unterdecke angeschlossen, Decklage durchlaufend ohne Fuge;
b) Trennwand an Unterdecke angeschlossen, Decklage durch Fuge getrennt (Abb. 4.62);
c) Trennwand an Unterkonstruktion der Unterdecke angeschlossen, Decklage in Trennwanddicke getrennt (Abb. 4.63);
d) Trennwand an Massivdecke angeschlossen, Unterdecke getrennt (Abb. 4.64).

Werte für die bewertete Norm-Flankenschallpegeldifferenz $D_{n,f,w}$ von Unterdecken sind in Tab. 4.55 angegeben.

4.8.5.4 Holzbalkendecken

Werte für das bewertete Schalldämm-Maß R_w und den bewerteten Norm-Trittschallpegel $L_{n,w}$ von Holzbalkendecken mit mineralisch gebundenem schwimmenden Estrich und Unterdecke sind in Tab. 4.56 angegeben.

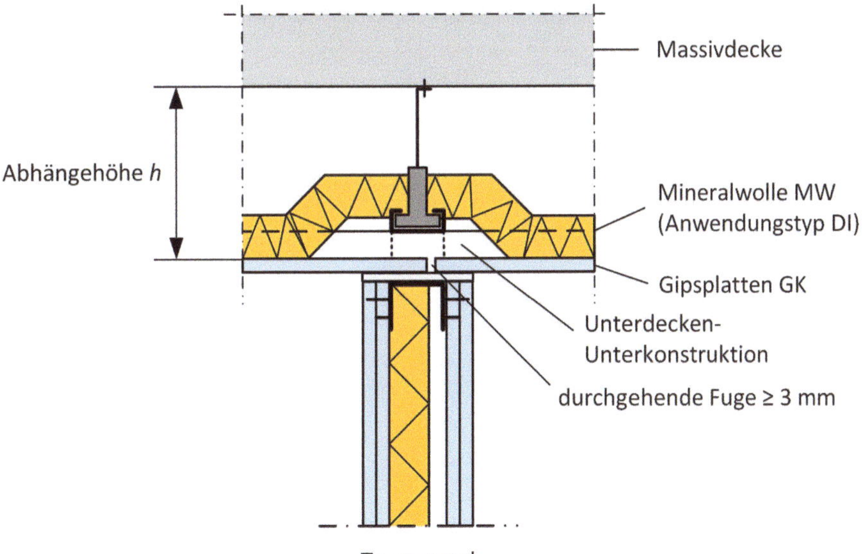

Abb. 4.62 Trennwand an Unterdecke angeschlossen, Decklage durch Fuge getrennt. (N. DIN 4109-33, Bild 7)

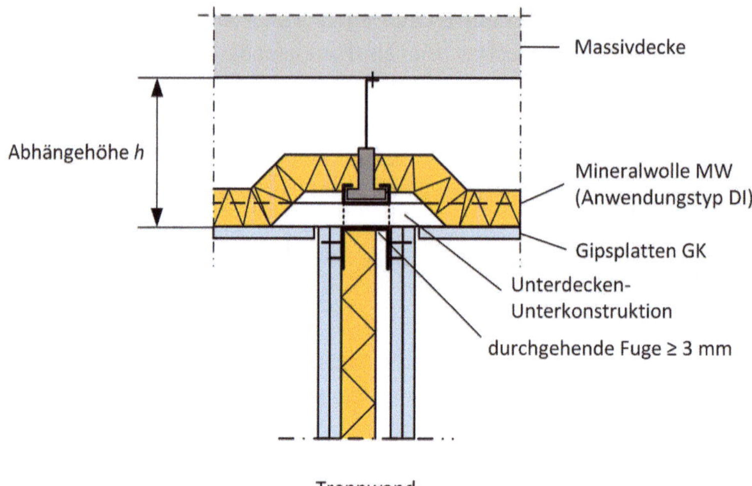

Abb. 4.63 Trennwand an Unterkonstruktion der Unterdecke angeschlossen, Decklage in Trennwanddicke getrennt. (N. DIN 4109-33, Bild 8)

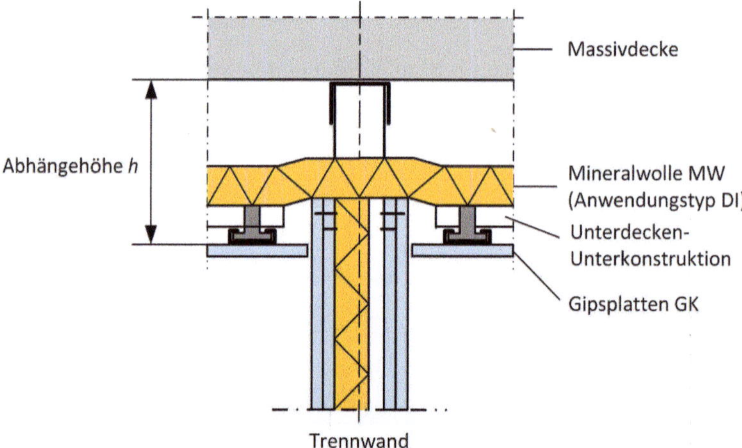

Abb. 4.64 Trennwand an Massivdecke angeschlossen, Trennung der Unterdecke in Decklage und Unterkonstruktion. (N. DIN 4109-33, Bild 9)

Tab. 4.55 Bewertete Norm-Flankenschallpegeldifferenz $D_{n,f,w}$ von Unterdecken mit geschlossenen Flächen, Abhängehöhe 400 mm bei horizontaler Schallübertragung. (N. DIN 4109-33, Tab. 37)

Konstruktion der Unterdecke	flächenbezogene Masse der Decklage kg/m²	Dicke Faserdämmstoff-Auflage[a] 0 mm	40 mm	80 mm
		$D_{n,f,w}$ dB		
a) Trennwand an Unterdecke angeschlossen, Decklage durchlaufend	GK: $m' \geq 8{,}5$	48	49	50
	2 × GK: $m' \geq 8{,}5$	55	56	56
b) Trennwand an Unterdecke angeschlossen, Decklage durch Fuge getrennt	GK: $m' \geq 8{,}5$	50	54	56
c) Trennwand an Unterkonstruktion angeschlossen, Decklage in Trennwanddicke getrennt	2 × GK: $m' \geq 8{,}5$	57	59	59
d) Trennwand an Massivdecke angeschlossen, Trennung der Unterdecke in Decklage und Unterkonstruktion	2 × GK: $m' \geq 8{,}5$	57	65	-

[a]Die Werte der Norm-Flankenschallpegeldifferenz $D_{n,f,w}$ dieser Tabelle gelten für eine vollflächige Faserdämmstoff-Auflage mit der angegebenen Dicke

Tab. 4.56 Bewertete Schalldämm-Maße R_w und bewertete Norm-Trittschallpegel $L_{n,w}$ von Holzbalkendecken mit mineralisch gebundenem schwimmenden Estrich und Unterdecke. (N. DIN 4109-33, Tab. 21, Auszug)

Schnitt (vertikal)	Konstruktion Abmessung	Beschreibung	$L_{n,w}$ (C_I) dB	R_w (C; C_{tr}) dB
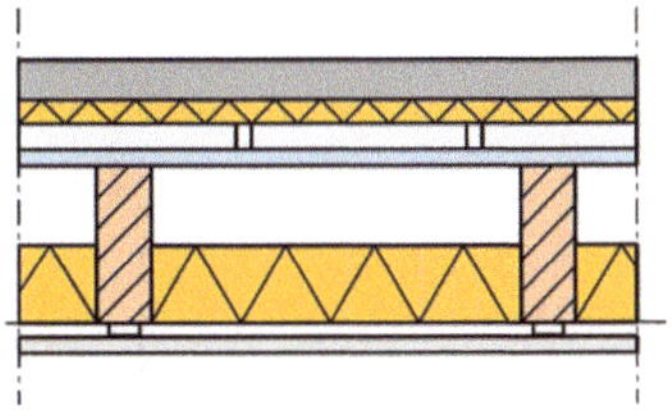	≥ 50 mm	Estrich[a]	30 (0)	≥ 70
	≥ 40 mm	Mineralwolledämmplatte MW ($s' \leq 6$ MN/m³; Anwendungstyp DES-sh)[b]		
	≥ 40 mm	Betonsteinbeschwerung[c] ($m' \geq 100$ kg/m²)		
	22 mm	Holzwerkstoffplatte HW[d]		
	220 mm	Balken oder Stegträger[e]		
	100 mm	Hohlraumdämpfung[b]		
	27 mm	Federschiene[f]		
	12,5 mm	Gipsplatte GK[g]		

(Fortsetzung)

Tab. 4.56 Fortsetzung

Schnitt (vertikal)	Konstruktion		$L_{n,w}$ (C_I) dB	R_w (C; C_{tr}) dB
	Abmessung	Beschreibung		
	≥ 50 mm	Estrich[a]	36	68
	≥ 15 mm	Mineralwolledämmplatte MW ($s' \leq 10$ MN/m³; Anwendungstyp DES-sh)[b]	(2)	(−3;−9)
	≥ 30 mm	Schüttung[c] ($m' \geq 45$ kg/m²) Rieselschutz		
	22 mm	Holzwerkstoffplatte HW[d]		
	220 mm	Balken oder Stegträger[e]		
	100 mm	Hohlraumdämpfung[b]		
	27 mm	Federschiene[f]		
	12,5 mm	Gipsplatte GK[g]		

[a]Zement-, Magnesia- oder Calciumsulfatestrich n. DIN 18560-2 mit $m' \geq 120$ kg/m²

[b]Mineralwolle MW oder Holzfaser WF mit Anwendungsgebiet nach Einsatzbereich und der angegebenen dynamischen Steifigkeit s':
-für mineralisch gebundene Estriche: MW mit DES-sh; WF mit DES-sg;
-für Hohlraumdämpfung: MW oder WF mit DZ oder DAD-dk

[c]Trockenes Schüttgut mit einer Schüttdichte $\rho \geq 1500$ kg/m³; Restfeuchte ≤ 1,8 %; gegen Verrutschen gesichert mittels Pappwaben, Sandmatten, Lattengitter (Feldgröße etwa 800 × 800 mm) o. Ä

[d]Spanplatte SP, OSB-Verlegeplatte oder BFU-Platte der Dicken 18 mm bis 25 mm

[e]Tragkonstruktion nach Statik je nach Deckentyp: Balken aus Vollholz oder Brettschichtholz, Mindestmaße 60 mm × 180 mm, alternativ auch Stegträger der Höhe 240 mm bis 406 mm, Achsabstand ≥ 625 mm

[f]Federschiene mit Achsabstand ≥ 415 mm; Montage nach Anwendervorschrift

[g]GK, alternativ GF der Dicke 10 mm

4.8.5.5 Holztafelwände

Für die flankierende Übertragung gelten folgende Regeln:

a) Bei durchlaufenden massiven Trennbauteilen (z. B. Decken, Wände) mit $m' \geq 350$ kg/m² gilt für die flankierende Übertragung über das massive Trennbauteil hinweg für Wände in Holztafelbauweise: $D_{n,f,w} = 76$ dB.
b) Bei Holzbalkendecken oder Massivholzdecken, die als Trennbauteile dienen und die flankierende Wand unterbrechen, gilt für die flankierende Übertragung der Wände in Holzbauweise über dieses Trennbauteil hinweg in vertikaler Übertragungsrichtung: $D_{n,f,w} = 67$ dB.
c) Für flankierende Außenwände, die aus biegeweichen Schalen bestehen und Unterkonstruktionen aus Holz aufweisen, gilt für die horizontale Übertragungsrichtung: $D_{n,f,w} = 57$ dB (bzw. die Werte nach DIN 4109-33, Tab. 27).

Für weitere Angaben wird auf DIN 4109-33 verwiesen.

Beispiel

Für die in den Abb. 4.65 und 4.66 dargestellte Wohnungstrenndecke aus Holz in einem Gebäude in Holzbauweise soll die Luftschalldämmung nachgewiesen werden.

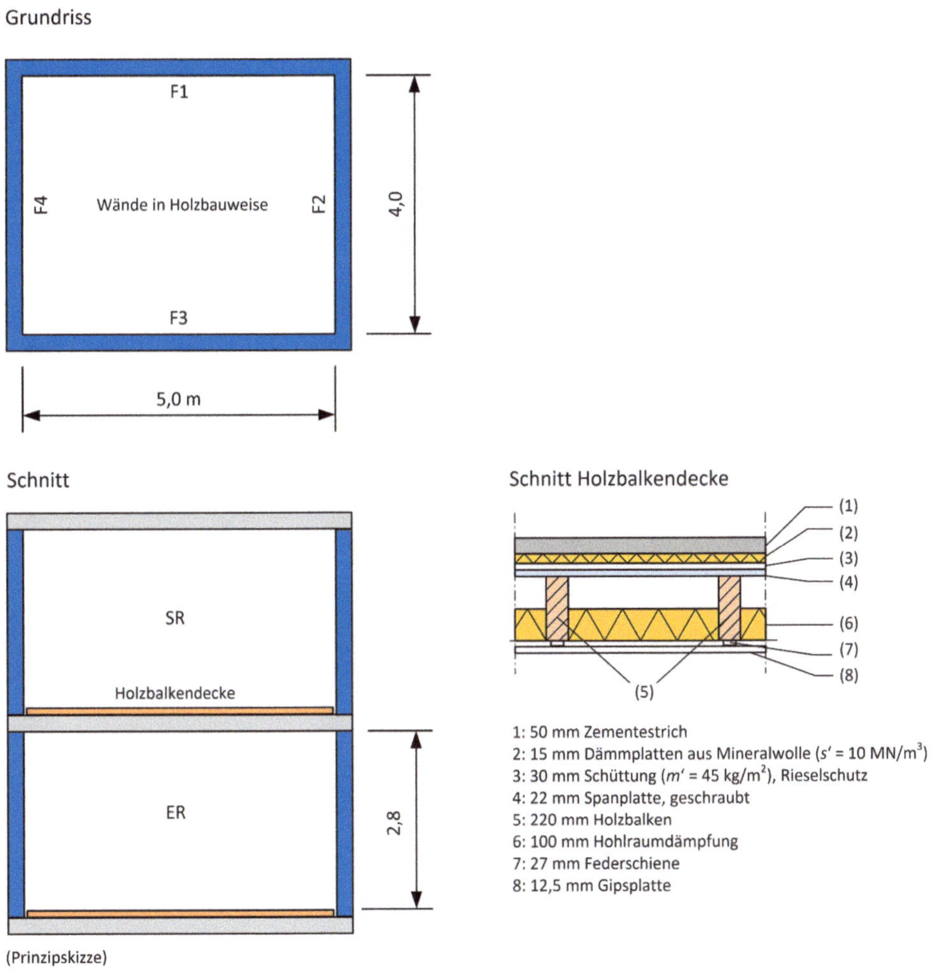

Grundriss

F1

F4 Wände in Holzbauweise F2

F3

4,0

5,0 m

Schnitt

SR

Holzbalkendecke

ER

2,8

(Prinzipskizze)

Schnitt Holzbalkendecke

(1) (2) (3) (4) (5) (6) (7) (8)

1: 50 mm Zementestrich
2: 15 mm Dämmplatten aus Mineralwolle (s' = 10 MN/m^3)
3: 30 mm Schüttung (m' = 45 kg/m^2), Rieselschutz
4: 22 mm Spanplatte, geschraubt
5: 220 mm Holzbalken
6: 100 mm Hohlraumdämpfung
7: 27 mm Federschiene
8: 12,5 mm Gipsplatte

Abb. 4.65 Beispiel – Luftschalldämmung bei einer Holzbalkendecke (Grundriss und Schnitt)

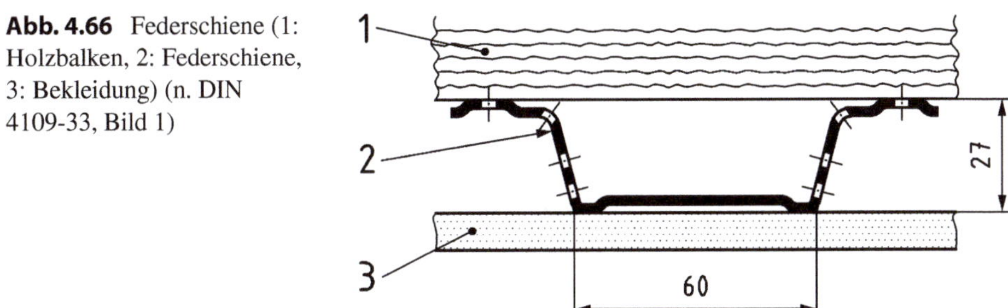

Abb. 4.66 Federschiene (1: Holzbalken, 2: Federschiene, 3: Bekleidung) (n. DIN 4109-33, Bild 1)

Randbedingungen:

- Wohnungstrenndecke in einem MFH; Aufbau s. Abb. 4.65.
- Flankierende Wände (Außenwände): Holzständerwände mit raumseitiger Beplankung aus Holzwerkstoffplatten (HW) und Gipsplatten (GK), mechanisch verbunden.
- Gipsplatten sind mit Federschienen befestigt (Abb. 4.66)

Gesucht:

Nachweis der Luftschalldämmung.

Lösung:

Im Gegensatz zum Massivbau ist die Berechnung der Flankenübertragung aus den Direkt-Schalldämm-Maßen und den Stoßstellendämm-Maßen im Holzbau problematisch, da Konstruktionen in Holzbauweise stark inhomogen sind.

Aus diesem Grund wird die Flankenübertragung pauschal erfasst, indem die bewertete Norm-Flankenschallpegeldifferenz $D_{\mathrm{n,f,w}}$ der an der Schallübertragung beteiligten Bauteile herangezogen wird.

Vorsatzschalen und Fußbodenaufbauten werden dabei als integrierter Bestandteil des Bauteils behandelt.

Das bewertete Bau-Schalldämm-Maß R'_{w} des Bauteils (hier: Wohnungstrenndecke) berechnet sich zu:

$$R'_{\mathrm{w}} = -10\log\left[10^{-R_{\mathrm{Dd,w}}/10} + \sum_{F=f=1}^{n} 10^{-R_{\mathrm{Ff,w}}/10}\right]$$

mit

$$R_{\mathrm{Ff,w}} = D_{\mathrm{n,f,w}} + 10\log\left(\frac{l_{\mathrm{lab}}}{l_{\mathrm{f}}}\right) + 10\log\left(\frac{S_{\mathrm{S}}}{A_0}\right)$$

Darin bedeuten:

R'_{w} bewertetes Bau-Schalldämm-Maß zwischen zwei Räumen, in dB;

$R_{\mathrm{Dd,w}}$ bewertetes Schalldämm-Maß des trennenden Bauteils, in dB;

$R_{\mathrm{Ff,w}}$ bewertetes Flankendämm-Maß für den Übertragungsweg Ff, in dB;

$D_{\mathrm{n,f,w}}$ bewertete Norm-Schallpegeldifferenz eines flankierenden Bauteils, in dB;

n die Anzahl der flankierenden Bauteile in einem Raum; üblicherweise ist $n = 4$;

l_{lab} die Bezugskantenlänge, in m;

l_{lab} = 2,8 m für Fassaden und Innenwände bei *horizontaler* Übertragung;

l_{lab} = 4,5 m für Decken, Unterdecken und Fußbodenaufbauten bei *horizontaler* Übertragung sowie bei Fassaden und Innenwände bei *vertikaler* Übertragung;

l_{f} gemeinsame Kopplungslänge der Verbindungsstelle zwischen dem trennenden Bauteil und den flankierenden Bauteilen F und f, in m;

S_{S} Fläche des trennenden Bauteils, in m^2 (min S_{S} = 8 m^2);

A_0 Bezugsabsorptionsfläche, A_0 = 10 m^2.

Das bewertete Schalldämm-Maß R_w der hier betrachteten Holzbalkendecke ohne Flankenübertragung ergibt sich aus DIN 4109-33, Tab. 21, Zeile 3:

$$R_w = 68 \text{ dB}$$

Hinweis: In der Tab. 4.56 (DIN 4109-33, Tab. 21) ist neben dem bewerteten Schalldämm-Maß R_w auch der bewertete Norm-Trittschallpegel $L_{n,w}$ angegeben[6].

Bewertete Norm-Schallpegeldifferenz der flankierenden Bauteile (n. DIN 4109-33, 5.1.3.2) bei vertikaler Übertragung (Außenwände):

$$D_{n,f,w} = 67 \text{ dB}$$

Bewertete Flankendämm-Maße:
Wand 1 und 3:

$$\begin{aligned} R_{Ff,w} &= D_{n,f,w} + 10\log\left(\frac{l_{lab}}{l_f}\right) + 10\log\left(\frac{S_S}{A_0}\right) \\ &= 67 + 10\log\left(\frac{4,5}{5,0}\right) + 10\log\left(\frac{20,0}{10}\right) \\ &= 69,6 \text{ dB} \end{aligned}$$

Wand 2 und 4:

$$\begin{aligned} R_{Ff,w} &= 67 + 10\log\left(\frac{4,5}{4,0}\right) + 10\log\left(\frac{20,0}{10}\right) \\ &= 70,5 \text{ dB} \end{aligned}$$

Bewertetes Bau-Schalldämm-Maß R'_w der Wohnungstrenndecke (Holzbalkendecke):

$$\begin{aligned} R'_w &= -10\log\left[10^{-R_{Dd,w}/10} + \sum_{F=f=1}^{n} 10^{-R_{Ff,w}/10}\right] \\ &= -10\log\left[10^{-68/10} + \left(10^{-69,6/10} + 10^{-70,5/10} + 10^{-69,6/10} + 10^{-70,5/10}\right)\right] \\ &= 62,5 \text{ dB} \end{aligned}$$

Nachweis:

$$R'_w - 2 \text{ dB} = 62,5 - 2 = 60,5 \geq \text{erf.} R'_w = 54 \text{ dB}$$

mit Anforderungswert (Mindest-Anforderungen) n. Tab. 4.9 (DIN 4109-1:2018-01, Tab. 2, Zeile 2):

$$\text{erf.} R'_w = 54 \text{ dB}$$

[6] Die in den Tabellen des Bauteilkataloges (z. B. DIN 4109-33, Tab. 21) angegebenen Größen C und C_{tr} (bei Luftschalldämmung) und C_I (bei Trittschalldämmung) sind Spektrumanpassungswerte, die außerhalb des Anwendungsbereichs der DIN 4109 verwendet werden können, wenn der Einfluss des Außengeräusches berücksichtigt werden soll.

Umrechnung des bewerteten Bau-Schalldämm-Maßes in die bewertete Standard-Schallpegeldifferenz ($R'_w \rightarrow D_{nT,w}$):

$$\begin{aligned} D_{nT,w} &= R'_w + 10\log\left(\frac{0{,}32 \cdot V_e}{S_S}\right) \\ &= 62{,}5 + 10\log\left(\frac{0{,}32 \cdot (4{,}0 \cdot 5{,}0 \cdot 2{,}8)}{4{,}0 \cdot 5{,}0}\right) \\ &= 62{,}5 + 10\log(0{,}32 \cdot 2{,}8) \\ &= 62{,}5 - 0{,}5 \\ &= 60{,}5 \text{ dB} \end{aligned}$$

Anforderungswerte auf Basis der Standard-Schallpegeldifferenz (z. B. VDI 4100:2012-10):

SSt I:	erf. $D_{nT,w}$ = 56 dB (60,5 – 2 = 58,5 > 56 dB → erfüllt)
SSt II:	erf. $D_{nT,w}$ = 59 dB (60,5 – 2 = 58,5 < 59 dB → nicht erfüllt)
SSt III:	erf. $D_{nT,w}$ = 64 dB (60,5 – 2 = 58,5 < 64 dB → nicht erfüllt)

Darin ist 2 dB der Sicherheitsabschlag, der beim Nachweis sinngemäß auch auf die bewertete Standard-Schallpegeldifferenz $D_{nT,w}$ anzuwenden ist (s. DIN 4109-2: 2018-01, B.5). ◀

4.8.6 Luftschalldämmung im Skelettbau

Im Skelettbau wird die resultierende Schallübertragung aus der Direktschallübertragung über das Trennbauteil und der Übertragung über die flankierenden Bauteile berechnet.

Die Berechnung der Flankenübertragung erfolgt wie beim Massivbau, wobei aber aufgrund der geringeren Stoßstellendämmung der flankierenden Massivbauteile der Mindestwert des Stoßstellendämm-Maßes angesetzt werden kann, d. h. es gilt

$$K_{ij} = K_{ij,min} \tag{4.59}$$

Die Berechnung der flankierenden Schallübertragung von Leichtbauteilen erfolgt entsprechend den Regeln für Bauteile des Holz-, Leicht- und Trockenbaus.

Für weitere Hinweise und Regeln wird auf die Norm (DIN 4109-2) verwiesen.

4.9 Nachweis der Trittschalldämmung

4.9.1 Grundprinzip

Die Nachweisführung der Trittschalldämmung ist in DIN 4109 (2016/18) geregelt und erfolgt nach folgendem Prozedere (Abb. 4.67):

1. Berechnung des bewerteten Norm-Trittschallpegels $L'_{n,w}$.
2. Ermittlung eines Sicherheitszuschlages u_{prog}.
3. Festlegung des Anforderungswertes für die Trittschalldämmung (Höchstwert des bewerteten Norm-Trittschallpegels max. $L'_{n,w}$).
4. Nachweis mit folgender Gleichung:

$$L'_{n,w} + u_{prog} \leq \text{zul.} L'_{n,w} \tag{4.60}$$

Darin bedeuten:

$L'_{n,w}$ bewerteter Norm-Trittschallpegel der Decke, in dB;

u_{prog} Sicherheitszuschlag, in dB (vereinfachend darf der Sicherheitszuschlag zu $u_{prog} = 3$ dB angenommen werden);

zul. $L'_{n,w}$ Höchstwert des bewerteten Norm-Trittschallpegels, in dB.

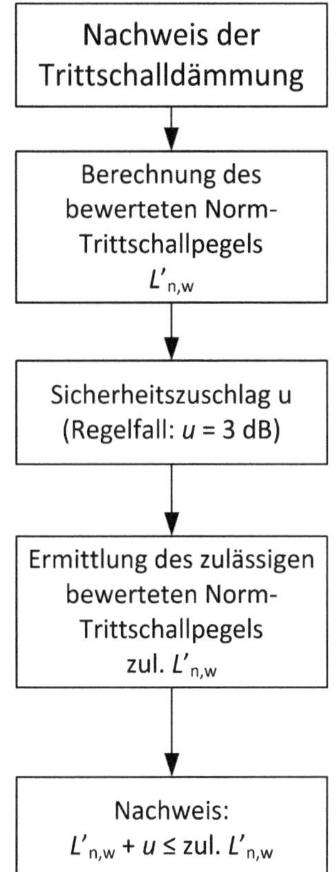

Abb. 4.67 Rechenablauf beim Nachweis der Trittschalldämmung

Der Nachweis erfolgt unter Berücksichtigung eines Sicherheitskonzeptes in Anlehnung an die Bemessungsnormen wie z. B. den Eurocodes. Beim Nachweis der Trittschalldämmung ist ein Sicherheits*zuschlag* u_{prog} anzusetzen. Der Sicherheitszuschlag kann genau berechnet werden (siehe Norm). Vereinfachend darf der Sicherheitszuschlag zu $u_{prog} = 3$ dB angenommen werden.

Das Nachweisverfahren der DIN 4109 beruht auf dem vereinfachten Verfahren der europäischen Norm DIN EN 12354.

Aufgrund der unterschiedlichen Konstruktionen der verschiedenen Bauweisen wird das Rechenmodell zum Nachweis der Trittschalldämmung unterschiedlich umgesetzt. Die Norm (DIN 4109-2) unterscheidet dabei folgende Fälle:

- Trittschallübertragung bei Massivdecken;
- Trittschallübertragung bei leichten Decken (wie z. B. Holzbalkendecken);
- Trittschallübertragung bei Gebäuden mit zweischaliger massiver Haustrennwand;
- Trittschallübertragung bei Treppen (massive Treppen an massiven Treppenwänden, leichte Treppen an massiven Treppenwänden, leichte Treppen an Treppenwänden in Holzbauweise).

Zurzeit kann nur ein Teil der o. g. Situationen beim Schallschutznachweis berücksichtigt werden, da die Rechenverfahren noch fehlen bzw. nicht normativ geregelt sind.

Nachfolgend wird exemplarisch auf die Trittschallübertragung von Massivdecken (4.9.2) und Holzbalkendecken (4.9.3) eingegangen. Für weiterführende Regeln wird auf die Norm (DIN 4109) verwiesen.

Die Schallübertragung für den Trittschall ist in Abb. 4.68 für verschiedene Übertragungswege dargestellt.

4.9.2 Trittschalldämmung von Massivdecken

Als Massivdecken im Sinne der DIN 4109 gelten Decken nach 4.8.3.8 (Stahlbetondecken, Stahlleichtbetondecken sowie Fertigteildecken aus unterschiedlichen Baustoffen).

4.9.2.1 Einflussgrößen auf die Trittschalldämmung von Massivdecken sowie Hinweise für Planung und Ausführung

Die Trittschalldämmung einer Massivdecke nimmt mit der Masse und der Biegesteifigkeit zu. Eine ausreichende Trittschalldämmung kann jedoch – im Gegensatz zur Luftschalldämmung – nicht allein durch Erhöhung der flächenbezogenen Masse erreicht werden.

Erforderlich sind in jedem Fall Deckenauflagen, wie z. B. schwimmende Estriche, die eine schalltechnische Entkopplung des Estrichs und Bodenbelags von der übrigen Baukonstruktion bewirken. Deckenauflagen sind in DIN 4109-34 (2016) geregelt.

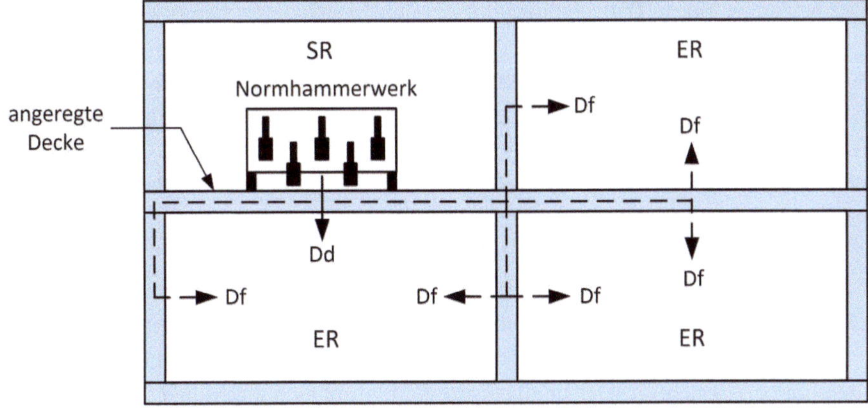

SR: Senderaum
ER: Empfangsraum
Dd: direkte Trittschallübertragung über die Decke ———
Df: flankierende Trittschallübertragung über die Decke – – – -

Abb. 4.68 Schallübertragung für den Trittschall. (N. DIN 4109-2:2018-01, Bild 3)

Weiterhin ist zu beachten, dass eine Unterdecke die Trittschall- (und auch die Luftschalldämmung) zusätzlich verbessert.

> Die **Anforderungen an die Trittschalldämmung** können durch die Rohdecke allein nicht erfüllt werden. Es sind immer **Deckenauflagen** zur Trittschallminderung erforderlich (z. B. schwimmende Estriche).

Weitere Regeln:

- Massivdecken dürfen keine Undichtigkeiten (z. B. Abluftsysteme, nachträglich angebrachte Bohrlöcher für Elektrokabel o. Ä.) aufweisen, da hierdurch die Schalldämmung (Luft- und Trittschall) beeinträchtigt wird.
- Dickere Decken (Deckenstärke mindestens 180 mm) haben sich in der Praxis bewährt, insbesondere gilt dies bei erhöhten Anforderungen an die Trittschalldämmung.

4.9.2.2 Bewerteter Norm-Trittschallpegel von Massivdecken

Als Kenngröße für die Beschreibung der Trittschalldämmung wird der bewertete Norm-Trittschallpegel verwendet.

Der bewertete Norm-Trittschallpegel $L'_{n,w}$ einer Massivdecke hängt vom

- äquivalenten bewerteten Norm-Trittschallpegel $L'_{n,eq,0,w}$ der Rohdecke allein,
- von der Trittschallminderung ΔL_w einer Deckenauflage (z. B. schwimmender Estrich, Bodenbelag) sowie
- von einem Korrekturwert K für die Trittschallübertragung über die flankierenden Bauteile ab.

Bei nicht direkt übereinanderliegenden Räumen (Empfangsraum befindet sich schräg unter dem Senderaum, neben dem Senderaum oder über dem Senderaum; siehe Abb. 4.69) muss noch ein Korrekturwert K_T angesetzt werden, der die Lage des Empfangsraums zum Senderaum berücksichtigt. Der ungünstigste Fall ergibt sich allerdings für den Fall, dass sich der Empfangsraum direkt unter dem Senderaum befindet.

Es werden folgende Fälle unterschieden:

Fall 1: Empfangsraum liegt direkt unter dem Senderaum

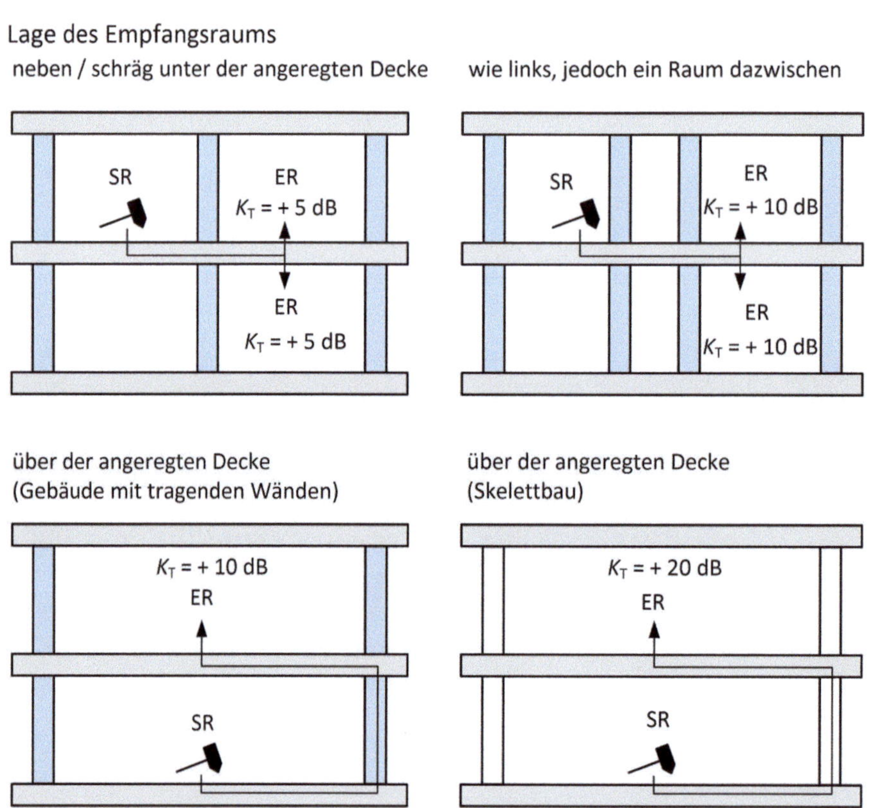

Abb. 4.69 Unterschiedliche Raumsituationen (Lage des Empfangsraums zum Senderaum)

Für den Fall, dass der Empfangsraum direkt unter dem Senderaum liegt, berechnet sich der bewertete Norm-Trittschallpegel mit folgender Gleichung:

$$L'_{\mathrm{n,w}} = L_{\mathrm{n,eq,0,w}} - \Delta L_{\mathrm{w}} + K \tag{4.61}$$

Darin bedeuten:

$L'_{\mathrm{n,w}}$ bewerteter Norm-Trittschallpegel der Massivdecke, in dB;
$L_{\mathrm{n,eq,0,w}}$ äquivalenter bewerteter Norm-Trittschallpegel der Rohdecke allein, in dB;
ΔL_{w} bewertete Trittschallminderung durch eine Deckenauflage, in dB;
K Korrekturwert für die Trittschallübertragung über die flankierenden Bauteile, in dB.

Der Korrekturwert K für die Trittschallübertragung über die flankierenden Bauteile ist von der mittleren flächenbezogenen Masse der flankierenden Bauteile $m'_{\mathrm{f,m}}$ sowie von der flächenbezogenen Masse der Trenndecke m'_{s} (ohne schwimmende Auflagen oder Unterdecken) abhängig. Der Korrekturwert K berechnet sich mit folgenden Gleichungen:

a) *Massivdecken ohne Unterdecken:*

$$K = 0{,}6 + 5{,}5 \log\left(\frac{m'_s}{m'_{\mathrm{f,m}}}\right) \quad \text{für } m'_{\mathrm{f,m}} \le m'_s \tag{4.62}$$

$$K = 0 \text{ dB} \qquad \text{für } m'_{\mathrm{f,m}} > m'_s$$

Der berechnete Korrekturwert ist mit einer Nachkommastelle anzugeben.

b) *Massivdecken mit Unterdecken:*
Durch eine Unterdecke im Empfangsraum kann die direkte Trittschallübertragung der Trenndecke vermindert werden. Die Schallübertragung über die flankierenden Bauteile (Weg Df) wird dadurch jedoch nicht unterbunden. Beide Effekte werden in einem gemeinsamen Korrekturwert K zusammengefasst. Für Unterdecken mit einer bewerteten Verbesserung der Luftschalldämmung von $\Delta R_{\mathrm{w}} \ge 10$ dB berechnet sich der Korrekturwert mit folgender Gleichung:

$$K = -5{,}3 + 10{,}2 \log\left(\frac{m'_s}{m'_{\mathrm{f,m}}}\right) \quad \text{für } m'_{\mathrm{f,m}} \le m'_s \tag{4.63}$$

Der berechnete Korrekturwert ist mit einer Nachkommastelle anzugeben.
Fall 2: Empfangsraum liegt schräg unter, neben oder über dem Senderaum
Für den Fall, dass der Empfangsraum schräg unter dem Senderaum liegt, sich daneben befindet oder über dem Senderaum angeordnet ist, berechnet sich der bewertete Norm-Trittschallpegel mit folgender Gleichung:

$$L'_{\mathrm{n,w}} = L_{\mathrm{n,eq,0,w}} - \Delta L_{\mathrm{w}} - K_{\mathrm{T}} \tag{4.64}$$

Darin bedeuten:

$L'_{n,w}$ bewerteter Norm-Trittschallpegel der Massivdecke bei nicht direkt übereinander liegenden Räumen, in dB;

$L_{n,eq,0,w}$ äquivalenter bewerteter Norm-Trittschallpegel der Rohdecke allein, in dB;

ΔL_w bewertete Trittschallminderung durch eine Deckenauflage, in dB;

K_T Korrekturwert zur Berücksichtigung unterschiedlicher räumlicher Zuordnungen nach Tab. 4.57, in dB.

Tab. 4.57 Korrekturwerte K_T für unterschiedliche räumliche Zuordnungen. (N. DIN 4109-2, Tab. 2)

Zeile	Lage Empfangsraum (ER)		Korrekturwert K_T dB
1	neben oder schräg unter der angeregten Decke[a]	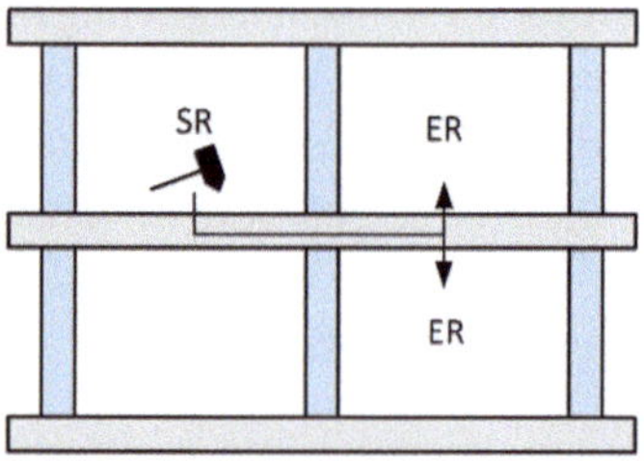 SR ER ER	+5[b]
2	wie Zeile 1, jedoch ein Raum dazwischen	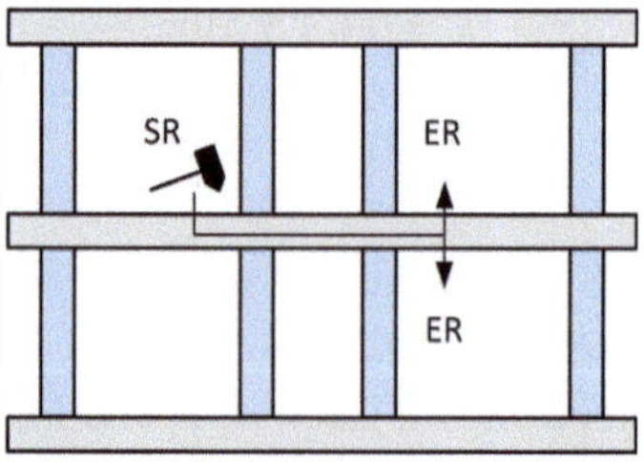 SR ER ER	+10[b]
3	über der angeregten Decke (bei Gebäuden mit tragenden Wänden)	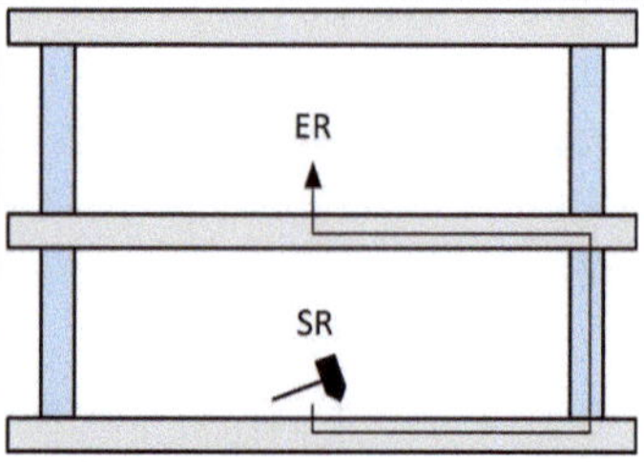 ER SR	+10[c]
4	über der angeregten Decke (in einem Skelettbau)	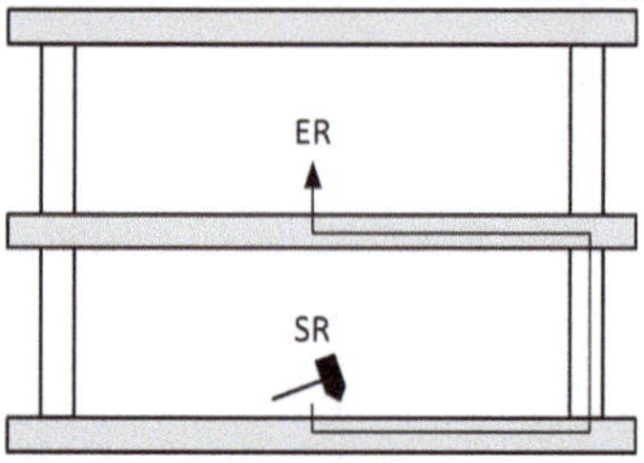 ER SR	+20

[a]Anregung durch Norm-Hammerwerk n. DIN EN ISO 10140:2014-09, Anhang E

[b]Voraussetzung: Zur Sicherstellung einer ausreichenden Stoßstellendämmung müssen die Wände zwischen angeregter Decke und Empfangsraum starr angebunden sein und eine flächenbezogene Masse $m' \geq 150\ \mathrm{kg/m^2}$ aufweisen

4.9.2.3 Äquivalenter bewerteter Norm-Trittschallpegel der Rohdecke

Der äquivalente bewertete Norm-Trittschallpegel der Rohdecke ist abhängig von der flächenbezogenen Masse m'. Er berechnet sich mit folgender Gleichung (für 100 kg/m^2 $\leq m' \leq$ 720 kg/m^2):

$$L_{\text{n,eq,0,w}} = 164 - 35 \log\left(\frac{m'}{1\ \text{kg/m}^2}\right) \tag{4.65}$$

mit:

m' flächenbezogene Masse der Rohdecke, in kg/m^2. Die flächenbezogene Masse berechnet sich nach 4.8.3.8. Als flächenbezogene Masse darf nur die Masse der Rohdecke angesetzt werden, nicht jedoch die flächenbezogene Masse der Estrichplatte oder des Bodenbelags.

4.9.2.4 Trittschallminderung durch Deckenauflagen

Die Ermittlung der Trittschallminderung durch Deckenauflagen ist in DIN 4109-34 (2016) geregelt. Nachfolgend wird nur auf die Trittschallminderung durch einen schwimmenden Estrich auf Massivdecken eingegangen.

Schwimmende Estriche auf Massivdecken

Ein schwimmender Estrich ist ein Estrich, der

- auf einer Dämmschicht verlegt ist,
- der auf seiner Unterlage frei beweglich ist und
- vollständig von allen aufgehenden Bauteilen (z. B. Wände, Rohrleitungen usw.) durch Randdämmstreifen getrennt (d. h. schalltechnisch entkoppelt) ist (Abb. 4.70).

Für die Dämmschicht dürfen nur geeignete Trittschalldämmstoffe, ggfs. in Kombination mit Wärmedämmstoffen (z. B. bei Bodenplatten) verwendet werden. Als Estriche können Stoffe nach DIN 18560-1 ausgeführt werden:

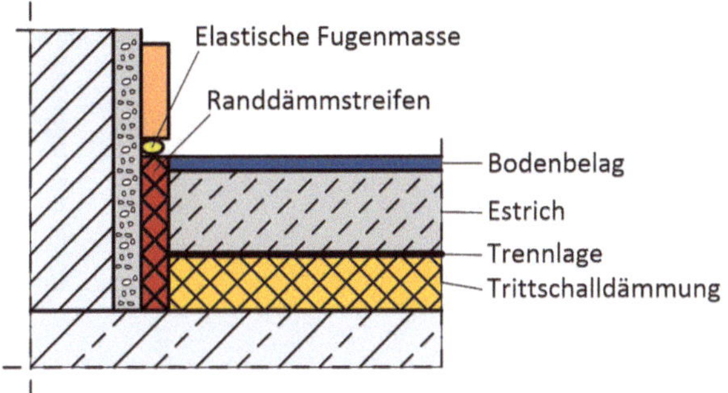

Abb. 4.70 Schwimmender Estrich bei einer Massivdecke; hier: Anschluss an eine Wand

- mineralisch gebundene Estriche (z. B. Zementestrich),
- Gussasphaltestriche und
- Kunstharzestriche.

Weiterhin dürfen Fertigteilestriche eingesetzt werden.

Bei der Ausführung ist darauf zu achten, dass keine Schallbrücken entstehen (Abb. 4.71). Der Randdämmstreifen muss daher den Fußbodenaufbau (d. h. Estrich und Bodenbelag) vollständig von allen aufgehenden Bauteilen (Wände) und durchdringenden Bauteilen (Rohr-, Installationsleitungen) entkoppeln. Der überstehende Rand des Randdämmstreifens darf erst nach Verlegen des Bodenbelages (Fliesen, Parkett, PVC-Bodenbelag o. Ä.) entfernt (d. h. abgeschnitten) werden. Der Randdämmstreifen wird immer auf die Rohdecke gestellt, die Trittschalldämmung wird dazwischen verlegt.

Schwimmende Estriche können auch für Fußbodenheizflächen verwendet werden (Heizestriche). Je nach Bauart werden in der Estrichplatte die Heizwasserleitungen verlegt. In diesem Fall wird die Estrichplatte daher meist dicker ausgeführt, um die Leitungen unterbringen zu können (s. DIN 18560-2).

Bei schwimmenden Estrichen, die unter leichten Trennwänden (z. B. mehrschalige Wandkonstruktionen aus Leichtbauweise) durchlaufen, ist zu beachten, dass hierbei eine zusätzliche Schallübertragung über die durchlaufende Estrichplatte erfolgt. Beim rechnerischen Nachweis ist dieser Effekt zu berücksichtigen; siehe Norm (Abb. 4.72).

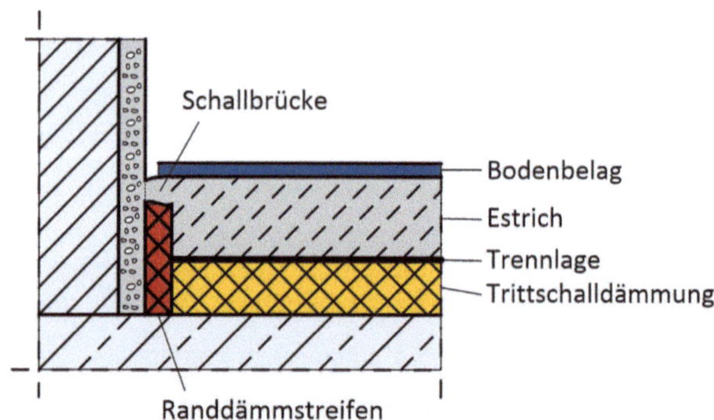

Abb. 4.71 Schallbrücke eines schwimmenden Estrichs bei einem Wandanschluss

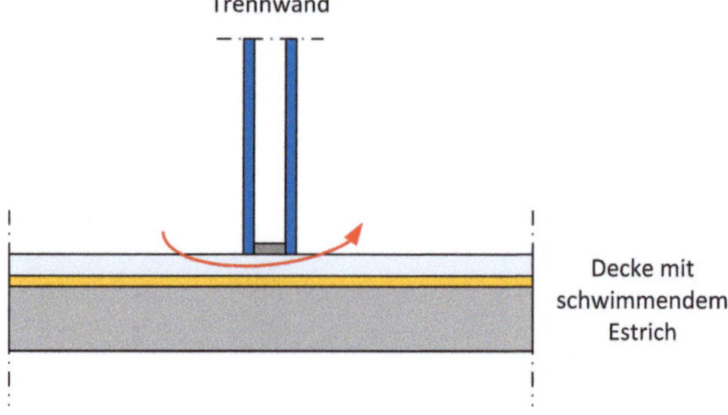

Abb. 4.72 Durchlaufender schwimmender Estrich unter einer leichten Trennwand

Bewertete Trittschallminderung schwimmender Estriche

Mit schwimmenden Estrichen wird die Trittschalldämmung einer Massivdecke erheblich verbessert. Darüber hinaus wird auch eine Verbesserung der Luftschalldämmung erzielt. Die bewertete Trittschallminderung ΔL_w schwimmender Estriche ist von

- der flächenbezogenen Masse m' der Estrichplatte sowie
- von der dynamischen Steifigkeit s' der Dämmschicht

abhängig.

Mineralische Estriche und Kunstharzestriche

Für schwimmende Zement-, Calciumsulfat-, Calciumsulfatfließ-, Magnesia- und Kunstharzestriche, die auf Trittschalldämmstoffen nach DIN 4108-10 (Anwendungstyp DES) verlegt sind, berechnet sich die bewertete Trittschallminderung mit folgender Gleichung (Abb. 4.73):

$$\Delta L_w = 13\log(m') - 14{,}2\log(s') + 20{,}8 \tag{4.66}$$

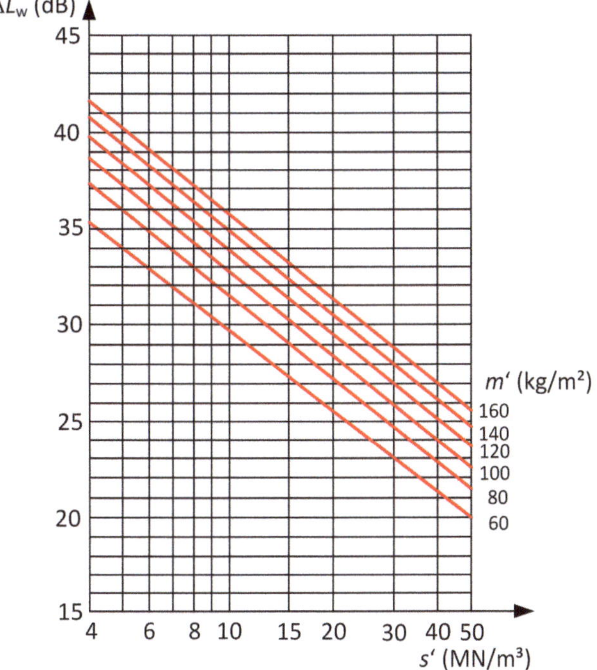

Abb. 4.73 Bewertete Trittschallminderung schwimmender Zement-, Calciumsulfat-, Calciumfließsulfat-, Magnesia- und Kunstharzestriche. (N. DIN 4109-34, Bild 1)

Darin bedeuten:

ΔL_w bewertete Trittschallminderung des schwimmenden Estrichs, in dB;

m' flächenbezogene Masse der Estrichplatte, in kg/m²; Hinweis: Gl. (4.66) gilt für 60 kg/m² $\leq m' \leq$ 160 kg/m²);

s' dynamische Steifigkeit der Dämmschicht, in MN/m³; Hinweis: Gl. (4.66) gilt für 6 MN/m³ $\leq s' \leq$ 50 MN/m³.

Sofern die Trittschalldämmung aus zwei übereinanderliegenden Dämmschichten besteht, berechnet sich die dynamische Steifigkeit s' mit folgender Gleichung:

$$s'_{\text{tot}} = \left(\sum_{i=1}^{2} \frac{1}{s'_{\text{i}}} \right)^{-1} \tag{4.67}$$

Darin bedeuten:

s'_{tot} dynamische Steifigkeit der Trittschalldämmschicht insgesamt, in MN/m³;

s'_{i} dynamische Steifigkeit der Dämmschicht i, in MN/m³

Gussasphaltestrich und Fertigteilestriche

Für schwimmende Gussasphaltestriche und Fertigteilestriche, die auf Trittschalldämmstoffen nach DIN 4108-10 (Anwendungstyp DES) verlegt sind, berechnet sich die bewertete Trittschallminderung mit folgender Gleichung (Abb. 4.74):

$$\Delta L_{\text{w}} = \left(-0{,}21 \frac{m'}{\text{kg/m}^2} - 5{,}45 \right) \log\left(\frac{s'}{\text{MN/m}^3} \right) + 0{,}46 \frac{m'}{\text{kg/m}^2} + 23{,}8 \tag{4.68}$$

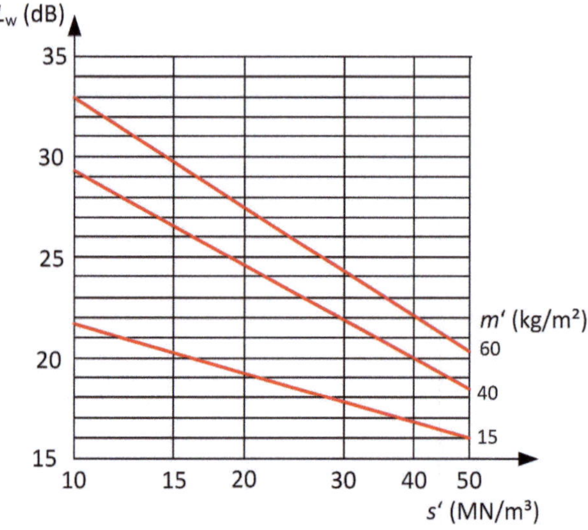

Abb. 4.74 Bewertete Trittschallminderung schwimmender Gussasphalt- und Fertigteilestriche. (N. DIN 4109-34:2016-07, Bild 2)

Tab. 4.58 Rechenwerte der Rohdichte für ausgewählte Estriche

Baustoff	Rechenwert der Rohdichte
Zementestrich Calciumsulfatestrich Magnesiaestrich Kunstharzestrich	2000 kg/m³
Gussasphaltestrich	2300 kg/m³

Darin bedeuten:

ΔL_w bewertete Trittschallminderung des schwimmenden Estrichs, in dB;
m' flächenbezogene Masse der Estrichplatte, in kg/m²;
s' dynamische Steifigkeit der Dämmschicht, in MN/m³.

Hinweise: Gl. (4.67) gilt bei Gussasphaltestrich für $58\ \text{kg/m}^2 \leq m' \leq 87\ \text{kg/m}^2$ und $15\ \text{MN/m}^3 \leq s' \leq 50\ \text{MN/m}^3$. Gl. (4.67) gilt bei Fertigteilestrich für $15\ \text{kg/m}^2 \leq m' \leq 40\ \text{kg/m}^2$ und $15\ \text{MN/m}^3 \leq s' \leq 40\ \text{MN/m}^3$.

Flächenbezogene Masse der Estrichplatte

Die flächenbezogene Masse m' der Estrichplatte ergibt sich durch Multiplikation der Estrichdicke d mit dem Rechenwert der Rohdichte ρ ($m' = d \times \rho$). Für den Rechenwert der Rohdichte sind die in Tab. 4.58 angegebenen Werte anzunehmen.

Beispiel

Für die Wohnungstrenndecke in Abb. 4.75 ist die Trittschalldämmung zu überprüfen.
Abmessungen und Bauteilaufbauten:

- Wohnungstrenndecke in einem MFH
- Deckenstärke $d = 20$ cm Stahlbeton; $m' = 480$ kg/m²

Auf der Decke befindet sich ein schwimmender Zementestrich:

- Dicke des Estrichs 5 cm, $m' = 0{,}05 \times 2000 = 100$ kg/m²
- Steifigkeit der Trittschalldämmplatten: $s' = 15$ MN/m³

Flankierende Bauteile:

Die flankierenden Bauteile sind im Sende- und Empfangsraum identisch.
Flankierende Bauteile sind:

- Außenwand AW (1); $m' = 238$ kg/m²
- Innenwand IW1 (2); $m' = 86$ kg/m²
- Innenwand IW2 (3); $m' = 248$ kg/m²
- Wohnungstrennwand WTrW (4); $m' = 476$ kg/m²

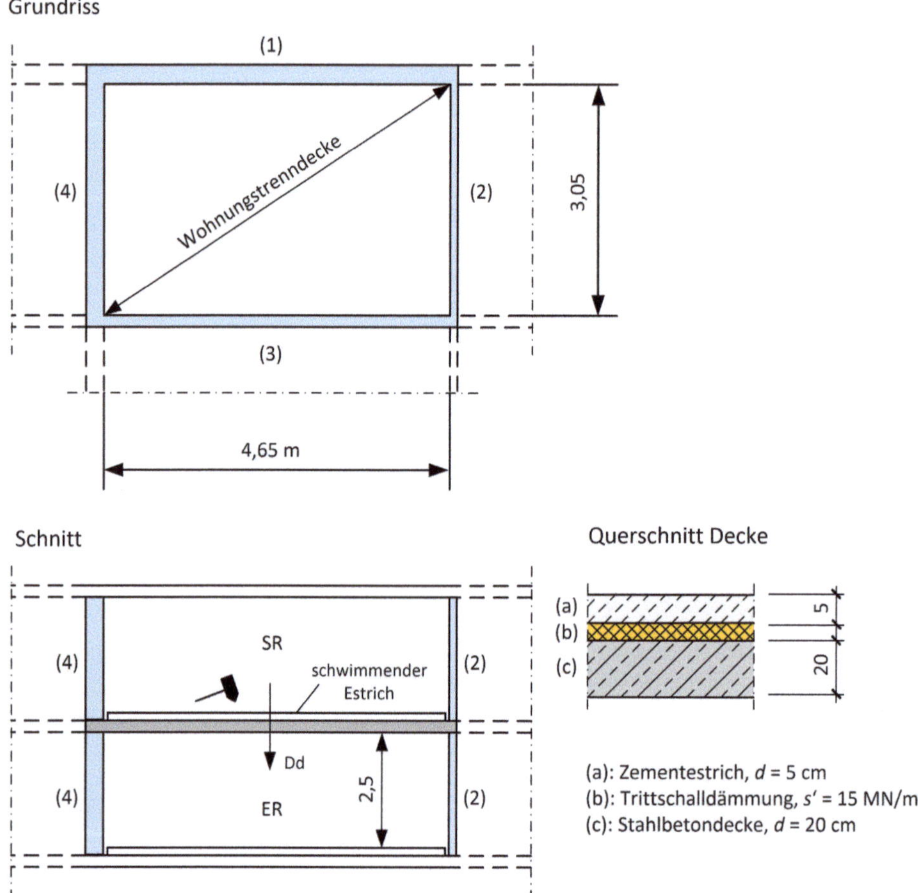

Abb. 4.75 Beispiel – Trittschalldämmung einer Wohnungstrenndecke. (In Anlehnung an DIN 4109-2:2018-01, Anhang D)

Äquivalenter bewerteter Norm-Trittschallpegel:

Der äquivalente bewertete Norm-Trittschallpegel der Rohdecke ergibt sich aus der flächenbezogenen Masse:

$$L_{\mathrm{n,eq,0,w}} = 164 - 35\log\left(\frac{m'}{1\ \mathrm{kg/m^2}}\right) = 164 - 35\log\left(\frac{480}{1}\right) = 70{,}2\ \mathrm{dB}$$

Bewertete Trittschallminderung:

Die Deckenauflage, in diesem Beispiel ein schwimmender Estrich, führt zu einer Trittschallminderung. Die bewertete Trittschallminderung schwimmend verlegter

Zementestriche ermittelt sich in Abhängigkeit von der dynamischen Steifigkeit der Trittschalldämmplatten s' und der flächenbezogenen Masse m' der Estrichschicht.

Hier : $s' = 15$ MN/m³; $m' = 100$ kg/m²(s. o.):

$$\Delta L_w = 13\log(100) - 14{,}2\log(15) + 20{,}8 = 30{,}1\,\text{dB}$$

Alternativ kann die bewertete Trittschallminderung auch aus dem Diagramm in Abb. 4.73 abgelesen werden: Ablesewert:

$$\Delta L_w \approx 30\ \text{dB}$$

Korrekturwert K:

Der Korrekturwert berücksichtigt die Trittschallübertragung über die flankierenden Bauteile. Er ist abhängig von der mittleren flächenbezogenen Masse der flankierenden Bauteile sowie von der flächenbezogenen Masse der Trenndecke.

Mittlere flächenbezogene Masse der flankierenden Bauteile $m'_{f,m}$:

$$m'_{f,m} = \frac{1}{4} \times (238 + 86 + 248 + 476) = 262\,\text{kg/m}^2$$

Flächenbezogene Masse der Trenndecke (Rohdecke):

$$m'_s = 480\,\text{kg/m}^2\ (\text{s.o.})$$

Für Massivdecken ohne Unterdecke und $m'_{f,m} < m'_s$ ergibt sich der Korrekturwert K zu:

$$K = 0{,}6 + 5{,}5\log\left(\frac{m'_s}{m'_{f,m}}\right) = 0{,}6 + 5{,}5\log\left(\frac{480}{262}\right) = 2{,}0\ \text{dB}$$

Bewerteter Norm-Trittschallpegel:

Damit ergibt sich der bewertete Norm-Trittschallpegel zu (Hinweis: Berechnung erfolgt mit dem berechneten Wert für die Trittschallminderung $\Delta L_w = 30{,}1$ dB):

$$L'_{n,w} = L_{n,eq,0,w} - \Delta L_w + K = 70{,}2 - 30{,}1 + 2{,}0 = 42{,}1\ \text{dB}$$

Anforderung und Nachweis

Für Wohnungstrenndecken in Mehrfamilienhäusern gilt nach DIN 4109-1:2018-01, Tab. 2, Z.2 (s. a. Tab. 4.9 in diesem Werk) folgende Mindest-Anforderung:

$$\text{zul}\ L'_{n,w} = 50\ \text{dB}$$

Für den Nachweis ist ein „Sicherheitszuschlag" in Höhe von 3 dB anzusetzen. Damit ergibt sich:

$$L'_{n,w} + 3\ \text{dB} \leq \text{zul}\ L'_{n,w}$$

Nachweis:

$$L'_{n,w} + 3\ \text{dB} = 42{,}1 + 3 = 45{,}1\ \text{dB} \leq \text{zul}\ L'_{n,w} = 50\ \text{dB}$$

Der Nachweis (Mindest-Anforderungen nach DIN 4109-1) ist erfüllt. ◀

4.9.3 Trittschalldämmung von Holzbalkendecken

Das Nachweisverfahren für die vertikale Trittschallübertragung von Decken in Holzbauweise wird analog zum Verfahren der Trittschallübertragung für Massivdecken angewendet. Dabei wird jedoch eine an den Holzbau angepasste Korrektur für die Flankenübertragung berücksichtigt (Korrekturwerte K_1 und K_2).

Die vertikale Trittschallübertragung (bewerteter Norm-Trittschallpegel) berechnet sich mit folgender Gleichung (Abb. 4.76 und 4.77):

$$L'_{n,w} = L_{n,w} + K_1 + K_2 \tag{4.69}$$

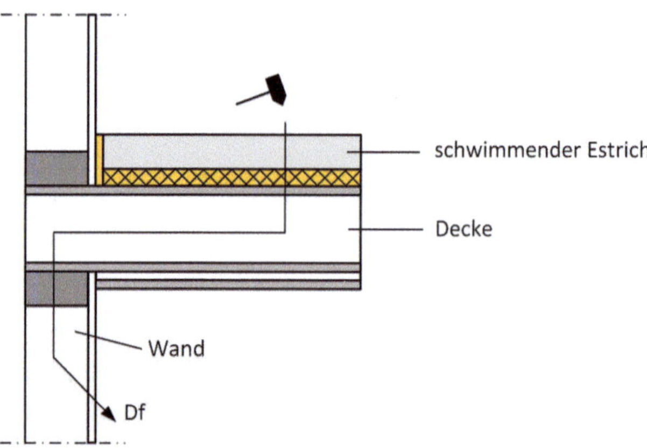

Abb. 4.76 Flankierende Trittschallübertragung bei Holzbalkendecken, Übertragungsweg Df. (N. DIN 4109-2:2018-01, Bild 5)

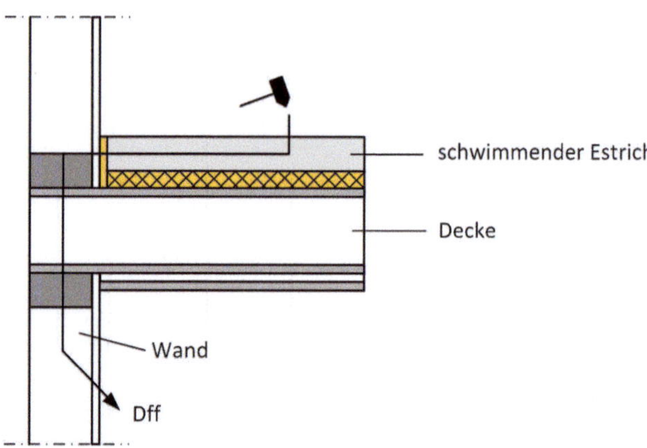

Abb. 4.77 Flankierende Trittschallübertragung bei Holzbalkendecken, Übertragungsweg Dff. (N. DIN 4109-2:2018-01, Bild 5)

Darin bedeuten:

$L'_{n,w}$ bewerteter Norm-Trittschallpegel der Decke in Holzbauweise, in dB;

$L_{n,w}$ bewerteter Norm-Trittschallpegel der Decke in Holzbauweise ohne Flankenübertragung n. DIN EN ISO 10140-1:2010-12 , DIN EN ISO 10140-1:2012-05 , DIN EN ISO 10140-1:2014-09 , DIN EN ISO 10140-1:2016-12 , DIN EN ISO 10140-2:2010-12 , DIN EN ISO 10140-3:2010-12 , DIN EN ISO 10140-3:2015-11 , DIN EN ISO 10140-4:2010-12 , DIN EN ISO 10140-5:2010-12 , DIN EN ISO 10140-5:2014-09 (Quelle: Beuth), in dB;

K_1 Korrekturwert (Korrektursummand) zur Berücksichtigung der Flankenübertragung auf dem Weg Df (Tab. 4.59);

K_2 Korrekturwert (Korrektursummand) zur Berücksichtigung der Flankenübertragung auf dem Weg DFf (Tab. 4.60);

Hinweis: Für die Ermittlung von K_2 wird als Eingangswert K_1 benötigt.

Tab. 4.59 Korrektursummand K_1 zur Berücksichtigung der Flankenübertragung auf dem Weg Df (Übertragung n. Abb. 4.76). (N. DIN 4109-2:2018-01, Tab. 3)

Wandaufbau im Empfangsraum	Deckenaufbau				
	2 × GK an FS	1 × GK an FS	GK-Lattung oder direkt	offene HBD	BSD oder HKD
Wandbeplankung GK + HW	$K_1 = 6$ dB	$K_1 = 3$ dB	$K_1 = 1$ dB		
GF	$K_1 = 7$ dB	$K_1 = 4$ dB	$K_1 = 1$ dB		
HW	$K_1 = 9$ dB	$K_1 = 5$ dB	$K_1 = 4$ dB		
Holz- oder HWS-Element					

GK 9,5 mm bis 12,5 mm Gipsplatte nach DIN 18180/DIN EN 520, Rohdichte von $\rho \geq 680$ kg/m³, mechanisch verbunden;
GF 12,5 mm bis 15 mm Gipsfaserplatte nach DIN EN 15283-2, Rohdichte von $\rho \geq 1100$ kg/m³, mechanisch verbunden;
HW 13 mm bis 22 mm Holzwerkstoffplatte, Rohdichte von $\rho \geq 650$ kg/m³, mechanisch verbunden;
HBD Holzbalkendecke;
FS Federschiene;
Holz- oder HW-Element Massivholzelemente oder 80-mm- bis 100-mm-Holzwerkstoffplatte, $m' \geq 50$ kg/m²;
GKB Lattung oder direkt HBD mit Unterdecke an Lattung oder GKB + HWS direkt montiert;
Offene HBD Holzbalkendecke mit sichtbarer Balkenlage;
BSD oder HKD Brettstapel-, Brettschichtholz- oder Hohlkastendecke

Tab. 4.60 Korrektursummand K_2 zur Berücksichtigung der Flankenübertragung auf dem Weg DFf nach Abb. 4.77. (N. DIN 4109-2:2018-01, Tab. 4)

Wandaufbau im Sende- und Empfangsraum			Trittschallübertragung auf dem Weg $D_d + D_f$: $L_{n,w} + K_1$ dB																						
			35	36	37	38	39	40	41	42	43	44	45	46	47	48	49	50	51	52	53	54	55	>55	$L_{n,DFf,w}$ dB
GK + HW	Estrichaufbau	a) ZE/HWF	10	9	8	7	6	5	5	4	4	3	3	2	2	1	1	1	1	1	1	0	0	0	44
		b) ZE/MF	6	5	5	4	4	3	3	2	2	1	1	1	1	1	1	0	0	0	0	0	0	0	40
		c) TE	5	4	4	3	3	2	2	1	1	1	1	1	1	0	0	0	0	0	0	0	0	0	38
HW/Holz- oder Holzelement	Estrichaufbau	a) ZE/HWF	11	10	10	9	8	7	6	5	5	4	4	3	3	2	2	1	1	1	1	1	1	0	46
		b) ZE/MF	10	10	9	8	7	6	5	5	4	4	3	3	2	2	1	1	1	1	1	1	0	0	45
		c) TE	8	7	6	5	5	4	4	3	3	2	2	1	1	1	1	1	1	0	0	0	0	0	42

GK 9,5-mm- bis 12,5-mm-Gipsplatte nach DIN 18180/DIN EN 520, Rohdichte von $\rho \geq 680$ kg/m³, mechanisch verbunden
GF 12,5-mm bis 15-mm-Gipsfaserplatte nach DIN EN 15283-2, Rohdichte von $\rho \geq 1100$ kg/m³, mechanisch verbunden
HW 13-mm- bis 22-mm-Holzwerkstoffplatte, Rohdichte von $\rho \geq 650$ kg/m³, mechanisch verbunden
Holz- oder HWS-Element Massivholzelement oder 80 mm bis 100 mm Holzwerkstoffplatte, $m' \geq 50$ kg/m²
Estrichaufbau:
ZE/HWF: mineralisch gebundener Estrich oder Gussasphalt auf Holzweichfaser-Trittschalldämmplatten Randdämmstreifen: > 5 mm Mineralfaser- oder PE-Schaum-Randstreifen
ZE/MF: mineralisch gebundener Estrich oder Gussasphalt auf Mineralwolle-, oder PST Trittschalldämmplatten Randdämmstreifen: > 5 mm Mineralfaser- oder PE-Schaum-Randstreifen
TE: Trockenestrich auf Mineralwolle-, PST-, oder Holzfaser-Trittschalldämmplatten Randdämmstreifen: > 5 mm Mineralwolle- oder PE-Schaum-Randstreifen

Beispiel

Für eine Wohnungstrenndecke in Holzbauweise (Holzbalkendecke) soll die Trittschalldämmung nachgewiesen werden. Die Bausituation (Lage von Sende- und Empfangsraum sowie Abmessungen) und der Aufbau der Decke sind in Abb. 4.78 dargestellt. Der bewertete Norm-Trittschallpegel $L'_{n,w}$ einer Holzbalkendecke ergibt sich aus folgenden Anteilen:

- bewerteter Norm-Trittschallpegel $L_{n,w}$ der Decke ohne Flankenübertragung,
- Korrekturwert K_1 zur Berücksichtigung der Flankenübertragung auf dem Weg Df,
- Korrekturwert K_2 zur Berücksichtigung der Flankenübertragung auf dem Weg DFf.

Grundriss

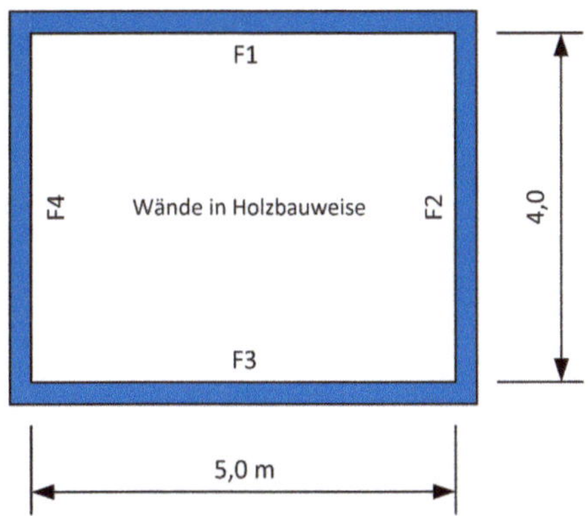

Schnitt

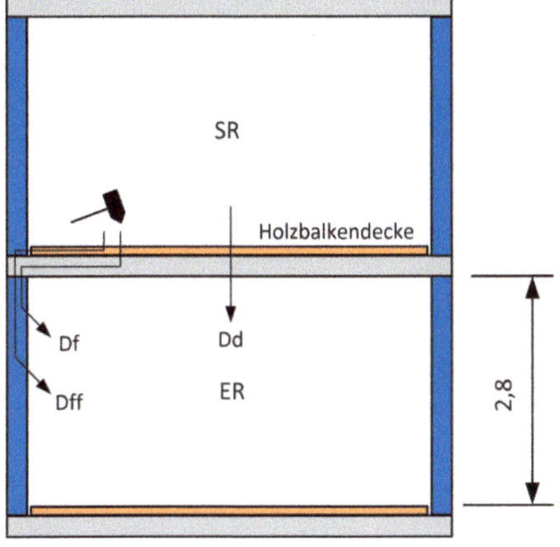

(Prinzipskizze)

Schnitt Holzbalkendecke

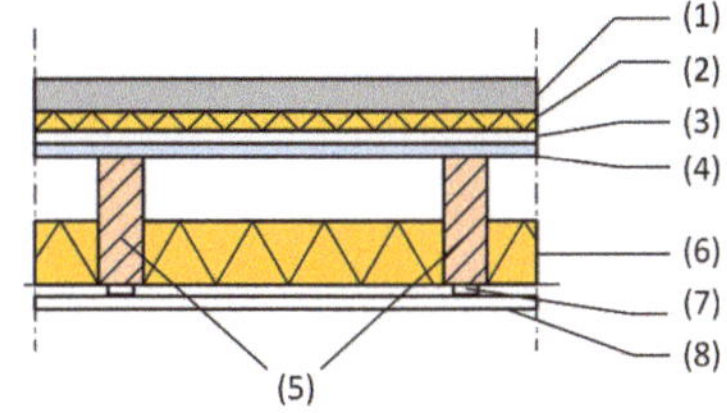

1: 50 mm Zementestrich
2: 15 mm Dämmplatten aus Mineralwolle (s' = 10 MN/m^3)
3: 30 mm Schüttung (m' = 45 kg/m^2), Rieselschutz
4: 22 mm Spanplatte, geschraubt
5: 220 mm Holzbalken
6: 100 mm Hohlraumdämpfung
7: 27 mm Federschiene
8: 12,5 mm Gipsplatte

Abb. 4.78 Beispiel – Trittschalldämmung bei einer Holzbalkendecke. (In Anlehnung an DIN 4109-2:2018-01, Anhang D)

Sämtliche Kennwerte werden aus Tabellen abgelesen. Für die Ermittlung des bewerteten Norm-Trittschallpegels $L_{n,w}$ ohne Flankenübertragung stehen hierfür in DIN 4109-33 entsprechende Tabellen zur Verfügung, in denen übliche Deckenkonstruktionen in Holzbauweise aufgeführt sind. Alternativ können auch Werte aus Prüfergebnissen (z. B. der Hersteller) verwendet werden.

Aufgrund des Umfangs des Bauteilkatalogs in DIN 4109-33 werden in diesem Buch die Daten exemplarisch und auszugsweise für einen Deckentyp angegeben, siehe hierzu Tab. 4.56. Für alle anderen Deckentypen in Holzbauweise für auf die Norm verwiesen, s. DIN 4109-33.

Bewerteter Norm-Trittschallpegel ohne Flankenübertragung $L_{n,w}$

Aus Tab. 4.56 (2. Zeile) ergibt sich als bewerteter Norm-Trittschallpegel der hier betrachteten Decke folgender Wert:

$$L_{n,w} = 36 \text{ dB}$$

Korrekturwert K_1

Der Korrekturwert K_1 ist abhängig vom Wandaufbau im Empfangsraum sowie vom Deckenaufbau (maßgebend ist jeweils die raumseitige Bekleidung):

- Wandaufbau im Empfangsraum: Gipsplatte (GK) und Holzwerkstoffplatte (HW)
- Deckenaufbau: Gipsplatte an Federschienen befestigt (1 × GK an FS)

Mit diesen Angaben wird der Korrekturwert K_1 aus Tab. 4.59 ermittelt:

$$K_1 = 3 \text{ dB}$$

Korrekturwert K_2

Der Korrekturwert K_2 wird mit Tab. 4.60 bestimmt. Als Eingangsdaten werden hierfür der Wandaufbau im Sende- und Empfangsraum (jeweils raumseitige Bekleidung) und von der Summe der Werte $L_{n,w}$ und K_1 benötigt.

Eingangsdaten:

$$L_{n,w} + K_1 = 36 + 3 = 39 \text{ dB}$$

→ raumseitige Bekleidung aus Gipsplatten (GK) und Holzwerkstoffplatten (HW)

Es ergibt sich:

$$K_2 = 4 \text{ dB}$$

Bewerteter Norm-Trittschallpegel der Decke insgesamt

$$L'_{n,w} = L_{n,w} + K_1 + K_2 = 36 + 3 + 4 = 43 \text{ dB}$$

Nachweis

Es sollen nur Mindestanforderungen nach DIN 4109-1 nachgewiesen werden. Höchstwert des bewerteten Norm-Trittschallpegels für Wohnungstrenndecken (Tab. 4.9):

$$\text{zul.}L'_{\text{n,w}} = 50\,\text{dB}$$

Der bewertete Norm-Trittschallpegel der Decke muss mit einem Sicherheitszuschlag von $u_{\text{prog}} = 3$ dB (vereinfachte Annahme) erhöht werden.

$$L'_{\text{n,w}} + u_{\text{prog}} = 43 + 3 = 46 < \text{zul.}L'_{\text{n,w}} = 50\,\text{dB}$$

Der Nachweis (Mindest-Anforderungen) ist erfüllt. ◄

4.9.4 Massive Treppen

Massive Treppen im Sinne der DIN 4109 sind Treppenanlagen, die aus Stahlbeton oder Stahlbetonfertigteilen hergestellt sind. Sie bestehen aus

- Treppenläufen,
- Treppenpodesten und
- ggfs. Entkopplungskomponenten zur Verringerung der Körperschallübertragung in die angrenzende Baukonstruktion.

Normative Regeln zur Berechnung der Schalldämmung von massiven Treppen sowie Hinweise zur Planung und Konstruktion befinden sich in DIN 4109-2 und -32.

4.9.4.1 Einflussgrößen auf die Schalldämmung

Bei Treppen wird nur die Trittschalldämmung berücksichtigt, die Luftschalldämmung spielt dagegen keine Rolle. Anforderungsgröße für den Nachweis ist der bewertete Norm-Trittschallpegel $L'_{\text{n,w}}$.

Die Trittschalldämmung hängt nicht nur von der Treppenkonstruktion selbst ab, sondern wird auch von den Eigenschaften der Baukonstruktion beeinflusst. Wesentliche Größen, die die Trittschalldämmung beeinflussen, sind:

- die flächenbezogene Masse der Treppenläufe und -podeste,
- trittschallmindernde Auflagen auf Treppenläufen und -podesten (z. B. weichfedernde Beläge, schwimmende Estriche auf Podesten, schwimmend verlegte Stufenbeläge),
- die Art der Anbindung von Treppenläufen und -podesten an die Baukonstruktion (z. B. starre Anbindung, mit Trennfugen, körperschallentkoppelt).

Weiterhin sind die Lage von schutzbedürftigen Räumen zum Treppenraum, die Anregbarkeit durch Körperschall sowie die Schallübertragung über flankierende Bauteile von Bedeutung für die Trittschalldämmung bei Treppenanlagen.

An Treppen werden nur Anforderungen an die Trittschalldämmung gestellt. Die Luftschalldämmung wird nicht berücksichtigt.

4.9.4.2 Planung und Ausführung

Die Trittschallübertragung vom Treppenraum in angrenzende schutzbedürftige Räume kann durch eine schalltechnische Entkopplung der Treppenläufe und -podeste erfolgen. Hierzu sind folgende Maßnahmen erforderlich (Abb. 4.79):

- körperschallgedämmte Auflagerung der Treppenpodeste in den Treppenraumwänden oder
- körperschallgedämmte Auflagerung der Treppenläufe und Anordnung eines schwimmenden Estrichs auf den starr aufgelagerten Podesten.

Voraussetzung für eine wirkungsvolle Trittschalldämmung ist es, dass die Entkopplung der Treppen sowie die Ausführung des schwimmenden Estrichs schallbrückenfrei erfolgt. Hierbei ist auf eine sorgfältige Ausführung zu achten.

Der schwimmende Estrich des Treppenpodests muss unter der Wohnungstür vom schwimmenden Estrich der Wohnung getrennt werden, z. B. durch Anordnung einer Fuge.

Alternativ kann die Trittschalldämmung auch durch Ausführung zweischaliger Treppenraumwände erfolgen, die eine durchgehende Trennfuge aufweisen. In diesem Fall ist keine Entkopplung der Treppe von den Treppenraumwänden erforderlich.

Weichfedernde Bodenbeläge dürfen als zusätzliche Maßnahme eingesetzt werden, wenn Regelungen des Brandschutzes dies zulassen. Hierbei ist aber zu beachten, dass weichfedernde Bodenbeläge die Trittschallübertragung primär im Bereich hoher Frequenzen dämmen und als alleinige Maßnahme nicht ausreichend sind.

Zur Vermeidung einer zu großen Nachhallzeit sollten Treppenräume eine ausreichende Schallabsorption aufweisen. dadurch werden laute Gehgeräusche (Luftschall) im Treppenraum vermieden.

Ausführungsbeispiele für massive Treppen und ihre Anbindung an die Treppenraumwände sind in den Abb. 4.80, 4.81, 4.82, 4.83 und 4.84 dargestellt. Die Abb. 4.80, 4.81 und

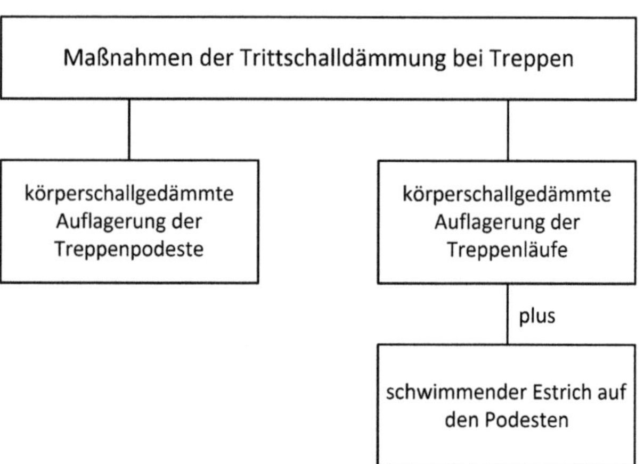

Abb. 4.79 Maßnahmen zur Trittschalldämmung von massiven Treppenläufen und -podesten

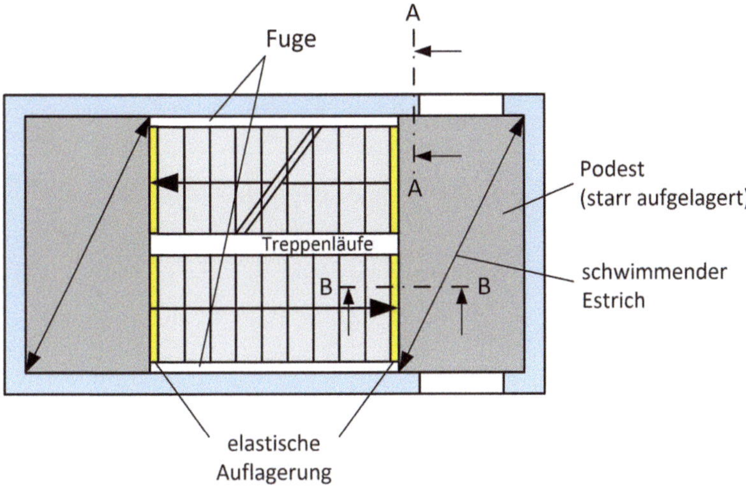

Abb. 4.80 Starr gelagerte Treppenpodeste mit schwimmendem Estrich und elastischer Auflagerung der Treppenläufe. (N. DIN 4109-32:2016-07, Bild 6)

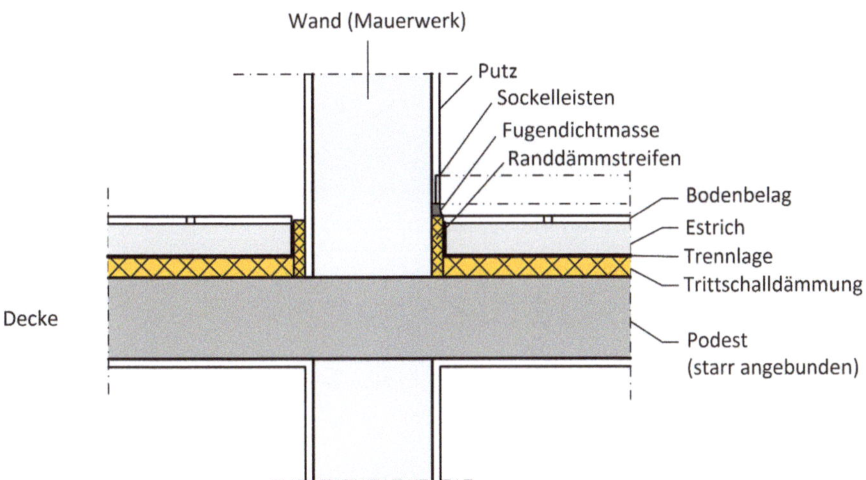

Abb. 4.81 Treppenpodest mit schwimmendem Estrich (Schnitt A-A). (N. DIN 4109-32:2016-07, Bild 7)

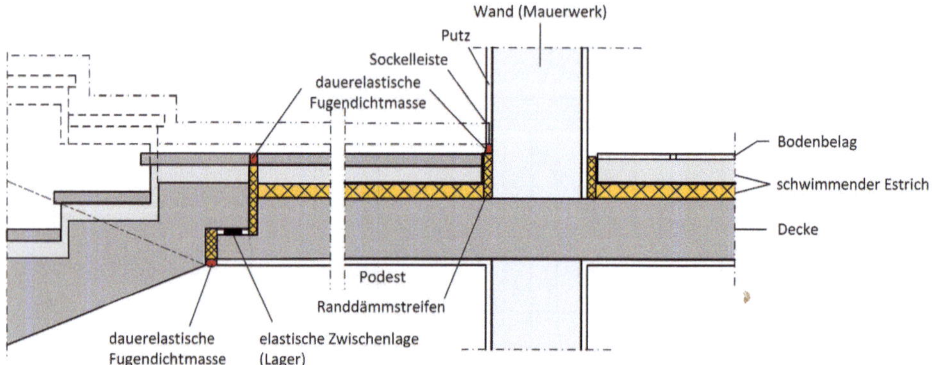

Abb. 4.82 Starr aufgelagertes Treppenpodest mit schwimmendem Estrich und elastischer Auflagerung der Treppenläufe (Schnitt B-B). (N. DIN 4109-32:2016-07, Bild 8)

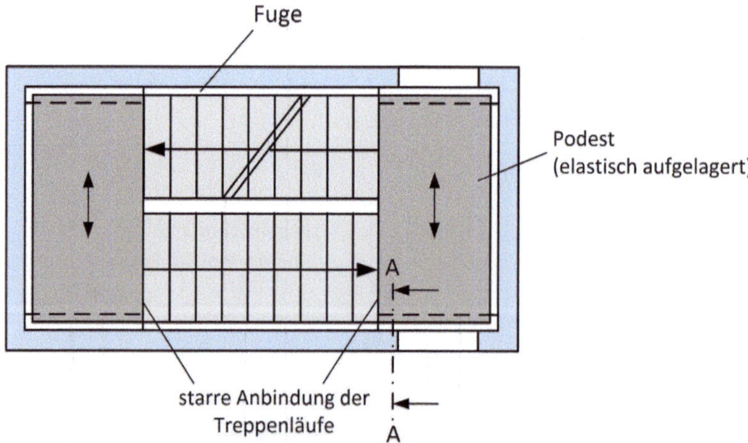

Abb. 4.83 Elastisch gelagerte Podestplatte auf Konsolleisten mit starrer Auflagerung der Treppenläufe und umlaufender Trennfuge sowie quergespannte Podeste. (N. DIN 4109-32:2016-07, Bild 9)

Abb. 4.82 zeigen die Lösung mit starr angebundenen Treppenpodesten und schwimmendem Estrich sowie elastisch aufgelagerten Treppenläufen. In den Abb. 4.83 und 4.84 sind die Podeste schalltechnisch von den Treppenraumwänden entkoppelt und die Treppenläufe mit den Podesten starr verbunden.

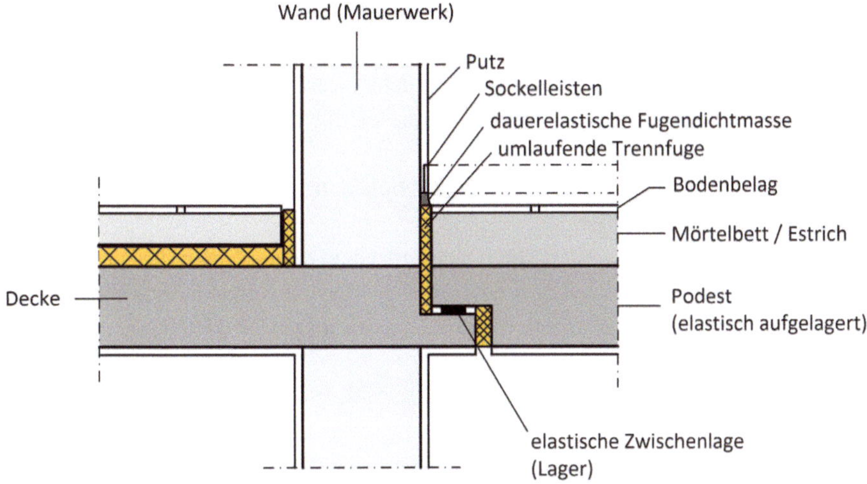

Abb. 4.84 Elastisch gelagerte Podestplatte auf Konsolleisten aufgelagert mit umlaufender Trennfuge (Schnitt A-A). (N. DIN 4109-32:2016-07, Bild 10)

Trittschalldämmung bei Treppen
Starr angebundene Podeste mit schwimmendem Estrich und akustisch entkoppelte Auflagerung der Treppenläufe mit Trennung von den Treppenraumwänden

oder

elastisch (d. h. entkoppelt) aufgelagerte Podestplatten mit umlaufender Trennfuge und Trennung der Treppenläufe von den Treppenraumwänden

oder

zweischalige Treppenraumwände mit durchgehender Trennfuge und starre Anbindung der Treppe.

4.9.4.3 Nachweisverfahren

Für massive Treppen sind lediglich Anforderungen an die Trittschalldämmung zu erfüllen. Zurzeit liegt allerdings kein genaueres Nachweisverfahren, das aus DIN EN ISO 12354-2 abgeleitet ist, vor.

Bis zur Vorlage eines genaueren Verfahrens gelten daher die folgenden Regeln.

Bei der Berechnung des Norm-Trittschallpegels $L'_{n,w}$ sind folgende Fälle zu unterscheiden:

1. **Fall 1:** Treppe (Podest oder Lauf) *ohne* zusätzlichen trittschalldämmenden Bodenbelag oder schwimmenden Estrich:

   Für den Nachweis werden die Daten für den *bewerteten Norm-Trittschallpegel* $L'_{n,w}$ nach Tab. 4.61 verwendet. Die Daten gelten nur für die dort angegebenen Treppenkonstruktionen und -wände.
2. **Fall 2:** Treppe (Podest oder Lauf) *mit* zusätzlichem trittschalldämmenden Bodenbelag oder schwimmenden Estrich:

   Für den Nachweis werden die Daten für den *äquivalenten bewerteten Norm-Trittschallpegel* $L_{n,eq,0,w}$ nach Tab. 4.61 verwendet. Der bewertete Norm-Trittschallpegel der gebrauchsfertigen Konstruktion ergibt sich mit folgender Gleichung:

$$L'_{n,w} = L_{n,eq,0,w} - \Delta L_w \tag{4.70}$$

Tab. 4.61 Äquivalenter bewerteter Norm-Trittschallpegel $L_{n,eq,0,w}$ und bewerteter Norm-Trittschallpegel $L'_{n,w}$ für verschiedene Ausführungen von massiven Treppenläufen und Treppenpodesten. (N. DIN 4109-32:2016-07, Tab. 6)

Ausführung von Treppenraumwand und Treppe		Äquivalenter bewerteter Norm-Trittschallpegel $L_{n,eq,0,w}$	Bewerteter Norm-Trittschallpegel $L'_{n,w}$
einschalige Treppenraumwand	Treppen*podest*[a], fest verbunden mit einschaliger, beigesteifer Treppenraumwand (flächenbezogende Masse m′ ≥ 380 kg/m²)	63 dB	67 dB
	Treppen*lauf*[a], fest verbunden mit einschaliger, biegesteifer Treppenraumwand (flächenbezogende Masse m′ ≥ 380 kg/m²)	63 dB	67 dB
	Treppenlauf[a], abgesetzt von einschaliger, biegesteifer Treppenraumwand	60 dB	64 dB
zweischalige Treppenraumwand	Treppenpodest[a], fest verbunden mit Treppenraumwand und durchgehender Gebäudetrennfuge	≤50 dB	≤47 dB
	Treppenlauf[a], abgesetzt von Treppenraumwand und durchgehender Gebäudetrennfuge	≤43 dB	≤40 dB
	Treppenlauf[a], abgesetzt von Treppenraumwand und durchgehender Gebäudetrennfuge, auf Treppenpodest elastisch gelagert	35 dB	39 dB

[a]Die Werte gelten für Treppenläufe und -podeste aus Stahlbeton mit einer Dicke von mind. 120 mm

Darin bedeuten:

$L'_{n,w}$ bewerteter Norm-Trittschallpegel der Treppe, in dB;
$L_{n,eq,0,w}$ äquivalenter bewerteter Norm-Trittschallpegel, in dB;
ΔL_w bewertete Trittschallminderung eines Bodenbelags oder eines schwimmenden Estrichs, in dB.

Beispiel

Für ein massives Treppenpodest in einem Mehrfamilienhaus ist die Trittschalldämmung nachzuweisen. Für den Nachweis sind

a) die Mindestanforderungen nach DIN 4109-1 sowie
b) die Anforderungen nach VDI 4100, Schallschutzstufe SSt II

anzunehmen.

Randbedingungen:

- Das Treppenpodest besteht aus Stahlbeton (Dicke 180 mm) und ist starr an die Treppenraumwand angeschlossen.
- Die Treppenraumwand ist einschalig ausgeführt, ihre flächenbezogene Masse beträgt $m' = 480$ kg/m^2.
- Auf dem Podest ist ein schwimmender Estrich mit einer bewerteten Trittschallminderung von $\Delta L_w = 28$ dB aufgebracht.
- Die Treppenläufe sind elastisch auf den Podesten aufgelagert und von den Treppenraumwänden durch eine Fuge getrennt.
- Direkt an die Treppenraumwand grenzt ein schutzbedürftiger Raum (z. B. Wohnraum) mit einem Volumen von $V_E = 40$ m^3.

Bewerteter Norm-Trittschallpegel:

Es liegt Fall 2 vor, d. h. starre Anbindung der Podeste an die Treppenraumwände, Anordnung eines schwimmenden Estrichs auf den Podesten sowie elastische Auflagerung der Treppenläufe auf den Podesten und Entkopplung der Läufe von den Treppenraumwänden.

Der bewertete Norm-Trittschallpegel berechnet sich nach Gl. (4.69):

$$L'_{n,w} = L_{n,eq,0,w} - \Delta L_w = 63 - 28 = 35 \text{ dB}$$

mit:

$$L_{n,eq,0,w} = 63 \text{ dB } (\text{n.Tab.4.61})$$

$$\Delta L_w = 28 \text{ dB}$$

a) *Nachweis der Mindest-Anforderung nach DIN 4109-1:*
Der Nachweis erfolgt nach 4.9, Gl. (4.60):

$$L'_{n,w} + 3\ \text{dB} \leq \text{zul.}L'_{n,w}$$

Für Mehrfamilienhäuser ist als Anforderungswert nach DIN 4109-1 (Mindest-Anforderungen) ein zulässiger bewerteter Norm-Trittschallpegel von zul. $L'_{n,w}$ = 53 dB anzunehmen (Tab. 4.9). Damit ergibt sich:

$$L'_{n,w} + 3\ \text{dB} = 35 + 3 = 41 \leq \text{zul.}L'_{n,w} = 53\ \text{dB}$$

Die Mindest-Anforderung an die Trittschalldämmung ist erfüllt.

b) *Nachweis nach VDI 4100:*
Für den Nachweis nach VDI 4100 wird der bewertete Standard-Trittschallpegel $L_{nT,w}$ benötigt. Dieser kann aus dem Norm-Trittschallpegel berechnet werden. Es gilt:
$L'_{nT,w} = L'_{n,w} - 10 \log (0{,}032 V_E) = 41 - 10 \log (0{,}032 \times 40) = 39{,}9$ dB. Dieser Wert muss um den Sicherheitszuschlag erhöht werden (s. DIN 4109-2:2018-2, B.5):

$$\text{vorh.}L'_{nT,w} = L'_{nT,w} + 3\ \text{dB} = 39{,}9 + 3 = 42{,}9\ \text{dB}$$

Als Mindest-Anforderung nach DIN 4109-1 ergibt sich als zulässiger bewerteter Standard-Trittschallpegel folgender Wert (s. Tab. 4.23):

$$\text{zul.}L'_{nT,w} = 44\ \text{dB}$$

Nachweis:

$$\text{vorh.}L'_{nT,w} = 42{,}9 < \text{zul.}L'_{nT,w} = 44\ \text{dB}$$

Der Nachweis (Mindest-Anforderungen) ist erfüllt.

4.10 Vorsatzkonstruktionen

Vorsatzkonstruktionen sind Bauteilschichten, die vor oder auf einem massiven Bauteil (Wand oder Decke) angeordnet werden, um die Schalldämmung zu verbessern. Vorsatzkonstruktion und Wand bzw. Decke bilden in akustischer Hinsicht ein zweischaliges Bauteil.

Regeln zur Berechnung der Verbesserung der Schalldämmung und Hinweise für Planung und Konstruktion von Vorsatzkonstruktionen befinden sich im Teil 34 der DIN 4109 (DIN 4109-34:2016-07).

Mit **Vorsatzkonstruktionen** wird die Schalldämmung des Grundbauteils (Wand, Decke) maßgeblich verbessert.

4.10.1 Allgemeines

Vorsatzkonstruktionen bestehen aus einer meist biegeweichen Bekleidung (z. B. aus Gipsbauplatten o. Ä.), die mit einem Zwischenraum vor dem massiven Bauteil angeordnet werden. Im Zwischenraum ist eine Hohlraumdämpfung, z. B. Mineralfaserdämmstoff, eingebracht. Einen wesentlichen Einfluss auf die Größe der Verbesserung der Schalldämmung hat die Art und Weise der Befestigung der Vorsatzkonstruktion. Die beste Schalldämmung wird erreicht, wenn die Vorsatzschale möglichst vollständig vom massiven Bauteil entkoppelt wird, d. h. freistehend ist, sodass keine Körperschallübertragung von der biegeweichen Schale über die Unterkonstruktion auf die Baukonstruktion erfolgen kann.

Im Sinne der DIN 4109-34 gelten folgende Konstruktionen als Vorsatzkonstruktionen:

a) an Wänden:
   - Frei stehende Vorsatzschalen mit Unterkonstruktion,
   - angekoppelte Vorsatzschalen mit Unterkonstruktion,
   - Vorsatzschalen, die über Dämmschichten flächig befestigt sind,
   - Wärmedämmverbundsysteme (WDVS);

b) unter Decken und Dächern:
   - freitragende Unterdecken mit Unterkonstruktion,
   - abgehängte Unterdecken mit Unterkonstruktion,
   - direkt befestigte Unterdecken (Lattung, Profile, Federschienen);

   auf Decken:
   - schwimmende Estriche,
   - Doppel- und Hohlraumböden.

4.10.2 Einflussgrößen auf die Schalldämmung

Die Verbesserung der Schalldämmung von Vorsatzkonstruktionen wird

- beim Luftschall durch die bewertete Verbesserung des Schalldämm-Maßes ΔR_w und
- beim Trittschall durch die bewertete Trittschallminderung ΔL_w

angegeben.

Vorsatzkonstruktionen können sowohl die Direktschalldämmung als auch die Flankendämmung (Wege Fd und Df) beeinflussen. Bei der Flankendämmung spielen die Kopplungsbedingungen an der Stoßstelle eine wesentliche Rolle.

Verbesserung der Direktschalldämmung

Die bewertete Verbesserung der Direktschalldämmung ΔR_w ist von folgenden Größen abhängig:

- von der flächenbezogenen Masse m' des Grundbauteils, auf dem die Vorsatzkonstruktion befestigt ist;
- vom Schalldämm-Maß R_w und der Grenzfrequenz f_g des Grundbauteils;
- von der Resonanzfrequenz f_0 des zweischaligen Bauteils, das aus dem Grundbauteil und der Vorsatzkonstruktion besteht.

Die Resonanzfrequenz berechnet sich in Abhängigkeit von der Art der Befestigung der Vorsatzschale auf dem Grundbauteil. dabei werden folgende Fälle unterschieden:

1) *Flächige Befestigung der Vorsatzkonstruktion am Grundbauteil mit einer Dämmschicht:*
   Für Vorsatzkonstruktionen, die direkt auf dem Grundbauteil über eine Dämmschicht flächig befestigt werden, berechnet sich die Resonanzfrequenz mit folgender Gleichung:

$$f_0 = 160\sqrt{s'\left(\frac{1}{m'_1}+\frac{1}{m'_2}\right)} \tag{4.71}$$

Darin bedeuten:

f_0 Resonanzfrequenz, in Hz;
s' dynamische Steifigkeit der Dämmschicht nach DIN EN 29052-1, in MN/m^3;
m'_1 flächenbezogene Masse des Grundbauteils, in kg/m^2;
m'_2 flächenbezogene Masse der Bekleidung der Vorsatzkonstruktion, in kg/m^2.

2) *Freistehende Vorsatzkonstruktionen:*
   Bei frei stehenden Vorsatzkonstruktionen, die mit Blechprofilen oder Holzständern vor dem Grundbauteil angeordnet werden, muss sichergestellt sein, dass keine Körperschallübertragung über Verbindungen zwischen der Unterkonstruktion und dem Grundbauteil besteht. Außerdem ist der Hohlraum mit einem porösen Dämmstoff zu mindestens 70 % zu füllen. Der Dämmstoff muss einen längenbezogenen Strömungswiderstand zwischen 5 und 50 kPa s/m^2 nach DIN EN 9053-1:2019-03 aufweisen.
   Für diese Konstruktion berechnet sich die Resonanzfrequenz mit folgender Gleichung:

$$f_0 = 160\sqrt{\frac{0{,}08}{d}\left(\frac{1}{m'_1}+\frac{1}{m'_2}\right)} \tag{4.72}$$

Darin bedeuten:

f_0 Resonanzfrequenz, in Hz;
d Hohlraumtiefe, in m;

Tab. 4.62 Bewertete Verbesserung der Direktschalldämmung durch Vorsatzkonstruktionen in Abhängigkeit von der Resonanzfrequenz. (N. DIN 4109-34:2016-07, Tab. 1)

Resonanzfrequenz f_0 Hz	Bewertete Verbesserung der Direktschalldämmung ΔR_w dB
$30 \leq f_0 \leq 160$	$\max\begin{cases}74{,}4 - 20\ \log f_0 - 0{,}5R_w \\ 0\end{cases}$
200	−1
250	−3
315	−5
400	−7
500	−9
630 bis 1600	−10
> 1600 und ≤ 5000	−5

Hinweise:
Zwischenwerte dürfen linear interpoliert werden
R_w bezeichnet das bewertete Schalldämm-Maß des Grundbauteils (Wand, Decke) in dB
Für Vorsatzkonstruktionen, die sowohl im Sende- als auch im Empfangsraum angebracht werden, ergibt sich die Gesamtverbesserung nach 4.10.4

m'_1 flächenbezogene Masse des Grundbauteils, in kg/m^2;
m'_2 flächenbezogene Masse der Bekleidung der Vorsatzkonstruktion, in kg/m^2.

Mit Hilfe der Resonanzfrequenz kann die bewertete Verbesserung der Direktschalldämmung ermittelt werden. Für eine einseitig angebrachte Vorsatzkonstruktion ergibt sich die bewertete Verbesserung der Luftschalldämmung ΔR_w für einschalige massive Bauteile nach Tab. 4.62.

Beispiel

Für eine Decke aus Stahlbeton (Dicke 20 cm, Rohdichte 2400 kg/m^3) mit schwimmendem Estrich sind die Resonanzfrequenz sowie die Verbesserung der Direktschalldämmung zu berechnen.

Die Estrichplatte hat eine Dicke von 5 cm und besteht aus einem Zementestrich (Rohdichte 2350 kg/m^3). Als Trittschalldämmung werden Dämmplatten mit einer dynamischen Steifigkeit von $s' = 20$ MN/m^3 verwendet.

Flächenbezogene Masse der Decke (Grundbauteil):

$$m'_1 = 0{,}20 \times 2400 = 480\ \text{kg/m}^2$$

Flächenbezogene Masse der Estrichplatte:

$$m'_2 = 0{,}05 \times 2350 = 117{,}5\ \text{kg/m}^2$$

Resonanzfrequenz:

$$f_0 = 160\sqrt{s'\left(\frac{1}{m'_1}+\frac{1}{m'_2}\right)} = 160\sqrt{20\left(\frac{1}{480}+\frac{1}{117{,}5}\right)} = 73{,}6 \text{ Hz}$$

Bewertetes Schalldämm-Maß des Grundbauteils (Decke) nach Gl. (4.34):

$$R_\mathrm{w} = 30{,}9\log\left(m'_\mathrm{ges}/m'_0\right) - 22{,}2 = 30{,}9 \ \log\left(480/1{,}0\right) - 22{,}2 = 60{,}7\,\mathrm{dB}$$

Bewertete Verbesserung der Direktschalldämmung nach Tab. 4.62:

$$\Delta R_\mathrm{w} = \max\begin{cases}74{,}4 - 20 \ \log f_0 - 0{,}5 R_\mathrm{w} = 74{,}4 - 20 \ \log 73{,}6 - 0{,}5\cdot 60{,}7 = 6{,}7 \text{ dB}\\ 0\end{cases}$$

Die bewertete Verbesserung der Direktschalldämmung (Luftschall) der betrachteten Decke beträgt $\Delta R_\mathrm{w} = 6{,}7$ dB. Das bedeutet, dass sich insgesamt ein bewertetes Direkt-Schalldämm-Maß von

$$R_\mathrm{Dd,w} = 60{,}7 + 6{,}7 = 67{,}4 \text{ dB}$$

ergibt (der schwimmende Estrich befindet sich nur im Senderaum). ◄

4.10.3 Planung und Ausführung

Es ist zu beachten, dass die Resonanzfrequenz der Vorsatzschale zu Einbrüchen bei der Schalldämmung führen kann. Außerdem ist ggfs. die Art des Spektrums der Schallanregung zu beachten, wie z. B. tieffrequente Geräusche infolge Verkehrslärms. Hierzu sind die Spektrumsanpassungswerte C und C_tr anzuwenden.

Vorsatzkonstruktionen beeinflussen auch die Flankenschalldämmung (Übertragungswege Ff, Fd oder Df), wobei diese je nach Ausführung verbessert oder verschlechtert werden kann. Bei günstigen Verhältnissen kann die Flankenschalldämmung erhöht werden, sodass sich die Schalldämmung zwischen zwei Räumen insgesamt verbessern kann. Siehe Norm.

4.10.4 Verbesserung der Schalldämmung bei Vorsatzkonstruktionen im Sende- und Empfangsraum

Direktschalldämmung

Je nach Anordnung der Vorsatzkonstruktion ergeben sich unterschiedliche Verbesserungen der Schalldämmung. Es sind folgende Fälle zu unterscheiden:

a) *Einseitige Anbringung einer Vorsatzkonstruktion:*
Bei *einseitiger* Anbringung der Vorsatzkonstruktion am Trennbauteil, d. h. Anbringung entweder im Senderaum *oder* im Empfangsraum, ist die bewertete Verbesserung voll anzusetzen. Es gilt (Abb. 4.85):

$$\Delta R_{\mathrm{Dd,w}} = \Delta R_{\mathrm{D,w}} \ (\text{bei Vorsatzkonstruktion im Senderaum : D}) \tag{4.73}$$

oder

$$\Delta R_{\mathrm{Dd,w}} = \Delta R_{\mathrm{d,w}} \ (\text{bei Vorsatzkonstruktion im Empfangsraum : d}) \tag{4.74}$$

b) *Beidseitige Anbringung einer Vorsatzkonstruktion:*
Bei *beidseitiger* Anbringung der Vorsatzkonstruktion am Trennbauteil, d. h. Anbringung im Senderaum *und* im Empfangsraum, ist die bewertete Verbesserung auf der Senderaumseite voll und auf der Empfangsraumseite zur Hälfte anzusetzen.

Wenn mindestens eine der beiden bewerteten Verbesserungen größer als 0 dB sind, gilt (Abb. 4.86):

$$\Delta R_{\mathrm{Dd,w}} = \Delta R_{\mathrm{D,w}} + \Delta R_{\mathrm{d,w}}/2 \tag{4.75}$$

oder

$$\Delta R_{\mathrm{Dd,w}} = \Delta R_{\mathrm{d,w}} + \Delta R_{\mathrm{D,w}}/2 \tag{4.76}$$

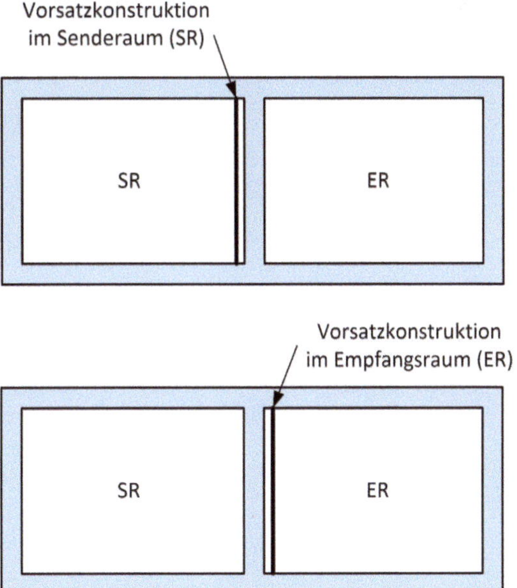

Abb. 4.85 Einseitige Anbringung einer Vorsatzkonstruktion am Trennbauteil

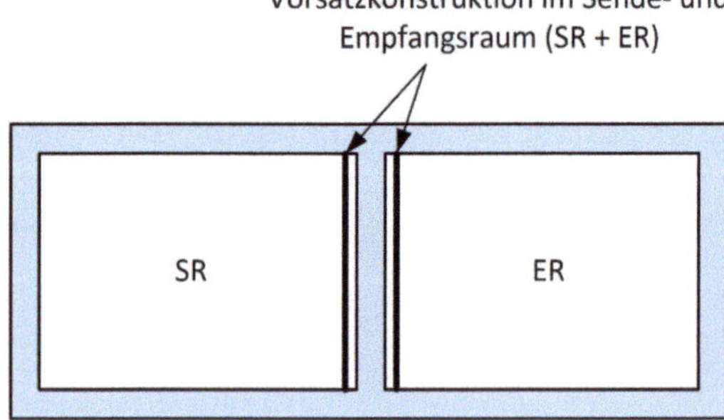

Abb. 4.86 Beidseitige Anbringung einer Vorsatzkonstruktion am Trennbauteil

Wenn beide der bewerteten Verbesserungen kleiner als 0 dB sind, gilt:

$$\Delta R_{\mathrm{Dd,w}} = \Delta R_{\mathrm{D,w}} + \Delta R_{\mathrm{d,w}}/2 \text{für} \left|\Delta R_{\mathrm{D,w}}\right| \geq \left|\Delta R_{\mathrm{d,w}}\right| \tag{4.77}$$

oder

$$\Delta R_{\mathrm{Dd,w}} = \Delta R_{\mathrm{d,w}} + \Delta R_{\mathrm{D,w}}/2 \text{für} \left|\Delta R_{\mathrm{d,w}}\right| \geq \left|\Delta R_{\mathrm{D,w}}\right| \tag{4.78}$$

Flankenschalldämmung

Je nach Anordnung der Vorsatzkonstruktion ergeben sich unterschiedliche Verbesserungen der Schalldämmung. Es sind folgende Fälle zu unterscheiden:

a) *Vorsatzkonstruktion im Senderaum oder Empfangsraum:*
Für die gesamte bewertete Verbesserung $\Delta R_{\mathrm{ij,w}}$ des Schalldämm-Maßes durch eine Vorsatzkonstruktion im Senderaum (i) *oder* Empfangsraum (j) eines Übertragungsweges über die flankierenden Bauteile gilt (Wege Ff, Fd, Df):

$$\Delta R_{\mathrm{ij,w}} = \Delta R_{\mathrm{i,w}} \tag{4.79}$$

oder

$$\Delta R_{\mathrm{ij,w}} = \Delta \mathrm{R}_{\mathrm{j,w}} \tag{4.80}$$

b) *Vorsatzkonstruktion im Senderaum und Empfangsraum:*
Für die gesamte bewertete Verbesserung $\Delta R_{\mathrm{ij,w}}$ des Schalldämm-Maßes durch zwei Vorsatzkonstruktionen im Senderaum (i) *und* Empfangsraum (j) eines Übertragungsweges über die flankierenden Bauteile (Wege Ff, Fd, Df) gelten folgende Regelungen:
Wenn mindestens eine der beiden bewerteten Verbesserungen größer als 0 dB sind, gilt:

$$R_{\mathrm{ij,w}} = \Delta R_{\mathrm{i,w}} + \Delta R_{\mathrm{j,w}}/2 \text{für } \Delta R_{\mathrm{i,w}} \geq \Delta R_{\mathrm{j,w}} \text{ und } \Delta R_{\mathrm{i,w}} > 0 \text{ dB} \tag{4.81}$$

oder

$$\Delta R_{ij,w} = \Delta R_{j,w} + \Delta R_{i,w}/2 \text{für } \Delta R_{j,w} \geq \Delta R_{i,w} \text{ und } \Delta R_{j,w} > 0 \text{ dB} \quad (4.82)$$

Wenn beide der bewerteten Verbesserungen kleiner als 0 dB sind, gilt:

$$\Delta R_{ij,w} = \Delta R_{i,w} + \Delta R_{j,w}/2 \text{für } |\Delta R_{i,w}| \geq |\Delta R_{j,w}| \quad (4.83)$$

oder

$$\Delta R_{ij,w} = \Delta R_{j,w} + \Delta R_{i,w}/2 \text{für } |\Delta R_{j,w}| \geq |\Delta R_{i,w}| \quad (4.84)$$

4.10.5 Wärmedämmverbundsysteme

Wärmedämmverbundsysteme (WDVS) können die Schalldämmung je nach Konstruktion und Ausführung sowohl verbessern als auch verschlechtern.

Ein **Wärmedämmverbundsystem (WDVS)** besteht aus Dämmstoffplatten, einem Putzträger (z. B. Kunststoffgewebe), dem Unter- und Oberputz sowie einer Beschichtung bzw. einem Anstrich. WDVS sind in bauaufsichtlichen Zulassungen geregelt.

Regeln zur rechnerischen Erfassung der Verbesserung (bzw. Verschlechterung) der Schalldämmung durch WDVS sind in der Änderung A1 zur DIN 4109-34 (DIN 4109-34/A1) angegeben.

Danach ergibt sich die bewertete Verbesserung (beim positivem Vorzeichen) bzw. Verschlechterung (bei negativem Vorzeichen) der Luftschalldämmung $\Delta R_{w,WDVS}$ für WDVS mit folgender Gleichung:

$$\Delta R_{w,WDVS} = \Delta R_{w,S} - K_D - K_K - K_S - K_{TW} \quad (4.85)$$

Darin bedeuten:

- $\Delta R_{w,S}$ Verbesserung der Luftschalldämmung durch das WDVS unter Referenzbedingungen in Abhängigkeit von der Resonanzfrequenz, in dB
- K_D Korrektur für den Einfluss von Dübeln, in dB
- K_K Korrektur für die prozentuale Klebefläche, in dB
- K_S Korrektur für den längenbezogenen Strömungswiderstand (nur bei WDVS mit Faserdämmstoffen), in dB
- K_{TW} Korrektur für das bewertete Schalldämm-Maß der Trägerwand, in dB

Verbesserung unter Referenzbedingungen $\Delta R_{w,S}$

Der Korrekturwert für die Verbesserung unter Referenzbedingungen $\Delta R_{w,S}$ gilt für ein WDVS, das mit einem Klebeflächenanteil von 40 % ohne Dübel an einem Grundbauteil mit einem bewerteten Schalldämm-Maß von $R_{w,0}$ = 53 dB befestigt ist. Der Korrekturwert $\Delta R_{w,S}$ (in dB) berechnet sich mit folgender Gleichung:

$$\Delta R_{w,S} = a \cdot \log(f_0) + b \tag{4.86}$$

Darin bedeuten:

f_0 Resonanzfrequenz nach Gl. (4.87), in Hz

a, b Koeffizienten nach Tab. 4.63 (dimensionslos)

Die Resonanzfrequenz f_0 (in Hz) berechnet sich mit folgender Gleichung:

$$f_0 \geq 160\sqrt{\frac{s'}{m'}} \tag{4.87}$$

Darin bedeuten:

s' dynamische Steifigkeit der Dämmstoffplatten, in MN/m³

m' flächenbezogene Masse der Putzschicht, in kg/m²

Korrektur für Dübel K_D

Der Korrektuwert für Dübel K_D ist anzubringen, wenn das WDVS zusätzlich mit Dübeln an der Wand befestigt wird und die Dübelteller Kontakt mit der Putzschicht haben. In diesem Fall besteht eine Körperschallbrücke zwischen der Putzschicht und der Wand. Der Korrekturwert K_D berechnet sich mit folgender Gleichung:

$$K_D = \begin{cases} 0 & \text{ohne Dübel} \\ 0{,}34 \cdot \Delta R_{w,S} + 0{,}4 & \text{mit Dübel} \end{cases} \tag{4.88}$$

Darin bedeuten:

$\Delta R_{w,S}$ Verbesserung unter Referenzbedingungen nach Gl. (4.86), in dB

Tab. 4.63 Koeffizienten *a* und *b* zur Berechnung von $\Delta R_{w,S}$. (N. DIN 4109-34/A1, Tab. 1.1)

Dämmstoff	Koeffizienten	Resonanzfrequenz f_0		
		$f_0 < 125$ Hz	125 Hz $\leq f_0 <$ 250 Hz	$f_0 \geq$ 250 Hz
Schaumkunststoffe	*a* =	−35,1	−26,7	−2,4
	b =	79,7	62,0	3,8
Faserdämmstoffe	*a* =	−35,9	−36,5	5,4
	b =	82,4	83,7	−16,7

Korrektur für die Klebefläche K_K

Der Korrekturwert für die Klebefläche K_K ist abhängig von der prozentualen Klebefläche. K_K (in dB) berechnet sich mit folgender Gleichung:

$$K_K = 0{,}052 \cdot F - 2{,}1 \tag{4.89}$$

Darin bedeutet:

F Anteil der Klebefläche an der Gesamtfläche des WDVS. in Prozent

Korrektur für den Strömungswiderstand K_S

Die Korrektur für den Strömungswiderstand K_S ist nur anzuwenden, wenn Faserdämmstoffe verwendet werden. K_S (in dB) ist abhängig von der Art des Faserdämmstoffs und berechnet sich mit folgenden Gleichungen:

a) Mineralwolle-Putzträgerplatten und vergleichbare Faserdämmstoffe:

$$K_S = -0{,}11 \cdot r + 3{,}8 \tag{4.90}$$

b) Mineralwolle-Lamellenplatten und vergleichbare Faserdämmstoffe:

$$K_S = -0{,}38 \cdot r + 9{,}8 \tag{4.91}$$

Darin bedeutet:

r längenbezogener Strömungswiderstand der Dämmplatten nach DIN EN 13162, DIN EN 13171 bzw. europäischer technischer Bewertung oder allgemeiner bauaufsichtlicher Zulassung, in kPa s/m^2 (Werte für einige ausgewählte Dämmstoffe siehe Tab. 4.64)

Korrektur für das bewertete Schalldämm-Maß der Trägerwand K_{TW}

Der Korrekturwert für das bewertete Schalldämm-Maß der Trägerwand K_{TW} ist einerseits von der Resonanzfrequenz f_0 und andererseits vom bewerteten Schalldämm-Maß des Grundbauteils ohne WDVS $R_{w,0}$ abhängig. Der Korrekturwert $K_{TW)}$ (in dB) berechnet sich mit folgender Gleichung:

$$K_{TW} = \left(-1{,}4 \cdot \log\left(f_0\right) + 3{,}6\right) \cdot \left(R_{w,0} - 53\right) \tag{4.92}$$

Tab. 4.64 Längenbezogener Strömungswiderstand r für ausgewählte Faserdämmstoffe. (N. Herstellerangaben)

Dämmstoff	Längenbezogener Strömungswiderstand kPa s/m^2
Putzträgerlamellen	≥ 15
Putzträgerplatte	≥ 40

Darin bedeuten:

f_0 Resonanzfrequenz nach Gl. (4.87), in Hz

$R_{w,0}$ bewertetes Schalldämm-Maß des Grundbauteils ohne WDVS, in dB

Beispiel

Für ein WDVS ist die bewertete Verbesserung der Luftschalldämmung zu berechnen.

Randbedingungen:

- Dämmplatten aus expandiertem Polystyrol (EPS), einlagig
- geklebt (keine Dübel), Klebefläche 60 %
- Dynamische Steifigkeit: $s' = 20$ MN/m²
- Putzschicht: $m' = 15$ kg/m²
- Bewertetes Schalldämm-Maß des Grundbauteils ohne WDVS: $R_{w,0} = 57$ dB

Lösung:

Verbesserung der Luftschalldämmung durch das WDVS unter Referenzbedingungen:

$$\Delta R_{w,S} = a \cdot \log(f_0) + b = -26,7 \cdot \log(185) + 62,0 = +1,5\,\text{dB}$$

mit:

Resonanzfrequenz:

$$f_0 \geq 160\sqrt{\frac{s'}{m'}} = 160\sqrt{\frac{20}{15}} = 185\,\text{Hz} > 125\text{ Hz und} < 250\text{ Hz}$$

Koeffizienten a und b für Polystyrol nach Tab. 4.63 für eine Resonanzfrequenz von f_0 = 185 Hz:

$$a = -26,7$$

$$b = +62,0$$

Korrekturwert für die prozentuale Klebefläche:

$$K_K = 0,052 \cdot F - 2,1 = 0,052 \cdot 60 - 2,1 = +1,02 = +1,0\,\text{dB}$$

Korrekturwert für das bewertete Schalldämm-Maß des Grundbauteils:

$$\begin{aligned} K_{TW} &= \left(-1,4 \cdot \log(f_0) + 3,6\right) \cdot \left(R_{w,0} - 53\right) \\ &= \left(-1,4 \cdot \log(185) + 3,6\right) \cdot (57 - 53) \\ &= +1,7\,\text{dB} \end{aligned}$$

Weitere Korrekturwerte brauchen hier nicht berücksichtigt zu werden (keine Dübel, kein Faserdämmstoff). Damit ergibt sich die Verbesserung zu:

$$\begin{aligned}\Delta R_{\mathrm{w,WDVS}} &= \Delta R_{\mathrm{w,S}} - K_{\mathrm{D}} - K_{\mathrm{K}} - K_{\mathrm{S}} - K_{\mathrm{TW}} \\ &= +1{,}5 - 0 - 1{,}0 - 0 - 1{,}7 \\ &= -1{,}2\,\mathrm{dB}\end{aligned}$$

Das negative Vorzeichen gibt an, dass das WDVS eine Verschlechterung der Schalldämmung um 1,2 dB bewirkt. ◄

4.10.6 Unterdecken

Unterdecken, die eine geschlossene Fläche bilden (z. B. aus Gipsplatten), können mit den Angaben nach 4.10.2 und Tab. 4.62 berechnet werden.

Für Unterdecken mit gegliederten Flächen stehen zurzeit keine Angaben und Regeln zur Berechnung der Verbesserung oder Verschlechterung der Schalldämmung zur Verfügung.

4.10.7 Schwimmende Estriche

Schwimmende Estriche sind Estriche, die auf einer Dämmschicht (Trittschalldämmung) verlegt sind und frei beweglich sowie vollständig von allen aufgehenden Bauteilen (z. B. Wände, Rohrdurchführungen usw.) durch Randdämmstreifen getrennt sind.

Als Estriche können

- mineralisch gebundene Estriche (Zementestrich, Calciumsulfatestrich. Calciumsulfatfließestrich, Magnesiaestrich),
- Gussasphaltestrich und
- Kunstharzestriche

nach DIN 18560-1 verwendet werden. Außerdem können Fertigteilestriche eingesetzt werden. Schwimmende Estriche können auch als Heizestriche (Fußbodenheizflächen) ausgeführt werden. Mit einem schwimmenden Estrich kann sowohl die Luftschalldämmung als auch die Trittschalldämmung verbessert werden.

Übersicht

Schwimmende Estriche bewirken

- eine **Verbesserung der Luftschalldämmung ΔR_{w}** sowie
- eine Verbesserung der Trittschalldämmung (**Trittschallminderung ΔL_{w}**)

von Decken.

Verbesserung der Luftschalldämmung

Die bewertete Verbesserung der Luftschalldämmung ΔR_w eines schwimmenden Estrichs ergibt sich in Abhängigkeit von der Resonanzfrequenz f_0 nach 4.10.2. Die Resonanzfrequenz ist nach Gl. (4.71) zu berechnen, die bewertete Verbesserung der Luftschalldämmung ergibt sich nach Tab. 4.62.

Verbesserung der Trittschalldämmung

Die bewertete Verbesserung der Trittschalldämmung (Trittschallminderung) ΔL_w eines schwimmenden Estrichs ist abhängig von der dynamischen Steifigkeit s' der Trittschalldämmplatten sowie von der flächenbezogenen Masse der Estrichplatte m'. Für die Ermittlung von ΔL_w siehe 4.9.2.

Bei der Planung und Ausführung von schwimmenden Estrichen sind die Regeln der DIN 18560 zu beachten. Für eine wirkungsvolle Trittschalldämmung sind Körperschallbrücken (z. B. zur Rohdecke, zu den aufgehenden Wänden, zu Rohrleitungen und Türzargen) unbedingt zu vermeiden. Dazu müssen die Randdämmstreifen den Fußbodenaufbau (d. h. Estrich *und* Bodenbelag) vollständig von allen aufgehenden und durchdringenden Bauteilen akustisch entkoppeln. Grundsätzlich sind die Randdämmstreifen auf der Rohdecke anzuordnen, während die Trittschalldämmung dazwischen verlegt wird. Der überstehende Rand der Randdämmstreifen darf erst nach Verlegen des Bodenbelags (z. B. Fliesen, Parkett u. Ä.) abgetrennt werden, um Schallbrücken zu vermeiden.

Weiterhin ist zu beachten, dass ein Grenzwert für die Zusammendrückbarkeit c der Trittschalldämmschicht einzuhalten ist. Die maximale Zusammendrückbarkeit darf einen Wert von 3 mm nicht überschreiten. Dies gilt für Gussasphaltestriche bei allen Nutzlasten (unabhängig von ihrer Höhe) und bei mineralisch gebundenen Estrichen nur bei höheren Nutzlasten (d. h. Flächenlast > 3 kN/m^2, Einzellast > 2 kN).

Im Bereich von Rohrleitungen und Kabelleerrohren, die direkt auf der Rohdecke verlegt werden, ist durch eine Ausgleichsschicht eine ebene, tragfähige Oberfläche zu schaffen, die als Untergrund für die Trittschalldämmung dient. Der Ausgleich muss mindestens bis zur Oberkante der Einbauteile erfolgen. Er kann mit Ausgleichestrichen, Schüttungen oder Wärmedämmplatten hergestellt werden. Bei der Planung ist daher die erforderliche Konstruktionshöhe für den Fußbodenaufbau zu ermitteln. Trassenführungen von Rohrleitungen und anderen Installationen sollten kreuzungsfrei, möglichst geradlinig sowie parallel zu den Wänden geplant werden.

Beispiel

Für einen schwimmenden Estrich auf einer Stahlbetondecke sind die bewertete Verbesserung der Luftschalldämmung ΔR_w und die bewertete Trittschallminderung ΔL_w zu berechnen.

Gegeben:

- Stahlbetondecke, Dicke 18 cm, Rohdichte 2400 kg/m^3
- Gussasphaltestrich, Dicke 2,5 cm, Rohdichte 2300 kg/m^3
- Trittschalldämmplatten, dynamische Steifigkeit $s' = 20$ MN/m^3

Bewertete Verbesserung der Luftschalldämmung:
Flächenbezogene Masse der Rohdecke:

$$m'_1 = 0{,}18 \times 2400 = 432 \text{ kg/m}^2$$

Flächenbezogene Masse der Estrichplatte:

$$m'_2 = 0{,}025 \times 2300 = 57{,}5 \text{ kg/m}^2$$

Resonanzfrequenz n. Gl. (4.70) :

$$f_0 = 160\sqrt{s'\left(\frac{1}{m'_1} + \frac{1}{m'_2}\right)} = 160\sqrt{20\left(\frac{1}{432} + \frac{1}{57{,}5}\right)} = 100{,}0 \text{ Hz}$$

Bewertetes Schalldämm-Maß der Rohdecke (Grundbauteil) n. Tab. 4.41.:

$$R_\text{w} = 30{,}9\log\left(m'_\text{ges}/m'\right)_0 - 22{,}2 = 30{,}9\log(432/1{,}0) - 22{,}2 = 59{,}2 \text{ dB}$$

Bewertete Verbesserung der Direktschalldämmung n. Tab. 4.62:

$$\Delta R_\text{w} = \max\begin{cases} 74{,}4 - 20 \ \log f_0 - 0{,}5 \cdot R_\text{w} = 74{,}4 - 20 \cdot \ \log(100{,}0) - 0{,}5 \cdot 59{,}2 = 4{,}8 \text{ dB} \\ 0 \end{cases}$$

Die bewertete Verbesserung der Direktschalldämmung (Luftschall) der betrachteten Decke einschließlich schwimmendem Estrich beträgt $\Delta R_\text{w} = 4{,}8$ dB. Insgesamt ergibt sich ein bewertetes Direkt-Schalldämm-Maß der Decke von

$$R_\text{Dd,w} = 59{,}2 + 4{,}8 = 64{,}0 \text{ dB}$$

(der schwimmende Estrich befindet sich nur im Senderaum).
Bewertete Trittschallminderung:
Die bewertete Trittschallminderung hängt von de flächenbezogenen Masse des Estrichs und der dynamischen Steifigkeit der Trittschalldämmung ab. Die bewertete Trittschallminderung berechnet sich nach Gl. (4.68):

$$\Delta L_{\mathrm{w}} = \left(-0{,}21\frac{m'}{\mathrm{kg/m^2}} - 5{,}45\right)\log\left(\frac{s'}{\mathrm{MN/m^3}}\right) + 0{,}46\frac{m'}{\mathrm{kg/m^2}} + 23{,}8$$
$$= (-0{,}21 \cdot 57{,}5 - 5{,}45)\log(20) + 0{,}46 \cdot 57{,}5 + 23{,}8$$
$$= 27{,}4\ \mathrm{dB}$$

Die bewertete Trittschallminderung für den betrachteten Gussasphaltestrich beträgt $\Delta L_{\mathrm{w}} = 27{,}4$ dB. ◄

4.10.8 Weichfedernde Bodenbeläge

Die folgenden Regelungen gelten nur für weichfedernde Bodenbeläge, die auf einer Massivdecke oder einem schwimmenden Estrich aufgebracht sind. Hierzu zählen

- PVC-Verbundbeläge,
- textile Fußbodenbeläge und
- Polteppiche.

Harte Bodenbeläge, die ohne Zwischenschicht direkt auf der Rohdecke oder einem schwimmenden Estrich aufgebracht sind (wie z. B. Fliesen- und Steinbeläge, Parkett), werden hier nicht berücksichtigt.

Weichfedernde Bodenbeläge beeinflussen die erreichbare Trittschalldämmung. Diese ist abhängig vom E-Modul des weichfedernden Bodenbelags, von der Dicke des Belags, von dessen Oberflächenstruktur und ggfs. von der Befestigung bzw. Anbringung des Belags auf dem Untergrund.

Weichfedernde Bodenbeläge verbessern nur die Trittschalldämmung, jedoch nicht die Luftschalldämmung.

Werte für die bewertete Trittschallminderung ΔL_{w} von weichfedernden Bodenbelägen sind in Tab. 4.65 angegeben. Es ist zu beachten, dass diese Werte nur für Bodenbeläge auf Massivdecken gelten. Für leichte Decken nach DIN 4109-33 (z. B. in Holzbauweise) sind die im Prüfstand ermittelten Werte der jeweiligen Deckenkonstruktion zu verwenden.

Bei Anordnung eines weichfedernden Bodenbelags auf einem schwimmenden Estrich darf als bewertete Trittschallminderung ΔL_{w} nur der höhere Wert – entweder ΔL_{w} des schwimmenden Estrichs oder ΔL_{w} des weichfedernden Bodenbelags – angesetzt werden. Eine Addition beider Werte ist nicht zulässig.

Tab. 4.65 Bewertete Trittschallminderung ΔL_w von weichfedernden Bodenbelägen für Massivdecken. (N. DIN 4109-34:2016-07, Tab. 2)

	Weichfedernder Bodenbelag	Norm	Bewertete Trittschallminderung ΔL_w dB
Linoleum-Verbundbelag			
1	Linoleum-Verbundbelag	n. DIN EN 687	14[a,b]
PVC-Verbundbeläge			
2	PVC-Verbundbelag mit genageltem Jutefilz als Träger	n. DIN EN 650	13[a,b]
3	PVC-Verbundbelag mit Korkment als Träger	n. DIN EN 652	16[a,b]
4	PVC-Verbundbelag mit Unterschicht als Schaumstoff	n. DIN EN 651	16[a,b]
5	PVC-Verbundbelag mit Synthesefaser Vliesstoff als Träger	n. DIN EN 650	13[a,b]
Textile Verbundbeläge			
6	Nadelvlies, Dicke = 5 mm	n. DIN ISO 2424[c]	20
Polteppiche[d]			
7	Unterseite geschäumt, Normdicke a_{20} = 4 mm	n. ISO 1765	19
8	Unterseite geschäumt, Normdicke a_{20} = 6 mm	n. ISO 1765	24
9	Unterseite geschäumt, Normdicke a_{20} = 8 mm	n. ISO 1765	28
10	Unterseite ungeschäumt, Normdicke a_{20} = 4 mm	n. ISO 1765	19
11	Unterseite ungeschäumt, Normdicke a_{20} = 6 mm	n. ISO 1765	21
12	Unterseite ungeschäumt, Normdicke a_{20} = 8 mm	n. ISO 1765	24

[a]Die Bodenbeläge müssen durch Hinweis auf die jeweilige Norm gekennzeichnet sein. Die maßgebliche bewertete Trittschallminderung ΔL_w muss auf dem Erzeugnis oder der Verpackung angegeben sein

[b]Die in den Zeilen 1 bis 5 angegebenen Werte sind Mindestwerte; sie gelten nur für aufgeklebte Bodenbeläge

[c]DIN EN 10204 ist zu berücksichtigen. Die textilen Bodenbeläge müssen auf dem Produkt oder auf der Verpackung mit dem entsprechenden ΔL_w ausgeliefert werden

[d]Pol aus Polyamid, Polypropylen, Polyacrylnitril, Polyester, Wolle und deren Mischungen

Trittschallminderung bei weichfedernden Bodenbelägen auf schwimmendem Estrich
Der **höhere Wert** der bewerteten Trittschallminderung (**entweder Bodenbelag oder Estrich**) ist anzusetzen. Die Addition beider Werte ist **nicht** zulässig.

Beispiel

Die im vorigen Beispiel behandelte Decke mit einem schwimmenden Gussasphaltestrich soll mit einem weichfedernden Bodenbelag versehen werden.

Randbedingungen:

Bewertete Trittschallminderung des schwimmenden Estrichs:

$$\Delta L_w = 27{,}4 \text{ dB } (\text{siehe oben})$$

Es soll ein Polteppich auf dem schwimmenden Estrich als Bodenbelag angeordnet werden:

Unterseite geschäumt, Normdicke a_{20} = 8 mm

Bewertete Trittschallminderung n. Tab. 4.65:

$$\Delta L_w = 28 \text{ dB}$$

Anzusetzende Trittschallminderung für die Decke:

$$\Delta L_w = \max\left(\Delta L_{w,\text{Estrich}}; \Delta L_{w,\text{Bodenbelag}}\right) = \max\left(27{,}4;28\right) = 28 \text{ dB}$$

Maßgebend ist die bewertete Trittschallminderung des Polteppichs. ◀

4.11 Luftschalldämmung von Bauteilen gegen Außenlärm

Außenbauteile von Gebäuden, die Lärmeinwirkungen von außen ausgesetzt sind, wie z. B. Fassaden und Dächer, müssen Anforderungen an die Luftschalldämmung erfüllen. Lärmeinwirkungen können durch Verkehr (z. B. Straßenverkehr, Schienenverkehr) sowie Geräusche aus Industrie- und Gewerbegebieten verursacht werden.

4.11.1 Grundprinzip des Nachweises

Als relevante Kenngröße zur Angabe der Luftschalldämmung von Außenbauteilen dient das gesamte bewertete Bau-Schalldämm-Maß $R'_{w,ges}$. Dieses setzt sich aus den einzelnen Anteilen der beteiligten Bauteile und Elemente (Wand, Dach, Fenster, Lüftungsöffnungen, Rollladenkästen usw.) zusammen.

Bei der Ermittlung des gesamten bewerteten Bau-Schalldämm-Maßes ist der Einfluss der Übertragung über die flankierenden Bauteile in den meisten Fällen vernachlässigbar, sodass nur die Direktübertragung berücksichtigt werden muss. Dies führt zu einer einfacheren und weniger aufwändigen Rechnung.

Für den Nachweis wird das gesamte bewertete Bau-Schalldämm-Maß $R'_{w,ges}$ um den Sicherheitsabschlag vermindert. Der Sicherheitsabschlag kann genau ermittelt werden (siehe Norm) oder darf vereinfacht mit 2 dB angenommen werden.

Der Anforderungswert für das gesamte bewertete Bau-Schalldämm-Maß ergibt sich bei Anwendung der Mindest-Anforderungen nach DIN 4109-1:2018-01 (s. 4.7.4) und ermittelt sich aus dem geforderten gesamten bewerteten Bau-Schalldämm-Maß in Abhängigkeit von der Raumart (Korrekturwert K_{Raumart}) und der Raumgeometrie (Korrekturwert K_{AL}).

Der Nachweis der Luftschalldämmung von Außenbauteilen gegen Außenlärm ist mit folgender Gleichung zu führen:

$$R'_{\mathrm{w,ges}} - 2\ \mathrm{dB} \geq \mathrm{erf.}R'_{\mathrm{w,ges}} + K_{\mathrm{AL}} = L_{\mathrm{a}} - K_{\mathrm{Raumart}} + K_{\mathrm{AL}} \tag{4.93}$$

Darin bedeuten:

$R'_{\mathrm{w,ges}}$	vorhandenes gesamtes bewertetes Bau-Schalldämm-Maß der Außenbauteile (z. B. Fassade, Dach), in dB;
2 dB	Sicherheitsabschlag (vereinfachte Annahme; genaue Berechnung siehe DIN 4109);
erf. $R'_{\mathrm{w,ges}}$	Anforderung an das gesamte bewertete Bau-Schalldämm-Maß in Abhängigkeit vom maßgeblichen Außenlärmpegel und der Raumart, in dB;
L_{a}	maßgeblicher Außenlärmpegel n. Tab. 4.15, in dB;
K_{Raumart}	Korrekturwert zur Berücksichtigung der Raumart (dimensionslos) n. Tab. 4.14;
K_{AL}	Korrekturwert zur Berücksichtigung der Raumgeometrie (dimensionslos) n. Gl. (4.32).

4.11.2 Gesamtes bewertetes Bau-Schalldämm-Maß der Außenbauteile

Für die Gesamtheit aller Außenbauteile eines Raums wird nachfolgend der Begriff Fassade verwendet. Hiermit sind sinngemäß auch Dachbauteile gemeint. Eine Fassade besteht aus verschiedenen Bauteilen (z. B. Wand, Dach, Fenster, Türen) und eingebauten Elementen (z. B. Lüftungseinrichtungen, Rollladenkästen). Für die Schalldämmung werden unterschiedliche Kenngrößen verwendet:

- Bei Bauteilen wird die Schalldämmung mit Hilfe des bewerteten Schalldämm-Maßes R_{w} angegeben.
- Bei Elementen wird die Norm-Schallpegeldifferenz $D_{\mathrm{n,e,w}}$ verwendet.

Die resultierende Schalldämmung der Fassade wird aus den Schalldämmwerten der Bauteile und Elemente ermittelt. Dabei wird angenommen, dass die Schallübertragung der Bauteile und Elemente jeweils unabhängig voneinander ist.

Die Schallübertragung über die Außenbauteile kann durch die äußere Fassadenstruktur beeinflusst werden.

Beispielsweise können Reflexionen die Schallübertragung verstärken. Eine Abschirmung durch auskragende Bauteile (z. B. Balkone) kann die Schallübertragung dagegen vermindern.

Für den Nachweis der Schalldämmung von Außenbauteilen nach DIN 4109 werden diese Einflüsse allerdings nicht berücksichtigt.

Genauere Berechnungen (z. B. die Berücksichtigung der Fassadenstruktur) können nach DIN EN ISO 12354-3 erfolgen.

Berechnung von $R'_{w,ges}$ mit Berücksichtigung der flankierenden Bauteile

Das gesamte bewertete Bau-Schalldämm-Maß der Außenbauteile (Fassade, Dach) ergibt sich unter Annahme eines diffusen Schallfeldes aus den Schalldämm-Maßen der Bauteile und Elemente, die an der direkten Schallübertragung beteiligt sind, sowie aus den Flankendämm-Maßen für die Wege Ff, Fd und Df (Abb. 4.87). Es gilt folgende Gleichung:

$$R'_{w,ges} = -10 \log \left[\sum_{i=1}^{m} 10^{-R_{e,i,w}/10} + \sum_{F=f=1}^{n} 10^{-R_{Ff,w}/10} + \sum_{f=1}^{n} 10^{-R_{Df,w}/10} + \sum_{F=1}^{n} 10^{-R_{Fd,w}/10} \right] \quad (4.94)$$

Darin bedeuten:

$R'_{w,ges}$ gesamtes bewertetes Bau-Schalldämm-Maß des Außenbauteils, in dB;

$R_{e,i,w}$ auf die Fassadenfläche (Wand-, Dachfläche) bezogenes Schalldämm-Maß der einzelnen Bauteile und Elemente in der Fassade (Berechnung n. 4.11.3), in dB;

$R_{ij,w}$ bewertetes Flankendämm-Maß für die Übertragungswege Ff, Fd und Df (Berechnung n. 4.11.4), in dB;

m Anzahl der Bauteile und Elemente in der Fassade (dimensionslos);

n Anzahl der flankierenden Bauteile (dimensionslos).

Bei der Berechnung von $R'_{w,ges}$ sind alle Bauteile und Elemente, die sich in der Fassade (bzw. Dach) befinden, zu berücksichtigen.

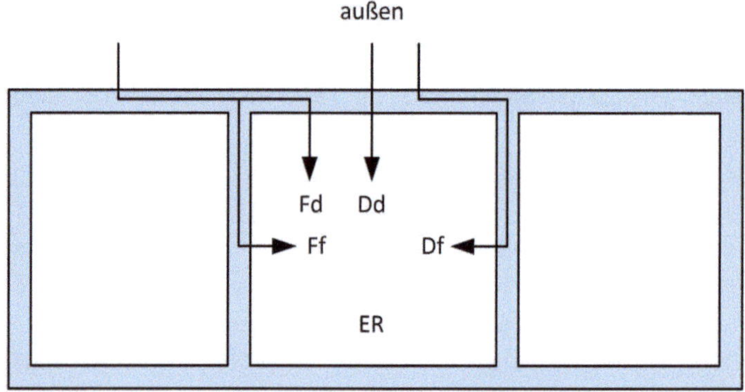

Abb. 4.87 Übertragung eines Außengeräuschs in einen schutzbedürftigen Empfangsraum (ER) auf dem direkten Weg (Dd) und den Flankenwegen (Ff, Fd und Df) (n. DIN 4109-2:2018-01, Bild 6)

Berechnung von $R_{w,ges}$ ohne Berücksichtigung der flankierenden Bauteile
In vielen Fällen kann die Übertragung über die flankierenden Bauteile vernachlässigt werden. Diese vereinfachte Vorgehensweise darf angenommen werden, wenn bauübliche Fenster eingebaut werden und $R'_{w,ges} \leq 40$ dB ist.

Das gesamte bewertete Bau-Schalldämm-Maß der Außenbauteile ergibt sich mit folgender Gleichung:

$$R'_{w,ges} = -10\log\left[\sum_{i=1}^{m} 10^{-R_{e,i,w}/10}\right] \tag{4.95}$$

Darin bedeuten:

$R'_{w,ges}$ gesamtes bewertetes Bau-Schalldämm-Maß des Außenbauteils, in dB;
$R_{e,i,w}$ auf die Fassadenfläche (Wand-, Dachfläche) bezogenes Schalldämm-Maß der einzelnen Bauteile und Elemente in der Fassade (Berechnung n. 4.11.3), in dB.

Das nach Gl. (4.95) berechnete gesamte bewertete Bau-Schalldämm-Maß $R'_{w,ges}$ entspricht dem resultierenden Direkt-Schalldämm-Maß der Fassade (bzw. Dach) und ist identisch mit folgender Beziehung:

$$R_{w,res} = -10\log\left[\frac{1}{S_S} \cdot \sum_{i=1}^{n} S_i \cdot 10^{-R_{i,w}/10}\right] \tag{4.96}$$

Darin bedeuten:

$R_{w,res}$ resultierendes bewertetes Direkt-Schalldämm-Maß der Fassade (bzw. Dach), in dB;
S_S Gesamtfläche der Fassade (Dach), in m^2;
S_i Fläche des Bauteils i in der Fassade, in m^2;
$R_{i,w}$ bewertetes Schalldämm-Maß des Bauteils i in der Fassade, in dB.

Beispiel

Für die Fassade in Abb. 4.88 ist das resultierende bewertete Schalldämm-Maß $R_{w,ges}$ zu berechnen. Die Übertragung über flankierende Bauteile soll vernachlässigt werden.

Randbedingungen:

- Fassadenfläche: 6,00 m × 2,75 m
- Fenster: In der Fassade befinden sich zwei Fenster mit den Abmessungen 1,26 m × 1,51 m. Bewertetes Schalldämm-Maß der Fenster: $R_{1,w} = 40$ dB.
- Wand: Die restliche Fläche besteht aus einer Wand (Mauerwerk) mit einem bewerteten Schalldämm-Maß von $R_{2,w} = 57$ dB.

Lösung:
Gesamtfläche der Fassade:

$$S_S = 6{,}00 \cdot 2{,}75 = 16{,}5 \text{ m}^2$$

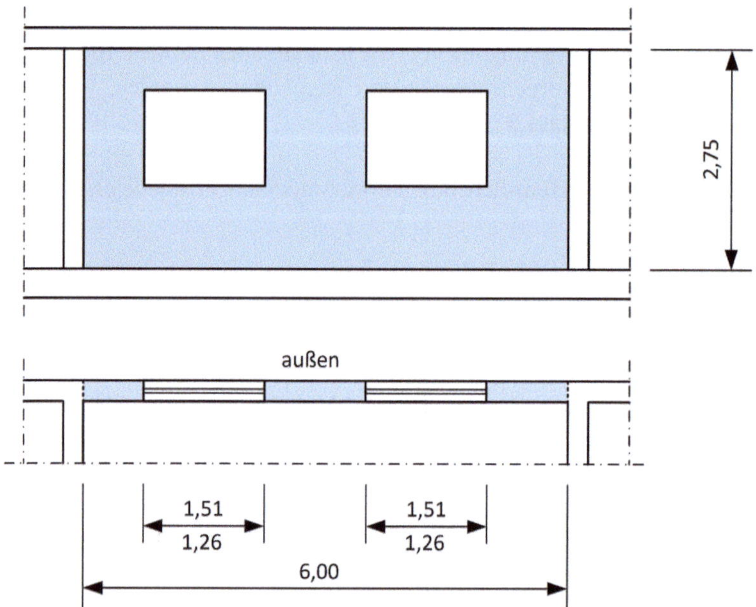

Abb. 4.88 Beispiel – resultierendes bewertetes Schalldämm-Maß einer Fassade

Fensterfläche:

$$S_1 = 2 \cdot 1{,}26 \cdot 1{,}51 = 3{,}81 \text{ m}^2$$

Wandfläche:

$$S_2 = 16{,}5 - 3{,}81 = 12{,}69 \text{ m}^2$$

Gesamtes bewertetes resultierendes Direkt-Schalldämm-Maß der Fassade n. Gl. (4.96):

$$\begin{aligned} R_{\mathrm{w,res}} &= -10\log\left[\frac{1}{S_{\mathrm{S}}} \cdot \sum_{i=1}^{n} S_{\mathrm{i}} \cdot 10^{-R_{\mathrm{i,w}}/10}\right] \\ &= -10\log\left[\frac{1}{12{,}69} \cdot \left(3{,}81 \cdot 10^{-40/10} + 12{,}69 \cdot 10^{-57/10}\right)\right] \\ &= 44{,}9 \text{ dB} \end{aligned}$$

Das gesamte bewertete resultierende Direkt-Schalldämm-Maß der Fassade ohne Berücksichtigung der flankierenden Bauteile beträgt $R_{\mathrm{w,res}}$ = 44,9 dB. Die Fenster verschlechtern aufgrund ihrer geringen Schalldämm-Maße die Schalldämmung des Gesamtbauteils deutlich. ◄

4.11.3 Schalldämm-Maße der Bauteile und Elemente

Die Schalldämm-Maße $R_{e,i,w}$ der Bauteile und Elemente der Fassade berechnen sich mit den folgenden Angaben.

Bauteile

Für übliche Bauteile wie Wände oder Fenster, für die ein bewertetes Schalldämm-Maß angegeben ist, berechnet sich das bewertete und auf die Gesamtfläche bezogene Schalldämm-Maß des Bauteils mit folgender Gleichung:

$$R_{e,i,w} = R_{i,w} + 10\log\left(\frac{S_S}{S_i}\right) \tag{4.97}$$

Darin bedeuten:

$R_{e,i,w}$ bewertetes und auf die schallübertragende Gesamtfläche S_S bezogenes Schalldämm-Maß des Bauteils i, in dB;

$R_{i,w}$ bewertetes Schalldämm-Maß des Bauteils i, in dB;

S_i Fläche des Bauteils i, in m^2;

S_S vom Raum aus gesehene Fassadenfläche (d. h. die Summe der Teilflächen aller Bauteile und Elemente), in m^2.

Elemente

Für Fassadenelemente, deren Schalldämmung durch eine Norm-Schallpegeldifferenz $D_{n,e,w}$ angegeben wird (wie z. B. Lüftungseinrichtungen, Rollladenkästen), berechnet sich das bewertete und auf die Gesamtfläche bezogene Schalldämm-Maß des betrachteten Elements mit folgender Gleichung:

$$R_{e,i,w} = D_{n,e,i,w} + 10\log\left(\frac{S_S}{A_0}\right) \tag{4.98}$$

Darin bedeuten:

$R_{e,i,w}$ bewertetes und auf die schallübertragende Gesamtfläche S_S bezogenes Schalldämm-Maß des Bauteils i, in dB;

$D_{n,e,i,w}$ bewertete Norm-Schallpegeldifferenz des Elements i, in dB;

S_S vom Raum aus gesehene Fassadenfläche (d. h. die Summe der Teilflächen aller Bauteile und Elemente), in m^2;

A_0 Bezugsabsorptionsfläche, $A_0 = 10$ m^2.

Bei nicht gedämmten Öffnungen (z. B. nicht gedämmte Lüftungselemente oder Jalousien) kann die Schalldämmung in der Regel vernachlässigt werden. Für diese Elemente ergibt sich die bewertete Norm-Schallpegeldifferenz näherungsweise mit folgender Gleichung:

$$D_{\text{n,e,w}} = -10\log\left(\frac{S_{\text{Öffnung}}}{10\ \text{m}^2}\right) \quad (4.99)$$

Darin bedeuten:

$D_{\text{n,e,w}}$ bewertete Norm-Schallpegeldifferenz der nicht gedämmten Öffnung, in dB;
$S_{\text{Öffnung}}$ Fläche der Öffnung, in m^2.

In vielen Fällen ist in der Fassade eine größere Anzahl identischer Elemente vorhanden. Die Norm-Schallpegeldifferenz ergibt sich in diesem Fall aus dem Wert $D_{\text{n,e,lab,w}}$ des geprüften Elements und der Anzahl der Bauteile mit folgender Gleichung:

$$D_{\text{n,e,w}} = D_{\text{n,e,lab,w}} - 10\log n_{\text{e}} \quad (4.100)$$

Darin bedeuten:

$D_{\text{n,e,w}}$ bewertete Norm-Schallpegeldifferenz, in dB;
$D_{\text{n,e,lab,w}}$ Schallpegeldifferenz des Bauteils ermittelt im Labor, in dB.

Für genaue Angaben zur Schalldämmung von Öffnungen und Fugen wird auf DIN 4109-35 verwiesen.

4.11.4 Bewertung der Einbausituation von Fenstern und Türen

Die Schalldämmung der Fassade wird zu einem wesentlichen Teil auch von der Einbausituation von Fenstern und Türen beeinflusst. Für schalltechnisch kritische Einbausituationen muss die resultierende Schalldämmung unter Berücksichtigung der Fugen berechnet werden. Hierfür werden die Schalldämm-Maße des Fenster- oder Türelements ohne Einbaufugen R_{w} sowie das Fugenschalldämm-Maß $R_{\text{S,w}}$ benötigt. Nähere Hinweise siehe Norm.

Als schalltechnisch kritisch sind Einbausituationen einzustufen, bei denen die Fenster- oder Türelemente im Bereich der Dämmebene liegen (Tab. 4.66).

Fugen sind so zu planen, dass das bewertete Schalldämm-Maß des Fensters nicht wesentlich verändert wird. Als Forderung gilt, dass das bewertete Schalldämm-Maß R_{w} des Bauteils um nicht mehr als 1 dB vermindert wird. Damit dieses Kriterium erfüllt wird, ist für das Fugenschalldämm-Maß $R_{\text{S,w}}$ folgender Richtwert einzuhalten:

$$R_{\text{S,w}} \geq R_{\text{w}} + 10\ \text{dB} \quad (4.101)$$

Als Kenndaten können die Werte nach DIN 4109-35 oder alternativ Labormessungen nach DIN EN ISO 10140-1 und -2 verwendet werden. Für weitere Regeln und Informationen wird auf die Norm (DIN 4109) verwiesen.

Tab. 4.66 Einbausituationen von Fenstern und Türen und ihre Auswirkung auf die Schalldämmung. (N. DIN 4109-2:2018-01, Tab.5)

Kriterium	Beispiel 1	Beispiel 2	Beispiel 3
(a) Monolithisches Mauerwerk			
	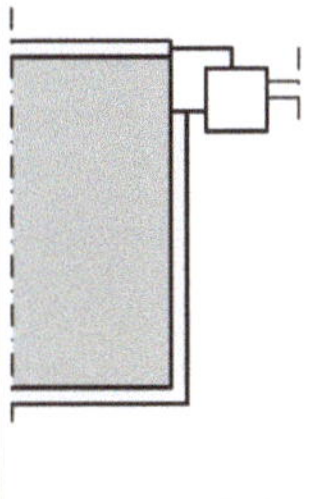	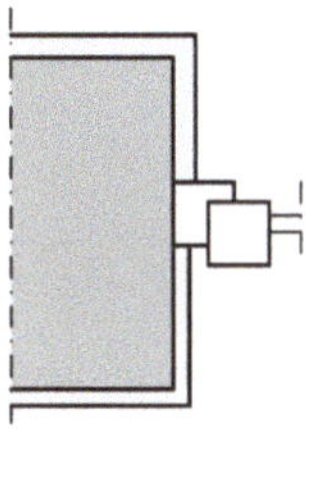	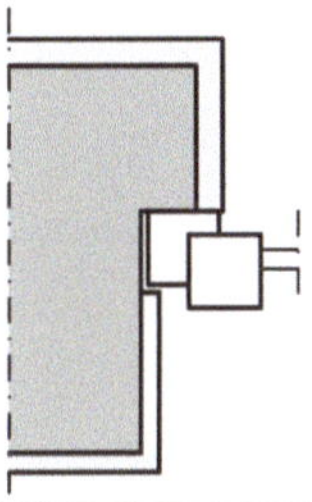
Einbaulage	Einbau außen bündig	Einbau mittig in der Wand	Einbau gegen Anschlag
Bewertung der Einbausituation	schalltechnisch unkritisch	schalltechnisch unkritisch	schalltechnisch unkritisch
(b) Mauerwerk mit WDVS			
	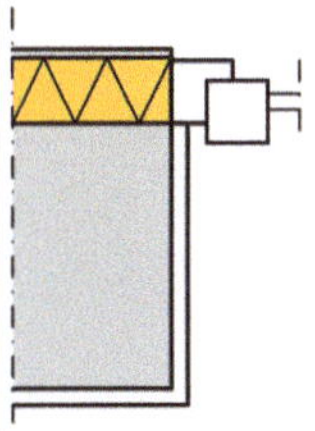	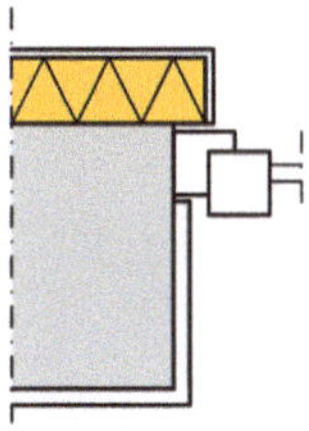	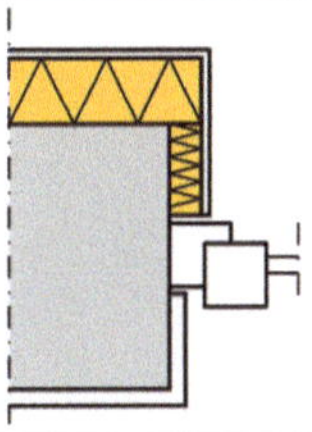
Einbaulage	Einbau außen bündig	Einbau mittig in der Wand	Einbau gegen Anschlag
Bewertung der Einbausituation	**schalltechnisch kritisch**	schalltechnisch unkritisch	schalltechnisch unkritisch
(c) Zweischaliges Mauerwerk, hinterlüftet			
	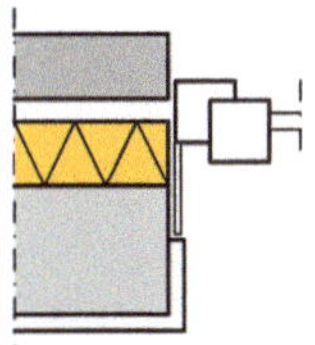	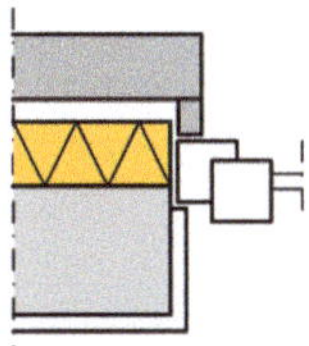	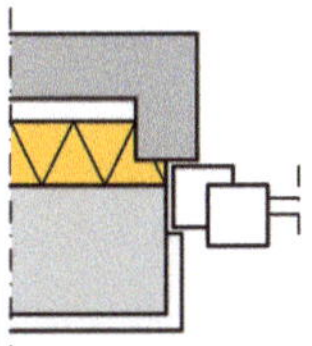
Einbaulage	Einbau in Dämmebene, außen bündig	Einbau in Dämmebene, innen bündig	Einbau außen bündig im raumseitigen Mauerwerk, gegen Anschlag
Bewertung der Einbausituation	**schalltechnisch kritisch**	schalltechnisch unkritisch	schalltechnisch unkritisch
(d) Mauerwerk mit vorgehängter, hinterlüfteter Fassade			
	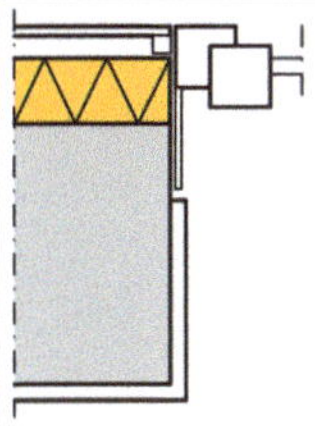	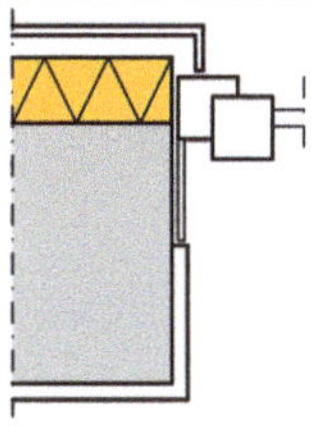	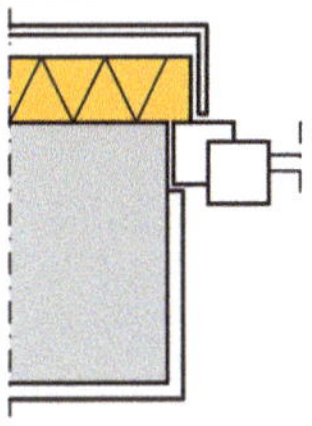

(Fortsetzung)

Tab. 4.66 (Fortsetzung)

Kriterium	Beispiel 1	Beispiel 2	Beispiel 3
Einbaulage	Einbau in Dämmebene, außen bündig	Einbau in Dämmebene, innen bündig	Einbau außen bündig im Mauerwerk
Bewertung der Einbausituation	**schalltechnisch kritisch**	schalltechnisch kritisch	schalltechnisch unkritisch
(e) **Zweischaliges Mauerwerk,**			
	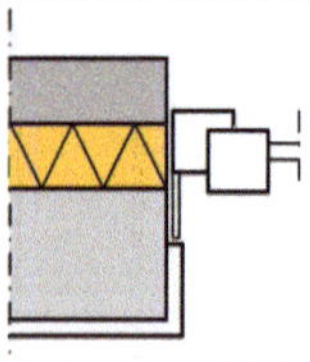	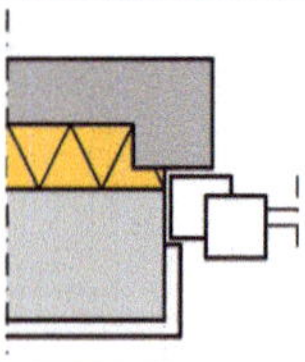	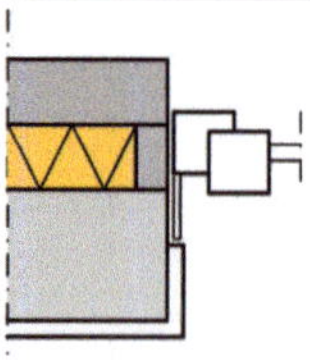
Einbaulage	Einbau in Dämmebene, außen bündig	Einbau im raumseitigen Mauerwerk, gegen Anschlag	Einbau in der Dämmebene mit Montagezarge
Bewertung der Einbausituation	**schalltechnisch kritisch**	schalltechnisch unkritisch	schalltechnisch unkritisch

4.11.5 Maßgeblicher Außenlärmpegel

Allgemeines

Die Höhe der Anforderungen an die Luftschalldämmung von Außenbauteilen ergibt sich aus dem maßgeblichen Außenlärmpegel.

Der maßgebliche Außenlärmpegel ist abhängig von der Lärmquelle sowie von der Tageszeit der Lärmeinwirkung, wobei hier in Tag- (6:00 bis 22:00 Uhr) und Nachtzeit (22:00 bis 6:00 Uhr) unterschieden wird. Er wird aus dem Beurteilungspegel für Straßen-, Schienen-, Luft- und Wasserverkehr sowie Industrie- und Gewerbebetriebe berechnet (Tab. 4.67).

Weiterhin gelten folgende Regeln:

- Für Gebäudeseiten, die von der Lärmquelle abgewandt sind, darf der maßgebliche Außenlärmpegel um folgende Werte abgemindert werden:
  - um 5 dB(A) bei offener Bebauung,
  - um 10 dB(A) bei geschlossener Bebauung und bei Innenhöfen.
- Bei Vorhandensein von Lärmschutzwänden oder -wällen darf der maßgebliche Außenlärmpegel abgemindert werden. Nachweis nach RLS-90 bzw. Schall 03. ggfs. sind Messungen zulässig; siehe hierzu DIN 4109-4, Anhang C.

Tab. 4.67 Maßgeblicher Außenlärmpegel

	Tag (6:00 Uhr bis 22:00 Uhr)	Nacht (22:00 Uhr bis 6:00 Uhr)
Maßgeblicher Außenlärmpegel[1]	= zugehöriger Beurteilungspegel	= zugehöriger Beurteilungspegel + Zuschlag[2]

[1]Maßgebend ist die Lärmbelastung derjenigen Tageszeit, die sie höhere Anforderung ergibt
[2]Zuschlag aufgrund eines größeren Schutzbedürfnisses bei nacht

Vorgehensweise bei unterschiedlichen Außenlärmpegeln bei Eckräumen

Bei Außenflächen eines Raumes, die unterschiedlich orientiert sind (z. B. Eckräume), können sich für diesen Raum

- gleiche, aber auch
- unterschiedliche

maßgebliche Außenlärmpegel ergeben.

Es sind somit folgende Fälle zu unterscheiden:

Fall 1: Gleiche maßgebliche Außenlärmpegel an allen Außenbauteilflächen

Für den Fall, dass an allen Außenbauteilflächen gleiche Außenlärmpegel anzusetzen sind, werden sowohl bei der Berechnung von $R'_{w,res}$ als auch von S_S alle schallbeanspruchten Außenbauteile des betrachteten Raums berücksichtigt.

Fall 2: Unterschiedliche maßgebliche Außenlärmpegel an unterschiedlich orientierten Außenbauteilflächen

Es werden sowohl bei der Berechnung von $R'_{w,res}$ als auch bei der Berechnung von S_S alle schallbeanspruchten Außenbauteile des betrachteten Raums berücksichtigt.

Zur Berücksichtigung der unterschiedlichen Lärmpegel an den jeweiligen Fassadenflächen wird für jeden maßgeblichen Außenlärmpegel, der vom maximal vorliegenden maßgeblichen Außenlärmpegel abweicht, ein Korrekturwert K_{LPB} berechnet. K_{LBP} wird auf alle Schalldämm-Maße der Fassadenteile, die diesem maßgeblichen Außenlärmpegel zugeordnet sind, addiert.

Der Korrekturwert K_{LBP} berechnet sich aus der Differenz des maximalen maßgeblichen Außenlärmpegels, der an der Gesamtfassade des betrachteten Raums vorhanden ist, und des auf die jeweils betrachtete Fassadenfläche einwirkenden geringeren maßgeblichen Außenlärmpegels.

Straßenverkehr

Für den Straßenverkehr kann der maßgebliche Außenlärmpegel mit Hilfe der Beurteilungspegel aus den Nomogrammen in DIN 18005 ermittelt werden (Abb. 4.89 und 4.90), wenn keine anderen Angaben vorliegen (z. B. gesetzliche Vorschriften, Verwaltungsvorschriften, Bebauungspläne, Lärmkarten).

Straßengattung:
A: Bundesautobahnen
B: Bundes-, Landes-, Kreis- u. Gemeindeverbindungsstraßen
C: Stadt- u. Gemeindestraßen

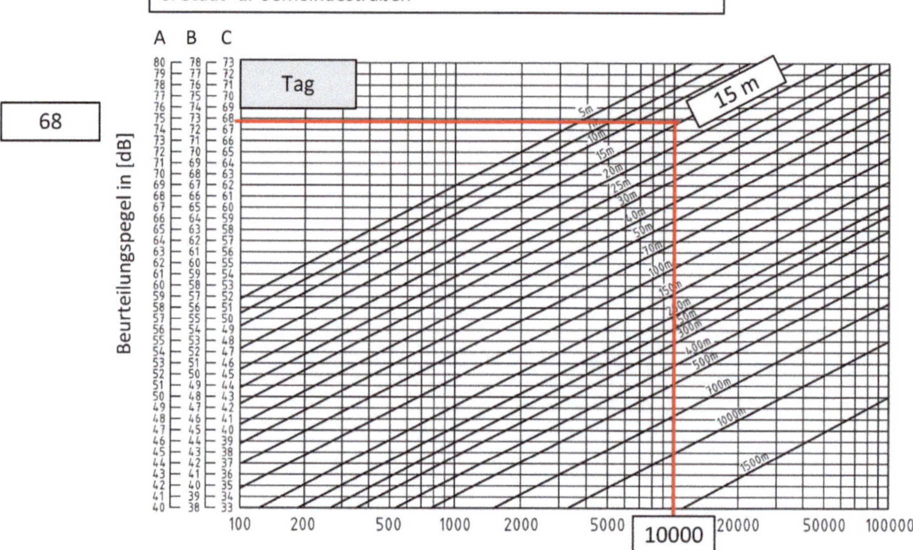

Durchschnittliche tägliche Verkehrsstärke in [Kfz/24 h]

Korrekturen:
Zulässige Höchstgeschwindigkeit:
- auf Bundesautobahnen 80 km/h: -2,5 dB
- auf Stadtstraßen 30 km/h: -2,5 dB

Straßenoberfläche:
- offenporiger Asphalt auf Außerortsstraßen mit zul. Höchstgeschwindigkeit > 60 km/h: - 3 dB
- unebenes Pflaster auf Straßen mit zulässiger Höchstgeschwindigkeit von ≥ 50 km/h: +6 dB
- unebenes Pflaster auf Straßen mit zulässiger Höchstgeschwindigkeit von ≥ 30 km/h: +3 dB

Immissionsort in < 100 m Entfernung von einer Ampel: +2 dB
Immissionsort in Straßenschluchten (beidseitige, mehrgeschossige u. geschlossene Bebauung): +2 dB

Abb. 4.89 Beurteilungspegel für Straßenverkehr für den Tag. (N. DIN 18005:2002-07, Bild A.1)

Bei Verwendung der Nomogramme (für Tag und Nacht) ergibt sich der maßgebliche Außenlärmpegel zu:

Maßgeblicher Außenlärmpegel = Ablesewert Nomogramme DIN 18005 + 3 dB(A)

Bei einer Differenz der Beurteilungspegel zwischen Tag und Nacht von weniger als 10 dB(A) ergibt sich der maßgebliche Außenlärmpegel aus einem um 3 dB(A) erhöhten Beurteilungspegel für die Nacht und einem Zuschlag von 10 dB(A).

Straßengattung:
A: Bundesautobahnen
B: Bundes-, Landes-, Kreisstraßen
C: Gemeindeverbindungsstraßen
D: Stadt- u. Gemeindestraßen

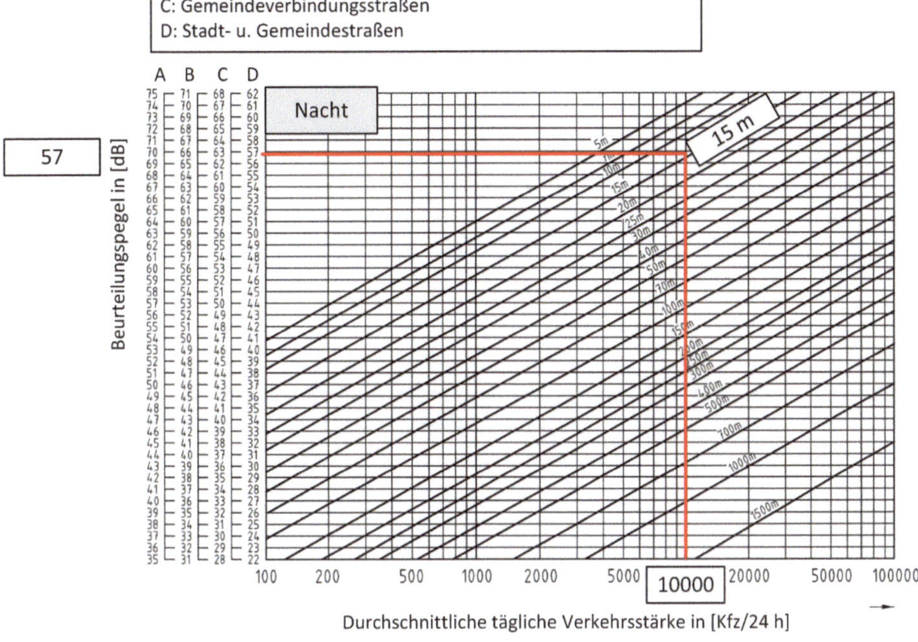

Korrekturen:
Zulässige Höchstgeschwindigkeit:
- auf Bundesautobahnen 80 km/h: -2,5 dB
- auf Stadtstraßen 30 km/h: -2,5 dB

Straßenoberfläche:
- offenporiger Asphalt auf Außerortsstraßen mit zul. Höchstgeschwindigkeit > 60 km/h: - 3 dB
- unebenes Pflaster auf Straßen mit zulässiger Höchstgeschwindigkeit von ≥ 50 km/h: +6 dB
- unebenes Pflaster auf Straßen mit zulässiger Höchstgeschwindigkeit von ≥ 30 km/h: +3 dB

Immissionsort in < 100 m Entfernung von einer Ampel: +2 dB
Immissionsort in Straßenschluchten (beidseitige, mehrgeschossige u. geschlossene Bebauung): +2 dB

Abb. 4.90 Beurteilungspegel für Straßenverkehr für die Nacht. (N. DIN 18005:2002-07, Bild A.2)

Beispiel

Für die folgende Situation ist der maßgebliche Außenlärmpegel L_a zu ermitteln:

- Straßenverkehr, Stadtstraße
- Durchschnittliche tägliche Verkehrsstärke: 10.000 Kfz/24 h
- Abstand der Fassade von der Straßenmitte: 15 m
- Der Immissionsort befindet sich weniger als 100 m von einer Ampel entfernt
- Die Bebauung ist beidseits der Straße geschlossen und mehrgeschossig.

Lösung:

Beurteilungspegel Tag (n. Abb. 4.89): 68 dB
Zuschlag für Ampel: 2 dB
Zuschlag für geschlossene Bebauung: 2 dB
gesamt Tag: 68 + 2 + 2 = 72 dB
Beurteilungspegel Nacht (n. Abb. 4.90): 57 dB
Zuschlag für Ampel: 2 dB
Zuschlag für geschlossene Bebauung: 2 dB
gesamt Tag: 57 + 2 + 2 = 61 dB
Differenz zwischen Beurteilungspegel Tag und Nacht: 72 – 61 = 9 < 10 dB

Maßgeblicher Außenlärmpegel L_a:

$$L_a = \text{Beurteilungspegel}(\text{Nacht}) + 3 + 10 = 61 + 3 + 10 = 74 \text{ dB}$$

Der maßgebliche Außenlärmpegel ist mit 74 dB anzunehmen. ◀

Schienenverkehr

Für den Schienenverkehr werden die Beurteilungspegel für den Tag bzw. für die Nacht nach der 16. Bundes-Immissionsschutzverordnung bestimmt. Der maßgebliche Außenlärmpegel ergibt sich durch Addition von 3 dB(A) zu den so errechneten Werten. Weitere Hinweise siehe DIN 4109-2.

Wasserverkehr

Hier wird auf die Regelungen der DIN 4109-2 verwiesen.

Luftverkehr

Für Flughäfen und Flugplätze, für die Lärmschutzbereiche nach dem Fluglärmgesetz (FluLärmG) festgelegt sind, gelten die Regelungen dieses Gesetzes.

Für Gebiete, die nicht durch das FluLärmG erfasst sind, wir auf die Regelungen der DIN 4109-2 verwiesen.

Gewerbe- und Industriebetriebe

Für Gewerbe- und Industriebetriebe wird der maßgebliche Außenlärmpegel aus dem Immissionsrichtwert für den Tag nach der TA-Lärm (Technische Anleitung zum Schutz gegen Lärm) plus einem Zuschlag von 3 dB(A) berechnet.

Bei einer Differenz der Beurteilungspegel zwischen Tag und Nacht von weniger als 15 dB(A) ergibt sich der maßgebliche Außenlärmpegel zum Schutz des Nachtschlafs aus einem um 3 dB(A) erhöhten Beurteilungspegel plus einem Zuschlag von 15 dB(A).

Für weitere Regelungen wird auf DIN 4109-2 verwiesen.

TA-Lärm

Die Technische Anleitung zum Schutz gegen Lärm (TA-Lärm) dient zum Schutz der Allgemeinheit und der Nachbarschaft vor schädlichen Umwelteinwirkungen durch Geräusche sowie der Vorsorge gegen schädliche Umwelteinwirkungen durch Geräusche. Die TA-Lärm gilt für Anlagen, die den Anforderungen des zweiten Teils des Bundes-Immissionsschutzgesetzes (BImSchG) unterliegen. Ausgenommen sind

- Sportanlagen (siehe Sportanlagenlärmschutzverordnung),
- sonstige nicht genehmigungsbedürftige Freizeitanlagen sowie Freiluftgaststätten,
- nicht genehmigungsbedürftige landwirtschaftliche Anlagen,
- Schießplätze (Waffen ab ≥ 20 mm Kaliber),
- Tagebaue,
- Baustellen,
- Seehäfen
- Anlagen für soziale Zwecke.

Immissionsrichtwerte für Immissionsorte außerhalb von Gebäuden sind in Tab. 4.68 angegeben. Für weitere Informationen wird auf den Verordnungstext verwiesen.

4.11.6 Beispiel – Schalldämmung gegenüber Außenlärm

Für die Außenwand des Raumes in Abb. 4.91 soll die Schalldämmung gegenüber Außenlärm berechnet werden.

Randbedingungen:

Außenwand:

- 175 mm Kalksandstein, raumseitig verputzt; RDK 1,4 mit Dünnbettmörtel vermörtelt.
- Flächenbezogene Masse:

$$m' = 0{,}175\ \text{m} \times 1300\ \text{kg/m}^3 + 10\ \text{kg/m}^2 = 238\ \text{kg/m}^2$$

Tab. 4.68 Immissionsrichtwerte für Immissionsorte außerhalb von Gebäuden

	Immissionsrichtwert dB(A)	
	Tag	Nacht
in Industriegebieten	70	70
in Gewerbegebieten	65	50
i n Kerngebieten, Dorfgebieten, Mischgebieten	60	45
in allgemeinen Wohngebieten und Kernsiedlungsgebieten	55	40
in reinen Wohngebieten	50	35
in Kurgebieten, für Krankenhäuser und Pflegeanstalten	45	35

Einzelne kurzzeitige Geräuschspitzen dürfen die Immissionsrichtwerte am Tag um nicht mehr als 30 dB(A) und in der Nacht um nicht mehr als 20 dB(A) überschreiten

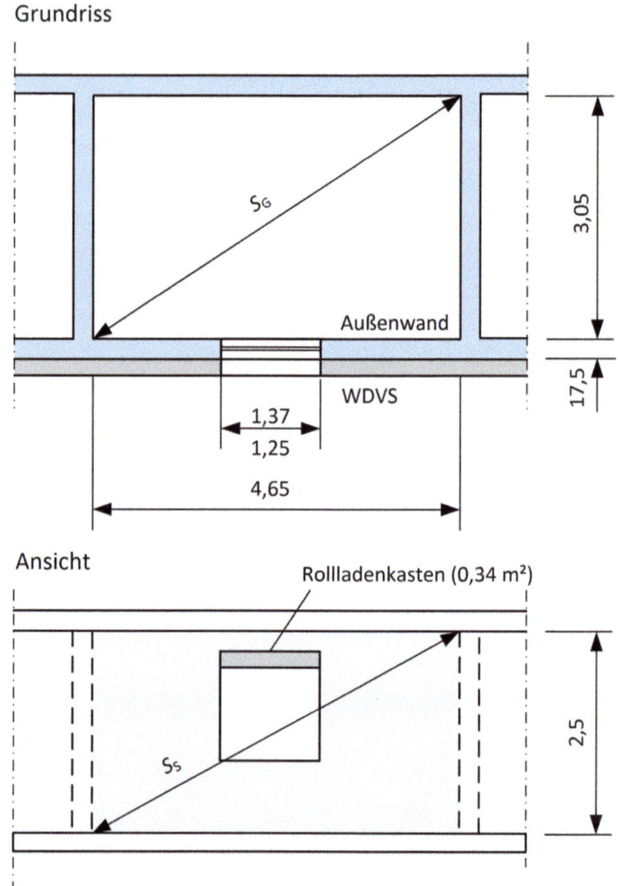

Abb. 4.91 Beispiel – Schalldämmung gegenüber Außenlärm (in Anlehnung an DIN 4109-2:2018-01, Anhang D)

- Wandfläche (ohne Fenster und Rollladenkasten):

$$S_W = 4{,}65 \times 2{,}5 - (1{,}37 \times 1{,}25) - 0{,}34 = 11{,}625 - 2{,}05 = 9{,}58\ \text{m}^2$$

Bewertete Verbesserung der Direktschalldämmung durch das außenseitig angebrachte WDVS: ΔR_w = 0,6 dB (Annahme: WDVS aus Polystyrol d = 200 mm, s' = 25 MN/m³, Klebefläche 60 %, Putz m' = 15 kg/m², ohne Verdübelung).

Fenster:
Zweischeibenisolierverglasung

$$R_w = 36\ \text{dB}; S = 1{,}37 \times 1{,}25 = 1{,}71\ \text{m}^2$$

Rollladenkasten:

$$D_{n,e,w} = 55\ \text{dB}$$

Schalldämmung der Außenwand ohne WDVS:

$$R_{s,w} = 30{,}9 \ \log \left(m'_{ges}/m_0\right) - 22{,}2 = 30{,}9 \ \log \left(238/1{,}0\right) - 22{,}2 = 51{,}2 \ \text{dB}$$

Schalldämmung der Außenwand mit WDVS:

$$R_{Dd,w} = R_{s,w} + \Delta R_{Dd,w} = 51{,}2 + 0{,}6 = 51{,}8 \ \text{dB}$$

$$\text{mit:} \quad \Delta R_w = \Delta R_{Dd,w} = 0{,}6 \ \text{dB} \ (\text{s.o.})$$

Flankierende Bauteile:

Die Übertragung über die flankierenden Bauteile kann aufgrund des gegenüber dem Anforderungswert deutlich höheren Schalldämm-Maßes der Wand vernachlässigt werden. Das bewertete resultierende Schalldämm-Maß der Außenwand kann daher vereinfacht berechnet werden, siehe Gl. (4.97).

Das auf die schallübertragende Gesamtfläche bezogene, bewertete Schalldämm-Maß $R_{e,i,w}$ des Bauteils i mit der Fläche S_i berechnet sich mit Gl. (4.97):

Schallübertragende Gesamtfläche der Fassade:

$$S_S = 4{,}65 \times 2{,}5 = 11{,}63 \ \text{m}^2$$

Fenster:

$$S_{Fenster} = 1{,}37 \times 1{,}25 = 1{,}71 \ \text{m}^2$$

$$R_{Fenster,w} = 36 \ \text{dB} \ (\text{s.o.})$$

$$R_{e,Fenster,w} = R_{Fenster,w} + 10 \log \left(\frac{S_S}{S_i}\right) = 36 + 10 \log \left(\frac{11{,}63}{1{,}71}\right) = 44{,}3 \ \text{dB}$$

Wand:

$$S_{Wand} = 11{,}63 - 1{,}71 - 0{,}34 = 9{,}58 \ \text{m}^2$$

$$R_{Wand,w} = 51{,}8 \ \text{dB} \ (\text{s.o.})$$

$$R_{e,Wand,w} = R_{Wand,w} + 10 \log \left(\frac{S_S}{S_i}\right) = 51{,}8 + 10 \log \left(\frac{11{,}63}{9{,}53}\right) = 52{,}6 \ \text{dB}$$

Beim Rollladenkasten ist die bewertete Norm-Schallpegeldifferenz $D_{n,e,w}$ angegeben. Das bewertete und auf die übertragende Gesamtfläche bezogene bewertete Schalldämm-Maß ergibt sich nach Gl. (4.98) ($A_0 = 10 \ \text{m}^2$):

$$D_{n,e,w} = 55 \ \text{dB}$$

$$R_{e,i,w} = D_{n,e,i,w} + 10 \log \left(\frac{S_S}{A_0}\right) = 55 + 10 \log \left(\frac{11{,}63}{10{,}0}\right) = 55{,}7 \ \text{dB}$$

Damit ergibt sich das gesamte bewertete Schalldämm-Maß $R'_{w,ges}$ der Außenwand einschl. Fenster und Rollladenkasten zu (Gl. (4.95)):

$$\begin{aligned} R'_{w,ges} &= -10\log\left[\sum_{i=1}^{m} 10^{-R_{e,i,w}/10}\right] \\ &= -10\log\left[10^{-44,3/10} + 10^{-52,6/10} + 10^{-55,7/10}\right] \\ &= 43,4\ \text{dB} \end{aligned}$$

Nachweis nach Gl. (4.93):

$$R'_{w,ges} - 2\ \text{dB} \geq \text{erf.} R'_{w,ges} + K_{AL} = L_a - K_{Raumart} + K_{AL}$$

Maßgeblicher Außenlärmpegel (Tab. 4.15):
Annahme: Lärmpegelbereich IV

$$L_a = 70\ \text{dB}$$

Korrekturwert für Raumart (Tab. 4.14):
Es handelt sich um einen Aufenthaltsraum in einer Wohnung.

$$K_{Raumart} = 30\ \text{dB}$$

Korrekturwert K_{AL} (Gl. (4.32)):

$$K_{AL} = 10\log\left(\frac{S_{(W+F)}}{0,8 \cdot S_G}\right) = 10\log\left(\frac{11,63}{0,8 \cdot 14,18}\right) = 0,1\ \text{dB}$$

mit:
$S_{(W+F)} = 4,65 \times 2,5 = 11,63\ m^2$ (schallübertragende Gesamtfläche)
$S_G = 4,65 \times 3,05 = 14,18\ m^2$ (Grundfläche des Raums)

Nachweis:

$$\begin{aligned} R'_{w,ges} - 2\ \text{dB} &\geq \text{erf.} R'_{w,ges} + K_{AL} = L_a - K_{Raumart} + K_{AL} \\ 43,4 - 2 = 41,4\ \text{dB} &> 70 - 30 + 0,1 = 40,1\ \text{dB} \end{aligned}$$

Der Nachweis ist erfüllt.

4.12 Schallschutz im Städtebau

Hinweise zum Schallschutz bei der städtebaulichen Planung werden in DIN 18005 angegeben. Diese Norm ist für Architekten, Städteplaner, Gemeinden und Bauaufsichtsbehörden gedacht. Sie gilt nicht für die Anwendung in Genehmigungs- und Planfeststellungsverfahren. Nachfolgend werden ausgewählte Inhalte der DIN 18005 angegeben und erläutert. Für weitere und vertiefende Informationen wird auf DIN 18005 verwiesen.

4.12.1 Begriffe

Wichtige Begriffe zum Thema „Schallschutz im Städtebau“ sind in Tab. 4.69 zusammengestellt.

Tab. 4.69 Wichtige Begriffe zum Thema „Schallschutz im Städtebau“. (N. DIN 18005)

Begriff	Formelzeichen	Erläuterung
Schallimmission	–	Einwirken von Schall auf ein Gebiet oder einen Ort. (von lat. *immittere* = hineinschicken, -senden).
Schallemission	–	Abstrahlen von Schall (von lat. *emittere* = aussenden).
Beurteilungspegel	L_r	Kenngröße zur Angabe der Stärke der Schallimmission während der Beurteilungszeit Tr, wobei Zuschläge oder Abschläge für bestimmte Geräusche, Zeiten oder Situationen berücksichtigt werden. Für den Fall, dass keine Zu- oder Abschläge zu berücksichtigen sind, entspricht der Beurteilungspegel dem äquivalenten Dauerschallpegel (n. DIN 1320; s. a. DIN 45645-1, RLS-90, Schall 03).
Schallleistungspegel	L_w	Der Schallleistungspegel entspricht dem zehnfachen dekadischen Logarithmus des Verhältnisses der Schallleistung P zur Bezugsschallleistung $P_0 = 1$ pW (n. DIN 1320). $L_w = 10 \log (P/10^{-12}\ \text{W})$ in dB
Pegel der längenbezogenen Schallleistung	L_w	Logarithmisches Maß für die Schallleistung, die von einer Linienschallquelle oder Teilen davon abgestrahlt wird. $L_w = 10 \log (P/10^{-12}\ \text{Wm}^{-1})$ in dB
Emissionspegel	$L_{m,E}$	Der Emissionspegel ist ein Wert, der anstelle des Pegels der längenbezogenen Schallleistung bei Verkehrswege verwendet wird. $L_{m,E}$ ist etwa 19 dB niedriger als L_w.
Pegel der flächenbezogenen Schallleistung (flächenbezogener Schallleistungspegel)	L_w	Logarithmisches Maß für die Schallleistung, die von einer flächenhaften Schallquelle oder Teilen davon abgestrahlt wird. $L_w = 10 \log (P/10^{-12}\ \text{Wm}^{-2})$ in dB

4.12.2 Grundlagen der Schallausbreitung

Hinsichtlich der Schallausbreitung ist zu unterscheiden in Situationen mit

- ungehinderter Schallausbreitung und
- Abschirmung durch Hindernisse sowie Schallpegelerhöhungen durch Reflexionen.

Ungehinderte Schallausbreitung
Schall kann sich ungehindert ausbreiten, wenn sich zwischen dem Emissionsort (d. h. der Schallquelle) und dem Immissionsort (d. h. dem schutzbedürftigen Gebäude, Ort oder dergleichen) keine Hindernisse befinden, die den Schall ablenken können. Zwischen Schallquelle und Empfänger besteht in der Regel eine Sichtverbindung.

Punktschallquellen
Schallquellen, deren größte Ausdehnung weniger als die Hälfte des Abstandes zwischen ihrem Mittelpunkt und dem Immissionsort beträgt, können für die Berechnung als Punktschallquellen angesehen werden.

Bei ungehinderter Schallausbreitung (s. o.) nimmt der von der Punktschallquelle erzeugte Schallpegel mit zunehmendem Abstand ab, da die von der Punktschallquelle abgestrahlte Schallleistung sich auf größere Kugelflächen verteilt.

Die Abnahme des Schalldruckpegels bei einer Punktschallquelle unter idealen Bedingungen (kein Wind, keine Reflexionen, keine Absorption) kann mit folgender Gleichung berechnet werden (Abb. 4.92):

$$\Delta L = 20 \log\left(\frac{r_2}{r_1}\right) \tag{4.102}$$

Darin bedeuten:
ΔL Abnahme des Schalldruckpegels, in dB;
r_1 Abstand 1 zur Punktschallquelle, in m;
r_2 Abstand 2 zur Punktschallquelle, in m.

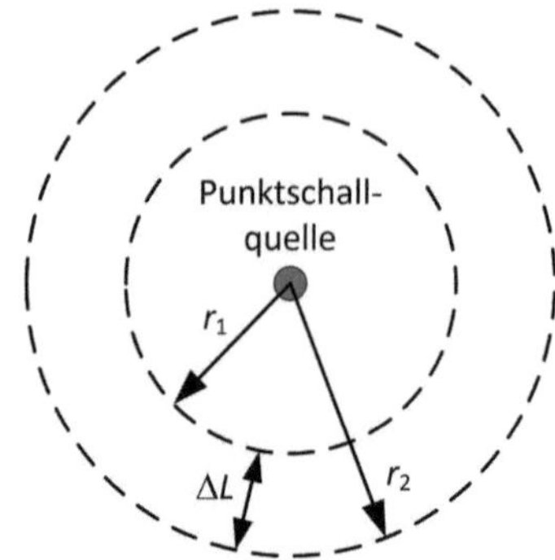

Abb. 4.92 Abnahme des Schalldruckpegels bei einer Punktschallquelle unter idealen Bedingungen

Beispiel

Die folgenden Rechnungen verdeutlichen den Zusammenhang zwischen Entfernung zu einer Punktschallquelle und Abnahme des Schalldruckpegels.

Doppelter Abstand von der Schallquelle:

$$r_1 = 10 \text{ m (Ausgangsposition)}$$

$$r_2 = 20 \text{ m (Verdopplung des Abstandes)}$$

$$\Delta L = 20\log\left(\frac{r_2}{r_1}\right) = 20\log\left(\frac{20}{10}\right) = 6 \text{ dB}$$

Vierfacher Abstand von der Schallquelle:

$$r_1 = 10 \text{ m (Ausgangsposition)}$$

$$r_2 = 40 \text{ m (Vervierfachung des Abstandes)}$$

$$\Delta L = 20\log\left(\frac{r_2}{r_1}\right) = 20\log\left(\frac{40}{10}\right) = 12 \text{ dB}$$

Zehnfacher Abstand von der Schallquelle:

$$r_1 = 10 \text{ m (Ausgangsposition)}$$

$$r_2 = 100 \text{ m (Verzehnfachung des Abstandes)}$$

$$\Delta L = 20\log\left(\frac{r_2}{r_1}\right) = 20\log\left(\frac{100}{10}\right) = 20 \text{ dB}$$

◀

In der Realität wird die Schallausbreitung durch die Absorption der Luft, durch Bodenrauigkeit, ggfs. vorhandene Wasserflächen und Wettereinflüsse (z. B. Wind) beeinflusst.

Bis zu einem Abstand von etwa 200 m nimmt der Schallpegel um ca. 6 dB bei einer Verdopplung des Abstands ab.

Die Abnahme des Schalldruckpegels bei einer Punktschallquelle am Boden bei ungehinderter Schallausbreitung und ohne Dämpfung durch Boden- und Wettereinflüsse kann mit Hilfe des Diagramms in Abb. 4.93 abgeschätzt werden.

Linienschallquellen

Für die Berechnung der Schallausbreitung entlang von Straßen oder Schienenwegen kann der Verkehr als Linienschallquelle aufgefasst werden.

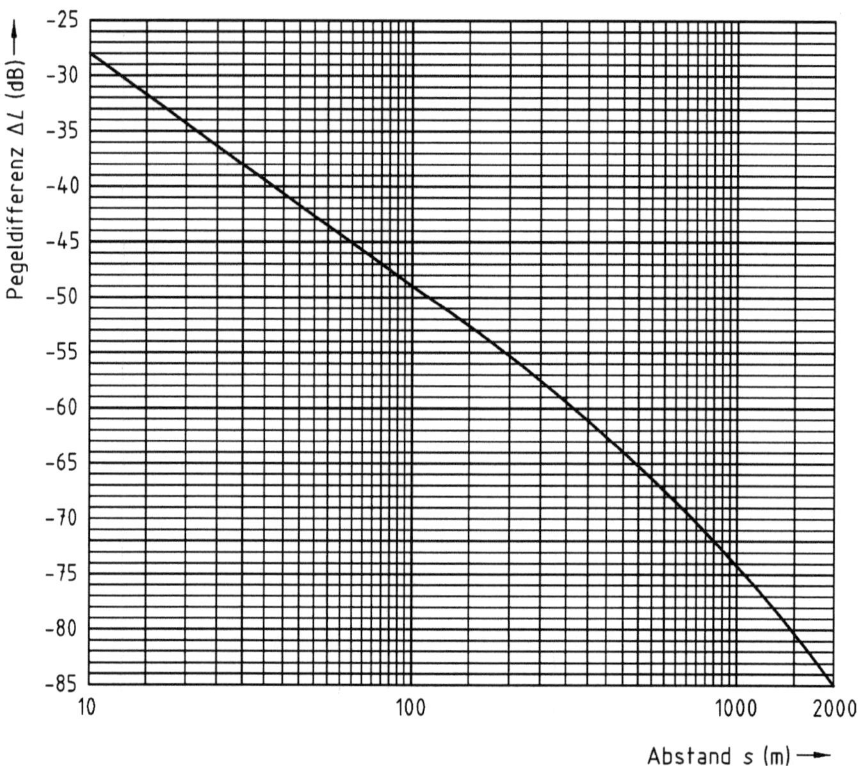

Abb. 4.93 Abnahme des Schalldruckpegels bei einer Punktschallquelle am Boden bei ungehinderter Schallausbreitung und ohne Dämpfung durch Boden- und Wettereinflüsse. (N. DIN 18005:2023-07, Bild A.1)

Bei Linienschallquellen nimmt der Schalldruckpegel bei einer Verdopplung bei ungehinderter Schallausbreitung und unter idealen Bedingungen nur um etwa 4 dB ab. Dies liegt daran, dass die Schallleistung sich auf eine zylinderförmige Fläche verteilt, die im Vergleich zu einer Kugeloberfläche bei Punktschallquellen kleiner ist. Die Abnahme von 4 dB bei einer Verdopplung des Abstandes gilt für gerade und lange Linienschallquellen.

Bei Linienschallquellen, die nicht gerade bzw. lang sind (d. h. gekrümmt verlaufen und nur kurze Teilstücke umfassen) oder bei denen die Emissionen nicht gleichmäßig sind, kann für die Berechnung der Schallausbreitung eine Unterteilung in Teilstücke erfolgen, die durch Punktschallquellen ersetzt werden (Abb. 4.94). Für eine Bewertung werden die einzelnen Beurteilungspegel der Teilstücke zum Gesamtbeurteilungspegel zusammengefasst.

Flächenschallquellen

Flächenschallquellen sind Bereiche oder Gebiete mit annähernd gleichmäßig verteilter Schallemission. Hierzu zählen z. B. Industrie- und Gewerbegebiete, Parkplätze oder Sportanlagen.

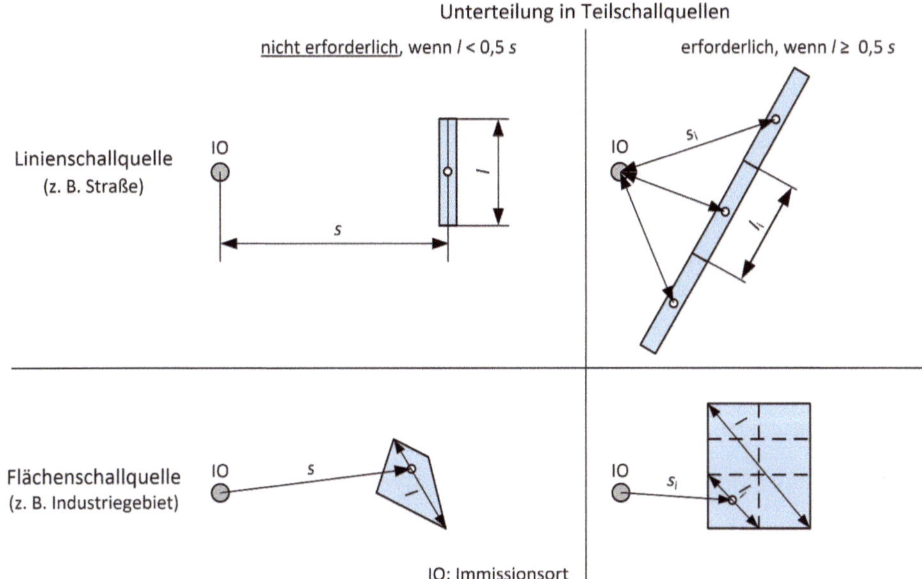

Abb. 4.94 Unterteilung in Teilschallquellen. (N. DIN 18005:2023-07, Bild 1) Bei **Punktschallquellen** nimmt der Schalldruckpegel unter idealen Bedingungen bei einer Verdopplung des Abstandes **um 6 dB** ab. Bei langen und geraden **Linienschallquellen** (z. B. Straßen) nimmt der Schalldruckpegel bei einer Verdopplung des Abstandes **um 4 dB ab.** Diese Werte gelten für ideale Bedingungen und ungehinderte Schallausbreitung

In der Nähe einer Flächenschallquelle nimmt der Schalldruckpegel bei ungehinderter Schallausbreitung mit zunehmendem Abstand nur allmählich ab. Erst bei größeren Abständen (d. h. großer Abstand im Vergleich zur Ausdehnung der Flächenschallquelle) ist von einer Abnahme des Schalldruckpegels ähnlich wie bei einer Punktschallquelle auszugehen.

Bei geringen Abständen des Immissionsortes von der Flächenschallquelle oder bei unterschiedlicher Abschirmung, ist die Fläche der Schallquelle in kleine Teilflächen zu zerlegen, die dann durch Punktschallquellen ersetzt werden können. Die Beurteilungspegel von allen Teilflächen werden für die Bewertung zum Gesamtbeurteilungspegel zusammengefasst.

Abschirmung

Befinden sich zwischen der Schallquelle (Emissionsort) und dem Empfänger (Immissionsort) Hindernisse (z. B. Gebäude, Hügel, Wälder, Lärmschutzwände), wird der Schalldruckpegel am Immissionsort verringert, wenn die Hindernisse ausreichend hoch sind und die Sichtverbindung unterbrochen wird. Siehe 4.12.3.

Reflexionen
Der Schalldruckpegel am Immissionsort kann durch ungünstige Reflexionen der Schallwellen erhöht werden. Dies ist dann der Fall, wenn sich in der Nähe der Schallquelle oder des Immissionsortes größere Flächen aus schallharten Baustoffen (z. B. Mauern, Wände, Hausfronten) befinden.

Reflexionen werden bei der Berechnung der Schallausbreitung dadurch berücksichtigt, dass die reflektierende Fläche durch eine Schallquelle („Spiegelschallquelle") ersetzt wird und für diese eine separate Berechnung durchgeführt wird (Abb. 4.95).

Resultierender Beurteilungspegel bei mehreren gleichartige Schallquellen
Bei mehreren Schallquellen berechnet sich der resultierende Beurteilungspegel $L_{r,ges}$ mit folgender Gleichung:

$$L_{r,ges} = 10 \log \sum 10^{L_{r,i}/10} \tag{4.103}$$

Darin bedeuten:

$L_{r,ges}$ resultierender Beurteilungspegel, in dB;
$L_{r,i}$ Beurteilungspegel der einzelnen Schallquelle, in dB.

Übersicht
Zwei (zehn) gleich laute Schallquellen erzeugen einen um **3 dB (10 dB) höheren** Beurteilungspegel als eine Schallquelle.

Eine Verringerung der Anzahl gleich lauter Schallquellen auf die Hälfte (auf ein Zehntel) führen zu einem **um 3 dB (10 dB) niedrigeren** Beurteilungspegel.

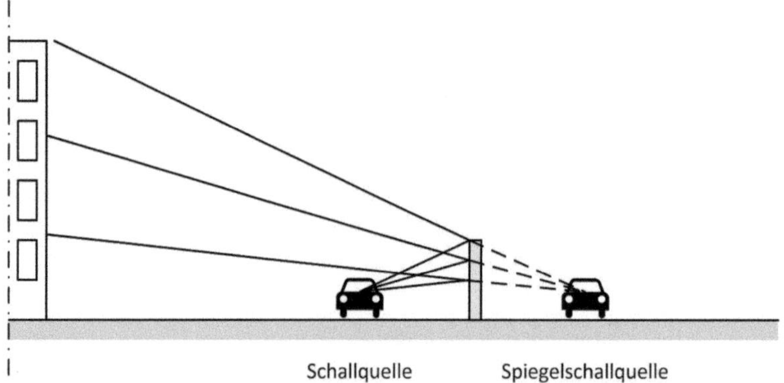

Abb. 4.95 Berücksichtigung von Reflexionen durch eine „Spiegelschallquelle". (N. DIN 18005:2023-07, Bild 2)

4.12.3 Maßnahmen zur Minderung der Schallimmission

Grundsätzliche Maßnahmen

Grundsätzlich gilt, dass Maßnahmen zur Minderung der Schallemission (Schallquelle) anderen Maßnahmen vorzuziehen sind. Der Grund hierfür liegt darin, dass sich bei einer Verringerung des Schallpegels einer Schallquelle um einen bestimmten Betrag diese Verringerung in ihrem gesamten Einwirkungsbereich um den gleichen Betrag beim Beurteilungspegel auswirkt.

Beispielsweise können für Industrie- und Gewerbegebiete Emissionsbeschränkungen festgelegt werden, die dann im Bebauungsplan ausgewiesen werden.

Weiterhin sollten Schallquellen gebündelt werden, um die durch Schall belastete Fläche möglichst gering zu halten. Bündelungen können z. B. dadurch erfolgen, dass Gewerbe- und Industriebetriebe konzentriert werden und mit Verkehrsanlagen zusammengelegt werden.

Außerdem lassen sich Verkehrswege verschiedener Verkehrsträger zusammenfassen, z. B. Führung einer Autobahn neben einer Eisenbahntrasse und umgekehrt.

Übersicht

Die **Minderung der Schallemission** an der Schallquelle ist die wirkungsvollste Maßnahme des Schallschutzes.

Maßnahmen:

- **Begrenzung der Schallemissionen**
- **Bündelung von Schallquellen** (Konzentration von Industrie- und Gewerbebetrieben in einem Gebiet, Zusammenfassung von Straßen und Schienenwegen).

Zuordnung von Flächen

Bei der städtebaulichen Planung sind Flächen mit unterschiedlichen Nutzungen nach § 50 BImSchG in der Weise einander zuzuordnen, dass schädliche Umwelteinwirkungen auf Wohngebiete sowie schutzbedürftige Gebiete weitestgehend vermieden werden.

Da sich der Beurteilungspegel mit zunehmendem Abstand von einer Schallquelle verringert, sollte zwischen lauten Schallquellen und schutzbedürftigen Gebieten ein ausreichender Abstand eingehalten werden.

Ist dies nicht möglich, sind andere Maßnahmen zu ergreifen, die den Schallschutz sicherstellen (wie z. B. Lärmschutzwände, -wälle usw.).

Abstände zu Verkehrswegen

Abstände zu verschiedenen Verkehrswegen, die bei ungehinderter Schallausbreitung (Sichtverbindung) ungefähr einzuhalten sind, um Beurteilungspegel für die Nacht nicht zu überschreiten, sind in Tab. 4.68 angegeben. Die Werte in Tab. 4.70 dienen nur zur Abschätzung. Für konkrete Planungen müssen die Mindestabstände aus den Verkehrsdaten berechnet werden.

Abstände zu Industrie- und Gewerbegebieten

Für Industrie- und Gewerbegebiete ohne Emissionsbegrenzung, bei denen nicht bekannt ist, welche Anlagen und Schallquellen dort angesiedelt werden, gelten folgende Schallleistungspegel:

- Industriegebiet: Tag und Nacht 65 dB,
- Gewerbegebiet: Tag und Nacht 60 dB.

Tab. 4.70 Mindestabstände zu Verkehrswegen, um den Beurteilungspegel nachts nicht zu überschreiten. (N. DIN 18005:2023-07, Tab. 1, Auszug)

Art des Verkehrsweges	Beurteilungspegel nachts in dB			
	55	50	45	40
	Abstand von der Achse des Verkehrsweges in m			
Straßen				
Bundesautobahn	520	900	1400	2000
Bundesstraße	110	240	470	840
Landesstraße, Kreis- und Gemeindeverbindungsstraße	50	110	240	480
Stadt- und Gemeindestraßen	15	30	55	120
Schienenwege				
Fernverkehrsstrecke (Hochgeschwindigkeitsverkehr)	300 (60)	600 (130)	1100 (300)	1800 (550)
Nahverkehrsstrecke	175	400	750	1350
Nahverkehrsstrecke ohne Güterverkehr	15	30	60	140
Straßenbahnlinie	5	20	35	70

Die Werte stellen Mindestabstände dar, die zu Verkehrswegen ohne Schallschutzmaßnahmen bei ungehinderter Schallausbreitung (Sichtverbindung) eingehalten werden müssen, um den Beurteilungspegel nachts nicht zu überschreiten
Die Werte gelten für:
Straßenverkehr auf nicht geriffeltem Gussasphalt als Fahrbahnbelag mit folgenden Verkehrsdaten:
- Bundesautobahn: 60.000 Kfz/24 h, keine Geschwindigkeitsbeschränkung,
- Bundesstraße: 15.000 Kfz/24 h, zul. Höchstgeschwindigkeit 100/80 km/h,
- Landesstraße: 6000 Kfz/24 h, zul. Höchstgeschwindigkeit 100/80 km/h,
- Gemeindestraße: 3000 Kfz/24 h, zul. Höchstgeschwindigkeit 50 km/h

Schienenverkehr auf Strecken mit nicht besonders überwachten Gleisen auf Betonschwellen mit folgenden Verkehrsdaten:
- Fernverkehr: 200 Zugvorbeifahrten/24 h, max. Geschwindigkeit 200 km/h, Hochgeschwindigkeitsverkehr: 36 Zugvorbeifahrten/24 h, max. Geschwindigkeit 250 km/h
- Nahverkehr mit Güterzügen: 100 Zugvorbeifahrten/24 h, max. Geschwindigkeit 160 km/h,
- Nahverkehr ohne Güterzüge: 50 Zugvorbeifahrten/24 h, max. Geschwindigkeit 120 km/h,
- Straßenbahn (10-min-Takt): 200 Zugvorbeifahrten/24 h, max. Geschwindigkeit 60 km/h

Tab. 4.71 Mindestabstände zum Rand eines rechteckigen Industrie- und Gewerbegebietes, um einen vorgegebenen Beurteilungspegel einzuhalten. (N. DIN 18005-1:2023-07, Tab. 2)

Fläche in ha	Beurteilungspegel der Geräusche aus dem Industriegebiet/Gewerbegebiet in dB					
	60/55	55/50	50/45	45/40	40/35	35/30
	Abstand vom Rand des Gebietes in m					
1	20	50	120	225	400	650
2	25	70	150	300	500	800
5	35	100	230	425	700	1150
10	40	130	300	550	900	1400
20	50	175	400	700	1150	1700
50	70	250	550	950	1500	2200
100	90	310	650	1100	1800	2650
200	100	375	750	1350	2100	3100
500	125	450	950	1650	2600	3700

Derartige Industrie- und Gewerbegebiete sind als Flächenschallquelle aufzufassen.

Mindestabstände zu Industrie- und Gewerbegebieten, die bei ungehinderter Schallausbreitung (freie Sichtverbindung) einzuhalten sind, sind in Tab. 4.71 angegeben. Die Abstände sind vom Rand eines rechteckigen Industrie- und Gewerbegebietes ohne Geräuschkontingentierung anzunehmen.

Abschirmung

Die Schallimmission lässt sich in vielen Fällen durch Abschirmung verringern.

Die Abschirmung kann durch

- Lärmschutzwände,
- Lärmschutzwälle,
- Führung eines Verkehrsweges in Troglage,
- Abdeckung von Verkehrswegen (Tunnellage)

erfolgen.

Gegenüber ungehinderter Schallausbreitung (bei freier Sichtverbindung) können die o. g. Maßnahmen den Beurteilungspegel um bis zu 15 dB vermindern. Dies wird allerdings nur erreicht, wenn die Lärmschutzwand, der Lärmschutzwall oder die Böschungskante die Sichtverbindung zwischen Schallquelle und Immissionsort deutlich überragt, d. h. wenn die effektive Höhe $h_{eff} >> 0$ ist (Abb. 4.96).

Ggfs. können auch nicht schutzbedürftige Gebäude (z. B. eine Garagenzeile) die abschirmende Aufgabe übernehmen. Dies ist im Einzelfall zu prüfen.

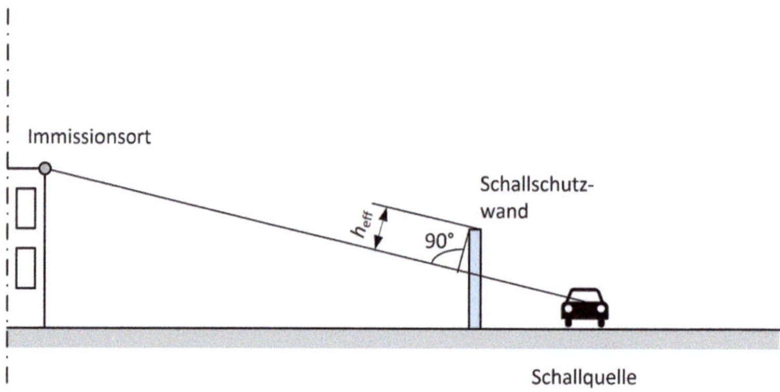

Abb. 4.96 Effektive Höhe h_{eff} einer Schallschutzwand. (N. DIN 18005:2023-07; Bild 4)

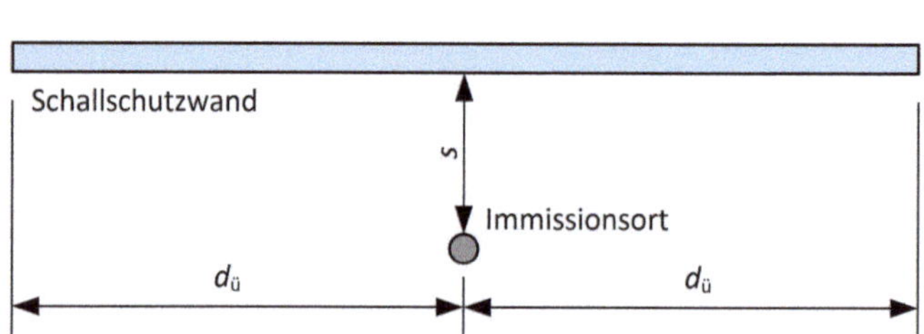

Abb. 4.97 Überstandslänge $d_{\text{ü}}$ einer Abschirmeinrichtung an einer Straße oder einem Schienenweg. (N. DIN 18005-1:2023-07, Bild 5)

Grundsätzlich gilt, dass eine Abschirmeinrichtung umso wirksamer ist

- je größer ihre effektive Höhe ist,
- je näher sie an der Schallquelle oder
- je näher sie am Immissionsort liegt.

Bei Straßen und Schienenwegen ist zu beachten, dass eine ausreichende Überstandslänge $d_{\text{ü}}$ der Abschirmeinrichtung eingehalten wird. Die Überstandslänge muss ein Mehrfaches des Abstandes zwischen Schallquelle und Abschirmeinrichtung betragen (Abb. 4.97).

In Städten und Gebieten mit dichter Bebauung scheiden Abschirmeinrichtungen in vielen Fällen aus, da die Bebauung zu hoch ist oder zu dicht an der Straße liegt oder Lärmschutzwände wegen einmündender Straßen nicht lang genug ausgeführt werden können.

Durch eine geschlossene Bebauung werden Bereiche dahinter besonders effektiv gegenüber Schalleinwirkung abgeschirmt.

Eine besonders effektive Maßnahme der Abschirmung ergibt sich durch die Verlegung von Straßen und Schienenwegen in einen Tunnel oder deren Einhausung. Hierbei wird die Schallausbreitung vollständig unterbunden.

Weiterhin ist darauf hinzuweisen, dass Bepflanzungen im Regelfall nur einen geringen Einfluss auf die Schallausbreitung und die Abschirmung von Lärm haben.

Unerwünschte Reflexionen

Reflexionen von Schallwellen an schallharten Bauteiloberflächen wie Mauerwerk, Stahlbeton oder Verglasungen können zu einem Anstieg des Schallpegels führen. Aus diesem Grund sollten Reflexionen, die zu einer Verstärkung des Schallpegels am Immissionsort führen, vermieden werden.

Geeignete Maßnahmen sind (Abb. 4.98):

- Anordnung von absorbierenden Bekleidungen an Wänden,
- Neigung von Lärmschutzwänden nach oben, damit reflektierte Schallwellen nach oben abgestrahlt werden und gegenüberliegende Fassaden nicht erreichen.

Anordnung von Gebäuden

Die Anordnung von Gebäuden in Bezug zur Schallquelle hat einen wesentlichen Einfluss auf die Schallausbreitung.

a) *Senkrecht zu einer Straße angeordnete Gebäude:*
   Diese Anordnung ist denkbar ungünstig, da die Schallausbreitung ungehindert im Bereich der Freiflächen erfolgt. Selbst weit zurückliegende Bereiche werden entsprechend stark belastet (Abb. 4.99).
b) *Geschlossene Bebauung entlang einer Straße:*
   Diese Lösung führt zwar zu einer Belastung der Fassaden, die der Straße zugewandt sind. Dafür wird die Schallausbreitung in rückwärtige Bereiche stark behindert. Die Gartenseiten der Gebäude liegen im ruhigen Schallschatten.

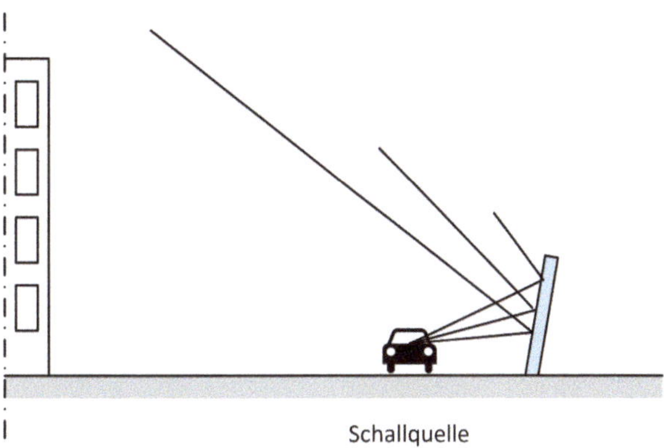

Abb. 4.98 Neigung einer Schallschutzwand nach oben

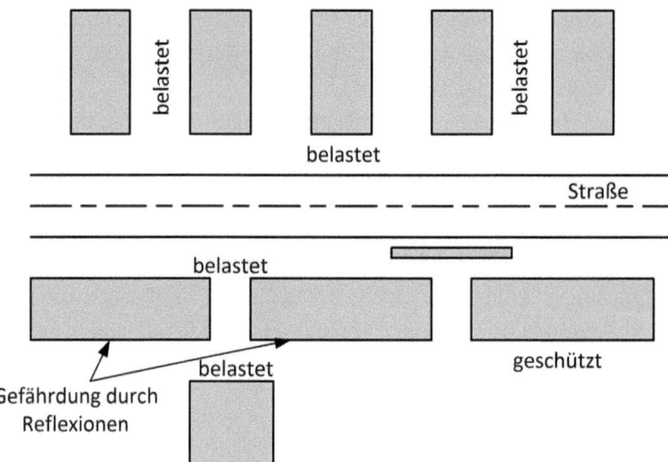

Abb. 4.99 Ungünstige Anordnung von Gebäuden in Bezug zu einer Straße

Bei dieser Anordnung ist allerdings darauf zu achten, dass keine ungünstigen Schallreflexionen rückwärtig angeordneter Gebäude zu einer Belastung der gartenseitigen Fassaden führen. Außerdem sollten Stellplätze und Garagen nicht auf der Rückseite angeordnet werden.

Baulücken innerhalb einer geschlossenen Bebauung sollten nach Möglichkeit geschlossen werden, z. B. durch Schallschutzwände, Garagen o. Ä.

Schallschutzmaßnahmen an Gebäuden

Einseitig durch Verkehrslärm beanspruchte Gebäude kann ein ausreichender Schallschutz in vielen Fällen dadurch erreicht werden, dass schutzbedürftige Räume (Wohnen, Schlafen usw.) auf der schallabgewandten Seite angeordnet werden (z. B. Gartenseite).

Weiterhin können die Außenbauteile durch schalldämmende Maßnahmen gegen Lärm geschützt werden (s. 4.11). Da Fenster im geöffneten Zustand keinen Schallschutz gewährleisten, sind in diesem Fall selbsttätige Lüftungseinrichtungen oder -anlagen einzubauen. Hierbei ist darauf zu achten, dass diese schalldämmend sein müssen.

Außerdem können Balkone oder Logen auf der Straßenseite durch Verglasungen (Wintergärten) gegen Verkehrslärm geschützt werden. Derartige Lösungen bieten den Vorteil, dass einerseits die Schalldämmung der dahinterliegenden schutzbedürftigen Räume durch eine vorgesetzte Verglasung verbessert wird und andererseits die Nutzung des (verglasten) Balkons überhaupt möglich gemacht wird, ohne einer unzumutbaren Lärmeinwirkung auf dem Balkon ausgesetzt zu sein.

4.12.4 Schallquellen und einschlägige Vorschriften

Nachfolgend werden wichtige Vorschriften und deren Anwendungsbereich aufgelistet.

Straßenverkehr

- RLS-90: Regeln zur Berechnung der Beurteilungspegel im Einwirkungsbereich von Straßen.
- DIN 18005-1: Abschätzung des Beurteilungspegels nach A.2.

Schienenverkehr

- Richtlinie Schall 03: Regeln zur Berechnung der Beurteilungspegel im Einwirkungsbereich von Schienenwegen.
- Richtlinie Akustik 04: Regeln zur Berechnung der Beurteilungspegel bei Rangierbahnhöfen und Umschlagbahnhöfen.
- DIN 18005-1: Abschätzung des Beurteilungspegels nach A.3.

Luftverkehr

- Fluglärmgesetz (FluLärmG)
- Fluglärmleitlinie des Länderausschusses für Immissionsschutz (LAI): Hinweise zur Ausweisung von Siedlungsbeschränkungszonen.
- DIN 45684: Geräuschimmissionen für Landeplätze

Schiffsverkehr

- RLS-90: Berechnung der Schallimmission infolge Schiffsverkehrs auf Flüsse und Kanälen.
- DIN 18005-1: Abschätzung des Beurteilungspegels nach A.4.

Gewerbliche Anlagen

- TA-Lärm in Verbindung mit DIN ISO 9613-2: Berechnung der Beurteilungspegel im Einwirkungsbereich von gewerblichen Anlagen.

Sport- und Freizeitanlagen

Sportanlagenlärmschutzverordnung: Beurteilung nicht genehmigungsbedürftiger Sportanlagen

TA-Lärm: Für sonstige Sportanlagen
Beurteilung der Geräusche von Freizeitanlagen: Ländervorschriften
Schießanlagen: TA-Lärm

Raumakustik 5

Die Raumakustik umfasst Maßnahmen zur Erzielung einer guten Sprachverständlichkeit und angemessenen Qualität für musikalische Darbietungen in Räumen (Hörsamkeit). Als Kriterium zur Abgrenzung zum Schallschutz bzw. Bauakustik kann die Lage von Schallquelle und Empfänger herangezogen werden. Befinden sich Schallquelle und Empfänger im gleichen Raum und werden nicht durch Bauteile getrennt, sind die Maßnahmen und Verfahren der Raumakustik zuzuordnen. Andernfalls – bei Trennung von Schallquelle und Empfänger durch Bauteile – handelt es sich um Aufgaben des Schallschutzes bzw. der Bauakustik. Siehe hierzu Abb. 4.1 in Kap. 4 „*Schallschutz und Bauakustik*" in diesem Werk.

5.1 Grundlagen und Begriffe

5.1.1 Einflussgrößen auf die Hörsamkeit

Die Hörsamkeit, d. h. die akustische Qualität eines Raumes wird durch folgende Parameter beeinflusst (Abb. 5.1 und 5.2):

- Raumgeometrie, -form und Raumgröße (Primärstruktur);
- Verteilung und Anordnung schallabsorbierender sowie schallreflektierender Oberflächen im Raum einschließlich der Einrichtungsgegenstände (Sekundärstruktur).

Weiterhin wird die Hörsamkeit durch verschiedene Störgeräusche beeinflusst. Hierzu zählen bauseitige Geräusche (z. B. aus anderen Räumen), Betriebsgeräusche (z. B. von haustechnischen Anlagen), Geräusche durch Betrieb und Nutzung (z. B. durch Sportausübung und Publikum bei Sporthallen; durch Geräusche des Publikums bei Hörsälen).

P. Schmidt, S. Windhausen, *Lohmeyer Praktische Bauphysik*,
https://doi.org/10.1007/978-3-658-42604-0_5

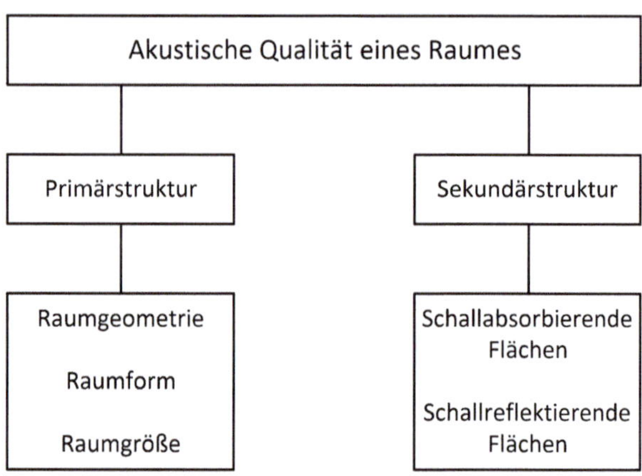

Abb. 5.1 Einflussparameter auf die akustische Qualität eines Raumes

Abb. 5.2 Primärstruktur (Raumgeometrie, -form, -größe) und Sekundärstruktur (schallabsorbierende und -reflektierende Flächen) eines Hörsaals

Störgeräusche werden durch den Gesamtstörschalldruckpegel angegeben, der alle einwirkenden Geräuschkomponenten enthält, die während der Nutzung auf den Hörer einwirken.

5.1.2 Kenngrößen für die Beschreibung der akustischen Qualität eines Raumes

5.1.2.1 Nachhallzeit

Wesentliche Kenngröße für die akustische Qualität eines Raumes ist die Nachhallzeit T. Die Nachhallzeit gibt die Zeitspanne an, die nach dem Abstellen einer Schallquelle vergeht, bis der Schalldruckpegel um 60 dB gegenüber dem Ausgangswert abnimmt (Abb. 5.3).

Die optimale Nachhallzeit T_{soll} ist von der Raumgröße (Raumvolumen) und der Nutzung abhängig. Beispielsweise liegt die Nachhallzeit bei der Nutzungsart „*Sprache*", wie sie in Hörsälen typischerweise auftritt, zwischen 0,6 s (bei einem Raumvolumen von 100 m^3) und 1,2 s (bei einem Raumvolumen von 5000 m^3). Für Sporthallen beträgt die optimale Nachhallzeit ca. 1,8 s bis 2,0 s.

Die Nachhallzeit wird durch die Raumgeometrie und Raumgröße sowie durch das Vorhandensein und die Verteilung von schallabsorbierenden Bauteilen und Flächen im betrachteten Raum wesentlich beeinflusst. Sie hat einen entscheidenden Einfluss auf die Sprachverständlichkeit und das Klangvermögen (Hörsamkeit) in einem Raum.

Die **Nachhallzeit** ist eine wesentliche **Kenngröße für die Beschreibung der Hörsamkeit** (= raumakustische Qualität) eines Raumes. Sie ist vom Raumvolumen und der schallabsorbierenden Fläche abhängig und gibt die Zeitspanne in Sekunden an, in der der Schallpegel nach dem Abstellen der Schallquelle um 60 dB vermindert wurde.

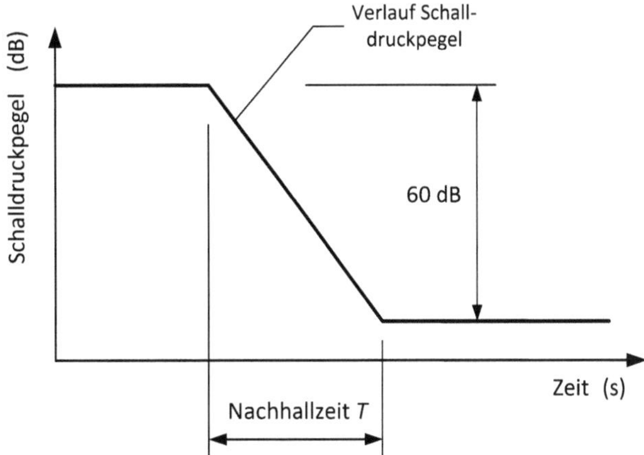

Abb. 5.3 Definition der Nachhallzeit

5.1.2.2 Schallabsorptionsfläche

In engem Zusammenhang mit der Nachhallzeit steht die äquivalente Schallabsorptionsfläche A. Hierbei handelt es sich um eine gedachte, virtuelle Fläche mit vollständiger Schallabsorption. Sie würde den gleichen Teil der Schallenergie absorbieren wie die gesamte Fläche eines Raumes. Bei bekannter Nachhallzeit berechnet sich die äquivalente Schallabsorptionsfläche A mit folgender Gleichung (*Sabine'sche Formel*):

$$A = 0{,}163 \cdot \frac{V}{T} \tag{5.1}$$

Dabei ist:

A die äquivalente Schallabsorptionsfläche in m^2;
V das gesamte Raumvolumen in m^3;
T die Nachhallzeit in s.

Mit Hilfe dieser Gleichung kann bei einer vorgegebenen Nachhallzeit die erforderliche Schallabsorptionsfläche berechnet werden.

Beispiel

Mehrzweckhalle Typ III mit folgenden Abmessungen des Innenraums:

- Grundriss: 22 × 44 m, Höhe = 7 m (lichte Maße)
- geforderte Nachhallzeit: T = 1,8 s

Raumvolumen:

$$V = 22 \cdot 44 \cdot 7 = 6776 \text{ m}^3$$

Äquivalente Schallabsorptionsfläche:

$$A = 0{,}163 \cdot \frac{V}{T} = 0{,}163 \cdot \frac{6776}{1{,}8} = 613{,}6 \text{ m}^2$$

Damit in der Mehrzweckhalle eine Nachhallzeit von 1,8 s erzielt wird, muss die äquivalente Schallabsorptionsfläche $A = 613{,}6$ m^2 betragen. Das bedeutet, dass im Halleninnenraum schallabsorbierende Oberflächen mit einem Schallabsorptionsgrad von α = 1,0 (volle Schallschluckung) und einer Fläche von 613,6 m^2 vorhanden sein müssen. Bei Bauteilen mit einem geringeren Schallabsorptionsgrad als 1,0 vergrößert sich die tatsächliche Fläche entsprechend.

Annahme:
Bauteile mit einem Schallabsorptionsgrad von $\alpha = 0{,}7$
Erforderliche Fläche der Bauteile mit diesem Schallabsorptionsgrad:

$$A = 1/0{,}7 \times 613{,}6 = 876{,}6 \text{ m}^2$$ ◀

5.1.3 Übersicht wichtiger Begriffe

Eine Übersicht wichtiger Begriffe zum Thema Raumakustik befindet sich in Tab. 5.1.

5.1.4 Normen und Vorschriften

Zentrale Norm zur Raumakustik ist die DIN 18041:2016-03 („Hörsamkeit in Räumen – Anforderungen, Empfehlungen und Hinweise für die Planung"). Die Aufgaben der DIN 18041 lassen sich fondermaßen beschreiben:

- Festlegung der raumakustischen Anforderungen;
- Empfehlungen und Planungsrichtlinien zur Sicherstellung der Hörsamkeit vorrangig für Sprachkommunikation;
- Angabe der erforderlichen Maßnahmen.

Die DIN 18041 gilt für folgende Fälle:

- Räume mit einem Raumvolumen bis 5000 m^3 (z. B. Hörsäle, Veranstaltungsräume usw.; zum Vergleich: $20 \times 40 \times 6 = 4800\ m^3$).
- Sport- und Schwimmhallen bis 30.000 m^3.

Tab. 5.1 Wichtige Begriffe zum Thema Raumakustik

Begriff	Erläuterung
Hörsamkeit	Eignung eines Raumes für bestimmte Schalldarbietungen, insbesondere sprachliche Kommunikation sowie musikalische Darbietungen.
Gesamtstörschalldruckpegel L_{NA}	Schalldruckpegel, der alle Geräuschkomponenten, die während der Nutzung auf den Zuhörer einwirken, enthält. Hierzu zählen bauseitige Geräusche, Betriebsgeräusche, Publikumsgeräusche (in dB). L_{NA} wird in Ohrhöhe gemessen.
Nachhallzeit T	Zeit, die erforderlich ist, damit der Schalldruckpegel in einem Raum um 60 dB abnimmt, nachdem die Schallquelle abgestellt wurde.
Nachhall	Gesamtheit des reflektierten Schalls, der in einem geschlossenen Raum nach beendeter Schallanregung noch vorhanden ist.
Äquivalente Schallabsorptionsfläche A	Fläche mit vollständiger Schallabsorption. Die äquivalente Schallabsorptionsfläche ist diejenige angenommene Fläche, die den gleichen Teil der Schallenergie absorbieren würde, wie die gesamte Oberfläche eines Materials, Raumes oder Personen und Gegenstände.
Schallabsorptionsgrad α	Verhältnis der von einer Fläche nicht reflektierten Schallenergie zur einfallenden Schallenergie. Hinweis: Ein Schallabsorptionsgrad von $\alpha = 0$ ergibt sich bei vollständiger Schallreflexion; ein Wert von $\alpha = 1$ ergibt sich bei vollständiger Schallabsorption.
Sprachverständlichkeit	Kriterium für die Hörsamkeit in Räumen mit Sprachdarbietungen.

Es werden zwei Anwendungen unterschieden:

- Hörsamkeit über mittlere und größere Entfernungen (Räume der Gruppe A):
  Hierzu gehören z. B. Unterrichtsräume in Schulen, Gruppenräume in Kindertageseinrichtungen, Konferenzräume, Gerichts- und Ratssäle, Seminarräume, Hörsäle, Tagungsräume, Sport- und Schwimmhallen.
- Hörsamkeit über geringe Entfernungen (Räume der Gruppe B):
  Hierzu gehören z. B. Speiseräume, Kantinen, Spielflure und Umkleiden in Schulen und Kindertageseinrichtungen, Ausstellungsräume, Eingangshallen, Schalterhallen, Büros.

DIN 18041 gilt *nicht* für:

- Räume mit speziellen Anforderungen (z. B. Theater, Konzertsäle, Kinos, Studios, Regieräume für Funk, Film, Fernsehen). Hinweis: die Norm darf aber für Räume für allgemeine Musikdarbietungen (z. B. Stadthallen) sowie für Räume mit größerem Volumen bis 30.000^3 sinngemäß angewandt werden.
- Wohnungen und Wohnräume.

5.2 Anforderungen

Hinsichtlich der Anforderungen wird in Räume der Gruppe A (5.2.2) und B (5.2.3) unterschieden.

Übersicht

Räume der Gruppe A: Räume, in denen die Hörsamkeit über **mittlere und große Entfernungen** sichergestellt werden muss (z. B. Klassenräume, Hörsäle).

Räume der Gruppe B: Räume, in denen die Hörsamkeit nur über **geringe Entfernungen** gewährleistet sein muss (z. B. Kantinen).

Maßgebend ist die Entfernung zwischen Schallquelle und Empfänger.

5.2.1 Bauliche Voraussetzungen

Grundvoraussetzung für eine uneingeschränkte Sprachkommunikation ist die Begrenzung von Störgeräuschen:

- Störgeräusche aus anderen Räumen (Luftschall, Trittschall) bzw. von außen (Außenlärm): hier ist eine ausreichende Luft- und Trittschalldämmung der Bauteile erforderlich;
- Betriebsgeräusche, die im Raum selbst entstehen, z. B. durch Personen oder technische Anlagen.

5.2.2 Raumakustische Anforderungen an Räume der Gruppe A

5.2.2.1 Allgemeines

Grundlage für eine gute Hörsamkeit bei Räumen der Gruppe A ist das akustisch aufeinander abgestimmte Zusammenwirken von Raumgeometrie, Raumgröße, Raumausstattung und dem Gesamtstörschallpegel. Zu beachten sind folgende Einflussgrößen:

- Sprecher,
- Schallübertragung,
- Hören/Verstehen.

Weitere Einflüsse auf die Hörsamkeit sind Schallreflexionen, Nachhall und Störgeräusche. Für eine optimale Sprachkommunikation müssen

- möglichst viel Direktschall sowie
- Anfangsreflexionen bis 50 ms nach dem Direktschall

vom Sprecher zum Hörer geleitet werden (Abb. 5.4).

5.2.2.2 Nutzungsarten

Es werden folgende Nutzungsarten unterschieden (Tab. 5.2):

- A1: Musik;
- A2: Sprache/Vortrag;
- A3: Unterricht/Kommunikation sowie Sprache/Vortrag inklusiv;
- A4: Unterricht/Kommunikation inklusiv;
- A5: Sport.

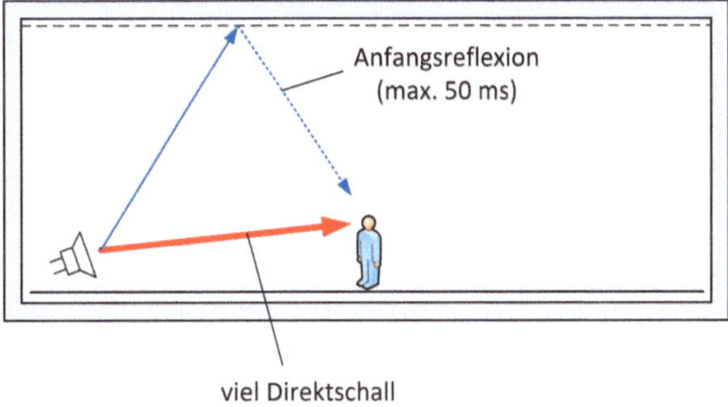

Abb. 5.4 Optimale Sprachkommunikation: viel Direktschall und Anfangsreflexionen bis maximal 50 ms. (Zeitspanne nach Auftreffen des Direktschalls beim Hörer)

Tab. 5.2 Beschreibung der Nutzungsarten der Räume der Gruppe A. (DIN 18041:2016-03, Tab. 1)

Nutzungsart	Kurzbezeichnung	Beschreibung der Nutzungsart	Subjektive Wahrnehmung	Beispiele
A1	Musik	Vorwiegend musikalische Darbietungen.	Gute Hörsamkeit für unverstärkte Musik (d. h. Musikdarbietungen, die nicht durch elektroakustische Anlagen verstärkt werden). Sprachliche Darbietungen sind nur mit gewissen Einschränkungen der Sprachverständlichkeit möglich.	Musikraum (für aktives Musizieren und Gesang)
A2	Sprache/Vortrag	Vorwiegend für sprachliche Darbietungen (in der Regel von einer frontalen Position). Eine gleichzeitige Kommunikation zwischen Personen an verschiedenen Stellen im Raum ist selten.	Sprachliche Darbietungen einzelner Sprecher erzielen eine hohe Sprachverständlichkeit. Musikalische Darbietungen werden in der Regel als zu transparent und klar empfunden. Für musikalische Probenarbeit geeignet.	Gerichtssaal, Ratssaal, Gemeindesaal Hörsaal, Versammlungsraum, Aula in einer Schule
A3	Sprache/Vortrag inklusiv	Räume der Nutzungsart A2 für Personen, die in besonderer Weise auf ein gutes Sprachverstehen angewiesen sind. Erforderlich für inklusive Nutzung[a].	Sprachliche Darbietungen einzelner Sprecher erzielen eine hohe Sprachverständlichkeit. Dies gilt auch für Personen mit Höreinschränkungen oder bei z. B. fremdsprachlicher Nutzung.	Gerichtssaal, Ratssaal, Gemeindesaal, Hörsaal, Versammlungsraum, Aula in einer Schule
	Unterricht/ Kommunikation	Kommunikationsintensive Nutzungen mit mehreren gleichzeitigen Sprechern, die im Raum verteilt sind.	Sprachliche Kommunikation ist mit mehreren (teilweise gleichzeitig agierenden) Sprechern möglich.	Unterrichtsraum, Tagungsraum, Besprechungsraum, Konferenzraum, Seminarraum, Gruppenraum in Kitas u. ä. Einrichtungen

(Fortsetzung)

A4	Unterricht/ Kommunikation inklusiv	Kommunikationsintensive Nutzungen mit mehreren gleichzeitigen Sprechern, die im Raum verteilt sind (entsprechend Nutzungsart A3), jedoch für Personen, die in besonderer Weise auf gutes Sprachverstehen angewiesen sind. Die Nutzungsart A4 ist für Räume, die größer als 500 m² sind, sowie für musikalische Darbietungen nicht geeignet. Erforderlich für inklusive Nutzung[a].	Sprachliche Kommunikation ist mit mehreren (teilweise gleichzeitig agierenden) Sprechern möglich.	Unterrichtsraum Tagungsraum Besprechungsraum Konferenzraum Seminarraum Gruppenraum in Kitas u. Ä. Einrichtungen Video-Konferenzraum
A5	Sport	Kommunikation von mehreren Gruppen (auch gleichzeitig) in Sport- und Schwimmhallen.	Sprachliche Kommunikation über kurze Entfernungen ist im Allgemeinen gut möglich.	Sport- und Schwimmhallen, die nahezu ausschließlich für sportliche Aktivitäten genutzt werden.

[a]Aus dem Behindertengleichstellungsgesetz, vergleichbaren Regelungen der Bundesländer sowie der UN-Konvention über die Rechte von Menschen mit Behinderungen ergibt sich, dass der Öffentlichkeit zugängliche Neubauten inklusiv zu errichten sind, soweit dies nicht nur mit einem unverhältnismäßig hohen Mehraufwand zu erfüllen ist. Näheres ist den jeweiligen Gesetzen der Bundesländer zu entnehmen

5.2.2.3 Anforderungen an die Nachhallzeit

Wesentliche Kenngröße für die akustische Qualität eines Raumes ist dessen Nachhallzeit. Aus diesem Grund werden Sollwerte der Nachhallzeit T_{Soll} festgelegt. Die Sollwerte der Nachhallzeit sind abhängig von der Nutzungsart und dem Raumvolumen.

Es gelten folgende Gleichungen:

A1- Musik:

$$T_{\text{Soll,A1}} = 0{,}45 \cdot \log V + 0{,}07 \tag{5.2}$$

$$\text{in s für } 30\ \text{m}^3 \leq V < 1000\ \text{m}^3$$

A2 – Sprache/Vortrag:

$$T_{\text{Soll,A2}} = 0{,}37 \cdot \log V - 0{,}14 \tag{5.3}$$

$$\text{in s für } 50\ \text{m}^3 \leq V < 5000\ \text{m}^3$$

A3 – Unterricht/Kommunikation (bis 1000 m³) sowie Sprache/Vortrag inklusiv (bis 5000 m³):

$$T_{\text{Soll,A3}} = 0{,}32 \cdot \log V - 0{,}17 \tag{5.4}$$

$$\text{in s für } 30\ \text{m}^3 \leq V < 5000\ \text{m}^3$$

A4 – Unterricht/Kommunikation inklusiv:

$$T_{\text{Soll,A4}} = 0{,}26 \cdot \log V - 0{,}14 \tag{5.5}$$

$$\text{in s für } 30\ \text{m}^3 \leq V < 500\ \text{m}^3$$

A5 – Sport:

$$T_{\text{Soll,A5}} = 0{,}75 \cdot \log V - 1{,}00 \tag{5.6}$$

$$\text{in s für } 200\ \text{m}^3 \leq V < 10.000\ \text{m}^3$$

$$T_{\text{Soll,A5}} = 2{,}0\ \text{s} \tag{5.7}$$

$$\text{für } V \geq 10.000\ \text{m}^3$$

Siehe hierzu auch Abb. 5.5.

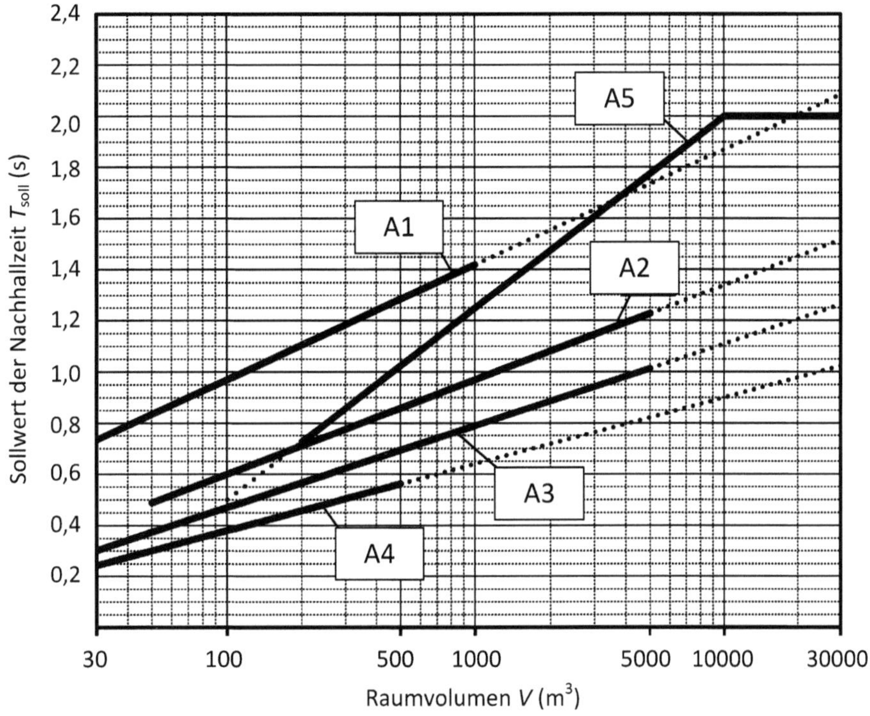

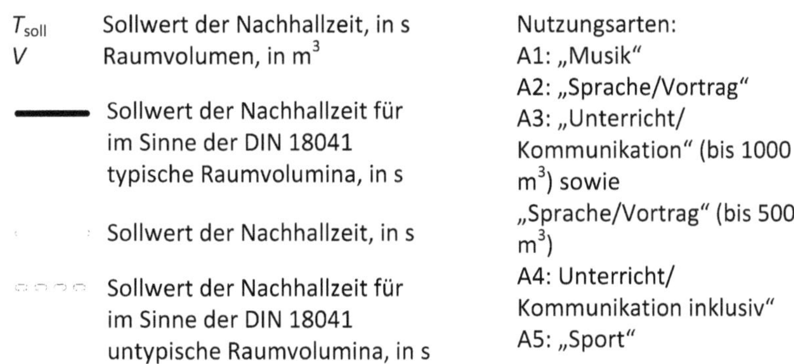

Abb. 5.5 Sollwert der Nachhallzeit T_{Soll} für Nutzungsarten A1 bis A5. (n. DIN 18041:2016-03, Bild 1)

Die o. a. Sollwerte der Nachhallzeit gelten für den besetzten Zustand eines Raumes (Besetzungsgrad 80 %). Der Toleranzbereich der Nachhallzeit T ist für die Nutzungsarten A1 bis A4 in Abb. 5.6 angegeben.

Für die Nutzungsart A5 (Sport) gilt:

Toleranzbereich bei Frequenzen zwischen 250 Hz und 2000 Hz:

$$T_{\text{Soll,A5}} \pm 20\,\%$$

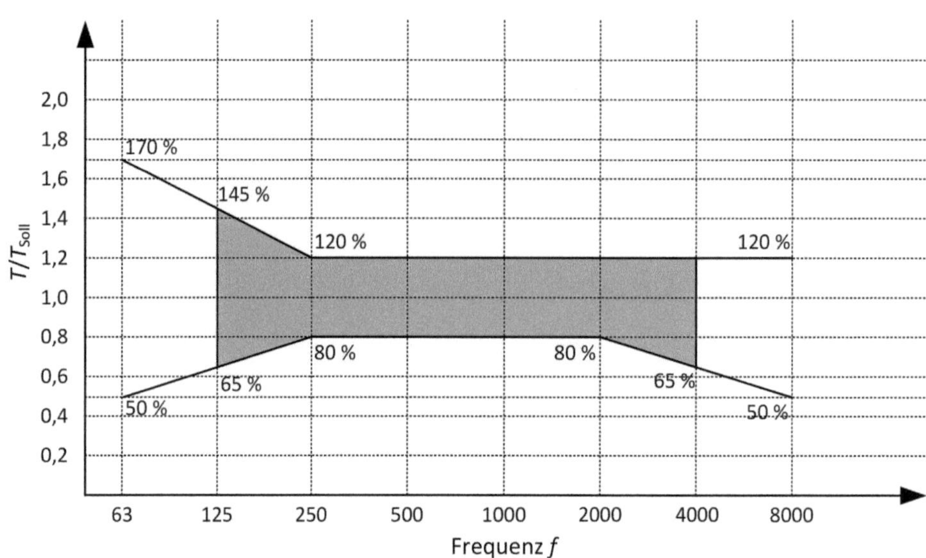

T/T_{Soll}: frequenzabhängige Nachhallzeit T bezogen auf die Soll-Nachhhallzeit T_{Soll}

f: Frequenz in Hertz

Abb. 5.6 Toleranzbereich der Nachhallzeit T in Abhängigkeit von der Frequenz für die Nutzungsarten A1 bis A4. (N. DIN 18041:2016-03, Bild 2)

Beispiel

Gegeben:

- Seminarraum, Nutzungsart A4 (Unterricht/Kommunikation inklusiv);
- Abmessungen: Breite 7,0 m, Länge 15,0 m, Höhe 3,5 m;

Gesucht:

Sollwert der Nachhallzeit.

Raumvolumen:

$$V = 7{,}0 \times 15{,}0 \times 3{,}5 = 367{,}5 \ \text{m}^3 < 500 \ \text{m}^3 \ (\text{Anwendungsbereich A4})$$

Sollwert der Nachhallzeit: $T_{\text{Soll,A4}} = 0{,}26 \log(367{,}5) - 0{,}14 = 0{,}53$ s

Alternativ kann $T_{\text{Soll,A4}}$ aus dem Diagramm (Abb. 5.5) abgelesen werden.

Toleranzbereich:

Für die „mittlere“ Frequenz von 500 Hz ergibt sich ein Toleranzbereich von 80 % bis 120 %. Hier:

$$\text{Mindestwert}: T_{\text{Soll,A4,min}} = 0{,}8 \times 0{,}53 = 0{,}42 \ \text{s}$$

$$\text{Maximalwert}: T_{\text{Soll,A4,max}} = 1,2 \times 0,53 = 0,62 \text{ s}$$

Das bedeutet, dass die Nachhallzeit des nachzuweisenden Raums zwischen 0,42 s und 0,62 s liegen sollte, damit eine gute Sprachverständlichkeit gewährleistet ist. ◀

5.2.3 Raumakustische Empfehlungen an Räume der Gruppe B

5.2.3.1 Allgemeines

Räume der Gruppe B liegen vor, wenn die Hörsamkeit über geringe Entfernungen (der zurückgelegten Schallsignale) gewährleistet werden muss. Hier sind Maßnahmen der Raumbedämpfung zu empfehlen. Dadurch werden eine Senkung des mittleren Grundgeräuschpegels im Raum und eine Begrenzung der Halligkeit („Echo") erreicht.

Nachfolgend werden Empfehlungen für das Verhältnis *A/V* (*A*: äquivalente Schallabsorptionsfläche; *V*: Raumvolumen) für den Frequenzbereich von 250 Hz bis 2000 Hz angegeben.

5.2.3.2 Nutzungsarten

Die Räume der Gruppe sind einer der fünf Nutzungsarten B1 bis B5 zuzuordnen (Tab. 5.3):

- B1: Räume ohne Aufenthaltsqualität;
- B2: Räume zum kurzfristigen Verweilen;
- B3: Räume zum längerfristigen Verweilen;
- B4: Räume mit Bedarf an Lärmminderung und Raumkomfort;
- B5: Räume mit besonderem Bedarf an Lärmminderung und Raumkomfort.

Tab. 5.3 Beschreibung der Nutzungsarten der Räume der Gruppe B. (N. DIN 18041:2016-03, Tab. 2)

Nutzungsart	Beschreibung	Beispiele
B1	Räume ohne Aufenthaltsqualität	Eingangshallen, Flure, Treppenhäuser u. Ä. als reine Verkehrsfläche (ausgenommen Verkehrsflächen in Schulen, Kindertageseinrichtungen, Krankenhäusern und Pflegeeinrichtungen)
B2	Räume zum kurzfristigen Verweilen	Eingangshallen, Flure, Treppenhäuser u. Ä. mit Aufenthaltsqualität (Empfangsbereich mit Wartezonen u. Ä.), Ausstellungsräume, Schalterhallen, Umkleiden in Sporthallen
B3	Räume zum längerfristigen Verweilen	Ausstellungsräume mit Interaktivität oder erhöhtem Geräuschaufkommen (Multimedia, Klang./Videokunst usw.), Verkehrsflächen in Schulen und Kindertageseinrichtungen, Verkehrsflächen mit Aufenthaltsqualität in Krankenhäusern und Pflegeeinrichtungen (z. B. offene Wartezonen), Patientenwarteräume, Pausenräume, Bettenzimmer, Ruheräume, Operationssäle, Behandlungsräume, Untersuchungsräume, Sprechzimmer, Speiseräume, Kantinen, Labore, Bibliotheken, Verkaufsräume

(Fortsetzung)

Tab. 5.3 (Fortsetzung)

Nutzungsart	Beschreibung	Beispiele
B4	Räume mit Bedarf an Lärmminderung und Raumkomfort	Rezeption/Schalterbereich mit ständigem Arbeitsplatz, Labore mit ständigem Arbeitsplatz, Ausleihbereiche von Bibliotheken, Ausgabebereiche von Kantinen, Bewohnerzimmer in Pflegeeinrichtungen, Bürgerbüro, Büroräume[a,b]
B5	Räume mit besonderem Bedarf an Lärmminderung und Raumkomfort	Speiseräume und Kantinen in Schulen, Kindertageseinrichtungen, Krankenhäusern und Pflegeeinrichtungen Arbeitsräume mit besonders hohem Geräuschaufkommen (z. B. Werkstätten, Werkräume, Großküchen, Spülküchen), Callcenter[a], Leitstellen, Sicherheitszentralen, Intensivpflegebereiche, Wachstationen, Bewegungsräume in Kindertageseinrichtungen, Spielflure und Umkleiden in Schulen und Kindertageseinrichtungen

[a]Empfehlungen für Büroräume sowie Callcenter werden ausführlich in der Richtlinie VDI 2569 („Schallschutz und akustische Gestaltung im Büro") behandelt
[b]Einzelbüros können unter Nutzungsart B3 eingeordnet werden

Tab. 5.4 Orientierungswerte für das Verhältnis *A/V* (*A*: äquivalente Schallabsorptionsfläche; *V*: Raumvolumen). (N. DIN 18041:2016-03, Tab. 3)

		A/V-Verhältnis m²/m³	
Nutzungsart	Beschreibung	bei Raumhöhen $\leq 2{,}5$ m	bei Raumhöhen $> 2{,}5$ m
B1	Räume ohne Aufenthaltsqualität	ohne Anforderung	ohne Anforderung
B2	Räume zum kurzfristigen Verweilen	$A/V \geq 0{,}15$	$A/V \geq (4{,}80 + 4{,}69 \log h)^{-1}$
B3	Räume zum längerfristigen Verweilen	$A/V \geq 0{,}20$	$A/V \geq (3{,}13 + 4{,}69 \log h)^{-1}$
B4	Räume mit Bedarf an Lärmminderung und Raumkomfort	$A/V \geq 0{,}25$	$A/V \geq (2{,}13 + 4{,}69 \log h)^{-1}$
B5	Räume mit besonderem Bedarf an Lärmminderung und Raumkomfort	$A/V \geq 0{,}30$	$A/V \geq (1{,}47 + 4{,}69 \log h)^{-1}$

In den Gleichungen bedeuten:
A äquivalente Schallabsorptionsfläche des Raums, in m²;
V Raumvolumen (berechnet aus den lichten Maßen), in m³;
h lichte Raumhöhe, in m

5.2.3.3 Orientierungswerte für das Verhältnis *A/V*

Orientierungswerte für das Verhältnis *A/V* (*A*: äquivalente Schallabsorptionsfläche; *V*: Raumvolumen) für den Frequenzbereich von 250 Hz bis 2000 Hz sind in Tab. 5.4 angegeben.

Bei mehrgeschossigen Räumen (z. B. Atrien mit angeschlossenen Laubengängen) bezieht sich die in Tab. 5.4 angegebene Raumhöhe h (lichte Höhe) auf die gesamte Raumhöhe. Eine etagenweise Betrachtung führt jedoch zu einer größeren Schallabsorptionsfläche und ist raumakustisch vorteilhaft. Aus diesem Grund kann auch eine mittlere Raumhöhe verwendet werden (mittlere Raumhöhe = Raumvolumen/Nettogrundfläche).

5.3 Hinweise für die Planung für Räume der Gruppe A

5.3.1 Allgemeines

Die raumakustische Planung sollte bereits beim Entwurf des Gebäudes mit in die Gesamtplanung einbezogen werden (Forderung der DIN 18041). Nur so können alle die Raumakustik beeinflussenden Größen (wie z. B. Raumgeometrie, Raumform, Nachhallzeit usw.) optimal aufeinander abgestimmt werden.

5.3.2 Volumenkennzahl

Eine weitere Kenngröße für die raumakustische Dimensionierung eines Raumes ist die Volumenkennzahl k. Mit ihrer Hilfe kann das erforderliche Raumvolumen ermittelt werden, mit dem sich eine der jeweiligen Raumnutzung angepasste Nachhallzeit ergibt.

Die Volumenkennzahl ist abhängig von der Art der Hauptnutzung des Raumes sowie von der Anzahl der Plätze.

Zu kleine Volumenkennzahlen führen dazu, dass die angestrebte Nachhallzeit unterschritten wird. Dies ist insbesondere nachteilig für Räume, die für Musikdarbietungen genutzt werden.

Bei ausreichend hohen Volumenkennzahlen werden in Musikprobenräumen oder Musikunterrichtsräumen zu hohe mittlere Schalldruckpegel vermieden.

Volumenkennzahlen k sind für verschiedene Hauptnutzungen in Tab. 5.5 angegeben.

Tab. 5.5 Volumenkennzahlen k für verschiedene Hauptnutzungen eines Raumes. (n. DIN 18041:2016:03, Tab. 4)

Hauptnutzung des Raumes	Volumenkennzahl k m^3/Platz
Sprachdarbietung	4 bis 6
Musik- und Sprachdarbietungen	6 bis 8
Musikdarbietung	7 bis 12

Hinweis: Bei Räumen, die für Musikproben oder Musikunterricht genutzt werden, sollte die Volumenkennzahl 15 bis 20 m^3/Person nicht unterschreiten. Für größere Musikprobenräume sollten Volumenkennzahlen von 30 bis 50 m^3/Person angestrebt werden

Beispiel

Gegeben:

- Raum für Musik- und Sprachdarbietung
- Anzahl der Plätze: 50

Gesucht:

Raumvolumen
Lösung:
Optimales Raumvolumen:
Volumenkennzahl 6 bis 8 m^3/Platz
Raumvolumen:

$$V = 6\ (8) \times 50 = 300\ (400)\ \text{m}^3$$

Das ist bspw. ein Raum mit den Abmessungen 7,0 × 15,0 × 3,5 (V = 367,5 m^3). ◄

5.3.3 Geometrie der Räume

Für die raumakustische Qualität, d. h. die Hörsamkeit, ist die geometrische Gestaltung der Räume von entscheidender Bedeutung. Hierbei wird unterschieden in Maßnahmen, die der

- Primärstruktur (Raumgeometrie, -form, -größe) sowie solchen, die der
- Sekundärstruktur (Anordnung und Verteilung schallabsorbierender sowie schallreflektierender Flächen)

zuzuordnen sind.

5.3.3.1 Primärstruktur

Grundsätzlich sollten kreisförmige und elliptische Grundrisse vermieden werden.

Trapezförmige Grundrisse mit Seitenwänden, die in Bezug auf die Darbietung (Bühne) konvergieren sind Grundrissen mit divergierenden Seitenwänden vorzuziehen (Abb. 5.7).

Weiterhin sollten konkav gekrümmte Wand- und Deckenflächen vermieden werden, da diese akustisch als kritisch einzustufen sind.

Rechtwinklige Grundrisse sind aufgrund von Schallreflektionen an den jeweils gegenüberliegenden Wandflächen und damit verbundenen Wegunterschieden zwischen direktem und reflektiertem Schall in raumakustischer Hinsicht ungünstig.

Aus diesem Grund sind bei rechtwinkligen Grundrissen zusätzliche Maßnahmen im Bereich der Sekundärstruktur erforderlich. Es müssen schallabsorbierende Flächen zur

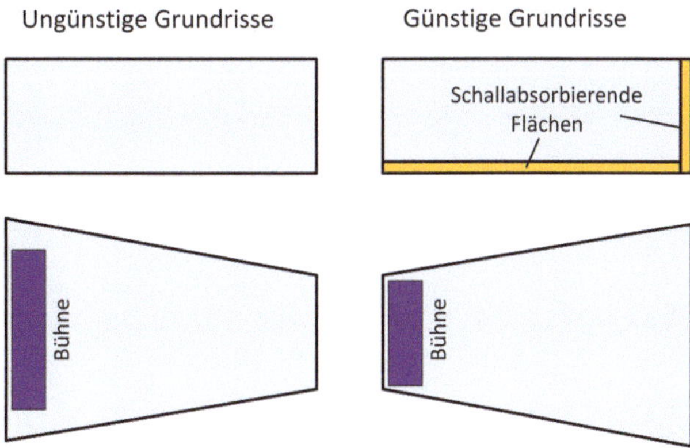

Abb. 5.7 Raumakustisch günstige und ungünstige Grundrisse

Vermeidung unerwünschter Schallreflektionen an schallharten Bauteiloberflächen angeordnet werden, um zu große Wegunterschiede und damit verbundene Laufzeitunterschiede zwischen direkt einwirkendem Schall und reflektiertem Schall zu vermeiden. Weiterhin können auch schallreflektierende Flächen eingebaut werden, um den Direktschall gezielt zu verstärken und damit die Sprachverständlichkeit zu verbessern.

Räume mit rechtwinkligen Grundrissen erfordern **zusätzliche Maßnahmen an der Sekundärstruktur**. Gegenüberliegende Flächen sollten nicht aus schallharten Materialien bestehen. Gegenüber einer schallharten Fläche ist immer eine schallabsorbierende Fläche vorzusehen, um Schallreflexionen zu vermeiden.

Balkone, Emporen, Galerien und Ränge sollten mindestens in der Höhe H über der darunter befindlichen Zuschauerebene platziert werden. Es gilt (Abb. 5.8):

$$H \geq (0{,}5 \text{ bis } 1{,}0) \times L \tag{5.8}$$

mit:

L Tiefe des überragenden Raumbereichs

Bei Zuschauertribünen sollte eine Sitzreihenüberhöhung vorgesehen werden, um eine optimale Versorgung mit Direktschall von der Bühne bzw. dem Hallenboden zu den Hörern zu gewährleisten (Abb. 5.9).

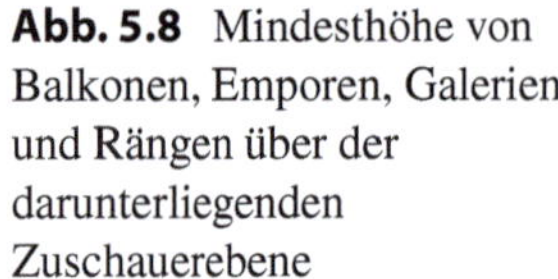

Abb. 5.8 Mindesthöhe von Balkonen, Emporen, Galerien und Rängen über der darunterliegenden Zuschauerebene

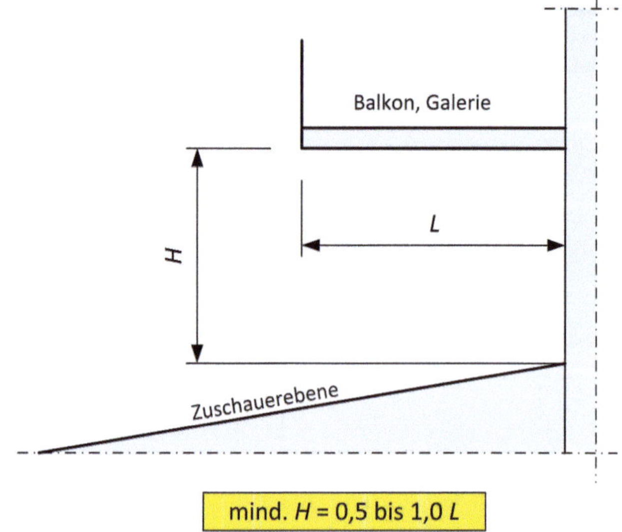

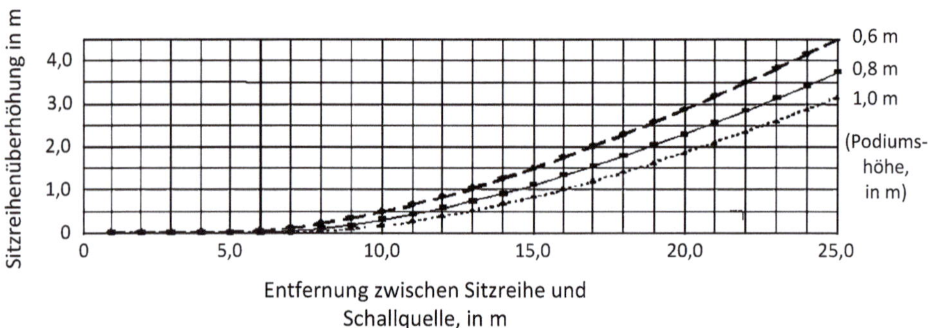

Abb. 5.9 Sitzreihenüberhöhung zur Gewährleistung einer optimalen Übertragung mit Direktschall. (n. DIN 18041:2016-03, Bild 3)

5.3.3.2 Sekundärstruktur

Die Sekundärstruktur des Raumes dient zur gezielten Schluckung und Lenkung des Schalls durch absorbierende sowie reflektierende Bauteile und Flächen, die im Raum- bzw. Halleninnern angeordnet sind. Es gelten folgende Regelungen:

1. Die Laufwegdifferenz, d. h. der Wegunterschied des direkten Schalls zum reflektierten Schall, sollte nicht mehr als 17 m betragen (Abb. 5.10).
2. Bei Räumen mit einer Länge von mehr als 9 m sind schallabsorbierende Maßnahmen erforderlich.
3. Die seitlichen Begrenzungsflächen im Bereich der Darbietungszone (z. B. der Bühnenbereich in Mehrzweckhallen) sind schallreflektierend auszuführen. Insbesondere sind unter der Decke schallreflektierende Bauteile anzuordnen, um Anfangsschallreflexionen zu re-

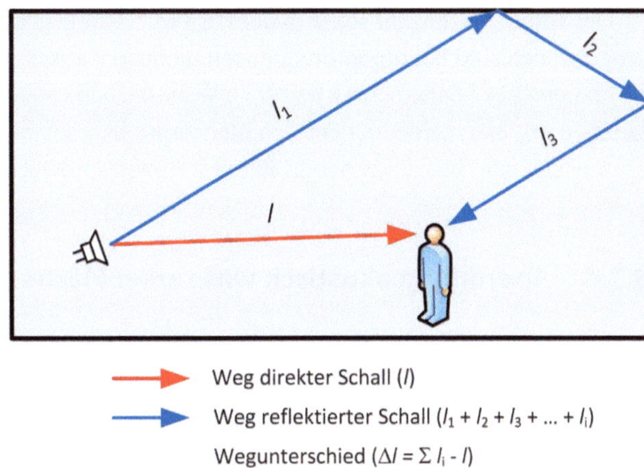

Abb. 5.10 Wege eines Schallsignals von der Schallquelle zum Hörer in einem Raum; Wegunterschied zwischen direktem und reflektiertem Schall

alisieren, die die Deutlichkeit und Klarheit bei Sprachdarbietungen erhöhen. Der zulässige Wegunterschied zwischen direktem und reflektiertem Schall ist hierbei zu beachten.

4. Bei Musikdarbietungen kann es erforderlich sein, auf der Bühne zusätzliche Stellwandelemente zu positionieren, wenn die vorhandenen Begrenzungsflächen wegen zu großer Entfernungen (Überschreitung des zulässigen Wegunterschiedes) nicht für Schallreflektion genutzt werden können.
5. Parallele Flächen im Raum (z. B. parallele gegenüberliegende Wände) sollten mit raumakustischen Maßnahmen (schallabsorbierende oder streuende Flächen) versehen werden, da es sonst durch unerwünschte Schallreflexionen an den gegenüberliegenden Flächen zu Beeinträchtigungen der Raumakustik kommen kann (Echo).

5.3.4 Kleine Räume

Kleine Räume sind Räume mit einem Volumen bis etwa 250 m^3 (beispielhafte Abmessungen: 7,0 m × 11,0 × 3,25 m = 252,3 m^3).

Die Hinweise gelten insbesondere für Besprechungsräume, Klassenräume, Gruppenräume in Kindertageseinrichtungen und andere Räume, die überwiegend der sprachlichen Kommunikation dienen.

In kleineren Räumen können höhere Volumenkennzahlen vorteilhaft sein.

In vielen Fällen treten störende Dröhneffekte bei tiefen Frequenzen auf. Abhilfe: schallabsorbierende Maßnahmen, Wahl geeigneter Raumproportionen.

5.3.5 Mittelgroße Räume und kleine Hallen

Mittelgroße Räume und kleine Hallen von etwa 250 m^3 bis 5000 m^3. Beispiele: Größere Klassenräume, Seminarräume, Hörsäle.

Aufgrund der Größe ist es erforderlich, neben schallabsorbierenden Materialien auch reflektierende Materialien und Flächen so anzuordnen, dass der Schall gezielt gelenkt wird.

Die Volumenkennzahl sollte in dem in Tab. 5.5 angegebenen Bereich liegen. Die Raumproportionen sind bei tiefen Frequenzen nicht so kritisch (wie bei kleineren Räumen).

Flatterechos können durch parallele Wandflächen entstehen. Abhilfe: verschiedene Materialien mit unterschiedlichem Schallabsorptionsgrad anordnen.

Ansteigende Sitzreihen bei größeren Räumen sind vorteilhaft.

5.3.6 Anordnung akustisch wirksamer Flächen

5.3.6.1 Allgemeines

Grundsätzlich sollten schallabsorbierende Flächen und Elemente gleichmäßig im Raum verteilt werden (Abb. 5.11).

Bei Räumen mit rechtwinkligem Grundriss und ebenen Wänden, die nicht durch Regale, Möbel, Fensterrücksprünge oder großflächige Tafeln und Pinnwände gegliedert sind, besteht bei einer vollständig schallabsorbierend bekleideten Decke die Gefahr von Flatterechos. Dies kann vermieden werden, indem ein mittleres Deckenfeld schallreflektierend ausgeführt wird.

Textile Bodenbeläge sind als alleinige raumakustische Maßnahme nicht ausreichend, da sie den Schall nur im Bereich hoher Frequenzen absorbieren. Allerdings vermindern textile Gehbeläge die Geräuschentstehung am Fußboden (z. B. durch Stühlerücken usw.).

Die Schallabsorption von Vorhängen oder anderen innen liegenden Verdunkelungsmaßnahmen hängt stark von der Anordnung, dem Material und der Fläche ab. Genaue Angaben werden in der Norm nicht gemacht.

Textile Bodenbeläge sind als alleinige Maßnahme zur Schallabsorption **nicht ausreichend**, da sie den Schall nur im Bereich hoher Frequenzen absorbieren.

5.3.6.2 Räume mit einer Länge von mehr als 9 m

Bei Räumen, die eine Länge von mehr als 9 m aufweisen, wird die Sprachverständlichkeit durch Schallreflexionen von der Rückwand in den vorderen Raumbereich stark vermindert (Abb. 5.12, oben).

In diesem Fall sind die Reflexionsflächen entweder schallabsorbierend zu bekleiden, oder geneigt so anzuordnen, dass der auftreffende reflektierte Schall als Verstärkung zu den von der Schallquelle entfernt befindlichen Hörern gelenkt wird (Abb. 5.12, Mitte und unten). Als schallabsorbierende Flächen eignen sich auch stark gegliederte Oberflächen (wie z. B. Bücherregale).

5.3.6.3 Räume mit zueinander parallelen Flächen

Bei Räumen mit zueinander parallelen Flächen (Wände) entstehen durch Reflexionen auf den gegenüberliegenden Seiten Flatterechos, die die Sprachverständlichkeit vermindern. Dies gilt insbesondere bei größeren Räumen mit nicht ansteigenden Sitzreihen. Abhilfe schaffen hier folgende Maßnahmen (Abb. 5.13):

Schallabsorbierende Ausführung jeweils einer der gegenüberliegenden Flächen.

Schrägstellung der Flächen um mindestens 5°.

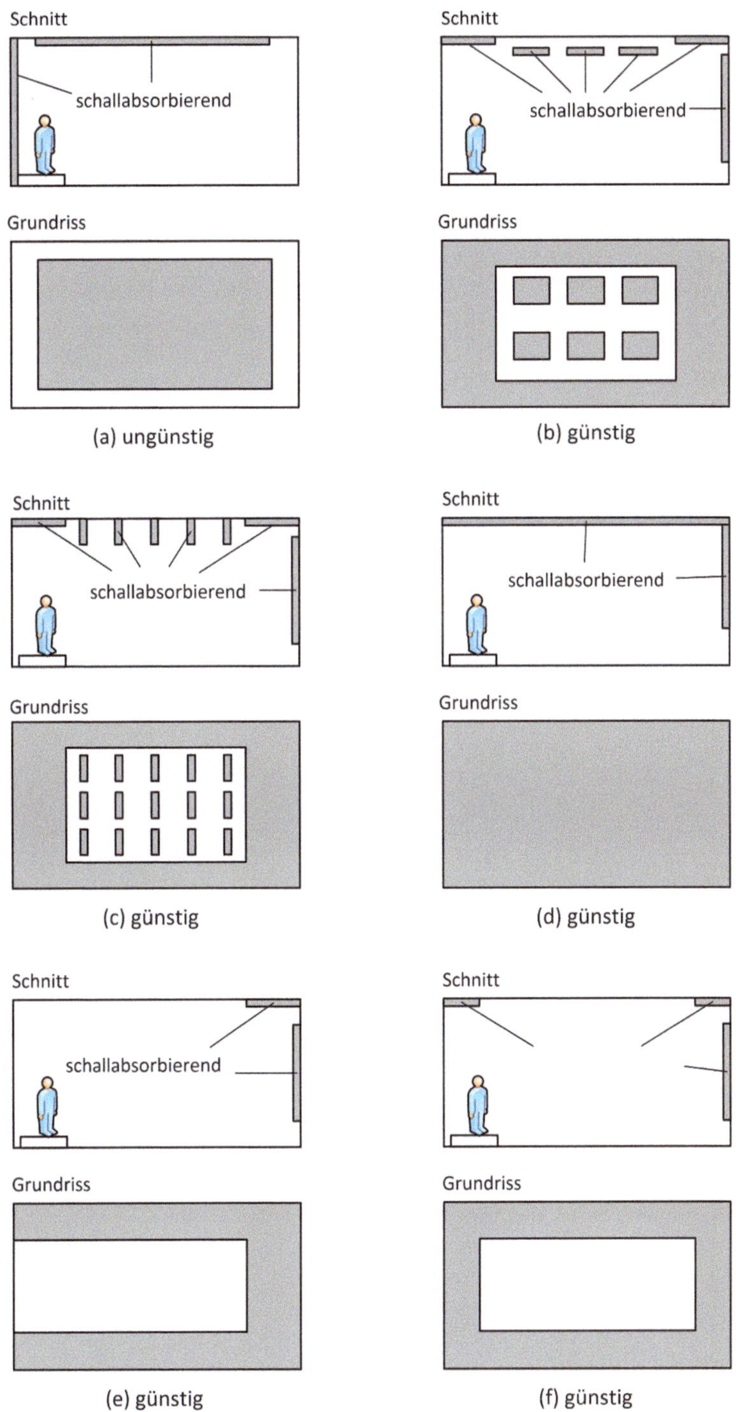

Abb. 5.11 Anordnung von schallabsorbierenden Flächen in kleinen und mittelgroßen Räumen. (n. DIN 18041:2016-03, Bild 4)

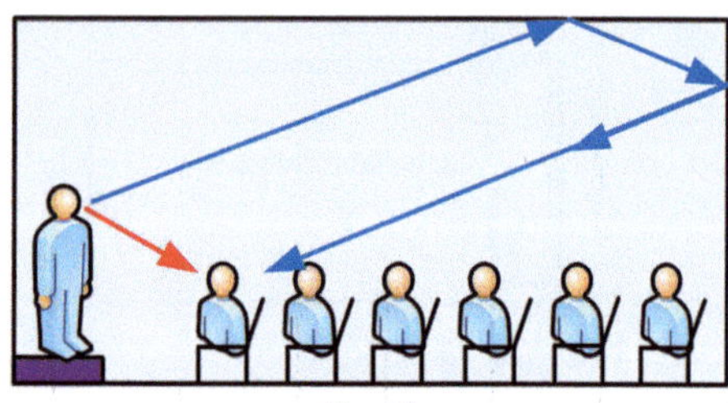

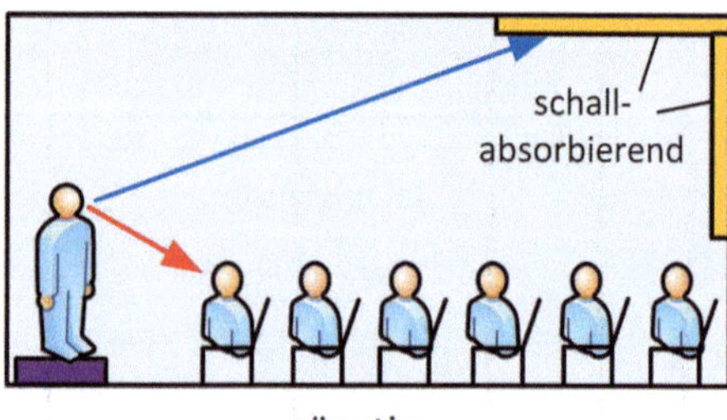

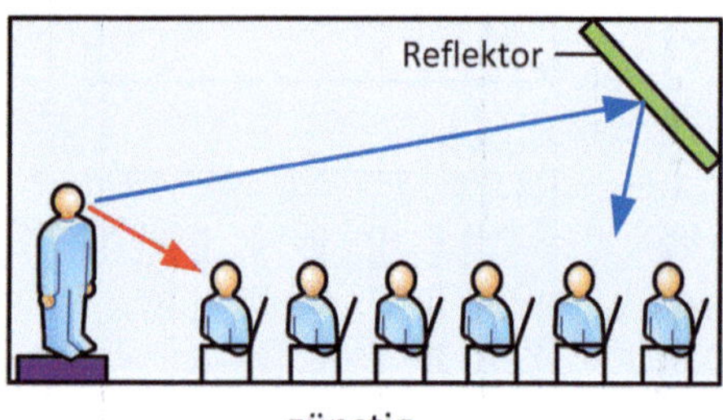

Abb. 5.12 Räume mit einer Länge von mehr als 9 m: Anordnung von schallabsorbierenden Flächen oder reflektierenden Flächen im hinteren Bereich zur Verbesserung der Sprachverständlichkeit. (n. DIN 18041:2016-03, Bild 5)

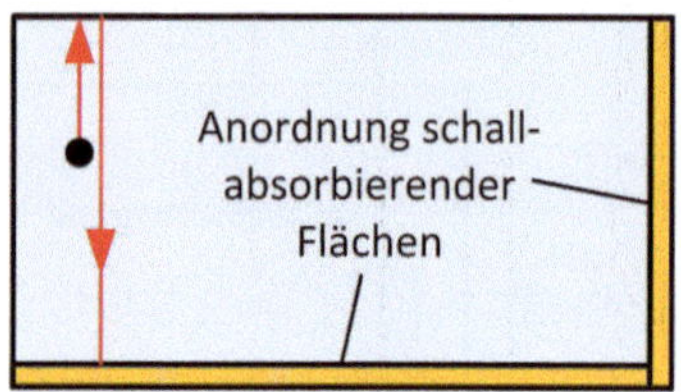

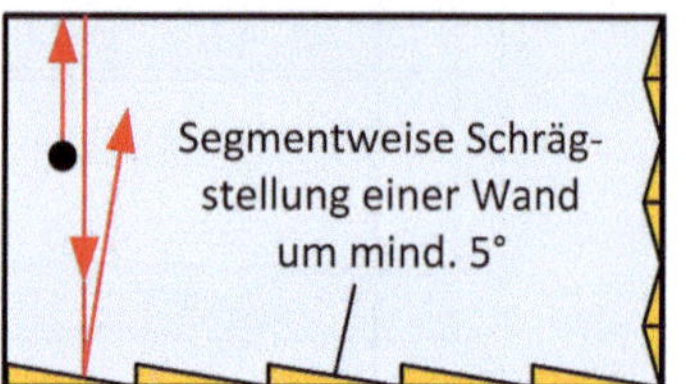

Abb. 5.13 Räume mit parallelen Wänden: Maßnahmen zur Verbesserung der Sprachverständlichkeit. (n. DIN 18041:2016-03, Bild 6)

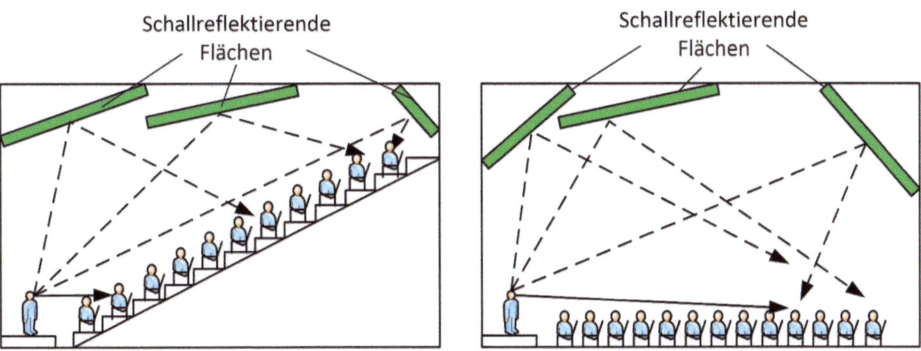

Abb. 5.14 Große Räume: Anordnung von schallreflektierenden Flächen. (n. DIN 18041:2016-03, Bild 7)

5.3.6.4 Große Räume

Bei großen Räumen (z. B. Hörsäle) muss der Schall aufgrund der größeren Entfernungen gezielt verstärkt und gelenkt werden, um die Sprachverständlichkeit (im hinteren Raumbereich) zu verbessern. Hierzu ist es erforderlich, schallreflektierende Flächen in geeigneter Weise anzuordnen und auszurichten. Geeignete Maßnahmen sind (Abb. 5.14):

- Die Wand hinter dem Vortragenden sowie der mittlere Teil der Decke sind für den mittleren und hohen Frequenzbereich schallreflektierend auszuführen. Außerdem sind hier Tiefenabsorber anzuordnen. Tiefenabsorber sind Bauteile, die den Schall im Bereich tiefer Frequenzen absorbieren (schlucken).
- Die Reflektoren sind so auszurichten, dass der Schall auf die mittlere und hintere Zuhörerfläche gerichtet wird.

Für weitere Informationen wird auf die Norm verwiesen.

5.4 Nachweis der raumakustischen Anforderungen

5.4.1 Anforderungsgröße

Der Nachweis der raumakustischen Anforderungen ist in der Norm nur für Räume der Gruppe A festgelegt. Für Räume der Gruppe B sind keine rechnerischen Nachweise vorgesehen.

Anforderungsgröße für den Nachweis ist die Nachhallzeit in den Oktaven mit den Mittenfrequenzen von 125 Hz bis 4000 Hz.

Die Anforderungen sind eingehalten, wenn die Nachhallzeiten in den Oktaven von 125 Hz bis 4000 Hz im Toleranzbereich liegen. Die Nachhallzeit ist dabei auf zwei Nachkommastellen zu runden.

5.4.2 Rechnerischer Nachweis

5.4.2.1 Verfahren und Voraussetzungen

Der rechnerische Nachweis der Nachhallzeiten erfolgt nach dem Rechenmodell in DIN EN ISO 12354-6:2004-04 (Bauakustik – Berechnung der akustischen Eigenschaften von Gebäuden aus den Bauteileigenschaften – Teil 6: Schallabsorption in Räumen). Hinweis: Die Norm wurde inzwischen zurückgezogen, ist aber weiterhin Grundlage der Regelungen der hier betrachteten nationalen DIN 18041.

Voraussetzung für die Anwendung des Rechenmodells ist das Vorhandensein von Räumen mit diffusem Schallfeld. Dies gilt für folgende Räume:

- Räume mit regelmäßig ausgebildeten Volumina: Keine Dimension (Breite, Tiefe, Höhe) sollte mehr als das 5-fache jeder anderen Dimension betragen (geringe Abweichungen sind zulässig).
- Räume mit gleichmäßig verteilter Absorption: Die schallabsorbierenden Flächen sollen auf alle drei Raumdimensionen verteilt sein. Der mittlere Schallabsorptionsgrad für die Flächen in den drei Raumdimensionen soll nicht mehr als um den Faktor 3 abweichen. Dies gilt insbesondere dann, wenn keine schallstreuenden Objekte oder Oberflächen vorhanden sind.

Sind die Voraussetzungen nicht erfüllt, kann der Nachweis mit erweiterten Rechenmethoden (z. B. numerische Verfahren der Strahlverfolgung nach Anhang D der DIN EN ISO 12354) erfolgen.

5.4.2.2 Inhalte des rechnerischen Nachweises

Der rechnerische Nachweis muss folgende Inhalte umfassen:

- Angaben zum Raum, insbesondere Raumvolumen und Nutzung;
- Anforderung an die Nachhallzeit; zugrunde gelegte Nutzungsszenarien;
- Flächen der schallabsorbierenden Oberflächen sowie deren Schallabsorptionsgrade (für den unbesetzten sowie besetzten Zustand);
- Beschreibung der Rechenmethode;
- Ergebnisse und Bewertung.

5.4.2.3 Rechenverfahren

Das Rechenverfahren der DIN 18041 basiert auf dem in DIN EN ISO 12354-6 beschriebenen Modell. Für die Berechnung der äquivalenten Schallabsorptionsfläche und der Nachhallzeit eines Raumes wird ein diffuses Schallfeld angenommen. Für die Berechnung der äquivalenten Schallabsorptionsfläche und der Nachhallzeit werden folgende Eingangsdaten benötigt (Hinweis: je nach Situation sind nicht gleichzeitig alle Daten erforderlich):

- Schallabsorptionsgrad der Oberfläche i:	$\alpha_{\mathrm{s,i}}$
- Inhalt der Oberfläche i (Fläche):	S_{i}
- Äquivalente Schallabsorptionsfläche eines Objektes j:	$A_{\mathrm{obj,j}}$
- Schallabsorptionsgrad der Objektanordnung k:	$\alpha_{\mathrm{s,k}}$
- Objektanordnung der abgedeckten Oberfläche k:	S_{k}
- Volumen des leeren Raumes:	V
- Volumen des Objektes j oder der Objektanordnung:	$V_{\mathrm{obj,j}}/V_{\mathrm{obj,k}}$

5.4.3 Berechnung der gesamten äquivalenten Schallabsorptionsfläche

Die äquivalente Schallabsorptionsfläche A eines Raumes ergibt sich mit folgender Gleichung:

$$A = \sum_{i=1}^{n} \alpha_{\mathrm{s,i}} \cdot S_{\mathrm{i}} + \sum_{j=1}^{o} A_{\mathrm{obj,j}} + \sum_{k=1}^{p} \alpha_{\mathrm{s,k}} \cdot S_{\mathrm{k}} + A_{\mathrm{air}} \tag{5.9}$$

Dabei ist:

n die Anzahl der Oberflächen i;
o die Anzahl der Objekte j;
p die Anzahl der Objektanordnungen p.

Die äquivalente Absorptionsfläche für die Luftabsorption A_{air} ergibt sich mit folgender Gleichung:

$$A_{\mathrm{air}} = 4 \cdot m \cdot V \cdot (1 - \psi) \tag{5.10}$$

Dabei ist:

m der Schallleistungs-Dämpfungskoeffizient in Luft, in Neper je Meter (Neper/m); siehe Tab. 5.6;
V das Volumen des leeren Raumes, in m^3;
Ψ der Objektanteil (dimensionslos).

Der Objektanteil ergibt sich zu:

$$\psi = \frac{\sum_{j=1}^{o} V_{\mathrm{obj,j}} + \sum_{k=1}^{p} V_{\mathrm{obj,k}}}{V} \tag{5.11}$$

Tab. 5.6 Schallleistungs-Dämpfungskoeffizient in Luft m für verschiedene Oktavbänder in Abhängigkeit von der Temperatur und der Luftfeuchte. (n. DIN EN 12354-6:2004, Tab. 1)

	Schallleistungs-Dämpfungskoeffizient in Luft m in 10^{-3} Neper je Meter für Oktavbänder mit Mittenfrequenz in Hz						
Temperatur und rel. Luftfeuchte	125	250	500	1000	2000	4000	8000
10 °C 30 % bis 50 % rel. F.	0,1	0,2	0,5	1,1	2,7	9,4	29,0
10 °C 50 % bis 70 % rel. F.	0,1	0,2	0,5	0,8	1,8	5,9	21,1
10 °C 70 % bis 90 % rel. F.	0,1	0,2	0,5	0,7	1,4	4,4	15,8
20 °C 30 % bis 50 % rel. F.	0,1	0,3	0,6	1,0	1,9	5,8	20,3
20 °C 50 % bis 70 % rel. F.	0,1	0,3	0,6	1,0	1,7	4,1	13,5
10 °C 70 % bis 90 % rel. F.	0,1	0,3	0,6	1,1	1,7	3,5	10,6

Bei Räumen mit einem Volumen von weniger als 200 m³ sowie bei Berechnungen, die auf das 1000 Hz-Oktavband begrenzt sind, kann die Absorption von Luft vernachlässigt werden. In diesem Fall ist für A_{air} der Wert 0 anzunehmen ($A_{air} = 0$).

Die Schalldämpfung bei Luftübertragung ist abhängig von der Temperatur, der Luftfeuchte und der Frequenz und wird in ISO 9613-1 festgelegt. Für die Schallübertragung in Räumen sind die entsprechenden Werte (Schallleistungs-Dämpfungskoeffizient) in Tab. 5.6 angegeben.

Für harte, unregelmäßig ausgebildete Objekte (wie z. B. Maschinen, Regale, Büromöbel usw.) kann die äquivalente Absorptionsfläche mit folgender Gleichung berechnet werden:

$$A_{obj} = V_{obj}^{\ 2/3} \tag{5.12}$$

Darin ist:

V_{obj} das Volumen des harten Objekts, in m³.

5.4.4 Berechnung der Nachhallzeit

Die Nachhallzeit T berechnet sich mit folgender Gleichung:

$$T = \frac{55{,}3}{c_0} \cdot \frac{V \cdot (1-\psi)}{A} = 0{,}163 \cdot \frac{V \cdot (1-\psi)}{A} \tag{5.13}$$

Dabei ist:

c_0 die Schallgeschwindigkeit in Luft, in m/s (Hinweis: für den Nachweis ist eine Schallgeschwindigkeit von $c_0 = 345{,}6$ m/s anzunehmen, d. h. der Faktor $55{,}3/c_0$ ergibt sich zu $55{,}3/345{,}6 \cong 0{,}163$);

A die äquivalente Schallabsorptionsfläche, in m^2;

V das Volumen des Raumes, in m^3.

5.5 Nachweis durch Messung

Die Nachhallzeit von (fertiggestellten) Räumen kann auch durch Messung bestimmt werden. Siehe hierzu DIN 18041:2016-03, A.3.

5.6 Ausführung schallabsorbierender Flächen

5.6.1 Einführung

Damit die erforderliche Schallabsorption erreicht wird, ist es i. d. R. erforderlich, zusätzlich sogenannte technische Absorber anzuordnen, da die Wand- und Deckenflächen aus üblichen Baustoffen und schallharten Oberflächen im Allgemeinen nicht ausreichen.

Technische Absorber werden grundsätzlich in zwei Arten eingeteilt:

- Poröse Absorber und
- Resonatoren.

Übersicht

Poröse Absorber weisen im mittleren und **hohen Frequenzbereich** große Schallabsorptionsgrade auf.

Resonatoren (Tiefenabsorber) weisen nur bei **tiefen Frequenzen** hohe Schallabsorptionsgrade auf.

Beide Absorberarten ergänzen sich somit, sodass bei gleichzeitiger Anwendung hohe Schallabsorptionsgrade über das gesamte Frequenzspektrum erreicht werden können (Abb. 5.15).

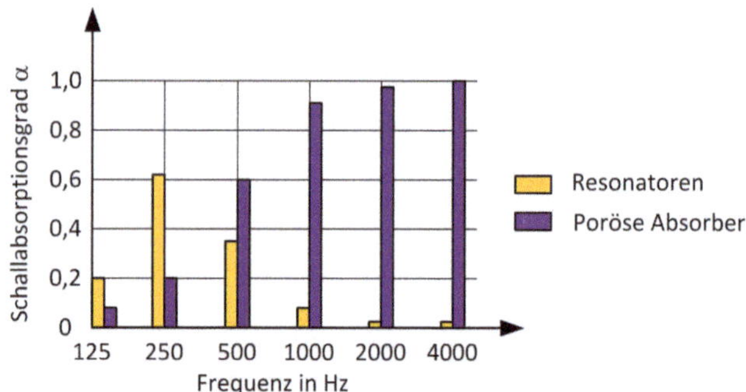

Abb. 5.15 Schallabsorptionsgrade von porösen Absorbern sowie Resonatoren in Abhängigkeit von der Frequenz (Prinzipskizze)

Abb. 5.16 Textiler Prallschutz (poröser Absorber) im unteren Bereich der Wände einer Sporthalle

5.6.2 Poröse Absorber

Poröse Absorber bestehen aus offenporigen Materialien mit hoher Porosität. Der Porenraum des Stoffes im Verhältnis zu seinem Gesamtvolumen sollte mindestens 90 % betragen.

Die Absorption einwirkender Schallenergie erfolgt zum größten Teil durch Dissipation, d. h. durch Umwandlung in Wärme infolge Reibung der Luft an den Porenwandungen. Folgende Stoffe und Materialien sind als poröse Absorber geeignet (Abb. 5.16):

- Offenporige Textilien (z. B. Vorhänge, Kleidung der Nutzer, Prallschutz an Wandflächen in Sporthallen);
- Akustikvliese (diese werden in vielen Fällen auf Lochplatten aus Metall, Holz oder Gipskarton geklebt und als Wand- und Deckenbekleidungen verwendet);
- Akustikfilze (werden auf Wand- und Deckenflächen aufgeklebt);
- Teppiche (z. B. temporär verlegt in Mehrzweckhallen bei Nutzung als Tagungs- und Seminarraum; wirkungsvoll nur im Bereich hoher Frequenzen);
- Schaumstoffe (z. B. als Polsterung von Sitzen bei Hallen mit Zuschauertribüne; als Prallschutz im unteren Bereich von Wandflächen in Sporthallen; geeignet auch in Verbindung mit Lochplatten aus Metall, Holz oder Gipskarton);
- Mineralwolle, Mineralfaser (gut geeignet als Bekleidung der Decke; häufig eingesetzt in Akustikdecken; geeignet auch in Verbindung mit Lochplatten);
- Akustikputze (als reine Putzschicht nur geeignet für hohe Frequenzen; für tiefe Frequenzen ist eine Anordnung auf einer Gipskartonplatte, die als Vorsatzschale vor der Wand/Decke angeordnet wird, erforderlich).

Rechenwerte für Schallabsorptionsgrade von porösen Absorbern (Auswahl) im Frequenzbereich von 125 Hz bis 4000 Hz sind in Tab. 5.7 zusammengestellt. Für weitere Werte wird auf die Norm (DIN 18041:2016-03) sowie auf Herstellerangaben verwiesen.

Tab. 5.7 Schallabsorptionsgrade für ausgewählte technische Absorber

	Schallabsorptionsgrad α für die Oktavband-Mittenfrequenz in Hz					
Absorber	125	250	500	1000	2000	4000
Akustikputz (20 mm)	0,10	0,20	0,60	0,90	0,80	0,70
Mineralfaserplatte, (40 mm) mit Abdeckung aus Faservlies (30 bis 50 kg/m^3)	0,25	0,45	0,80	0,95	1,00	1,00
Gipskartonlochplatte (9,5 mm) und Mineralfaserplatte (30 mm), Wandabstand 20 cm (30 bis 40 kg/m^3)	0,40	0,95	0,90	0,70	0,65	0,65
Lochgipskassette (30 mm) und Mineralfaserplatte (20 mm) (60 kg/m^3), Wandabstand 5 cm	0,30	0,70	0,80	0,75	0,60	0,50
Metalllochkassette (0,5 mm) und Mineralfaserplatte (40 mm) (80 kg/m^3), Wandabstand 20 cm	0,20	0,65	0,75	0,85	0,90	0,80
Metalllochkassette (0,5 mm) und Schaumstoffeinlage (5 … 10 mm) (25 kg/m^3), Wandabstand 5 cm	0,50	0,70	0,50	0,70	0,70	0,70
Vorhang aus Baumwollstoff (Plüsch), Dicke 1,6 mm, hängend, zweifach gefaltet, Abstand zur Wand 7 cm	0,02	0,20	0,70	0,95	0,95	1,00
Akustiktrapezblech[a)]	0,45	0,90	0,70	0,40	0,25	0,20
Prallschutz[a)]	0,05	0,25	0,70	0,85	0,95	0,98

[a)]Exemplarische Anhaltswerte; für genauere Werte wird auf Herstellerangaben verwiesen

5.6.3 Resonatoren

Bei der zweiten Gruppe von Absorbern handelt es sich um sogenannte Resonatoren, die bei tiefen Frequenzen wirksam sind (Tiefenabsorber). Es gibt unterschiedliche Arten, die sich in ihrem Aufbau und ihrer Funktionsweise unterscheiden:

- Plattenresonatoren;
- Helmholtz-Resonatoren und
- Perforierte Absorber.

Plattenresonatoren bestehen aus einer biegeweichen Vorsatzschale (z. B. einer Gipskartonplatte), die mit mehreren Zentimetern Abstand vor einer Tragkonstruktion (z. B. einer massiven Wand) angeordnet wird. Der Zwischenraum (Luftraum) zwischen Vorsatzschale und Wand sollte möglichst mit einer Hohlraumdämpfung (z. B. einer Mineralfaserplatte) befüllt werden. Physikalisch handelt es sich hierbei um ein Feder-Masse-System (Feder: Hohlraum bzw. Luft, Masse 1: Vorsatzschale, Masse 2: Tragkonstruktion). Die größte Wirkung hinsichtlich Schallabsorption wird im Bereich der Eigenfrequenz erreicht.

Helmholtz-Resonatoren bestehen aus einzelnen längsförmigen Vorsatzschalen (z. B. Bretter), die mit Fugenabstand an den Längskanten auf einer Unterkonstruktion (Lattung) befestigt werden. Durch Veränderung der Schalen- bzw. Brettabstände (Fugenabstände) sowie des Hohlraumabstandes zur Wand kann der Schallabsorptionsgrad variiert werden. Helmholtz-Resonatoren wirken im Bereich tiefer Frequenzen. Hinweis: Bei der Bekleidung von Wandflächen in Sport- und Mehrzweckhallen dürfen die Fugenabstände zwischen den einzelnen Elementen nicht breiter als 8 mm sein.

Perforierte Absorber bestehen aus einer dünnen Platte (z. B. aus Gipskarton, Metall oder Holzwerkstoff, auch Acrylglas), die mit Löchern perforiert ist sowie einem Hohlraum, der mit einer Hohlraumbedämpfung versehen wird. Die Schallabsorption beruht auf Dissipation einwirkender Schallenergie durch Reibung der Luft in den Löchern. Hierbei kann bei entsprechender Schalleinwirkung erhebliche Wärme entstehen, die von der Lochplatte abgeleitet werden muss. Die verschiedenen Bauarten von Absorbern sind in Abb. 5.17 dargestellt.

Perforierte Absorber werden z. B. auch bei Trapezblechprofilen für die Dachdeckung verwendet (Akustiktrapezbleche). Hier sind i. d. R. die Stege, in Ausnahmefällen auch die Gurte, mit einer Perforation zur Verbesserung der Schallabsorption versehen, wobei gute Schallabsorptionsgrade insbesondere im Bereich mittlerer Frequenzen erreicht werden ($\alpha \approx 0{,}70$ bei 500 Hz). Gleichzeitig sind Trapezblechprofile auch aus anderen Gründen (z. B. in statischer Hinsicht durch Realisierung großer Stützweiten bei geringer Eigenlast, Möglichkeit der Ausführung mit Dämmung als konventionelles Warmdach usw.) gut geeignet für die Dachdeckung von Hallentragwerken (Abb. 5.18).

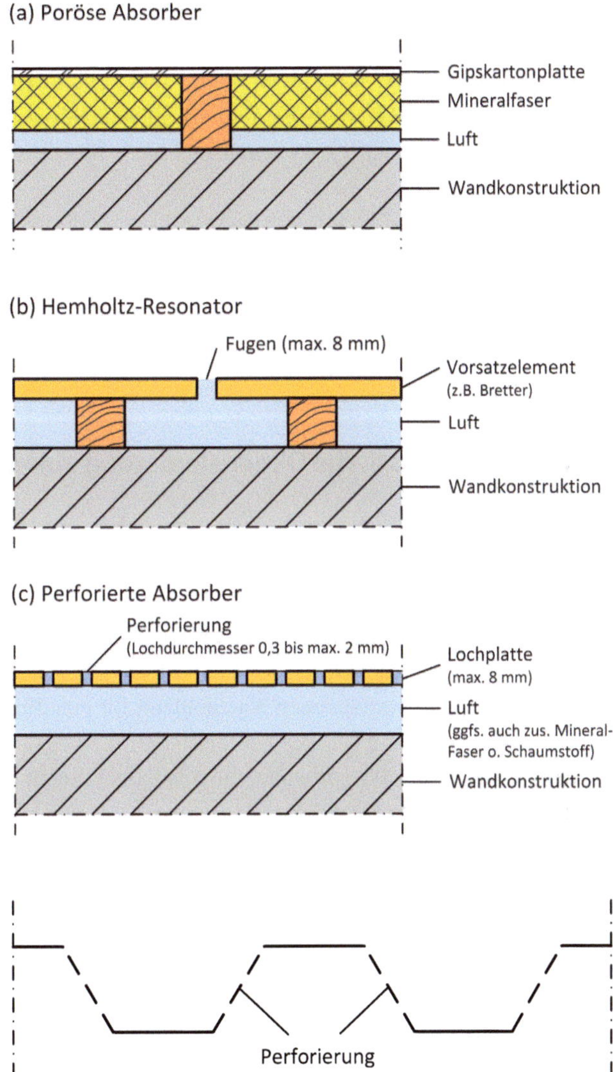

Abb. 5.17 Resonatoren zur Schallabsorption; (**a**) Poröse Absorber, (**b**) Helmholtz-Resonatoren; (**c**) Perforierte Absorber

Abb. 5.18 Akustiktrapezblech als Dachdeckung bei einer Sporthalle (Prinzipskizze)

5.7 Beschallungsanlagen

Beschallungsanlagen (elektroakustische Anlagen) müssen eingesetzt werden, wenn die Hörsamkeit aufgrund großer Distanzen zwischen Sprecher/Musiker und Zuhörer nicht gewährleistet werden kann.

Ob eine elektroakustische Anlage eingebaut werden muss, hängt im Wesentlichen von der Größe (Volumen) des Raumes sowie vom Sprachpegel und vom Gesamtstörschalldruckpegel ab.

Für kleine Räume mit einem Volumen von höchstens 250 m³ sind Beschallungsanlagen bei üblichen Bedingungen nicht erforderlich.

Bei größeren Räumen bis etwa 500 m³ sollte ein möglicher Einbau vorbereitet werden (z. B. durch Verlegung von Leerrohren, Kabelkanälen usw.), wenn ungünstige Raumverhältnisse (Raumgeometrie) vorliegen und nicht ausreichende akustische Verhältnisse zu erwarten sind.

Bei einem Raumvolumen von mehr als etwa 500 m³ sind elektroakustische Beschallungsanlagen bei normaler bis angehobener Sprechweise erforderlich. Nähere Hinweise siehe Norm.

5.8 Beispiele

5.8.1 Raumakustische Dimensionierung einer Sporthalle

Eine Dreifach-Sporthalle (Abb. 5.19) soll in raumakustischer Hinsicht dimensioniert werden.

Im Einzelnen sind folgende Berechnungen durchzuführen:

1. Berechnung der angestrebten Nachhallzeit T_{soll} sowie des maximalen und minimalen Wertes (Toleranzbereich).
2. Berechnung der vorhandenen Nachhallzeit für eine Frequenz von 500 Hz für die Situation in Abb. 5.19.
3. Überprüfung, ob die vorhandenen schallabsorbierenden Flächen in raumakustischer Hinsicht ausreichend sind.
4. Berechnung ggfs. zusätzlich erforderlicher schallabsorbierender Flächen. Hierfür sollen – sofern erforderlich – die Wandflächen der Stirnseite 1 sowie der Vorderseite der Halle mit einer schallabsorbierenden Bekleidung versehen werden.

Lösung:

1. Nachhallzeit T_{Soll} sowie Toleranzbereich:
   a) Raumvolumen:

$$V = 27 \cdot 45 \cdot 7 = 8505 \text{ m}^3$$

(d. h. der Anwendungsbereich der DIN 18041 mit max $V = 30.000$ m³ für Sporthallen ist erfüllt.)

Angestrebte Nachhallzeit (Nutzungsart A5):

$$T_{soll/A5} = 0{,}75 \cdot \log V - 1{,}00 = 0{,}75 \cdot \log 8505 - 1{,}00 = 1{,}95 \cong 2 \text{ s}$$

Toleranzbereich:

$$\min T = 0{,}8 \cdot T_{soll} = 0{,}8 \cdot 2 = 1{,}6 \text{ s}$$
$$\max T = 1{,}2 \cdot T_{soll} = 1{,}2 \cdot 2 = 2{,}4 \text{ s}$$

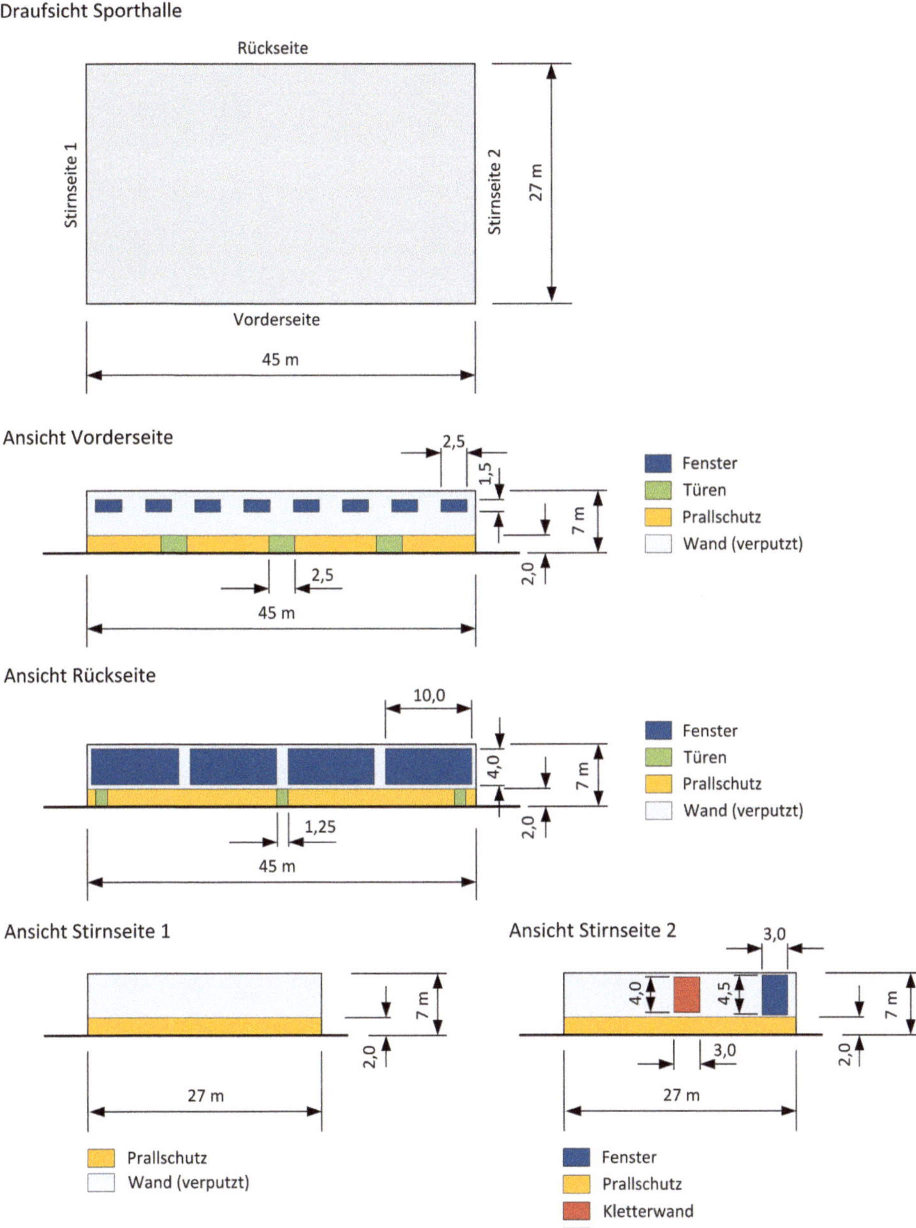

Abb. 5.19 Beispiel – Raumakustische Dimensionierung einer Dreifach-Sporthalle für reine Sportnutzung (lichte Maße)

Tab. 5.8 Beispiel – raumakustische Dimensionierung einer Sporthalle

Bezeichnung	Berechnung	S_i in m²	α_i	A_i
Fußboden	27 × 45	1215	0,01	12,2
Stirnseite 1 – Prallschutz	27 × 2	54	0,70	37,8
Stirnseite 1 – Wand verputzt	27 × 5	135	0,03	4,1
Stirnseite 2 – Prallschutz	27 × 2	54	0,70	37,8
Stirnseite 2 – Kletterwand	3 × 4	12	0,10	1,2
Stirnseite 2 – Fenster	3 × 4,5	13,5	0,10	1,4
Stirnseite 2 – Wand verputzt	135 – (12 + 13,5)	109,5	0,03	3,3
Vorderseite – Prallschutz	45 × 2 – (3 × 2 × 2,5)	75	0,70	52,5
Vorderseite – Türen	3 × 2,5 × 2	15	0,06	0,9
Vorderseite – Fenster	8 × 2,5 × 1,5	30	0,10	3,0
Vorderseite – Wand (verputzt)	45 × 7 – (75 + 15 + 30)	195	0,03	5,9
Rückseite – Prallschutz	45 × 2 – (3 × 1,25 × 2)	82,5	0,70	57,8
Rückseite – Fluchttüren	3 × 1,25 × 2	7,5	0,03	0,2
Rückseite – Fenster	4 × 10 × 4	160	0,10	16,0
Rückseite – Wand (verputzt)	45 × 7 – (82,5 + 7,5 + 160)	65	0,03	2,0
Dach – 25 % Akustiktrapezbleche	0,25 × 1215	303,8	0,70	212,7
Dach – 75 % Trapezbleche (normale Ausführung)	0,75 × 1215	911,2	0,05	45,6
	Summe Fläche	3438,0		
Luft (Raumvolumen)	$A_{Luft} = 4 \times m \times V$ $= 4 \times 0{,}6 \times 10^{-3} \times 8505 =$			20,4
	Summe schallabsorbierende Fläche: A =			514,8

b) Vorhandene Nachhallzeit:

Die Berechnung erfolgt tabellarisch unter Annahme folgender Randbedingungen (Tab. 5.8):

Schallabsorptionsgrade der Flächen bei einer Frequenz von 500 Hz (Hinweis: die Werte sind als gegeben anzusehen):

- Fußboden (PVC): $\alpha = 0{,}01$,
- Prallschutz: $\alpha = 0{,}70$,
- Wand (verputzt): $\alpha = 0{,}03$,
- Fenster: $\alpha = 0{,}10$,
- Türen Vorderseite: $\alpha = 0{,}06$,
- Fluchttüren Rückseite: $\alpha = 0{,}03$,
- Kletterwand: $\alpha = 0{,}10$,
- Dachdeckung mit Akustiktrapezblech (25 % der Dachfläche): $\alpha = 0{,}70$,
- Dach mit Deckung aus normalen Trapezblechen (75 % der Dachfläche): $\alpha = 0{,}05$,
- Kletterwand: $\alpha = 0{,}10$.

Personen oder sonstige Einrichtungsgegenstände (z. B. Gestühl, Geräte) werden hier vereinfachend nicht angesetzt.

Raumluft: 20 °C, 50 % relative Luftfeuchte, Schallleistungs-Dämpfungskoeffizient $m = 0{,}6 \times 10^{-3}\ \text{m}^{-1}$.

Mit der schallabsorbierenden Fläche und dem Raumvolumen der Halle berechnet sich die vorhandene Nachhallzeit mit der *Sabine'schen Formel* zu:

$$\text{vorh } T = 0{,}163 \frac{V}{A} = 0{,}163 \cdot \frac{8505}{514{,}8} = 2{,}7 \text{ s}$$

c) Überprüfung, ob Nachhallzeit im Toleranzbereich liegt.

$$\text{vorh } T = 2{,}7 \text{ s} > \max T = 2{,}4 \text{ s}$$

Die vorhandene Nachhallzeit liegt außerhalb des Toleranzbereichs, d. h. die schallabsorbierenden Flächen reichen nicht aus, um raumakustisch akzeptable Verhältnisse in der Halle zu gewährleisten. Es sind zusätzliche schallabsorbierende Flächen anzuordnen.

d) Zusätzliche schallabsorbierende Flächen:

Die verputzten Wandflächen an der Stirnseite 1 sowie an der Vorderseite der Halle sollen oberhalb des Prallschutzes zusätzlich mit einer schallabsorbierenden Bekleidung versehen werden. Als Bekleidung sind Metalllochplatten mit einer Mineralfaserdämmplatte mit einem Schallabsorptionsgrad von $\alpha = 0{,}75$ vorgesehen.

Die erforderliche Fläche soll so gewählt werden, dass die angestrebte Nachhallzeit der Halle ($T_{\text{soll}} = 2$ s) erreicht wird. Es gilt:

$$T_{\text{soll}} = 0{,}163 \frac{V}{A}$$

$$\Rightarrow A = 0{,}163 \frac{V}{T_{\text{soll}}} = 0{,}163 \cdot \frac{8505}{2} = 693{,}2 \text{ m}^2$$

Damit die angestrebte Nachhallzeit erreicht wird, müsste die schallabsorbierende Fläche insgesamt 693,2 m² betragen.

Damit ergibt sich die noch zusätzlich einzubauende schallabsorbierende Fläche zu ($\Delta A = 693{,}2 - 514{,}8) = 178{,}4\ \text{m}^2$):

$$\Delta A = \left(\alpha_{\text{Wand,bekleidet}} - \alpha_{\text{Wand,Putz}}\right) \cdot S_{\text{Wand,bekleidet}}$$

$$\Rightarrow S_{\text{Wand,bekleidet}} = \frac{\Delta A}{\alpha_{\text{Wand,bekleidet}} - \alpha_{\text{Wand,Putz}}}$$

$$= \frac{178{,}4}{0{,}75 - 0{,}03} = 247{,}7 \cong 248 \text{ m}^2$$

Das bedeutet:

Mindestens 248 m² der verputzten Wandflächen müssen mit einer schallabsorbierenden Bekleidung ($\alpha = 0{,}75$) versehen werden, damit die angestrebte Nachhallzeit ($T_{soll} = 2$ s) in der Halle erzielt wird. Es wird an der Stirnseite 1 ein 4,25 m hoher und an der Vorderseite ein 3,0 m hoher Streifen oberhalb des Prallschutzes mit der schallabsorbierenden Bekleidung ausgeführt:

$$\text{Fläche}: 27 \times 4{,}25 + 45 \times 3{,}0 = 249{,}75 > 248 \text{ m}^2$$

5.8.2 Raumakustische Dimensionierung eines Seminarraums

Ein Seminarraum (Nutzungsart A3) soll in raumakustischer Hinsicht dimensioniert werden (Abb. 5.20).

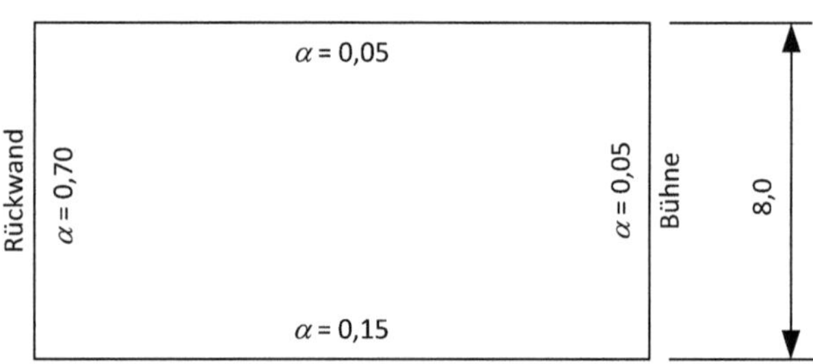

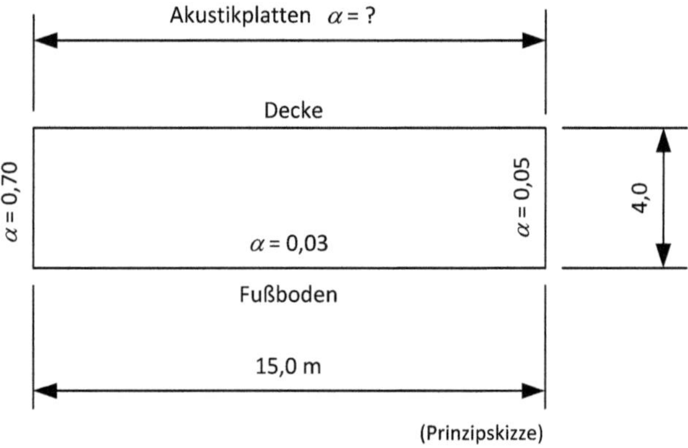

Abb. 5.20 Beispiel – Raumakustische Dimensionierung eines Seminarraums

Gesucht

Die Decke des Seminarraums soll vollflächig mit Akustikplatten versehen werden. Dabei ist der Schallabsorptionsgrad der Akustikplatten so zu bestimmen, dass die vorhandene Nachhallzeit innerhalb des Toleranzbereiches liegt.

Randbedingungen

- Nutzungsart A3
- Die Anteile aus Luft und weitere Einflussgrößen (Objekte) brauchen bei der Ermittlung der äquivalenten Schallabsorptionsfläche vereinfachend nicht berücksichtigt zu werden, d. h. $A_{obj} = 0$, $A_{air} = 0$, $\alpha_{s,k} \cdot S_k = 0$.

Lösung

Sollwert der Nachhallzeit (Nutzungsart A3):

$$T_{Soll/A3} = 0{,}32 \log V - 0{,}17 = 0{,}32 \log 480 - 0{,}17 = 0{,}69\,\text{s}$$

mit:

$$V = 8{,}0 \cdot 15{,}0 \cdot 4{,}0 = 480\,\text{m}^3 \left(\text{Raumvolumen aus lichten Maßen}\right)$$

Erforderliche äquivalente Schallabsorptionsfläche:

$$A = 0{,}163 \cdot V / T_{Soll/A3} = 0{,}163 \cdot 480 / 0{,}69 = 113{,}4\,\text{m}^2$$

Vorhandene äquivalente Schallabsorptionsfläche:

Die vorhandene äquivalente Schallabsorptionsfläche A ergibt sich mit folgender Gleichung:

$$A = \Sigma\left(\alpha_{s,i} \cdot S_i\right)$$

Die Anteile aus Luft und Objekten werden hier nicht berücksichtigt, d. h. $A_{obj} = 0$, $A_{air} = 0$, $\alpha_{s,k} \cdot S_k = 0$.

Die Berechnung der schallabsorbierenden Flächen erfolgt tabellarisch (Tab. 5.9).

Decke:

$$A_{Decke} = 113{,}4 - 39{,}6 = 73{,}8\,\text{m}^2$$

Die Decke muss noch 73,8 m^2 beitragen, damit die optimale äquivalente Schallabsorptionsfläche erreicht wird.

Damit ergibt sich der erforderliche Schallasorptionsgrad der Akustikplatten zu:

$$A_{Decke} = \alpha_{Decke} \cdot S_{Decke} = 73{,}8\,\text{m}^2$$

$$\alpha_{Decke} = A_{Decke} / S_{Decke} = 73{,}8 / 120{,}0 = 0{,}615 [-]$$

Tab. 5.9 Beispiel – Berechnung der schallabsorbierenden Flächen

Fläche	S (m²)	α (-)	$A = \alpha \cdot S$ (m²)
Fußboden	15,0 · 8,0 = 120	0,03	0,03 · 120 = 3,6
Wand 1	15,0 · 4,0 = 60	0,15	0,15 · 60 = 9,0
Wand 2	15,0 · 4,0 = 60	0,05	0,05 · 60 = 3,0
Bühne	8,0 · 4,0 = 32	0,05	0,05 · 32 = 1,6
Rückwand	8,0 · 4,0 = 32	0,70	0,70 · 32 = 22,4
		Summe:	39,6 m² (ohne Decke)

$$\text{mit}: S_{\text{Decke}} = 15,0 \cdot 8,0 = 120,0\,\text{m}^2$$

gewählt: Akustikplatten mit $\alpha = 0,65$

Zugehörige Nachhallzeit:

$$A = 39,6 + 0,65 \cdot 120 = 117,6\,\text{m}^2$$

$$T_{\text{vorh}} = 0,163 \cdot V / A = 0,163 \cdot 480 / 117,6 = 0,67\,\text{s}$$

Toleranzbereich der Nachhallzeit:

$$T_{\min} = 0,8 \cdot T_{\text{Soll}} = 0,8 \cdot 0,69 = 0,55\,\text{s}$$

$$T_{\max} = 1,2 \cdot T_{\text{Soll}} = 1,2 \cdot 0,69 = 0,83\,\text{s}$$

Nachweis:

$$T_{\min} = 0,55\,\text{s} < \text{Tvorh} = 0,67\,\text{s} < T_{\max} = 0,83\,\text{s}$$

Ergebnis

Der Nachweis ist erbracht. Die vorhandene Nachhallzeit liegt innerhalb des Toleranzbereichs, wenn die Decke vollflächig mit Akustikplatten versehen wird, die einen Schallabsorptionsgrad von $\alpha = 0,65$ aufweisen.

5.8.3 Überprüfung der Volumenkennzahl für einen Seminarraum

Für den Seminarraum aus 5.8.2 soll überprüft werden, ob die Volumenkennzahl im empfohlenen Bereich liegt.

Randbedingungen

- Der Seminarraum soll für Sprach- und Musikdarbietungen genutzt werden.
- Es sind $n = 50$ Plätze vorgesehen.

Lösung

Volumenkennzahl:

Für Musik- und Sprachdarbietungen wird eine Volumenkennzahl von $k = 6$ bis 8 m³/Platz empfohlen.

Volumen: $V = 480\ \text{m}^3$ (s. 5.8.2)

Vorhandene Volumenkennzahl:

$$k_{\text{vorh}} = V / n = 480 / 50 = 9{,}6\,\text{m}^3 / \text{Platz} > k = 6 \ldots 8\,\text{m}^3 / \text{Platz}$$

Fazit:

Die vorhandene Volumenkennzahl wird deutlich überschritten. Die Anzahl an Plätzen sollte erhöht werden:

$$n = V / k = 480 / (6 \ldots 8) = 60 \ldots 80\,\text{Plätze}$$

Ergebnis

Der Raum sollte mit 60 bis 80 Plätzen belegt werden, damit die Volumenkennzahl für Musik- und Sprachdarbietungen im empfohlenen Bereich liegt.

Brandschutz 6

6.1 Allgemeines zum Brandschutz

Das Feuer stellte für die Menschen schon immer eine Bedrohung dar. Kulturgeschichtlich erlangte das Feuer große Bedeutung, als es die Menschen zu nutzen verstanden. Die Menschen lernten das Feuer zu bewahren, später selbst zu erzeugen. Das Feuer spendete Wärme und Licht. Die vom Feuer ausgehenden Gefahren forderten einen Schutz vor seiner zerstörerischen Macht, einen Schutz vor Brand. Dies wurde umso wichtiger, je enger die Menschen beieinander wohnten und Städte gründeten. Sehr früh wurde erkannt, dass bei Beachtung bestimmter Regeln die Brandgefahr verringert werden kann. Im Laufe der Zeit wurden daher verschiedene Brandschutzsysteme entwickelt.

Trotz eines umfangreichen Brandschutzes steigen die Kosten für Brandschäden von Jahr zu Jahr weiter an. Ursachen hierfür sind im Wesentlichen:

- Baustoffe mit höheren Brandgefahren;
- großflächige Büroräume, Werkstätten, Fabriken und Lagerhallen;
- teurere Ausstattungen und Einrichtungen.

Die ständige Zunahme der Brandschäden verdeutlicht die Notwendigkeit eines wirkungsvollen vorbeugenden Brandschutzes. Dabei geht es im Wesentlichen um drei Maßnahmen:

• Brandschutz zur Sicherheit von Leben und Gesundheit:	Personenschutz
• Brandschutz zum Erhalt der Bauwerke und deren Inhalt:	Sachschutz
• Brandschutz zum Erhalt der Umgebung und der Natur:	Umweltschutz

P. Schmidt, S. Windhausen, *Lohmeyer Praktische Bauphysik*,
https://doi.org/10.1007/978-3-658-42604-0_6

6.1.1 Arten des Brandschutzes

Nach Art und Wirkungsweise sind zwei grundsätzliche Bereiche des Brandschutzes zu unterscheiden.

• baulicher Brandschutz:	Baustoffe, Bauweise;
• abwehrender Brandschutz:	Feuermeldeeinrichtungen, Feuerwehr.

Da der abwehrende Brandschutz nicht zum Inhalt dieses Buches gehört, wird im Folgenden der bauliche Brandschutz näher betrachtet.

Tab. 6.1 zeigt die verschiedenen Arten der vorbeugenden Brandschutzmaßnahmen.

Baulicher Brandschutz umfasst alles, was darauf abzielt, auf bauliche Weise einen Brand sowie die Brandausbreitung zu verhindern.

Rein baulicher Brandschutz: dazu gehören die eigentlichen Baumaßnahmen, die verwendeten Baustoffe und die gewählte Bauart.

Baulich-betrieblicher Brandschutz: das sind alle funktionsbedingten Einrichtungen, z. B. Sprinkleranlagen für automatische Beregnung bei einem Brandausbruch oder selbsttätig öffnende Wärmeabzugsanlagen im Dach.

Brandschutztechnische Bemessungen für Bauwerke haben nicht nur besondere Einzelmaßnahmen zu bewerten, sondern umfassende Brandschutzsysteme. Hierbei sind die rein baulichen Maßnahmen von den anderen Maßnahmen des Brandschutzes abhängig.

Damit für ein Gebäude angemessene Brandschutzmaßnahmen getroffen werden können, ist das Abschätzen folgender Einflüsse notwendig:

Tab. 6.1 Verschiedene Arten des vorbeugenden Brandschutzes

- Feuerrisiko,
- mögliches Brandgeschehen,
- Brandverhalten.

Einflüsse auf das Brandgeschehen gehen auch von den verwendeten Baustoffen aus, da sie auf eine thermische Beanspruchung unterschiedlich reagieren. Abhängig vom stofflichen Verhalten und von der Brennbarkeit ergeben sich drei grundsätzlich verschiedene Eigenschaften:

- Baustoffe bleiben praktisch unbeeinflusst oder wirken sogar brandbehindernd,
- Baustoffe werden durch Brandeinwirkung zerstört und unbrauchbar,
- Baustoffe erhöhen die Brandgefahr.

Welcher der drei Arten ein Baustoff oder auch ein Bauteil angehört, wird bei Versuchen und Prüfungen festgestellt. Dabei wird die thermische Beanspruchung eines echten Brandes mit den dabei auftretenden belastenden Einflüssen simuliert. Die Kenntnisse über den natürlichen Brandablauf und die Auswirkungen mechanischer Belastungen sind so weit fortgeschritten, dass man diese Verhältnisse in Versuchen nachfahren kann. Schließlich führten diese Kenntnisse dazu, dass sie in Bauvorschriften niedergelegt werden konnten.

6.1.2 Rechtsbereiche des Brandschutzes

Für den baulichen Brandschutz existiert eine umfangreiche Zahl an Regelwerken: Gesetze, Verordnungen, Richtlinien, Normen. Außer den bautechnischen Grundlagen der Brandschutzplanung sind vor allem bauordnungsrechtliche Anforderungen zu beachten. Damit sind die gesamten Brandschutzanforderungen einerseits umfangreich, andererseits unverzichtbar. Dennoch wird häufig der bauliche Brandschutz bei der Planung von Gebäuden nicht genügend ernst genommen. Zur Verdeutlichung der Auswirkung unzureichender Planung sei auf die rechtlichen Bereiche hingewiesen.

In den Brandschutz wirken drei Rechtsbereiche ein:

- Öffentliches Recht,
- Strafrecht,
- Zivilrecht.

In Tab. 6.2 sind diese Rechtsbereiche mit ihren Wirkungen zusammengestellt. In das Zivilrecht spielen auch wirtschaftliche Überlegungen hinein. Wenn es beispielsweise um materielle Sicherung und den Ersatz des entstandenen Schadens geht, können die Bestimmungen der Feuerversicherer von Bedeutung sein (Abschn. 6.2.5).

Auf dem Gebiet des Brandschutzes gilt für die Vorschriften folgende Hierarchie, die in Tab. 6.3 zusammengestellt sind.

Tab. 6.2 Rechtsbereiche zum Brandschutz

Rechtsbereich	Wirkung
Öffentliches Recht	Verpflichtung des Staates, Katastrophen zu begegnen und vorbeugend zu wirken. Öffentliche Sicherheit und Ordnung dürfen nicht gefährdet werden.
Strafrecht	Ahndung eines schuldhaften Verhaltens bei Brandentstehung.
Zivilrecht	Materielle Sicherung und Ersatz des entstandenen Schadens.

Tab. 6.3 Hierarchie auf dem Gebiet der Brandschutzvorschriften

Gesetz:	Ein Gesetz hat oberste Priorität. Die Bauordnung ist ein Landesgesetz. Von einem Gesetz darf nur abgewichen werden, wenn öffentliche Sicherheit und Ordnung nicht gefährdet sind. In Gesetzen ist der Erlass von Verordnungen vorgesehen.
Verordnung:	Eine Verordnung ist eine Rechtsvorschrift, die für jeden Bürger verbindlich ist. Es besteht eine Rechtspflicht, besondere Anforderungen zu erfüllen. Aber es besteht auch ein Rechtsanspruch, z. B. auf Erleichterungen. Hierfür ist nach § 67 MBO ein Antrag bei der Bauaufsichtsbehörde auf Abweichung zu stellen.
Richtlinie:	Eine Richtlinie erhält einen rechtsverbindlichen Charakter erst als „Eingeführte Technische Baubestimmung" ETB im jeweiligen Bundesland durch Veröffentlichung im Gesetz- und Verordnungsblatt oder Ministerialblatt des jeweiligen Bundeslandes.
DIN EN Norm:	Eine Produktnorm erhält einen rechtsverbindlichen Charakter erst durch Bekanntmachung in der Bauregelliste vom DIBt und eine Ausführungsnorm durch Veröffentlichung im Gesetz- und Verordnungsblatt oder Ministerialblatt des jeweiligen Bundeslandes als „Eingeführte Technische Baubestimmung" ETB.

Auch die Eurocodes als europäische EN Normen erhalten einen rechtsverbindlichen Charakter erst nach Veröffentlichung als „Eingeführte Technische Baubestimmung" ETB im jeweiligen Bundesland. Durch die Bezeichnung DIN EN, ggf. mit einem Nationalen Anhang NA, gelten dann die Europäischen Normen wie deutsche Normen

6.1.3 Bauordnungsrecht

Das *Bauordnungsrecht* bildet den rechtlichen Rahmen für die Errichtung von Gebäuden. In der Bauordnung sind daher die wesentlichen bauaufsichtlichen Brandschutzanforderungen an Gebäude festgelegt. Maßgebend ist die Bauordnung des jeweiligen Bundeslandes, da die Bundesländer die Bauhoheit besitzen. Dadurch können sich von Land zu Land unterschiedliche Anforderungen ergeben, die jedoch im Grundsätzlichen

Tab. 6.4 Anforderungen in den Landesbauordnungen zum Brandschutz

<table>
<tr><td colspan="4">Grundsatzanforderungen zum Brandschutz:</td></tr>
<tr><td colspan="2">§ 3 (Allgemeine Anforderungen) MBO</td><td colspan="2">§ 14 (Brandschutz) MBO (Fassung November 2002, zuletzt geändert durch Beschluss der Bauminsiterkonferenz vom 13.05.2016)</td></tr>
<tr><td colspan="4">Bauliche Anlagen sind so zu errichten, zu ändern und instand zu halten, dass Folgendes erreicht wird:</td></tr>
<tr><td colspan="2">Die öffentliche Sicherheit oder Ordnung, insbesondere Leben, Gesundheit und die natürlichen Lebensgrundlagen dürfen nicht gefährdet werden.</td><td colspan="2">Der Entstehung eines Brandes und der Ausbreitung von Feuer und Rauch (Brandausbreitung) soll vorgebeugt werden und bei einem Brand sollende Rettung von Menschen und Tieren sowie wirksame Löscharbeiten möglich sein.</td></tr>
<tr><td colspan="4">Einzelanforderungen zum Brandschutz:</td></tr>
<tr><td>Lage auf dem Grundstück und zur Nachbarbebauung</td><td>Brandverhalten der Baustoffe und der Bauteile</td><td>Größe und Schutz der Brandabschnitte</td><td>Lage und Gestaltung der Rettungswege</td></tr>
</table>

nicht voneinander abweichen. Grundlegende Anforderungen sind einheitlich in der für Deutschland geltenden Musterbauordnung MBO geregelt (Tab. 6.4).

Die *Musterbauordnung* MBO wird von der *Bauministerkonferenz* (ARGEBAU; www.bauministerkonferenz.de) erarbeitet, in der alle Bundesländer vertreten sind. Die Musterbauordnung ist kein Gesetz, sie dient jedoch als Grundlage für die Bundesländer bei der Gesetzgebung für die jeweilige Landesbauordnung LBO. Die MBO enthält wesentliche Regelungen für den Bereich des Brandschutzes.

Die *Landesbauordnungen* stellen auf dem Gebiet des Baurechts eine Reihe von Grundanforderungen auf, die die Schutzziele deutlich machen. Diese Grundanforderungen stehen inhaltlich im Einklang mit den „Wesentlichen Anforderungen" der europäischen *Bauproduktenrichtlinie*. Diese Anforderungen sollen Folgendes bewirken:

- Es sollen möglichst keine Brände entstehen.
- Bei einem entstandenen Brand sollen sich Feuer und Rauch möglichst nicht ausbreiten.
- Bei einem Brand sollen die Bauwerke eine bestimmte Zeit ihre Tragfähigkeit behalten.
- Menschen sollen gerettet werden können, dabei sollen Rettungsmannschaften sicher arbeiten können.
- Die Feuerwehr soll wirksam löschen können.

In den Landesbauordnungen ist eine Regelung festgelegt, die im Wesentlichen in allen Bundesländern sehr ähnlich ist:

> „Bauliche Anlagen müssen so beschaffen sein, dass der Entstehung eines Brandes und der Ausbreitung von Feuer und Rauch vorgebeugt wird und bei einem Brand die Rettung von Menschen und Tieren sowie wirksame Löscharbeiten möglich sind, insbesondere unter Berücksichtigung:

- der Brennbarkeit der Baustoffe,
- der Feuerwiderstandsdauer der Bauteile, ausgedrückt in Feuerwiderstandsklassen,
- der Dichtheit der Verschlüsse von Öffnungen,
- der Anordnung von Rettungswegen."

Auf welche Weise eine Landesbauordnung in das Gesetzessystem eingebunden ist und damit selbst Gesetz wird, geht aus Tab. 6.5 hervor.

6.1.4 Vorschriften zum Brandschutz

Als Ergänzung zu den Bauordnungen wurden für Gebäude besonderer Art und Nutzung verschiedene Verordnungen und Richtlinien erlassen. Darin sind besondere Gegebenheiten berücksichtigt. Die Landesbauordnung bietet mit der Durchführungsverordnung und der Verordnung für Bauten besonderer Art und Nutzung die Grundlage weiterer Vorschriften und Richtlinien, die auf den Brandschutz Einfluss haben (Tab. 6.6).

6.1.5 Landesbauordnungen LBO

Die erforderlichen Brandschutzmaßnahmen sind in den Landesbauordnungen LBO gesetzmäßig festgelegt. Als Grundlage für die Landesbauordnungen gilt die Musterbauordnung MBO. Die in der Musterbauordnung festgelegten Vorschriften beziehen sich auf Bauprodukte, bauliche Anlagen, Gebäude und Nutzungseinheiten (Tab. 6.3). Die Landesbauordnung LBO des jeweiligen Bundeslandes kann in Einzelheiten von der Musterbauordnung MBO abweichen.

Tab. 6.5 Landesbauordnungen und Grundgesetz

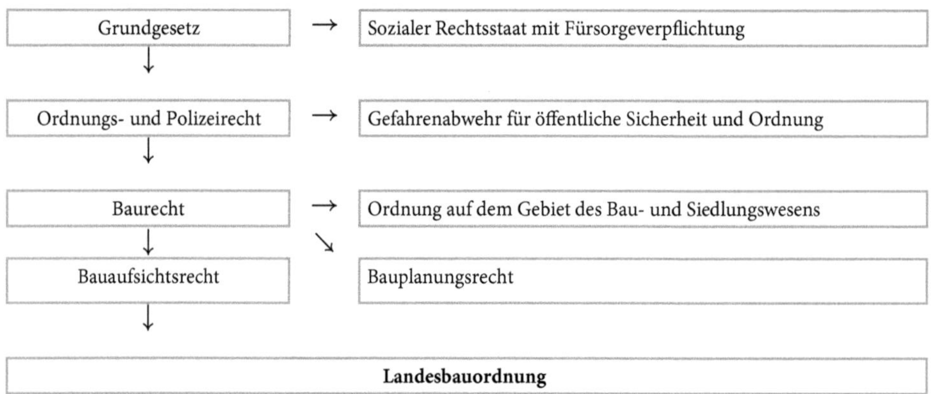

Tab. 6.6 Landesbauordnung und Baunormen

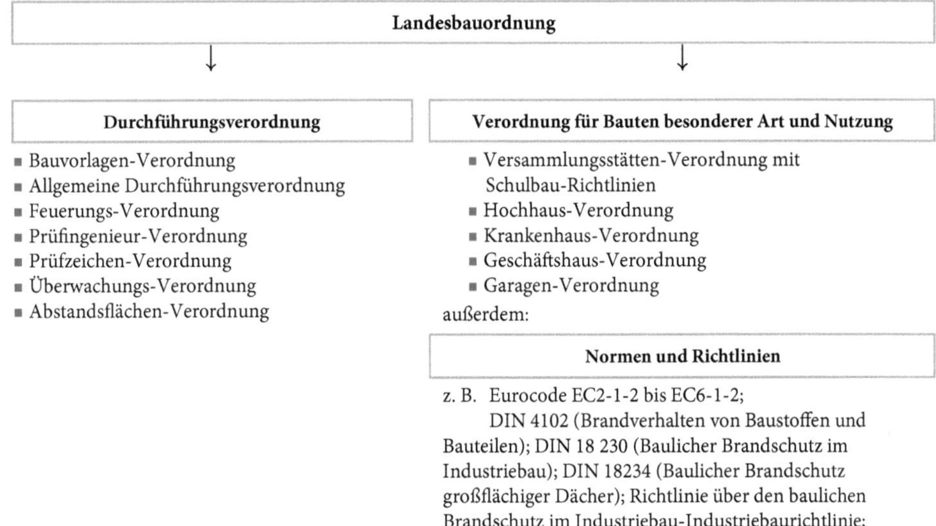

Landesbauordnung

↓ ↓

Durchführungsverordnung	**Verordnung für Bauten besonderer Art und Nutzung**
▪ Bauvorlagen-Verordnung ▪ Allgemeine Durchführungsverordnung ▪ Feuerungs-Verordnung ▪ Prüfingenieur-Verordnung ▪ Prüfzeichen-Verordnung ▪ Überwachungs-Verordnung ▪ Abstandsflächen-Verordnung	▪ Versammlungsstätten-Verordnung mit Schulbau-Richtlinien ▪ Hochhaus-Verordnung ▪ Krankenhaus-Verordnung ▪ Geschäftshaus-Verordnung ▪ Garagen-Verordnung außerdem:
	Normen und Richtlinien
	z. B. Eurocode EC2-1-2 bis EC6-1-2; DIN 4102 (Brandverhalten von Baustoffen und Bauteilen); DIN 18 230 (Baulicher Brandschutz im Industriebau); DIN 18234 (Baulicher Brandschutz großflächiger Dächer); Richtlinie über den baulichen Brandschutz im Industriebau-Industriebaurichtlinie; Richtlinien für die Verwendung brennbarer Baustoffe im Hochbau; Fachregel für Abdichtungen-Flachdachrichtlinie

6.1.5.1 Bauliche Anlagen

In der Musterbauordnung MBO wird für bauliche Anlagen Folgendes gefordert:

> „Bauliche Anlagen müssen nach Form, Maßstab, Verhältnis der Baumassen und Bauteile zueinander, Werkstoff und Farbe so gestaltet sein, dass sie nicht verunstaltet wirken. Bauliche Anlagen dürfen das Straßen-, Orts- und Landschaftsbild nicht verunstalten."

Daher werden auch an die Außenwerbung baulicher Anlagen bestimmte Anforderungen gestellt, sie dürfen die Sicherheit und Leichtigkeit des Verkehrs nicht gefährden.

Bauliche Anlagen müssen die im Einzelnen festgelegten Anforderungen an den Brandschutz erfüllen.

6.1.5.2 Gebäude

Gebäude werden im Hinblick auf Anforderungen des Brandschutzes in verschiedene Gebäudeklassen eingeteilt (Abb. 6.1):

- Gebäudeklasse 1:
  a) frei stehende Gebäude mit einer Höhe bis zu $H \leq 7$ m und nicht mehr als zwei Nutzungseinheiten von insgesamt nicht mehr als $A \leq 400$ m^2 und
  b) frei stehende land- oder forstwirtschaftlich genutzte Gebäude;
- Gebäudeklasse 2:
  Gebäude mit einer Höhe bis zu $H \leq 7$ m und nicht mehr als zwei Nutzungseinheiten von insgesamt nicht mehr als $A \leq 400$ m^2;

- Gebäudeklasse 3:
  sonstige Gebäude mit einer Höhe bis zu $H \leq 7$ m;
- Gebäudeklasse 4:
  Gebäude mit einer Höhe bis zu $H \leq 13$ m und Nutzungseinheiten mit jeweils nicht mehr als $A \leq 400$ m^2;
- Gebäudeklasse 5:
  sonstige Gebäude einschließlich unterirdischer Gebäude.

Die Gebäudehöhe H im Sinne der MBO ist das Maß von der Geländeoberfläche bis zur Fußbodenoberkante des höchstgelegenen Geschosses, in dem ein Aufenthaltsraum möglich ist.

Die Grundfläche A der Nutzungseinheiten sind im Sinne der MBO die Brutto-Grundflächen, ohne Flächen im Kellergeschoss.

Einzelheiten zu den gültigen Anforderungen an den Brandschutz für die entsprechende Gebäudeklasse sind der jeweils zutreffenden Landesbauordnung zu entnehmen.

Bei Feuerwehreinsätzen sind Steckleitern stets vorhanden. Für den Begriff „Gebäude mit geringer Höhe" der Gebäudeklassen 2 und 3 wurde die mit Steckleitern erreichbare Brüstungshöhe von $H \leqq 8$ m bzw. die dazugehörige Oberkante Fußboden $OKF \leqq 7$ m gewählt. Die Gebäudeklasse 4 reicht in eine Höhe von $H \leq 13$ m, Gebäude mit $H > 13$ m und bis 22 m gehören zur Gebäudeklasse 5 (Abb. 6.1).

Für die Gebäudeklassen 2, 3 und 4 sind unter Beachtung rettungs- und löschtechnischer Gegebenheiten die Anforderungen an den Brandschutz der zu verwendenden Baustoffe und Bauteile in Tab. 6.4 zusammengestellt (Landesbauordnung Nordrhein-Westfalen).

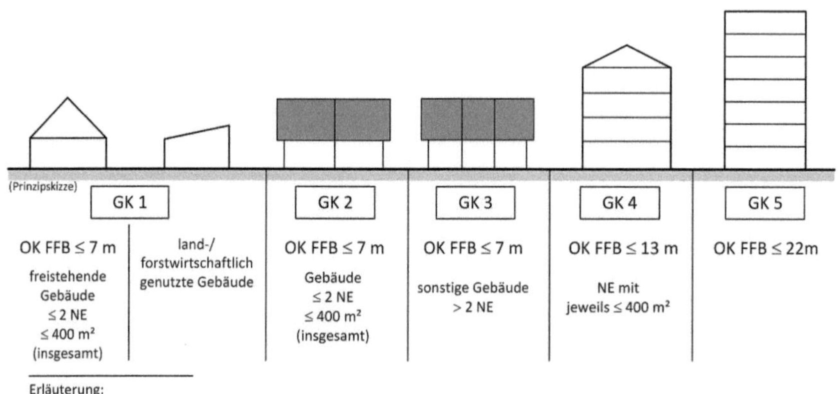

Abb. 6.1 Gebäudeklassen: Einteilung der Bauwerke in Gebäudeklassen nach der Musterbauordnung

Für die Gebäudeklasse 1 enthält Tab. 6.2 keine Angaben, da für derartige Gebäude keine Anforderungen gestellt werden.

Für die Gebäudeklasse 5 gelten die schärfsten Anforderungen im Vergleich zu den anderen Gebäudeklassen.

Ergänzend zu den Landesbauordnungen wurden Verordnungen für Bauten besonderer Art und Nutzung erlassen sowie verschiedene Richtlinien. Diese enthalten noch weitere detaillierte Angaben (Tab. 6.6).

6.1.5.3 Sonderbauten

Über die 5 Gebäudeklassen hinausgehend ist in der Musterbauordnung MBO die Gruppe der Sonderbauten vorgesehen. Bei Sonderbauten besteht ein erhöhtes Brandrisiko. Sonderbauten sind Anlagen und Räume besonderer Art oder Nutzung, die einen der nachfolgenden Tatbestände erfüllen:

- Hochhäuser mit $H > 22$ m;
- bauliche Anlagen mit $H > 30$ m;
- Gebäude mit einer Grundfläche $A \geq 1600$ m^2 des Geschosses mit der größten Ausdehnung, ausgenommen Wohngebäude;
- Verkaufsstätten mit $A > 800$ m^2 für Verkaufsräume und Ladenstraßen;
- Gebäude für Büro- und Verwaltungsnutzung, mit Einzelgrundflächen $A > 400$ m^2;
- Gebäude mit Raumnutzungen für mehr als 100 Personen;
  - Versammlungsstätten mit Versammlungsräumen, die insgesamt mehr als 200 Besucher fassen, wenn diese Versammlungsräume gemeinsame Rettungswege haben;
  - Schank- und Speisegaststätten mit mehr als 40 Gastplätzen in Gebäuden oder mehr als 1000 Gastplätzen im Freien, Beherbergungsstätten mit mehr als 12 Betten und Spielhallen mit mehr als 150 m^2 Grundfläche;
  - Krankenhäuser, Heime und sonstige Einrichtungen zur Unterbringung oder Pflege von Personen, Wohnheime;
  - Tageseinrichtungen für Kinder, behinderte und alte Menschen;
  - Schulen, Hochschulen und ähnliche Einrichtungen;
  - Justizvollzugsanstalten und bauliche Anlagen für den Maßregelvollzug; Camping- und Wochenendplätze; Freizeit- und Vergnügungsparks;
  - Regallager mit Lagerguthöhen $H > 7{,}50$ m.
  - bauliche Anlagen, deren Nutzung durch Umgang oder Lagerung von Stoffen mit Explosions- oder erhöhter Brandgefahr verbunden ist;
  - Anlagen und Räume, die vorstehend nicht aufgeführt und deren Art oder Nutzung mit vergleichbaren Gefahren verbunden sind.

Unabhängig von der Einstufung als Sonderbau erfolgt die Zuordnung in Gebäudeklassen. Bei Sonderbauten besteht ein erhöhtes Brandrisiko, daher gelten hierfür zusätzliche Sonderbauvorschriften.

An Sonderbauten können im Einzelfall besondere Anforderungen gestellt werden, auch an den Brandschutz. Hierzu gehören beispielsweise:

- Abstände zu Nachbargrenzen und anderen baulichen Anlagen,
- Bauart und Anordnung der für den Brandschutz wesentlichen Bauteile und die Verwendung von Baustoffen,
- Brandschutzanlagen, -einrichtungen und -vorkehrungen,
- Löschwasserrückhaltung,
- Anordnung und Herstellung von Aufzügen, Treppen, Treppenräumen, Fluren, Ausgängen und sonstigen Rettungswegen,
- Lüftung und Rauchableitung,
- Feuerungsanlagen und Heizräume,
- Betrieb und Nutzung einschließlich der Bestellung und der Qualifikation eines Brandschutzbeauftragten.

Einzelheiten zu den besonderen Anforderungen sind der jeweils maßgebenden Landesbauordnung zu entnehmen.

6.1.5.4 Baulicher Brandschutz der LBO

Wichtige Anforderungen an den Brandschutz von Bauteilen sind am Beispiel der Landesbauordnung Nordrhein-Westfalen in Tab. 6.7 zusammengestellt.

Tab. 6.7 Anforderungen an den Brandschutz: Zusammenstellung wichtiger Anforderungen an den baulichen Brandschutz für ausgewählte Bauteile des üblichen Hochbaus. (Nach der Landesbauordnung von Nordrhein-Westfalen in der Fassung vom Dezember 2016)

<table>
<tr><th colspan="2" rowspan="2">Bauteil</th><th colspan="5">Gebäudeklasse</th></tr>
<tr><th>1</th><th>2</th><th>3</th><th>4</th><th>5</th></tr>
<tr><td rowspan="2">Wände und Stützen (tragend, aussteifend)</td><td>allgemein</td><td>–</td><td colspan="2">feuerhemmend</td><td>hochfeuerhemmend</td><td>feuerbeständig</td></tr>
<tr><td>im Kellergeschoss</td><td colspan="2">feuerhemmend</td><td colspan="3">feuerbeständig</td></tr>
<tr><td rowspan="2">Decken</td><td>allgemein</td><td>–</td><td colspan="2">feuerhemmend</td><td>hochfeuerhemmend</td><td>feuerbeständig</td></tr>
<tr><td>im Kellergeschoss</td><td colspan="2">feuerhemmend</td><td colspan="3">feuerbeständig</td></tr>
<tr><td rowspan="2">Dächer</td><td>allgemein</td><td colspan="5">Widerstandsfähig gegen Brandbeanspruchung von außen durch Flugfeuer und strahlende Wärme (harte Bedachung).</td></tr>
<tr><td>Ausnahmen</td><td colspan="3">Harte Bedachung nicht erforderlich, wenn bestimmte Mindestabstände (zur Grundstücksgrenze, zum benachbarten Gebäude) eingehalten werden (s. LBO).</td><td>–</td><td>–</td></tr>
</table>

(Fortsetzung)

Tab. 6.7 (Fortsetzung)

Bauteil	Gebäudeklasse				
	1	2	3	4	5
Außenwände	(1) Ausbildung so, das seine Brandausbreitung auf und in diesen Bauteilen ausreichend lang begrenzt wird. (2) Nichttragende Außenwände müssen aus nicht brennbaren Baustoffen bestehen. Sie sind aus brennbaren Baustoffen zulässig, wenn sie als raumabschließende Bauteile feuerhemmend sind. (3) (1) und (2) gelten nicht für Fenster und Türen, Fugendichtungen und brennbare Dämmstoffe in nicht brennbaren geschlossenen Profilen der Außenwandkonstruktion. (4) Bei Außenwandkonstruktionen mit geschossübergreifenden Hohl- oder Lufträumen (hinterlüftete Außenwandbekleidungen, Doppelfassaden) sind besondere Maßnahmen erforderlich, um die Brandausbreitung zu verhindern.				
Trennwände	(1) Trennwände, die als raumabschließende Bauteile von Räumen oder Nutzungseinheiten in Geschossen dienen, müssen ausreichend lang widerstandsfähig gegen Brandausbreitung sein. (2) Trennwände sind in folgenden Fällen erforderlich: a. zwischen Nutzungseinheiten (NE) sowie zwischen NE und anders genutzten Räumen (ausgenommen sind Flure); b. zum Abschluss von Räumen mit Explosions- oder erhöhter Brandgefahr; c. zwischen Aufenthaltsräumen und anders genutzten Räumen im Kellergeschoss; d. zwischen Aufenthaltsräumen und Wohnungen einschließlich ihrer Zugänge und nicht ausgebauten Dachräumen. (3) Trennwände nach (2) a und c müssen die Feuerwiderstandsfähigkeit der tragenden und aussteifenden Bauteile des Geschosses aufweisen, mindestens jedoch feuerhemmend sein. (4) Trennwände sind bis zur Rohdecke zu führen, in Dachräumen bis unter die Dachhaut. (5) Öffnungen müssen auf die unbedingt notwendige Anzahl beschränkt werden. Sie müssen durch feuerhemmende, dicht- und selbstschließende Abschlüsse verschlossen werden. (6) (1) bis (5) gelten nicht für Wohngebäude der Gebäudeklassen 1 und 2.				

(Fortsetzung)

Tab. 6.7 (Fortsetzung)

Bauteil	Gebäudeklasse 1	2	3	4	5
Brandwände	(1) Brandwände dienen zum Abschluss von Gebäuden (Gebäudeabschlusswände) oder zur Unterteilung eines Gebäudes in Brandabschnitte (Gebäudetrennwand). Sie müssen die Brandausbreitung auf andere Gebäude oder Brandabschnitte ausreichend lange verhindern. (2) Brandwände sind in folgenden Fällen erforderlich: a. Als Gebäudeabschlusswand bei Abständen zur Grundstücksgrenze von weniger als 2,5 m (Ausnahme: der Abstand zu benachbarten Gebäuden beträgt mehr als 5 m). b. Als Gebäudetrennwand zur Unterteilung von Gebäuden in Abschnitte mit nicht mehr als 40 m. c. Als Gebäudeabschlusswand zwischen Wohngebäuden und angebauten landwirtschaftlich genutzten Gebäuden. (3) Brandwände müssen feuerbeständig sein, auch unter zusätzlicher mechanischer Beanspruchung. (4) Brandwände müssen bis zur Bedachung durchgehen und in allen Geschossen übereinander angeordnet sein. Eine geschosseise versetzte Anordnung ist unter bestimmten Bedingungen zulässig, siele LBO. (5) Brandwände sind mindestens 0,30 m über Dach zu führen. Alternativ sind Brandwände in Höhe der Dachhaut mit einer beiderseits 0,50 m auskragenden feuerbeständigen Platte aus nicht brennbaren Baustoffen abzuschließen. (6) Öffnungen in Brandwänden sind i. d. R. unzulässig. In inneren Brandwänden sind Öffnungen nur zulässig, wenn sie auf die unbedingt notwendige Anzahl begrenzt werden und feuerbeständige, dicht- und selbstschließende Abschlüsse haben. Weitere Regeln siehe LBO.				

Für weitere Regeln und genauere Informationen wird auf die LBO verwiesen.

6.1.6 Eingeführte Technische Baubestimmungen

Zu den „Eingeführten Technischen Baubestimmung" ETB gehören unter anderem die Eurocodes EC mit ihren Teilen 1–2 für den Brandschutz der unterschiedlichen Bauweisen, z. B.:

- Eurocode EC1 Teil 1-2 als DIN EN 1991-1-2 für Brandeinwirkungen auf Tragwerke
- Eurocode EC2 Teil 1-2 als DIN EN 1992-1-2 für Brandeinwirkungen auf Stahlbetonbauten
- Eurocode EC3 Teil 1-2 als DIN EN 1993-1-2 für Brandeinwirkungen auf Stahlbauten
- Eurocode EC4 Teil 1-2 als DIN EN 1994-1-2 für Brandeinwirkungen auf Verbundbauten
- Eurocode EC5 Teil 1-2 als DIN EN 1995-1-2 für Brandeinwirkungen auf Holzbauten
- Eurocode EC6 Teil 1-2 als DIN EN 1996-1-2 für Brandeinwirkungen auf Mauerwerksbauten

Außerdem wird in diesen Baunormen auf die speziellen Brandschutznormen hingewiesen. Sie werden als mitgeltend herangezogen. Dies sind z. B.:

DIN EN 1363	Feuerwiderstandsprüfungen
DIN EN 1364	Feuerwiderstandsprüfungen für nichttragende Bauteile
DIN EN 1365	Feuerwiderstandsprüfungen für tragende Bauteile
DIN EN 1366	Feuerwiderstandsprüfungen für Installationen
DIN EN 1634	Feuerwiderstandsprüfungen und Rauchschutzprüfungen für Türen, Tore, Abschlüsse, Fenster und Baubeschläge
DIN EN 13216	Abgasanlagen – Prüfverfahren für System-Abgasanlagen
DIN EN 13381	Prüfverfahren zur Bestimmung des Beitrages zum Feuerwiderstand von tragenden Bauteilen
DIN EN 13501	Klassifizierung von Bauprodukten und Bauarten zu ihrem Brandverhalten
DIN EN 14135	Brandschutzbekleidungen – Bestimmung der Brandschutzwirkung

Außer diesen europäisierten Normen gelten noch nationale Normen.

DIN 4102 „Brandverhalten von Baustoffen und Bauteilen"
Die Norm DIN 4102 enthält Angaben für Anwendung und Beurteilung von Baustoffen, Bauteilen und Sonderbauteilen. In ihr wird die Brennbarkeit von Baustoffen und die Feuerwiderstandsfähigkeit von Bauteilen erklärt. DIN 4102 schreibt Untersuchungen des Brandverhaltens durch Normprüfungen vor, sofern Baustoffe und Bauteile nicht klassifiziert wurden. Damit ist es möglich, den in der Bauordnung geforderten baulichen Brandschutz auszuführen. Von besonderer Bedeutung ist Teil 4 von DIN 4102: „Zusammenstellung und Anwendung klassifizierter Baustoffe, Bauteile und Sonderbauteile".

DIN 18230 „Baulicher Brandschutz im Industriebau"
Industriebauten nehmen wegen ihrer baulichen und nutzungstechnischen Vielfalt eine Sonderstellung ein. Mit DIN 18230 können besondere Anforderungen begründet werden. Andererseits besteht im Bereich des Industriebaus vielfach der Wunsch, besondere Erleichterungen für den baulichen Brandschutz genehmigt zu bekommen. Mit der Entwicklung besonderer Brandschutzkonzepte für den Industriebau (z. B. abwehrender Brandschutz durch Werksfeuerwehr) ist eine sinnvolle Vorgehensweise zur Festlegung der Brandschutzanforderungen durchaus angebracht.

Die DIN 18230 gilt für Gebäude oder Teile davon, die für Produktions- oder Lagernutzungen eines Unternehmens bestimmt sind, insbesondere für Industriebauten.

Die Anwendung von DIN 18230 ist *nicht* vorgesehen für:

- Hochhäuser; außer in besonderen Fällen (Erläuterungen im Anhang D zu DIN 18230),
- Regallager mit Lagerguthöhen von mehr als 9 m von OK Fußboden bis OK Lagergut,
- Silos,
- Schüttgutlager großer Ausdehnung,
- Energie erzeugende und verteilende Betriebsgebäude,
- Reinraum-Gebäude (Erläuterungen im Anhang D zu DIN 18230).

Durch Anwendung der DIN 18230 ist bei der Planung die Möglichkeit gegeben, für einzelne Industriebauten die erforderliche Feuerwiderstandsdauer der tragenden Bauteile rechnerisch zu ermitteln.

Die Bedeutung der Einflüsse auf den Brandverlauf und auf die Brandbeanspruchung der Bauteile ist unterschiedlich. Diese Einflüsse werden im Berechnungsverfahren durch gewichtete Bewertungsfaktoren berücksichtigt. Die festgelegten Bewertungsfaktoren sind zum Teil durch Versuchsergebnisse ermittelt worden, zum Teil aus vereinbarten Sicherheitszuschlägen entstanden. Somit kann ein Brandschutz angestrebt werden, der dem jeweiligen Industriebau angemessen ist. Trotzdem wird auf die Festlegungen der für den „Normalfall" geltenden DIN 4102 zurückgegriffen.

Die besonderen Bedingungen für die Anwendbarkeit von DIN 18230 sind in der Industriebau-Richtlinie festgelegt. Eine sinnvolle und wirtschaftliche Durchführung des Brandschutzes erfordert eine Abstimmung auf das jeweilige Bauvorhaben. Hierfür sollte stets ein Brandschutzingenieur hinzugezogen werden.

DIN 18234 „Baulicher Brandschutz großflächiger Dächer, Brandbeanspruchung von unten"

Die Normenreihe DIN 18234 legt Anforderungen und Prüfverfahren für großflächige Dächer mit Dachdeckungen und Dachabdichtungen bei unterseitiger Brandbeanspruchung mit dem Ziel fest, die Brandweiterleitung im Bereich der Dachfläche zu begrenzen. Anwendungsbereiche sind im Wesentlichen Dächer von Hallenbauten mit großen Abmessungen wie z. B. Industriebauten, Verkaufsstätten oder Versammlungsstätten. Weiterhin werden verschiedene klassifizierte Dächer unterschiedlicher Konstruktion angegeben, die die Anforderungen erfüllen. Die Normenreihe besteht aus vier Teilen (DIN 18234-1 bis -4):

- Teil 1 behandelt die Anforderungen und Prüfverfahren für geschlossene Dachflächen.
- Im Teil 2 befindet sich ein Verzeichnis mit Dächern, die die Anforderungen nach DIN 18234-1 erfüllen.
- Teil 3 regelt Anforderungen und prüfungen von Durchdringungen, An- und Abschlüssen von Dachflächen.
- Teil 4 enthält ein Verzeichnis von Durchdringungen, An- und Abschlüssen von Dachflächen, die die Anforderungen nach DIN 18234-3 erfüllen.

6.1.7 Begriffe im Bereich des Brandschutzes

Die Beachtung von Brandschutzmaßnahmen ist sowohl beim Bau als auch bei der Nutzung baulicher Anlagen nötig. Im Bereich des Brandschutzes werden Begriffe verwendet, die teilweise im normalen Baugeschehen in dieser Form nicht üblich sind oder anders gehandhabt werden. Daher sind einige Begriffe des Brandschutzes nachfolgend zusammengestellt (s. a. Tab. 6.8 und 6.9).

Tab. 6.8 Begriffe des Baubereichs in den Eurocodes. (Auswahl aus EC1-1-2)

Bauteil	Grundelement eines Tragwerks (z. B. Träger, Stütze, aber auch Zusammenbauten wie Ständerwände, Fachwerkträger), das unter Berücksichtigung von Rand- und Auflagerbedingungen einzeln betrachtet wird
Tragendes Bauteil	lastabtragendes Bauteil eines Tragwerkes einschließlich der Aussteifungen
Außenliegendes Bauteil	Bauteile außerhalb von Gebäuden, die einem Brand durch Öffnungen in den Fassaden oder Dächern ausgesetzt sein können
Raumabschließendes Bauteil	tragendes oder nichttragendes Bauteil (z. B. eine Wand), die einen Teil der Hülle eines Brandabschnittes bildet
Raumabschließende Funktion	Fähigkeit eines trennenden Bauteils, die Brandausbreitung (z. B. durch Durchgang von Flammen und heißen Gasen) oder die Entflammung auf der brandabgewandten Seite während des maßgebenden Brandes zu verhindern
Brandabschnitt	Gebäudebereich über ein oder mehrere Geschosse der von raumabschließenden Bauteilen derart umschlossen ist, dass eine Brandweiterleitung in andere Gebäudeteile während der maßgebenden Brandbeanspruchung verhindert wird
Brandwand	Trennwand zwischen zwei Brandabschnitten (im Allgemeinen zwei Gebäude), die neben der Feuerwiderstandsfähigkeit und der Standsicherheit unter Umständen auch eine ausreichende mechanische Widerstandsfähigkeit gegen horizontale Stoßbelastung aufweist, sodass auch im Fall eines Brandes und ggf. bei Tragwerksversagen in einem Abschnitt die Brandweiterleitung in den anderen Abschnitt verhindert wird

Tab. 6.9 Weitere Begriffe des Brandschutzes in den Eurocodes. (Auswahl aus EC1-1-2)

Feuerwiderstandsfähigkeit	Fähigkeit eines Tragwerks, eines Tragwerksteils oder eines Bauteils, die geforderten Funktionen (Tragfähigkeit und/oder Raumabschluss) für eine bestimmte Brandbeanspruchung und für eine bestimmte Dauer zu erfüllen
Einheits-Temperaturzeitkurve	sie soll einen voll entwickelten Brand in einem Brandabschnitt abbilden und ist eine nominelle Temperaturzeitkurve, die üblicherweise für die Klassifizierung oder den Nachweis der Feuerwiderstandsfähigkeit anerkannt ist
Äquivalente Branddauer	Zeitdauer unter Beanspruchung nach der Einheits-Temperaturzeitkurve, in der die gleiche Wärmeeinwirkung unterstellt wird wie bei einem echten Brand im Brandabschnitt
Brandfall	(Brandszenario) als qualitative Beschreibung des Brandverlaufs mit Zeitangaben, beschreibt üblicherweise den Entstehungs- und Wachstumsprozess eines Brandes sowie seine voll entwickelte Phase und seine Abnahme in Zusammenhang mit der Gebäudeausstattung und Teilen, die im Laufes eines Brandes versagen
Brandlast	Summe der Wärmeenergien, die bei der Verbrennung aller brennbaren Stoffe (Bauteile und Inneneinrichtung sowie Einrichtungsgegenstände) in einem Gebäudebereich frei werden
Brandlastdichte	Brandlast je Flächeneinheit bezogen auf die Geschossfläche oder bezogen auf die Oberfläche der gesamten Umhüllung einschließlich Öffnungen

Begriffe des Baubereichs in der Musterbauordnung MBO

Bauprodukt:	Bauprodukte sind Baustoffe, Bauteile und Anlagen, die hergestellt werden, um dauerhaft in bauliche Anlagen eingebaut zu werden. Hierzu gehören auch aus Baustoffen und Bauteilen vorgefertigte Anlagen, die hergestellt werden, um mit dem Erdboden verbunden zu werden, wie z. B. Fertighäuser und Fertiggaragen. Maßgebend ist hierfür das Bauproduktengesetz (Abschn. 6.1.8).
Bauliche Anlage:	Bauliche Anlagen sind mit dem Erdboden verbundene, aus Bauprodukten hergestellte Anlagen. Eine Verbindung mit dem Erdboden besteht auch dann, wenn die Anlage durch eigene Schwere auf dem Boden ruht oder auf ortsfesten Bahnen begrenzt beweglich ist oder wenn die Anlage nach ihrem Verwendungszweck dazu bestimmt ist, überwiegend ortsfest benutzt zu werden. Bauliche Anlagen sind auch: Aufschüttungen und Abgrabungen, Lagerplätze, Abstellplätze und Ausstellungsplätze, Sport- und Spielflächen, Campingplätze, Wochenendplätze und Zeltplätze, Freizeit- und Vergnügungsparks, Stellplätze für Kraftfahrzeuge, Gerüste, Hilfseinrichtungen zur statischen Sicherung von Bauzuständen.
Gebäude:	Gebäude sind selbstständig benutzbare, überdeckte bauliche Anlagen, die von Menschen betreten werden können und geeignet oder bestimmt sind, dem Schutz von Menschen, Tieren oder Sachen zu dienen. Gebäude werden in verschiedene Gebäudeklassen eingeteilt.
Sonderbauten:	Sonderbauten sind Anlagen und Räume besonderer Art oder Nutzung. Bei Sonderbauten besteht ein erhöhtes Brandrisiko, daher gelten hierfür zusätzliche Sonderbauvorschriften. Unabhängig von der Einstufung als Sonderbau erfolgt die Zuordnung in Gebäudeklassen.
Geschoss:	Geschosse sind oberirdische Stockwerke, wenn ihre Deckenoberkanten im Mittel mehr als 1,40 m über die Geländeoberfläche hinausragen; im Übrigen sind sie Kellergeschosse. Hohlräume zwischen der obersten Decke und der Bedachung, in denen Aufenthaltsräume nicht möglich sind, sind keine Geschosse.
Nutzungseinheit:	Eine Nutzungseinheit hat mindestens einen Aufenthaltsraum wie bei Wohnungen, Praxen oder selbstständigen Betriebsstätten. Nutzungseinheiten sind räumlich getrennte Abschnitte, die brandschutztechnisch gegeneinander geschützt sind und für die ein geeignetes Rettungswegsystem vorhanden sein muss.

6.1.8 Bauproduktengesetz

Damit europäische Bauprodukte auch in Deutschland gehandelt werden dürfen, war es erforderlich die Bauproduktenrichtlinie in nationales, d. h. in deutsches Recht umzusetzen. Dazu wurde das Bauproduktengesetz geschaffen, in das die entsprechenden Vorschriften der Bauproduktenrichtlinie eingearbeitet sind. Im Bauproduktengesetz wird das in Verkehr bringen und der freie Warenverkehr von Bauprodukten von und nach den Mitgliedsstaaten der Europäischen Union (EU) geregelt. Dabei handelt es sich um Bauprodukte, die in einem Mitgliedsland der EU nach europäischen Normen hergestellt wurden.

Die Regelungen über die Verwendung der Bauprodukte in Deutschland liegen aber nach wie vor in der Gesetzgebungskompetenz der einzelnen Bundesländer. Diese haben daher ihre Bauordnungen an das EU-Recht angepasst und sich bei der Formulierung der Anforderungen auf europäische Stufen bzw. Klassen gestützt. Diese Anpassungen wurden in den einzelnen Landesbauordnungen in der gleichen Weise vorgenommen (MBO § 17 Abs. 1 Nr. 2).

Bauregelliste A

Nachdem in Deutschland bereits die harmonisierten Prüfnormen als DIN EN-Normen erschienen sind, dürfen auf dem deutschen Markt auch Bauprodukte angeboten werden, deren Brandverhalten nach diesen Normen nachgewiesen wurde. In den Anlagen zur Bauregelliste A Teil 1 finden sich daher Tabellen, in denen die Feuerwiderstandsklassen von Bauteilen und Sonderbauteilen nach europäischen Normen den bauaufsichtlichen Anforderungen sowie die europäischen Baustoffklassen den entsprechenden bauaufsichtlichen Verwendungsvorschriften zugeordnet werden.

Bauregelliste B

In der Musterbauordnung MBO § 17 Abs. 7 ist geregelt, dass das Deutsche Institut für Bautechnik DIBt in einer Bauregelliste B in Abhängigkeit vom Verwendungszweck festlegen kann, welche Klassen und Leistungsstufen Bauprodukte erfüllen müssen, die nach europäischen Normen hergestellt und klassifiziert wurden, indem sie mit einem CE-Zeichen gekennzeichnet werden.

Wie bei der Bauregelliste A Teil 1 werden diese Bauprodukte in die Bauregelliste B Teil 1 unter Angabe der vorgegebenen technischen Spezifikationen oder der Zulassungsleitlinie aufgenommen. In Abhängigkeit vom Verwendungszweck ist dort festgelegt, welche Klassen und Leistungsstufen von den Bauprodukten erfüllt sein müssen. Dabei werden im Gegensatz zur Bauregelliste A nicht nur „klassische" Bauprodukte, sondern darüber hinaus auch Produkte in die Bauregelliste B aufgenommen, die im Sinne des Grundlagendokumentes „Brandschutz" als Bauprodukte bezeichnet werden müssen, wie beispielsweise Brandmeldeanlagen, Berieselungsanlagen, Brandwarnanlagen, Notbeleuchtungsanlagen.

Die Bauregelliste B Teil 2, Abschn. 3 enthält Bauprodukte, die zwar bereits ein CE-Zeichen besitzen, bei denen aber wesentliche brandschutztechnische Anforderungen aus der Bauordnung nicht nachgewiesen sind. Bauregelliste B Teil 2, Abschn. 3 gibt Auskunft darüber, welche Anforderungen deshalb noch nachgewiesen werden müssen.

Bauregelliste C

Liste C enthält Bauprodukte, für die es weder technische Baubestimmungen noch allgemein anerkannte Regeln der Technik gibt und die für die Erfüllung bauordnungsrechtlicher

Anforderungen nur eine untergeordnete Bedeutung haben. Bei diesen Produkten entfallen Verwendbarkeits- und Übereinstimmungsnachweis. Diese Bauprodukte dürfen kein Übereinstimmungszeichen tragen. Sie müssen lediglich mindestens normalentflammbar sein. Hierunter fallen z. B.:

- Dachunterspannbahnen und deren Befestigungen;
- Dampfsperrbahnen;
- Fassadenelemente einschließlich ihrer Befestigungen für Außenwandbekleidungen mit kleinformatigen Fassadenelementen mit $\leq$ 0,4 m^2 Fläche und $\leq$ 5 kg Eigenlast;
- Dachelemente einschließlich ihrer Befestigungen für Dacheindeckungen mit kleinformatigen Fassadenelementen mit $\leq$ 0,4 m^2 Fläche und $\leq$ 5 kg Eigenlast.

Europäische Bauproduktenrichtlinie

Im Hinblick auf den Gemeinsamen Markt der Europäischen Union (EU) sind Bauprodukte auf dem deutschen Markt anzutreffen, die im europäischen Wirtschaftsraum produziert wurden. Zur Realisierung des gemeinsamen Marktes der EU war es erforderlich, dass die Handelshemmnisse abgebaut wurden, die sich aus den unterschiedlichen gesetzlichen Regelungen der einzelnen Mitgliedsländer ergaben. Hierfür wurde von der europäischen Kommission auf dem Gebiet des Bauwesens die Bauproduktenrichtlinie erstellt. Die Bauproduktenrichtlinie regelt das in Verkehr bringen der Bauprodukte und den freien Warenverkehr innerhalb der EU.

Nach der Bauproduktenrichtlinie dürfen in der EU nur die Bauprodukte gehandelt werden, die ein CE-Zeichen tragen.

Bauprodukte mit dem CE-Zeichen

Ein Bauprodukt darf ein CE-Zeichen nur tragen, wenn es brauchbar ist. Die Entscheidung darüber, ob ein Bauprodukt brauchbar ist oder nicht, wird auf der Basis der Grundlagendokumente getroffen, in denen festgelegt ist, welchen wesentlichen Anforderungen ein Bauprodukt bei seiner Verwendung in einem Bauwerk genügen muss.

Der Hersteller oder EU-Importeur erklärt mit der CE-Kennzeichnung entsprechend der EU-Richtlinie 765/2008, „dass das Produkt den geltenden Anforderungen genügt, die in den Harmonisierungsrechtsvorschriften der Gemeinschaft über ihre Anbringung festgelegt sind." Die CE-Kennzeichnung wurde geschaffen, damit dem Endverbraucher sichere Produkte innerhalb der Europäischen Union gewährleistet werden können. Die CE-Kennzeichnung ist für Bauprodukte sozusagen der „Reisepass" für den europäischen Binnenmarkt.

6.2 Klassifizierung von Bauprodukten und Bauarten

Eine Grundforderung des Eurocodes EC0 (DIN EN 1990) lautet:

> „Im Brandfall muss für die geforderte Feuerwiderstandsdauer eine ausreichende Tragsicherheit vorhanden sein.“

6.2.1 Leistungskriterien des Feuerwiderstandes

Um den Feuerwiderstand einordnen zu können, werden Bauprodukte und Bauarten nach ihrem Brandverhalten klassifiziert. Maßgebend für das europäische Klassifizierungssystem ist DIN EN 13501-2 „Klassifizierung von Bauprodukten und Bauarten zu ihrem Brandverhalten“. Auf dieser Grundlage erfolgt der Nachweis der Bauprodukte und Bauteile zum Brandverhalten und zum Feuerwiderstand. In Tab. 6.10 sind die Klassifizierungskriterien des Feuerwiderstandes erläutert.

Bauteile und Bauprodukte können nach diesen Klassifizierungskriterien entsprechend den jeweiligen Anforderungen verwendet werden. Bauteile können mit mehreren Kriterien und auch mit verschiedener Widerstandsdauer gekennzeichnet sein. Dies erhöht die spezielle Einsatzmöglichkeit und Funktionsfähigkeit dieser Bauteile im Gebäude.

Der Feuerwiderstand und die Widerstandszeiten für die Kriterien R, E, I und W und deren Kombination müssen aus Versuchsergebnissen abgeleitet werden. Nur diejenigen Kombinationen von Klassen und Zeiten, die in den europäischen Normen definiert sind, dürfen für die jeweiligen Bauteile benutzt werden. Kombinierte Klassifizierungen müssen in der Reihenfolge von einer sich verringernden Anzahl von Leistungskriterien und einer größer werdenden Klassifizierungszeit deklariert werden. Die Kennzeichnungsbuchstaben zur Erweiterung der Leistungsparameter sind hinzuzufügen, soweit sie zutreffend sind und

Tab. 6.10 Klassifizierung der Leistungskriterien des Feuerwiderstandes

Kurzzeichen		Leistungskriterien	Anwendungsbereich
R	Résistance	Tragfähigkeit	Beschreibung der Feuerwiderstandsfähigkeit
E	Étanchéité	Raumabschluss	
I	Isolation	Wärmedämmung gegen Brand	
W	Radiation	Begrenzung des Strahlungsdurchtritts	
M	Mechanical	Widerstand gegen mechanische Beanspruchung	
Sm	Smoke	Rauchdichtheit	Rauchschutztüren
C	Closing	Selbstschließende Eigenschaft	Feuerschutzabschlüsse
P	Power	Aufrechterhalten der Energieversorgung	Elektrische Kabelanlagen
G		Widerstand gegen Rußbrand	Schornsteine
K		Brandschutzfunktion	Wand- und Deckenbekleidungen

soweit die Bedingungen erfüllt werden. Die Klassifizierung ist nach folgender Aufstellung darzustellen:

R	E	I	W		t	t	–	M	S	P	IncSlow	sn	ef	r

Im Klassifizierungsbericht ist für tragende Bauteile zusätzlich die aufgebrachte Last und/oder das Belastungsniveau anzugeben.

Die Leistungskriterien bedeuten im Einzelnen:

R – Resistance: Tragfähigkeit

Die Fähigkeit des Bauteils, bei Beflammung auf einer oder mehreren Seiten innerhalb einer bestimmten Zeit seine Standsicherheit aufrechtzuerhalten. Kriterien: Die Geschwindigkeit der Verformung und/oder ein Grenzzustand für die tatsächliche Verformung eines biegsamen Bauteils (z. B. Decke, Dach), sowie die Geschwindigkeit der Verformung und/oder ein Grenzzustand für die tatsächliche Verformung eines druck- oder zugbelasteten Bauteils (z. B. Stütze, Wand).

E – Étanchéité: Raumabschluss

Die Fähigkeit des raumabschließenden Bauteils, bei der Beflammung auf einer Seite das Strömen von Flammen oder heißen Gasen durch diese dem Feuer ausgesetzte Seite sowie die Flammen- oder Gasbildung auf der dem Feuer abgekehrten Seite oder die Entzündung von Stoffen nahe dieser Seite verhindert. Kriterien: Der Durchgang von heißen Gasen oder Flammen, der zum Entzünden des Wattebausches führt soll verhindert werden. Ebenso soll das Auftreten von beständigen Flammen auf der dem Feuer abgekehrten Seite genauso wie das Vorhandensein von Spalten und Rissen mit festgelegten Maßen unterbunden werden. Es muss das Auftreten einer erheblichen Durchdringung von heißen Gasen durch das Bauteil verhindert sein.

I – Isolation: Wärmedämmung

Die Fähigkeit des Bauteils, bei Beflammung auf einer Seite das Strömen von Flammen als Ergebnis einer erheblichen Wärmeübertragung von der dem Feuer zugewandten auf die dem Feuer abgekehrte Seite sowie die Entzündung der dem Feuer abgekehrten Seite oder von Stoffen an der dem Feuer abgekehrten Seite zu verhindern sowie die Fähigkeit des Bauteils, während der entsprechenden, klassifizierten Dauer einen Abschnitt zum Schutz der Personen vor Feuer zu bilden, die sich nahe des Bauteils befinden. Kriterien: Es wird der durchschnittliche Temperaturanstieg auf der dem Feuer abgekehrten Seite auf 140 °C begrenzt, wobei die Höchstgrenze an jedem Punkt bei 180 °C liegt. Der an jedem Punkt auf der dem Feuer abgekehrten Seite gemessene Temperaturanstieg ohne Begrenzung der Durchschnittstemperatur ist auf 180 °C begrenzt. Weiter muss die mittlere Temperaturgrenze auf der dem Feuer abgekehrten Seite des Bauteils auf 140 °C und die Höchsttemperatur auf einen höheren Wert begrenzt sein.

W – Wärmestrahlung
Die Fähigkeit des Bauteils, bei Beflammung auf einer Seite die Wahrscheinlichkeit des Strömens von Flammen als Ergebnis einer erheblichen Strahlungswärme durch das Bauteil oder von der dem Feuer abgekehrten Seite des Bauteils auf Stoffe nahe dem Feuer abgekehrten Seite zu verringern sowie die Fähigkeit, am Bauteil vorbeigehende Menschen zu schützen. Kriterien: Die Anforderungen an die Strahlung gelten für alle Bauteile als erfüllt, die die Anforderungen an Wärmedämmung erfüllen.

M – Mechanische Einwirkung
Die Fähigkeit des Bauteils, einem Stoß zu widerstehen, der im Brandfall zum Versagen anderer Bauwerksteile führt. Kriterien: Vor dem beenden der Brandprüfung wird eine Stoßprüfung durchgeführt.

S – Smoke: Rauchdurchlässigkeit
Die Fähigkeit des Bauteils, den Durchgang von heißen und/oder kalten Gasen oder Rauch von einer auf die andere Seite des Bauteils zu verringern.

P – Power: Aufrechterhaltung der Energiezufuhr
Die Fähigkeit elektrischer Kabel, im Brandfall eine zuverlässige Form der Energiezufuhr von der Energiequelle zu der/den Sicherheitsinstallationen aufrechtzuerhalten. P verweist auf eine Prüfung mit Einheits-Temperaturzeitkurve. PH verweist auf eine Prüfung mit einer anderen Temperaturzeitkurve. Kombinationen der Klassenbezeichnungen für Bauteile:

In Abhängigkeit von diesen Leistungskriterien wird die Feuerwiderstandsfähigkeit eines Bauteils durch eine Buchstabenkombination beschrieben. In der Tab. 6.11 ist gegenübergestellt, wie diese Einteilung bei den einzelnen Bauteilen nach der deutschen DIN 4102 und nach den europäischen Leistungskriterien erfolgen kann. Darüber hinaus wird durch eine Zahl die Leistungsklasse angegeben, in welche das Bauteil bezüglich des betreffenden Leistungskriteriums einzureihen ist. Im Gegensatz zu DIN 4102 erfolgt die Einteilung der europäischen Klassen bis zur 60. Minute in einem 15-Minuten-Raster. Das Klassifizierungssystem für den Feuerwiderstand von Bauteilen ist in DIN EN 13501-2 genormt.

6.2.2 Klassifizierung des Feuerwiderstandsverhaltens

Zur Feststellung des Feuerwiderstandsverhaltens der Bauteile und Bauprodukte werden diese bei Feuerwiderstandsprüfungen entsprechenden Versuchen unterzogen. Die bei den Versuchen mit der Einheits-Temperaturkurve erreichten Zeiten des Feuerwiderstandes werden in abgelaufenen Minuten bestimmt. Danach wird für dieses Bauprodukt die Feuerwiderstandszeit als Klassifizierungszeit des jeweiligen Leistungskriteriums angegeben.

Tab. 6.11 Gegenüberstellung der Leistungskriterien von DIN und Eurocode

Bauteil	Leistungskriterien nach DIN 4102	Europäische Leistungskriterien
Stützen und Träger	F	R
Tragende und raumtrennende Wände und Decken	F	R, E, I
Nichttragende und raumtrennende Wände	F	E, I
Brandwände	F 90-A	R, E, I, M
Tragende Außenwände	F	R, E, I
Nichttragende Außenwände	W	E, I
Feuerschutztüren	T	E, I, C
Rauchschutztüren		S, C
Lüftungsleitungen	L	E, I, S
Brandschutzklappen	K	E, I, S
Kabelabschottungen	S	E, I
Rohrummantelungen und -abschottungen	R	E, I
Installationskanäle und -schächte	I	E, I
Verglasungen mit Verhinderung des Durchtritts der Wärmestrahlung	F	E, I
Verglasungen	G	E
Elektrische Leitungen mit Funktionserhalt	E	P

Die Klassifizierungszeiten sind für jedes der Merkmale in Minuten anzugeben, wobei eine der folgenden Klassifizierungszeiten zu verwenden ist:

10	15	20	30	45	60	90	120	180	240	360	Angabe der Zeit in Minuten

Aus diesen Klassifizierungszeiten in Verbindung mit den Leistungskriterien ergibt sich eine Klassifizierung der Bauteile entsprechend Tab. 6.12.

6.2.3 Klassifizierung der Bauprodukte

Bauprodukte müssen festgelegten Prüfverfahren unterzogen werden, wenn sie klassifiziert werden sollen. Nach DIN EN 13501-1 werden die folgenden Klassen unterschieden:

- A1, A2, B, C, D, E und F

Wenn bestimmte Kriterien erreicht werden, können sie einer der o. g. Klassen zugeordnet werden.

Tab. 6.12 Klassifizierung von Bauteilen und deren Kennzeichnung

Beispiele für Bauteile	Leistungskriterium	Feuerwiderstandsdauer			
		30 min	60 min	90 min	120 min
Tragendes Bauteil ohne Raumabschluss	R	R 30	R 60	R 90	R 120
Tragendes Bauteil mit Raumabschluss	RE REI	RE 30 REI 30	RE 60 REI 60	RE 90 REI 90	RE 120 REI 120
Nichttragendes Bauteil mit Raumabschluss, mechanisch beanspruchbar	EI-M	EI-M 30	EI-M 60	EI-M 90	EI-M 120
Tragende Decken oder Dächer	RE REI	RE 30 REI 30	RE 60 REI 60	RE 90 REI 90	RE 120 REI 120
Nichttragende Decken oder Dächer	E EI	E 30 EI 30	E 60 EI 60	E 90 EI 90	E 120 EI 120
Innenwände	EW	EW 30	EW 60	EW 90	EW 120
Feuerschutzabschlüsse	E EI	E 30 EI 30	E 60 EI 60	E 90 EI 90	E 120 EI 120
Installationsschächte	E EI	E 30 EI 30	E 60 EI 60	E 90 EI 90	E 120 EI 120

Klasse A1

Bauprodukte der Klasse A1 leisten in keiner Phase des Brandes einschließlich des voll entwickelten Brandes einen Beitrag. Aus diesem Grund wird vorausgesetzt, dass sie in der Lage sind, automatisch alle Anforderungen der unteren Klassen zu erfüllen.

Bauprodukte der Klasse A1 gelten als nicht brennbar und sie enthalten keine organischen Bestandteile.

Klasse A2

Bauprodukte der Klasse A2 erfüllen die gleichen Kriterien wie Bauprodukte der Klasse B, zusätzlich liefern diese Bauprodukte unter den Bedingungen eines voll entwickelten Brandes keinen wesentlichen Beitrag zur Brandlast und zum Brandanstieg.

Bauprodukte der Klasse A2 gelten als nicht brennbare Bauprodukte, enthalten jedoch auch organische Bestandteile.

Klasse B

Bauprodukte der Klasse B sind in der Lage, für eine längere Zeit dem Angriff durch eine kleine Flamme ohne wesentliche Flammenausbreitung standzuhalten. Zusätzlich sind sie auch in der Lage, einer Beanspruchung durch einen einzeln brennenden Gegenstand mit ausreichend verzögerter und begrenzter Wärmefreisetzung standzuhalten. Sie müssen strengere Anforderungen erfüllen als Bauprodukte der Klasse C.

Bauprodukte der Klasse B bestehen aus organischen Bestandteilen und sind brennbar, jedoch schwer entflammbar.

Klasse C
Bauprodukte der Klasse C zeigen bei der Beanspruchung durch einen einzeln brennenden Gegenstand eine begrenzte seitliche Flammenausbreitung und erfüllen strengere Anforderungen als Bauprodukte der Klasse D.

Bauprodukte der Klasse C bestehen aus organischen Bestandteilen und sind brennbar, jedoch nicht leicht entflammbar.

Klasse D
Bauprodukte der Klasse D sind in der Lage, für eine längere Zeit dem Angriff durch eine kleine Flamme ohne wesentliche Flammenausbreitung standzuhalten. Zusätzlich sind sie auch in der Lage, einer Beanspruchung durch einen einzeln brennenden Gegenstand mit ausreichend verzögerter und begrenzter Wärmefreisetzung standzuhalten.

Bauprodukte der Klasse D bestehen aus organischen Bestandteilen und sind brennbar, jedoch nicht leicht entflammbar.

Klasse E
Bauprodukte der Klasse E sind in der Lage, für eine kurze Zeit dem Angriff durch eine kleine Flamme ohne wesentliche Flammenausbreitung standzuhalten.

Diese Bauprodukte bestehen aus organischen Bestandteilen, sind brennbar und entflammbar.

Klasse F
Für Bauprodukte der Klasse F wird das Brandverhalten nicht bestimmt oder sie sind nicht einer der Klassen A1, A2, B, C, D oder E zugeordnet.

Alle Bauprodukte müssen für eine bestimmte Produktspezifikation die vorgegebenen Prüfungen durchlaufen, die von den europäischen Normen verlangt werden. Sie müssen ihre Klassifizierung durch Feuerwiderstandsprüfungen rechtfertigen. Hierdurch wird für das Leistungsverhalten ein geeignetes Vertrauensniveau geschaffen, das die möglichen Variationen der Komponenten und des Produktionsverfahrens berücksichtigt (EC1-1-2).

6.2.4 Beispiele für die Klassifizierung von Bauprodukten

In der Bauregelliste A Teil 1 zeigt die Anlage 0.1.2 eine Tabelle, in der die europäischen Feuerwiderstandsklassen von Bauteilen und Sonderbauteilen den bauaufsichtlichen Anforderungen zugeordnet werden. Tab. 6.13 gibt die Zuordnung von Bauteilen an.

Tab. 6.13 Feuerwiderstandsklassen von Bauteilen nach DIN EN 13501-2 und ihre Zuordnung zu den bauaufsichtlichen Anforderungen [Anlage 0.1.2 zu Bauregelliste A Teil 1 (Auszug aus Tab. 1)]

Bauaufsichtliche Anforderung	Tragende Bauteile		Nichttragende Innenwände	Nichttragende Außenwände
	ohne Raumabschluss	mit Raumabschluss		
Feuerhemmend[1]	R 30	REI 30	EI 30	E 30 (i→o)[2] und EI 30 (i←o)[3]
Hochfeuerhemmend[1]	R 60	REI 60	EI 60	E 60 (i→o)[2] und EI 60 (i←o)[3]
Feuerbeständig[1]	R90	REI 90	EI 90	E 90 (i→o)[2] und EI 90 (i←o)[3]
Feuerwiderstandsdauer F 120 1)	R 120	REI 120		
Brandwand 1)		REI-M 90	EI-M 90	

[1]Bauteile werden zusätzlich nach dem Brandverhalten ihrer Baustoffe unterschieden
[2](i→o) = Richtung der klassifizierten Feuerwiderstandsdauer: von innen nach außen
[3](i←o) = Richtung der klassifizierten Feuerwiderstandsdauer: von außen nach innen

Die bauaufsichtliche Anforderung „feuerhemmend" für eine tragende Wand bedeutet, dass eine derartige Wand mit den europäischen Feuerwiderstandsklassen R 30, I 30, E 30 auch in einem Normbrandversuch und einer Klassifizierung nach DIN 4102 mindestens eine Feuerwiderstandsklasse R 30 erreichen würde.

Beispiel für die Klassifizierung von Bauteilen

R:	Feuerwiderstandsklasse für eine Zeit, während der die funktionelle Anforderung an die Tragfähigkeit erfüllt ist.
E:	Feuerwiderstandsklasse für eine Zeit, während der die funktionelle Anforderung an den Raumabschluss erfüllt ist.
RE:	Feuerwiderstandsklasse für eine Zeit, während der die beiden funktionellen Anforderungen an die Tragfähigkeit und an den Raumabschluss gewährleistet sind.
EI:	Feuerwiderstandsklasse für eine Zeit, während der die beiden funktionellen Anforderungen Raumabschluss und Wärmedämmung erfüllt sind.
REI:	Feuerwiderstandsklasse für eine Zeit, während der die drei funktionellen Anforderungen Tragfähigkeit, Raumabschluss und Wärmedämmung erfüllt sind.
REW:	Feuerwiderstandsklasse für eine Zeit, während der die drei funktionellen Anforderungen Tragfähigkeit, Raumabschluss und Strahlung erfüllt sind.
EW:	Feuerwiderstandsklasse für eine Zeit, während der die beiden funktionellen Anforderungen Raumabschluss und Strahlung erfüllt sind.

Hierbei ist zu beachten:

Die Klassifizierung eines Bauproduktes gilt nur für den Anwendungsbereich, für den das Produkt geprüft wurde. Beispielsweise gilt die Klassifizierung einer als Außenwand geprüften Wand nicht, wenn dasselbe Bauteil als Innentrennwand verwendet wird. In Wänden geprüfte Verglasungen erhalten nicht zwangsläufig die gleiche Klassifizierung, wenn sie in einem horizontalen Raumabschluss verwendet werden.

Beispiel zur Klassifizierung eines Bauteils

Ein Bauteil mit einer Tragfähigkeit während 155 min, einem Raumabschluss während 80 min und einer Wärmedämmung während 42 min erhält folgende Klassifizierung:

R 120 RE 60 REI 30

6.2.5 Brandschutzklassen und Sicherheitskategorien

Die „Muster-Richtlinie über den baulichen Brandschutz im Industriebau (Muster-Industriebaurichtlinie – M IndBauRL)" der Fachkommission Bauaufsicht der ARGEBAU enthält Brandschutzklassen für den Industriebau als Ergänzung der DIN 18230 „Baulicher Brandschutz im Industriebau".

Die Brandschutzklassen sind Klassifizierungsstufen, mit denen die unterschiedliche brandschutztechnische Bedeutung von Bauteilen bewertet wird. Sie ergeben sich aus der rechnerisch erforderlichen Feuerwiderstandsdauer t_F für die Brandsicherheitsklasse. Diese ist wiederum abhängig von der Sicherheitskategorie. Dies sind Klassierungsstufen für die brandschutztechnische Infrastruktur. Sie ergeben sich aus den Vorkehrungen für die Brandmeldung, der Art der Feuerwehr und der Art einer Feuerlöschanlage. Die zulässige Größe der Brandabschnittsflächen ist ebenfalls von der Sicherheitskategorie abhängig.

Folgende Sicherheitskategorien sind in der Muster-Industriebaurichtlinie vorgesehen:

Sicherheitskategorie K 1:	Brandabschnitte oder Brandbekämpfungsabschnitte ohne besondere Maßnahmen für Brandmeldung und Brandbekämpfung.
Sicherheitskategorie K 2:	Brandabschnitte oder Brandbekämpfungsabschnitte mit automatischer Brandmeldeanlage.
Sicherheitskategorie K 3.1:	Brandabschnitte oder Brandbekämpfungsabschnitte mit automatischer Brandmeldeanlage in Industriebauten mit Werkfeuerwehr in mindestens Staffelstärke; diese Staffel muss aus hauptamtlichen Kräften bestehen.
Sicherheitskategorie K 3.2:	Brandabschnitte oder Brandbekämpfungsabschnitte mit automatischer Brandmeldeanlage in Industriebauten mit Werkfeuerwehr in mindestens Gruppenstärke.
Sicherheitskategorie K 3.3:	Brandabschnitte oder Brandbekämpfungsabschnitte mit automatischer Brandmeldeanlage in Industriebauten mit Werkfeuerwehr mit mindestens zwei Staffeln.
Sicherheitskategorie K 3.4:	Brandabschnitte oder Brandbekämpfungsabschnitte mit automatischer Brandmeldeanlage in Industriebauten mit Werkfeuerwehr mit mindestens drei Staffeln.
Sicherheitskategorie K 4:	Brandabschnitte oder Brandbekämpfungsabschnitte mit selbsttätiger Feuerlöschanlage.

Je nach ihrer brandschutztechnischen Bedeutung werden an die einzelnen Bauteile unterschiedliche Anforderungen gestellt. Dazu werden die Bauteile einer der nachfolgenden Brandsicherheitsklassen SKb1 bis SKb3 zugeordnet. Folgende Brandsicherheitsklassen sind vorgesehen:

Brandsicherheitsklasse SKb3
Entsprechend ihrer brandschutztechnischen Bedeutung werden an die nachfolgend genannten Bauteile hohe Anforderungen gestellt:

- Wände und Decken, die Brandbekämpfungsabschnitte zu den Seiten, nach oben und nach unten von anderen Brandbekämpfungsabschnitten trennen;
- Tragende und aussteifende Bauteile, deren Versagen zum Einsturz der tragenden Konstruktion (Tragwerk, Gesamtkonstruktion) oder der Konstruktion des Brandbekämpfungsabschnitts führen kann;
- Lüftungsleitungen und dergleichen, die Brandbekämpfungsabschnitte überbrücken, einschließlich Brandschutzklappen;
- Installationsschächte und -kanäle, die Brandbekämpfungsabschnitte überbrücken;
- Feuerschutzabschlüsse, Rohrabschottungen, Kabelabschottungen und dergleichen in Bauteilen, die Brandbekämpfungsabschnitte trennen;
- Stützkonstruktion von Behältern.

Brandsicherheitsklasse SKb2
Entsprechend ihrer brandschutztechnischen Bedeutung werden an die nachfolgend genannten Bauteile mittlere Anforderungen gestellt:

- Bauteile, deren Versagen nicht zum Einsturz der tragenden Konstruktion (Tragwerk, Gesamtkonstruktion) oder der Konstruktion des Brandbekämpfungsabschnitts führen kann, wie nicht aussteifende Decken;
- Bauteile des Dachtragwerkes, deren Versagen zum Einsturz der übrigen Dachkonstruktion des Brandbekämpfungsabschnitts führen kann, einschließlich ihrer Unterstützungen;
- Feuerschutzabschlüsse, Rohrabschottungen, Kabelabschottungen und dergleichen in trennenden Bauteilen mit geforderter Feuerwiderstandsklasse;
- Lüftungsleitungen und dergleichen, die Bauteile mit geforderter Feuerwiderstandsklasse überbrücken, einschließlich Brandschutzklappen;
- Installationsschächte und -kanäle, die Bauteile mit geforderter Feuerwiderstandsklasse überbrücken;

Brandsicherheitsklasse SKb1
Entsprechend ihrer brandschutztechnischen Bedeutung werden an Bauteile des Dachtragwerkes, sofern das Versagen einzelner Bauteile nicht zum Einsturz der übrigen Dachkonstruktion des Brandbekämpfungsabschnitts führt, geringe Anforderungen gestellt.

Folgende Brandschutzklassen sind in der Muster-Industriebaurichtlinie für die Brandsicherheitsklasse SK3 festgelegt:

Brandschutzklasse	rechnerisch erforderliche Feuerwiderstandsdauer
BK I	<15 min
BK II	>15 min bis 30 min
BK III	>30 min bis 60 min
BK IV	>60 min bis 90 min
BK V	>90 min

6.2.6 Bauartklassen

Im üblichen Hochbau werden von den Versicherungen die Gebäude in verschiedene Bauartklassen unterteilt, und zwar abhängig vom Brandrisiko. Die Unterteilung für Wohngebäude weist in der Regel folgende Bauartklassen auf:

Bauartklasse BAK 1:	Massive Bauweise, aus Mauerwerk oder Beton, harte Bedachung.
Bauartklasse BAK 2:	Stahl- oder Holzfachwerk mit Ausfachung aus Stein- oder Glas, Stahl- und Stahlbetonkonstruktionen mit nicht brennbarer Wandplattenverkleidung, harte Bedachung.
Bauartklasse BAK 3:	Holzbau, Holzfachwerk mit Lehmfüllung, Stahl- und Stahlbetonkonstruktionen mit Wandplattenverkleidung aus Holz oder Kunststoff, harte Bedachung.
Bauartklasse BAK 4:	wie Klassen 1 oder 2, jedoch weiche Bedachung, z. B. Holz, Schilf, Stroh.
Bauartklasse BAK 5:	wie Klasse 3, jedoch weiche Bedachung, z. B. Holz, Schilf, Stroh.

Die Unterschiede in den Bauartklassen können einen erheblichen Einfluss auf die Versicherungsprämie haben. Von der Bauartklasse BAK 1 ausgehend können Zuschläge bis zu 100 % möglich sein. Diese Kosten können die Wahl der Bauart mit beeinflussen.

6.3 Bemessung und Nachweis des Brandschutzes

Die Eurocodes enthalten nicht nur Anforderungen an die Nachweise für Tragwerke unter normalen Bedingungen als sogenannte „kalte Bemessung“, sondern die enthalten auch Angaben für eine konstruktive Bemessung von Tragwerken unter Brandbeanspruchung als sogenannte „heiße Bemessung“. Ergänzende Angaben zu Brandeinwirkungen auf Tragwerke enthält Eurocode EC1 und die Eurocodes EC2 bis EC6 enthalten besondere Angaben zu den verschiedenen Bauweisen, jeweils in den Teilen 1–2:

- Eurocode EC1, Teil 1-2: DIN EN 1991-1-2 für Brandeinwirkungen auf Tragwerke
- Eurocode EC2, Teil 1-2: DIN EN 1992-1-2 für Brandeinwirkungen auf Stahlbetonbauten
- Eurocode EC3, Teil 1-2: DIN EN 1993-1-2 für Brandeinwirkungen auf Stahlbauten
- Eurocode EC4, Teil 1-2: DIN EN 1994-1-2 für Brandeinwirkungen auf Verbundbauten
- Eurocode EC5, Teil 1-2: DIN EN 1995-1-2 für Brandeinwirkungen auf Holzbauten
- Eurocode EC6, Teil 1-2: DIN EN 1996-1-2 für Brandeinwirkungen auf Mauerwerksbauten

Die Eurocodes EC gehören zu den „Eingeführten Technischen Baubestimmung“ ETB, also auch die Teile 1–2, die speziell für den Brandschutz der unterschiedlichen Bauweisen gelten.

Die Eurocodes enthalten Angaben zu folgenden Bereichen:

- Sicherheitstechnische Anforderungen,
- Bemessungsverfahren,
- Planungshilfen.

6.3.1 Sicherheitstechnische Anforderungen

Die Teile 1–2 der Eurocodes sind bestimmt für Bauherren, Planer, Bauunternehmer und relevante Baubehörden. Für Bauherren sind diese Angaben wichtig zur Aufstellung ihrer speziellen Anforderungen als Zielvorgabe für den Planer.

Die allgemeine Zielsetzung des Brandschutzes ist die Begrenzung der Risiken für Einzelpersonen und die Gesellschaft, sowie für benachbarte Gebäude und – sofern erforderlich – für die Umgebung oder direkt betroffene Bauwerke im Brandfall (EC1-1-2). Diese Zielsetzung der Eurocodes Teil 1–2 ist weitgehend deckungsgleich mit der Zielsetzung der Landesbauordnungen LBO und der Bauprodukten-Richtlinie 89/106/EWG. Dort heißt es unter anderem:

„Das Bauwerk muss derartig entworfen und ausgeführt sein, dass bei einem Brand folgende Eigenschaften erhalten bzw. begrenzt bleiben:

- Tragfähigkeit des Bauwerks während eines bestimmten Zeitraums,
- Begrenzung des Entstehens und Ausbreitens von Feuer und Rauch innerhalb des Bauwerks,
- Begrenzung der Ausbreitung von Feuer auf benachbarte Bauwerke,

- Bewohner müssen das Gebäude unverletzt verlassen oder durch andere Maßnahmen gerettet werden können,
- Sicherheit der Rettungsmannschaften ist zu berücksichtigen.

Nicht Gegenstand der Eurocodes sind zusätzliche Anforderungen, z. B.:

- Einbau und Instandhaltung von Sprinkleranlagen,
- Bewohnbarkeit von Gebäude- oder Brandabschnitten,
- Verwendung und Instandhaltung von zugelassenen Dämm- und Beschichtungswerkstoffen.“

Die Angabe zuverlässigkeitsabhängiger Werte in den Eurocodes und deren Übernahme in die Bemessung und Planung setzt ein annehmbares Niveau der Zuverlässigkeit, eine qualifizierte Ausführung und ein angemessenes Qualitätsmanagement voraus.

6.3.2 Bemessungsverfahren

Zur Brandschutzbemessung nach den Eurocodes können verschiedene Verfahren eingesetzt werden:

- *Vollständiges analytisches Bemessungsverfahren*, die das Tragverhalten bei erhöhter Temperatur, die mögliche Beanspruchung durch Wärme und die positiven Auswirkungen vorbeugender und abwehrender Brandschutzmaßnahmen für die Bedeutung des Bauwerks berücksichtigen. Wenn für dieses Verfahren Rechenprogramme verwendet werden, muss nachgewiesen sein, dass dieses System validiert ist, dass also die brandschutztechnischen Anforderungen tatsächlich erfüllt werden.
- *Vereinfachtes Bemessungsverfahren* zur Bestimmung einer adäquaten Leistungsfähigkeit, mit dem nachgewiesen wird, dass das Bauwerk oder seine Bauteile bei einem tatsächlichen Brand eine ausreichende Leistungsfähigkeit aufweisen. Auch wenn das Verfahren auf einer nominellen Brandkurve beruht und das Klassifizierungssystem berücksichtigt, werden – wenn auch nicht ausdrücklich – wesentliche Merkmal und Ungewissheiten berücksichtigt.
- *Verwendung tabellierter Werte*, die in den Teilen 1–2 der Eurocodes angegeben sind und durch Versuchsergebnisse sowie theoretische Versuchsauswertungen bestätigt sind. Die Tabellenwerte beruhen auf weitgehend konservativen Annahmen für die meisten üblichen Bauteile. Für besondere Betonprodukte sind spezielle Tabellenwerte in den Produktnormen angegeben.

In Tab. 6.14 sind die alternativ möglichen Bemessungsverfahren mit festgelegten Vorgaben bei thermischen Einwirkungen durch nominelle Brandkurven dargestellt, z. B. durch die Einheits-Temperaturkurve.

In Tab. 6.15 sind die Verfahren zum Nachweis des Feuerwiderstandes nach EC2-1-2 als Beispiel für Stahlbetonbauten zusammengefasst.

Tab. 6.14 Alternative Bemessungsverfahren mit festgelegten Vorgaben. (Nach EC1-1-2; Bild 0.1)

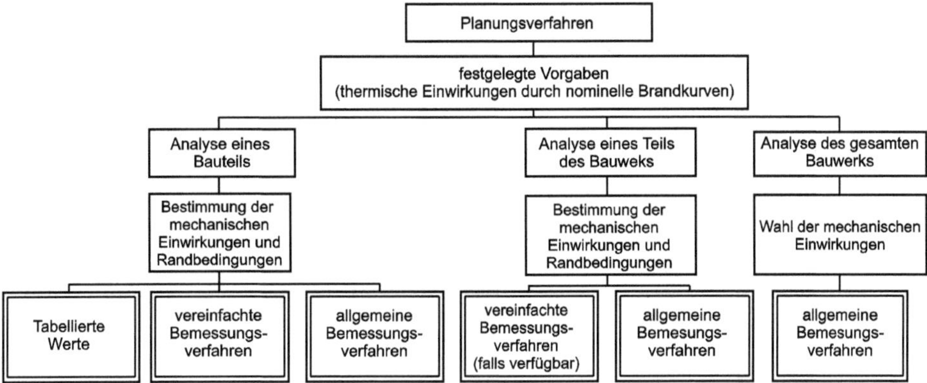

Tab. 6.15 Verfahren zum Nachweis des Feuerwiderstandes, als Beispiel für Stahlbetonbauten. (Nach EC2-1-2; Tab. 0.1)

Art der Analyse	Tabellierte Werte	Vereinfachtes Bemessungsverfahren	Allgemeines Bemessungsverfahren
Analyse eines Bauteils: Jedes Bauteil wird unabhängig von anderen Bauteilen betrachtet. Indirekte Brandeinwirkungen werden nur berücksichtigt, wenn sie durch Temperatur-gradienten entstehen.	Ja: Tabellierte Werte sind im EC2-1-2 (5.1) angegeben, jedoch nur für den Normbrand.	Ja: Vereinfachte Verfahren sind angegeben. – Normbrand und parametrische Brände (EC2-1-2 (4.2.1)). – Temperaturprofile nur für den Normbrand (EC2-1-2 (4.2.2)). – Materialmodelle, die nur für den Normbrand entsprechen (EC2-1-2 (4.2.4.1)).	Ja: Nur die Prinzipien sind angegeben (EC2-1-2 (4.3.1)).
Analyse von Bauwerksteilen: Berücksichtigt werden indirekte Brandeinwirkungen innerhalb eines Teiles des Bauwerkes, jedoch keine zeitabhängigen Wechselwirkungen mit anderen Teilen des Bauwerks.	Nein: Tabellierte Werte sind nicht vorhanden.	Ja: Vereinfachte Verfahren sind angegeben. – Normbrand und parametrische Brände (EC2-1-2 (4.2.1)). – Temperaturprofile nur für den Normbrand (EC2-1-2 (4.2.2)). – Materialmodelle, die nur für dem Normbrand entsprechen (EC2-1-2 (4.2.4.1)).	Ja: Nur die Prinzipien sind angegeben (EC2-1-2 (4.3.1)).
Analyse des gesamten Bauwerks: Berücksichtigt werden indirekte Brandeinwirkungen im gesamten Bauwerk.	Nein: Tabellierte Werte sind nicht vorhanden.	Nein: Vereinfachte Verfahren sind nicht angegeben.	Ja: Nur die Prinzipien sind angegeben (EC2-1-2 (4.3.1)).

Hinweis Um bei der Planung üblicher Hochbauten den Nachweis des Feuerwiderstandes auf möglichst einfache Weise durchführen zu können, wird nachfolgend eine Auswahl tabellierter Werte angegeben, die im Teil 1–2 der Eurocodes EC2 bis EC6 aufgeführt sind. Auf die Möglichkeit einer Analyse von Bauwerksteilen bzw. der Analyse des gesamten Bauwerks durch den Einsatz eines vollständigen analytischen Bemessungsverfahrens oder eines vereinfachten Bemessungsverfahrens wird hiermit hingewiesen. Diese Bemessungsverfahren können für spezielle Hochbauten und/oder Industriebauten von Brandschutzingenieuren angewendet werden.

6.3.3 Planungshilfen

Nach Angaben in den Eurocodes wird erwartet, dass Planungshilfen von den interessierten externen Organisationen erarbeitet werden, die die Berechnungsmodelle der Eurocodes zur Grundlage haben.

Für den Fall, dass solche Planungshilfen als Bemessungsmodelle nicht zur Verfügung stehen oder nicht angewendet werden, enthalten die Eurocodes in den Teilen 1–2 entsprechende Tabellenwerte, die auf Prüfungen oder allgemeinen Bemessungsmodellen beruhen. Die Eurocodes beinhalten zusammen mit den informativen Anhängen die meisten der wichtigsten Konzepte und Regeln, die für die Beschreibung der thermischen und mechanischen Einwirkungen auf das Bauwerk erforderlich sind.

Hinweis: Bei der Planung spezieller Hochbauten und/oder Industriebauten sollte vom Bauherrn ein Brandschutzingenieur hinzugezogen werden.

6.4 Nachweise für Betonbauten

Maßgebend für den Brandschutznachweis von Tragwerken aus Stahlbeton und/oder Spannbeton ist der Eurocode EC2 mit Teil 1–2 (DIN EN 1992-1-2). Bei einem Nachweis des Brandschutzes von Betonbauten mit Hilfe der Tabellenwerte sind folgende Einflüsse oder Einschränkungen zu beachten (EC2-1-2; 5.1 + 5,2):

- die Tabellenwerte gelten für Normalbeton der Rohdichten 2000 bis 2600 kg/m^3 mit quarzhaltigen Gesteinskörnungen;
- bei Verwendung kalksteinhaltiger Gesteinskörnungen in Balken oder Platten darf die Mindestabmessung des Querschnitts um 10 % verringert werden;
- bei Anwendung der Tabellenwerte brauchen keine weiteren Überprüfungen der Schub- und Torsionssteifigkeit sowie der Verankerungen der Bewehrung durchgeführt zu werden;
- bei Anwendung der Tabellenwerte für die Mindestabmessungen der Bauteilquerschnitte sind auch die Achsabstände der Bewehrung einzuhalten, damit keine Abplatzungen entstehen;

- bei Achsabständen $a \geq 70$ mm sollte eine Oberflächenbewehrung eingebaut werden, die das Abfallen von Betonschichten verhindert;
- die Oberflächenbewehrung sollte eine möglichst enge Maschengröße s und einen Mindestdurchmesser ∅s haben: $s \leq 100$ mm, $a \geq 4$ mm;
- der erforderliche Feuerwiderstand kann auch durch Schutzschichten erreicht werden, wobei die Eigenschaften und das Verhalten des Schutzschichtmaterials durch angemessene Versuche beurteilt werden sollte;
- Fugen müssen den gleichen Anforderungen an den Feuerwiderstand *R* und *EI* entsprechen wie die angrenzenden tragenden Bauteile und sie müssen eine ausreichende Tragfähigkeit der gesamten Konstruktion gewährleisten (*R* = Tragfähigkeit, *E* = Raumabschluss, *I* = Erwärmung der feuerabgewandten Seite);
- gegen eine Erwärmung der feuerabgewandten Seite (Kriterium I) sollte der Fugenspalt ≤ 20 mm sein und nicht tiefer als die Hälfte der geringsten Dicke des trennenden Bauteils (Abb. 6.2);
- Fugen mit größerer als 20 mm und größerer Tiefe als die halbe Bauteildicke sind mit einem zusätzlichen Fugenfüllstoff zu versehen (z. B. Mineralwolle) und durch angemessene Brandversuche nachzuweisen (z. B. durch Hersteller von Brandschutzprodukten).

In den Tabellen sind die Mindestforderungen an Querschnittsgröße und Achsabstand der Bewehrung so festgelegt, dass Forderung für die Tragfähigkeit im Brandfall für das Kriterium R erfüllt wird (EC2-1-2; Abschn. 5.2):

$$E_{\mathrm{d,fi}} \,/\, R_{\mathrm{d,fi}} \leq 1{,}0 \tag{6.1}$$

Hierbei sind:

$E_{\mathrm{d,fi}}$ Bemessungswert der Beanspruchung durch Schnittgrößen beim Brand

$R_{\mathrm{d,fi}}$ Bemessungswert der Tragfähigkeit (Widerstand) beim Brand (Der Index $_{\mathrm{fi}}$ wird für Brandfall verwendet (fi = fire = Feuer = Brand))

- Die Tabellenwerte gelten für einen Reduktionsfaktor von $\eta_{\mathrm{fi}} = 0{,}7$:

$$\eta_{\mathrm{fi}} = E_{\mathrm{d,fi}} \,/\, E_{\mathrm{d}} \tag{6.2}$$

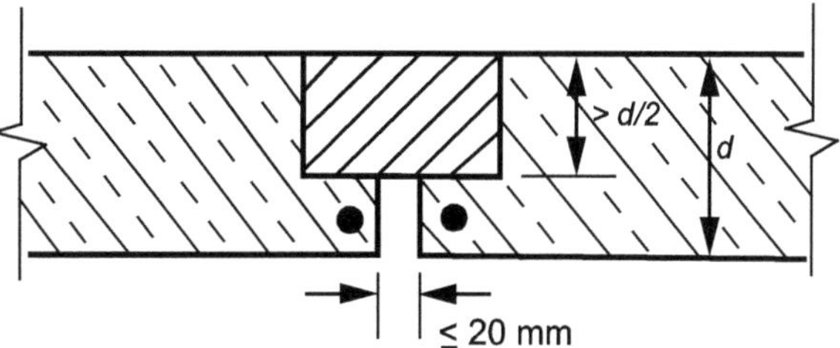

Abb. 6.2 Breite und Tiefe des Fugenspalts bei tragenden Bauteilen. (EC2-1-2, Bild 4.4)

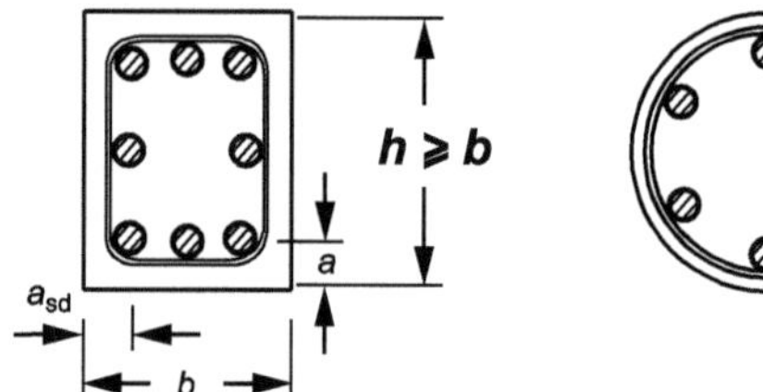

Abb. 6.3 Bauteile mit rechteckigem oder rundem Querschnitt und mit Achsabständen *a*. (EC2-1-2, Bild 5.2)

Hierbei sind:

η_{fi} (eta) Reduktionsfaktor für den Bemessungswert der Einwirkungen im Brandfall

E_d Bemessungswert der Beanspruchung durch Schnittgrößen bei Normaltemperatur

Die in den Tabellen angegebenen Werte sind Mindestmaße für die brandschutztechnische Bemessung (Heißbemessung). Diese Werte gelten zusätzlich zu den Bemessungsregeln bei normalen Temperaturen (Kaltbemessung). Einige Tabellenwerte für die Achsabstände der Bewehrung sind kleiner als die Werte für die jeweilige Expositionsklasse bei Normalbemessung. Diese kleineren Werte dürfen daher nur für Interpolationszwecke verwendet werden (EC2-1-2, Abschn. 5.2 (11)).

Die in den Tabellen verwendeten Bezeichnungen sind in Abb. 6.3 angegeben.

Der Achsabstand a ist der kleinste Abstand des Betonstahls von der brandbeanspruchten Bauteiloberfläche. Er ergibt sich aus dem Nennmaß der Betondeckung c_{nom} zuzüglich des halben Stabdurchmessers $\varnothing_s$, also:

$$a = c_{nom} + \varnothing_s / 2 \tag{6.3}$$

Bei Bewehrungen, die in mehreren Lagen angeordnet sind, darf der mittlere Achsabstand am nicht kleiner sein als der Achsabstand a in der jeweiligen Tabelle. Der mittlere Achsabstand am darf wie folgt berechnet werden:

$$a_m = \frac{A_{s1} \cdot a_{s1} + A_{s2} \cdot a_{s2} + \ldots + A_{sn} \cdot a_{sn}}{A_{s1} + A_{s2} + \ldots + A_{sn}} = \frac{\sum A_{si} \cdot a_{si}}{\sum A_{si}} \tag{6.4}$$

Hierbei sind:

A_{si} Querschnittsfläche des Bewehrungsstabs (i gibt die Nummer des Stabes an)

a_i Achsabstand des jeweiligen Bewehrungsstabs i zur nächsten brandbeanspruchten Bauteiloberfläche

In Abb. 6.4 sind die Bezeichnungen zur Berechnung des mittleren Achsabstandes a_m angegeben.

6.4.1 Wände aus Stahlbeton

Bei Stahlbetonwänden wird unterschieden zwischen nichttragenden raumabschließenden Trennwänden, tragenden Wänden und Brandwänden.

Abb. 6.4 Achsabstände a_1 bis a_7 der einzelnen Bewehrungsstäbe 1 bis 7 zur Berechnung des mittleren Achsabstandes *am*. (EC2-1-2, Bild 5.3)

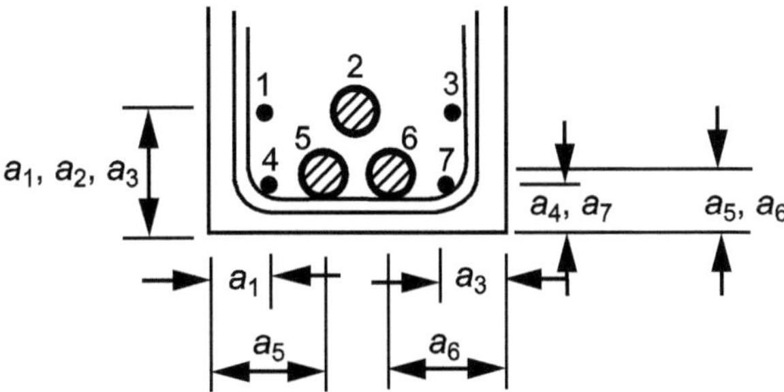

Tab. 6.16 Mindestdicken nichttragender, raumabschließender Trennwände. (EC2-1-2, Tab. 5.3)

Feuerwiderstandsklasse	Mindestwanddicke (mm)
EI 30	60
EI 60	80
EI 90	100
EI 120	120
Ei 180	150
EI 240	175

6.4.1.1 Nichttragende, raumabschließende Betonwände

Für diese Wände gelten die in Tab. 6.16 angegebenen Mindestdicken, wenn sie für den Feuerwiderstand nur die Kriterien I (Wärmedämmung) und E (Raumabschluss) zu erfüllen haben. Die Werte der Tab. 6.16 gelten für bewehrte und unbewehrte Wände aus Beton. An den Achsabstand der Bewehrung werden keine Forderungen gestellt (EC2-1-2; 5.41).

Bei Verwendung kalksteinhaltiger Gesteinskörnungen darf die Mindestdicke der Tab. 6.16 um 10 % verringert werden.

Zum Vermeiden übermäßiger thermischer Verformungen mit nachfolgendem Verlust des Raumabschlusses zwischen Wand und Deckenplatte sollte das Verhältnis von lichter Wandhöhe zu Wanddicke nicht größer als 40 sein.

6.4.1.2 Tragende Betonwände

Für tragende Betonwände gelten die in Tab. 6.17 angegebenen Mindestdicken h und Achsabstände a der Bewehrung. Dabei wird unterschieden zwischen unterschiedlichen statischen Ausnutzungsgraden μ_{fi} und Brandbeanspruchungen auf einer oder zwei Seiten der Wand (EC2-1-2; 5.4.2).

Der Ausnutzungsgrad im Brandfall μ_{fi} (mü) ist nach Gl. (6.5) zu ermitteln:

$$\mu_{fi} = \mathrm{N}_{Ed.fi} / N_{Rd} \tag{6.5}$$

Hierbei sind:

$N_{Ed.fi}$ Bemessungswert der Längskraft im Brandfall

N_{Rd} Bemessungswert der Tragfähigkeit der Stütze bei Normaltemperatur

Tab. 6.17 Mindestwerte der Wanddicken und Achsabstände für tragende Betonwände. (EC2-1-2, Tab. 5.4)

Feuerwiderstandsklasse	Mindestmaße (mm) Wanddicke/Achsabstand für			
	$\mu_{fi} = 0{,}35$		$\mu_{fi} = 0{,}7$	
	Brandbeansprucht auf einer Seite	Brandbeansprucht auf zwei Seiten	Brandbeansprucht auf einer Seite	Brandbeansprucht auf zwei Seiten
REI 30	100/10*	120/10*	120/10*	120/10*
REI 60	110/10*	120/10*	130/10*	140/10*
REI 90	120/20*	140/10*	140/25	170/25
REI 120	150/25	160/25	160/35	220/35
REI 180	180/40	200/45	210/50	270/55
REI 240	230/55	250/55	270/60	350/60

*Bei den mit einem Stern * gekennzeichneten Mindestwerten der Achsabstände ist die normale Betondeckung für die maßgebende Expositionsklasse bei Normaltemperatur ausreichend

Als Näherung kann anstelle des Ausnutzungsgrades μ_{fi} der Reduktionsfaktor η_{fi} für den Bemessungswert der Belastung im Brandfall angenommen werden, weil beim Reduktionsfaktor η_{fi} davon ausgegangen wird, dass das Bauteil bei der Bemessung für Normaltemperatur voll ausgelastet ist.

Bei Verwendung kalksteinhaltiger Gesteinskörnungen darf die Mindestdicke der Tab. 6.17 um 10 % verringert werden.

Zum Vermeiden übermäßiger thermischer Verformungen mit nachfolgendem Verlust des Raumabschlusses zwischen Wand und Deckenplatte sollte das Verhältnis von lichter Wandhöhe zu Wanddicke nicht größer als 40 sein.

Hinweise Bei den Tafelwerten werden die Mindestmaße h für die Wanddicke und für den Achsabstand a in mm direkt hintereinander mit Schrägstrich angegeben, z. B. 140/25 für die Mindestdicke der Wand $h = 140$ mm und $a = 25$ mm für den Mindest-Achsabstand der Bewehrung.

Die Werte der Tab. 6.17 gelten auch für unbewehrte Wände aus Beton.

6.4.1.3 Brandwände aus Beton

Betonwände, die als Brandwände dienen sollen und die Anforderungen an mechanische Widerstandsfähigkeit gegen horizontale Stoßbeanspruchung als Kriterium M erfüllen müssen, sollen folgende Mindestabmessungen bei Ausführung in Normalbeton einhalten (EC2-1-2; 5.4.3):

$h \geq 200$ mm für unbewehrte Wände,
$h \geq 140$ mm und $a \geq 25$ mm für bewehrte, tragende Wände,
$h \geq 120$ mm für bewehrte, nichttragende Wände.
Bei tragenden Brandwänden ist auf den Achsabstand $a \geq 25$ mm besonders zu achten.

6.4.2 Stützen aus Beton

Für die Bestimmung der Mindestwerte für Stützenabmessungen und Achsabstände der Bewehrung werden in EC2-1-2 (Abschn. 5.3) zwei Methoden genannt. Beide Methoden gelten für Stützen in ausgesteiften Bauwerken.

Methode A

Der Feuerwiderstand von überwiegend auf Druck beanspruchten Betonstützen ist ausreichend, wenn die Werte der Tab. 6.18 zusammen mit folgenden Regeln eingehalten werden:

- Ersatzlänge der Stütze $l_0 \leq 3$ m
- Bewehrung $A_s < 0{,}04\, A_c$ mit A_c = Betonquerschnitt

In Tab. 6.18 sind die Werte für die Mindestabmessungen der Querschnitte und die Achsabstände der Bewehrung für Stützen angegeben, und zwar abhängig vom Ausnutzungsgrad μ_{fi} im Brandfall und von der Brandeinwirkung auf einer oder mehreren Seiten der Stützen.

Methode B

Der Feuerwiderstand von Stahlbetonstützen kann abhängig vom mechanischen Bewehrungsgrad ω und vom Lastniveau n nach Tab. 6.19 unter Beachtung folgender Regeln bestimmt werden:

- Lastniveau n bei Normaltemperatur nach Gl. (6.6)
- Ausmitte e im Brandfall nach Gl. (6.7)
- In Stützen mit Stahlquerschnitten $A_s \geq 0{,}2\, A_c$ ist die Längsbewehrung für Feuerwiderstandsdauern über 90 min über die Querschnittsseiten gleichmäßig zu verteilen.

Tab. 6.18 Mindestwerte für Querschnittsabmessungen b und Achsabstände a von Stützen mit Rechteck- oder Kreisquerschnitt nach Methode A. (EC2-1-2, Tab. 5.2a)

Feuerwiderstandsklasse	Mindestmaße (mm) Stützenbreite b_{min}/Achsabstand a			
	Brandbeansprucht auf mehr als einer Seite			Brandbeansprucht auf einer Seite
	$\mu_{fi} = 0{,}2$	$\mu = 0{,}5$	$\mu_{fi} = 0{,}7$	$\mu_{fi} = 0{,}7$
R 30	200/25	200/25	200/32	155/25
			300/27	
R 60	200/25	200/36	250/46	155/25
		300/31	350/40	
R 90	200/31	300/45	350/53	155/25
	300/25	400/38	450/40**	
R 120	250/40	350/45**	350/57**	175/35
	350/35	450/40**	450/51**	
R 180	350/45**	350/63**	450/70**	230/55
R 240	350/61**	450/75**	–	295/70

**Mindestens 8 Stäbe

Tab. 6.19 Mindestwerte für Querschnittsabmessungen b und Achsabstände a von Stützen mit Rechteck- oder Kreisquerschnitt nach Verfahren B, abhängig vom mechanischen Bewehrungsgrad ω und vom Lastniveau n. (EC2-1-2, Tab. 5.2b)

		Mindestmaße (mm) Stützenbreite b_{min}/Achsabstand a			
		Lastniveau			
Feuerwiderstandsklasse	Mechanischer Bewehrungsgrad ω	$n = 0{,}15$	$n = 0{,}3$	$n = 0{,}5$	$n = 0{,}7$
R 30	0,1	150/25*	150/25*	200/30:250/25*	300/30:350/25*
	0,5	150/25*	150/25*	150/25*	200/30:250/25*
	1,0	150/25*	150/25*	150/25*	200/30:300/25*
R 60	0,1	150/30:200/25*	200/40:300/25*	300/40:500/25*	500/25*
	0,5	150/25*	150/35:200/25*	250/35:350/25*	350/40:550/25*
	1,0	150/25*	150/30:200/25*	200/40:400/25*	300/50:600/30
R 90	0,1	200/40:250/25*	300/40:400/25*	500/50:550/25*	550/40:600/25*
	0,5	150/35:200/25*	200/45:300/25*	300/45:550/25*	500/50:600/40
	1,0	200/25*	200/40:300/25*	250/40:550/25*	500/50:600/45
R 120	0,1	250/50:350/25*	400/50:550/25*	550/25*	550/60:600/45
	0,5	200/45:300/25*	300/45:550/25*	450/50:600/25*	500/60:600/50
	1,0	200/40:250/25*	250/50:400/25*	450/45:600/30	600/60
R 180	0,1	400/50:500/25*	500/60:550/25*	550/60:600/30	1
	0,5	300/45:450/25*	450/50:600/25*	500/60:600/50	600/75
	1,0	300/35:400/25*	450/50:550/25*	500/60:600/45	1
R 240	0,1	500/60:550/25*	550/40:600/25*	600/75	1
	0,5	450/45:500/25*	550/55:600/25*	600/70	1
	1,0	400/45:500/25*	500/40:600/30	600/60	1

*Bei diesen Mindestwerten der Achsabstände mit Stern * reicht die normale Betondeckung für die maßgebende Expositionsklasse bei Normaltemperatur aus

[1]Die erforderliche Querschnittsbreite wird größer als 600 mm, daher sind genauere Untersuchungen des Knickens nötig

Lastniveau n:

$$n = \frac{N_{\text{Ed,fi}}}{0{,}7 \cdot \left(A_c \cdot f_{cd} + A_s \cdot f_{yd}\right)} \tag{6.6}$$

Hierbei sind:

$N_{\text{Ed,fi}}$ Bemessungswert der Längskraft im Brandfall
A_c Betonquerschnitt
f_{cd} Bemessungswert der Betondruckfestigkeit
A_s Stahlquerschnitt der Bewehrung
f_{yd} Bemessungswert der Streckgrenz des Betonstahls

Ausmitte e:

$$e = \frac{M_{0\text{Ed,fi}}}{N_{\text{Ed,fi}}} \tag{6.7}$$

Hierbei sind:

$M_{0\text{Ed,fi}}$ Biegemoment nach Theorie I. Ordnung im Brandfall
$N_{\text{Ed,fi}}$ Längskraft nach Theorie I. Ordnung im Brandfall

mechanischer Bewehrungsgrad ω:

$$\omega = \frac{A_s \cdot f_{yd}}{A_c \cdot f_{cd}} \tag{6.8}$$

Trägheitsradius i:

$$\begin{aligned} i &= \sqrt{\frac{I}{A}} \\ i &= 0{,}289 \cdot b \quad \text{bei Rechteckquerschnitten} \\ i &= 0{,}25 \cdot d \quad \text{bei Kreisquerschnitten} \end{aligned} \tag{6.9}$$

Für Stahlbetonstützen mit einer Breite bis zu 600 mm und einer Schlankheit bis zu $\lambda \leq 80$ enthält Anhang C des Eurocodes EC2-1-2 weitere Tabellen für die Bemessung bei Brandbeanspruchung von Stützen in ausgesteiften Tragwerken. Diese Werte sind abgestimmt auf große Verformungseinflüsse, zusätzliche Biegemomente und andere Bewehrungsverhältnisse.

6.4.3 Balken aus Stahlbeton oder Spannbeton

Für Stahlbeton- und Spannbetonbalken kann ein anforderungsgerechter Feuerwiderstand nach gewiesen werden, wenn die Zahlenwerte der Tab. 6.20, 6.21 und 6.22 und die folgenden Regeln eingehalten sind:

Tab. 6.20 Mindestwerte für Balkenbreite b_{min} und Achsabstände a von statisch bestimmt gelagerten Balken (Einfeldbalken) aus Stahlbeton und Spannbeton[1]. (EC2-1-2, Tab. 5.5)

Feuerwiderstandsklasse	Mindestmaße (mm)						
	Mögliche Kombinationen von a und b_{min} dabei ist a der mittlere Achsabstand und b_{min} die Mindestbalkenbreite				Stegdicke b_w		
					Klasse WA	Klasse WB	Klasse WC
R 30	$b_{min} = 80$ $a = 25$	120 20	160 15*	200 15*	80	80	80
R 60	$b_{min} = 120$ $a = 40$	160 35	200 30	300 25	100	80	100
R 90	$b_{min} = 150$ $a = 55$	200 45	300 40	400 35	110	100	100
R 120	$b_{min} = 200$ $a = 65$	240 60	300 55	500 50	130	120	120
R 180	$b_{min} = 240$ $a = 80$	300 70	400 65	600 60	150	150	140
R 240	$b_{min} = 280$ $a = 90$	350 80	500 75	700 70	170	170	160

[1]Bei Spannbetonbalken sollte der Achsabstand a um 10 mm vergrößert werden
*Bei diesen Mindestwerten der Achsabstände mit Stern * reicht die normale Betondeckung für die maßgebende Expositionsklasse bei Normaltemperatur aus

Tab. 6.21 Mindestwerte für Balkenbreite b_{min} und Achsabstände a von statisch unbestimmt gelagerten Balken (Durchlaufbalken) aus Stahlbeton und Spannbeton[1]. (EC2-1-2, Tab. 5.6)

Feuerwiderstandsklasse	Mindestmaße (mm)						
	Mögliche Kombinationen von a und b_{min} dabei ist a der mittlere Achsabstand und b_{min} die Mindestbalkenbreite				Stegdicke b_w		
					Klasse WA	Klasse WB	Klasse WC
R 30	$b_{min} = 80$ $a = 15$*	160 12*			80	80	80
R 60	$b_{min} = 120$ $a = 25$	200 12*			100	80	100
R 90	$b_{min} = 150$ $a = 35$	250 25			110	100	100
R 120	$b_{min} = 200$ $a = 45$	300 35	450 35	500 30	130	120	120
R 180	$b_{min} = 240$ $a = 60$	400 50	550 50	600 40	150	150	140
R 240	$b_{min} = 280$ $a = 75$	500 60	650 60	700 50	170	170	160

[1]Bei Spannbetonbalken sollte der Achsabstand a um 10 mm vergrößert werden, außerdem ist Tab. 6.22 zu beachten
*Bei diesen Mindestwerten der Achsabstände mit Stern * reicht die normale Betondeckung für die maßgebende Expositionsklasse bei Normaltemperatur aus

Tab. 6.22 Vergrößerung der Balkenbreite b_{min} und Stegdicke b_w bei statisch unbestimmt gelagerten Balken (Durchlaufbalken) aus Stahlbeton und Spannbeton. (EC2-1-2, Tab. 5.7)

Feuerwiderstandsklasse	Mindestwanddicke b_{min} (mm) und Mindeststegdicke b_w (mm)
R 120	220
R 180	380
R 240	480

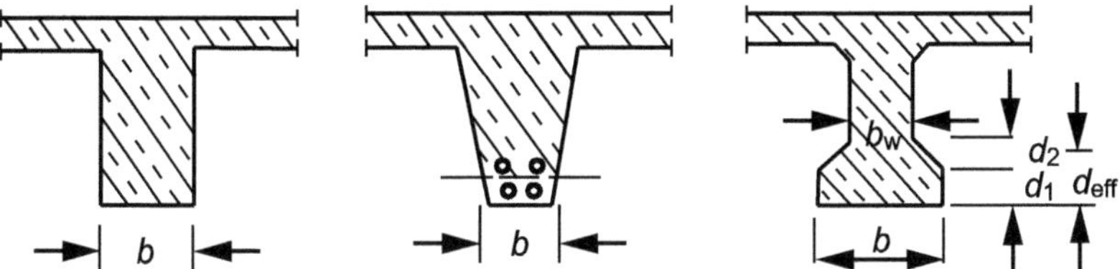

Abb. 6.5 Bezeichnung der Maße für verschiedene Balkenquerschnitte. (EC2-1-2, Bild 5.4)

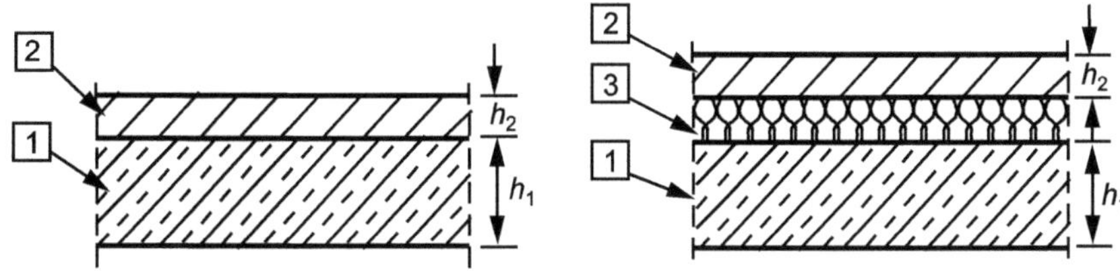

[1] Betonplatte, [2] Fußbodenbelag (nicht brennbar), [3] Schalldämmung (möglicherweise brennbar)

Abb. 6.6 Betonplatte mit Fußbodenbelag. (EC2-1-2, Bild 5.7)

- Die Balken können dreiseitig brandbeansprucht sein, da die obere Seite durch Platten oder andere Elemente abgedeckt ist, die der geforderten Feuerwiderstandsdauer entsprechen; für vierseitig beanspruchte Balken gelten zusätzliche Anforderungen;
- bei vierseitig brandbeanspruchten Balken und Anwendung der Tab. 6.20, 6.21 und 6.22 darf die Höhe des Balkens nicht kleiner sein als die erforderliche Mindestbreite b_{min} und die Querschnittsfläche des Balken darf nicht kleiner sein als nach Gl. (6.10):

Querschnittsfläche des Balkens:

$$A_c \geq 2 \cdot \left(b_{min}\right)^2 \tag{6.10}$$

- Die Balkenquerschnitte sollen den in Abb. 6.5 dargestellten Querschnitten entsprechen;
- bei veränderlicher Balkenbreite gilt als Mindestwert b_{min} die Breite in Höhe des Schwerpunkts der Zugbewehrung;
- bei Balken mit I-Querschnitt darf die wirksame Höhe d_{eff} des unteren Flansches nicht kleiner gewählt werden als sie sich nach Gl. (6.11) entsprechend Abb. 6.6 ergibt:

Wirksame Höhe *d*eff:

$$d_{\text{eff}} = d_1 + 0{,}5\ d_2 \\ \geq b_{\min} \text{ mit } b_{\min} \text{ als Mindestwert der Balkenbreite nach Tab. 16.20:} \qquad (6.11)$$

6.4.3.1 Statisch bestimmt gelagerte Balken

Die Mindestmaße für statisch bestimmt gelagerte Balken (Einfeldbalken) sind für die Feuerwiderstandsklassen R 30 bis R 240 in Tab. 6.20 festgelegt. Für die Mindestbalkenbreite b_{min} sind mögliche Kombinationen mit dem mittleren Achsabstand a der Bewehrung in den Spalten 2 bis 5 angegeben. Das Mindestmaß der Stegdicke b_w geht aus Spalte 6 hervor.

6.4.3.2 Statisch unbestimmt gelagerte Balken

Die Mindestmaße für statisch unbestimmt gelagerte Balken (Durchlaufbalken) sind für die Feuerwiderstandsklassen R 30 bis R 240 in Tab. 6.21 angegeben. Für die Mindestbalkenbreite b_{min} sind in den Feuerwiderstandsklassen R 120 bis R 240 mögliche Kombinationen mit dem mittleren Achsabstand a der Bewehrung in den Spalten 2 bis 5 angegeben. Das Mindestmaß der Stegdicke *b*w geht aus Spalte 6 hervor. Diese Mindestmaße sind nur gültig, wenn folgende Regeln befolgt werden:

- Die Bewehrungsregeln von EC2 sind einzuhalten;
- eine rechnerisch angesetzte Momentenumlagerung bei Normaltemperatur darf nicht mehr als 15 % betragen, andernfalls ist jedes Feld des Durchlaufbalkens wie ein statisch bestimmt gelagerter Balken (Einfeldbalken) nachzuweisen oder es ist ein genauerer Nachweis zu führen;
- die obere Bewehrung über jeder Zwischenstütze sollte bei den Feuerwiderstandsklasse ≥ R 90 auf einer Länge von 0,3 · l_{eff}, gemessen von der Mittelinie der Unterstützung, einen bestimmten Mindestquerschnitt einhalten (EC2-1-2; Gl. (5.11) und Bild 5.6);
- für Durchlaufbalken mit Spanngliedern ohne Verbund sind die Werte der Tab. 6.21 nur gültig, wenn über den Zwischenstützen eine zusätzliche obere, im Verbund liegende Bewehrung angeordnet wird.

Bei I-förmigen Durchlaufbalken sollte die Stegbreite b_w nicht kleiner sein als der Mindestwert der Balkenbreite b_{min}. An der ersten Innenstütze sollten die die Stegdicke b_w und die Balkenbreite b_{min} entsprechend Tab. 6.22 in folgenden zwei Fällen vergrößert werden, um ein Druck- oder Schubversagen des Betons im Brandfall zu verhindern:

- wenn kein Momentenwiderstand am Endauflager vorhanden ist und
- wenn der Bemessungswert der aufzunehmenden Querkraft V_{Ed} größer ist als 2/3 der Querkrafttragfähigkeit $V_{Rd,max}$.

6.4.4 Zugglieder aus Stahlbeton oder Spannbeton

Für Zugglieder aus Stahlbeton oder Spannbeton kann ein anforderungsgerechter Feuerwiderstand nachgewiesen werden, wenn die Zahlenwerte der Tab. 6.20 und die folgenden Regeln eingehalten sind (EC2-1-2; 5.5):

- Falls die Tragfähigkeit des Tragwerks durch eine übermäßige Verlängerung des Zuggliedes beeinträchtigt werden kann, ist es notwendig, die Stahltemperatur im Zugglied auf 400 °C zu begrenzen;
- im vorliegenden Fall ist der Achsabstand der Bewehrung aus Tab. 6.20 an die kritische Temperatur θ_{cr} durch Erhöhung des Achsabstands um den Wert Δa nach Gl. (6.12) anzupassen:

Vergrößerung des Achsabstandes Δa:

$$\Delta a = 0{,}1 \cdot \left(500 - \theta_{cr}\right) \quad [\mathrm{mm}] \tag{6.12}$$

(z. B.: bei einer kritischen Temperatur von $\theta_{cr} = 400$ °C beträgt $\Delta a = 10$ mm)

- Für den Nachweis der begrenzten Verlängerung sollten die Materialeigenschaften von Beton und Stahl dem Eurocode EC2-1-2, Abschn. 3 entsprechen;
- die Querschnittsfläche des Zuggliedes darf nicht kleiner sein als nach Gl. (6.10), wobei b_{min} die erforderliche Mindestbreite des Zuggliedes nach Tab. 6.20 ist:

Querschnittsfläche des Zuggliedes:

$$A_c \geq 2 \cdot \left(b_{min}\right)^2 \tag{6.13}$$

6.4.5 Platten aus Stahlbeton oder Spannbeton

Für Stahlbeton- und Spannbetonplatten kann ein anforderungsgerechter Feuerwiderstand nachgewiesen werden, wenn die Zahlenwerte der Tab. 6.23 und die folgenden Regeln eingehalten sind (EC2-1-2; 5.7):

- Für den Nachweis der Tragfähigkeit bei Brandbeanspruchung (Kriterium R) darf die statisch erforderliche Plattendicke h angesetzt werden;
- für den Nachweis des Raumabschlusses (Kriterien E und I) gewährleistet die Mindestplattendicke h_s aus $h_1 + h_2$ den erforderlichen Feuerwiderstand, da Fußbodenbeläge zum Raumabschluss beitragen (Abb. 6.6);
- die Regeln gelten auch für die Flansche von T- oder TT-förmigen Balken (Abb. 6.5).

Tab. 6.23 Mindestwerte für Plattendicken h_s und Achsabstände a von statisch bestimmt gelagerten, einachsig und zweiachsig gespannten Platten aus Stahlbeton und Spannbeton. (EC2-1-2, Tab. 5.8)

	Mindestabmessungen (mm)			
			Achsabstand a	
Feuerwiderstandsklasse	Plattendicke h_s (mm)	einachsig	$l_y/l_x \leq 1{,}5$	$1{,}5 < l_y/l_x \leq 2$
REI 30	60	10*	10*	10*
REI 60	80	20	10*	15*
REI 90	100	30	15*	20
REI 120	120	40	20	25
REI 180	150	55	30	40
REI 240	175	65	40	50

l_x und l_y sind die Spannweiten einer zweiachsig gespannten Platte (beide Richtungen rechtwinklig zueinander), wobei l_y die längere Spannweite ist

Bei Spannbetonplatten ist die Vergrößerung des Achsabstandes um 10 mm zu beachten

Der Achsabstand a gilt für zweiachsig gespannte Platten, die an allen vier Rändern gestützt sind. Trifft das nicht zu, sind die Platten wie einachsig gespannte Platten zu behandeln

*Bei den mit einem Stern * gekennzeichneten Mindestwerten der Achsabstände ist die normale Betondeckung für die maßgebende Expositionsklasse bei Normaltemperatur ausreichend

Die brandschutztechnischen Anforderungen an Platten werden unterschieden nach folgenden Arten:

- statisch bestimmt gelagerte Platten (Einfeldplatten),
- statisch unbestimmt gelagerte Platten (Durchlaufplatten),
- Flachdecken,
- Rippendecken.

6.4.5.1 Statisch bestimmt gelagerte Platten

Für statisch bestimmt gelagerte Platten aus Stahlbeton oder Spannbeton (Einfeldplatten) sind die Mindestabmessungen für die Plattendicke h_s und für die Achsabstände a der Bewehrung in Tab. 6.23 angegeben, wobei folgende Regeln zu beachten sind:

- Die Längen l_x und l_y sind die Spannweiten zweiachsig gespannter Platten, bei denen beide Richtungen rechtwinklig zueinander verlaufen;
- die Länge l_y ist die längere Spannweite;
- bei Spanngliedern wird als kritische Temperatur für Stäbe 400 °C und für Drähte und Litzen 350 °C angenommen, wofür der Achsabstand aus Tab. 6.23 nach Gl. (6.12) zu vergrößern ist:

Vergrößerung des Achsabstandes Δa:

$$\Delta a = 0{,}1 \cdot (500 - \theta_{cr}) \quad [\text{mm}] \tag{6.14}$$

(z. B.: für Spanndrähte um 10 mm, für Spannlitzen um 15 mm)

- Der Achsabstand gilt für zweiachsig gespannte Platten, die an allen vier Rändern gestützt sind, trifft dies nicht zu, sind die Platten wie einachsig gespannte Platten zu bewerten.

6.4.5.2 Statisch unbestimmt gelagerte Platten

Für statisch unbestimmt gelagerte Platten aus Stahlbeton oder Spannbeton (Durchlaufplatten) gelten die Mindestabmessungen der Tab. 6.23 ebenfalls, und zwar gelten für die Plattendicke h_s die Spalte 2 und für die Achsabstände a der Bewehrung die Spalte 4. Hierbei sind folgende Regeln zu beachten:

- Für Durchlaufplatten gelten auch die Regeln für Durchlaufbalken (Abschn. 6.4.3.2);
- eine rechnerische Momentenumlagerung bei Normaltemperatur darf nicht mehr als 15 % betragen, andernfalls ist jedes Feld der Platte wie eine einachsig gespannte Platte nachzuweisen oder es ist ein genauerer Nachweis zu führen;
- die Stützbewehrung ist beidseitig um das Maß 0,15 l weiter ins Feld zu führen, wobei l die Stützweite des angrenzenden größeren Feldes ist.

Über den Zwischenstützen sollte eine Mindestbewehrung von $As \geq 0{,}005\ Ac$ angeordnet werden, wenn folgende Einschränkungen bestehen:

- Verwendung von kaltgeformtem Betonstahl;
- keine Biegebeanspruchung bei Zweifeld-Durchlaufplatten an den Endauflagern vorgesehen;
- keine Umlagerung von Lasteinwirkungen quer zur Spannrichtung, weil beispielsweise vorhandene Zwischenwände oder andere Unterstützungen in Spannrichtung bei der Bemessung nicht in Rechnung gestellt sind (Abb. 6.7).

Falls diese Regeln nicht befolgt werden, sollte jedes Feld einer Durchlaufplatte wie eine statisch bestimmt gelagerte Einfeldplatte nachgewiesen werden.

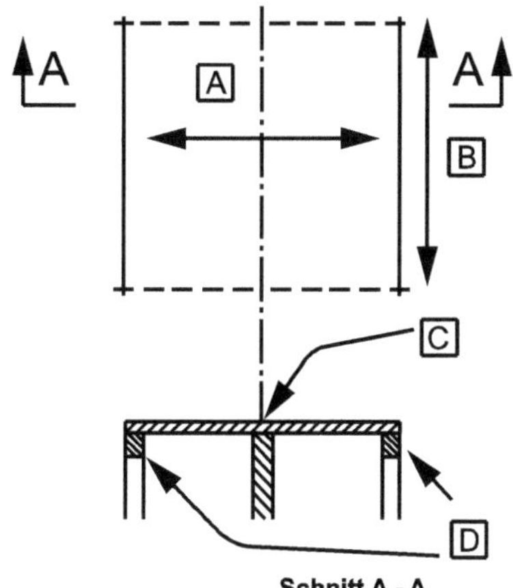

Abb. 6.7 Plattensysteme, bei denen eine Mindestbewehrung von $A_s \geq 0{,}005\ A_c$ angeordnet werden sollte (EC2-1-2; Bild 5.8). A Spannrichtung der Platte. B Breite des Systems ohne Querabstützung, > l. C Gefahr durch Versagen. D keine Biegeeinsparung

6.4.5.3 Flachdecken

Für Flachdecken sind die Mindestmaße der erforderliche Plattendicke h_s und des Achsabstandes a der Bewehrung in Tab. 6.24 angegeben. Für Flachdecken, bei denen die Momentenumlagerung 15 % überschreitet, sollte der Achsabstand a der unteren Bewehrung wie für einachsig gespannte Platten gewählt werden (Tab. 6.23, Spalte 3) und die Mindestdicke nach Tab. 6.24, Spalte 2.

Für die Feuerwiderstandsklassen ≥ REI 90 sollten in jeder Richtung mindestens 20 % der bei der „Kaltbemessung" statisch erforderlichen Bewehrung über den Zwischenauflagern über die gesamte Spannweite durchgeführt werden, und zwar in den Stützstreifen.

Die Mindestplattendicke h_s nach Tab. 6.24 darf nicht durch Anrechnung von Fußbodenbeschichtungen verkleinert werden.

6.4.5.4 Rippendecken

Für einachsig gespannte Rippendecken aus Stahlbeton und Spannbeton gelten die gleichen Anforderungen wie für Balken und statisch unbestimmt gelagerte Platten (Abschn. 6.4.3 und 6.4.5.2) und die Angaben in Tab. 6.23, Spalten 2 und 5.

Zweiachsig gespannte Rippendecken aus Stahlbeton und Spannbeton mit gleichmäßig verteilter Belastung haben eine ausreichende Feuerwiderstandsdauer, wenn die Werte der Tab. 6.25 und 6.26 eingehalten und die folgenden Regeln beachtet werden:

- Für Rippendecken mit mehrlagiger Bewehrung gelten wie bei Balken Abb. 6.4 und Gl. (6.4);
- bei durchlaufenden Rippendecken sollte die obere Bewehrung in der oberen Hälfte der Flansche liegen;
- Tab. 6.25 gilt sowohl für zweiachsig gespannte, statisch bestimmt gelagerte Rippendecken (Einfelddecken), auch wenn sie einen freien Rand haben und die Feuerwiderstandsklasse < REI 180 ist, sofern die obere Bewehrung nicht zu kräftig ist, d. h.: Sie soll über den Zwischenstützen nicht den Bedingungen der oberen Bewehrung bei statisch unbestimmt gelagerten Balken entsprechen (also nicht nach Abschn. 6.4.3.2);
- Tab. 6.26 gilt für zweiachsig gespannte Rippendecken mit mindestens einem eingespannten Rand; unabhängig von der Feuerwiderstandsklasse soll die obere Be-

Tab. 6.24 Mindestwerte für Plattendicken h_s und Achsabstände a für Flachdecken aus Stahlbeton und Spannbeton. (EC2-1-2, Tab. 5.9)

	Mindestmaße (mm)	
Feuerwiderstandsklasse	Plattendicke h_s	Achsabstand a
REI 30	150	10*
REI 60	180	15*
REI 90	200	25
REI 120	200	35
REI 180	200	45
REI 240	200	50

*Bei den mit einem Stern * gekennzeichneten Mindestwerten der Achsabstände ist die normale Betondeckung für die maßgebende Expositionsklasse bei Normaltemperatur ausreichend

Tab. 6.25 Mindestwerte für Plattendicken h_s und Achsabstände a für zweiachsig gespannte, statisch bestimmt gelagerte Rippendecken aus Stahlbeton und Spannbeton. (EC2-1-2, Tab. 5.10)

Feuerwiderstandsklasse	Mindestmaße (mm)			
	Mögliche Kombinationen zwischen Rippenbreite b_{min} und Achsabstand a			Plattendicke h_s und Achsabstand a in Spannrichtung
REI 30	$b_{min} = 80$ $a = 15^*$			$h_s = 80$ $a = 10^*$
REI 60	$b_{min} = 100$ $a = 35$	120 25	≥ 200 15^*	$h_s = 80$ $a = 10^*$
REI 90	$b_{min} = 120$ $a = 45$	160 40	≥ 250 30	$h_s = 100$ $a = 15^*$
REI 120	$b_{min} = 160$ $a = 60$	190 55	≥ 300 40	$h_s = 120$ $a = 20$
REI 180	$b_{min} = 220$ $a = 75$	260 70	≥ 410 60	$h_s = 150$ $a = 30$
REI 240	$b_{min} = 280$ $a = 90$	350 75	≥ 500 70	$h_s = 175$ $a = 40$

Bei Spannbetonrippendecken sollte der Achsabstand a um 10 mm vergrößert werden
a_{sd} bezeichnet den Abstand zwischen der Bewehrungsstabachse und der Seitenfläche der brandbeanspruchten Rippe
*Bei den mit einem Stern * gekennzeichneten Mindestwerten der Achsabstände ist die normale Betondeckung für die maßgebende Expositionsklasse bei Normaltemperatur ausreichend

Tab. 6.26 Mindestwerte für Plattendicken h_s und Achsabstände a für zweiachsig gespannte Rippendecken aus Stahlbeton und Spannbeton mit mindestens einem eingespannten Rand. (EC2-1-2, Tab. 5.11)

Feuerwiderstandsklasse	Mindestmaße (mm)			
	Mögliche Kombinationen zwischen Rippenbreite b_{min} und Achsabstand a			Plattendicke h_s und Achsabstand a in Spannrichtung
REI 30	$b_{min} = 80$ $a = 10^*$			$h_s = 80$ $a = 10^*$
REI 60	$b_{min} = 100$ $a = 25$	120 15^*	≥ 200 10^*	$h_s = 80$ $a = 10^*$
REI 90	$b_{min} = 120$ $a = 35$	160 25	≥ 250 15^*	$h_s = 100$ $a = 15^*$
REI 120	$b_{min} = 160$ $a = 45$	190 40	≥ 300 30	$h_s = 120$ $a = 20$
REI 180	$b_{min} = 310$ $a = 60$	600 50		$h_s = 150$ $a = 30$
REI 240	$b_{min} = 450$ $a = 70$	700 60		$h_s = 175$ $a = 40$

Bei Spannbetonrippendecken sollte der Achsabstand a um 10 mm vergrößert werden
$a$sd bezeichnet den Abstand zwischen der Bewehrungsstabachse und der Seitenfläche der brandbeanspruchten Rippe
*Bei den mit einem Stern * gekennzeichneten Mindestwerten der Achsabstände ist die normale Betondeckung für die maßgebende Expositionsklasse bei Normaltemperatur ausreichend

wehrung über den Zwischenstützen wie bei statisch unbestimmt gelagerten Balken entsprechend Abschn. 6.4.3.2 ausgebildet sein;

- bei Rippendecken aus Spannbeton sollte der Achsabstand a um den Wert Δa nach Gl. (6.12) vergrößert werden;
- der Wert a_{sd} in den Tab. 6.25 und 6.26 bezeichnet den Abstand zwischen der Stabachse der Bewehrung und der Seitenfläche der brandbeanspruchten Rippe.

6.4.6 Bauteile aus hochfestem Beton

Für Bauteile aus hochfestem Beton in den Festigkeitsklassen ≥ C55/67 gelten zusätzliche Vorschriften, denn hochfester Beton ist bei hoher Temperatur einem erhöhten Risiko von Betonabplatzungen ausgesetzt.

6.4.6.1 Festigkeitsminderung bei hohen Temperaturen

Beim Nachweis für hohe Temperaturen sollte für tragende Bauteile aus hochfestem Beton eine Festigkeitsminderung $f_{c,\theta}/f_{ck}$ vorgenommen werden. Hierbei werden bei den Festigkeitsklassen drei Unterscheidungen vorgenommen, die für die Angabe der Festigkeitsminderung in Tab. 6.27 berücksichtigt sind.

6.4.6.2 Betonabplatzungen bei hohen Temperaturen

Für hochfesten Beton der Festigkeitsklassen C55/67 bis C80/95 gelten die gleichen Anforderungen gegen Betonabplatzungen und Abfallen von Betonschichten wie für Normalbeton unter der Voraussetzung, dass der Gehalt an Silicastaub weniger als 6 % des Zement-

Tab. 6.27 Minderung der Festigkeit des hochfesten Betons bei hoher Temperatur. (Nach EC2-1-2; Tab. 6.1N)

Betontemperatur	Minderungsverhältnis $fc,\theta/fck$ für Betonfestigkeitsklassen		
θ °C	C55/67 und C60/75	C70/85 und C80/95	C90/105
50	1,00	1,00	1,00
100	0,90	0,75	0,75
200	0,90	0,75	0,70
300	0,85	0,75	0,65
400	0,75	0,75	0,45
500			0,30
600			0,25
800	0,15	0,15	0,15
1000	0,04	0,04	0,04
1100	0,01	0,04	0,01
1200	0,00	0,00	0,00

gewichts beträgt. Für höhere Anteile an Silicastaub und für Festigkeitsklassen ≥ C90/105 sollte eine der folgenden Methoden angewendet werden:

Methode A:	Einbau eines Bewehrungsnetzes mit einer Betondeckung c_{nom} = 15 mm; Stabdurchmesser ≥ 2 mm, Maschengröße 50 mm · 50 mm.
Methode B:	Verwendung eines Betontyps, bei dem nachgewiesen ist, dass unter Brandbeanspruchung keine Abplatzungen entstehen (z. B. durch Erfahrung oder Versuche).
Methode C:	Verwendung von Schutzschichten, bei denen keine Betonabplatzungen bei Brandbeanspruchung entstehen.
Methode D:	Zugabe von einfaserigen Polypropylenfasern in die Betonmischung:

≥ 2 kg/m³ bei Wasserzementwert $w/z \geq 0{,}28$;
≥ 4 kg/m³ bei Wasserzementwert $w/z \leq 0{,}24$.

6.4.7 Brandschutznachweis für spezielle Hochbauten und Industriebauten

Für spezielle Hochbauten und/oder Industriebauten ist die in den vorstehenden Abschnitten beschriebene Verwendung tabellierter Werte für einzelne Bauteile nicht unbedingt das günstigste Verfahren. In Tab. 6.15 wurde auf die Analyse von Bauwerksteilen bzw. auf die Analyse des gesamten Bauwerks durch den Einsatz des vollständigen analytischen Bemessungsverfahrens oder des vereinfachten Bemessungsverfahrens hingewiesen. Um einen wirtschaftlichen und trotzdem wirkungsvollen Brandschutz zu erreichen, ist es sinnvoller, anstelle der Verwendung tabellierter Werte entweder das analytische oder das vereinfachte Bemessungsverfahren durchzuführen. Zum Nachweis der Brandschutzmaßnahmen sollte daher vom Bauherrn schon bei der Planung ein Brandschutzingenieur hinzugezogen werden.

6.5 Nachweise für Stahlbauten

Maßgebend für den Brandschutznachweis von Tragwerken aus Stahl ist der Eurocode EC3 mit Teil 1-2 (DIN EN 1993-1-2).

Einige Grundlagen für den Nachweis des Brandschutzes von Stahlbauteilen und deren Bekleidungen zum Schutz gegen zu starkes Erwärmen bei Brandbeanspruchung enthalten die folgenden Abschnitte.

6.5.1 Abminderungsfaktoren für den Brandfall

Mit zunehmender Stahltemperatur Θ_a verändern sich die mechanischen Eigenschaften des Stahls. Damit wird die Beanspruchbarkeit von Stahlbauteilen verringert. Im Allgemeinen wird unterstellt, dass die Beanspruchbarkeit eines Stahlbauteils gegeben ist, wenn folgende Bedingung erfüllt wird (EC3-1-2; 4.2.1):

$$E_{\text{fi,d}} \leq R_{\text{fi,d,t}} \tag{6.15}$$

Hierbei sind:

$E_{\text{fi,de}}$ Bemessungswert der maßgebenden Beanspruchung im Brandfall nach EC1-1-2

$R_{\text{fi,d,t}}$ Bemessungswert der Beanspruchbarkeit des Stahlbauteils im Brandfall zum Zeitpunkt t

Die Streckgrenze f_y des Stahls verändert sich während der Brandeinwirkung, ebenso die Proportionalitätsgrenze f_p und der Elastizitätsmodul E_a des Stahls. Damit die Veränderungen der mechanischen Eigenschaften bei Brandeinwirkung berücksichtigt werden können, sind in Tab. 6.28 entsprechende Abminderungsfaktoren gegenüber normaler Temperatur Θ_a des Stahls angegeben (EC3-1-2; Tab. 3.1):

$k_{y,\theta}$ Abminderungsfaktor für die Streckgrenze f_y

$k_{p,\theta}$ Abminderungsfaktor die die Proportionalitätsgrenze f_p

$k_{E,\theta}$ Abminderungsfaktor für den Elastizitätsmodul E_a

6.5.2 Kritische Stahltemperatur$\Theta_{a,cr}$

Die kritische Temperatur $\Theta_{a,cr}$ des Baustahls ist die Temperatur, bei der unter einer gegebenen Belastung und gleichförmiger Temperaturverteilung das Versagen in einem

Tab. 6.28 Abminderungsfaktoren für die Spannungs-Dehnungsbeziehung von Baustählen unter erhöhter Temperatur. (EC3-1-2, Tab. 3.1)

	Abminderungsfaktoren bei Temperatur θ_a relativ zu f_y oder E_a bei 20 °C		
Stahl- temperatur θ_a	Abminderungsfaktor (relativ zu f_y) für die effektive Fließgrenze $k_{y,\theta} = f_{y,\theta}/f_y$	Abminderungsfaktor (relativ zu f_y) für die Proportionalitätsgrenze $k_{p,\theta} = f_{p,\theta}/f_y$	Abminderungsfaktor (relativ zu E_a) für die Steigung im elastischen Bereich $K_{E,\theta} = E_{a,\theta}/E_a$
20 °C	1,000	1,000	1,000
100 °C	1,000	1,000	1,000
200 °C	1,000	0,807	0,900
300 °C	1,000	0,613	0,800
400 °C	1,000	0,420	0,700
500 °C	0,780	0,360	0,600
600 °C	0,470	0,180	0,310
700 °C	0,230	0,075	0,130
800 °C	0,110	0,050	0,090
900 °C	0,060	0,0375	0,0675
1000 °C	0,040	0,0250	0,0450
1100 °C	0,020	0,0125	0,0225
1200 °C	0,000	0,0000	0,0000

Anmerkung: Zwischenwerte dürfen linear interpoliert werden

Tab. 6.29 Kritische Temperatur $\Theta_{a,cr}$ des Stahls in Abhängigkeit vom Ausnutzungsgrad μ_0 des Bauteils. (EC3-1-2, Tab. 4.1)

μ_0	$\theta_{a,cr}$	μ_0	$\theta_{a,cr}$	μ_0	$\theta_{a,cr}$
0,22	711	0,42	612	0,62	549
0,24	698	0,44	605	0,64	543
0,26	685	0,46	598	0,66	537
0,28	674	0,48	591	0,68	531
0,30	664	0,50	585	0,70	526
0,32	654	0,52	578	0,72	520
0,34	645	0,54	572	0,74	514
0,36	636	0,56	566	0,76	508
0,38	628	0,58	560	0,78	502
0,40	620	0,60	554	0,80	496

Anmerkung: Der Nationale Anhang kann Werte für die kritischen Temperaturen enthalten

Stahlbauteil erwartet wird. Die kritische Temperatur ist von der Größe der Beanspruchung $E_{fi,d}$ im Verhältnis zur Beanspruchbarkeit $R_{fi,d,0}$ abhängig, ausgedrückt durch den Ausnutzungsgrad μ_0:

$$\mu_0 = E_{fi,d} / R_{fi,d,0} \tag{6.16}$$

Hierbei sind:

$E_{fi,de}$ Bemessungswert der maßgebenden Beanspruchung im Brandfall nach EC1-1-2

$R_{fi,d,0}$ Bemessungswert der Beanspruchbarkeit $R_{fi,d,0}$ zum Zeitpunkt $t = 0$

Abhängig vom Ausnutzungsgrad μ_0 ist in Tab. 6.29 die zugehörige kritische Temperatur $\Theta_{a,cr}$ angegeben.

6.5.3 Ungeschützte Stahlbauteile

Der Temperaturanstieg $\Delta\Theta_{a,t}$ in ungeschützten Stahlbauteilen während eines Zeitabschnitt Δt ist abhängig vom sogenannten Profilfaktor des ungeschützten Stahlbauteils. Der Profilfaktor ergibt sich aus dem Verhältnis der einem Brand ausgesetzten Oberfläche A_m zum Volumen V des Bauteils, jeweils pro Längeneinheit in m²/m. Je größer der Profilfaktor A_m/V ist, umso größer ist auch die Erwärmung eines Bauteils bei Brandeinwirkung. Tab. 6.30 nennt Profilfaktoren üblicher Stahlquerschnitte, die ungeschützt sind.

Mit diesen Profilfaktoren A_m/V für ungeschützt Stahlbauteile kann eine Bemessung für den Brandfall entsprechend Eurocode EC3-1-2, Abschn. 4 „Tragwerksbemessung für den Brandfall" durchgeführt werden. Nachfolgende wird darauf nicht weiter eingegangen, denn die Tragwerksbemessung ist eine Aufgabe des Tragwerksplaners.

Tab. 6.30 Profilfaktor A_m/V für ungeschützte Stahlbauteile. (EC3-1-2, Tab. 4.2)

Offener Querschnitt mit allseitiger Brandeinwirkung: $\frac{A_m}{V} = \frac{\text{Umfang}}{\text{Querschnittsfläche}}$	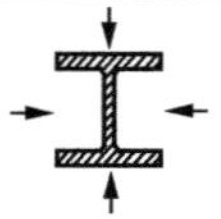	Rohr mit allseitiger Brandeinwirkung: $A_m/V = 1/t$	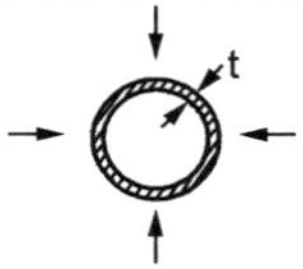
Offener Querschnitt mit dreiseitiger Brandeinwirkung:	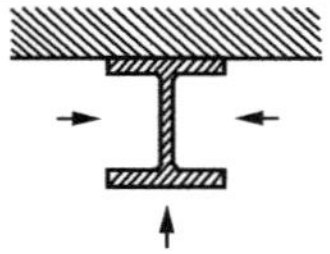	Hohlquerschnitt (oder geschweißter Kasten) mit allseitiger Brandeinwirkung: Wenn $t \ll b$: $A_m/V \approx 1/t$	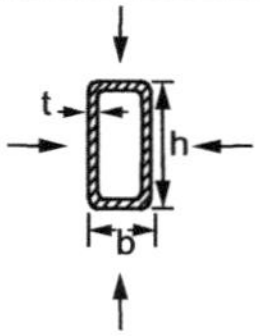
$\frac{A_m}{V} = \frac{\text{brandbeanspruchte Oberfläche}}{\text{Querschnittsfläche}}$			
Flansch eines I-Querschnitts mit dreiseitiger Brandeinwirkung: $A_m/V = (b + 2t_f)/(bt_f)$ Wenn $t \ll b$: $A_m/V \approx 1/t_f$	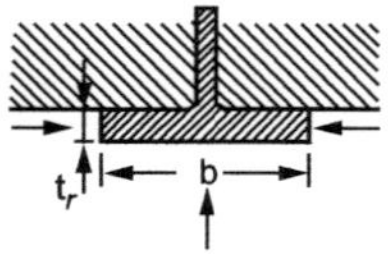	Geschweißter Kastenquerschnitt mit allseitiger Brandeinwirkung: $\frac{A_m}{V} = \frac{2(b+h)}{\text{Querschnittsfläche}}$	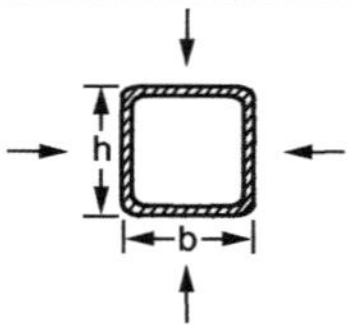
Winkel mit allseitiger Brandeinwirkung: $A_m/V = 2/t$	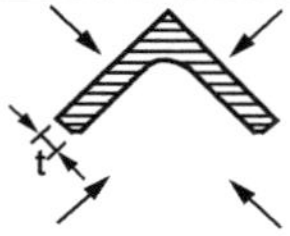	I-Querschnitt mit Kastenverstärkung und allseitiger Brandeinwirkung: $\frac{A_m}{V} = \frac{2(b+h)}{\text{Querschnittsfläche}}$	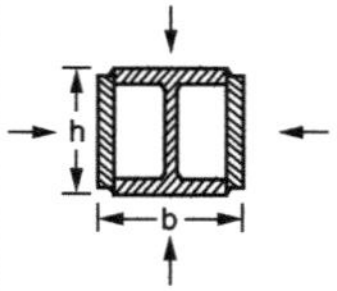
Flachstahl mit allseitiger Brandeinwirkung: $A_m/V = 2(b + t)/(bt)$ Wenn $t \ll b$: $A_m/V \approx 2/t$ 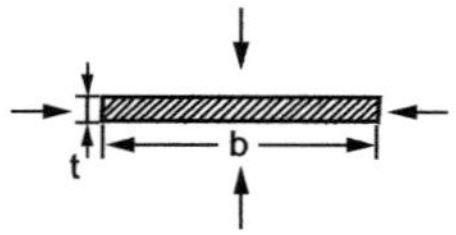		Flachstahl mit dreiseitiger Brandeinwirkung: $A_m/V = (b + 2t)/(bt)$ Wenn $t \ll b$: $A_m/V \approx 1/t$ 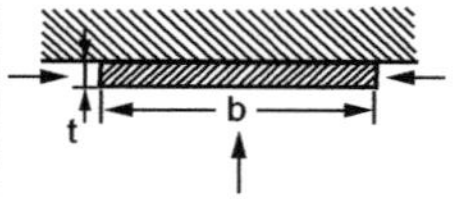	

6.5.4 Geschützte Stahlbauteile

Damit sich Stahlbauteile bei Brandbeanspruchung nur auf eine Stahltemperatur unter der kritischen Temperatur $\Theta_{a,cr}$ erwärmen, ist im Allgemeinen die Anordnung einer Bekleidung oder einer dämmschichtbildenden Beschichtung erforderlich. Maßgebend für den Temperaturanstieg bei Brandeinwirkung ist für geschützte Stahlbauteile ebenfalls der jeweilige Profilfaktor. Der Profilfaktor A_p/V ergibt sich aus dem Verhältnis der einem Brand ausgesetzten Oberfläche A_p des Brandschutzmaterials zum Volumen V des Bauteils, jeweils pro Längeneinheit in m²/m. Je größer der Profilfaktor A_p/V ist, umso größer ist auch die Erwärmung eines Bauteils bei Brandeinwirkung. Tab. 6.31 nennt Profilfaktoren üblicher Stahlquerschnitte, die geschützt sind.

Diese Profilfaktoren A_p/V für geschützte Stahlbauteile dienen der Bemessung für den Brandfall entsprechend Eurocode EC3-1-2, Abschn. 4 „Tragwerksbemessung für den Brandfall". Diese Bemessung wird im Folgenden nicht weiter dargestellt, da die Tragwerksbemessung eine Aufgabe des Tragwerksplaners ist.

Tab. 6.31 Profilfaktor A_p/V für geschützte Stahlbauteile. (EC3-1-2, Tab. 4.3)

Skizze	Beschreibung	Profilfaktor (A_p/V)
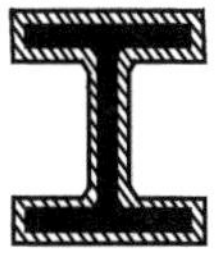	Profilfolgende Verkleidung konstanter Dicke	*Stahlumfang* Fläche des Stahlquerschnitts
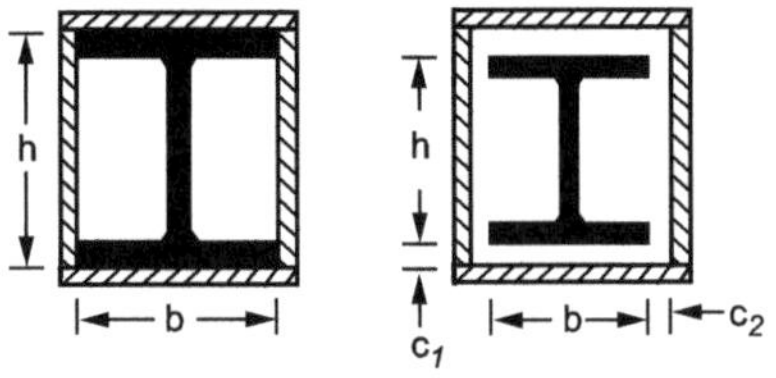 h, b, c₁, c₂	Kastenverkleidung[1)] konstanter Dicke	$\frac{2\,(b+h)}{\text{Fläche des Stahlquerschnitts}}$
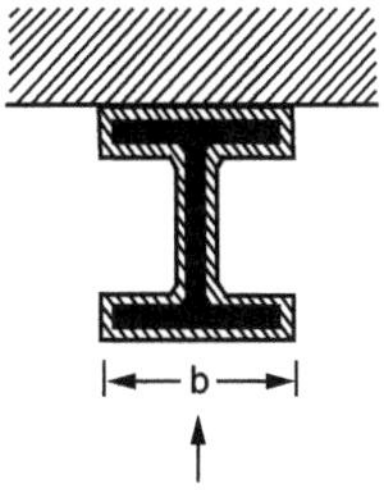 b	Profilfolgende Verkleidung konstanter Dicke mit dreiseitiger Brandbeanspruchung	*Stahlumfang – b* Fläche des Stahlquerschnitts
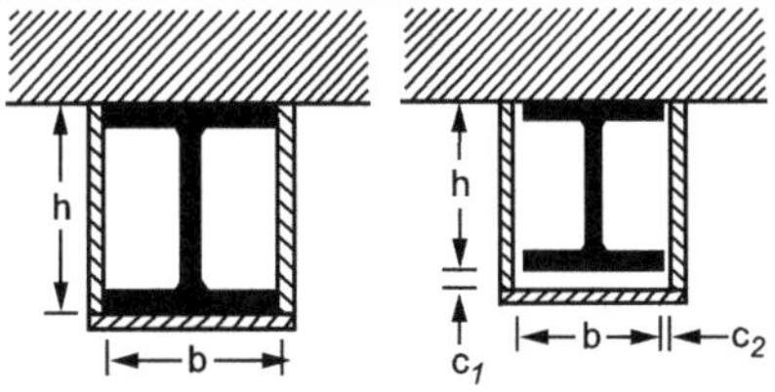 h, b, c₁, c₂	Kastenverkleidung[1)] konstanter Dicke mit dreiseitiger Brandbeanspruchung	$\frac{2h+b}{\text{Fläche des Stahlquerschnitts}}$

6.5.5 Planungshilfen durch klassifizierte Stahlbauteile

Nach Angaben in den Eurocodes wird erwartet, dass Planungshilfen von den interessierten externen Organisationen erarbeitet werden, die die Berechnungsmodelle der Eurocodes zur Grundlage haben.

Da solche Planungshilfen als Nachweismodelle noch nicht zur Verfügung stehen, die auf die in den Eurocodes aufgeführten Prüf- und Bemessungsverfahren aufbauen, wird nachfolgend für Stützen, Zugglieder und Träger aus Stahl auf die deutsche Brandschutznorm DIN 4102-4 zurückgegriffen.

Hinweise Bei der Planung spezieller Hochbauten und/oder Industriebauten sollte vom Bauherrn ein Brandschutzingenieur hinzugezogen werden.

Zur Bekleidung von Stahlprofilen, die als Stützen, Träger, Unterzüge oder Zugglieder eingesetzt werden, sind von Spezialherstellern besondere Brandschutzplatten entwickelt worden. Für die Verwendung müssen die Brandschutzplatten nach allgemein anerkannten Prüfverfahren beurteilt werden, ein allgemeines bauaufsichtliches Prüfzeugnis haben und in der Bauregelliste A Teil 2 des DIBt aufgeführt sein, z. B. Brandschutzplatten der SVT GmbH oder Promat GmbH. In Tab. 6.35 sind die erforderlichen Plattendicken für Stützen und in Tab. 6.39 für Träger und Unterzüge genannt, jeweils für die entsprechende Feuerwiderstandsklasse und unterschieden nach Brandschutzbauplatten Promatect®-H mit einer Rohdichte $\rho \approx 870$ kg/m^3 und Promatect®-L mit einer Rohdichte $\rho \approx 450$ kg/m^3. Anstelle von Brandschutzbauplatten kann geklärt werden, ob als Brandschutzmaßnahme eine dämmschichtbildende Beschichtung geeignet ist.

6.5.6 Stützen aus Stahl

Stahlstützen mit ein- bis vierseitiger Brandbeanspruchung werden bestimmten Feuerwiderstandsklassen zugeordnet: Diese Stützen sind klassifiziert.

Für klassifizierte Stahlstützen sind folgende Randbedingungen zu beachten:

- Alle Bekleidungen müssen auf ganzer Stützenlänge von Oberkante Fußboden bis Unterkante Rohdecke angeordnet werden. Bei Fußböden, die ganz oder teilweise aus brennbaren Baustoffen bestehen, muss die Bekleidung Oberkante Rohdecke beginnen.
- Stahlstützen mit geschlossenem Querschnitt mit Beton- oder Mörtelfüllung müssen im Abstand von höchstens 5 m sowie am Kopf und Fuß der Stütze jeweils mindestens zwei Löcher besitzen, die nicht beide auf einer Querschnittsseite liegen dürfen. Öffnungsquerschnitt je Lochpaar ≥ 6 cm^2.
- Stahlstützen mit offenem Querschnitt, bei denen die Flächen zwischen den Flanschen vollständig mit Mörtel, Beton oder Mauerwerk ausgefüllt sind, dürfen zusätzlich zur brandschutztechnisch notwendigen Ummantelung beliebig bekleidet werden (Tab. 6.32).

Tab. 6.32 Stahlstützen. Mindestbekleidungsdicke *d* in mm von Stahlstützen mit $A_p/V \leqq 300$ m/m² mit einer Bekleidung aus Beton, Mauerwerk oder Platten. (DIN 4102-4, Tab. 7.4)

Bekleidung aus:	Feuerwiderstandsklasse – Benennung				
	F 30-A	F 60-A	F 90-A	F 120-A	F 180-A
Stahlbeton nach DIN EN 206-1 und DIN 1045-2 oder bewehrtem Porenbeton nach DIN 4223	50 (30)	50 (30)	50 (40)	60 (50)	75 (60)
Mauerwerk oder Wandbauplatten nach DIN EN 1996-2 unter Verwendung von Porenbeton-Blocksteinen oder -Bauplatten nach DIN EN 771-4 in Verbindung mit DIN V 20000-404 oder Hohlblocksteinen, Vollsteinen bzw. Wandbauplatten aus Leichtbeton nach DIN EN 771-3 in Verbindung mit DIN V 20000-403 und DIN V 18151-100, DIN V 18152-100, DIN V 18153-100	50 (50)	50 (50)	50 (50)	50 (50)	70 (50)
Mauerziegeln nach DIN EN 777-1 in Verbindung mit E DIN 20000-401 und DIN 105-6, DIN 105-100 oder Kalksandsteinen nach DIN EN 771-2 in Verbindung mit DIN V 20000-402 und DIN V 106	50 (50)	50 (50)	70 (50)	70 (70)	115 (70)
Wandbauplatten aus Gips nach DIN EN 12859	60 (60)	60 (60)	80 (60)	100 (80)	120 (100)

Die Klammerwerte gelten für Stützen aus Hohlprofilen, die vollständig ausbetoniert sind. Sie gelten auch für Stützen mit offenen Profilen, bei denen die Flächen zwischen den Flanschen vollständig ausbetoniert, vermörtelt oder ausgemauert sind.

- Stahlstützen mit offenem Querschnitt, bei denen die Flächen zwischen den Flanschen nicht vollständig mit Mörtel, Beton oder Mauerwerk ausgefüllt sind, dürfen nicht mit zusätzlichen Blechbekleidungen versehen werden.
- Bekleidungen aus Beton müssen konstruktiv bewehrt sein und die in Tab. 6.33 angegebenen Mindestdicken besitzen. Die Betonbekleidung darf unmittelbar am Stahl anliegen.
- Für vorgefertigte Bekleidungsteile ist die Eignung von Fugen, Anschlüssen und Verbindungsmitteln durch Prüfungen nach DIN 4102-2 nachzuweisen.
- Putzbekleidungen müssen die in Tab. 6.33 angegebenen Mindestputzdicken besitzen. Gipskartonplattenbekleidungen müssen die in Tab. 6.34 angegebenen Mindestdicken besitzen.
- Zum Schutz der Ecken sind stets Eckschutzschienen anzubringen und einzuspachteln.
- Die Angaben gelten auch für Stahlstützen mit Konsolen, sofern die Konsolen entsprechend ummantelt sind.
- Druckstäbe in Fachwerkträgern sind wie Stahlträger zu bemessen.

Tab. 6.33 Stahlstützen. Mindestdicken *d* in mm von Putzen bekleideter Stahlstützen. (DIN 4102-4, Tab. 7.5)

Profil faktor A_p/V	Mindestputzdicke d in mm über Putzträger (Rippenstreckmetall, Streckmetall oder Drahtgewebe) nach unten stehender Schema-Skizze bei Verwendung eines nachstehend genannten Putzes [1)]														
	Kantenschutz; ≧5mm geglätteter Putz nach DIN 18 550-2; Drahtgewebe; Putz; Bindedraht a≦500mm; Rundstahl ≧ϕ 6mm als Abstandhalter, 2 bis 3 Stück je Breite; Kern ggf. ausgemauert oder ausbetoniert; Rippenstreckmetall; Streckmetall oder Drahtgewebe; d; 5														
	Mörtelgruppe PII oder PIVc nach DIN 18 550-2					Mörtelgruppe PIVa oder PIVb nach DIN 18 550-2					Vermiculite- oder Perlite-Mörtel [2)]				
m/m²	R30	R60	R90	R120	R180	R30	R60	R90	R120	R180	R30	R60	R90	R120	R180
< 90	15	25	45	45	65	10	10	35	35	45	10	10	35	35	45
90 bis 119	15	25	45	55	65	10	20	35	45	60	10	20	35	45	55
120 bis 179	15	25	45	55	65	10	20	45	45	60	10	20	35	45	55
180 bis 300	15	25	55	55	65	10	20	45	60	60	10	20	45	45	55

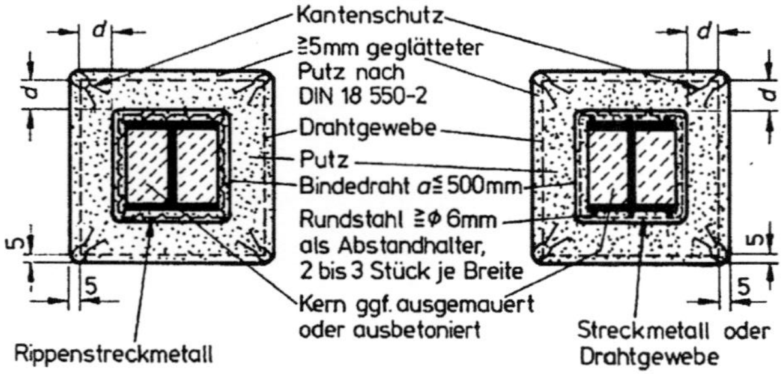

Tab. 6.34 Stahlstützen. Mindestbekleidungsdicken d in mm von Stahlstützen mit $A_p/V \leqq 300$ m/m² mit einer Bekleidung aus Gipskarton-Feuerschutzplatten (GKF) nach DIN 18180 mit geschlossener Fläche. (DIN 4102-4, Tab. 7.6)

Konstruktionsmerkmale	Feuerwiderstandsklasse – Benennung				
	R 30	R 60	R 90	R 120	R 180
d	12,5[1)]	12,5 + 9,5	3 × 15	4 × 15	5 × 15

Beispiele zu Stahlstützen mit Bekleidung

1. Stahlstützen in mehrgeschossigen Gebäuden müssen feuerbeständig sein. Stützen IBP 220 sollen hierzu einbetoniert werden.

$$A_p / V = \frac{2b+2h}{V} \cdot 10^2 = \frac{4 \cdot 22}{91{,}0} \cdot 100 = 96{,}7 \frac{\text{m}}{\text{m}^2} < 300 \ \frac{\text{m}}{\text{m}^2}$$

Nach Tab. 6.33: Stahlbeton über den Flanschen der Stahlstützen mindestens 40 mm dick. Hierdurch sind die Bedingungen für die Feuerwiderstandsklasse R 90 erfüllt.

2. Stahlstützen IPB 300 sollen ohne Ausbetonieren und ohne Ausmauerung durch eine möglichst dünne Bekleidung in die Feuerwiderstandsklasse R 90 gebracht werden.

$$A_p / V = \frac{2b+2h}{V} \cdot 10^2 = \frac{4 \cdot 30}{149} \cdot 10^2 = 80{,}5 \frac{\text{m}}{\text{m}^2} < 300 \ \frac{\text{m}}{\text{m}^2}$$

Nach Tab. 6.34:

Bekleidung mit Gipskarton-Feuerschutzplatten GKF insgesamt 3 × 15 mm.
Damit wird die Feuerwiderstandsklasse R 90 erreicht.

3. Für Bekleidungen mit Silikat-Brandschutzbauplatten muss ein Prüfzeugnis vorhanden sein. Für Platten H mit einer Rohdichte von $\rho \approx 870$ kg/m³ und Platten L mit $\rho \approx 450$ kg/m³ sind die Mindestdicken nach Tab. 6.35 erforderlich.

Je nach geforderter Feuerwiderstandsklasse und berechnetem Profilfaktor A_p/V wird die erforderliche Bekleidungsdicke Tab. 6.35 entnommen. ◀

Tab. 6.35 Stahlstützen. Mindestdicken der Bekleidungen aus Silikat-Brandschutzbauplatten in mm. Promatect®-H und -L von Promat GmbH nach Prüfungen entsprechend DIN 4102

Plattenart		Promatect ®-H-Bekleidung ($\rho \approx 870$ kg/m³)									
Plattendicke (mm)		10	12	15	20	25	30	35	40	45	50
		Errechneter Profilfaktor A_p/V									
Feuerwider-standsklassen	R 30	≦ 242	≦ 300	≦ 349	≦ 400						
	R 60	≦ 82	≦ 100	≦ 125	≦ 165	≦ 225	≦ 300	≦ 349	≦ 400		
	R 90			≦ 66	≦ 88	≦ 118	≦ 152	≦ 200	≦ 250	≦ 300	
	R 120				≦ 56	≦ 74	≦ 96	≦ 125	≦ 155	≦ 195	≦ 235
	R 180							≦ 66	≦ 81	≦ 102	≦ 122
Plattenart		Promatect®-L-Bekleidung ($\rho \approx 450$ kg/m³)									
Plattendicke (mm)		20	25	30	40	50	60				
		Errechneter Profilfaktor A_p/V									
Feuerwider-standsklassen	R 30	≦ 400									
	R 60	≦ 212	≦ 275	≦ 300	≦ 300						
	R 90	≦ 118	≦ 153	≦ 170	≦ 273	≦ 349					
	R 120	≦ 78	≦ 100	≦ 111	≦ 178	≦ 260	≦ 349				
	R 180		≦ 56	≦ 62	≦ 98	≦ 140	≦ 208				

6.5.7 Zugglieder aus Stahl

Für die Feuerwiderstandsklassen von Stahlzuggliedern einschließlich ihrer Anschlüsse sind in DIN 4102-4 keine Angaben für klassifizierte Zugglieder aus Stahl genannt.

Zum Erreichen einer bestimmten Feuerwiderstandsklasse müssen Stahlzugglieder eine Bekleidung besitzen und bestimmte Querschnittsabmessungen aufweisen. Einer Klassifizierung liegen im Allgemeinen die Abminderungsfaktoren entsprechend Abschn. 6.5.1 Tab. 6.28 zugrunde.

Die Feuerwiderstandsklassen von Stahlzugstäben in Fachwerkträgern sind wie bei Stahlträgern zu bestimmen (Abschn. 6.5.8).

6.5.8 Träger aus Stahl

Die Angaben gelten für biegebeanspruchte Stahlträger, die statisch bestimmt oder unbestimmt gelagert und bekleidet sind mit maximal dreiseitiger Brandbeanspruchung.

Dreiseitige Brandbeanspruchung liegt vor, wenn die Oberseite der Träger durch Platten oder Hohldielen jeweils mindestens der geforderten Feuerwiderstandsklasse vollständig abgedeckt ist. Derartige Stahlträger sind in DIN 4102-4 bestimmten Feuerwiderstandsklassen zugeordnet: sie sind klassifiziert.

Die Angaben gelten unter Berücksichtigung des Profilfaktors A_p/V nach Tab. 6.30 auch für Träger mit vierseitiger Brandbeanspruchung, wenn die Träger vierseitig entsprechend der beschriebenen Bekleidungsart ummantelt sind.

Vierseitige Brandbeanspruchung liegt vor, wenn die Oberseite der Träger freiliegt oder andere Abdeckungen erhält, z. B. aus Stahl, Holz oder Kunststoff.

Für alle bekleideten Träger wird vorausgesetzt, dass auch Kippverbände und sonstige statisch erforderliche Aussteifungen unter Berücksichtigung der Profilfaktoren A_p/V entsprechend der beschriebenen Bekleidungsart ummantelt sind. Ausgenommen hiervon sind Verbände, die nur für den Montagezustand erforderlich sind.

Putzbekleidungen von Trägern *ohne* Ausmauerung der Flächen zwischen den Flanschen müssen die in Tab. 6.36 angegebenen Mindestputzdicken besitzen.

Putzbekleidungen von Trägern *mit* Ausmauerung der Flächen zwischen den Flanschen gilt ebenfalls Tab. 6.36, die Mindestputzdicken brauchen jedoch nur im Bereich des Untergurtes eingehalten zu werden. Die Mindestdicke der Ausmauerung geht aus Tab. 6.37 hervor.

Gipskartonplattenbekleidungen müssen hinsichtlich der Platten-Anordnung und -Mindestdicke die in Tab. 6.38 angegebenen Bedingungen erfüllen.

Für klassifizierte Stahlträger sind weitere besondere Randbedingungen der DIN 4102-4; 6.2 zu beachten.

Je nach geforderter Feuerwiderstandsklasse und dem berechnetem Profilfaktor A_p/V kann die erforderliche Bekleidungsdicke den Tab. 6.36, 6.37, 6.38 und 6.39 entnommen werden, wodurch der Nachweis eines ausreichenden Brandschutzes erbracht ist.

Tab. 6.36 Stahlträger. Mindestdicken in mm von Putzen bekleideter Stahlträger ohne Ausmauerung [1]. (DIN 4102-4, Tab. 7.1)

	Mindestputzdicke d in mm über Putzträger (Rippenstreckmetall, Streckmetall oder Drahtgewebe) nach nebenstehender Schema-Skizze Gesamtputzdicke $D \geqq d$ + 10 mm bei Verwendung von Putz folgender Putzart:					Stahlbetonplatten oder -hohldielen Klemmbefestigung; ≥30; Schraubbefestigung: mind. 3 Schrauben je m; ≥50; 1; 2; D≥d+10; Bügel Φ≥6, a≥500; Abstandhalter Φ≥6, 2 bis 3 Stück je Breite; d; Rippenstreckmetall; Streckmetall oder Drahtgewebe									
Profilfaktor	Putze aus Kalk-Zementmörtel nach DIN EN 998-1 oder aus Gipskalkmörtel nach DIN EN 13279-1 in Verbindung mit DIN 18550-2 bzw. DIN EN 13914-2					Putze aus Gipsmörtel nach DIN EN 13279-1 in Verbindung mit DIN 18550-2 bzw. DIN EN 13914-2					Vermiculite- oder Perlite-Mörtel nach DIN 4102-4, 5.1.4 (5)				
A_p/V [m/m²]	R30	R60	R90	R120	R180	R30	R60	R90	R120	R180	R30	R60	R90	R120	R180
< 90	5	15	–	–	–	5	5	15	15	25	5	5	15	15	25
90 bis 119	5	15	–	–	–	5	5	15	25	–	5	5	15	25	–
120 bis 179	5	15	–	–	–	5	15	15	25	–	5	5	15	25	–
180 bis 300	5	15	–	–	–	5	15	25		–	5	5	25	25	–

Tab. 6.37 Stahlträger Mindestdicke d_M in mm der Ausmauerung von Stahlträgern mit Putzbekleidung der Untergurte. (DIN 4102-4, Tab. 7.2)

Zeile	Stahlbetonplatten oder -hohldielen	Mindestdicke d_M[2),3)] der Ausmauerung in mm für die Feuerwiderstandsklassen				
	Mauerwerk nach DIN EN 1996-2 aus:	R30	R60	R90	R120	R180
1	Porenbeton-Blocksteinen nach DIN EN 771-4 in Verbindung mit DIN V 20000-404 und DIN V 4165-100 oder oder Hohlblock- oder Vollsteinen bzw. Wandbauplatten aus Leichtbeton oder Beton nach DIN EN 771-3 in Verbindung mit DIN V 20000-403 und DIN V 18151-100, DIN V 18152-100, DIN V 18153-100	50	50	50	50	75
2	Mauerziegeln nach DIN EN 771-1 in Verbindung mit DIN 20000-401 und DIN 105-6, DIN 105-100 oder Kalksandsteinen nach DIN EN 771-2 in Verbindung mit DIN V 20000-402 und DIN V 106	50	50	50	70	115
3	Gips-Wandbauplatten nach DIN EN 12859	60	60	60	60	60

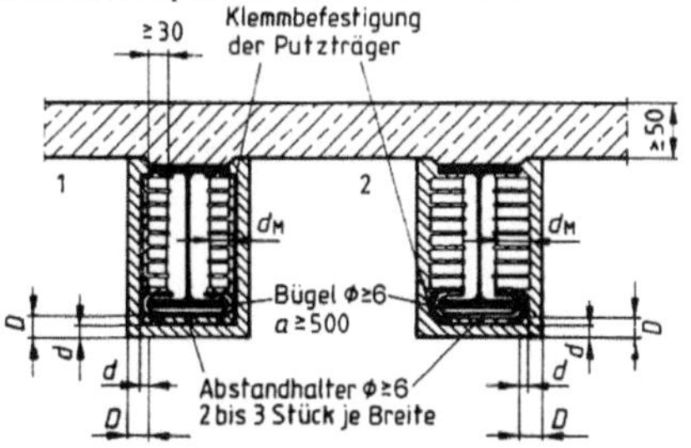

1)Die Mindestputzdicken *d* und *D* für den Bereich der Untergurte sind den Angaben nach Tafel **6.**36 zu entnehmen

2)Bei hohen Trägern können aus Gründen der Standsicherheit ggf. größere Dicken notwendig werden

3)Lochungen von Steinen oder Ziegeln dürfen nicht senkrecht zum Trägersteg verlaufen

Tab. 6.38 Stahlträger. Mindestdicken *d* in mm von Bekleidungen von Stahlträgern mit $A_p/V \leqq 300\ m/m^2$ mit einer Bekleidung aus Gipskarton-Feuerschutzplatten (GKF) nach DIN 18180 mit geschlossener Oberfläche. (DIN 4102-4, Tab. 7.3)

Stahlbetonplatten oder -hohldielen	Feuerwiderstandsklassen			
	R 30	R 60	R 90	R 120
	12,5	12,5 + 9,5	2 × 15	2 × 15 + 9,5[1)]

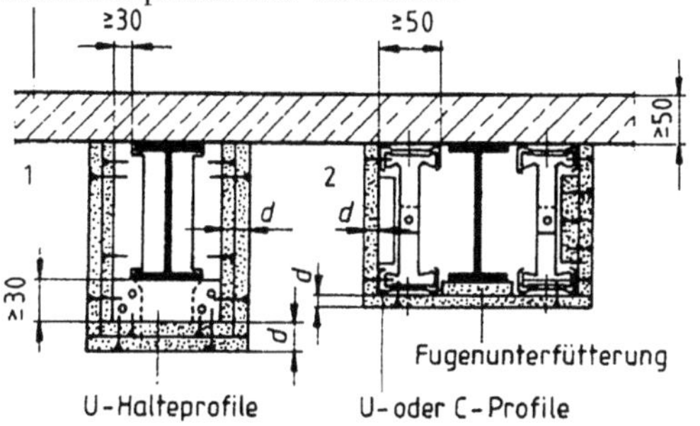

1)Die raumseitige, 9,5 mm dicke Bekleidungsschale darf auch aus Gipskarton-Bauplatten (GKB) nach DIN 18180 bestehen

Tab. 6.39 Stahlträger bzw. Stahlunterzüge. Mindestdicken der Bekleidungen aus Silikat-Brandschutzbauplatten Promatect®-H und -L von Promat GmbH nach Prüfungen entsprechend DIN 4102

Plattenart		Promatect®-H-Bekleidung ($\rho \approx 870$ kg/m³)									
Plattendicke d [mm]		10	12	15	20	25	30	35	40	45	50
		Errechneter Profilfaktor A_p/V									
Feuerwider-standsklassen	R 30	≦ 349	≦ 400								
	R 60	≦ 115	≦ 145	≦ 219	≦ 300	≦ 349	≦ 400				
	R 90	≦ 61	≦ 77	≦ 105	≦ 160	≦ 300	≦ 320	≦ 349	≦ 400		
	R 120			≦ 66	≦ 99	≦ 139	≦ 185	≦ 300	≦ 315	≦ 330	≦ 349
	R 180				≦ 50	≦ 73	≦ 95	≦ 122	≦ 145	≦ 179	≦ 219
Plattenart		Promatect®-L-Bekleidung ($\rho \approx 450$ kg/m³)									
Plattendicke d [mm]		20	25	30	40	50	55				
		Errechneter Profilfaktor A_p/V									
Feuerwider-standsklassen	R 30	≦ 400									
	R 60	≦ 300	≦ 400								
	R 90	≦ 159	≦ 250	≦ 300	≦ 400						
	R 120	≦ 95	≦ 145	≦ 215	≦ 300	≦ 400					
	R 180	≦ 45	≦ 68	≦ 99	≦ 175	≦ 260	≦ 300				

Beispiele zu Stahlträgern mit Bekleidung

1. Stahlträger IPE 300 unter Fertigteilplatten aus Stahlbeton sollen eine Putzbekleidung ohne Ausmauerung erhalten, damit sie der Feuerwiderstandsklasse F 90 entsprechen.

$$\text{Profilfaktor } A_p / V = \frac{2h+b}{V} = \frac{2\cdot 30{,}0+12{,}5}{69{,}0} = 1{,}05\ \frac{\text{cm}}{\text{cm}^2}$$
$$A_p / V = 105\ \text{m}/\text{m}^2 < 300\ \text{m}/\text{m}^2$$

Nach Tab. 6.36 ist Putz der Mörtelgruppen PII und PIV (Kalkmörtel) für die Feuerwiderstandsklasse F 90 nicht zulässig.

Bei Verwendung von Putz der Mörtelgruppe PIVa oder PIVb (Gipsmörtel oder Gipssandmörtel) beträgt die Mindestputzdicke über dem Putzträger $d \geqq 15$ mm, die Gesamtputzdicke $D \geqq 25$ mm.

2. Stahlträger HEB 260 liegen unter einer Massivdecke und sollen eine Ausmauerung für die Feuerwiderstandsklasse R 90 erhalten.

Ausmauerungsdicke nach Tab. 6.37: 50 mm aus Porenbetonblocksteinen.

$$\text{Profilfaktor } A_p / V = \frac{2h+b}{V} = \frac{2\cdot 26{,}0+26{,}0}{118} = 0{,}661\frac{\text{cm}}{\text{cm}^2}$$
$$A_p / V = 66{,}1\ \text{m}/\text{m}^2 < 90\ \text{m}/\text{m}^2$$

Nach Tab. 6.36: Putzdicke über Ausmauerung $d = 15$ mm, Putzdicke am Untergurt $D = 25$ mm. Es ist Gipsmörtel oder Gipssandmörtel der Mörtelgruppe IVa oder IVb zu verwenden.

3. Stahlträger HEB 450 unter Porenbetonplatten sollen durch eine Ausmauerung mit Kalksandsteinen in die Feuerwiderstandsklasse R 120 gebracht werden.

$$\text{Profilfaktor } A_p / V = \frac{2h+b}{V} = \frac{2\cdot 45{,}0+19{,}0}{98{,}8} = 1{,}1\frac{\text{cm}}{\text{cm}^2}$$
$$A_p / V = 110\ \text{m}/\text{m}^2 < 300\ \text{m}/\text{m}^2$$

Die Mindestdicke der Ausmauerung beträgt $d_M \geqq 70$ mm, die Mindestputzdicke über der Ausmauerung $d \geqq 25$ mm und die Gesamtputzdicke am Untergurt $D \geqq 35$ mm.

4. Bekleidungen mit Silikat-Brandschutzbauplatten müssen nach DIN 4102 geprüft sein. Für dreiseitige Plattenbekleidungen von Stahlträgern (Unterzüge) mit einer Rohdichte $\rho \approx 870$ kg/m³ (H) oder einer Rohdichte $\rho \approx 450$ kg/m³ (L) sind die Mindestdicken der Tab. 6.39 einzuhalten. Für Stahlträger HEB 450 mit einem Profilfaktor $A_p/V = 110$ m/m² ist für die Feuerwiderstandsklasse R 120 eine Plattendicke von $d = 25$ mm erforderlich. ◀

6.6 Nachweise für Verbundbauten aus Stahl und Beton

Bei Tragwerken in Verbundbauweise werden alle Bauteile als Verbundbauteile ausgebildet oder die Verbundbauteile werden in Kombination mit Stahlbauteilen verwendet. Ein Verbundbauteil ist ein tragendes Bauteil, dessen Elemente aus Beton und Baustahl bestehen. Verwendet wird hierfür warmgewalzter oder kaltverformter Baustahl. Verbundmittel müssen den Schlupf und die Trennung der Einzelelemente Stahl und Beton begrenzen. Als Verbundmittel werden Verdübelungen verwendet, die eine Verbindung zur Übertragung der Längsschubkräfte zwischen Beton und Stahl eines Verbundbauteils mit ausreichender Tragfähigkeit und Steifigkeit sicherstellen. Die Verdübelung wird nach dem Erhärten des Betons wirksam. Dadurch können die beiden Komponenten Stahl und Beton als ein tragendes Bauteil wirken (EC4-1-1 bzw. DIN EN 1994-1-1).

Bei Verbundbauten aus Stahl und Beton wird zwischen folgenden Bauteilen unterschieden:

Verbundstützen:	überwiegend auf Druck oder Druck und Biegung beanspruchte Verbundbauteile
Verbundträger:	überwiegend auf Biegung beanspruchte Verbundbauteile
Verbunddecken:	Deckenkonstruktionen, bei denen ein profiliertes Blech zunächst als Schalung dient und im Endzustand mit dem erhärteten Beton zusammenwirkt und als Zugbewehrung der fertiggestellten Decke wirkt.

Die Verbundbauteile bestehen aus Baustahl und Beton oder aus Baustahl und Stahlbeton. Beim Stahlbeton wird der Beton durch Bewehrung ergänzt, die aus Betonstahl besteht. Diese Baustoffe haben folgende Anforderungen zu erfüllen (EC4-1-1 bzw. DIN EN 1994-1-1):

Baustahl:	Es ist in der Regel Baustahl mit den gleichen Werkstoffeigenschaften wie für Stahlbauten zu verwenden, allerdings nur Baustahl, bei dem der Nennwert der Streckgrenze 460 N/mm^2 nicht überschreitet.
Beton:	Hierfür gelten die gleichen Anforderungen wie für Betonbauten nach EC2-1-1 bzw. DIN EN 1992-1-1. Allerdings liegen die Betonfestigkeitsklassen < C20/25 bzw. LC20/22 und > C60/75 bzw. LC60/66 außerhalb des Anwendungsbereiches für Verbundbauten.
Betonstahl:	Für die Bewehrung gelten die gleichen Anforderungen wie für Stahlbetonbauten.

6.6.1 Brandschutznachweis für Bauteile der Verbundbauweise

Zur Brandschutzbemessung nach den Eurocodes können verschiedene Verfahren eingesetzt werden (Abschn. 6.3.2):

- *Vollständiges analytisches Bemessungsverfahren*, die das Tragverhalten bei erhöhter Temperatur, die mögliche Beanspruchung durch Wärme und die positiven Aus-

wirkungen vorbeugender und abwehrender Brandschutzmaßnahmen für die Bedeutung des Bauwerks berücksichtigen.
- *Vereinfachtes Bemessungsverfahren* zur Bestimmung einer adäquaten Leistungsfähigkeit, mit dem nachgewiesen wird, dass das Bauwerk oder seine Bauteile bei einem tatsächlichen Brand eine ausreichende Leistungsfähigkeit aufweisen.
- *Verwendung tabellierter Werte*, die im Eurocode EC4 Teil 1-2 (DIN EN 1994-1-2) angegeben sind. Die Tabellenwerte beruhen auf weitgehend konservativen Annahmen für übliche Verbundbauteile.

Im Folgenden werden Tabellenwerte verwendet und die Bemessungsverfahren werden nicht dargestellt.

6.6.2 Verbundstützen

Bei Verbundstützen werden drei Arten unterschieden:

- Verbundstützen mit vollständig einbetoniertem Stahlprofil (Tab. 6.40 und 6.41)
- Verbundstützen mit Kammerbeton (Tab. 6.42)
- Verbundstützen aus betongefüllten Hohlprofilen (Tab. 6.43)

In den folgenden Tafeln werden Tabellenwerte für verschiedene Profile angegeben, aus denen die zugehörige Feuerwiderstandsklasse hervorgeht.

Tab. 6.40 Verbundstützen mit vollständig einbetoniertem Stahlprofil (EC4-1-2, Tab. 4.4). Mindestabmessungen des Querschnitts h_c und b_c, Mindestbetondeckung c_{min} des Stahlprofils und Mindestmaß u_s des Achsabstandes der Bewehrung

		Feuerwiderstandsklasse					
		R 30	R 60	R 90	R 120	R 180	R 240
1.1	Mindestabmessungen h_c und b_c in mm	150	180	220	300	350	400
1.2	Mindestbetonüberdeckung des Stahlquerschnitts c in mm	40	50	50	75	75	75
1.3	Mindestachsabstand der Bewehrungsstäbe u_s in mm oder	20*	30	30	40	50	50
2.1	Mindestabmessungen h_c und b_c in mm	–	200	250	350	400	–
2.2	Mindestbetonüberdeckung des Stahlquerschnitts c in mm	–	40	40	50	60	–
2.3	Mindestachsabstand der Bewehrungsstäbe u_s in mm	–	20*	20*	30	40	–

*Diese Werte müssen nach EN 1992-1-1, 4.4.1.2, überprüft werden

Tab. 6.41 Verbundstützen mit vollständig einbetoniertem Stahlprofil (EC4-1-2, Tab. 4.5) Mindestbetondeckung c_{min} des Stahlprofils mit Beton als Brandschutzbekleidung

Beton alsBekleidung		Feuerwiderstandsklasse				
		R 30	R 60	R 90	R 120	R 180
	Betonüberdeckung c in mm	0	25	30	40	50

Tab. 6.42 Verbundstützen mit Kammerbeton (EC4-1-2, Tab. 4.6) Mindestachsabstand der Bewehrung c_{min} und Mindestbewehrungsgrad

		Feuerwiderstandsklasse			
		R 30	R 60	R 90	R 120
	Mindestverhältnis von Steg- zu Flanschdicke e_w/e_f	0,5	0,5	0,5	0,5
1	Mindestquerschnittsabmessungen für den Lastausnutzungsfaktor $\eta_{fi,t} \leq 0,28$				
1.1	Mindestabmessungen h und b in mm	160	200	300	400
1.2	Mindestachsabstand der Bewehrungsstäbe u_s in mm	–	50	50	70
1.3	Mindestbewehrungsgrad $A_s/(A_c + A_s)$ in %	–	4	3	4
2	Mindestquerschnittsabmessungen für den Lastausnutzungsfaktor $\eta_{fi,t} \leq 0,47$				
2.1	Mindestabmessungen h und b in mm	160	300	400	–
2.2	Mindestachsabstand der Bewehrungsstäbe u_s in mm		50	70	–
2.3	Mindestbewehrungsgrad $A_s/(A_c + A_s)$ in %	–	4	4	–
3	Mindestquerschnittsabmessungen für den Lastausnutzungsfaktor $\eta_{fi,t} \leq 0,66$				
3.1	Mindestabmessungen h und b in mm	160	400	–	–
3.2	Mindestachsabstand der Bewehrungsstäbe u_s in mm	40	70	–	–
3.3	Mindestbewehrungsgrad $A_s/(A_c + A_s)$ in %	1	4	–	–

Anmerkung: Die Werte des Lastausnutzungsfaktors $\eta_{fi,t}$ wurden an das Rechenverfahren von EN 1994-1-1 für Verbundstützen angepasst

Tab. 6.43 Verbundstützen mit gefüllten Hohlprofilen (EC4-1-2, Tab. 4.7). Mindestabmessungen des Profils, Mindestbewehrungsgrad und Mindestachsabstand u_s der Bewehrungsstäbe zur Profilinnenseite

	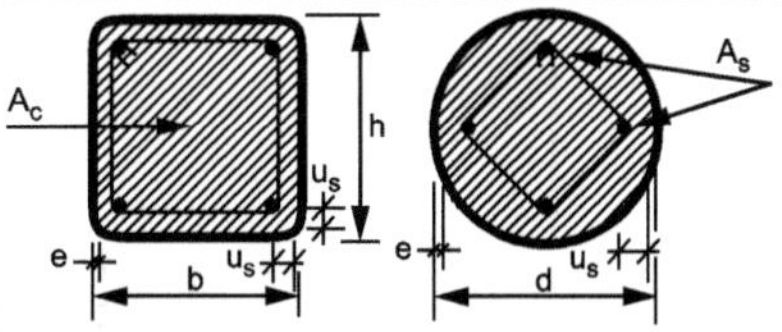	Feuerwiderstandsklasse				
	Stahlprofil: $(b/e) \geq 25$ oder $(d/e) \geq 25$	R 30	R 60	R 90	R 120	R 180
1	Mindestquerschnittsabmessungen für den Ausnutzungsfaktor $\eta_{fi,t} \leq 0{,}28$					
1.1	Mindestabmessungen h und b oder d in mm	160	200	220	260	400
1.2	Mindestbewehrungsgrad $(A_s/(A_c + A_s))$ in %	0	1,5	3,0	6,0	6,0
1.3	Mindestachsabstand u_s in mm	–	30	40	50	60
2	Mindestquerschnittsabmessungen für den Ausnutzungsfaktor $\eta_{fi,t} \leq 0{,}47$					
2.1	Mindestabmessungen h und b oder d in mm	260	260	400	450	500
2.2	Mindestbewehrungsgrad $(A_s/(A_c + A_s))$ in %	0	3,0	6,0	6,0	6,0
2.3	Mindestachsabstand u_s in mm	–	30	40	50	60
3	Mindestquerschnittsabmessungen für den Ausnutzungsfaktor $\eta_{fi,t} \leq 0{,}66$					
3.1	Mindestabmessungen h und b oder d in mm	260	450	550	–	–
3.2	Mindestbewehrungsgrad $(A_s/(A_c + A_s))$ in %	3,0	6,0	6,0	–	–
3.3	Mindestachsabstand u_s in mm	25	30	40	–	–

Anmerkung: Die Werte des Lastausnutzungsfaktors $\eta_{fi,t}$ wurden an das Rechenverfahren von EN 1994-1-1 für Verbundstützen angepasst

6.6.3 Verbundträger

Bei Verbundträgern werden zwei Arten unterschieden:

- Verbundträger mit ausbetonierten Kammern (Tab. 6.44 und 6.45)
- Verbundträger mit Beton als Brandschutzbekleidung (Tab. 6.46)

In den folgenden Tafeln werden Tabellenwerte für verschiedene Profile angegeben, aus denen die zugehörige Feuerwiderstandsklasse hervorgeht.

Tab. 6.44 Verbundträger mit Kammerbeton (EC4-1-2, Tab. 4.1). Mindestabmessungen des Querschnitts b und Mindest-Bewehrungsverhältnis min (A_s/A_f) von Zulagebewehrung zur Untergurtfläche

	Anwendungsbedingungen: Decke: $h_c \geq 120$ mm $b_{eff} \leq 0{,}5$ m Stahlquerschnitt: $b/e_w \geq 15$ $e_f/e_w \leq 2$ Verhältnis der Zulagebewehrung zur Gesamtfläche zwischen den Flanschen $A_s/(A_c + A_s) \leq 5$ %	Feuerwiderstandsklasse				
		R 30	R 60	R 90	R 120	R 180
1	Mindestquerschnittsabmessungen für den Lastausnutzungsfaktor $\eta_{fi,t} \leq 0{,}3$					
	min b in mm und erforderliches Verhältnis der Zulagebewehrung zur Untergurtfläche des Verbundträgers A_s/A_f					
1.1	$h \geq 0{,}9 \times \min b$	70/0,0	100/0,0	170/0,0	200/0,0	260/0,0
1.2	$h \geq 1{,}5 \times \min b$	60/0,0	100/0,0	150/0,0	180/0,0	240/0,0
1.3	$h \geq 2{,}0 \times \min b$	60/0,0	100/0,0	150/0,0	180/0,0	240/0,0
2	Mindestquerschnittsabmessungen für den Lastausnutzungsfaktor $\eta_{fi,t} \leq 0{,}5$					
	min b in mm und erforderliches Verhältnis der Zulagebewehrung zur Untergurtfläche des Verbundträgers A_s/A_f					
2.1	$h \geq 0{,}9 \times \min b$	80/0,0	170/0,0	250/0,4	270/0,5	–
2.2	$h \geq 1{,}5 \times \min b$	80/0,0	150/0,0	200/0,2	240/0,3	300/0,5
2.3	$h \geq 2{,}0 \times \min b$	70/0,0	120/0,0	180/0,2	220/0,3	280/0,3
2.4	$h \geq 3{,}0 \times \min b$	60/0,0	100/0,0	170/0,2	200/0,3	250/0,3
3	Mindestquerschnittsabmessungen für den Lastausnutzungsfaktor $\eta_{fi,t} \leq 0{,}7$					
3	min b in mm und erforderliches Verhältnis der Zulagebewehrung zur Untergurtfläche des Verbundträgers A_s/A_f					
3.1	$h \geq 0{,}9 \times \min b$	80/0,0	270/0,4	300/0,6	–	–
3.2	$h \geq 1{,}5 \times \min b$	80/0,0	240/0,3	270/0,4	300/0,6	–
3.3	$h \geq 2{,}0 \times \min b$	70/0,0	190/0,3	210/0,4	270/0,5	320/1,0
3.4	$h \geq 3{,}0 \times \min b$	70/0,0	170/0,0	190/0,4	270/0,5	300/0,8

Tab. 6.45 Verbundträger mit ausbetonierten Kammern (EC4-1-2, Tab. 4.2). Mindestmaß u_s des Achsabstandes der Zulagebewehrung

Profilbreite b mm	Mindestachsabstand u_1, u_2 mm	Feuerwiderstandsklasse			
		R 60	R 90	R 120	R 180
	u_1	100	120	–	–
170	u_2	45	60	–	–
	u_1	80	100	120	–
200	u_2	40	55	60	–
	u_1	60	75	90	120
250	u_2	35	50	60	60
	u_1	40	50	70	90
≥ 300	u_2	25*	45	60	60

Tab. 6.46 Verbundträger mit Beton als Brandschutzbekleidung (EC4-1-2, Tab. 4.3). Mindestbetondeckung c_{min} des Stahlprofils

	Feuerwiderstandsklasse				
	R 30	R 60	R 90	R 120	R 180
Betonüberdeckung c in mm	0	25	30	40	50

6.6.4 Verbunddecken

Bei Verbunddecken dient ein profiliertes Blech zunächst als Schalung, später im Endzustand wirkt das profilierte Blech mit dem erhärteten Beton gemeinsam als Zugbewehrung der fertiggestellten Decke. Typische Verbunddecken mit unterschiedlichen Profilblechen zeigt Abb. 6.8.

Feuerwiderstandsklassen (EC4-1-2; 4.3)
Bei Verbunddecken aus Stahlprofilblechen mit oder ohne zusätzliche Bewehrung erfüllen hinsichtlich der Tragfähigkeit im Brandfall die Bedingungen für die Feuerwiderstandsdauer R 30, wenn sie EC4-1-1 entsprechen. Der Feuerwiderstand von Verbunddecken kann durch Anbringen eines Schutzsystems an das Stahlprofilblech erhöht werden, wodurch die Wärmeübertragung zur Verbunddecke vermindert wird.

Für Verbunddecken wird angenommen, dass das Raumabschluss-Kriterium „E" erfüllt ist.

Das Wärmedämm-Kriteriums „I" kann nur von geschützten Verbunddecken erreicht werden.

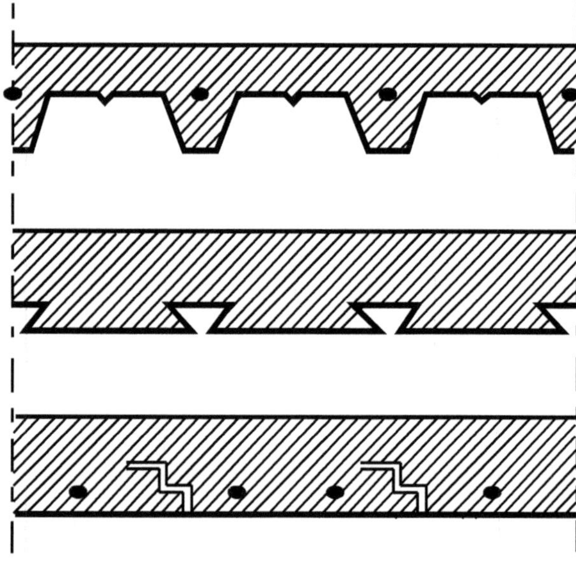

Abb. 6.8 Typische Verbunddecken (EC4-1-2; Bild 1.1). a) Verbunddecke mit Trapezprofil. b) Verbunddecke mit hinterschnittenem Profil. c) Verbunddecke mit Flachprofil

6.7 Nachweise für Holzbauten

Wesentliche Anforderungen im Eurocode EC5-1-2 (DIN EN 1995-1-2) verlangen, dass die Tragwerke so bemessen und konstruiert sein müssen, dass sie ihre Tragfähigkeit während der festgelegten Brandbeanspruchung beibehalten, soweit im Brandfall eine mechanische Beanspruchbarkeit gefordert ist. Die Tragwerksbemessung für den Brandfall erfolgt nach EC5-1-2 (DIN EN 1995-1-2). Für die Klassifizierung von Holzbauteilen kann DIN 4102-4 hinzugezogen werden.

Falls Brandabschnitte gefordert sind, müssen die begrenzenden Bauteile der Brandabschnitte einschließlich ihrer Verbindungen so bemessen und konstruiert sein, dass sie ihre raumabschließende Funktion während der festgelegten Brandbeanspruchung beibehalten. Soweit erforderlich müssen sichergestellt sein:

- der Erhalt des Raumabschlusses;
- der Erhalt der thermischen Wärmedämmeigenschaft;
- die Begrenzung der Wärmestrahlung auf der feuerabgewandten Seite.

Beim Nachweis des Feuerwiderstands muss das für die Bemessung angenommene Modell des Tragwerks das Verhalten der Tragstruktur im Brandfall wiedergeben. Für die maßgebende Brandbeanspruchungsdauer t muss nachgewiesen werden:

$$E_{\mathrm{d,fi}} \leq R_{\mathrm{d,t,fi}} \tag{6.17}$$

Hierbei sind:

$E_{\mathrm{fi,de}}$ Bemessungswert der maßgebenden Beanspruchung im Brandfall nach EC1-1-2
$R_{\mathrm{fi,d,t}}$ Bemessungswert der Beanspruchbarkeit des Bauteils im Brandfall zum Zeitpunkt t

Die Tragwerksberechnung für den Brandfall sollte in Übereinstimmung mit DIN EN 1990 (2020), 7.1.5 erfolgen.

6.7.1 Planungshilfen durch klassifizierte Holzbauteile

Nach Angaben in den Eurocodes wird erwartet, dass Planungshilfen von den interessierten externen Organisationen erarbeitet werden, die die Berechnungsmodelle der Eurocodes zur Grundlage haben.

Da solche Planungshilfen als Nachweismodelle noch nicht zur Verfügung stehen, die auf die in den Eurocodes aufgeführten Prüf- und Bemessungsverfahren aufbauen, wird nachfolgend für Stützen, Zugglieder, Balken, Decken und Dächer aus Holz auf die deutsche Brandschutznorm DIN 4102-4 zurückgegriffen.

Hinweise: Bei der Planung spezieller Hochbauten und/oder Industriebauten sollte vom Bauherrn ein Brandschutzingenieur hinzugezogen werden.

Zur Bekleidung von Holzbauteilen, die als Stützen, Balken, Zugglieder, Decken oder Dächer eingesetzt werden, sind von Spezialherstellern besondere Brandschutzplatten entwickelt worden. Für die Verwendung müssen die Brandschutzplatten nach allgemein anerkannten Prüfverfahren beurteilt werden, ein allgemeines bauaufsichtliches Prüfzeugnis haben und in der Bauregelliste A Teil 2 des DIBt aufgeführt sein.

6.7.2 Unbekleidete Holzbauteile

Bei einer Brandbeanspruchung wird es zu einem Abbrand an den Oberflächen der Holzbauteile kommen. Bei den Abbrandraten werden normalerweise folgende Fälle unterschieden:

- ungeschützte Oberflächen während der gesamten Zeitdauer der Brandbeanspruchung;
- anfänglich geschützte Oberflächen, bei denen ein Abbrand vor Versagen der Schutzbekleidung beginnt;
- Oberflächen, die dem Feuer nach dem Versagen der Schutzbekleidung direkt ausgesetzt sind.

Für eine ausreichende Feuerwiderstandsdauer kann es erforderlich sein, die Holzbauteile durch Bekleidungen zu schützen.

6.7.3 Bekleidete Holzbauteile

Bekleidete Holzbauteile sind Bauteile mit Maßnahmen zur Verzögerung des Temperaturanstiegs und zur Verhinderung oder Reduzierung des Abbrandes infolge Brandeinwirkung. Hierfür werden Brandschutzmaterialien verwendet. Dies sind Baustoffe oder Baustoffkombinationen, die an einem tragenden Bauteil zur Verbesserung seiner Feuerwiderstandsfähigkeit angebracht werden. Der erforderliche Schutz gilt für Oberflächen von Bauholz und Holzwerkstoffen sowie deren Verbindungen und Verbindungsmittel.

Die Versagenszeit einer Brandschutzbekleidung ist die Dauer der Funktionstüchtigkeit einer Brandschutzbekleidung, ein Bauteil gegen direkte Brandbeanspruchung zu schützen, wobei sich die Versagenszeit auf den Zeitpunkt bezieht, bei dem die Brandschutzbekleidung vom Holzbauteil abfällt, oder ein zunächst schützendes, tragendes Bauteil versagt, oder der Schutz durch ein anderes tragendes Bauteil infolge übermäßiger Verformungen ausfällt (DIN EN 1995-1-2, 3.4.3).

Brandschutzbekleidungen oder dämmschichtbildende Beschichtungen werden von Spezialfirmen hergestellt und können verwendet werden, wenn sie geprüft und in der Bauregelliste geführt werden.

Bekleidete Holzbauteile müssen die in Tab. 6.47 angegebenen Bekleidungsdicken aufweisen, wobei dies unabhängig von der Spannungsausnutzung und der Holzart gilt.

6.7.4 Decken aus Holz

Grundlage für die Bemessung von Holzbauteilen ist DIN EN 1995-1-1. Für die Ausführung von Verbindungen ist DIN 4102-4, 8.2 zu beachten.

Sowohl Decken in Holztafelbauart als auch Holzbalkendecken sind in DIN 4102-4 klassifiziert.

6.7.4.1 Decken in Holztafelbauart

Die Angaben gelten für Decken in Holztafelbauart nach DIN EN 1995-1-1, die von unten oder von oben durch Brand beansprucht werden. Es wird zwischen Decken mit brandschutztechnisch notwendiger und nicht notwendiger Dämmschicht unterschieden.

Bei Decken, die nach DIN 4102-4 klassifiziert sind, ist die Anordnung zusätzlicher Bekleidungen an der Deckenunterseite und die Anordnung von Fußbodenbelägen auf der Deckenoberseite ohne weitere Nachweise zulässig. Von dieser Regelung sind allerdings Bekleidungen aus Stahlblech ausgenommen.

Weiterhin sind folgende Bedingungen und Regeln zu beachten:

- Rippen müssen aus Nadelschnittholz oder Balkenschichtholz der Festigkeitsklasse C 24, aus Laubschnittholz mindestens der Festigkeitsklasse D 30 oder aus Brettschichtholz mindestens der Festigkeitsklasse GL 24c oder aus Furnierschichtholz nach DIN EN 14374 bestehen. Die Rippenbreite muss mindestens 40 mm betragen.
- Einzelne Leitungen dürfen durch die Beplankungen/Bekleidungen von klassifizierten Decken durchgeführt werden, wenn der verbleibende freie Durchdringungsquerschnitt mit Gipsmörtel oder einem ähnlich brandschutztechnisch wirksamen Stoff verschlossen wird.
- Untere Beplankungen bzw. Bekleidungen können aus folgenden Materialien bestehen:
  - Sperrholz nach DIN EN 13986 mit DIN EN 636 und DIN 20000-1,
  - Spanplatten nach DIN EN 13986 mit DIN EN 312 und DIN 20000-1,
  - Holzfaserplatten nach DIN EN 13986 mit DIN EN 622 und DIN 20000-1,
  - Gipsplatten GBK und GFK nach DIN 18180,
  - Putzträgerplatten (GKP) nach DIN 18180,
  - Profilbretter mit Nut und Feder nach DIN EN 14519,
  - gespundete Bretter aus Nadelholz nach DIN 4072,
  - Holzwolle-Platten nach DIN EN 13168,
  - OSB-Platten nach DIN EN 13986 mit DIN EN 300 und DIN 20000-1,

Tab. 6.47 Stützen, Balken und Zugglieder aus Holz. Bekleidete Stützen, Balken und Zugglieder aus Vollholz oder Brettschichtholz BSH. (DIN 4102-4, Tab. 8.1)

Zeile	Konstruktionsmerkmale bei Balken, Stützen und Zuggliedern (Ausführung bei 3-seitiger Bekleidung)		Stützen (Ausführung bei 4-seitiger Bekleidung)	
	1lagige Bekleidung (1) — Gipskarton-Feuerschutzplatten (GKF) nach DIN 18180 mit geschlossener Fläche (Zeile 1.1.1), Holzwerkstoff platten oder Bretter (Zeilen 1.1.2 bis 1.1.5)	2lagige Bekleidung (2)	1lagige Bekleidung (3)	
			Feuerwiderstandsklasse-Benennung	
			R 30-B	R 60-B
1	Mindestdicke *d* der Bekleidung bei			
1.1	*Balken, Stützen und Zuggliedern* (Ausführungs-Schemaskizzen 1 und 2) bei Verwendung von Mindestdicke *d* der Bekleidung bei			
1.1.1	Gipskarton-Feuerschutzplatten (GKF) nach DIN 18180	mm	12,5	2 × 12,5
1.1.2	Furniersperrholz nach DIN EN 13986 in Verbindung mit DIN EN 636 und DIN 20000-1 aus Holzarten außer Buche[1)]	mm	19	
1.1.3	Furniersperrholz nach DIN EN 13986 in Verbindung mit DIN EN 636 und DIN 20000-1 aus Buche[1)]	mm	15	
1.1.4	Spanplatten oder OSB nach DIN EN 13986 in Verbindung mit DIN EN 312 bzw. DIN EN 300 und DIN 20000-1[1)]	mm	19	
1.1.5	gespundeten Brettern aus Nadelholz nach DIN 4072	mm	24	
1.2	*Stützen* (Ausführungs-Schemaskizze 3) bei Verwendung von Gips-Wandbauplatten nach DIN EN 12859 mit Rohdichten von $\rho \geq 600$ kg/m^3	mm	50	50

[1)]Bei Holzwerkstoffplatten der Baustoffklasse B1 darf die Mindestdicke um 10 % verringert werden

- Massivholzplatten nach DIN EN 13986 mit DIN EN 13353 und DIN 20000-1,
- Furnierschichtholz nach DIN EN 13986 mit DIN EN 14279 und DIN 20000-1,
- Drahtputzdecken nach DIN 4121,
- Furnierschichtholz für tragende Zwecke nach DIN EN 14374.

• Als obere Beplankungen oder Schalungen können verwendet werden:
  - Sperrholz nach DIN EN 13986 mit DIN EN 636 und DIN 20000-1,
  - Spanplatten nach DIN EN 13986 mit DIN EN 312 und DIN 20000-1,
  - gespundete Bretter aus Nadelholz nach DIN 4072,
  - Holzfaserplatten nach DIN EN 13986 mit DIN EN 622 und DIN 20000-1,
  - OSB-Platten nach DIN EN 13986 mit DIN EN 300 und DIN 20000-1,
  - Massivholzplatten nach DIN EN 13986 mit DIN EN 13353 und DIN 20000-1,
  - Furnierschichtholz nach DIN EN 13986 mit DIN EN 14279 und DIN 20000-1,
  - Zementgebundene Spanplatten nach DIN EN 13986 mit DIN EN 634-2 und DIN 20000-1,
  - Furnierschichtholz für tragende Zwecke nach DIN EN 14374.
• Bei Decken in Holztafelbauart nach Tab. 6.48 ist aus brandschutztechnischen Gründen eine Dämmschicht notwendig. Notwendige Dämmschichten müssen aus Mineralfaser-Dämmstoffen DIN EN 13162 bestehen, nicht brennbar sein und einen Schmelzpunkt $\geqq$ 1000 °C nach DIN 4102-17 besitzen. Sie dürfen außerdem bei Brandeinwirkung nicht glimmen. Weitere Einzelheiten sind in DIN 4102; 10.7 festgelegt.
• Zum Schutz gegen Brandbeanspruchung von oben ist ein schwimmender Estrich oder schwimmender Fußboden erforderlich. Auf den Einbau kann verzichtet werden, wenn folgende Bedingungen gegeben sind:
• die obere Beplankung oder Schalung besteht aus Holzwerkstoffplatten mit einer Dicke $\geq$ 19 mm und einer Rohdichte $\geq$ 600 kg/m^3 oder einer Dicke von $\geq$ 19 mm $\times (600/\rho_{mean})^{0,5}$ und einer Rohdichte < 600 kg/m^3 oder aus gespundeten Brettern aus Nadelholz mit einer Dicke $\geq$ 21 mm
  und
• es wirken keine Nutzlasten mit einem charakteristischen Wert > 1,0 kN/m^2 (z. B. in Abseiten oder als Abschluss zum Spitzboden).
  Weitere Regelungen siehe Norm.

6.7.4.2 Klassifizierte Holzbalkendecken

Die Angaben gelten für Holzbalkendecken nach EC5-1-1, die von unten oder von oben durch Brand beansprucht werden.

Es wird unterschieden zwischen Decken mit:

• vollständig freiliegenden, dreiseitig dem Feuer ausgesetzten Holzbalken,
• verdeckten Holzbalken,
• teilweise freiliegenden, dreiseitig dem Feuer ausgesetzten Holzbalken.

Holzbalkendecken mit vollständig freiliegenden, dreiseitig dem Feuer ausgesetzten Holzbalken müssen den Tab. 6.49 entsprechen, wenn sie ohne schwimmenden Estrich oder

Tab. 6.48 Decken in Holztafelbauart mit brandschutztechnisch *nicht* notwendiger Dämmschicht mit Drahtputzdecken nach DIN 4121. (DIN 4102-4; Tab. 10.13)

schwimmender Estrich oder schwimmender Fußboden
obere Beplankung oder Schalung
Holzrippe
(brandschutztechnisch nicht notwendige) Dämmschicht
nach den Angaben von Tafel 6.60 Zeilen 1 bis 6
Drahtputzdecke nach DIN 4121
Befestigungslasche oder Abhänger[1)]
Putzträger aus Drahtgewebe oder Rippenstreckmetall
Querstab Ø ≥6
Tragstab Ø ≥8
d_1 l_2 l_3 l_1 D

Zeile	Drahtputzdecke nach DIN 4121 Zulässige Spannweite der Tragstäbe $\varnothing \geqq 7$[1)]	Putzträger aus Drahtgewebe	Putzträger aus Rippenstreckmetall	Zulässige Abstände der Querstäbe $\varnothing \geqq 5$[1)]	Zulässige Abstände der Putzträgerbefestigungspunkte	Mindestputzdicke [2)] bei Verwendung von Putz aus Kalkzementmörtel nach DIN EN 998-1 sowie Gipsmörtel nach DIN EN 13279-1 jeweils in Verbindung mit DIN 18550-2 bzw. DIN EN 13914-2	Mindestputzdicke [2)] bei Verwendung von Vermiculite- oder Perlite-Putz nach DIN 4102-4, 5.1.4 (5)	Feuerwiderstandsklasse Benennung
	mm	l_1 mm	l_1 mm	l_2 mm	l_3 mm	d_1 mm	d_1 mm	
1	750	500	1000	1000	200	15	10	R 30-B
2	700	400	800	750	200	25	20	R 60-B

[1)]Die Quer- und Tragstäbe dürfen bei Decken der Feuerwiderstandsklasse F 30 unter Fortlassen der Befestigungslaschen oder Abhänger auch unmittelbar unter den Holzrippen mit Krampen befestigt werden

[2)]d_1 über Putzträger gemessen; die Gesamtputzdicke muss $D \geqq d_1 + 10$ mm sein – d. h., der Putz muss den Putzträger $\geqq 10$ mm durchdringen

Tab. 6.49 Holzbalkendecken mit dreiseitig dem Feuer ausgesetzten Holzbalken *ohne* schwimmenden Estrich oder schwimmenden Fußboden. (DIN 4102-4; Tab. 10.15)

Fugenabdeckungen nach Zeilen 2 bis 9
Schalung
Holzbalken mit Biegespannung $\sigma_{m,d}$: Mindestquerschnittsabmessungen b/h in Abhängigkeit von $\sigma_{m,d}$ nach Abschnitt 6.7.6

Zeile	Schalung auch DIN 4102-4; 10.7.3 (2) aus				Fugenabdeckung					Feuerwiderstandsklasse Benennung
	Holzwerkstoffplatten mit ρ $\rho \geqq 600$ kg/m³		Brettern oder Bohlen		aus Holzwerkstoffplatten	aus Gipskartonplatten	Mineralfaser-Platten [4)] Mindest-		Mindestfugenversatz	
	Fugenausbildung	Mindestdicke	Fugenausbildung	Mindestdicke			dicke	rohdichte		
		d_1 mm		d_1 mm	d_2 mm	d_3 mm	d_3 mm	ρ kg/m³	e mm	
1			Bild a)	50	keine Anforderungen					R 30-B
2			Bild b)	40		9,5[3)]			60	
3							15	30	60	
4	Bild c)	40[1)]			30[2)]					
5	Bild d)	40[1)]			30[2)]					
6	Bild e)	70[1)]			30[2)]	9,5[3)]			60	R 60-B
7					30[2)]		15	30	60	
8						9,5[3)]			60	
9							15	30	60	

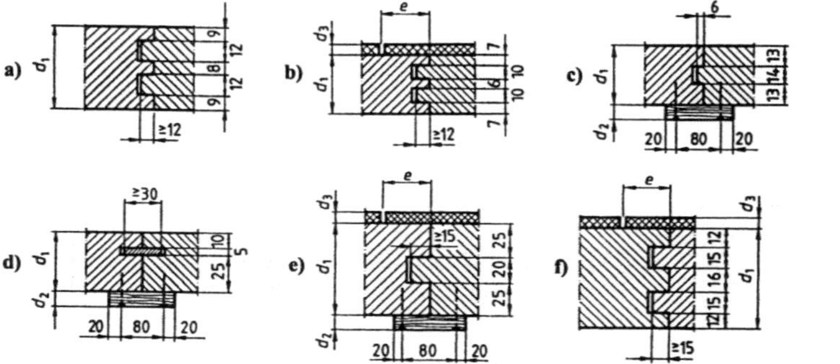

[1)]Bei Holzwerkstoffplatten der Baustoffklasse B 1 darf die Mindestdicke um 10 % verringert werden
[2)]Befestigungsabstände in Fugenrichtung ≦ 200 mm; es darf auch Holz verwendet werden
[3)]Ersetzbar durch ≧ 13 mm dicke Holzwerkstoffplatten
[4)]Nach DIN EN 13162; Baustoffklasse mindestens normalentflammbar

Tab. 6.50 Holzbalkendecken mit dreiseitig dem Feuer ausgesetzten Holzbalken mit schwimmendem Estrich oder schwimmendem Fußboden. (DIN 4102-4; Tab. 10.16)

d_3 d_2 d_1
schwimmender Estrich oder Fußboden, Fußboden auf Lagerhölzern
Mineralfaser - Dämmschicht
gegebenenfalls Zwischenschicht - z.B. aus Gründen des Schallschutzes - aus Beton, Schüttung, Kork, Holzwerkstoffen oder ähnlichem
Schalung
Holzbalken aus Brettschicht- oder Vollholz, Bemessung nach DIN 4102-4; 5.5

	Schalung nach DIN 4102-4, 10.7.3 (2) Mindestdicke bei Verwendung von		Mineralwolle – Dämmschicht mit $\rho \geqq 30$ kg/m³	Fußboden [2] Mindestdicke bei Verwendung von		
	Holzwerkstoffplatten mit $\rho \geqq 600$ kg/m³	Brettern oder Bohlen	Mindestdicke	Holzwerkstoffplatten mit $\rho \geqq 600$ kg/m³	Brettern-gespundet	Feuerwiderstandsklasse – Benennung
	d_1		d_2	d_3	d_3	
Zeile	mm	mm	mm	mm	mm	
1	25	28	15	16	21	R 30-B
2	19 + 16 [3]	22 + 16 [3]	15	16	21	
3	45	50	30	25	28	R 60-B
4	35 + 19 [3]	40 + 19 [3]	30	25	28	

[1]Dicke mit $d_D \geqq d_1$
[2]Anstelle der hier angegebenen Fußböden dürfen auch schwimmende Estriche oder schwimmende Fußböden mit den in Tafel **6.**48 angegebenen Mindestdicken verwendet werden
[3]Die erste Zahl gilt für die tragende Schalung; die zweite Zahl gilt für eine zusätzliche, raumseitige Bretterschalung mit einer Dicke von $d_D \geqq d_1$

schwimmenden Fußboden hergestellt werden. Angaben für Holzbalkendecken mit schwimmendem Estrich oder schwimmendem Fußboden enthält Tab. 6.50.

Holzbalkendecken mit verdeckten Holzbalken (z. B. in Altbauten) müssen die Bedingungen der Tab. 6.51 einhalten. Es gilt abweichend Folgendes:

- zwischen der oberen Schalung und den Holzbalken dürfen Querhölzer angeordnet sein,
- anstelle der notwendigen Dämmschicht können Einschubböden mit Lehmschlag mit einer Dicke $d \geqq 60$ mm verwendet werden.

Holzbalkendecken mit teilweise freiliegenden, dreiseitig dem Feuer ausgesetzten Holzbalken müssen den Angaben der Tab. 6.52 entsprechen. Brandschutztechnisch ist keine Dämmschicht notwendig.

Tab. 6.51 Holzbalkendecken F 30-B mit verdeckten Holzbalken (z. B. in Altbauten). (DIN 4102-4; Tab. 10.17)

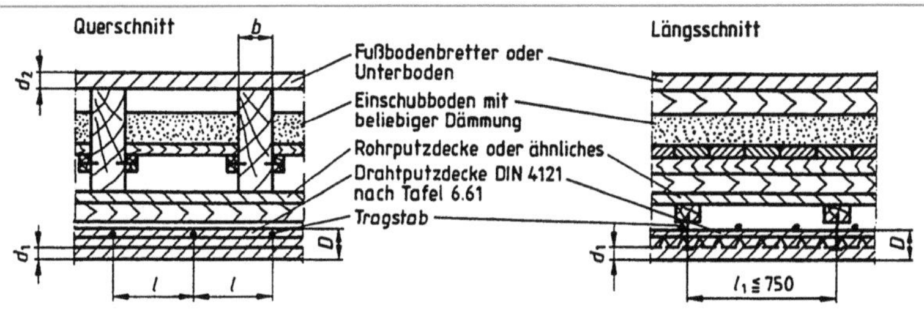

Zeile	Mindestbreite der Holzbalken	Mindestdicke der Fußbodenbretter oder des Unterbodens	Zulässige Spannweite des Putzträgers bei Drahtgewebe	Zulässige Spannweite des Putzträgers bei Rippen-streckmetall	Mindestputzdicke [1)]
	b mm	d_2 mm	l mm	l mm	d_1 mm
1	120	28	500	1000	15
2	160	21	500	1000	15

[1)]Putz aus Kalk-Zementmörtel nach DIN EN 998-1 sowie Putze aus Gipsmörtel nach DIN EN 13279-1 jeweils in Verbindung mit DIN 18550-2 bzw. DIN EN 13914-2. d_x über Putzträger gemessen; die Gesamtputzdicke muss $D \geqq d_1 + 10$ mm sein – d. h., der Putz muss den Putzträger $\geqq$ 10 mm durchdringen. Zwischen Rohrputz oder ähnlichem und Drahtputz darf kein wesentlicher Zwischenraum sein (siehe Schema-Skizze)

Beispiele zur Erläuterung

1. Eine Holzbalkendecke nach EC5-1-1 in einem landwirtschaftlichen Gebäude soll die Bedingungen der Feuerwiderstandsklasse R 30-B erfüllen.
   Nach Tab. 6.52:

Statisch erforderlicher Balkenquerschnitt	b/h	$\geqq$	90/150 mm
Balken-Achsabstand $s = 625 + 40 + 90$		=	755 mm
Bekleidung aus Holzwerkstoffplatten	d_1	$\geqq$	19 mm
Dämmschicht aus Mineralfaserplatten ($\rho \geqq 30$ kg/dm^3)	D	$\geqq$	60 mm
Beplankung aus Holzwerkstoffplatten (Schalung)	d_2	$\geqq$	16 mm
Schwimmender Fußboden: Dämmschicht	d_3	$\geqq$	15 mm
Bretter	d_4	$\geqq$	16 mm

2. Die Holzbalkendecke des vorigen Beispiels kann für die Feuerwiderstandsklasse R 60-B ausgestattet werden
   Nach Tab. 6.52:

Brettschichtholz Balkenquerschnitt		$\geqq$	90/150 mm
Balkenabstand	$s \leqq 400 + 40 + 90$	=	530 mm
Bekleidung aus Gipskarton-Feuerschutzplatten	d_1	$\geqq$	2 × 12,5 mm
Dämmschicht aus Mineralfaserplatten	D	$\geqq$	60 mm
Beplankung aus Holzwerkstoffplatten (Schalung)	d_2	$\geqq$	19 mm
Schwimmender Fußboden: Dämmschicht	d_3	$\geqq$	30 mm
Bretter	d_4	$\geqq$	25 mm

◀

Tab. 6.52 Holzbalkendecken mit teilweise freiliegenden Holzbalken mit brandschutztechnisch *nicht* notwendiger Dämmschicht. (DIN 4102-4; Tab. 10.18)

schwimmender Estrich oder schwimmender Fußboden
Schalung
(brandschutztechnisch nicht notwendige) Dämmschicht
Holzlatten ≥40/60mm, befestigt mit Nägeln in 2 verschiedenen Höhen
Bekleidung
Holzbalken aus Brettschicht- oder Vollholz
Bekleidung 1- oder 2 lagig
d_1 ≥60 D d_2 d_3 d_4 b b

Zeile	Bekleidung nach DIN 4102-4, 10.8.4 (2) bis (6)			Schalung nach DIN 4102-4, 10.8.4 (9) und (10)aus Holzwerkstoffplatten mit $\rho \geq 600$ kg/m³ Mindestdicke	Schwimmender Estrich oder schwimmender Fußboden nach DIN 4102-4, 10.7.5				Feuerwiderstandsklasse Benennung
	aus Holzwerkstoffplatten mit $\rho \geqq 600$ kg/m³	aus Gipskarton-Feuerschutzplatten (GKF)	Zul. Spannweite [7]		Dämmschicht mit $\rho \geqq 30$ kg/m³	Mörtel, Gips oder Asphalt (Mindestdicke)	Holzwerkstoffplatten, Bretter oder Parkett (Mindestdicke)	Gipskartonplatten (Mindestdicke)	
	d_1 mm	d_1 mm	l mm	d_2 mm	d_3 mm	d_4 mm	d_4 mm	d_4 mm	
1	19[1]		625	16[2]	15[4]	20			R 30-B
2	19[1]		625	16[2]	15[4]		16		
3	19[1]		625	16[2]	15[4]			9,5	
4		2 × 12,5	400	19[3]	15[4]	20			R 60-B
5		2 × 12,5	400	19[3]	30[5]		25		
6		2 × 12,5	400	19[3]	15[4]			18[6]	

[1)]Ersetzbar durch

[a)]$\geqq$ 16 mm dicke Holzwerkstoffplatten (obere Lage) + 9,5 mm dicke GKB- oder GKF-Platten (raumseitige Lage) oder

[b)]$\geqq$ 12,5 mm dicke Gipskarton-Feuerschutzplatten (GKF) mit einer Spannweite $l \leqq$ 400 mm oder

[c)]$\geqq$ 15 mm dicke Gipskarton-Feuerschutzplatten (GKF) mit einer Spannweite $l \leqq$ 500 mm oder

[d)]$\geqq$ 50 mm dicke Holzwolle-Leichtbauplatten mit einer Spannweite/S 500 mm oder

[e)]$\geqq$ 21 mm dicke Bretter (gespundet)

[2)]Ersetzbar durch Bretter (gespundet) mit $d \geqq 21$ mm

[3)]Ersetzbar durch Bretter (gespundet) mit $d \geqq 27$ mm

[4)]Ersetzbar durch $\geqq$ 9,5 mm dicke Gipskartonplatten

[5)]Ersetzbar durch $\geqq$ 15 mm dicke Gipskartonplatten

[6)]Erreichbar z. B. mit $2 \times 9{,}5$ mm

[7)]Nach DIN 4102-4, 10.7.3 (8) bis (10)

6.7.5 Klassifizierte Dächer aus Holz und Holzwerkstoffen

Die Angaben gelten für Dächer aus Holz und Holzwerkstoffen, die von unten durch Brand beansprucht werden und auf der Oberseite eine durchgehende Bedachung aufweisen (Tab. 6.52, 6.53, 6.54, 6.55, 6.56, 6.57, 6.58 und 6.59). Die Angaben gelten auch für Dächer mit Öffnungen, wie Oberlichter, Lichtkuppeln, Luken usw., wenn nachgewiesen ist, dass das Brandverhalten der Dächer durch die Anordnung derartiger Öffnungen nicht nachteilig beeinflusst wird.

Die Bedachungen dürfen beliebig sein. Die bauaufsichtlichen Bestimmungen der Länder sind zu beachten. Angaben über Bedachungen, die gegen Flugfeuer und strahlende Wärme widerstandsfähig sind, werden in Abschn. 6.7.6 beschrieben.

Dampfsperren beeinflussen die Feuerwiderstandsklasse nicht.

6.7.5.1 Dächer mit Sparren

Für Dächer mit Sparren bestimmter Abmessungen (oder ähnlichem), die eine obere Beplankung bzw. Schalung aufweisen und die verdeckt angeordnet sind, enthält Tab. 6.53 Angaben zur Bemessung. Bei diesen Dächern ist brandschutztechnisch keine Dämmschicht notwendig.

Die Dächer können auch bei Brandbeanspruchung von oben einer Feuerwiderstandsklasse zugeordnet werden, wenn auf der Dachoberseite angeordnet sind:

- Kiesschüttung $\geqq$ 50 mm dick,
- Betonplatten $\geqq$ 50 mm dick, dicht verlegt,
- schwimmender Estrich auf Dämmschicht aus Mineralfasern.

6.7.5.2 Dächer mit Dachträgern oder Dachbindern

Für Dächer mit Dachträgern oder Dachbindern beliebiger Abmessungen (oder ähnlichem) enthalten Tab. 6.54 und 6.55 Angaben zur Bemessung. Diese Dächer müssen auf der Oberseite eine Bedachung oder eine Schalung beliebiger Dicke mit einer Bedachung besitzen und an der Unterseite eine Bekleidung und erforderlichenfalls eine brandschutztechnisch notwendige Dämmschicht aufweisen. Für Dächer mit unterseitigen Plattenbekleidungen gilt Tab. 6.55. In Dächern nach Zeilen 5 bis 10 ist brandschutztechnisch eine Dämmschicht notwendig. Für Dächer mit unterseitigen Drahtputzdecken gilt Tab. 6.54.

Weitere Angaben siehe DIN 4102 Teil 4.

6.7.5.3 Dächer mit vollständig freiliegenden Sparren

Für Dächer mit vollständig freiliegenden, dreiseitig dem Feuer ausgesetzten Sparren (oder Ähnlichem) gelten die Angaben für Holzbalkendecken sinngemäß (Tab. 6.56 und 6.57). Als tragende Schalung dürfen die dort aufgezählten Werkstoffe verwendet werden. Die Mindestdicke der Schalung ist Tab. 6.56 zu entnehmen.

Tab. 6.53 Dächer F 30-B und F 60-B mit Sparren. (DIN 4102-4; Tab. 10.19)

	Sparren oder Ähnliches nach DIN 4102-4; 10.7.2	Untere Beplankung oder Bekleidung				Obere Beplankung oder Schalung aus Holzwerkstoffplatten mit $g \geqq 600$ kg/m³		
		aus Holzwerkstoffplatten mit $\rho \geqq 600$ kg/m³	aus Gipskarton-Feuerschutzplatten (GKF)		Zul. Spannweite[5]			
	Mindestdicke	Mindestdicke				Mindestdicke	Bedachung	
Zeile	b mm	d_1 mm	d mm	d_2 mm	l mm	d_3 mm	–	Feuerwiderstandsklasse – Benennung
1	40	19[1]			625	16[2]	siehe DIN 4102-4, 10.9.1 (4)	R 30-B
2	40		12,5	12,5	400	19[3]		R 60-B

[1]Ersetzbar durch:

[a] $\geqq$ 16 mm dicke Holzwerkstoffplatten (obere Lage) + 9,5 mm dicke GKB- oder GKF-Platten (raumseitige Lage) oder

[b] $\geqq$ 12,5 mm dicke Gipskarton-Feuerschutzplatten (GKF) mit einer Spannweite $l \leqq 400$ mm oder

[c] $\geqq$ 15 mm dicke Gipskarton-Feuerschutzplatten (GKF) mit einer Spannweite $l \leqq 500$ mm oder

[d] $\geqq$ 50 mm dicke Holzwolle-Leichtbauplatten mit einer Spannweite $l \leqq 500$ mm.

[e] $\geqq$ 25 mm dicke Holzwolle-Leichtbauplatten mit einer Spannweite $l \leqq 500$ mm mit $\geqq$ 20 mm dickem Putz nach DIN EN 998-1 in Verbindung mit DIN 18550-2 bzw. DIN EN 13914-2 oder

[f] $\geqq$ 9,5 mm dicke Gipskarton-Putzträgerplatten (GKP) mit einer Spannweite $l \leqq 500$ mm mit $\leqq$ 20 mm dickem Putz aus Gipsmörtel oder gipshaltigem Mörtel nach DIN EN 13279-1 in Verbindung mit DIN 18550-2 bzw. DIN EN 13914-2 oder

[g] Bretter mit einer Dicke $d_D \geqq 19$ mm

[2]Ersetzbar durch Bretter (gespundet) mit $d \geqq 21$ mm

[3]Ersetzbar durch Bretter (gespundet) mit $d \geqq 27$ mm

[4]Siehe DIN 4102-4, 10.9.3 (4) und 10.7.3 (8) nis (10)

Tab. 6.54 Dächer R 30-B mit Dachträgern, Dachbindern (oder ähnlichem) mit unterseitiger Drahtputzdecke nach DIN 4121. (DIN 4102-4; Tab. 10.21)

Drahtputzdecke nach DIN 4121						
Zulässige Spannweite der			Zulässige Abstände der		Mindestputzdicke[2] bei Verwendung von	
Tragstäbe [1]	Drahtgewebe	Rippenstreckmetall	Querstäbe [1] Ø ≧ 5 mm	Putzträgerbefestigungspunkte	Putz aus Kalk-Zementmörtel nach DIN EN 998-1 sowie Putz aus Gipsmörtel nach DIN EN 13279-1 jeweils in Verbindung mit DIN 18550-2 bzw. DIN EN 13914-2	Vermicullite- oder Perlite-Putz nach DIN 4102-4, 5.1.4 (5)
Ø ≧ 7 mm	l_1	l_1	l_2	l_3	d_1	d_1
mm	mm	mm	mm	mm	mm	mm
750	500	1000	1000	200	15	10

[1]Die Quer- und Tragstäbe dürfen unter Fortlassen der Befestigungslaschen oder Abhänger auch unmittelbar unter den Dach-Trägern oder -Bindern mit Krampen befestigt werden

[2]d_1 über Putzträger gemessen; die Gesamtputzdicke muss $D \geqq d_1 + 10$ mm sein – d. h., der Putz muss den Putzträger ≧ 10 mm durchdringen

Tab. 6.55 Dächer F 30-B mit Dachträgern, Dachbindern (oder ähnlichem) mit unterseitiger Plattenbekleidung. (DIN 4102-4; Tab. 10.20)

Zeile	Konstruktionsmerkmale[4], Ausführungsmöglichkeiten ① bis ③	Beplankung bzw. Bekleidung nach DIN 4104-2, 10.7.3 (1)					Dämmschicht aus Mineralfaser-Platten oder -Matten nach DIN 4102-4; 10.9.3 (6) bis (8)		Dachträger, Dachbinder oder Ähnliches sowie Bedachung	
	①	aus Holzwerkstoffplatten mit $\rho \geqq 600$ kg/m³	aus Gips-karton-Feuerschutzplatten (GKF)	aus Gips-karton-Putzträgerplatten (GKP)	aus Putz [5] Mindest-dicke	Zulässige Spannweite				
							Mindest-dicke	roh-dichte		
		d_1 mm	d_2 mm	d_1 mm	d_2 mm	l mm	D mm	ρ kg/m³	b mm	d_3 mm
1	②	16 + 12,5[1]				625	Baustoffklasse: Mindestens normalentflammbar; im Übrigen aus brandschutztechnischen Gründen keine Anforderungen		Zur Erzielung von F 30-B keine Anforderungen	
2		13 + 15[1]				625				
3		0	2 × 12,5			500				
4				9,5[2]	15[2]	400				
5	③	0	15			400	40	100		
6		0	15			400	60	50		
7		0	15			400	80	30		
8		13 + 12,5[1]				625	40	100		
9		13 + 12,5[1]				625	60	50		
10		13 + 12,5[1]				625	80	30		

Zur Erzielung von R 30-B keine Anforderungen

[1]Die Gipskartonplatten sind auf den Holzwerkstoffplatten ($l \leqq 625$ mm) mit einer zulässigen Spannweite von 400 mm zu befestigen

[2]Ersetzbar durch ≥ 50 mm dicke Holzwolleplatten nach DIN EN 13168 mit einer Spannweite $l \leq 1000$ mm

[3]Ersetzbar durch ≥ 10 mm dicken Vermiculite- oder Perliteputz

[4]Die Bekleidung kann 1- oder 2-lagig bei den Ausführungsmöglichkeiten ① bis ③ angebracht werden; zwischen der Bekleidung und den Dach-Trägern dürfen auch Grund- und Traglattungen vorhanden sein (nach DIN 4102-4; 10.9.3 (4))

[5]Putz nach DIN EN 13279-1 in Verbindung mit DIN 18550-2 bzw. DIN EN 13914-2

Tab. 6.56 Dächer F 30-B und F 60-B mit dreiseitig dem Feuer ausgesetzten Sparren (oder ähnlichem) mit Fugenabdeckungen (Zeilen 2 bis 4). (DIN 4102-4 Tab. 10.24)

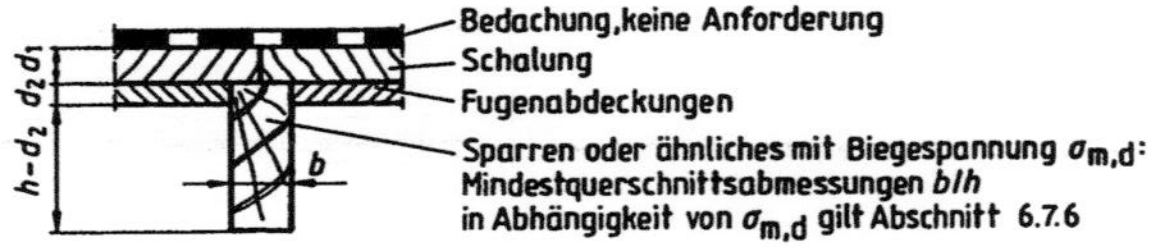

Bedachung, keine Anforderung
Schalung
Fugenabdeckungen
Sparren oder ähnliches mit Biegespannung $\sigma_{m,d}$: Mindestquerschnittsabmessungen b/h in Abhängigkeit von $\sigma_{m,d}$ gilt Abschnitt 6.7.6

Zeile	Schalung nach DIN 4102-4; 10.7.3 (2) aus				Fugen abdeckung aus Holzwerkstoffplatten	Feuerwiderstands klasse Benennung
	Holzwerkstoffplatten mit $\rho \geqq 600$ kg/m³		Brettern oder Bohlen			
	Fugen ausbildung	Mindestdicke d_1 mm	Fugenausbildung	Mindestdicke d_1 mm	Mindestdicke d_2 mm	
1			Bild a)	50	keine Anforderungen	F 30-B
2	Bild b)	40[1)]			30[2)]	
3	Bild e)	40[1)]			30[2)]	
4	Bild d)	70[1)]			30[2)]	F 60-B
5			Bild e)	70	keine Anforderungen	

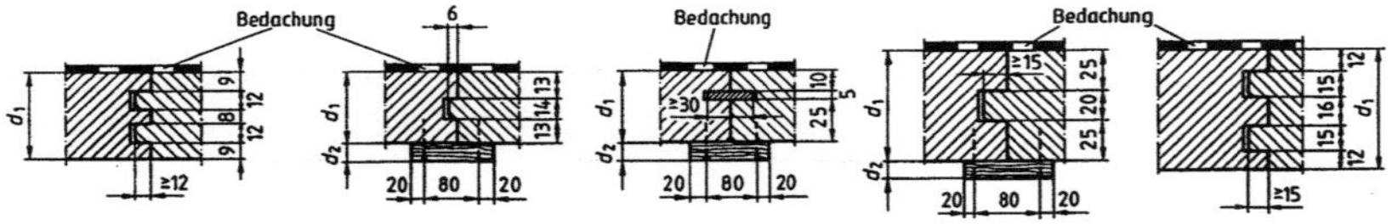

[1)]Bei Holzwerkstoffplatten der Baustoffklasse B1 darf die Mindestdicke um 10 % verringert werden
[2)]Befestigungsabstände in Fugenrichtung $\leqq$ 200 mm; es darf auch Holz verwendet werden

Tab. 6.57 Dächer F 30-B mit dreiseitig dem Feuer ausgesetzten Sparren (oder ähnlichem) ohne Fugenabdeckungen. (DIN 4102-4; Tab. 10.25)

Konstruktionsmerkmale

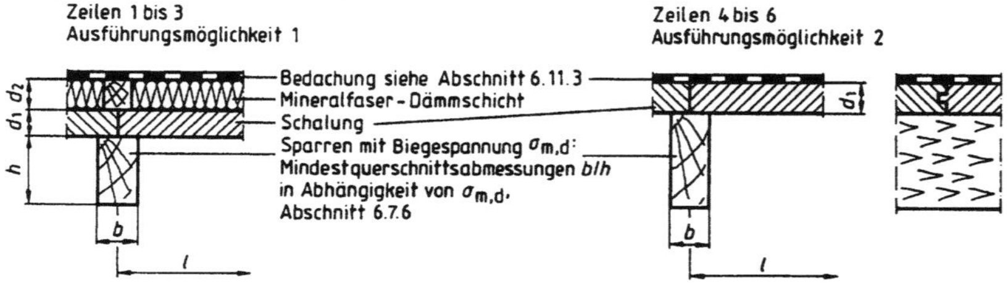

Zeilen 1 bis 3
Ausführungsmöglichkeit 1

Zeilen 4 bis 6
Ausführungsmöglichkeit 2

Bedachung siehe Abschnitt 6.11.3
Mineralfaser-Dämmschicht
Schalung
Sparren mit Biegespannung $\sigma_{m,d}$: Mindestquerschnittsabmessungen b/h in Abhängigkeit von $\sigma_{m,d}$, Abschnitt 6.7.6

Zeile	Schalung nach DIN 4102-4; 10.7.3 (2)			Dämmschicht aus Mineralwolle nach DIN 4102-4, 10.9.3 (6) bis (8)	
	aus Holzwerkstoffplatten $\rho \geq 600$ kg/m³	aus Brettern oder Bohlen mit Nut-Feder-Ausbildung	Zulässige Spannweite	Mindest-dicke	Mindest-rohdichte
	d_1[1)] in mm	d_1[1)] in mm	l in mm	d_2 in mm	ρ in kg/m³
1	28		1250	80	30
2		28	1250	80	30
3	25 + 16	25 + 16	1250	80	30
4	40		1250		
5		50	1250		
6	30 + 16	30 + 16	1250		

[1)]Bei 2-lagiger Anordnung (siehe Zeilen 3 und 6) ist die Bretterschalung raumseitig anzuordnen; bei profilierten Brettern oder Bohlen ist die Dicke $d_D \geq d_1$ einzuhalten

Tab. 6.58 Dächer F 30-B mit dreiseitig dem Feuer ausgesetzten Sparren (oder ähnlichem) mit Lagerhölzern und Dämmschicht aus Schaumkunststoffen. (DIN 4102-4; Tab. 10.26)

Bedachung, keine Anforderung
Schalung
Fugenabdeckungen
Sparren oder ähnliches mit Biegespannung $\sigma_{m,d}$: Mindestquerschnittsabmessungen b/h in Abhängigkeit von $\sigma_{m,d}$ gilt Abschnitt 6.7.6

Zeile	Schalung nach DIN 4102-4; 10.7.3 (2) aus				Fugen abdeckung aus Holzwerkstoffplatten	Feuerwiderstands klasse Benennung
	Holzwerkstoffplatten mit $\rho \geqq 600$ kg/m³		Brettern oder Bohlen			
	Fugenausbildung	Mindestdicke d_1 mm	Fugenausbildung	Mindestdicke d_1 mm	Mindestdicke d_2 mm	
1			Bild a)	50	keine Anforderungen	F 30-B
2	Bild b)	40[1)]			30[2)]	
3	Bild e)	40[1)]			30[2)]	
4	Bild d)	70[1)]			30[2)]	F 60-B
5			Bild e)	70	keine Anforderungen	

Bedachung

[1)]Bei Holzwerkstoffplatten der Baustoffklasse B1 darf die Mindestdicke um 10 % verringert werden

[2)]Befestigungsabstände in Fugenrichtung $\leqq 200$ mm; es darf auch Holz verwendet werden

Tab. 6.59 Holzbalkendächer mit teilweise freiliegenden Sparren (oder ähnlichem) mit nicht notwendiger Dämmschicht. (DIN 4102-4; Tab. 10.27)

Konstruktionsmerkmale

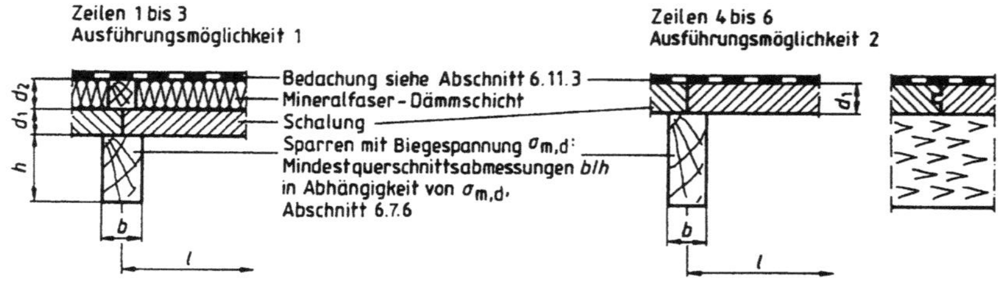

Zeilen 1 bis 3
Ausführungsmöglichkeit 1

Zeilen 4 bis 6
Ausführungsmöglichkeit 2

Bedachung siehe Abschnitt 6.11.3
Mineralfaser-Dämmschicht
Schalung
Sparren mit Biegespannung $\sigma_{m,d}$: Mindestquerschnittsabmessungen b/h in Abhängigkeit von $\sigma_{m,d}$, Abschnitt 6.7.6

	Schalung nach DIN 4102-4; 10.7.3 (2)			Dämmschicht aus Mineralwolle nach DIN 4102-4, 10.9.3 (6) bis (8)	
				Mindest-	
	aus Holzwerkstoffplatten $\rho \geq 600$ kg/m³	aus Brettern oder Bohlen mit Nut-Feder-Ausbildung	Zulässige Spannweite	dicke	rohdichte
Zeile	d_1[1)] in mm	d_1[1)] in mm	l in mm	d_2 in mm	ρ in kg/m³
1	28		1250	80	30
2		28	1250	80	30
3	25 + 16	25 + 16	1250	80	30
4	40		1250		
5		50	1250		
6	30 + 16	30 + 16	1250		

[1)]Bei 2-lagiger Anordnung (siehe Zeilen 3 und 6) ist die Bretterschalung raumseitig anzuordnen; bei profilierten Brettern oder Bohlen ist die Dicke $d_D \geqq d_1$ einzuhalten

Sofern keine doppelten Spundungen bzw. Nut-Feder-Verbindungen und keine unteren Fugenabdeckungen nach Tab. 6.56 verwendet werden sollen, gelten die Angaben der Tab. 6.57.

Bei Anordnung von Lagerhölzern, wobei die Schalung nicht durch eine Verkehrslast belastet wird, gelten die Angaben von Tab. 6.57 Zeilen 1 bis 3.

Ohne Anordnung von Lagerhölzern und mit einfacher Spundung kann nach Tab. 6.57 Zeilen 4 bis 6 konstruiert werden. Diese Dächer erfüllen jedoch nur die Feuerwiderstandsklasse F 30.

Wenn die Bedachung auf Lagerhölzern aufliegt und Dämmschichten aus Schaumkunststoffen verwendet werden, gelten die Angaben der Tab. 6.57.

Weitere Randbedingungen enthält DIN 4102-4.

6.7.5.4 Dächer mit teilweise freiliegenden Sparren

Teilweise freiliegende Sparren (oder Ähnliches) von Dächern nach Tab. 6.59 sind nur im unteren Bereich von drei Seiten der Brandbeanspruchung ausgesetzt.

Alle Platten der Bekleidung müssen eine geschlossene Fläche besitzen und mit ihren Längsrändern dicht an den Sparren (oder ähnlichem) anschließen. Die Mindestdicke und die zulässige Spannweite der Bekleidung sind Tab. 6.59 zu entnehmen.

In Dächern nach Tab. 6.59 ist brandschutztechnisch keine Dämmung notwendig. Weitere Randbedingungen enthält DIN 4102-4.

6.7.6 Bedachungen

1. Die nachstehend zusammengestellten Bedachungen sind unabhängig von der Dachneigung gegen Flugfeuer und strahlende Wärme widerstandsfähig.

   Bedachungen aus natürlichen und künstlichen Steinen:

   Bedachungen aus natürlichen und künstlichen Steinen, die nicht brennbar sind sowie Bedachungen aus Beton und Ziegeln sind gegen Flugfeuer und strahlende Wärme widerstandsfähig.
2. **Metallblech als oberste Lage:**

   Folgende Dachdeckungen aus Metall sind widerstandsfähig gegen Flugfeuer und strahlende Wärme:

   a) Großformatige selbsttragende und nicht selbsttragende Metalldachdeckungen aus Aluminium, Aluminiumlegierungen, verzinktem Stahl, Kupfer, Kupferlegierungen mit einer Dicke $\geq$ 0,5 mm, aus nichtrostendem Stahl mit einer Dicke $\geq$ 0,4 mm.

   b) Kernverbundelemente mit beliebiger Deckschicht aus Blech (Ausführung des oberen Blechs und des Dämmstoffs nach a).

   c) Metalldachdeckungen mit Pfannenblechen, Metallschindeln oder Paneelblechen aus Aluminium, Aluminiumlegierungen, verzinktem Stahl, Kupfer, Kupferlegierungen mit einer Dicke $\geq$ 0,5 mm, bei nichtrostendem Stahl mit einer Dicke $\geq$ 0,4 mm.

d) Großformatige profilierte und nicht selbsttragende Metalldachdeckungen in handwerklicher Falztechnik aus Zink, Zinklegierungen mit einer Dicke ≥ 0,7 mm.
- Für die Unterkonstruktion siehe DIN 4102-4.
- Weiterhin gelten folgenden Regeln:
  - Außenseitige Beschichtungen müssen aus anorganischen Stoffen bestehen oder müssen bei Metalldachdeckungen aus Aluminium, Aluminiumlegierungen, verzinktem Stahl, Kupfer, Kupferlegierung, Zink, Zinklegierungen einen Brennwert PCS ≤ 4 MJ/m^2 aufweisen; bei großformatigen, profilierten selbsttragenden Metalldachdeckungen aus verzinktem Stahl einen Brennwert PCS ≤ 6,0 MJ/m^2 oder eine Masse ≤ 250 g/m^2 aufweisen.

3. **Bedachungen mit Bitumendachbahnen:**

   Folgende Bedachungen mit Bitumendachbahnen sind widerstandsfähig gegen Fugfeuer und strahlende Wärme:

   Fachgerecht verlegte Bedachungen auf tragenden Konstruktionen gleich welcher Art, auch auf Zwischenschichten aus Wärmedämmstoffen, mindestens normalentflammbar, mit: Bitumen-Dachdichtungsbahnen nach DIN SPEC 20000-201 (2018–08),
   - Bitumen-Schweißbahnen nach DIN SPEC 20000-201,
   - Glasvlies-Bitumen-Dachbahnen nach DIN SPEC 20000-201.

Die Bedachung mit diesen Bahnen muss mindestens zweilagig sein. Bei gedämmten Dächern mit PS-Hartschaum muss eine Bahn eine Trägerlage aus Glasvlies oder Glasgewebe besitzen, wobei Kaschierungen von Rolldämmbahnen mit Glasvlieseinlagen nicht gelten.

4. **Schwerer Oberflächenschutz:**
   - Beliebige Bedachungen mit vollständig bedeckender, mindestens 5 cm dicker Schüttung aus Kies 16/32 mm oder mit Bedeckung aus mindestens 4 cm dicken Betonwerksteinplatten oder anderen mineralischen Platten gelten als widerstandsfähig gegen Flugfeuer und strahlende Wärme.

5. **Begrünte Dächer:**

   Dächer mit einer intensiven Begrünung gelten gegen Flugfeuer und strahlende Wärme als widerstandsfähig.

   Dächer mit einer extensiven Begrünung sind widerstandsfähig gegen Flugfeuer und strahlende Wärme, wenn folgende Bedingungen eingehalten werden:
   - mineralische Vegetationsschicht (max. 20 Masse-% Anteil an organischen Bestandteilen);

Dicke der Vegetationstragschicht ≥ 30 mm;

Anordnung von Gebäudeabschlusswänden, Brandwänden oder Wänden, die anstelle von Brandwänden zulässig sind, in Abständen ≤ 40 m. Hochführen dieser Wände mind. um 30 cm über OK Vegetationstragschicht;

Anordnung eines Abstandsstreifens aus massiven Platten und Grobkies mit einer Breite ≥ 50 cm um Öffnungen in der Dachfläche und entlang von aufgehenden Wänden mit Fenstern, wenn deren Brüstung ≤ 80 cm oberhalb der Vegetationstragschicht liegt;

Unbegrünter Streifen mit einer Breite ≥ 1,0 m bei aneinandergereihten, giebelständigen Gebäuden an der Traufe. Dieser Streifen muss mit einem Oberflächenschutz aus nicht brennbaren Baustoffen versehen werden.

6.8 Nachweise für Mauerwerksbauten

Für Brandschutznachweise von Mauerwerksbauten ist der Eurocode EC6 mit Teil 1–2 (DIN EN 1996-1-2) maßgebend. Diese Nachweise können auf drei verschiedene Arten geführt werden:

- Nachweis durch Prüfung (EC6-1-2; 4.4)
- rechnerische Nachweise (EC6-1-2; 4.6)
- Nachweis durch Tabellenwerte (EC6-1-2; 4.5)

Nachfolgend wird lediglich der Nachweis des Brandschutzes mit Tabellenwerten erläutert. Für die anderen Nachweise wird auf den EC6-1-2 verwiesen.

Bei Verwendung der Tabellenwerte wird zunächst nach der Funktion der Wände unterschieden:

- Mindestdicke nichttragender, raumabschließender Wände für die Kriterien EI
- Mindestdicke tragender, raumabschließender einschaliger Wände für die Kriterien REI
- Mindestdicke tragender, nichtraumabschließender einschaliger Wände für das Kriterium R
- Mindestdicke tragender und nichttragender zweischaliger Brandwände für die Kriterien REI-M und EI-M
- Mindestdicke tragender, raumabschließender zweischaliger Wände für die Kriterien REI

Weiterhin sind beim Brandschutznachweis mit Tabellenwerten die Angaben zu Art und Gruppe der Mauersteine sowie zur Trockenrohdichte zu beachten, um eine bestimmte Feuerwiderstandsdauer zu erhalten. So werden Tabellenwerte angegeben für folgende Mauerwerksarten:

- Ziegelmauerwerk
- Kalksandstein-Mauerwerk
- Betonstein-Mauerwerk
- Porenbeton-Mauerwerk
- Betonwerkstein-Mauerwerk

Die in den nachfolgenden Tafeln angegebenen Mindestwanddicken berücksichtigen nur die Anforderungen des Brandschutzes, nicht jedoch andere Anforderungen, z. B. die Tragfähigkeit. Daher können aus statischen Gründungen oder aus Anforderungen an den

Schallschutz möglicherweise größere Wanddicken erforderlich werden. Diese Anforderungen sind daher gesondert zu prüfen (EC6-1-2).

In den nachstehenden Tafeln werden verschiedene Bezeichnungen mit folgender Bedeutung verwendet:

f_b	Steindruckfestigkeit [N/mm²], meist angegeben für Bereiche von … bis für Normalmörtel bzw. Dünnbettmörtel oder Leichtmörtel
ρ	Trockenrohdichte der Mauersteine [kg/m³]
c_t	Summe der Dicke aller Querstege in % der Wanddicke
t_F	Mindestwanddicke für die Einstufung in eine Feuerwiderstandsklasse
$t_{fi,d}$	Feuerwiderstandsdauer in Minuten
α	Ausnutzungsfaktor als Verhältniswert der vorhandenen Last zum Bemessungswiderstand der Wand, angegeben mit Werten von $\alpha = 1{,}0$ und $\alpha = 0{,}6$ $N_{Rd} = N_{Rk} \cdot \alpha/\gamma_{Glo}$ hierbei sind:
N_{Rd}	Bemessungswert des Tragwiderstandes einer Mauerwerkswand
N_{Rk}	charakteristischer Wert des Tragwiderstandes einer Mauerwerkswand
γ_{Glo}	$= \gamma_F \cdot \gamma_M =$ globaler Sicherheitsbeiwert aus den Sicherheitsbewerten für Einwirkungen γ_F und Material γ_M

Bei Anwendung der nachfolgenden Tafeln ist Folgendes zu beachten:

- Die empfohlenen Werte für Mindestwanddicke t_F und Mindestwandlänge l_F gelten für die üblicherweise verwendeten Steinarten, Steingruppen, Rohdichten, Mörtelarten und Ausnutzungsfaktoren α,
- bei zwei angegebenen Werten für Wanddicken, die durch Schrägstrich getrennt sind, (z. B. 170/190), gibt dies den Wertebereich der empfohlenen Wanddicke an,
- die angegebenen Werte zur erforderlichen Wanddicke gelten für Wände ohne zusätzliche Bekleidung,
- die erste Zeile eines Zeilenpaares (z. B. 1.1.1) nennt die erforderliche Wanddicke ohne einen geeigneten Putz,
- in der zweiten Zeile (z. B. 1.1.2) nennen die Werte in Klammern () die erforderliche Wanddicke für Wände mit einem geeigneten Putz von 10 mm auf beiden Seiten einschaliger Wände bzw. auf der Außenseite zweischaliger Wände,
- geeignete Putze sind Gipsputze nach DIN EN 13279-1 und Leichtputze LW oder T nach DIN EN 998-1,
- Zementputz darf nicht zur Einstufung als verputzte Wand angesetzt werden,
- nvg bedeutet in den Tafeln: keine Angaben (englisch: no value given),
- die folgenden Tafeln sind eine Auswahl der im Eurocode EC6-1-2, Anhang B, normativ angegebenen Tabellenwerte der Feuerwiderstandsdauer von Mauerwerkswänden.

Gemäß Nationalem Anhang zum EC6-1-2 (DIN EN 1996-1-2/NA sind zusätzlich folgende Regeln zu beachten:

- Die Tabellenwerte für nichttragende Wände gelten für Wandhöhen bis 6 m (h ≤ 6 m) sowie Schlankheiten bis 40 ($\lambda_c = h_{ef}/t_{ef} \leq 40$).

- Die Tabellenwerte gelten auch für Außenwände der Feuerwiderstandsklassen E30(i→o) und EI30(i←o).
- Die Klammerwerte in den Tabellen gelten für Wände mit beidseitigem Putz.
- Es gelten die Werte t_F und l_F unter Berücksichtigung des Ausnutzungsgrades $\alpha_{6,fi}$ bzw. α_{fi} entsprechend den nachfolgenden Tabellen unter den dort genannten Randbedingungen für bauseits erstellte und vorgefertigte Wände.
- Die Angaben in den Tabellen decken Exzentrizitäten in Wandmitte $e_{mk,fi} \leq t_F/6$ ab. Bei größeren Ausmitten ist die Lasteinleitung konstruktiv zu zentrieren.

6.8.1 Ziegelmauerwerk (Tab. 6.60, 6.61 und 6.62)

Tab. 6.60 Ziegelmauerwerk; Mindestdicke tragender, raumabschließender einschaliger Wände für das Kriterium REI zur Einstufung in Feuerwiderstandsklassen. (Nach EC6-1-2, Tab. N.B.1.2)

Zeilen Nr.	*Materialeigenschaften:* Steindruckfestigkeit f_b [N/mm²] Trockenrohdichte ρ [kg/m³] Querstegsummendicke *ct* in % der Wanddicke	Mindestwanddicke (mm) t_F zur Einstufung in die Feuerwiderstandsklasse REI (Minuten) $t_{fi,d}$						
		30	45	60	90	120	180	240
1S	*Mauersteine der Gruppe 1S*							
1S.1	$5 \leq f_b \leq 75$ Normalmörtel $5 \leq f_b \leq 50$ Dünnbettmörtel $1000 \leq \rho \leq 2400$							
1S.1.1 1S.1.2	$\alpha \leq 1{,}0$	90 (70/90)	90 (70/90)	90 (70/90)	100 (70/90)	100/140 (90/140)	170/190 (110/140)	170/190 (170/190)
1S.1.3 1S.1.4	$\alpha \leq 0{,}6$	90 (70/90)	90 (70/90)	90 (70/90)	100 (70/90)	100/140 (100/140)	170 (110/140)	170 (140/170)
1	*Mauersteine der Gruppe 1*							
1.2	Normalmörtel, Dünnbettmörtel $5 \leq f_b \leq 75$ $800 < \rho \leq 2400$							
1.2.1 1.2.2	$\alpha \leq 1{,}0$	90/100 (70/90)	90/100 (70/90)	90/100 (70/90)	100/170 (70/90)	140/170 (100/140)	170/190 (110/140)	190/210 (170/190)
1.2.3 1.2.4	$\alpha \leq 0{,}6$	90/100 (70/90)	90/100 (70/90)	90/100 (70/90)	100/140 (70/90)	140/170 (100/140)	140/170 (110/170)	190/200 (170/190)
1.3	$5 \leq f_b \leq 25$ $500 \leq \rho \leq 800$							
1.3.1 1.3.2	$\alpha \leq 1{,}0$	100 (100)	200 (170)	200 (170)	200 (170)	200/365 (200/300)	200/365 (200/300)	300/370 300/370
1.3.3 1.3.4	$\alpha \leq 0{,}6$	100 (100)	170 (140)	170 (140)	200 (170)	200/365 (200/300)	200/365 (200/300)	300/370 300/370
2	*Mauersteine der Gruppe 2*							
2.1	Normalmörtel, Dünnbettmörtel $5 \leq f_b \leq 35$ $800 < \rho \leq 2200$ $ct \geq 25$ %							
2.1.1 2.1.2	$\alpha \leq 1{,}0$	90/100 (90/100)	90/100 (90/100)	90/100 (90/100)	100/170 (100/140)	140/240 (140)	190/240 (190/240)	190/240 (190/240)
2.1.3 2.1.4	$\alpha \leq 0{,}6$	90/100 (90)	90/100 (90)	90/100 (90/100)	100/140 (100/140)	190/240 (100/140)	190/240 (140/190)	190/240 (190)

Tab. 6.61 Ziegelmauerwerk; Mindestdicke tragender und nichttragender, raumabschließender Brandwände für das Kriterium REI-M zur Einstufung in Feuerwiderstandsklassen. (Nach EC6-1-2, Tab. N.B.1.5)

Zeilen Nr.	*Materialeigenschaften:* Steindruckfestigkeit f_b [N/mm²] Trockenrohdichte ρ [kg/m³] Querstegsummendicke *ct* in % der Wanddicke	Mindestwanddicke (mm) t_F zur Einstufung in die Feuerwiderstandsklasse REI-M und EI-M (Minuten) $t_{fi,d}$						
		30	45	60	90	120	180	240
1S	*Mauersteine der Gruppe 1S*							
1S.1	$5 \leq f_b \leq 75$ Normalmörtel $5 \leq f_b \leq 50$ Dünnbettmörtel $1000 \leq \rho \leq 2400$							
1S.1.1	$\alpha \leq 1{,}0$	240	240	240	240	365	365	nvg
1S.1.2		(170)	(170)	(170)	(170)	(365)	(365)	nvg
1S.1.3	$\alpha \leq 0{,}6$	240	240	240	240	365	365	nvg
1S.1.4		(170)	(170)	(170)	(170)	(365)	(365)	nvg
1	*Mauersteine der Gruppe 1*							
1.1	$5 \leq f_b \leq 75$ $800 < \rho \leq 2400$							
1.1.1	$\alpha \leq 1{,}0$	240	240	240	240	365	365	nvg
1.1.2		(170)	(170)	(170)	(170)	(365)	(365)	nvg
1.1.3	$\alpha \leq 0{,}6$	240	240	240	240	365	365	nvg
1.1.4		(170)	(170)	(170)	(170)	(365)	(365)	nvg
1.2	$5 \leq f_b \leq 25$ $500 < \rho \leq 800$							
1.2.1	$\alpha \leq 1{,}0$	240	240	240	240/300	365	365	nvg
1.2.2		(170)	(170)	(170)	(170/240)	(365)	(365)	nvg
1.2.3	$\alpha \leq 0{,}6$	240	240	240	240/300	365	365	nvg
1.2.4		(170)	(170)	(170)	(170/240)	(365)	(365)	nvg
2	*Mauersteine der Gruppe 2*							
2.1	Normalmörtel, Dünnbettmörtel $5 \leq f_b \leq 35$ $800 < \rho \leq 2200$ $ct \geq 25$ %							
2.1.1	$\alpha \leq 1{,}0$	240	240	240	240	365	365	nvg
2.1.2		(170)	(170)	(170)	(170)	(365)	(365)	nvg
2.1.3	$\alpha \leq 0{,}6$	240	240	240	240	365	365	nvg
2.1.4		(170)	(170)	(170)	(170)	(365)	(365)	nvg
2.2	Normalmörtel, Dünnbettmörtel, Leichtmörtel $5 \leq f_b \leq 25$ $700 \leq \rho \leq 800$ $ct \geq 25$ %							
2.2.1	$\alpha \leq 1{,}0$	240/365	240/365	240/365	240/365	365	365	nvg
2.2.2		(170/240)	(170/240)	(170/240)	(170/300)	(365)	(365)	nvg
2.2.3	$\alpha \leq 0{,}6$	240/365	240/365	240/365	240/365	365	365	nvg
2.2.4		(170/240)	(170/240)	(170/240)	(170/240)	(365)	(365)	nvg

(Fortsetzung)

Tab. 6.61 (Fortsetzung)

Zeilen Nr.	*Materialeigenschaften:* Steindruckfestigkeit f_b [N/mm²] Trockenrohdichte ρ [kg/m³] Querstegsummendicke *ct* in % der Wanddicke	Mindestwanddicke (mm) t_F zur Einstufung in die Feuerwiderstandsklasse REI-M und EI-M (Minuten) $t_{fi,d}$						
		30	45	60	90	120	180	240
2.3	Normalmörtel, Dünnbettmörtel, Leichtmörtel $5 \leq f_b \leq 25$ $500 \leq \rho \leq 900$ $16\,\% \leq ct \leq 25\,\%$							
2.3.1	$\alpha \leq 1{,}0$	365	365	365	365	nvg	nvg	nvg
2.3.2		(170)	(170)	(170)	(170/365)	(365)	(365)	nvg
2.3.3	$\alpha \leq 0{,}6$	365	365	365	365	nvg	nvg	nvg
2.3.4		(170)	(170)	(170)	(170/300)	(365)	(365)	nvg
3	*Mauersteine der Gruppe 3*							
3.1	Normalmörtel, Leichtmörtel, Dünnbettmörtel $5 \leq f_b \leq 35$ $500 \leq \rho \leq 1200$ $ct \geq 12\,\%$							
3.1.1	$\alpha \leq 1{,}0$	nvg	nvg	nvg	nvg	nvg	nvg	nvg
3.1.2		(365)	(365)	(365)	(365)	nvg	nvg	nvg
3.1.3	$\alpha \leq 0{,}6$	nvg	nvg	nvg	nvg	nvg	nvg	nvg
3.1.4		(365)	(365)	(365)	(365)	nvg	nvg	nvg
4	*Füllziegelwände*							
4.1	Normalmörtel, Dünnbettmörtel $5 \leq f_b \leq 35$ $500 \leq \rho \leq 1200$ $ct \geq 10\,\%$							
4.1.1	$\alpha \leq 1{,}0$	240	240	240	240	nvg	nvg	nvg
4.1.2		(170)	(170)	(170)	(170)	nvg	nvg	nvg
4.1.3	$\alpha \leq 0{,}6$	240	240	240	240	nvg	nvg	nvg
4.1.4		(170)	(170)	(170)	(170)	nvg	nvg	nvg
5	*Mauersteine der Gruppe 4*							
5.1	Normalmörtel, Leichtmörtel, Dünnbettmörtel $5 \leq f_b \leq 35$ $500 \leq \rho \leq 1200$ $ct \geq 12\,\%$							
5.1.1	$\alpha \leq 1{,}0$	nvg	nvg	nvg	nvg	nvg	nvg	nvg
5.1.2		nvg	nvg	nvg	nvg	nvg	nvg	nvg
5.1.3	$\alpha \leq 0{,}6$	nvg	nvg	nvg	nvg	nvg	nvg	nvg
5.1.4		nvg	nvg	nvg	nvg	nvg	nvg	nvg

Tab. 6.62 Ziegelmauerwerk; Mindestdicke der Einzelschalen von tragendem, raumabschließendem zweischaligem Mauerwerk mit einer belasteten Schale für das Kriterium REI zur Einstufung in Feuerwiderstandsklassen. (Nach EC6-1-2, Tab. N.B.1.6)

Zeilen Nr.	*Materialeigenschaften:* Steindruckfestigkeit f_b [N/mm²] Trockenrohdichte ρ [kg/m³] Querstegsummendicke ct in % der Wanddicke	Mindestwanddicke (mm) t_F zur Einstufung in die Feuerwiderstandsklasse REI (Minuten) $t_{fi,d}$						
		30	45	60	90	120	180	240
1S	*Mauersteine der Gruppe 1S*							
1S.1	$5 \leq f_b \leq 75$ Normalmörtel $5 \leq f_b \leq 50$ Dünnbettmörtel $1000 \leq \rho \leq 2400$							
1S.1.1 1S.1.2	$\alpha \leq 1{,}0$	90 (90)	90 (90)	90 (90)	100 (90)	100 (100)	nvg nvg	nvg nvg
1S.1.3 1S.1.4	$\alpha \leq 0{,}6$	90 (90)	90 (90)	90 (90)	100 (90)	100 (100)	nvg nvg	nvg nvg
1	*Mauersteine der Gruppe 1*							
1.1	Normalmörtel, Dünnbettörtel $5 \leq f_b \leq 75$ $800 < \rho \leq 2400$							
1.1.1 1.1.2	$\alpha \leq 1{,}0$	90 (90)	90 (90)	90 (90)	100 (90/100)	100/170 (100)	nvg nvg	nvg nvg
1.1.3 1.1.4	$\alpha \leq 0{,}6$	90 (90)	90 (90)	90 (90)	100 (90)	100/140 (100)	nvg nvg	nvg nvg
1.2	Normalmörtel, Dünnbettmörtel $5 \leq f_b \leq 25$ $500 < \rho \leq 800$							
1.2.1 1.2.2	$\alpha \leq 1{,}0$	100 (100)	170 (140)	170 (140)	240 (200)	365 (300)	nvg nvg	nvg nvg
1.2.3 1.2.4	$\alpha \leq 0{,}6$	100 (100)	140 (140)	170 (140)	200 (170)	300 (300)	nvg nvg	nvg nvg
2	*Mauersteine der Gruppe 2*							
2.1	Normalmörtel, Dünnbettmörtel $5 \leq f_b \leq 35$ $800 < \rho \leq 2200$ $ct \geq 25$ %							
2.1.1 2.1.2	$\alpha \leq 1{,}0$	100 (100)	100 (100)	100 (100)	140/170 (100)	170/240 (100/140)	nvg nvg	nvg nvg
2.1.3 2.1.4	$\alpha \leq 0{,}6$	100 (100)	100 (100)	100 (100)	100/140 (100)	170 (100/140)	nvg nvg	nvg nvg
2.2	$15 \leq f_b \leq 25$ $700 \leq \rho \leq 800$ $ct \geq 25$ %							
2.2.1 2.2.2	$\alpha \leq 1{,}0$	100 (100)	100 (100)	100 (100)	170 (100)	240 (140)	nvg nvg	nvg nvg
2.2.3 2.2.4	$\alpha \leq 0{,}6$	100 (100)	100 (100)	100 (100)	140 (100)	170 (100)	nvg nvg	nvg nvg

(Fortsetzung)

Tab. 6.62 (Fortsetzung)

Zeilen Nr.	*Materialeigenschaften:* Steindruckfestigkeit f_b [N/mm^2] Trockenrohdichte ρ [kg/m^3] Querstegsummendicke ct in % der Wanddicke	Mindestwanddicke (mm) t_F zur Einstufung in die Feuerwiderstandsklasse REI (Minuten) $t_{fi,d}$						
		30	45	60	90	120	180	240
2.3	Normalmörtel, Dünnbettmörtel, Leichtmörtel $5 \leq f_b \leq 25$ $500 \leq \rho \leq 900$ $16 \leq ct < 25$ %							
2.3.1	$\alpha \leq 1{,}0$	nvg	nvg	nvg	nvg	nvg	nvg	nvg
2.3.2		(100)	(100)	(100/170)	(100/240)	(140/300)	nvg	nvg
2.3.3	$\alpha \leq 0{,}6$	100	100	100	140	170	nvg	190
2.3.4		(100)	(100)	(100/140)	(100/170)	(100/300)	nvg	nvg
3	*Mauersteine der Gruppe 3*							
3.1	Normalmörtel, Dünnbettmörtel, Leichtmörtel $5 \leq f_b \leq 35$ $500 \leq \rho \leq 1200$ $ct \geq 12$ %							
3.1.1	$\alpha \leq 1{,}0$	nvg	nvg	nvg	nvg	nvg	nvg	nvg
3.1.2		(100)	(170)	(240)	(300)	(365)	nvg	nvg
3.1.3	$\alpha \leq 0{,}6$	nvg	nvg	nvg	nvg	nvg	nvg	nvg
3.1.4		(100)	(140)	(170)	(240)	(300)	nvg	nvg
4	*Füllziegelwände*							
4.1	Normalmörtel, Dünnbettmörtel $10 \leq f_b \leq 35$ $500 \leq \rho \leq 1200$ $ct \geq 10$ %							
4.1.1	$\alpha \leq 1{,}0$	100	100	100	170	240	nvg	nvg
4.1.2		(100)	(100)	(100)	(100)	(100)	nvg	nvg
4.1.3	$\alpha \leq 0{,}6$	100	100	100	140	170	nvg	nvg
4.1.4		(100)	(100)	(100)	(100)	(100)	nvg	nvg
5	*Mauersteine der Gruppe 4*							
5.1	Normalmörtel, Dünnbettmörtel, Leichtmörtel $5 \leq f_b \leq 35$ $500 \leq \rho \leq 1200$							
5.1.1	$\alpha \leq 1{,}0$	nvg	nvg	nvg	nvg	nvg	nvg	nvg
5.1.2		(100)	(170)	(240)	(300)	(365)	nvg	nvg
5.1.3	$\alpha \leq 0{,}6$	nvg	nvg	nvg	nvg	nvg	nvg	nvg
5.1.4		(100)	(140)	(170)	(240)	(300)	nvg	nvg

6.8.2 Kalksandstein-Mauerwerk (Tab. 6.63, 6.64 und 6.65)

Tab. 6.63 Kalksandstein-Mauerwerk; Mindestdicke tragender, raumabschließender einschaliger Wände für das Kriterium REI zur Einstufung in Feuerwiderstandsklassen. (Nach EC6-1-2, Tab. N.B.2.2)

Zeilen Nr.	*Materialeigenschaften:* Steindruckfestigkeit f_b [N/mm²] Trockenrohdichte ρ [kg/m³]	Mindestwanddicke (mm) t_F zur Einstufung in die Feuerwiderstandsklasse REI (Minuten) $t_{fi,d}$						
		30	45	60	90	120	180	240
1S	*Mauersteine der Gruppe 1S*							
1S.1	Normalmörtel $12 \leq f_b \leq 15$ $1700 \leq \rho \leq 2400$							
1S.1.1	$\alpha \leq 1{,}0$	90	90	90	100	100/170	170	140/190
1S.1.2		(90)	(90)	(90)	(90/100)	(100/140)	(170)	(140/190)
1S.1.3	$\alpha \leq 0{,}6$	90	90	90	100	100/10	170	140/190
1S.1.4		(90)	(90)	(90)	(90/100)	(100/140)	(170)	(140/190)
1S.2	Dünnbettmörtel $12 \leq f_b \leq 15$ $1700 \leq \rho \leq 2400$							
1S.2.1	$\alpha \leq 1{,}0$	90	90	90	100	100/170	170	140/190
1S.2.2		(90)	(90)	(90)	(90/100)	(100/140)	(170)	(140/190)
1S.2.3	$\alpha \leq 0{,}6$	90	90	90	100	100/170	170	140/190
1S.2.4		(90)	(90)	(90)	(90/100)	(100/140)	(170)	(140/190)
1	*Mauersteine der Gruppe 1*							
1.1	Normalmörtel $12 \leq f_b \leq 75$ $1400 < \rho \leq 2400$							
1.1.1	$\alpha \leq 1{,}0$	90/100	90/100	90/100	100	140/200	190/240	190/240
1.1.2		(90/100)	(90/100)	(90/100)	(90/100)	(140)	(170/190)	(140)
1.1.3	$\alpha \leq 0{,}6$	90/100	90/100	90/100	100	120/140	170/200	190/200
1.1.4		(90/100)	(90/100)	(90/100)	(100)	(100)	(140)	(140)
1.2	Dünnbettmörtel $12 \leq f_b \leq 75$ $1400 < \rho \leq 2400$							
1.2.1	$\alpha \leq 1{,}0$	90/100	90/100	90/100	100	140/200	190	190/240
1.2.2		(90/100)	(90/100)	(90/100)	(90/100)	(140)	(170/190)	(140)
1.2.3	$\alpha \leq 0{,}6$	90/100	90/100	90/100	100	120/40	170/200	190/200
1.2.4		(90/100)	(90/100)	(90/100)	(100)	(100)	(140)	(140)
2	*Mauersteine der Gruppe 2*							
2.1	Normalmörtel $6 \leq f_b \leq 35$ $700 < \rho \leq 1600$							
2.1.1	$\alpha \leq 1{,}0$	100	100	100	100/140	200	240	nvg
2.1.2		(100)	(100)	(100)	(100)	(170)	(190)	nvg
2.1.3	$\alpha \leq 0{,}6$	100	100	100	100	140	200	nvg
2.1.4		(100)	(100)	(100)	(100)	(100)	(100)	nvg
2.2	Dünnbettmörtel $6 \leq f_b \leq 35$ $700 \leq \rho \leq 1600$ $ct \geq 25\ \%$							
2.2.1	$\alpha \leq 1{,}0$	100	100	100	100/140	200	240	nvg
2.2.2		(100)	(100)	(100)	(100)	(170)	(190)	nvg
2.2.3	$\alpha \leq 0{,}6$	100	100	100	100	140	200	nvg
2.2.4		(100)	(100)	(100)	(100)	(100)	(140)	nvg

Tab. 6.64 Kalksandstein-Mauerwerk; Mindestdicke tragender und nichttragender, raumabschließender Brandwände für die Kriterien REI-M und EI-M zur Einstufung in Feuerwiderstandsklassen. (Nach EC6-1-2, Tab. N.B.2.5)

Zeilen Nr.	*Materialeigenschaften:* Steindruckfestigkeit f_b [N/mm²] Trockenrohdichte ρ [kg/m³]	Mindestwanddicke (mm) t_F zur Einstufung in die Feuerwiderstandsklassen REI-M und EI-M (Minuten) $t_{fi,d}$						
		30	45	60	90	120	180	240
1S	*Mauersteine der Gruppe 1S*							
1S.1	Normalmörtel $12 \leq f_b \leq 35$ $1700 \leq \rho \leq 2400$							
1S.1.1	$\alpha \leq 1{,}0$	170/240	170/240	170/240	170/240	240/300	240/300	nvg
1S.1.2		nvg	nvg	nvg	nvg	nvg	nvg	nvg
1S.1.3	$\alpha \leq 0{,}6$	nvg	nvg	nvg	nvg	nvg	nvg	nvg
1S.1.4		nvg	nvg	nvg	(170)	nvg	nvg	nvg
1S.2	Dünnbettmörtel $12 \leq f_b \leq 35$ $1700 \leq \rho \leq 2400$							
1S.2.1	$\alpha \leq 1{,}0$	170/240	170/240	170/240	170/240	240/300	240/300	nvg
1S.2.2		nvg	nvg	nvg	nvg	nvg	nvg	nvg
1S.2.3	$\alpha \leq 0{,}6$	nvg	nvg	nvg	nvg	nvg	nvg	nvg
1S.2.4		nvg	nvg	nvg	(170)	nvg	nvg	nvg
1	*Mauersteine der Gruppe 1*							
1.1	Normalmörtel $12 \leq f_b \leq 35$ $1400 < \rho \leq 2400$							
1.1.1	$\alpha \leq 1{,}0$	240	240	240	240	300	300/365	nvg
1.1.2		nvg	nvg	nvg	nvg	nvg	nvg	nvg
1.1.3	$\alpha \leq 0{,}6$	nvg	nvg	nvg	170	nvg	240	nvg
1.1.4		nvg	nvg	nvg	nvg	nvg	nvg	nvg
1.2	Dünnbettmörtel $12 \leq f_b \leq 35$ $1400 < \rho \leq 2400$							
1.2.1	$\alpha \leq 1{,}0$	240	240	240	240	300	300/365	nvg
1.2.2		nvg	nvg	nvg	nvg	nvg	nvg	nvg
1.2.3	$\alpha \leq 0{,}6$	nvg	nvg	nvg	170	nvg	240	nvg
1.2.4		nvg	nvg	nvg	nvg	nvg	nvg	nvg
2	*Mauersteine der Gruppe 2*							
2.1	Normalmörtel $6 \leq f_b \leq 35$ $700 < \rho \leq 1600$							
2.1.1	$\alpha \leq 1{,}0$	300	300	300	300	300/365	365/490	nvg
2.1.2		nvg	nvg	nvg	nvg	nvg	Nvg	nvg
2.1.3	$\alpha \leq 0{,}6$	nvg	nvg	nvg	nvg	nvg	nvg	nvg
2.1.4		nvg	nvg	nvg	nvg	nvg	nvg	nvg
2.2	Dünnbettmörtel $6 \leq f_b \leq 35$ $700 \leq \rho \leq 1600$							
2.2.1	$\alpha \leq 1{,}0$	300	300	300	300	300/365	365/490	nvg
2.2.2		nvg	nvg	nvg	nvg	nvg	Nvg	nvg
2.2.3	$\alpha \leq 0{,}6$	nvg	nvg	nvg	nvg	nvg	nvg	nvg
2.2.4		nvg	nvg	nvg	nvg	nvg	nvg	nvg

Tab. 6.65 Kalksandstein-Mauerwerk; Mindestdicke der Einzelschalen von tragendem, raumabschließendem zweischaligem Mauerwerk mit einer belasteten Schale für das Kriterium REI zur Einstufung in Feuerwiderstandsklassen. (Nach EC6-1-2, Tab. N.B.2.6)

Zeilen Nr.	*Materialeigenschaften:* Steindruckfestigkeit f_b [N/mm²] Trockenrohdichte ρ [kg/m³]	Mindestwanddicke (mm) t_F zur Einstufung in die Feuerwiderstandsklasse REI (Minuten) $t_{fi,d}$						
		30	45	60	90	120	180	240
1S	*Mauersteine der Gruppe 1S*							
1S.1	Normalmörtel $12 \leq f_b \leq 35$ $1700 \leq \rho \leq 2400$							
1S.1.1 1S.1.2	α ≤ 1,0	90 (90)	90 (90)	90 (90)	100 (90/100)	140/170 (100/140)	170 (170)	190 (190)
1S.1.3 1S.1.4	α ≤ 0,6	90 (90)	90 (90)	90 (90)	100 (90/100)	140/170 (100/140)	170 (170)	190 (190)
1S.2	Dünnbettmörtel $12 \leq f_b \leq 35$ $1700 \leq \rho \leq 2400$							
1S.2.1 1S.2.2	α ≤ 1,0	90 (90)	90 (90)	90 (90)	100 (90/100)	140/170 (100/140)	170 (170)	190 (190)
1S.2.3 1S.2.4	α ≤ 0,6	90 (90)	90 (90)	90 (90)	100 (90/100)	140/170 (100/140)	170 (170)	190 (190)
1	*Mauersteine der Gruppe 1*							
1.1	Normalmörtel $8 \leq f_b \leq 48$ $1400 < \rho \leq 2400$							
1.1.1 1.1.2	α ≤ 1,0	90/100 (90/100)	90/100 (90/100)	90/100 (90/100)	100 (90/100)	140/200 (140)	190/240 (170/190)	190/240 nvg
1.1.3 1.1.4	α ≤ 0,6	90/100 (90/100)	90/100 (90/100)	90/100 (90/100)	100 (100)	140 (100)	170/200 (140)	190/200 (140)
1.2	Dünnbettmörtel $8 \leq f_b \leq 48$ $1400 < \rho \leq 2400$							
1.2.1 1.2.2	α ≤ 1,0	90/100 (90/100)	90/100 (90/100)	90/100 (90/100)	100 (90/100)	140/200 (140)	190/240 (170/190)	190/240 nvg
1.2.3 1.2.4	α ≤ 0,6	90/100 (90/100)	90/100 (90/100)	90/100 (90/100)	100 (100)	120/140 (100)	170/200 (140)	190/200 nvg
2	*Mauersteine der Gruppe 2*							
2.1	Normalmörtel $6 \leq f_b \leq 35$ $700 < \rho \leq 1000$							
2.1.1 2.1.2	α ≤ 1,0	100 (100)	100 (100)	100 (100)	100 (100)	200 (170)	240 (190)	nvg nvg
2.1.3 2.1.4	α ≤ 0,6	100 (100)	100 (100)	100 (100)	100 (100)	140 (100)	200 (140)	nvg nvg
2.2	Dünnbettmörtel $6 \leq f_b \leq 35$ $700 \leq \rho \leq 1000$							
2.2.1 2.2.2	α ≤ 1,0	100 (100)	100 (100)	100 (100)	100 (100)	200 (170)	240 (190)	nvg nvg
2.2.3 2.2.4	α ≤ 0,6	100 (100)	100 (100)	100 (100)	100 (100)	140 (100)	200 (140)	nvg nvg

6.8.3 Betonstein-Mauerwerk (Tab. 6.66, 6.67 und 6.68)

Tab. 6.66 Betonstein-Mauerwerk; Mindestdicke tragender, raumabschließender einschaliger Wände aus Steinen mit dichter und poriger Gesteinskörnung für das Kriterium REI zur Einstufung in Feuerwiderstandsklassen. (Nach EC6-1-2, Tab. N.B.3.2)

Zeilen Nr.	*Materialeigenschaften:* Steindruckfestigkeit f_b [N/mm²] Trockenrohdichte ρ [kg/m³]	Mindestwanddicke (mm) t_F zur Einstufung in die Feuerwiderstandsklasse REI (Minuten) $t_{fi,d}$						
		30	45	60	90	120	180	240
1	*Mauersteine der Gruppe 1S* Normalmörtel, Dünnbettmörtel, Leichtmörtel							
1.1	Leichtbetonsteine $2 \leq f_b \leq 15$ $400 < \rho \leq 1600$							
1.1.1 1.1.2	$\alpha \leq 1{,}0$	90/170 (90/140)	90/170 (90/140)	90/170 (90/140)	100/170 (90/140)	100/190 (90/170)	140/240 (100/190)	150/300 (100/240)
1.1.3 1.1.4	$\alpha \leq 0{,}6$	70/140 (60/100)	70/140 (60/100)	70/140 (60/100)	90/170 (70/100)	90/170 (70/140)	100/190 (90/170)	100/240 (90/190)
1.2	Betonsteine $6 \leq f_b \leq 35$ $1200 < \rho \leq 2400$							
1.2.1 1.2.2	$\alpha \leq 1{,}0$	90/170 (90/140)	90/170 (100/140)	90/170 (90/140)	90/170 (90/140)	100/190 (90/170)	140/240 (100/190)	150/300 (100/240)
1.2.3 1.2.4	$\alpha \leq 0{,}6$	70/140 (60/100)	90/140 (70/100)	70/140 (70/100)	90/170 (70/100)	90/170 (70/140)	100/190 (90/170)	140/240 (100/190)
2	*Mauersteine der Gruppe 2* Normalmörtel, Dünnbettmörtel, Leichtmörtel							
2.1	Leichtbetonsteine $2 \leq f_b \leq 15$ $240 < \rho \leq 1200$							
2.1.1 2.1.2	$\alpha \leq 1{,}0$	90/170 (90/140)	100/170 (90/140)	100/170 (90/140)	100/170 (90/140)	100/190 (100/170)	140/240 (140/190)	150/300 (140/240)
2.1.3 2.1.4	$\alpha \leq 0{,}6$	70/140 (70/100)	70/140 (70/100)	90/140 (70/100)	90/170 (70/100)	100/170 (90/140)	125/190 (100/170)	140/240 (125/190)
2.2	Betonsteine $6 \leq f_b \leq 35$ $720 \leq \rho \leq 1650$ $ct \geq 25\,\%$							
2.2.1 2.2.2	$\alpha \leq 1{,}0$	90/170 (90/140)	100/170 (90/140)	100/170 (90/140)	100/170 (100/140)	100/190 (100/170)	140/240 (140/190)	150/300 (150/240)
2.2.3 2.2.4	$\alpha \leq 0{,}6$	90/140 (70/100)	90/140 (90/100)	100/140 (90/100)	100/170 (90/100)	100/170 (100/140)	140/190 (125/170)	150/240 (140/190)
3	*Mauersteine der Gruppe 3* Normalmörtel, Dünnbettmörtel, Leichtmörtel							
3.1	Leichtbetonsteine $2 \leq f_b \leq 10$ $160 \leq \rho \leq 1000$							
3.1.1 3.1.2	$\alpha \leq 1{,}0$	nvg nvg	nvg nvg	nvg nvg	nvg ngv	nvg nvg	nvg nvg	nvg nvg
3.1.3 3.1.4	$\alpha \leq 0{,}6$	nvg nvg	nvg nvg	nvg nvg	nvg ngv	nvg nvg	nvg nvg	nvg nvg

(Fortsetzung)

Tab. 6.66 (Fortsetzung)

3.2	Betonsteine $6 \le f_b \le 20$ $480 \le \rho \le 1000$							
3.2.1 3.2.2	$\alpha \le 1{,}0$	nvg nvg	nvg nvg	nvg nvg	140 ngv	140/200 nvg	200 nvg	nvg nvg
3.2.3 3.2.4	$\alpha \le 0{,}6$	nvg nvg	nvg nvg	nvg nvg	nvg ngv	nvg nvg	nvg nvg	nvg nvg
4	*Wände aus mit Beton oder Mörtel verfüllten Schalungssteinen* Normalmörtel, Dünnbettmörtel							
4.1	Leichtbetonsteine $2 \le f_b \le 10$ $160 \le \rho \le 1000$							
4.1.1 4.1.2	$\alpha \le 1{,}0$	nvg nvg	nvg nvg	nvg nvg	nvg ngv	nvg nvg	nvg nvg	nvg nvg
4.1.3 4.1.4	$\alpha \le 0{,}6$	nvg nvg	nvg nvg	nvg nvg	nvg ngv	nvg nvg	nvg nvg	nvg nvg
4.2	Betonsteine $6 \le f_b \le 20$ $480 \le \rho \le 1000$							
4.2.1 4.2.2	$\alpha \le 1{,}0$	nvg nvg	nvg nvg	nvg nvg	nvg ngv	nvg nvg	nvg nvg	nvg nvg
4.2.3 4.2.4	$\alpha \le 0{,}6$	nvg nvg	nvg nvg	nvg nvg	nvg ngv	nvg nvg	nvg nvg	nvg nvg

Tab. 6.67 Porenbeton-Mauerwerk; Mindestdicke tragender, raumabschließender einschaliger Wände für das Kriterium REI zur Einstufung in Feuerwiderstandsklassen. (Nach EC6-1-2, Tab. N.B.4.2)

Zeilen Nr.	*Materialeigenschaften:* Steindruckfestigkeit f_b [N/mm²] Trockenrohdichte ρ [kg/m³]	Mindestwanddicke (mm) t_F zur Einstufung in die Feuerwiderstandsklasse REI (Minuten) $t_{fi,d}$						
		30	45	60	90	120	180	240
1	Mauersteine der Gruppe 1 und 1S							
1.1	Normalmörtel, Dünnbettmörtel $2 \le f_b \le 4$ $350 < \rho \le 500$							
1.1.1 1.1.2	$\alpha \le 1{,}0$	90/115 (90/115)	90/115 (90/115)	90/140 (90/115)	90/200 (90/200)	90/225 (90/225)	140/300 (140/240)	150/300 (150/300)
1.1.3 1.1.4	$\alpha \le 0{,}6$	90/115 (90/115)	90/115 (90/115)	90/115 (90/115)	100/150 (90/115)	90/175 (90/150)	140/200 (140/200)	150/200 (150/200)
1.2	Normalmörtel, Dünnbettmörtel $4 \le f_b \le 8$ $500 < \rho \le 1000$							
1.2.1 1.2.2	$\alpha \le 1{,}0$	90/100 (90/100)	90/100 (90/100)	90/150 (90/100)	90/170 (90/150)	90/200 (90/170)	125/240 (100/200)	150/300 (100/240)
1.2.3 1.2.4	$\alpha \le 0{,}6$	90/100 (90/100)	90/100 (90/100)	90/100 (90/100)	90/150 (90/100)	90/170 (90/125)	125/140 (125/140)	150/240 (150/200)

Tab. 6.68 Betonwerkstein-Mauerwerk; Mindestdicke tragender, raumabschließender einschaliger Wände für das Kriterium REI zur Einstufung in Feuerwiderstandsklassen. (Nach EC6-1-2, Tab. N.B.5.2)

Zeilen Nr.	*Materialeigenschaften:* Trockenrohdichte ρ [kg/m³]	Mindestwanddicke (mm) t_F zur Einstufung in die Feuerwiderstandsklasse REI (Minuten) $t_{fi,d}$					
		30	60	90	120	180	240
1	*Mauersteine der Gruppe 1*						
1.1	Normalmörtel, Dünnbettmörtel, Leichtmörtel $1200 < \rho \leq 2200$						
1.1.1 1.1.2	$\alpha \leq 1{,}0$	90/170 (90/140)	90/170 (90/140)	90/170 (90/140)	100/190 (90/170)	140/240 (100/190)	150/300 (100/240)
1.1.3 1.1.4	$\alpha \leq 0{,}6$	70/140 (60/100)	70/140 (70/100)	90/170 (70/100)	90/170 (70/140)	100/190 (90/70)	140/240 (100/190)

7 Tageslicht in Innenräumen

Als Tageslicht wird das sichtbare Licht der Sonne bezeichnet. Es ist von Sonnenauf- bis Sonnenuntergang – d. h. während des Tages – sichtbar. Tageslicht ist ein natürliches Licht, da die Lichtquelle – d. h. die Sonne – natürlichen Ursprungs ist. Im Gegensatz dazu wird Licht, das mit künstlichen Lichtquellen (wie z. B. Lampen) erzeugt wird, als Kunstlicht bezeichnet.

Das Leben und insbesondere die Tätigkeit des Menschen sind vom Tageslicht und dessen Wechsel abhängig und geprägt. Menschen sind naturgemäß tagaktive Lebewesen, d. h. sämtliche Tätigkeiten werden primär während des Tages ausgeübt.

Es ist deshalb erforderlich, Wohn- und Arbeitsräume mit ausreichendem Tageslicht zu beleuchten. Aus diesem Grund wird in den Bauordnungen der Länder gefordert, dass Aufenthaltsräume unmittelbar ins Freie führende Fenster aufweisen müssen (notwendige Fenster). Beispielsweise wird in der Bauordnung für das Land Nordrhein-Westfalen (BauO NRW) gefordert, dass Fenster in Aufenthaltsräumen in einer für eine ausreichende Beleuchtung mit Tageslicht und zum Zwecke der Belüftung entsprechenden Zahl und Beschaffenheit vorhanden sein müssen. Im Regelfall sollte die Fensterfläche mindestens ein Achtel der Grundfläche des zu beleuchteten Raums betragen. Dachoberlichter dürfen anstelle von Fenstern nur angeordnet werden, wenn aufgrund der Nutzung keine Bedenken bestehen, wie z. B. für die Beleuchtung von großen Räumen oder Hallen. Bei Aufenthaltsräumen sind dagegen Fenster erforderlich, um neben der Versorgung mit Tageslicht auch eine direkte Sichtverbindung nach außen zu ermöglichen.

P. Schmidt, S. Windhausen, *Lohmeyer Praktische Bauphysik*,
https://doi.org/10.1007/978-3-658-42604-0_7

Übersicht

Forderungen der Bauordnungen an Aufenthaltsräume (am Beispiel der Musterbauordnung – MBO § 47):

Aufenthaltsräume müssen ausreichend belüftet und mit **Tageslicht belichtet** werden können.

Sie müssen **Fenster** (Rohbaumaße) mit **mindestens 1/8 der Netto-Grundfläche des Raumes** haben.

Die Intensität des Tageslichtes ist vom Sonnenstand, der durch die Tages- und Jahreszeit vorgegeben wird, und vom Bewölkungsgrad abhängig. Beim Entwurf und der Planung eines Gebäudes sind in Bezug auf die Raumanordnung im Grundriss auch die Himmelsrichtungen zu beachten. Da die scheinbare Sonnenbahn im Tagesverlauf von Ost über Süd nach West verläuft, werden Wohnräume üblicherweise auf der Südseite eines Gebäudes angeordnet. Räume mit untergeordneter Nutzung und geringeren Anforderungen an die Beleuchtung mit Tageslicht (z. B. Hauswirtschaftsräume, Lagerräume, Zugänge) werden dagegen auf der Nordseite platziert.

Weiterhin sind bei der Planung der Beleuchtung mit Tageslicht von Räumen auch die Geländetopografie (z. B. Hanglagen), die benachbarte Bebauung (Höhe und Abstand) sowie die Vegetation (Bäume) zu beachten.

Beispielsweise wird die Tageslichtversorgung durch hohe Böschungen und Hanglagen, dichte und hohe Nachbarbebauung sowie durch hohe Bäume zum Teil deutlich verringert. Dies gilt insbesondere bei niedrigem Sonnenstand wie z. B. in den Wintermonaten.

Tageslicht kann durch künstliches Licht nicht ersetzt werden, obwohl sich mit Kunstlicht fast jede beliebige Beleuchtungsstärke in großer Gleichmäßigkeit erzielen lässt. Der Grund hierfür liegt in den positiven Auswirkungen von Tageslicht auf das Wohlbefinden und die Psyche des Menschen.

Die Anordnung geeigneter Fenster setzt eine sorgfältige Planung voraus, damit genügend Tageslicht in den Innenräumen vorhanden ist.

Die Fenster haben wichtige Aufgaben zu erfüllen:

- Beleuchtung des Innenraums,
- Sicherstellung einer Sichtverbindung nach außen,
- Belüftung des Innenraums.

Diesen Aufgaben stehen ungünstige Auswirkungen gegenüber:

- Wärmeverlust im Winter durch Glasflächen und Rahmenfugen,
- Temperaturzunahme im Sommer durch Sonneneinstrahlung,
- Belästigung durch Eindringen von Außenlärm.

Für das Wohlbefinden der Menschen ist außer einem Schutz vor Umwelteinflüssen (Wärmeschutz, Feuchteschutz, Schallschutz, Brandschutz) eine genügende Beleuchtung seiner Umgebung erforderlich, aber es muss auch ein Sichtkontakt vom Innenraum zum Außenbereich gegeben sein.

Die Anforderungen an die Raumbeleuchtung werden von folgenden Zielen bestimmt (DIN EN 12665 „Licht und Beleuchtung“):

- angemessene Beleuchtung für Sicherheit und Bewegung,
- Bedingungen, die die Sehleistung und die Farbwahrnehmung erleichtern,
- akzeptabler Sehkomfort für die in dem Raum befindlichen Personen.

Für verschiedene Anforderungen sind diese Faktoren relativ unterschiedlich wichtig. Für den Sehkomfort und das Wohlbefinden sind die Anforderungen häufig höher als für die reine Sehleistung.

Die erforderliche Beleuchtung in Wohnräumen und Arbeitsstätten wird durch Tageslicht, künstliche Beleuchtung oder eine Kombination von beiden erzeugt. Es ist selbstverständlich, dass eine Beleuchtung durch Tageslicht nicht ausreicht und stets auch eine ergänzende künstliche Beleuchtung erforderlich sein wird, um z. B. abends, nachts oder bei nicht ausreichendem Tageslichtangebot an trüben Tagen im Winter die erforderlichen Lichtverhältnisse zu gewährleisten.

Hinweise und Regeln für die Beleuchtung von Innenräumen mit Tageslicht enthalten die Normen DIN EN 17037 „Tageslicht in Gebäuden“ und DIN 5034 „Tageslicht in Innenräumen“. Die nationale DIN 5034 ergänzt die europäische Norm DIN EN 17037 um nationale Mindestanforderungen und enthält nur solche Regelungen, die in DIN EN 17037 nicht geregelt sind.

Auf beide Normen wird in den folgenden Abschnitten dieses Kapitels noch näher eingegangen.

7.1 Sonnenstrahlung

Von der Energiestrahlung der Sonne trifft nur ein geringer Teil auf die Erdoberfläche („Sonnenstrahlung“). Die Größe dieses Teils der Energiestrahlung, die die idealisierte Erdscheibe erreicht (wobei die Erdscheibe senkrecht zur Sonne ausgerichtet ist), wird als Solarkonstante bezeichnet. Die Solarkonstante beträgt:[1]

$$\text{Solarkonstante} = 1361\,\frac{\text{W}}{\text{m}^2} = 1361\,\frac{\text{J}}{\text{m}^2 \cdot \text{s}} \tag{7.1}$$

[1] Hinweis: Der Wert für die Solarkonstante wurde 2015 aufgrund neuer Messergebnisse von der IAU (Internationale Astromomische Union) neu festgelegt. Bisher galt ein Wert von 1367 W/m².

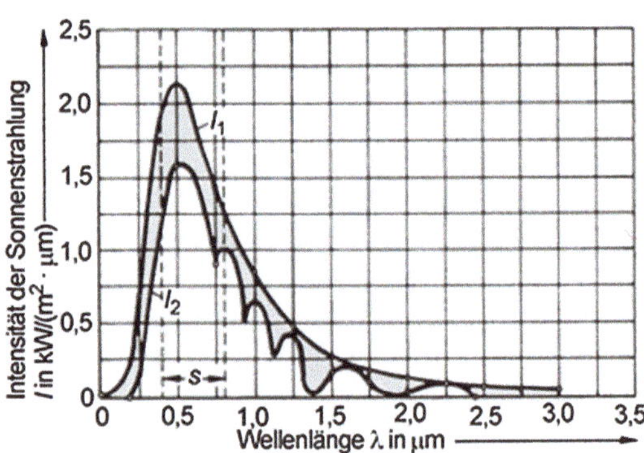

Abb. 7.1 Intensität der Sonnenstrahlung. I_1 Intensität der Sonnenstrahlung an der Grenze der Erdatmosphäre, abhängig von der Wellenlänge λ in µm. I_2 Intensität der Sonnenstrahlung an der Erdoberfläche, verringert infolge Reflexion, Ozon sowie durch Staub- und Dunstpartikel. s Bereich des sichtbaren Lichtes

Tab. 7.1 Art der Sonnenstrahlung

Strahlung	Wellenlänge λ in µm	Anteil an der Gesamtenergie in %
ultraviolett (UV)	0,20 … 0,38	3
sichtbar	0,38 … 0,78	44
infrarot (IR)	0,78 … 3,0	53

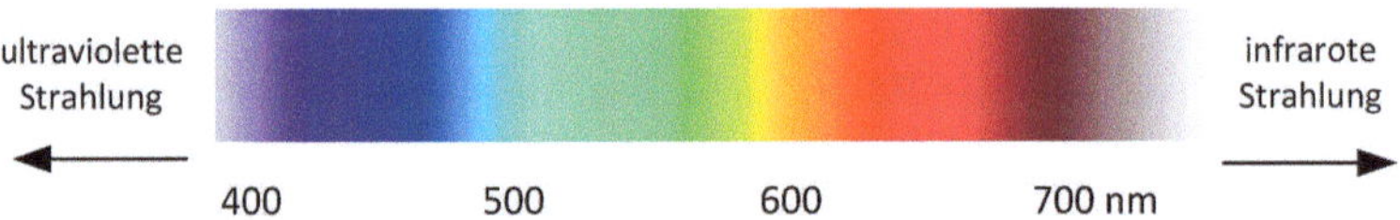

Abb. 7.2 Farbspektrum des sichtbaren Lichts

Der Wellenlängenbereich der Sonnenstrahlung, der die Erde erreicht, liegt zwischen 0,2 und 3 µm (Abb. 7.1). Die meiste Energiestrahlung liegt im Bereich des sichtbaren Lichtes bei einer Wellenlänge von 0,5 µm, d. h. bei grünem Licht (Tab. 7.1).

$$\text{Hinweis}: 1\ \mu\text{m} = 1\ \text{Mikrometer} = 10^{-6}\ \text{m bzw.} 1/1000\ \text{mm.}$$

Beim sichtbaren Licht handelt es sich physikalisch um eine elektromagnetische Strahlung, die sich von anderen Formen wie z. B. Radiowellen, UV-Strahlung nur durch die Wellenlänge und Frequenz unterscheidet.

Das menschliche Auge kann Licht in einem Spektrum der Wellenlängen zwischen 0,380 µm und 0,780 µm (entsprechend 380 nm bis 780 nm) wahrnehmen. Eine Wellenlänge von 380 nm charakterisiert die Farbe violett, bei einer Wellenlänge von 500 nm wird als Farbe grün wahrgenommen und eine Wellenlänge von 780 m entspricht der Farbe dunkelrot. An den unteren Bereich des Spektrums des sichtbaren Lichts schließt sich der Bereich der ultravioletten Strahlung (UV-Strahlung; Wellenlänge <380 nm) an. An den oberen Bereich grenzt das Spektrum der Infrarotstrahlung (Wellenlängen >780 nm) (Abb. 7.2).

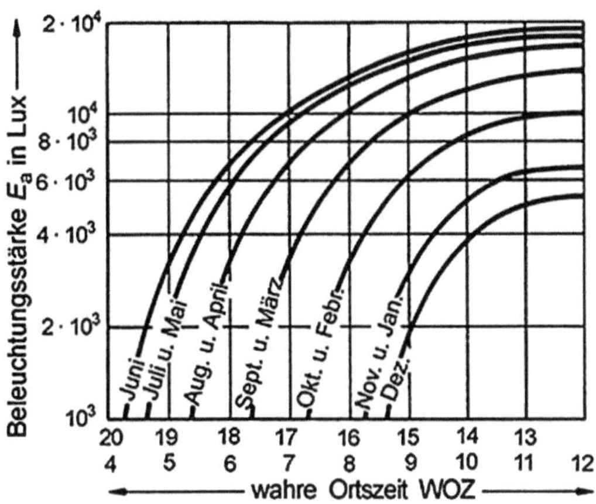

Abb. 7.3 Mittlere Horizontalbeleuchtungsstärke E_a der Tagesbeleuchtung im Freien bei gleichmäßig bedecktem Himmel für 51° nördlicher Breite in täglichem und jahreszeitlichem Verlauf

Mit einem Prisma kann das sichtbare Licht in die einzelnen Spektralfarben zerlegt werden. Farbeindrücke empfindet das Auge durch die verstärkte Reflexion von Oberflächen im entsprechenden Wellenlängenbereich.

Die Sonnenstrahlung, die als Lichtstrahlung auf ein Gebäude trifft, setzt sich aus folgenden Strahlungsarten zusammen:

- direkte Strahlung (abhängig vom Sonnenstand)
- diffuse Strahlung (in der Atmosphäre gestreute Strahlung)
- reflektierte Strahlung (durch Reflexion von Gebäuden, Erdoberfläche u. a.)

Die Beurteilung der Beleuchtung von Innenräumen durch Tageslicht ist schwierig. Das liegt auch daran, dass die Sonne als Lichtquelle ihren Stand ändert und dass wesentliche Unterschiede bei klarem oder bedecktem Himmel entstehen.

Als *Tageslicht* (im Sinne der DIN 5034 – „Tageslicht in Innenräumen“) wird das diffuse Licht des vollständig bedeckten Himmels bei schneefreiem Erdboden bezeichnet. Andere meteorologische Voraussetzungen (z. B. klarer Himmel) werden bei der Beurteilung nach DIN 5034 nicht erfasst. Nach der europäischen Norm DIN EN 17037 „Tageslicht in Gebäuden“ ist Tageslicht der sichtbare Anteil der Globalstrahlung.

In Abb. 7.3 ist die mittlere Beleuchtungsstärke der Tagesbeleuchtung im Freien bei gleichmäßig bedecktem Himmel angegeben, und zwar im Verlauf des Tages und des Jahres bei freiem unverbautem Horizont. Diese mittlere Horizontbeleuchtungsstärke E_a ist die Bezugsgröße für alle weiteren Betrachtungen für die Innenbeleuchtung mit Tageslicht.

7.2 Grundlagen und Begriffe

Nachfolgend werden einige wichtige Begriffe und Zusammenhänge zu den lichttechnischen Grundlagen definiert und erläutert.

Abb. 7.4 Definition des Lichtstroms

Abb. 7.5 Definition der Lichtstärke

7.2.1 Lichstrom

Als Lichstrom Φ wird die gesamte Lichtleistung einer Lichtquelle bezeichnet (Abb. 7.4). Der Lichtsrom berechnet sich aus dem Produkt von Lichtstärke und Raumwinkel.

Einheit: lm (Lumen)

$$1\ \mathrm{lm} = \mathrm{cd} \cdot \mathrm{sr}$$

mit:

cd candela

sr Raumeinheitswinkel (Steradiant)

7.2.2 Lichtstärke

Die Lichtstärke I ist der Teil des Lichtstroms Φ, der in eine bestimmte Richtung abgegeben wird (Abb. 7.5).

Einheit: cd (candela)

7.2.3 Leuchtdichte

Die Leuchtdichte L ist ein Maß für den Helligkeitseindruck, den das Auge von einer beleuchteten Fläche hat. Die Leuchtdichte berechnet sich als Quotient von Lichtstärke I und der betrachteten Fläche A (Abb. 7.6).

Einheit: cd/m^{-2} (candela/Quadratmeter)

Es gilt folgende Formel:

$$L = \frac{d^2\Phi}{dA \cdot \cos\,\vartheta\ d\Omega} \tag{7.2}$$

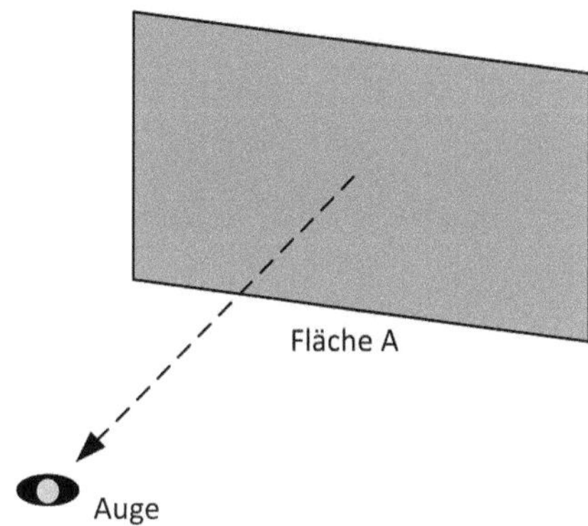

Abb. 7.6 Definition der Leuchtdichte

Darin bedeuten:

- L Leuchtdichte in einer gegebenen Richtung oder in einem gegebenen Punkt auf einer Oberfläche;
- $d\Phi$ Lichtstrom, der durch den gegebenen Punkt geht und sich in dem Raumwinkel $d\Omega$, der die gegebene Richtung enthält, ausbreitet;
- dA Querschnittsfläche des Lichtbündels;
- $d\Omega$ der Raumwinkel;
- ϑ Winkel zwischen der Normalen der Querschnittsfläche und der Richtung des Lichtbündels.

Die Leuchtdichteverteilung im Gesichtsfeld des Menschen bestimmt den Anpassungszustand an die Lichtverhältnisse (Adaptation), wodurch die Sehleistung und Sehkomfort beeinflusst werden. Eine ausgewogene Leuchtdichteverteilung ist zur Erhöhung der Sehschärfe und Gewährleistung der Kontrastempfindlichkeit bei kleinen Leuchtdichteunterschieden sowie zur Leistungsfähigkeit verschiedener Augenfunktion (wie Pupillenveränderung, Augenbewegungen usw.) anzustreben.

Hinsichtlich der Leuchtdichte sind folgende Regeln zu beachten:

- Vermeidung zu hoher Leuchtdichten, die Blendung verursachen;
- Vermeidung zu hoher Leuchtdichteunterschiede, die durch ständige Anpassung eine Augenermüdung verursachen;
- Vermeidung zu niedriger Leuchtdichten und Leuchtdichteunterschiede, die eine wenig anregende und auch unattraktive Umgebung schaffen.

Die Leuchtdichte hängt vom Reflexionsgrad der Oberflächen und der Beleuchtungsstärke auf den Oberflächen ab. Für die Hauptflächen eines Raumes (Decken, Wände, Fußboden) werden in EN 12464-1 „Licht und Beleuchtung – Beleuchtung von Arbeitsstätten – Teil 1: Arbeitsstätten in Innenräumen“ folgende Reflexionsgrade empfohlen:

Decken:	0,6 bis 0,9
Wände:	0,5 bis 0,8
Fußboden:	0,2 bis 0,6
Objekte (Möbel, Maschinen):	0,2 bis 0,7

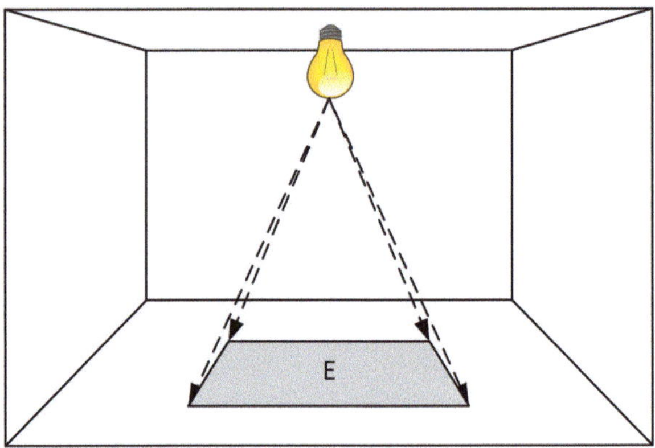

Abb. 7.7 Definition der Beleuchtungsstärke

Ein Reflexionsgrad z. B. von 0,2 bis 0,6 bedeutet, dass 20 % bis 60 % des auf die Fläche treffenden Lichts reflektiert werden.

7.2.4 Beleuchtungsstärke

Die Beleuchtungsstärke E ist ein Maß für das auf eine Fläche treffende Licht (Abb. 7.7). Die Beleuchtungsstärke ergibt sich als Quotient des Lichtstroms $d\varphi$ (in lm) und der Fläche A (in m^2).

$$\text{Einheit}: \text{lm/ m}^2 \; (=1 \text{ lx})$$

Die Beleuchtungsstärke E wird in Lux (lx) angegeben.

Die Beleuchtungsstärke hat einen großen Einfluss darauf, wie schnell, leicht und sicher der Mensch eine Sehaufgabe erfassen und ausführen kann. Anforderungen an die Beleuchtungsstärke dienen der Sehleistung und des Sehkomforts.

Angaben zu den Anforderungen an die Beleuchtungsstärke für Räume unterschiedlicher Nutzung enthält DIN EN 12464-1 „Licht und Beleuchtung – Beleuchtung von Arbeitsstätten". Für weitere Hinweise wird auf die Norm verwiesen.

7.2.5 Helligkeit

Die Helligkeit ist ein Merkmal einer Gesichtempfindung, aufgrund dessen ein Teil des Gesichtsfeldes mehr oder weniger Licht auszusenden scheint. Die Helligkeit ist im Gegensatz zur Beleuchtungsstärke und der Leuchtdichte keine physikalisch messbare Größe. Die Helligkeit entspricht der subjektiv empfundenen Leuchtdichte.

7.2.6 Blendung

Als Blendung wird die Störung der Sehaufgabe des Auges durch eine helle Lichtquelle vor dunklem Hintergrund bezeichnet. Blendung wird durch eine ungünstige Verteilung der Leuchtdichte und/oder durch zu hohe Kontraste verursacht (z. B. Sonne vor blauem Himmel, Autoscheinwerfer nachts). Der Grad der Blendung wird von folgenden Größen beeinflusst:

- Leuchtdichte und Größe der blendenden Fläche,
- Verhältnis dieser Leuchtdichte zur Leuchtdichte der Umgebung und des Hintergrundes,
- Entfernung der blendenden Fläche,
- Lage der blendenden Fläche im Gesichtsfeld.

Eine direkte Blendung durch die Sonne sollte vermieden werden. Geeignete Maßnahmen zum Schutz vor Blendung sind Sonnenschutzvorrichtungen. Diese sollten nach Möglichkeit auf der Außenseite der Fenster angeordnet werden, um zusätzlich zur Blendschutzfunktion auch die Aufheizung der Räume im Sommer wirkungsvoll zu vermeiden (siehe Abschn. 2.6 in diesem Werk).

7.2.7 Lichtfarbe und Farbwiedergabe

Die Lichtfarbe spielt bei der künstlichen Beleuchtung eine Rolle. Die Lichtfarbe einer Lampe bezieht sich auf die wahrgenommene Farbe des von ihr ausgestrahlten Lichts. Sie wird durch ihre ähnlichste Farbtemperatur beschrieben. Nach DIN EN 12464-1 werden folgende Lichtfarben unterschieden und durch die ähnlichste Farbtemperatur T_{CP} in Kelvin angegeben:

Lichtfarbe	warmweiß	T_{CP}	unter 3300 K
Lichtfarbe	neutralweiß		von 3300 K bis 5300 K
Lichtfarbe	tageslichtweiß		über 5300 K

Die Auswahl der Lichtfarbe hängt davon ab, was als natürlich angesehen wird, ist aber auch eine Frage der Psychologie und der Ästhetik. Die Auswahl der Lichtfarbe ist außerdem abhängig von dem Niveau der Beleuchtungsstärke, den Farben des Innenraums und der Möbel, dem Klima der Umgebung und dem Anwendungsfall. In warmen Klimazonen wird allgemein eine höhere Farbtemperatur bevorzugt („weißes“ Licht), hingegen in kälteren Klimazonen eine eher niedrigere („gelblicheres“ Licht). Daher wird von Nordeuropäern die Beleuchtung in südlichen Ländern häufig als „kalt“ empfunden.

Die Farbwiedergabe ist für die Sehleistung, aber auch für die Behaglichkeit und das Wohlempfinden wichtig. Die Farben der Umgebung, der Objekte und der menschlichen Haut sollen natürlich und wirklichkeitsgetreu wiedergegeben werden. Zur objektiven Kennzeichnung der Farbwiedergabe-Eigenschaften einer Lichtquelle gibt DIN EN 12464-1 den Allgemeinen Farbwiedergabe-Index R_a an. Der höchstmögliche Wert ist $R_a = 100$. Mit abnehmender Farbwiedergabe-Qualität wird der Wert R_a kleiner. Lampen mit einem Farbwiedergabe-Index von $R_a < 80$ sollten in Innenräumen, in denen Menschen für längere Zeit arbeiten oder sich aufhalten, nicht verwendet werden. Ausnahmen davon sind bei bestimmten örtlichen Gegebenheiten und/oder Tätigkeiten möglich, z. B. in hohen Hallen. Jedoch sind geeignete Maßnahmen zu treffen, damit an festen ständig besetzten Arbeitsplätzen eine höhere Farbwiedergabe sichergestellt ist. Mindestwerte der Beleuchtungsanforderungen und des Farbwiedergabe-Indexes sind für verschiedenartige Räume und Tätigkeiten in DIN EN 12464-1 angegeben.

Lichtfarbe und Farbwiedergabe sind insbesondere dann auf das Tageslicht abzustimmen, wenn Innenräume zusätzlich zum Tageslicht mit künstlichem Licht beleuchtet werden sollen.

7.2.8 Tageslichtlenksyteme und -leitsyteme

Es sind Tageslichtlenksysteme und Tageslichtleitsysteme zu unterscheiden.

Tageslichtlenksyteme
Tageslicht kann mit Hilfe eines Systems aus lichtreflektierenden, lichtbrechenden und lichtbeugenden Bauelementen gezielt in die Raumtiefe umgelenkt werden, um dort eine höhere Beleuchtungsstärke und bessere Gleichmäßigkeit der Beleuchtung durch Tageslicht zu erzielen. Tageslichtlenksysteme sind z. B. spezielle Jalousien mit reflektierenden oder geformten Lamellen sowie Lichtlenkgläser.

Tageslichtleitsysteme
Fensterlose Innenräume lassen sich mit Tageslichtleitsystemen mit Tageslicht beleuchten. Hierzu besteht das Tageslichtleitsystem aus einer Lichteinrittsöffnung, einem Lichtleitmedium und einer Lichtaustrittsöffnung. Tageslichtleitsysteme sind z. B. Heliostatensysteme, die aus Hohllichtleitern, Lichtöffnungen mit verspiegelten Lichtleitkanälen bestehen.

7.3 Normative Regelungen

Anforderungen an die Versorgung von Aufenthaltsräumen mit Tageslicht und die zugehörigen Nachweisverfahren sowie Planungshinweise enthält die europäische Norm DIN EN 17037 „Tageslicht in Gebäuden" in Verbindung mit der nationalen DIN 5034 „Tageslicht in Innenräumen". Die DIN 5034 dient quasi als nationale Ergänzung der europäischen Tageslichtnorm und deckt als Restnorm nur noch die Inhalte ab, die in dem europäischen Dokument nicht geregelt sind.

Als Konsequenz musste DIN 5034 stark gekürzt werden und besteht zukünftig nur noch aus fünf statt bisher sechs Teilen. Im Einzelnen gehören zur Neufassung der Normenreihe nur noch die Teile DIN 5034-1, DIN 5034-2, DIN 5034-3 sowie DIN 5034-5 und DIN 5034-6. Der bisherige Teil 4 der Norm (DIN 5034-4), der die vereinfachte Bestimmung von Mindestfenstergrößen für Wohnräume regelt, wird ersatzlos zurückgezogen. Eine Übersicht über die Struktur des zukünftigen Regelwerks für die Belichtung von Räumen mit Tageslicht ist in Abb. 7.8 dargestellt.

Zum Anwendungsbereich der DIN 5034 i. V. mit DIN EN 17037 zählen alle Aspekte der Beleuchtung von Räumen mit Tageslicht. Dazu zählen die psychische Wirkung von

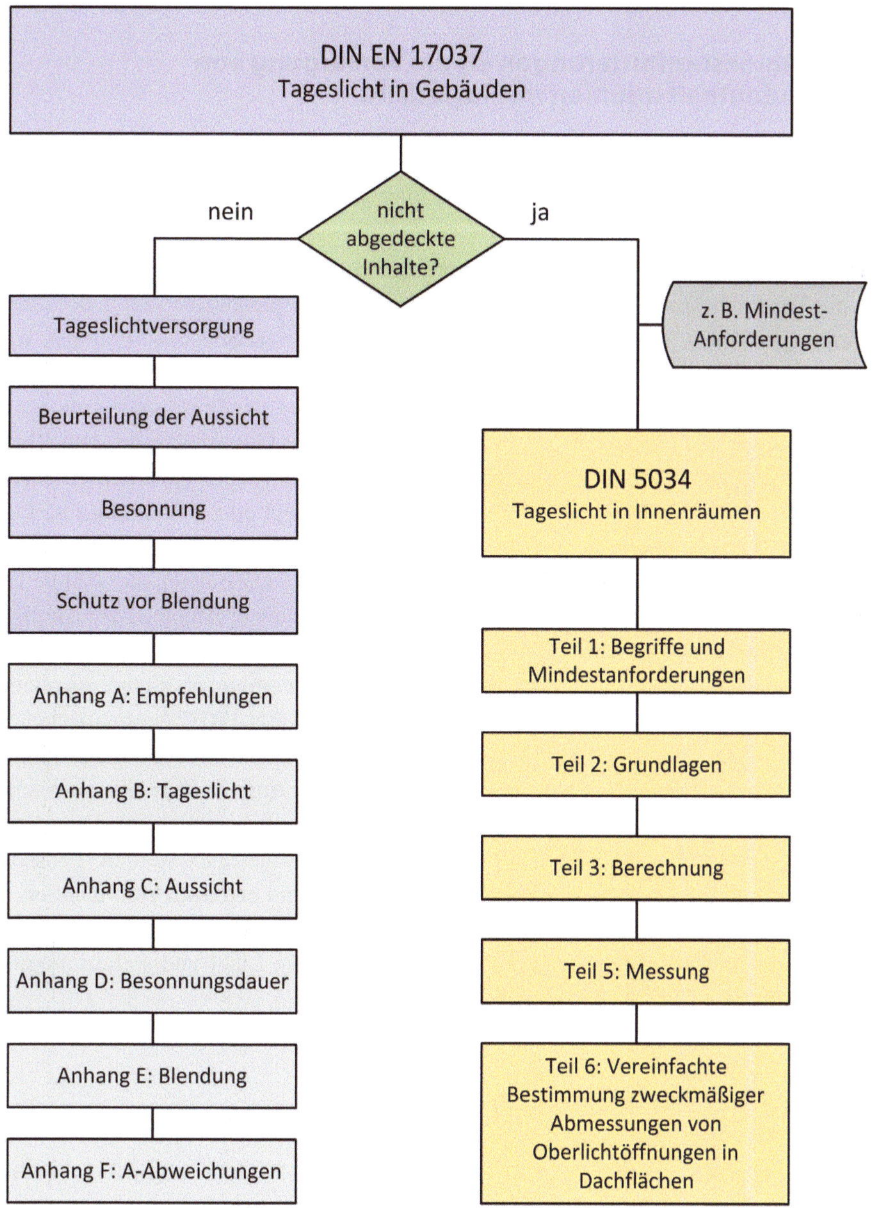

Abb. 7.8 Zukünftiges Regelwerk für die Belichtung von Räumen mit Tageslicht

Tageslicht wie der subjektive Helligkeitseindruck und die Sichtverbindung nach außen. Außerdem fallen in den Anwendungsbereich des Dokuments die Sehbedingungen, die durch eine angemessene Beleuchtungsstärke und die Begrenzung von Blendung ausgedrückt werden. Die Norm wird außerdem für Anforderungen an die thermische Behaglichkeit und Energieeffizienz – hier i. V. mit der Normenreihe DIN V 18599 – angewendet.

7.4 Mindestanforderungen an die Versorgung von Aufenthaltsräumen mit Tageslicht

Mindestanforderungen an die Versorgung von Aufenthaltsräumen mit Tageslicht sind sowohl in der DIN 5034 i. V. mit DIN EN 17037 als auch in den Landesbauordnungen festgelegt.

Die Anforderungen in den Landesbauordnungen hinsichtlich der Versorgung von Räumen mit Tageslicht sind allerdings sehr knapp gehalten. Beispielsweise wird in der Musterbauordnung (MBO), die als Grundlage für die einzelnen Landesbauordnungen dient, lediglich gefordert, dass Aufenthaltsräume ausreichend mit Tageslicht versorgt werden müssen und hierfür eine Mindest-Fensterfläche einzuhalten ist. Diese muss bezogen auf die Rohbaumaße der Fensteröffnungen mindestens $1/8$ der Grundfläche des betrachteten Raumes betragen (s. o.). Weiterhin werden Räume genannt, die auch ohne Fenster zulässig sind wie z. B. Aufenthaltsräume, bei denen nutzungsbedingt eine Belichtung mit Tageslicht ausscheidet sowie ärztliche Behandlungsräume, Verkaufsräume, Räume in Gaststätten u. Ä.; siehe hierzu MBO § 47. Dagegen werden Anforderungen, die weitere Parameter einbeziehen wie bspw. die Sichtverbindung nach außen, Angaben zur Helligkeit sowie Beleuchtungsstärke in den Bauordnungen nicht festgelegt.

Für genauere Anforderungen sowie die rechnerische Bewertung, ob Räume ausreichend mit Tageslicht versorgt werden, ist DIN 5034 i. V. mit DIN EN 17037 heranzuziehen.

Mindestanforderungen an Tageslichtöffnungen (Fenster und Dachoberlichter) sind in Teil 1 der DIN 5034 geregelt. Danach wird gefordert, dass Aufenthaltsräume ausreichend Tageslicht erhalten und eine Sichtverbindung nach außen aufweisen sollen. Hierzu müssen Aufenthaltsräume mit ausreichend großen Fenstern ausgestattet werden. Fenster ermöglichen zum einen eine Sichtverbindung nach außen und erzeugen zum anderen eine angenehme Helligkeit im Innenraum. Dachoberlichter dienen zur gleichmäßigen Versorgung von tiefen Räumen (z. B. Hallen) mit natürlichem Licht und sollten möglichst gleichmäßig in der Dachfläche verteilt sein.

7.4.1 Sichtverbindung nach außen

Eine ungehinderte Sichtverbindung nach außen (Aussicht) ist ein wesentliches Kriterium für das menschliche Wohlbefinden. Die Aussicht liefert visuelle Informationen über die Umgebung und Umwelt sowie Tageszeit und Wetter. Aus diesem Grund müssen Aufenthaltsräume ausreichend große Fenster mit durchsichtigen und verzerrungsfreier sowie möglichst farbneutraler Verglasung besitzen. Dachoberlichter liefern zwar ebenfalls Informationen zu Tageszeit und Wetter, stellen aber keine ausreichende Sichtverbindung zur Umgebung her. DIN 5034-1 enthält lediglich einige Empfehlungen zur Sichtverbindung nach außen. Für eine genauere Beurteilung der Aussicht ist DIN EN 17037 heranzuziehen.

Empfehlungen an die Sichtverbindung nach außen nach DIN 5034

Empfehlungen an die Sichtverbindung nach außen sind in DIN 5034-1 angegeben. Dazu werden für Fenster in Wohnräumen Anforderungen an die Höhe der Unter- und Oberkante über dem Fußboden sowie an die Breite der Verglasung gestellt. Im Einzelnen gelten folgende Kriterien (Abb. 7.9):

1. Die Unterkante der durchsichtigen Verglasung h_{FU} sollte höchstens 0,95 m über der Oberfläche des fertigen Fußbodens (OK FFB) liegen. Dadurch soll sichergestellt werden, dass der Boden im Außenbereich vom Raum aus gesehen werden kann.
2. Die Oberkante der durchsichtigen Verglasung h_{Fo} sollte sich mindestens 2,20 m über OK FFB befinden. Dieses Kriterium dient dazu, dass ein Teil des Himmels vom Raum aus sichtbar ist.
3. Die Breite der durchsichtigen Verglasung b_F sollte mindestens 55 % der Raumbreite betragen. Bei mehreren Fenstern ergibt sich b_F als Summe der Breiten aller nebeneinander liegenden Fenster. Diese Forderung soll gewährleisten, dass ein ausreichender horizontaler Sichtwinkel eingehalten wird.

Für Fenster in Arbeitsräumen in Arbeitsstätten gelten die Anforderungen der Arbeitsstättenverordnung. Fenster von Arbeitsräumen in Wohnungen können dagegen wie Wohnräume behandelt werden. Für Fenster in sonstigen Aufenthaltsräumen (z. B. Krankenzimmer, Räume in Pflegeheimen usw.) können die o. a. Empfehlungen für Wohnräume herangezogen werden. Abweichend davon sollten Fensterbrüstungen in Bettenräumen von Krankenhäusern und vergleichbaren Einrichtungen niedriger ausgeführt werden, um eine

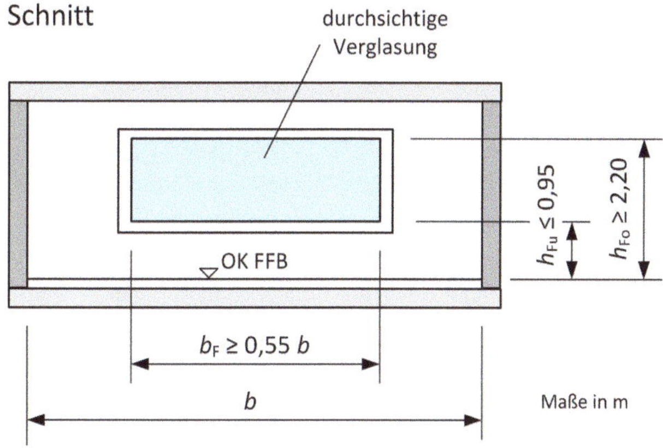

Abb. 7.9 Mindest-Anforderungen an Fenster in Wohnräumen. (N. DIN 5034-1)

Aussicht auch für Bettlägerige sicherzustellen. Nach DIN 5034-1 sollte die Unterkante der durchsichtigen Verglasung des Fensters h_{FU} höchstens in Bettenhöhe angeordnet werden, d. h. in einer Höhe von ca. 0,70 m über OK FFB. In Aufenthaltsräumen von Kindertagesstätten sollte die Höhe höchstens 0,60 m über OK FFB liegen. Maßnahmen der Absturzsicherung sind zu beachten, indem z. B. Geländer angeordnet werden.

Es ist zu beachten, dass die Empfehlungen an die Aussicht nach DIN 5034 nur einem Mindestniveau entsprechen und lediglich für eine erste Abschätzung im Rahmen des Vorentwurfs verwendet werden sollten. Für eine genauere Beurteilung der Aussicht sind dagegen die Regelungen der DIN EN 17037 heranzuziehen.

Regelungen zur Beurteilung der Aussicht nach DIN EN 17037

In DIN EN 17037 sind Kriterien festgelegt, mit denen die Qualität der Sichtverbindung nach außen beurteilt werden kann. Danach setzt sich die Aussicht aus drei Ebenen zusammen. Der Ebene des Himmels, der Landschaft und des Bodens. Die Qualität der Aussicht ist abhängig von der Größe der Tageslichtöffnungen, der Breite der Aussicht (angegeben als horizontaler Sichtwinkel), der Außensichtweite, der Anzahl der sichtbaren Ebenen sowie der Qualität der Umgebungsinformationen. Nach DIN EN 17037 Anhang A werden drei Empfehlungsstufen für die Beurteilung der Aussicht unterschieden. Diese sind vom horizontalen Sichtwinkel und der Außensichtweite abhängig (Tab. 7.2). Die Stufen werden jeweils erfüllt, wenn die in Tab. 7.2 angegebenen Ebenen von mindestens 75 % der genutzten Fläche aus sichtbar sind sowie die anderen Parameter, d. h. der horizontale Sichtwinkel und die Außensichtweite eingehalten werden. Die höchste Sichtstufe sollte insbesondere angestrebt werden, wenn eine Raumnutzung durch Personen mit eingeschränkter Mobilität erfolgt.

Für die Verifizierung der Aussicht stehen ein vereinfachtes sowie ein erweitertes Verfahren zur Verfügung, die im informativen Anhang C der DIN EN 17037 erläutert werden. Nachfolgend wird kurz auf das vereinfachte Verfahren eingegangen, für das erweiterte Verfahren wird auf die Norm verwiesen.

Das vereinfachte Verifizierungsverfahren beruht auf dem No-Sky-Line- und No-Ground-Line-Konzept, mit dem die Anzahl der von der Position des Nutzers aus sicht-

Tab. 7.2 Empfehlungsstufen für die Beurteilung der Aussicht. (N. DIN EN 17037, Tab. A.5)

Parameter	**Empfehlungssstufe**		
	gering	mittel	hoch
Horizontaler Sichtwinkel	≥ 14°	≥ 28°	≥ 54°
Außensichtweite	≥ 6,0 m	≥ 20,0 m	≥ 50,0 m
Anzahl der von mind. 75 % des genutzten Bereichs sichtbaren Ebenen Himmel, Landschaft (Stadt, Natur), Boden	mind. Landschaft ist sichtbar	Landschaft und eine weitere Ebene sind sichtbar [1)]	alle Ebenen sind sichtbar [1)]

[1)] Die Ebenen müssen aus derselben Tageslichtöffnung sichtbar sein

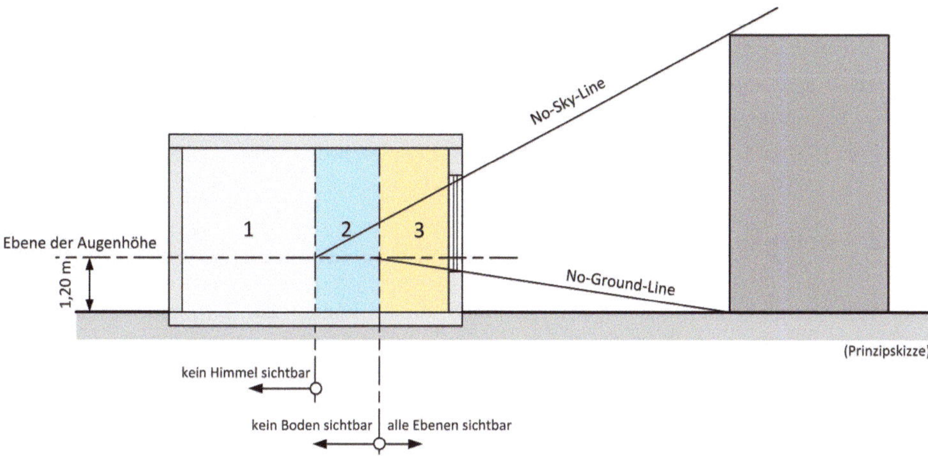

Abb. 7.10 Vereinfachtes Verifizierungsverfahren für die Beurteilung der Aussicht mithilfe der Konstruktion der No-Sky-Line- und No-Ground-Line

baren Ebenen bestimmt werden kann. Die No-Sky-Line ergibt sich als gerade Verbindungslinie zwischen der Oberkante einer Verbauung o. Ä. und der Oberkante der sichtbaren Fensteröffnung. Diese Gerade wird im Raum bis zur horizontalen Ebene der Augenhöhe des Betrachters verlängert. Als Augenhöhe wird ein Maß von 1,20 m über dem Fußboden angenommen. Von allen Positionen im Raum, die sich hinter dem Schnittpunkt zwischen der No-Sky-Line und der Ebene der Augenhöhe befinden, kann der Himmel nicht mehr gesehen werden. Mithilfe der No-Ground-Line wird überprüft, aus welchem Raumbereich der Boden aus einer Höhe von 1,20 m sichtbar ist. Hierzu wird eine Gerade zwischen der Unterkante der sichtbaren Fensteröffnung und dem sichtbaren Boden konstruiert. Die Verlängerung dieser Gerade bis zum Schnittpunkt mit der Ebene der Augenhöhe in 1,20 m ergibt die No-Ground-Line. Von allen Raumbereichen, die hinter diesem Schnittpunkt liegen, kann der Boden nicht mehr gesehen werden.

Die Zusammenhänge werden aus Abb. 7.10 deutlich. Vom Raumbereich 1, der hinter dem Schnittpunkt der No-Sky-Line mit der Ebene der Augenhöhe liegt, ist nur eine Ebene – die Landschaft (Gebäude, Natur) – sichtbar. Vom Bereich 2 aus ist zusätzlich der Himmel sichtbar. Vom Bereich 3, der sich zwischen Fenster und dem Schnittpunkt der No-Ground-Line mit der Ebene der Augenhöhe befindet, können alle drei Ebenen – Landschaft, Himmel und Boden – gesehen werden.

Verifizierungsverfahren für die Beurteilung der Aussicht mittels des No-Sky-Line und No-Ground-Line-Konzeptes

No-Sky-Line: Gerade Verbindungslinie zwischen der Oberkante einer Verbauung o. Ä. und der Oberkante der sichtbaren Fensteröffnung. Von allen Punkten im Raum, die hinter dem Schnittpunkt der No-Sky-Line mit der horizontalen Bezugsebene (Höhe 1,20 m über OK FFB) liegen, kann der Himmel nicht mehr gesehen werden.

No-Ground-Line: Gerade Verbindungslinie zwischen der Unterkante der sichtbaren Fensteröffnung und dem Boden. Von allen Positionen im Raum, die hinter dem Schnittpunkt der No-Ground-Line mit der horizontalen Bezugsebene in Augenhöhe (1,20 m über OK FFB) liegen, kann der Boden nicht mehr gesehen werden.

7.4.2 Helligkeit

Die Anforderungen an die Helligkeit nach DIN 5034-1 können durch folgende Nachweise erbracht werden:

1. Durch einen Nachweis über die Empfehlungsstufen für die Tageslichtversorgung nach DIN EN 17037.
2. Durch einen vereinfachten Nachweis der Mindestanforderungen mithilfe des Tageslichtquotienten nach DIN 5034.

Nachweis über Empfehlungsstufen für die Tageslichtversorgung nach DIN EN 17037
Der Nachweis der Tageslichtversorgung in Innenräumen erfolgt nach der europäischen DIN EN 17037 mithilfe von verschiedenen Empfehlungsstufen. Zur Differenzierung werden drei Empfehlungsstufen – „gering", „mittel" und „hoch" – definiert. Den Empfehlungsstufen sind jeweils Zielwerte für die einzuhaltende Beleuchtungsstärke E_T sowie die Mindest-Beleuchtungsstärke E_{TM} zugeordnet. Die Versorgung eines Raums mit Tageslicht ist ausreichend, wenn die Zielwerte für die Beleuchtungsstärke für einen bestimmten Anteil F_{plane} der Fläche einer definierten Bezugsebene an mindestens der Hälfte der jährlichen Tageslichtstunden (d. h. 2190 h) erreicht werden. Die Bezugsebene ist in einer Höhe von 0,85 m über dem Fußboden festgelegt.

Für einen Raum mit vertikalen und geneigten Tageslichtöffnungen sind die Empfehlungen an die Tageslichtversorgung in Tab. 7.3 angegeben. Danach muss die Ziel-

Tab. 7.3 Empfehlungen an die Tageslichtversorgung durch Tageslichtöffnungen in vertikalen und geneigten Flächen. (N. DIN EN 17037, Tab. A.1)

Kriterium	Empfehlungsstufe		
	gering	mittel	hoch
Ziel-Beleuchtungsstärke E_T	300 lx	500 lx	750 lx
Raumanteil für den Zielwert $F_{plane,\%}$	50 %	50 %	50 %
Mindestziel-Beleuchtungsstärke E_{TM}	100 lx	300 lx	500 lx
Raumanteil für den Mindestzielwert $F_{plane,\%}$	95 %	95 %	95 %
Anteil an Tageslichtstunden $F_{time,\%}$	50 %	50 %	50 %

Beleuchtungsstärke auf mindestens 50 % der Fläche der Bezugsebene erreicht werden, während die Mindestziel-Beleuchtungsstärke auf 95 % der Bezugsfläche einzuhalten ist. Für horizontale Tageslichtöffnungen (Dachoberlichter) werden ebenfalls entsprechende Empfehlungen angegeben; siehe hierzu DIN EN 17037.

Für den rechnerischen Nachweis wird die Beleuchtungsstärke auf der Bezugsebene mithilfe einer Simulationsrechnung unter Berücksichtigung der lokalen Klimadaten ermittelt und mit den Anforderungswerten nach Tab. 7.3 verglichen. Für die Berechnung der Beleuchtungsstärke ist die Bezugsebene des betrachteten Raums in ein Raster (Berechnungsgitter) zu unterteilen. Die Gitterzellen sollten möglichst quadratisch sein, wobei eine maximale Gittergröße nicht überschritten werden darf. Die Berechnung der Beleuchtungsstärke auf den Gitterpunkten der Bezugsebene erfolgt mit einer validierten Software.

Alternativ kann der Nachweis auch mithilfe des Tageslichtquotienten nach DIN 5034 erbracht werden; siehe Abschn. 7.4.3. Für weitere Angaben wird auf DIN EN 17037 verwiesen.

7.4.3 Vereinfachter Nachweis der Helligkeit mithilfe des Tageslichtquotienten

Sofern der Nachweis der Anforderungen an die Helligkeit nicht über die oben beschriebenen Empfehlungsstufen nach DIN EN 17037 erfolgt, kann mithilfe eines vereinfachten Verfahrens nach DIN 5034-1 überprüft werden, ob die Helligkeit für Wohnräume ausreicht.

Hierzu wird der Tageslichtquotient D herangezogen. Dieser beschreibt das Verhältnis der Beleuchtungsstärke E_p durch direktes sowie indirektes Himmelslicht in einem Punkt einer horizontalen Bezugsebene in dem betrachteten Raum zur gleichzeitig vorhandenen Horizontal-Beleuchtungsstärke E_a im Freien bei unverbauter Himmelskugel. Es gilt folgender Zusammenhang:

$$D = \frac{E_p}{E_a} \cdot 100 \text{ in } \% \tag{7.3}$$

Darin bedeuten:

D Tageslichtquotient in %

E_p Beleuchtungsstärke in einem Punkt einer horizontalen Bezugsebene im Innenraum in lx

E_a Horizontal-Beleuchtungsstärke im Freien bei unverbauter Himmelshalbkugel in lx

Der Helligkeitseindruck in Wohnräumen gilt nach DIN 5034-1 als ausreichend, wenn der Tageslichtquotient auf einer horizontalen Bezugsebene, die in einer Höhe von 0,85 m über dem Fußboden in halber Raumtiefe und 1,0 m Abstand von beiden seitlichen Wänden angenommen wird, im Mittel mindestens 0,9 % und am ungünstigsten Punkt 0,75 % beträgt. Bei Wohnräumen mit Fenstern, die sich in zwei aneinandergrenzenden Wänden befinden, muss der Tageslichtquotient am ungünstigsten Bezugspunkt mindestens 1 % betragen (Abb. 7.11).

Übersicht

Der **Tageslichtquotient *D*** dient als Kenngröße für die Beurteilung des Helligkeitseindrucks in einem Raum. Er gibt das Verhältnis der Beleuchtungsstärke in einem Punkt einer horizontalen Bezugsebene im Innenraum zur Horizontal-Beleuchtungsstärke im Freien bei unverbauter Himmelskugel in Prozent an.

Mindestanforderung: $D \geq 0{,}9$ % (Mittelwert); $D \geq 0{,}75$ % am ungünstigsten Punkt (n. DIN 5034-1).

Berechnung des Tageslichtquotienten

Die Berechnung des Tageslichtquotienten für Innenräume mit Fenstern erfolgt nach DIN 5034-3 „Berechnung" i. V. mit DIN 5034-2 „Grundlagen". Der Tageslichtquotient *D* setzt sich aus dem Himmelslichtanteil D_H, dem durch Reflexion an Verbauung, Gelände oder ähnlichen Flächen erzeugten Außenreflexionsanteil D_V und dem Anteil durch Reflexion an den innenseitigen Raumoberflächen D_R zusammen (Abb. 7.12). Es gilt folgende Gleichung:

$$D = D_H + D_V + D_R \tag{7.4}$$

Grundriss

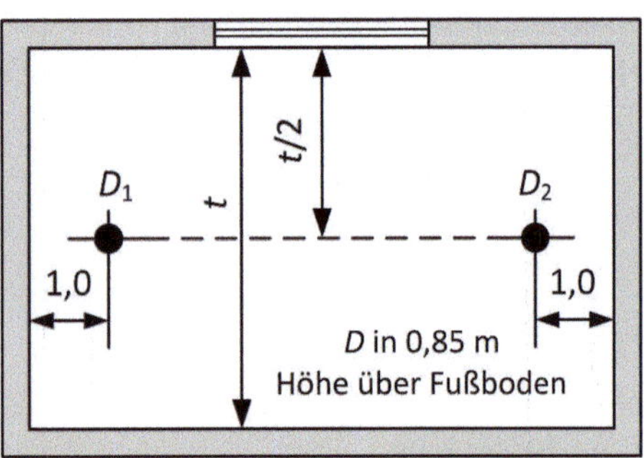

Mindest-Anforderungen n. DIN 5034-1:
$(D_1 + D_2)/2 \geq 0{,}9$ %
$D_1 \geq 0{,}75$ %
$D_2 \geq 0{,}75$ %
D: Tageslichtquotient

Abb. 7.11 Anforderungen an die Helligkeit in Wohnräumen mithilfe des vereinfachten Nachweises über den Tageslichtquotienten nach DIN 5034-1

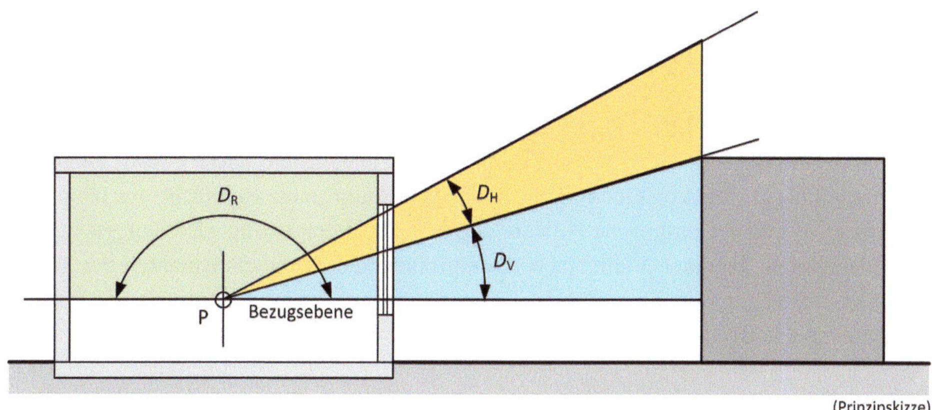

Abb. 7.12 Schematische Darstellung der Anteile des Tageslichtquotienten. (In Anlehnung an DIN 5034-3, Bild 4)

Bei der Berechnung des Tageslichtquotienten wird die Minderung des Lichteinfalls durch Verglasung, Konstruktionsteile und Verschmutzung durch entsprechende Minderungsfaktoren berücksichtigt. Außerdem wird der Tageslichtquotient zunächst für die Rohbauöffnungen ermittelt (Kennzeichnung mit D_r; r = Rohbau), da die genauen Fensterabmessungen (Verglasung, Rahmen) zum Zeitpunkt des Entwurfs meist noch nicht bekannt sind. Zusammen mit den verschiedenen Minderungsfaktoren k ergibt sich der Tageslichtquotient D mit folgender Gleichung:

$$D = \left(D_{\mathrm{Hr}} + D_{\mathrm{Vr}} + D_{\mathrm{Rr}}\right) \cdot \tau_{\mathrm{D65}} \cdot k_1 \cdot k_2 \cdot k_3 \cdot k_{\mathrm{e}} \tag{7.5}$$

Darin bedeuten:

D_{Hr} Himmelslichtanteil des Tageslichtquotienten bezogen auf Rohbaumaße, in %

D_{Vr} Außenreflexionsanteil des Tageslichtquotienten bezogen auf Rohbaumaße, in %

D_{Rr} Innenreflexionsanteil des Tageslichtquotienten bezogen auf Rohbaumaße, in %

τ_{D65} Lichttransmissionsgrad der Verglasung für senkrechten Lichteinfall nach DIN EN 410

k_1, k_2, k_3, k_{e} Minderungsfaktoren für Rahmen und Sprossen (k_1), Verschmutzung (k_2), nicht senkrechten Lichteinfall (k_3) sowie zur Berücksichtigung der Wirkung des Lichtschachts (k_{e})

Himmelslichtanteil des Tageslichtquotienten

Der Himmelslichtanteil des Tageslichtquotienten D_{Hr} für einen Bezugspunkt im Innenraum wird für einen bedeckten Himmel ermittelt. Er ist abhängig vom Breiten- (β_F) und Höhenwinkel (γ_F) der Fensteröffnung sowie vom Verbauungswinkel (γ_V). Für die Berechnung von D_{Hr} ist in DIN 5034-3 eine Gleichung angegeben. Diese enthält allerdings ein Integral, da D_{Hr} die von einem Bezugpsunkt im Raum sichtbare Fläche des Himmelsgewölbes ist. Für die praktische Anwendung sind die Berechnungsgleichungen in DIN 5034 daher nicht geeignet. Vielmehr wird empfohlen, den Himmelslichtanteil des Tageslichtquotienten D_{Hr} grafisch mithilfe des Himmelslichtdiagramms zu ermitteln (Abb. 7.15). Siehe hierzu das Beispiel in Abschn. 7.7.

Außenreflexionsanteil

Der Außenreflexionsanteil D_{Vr} wird ebenfalls für bedeckten Himmel ermittelt und hängt vom Verbauungshöhen- und breitenwinkel (α_V und β_V) sowie dem Reflexionsgrad der Verbauung ab. In Zweifelsfällen, d. h. bei nicht bekannten Daten der Verbauung, sollte die baurechtlich zulässige Verbauung für die Berechnung des Außenreflexionsanteils verwendet werden. D_{Vr} kann ebenfalls grafisch mit dem Himmelslichtdiagramm ermittelt werden.

Innenreflexionsanteil

Der Innenreflexionsanteil D_{Rr} (in [%]) ist vom Reflexionsgrad des Fußbodens (ρ_{BW}), der Decke (ρ_{DW}) und von den Wänden abhängig (ρ) und wird außerdem vom Verhältnis der Fensterfläche (b_F, h_F) zur Raumbegrenzungsfläche (A_R) beeinflusst. Es gilt:

$$D_{Rr} = \frac{\sum b_F \cdot h_F}{A_R} \cdot \frac{1}{1-\rho} \cdot \left(f_o \cdot \rho_{BW} + f_u \cdot \rho_{DW} \right) \cdot 100\ \% \tag{7.6}$$

Darin bedeuten:

b_F Fensterbreite, in m

h_F Fensterhöhe, in m

A_R Raumbegrenzungsfläche, in m²; siehe Gl. (7.7)

ρ mittlerer Reflexionsgrad der Raumoberfläche, dimensionslos

ρ_{BW} mittlerer Reflexionsgrad der Wände, dimensionslos (Tab. 7.5)

ρ_{DW} mittlerer Reflexionsgrad der Decke, dimensionslos (Tab. 7.5)

f_o Faktor der Fensteröffnung als Verhältnis der vom Verbauungswinkel abhängigen Vertikalbeleuchtungsstärke auf der Fensteröffnungsfläche $E_V(\alpha)$ zur Horizontalbeleuchtungsstärke E_a (Gl. 7.8)

f_u Faktor der Fensteröffnung, bestimmt durch den aus dem oberen Halbraum außen auf das Fenster fallenden Lichtstrom, abhängig vom Verbauungswinkel α (s. Gl. 7.9)

Raumbegrenzungsfläche:

$$A_R = 2 \cdot (a \cdot b + a \cdot h + b \cdot h) \quad (7.7)$$

mit:

a Raumtiefe, in m
b Raumbeite, in m
h Raumhöhe, in m

Faktor f_o:

$$f_o = 0{,}3188 - 0{,}1822 \cdot \sin\alpha + 0{,}0733 \cdot \cos(2\alpha) \quad (7.8)$$

Faktor f_u:

$$f_u = 0{,}03286 \cdot \cos\alpha' - 0{,}03638 \cdot \alpha' \cdot \frac{\pi}{180} + 0{,}01819 \cdot \sin(2\alpha') + 0{,}06714 \quad (7.9)$$

In den Gleichungen (7.8) und (7.9) bedeuten:

α Verbauungswinkel, in Altgrad
α' = arctan (2 · tan α)

Minderungsfaktoren

Faktor k_1:

Der Faktor k_1 berücksichtigt den Anteil des Rahmens und der Sprossen. Es gilt:

$$k_1 = \frac{A'_F}{A_F} \quad (7.10)$$

Darin ist:

A'_F lichtdurchlässige Fläche, in m²
A_F Fläche des Fensters (Rohbaumaße), in m²

Faktor k_2:

Faktor k_2 berücksichtigt die Verschmutzung der Verglasung. Für Wohngebäude darf aufgrund kürzerer Reinigungsintervalle allgemein $k_2 = 0{,}95$ angesetzt werden. Ansonsten gelten die Werte in Tab. 7.4.

Faktor k_3:

Mithilfe des Faktors k_3 wird die Korrektur für nicht senkrechten Lichteinfall berücksichtigt. Nach DIN 5034-3 ist für Mehrscheiben-Isolierverglasung pauschal ein Wert von $k_3 = 0{,}85$ anzunehmen.

Faktor k_e:

Mit dem Faktor k_e wird die Wirkung eines Lichtschachtes berücksichtigt. Die Berechnung erfolgt nach DIN 5034-6:2021-08, 7.1; siehe Norm.

Tab. 7.4 Minderungsfaktoren k_2 zur Berücksichtigung der Verschmutzung

Verschmutzung		k_2 (-)
außen	innen	
gering	gering	0,9
	mittel	0,8
	stark	0,7
mittel	gering	0,8
	mittel	0,75
	stark	0,7
stark	gering	0,7
	mittel	0,6
	stark	0,5

Die Anwendung der o. a. Gleichungen wird an einem Beispiel in Abschn. 7.7 erläutert. Für vertiefende Angaben wird auf DIN 5034-3 verwiesen.

Unterschied der Rechenverfahren nach DIN 5034 und DIN EN 17037
Im Unterschied zum Verfahren nach der europäischen DIN EN 17037, bei dem für den Nachweis der Helligkeit in einem Raum die Beleuchtungsstärke für viele Rasterpunkte auf einer definierten Bezugsfläche ermittelt wird, beschränkt sich der Nachweis nach DIN 5034 nur auf wenige Punkte in halber Raumtiefe. Das Verfahren nach DIN EN 17037 liefert daher genauere Aussagen – insbesondere auch zur Tageslichtverteilung, während sich der vereinfachte Nachweis nach DIN 5034 nur für eine grobe Abschätzung der Versorgung von Innenräumen mit Tageslicht eignet. Aus diesem Grund können mit DIN 5034 lediglich Mindestanforderungen überprüft werden. Bei höheren Ansprüchen wird daher empfohlen, die tageslichttechnische Planung nach DIN EN 17037 durchzuführen. Ein Vergleich der Nachweisorte nach DIN EN 17037 und DIN 5034 ist in Abb. 7.13 dargestellt.

In DIN 5034-1 wird darauf hingewiesen, dass die in den Bauordnungen geforderte Mindestgröße der Fenster (Rohbauöffnung) von $\frac{1}{8}$ der Grundfläche des betrachteten Raums hinsichtlich der Versorgung mit Tageslicht zwar eine notwendige Voraussetzung darstellt, aber keinesfalls in allen Fällen hinreichend ist. Ggfs. können sich nach der Bauordnung zu geringe Tageslichtöffnungen ergeben, die für die ausreichende Beleuchtung eines Raumes mit Tageslicht nicht ausreichen. Es wird daher dringend empfohlen, die Tageslichtplanung mindestens nach DIN 5034 (Mindestanforderungen), vorzugsweise aber nach DIN EN 17037 vorzunehmen.

7.4.4 Erfüllung der Sehaufgabe

Zur Erfüllung von Sehaufgaben sind in DIN 5034-1 keine konkreten Anforderungen enthalten. Es wird lediglich darauf hingewiesen, dass die für die Erfüllung bestimmter Sehaufgaben erforderlichen Mindestwerte der Beleuchtungsstärke nach ASR A3.4 (Techni-

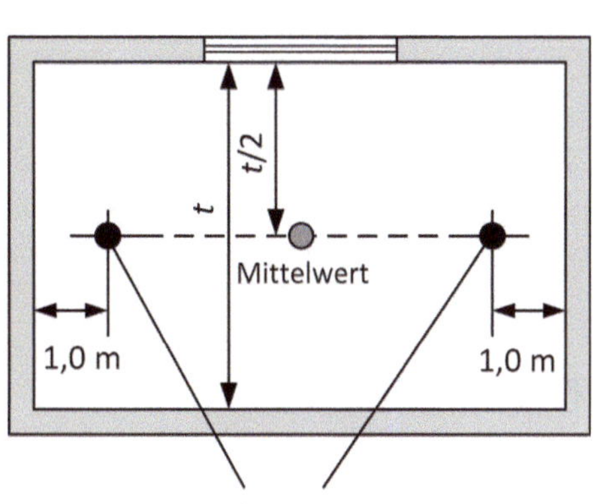

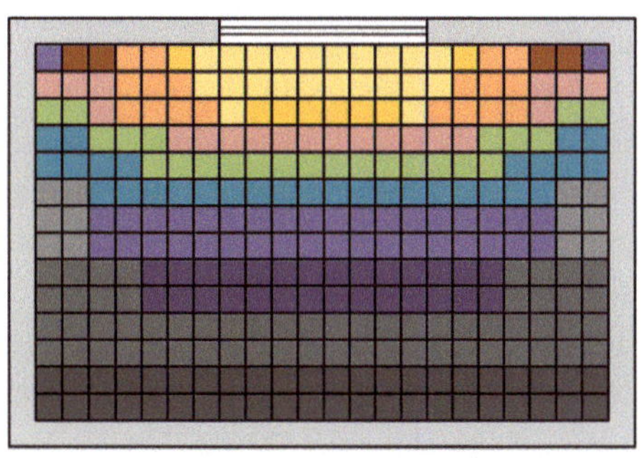

Abb. 7.13 Vergleich der Nachweise für die Tageslichtversorgung von Innenräumen nach DIN 5034 und DIN EN 17037

sche Regeln für Arbeitsstätten – Beleuchtung) bzw. DIN EN 12464-1 „Licht und Belecuhtung – Beleuchtung von Arbeitsstätten – Teil 1: Arbeitsstätten in Innenräumen" einzuhalten sind.

In einem weiteren Abschnitt der Norm (DIN 5034-1) werden allerdings einige Hinweise zum Energiebedarf für die Beleuchtung von Räumen mit künstlichem Licht angegeben. In diesem Zusammenhang wird die Kenngröße „relative Nutzbelichtung $H_{\text{nutz,rel}}$" näher beschrieben. Hierunter ist der Anteil zu verstehen, den das Tageslicht an der erforderlichen Beleuchtung in einem definierten Zeitraum beiträgt. Bei Räumen, die tagsüber genutzt werden, kann dieser Anteil je nach Größe der Tageslichtöffnungen und der vorhandenen Verbauung sowie der Art der Innenoberflächen durchaus mehr als 80 % betragen. Für die Berechnung der relativen Nutzbelichtung ist in DIN 5034-3 ein Rechenverfahren angegeben; siehe Norm.

7.5 Planungshinweise

DIN 5034-1 enthält einige Planungshinweise zum Sonnenschutz, zur Anordnung von Fenstern und Dachoberlichtern sowie zur Gestaltung und Proportion von Innenräumen. Außerdem werden Hinweise zur Berücksichtigung der Verbauung und Raumnutzung angegeben. Nachfolgend wird ein kurzer Überblick über diese Regelungen gegeben. Für weitere Angaben wird auf die Norm verwiesen.

7.5.1 Sonnenschutz

Bei der Planung von Fenstern zur Versorgung von Aufenthaltsräumen mit Tageslicht ist auch ein ausreichender Sonnenschutz zu berücksichtigen. Dieser ist erforderlich, um störende Einflüsse durch Sonneneinstrahlung wie z. B. eine zu starke Aufheizung der Raumluft im Sommer sowie Blendung zu vermeiden. In DIN 5034-1 wird daher gefordert, dass Aufenthaltsräume gegen Einwirkungen durch Wärme und direkte Sonneneinstrahlung durch geeignete Maßnahmen zu schützen sind.

Geeignete Sonnenschutzsysteme sind beispielsweise außen liegende Lamellenraffstores oder Markisen, die vorzugsweise sensorgesteuert sein sollten. Dagegen sind im Scheibenzwischenraum oder innen liegende Systeme weniger wirksam und nur bedingt geeignet. Auch bauliche Maßnahmen wie Vordächer und Fassadenrücksprünge eignen sich, um direkte Sonnenstrahlung in den Sommermonaten bei hohem Sonnenstand zu reduzieren. Weiterhin kann der Energieeintrag durch Sonnenschutzverglasungen wirksam reduziert werden. Allerdings bieten Sonnenschutzgläser allein keinen ausreichenden Blendschutz, d. h. es sind zusätzliche Maßnahmen erforderlich, um den Blendschutz zu gewährleisten. Weiterhin wird darauf hingewiesen, dass tageslichtoptimierte Sonnenschutzsysteme mehrere Funktionen, d. h. einerseits den Sonnen- und Blendschutz und andererseits die Versorgung mit Tageslicht durch gezielte Lichtlenkung sowie die Sichtverbindung nach außen, vereinen können.

Für den rechnerischen Nachweis zur Einhaltung der Mindestanforderungen an den sommerlichen Wärmeschutz wird auf DIN 4108-2 „Wärmeschutz und Energie-Einsparung in Gebäuden – Teil 2: Mindestanforderungen an den Wärmeschutz" verwiesen; s. a. Kap. 2 in diesem Werk. Bei der Planung und dem Nachweis des sommerlichen Wärmeschutzes sind allerdings stets die Anforderungen an an eine ausreichende Tageslichtversorgung zu beachten, d. h. die Planung muss so erfolgen, dass beide Forderungen erfüllt werden können.

7.5.2 Anordnung von Tageslichtöffnungen

Für die Anordnung von Fenstern gelten nach DIN 5034-1 folgende Regeln:

1. Fenster sollten nach Möglichkeit gleichmäßig in der Außenwand verteilt werden. Dadurch ergibt sich eine gleichmäßigere Beleuchtung mit Tageslicht. Bei Außenwänden mit nur einem Fenster sollte dieses mittig angeordnet werden.

2. Bei Räumen mit großer Raumtiefe sollten zusätzliche Fenster in einer zweiten Raumseite angeordnet werden, falls dies baulich möglich ist.
3. Die Höhe der Oberkante der Fensteröffnung über dem Fußboden hat einen maßgeblichen Einfluss auf den Tageslichtquotienten. Dies gilt insbesondere für hintere Bereiche in tiefen Räumen. Dabei gilt folgender Zusammenhang: Je höher die Oberkante der Fensteröffnung desto größer wird der Tageslichtquotient. Fensterflächen, die unter der Bezugsebene liegen, haben dagegen nur einen geringen Einfluss auf den Tageslichtquotienten.
4. Feste und bewegliche Bauteile im Bereich des Fensters wie z. B. Sonnenschutzverglasungen, nicht einziehbare Sonnenschutzvorrichtungen, Verschmutzung der Verglasung beeinträchtigen die Tageslichtversorgung.
5. Tageslichtlenksysteme erhöhen die Beleuchtungsstärke in der Raumtiefe bei direkter Besonnung.

Für Räume mit Dachoberlichtern sind folgende Regeln zu beachten:

1. Die hinteren Bereiche von Räumen mit großer Raumtiefe und einseitig angeordneten Fenstern können nur mithilfe von Dachoberlichtern ausreichend mit Tageslicht versorgt werden.
2. Große Leuchtdichteunterschiede bei direkter Sonneneinstrahlung können am wirkungsvollsten durch eine lichtstreuende Verglasung in den Dachoberlichtern vermieden werden. Zusätzliche Blendschutzmaßnahmen sind erforderlich, wenn Flächen mit zu hoher Leuchtdichte im Gesichtsfeld liegen.
3. Der Tageslichteinfall nimmt mit zunehmendem Winkel zwischen der Neigung der Tageslichtöffnung und der Horizontalen ab.

7.5.3 Planung und Gestaltung von Innenräumen

Bei Räumen mit Fenstern wird die Versorgung mit Tageslicht durch die Fensterabmessungen und die Raumtiefe beeinflusst. Bei Räumen mit einseitiger Anordnung der Fenster wird ein ausreichender Tageslichtquotient nur bis zu einer bestimmten Raumtiefe erreicht. Dies hängt zum einen von der lichten Raumhöhe und zum anderen von der vorgesehenen Beleuchtungsstärke ab. Bei größeren Raumtiefen können die hinteren Bereiche durch Dachoberlichter (bei Räumen im Dachgeschoss) oder Fenster an einer zweiten Raumseite ausreichend mit Tageslicht versorgt werden. Falls dies baulich nicht zu realisieren ist, kann eine ausreichende Beleuchtung der hinteren Raumbereiche nur durch Lichtlenksysteme und/oder zusätzliche künstliche Beleuchtung sichergestellt werden.

Eine gleichmäßige Versorgung mit Tageslicht wird durch helle Decken und Wände erreicht. Außerdem können dadurch die Leuchtdichteunterschiede zwischen Wand-/Deckenflächen und dem sichtbaren Himmelsausschnitt verringert werden. In DIN 5034-1 werden daher empfohlene Mindestwerte für die Reflexionsgrade von Wand- und Deckenoberflächen angegeben (Tab. 7.5).

Tab. 7.5 Empfohlene Mindestwerte für den Reflexionsgrad von Wand- und Deckenoberflächen. (N. DIN 5034-1)

Bauteil	Mindestwerte des Reflexionsgrads
Decke	0,7
Wände	0,5
Fußboden	0,2

Hinweis: Der Einfluss der Reflexionsgrade der Oberflächen von Einrichtungsgegenständen ist nach Möglichkeit zu berücksichtigen

Bei der tageslichttechnischen Planung von Innenräumen sind auch Vorbauten, die sich oberhalb der Fenster befinden (wie z. B. Balkone, Vordächer, Dachüberstände u. Ä.) sowie seitliche Begrenzungen (z. B. vorspringende Fassaden, Trennwände von Balkonen) zu beachten. Diese können den Einfall von Tageslicht zum Teil erheblich einschränken und sollten einen möglichst hohen Reflexionsgrad aufweisen, d. h. mit einem hellen Anstrich versehen werden. Auch Sonnenschutzvorrichtungen, die sich nicht vollständig öffnen lassen wie z. B. fest installierte drehbare Lamellen, vermindern den Einfall von Tageslicht und müssen daher bei der Planung berücksichtigt werden. Ggfs. sind geeignetere Sonnenschutzvorrichtungen, die sich z. B. vollständig öffnen lassen, vorzusehen.

7.6 Weitere Anforderungen nach DIN EN 17037

Die aktuelle DIN 5034 deckt als Restnorm nur die Inhalte ab, die in der europäischen DIN EN 17037 nicht geregelt sind. Hierzu gehören die oben beschriebenen Mindestanforderungen an die Versorgung von Innenräumen mit Tageslicht sowie die zugehörigen Rechenverfahren. Außerdem enthält DIN 5034 einige Planungshinweise, die in dieser Ausführlichkeit in DIN EN 17037 nicht angeben werden.

Für weitere Anforderungen, insbesondere zur Beurteilung der Aussicht, zur Bestimmung der Besonnungsdauer sowie zur Planung des Blendschutzes ist die europäische Norm DIN EN 17037 heranzuziehen. Für weitere Informationen wird an dieser Stelle auf diese Norm verwiesen.

7.7 Beispiel

Beispiel

Für den Bezugspunkt P1 in einem Raum soll der Tageslichtquotient D ermittelt werden (Abb. 7.14).

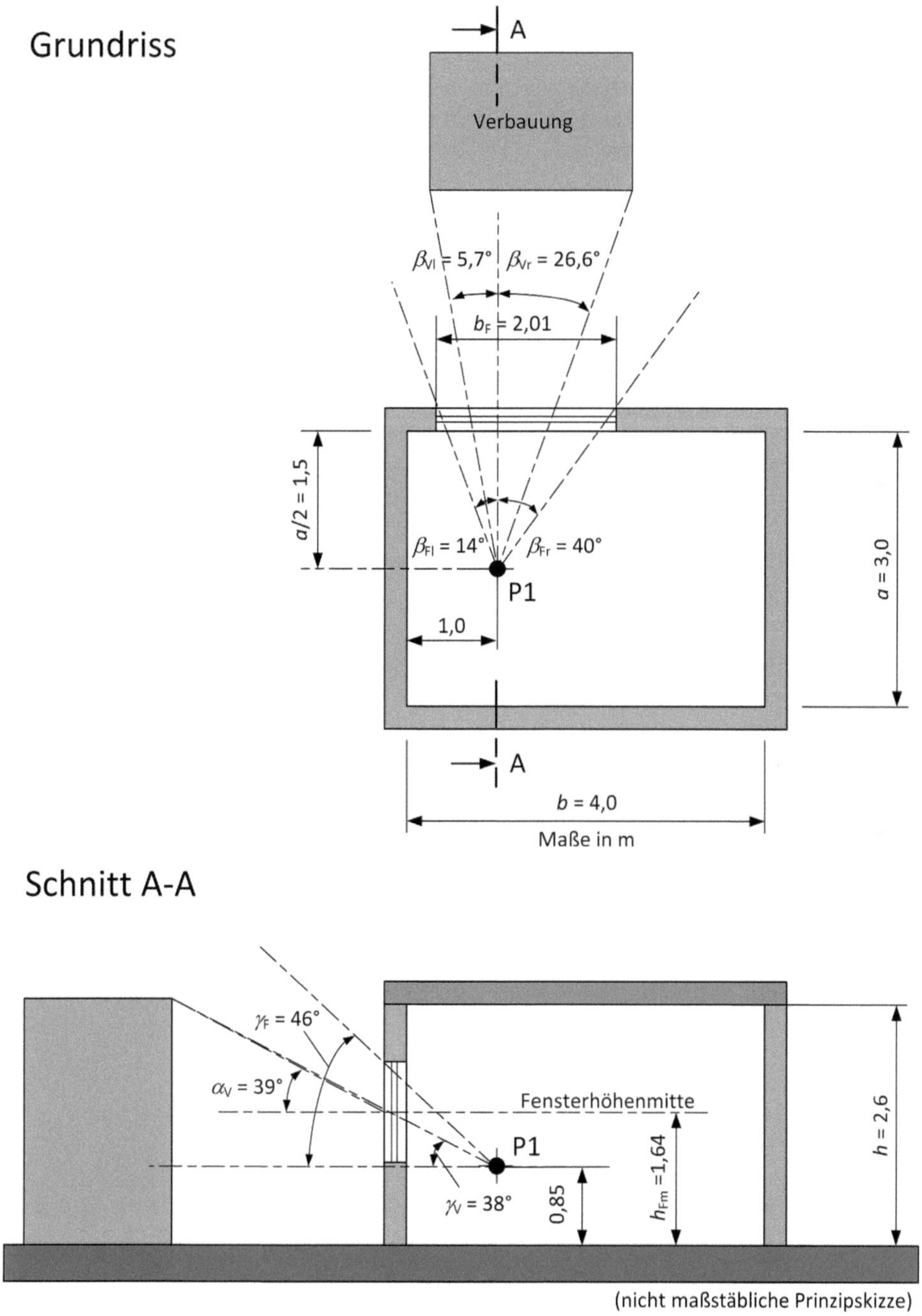

Grundriss
A
Verbauung
βVl = 5,7°
βVr = 26,6°
bF = 2,01
a/2 = 1,5
βFl = 14°
βFr = 40°
P1
1,0
a = 3,0
A
b = 4,0
Maße in m
Schnitt A-A
γF = 46°
αV = 39°
Fensterhöhenmitte
P1
γV = 38°
0,85
hFm =1,64
h = 2,6
(nicht maßstäbliche Prinzipskizze)

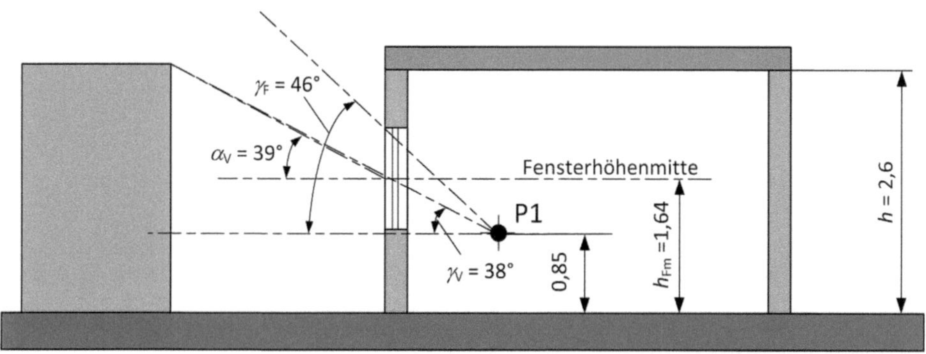

Abb. 7.14 Beispiel – Berechnung des Tageslichtquotienten

Randbedingungen

- Raum (lichte Maße): $a = 4{,}0$ m, $b = 3{,}0$ m, $h = 2{,}6$ m
- Raumbegrenzungsfläche: $A_R = 60{,}4$ m²
- Fenster: $b_F = 2{,}01$ m, $h_F = 1{,}51$ m, $A_F = 3{,}04$ m²
- Lichtdurchlässige Fläche: $A'_F = 2{,}13$ m²; Zweischeiben-Isolierverglasung
- Breitenwinkel der Fensteröffnung: $\beta_{Fl} = 14°$, $\beta_{Fr} = 40°$
- Höhenwinkel der Fensteröffnung: $\gamma_F = 46°$
- Verbauungsbreitenwinkel: $\beta_{Vl} = 5{,}7°$, $\beta_{Vr} = 26{,}6°$
- Verbauungshöhenwinkel: $\gamma_V = 38°$, $\alpha_V = 39°$
- Lichttransmissionsgrad: $\tau_{65} = 0{,}82$
- Wohnraum
- Mittlerer Reflexionsgrad der Raumoberfläche: $\rho = 0{,}65$
- Mittlerer Reflexionsgrad der Wände: $\rho_{BW} = 0{,}6$
- Mittlerer Reflexionsgrad der Decke: $\rho_{DW} = 0{,}7$

Lösung:

Aus dem Himmelslichtdiagramm ergibt sich (Abb. 7.15):

Fensteröffnung D_{Hr}:

- Anzahl der Quadrate: 63 (je 0,1 %):

$$D_{Hr} = 63 \cdot 0{,}1 = 6{,}3\ \%$$

Verbauung D_{Vr}:

- Anzahl der Quadrate: 25 (je 0,1 %):

$$D_{Vr} = 25 \cdot 0{,}1 = 2{,}5\ \%$$

Berechnung D_{Rr}:

$$D_{Rr} = \frac{\sum b_F \cdot h_F}{A_R} \cdot \frac{1}{1-\rho} \cdot \left(f_o \cdot \rho_{BW} + f_u \cdot \rho_{DW}\right) \cdot 100\ \%$$

$$= \frac{3{,}04}{60{,}4} \cdot \frac{1}{1-0{,}65} \cdot \left(0{,}219 \cdot 0{,}6 + 0{,}064 \cdot 0{,}7\right) \cdot 100 = 2{,}5\ \%$$

mit:

Raumbegrenzungsfläche A_R:

$$A_R = 2 \cdot \left(a \cdot b + a \cdot h + b \cdot h\right) = 2 \cdot \left(3{,}0 \cdot 4{,}0 + 3{,}0 \cdot 2{,}6 + 4{,}0 \cdot 2{,}6\right) = 60{,}4\,\mathrm{m}^2$$

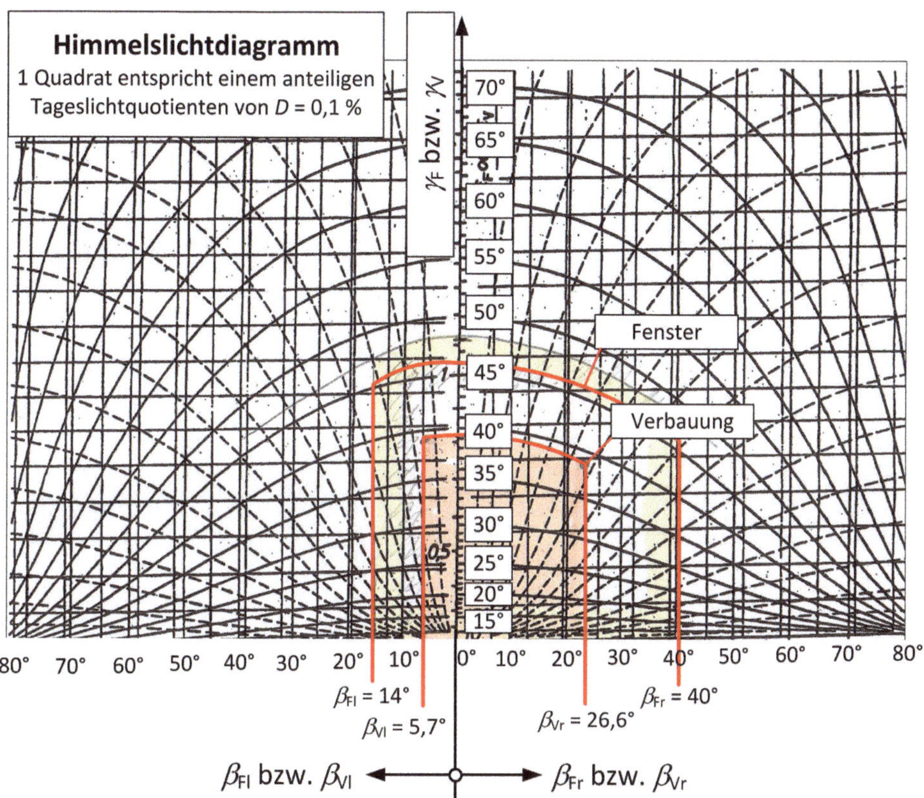

Abb. 7.15 Himmelslichtdiagramm zur Ermittlung von D_{Hr} und D_{Vr} (n. DIN 5034); hier: mit eingetragenen Daten aus dem Beispiel; Eingangsdaten: Breitenwinkel des Fensters (links und rechts): $\beta_{\mathrm{Fl}} = 14°$, $\beta_{\mathrm{Fr}} = 40°$; Höhenwinkel des Fensters: $\gamma_{\mathrm{F}} = 46°$; Verbauungsbreitenwinkel (links und rechts): $\beta_{\mathrm{Vl}} = 5{,}7°$, $\beta_{\mathrm{Vr}} = 26{,}6°$; Verbauungshöhenwinkel: $\gamma_{\mathrm{V}} = 38°$

Faktoren f_{u} und f_{o}:

$$f_{\mathrm{u}} = 0{,}03286 \cdot \cos\alpha' - 0{,}03638 \cdot \alpha' \cdot \frac{\pi}{180} + 0{,}01819 \cdot \sin(2\alpha') + 0{,}06714$$

$$= 0{,}03286 \cdot \cos 58{,}3° - 0{,}03638 \cdot 58{,}3° \cdot \frac{\pi}{180} + 0{,}01819 \cdot \sin(2 \cdot 58{,}3°) + 0{,}06714 = 0{,}064$$

$$f_o = 0{,}3188 - 0{,}1822 \cdot \sin\alpha + 0{,}0733 \cdot \cos(2\alpha)$$

$$= 0{,}3188 - 0{,}1822 \cdot \sin 39° + 0{,}0733 \cdot \cos(2 \cdot 39°) = 0{,}219$$

mit:

$$\alpha = \alpha_{\text{V}} = 39°$$

$$\alpha' = \arctan\left(2 \cdot \tan\alpha\right) = \arctan\left(2 \cdot \tan 39°\right) = 58{,}3°$$

Berechnung D_{r}:

$$D_r = D_{Hr} + D_{Vr} + D_{Rr} = 6{,}3 + 2{,}5 + 2{,}5 = 11{,}3\,\%$$

Minderungsfaktoren:

$$k_1 = \frac{A'_F}{A_F} = \frac{2{,}13}{3{,}04} = 0{,}70$$

$$k_2 = 0{,}95\left(\text{Wohnraum}\right)$$

$$k_3 = 0{,}85\left(\text{Zweischeiben} - \text{Isolierverglasung}\right)$$

Der Faktor k_{e} ist nicht relevant, da kein Lichtschacht vorhanden ist.
Berechnung des Tageslichtquotienten D:

$$D = D_r \cdot \tau_{65} \cdot k_1 \cdot k_2 \cdot k_3 = 11{,}3 \cdot 0{,}82 \cdot 0{,}70 \cdot 0{,}95 \cdot 0{,}85 = 5{,}24\,\%$$

Der Tageslichtquotient am Punkt P1 des hier betrachteten Raums beträgt $D = 5{,}24\,\%$. Die Mindestanforderungen nach DIN 5034 sind damit erfüllt ($D = 5{,}24\,\% \gg D = 0{,}9\,\%$). ◀

8 Anhang

8.1 Einheiten und ihre Bedeutung

8.1.1 Basiseinheiten (Grundeinheiten) (SI-Einheiten)

m	der **Meter**	für die Länge	**A**	das **Ampere**	für die Stromstärke
s	die **Sekunde**	für die Zeit	**cd**	die **Candela**	für die Lichtstärke
kg	das **Kilogramm**	für die Masse	**K**	das **Kelvin**	für die Temperatur
mol	das **Mol**	für die Stoffmenge			

8.1.2 Vorsätze für Einheiten

E	Exa	10^{18}	d	Dezi	10^{-1}
P	Peta	10^{15}	c	Zenti	10^{-2}
T	Tera	10^{12}	m	Milli	10^{-3}
G	Giga	10^{9}	µ	Mikro	10^{-6}
M	Mega	10^{6}	n	Nano	10^{-9}
k	Kilo	10^{3}	p	Piko	10^{-12}
h	Hekto	10^{2}	f	Femto	10^{-15}
da	Deka	10	a	Atto	10^{-18}

P. Schmidt, S. Windhausen, *Lohmeyer Praktische Bauphysik*,
https://doi.org/10.1007/978-3-658-42604-0_8

8.1.3 Andere Einheiten

Einheiten der Länge l					Einheiten des Volumens V			
m	**Meter**				**m³**	**Kubikmeter**		
km	Kilometer	1 km	=	10^3 m	km³	Kubikkilometer	1 km³	= 10^9 m³
dm	Dezimeter	1 dm	=	10^{-1} m	hl	Hektoliter	1 hl	= 10^{-1} m³
cm	Zentimeter	1 cm	=	10^{-2} m	l	Liter	1 l	= 10^{-3} m³
mm	Millimeter	1 mm	=	10^{-3} m	dm³	Kubikdezimeter	1 dm³	= 10^{-3} m³
µm	Mikrometer	1 µm	=	10^{-6} m	cm	Kubikzentimeter	1 cm³	= 10^{-6} m³
nm	Nanometer	1 nm	=	10^{-9} m	mm³	Kubikmillimeter	1 mm³	= 10^{-9} m³

Einheiten der Fläche A				Einheiten der Masse m			
m²	**Quadratmeter**			**kg**	**Kilogramm**		
km²	Quadratkilometer	1 km²	= 10^6 m²	t	Tonne	1 t	= 1 Mg = 10^3 kg
ha	Hektar	1 ha	= 10^4 m²	Mg	Megagramm	1 Mg	= 10^3 kg
a	Ar	1 a	= 10^2 m²	g	Gramm	1 g	= 10^{-3} kg
dm²	Quadratdezimeter	1 dm²	= 10^{-2} m²	mg	Milligramm	1 mg	= 10^{-6} kg
cm²	Quadratzentimeter	1 cm²	= 10^{-4} m²	µg	Mikrogramm	1 µg	= 10^{-9} kg
mm²	Quadratmillimeter	1 mm²	= 10^{-6} m²	(Kt	Karat	1 Kt	= 0,2 g)

Einheiten der Zeit t

s	Sekunde		
a	Jahr	1 a	= 365 · 24 h = 8760 h
d	Tag	1 d	= 24 h = 24 · 60 · 60 s = 86.400 s
h	Stunde	1 h	= 60 min = 60 · 60 s = 3600 s
min	Minute	1 min	= 60 s
ms	Millisekunde	1 ms	= 10^{-3} s

8.1.4 Abgeleitete Einheiten

Einheiten der Geschwindigkeit v

m/s	**Meter durch Sekunde**	1 m/s	= 3,6 km/h
m/min	Meter durch Minute	1 m/min	$= \frac{1}{60}$ m/s
m/h	Meter durch Stunde	1 m/h	$= \frac{1}{3\,600}$ m/s
km/s	Kilometer durch Sekunde	1 km/s	= 1000 m/s
km/min	Kilometer durch Minute	1 km/min	$= \frac{1000}{60}$ m/s
km/h	Kilometer durch Stunde	1 km/h	$= \frac{1}{3{,}6}$ m/s
(M	Mach	1 Mach	= 340 m/s)

Einheiten der Arbeit W				Einheiten der Kraft F			
J	**Joule** (dschul)	1 J	= 1 Nm	**N**	**Newton** (njuten)		
MJ	Megajoule	1 MJ	= 10^6 J	MN	Meganewton	1 MN	= 10^6 N
kj	Kilojoule	1 kj	= 10^3 J	kN	Kilonewton	1 kN	= 10^3 N
mJ	Millijoule	1 mJ	= 10^{-3} J	mN	Millinewton	1 mN	= 10^{-3} N
uJ	Mikrojoule	1 µJ	= 10^{-6} J				

Einheiten der Leistung P

W	**Watt**	1 W	= 1 Nm/s
MW	Megawatt	1 MW	= 10^6 W
kW	Kilowatt	1 kW	= 10^3 W
mW	Milliwatt	1 mW	= 10^{-3} W
uW	Mikrowatt	1 µW	= 10^{-6} W

Einheiten des Druckes p

N/m²	Newton durch Quadratmeter	1 N/m²	= 1 Pa
Pa	Pascal	1 Pa	= 1 N/m²
kN/m²	Kilonewton durch Quadratmeter	1 kN/m²	= 10^3 N/m²
MN/m²	Meganewton durch Quadratmeter	1 MN/m²	= 10^6 N/m²
N/mm²	Newton durch Quadratmillimeter	1 N/mm²	= 10^6 N/m²
(bar	Bar	1 bar	= 10^5 Pa)
(mbar	Millibar	1 mbar	= 10^2 Pa)
(hPa	Hektopascal	1 hPa	= 1 mbar)

8.1.5 Umrechnungswerte für Einheiten

Siehe (Tab. 8.1, 8.2, 8.3, 8.4 und 8.5)

Tab. 8.1 Umrechnungswerte für die Einheiten der **Kraft** F

Einheit		p	kp	Mp	N	kN	MN
Newton	1 N	= 10^2	10^{-1}	10^{-4}	1	10^{-3}	10^{-6}
Kilonewton	1 kN	= 10^5	10^2	10^{-1}	10^3	1	10^{-3}
Meganewton	1 MN	= 10^8	10^5	10^2	10^6	10^3	1
Pond	1 p	= 1	10^{-3}	10^{-6}	10^{-2}	10^{-5}	10^{-8}
Kilopond	1 kp	= 10^3	1	10^{-3}	10	10^2	10^{-5}
Megapond	1 Mp	= 10^6	10^3	1	10^4	10	10^{-2}

Tab. 8.2 Umrechnungswerte für die Einheiten der **Arbeit *W***

Einheit		J oder Ws	kWh	kpm	kcal
Joule	1 J	1	$2{,}78 \cdot 10^{-7}$	0,102	$2{,}39 \cdot 10^{-4}$
Wattsekunde	1 Ws	= 1	$2{,}78 \cdot 10^{-7}$	0,102	$2{,}39 \cdot 10^{-4}$
Kilowattstunde	1 kWh	$= 3{,}60 \cdot 10^{6}$	1	$3{,}67 \cdot 10^{5}$	860
Kilopondmeter	1 kpm	= 9,80665	$2{,}72 \cdot 10^{-6}$	1	$2{,}34 \cdot 10^{-3}$
Kilokalorie	1 kcal	$= 4{,}1868 \cdot 10^{3}$	$1{,}16 \cdot 10^{-3}$	427	1

Tab. 8.3 Umrechnungswerte für die Einheiten der **Leistung *P***

Einheit		W	kW	kpm/s	PS	kcal/s	kcal/h
Watt	1 W	1	10^{3}	0,102	$1{,}36 \cdot 10^{-3}$	$2{,}39 \cdot 10^{-4}$	0,86
Kilowatt	1 kW	$= 10^{3}$	1	102	1,36	0,239	860
Kilopondmeter durch Sekunde	1 kpm/s	= 9,80665	$9{,}81 \cdot 10^{-3}$	1	$1{,}33 \cdot 10^{-2}$	$2{,}34 \cdot 10^{-3}$	8,43
Pferdestärke	1 PS	= 735,5	0,736	75	1	0,176	632
Kilokalorie durch Sekunde	1 kcal/s	= 4186,8	4,19	427	5,69	1	3600
Kilokalorie durch Stunde	1 kcal/h	= 1,163	$1{,}16 \cdot 10^{-3}$	0,119	$1{,}58 \cdot 10^{-3}$	$2{,}78 \cdot 10^{-4}$	1

Tab. 8.4 Umrechnungswerte für die Einheiten des **Druckes *p***

Einheit		Pa = N/m²	bar	kp/cm³ = at	atm	mWS	mmQS = Torr
Pascal	1 Pa =	1	10^{-5}	$1{,}02 \cdot 10^{-5}$	$9{,}87 \cdot 10^{-6}$	$1{,}02 \cdot 10^{-4}$	$7{,}5 \cdot 10^{-3}$
Newton durch Quadratmeter	1 N/m² =						
Bar	1 bar =	100.000	1	1,02	0,987	10,2	750
Kilopond durch Quadratzentimeter	1 kp/cm² =	98.067	0,981	1	0,968	10	736
technische Atmosphäre	1 at =						
physikalische Atmosphäre	1 atm =	101.325	1,013	1,033	1	10,33	760
Meter Wassersäule	1 mWS =	9807	$9{,}81 \cdot 10^{-2}$	0,1	$9{,}68 \cdot 10^{-2}$	1	73,6
Millimeter Quecksilbersäule	1 mmQS =	133	$1{,}33 \cdot 10^{-3}$	$1{,}36 \cdot 10^{-3}$	$1{,}32 \cdot 10^{-3}$	$1{,}36 \cdot 10^{-2}$	1
Torr	1 Torr =						

Tab. 8.5 Formelzeichen und Umrechnungswerte für wärmeschutztechnische Größen

Benennung	Formelzeichen	Einheitenzeichen		Umrechnungswert f_u[3]
		gültige Einheiten[1]	früher üblicheEinheiten[2]	
Temperatur	θ, T	°C, K	°C, K	1
Temperaturdifferenz	$\Delta\theta$, ΔT	K	grd, °C	1
Wärmemenge	Q	J (1 J = 1 Ws)	kcal	$4{,}1868 \cdot 10^3$
Wärmestrom	Φ, Q	W	kcal/h	1,163
Wärmestromdichte	q	W/m²	kcal (m² · h)	1,163
Bemessungswert der Wärmeleitfähigkeit	λ	W/(m · K)	kcal (m · h · °C)	1,163
Wärmedurchlasskoeffizient (Kehrwert des Wärmedurchlasswiderstands)	Λ	W/(m² · K)	kcal/(m² · h · °C)	1,163
Wärmedurchlasswiderstand	R	m² · K/W	m² · h · °C/kcal	0,860
Wärmedurchlasswiderstand unbeheizter Räume	R_u	m² · K/W	–	–
Wärmedurchlasswiderstand einer ruhenden Luftschicht	$R_{tot;u}$	m² · K/W	–	–
Wärmedurchlasswiderstand einer belüfteten Luftschicht	$R_{tot;c}$	m² · K/W	–	–
Wärmeübergangskoeffizient	h	W/(m² · K)	kcal/(m² · h · °C)	1,163
Wärmeübergangskoeffizient durch Strahlung eines schwarzen Körpers	h_{r0}	W/(m² · K)	–	–
Wärmeübergangskoeffizient durch Strahlung; innere Oberfläche	$h_{r;i}$	W/(m² · K)	–	–
Wärmeübergangskoeffizient durch Strahlung; äußere Oberfläche	$h_{r;e}$	W/(m² · K)	–	–
Wärmeübergangskoeffizient durch Konvektion; innere Oberfläche	$h_{c;i}$	W/(m² · K)	–	–
Wärmeübergangskoeffizient durch Konvektion; äußere Oberfläche	$h_{c;e}$	W/(m² · K)	–	–
Emissionsgrad der Oberfläche	ε	-	–	–
Stefan-Boltzmann-Konstante	σ	W/(m² · K⁴)	–	–
	$\sigma = 5{,}67 \times 10^{-8}$ W/(m² · K⁴)		-	–
Wärmeübergangswiderstand	R_s	m² · K/W	m² · h · °C/kcal	0,860
Wärmeübergangswiderstand, außenseitig	R_{se}	m² · K/W	–	–
Wärmeübergangswiderstand, raumseitig	R_{si}	m² · K/W	–	–
Wärmedurchgangswiderstand (wird zukünftig durch R_{tot} ersetzt; siehe nächste Zeile)	R_T	m² · K/W	m² · h · °C/kcal	0,860

(Fortsetzung)

Tab. 8.5 (Fortsetzung)

Benennung	Formelzeichen	Einheitenzeichen: gültige Einheiten[1]	Einheitenzeichen: früher üblicheEinheiten[2]	Umrechnungswert f_u^3
Gesamt-Wärmedurchlasswiderstand (zukünftige Bezeichnung für den Wärmedurchgangswiderstand R_T)	R_{tot}	$m^2 \cdot K/W$	–	–
Wärmedurchgangskoeffizient (Kehrwert des Gesamt-Wärmedurchlasswiderstands: $U = 1/R_{tot}$)	U	$W/(m^2 \cdot K)$	$kcal/m^2 \cdot h \cdot °C$	1,163
Wärmedurchgangskoeffizient für Fenster (Nennwert U_w, Bemessungswert $U_{w,BW}$)	U_W $U_{W,BW}$	$W/(m^2 \cdot K)$	–	–
Wärmedurchgangskoeffizient der Verglasung (Nennwert U_g; Bemessungswert $U_{g,BW}$)	U_g $U_{g,BW}$	$W/(m^2 \cdot K)$	–	–
spezifische Wärmekapazität	c	$J/(kg \cdot K)$	$kcal/(kg \cdot °C)$	$4{,}1868 \cdot 10^3$
Wärmekapazität	C	J/K	-	-
Fugendurchlasskoeffizient	a_n	$m^3/h \cdot m \cdot (da\ Pa^{2/3})$	$m^3/h \cdot m \cdot (kp/m^2)^{2/3}$	1
Spezifischer Wärmeverlust	H	W/K	–	–
Spezifische Transmissionswärmeverluste	H_T	W/K	–	–
Spezifische Lüftungswärmeverluste	H_V	W/K	–	–
Wärmeverluste	Q_l	Wh, kWh		
Transmissionswärmeverluste	Q_t	kWh/a	–	–
Lüftungswärmeverluste	Q_l	kWh/a	–	–
Wärmegewinne	Q_g	Wh, kWh		
Interne Wärmegewinne	Q_i	kWh/a	–	–
Solare Wärmegewinne	Q_s	kWh/a	–	–
Jahres-Heizwärmebedarf	Q_h	kWh/a	–	–
Primärenergiebedarf	Q_p	Wh, kWh		
Jahres-Primärenergiebedarf	Q_p'	kWh/a	-	-
Spezifischer Jahres-Primärenergiebedarf	Q_p''	$kWh/(m^2\ a)$		

[1,2]Nach der Ausführungsverordnung von 1970 zum Gesetz über Einheiten im Messwesen sind ab 1978 im geschäftlichen oder amtlichen Verkehr nur noch die gesetzl. Einheiten (gültige Einheiten) zugelassen

[3] $\frac{\text{gültige Einheit}}{\text{früher übliche Einheit}}$; es gilt also z. B. $1\ kcal = 4{,}1868 \cdot 10^3\ J$

8.2 Formelzeichen und ihre Bedeutung

A	Fläche; nicht brennbare Baustoffe; A-Bewertung des Schalls
A_s	schallabstrahlende Fläche
a	Abstand; Beschleunigung
a_n	Fugendurchlasskoeffizient
B	Bezugskurve (Schall); brennbare Baustoffe
b	Breite; Wärmeeindringkoeffizient
C	spezifische Wärmekapazität; Stoffwärme, Artwärme;
C, c_p	Schallgeschwindigkeit, Betondeckung der Bewehrung
D	Diffusionskoeffizient; Schallpegel-Differenz; Tageslichtquotient
D_0	Wasserdampf-Diffusionskoeffizient in Luft
$D_{nT,w}$	bewertete Standard-Schallpegeldifferenz
d	Dicke eines Bauteils, Schichtdicke
E	Elastizitätsmodul eines Stoffes
E_a	mittlere Horizontalbeleuchtungsstärke
E_p	Beleuchtungsstärke
e_p	primärbezogene Anlagen-Aufwandzahl
ETK	Einheits-Temperaturzeitkurve (Brand)
e	Entfernung
e_w	Wassereindringtiefe
F	Kraft; Feuerwiderstandsklasse
f	Fensterflächenanteil; Frequenz
f_s	Grenzfrequenz von Bauteilen (Schall)
f_o	Eigenfrequenz eines Bauteils
g	Gesamtenergiedurchlassgrad
g_n	Normfallbeschleunigung
g	Wasserdampf-Diffusions-Stromdichte
g_c	Wasserdampf-Diffusionsstromdichte für die Tauperiode
g_{ev}	Wasserdampf-Diffusionsstromdichte für die Verdunstungsperiode
H	Heizwert
h	Höhe, Wärmeübergangskoeffizient
h_s	Schirmhöhe (Schall)
H_T	Transmissionswärmeverlust
H_V	Lüftungswärmeverlust
I	Stromstärke, Lichtstärke, Wasserdampf-Diffusionsstrom
I_1	Intensität der Sonneneinstrahlung an der Grenze der Erdatmosphäre
I_2	Intensität der Sonneneinstrahlung an der Erdoberfläche
k	Schwächungsfaktor für Lichtverlust
K	Korrekturwert für die Trittschallübertragung über die flankierenden Bauteile
K_T	Korrekturwert zur Ermittlung des bewerteten Norm-Trittschallpegels für unterschiedliche räumliche Zuordnungen
K_{AL}	Korrekturwert Außenlärm
$K_{Raumart}$	Korrekturwert für den Nachweis der Luftschalldämmung von Außenbauteilen zur Berücksichtigung der Raumart

(Fortsetzung)

K_{ij}	Stoßstellendämm-Maß für den Übertragungsweg ij
L	Schalldruckpegel
L_1	Schallpegel der Einzel-Schallquelle; Schallpegel im Abstand r_1
L_2	Schallpegel im Abstand r_2
L_A	A-bewerteter Schallpegel
L_{ap}	Armaturen-Geräuschpegel
L_a	maßgeblicher Außengeräuschpegel bzw. Außenlärmpegel
$L_{AF,95}$	Grundgeräuschpegel; in 95 % der Messzeit überschrittener A-bewerteter Schalldruckpegel, der mit Anzeigedydnamik FAST gemessen wurde
$L_{AF,max,n}$	Maximaler A-bewerteter Schalldruckpegel
L_m	gemittelter Schallpegel (Mittelungspegel)
L'_n	Norm-Trittschallpegel
$L'_{n,w}$	bewerteter Norm-Trittschallpegel
$L_{n,eq,0,w}$	äquivalenter bewerteter Norm-Trittschallpegel der Rohdecke
ΔL_w	bewertete Trittschallminderung durch eine Deckenauflage
$L'_{nT,w}$	bewerteter Standard-Trittschallpegel
L_r	Beurteilungspegel
ΔL	Schallpegel-Differenz; Schallpegel-Minderung
l	Länge, Strecke
M	Messkurve (Schall)
M_c	Tauwassermasse
M_v	Verdunstungsmasse
m'	flächenbezogene Masse eines Stoffes oder Bauteils
N	Normalkraft, Längskraft; Rechenwert zur Berücksichtigung der Temperaturabhängigkeit der Wasserdampfdiffusion
n	Anzahl, Stück, Luftwechselrate
P	Leistung
p	Druck; Partialdruck des Wasserdampfes; Schalldruck
p_e	Wasserdampfteildruck außen
p_i	Wasserdampfteildruck innen
p_o	Bezugs-Schalldruck
p_{sat}	Sättigungsdampfdruck
p_c	Wasserdampf-Sättigungsdruck in der Tauwasserebene
Q	Wärmemenge, Wärmestrom
Q_h	Jahres-Heizwärmebedarf
Q_i	interner Wärmegewinn
Q_l	Lüftungswärmeverlust
Q_s	solarer Wärmegewinn
Q_t	Transmissionswärmeverlust
q	spezifische Schmelzwärme; Wärmestromdichte
R	Schalldämm-Maß; Labor-Schalldämm-Maß, Wärmedurchlasswiderstand
R'	Bau-Schalldämm-Maß
R_1	Schalldämm-Maß eines Bauteils allein
R_2	Schalldämm-Maß von Tür oder Fenster

(Fortsetzung)

R_D	Gaskonstante des Wasserdampfes
$R_{ij,w}$	bewertetes Flankendämm-Maß für den Schallübertragungsweg über die flankierenden Bauteile i und j
$R_{e,i,w}$	das auf die Fassadenfläche bezogene Schalldämm-Maß der einzelnen Bauteile und Elemente in der Fassade
$R_{si,e}$	Wärmeübergangswiderstand (innen, außen)
R_T	Wärmedurchgangswiderstand
R_{tot}	Gesamt-Wärmedurchlasswiderstand (als Ersatz für R_T vorgesehen)
R_w	bewertetes Schalldämm-Maß
R'_w	bewertetes Bau-Schalldämm-Maß
$R'_{w,ges}$	gesamtes bewertetes Schalldämm-Maß des Außenbauteils (z. B. Fassade, bestehend aus Wand und Fenstern/Türen)
$R'_{w,2}$	bewertetes Bau-Schalldämm-Maß für eine zweischalige massive Haustrennwand
$\Delta R_{w,Tr}$	Zuschlagswerte für unterschiedliche Übertragungssituationen für zweischalige Haustrennwände
r	Radius
S_{ges}	Fläche einer Wand mit Tür und Fenster (Fassade)
S_1	Fläche der Wand
S_2	Türfläche (lichte Durchgangsöffnung) oder Fensterfläche (einschl. Rahmen)
s	Stablänge; Abstand von einer Schallquelle
s'	dynamische Steifigkeit einer Dämmschicht (Schall)
s_d	Wasserdampfdiffusionsäquivalente Luftschichtdicke
T	thermodynamische Temperatur in Kelvin
TAV	Temperaturamplitudenverhältnis
t	Zeit
t_v	Dauer der Verdunstungsperiode
t_c	Dauer der Tauperiode
U	Wärmedurchgangskoeffizient, beflammter Umfang von Bauteilen
U_W	Wärmedurchgangskoeffizient für Fenster (Nennwert)
$U_{W,BW}$	Wärmedurchgangskoeffizient für Fenster (Bemessungswert)
U_g	Wärmedurchgangskoeffizient der Verglasung (Nennwert)
$U_{g,BW}$	Wärmedurchgangskoeffizient der Verglasung (Bemessungwert)
u	Achsabstand der Bewehrung
u_m	massebezogener Wassergehalt
u_v	volumenbezogener Wassergehalt
V	Volumen, Rauminhalt
v	Geschwindigkeit
W	Arbeit, Energie; Wasserdampfmenge
W_W	Wasseraufnahmekoeffizient
W_k	kinetische Energie
W_p	potenzielle Energie
w	Wassergehalt je m^3
w/z	Wasserzementwert
α	(alpha) Schallabsorptionsgrad

(Fortsetzung)

γ	(gamma) Wichte eines Stoffes
δ	(delta) Wasserdampf-Diffusionsleitkoeffizient in einem Material
δ_0	Wasserdampf-Diffusionsleitkoeffizient in ruhender Luft
Z	Wasserdampf-Diffusionsdurchlasswiderstand
λ	(lambda) Wärmeleitfähigkeit; Wellenlänge des Lichtes und des Schalls
λ_B	Bemessungswert der Wärmeleitfähigkeit
μ	(mü) Wasserdampf-Diffusionswiderstandszahl; Mikro
ϕ	(phi) relative Luftfeuchte
Φ	(Phi) Lichtstrom, Wärmestrom
ρ	(rho) Rohdichte eines Stoffes; Reflexionsgrad (Licht)
σ	(sigma) Spannung
Σ	(Sigma) Summe
Θ	(Theta) Temperatur in °C (auch θ)
Θe	Außenlufttemperatur (auch θ_e)
Θ_i	Raumlufttemperatur (auch θ_i)
Θ_{se}	Temperatur der Oberfläche außen (auch θ_{se})
Θ_{si}	Temperatur der Oberfläche innen (auch θ_{si})
Θ_s	Taupunkttemperatur (auch θ_s)
Θ_{crit}	kritische Temperatur (Brand)
τ	(tau) Lichttransmissiongrad der Verglasung

8.3 Formelsammlung

8.3.1 Physikalische Grundlagen

Geschwindigkeit	$v = \frac{l}{t}$	in $\frac{m}{s}$
Beschleunigung	$a = \frac{v}{t}$ $a = \frac{l}{t^2}$	in $\frac{m}{s^2}$
Normalfallbeschleunigung	$g_n = 9{,}80665$ m/s²	$g_n \approx 10$ m/s²
zurückgelegeter Weg	$l = \frac{g_n}{2} \cdot t^2$	in m
vergleichbare Fallhöhe	$h = \frac{v_e^2}{2g_n}$	in m
Kraft	$F = m \cdot a$	in $\frac{kg \cdot m}{s^2} = N$
Arbeit	$W = F \cdot l$	in Nm = J
Potenzielle Energie	$W_p = F \cdot h$	in Nm = J

(Fortsetzung)

kinetische Energie	$W_k = \dfrac{m \cdot v^2}{2}$	in $\dfrac{kg \cdot m^2}{s^2} = J$
Leistung	$P = \dfrac{W}{t}$	in $\dfrac{J}{s}$ = Watt
Druck	$p = \dfrac{F}{A}$	in $\dfrac{N}{m^2}$ = Pascal
hydrostatischer Druck	$p = \gamma \cdot h$	in Pa
Gasdruck und Volumen	$p_1 \cdot V_1 = p_2 \cdot V_2 = \ldots$ konstant	
Lichtstrom	$\Phi = I \cdot \omega$	in Lumen
Leuchtdichte	$L = \dfrac{I}{A}$	in cd/m^2
Beleuchtungsstärke	$E = \dfrac{\Phi}{A}$ $E = \dfrac{I}{r^2}$	in Lux
Längenausdehnung	$\Delta l = a_T \cdot \Delta T \cdot l_0$	in mm
Flächenausdehnung	$\Delta A = 2 \cdot a_T \cdot \Delta T \cdot A_0$	in mm^2
Volumenausdehnung	$\Delta V = 3 \cdot a_T \cdot \Delta T \cdot V_0$	in mm^3
Formänderungsmaß	$f = a_T \cdot \dfrac{\Delta T \cdot l^2}{8\ d}$	
zugeführte Wärmemenge	$\Delta Q = C \cdot m \cdot \Delta T$	in J
Heizwert bei Feststoffen oder Flüssigkeiten	$H = \dfrac{Q}{m}$	in $\dfrac{kJ}{kg}$
Heizwert bei Gasen	$H = \dfrac{Q}{V}$	in $\dfrac{kJ}{m^3}$
Wärmeinhalt	$Q_i = C \cdot m \cdot \Theta$	in J
gleiche Wärmeinhalte	$C_1 \cdot m_1 \cdot \Theta_1 = \cdot C_2 \cdot m_2 \cdot \Theta_2$	in J
Betontemperatur	$\Theta_c = 0,1\ \Theta_z + 0,7\ \Theta_g + 0,2\ \Theta_w$	in °C
Schmelzwärme des Eises	$Q = C_e \cdot m_e \cdot \Theta_e + q_e \cdot m_e$	in J
Wärmedurchlasswiderstand	$R = \dfrac{d_1}{\lambda_1} + \dfrac{d_2}{\lambda_2} + \ldots + \dfrac{d_n}{\lambda_n}$	in $\dfrac{m^2 \cdot K}{W}$
Wärmedurchgang	$U = \dfrac{1}{R_{si} + R + R_{se}}$	in $\dfrac{W}{m^2 \cdot K}$
Wärmestromdichte	$q = U \cdot (\Theta_{Li} - \Theta_{Le})$	in $\dfrac{W}{m^2}$

8.3.2 Wärmeschutz

primärenergetisch bezogene Anlagenaufwandzahl	$e_p = Q_p / (Q_h + Q_w)$	
bei Wohngebäuden die Gebäudenutzfläche	$A_N = 0{,}32 \cdot V_e$	in m^2
Jahres-Primärenergiebedarf	$Q_p = (Q_h + Q_w) \cdot e_p$	in kWh/a
Temperaturfaktor an der Innenseite	$f_{Rsi} = \theta_{si} - \theta_e / (\theta_i - \theta e)$	
raumseitige Oberflächentemperatur	$\theta_{si} = f_{Rsi} \cdot (\theta_i - \theta_e) + \theta_e$	
Sonneneintragskennwert	$S \leq S_{max}$	
Höchstwert S_{max}	$S_{max} = S_O + \Sigma\, \Delta S_x$	
gewichtete Außenfläche	$f_{gew} = (A_w + 0{,}3 \cdot A_{Aw} + 0{,}1 \cdot A_D)/A_G$	
geneigte Fensterfläche	$f_{neig} = A_{w,neig}/A_G$	
Fläche nach Norden orientierter Fenster	$f_{nord} = A_{w,nord}/A_{w,gesamt}$	
Wärmedurchgangskoeffizient U	$U = 1/R_{tot}$	in $W/(m^2 \cdot K)$
Wärmedurchgangswiderstand R_{tot} bzw. Gesamt-Wärmedurchlsswiderstand	$R_{tot} = R_{si} + \Sigma\, d_i / \lambda_i + R_{se}$	in $m^2 \cdot K/W$
Wärmedurchlasswiderstand R	$R = d/\lambda$	in $m^2 \cdot K/W$
Korrigierter Wärmedurchgangs-koeffizient U_c	$U_c = U + \Delta U$	
Korrekturwert ΔU	$\Delta U = \Delta U_g + \Delta U_f + \Delta U_r$	in $W/(m^2 \cdot K)$
Korrekturwert für mechanische Befestigungsteile	$\Delta U_f = \alpha \cdot \lambda_f \cdot n_f \cdot A_f$	
Korrekturwert für Luftspalte	$\Delta U_g = \Delta U'' \cdot (R_1 / R_T)^2$	in $W/(m^2 \cdot K)$
Wärmedurchgangskoeffizient		
für schräge Dämmung (Dämmkeile)	$U = (1/R_1) \ln [1 + (R_I / R_0)]$	in $W/(m^2 \cdot K)$
Wärmedurchgangskoeffizient für Fenster	$U_W = (A_g \cdot U_g + A_f \cdot U_f + I_g \cdot PSI_g)/(A_g + A_f)$	in $W/(m^2 \cdot K)$
Bemessungswert des Wärmedurchgangskoeffizienten für Fenster und Fenstertüren	$U_{W,BW} = U_W + \Sigma\, \Delta U_W$	in $W/(m^2 \cdot K)$
Lüftungswärmeverluste	$H_V = \rho_L \cdot c_{pL} \cdot n \cdot V$	in $W/(m^2 \cdot K)$
Interne Wärmegewinne	$Q_i = 22 \cdot A_N$	in W/K
Solare Wärmegewinne	$Q_S = \sum_j^n [(I_S)_{j,HP} \cdot \Sigma\, 0{,}567 \cdot g_I \cdot A_i]$	in W/K

8.3.3 Feuchteschutz

relative Luftfeuchte	$\phi = \frac{c}{c_{sat}} = \frac{p}{p_{sat}}$ oder $\phi = \frac{c}{c_{sat}} \cdot 100 = \frac{p}{p_{sat}} \cdot 100$	als Dezimalzahl bzw. in %
Wasserdampfteildruck	$p = \phi \cdot p_{sat}$	in Pascal
Wasserdampfdiffusionsäquivalente Luftschichtdicken	$s_d = \mu \cdot d$	in m
Wasserdampf-Diffusionsleitkoeffizient in Luft	$\delta_0 = \frac{D_0}{R_v \cdot T}$	in
Wasserdampf-Diffusionskoeffizient in Luft	$D_0 = 0{,}23 \cdot 10^{-3} \cdot \frac{p_0}{p} \cdot \left(\frac{T}{273}\right)^{1{,}81}$	in $\frac{m^2}{s}$
Wasserdampf-Diffusionsdurchlasswiderstand	$Z_p = 5 \cdot 10^9 \cdot \mu \cdot d$	in $\frac{m^2 \cdot s \cdot Pa}{kg}$
Wasserdampf-Diffusionsstromdichte	$g = \frac{\delta_0}{\mu} \cdot \frac{\Delta p}{d} = \frac{\Delta p}{Z_p}$	in $\frac{kg}{m^2 \cdot s}$
erforderlicher Mindest-Wärmedurchlasswiderstand für ebene, thermisch homogene Bauteile	$R_{min} = \frac{R_{si}}{1 - f_{Rsi}} - (R_{si} + R_{se})$	in $\frac{m^2 \cdot K}{W}$
Wasserdampfdiffusion mit Tauwasserausfall		
Diffusionsstromdichte (Fall b – Tauwasserausfall in einer Ebene)	$g_c = \delta_0 \cdot \left(\frac{p_i - p_c}{s_{d,c}} - \frac{p_c - p_e}{s_{d,T} - s_{d,c}}\right)$	in $\frac{kg}{m^2 \cdot s}$
Tauwassermasse	$M_c = g_c \cdot t_c$	in $\frac{kg}{m^2}$
Wasserdampfdiffusion während der Verdunstung		
Diffusionsstromdichte (Fall b – Verdunstung nach Tauwasserausfall in einer Ebene)	$g_{ev} = \delta_0 \cdot \left(\frac{p_c - p_i}{s_{d,c}} + \frac{p_c - p_e}{s_{d,T} - s_{d,c}}\right)$	in $\frac{kg}{m^2 \cdot s}$
Verdunstungsmasse	$M_{ev} = g_{ev} \cdot t_{ev}$	in $\frac{kg}{m^2}$

8.3.4 Schallschutz

Grundlagen:		
Schallgeschwindigkeit	$c = \sqrt{\frac{E}{\rho}}$	in m/s
Wellenlänge	$\lambda = \frac{c}{f}$	in m
Schallpegel:		
Schallpegel	$L = 10 \cdot \lg \frac{p^2}{p_0^2}$ $= 20 \cdot \log\left(\frac{p}{p_0}\right)$	in dB
mehrere gleiche Schallquellen	ges $L = L_1 + 10 \cdot \lg n$	in dB
mehrere verschiedenen Schallquellen	ges $L = 10 \cdot \lg\left(10^{0,1L_1} + 10^{0,1L_2} + \ldots + 10^{0,1L_n}\right)$ in dB	
Schallpegel im Abstand von einer punktförmigen Schallquelle	$L_2 = L_1 \pm 20 \cdot \lg \frac{s_2}{s_1}$	in dB
Schallpegel im Abstand von einer linienförmigen Schallquelle	$L_2 = L_1 \pm 10 \cdot \lg \frac{s_2}{s_1}$	in dB
zwei gleichlaute Schallquellen	ges $L = L_1 + 3$ ***dB*** bei $L_1 = L_2$	in dB
drei gleichlaute Schallquellen	ges $L = L_1 + 5$ dB bei $L_1 = L_2 = L_3$	in dB
vier gleichlaute Schallquellen	ges $L = L_1 + 6$ ***dB*** bei $L_1 = L_2 = L_3 = L_4$	in dB
zehn gleichlaute Schallquellen	ges $L = L_1 + 10$ dB bei $L_1 = L_2 = \ldots L_{10}$	in dB
Verdoppelung des Abstandes von einer Schallquelle	$L = L_1 - 20 \cdot \lg 2$ $L = L_1 - 6$ dB	in dB in dB
Verdreifachung des Abstands von einer Schallquelle	$L = L_1 - 20 \cdot \lg 3$ $L = L_1 - 10$ dB	in dB in dB
Linienschallquelle	$L_W = L'_W + 10 \cdot \lg(l / l_0)$	in dB
Flächenschallquelle	$L_W = L''_W + 10 \cdot \lg(S / S_0)$	in dB

(Fortsetzung)

Schallpegeldifferenz bei freier Schallausbreitung als Funktion des Abstandes s	$\Delta L = 10\ \lg(2 \cdot \pi \cdot s^2/1\ \text{m}) + s/200\ \text{m}$	in dB
Schirmwert	$z \approx \frac{h_{\text{ef}}^2}{2} \cdot \left(\frac{1}{a} + \frac{1}{b}\right)$	in m
Luftschall-dämmung:		
Nachweis der Luftschalldämmung	$R'_w - u \geq \text{erf. } R'_w$ u: Sicherheitsabschlag (vereinfachend darf $u = 2$ dB angenommen werden)	in dB
Labor-Schalldämm-Maß	$R = 10 \cdot \log\left(\frac{W_1}{W_2}\right)$	in dB
Bau-Schalldämm-Maß	$R' = 10 \cdot \log\left(\frac{W_1}{W_2 + W_3}\right)$	in dB
Schallpegeldifferenz	$D = L_1 - L_2 = R' - 10 \cdot \log\left(\frac{S}{A}\right)$	in dB
Bewertete Standard-Schallpegeldifferenz	$D_{\text{nT,w}} = R'_w - 10 \cdot \log\left(\frac{S}{A}\right)$ $= R'_w - 10 \cdot \log\left(\frac{0{,}32 \cdot V}{S}\right)$	in dB
Äquivalente Schallabsorptions-fläche	$A = 0{,}163 \cdot \frac{V}{T}$	in m^2
Nachhhallzeit in üblich möblierten Wohnräumen	$T = 0{,}5$ s	
Berechnung Bau-Schalldämm-Maß aus Schallpegeldifferenz	$R' = L_1 - L_2 + 10 \cdot \log\left(\frac{S}{A}\right)$	in dB
Berechnung Schallpegeldifferenz aus Bau-Schalldämm-Maß	$D = L_1 - L_2 = R' - 10 \cdot \log\left(\frac{S}{A}\right)$	in dB

(Fortsetzung)

Grenzfrequenz	$f_g = \frac{c^2}{2\pi}\sqrt{\frac{m'}{B}}$ mit $B = \frac{E \cdot d^3}{12 \cdot (1-\mu^2)}$ Näherungsformel: $f_g = 6{,}4 \cdot 10^4 \cdot \frac{1}{d}\sqrt{\frac{\rho}{E}}$	in Hz
Flächenbezogene Masse	$m' = \rho \cdot d$	in kg/m²
Bewertetes Bau-Schalldämm-Maß im Massivbau	$R'_w = -10 \cdot \log\left[10^{-R_{Dd}/10} + \Sigma 10^{-R_{Ff}/10} + \Sigma 10^{-R_{Df}/10} + \Sigma 10^{-R_{Fd}/10}\right]$	in dB
Bewertetes Direkt-Schalldämm-Maß	$R_{Dd,w} = R_{s,w} + \Delta R_{Dd,w}$	in dB
Bewertetes Flankenschalldämm-Maß	$R_{ij,w} = \frac{R_{i,w}}{2} + \frac{R_{j,w}}{2} + \Delta R_{ij,w} + K_{ij} + 10 \cdot \log\left(\frac{S_S}{l_0 \cdot l_f}\right)$ in dB	
Hilfsgröße M	$M = \log\left(\frac{m'_{\perp,i}}{m'_i}\right)$	
Stoßstellendämm-Maße (Massivbau):		
Stoßstellendämm-Maß Eckstoß	$K_{12} = 2{,}7 + 2{,}7 \cdot M^2$	in dB
Stoßstellendämm-Maß T-Stoß	$K_{12} = 4{,}7 + 5{,}7 \cdot M^2$ $K_{13} = 5{,}7 + 14{,}1 \cdot M + 5{,}7 \cdot M^2$ für $M < 0{,}215$ $K_{13} = 8 + 6{,}8 \cdot M$ für $M \geq 0{,}215$	in dB
Stoßstellendämm-Maß Kreuzstoß	$K_{12} = 5{,}7 + 15{,}4 \cdot M^2$ $K_{13} = 8{,}7 + 17{,}1 \cdot M + 5{,}7 \cdot M^2$ für $M < 0{,}182$ $K_{13} = 9{,}6 + 11 \cdot M$ für $M \geq 0{,}182$	in dB
Mindestwert des Stoßstellendämm-Maßes	$K_{ij,min} = -10 \cdot \log\left[l_f \cdot l_0\left(\frac{1}{S_i} + \frac{1}{S_j}\right)\right]$	in dB
Rohdichten Mauerwerk, Beton, Putz (Auswahl):		
Mauerwerk mit Normalmörtel	$\rho_W = 900 \cdot \text{RDK} + 100$ für $2{,}2 \geq \text{RDK} \geq 0{,}35$	in kg/m³
Mauerwerk mit Leichtmörtel	$\rho_W = 900 \cdot \text{RDK} + 50$ für $1{,}0 \geq \text{RDK} \geq 0{,}35$	in kg/m³
Mauerwerk mit Dünnbettmörtel	$\rho_W = 1000 \cdot \text{RDK} - 100$ für $\text{RDK} > 1{,}0$	in kg/m³
	$\rho_W = 1000 \cdot \text{RDK} - 50$ für Klassenbreite der RDK 100 kg/m³ und $\text{RDK} \leq 1{,}0$	in kg/m³
	$\rho_W = 1000 \cdot \text{RDK} - 25$ für Klassenbreite der RDK 50 kg/m³ und $\text{RDK} \leq 1{,}0$	in kg/m³
Betonbauteile (bewehrt)	$\rho = 2400$ kg/m³	

(Fortsetzung)

Gips- und Dünnlagenputze	$\rho = 1000\ \text{kg/m}^3$	
Kalk- und Kalkzementputze	$\rho = 1600\ \text{kg/m}^3$	
Leichtputze	$\rho = 900\ \text{kg/m}^3$	
Wärmedämmputze	$\rho = 250\ \text{kg/m}^3$	
Zementestrich	$\rho = 2000\ \text{kg/m}^3$	
Bewertetes Schalldämm-Maß für einschalige homogene Bauteile (Auswahl)		
Beton, Betonsteine, Kalksandsteine, Mauerziegel	$R_w = 30{,}9 \log (m'_{ges}/m'_0) - 22{,}2$ für $65 < m'_{ges} < 720\ \text{kg/m}^3$	in dB
Leichtbeton	$R_w = 30{,}9 \log (m'_{ges}/m'_0) - 20{,}2$ für $140 < m'_{ges} < 480\ \text{kg/m}^3$	in dB
Porenbeton	$R_w = 32{,}6 \log (m'_{ges}/m'_0) - 22{,}5$ für $50 < m'_{ges} < 150\ \text{kg/m}^3$	in dB
	$R_w = 32{,}6 \log (m'_{ges}/m'_0) - 22{,}5$ für $150 \leq m'_{ges} < 300\ \text{kg/m}^3$	in dB
Massive zweischalige Haustrennwände:		
Bewertetes Bau-Schalldämm-Maß für massive zweischalige Haustrennwände	$R'_{w,2} = R'_{w,1} + \Delta R_{w,Tr} - K$	in dB
Bewertetes Schalldämm-Maß einer gleichschweren einschaligen Wand	$R'_{w,1} = 28 \log (m'_{Tr,ges}) - 18$	in dB
Trittschall-dämmung:		
Nachweis der Trittschall-dämmung	$L'_{n,w} + u \leq \text{zul. } L'_{n,w}$ u: Sicherheitszuschlag (vereinfachend darf $u = 3$ dB angenommen werden)	in dB
Norm-Trittschallpegel	$L'_n = L + 10 \cdot \log\left(\frac{A}{A_0}\right)$	in dB
Bewerteter Norm-Trittschallpegel einer Massivdecke	$L'_{n,w} = L_{n,eq,0,w} - \Delta L_w + K$	in dB
Äquivalenter bewerteter Norm-Trittschallpegel der Rohdecke	$L_{n,eq,0,w} = 164 - 35 \log (m'/1\ \text{kg/m}^2)$	in dB
Korrekturwert für die Trittschallübertragung über die flankierenden Bauteile	Massivdecken ohne Unterdecken: $K = 0{,}6 + 5{,}5 \log (m'_s/m'_{f,m})$ für $m'_{f,m} \leq m'_s$ $K = 0$ dB für $m'_{f,m} > m'_s$	in dB

(Fortsetzung)

	Massivdecken mit Unterdecken: $K = -5{,}3 + 10{,}2 \log (m'_s/m'_{f,m})$	in dB
Bewertete Trittschallminderung eines schwimmenden Estrichs	für mineralische Estriche und Kunstharzestrich: $\Delta L_w = 13 \log (m') - 14{,}2 \log (s') + 20{,}8$	in dB
	für Gussasphaltestrich und Fertigteilestriche: $\Delta L_w = (-0{,}21 \cdot m' - 5{,}45) \cdot 13 \log (s') + 0{,}46 \cdot m' + 23{,}8$	in dB
Resonanzfrequenz	$f_0 = 160 \cdot \sqrt{s' \cdot \left(\frac{1}{m'_1} + \frac{1}{m'_2}\right)} \leq 100 \text{ Hz}$	in Hz
Luftschalldämmung gegen Außenlärm:		
Grundprinzip des Nachweises	$R'_{w,ges} - 2 \text{ dB} \geq L_a - K_{Raumart} + K_{AL}$	in dB
Gesamtes bewertetes Bau-Schalldämm-Maß der Außenbauteile (ohne Berücksichtigung der flankierenden Bauteile)	$R'_{w,ges} = -10 \cdot \log\left[\sum_{i=1}^{m} 10^{-R_{e,i,w}/10}\right]$	in dB
	$R'_{w,res} = -10 \cdot \log\left[\frac{1}{S_S} \cdot \sum_{i=1}^{n} S_i \cdot 10^{-R_{i,w}/10}\right]$	in dB

8.3.5 Tageslicht in Wohnräumen

Solarkonstante	$S = 1367 \text{ W/m}^2$	
Tageslichtquotient	$D = \frac{E_p}{E_a} \cdot 100$	in %
Beleuchtungsstärke	$E_p = D \cdot E_a$	in lx (Lux)
Tageslicht in Unterrichtsräumen		
Tageslichtquotient	$D \geq 2\ \%$	
Gleichmäßigkeit der Beleuchtung	$D_{min}: D_{max} \leq 1:3$	
Faustformel:		
Glaslichtfläche : Raumgrundfläche	$\approx 1:3{,}5$	
Tageslicht in Hallen		
Lichtverteilung	$g_2 = D_{min}/D_{min} \geqq 1:1,5$	
erforderliche Lichtfläche	$A_L = A_N/6$	
	$A_L = 2 \cdot D \cdot A_N$	

8.3.6 Brandschutz

- Gebäudeklasse 1: frei stehende Gebäude mit $H \leq 7$ m, $\leq$2 NE, $A \leq 400$ m^2
- Gebäudeklasse 2: Gebäude mit $H \leq 7$ m, $\leq$2 NE, $A \leq 400$ m^2
- Gebäudeklasse 3: sonstige Gebäude mit $H \leq 7$ m
- Gebäudeklasse 4: Gebäude mit $H \leq 13$ m, Nutzungseinheiten $A \leq 400$ m^2
- Gebäudeklasse 5: sonstige Gebäude einschließlich unterirdischer Gebäude

Klassifizierung des Feuerwiderstandes

R	= Résistance	= Tragfähigkeit
E	= Étanchéité	= Raumabschluss
I	= Isolation	= Wärmedämmung gegen Brand
W	= Radiation	= Begrenzung des Strahlungsdurchtritts
M	= Mechanical	= Mechanische Einwirkung auf Wände
S_m	= Smoke	= Begrenzung der Rauchdurchlässigkeit
C	= Closing	= Selbstschließende Eigenschaft
P	= Power	= Aufrechterhalten der Energieversorgung
G		= Rußbrandbeständigkeit

Gegenüberstellung der Leistungskriterien nach nationaler (DIN) und europäischer Normung (EN)

	DIN	EN
Stützen und Träger	F	R
Tragende und raumtrennende Wände und Decken	F	R,E,I
Nichttragende und raumtrennende Wände	F	E,I
Brandwände	F 90-A	R,E,I,M
Tragende Außenwände	F	R,E,I
Nichttragende Außenwände	W	E,I
Feuerschutztüren	T	E,I,C
Rauchschutztüren		S, C
Lüftungsleitungen	L	E, I, S
Brandschutzklappen	K	E, I, S
Kabelabschottungen	S	E, I
Rohrummantelungen und -abschottungen	R	E, I
Installationskanäle und -schächte	I	E, I
Verglasungen ohne Durchtritt der Wärmestrahlung	F	E, I
Verglasungen	G	E
Elektrische Leitungen mit Funktionserhalt	E	P

Klassifizierung von Bauteilen und deren Kennzeichnung

Beispiele für Bauteile:	Leistungs-kriterium	Feuerwiderstandsdauer 30 min	60 min	90 min	120 min
tragendes Bauteil ohne Raumabschluss	R	R 30	R 60	R 90	R 120
tragendes Bauteil mit Raumabschluss	RE REI	RE 30 REI 30	RE 60 REI 60	RE 90 REI 90	RE 120 REI 120
nichttragendes Bauteil mit Raumabschluss	EI-M	EI-M 30	EI-M 60	EI-M 90	EI-M 120
tragende Decken oder Dächer	RE REI	RE 30 REI 30	RE 60 REI 60	RE 90 REI 90	RE 120 REI 120
nichttragende Decken oder Dächer	E EI	E 30 EI 30	E 60 EI 60	E 90 EI 90	E 120 EI 120
Innenwände	EW	EW 30	EW 60	EW 90	EW 120
Feuerschutzabschlüsse	E EI	E 30 EI 30	E 60 EI 60	E 90 EI 90	E 120 EI 120
Installationsschächte	E EI	E 30 EI 30	E 60 EI 60	E 90 EI 90	E 120 EI 120

Feuerwiderstandsklassen von Bauteilen und ihre Zuordnung zu den bauaufsichtlichen Anforderungen

Bauaufsichtliche Anforderung	tragende Bauteile ohne Raumabschluss	mit Raumabschluss	nichttragende Innenwände	nichttragende Außenwände
feuerhemmend	R 30	REI 30	EI 30	E 30 (i→o)[2] und EI 30 (i←o)[3]
hochfeuerhemmend	R 60	REI 60	EI 60	E 60 (i→o)[2] und EI 60 (i←o)[3]
feuerbeständig	R90	REI 90	EI 90	E 90 (i→o)[2] und EI 90 (i←o)[3]
Feuerwiderstandsdauer F120	R 120	REI 120		
Brandwand		REI-M 90	EI-M 90	

Klassifizierung der Baustoffe

Baustoffklasse	A	nicht brennbare Baustoffe
	A1	ohne organische Bestandteile
	A2	mit organischen Bestandteilen
	B	brennbare Baustoffe, schwerentflammbar
	C	nicht leicht entflammbar, begrenzte Flammenausbreitung
	D	nicht leicht entflammbar, ohne wesentliche Flammenausbreitung, begrenzte Wärmefreisetzung
	E	entflammbar
	F	Baustoffe, die vorstehenden Baustoffklassen nicht zugeordnet werden können

8.4 Tabellen mit Daten und Kennwerten für wärmeschutz- und feuchteschutztechnische Berechnungen

Wärmeschutz- und feuchteschutztechnische Kennwerte (Bemessungswerte der Wärmeleitfähigkeit, Richtwerte der Wasserdampf-Diffusionswiderstandszahlen) sind in DIN 4108-4 sowie in DIN EN ISO 10456 geregelt. Siehe hierzu Abschn. 8.4.1.

Für die Anwendung von Wärmedämmstoffen ist außerdem DIN 4108-10 zu beachten. Diese Norm legt die Anforderungen an werkmäßig hergestellte Wärmedämmstoffe fest und definiert Kurzzeichen für Anwendungsgebiete und Produkteigenschaften. Siehe hierzu Abschn. 8.4.2.

Daten für feuchteschutztechnische Berechnungen (wie z. B. der Sättigungsdampfdruck, Taupunkttemperatur) sind in DIN 4108-3 festgelegt. Siehe hierzu Abschn. 8.4.3.

8.4.1 Wärmeschutz- und feuchteschutztechnische Kennwerte

Bemessungswerte der Wärmeleitfähigkeit sowie Richtwerte der Wasserdampfdiffusionswiderstandszahlen für Baustoffe, Bauarten und Bauteile sind in Tab. 8.6 zusammengestellt. Sie werden nach DIN EN ISO 10456 ermittelt, wobei als Randbedingung ein Feuchtegehalt von 80 % relativer Luftfeuchte bei 23 °C und eine Mitteltemperatur von 10 °C zugrunde gelegt wurde.

In Tab. 8.6 wird teilweise auf Werte aus DIN EN ISO 10456 verwiesen. Diese Werte sind in Tab. 8.11 angegeben, soweit sie gewöhnlich bei Gebäuden des Hochbaus verwendet werden.

In Tab. 8.7 sind die wärme- und feuchteschutztechnischen Kennwerte für Wärmedämmstoffe nach harmonisierten Europäischen Normen angegeben. Für die Wärmeleitfähigkeit wird dabei sowohl der Nennwert als auch der Bemessungswert angegeben. Dabei ist zu beachten, dass für wärmeschutztechnische Nachweise (z. B. Nachweis des energiesparenden Wärmeschutzes nach Gebäudeenergiegesetz (GEG), Nachweis des Mindestwärmeschutzes) immer die Bemessungswerte anzusetzen sind. Die in Tab. 8.7 angegebenen Bemessungswerte der Wärmeleitfähigkeit gelten für Anwendungsfälle nach DIN 4108-10 bzw. den Technischen Baubestimmungen.

8.4.2 Ausgleichsfeuchtegehalt von Baustoffen

Die Bemessungswerte der Wärmeleitfähigkeit in Tab. 8.6 sind für einen Ausgleichsfeuchtegehalt, der sich in einem Klima von 23 °C und 80 % relativer Luftfeuchte einstellt, ermittelt worden. Die entsprechenden Werte für den Ausgleichsfeuchtegehalt von Baustoffen sind in Tab. 8.8 angegeben.

Tab. 8.6 Bemessungswerte der Wärmeleitfähigkeit und Richtwerte der Wasserdampf-Diffusionswiderstandszahlen. (Nach DIN 4108-4)

Stoff	Rohdichte [a,b] ρ kg/m³	Bemessungswert der Wärmeleitfähigkeit λ_B W/(m · K)	Richtwert der Wasserdampf-Diffusionswiderstandszahl[c] μ
1 Putze, Mörtel und Estriche			
1.1 Putze			
Putzmörtel aus Kalk, Kalkzement und hydraulischem Kalk	(1800)	1,0	15/35
Putzmörtel aus Kalkgips, Gips, Anhydrit und Kalkanhydrit	(1400)	0,70	10
Leichtputz	< 1300	0,56	15/20
Leichtputz	≦ 1000	0,38	15/20
Leichtputz	≦ 700	0,25	15/20
Gipsputz ohne Zuschlag	(1200)	0,51	10
Kunstharzputz	(1100)	0,70	50/200
1.2 Mauermörtel			
Zementmörtel	(2000)	1,60	15/35
Normalmörtel NM	(1800)	1,20	15/35
Dünnbettmauermörtel	(1600)	1,00	15/35
Leichtmauermörtel nach DIN EN 1996-1-1, DIN EN 1996-2	≦ 1000	0,36	15/35
Leichtmauermörtel nach DIN EN 1996-1-1, DIN EN 1996-2	≦ 700	0,21	15/35
Leichtmauermörtel	250 400 700 1000 1500	0,10 0,14 0,25 0,38 0,69	5/20 5/20 5/20 5/20 5/20

1.3 Estriche			
Gussasphaltestrich	(2300)	0,90	d)
Zement-Estrich	(2000)	1,40	15/35
Calciumsulfat-Estrich (Anhydrit-Estrich)	(2100)	1,2	15/35
Magnesia-Estrich	1400	0,47	15/35
	2300	0,70	15/35
2 Beton-Bauteile			
2.1 Beton nach DIN EN 206	siehe DIN EN ISO 10456 (auch Tab. 8.11)		
2.2 Leichtbeton und Stahlleichtbeton			
Leichtbeton und Stahlleichtbeton mit geschlossenem Gefüge nach DIN EN 206 und DIN 1045-1, hergestellt unter Verwendung von Zuschlägen mit porigem Gefüge nach DIN 4226-2 ohne Quarzsandzusatz[4]	800	0,39	70/150
	900	0,44	70/150
	1000	0,49	70/150
	1100	0,55	70/150
	1200	0,62	70/150
	1300	0,70	70/150
	400	0,79	70/150
	1500	0,89	70/150
	1600	1,00	70/150
	1800	1,15	70/150
	2000	1,35	70/150

(Fortsetzung)

Tab. 8.6 (Fortsetzung)

Stoff	Rohdichte [a,b] ρ kg/m³	Bemessungswert der Wärmeleitfähigkeit λ_B W/(m · K)	Richtwert der Wasserdampf-Diffusionswiderstandszahl[c] μ
2.3 Dampfgehärteter Porenbeton			
Dampfgehärteter Porenbeton nach DIN EN 12602	350	0,11	5/10
	400	0,12	5/10
	450	0,13	5/10
	500	0,14	5/10
	550	0,16	5/10
	600	0,18	5/10
	650	0,19	5/10
	700	0,20	5/10
	750	0,21	5/10
	800	0,23	5/10
	900	0,26	5/10
	1000	0,29	5/10
2.4 Leichtbeton mit haufwerkporigem Gefüge			
– mit nicht porigen Zuschlägen nach DIN EN 12620, z. B. Kies	1600	0,81	3/10
	1800	1,10	3/10
	2000	1,30	5/10
– mit porigen Zuschlägen nach DIN EN 13055-1, ohne Quarzsandzusatz[e]	600	0,22	5/15
	700	0,26	5/15
	800	0,28	5/15
	1000	0,36	5/15
	1200	0,46	5/15
	1400	0,57	5/15
	1600	0,75	5/15
	800	0,92	5/15
	2000	1,20	5/15

– ausschließlich unter Verwendung von Naturbims	400	0,12	5/15
	450	0,13	5/15
	500	0,15	5/15
	550	0,16	5/15
	600	0,18	5/15
	650	0,19	5/15
	700	0,20	5/15
	750	0,22	5/15
	800	0,24	5/15
	900	0,27	5/15
	1000	0,32	5/15
	1100	0,37	5/15
	1200	0,41	5/15
	1300	0,47	5/15
– ausschließlich unter Verwendung von Blähton	400	0,13	5/15
	450	0,15	5/15
	500	0,16	5/15
	550	0,18	5/15
	600	0,19	5/15
	650	0,21	5/15
	700	0,23	5/15
	800	0,26	5/15
	900	0,30	5/15
	1000	0,35	5/15
	1100	0,39	5/15
	1200	0,44	5/15
	1300	0,50	5/15
	1400	0,55	5/15
	1500	0,60	5/15
	1600	0,68	5/15
	1700	0,76	5/15

(Fortsetzung)

Tab. 8.6 (Fortsetzung)

Stoff	Rohdichte [a,b] ρ kg/m³	Bemessungswert der Wärmeleitfähigkeit λ_B W/(m · K)	Richtwert der Wasserdampf-Diffusionswiderstandszahl[c] μ
3 Bauplatten			
3.1 Porenbeton-Bauplatten und Porenbeton-Planbauplatten			
unbewehrt nach DIN 4166			
Porenbeton-Bauplatten (Ppl) mit normaler Fugendicke und Mauermörtel nach DIN EN 1996-1-1, DIN EN 1996-2 verlegt	400	0,20	5/10
	500	0,22	5/10
	600	0,24	5/10
	700	0,27	5/10
	800	0,29	5/10
Porenbeton-Planbauplatten (Pppl), dünnfugig verlegt	350	0,11	5/10
	400	0,13	5/10
	450	0,15	5/10
	500	0,16	5/10
	550	0,18	5/10
	600	0,19	5/10
	650	0,21	5/10
	700	0,22	5/10
	750	0,24	5/10
	800	0,25	5/10
3.2 Wandbauplatten aus Leichtbeton			
Wandplatten aus Leichtbeton nach DIN 18162	800	0,29	5/10
	900	0,32	5/10
	1000	0,37	5/10
	1200	0,47	5/10
	1400	0,58	5/10

3.3 Gips-Wandbauplatten			
Gips-Wandbauplatten nach DIN EN 12859	750	0,35	5/10
	900	0,41	5/10
	1000	0,47	5/10
	1200	0,58	5/10
3.4 Gipsplatten			
Gipsplatten nach DIN 18180, DIN EN 520	800	0,25	4/10
4 Mauerwerk, einschließlich Mörtelfugen			
4.1 Mauerwerk aus Mauerziegeln			
nach DIN 105-100, DIN 105-5 und DIN 105-6 bzw. Mauerziegel nach DIN EN 771-1 in Verbindung mit DIN 20000-401			
		NM|DM[f])	
Vollklinker, Hochlochklinker, Keramikklinker	1800	0,81	50/100
	2000	0,96	50/100
	2200	1,20	50/100
	2400	1,40	50/100
Vollziegel, Hochlochziegel, Füllziegel	1200	0,50	5/10
	1400	0,58	5/10
	1600	0,68	5/10
	1800	0,81	5/10
	2000	0,96	5/10
	2200	1,20	5/10
	2400	1,40	5/10

(Fortsetzung)

Tab. 8.6 (Fortsetzung)

Stoff	Rohdichte [a,b] ρ kg/m³	Bemessungswert der Wärmeleitfähigkeit λ_B W/(m · K)		Richtwert der Wasserdampf-Diffusionswiderstandszahl[c] μ
Hochlochziegel mit Lochung A (HLzA) und B (HLzB)		LM21|LM36[f]	NM|DM[f]	
	550	0,27	0,32	5/10
	600	0,28	0,33	5/10
	650	0,30	0,35	5/10
	700	0,31	0,36	5/10
	750	0,33	0,38	5/10
	800	0,34	0,39	5/10
	850	0,36	0,41	5/10
	900	0,37	0,42	5/10
	950	0,38	0,44	5/10
	1000	0,40	0,45	5/10
Hochlochziegel HLzW		LM21|LM36[f]	NM[f]	
	550*	0,19	0,22	5/10
	600	0,20	0,23	5/10
	650	0,20	0,23	5/10
	700	0,21	0,24	5/10
	750	0,22	0,25	5/10
	800	0,23	0,26	5/10
	850	0,23	0,26	5/10
	900	0,24	0,27	5/10
	950	0,25	0,28	5/10
	1000	0,26	0,29	5/10

4.2 Mauerwerk aus Kalksandsteinen			
Mauerwerk aus Kalksandsteinen nach DIN V 106 bzw. DIN EN 771-2 in Verbindung mit DIN 20000-402	1000	0,50	5/10
	1200	0,56	5/10
	1400	0,70	5/10
	1600	0,79	15/25
	1800	0,99	15/25
	2000	1,10	15/25
	2200	1,30	15/25
	2400	1,60	15/25
	2600	1,80	15/25
4.3 Mauerwerk aus Porenbeton-Plansteinen			
Mauerwerk aus Porenbeton-Plansteinen (PP) nach DIN EN 771-4 in Verbindung mit DIN 20000-404	350	0,11	5/10
	400	0,13	5/10
	450	0,15	5/10
	500	0,16	5/10
	550	0,18	5/10
	600	0,19	5/10
	650	0,21	5/10
	700	0,22	5/10
	750	0,24	5/10
	800	0,25	5/10

(Fortsetzung)

Tab. 8.6 (Fortsetzung)

Stoff		Rohdichte [a,b] ρ kg/m³	Bemessungswert der Wärmeleitfähigkeit λ_B W/(m · K)			Richtwert der Wasserdampf-Diffusionswiderstandszahl[c] μ
4.4 Mauerwerk aus Betonsteinen						
Hohlblöcke (Hbl) nach DIN 18151-100, Gruppe 1[e]			LM21[f] DM[f]	LM36[f]	NM[f]	
		450	0,20	0,21	0,24	5/10
		500	0,22	0,23	0,26	5/10
Steinbreite,in cm	Anzahl der Kammerreihen	550	0,23	0,24	0,27	5/10
		600	0,24	0,25	0,29	5/10
17,5	2	650	0,26	0,27	0,30	5/10
20	2	700	0,28	0,29	0,32	5/10
24	2 bis 4	800	0,31	0,32	0,35	5/10
30	3 bis 5	900	0,34	0,36	0,39	5/10
36,5	4 bis 6	1000			0,45	5/10
42,5	6	1200			0,53	5/10
49	6	1400			0,65	5/10
		1600			0,74	5/10
Hohlblöcke (Hbl) nach DIN 18151-100 und Hohlwandplatten nach DIN 18148, Gruppe 2			LM21[f] DM[f]	LM36[f]	NM[f]	
		450	0,22	0,23	0,28	5/10
		500	0,24	0,25	0,29	5/10
		550	0,26	0,27	0,31	5/10
		600	0,27	0,28	0,32	5/10
		650	0,29	0,30	0,34	5/10

Steinbreite,in cm	Anzahl der Kammerreihen					
11,5	1	700	0,30	0,32	0,36	5/10
15	1	800	0,34	0,36	0,41	5/10
17,5	1	900	0,37	0,40	0,46	5/10
30	2	1000			≤ 0,50	5/10
36,5	3	1200			≤ 0,56	5/10
42,5	5	1400			≤ 0,70	5/10
49	5	1600			0,76	5/10
Vollblöcke (Vbl, S-W) nach DIN V 18152-100		450	0,14	0,16	0,18	5/10
		500	0,15	0,17	0,20	5/10
		550	0,16	0,18	0,21	5/10
		600	0,17	0,19	0,22	5/10
		650	0,18	0,20	0,23	5/10
		700	0,19	0,21	0,25	5/10
		800	0,21	0,23	0,27	5/10
		900	0,25	0,26	0,30	5/10
		1000	0,28	0,29	0,32	5/10
Vollblöcke (Vbl) und Vbl-S nach DIN V 18152-100 aus Leichtbeton mit anderen leichten Zuschlägen als Naturbims und Blähton		450	0,22	0,23	0,28	5/10
		500	0,23	0,24	0,29	5/10
		550	0,24	0,25	0,30	5/10
		600	0,25	0,26	0,31	5/10
		650	0,26	0,27	0,32	5/10
		700	0,27	0,28	0,33	5/10
		800	0,29	0,30	0,36	5/10
		900	0,32	0,32	0,39	5/10
		1000	0,34	0,35	0,42	5/10
		1200			0,49	5/10
		1400			0,57	5/10
		1600			0,62	10/15
		1800			0,68	10/15
		2000			0,74	10/15

(Fortsetzung)

Tab. 8.6 (Fortsetzung)

Stoff	Rohdichte [a,b] ρ kg/m³	Bemessungswert der Wärmeleitfähigkeit λ_B W/(m · K)			Richtwert der Wasserdampf-Diffusionswiderstandszahl[c] μ
Vollsteine (V) nach DIN V 18152-100	450	0,21	0,22	0,31	5/10
	500	0,22	0,23	0,32	5/10
	550	0,23	0,25	0,33	5/10
	600	0,24	0,26	0,34	5/10
	650	0,25	0,27	0,35	5/10
	700	0,27	0,29	0,37	5/10
	800	0,30	0,32	0,40	5/10
	900	0,33	0,35	0,43	5/10
	1000	0,36	0,38	0,46	5/10
	1200			0,54	5/10
	1400			0,63	5/10
	1600			0,74	10/15
	1800			0,87	10/15
	2000			0,99	10/15
Mauersteine nach DIN 18153-100 aus Beton bzw. DIN EN 771-3 in Verbindung mit DIN V 20000-403	800	0,60			5/15
	900	0,65			5/15
	1000	0,70			5/15
	1200	0,80			5/15
	1400	0,90			20/30
	1600	1,0			20/30
	1800	1,1			20/30
	2000	1,3			20/30
	2200	1,6			20/30
	2400	2,0			20/30

5 Wärmedämmstoffe – siehe Tab. 8.7			
6 Holz- und Holzwerkstoffe	(siehe DIN EN ISO 10456, auch Tab. 8.11)		
7 Beläge, Abdichtstoffe und Abdichtungsbahnen			
Fußbodenbeläge	(siehe DIN EN ISO 10456, auch Tab. 8.11)		
Abdichtstoffe	(siehe DIN EN ISO 10456, auch Tab. 8.11)		
Dachbahnen, Dachabdichtungsbahnen			
Bitumendachbahnen nach DIN EN 13707	(1200)	0,17	20.000
Nackte Bitumenbahnen nach DIN 52129	(1200)	0,17	2000/20.000
Folien			
PTFE-Folien Dicke $d \geqq 0{,}05$ mm	–	–	10.000
PA-Folie Dicke $d \geqq 0{,}05$ mm	–	–	50.000
PP-Folie Dicke $d \geqq 0{,}05$ mm	–	–	1000
8 Sonstige gebräuchliche Stoffe[g]			
Lose Schüttungen, abgedeckt[h]			
Korkschrot, expandiert	(≤200)	0,055	3
Hüttenbims	(≤600)	0,13	3
Blähschiefer	(≤400)	0,16	3
Bimskies	(≤1000)	0,19	3
Schaumlava	(≤1200)	0,22	3
	(≤1500)	0,27	3
aus Polystyrolschaumstoff-Partikeln	(15)	0,050	3
aus Sand, Kies, Splitt (trocken)	(1800)	0,70	3
Fliesen	(siehe DIN EN ISO 10456, auch Tab. 8.11)		
Glas			
Natursteine			

(Fortsetzung)

Tab. 8.6 (Fortsetzung)

Stoff	Rohdichte [a,b] ρ kg/m³	Bemessungswert der Wärmeleitfähigkeit λ_B W/(m · K)	Richtwert der Wasserdampf-Diffusionswiderstandszahl[c] μ
Lehmbaustoffe	500	0,14	5/10
	600	0,17	5/10
	700	0,21	5/10
	800	0,25	5/10
	900	0,30	5/10
	1000	0,35	5/10
	1200	0,47	5/10
	1400	0,59	5/10
	1600	0,73	5/10
	1800	0,91	5/10
	2000	1,10	5/10
Böden, naturfeucht	(siehe DIN EN ISO 10456, auch Tab. 8.11)		
Keramik und Glasmosaik			
Metalle			
Gummi			

[a]Die in Klammern angegebenen Rohdichtewerte dienen nur zur Ermittlung der flächenbezogenen Masse, z. B. für den Nachweis des sommerlichen Wärmeschutzes

[b]Die bei den Steinen genannten Rohdichten entsprechen den Rohdichteklassen der zitierten Stoffnormen

[c]Es ist jeweils der für die Baukonstruktion ungünstigere Wert einzusetzen. Bezüglich der Anwendung der μ-Werte siehe DIN 4108-3

[d]Praktisch dampfdicht; nach DIN EN 12086 oder DIN EN ISO 12572: waaserdampfdiffusionsäquivalente Luftschichtdicke $s_d \geq 1500$ m

[e]Bei Quarzsand erhöhen sich die Bemessungswerte der Wärmeleitfähigkeit um 20 %. Die Bemessungswerte der Wärmeleitfähigkeit sind bei Hohlblöcken mit Quarzsandzusatz für 2 K Hbl um 20 % und für 3 K Hbl bis 6 K Hbl um 15 % zu erhöhen

[f]Bezeichnung der Mörtelarten nach DIN EN 1996-1-1, DIN EN 1996-2: – NM – Normalmörtel; – LM21 – Leichtmörtel mit $\lambda = 0{,}21$ W/(m · K); – LM36 – Leichtmörtel mit $\lambda = 0{,}36$ W/(m · K); – DM – Dünnbettmörtel

[g]Diese Stoffe sind hinsichtlich ihrer wärmeschutztechnischen Eigenschaften nicht genormt. Die angegebenen Wärmeleitfähigkeitswerte stellen obere Grenzwerte dar

[h]Die Dichte wird bei losen Schüttungen als Schüttdichte angegeben

[i]Wenn keine Werte angegeben sind, gelten die Werte der Spalte „NM“

Tab. 8.7 Nennwerte und Bemessungswerte der Wärmeleitfähigkeit sowie Richtwerte der Wasserdampf-Diffusionswiderstandszahlen für Wärmedämmstoffe nach harmonisierten Europäischen Normen. (Nach DIN 4108-4)

Stoff	Nennwert λ_D W/(m · K)	Bemessungswert λ_B W/(m · K)	Richtwert der Wasserdampf-Diffusionswiderstandszahl[f] μ
Mineralwolle (MW) nach DIN EN 13162[a]	0,030	0,031	1
	0,031	0,032	
	…	…	
	0,049	0,050	
	0,050	0,052	
Expandierter Polystyrolschaum (EPS) nach DIN EN 13163[a]	0,030	0,031	20/100
	0,031	0,032	20/100
	…	…	…
	0,049	0,050	20/100
	0,050	0,052	20/100
Extrudierter Polystyrolschaum (XPS) nach DIN EN 13164[a]	0,022	0,023	80/250
	0,023	0,024	80/250
	…	…	…
	0,045	0,046	80/250
Polyurethan-Hartschaum (PU) nach DIN EN 13165[a]	0,020	0,021	40/200
	0,021	0,022	40/200
	…	…	…
	0,040	0,041	40/200
Phenolharz-Hartschaum (PF) nach DIN EN 13166[a]	0,020	0,021	10/60
	0,021	0,022	10/60
	…	…	…
	0,035	0,036	10/60
Schaumglas (CG) nach DIN EN 13167[a]	0,037	0,038	f
	0,038	0,039	f
	…	…	…
	0,049	0,050	f
	0,050	0,052	f
	…	…	…
	0,055	0,057	f
Holzwolle-Leichtbauplatten nach DIN EN 13168			
Holzwolle-Platten (WW)[b]	0,060	0,063	2/5
	0,061	0,064	2/5
	…	…	…
	0,069	0,072	2/5
	0,070	0,074	2/5
	…	…	…
	0,089	0,093	2/5
	0,090	0,095	2/5
	…	…	…
	0,10	0,105	2/5

(Fortsetzung)

Tab. 8.7 (Fortsetzung)

Stoff	Nennwert λ_D W/(m · K)	Bemessungswert λ_B W/(m · K)	Richtwert der Wasserdampf-Diffusionswiderstandszahl[f] μ
Holzwolle-Mehrschichtplatten nach DIN EN 13168 (WW-C) Hinweis: Für die Berechnung des Bemessungswertes des Wärmedurchlasswiderstandes müssen die einzelnen Bemessungswerte der Wärmedurchlasswiderstände der Schichten addiert werden.			
mit expandiertem Polystyrolschaum (EPS) nach DIN EN 13163[a]	0,030	0,031	20/50
	0,031	0,032	20/50
	…	…	…
	0,049	0,050	20/50
	0,050	0,052	20/50
mit Mineralwolle (MW) nach DIN EN 13162[a]	0,030	0,031	1
	0,031	0,032	1
	…	…	…
	0,049	0,050	1
	0,050	0,052	1
Holzwolledeckschicht(en) nach DIN EN 13168[d]	0,10	0,12	2/5
	0,11	0,13	2/5
	0,12	0,14	2/5
	0,13	0,16	2/5
	0,14	0,17	2/5
Blähperlit (EPB) nach DIN EN 13169[a]	0,045	0,046	5
	0,046	0,047	5
	…	…	…
	0,049	0,050	5
	0,050	0,052	5
	…	…	…
	0,070	0,072	5
Expandierter Kork (ICB) nach DIN EN 13170[e]	0,040	0,049	5/10
	0,041	0,050	5/10
	0,042	0,052	5/10
	…	…	…
	0,045	0,055	5/10
	0,046	0,057	5/10
	…	…	…
	0,049	0,060	5/10
	0,050	0,062	5/10
	…	…	…
	0,054	0,066	5/10
	0,055	0,068	5/10

(Fortsetzung)

Tab. 8.7 (Fortsetzung)

Stoff	Nennwert λ_D W/(m · K)	Bemessungswert λ_B W/(m · K)	Richtwert der Wasserdampf-Diffusionswiderstandszahl[f] μ
Holzfaserdämmstoff (WF) nach DIN EN 13171[b]	0,032	0,034	3/5
	0,033	0,035	3/5
	…	…	…
	0,049	0,051	3/5
	0,050	0,053	3/5
	…	…	…
	0,060	0,063	3/5
Wärmedämmputz nach DIN EN 998-1 der Kategorie T1	–	0,12	5/20
Wärmedämmputz nach DIN EN 998-1 der Kategorie T2	–	0,24	5/20
Wärmedämmstoff aus Polyurethan (PUR)- und Polyisocyanurat (PIR)-Spritzschaum nach DIN EN 14315-1[c]	0,020	0,023	–
	0,021	0,024	–
	…	…	…
	0,034	0,037	–
	0,035	0,039	–
	…	…	…
	0,040	0,044	–
Wärmedämmung aus Produkten mit expandiertem Perlite (EP) nach DIN EN 14316-1[a]	0,040	0,041	–
	0,041	0,042	–
	…	…	…
	0,049	0,050	–
	0,050	0,052	–
	…	…	…
	0,060	0,062	–
Selbsttragende Sandwich-Elemente mit beidseitigen Metalldeckschichten nach DIN EN 14509[a,g]	0,020	0,021	–
	0,021	0,022	–
	…	…	…
	0,047	0,048	–
An der Verwendungsstelle hergestellte Wärmedämmung aus Blähton-Leichtzuschlagstoffen (LWA) nach DIN EN 14063-1[b]	0,090	0,095	–
	0,091	0,096	–
	…	…	…
	0,095	0,10	–
	…	…	…
	0,10	0,105	–
	0,11	0,12	–
	…	…	…
	0,13	0,14	–

(Fortsetzung)

Tab. 8.7 (Fortsetzung)

Stoff	Nennwert λ_D W/(m · K)	Bemessungswert λ_B W/(m · K)	Richtwert der Wasserdampf-Diffusionswiderstandszahl[f] μ
An der Verwendungsstelle hergestellte Wärmedämmung mit Produkten aus expandiertem Vermiculit (EV) nach DIN EN 14317-1[d]	0,052	0,062	–
	0,053	0,064	–
	…	…	…
	0,057	0,068	–
	0,058	0,070	–
	…	…	…
	0,062	0,074	–
	0,063	0,076	–
	…	…	…
	0,067	0,080	–
	0,068	0,082	–
	…	…	…
	0,072	0,086	–
	0,073	0,088	–
	…	…	…
	0,077	0,092	–
	0,078	0,094	–
	0,079	0,095	–
	0,080	0,096	–
An der Verwendungsstelle hergestellte Wärmedämmung aus Mineralwolle (MW) nach DIN EN 14064-1[a]	0,032	0,033	–
	0,033	0,034	–
	…	…	…
	0,049	0,050	–
	0,050	0,052	–
Werkmäßig hergestellte Produkte aus Polyuthylenschaum (PEF) nach DIN EN 16069[d]	0,035	0,042	–
	0,036	0,043	–
	0,037	0,044	–
	0,038	0,046	–
	…	…	…
	0,042	0,050	–
	0,043	0,052	–
	…	…	…
	0,047	0,056	–
	0,048	0,058	–
	…	…	…
	0,052	0,062	–
	0,053	0,064	–
	…	…	…
	0,057	0,068	–
	0,058	0,070	–
	0,059	0,071	–
	0,060	0,075	–

(Fortsetzung)

Tab. 8.7 (Fortsetzung)

Stoff	Nennwert λ_D W/(m · K)	Bemessungswert λ_B W/(m · K)	Richtwert der Wasserdampf-Diffusionswiderstandszahl[f] μ
An der Verwendungsstelle hergestellter Wärmedämmstoff aus dispensierten Polyurethan (PUR)- und Polyisocyanurat (PIR)-Hartschaum nach DIN EN 14318-1[c]	0,020	0,023	–
	0,021	0,024	–
	…	…	…
	0,034	0,037	–
	0,035	0,039	–
	…	…	…
	0,040	0,044	–

Anmerkungen:
Errechnete Bemessungswerte werden in der Regel auf zwei wertanzeigende Ziffern gerundet. Weitere Bemessungswerte können mit den jeweils in den Fußnoten angegebenen Gleichungen ermittelt werden
Fußnoten:
[a]$\lambda_{Bemessung} = 1{,}03 \cdot \lambda_D$; aber mindestens ein Zuschlag von 1 mW/(m · K) = 0,001 W/(m · K)
(Hinweis: mW = milliWatt = 0,001 W)
[b]$\lambda_{Bemessung} = 1{,}05 \cdot \lambda_D$; aber mindestens ein Zuschlag von 2 mW/(m · K) = 0,002 W/(m · K)
[c]$\lambda_{Bemessung} = 1{,}10 \cdot \lambda_D$; aber mindestens ein Zuschlag von 3 mW/(m · K) = 0,003 W/(m · K)
[d]$\lambda_{Bemessung} = 1{,}20 \cdot \lambda_D$
[e]$\lambda_{Bemessung} = 1{,}23 \cdot \lambda_D$
[f]Es ist jeweils der für die Baukonstruktion ungünstigere Wert einzusetzen
[g]Die Anforderungen nach Fußnote a) sind übertragbar auf den Bemessungswert des Wärmedurchgangskoeffizienten U
$U_B = 1{,}03 \cdot U_D$

Tab. 8.8 Ausgleichsfeuchtegehalte von Baustoffen. (N. DIN 4108-4)

Baustoffe	Feuchtegehalt u (als Massenanteil) in kg/kg
Beton mit geschlossenem Gefüge mit porigen Zuschlägen	0,13
Leichtbeton mit haufwerkporigem Gefüge mit dichten Zuschlägen nach DIN EN 12620	0,03
Leichtbeton mit haufwerkporigem Gefüge mit porigen Zuschlägen nach DIN EN 13055-1	0,045
Calciumsulfat (Gips, Anhydrit)	0,004
Gussasphalt, Asphaltmastix	0
Holz, Sperrholz, Spanplatten, Holzfaserplatten, Schilfrohrplatten und -matten, organische Faserdämmstoffe	0,15
Pflanzliche Faserdämmstoffe aus Seegras, Holz-, Torf- und Kokosfasern und sonstige Fasern	0,15

8.4.3 Umrechnungsfaktoren für den Feuchtegehalt

Umrechnungsfaktoren für den Feuchtegehalt sind für Wandbaustoffe in Tab. 8.9 und für Wärmedämmstoffe in Tab. 8.10 angegeben.

Tab. 8.9 Umrechnungsfaktoren für den Feuchtegehalt für Wandbaustoffe. (N. DIN 4108-4)

Mauerwerk- und Wandkonstruktionen, Mörtel, Estriche	Umrechnungsfaktor F_m[a]
Mauerziegel nach Tab. 8.6	1,13
Mauerziegel mit Bemessungswerten der Wärmeleitfähigkeit $\lambda \leq 0{,}18$ W/(m · K) nach DIN 4108-4, Anhang A	1,05
Kalksandstein	1,27
Porenbeton	1,20
Beton mit Blähtonzuschlägen	1,08
Beton mit überwiegend Blähtonzuschlägen	1,13
Beton mit Bimszuschlägen	1,15
Beton mit Polystyrolzuschlägen	1,13
Beton mit mehr als 70 % geblähter Hochofenschlacke	1,17
Beton mit Zuschlägen, vorwiegend bei hohen Temperaturen aus taubem Gestein aufbereitet	1,17
Beton mit Leichtzuschlägen	1,22
Mörtel (Mauermörtel und Putzmörtel)	1,27
Beton mit nicht porigen Zuschlägen und Kunststein	1,17
Beton mit geschlossenem Gefüge und mit porigen Zuschlägen	1,45
Gips, Anhydrit	1,25
Steinholz	1,60
Asphalt, Bitumen	1,0

[a] F_m ist auf den Trockenwert der Wärmeleitfähigkeit bezogen

Tab. 8.10 Umrechnungsfaktoren für den Feuchtegehalt für Wärmedämmstoffe. (N. DIN 4108-4)

Wärmedämmstoff	Umrechnungsfaktor F_m	
	von 23 °C und 50 % r. F. auf 23 °C und 80 % r. F.	von trocken auf 23 °C und 80 % r. F.
Anorganische Stoffe in loser Schüttung	siehe DIN EN ISO 10456 (auch Tab. 8.12)	
Pflanzliche Faserdämmstoffe		
Lose Zellulosefasern	siehe DIN EN ISO 10456 (auch Tab. 8.12)	
sonstige pflanzliche Fasern ohne mineralische Bindemittel	1,06	1,11
synthetische Faserdämmstoffe	1,02	1,04
Schafwolle	1,02	1,04

r. F.: relative Luftfeuchte

8.4.4 Wärmeschutz- und feuchteschutztechnische Kennwerte nach DIN EN ISO 10456

Wärmeschutz- und feuchteschutztechnische Bemessungswerte (Wärmeleitfähigkeit, spezifische Wärmekapazität sowie Wasserdampf-Diffusionswiderstandszahl) für Baustoffe, die gewöhnliche bei Gebäuden zur Anwendung kommen, sind in Tab. 8.11 angegeben.

Feuchteschutztechnische Eigenschaften sowie Werte für die spezifische Wärmekapazität von Wärmedämmstoffen und Mauerwerk sind in Tab. 8.12 zusammengestellt.

Werte für die wasserdampfdiffusionsäquivalente Luftschichtdicke von dünnen Schichten (z. B. Folien) sind in Tab. 8.13. angegeben.

8.4.5 Wärmedurchlasswiderstand von ruhenden Luftschichten

Werte für den Wärmedurchlasswiderstand von ruhenden Luftschichten sind in Tab. 8.14 angegeben.

8.4.6 Wärmeübergangswiderstände

Werte für Wärmeübergangswiderstände sind in Tab. 8.15 angegeben, siehe auch Abb. 8.1.

8.4.7 Anwendungsbezogene Anforderungen an Wärmedämmstoffe

Anwendungsbezogene Anforderungen an werkmäßig hergestellte Wärmedämmstoffe werden in DIN 4108-10 geregelt.

Eine Übersicht über die verschiedenen Wärmedämmstoffe und die hierfür verwendeten Kurzzeichen sowie die zugehörigen Produktnormen sind in Tab. 8.16 angegeben.

Für die verschiedenen Anwendungsgebiete von Wärmedämmstoffen und die hierfür verwendeten Kurzzeichen siehe Tab. 8.17; siehe auch Abb. 8.2.

Die Produkteigenschaften sowie die hierfür verwendeten Kurzzeichen sind in Tab. 8.18 angegeben.

8.4.8 Sättigungsdampfdruck und Sättigungsdampfkonzentration

Werte für den Sättigungsdampfdruck für Wasserdampf in Luft über flüssigem Wasser bzw. über Eis in Abhängigkeit von der Temperatur sind in Tab. 8.19 angegeben.

Werte für die Sättigungsdampfkonzentration in Abhängigkeit von der Temperatur befinden sich in Tab. 8.20.

Tab. 8.11 Wärmeschutztechnische Bemessungswerte für Baustoffe, die gewöhnlich bei Gebäuden zur Anwendung kommen. (Nach DIN EN ISO 10456)

Stoffgruppe oder Anwendung	Roh-dichte ρ kg/m³	Bemessungswärmeleitfähigkeit λ W/(m · K)	Spezifische Wärmespeicherkapazität c_P J/(kg · K)	Wasserdampf-Diffusionswiderstandszahl μ trocken	feucht
Asphalt	2100	0,70	1000	50.000	50.000
Bitumen als Stoff	1050	0,17	1000	50.000	50.000
Membran/Bahn	1100	0,23	1000	50.000	50.000
Beton[a]					
mittlere Rohdichte	1800	1,15	1000	100	60
	2000	1,35	1000	100	60
	2200	1,65	1000	120	70
hohe Rohdichte	200	2,00	1000	130	80
armiert (mit 1 % Stahl)	2300	2,3	1000	130	80
armiert (mit 2 % Stahl)	2400	2,5	1000	130	80
Fußbodenbeläge					
Gummi	1200	0,17	1400	10.000	10.000
Kunststoff	100	0,25	1400	10.000	10.000
Unterlagen, poröser Gummi oder	270	0,10	1400	10.000	10.000
Kunststoff	120	0,05	1300	20	15
Filzunterlage	200	0,06	1300	20	15
Wollunterlage	< 200	0,05	1500	20	10
Korkunterlage	> 400	0,065	1500	40	20
Korkfliesen	200	0,06	1300	5	5
Teppich/Teppichböden	1200	0,17	1400	100	800
Linoleum					

Gase					
trockene Luft	1,23	0,025	1008	1	1
Kohlendioxid	1,95	0,014	820	1	1
Argon	1,70	0,017	519	1	1
Schwefelhexafluorid	6,36	0,013	614	1	1
Krypton	3,56	0,0090	245	1	1
Xenon	5,68	0,0054	160	1	1
Glas					
Natronglas (einschließlich Floatglas)	2500	1,00	750	∞	∞
Quarzglas	2200	1,40	750	∞	∞
Glasmosaik	2000	1,20	750	∞	∞
Wasser					
Eis bei – 10 °C	920	2,30	2000		
Eis bei 0 °C	900	2,20	2000		
Schnee, frisch gefallen (< 30 mm)	100	0,05	2000		
Neuschnee, weich (30 … 70 mm)	200	0,12	2000		
Schnee, leicht verharscht (70 … 100 mm)	300	0,23	2000		
Schnee, verharscht (< 200 mm)	500	0,60	2000		
Wasser bei 0 °C	1000	0,60	4190		
Wasser bei 40 °C	990	0,63	4190		
Wasser bei 80 °C	970	0,67	4190		

(Fortsetzung)

Tab. 8.11 (Fortsetzung)

Stoffgruppe oder Anwendung	Roh-dichte ρ kg/m^3	Bemessungswär-meleitfähigkeit λ W/(m · K)	Spezifische Wärmespeicherkapazität c_P J/(kg · K)	Wasserdampf-Diffusionswiderstandszahl μ trocken	feucht
Metalle					
Aluminiumlegierungen	2800	160	880	∞	∞
Bronze	8700	65	380	∞	∞
Messing	8400	120	380	∞	∞
Kupfer	8900	380	380	∞	∞
Gusseisen	7500	50	450	∞	∞
Blei	11300	35	130	∞	∞
Stahl	7800	50	450	∞	∞
nichtrostender Stahl[b]	7900	17	460	∞	∞
Zink	7200	110	380	∞	∞
Massive Kunststoffe					
Akrylkunststoffe	1050	0,20	1500	10.000	10.000
Polykarbonate	1200	0,20	1200	5000	5000
Polytetrafluorethylenkunststoffe (PTFE)	2200	0,25	1000	10.000	10.000
Polyvinylchlorid (PVC)	1390	0,17	900	50.000	50.000
Polymethylmethacrylat (PMMA)	1180	0,18	1500	50.000	50.000
Polyazetatkunststoffe	1410	0,30	1400	100.000	100.000
Polyamid (Nylon)	1150	0,25	1600	50.000	50.000
Polyamid 6.6 mit 25 % Glasfasern	1450	0,300,50	16001800	50.000100.000	50.000100.000
Polyethylen/hohe Rohdichte	980	0,33	2200	100.000	100.000
Polyethylen/niedrige Rohdichte	920	0,16	1300	100.000	100.000
Polystyrol	1050	0,22	1800	10.000	10.000
Polypropylen	910	0,250,25	18001800	10.0006000	10.0006000
Polypropylen mit 25 % Glasfasern	12001200	0,20	1400	10.000	10.000
Polyurethan (PU)	1200	0,30	1700	100.000	100.000
Expoxyharz	1300	0,19	1200	10.000	10.000
Phenolharz	1400				
Polyesterharz					

Gummi					
Naturkautschuk	910	0,13	1100	10.000	10.000
Neopren (Polychloropren)	1240	0,23	2140	10.000	10.000
Butylkautschuk (Isobutylenkautschuk),	1200	0,24	1400	200.000	200.000
hart/heiß geschmolzen	60 bis 80	0,06	1500	7000	7000
Schaumgummi	1200	0,17	1400	∞	∞
Hartgummi (Ebonit), hart	1150	0,25	1000	6000	6000
Ethylen-Propylenedien, Monomer (EPDM)	930	0,20	1100	10.000	10.000
Polyisobutylenkautschuk	1700	0,40	1000	10.000	10.000
Polysulfid	980	0,25	1000	100.000	100.000
Butadien					
Dichtungsstoffe, Dichtungen und wärmetechnische Trennungen					
Silika-Gel (Trockenmittel)	720	0,13	1000	∞	∞
Silikon ohne Füllstoff	1200	0,35	1000	5000	5000
Silikon mit Füllstoffen	1450	0,50	1000	5000	5000
Silikonschaum	750	0,12	1000	10.000	10.000
Urethan-/Polyurethanschaum(als wärmetechnische Trennung)	1300	0,21	1800	60	60
Weichpolyvinylchlorid (PVC-P)mit 40 % Weichmacher	1200	0,14	1000	100.000	100.000
Elastomerschaum, flexibel	60 bis 80	0,05	1500	10.000	10.000
Polyurethanschaum (PU)	70	0,05	1500	60	60
Polyethylenschaum	70	0,05	2300	100	100

(Fortsetzung)

Tab. 8.11 (Fortsetzung)

Stoffgruppe oder Anwendung	Roh-dichte ρ kg/m³	Bemessungswärmeleitfähigkeit λ W/(m · K)	Spezifische Wärmespeicherkapazität c_P J/(kg · K)	Wasserdampf-Diffusionswiderstandszahl μ	
				trocken	feucht
Gips					
Gips	600	0,18	1000	10	4
Gips	900	0,30	1000	10	4
Gips	1200	0,43	1000	10	4
Gips	1500	0,56	1000	10	4
Gipskartonplatten[c]	900	0,25	1000	10	4
Putze und Mörtel					
Gipsdämmputz	600	0,18	1000	10	6
Gipsputz	1000	0,40	1000	10	6
Gipsputz	1300	0,57	1000	10	6
Gips, Sand	1600	0,80	1000	10	6
Kalk, Sand	1600	0,80	1000	10	6
Zement, Sand	1800	1,00	1000	10	6
Erdreich					
Ton, Schlick oder Schlamm	1200 bis 1800	1,5	1670 bis 2500	50	50
Sand und Kies	1700 bis 2200	2,0	910 bis 1180	50	50
Gestein					
Kristalliner Naturstein	2800	3,5	1000	10.000	10.000
Sediment-Naturstein	2600	2,3	1000	250	2
Leichter Sediment-Naturstein	1500	0,85	1000	30	20
Poröses Gestein, z. B. Lava	1600	0,55	1000	20	5
Basalt	2700 bis 3000	3,5	1000	10.000	10.000
Gneis	2400 bis 2700	3,5	1000	10.000	10.000

Granit	2500 bis 2700	2,8	1000	10.000	10.000
Marmor	2800	3,5	1000	10.000	10.000
Schiefer	2000 bis 2800	2,2	1000	1000	800
Kalkstein, extraweich	1600	0,85	1000	30	20
Kalkstein, weich	1800	1,1	1000	40	25
Kalkstein, halbhart	2000	1,4	1000	50	40
Kalkstein, hart	2200	1,7	1000	200	150
Kalkstein, extrahart	2600	2,3	1000	250	200
Sandstein (Quarzit)	2600	2,3	1000	40	30
Naturbims	400	0,12	1000	8	6
Kunststein	1750	1,3	1000	50	40
Dachziegelsteine					
Ton	2000	1,0	800	40	30
Beton	2100	1,5	1000	100	60
Platten					
Keramik/Porzellan	2300	1,3	840		∞
Kunststoff	1000	0,20	1000	10.000	10.000
Konstruktionsholz[d]	450	0,12	1800	50	20
	500	0,13	1600	50	20
	700	0,18	1600	200	50

(Fortsetzung)

Tab. 8.11 (Fortsetzung)

Stoffgruppe oder Anwendung	Roh-dichte ρ kg/m³	Bemessungswärmeleitfähigkeit λ W/(m · K)	Spezifische Wärmespeicherkapazität c_P J/(kg · K)	Wasserdampf-Diffusionswiderstandszahl μ trocken	feucht
Holzwerkstoff[e,d]					
Sperrholz[e]	300	0,09	1600	150	50
Sperrholz[e]	500	0,13	1600	200	70
Sperrholz[e]	700	0,17	1600	220	90
Sperrholz[e]	1000	0,24	1600	250	110
zementgebundene Spanplatten	1200	0,23	1500	50	30
Spanplatte	300	0,10	1700	50	10
Spanplatte	600	0,14	1700	50	15
Spanplatte	900	0,18	1700	50	20
OSB-Platten[g]	650	0,13	1700	50	30
Holzfaserplatte, einschließlich MDF[f]	250	0,07	1700	5	2
Holzfaserplatte, einschließlich MDF[f]	400	0,10	1700	10	5
Holzfaserplatte, einschließlich MDF[f]	600	0,14	1700	10	12
Holzfaserplatte, einschließlich MDF[f]	800	0,18	1700	10	20

Anmerkung 1:
Für Computerberechnungen kann der ∞-Wert durch einen beliebig großen Wert, wie z. B. 10^6, ersetzt werden
Anmerkung 2:
Wasserdampf-Diffusionswiderstandszahlen sind als Werte nach den in prEN ISO 12572, „Wärme- und feuchteschutztechnisches Verhalten von Baustoffen und -produkten – Bestimmung der Wasserdampfdurchlässigkeit", festgelegten „Dry cup-" und „Wet cup-Verfahren" angegeben

[a]Die Rohdichte von Beton ist als Trockenrohdichte angegeben

[b]Eine ausführliche Liste nichtrostender Stähle ist in EN 10088-1 enthalten. Sie kann verwendet werden, wenn die genaue Zusammensetzung des nichtrostenden Stahls bekannt ist

[c]Die Wärmeleitfähigkeit schließt den Einfluss der Papierdeckschichten ein

[d]Die Rohdichte von Nutzholz und Holzfaserplattenprodukten ist die Gleichgewichtsdichte bei 20 °C und 65 % relativer Luftfeuchte

[e]Als Interimsmaßnahme und bis zum Vorliegen hinreichend zuverlässiger Daten können für Hartfaserplatten/solid wood panels (SWP) und Bauholz mit Furnierschichten (LVL, laminated veneer lumber) die für Sperrholz angegebenen Werte angewendet werden

[f]MDF bedeutet: Medium Density Fireboard/mitteldichte Holzfaserplatte, die im sogenannten Trockenverfahren hergestellt worden ist

[g]OSB bedeutet: Oriented Structural Board/Grobspan-Mehrschichtplatte aus langen, schlanken Holzspänen

Tab. 8.12 Feuchteschutztechnische Eigenschaften und spezifische Wärmekapazität von Wärmedämmstoffen und Mauerwerk. (Nach DIN EN ISO 10456)

Werkstoff	Rohdichte	Feuchtegehalt[a] bei 23 °C, 50 % relativer Luftfeuchte		Feuchtegehalt[a] bei 23 °C, 80 % relativer Luftfeuchte		Umrechnungsfaktor für den Feuchtegehalt[b]		Wasserdampf-Diffusionswiderstandszahl μ		Spezifische Wärmekapazität
	ρ kg/m³	u kg/kg	ψ m³/m³	u kg/kg	ψ m³/m³	f_u	f_ψ	trocken	feucht	c_P J/(kg · K)
Expandierter Polystyrol-Hartschaum	10 bis 50		0		0		4	60	60	1450
Extrudierter Polystyrol-Hartschaum	20 bis 65		0		0		2,5	150	150	1450
Polyurethanschaum	28 bis 55		0		0		3	60	60	1400
Mineralwolle	10 bis 200		0		0		4[c]	1	1	1030
Phenolharz-Hartschaum	20 bis 50		0		0		5	50	50	1400
Schaumglas	100 bis 150	0		0		0		∝	∝	1000
Perliteplatten	140 bis 240	0,02		0,03		0,8		5	5	900
Expandierter Kork	90 bis 140		0,008		0,011		6	10	5	1560
Holzwolle-Leichtbauplatten	250 bis 450		0,03		0,05		1,8	5	3	1470
Holzfaserdämmplatten	40 bis 250	0,02		0,03			1,4	5	3	2000
Harnstoff-Formaldehydschaum	10 bis 30	0,1		0,15		0,7		2	2	1400
Polyurethanschaum	30 bis 50		0		0		6	60	60	1400
Lose Mineralwolle	15 bis 60		0		0		4	1	1	1030
Lose Zellulosefasern	20 bis 60	0,11		0,18		0,5		2	2	1600
Blähperlite-Schüttung	30 bis 150	0,01		0,02		3		2	2	900
Schüttung aus expandiertem Vermiculit	30 bis 150	0,01		0,02		2		3	2	1080
Blähtonschüttung	200 bis 400	0		0,001		4		2	2	1000
Polystyrol-Partikelschüttung	10 bis 30		0		0		4	2	2	1400
Vollziegel (gebrannter Ton)	1000 bis 2400		0,007		0,012		10	16	10	1000
Kalksandstein	900 bis 2200		0,012		0,024		10	20	15	1000

(Fortsetzung)

Tab. 8.12 (Fortsetzung)

Werkstoff	Rohdichte ρ kg/m³	Feuchtegehalt[a] bei 23 °C, 50 % relativer Luftfeuchte u kg/kg	ψ m³/m³	Feuchtegehalt[a] bei 23 °C, 80 % relativer Luftfeuchte u kg/kg	ψ m³/m³	Umrechnungsfaktor für den Feuchtegehalt[b] f_u	f_ψ	Wasserdampf-Diffusionswiderstandszahl μ trocken	feucht	Spezifische Wärmekapazität c_P J/(kg · K)
Beton mit Bimszuschlägen	500 bis 1300		0,02		0,035		4	50	40	1000
Beton mit nicht porigen Zuschlägen und Kunststein	1600 bis 2400		0,025		0,04		4	150	120	1000
Beton mit Polystyrolkörnung	500 bis 800		0,015		0,025		5	120	60	1000
Beton mit Blähtonzuschlägen	400 bis 700	0,02		0,03		2,6		6	4	1000
Beton mit überwiegend Blähtonzuschlägen	800 bis 1700	0,02		0,03		4		8	6	1000
Beton mit mehr als 70 % geblähter Hochofenschlacke	1100 bis 1700	0,02		0,04		4		30	20	1000
Beton mit vorwiegend aus hochtemperaturbehandeltem taubem Gestein aufbereitet	1100 bis 1500	0,02		0,04		4		15	10	1000
Porenbeton	300 bis 1000	0,026		0,045		4		10	6	1000
Beton mit Leichtzuschlägen	500 bis 2000		0,03		0,05		4	15	10	1000
Mörtel (Mauermörtel und Putzmörtel)	250 bis 2000		0,04		0,06		4	20	10	1000

In dieser Tabelle sind allgemeine Werte angegeben. Weitere, vom Werkstoff und der Anwendung abhängige Werte können in national gültigen Tabellen angegeben werden.

[a]Die angegebenen Werte werden allgemein nicht überschritten

[b]Die Auswirkungen der Masseübertragung über flüssiges Wasser und Wasserdampf sowie die Auswirkungen der Änderungen des Aggregatzustandes des Wassers sind durch diese Daten nicht abgedeckt. Der Feuchtegehalt ist der Bereich, für den die Koeffizienten gelten

[c]Die Daten gelten nicht, wenn die warme Seite der Dämmung möglicherweise dauerhaft mit Feuchte versorgt wird

Tab. 8.13 Wasserdampfdiffusionsäquivalente Luftschichtdicke von dünnen Schichten. (Nach DIN EN ISO 10456)

Produkt/Stoff	Wasserdampfdiffusionsäquivalente Luftschichtdicke s_d m
PE-Folie, Polyethylenfolie 0,15 mm	50
PE-Folie, Polyethylenfolie 0,25 mm	100
PET-Folie, Polyesterfolie 0,2 mm	50
PVC-Folie, Polyvinylfolie	30
Aluminium-Folie 0,05 mm	1500
PE-Folie (gestapelt) 0,15 mm	8
bituminiertes Papier 0,1 mm	2
Aluminium-Verbundfolie 0,4 mm	10
Unterdeck- und Unterspannbahn für Wände	0,2
Beschichtungsstoff	0,1
Glanzlack	3
Vinyltapete	2

Anmerkungen:
Die wasserdampfdiffusionsäquivalente Luftschichtdicke eines Produktes wird als Dicke einer unbewegten Luftschicht mit dem gleichen Wasserdampfdiffusions-Durchlasswiderstand wie das Produkt angegeben. Sie stellt ein Maß für den Widerstand gegen die Diffusion von Wasserdampf dar
Die Dicke der Produkte nach dieser Tabelle wird üblicherweise nicht gemessen und kann auf dünne Produkte mit einem Wasserdampfdurchlasswiderstand bezogen werden. Die Tabelle gibt die Dicken-Nennwerte als Hilfe zur Identifizierung des Produktes an

Tab. 8.14 Wärmedurchlasswiderstand von ruhenden Luftschichten mit Oberflächen mit hohem Emissionsgrad. (Nach DIN EN ISO 6946)

Ruhende Luftschicht			
	Richtung des Wärmestromes		
Dicke der Luftschicht mm	aufwärts	horizontal	abwärts
0	0,00	0,00	0,00
5	0,11	0,11	0,11
7	0,13	0,13	0,13
10	0,15	0,15	0,15
15	0,16	0,17	0,17
25	0,16	0,18	0,19
50	0,16	0,18	0,21
100	0,16	0,18	0,22
300	0,16	0,18	0,23

Anmerkung: Zwischenwerte dürfen linear interpoliert werden

Tab. 8.15 Wärmeübergangswiderstände. (Nach DIN EN ISO 6946)

Richtung des Wärmestroms	Wärmeübergangswiderstand innen R_{si} m² K/W	Wärmeübergangswiderstand außen R_{se} m² K/W
aufwärts	0,10	0,04
horizontal[a]	0,13	0,04
abwärts	0,17	0,04
Der außenseitige Wärmeübergangswiderstand für Bauteile, die ans Erdreich grenzen, darf näherungsweise mit R_{se} = 0 angenommen werden. Für die genauere Ermittlung wird auf DIN EN ISO 13370 verwiesen.		

[a]Die Werte unter „horizontal" gelten für Richtungen des Wärmestroms von ±30 ° zur horizontalen Ebene

Anmerkung 1: Die Wärmeübergangswiderstände gelten für Oberflächen, die mit der Luft in Berührung sind. Der Wärmeübergangswiderstand ist nicht anwendbar, wenn die Oberfläche einen anderen Stoff berührt

Anmerkung 2: Die Werte für den inneren Wärmeübergangswiderstand werden für $\varepsilon = 0{,}9$ und mit h_{r0} bei 20 °C berechnet. Der Wert für den äußeren Wärmeübergangswiderstand wird für für $\varepsilon = 0{,}9$, h_{r0} bei 10 °C und $v = 4$ m/s ermittelt

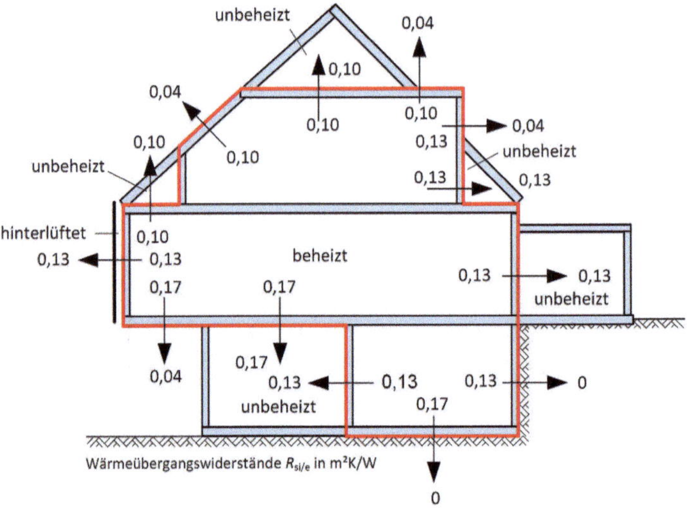

Abb. 8.1 Wärmeübergangswiderstände

Tab. 8.16 Werkmäßig hergestellte Wärmedämmstoffe, Kurzzeichen und zugehörige Produktnormen. (N. DIN 4108-10)

Dämmstoff	Kurzzeichen	Normen für Anforderungen	Produktnormen
Mineralwolle	MW	DIN 4108-10, Tabelle 3	DIN EN 13162
Polystyrol-Hartschaum	EPS	DIN 4108-10, Tabelle 4	DIN EN 13163
Polystyrol-Extruderschaum	XPS	DIN 4108-10, Tabelle 5	DIN EN 13164
Polyurethan-Hartschaum	PU	DIN 4108-10, Tabelle 6	DIN EN 13165
Phenolharz-Hartschaum	PF	DIN 4108-10, Tabelle 7	DIN EN 13166
Schaumglas	CG	DIN 4108-10, Tabelle 8	DIN EN 13167
Holzwolle-Platten	WW	DIN 4108-10, Tabelle 9	DIN EN 13168
Holzwolle-Mehrschichtplatten	WW-C	DIN 4108-10, Tabelle 10	DIN EN 13168
Expandiertes Perlite	EPB	DIN 4108-10, Tabelle 11	DIN EN 13169
Expandierter Kork	ICB	DIN 4108-10, Tabelle 12	DIN EN 13170
Holzfaser	WF	DIN 4108-10, Tabelle 13	DIN EN 13171
Polyethylenschaum	PEF	DIN 4108-10, Tabelle 14	DIN EN 16069

Tab. 8.17 Anwendungsgebiete von Wärmedämmungen sowie Kurzzeichen. (Nach DIN 4108-10)

Anwendungsgebiete	Kurzzeichen[a]	Bauteilbezogene Anwendungsbeispiele
Decken, Dächer	DAD	Außendämmung von Dächern oder Decken, vor Bewitterung geschützt, Dämmung unter Dachdeckungen
	DAA	Außendämmung von Dächern oder Decken, vor Bewitterung geschützt, Dämmung unter Abdichtungen
	DUK	Außendämmung von Dächern, der Bewitterung ausgesetzt (Umkehrdach)[b]
	DZ	Zwischensparrendämmung, zweischalige Dächer, nicht begehbare, aber zugängliche oberste Geschossdecken
	DI	Innendämmung von Decken (unterseitig) oder Dächern, Dämmung unter Sparren/Tragkonstruktionen, abgehängte Decken usw.
	DEO	Innendämmung von Decken oder Bodenplatten (oberseitig) unter Estrich ohne Schallschutzanforderungen
	DES	Innendämmung von Decken oder Bodenplatten (oberseitig) unter Estrichen mit Schallschutzanforderungen
Wände	WAB[b]	Außendämmung von Wänden hinter Bekleidungen
	WAA	Außendämmung von Wänden hinter Abdichtungen
	WAP[b,c]	Außendämmung von Wänden unter Putz[c]
	WZ	Dämmung von zweischaligen Wänden, Kerndämmungen
	WH	Dämmung von Holzrahmen- und Holztafelbauweise
	WI	Innendämmung von Wänden
	WTH	Dämmung zwischen Haustrennwänden mit Schallschutzanforderungen
	WTR	Dämmung von Raumtrennwänden
Perimeterdämmungen	PW	Außen liegende Wärmedämmung von Wänden gegen Erdreich (außerhalb der Abdichtung)[d]
	PB	Außen liegende Wärmedämmung unter Bodenplatten gegen Erdreich (außerhalb der Abdichtung)[d]

[a]Die verwendeten Kurzzeichen sind Abkürzungen für Anwendungsgebiete von Wärmedämmungen
[b]Auch für den Anwendungsfall von unten gegen Außenluft
[c]Anwendungsgebiet/Kurzzeichen WAP gilt nicht für Dämmstoffplatten in Wärmedämm-Verbundsystemen (WDVS). WDVS sind keine genormte Anwendung
[d]Es gelten die Festlegungen nach DIN 4108-2

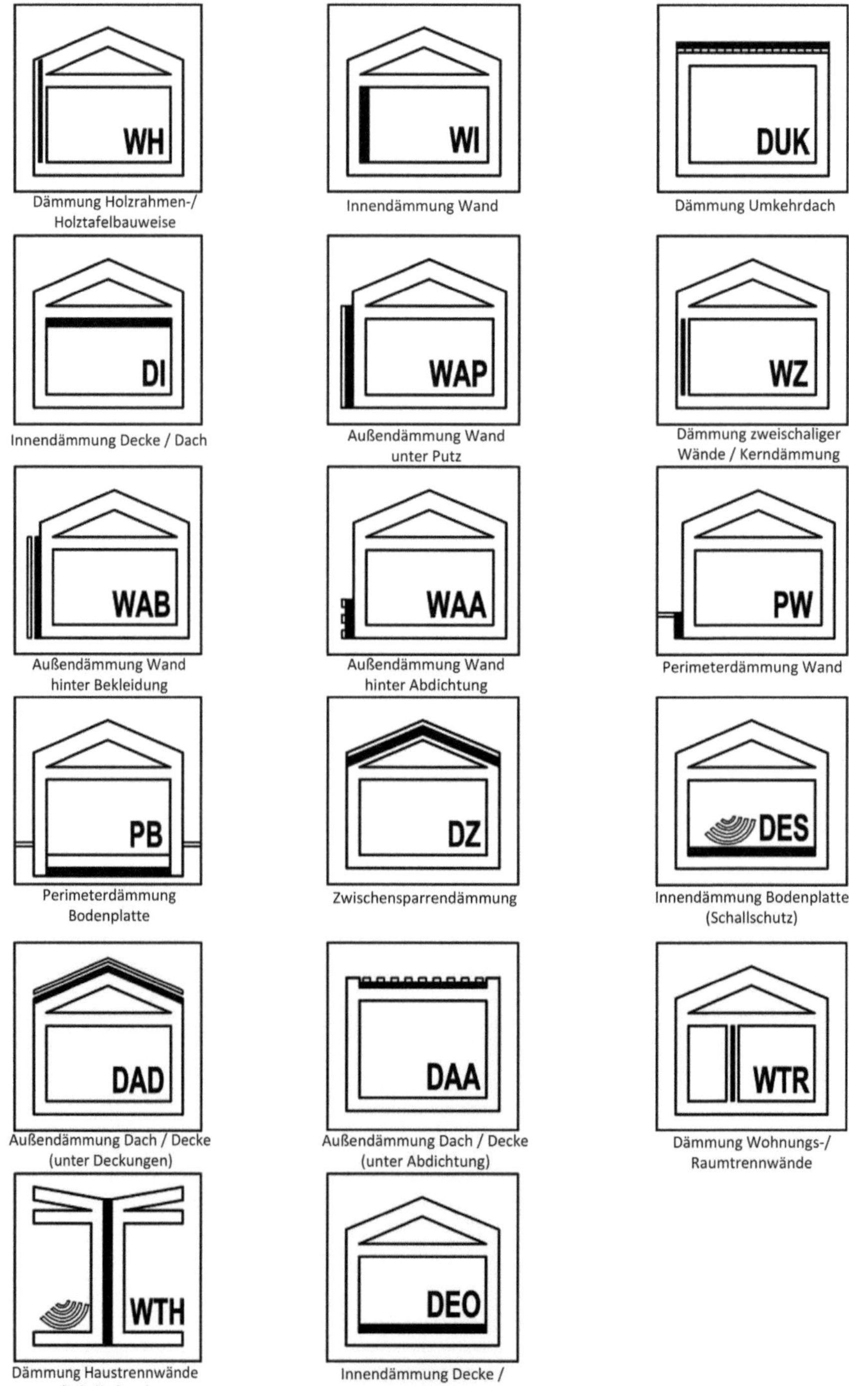

Abb. 8.2 Grafische Symbole für die verschiedenen Anwendungstypen von Wärmedämmungen

Tab. 8.18 Produkteigenschaften von Wärmedämmstoffen und Kurzzeichen. (Nach DIN 4108-10)

Produkteigenschaften	Kurz-zeichen	Beschreibung	Eigenschaftsbezogene Anwendungsbeispiele
Druckbelastbarkeit	dk	keine Druckbelastbarkeit	Hohlraumdämmung, Zwischensparrendämmung
	dg	geringe Druckbelastbarkeit	Wohn- und Bürobereiche unter Estrich (außer Gussasphaltestrich)[a]
	dm	mittlere Druckbelastbarkeit	nicht genutzte Dächer mit Abdichtung
	dh	hohe Druckbelastbarkeit	genutzte Dachflächen, Terrassen, Flachdächer mit Solaranlage
	ds	sehr hohe Druckbelastbarkeit	Industrieböden, Parkdecks
	dx	extrem hohe Druckbelastbarkeit	hoch belastete Industrieböden, Parkdecks
Wasseraufnahme	wk	keine Anforderungen an die Wasseraufnahme	Innendämmung im Wohn- und Bürobereich
	wf	Wasseraufnahme durch flüssiges Wasser	Außendämmung von Außenwänden und Dächern
	wd	Wasseraufnahme durch flüssiges und/oder Diffusion	Perimeterdämmung, Umkehrdächer
Zugfestigkeit	zk	keine Anforderungen an die Zugfestigkeit	Hohlraumdämmung, Zwischensparrendämmung
	zg	geringe Zugfestigkeit	Außendämmung von Wänden hinter Bekleidungen
	zh	hohe Zugfestigkeit	Außendämmung der Wände unter Putz, Dächer mit verklebter Abdichtung
Schalltechnische Eigenschaft	sk	keine Anforderungen an schalltechnische Eigenschaften	alle Anwendungen ohne schalltechnische Anforderungen
	sh	Trittschalldämmung, erhöhte Zusammendrückbarkeit	Schwimmender Estrich, Haustrennwände
	sm	Trittschalldämmung, mittlere Zusammendrückbarkeit	
	sg	Trittschalldämmung, geringe Zusammendrückbarkeit	
Verformung	tk	keine Anforderungen an die Verformbarkeit	Innendämmung
	tf	Verformungsstabilität unter Feuchte und Temperatur	Außendämmung von Wänden unter Putz, Dächer mit Abdichtung
	tl	Verformungen unter Last und Temperatur	Dächer mit Abdichtung

[a]Bei der Anwendung von Gussasphaltestrichen sind für die Dämmschicht direkt unter dem Estrich temperaturbeständige Dämmstoffe (ds und dx) erforderlich

Tab. 8.19 Sättigungsdampfdruck für Wasserdampf in Luft über flüssigem Wasser bzw. über Eis in Abhängigkeit von der Temperatur. (Nach DIN 4108-3)

Temperatur °C	Sättigungsdampfdruck p_{sat} in Pa für Temperaturschritte in Zehntel °C									
	,0	,1	,2	,3	,4	,5	,6	,7	,8	,9
30	4241	4265	4289	4314	4339	4364	4389	4414	4439	4464
29	4003	4026	4050	4073	4097	4120	4144	4168	4192	4216
28	3778	3900	3822	3844	3867	3889	3912	3934	3957	3980
27	3563	3584	3605	3626	3648	3669	3691	3712	3734	3756
26	3359	3379	3399	3419	3440	3460	3480	3501	3522	3542
25	3166	3185	3204	3223	3242	3261	3281	3300	3320	3340
24	2982	3000	3018	3036	3055	3073	3091	3110	3128	3147
23	2808	2825	2842	2859	2876	2894	2911	2929	2947	2964
22	2642	2659	2675	2691	2708	2724	2741	2757	2774	2791
21	2486	2501	2516	2532	2547	2563	2579	2594	2610	2626
20	**2337**	2351	2366	2381	2395	2410	2425	2440	2455	2470
19	2196	2210	2224	2238	2252	2266	2280	2294	2308	2323
18	2063	2076	2089	2102	2115	2129	2142	2155	2169	2182
17	1937	1949	1961	1974	1986	1999	2012	2024	2037	2050
16	1817	1829	1841	1852	1864	1876	1888	1900	1912	1924
15	1704	1715	1726	1738	1749	1760	1771	1783	1794	1806
14	1598	1608	1619	1629	1640	1650	1661	1672	1683	1693
13	1497	1507	1517	1527	1537	1547	1557	1567	1577	1587
12	1402	1411	1420	1430	1439	1449	1458	1468	1477	1487
11	1312	1321	1330	1338	1347	1356	1365	1374	1383	1393
10	1227	1236	1244	1252	1261	1269	1278	1286	1295	1303
9	1147	1155	1163	1171	1179	1187	1195	1203	1211	1219
8	1072	1080	1087	1094	1102	1109	1117	1124	1132	1140
7	1001	1008	1015	1022	1029	1036	1043	1050	1058	1065
6	935	941	948	954	961	967	974	981	988	994
5	872	878	884	890	897	903	909	915	922	928
4	813	819	824	830	836	842	848	854	860	866
3	757	763	768	774	779	785	790	796	801	807
2	705	710	715	721	726	731	736	741	747	752
1	656	661	666	671	676	680	685	690	695	700
0	611	615	619	624	629	633	638	642	647	652
–0	611	615	619	624	629	633	638	642	647	652
–1	562	557	553	548	544	539	535	530	526	521
–2	517	513	509	504	500	496	492	488	484	479
–3	475	471	468	464	460	456	452	448	444	441
–4	437	433	430	426	422	419	415	412	408	405
–5	**401**	398	394	391	388	384	381	378	375	371
–6	368	365	362	359	356	353	350	347	344	341
–7	338	335	332	329	326	323	320	318	315	312
–8	309	307	304	301	299	296	294	291	288	286
–9	283	281	278	276	274	271	269	266	264	262
–10	259	257	255	252	250	248	246	244	241	239

Tab. 8.20 Sättigungsdampfkonzentration für Wasserdampf in Luft über flüssigem Wasser bzw. über Eis in Abhängigkeit von der Temperatur. (Nach DIN 4108-3)

Tempe ratur °C	Sättigungsdampfkonzentration, in 10^{-3} kg/m^3, für Temperaturschritte in Zehntel °C									
	,0	,1	,2	,3	,4	,5	,6	,7	,8	,9
30	30,3	30,5	30,6	30,8	31,0	31,2	31,4	31,5	31,7	31,9
29	28,7	28,9	29,0	29,2	29,4	29,5	29,7	29,9	30,0	30,2
28	27,2	27,3	27,5	27,6	27,8	28,0	28,1	28,3	28,5	28,6
27	25,7	25,9	26,0	26,2	26,3	26,5	26,6	26,8	26,9	27,1
26	24,3	24,5	24,6	24,8	24,9	25,0	25,2	25,3	25,5	25,6
25	23,0	23,1	23,3	23,4	23,5	23,7	23,8	24,0	24,1	24,3
24	21,7	21,9	22,0	22,1	22,3	22,4	22,5	22,7	22,8	22,9
23	20,5	20,7	20,8	20,9	21,0	21,2	21,3	21,4	21,5	21,7
22	19,4	19,5	19,6	19,7	19,9	20,0	20,1	20,2	20,4	20,5
21	18,3	18,4	18,5	18,6	18,8	18,9	19,0	19,1	19,2	19,3
20	17,3	17,4	17,5	17,6	17,7	17,8	17,9	18,0	18,1	18,2
19	16,3	16,4	16,5	16,6	16,7	16,8	16,9	17,0	17,1	17,2
18	15,3	15,4	15,5	15,6	15,7	15,8	15,9	16,0	16,1	16,2
17	14,5	14,5	14,6	14,7	14,8	14,9	15,0	15,1	15,2	15,3
16	13,6	13,7	13,8	13,9	14,0	14,1	14,1	14,2	14,3	14,4
15	12,8	12,9	13,0	13,1	13,1	13,2	13,3	13,4	13,5	13,6
14	12,0	12,1	12,2	12,3	12,4	12,4	12,5	12,6	12,7	12,8
13	11,3	11,4	11,5	11,6	11,6	11,7	11,8	11,9	11,9	12,0
12	10,6	10,7	10,8	10,9	10,9	11,0	11,1	11,1	11,2	11,3
11	10,0	10,1	10,1	10,2	10,3	10,3	10,4	10,5	10,5	10,6
10	9,4	9,5	9,5	9,6	9,6	9,7	9,8	9,8	9,9	10,0
9	8,8	8,9	8,9	9,0	9,0	9,1	9,2	9,2	9,3	9,4
8	8,3	8,3	8,4	8,4	8,5	8,5	8,6	8,7	8,7	8,8
7	7,7	7,8	7,8	7,9	8,0	8,0	8,1	8,1	8,2	8,2
6	7,3	7,3	7,4	7,4	7,5	7,5	7,6	7,6	7,7	7,7
5	6,8	6,8	6,9	6,9	7,0	7,0	7,1	7,1	7,2	7,2
4	6,4	6,4	6,4	6,5	6,5	6,6	6,6	6,7	6,7	6,8
3	5,9	6,0	6,0	6,1	6,1	6,2	6,2	6,2	6,3	6,3
2	5,6	5,6	5,6	5,7	5,7	5,8	5,8	5,8	5,9	5,9
1	5,2	5,2	5,3	5,3	5,3	5,4	5,4	5,5	5,5	5,5
0	4,8	4,9	4,9	4,9	5,0	5,0	5,1	5,1	5,1	5,2
0	4,8	4,8	4,8	4,7	4,7	4,6	4,6	4,6	4,5	4,5
-1	4,5	4,4	4,4	4,4	4,3	4,3	4,3	4,2	4,2	4,1
-2	4,1	4,1	4,1	4,0	4,0	4,0	3,9	3,9	3,9	3,8
-3	3,8	3,8	3,7	3,7	3,7	3,7	3,6	3,6	3,6	3,5
-4	3,5	3,5	3,5	3,4	3,4	3,4	3,3	3,3	3,3	3,3
-5	3,2	3,2	3,2	3,2	3,1	3,1	3,1	3,1	3,0	3,0
-6	3,0	3,0	2,9	2,9	2,9	2,9	2,8	2,8	2,8	2,8
-7	2,7	2,7	2,7	2,7	2,7	2,6	2,6	2,6	2,6	2,5
-8	2,5	2,5	2,5	2,5	2,4	2,4	2,4	2,4	2,4	2,3
-9	2,3	2,3	2,3	2,3	2,2	2,2	2,2	2,2	2,2	2,1
-10	2,1	2,1	2,1	2,1	2,1	2,0	2,0	2,0	2,0	2,0

8.4.9 Taupunkttemperatur

Werte für die Taupunkttemperatur in Abhängigkeit von der Lufttemperatur und der relativen Luftfeuchte sind in Tab. 8.21 angegeben.

Tab. 8.21 Taupunkttemperatur für Wasserdampf in Luft in Abhängigkeit von der Temperatur und der relativen Luftfeuchte. (Nach DIN 4108-3)

Temperatur	Taupunkttemperatur Θs^a in °C bei einer relativen Luftfeuchte von													
°C	30 %	35 %	40 %	45 %	50 %	55 %	60 %	65 %	70 %	75 %	80 %	85 %	90 %	95 %
30	10,5	12,9	14,9	16,8	18,4	20,0	21,4	22,7	23,9	25,1	26,2	27,2	28,2	29,1
29	9,7	12,0	14,0	15,9	17,5	19,0	20,4	21,7	23,0	24,1	25,2	26,2	27,2	28,1
28	8,8	11,1	13,1	15,0	16,6	18,1	19,5	20,8	22,0	23,2	24,2	25,2	26,2	27,1
27	8,0	10,2	12,2	14,1	15,7	17,2	18,6	19,9	21,1	22,2	23,3	24,3	25,2	26,1
26	7,1	9,4	11,4	13,2	14,8	16,3	17,6	18,9	20,1	21,2	22,3	23,3	24,2	25,1
25	6,2	8,5	10,5	12,2	13,9	15,3	16,7	18,0	19,1	20,3	21,3	22,3	23,2	24,1
24	5,4	7,6	9,6	11,3	12,9	14,4	15,8	17,0	18,2	19,3	20,3	21,3	22,3	23,1
23	4,5	6,7	8,7	10,4	12,0	13,5	14,8	16,1	17,2	18,3	19,4	20,3	21,3	22,2
22	3,6	5,9	7,8	9,5	11,1	12,5	13,9	15,1	16,3	17,4	18,4	19,4	20,3	21,2
21	2,8	5,0	6,9	8,6	10,2	11,6	12,9	14,2	15,3	16,4	17,4	18,4	19,3	20,2
20	1,9	4,1	6,0	7,7	9,3	10,7	12,0	13,2	14,4	15,4	16,4	17,4	18,3	19,2
19	1,0	3,2	5,1	6,8	8,3	9,8	11,1	12,3	13,4	14,5	15,5	16,4	17,3	18,2
18	0,2	2,3	4,2	5,9	7,4	8,8	10,1	11,3	12,5	13,5	14,5	15,4	16,3	17,2
17	− 0,6	1,4	3,3	5,0	6,5	7,9	9,2	10,4	11,5	12,5	13,5	14,5	15,3	16,2
16	− 1,4	0,5	2,4	4,1	5,6	7,0	8,2	9,4	10,5	11,6	12,6	13,5	14,4	15,2
15	− 2,2	− 0,3	1,5	3,2	4,7	6,1	7,3	8,5	9,6	10,6	11,6	12,5	13,4	14,2
14	− 2,9	− 1,0	0,6	2,3	3,7	5,1	6,4	7,5	8,6	9,6	10,6	11,5	12,4	13,2
13	− 3,7	− 1,9	− 0,1	1,3	2,8	4,2	5,5	6,6	7,7	8,7	9,6	10,5	11,4	12,2
12	− 4,5	− 2,6	− 0,1	0,4	1,9	3,2	4,5	5,7	6,7	7,7	8,7	9,6	10,4	11,2
11	− 5,2	− 3,4	− 1,8	− 0,4	1,0	2,3	3,5	4,7	5,8	6,7	7,7	8,6	9,4	10,2
10	− 6,0	− 4,2	− 2,6	− 1,2	0,1	1,4	2,6	3,7	4,8	5,8	6,7	7,6	8,4	9,2

[a]Zwischenwerte dürfen näherungsweise geradlinig interpoliert werden

8.5 Normen und Vorschriften

8.5.1 Physikalische und bautechnische Grundlagen

MessEinhG	Gesetz über Einheiten im Messwesen vom 22.02.1985, geändert am 03.08.2008	
MessEinhGAV	Ausführungsverordnung zum Gesetz im Messwesen (Einheitenverordnung – EinhV) vom 13.12.1985, geändert am 25.09.2009	
MBO LBO	Musterbauordnung. 05.2016 Landesbauordnungen mit Durchführungsverordnungen	
Norm	Ausgabedatum	Titel
Eurocode[a]		
EC 0 DIN EN 1990	2021-10	Grundlagen der Tragwerksplanung
EC 1 DIN EN 1991	2010-12	Einwirkungen auf Tragwerke
EC 2 DIN EN 1992	2011-01	Bemessung und Konstruktion von Stahlbeton- und Spannbetontragwerken
EC 3 DIN EN 1993	2010-12	Bemessung und Konstruktion von Stahlbauten
EC 4 DIN EN 1994	2010-12	Bemessung und Konstruktion von Verbundtragwerken aus Stahl und Beton
EC 5 DIN EN 1995	2010-12	Bemessung und Konstruktion von Holzbauten
EC 6 DIN EN 1996	2013-02	Bemessung und Konstruktion von Mauerwerksbauten
DIN 1301-1	2010-10	Einheiten; Einheitennahmen, Einheitenzeichen
DIN 1301-2	1978-02	Einheiten; Allgemein angewendete Teile und Vielfache
DIN 1301-3	2018-02	Umrechnung von Nicht-SI-Einheiten
DIN 1313	1998-12	Größen

[a]Angegeben ist das aktuelle Ausgabedatum des Teils 1 der jeweiligen Norm; Hinweis: Die Normen der Eurocode-Normenreihe werden zurzeit (Stand Juni 2023) überarbeitet; es liegen mittlerweile für viele Teile Normentwürfe vor

8.5.2 Wärmeschutz

EU-Gebäuderichtlinie (EPBD)

Richtlinie über die Gesamtenergieeffizienz von Gebäuden der EU

Gesetz zur Einsparung von Energie und zur Nutzung erneuerbarer Energien zur Wärme- und Kälteerzeugung (Gebäudeenergiegesetz – GEG); hrsg. am 08. August 2020; BGBl 2020 Teil I S. 1728

Artikel 18a Änderung des Gebäudeenergiegesetzes in: Gesetz zu Sofortmaßnahmen für einen beschleunigten Ausbau der erneuerbaren Energien und weiteren Maßnahmen im Stromsektor; hrsg. am 20 Juli 2022, BGBl Teil I Nr. 28, S. 1237

Normen und Regelwerke	Ausgabedatum	Titel
DIN EN 410	2011-04	Glas im Bauwesen, Bestimmung der lichttechnischen und strahlungsphysikalischen Kenngrößen von Verglasungen
DIN EN 673	2011-04	Glas im Bauwesen – Bestimmung des Wärmedurchgangskoeffizienten (U-Wert) – Berechnungsverfahren
DIN 4108 Beiblatt 2	2019-06	Beiblatt 2 zu DIN 4108:Wärmeschutz und Energie-Einsparung in Gebäuden; Wärmebrücken, Planungs- und Ausführungsbeispiele (Hinweis: Normentwurf 11.2017 liegt vor)
DIN 4108-2	2013-02	Wärmeschutz und Energie-Einsparverordnung in Gebäuden – Teil 2: Mindestanforderungen an den Wärmeschutz
DIN 4108-4	2020-11	Wärmeschutz und Energie-Einsparverordnung in Gebäuden – Teil 4: Wärme- und feuchteschutztechnische Bemessungswerte
DIN V 4108-6	2003-06	Wärmeschutz und Energie-Einsparverordnung in Gebäuden – Teil 6: Berechnung des Jahresheizwärme- und des Jahresheizenergiebedarfs; Hinweis: Norm ist zurückgezogen und nur noch bis 31.12.2023 anwendbar; Norm wird ersetzt durch DIN/TS 18599-12
	2004-03	Berichtigung zu DIN V 4108-6
DIN 4108-7	2011-01	Wärmeschutz und Energie-Einsparverordnung in Gebäuden; – Teil 7: Luftdichtheit von Gebäuden; Anforderungen, Planungs- und Ausführungsempfehlungen sowie -beispiele
DIN/TS 4108-8	2022-09	Wärmeschutz und Energie-Einsparung in Gebäuden – Teil 8: Vermeidung von Schimmelwachstum in Wohngebäuden
DIN 4108-10	2021-11	Wärmeschutz und Energie-Einsparverordnung in Gebäuden – Teil 10: Anwendungsbezogene Anforderungen an Wärmedämmstoffe; – Werkmäßig hergestellte Wärmedämmstoffe
DIN 4108-11	2018-11	Wärmeschutz und Energieeinsparung in Gebäuden – Teil 11: Mindestanforderungen an die Dauerhaftigkeit von Klebeverbindungen mit Klebebändern und Klebemassen zur Herstellung von luftdichten Schichten (Normentwurf)
DIN V 4701-10	2003-08	Energetische Bewertung heiz- und raumlufttechnischer Anlagen – Teil 10: Heizung, Trinkwassererwärmung, Lüftung; Hinweis: Norm ist zurückgezogen und nur noch bis zum 31.12.2023 anwendbar; wird ersetzt durch DIN/ TS 18599-12

(Fortsetzung)

Normen und Regelwerke	Ausgabedatum	Titel
	02.2007	Beiblatt 1 zu DIN V 4701-10:Diagramme und Planungshilfen für ausgewählte Anlagensysteme mit Standardkomponenten
DIN 4701-12	02.2004	Energetische Bewertung heiz- und raumlufttechnischer Anlagen – Teil 12: Wärmeerzeuger und Trinkwassererwärmung; Hinweis: Norm ist zurückgezogen und nur noch bis zum 31.12.2023 anwendbar; wird ersetzt durch DIN/TS 18599-12
DIN EN ISO 6946	2018-03	Bauteile – Wärmedurchlasswiderstand und Wärmedurchgangskoeffizient – Berechnungsverfahren
DIN EN ISO 6946 Berichtigung 1	2023-04	Bauteile – Wärmedurchlasswiderstand und Wärmedurchgangskoeffizient – Berechnungsverfahren
DIN EN ISO 7345	2018-07	Wärmeschutz – Physikalische Größen und Definitionen
DIN EN ISO 7730	2006-05	Ergonomie der thermischen Umgebung – Analytische Bestimmung und Interpretation der thermischen Behaglichkeit durch Berechnung des PMV- und des PPD-Indexes und Kriterien der lokalen thermischen Behaglichkeit
	2007-06	Berichtigung
DIN EN ISO 9346	2008-02	Wärme- und feuchtetechnisches Verhalten von Gebäuden und Baustoffen – Physikalische Größen für den Stofftransport – Begriffe
DIN EN ISO 9972	2018-12	Wärmetechnisches Verhalten von Gebäuden – Bestimmung der Luftdurchlässigkeit von Gebäuden –; Differenzdruckverfahren
DIN EN ISO 10077-1	2020-10	Wärmetechnisches Verhalten von Fenstern, Türen und Abschlüssen – Berechnung des Wärmedurchgangskoeffizienten – Teil 1: Allgemeines
DIN EN ISO 10077-2	2018-01	Wärmetechnisches Verhalten von Fenstern, Türen und Abschlüssen – Berechnung des Wärmedurchgangskoeffizienten – Teil 2: Numerisches Verfahren für Rahmen
DIN EN ISO 10211	2018-03	Wärmebrücken im Hochbau – Wärmeströme und Oberflächentemperaturen – Detaillierte Berechnungen
DIN EN ISO 10456	2010-05	Baustoffe und -produkte – Wärme- und feuchteschutztechnische Eigenschaften – Tabellierte Bemessungswerte und Verfahren zur Bestimmung der wärmeschutztechnischen Nenn- und Bemessungswerte
DIN EN 12975	2022-06	Thermische Solaranlagen und ihre Bauteile – Kollektoren
DIN EN 13162	2015-04	Wärmedämmstoffe für Gebäude – Werkmäßig hergestellte Produkte aus Mineralwolle (MW)
DIN EN 13163	2017-02	Wärmedämmstoffe für Gebäude – Werkmäßig hergestellte Produkte aus expandiertem Polystyrol (EPS)

(Fortsetzung)

Normen und Regelwerke	Ausgabedatum	Titel
DIN EN 13164	2015-04	Wärmedämmstoffe für Gebäude – Werkmäßig hergestellte Produkte aus extrudiertem Polystyrolschaum (XPS)
DIN EN 13165	2016-09	Wärmedämmstoffe für Gebäude – Werkmäßig hergestellte Produkte aus Polyurethan-Hartschaum (PU)
DIN EN 13166	2016-09	Wärmedämmstoffe für Gebäude – Werkmäßig hergestellte Produkte aus Phenolharzschaum (PF)
DIN EN 13167	2015-04	Wärmedämmstoffe für Gebäude – Werkmäßig hergestellte Produkte aus Schaumglas (CG)
DIN EN 13168	2015-04	Wärmedämmstoffe für Gebäude – Werkmäßig hergestellte Produkte aus Holzwolle (WW)
DIN EN 13169	2015-04	Wärmedämmstoffe für Gebäude – Werkmäßig hergestellte Produkte aus Blähperlit (EPB)
DIN EN 13170	2015-04	Wärmedämmstoffe für Gebäude – Werkmäßig hergestellte Produkte aus expandiertem Kork (ICB)
DIN EN 13171	2015-04	Wärmedämmstoffe für Gebäude – Werkmäßig hergestellte Produkte aus Holzfasern (WF)
DIN EN 13172	2012-04	Wärmedämmstoffe – Konformitätsbewertung Normentwurf (2023-04): Wärmedämmstoffe – Gemeinsame Bewertungsregeln
DIN EN ISO 13370	2018-03	Wärmetechnisches Verhalten von Gebäuden-Wärmetransfer über das Erdreich – Berechnungsverfahren
DIN EN ISO 13788	2013-05	Wärme- und feuchtetechnisches Verhaltens von Bauteilen und Bauelementen – Raumseitige Oberflächentemperatur zur Vermeidung kritischer Oberflächenfeuchte und Tauwasserbildung im Bauteilinneren – Berechnungsverfahren
DIN EN ISO 13789	2018-04	Wärmetechnisches Verhalten von Gebäuden – Transmissions- und Lüftungswärmetransferkoeffizient – Berechnungsverfahren
DIN EN ISO 14683	2018-03	Wärmebrücken im Hochbau – Längenbezogener Wärmedurchgangskoeffizient – Vereinfachte Verfahren und Standardwerte
DIN EN 15459-1	2017-09	Energetische Bewertung von Gebäuden – Wirtschaftlichkeitsberechnungen für Energieanlagen in Gebäuden – Teil 1 Berechnungsverfahren
DIN 18599	2018-09 (T 1 bis 11) 2021-04 (T 12) 2020-10 (T 13) 2010-01 (Beiblatt 1) 2012-06 (Beiblatt 2) 2021-09 (Beiblatt 3)	Energetische Bewertung von Gebäuden – Berechnung des Nutz-, End- und Primärenergiebedarfs für Heizung, Kühlung, Lüftung, Trinkwarmwasser und Beleuchtung – Teile 1 bis 13, Beiblätter 1 bis 3

8.5.3 Feuchteschutz

Normen und Regelwerke	Ausgabedatum	Titel
DIN 1946-6	2019-12	Raumlufttechnik – Teil 6: Lüftung von Wohnungen – Allgemeine Anforderungen, Anforderungen zur Bemessung, Ausführung und Kennzeichnung, Übergabe/Übernahme (Abnahme) und Instandhaltung (Hinweis: Normentwurf 01.2018 liegt vor)
DIN 4095	1990-06	Baugrund; Dränung zum Schutz von baulichen Anlagen;Planung, Bemessung und Ausführung Hinweis: Normentwurf zu DIN 4095-1 (2023-03) liegt vor
DIN 4108 Beiblatt 2	2019-06	Beiblatt 2 zu DIN 4108: Wärmeschutz und Energie-Einsparung in Gebäuden – Wärmebrücken, Planungs- und Ausführungsbeispiele
DIN 4108-2	2013-02	Wärmeschutz und Energie-Einsparung in Gebäuden – Teil 2: Mindestanforderungen an den Wärmeschutz
DIN 4108-3	2018-10	Wärmeschutz und Energie-Einsparung in Gebäuden – Teil 3: Klimabedingter Feuchteschutz – Anforderungen, Berechnungsverfahren und Hinweise für Planung und Ausführung Hinweis: Normentwurf zu DIN 4108-3 (2023-04) liegt vor
DIN 4108-4	2020-11	Wärmeschutz und Energie-Einsparung in Gebäuden – Teil 4: Wärme- und feuchteschutztechnische Bemessungswerte
DIN 4108-7	2011-01	Wärmeschutz und Energie-Einsparung in Gebäuden – Teil 7: Luftdichtheit von Gebäuden – Anforderungen, Planungs- und Ausführungsempfehlungen sowie -beispiele
DIN/TS 4108-8	2022-09	Wärmeschutz und Energieeinsparung in Gebäuden – Teil 8: Vermeidung von Schimmelwachstum in Wohngebäuden
DIN 4108-10	2021-11	Wärmeschutz und Energieeinsparung in Gebäuden – Teil 10: Anwendungsbezogene Anforderungen an Wärmedämmstoffe – Werkmäßig hergestellte Wärmedämmstoffe
DIN 18195	2017-07	Abdichtung von Bauwerken – Begriffe
DIN 18531	2017-07	Abdichtung von Dächern sowie von Balkonen, Loggien und Laubengängen – Teile 1 bis 5
DIN 18532	2017-07	Abdichtung von befahrbaren Verkehrsflächen aus Beton – Teile 1 bis 6
DIN 18533	2017-07	Abdichtung von erdberührten Bauteilen – Teile 1 bis 3
DIN 18534	2017-07	Abdichtung von Innenräumen – Teile 1 bis 6
DIN 18535	2017-07	Abdichtung von Behältern und Becken – Teile 1 bis 3
DIN 18017-3	2020-05	Lüftung von Bädern und Toilettenräumen ohne Außenfenster – Teil 3: Lüftung mit Ventilatoren
DIN 18197	2018-01	Abdichten von Fugen in Beton mit Fugenbändern
DIN 18516-1	2010-06	Außenwandbekleidungen, hinterlüftet – Teil 1: Anforderungen, Prüfgrundsätze
DIN 18516-3	2021-05	Außenwandbekleidungen, hinterlüftet – Teil 3: Naturwerkstein – Anforderungen, Bemessung

(Fortsetzung)

Normen und Regelwerke	Ausgabedatum	Titel
DIN 18516-5	2021-05	Außenwandbekleidungen, hinterlüftet – Teil 5: Betonwerkwerkstein; Anforderungen, Bemessung
DIN 18540	2014-09	Abdichten von Außenwandfugen im Hochbau mit Fugendichtstoffen
DIN 18541-1	2021-01	Fugenbänder aus thermoplastischen Kunststoffen zur Abdichtung von Fugen im Beton – Teil 1: Begriffe, Formen, Maße, Kennzeichnung
DIN 18541-2	2021-01	Fugenbänder aus thermoplastischen Kunststoffen zur Abdichtung von Fugen im Beton – Teil 2: Anforderungen an die Werkstoffe, Prüfung, Überwachung
DIN 18545	2022-01	Abdichten von Verglasungen mit Dichtstoffen – Anforderungen an Glasfalze und Verglasungssysteme
DIN EN ISO 10456	2010-05	Baustoffe und Bauprodukte – Wärme- und feuchteschutztechnische Eigenschaften – Tabellierte Bemessungswerte und Verfahren zur Bestimmung der wärmeschutztechnischen Nenn- und Bemessungswerte
DIN EN ISO 13788	2013-05	Wärmetechnisches Verhalten von Bauteilen und Bauelementen; – Raumseitige Oberflächentemperatur zur Vermeidung kritischer Oberflächenfeuchte und Tauwasserbildung im Bauteilinneren – Berechnungsverfahren
DAfStb-Richtlinie	2017-12	DAfStb Wasserundurchlässige Bauwerke aus Beton (WU-Richtlinie); Deutscher Ausschuss für Stahlbeton (DAfStb)
DBC-Richtlinie	2018-12	Richtlinie für die Planung und Ausführung von Abdichtungen mit mit polymermodifizierten Bitumendickbeschichtungen (PMBC); Deutsche Bauchemie (DBC)
DBC-Richtlinie	2020-02	Richtlinie für die Planung und Ausführung von Abdichtungen mit flexiblen polymermodifizierten Dickbeschichtungen (FPD); Deutsche Bauchemie (DBC)
DBC-Richtlinie	2020-07	Richtlinie für die Planung und Ausführung von Abdichtungen mit mineralischen Dichtungsschlämmen (MDS); Deutsche Bauchemie (DBC)
WTA-Merkblatt 4-6-14/D	2014-11	Nachträgliches Abdichten erdberührter Bauteile; Wissenschaftlich-Technische Arbeitsgemeinschaft für Bauwerkserhaltung und Denkmalpflege e.V.
Merkblatt 4-9-19/D	2019	Nachträgliches Abdichten und Instandsetzen von Gebäude- und Bauteilsockeln; Wissenschaftlich-Technische Arbeitsgemeinschaft für Bauwerkserhaltung und Denkmalpflege e.V.
ZVDH-Richtlinien	2016-12 mit Änderungen	Richtlinien für die Planung und Ausführung von Dächern mit Abdichtungen – Flachdachrichtlinie; Zentralverband des Deutschen Dachdeckerhandwerks (ZDVH)

8.5.4 Schallschutz und Raumakustik

Normen und Regelwerke	Ausgabedatum	Titel
Schallschutz		
DIN 4109-1	2018-01	Schallschutz im Hochbau – Teil 1: Mindestanforderungen
DIN 4109-2	2018-01	Schallschutz im Hochbau – Teil 2: Rechnerische Nachweise der Erfüllung der Anforderungen
DIN 4109-31	2016-07	Schallschutz im Hochbau – Teil 31: Daten für die rechnerischen Nachweise des Schallschutzes (Bauteilkatalog) – Rahmendokument
DIN 4109-32	2016-07	Schallschutz im Hochbau – Teil 32: Daten für die rechnerischen Nachweise des Schallschutzes (Bauteilkatalog) – Massivbau
DIN 4109-33	2016-07	Schallschutz im Hochbau – Teil 33: Daten für die rechnerischen Nachweise des Schallschutzes (Bauteilkatalog) – Holz-, Leicht- und Trockenbau
DIN 4109-34	2016-07	Schallschutz im Hochbau – Teil 34: Daten für die rechnerischen Nachweise des Schallschutzes (Bauteilkatalog) – Vorsatzkonstruktionen vor massiven Bauteilen
DIN 4109-34/A1	2019-12	Schallschutz im Hochbau – Teil 34: Daten für die rechnerischen Nachweise des Schallschutzes (Bauteilkatalog) – Vorsatzkonstruktionen vor massiven Bauteilen; Änderung A1
DIN 4109-35	2016-07	Schallschutz im Hochbau – Teil 35: Daten für die rechnerischen Nachweise des Schallschutzes (Bauteilkatalog) – Elemente, Fenster, Türen, Vorhangfassaden
DIN 4109-35/A1	2019-12	Schallschutz im Hochbau – Teil 35: Daten für die rechnerischen Nachweise des Schallschutzes (Bauteilkatalog) – Elemente, Fenster, Türen, Vorhangfassaden; Änderung A1
DIN 4109-36	2016-07	Schallschutz im Hochbau – Teil 36: Daten für die rechnerischen Nachweise des Schallschutzes (Bauteilkatalog) – Gebäudetechnische Anlagen
DIN 4109-4	2016-07	Schallschutz im Hochbau – Teil 4: Bauakustische Prüfungen
DIN 4109-5	2020-08	Schallschutz im Hochbau – Teil 5: Erhöhte Anforderungen

(Fortsetzung)

Normen und Regelwerke	Ausgabedatum	Titel
DEGA-Empfehlung 103	2018-01	Schallschutz im Wohnungsbau – Schallschutzausweis; Deutsche Gesellschaft für Akustik e.V.
VDI 4100	2012-10	Schallschutz im Hochbau – Wohnungen – Beurteilung und Vorschläge für einen erhöhten Schallschutz
DIN 18005	2003-07	Schallschutz im Städtebau – Grundlagen und Hinweise für die Planung
DIN 18005-1 Beiblatt 1	1987-05	Schallschutz im Städtebau; Berechnungsverfahren; Schalltechnische Orientierungswerte für die städtebauliche Planung Hinweis: Norm wird ersetzt durch DIN 18005 Beiblatt 1 (2023-07)
DIN EN ISO 12354-1	2017-11	Bauakustik – Berechnung der akustischen Eigenschaften von Gebäuden aus den bauteileigenschaften – Teil 1: Luftschalldämmung zwischen Räumen
DIN EN ISO 12354-2	2017-11	Bauakustik – Berechnung der akustischen Eigenschaften von Gebäuden aus den bauteileigenschaften – Teil 2: Trittschalldämmung zwischen Räumen
DIN EN ISO 12354-3	2017-11	Bauakustik – Berechnung der akustischen Eigenschaften von Gebäuden aus den bauteileigenschaften – Teil 3: Luftschalldämmung von Außenbauteilen gegen Außenlärm
DIN EN ISO 12354-4	2017-11	Bauakustik – Berechnung der akustischen Eigenschaften von Gebäuden aus den bauteileigenschaften – Teil 4: Schallübertragung von Räumen ins Freie
DIN EN ISO 12354-5	2009-10	Bauakustik – Berechnung der akustischen Eigenschaften von Gebäuden aus den bauteileigenschaften – Teil 5: Installationsgeräusche Hinweis: Normentwurf zu DIN EN ISO 12354-5 (2022-02) liegt vor
Raumakustik		
DIN 18041	2016-03	Hörsamkeit in Räumen – Anforderungen, Empfehlungen und Hinweise für die Planung
DIN EN 12354-6	2004-04	Bauakustik – Berechnung der akustischen Eigenschaften von Gebäuden aus den bauteileigenschaften – Teil 6: Schallabsorption in Räumen

(Fortsetzung)

Normen und Regelwerke	Ausgabedatum	Titel
Bewertung der Schalldämmung		
DIN EN ISO 717-1	2021-05	Akustik – Bewertung der Schalldämmung in Gebäuden und von Bauteilen – Teil 1: Luftschalldämmung
DIN EN ISO 717-2	2021-05	Akustik – Bewertung der Schalldämmung in Gebäuden und von Bauteilen – Teil 2: Trittschalldämmung
Bauakustische Prüfungen		
DIN EN ISO 16283-1	2018-04	Akustik – Messung der Schalldämmung in Gebäuden und von Bauteilen am Bau – Teil 1: Luftschalldämmung
DIN EN ISO 16283-2	2020-11	Akustik – Messung der Schalldämmung in Gebäuden und von Bauteilen am Bau – Teil 2: Trittschalldämmung
DIN EN ISO 16283-3	2016-09	Akustik – Messung der Schalldämmung in Gebäuden und von Bauteilen am Bau – Teil 3: Fassadenschalldämmung
Gesetze, Verordnungen		
BImSchG	15.03.1974 zuletzt geändert am 19.10.2022	Gesetz zum Schutz vor schädlichen Umwelteinwirkungen durch Luftverunreinigung, Geräusche, Erschütterungen und ähnliche Vorgänge – Bundes-Immissionsschutzgesetz. Bundesrepublik Deutschland
16. BImSchV	06.12.1990 geändert durch BundesRBerG:2006-09-19, BImSchV16ÄndV:2014-12-18; BImSchV16ÄndV:2020-11-04	Verkehrslärmverordnung zum Bundes-Immissionsschutzgesetz (16. BImSchV). Bundesrepublik Deutschland
18. BImSchV	18.07.1991 geändert durch BImSchV18ÄndV 1:2006-02-09, BImSchV18ÄndV 2:2017-06-01, BImSchV18ÄndV 3::2021-10-08	Sportanlagenlärmschutzverordnung (18. BImSchV). Bundesrepublik Deutschland
TA-Lärm	07.1968 06.2017 (Inkrafttreten der letzten Änderung)	Technische Anleitung zum Schutz gegen Lärm. 6. Allg. Verwaltungsvorschrift zum Bundes-Immisionsschutzgesetz. Bundesrepublik Deutschland
RLS-90	1990	Richtlinien für den Lärmschutz an Straßen. Bundesrepublik Deutschland
FluLärmG	1974 2007 (Inkrafttreten der letzten nderungen)	Gesetz zum Schutz gegen Fluglärm. Bundesrepublik Deutschland

(Fortsetzung)

Normen und Regelwerke	Ausgabedatum	Titel
Richtlinien VDI		
VDI 2569	2019-10	Schallschutz und akustische Gestaltung in Büros
VDI 2715	2011-11	Schallschutz an heiztechnischen Anlagen
VDI 2720	1997-03	Schallschutz durch Abschirmung im Freien
VDI 3731	1982-12	Emissionskennwerte technischer Schallquellen; Kompressoren
VDI 3733	1996-07	Geräusche bei Rohrleitungen
VDI 3755	2015-01	Schalldämmung und Schallabsorption abgehängter Unterdecken
VDI 4100	2012-10	Schallschutz im Hochbau – Wohnungen – Beurteilung und Vorschläge für einen erhöhten Schallschutz

8.5.5 Tageslicht

Normen und Regelwerke	Ausgabedatum	Titel
DIN EN 410	2011-04	Glas im Bauwesen – Bestimmung der lichttechnischen und strahlungsphysikalischen Kenngrößen von Verglasungen.
DIN EN 572-1	2016-06	Glas im Bauwesen – Basiserzeugnisse aus Kalk-Natriumsilicatglas. Teil 1: Definitionen und allgemeine physikalische und mechanische Eigenschaften
DIN EN 572-2	2012-11	Glas im Bauwesen – Basiserzeugnisse aus Kalk-Natriumsilicatglas. Teil 2: Floatglas
DIN 5034-1	2021-08	Tageslicht in Innenräumen. Teil 1: Begriffe und Mindestanforderungen
DIN 5034-2	2021-08	Tageslicht in Innenräumen. Teil 2: Grundlagen
DIN 5034-3	2021-08	Tageslicht in Innenräumen. Teil 3: Berechnung
DIN 5034-5	2021-08	Tageslicht in Innenräumen. Teil 5: Messung
DIN 5034-6	2021-08	Tageslicht in Innenräumen. Teil 6: Vereinfachte Bestimmung zweckmäßiger Abmessungen von Oberlichtöffnungen in Dachflächen
DIN EN 12193	2019-07	Licht und Beleuchtung – Sportstättenbeleuchtung
DIN EN 12464-1	2021-11	Licht und Beleuchtung – Beleuchtung von Arbeitsstätten – Teil 1: Arbeitsstätten in Innenräumen
DIN EN 12464-2	2014-05	Licht und Beleuchtung – Beleuchtung von Arbeitsstätten im Freien – Teil 2: Arbeitsplätze im Freien
DIN EN 12464 Beiblatt 1	2017-08	Licht und Beleuchtung – Beleuchtung von Arbeitsstätten – Teil 1: Arbeitsstätten in Innenräumen; Beiblatt 1: Beleuchtungskonzepte und Beleuchtungsraten für künstliche Beleuchtung Hinweis: Normentwurf zu DIN EN 12464 Beiblatt 1 (2023-06) liegt vor

(Fortsetzung)

Normen und Regelwerke	Ausgabedatum	Titel
DIN EN 12665	2018-08	Licht und Beleuchtung – Grundlegende Begriffe und Kriterien für die Festlegung von Anforderungen an die Beleuchtung Hinweis: Normentwurf zu DIN EN 12665 (2022-12) liegt vor
DIN EN 17037	2022-05	Tageslicht in Gebäuden
Arbeitsstätten-verordnung	12.08.2004	(ArbStättV) Verordnung über Arbeitsstätten. Bundesrechtsverordnung
Arbeitsstätten-richtlinie ASR 7/1	2003-11	Sichtverbindung nach außen. Bundesministerium für Arbeit und Soziales

8.5.6 Brandschutz

Normen undRegelwerke		Ausgabedatum	Titel
DIN 4102			**Brandverhalten von Baustoffen und Bauteilen:**
	Teil 1	1998-05	Baustoffe, Begriffe, Anforderungen und Prüfungen
	Teil 2	1977-09	Bauteile; Begriffe, Anforderungen und Prüfungen
	Teil 3	1977-09	Brandwände und nichttragende Außenwände; Begriffe, Anforderungen und Prüfungen
	Teil 4	2016-05	Zusammenstellung und Anwendung klassifizierter Baustoffe, Bauteile und Sonderbauteile
	Teil 4/A1	2023-04	Zusammenstellung und Anwendung klassifizierter Baustoffe, Bauteile und Sonderbauteile; Änderung A1 (Normentwurf)
	Teil 5	1977-09	Feuerschutzabschlüsse, Abschlüsse in Fahrschachtwänden und Feuerwiderstandsfähige Verglasungen; Begriffe, Anforderungen und Prüfungen
	Teil 7	2018-11	Bedachungen; Begriffe, Anforderungen und Prüfungen (Hinweis: Normentwurf 03.2018 liegt vor)
	Teil 8	2003-10	Kleinprüfstand
	Teil 9	1990-05	Kabelabschottungen; Begriffe, Anforderungen und Prüfungen
	Teil 11	1985-12	Rohrummantelungen, Rohrabschottungen, Installationsschächte und -kanäle sowie Abschlüsse ihrer Revisionsöffnungen
	Teil 12	1998-11	Funktionserhalt von elektrischen Kabelanlagen
	Teil 13	1990-05	Brandschutzverglasungen; Begriffe, Anforderungen und Prüfungen

(Fortsetzung)

Normen undRegelwerke		Ausgabedatum	Titel
	Teil 14	1990-05	Bodenbeläge und Bodenbeschichtungen; Bestimmung der Flammenausbreitung bei Beanspruchung mit einem Wärmestrahler
	Teil 15	1990-05	Brandschacht
	Teil 16	2021-01	Durchführung von Brandschachtprüfungen
	Teil 17	2017-12	Schmelzpunkt von Mineralfaser-Dämmstoffen; Begriffe, Anforderungen und Prüfung
	Teil 18	1991-03	Feuerschutzabschlüsse; Nachweis der Eigenschaft „selbstabschließend" (Dauerfunktionsprüfung)
	Teil 20	2017-10	Ergänzender Nachweis für die Beurteilung des Brandverhaltens von Außenwandbekleidungen
	Teil 21	2002-08	Beurteilung des Brandverhaltens von feuerwiderstandsfähigen Lüftungsleitungen (Vornorm)
DIN SPEC 4102-23		2018-07	Brandverhalten von Baustoffen und Bauteilen – Teil 23: Bedachungen – Anwendungsregeln für Prüfergebnisse von Bedachungen nach DIN EN V 1187, Prüfverfahren 1, und DIN 4102-7 (Hinweis: Normentwurf 07.2018 liegt vor)
	Teil 24	2022-12	Prüfung des Brandverhaltens von Außenwandbekleidungen unter Berücksichtigung des Sockelbrandszenarios
DIN 18230	Teil 1	2010-09	Baulicher Brandschutz im Industriebau
			Rechnerisch erforderliche Feuerwiderstandsdauer
	Teil 3	2002-08	Rechenwerte
DIN SPEC 18230	Teil 4	2015-09	Baulicher Brandschutz im Industriebau – Teil 4: Brandsimulation
DIN/TR 18230	Teil 4	2022-08	Baulicher Brandschutz im Industriebau – Teil 4: Brandsimulation (Normentwurf; als Ersatz für DIN SPEC 18230-4 vorgesehen)
DIN 18234	Teile 1 bis 4	2018-05	Baulicher Brandschutz großflächiger Dächer – Brandbeanspruchung von unten Hinweis: Normentwurf zu DIN 18234 (alle Teile) liegt vor (2022-12)
VdS 2216		2001-08	Brandschutzmaßnahmen für Dächer: Merkblatt für die Planung und Ausführung
VdS 2234		2012-07	Brand- und Komplextrennwände: Merkblatt für die Anordnung und Ausführung
VdS 2298		2002-06	VdS Schadenverhütung – Lüftungsanlagen im Brandschutzkonzept – Merkblatt für Planung, Ausführung und Betrieb
VdS 3429		2021-10	Auswahl des anlagentechnischen Brandschutzes: Leitfaden

Literatur

Physikalische Grundlagen

Andrej, A.(Hrsg.): Schneider Bautabellen. Köln 2023
*Dobrinski/Krakau/Vogel:*Physik für Ingenieure. Wiesbaden 2009
Höfling, O.: Physik. Formeln – Einheiten. Freising 2012
Kohlrausch, F.: Praktische Physik. Stuttgart 2012
Kuchling, H.: Taschenbuch der Physik. München 2010
Lindner/Siebke/Simon: Physik für Ingenieure. Leipzig 2014
Schmidt, P.: Bauphysik. Beitrag in: *Zilch, K. (et al):* Handbuch für Bauingenieure. Wiesbaden 2019
Vismann, U. (et al): Wendehorst Bautechnische Zahlentafeln. Wiesbaden 2022

Bauphysik

Berber, J.: Bauphysik, Wärmetransport, Feuchtigkeit, Schall. Hamburg 1994
Eichler/Arndt: Bauphysikalische Entwurfslehre. Bautechnischer Wärme- und Feuchtigkeitsschutz. Berlin 1999
*Fouad, N. A. (*Hrsg.) : Lehrbuch der Hochbaukonstruktionen. Wiesbaden 2013
Fouad, N. A. (Hrsg.): Bauphysik-Kalender 2023. Berlin 2023
*Hestermann, U., Rongen, L.:*Frick/Knöll – Baukonstruktionslehre 1. Wiesbaden 2015
*Hestermann, U., Rongen, L.:*Frick/Knöll – Baukonstruktionslehre 2. Wiesbaden 2018
Gösele/Schüle/Künzel: Schall, Wärme, Feuchte. Wiesbaden 2000
*Krawietz/Heimke:*Physik im Bauwesen – Grundwissen und Bauphysik. Leipzig, 2008
*Liersch, K. W., Langner, N.:*Bauphysik kompakt. Berlin 2015
Schmidt, P.: Bauphysik. Beitrag in : *Zilch, K (et al)*: Handbuch für Bauingenieure. Wiesbaden 2019
Schmidt, P., Windhausen, S.: Bauphysik-Lehrbuch, Köln 2017
Bounin, K., Graf, W., Schulz, P.: Handbuch Bauphysik: Schallschutz, Wärmeschutz, Feuchteschutz, Brandschutz. 2010
Willems, W. Lehrbuch der Bauphysik: Schall – Wärme – Feuchte – Licht – Brand – Klima. Wiesbaden 2022
Willems, W. M., Schild, K.: Formeln und Tabellen Bauphysik: Wärmeschutz – Feuchteschutz – Klima – Akustik – Brandschutz. Wiesbaden 2020.

P. Schmidt, S. Windhausen, *Lohmeyer Praktische Bauphysik*,
https://doi.org/10.1007/978-3-658-42604-0

*Willems, W. M., Schild, K.:*Praxisbeispiele Bauphysik: Wärme – Feuchte – Schall – Brand – Aufgaben mit Lösungen. Wiesbaden 2022.

Zimmermann, G.: Bauschäden-Sammlung. Band 1 bis 14. Stuttgart 1974 bis 2003

Zimmermann/Ruhnau: Schadenfreies Bauen. Band 1 bis 48. Stuttgart 1992 bis 2017

Wärmeschutz

*Arndt, H.:*Wärmeschutz und Feuchte in der Praxis: Funktionssicher und energiesparend bauen. Berlin 2016.

*Fouad, N. A. (Hrsg.):*Bauphysik-Kalender 2017. Gebäudehülle und Fassaden. Berlin 2017.

*Fouad, N. A. (Hrsg.):*Bauphysik-Kalender 2015. Simulations- und Berechnungsverfahren. Berlin 2015.

Fouad N. A. (Hrsg.): Bauphysik-Kalender 2022. Holzbau. Berlin 2022

Fouad, N. A. (Hrsg.): Bauphysik-Kalender 2023. Nachhaltigkeit. Berlin 2023

Hauser/Stiegel: Wärmebrückenkatalog für Modernisierungs- und Sanierungsmaßnahmen zur Vermeidung von Schimmelpilzen. Stuttgart 2006

Hauser, G.: Wärmebrücken. Bauphysik-Kalender 2001

Jenisch, R.: Tauwasserschäden. Schadenfreies Bauen Band 16, IRB Verlag, Stuttgart 2001

Krimmling, J.: Energieeffiziente Gebäude. Stuttgart 2010

Künzel, H.: Fensterlüftung und Raumklima. Stuttgart 2006

Künzel, H.: Richtiges Heizen und Lüften in Wohnungen. Stuttgart 2012

Sahling, U.: Klimaschutz und Energiewende in Deutschland. Wiesbaden 2022

Schmidt, P., Windhausen, S.: Bauphysik-Lehrbuch, Köln 2017

Schmidt, P.: GEG-Novelle 2023 in: Konstruktiver Ingenieurbau. Reguvis Fachmedien GmbH. Köln 2023*Schoch, T.*: EnEV 2014 und DIN V 18599: Nichtwohnbau. Berlin 2018.

Willems/Schild/Hubrich: 3D-Wärmebrückenkatalog für den Hochbau. Stuttgart 2006

Willems, W. M., Schild K.: Wärmebrückenkatalog für den Hochbau. Stuttgart 2006

Willems, W. M., Schild, K.: Wärmeschutz: Grundlagen – Berechnung – Bewertung. Wiesbaden 2013.

Feuchteschutz

*Bonk, M., Lohmeyer G.*u. a.: Lufsky Bauwerksabdichtung. Wiesbaden 2010

Eifert,Beddoe,Springenschmid: Feuchtetransport in WU-Bauteilen unter baupraktischen Bedingungen. Beton Heft 2. 2002

*Fouad, N. A. (Hrsg.):*Bauphysik-Kalender 2018. Feuchteschutz und Bauwerksabdichtung. Berlin 2018b.

*Fouad, N. A. (Hrsg.):*Bauphysik-Kalender 2017. Gebäudehülle und Fassaden. Berlin 2017.

Hankammer, G., Lorenz, W.: Schimmelpilze und Bakterien in Gebäuden. Köln 2007

*Ibold, S.:*Flachdachrichtlinie – Kommentar eines Sachverständigen. Köln 2017.

Klopfer,H.: Wassertransport und Beschichtungen bei WU-Beton-Wannen. Aachener Bausachverständigentage 1999

Lohmeyer/Ebeling: Schäden an wasserundurchlässigen Wannen und Flachdächern aus Beton. Stuttgart 2007

Lohmeyer,G.,Ebeling: Weiße Wannen – einfach und sicher. Düsseldorf 2009

Schmidt, P., Windhausen, S.: Bauphysik-Lehrbuch, Köln 2017

Schmidt, P., Windhausen, S.: Abdichtung von befahrbaren Verkehrsflächen aus Beton. Beitrag in:-*Fouad, N. A.*: Bauphysik-Kalender 2018. Berlin 2018
*Schmidt, P:*Praxisgerechte Bauwerksabdichtungen. Merching 2023
*Schmidt, P.:*Neubau und Instandsetzung von Flach- und Gründächern . Merching 2021
*Schmidt, P.:*Baustellenhandbuch Bauwerksabdichtungen, Merching 2018
Schmidt, P.: Vermeidung von Schimmelpilzwachstum in Wohngebäuden. Beitrag in: Konstruktiver Ingenieurbau. Reguvis Fachmedien GmbH. Köln 2023
Willems, W. M., Schild, K., Stricker, D.: Feuchteschutz: Grundlagen – Berechnungen – Details. Wiesbaden 2018.

Schallschutz

Baumgartner/Kurz: Mangelhafter Schallschutz von Gebäuden. Stuttgart 2003
Fasold, W., Veres:,E.: Schallschutz und Raumakustik in der Praxis. Berlin 2006
Gösele/Schüle/Künzel: Schall, Wärme, Feuchte. Wiesbaden 2000
Schirmer, W.: Technischer Lärmschutz. Berlin 2006
Schmidt, P., Windhausen, S.: Bauphysik-Lehrbuch, Köln 2017
Schmidt P.: Schallschutz im Hochbau nach DIN 4109; Tagungsband DIN Akademie, Berlin 2018
Schmidt, P.: Schallübertragung über leichte Fassadenkonstruktionen. Vortrag auf der Bauphysik-Tagung am 24. November 2022. Düsseldorf 2022
Strick, S.: Lärmschutz an Straßen. Köln 2006
Willems, W. M., Schild, K.: Schallschutz: Bauaukustik: Grundlagen – Luftschallschutz – Trittschallschutz. Wiesbaden 2012.

Tageslicht

Fritsch, H.: Beleuchtung in Handels- und Verkaufsgebäuden. Stuttgart 2002
Fritsch, H.: Beleuchtung in Wohngebäuden. Stuttgart 2002
Gall/Vandahl/Jordanow/Jordanowa: Tageslicht und künstliche Beleuchtung. Bremerhaven 2000
Haas-Arndt, R.: Tageslichttechnik in Gebäuden. Heidelberg 2007
Hahne, H.: Tageslicht und Sonnenschutz im Büro. Dortmund 2001
Hentschel, H.-J.: Licht und Beleuchtung. Grundlagen und Anwendungen der Lichttechnik. Heidelberg 2002
Schmidt, P.: Neue DIN 5034 – Tageslicht in Innenräumen. Beitrag in: Konstruktiver Ingenieurbau. Köln 2021
*Willems, W. M., Häupl, P.*Lehrbuch der Bauphysik: Schall – Wärme – Feuchte – Licht – Brand – Klima. Wiesbaden 2017

Brandschutz

*Bock, M., Klement, E.:*Brandschutz-Praxis für Architekten und ingenieure: Brandschutzvorschriften und aktuelle Planungsbeispiele. Berlin
*Fouad, N. A. (Hrsg.):*Bauphysik-Kalender 2021. Brandschutz. Berlin 2021.
*Fouad, N. A.:*Brandschutz-Bemessung auf einen Blick nach Eurocodes und DIN 4102. Berlin 2017.

Hass, R., Meyer-Ottens, C., Richter E.: Verbundbau-Brandschutz-Handbuch. Berlin 2000

Hass, R., Meyer-Ottens, C., Richter, E.: Stahlbau-Brandschutz-Handbuch. Berlin 2002

Hosser, D.: Ingenieurmethoden des Brandschutzes. IMBM Braunschweig 2005

Knublauch, E.: Einführung in den Baulichen Brandschutz. Düsseldorf 2001

Kordina, K., Meyer-Ottens,C.: Beton-Brandschutz-Handbuch. Düsseldorf 1999

Kordina, K., Meyer-Ottens, C.: Holz-Brandschutz-Handbuch. Berlin 2008

Mayr, J., Battran, L.: Brandschutzatlas. Köln 2017

Merschbacher, A.: Brandschutz: Praxishandbuch für Planung, Ausführung und Überwachung. Köln 2005

Schhmidt, P.: Neue DIN EN 1996-1-2 „Tragwerksbemessung für den Brandfall bei Mauerwerkbauten". Beitrag in: Konstruktiver Ingenieurbau. Köln 2023

*Schmidt, P., Windhausen, S.:*Holzbau nach EC 5, Köln, 2019

VdS-Handbuch der Schadensverhütung, Band 2: Produkte und Anlagen des baulichen Brandschutzes. 2007

Stichwortverzeichnis

P. Schmidt, S. Windhausen, *Lohmeyer Praktische Bauphysik*,
https://doi.org/10.1007/978-3-658-42604-0

S

Z

MIX
Papier aus verantwortungsvollen Quellen
Paper from responsible sources
FSC® C105338

If you have any concerns about our products,
you can contact us on
ProductSafety@springernature.com

In case Publisher is established outside the EU,
the EU authorized representative is:
Springer Nature Customer Service Center GmbH
Europaplatz 3, 69115 Heidelberg, Germany

Printed by Libri Plureos GmbH
in Hamburg, Germany